美的真谛

徐春玉 著

上册

中国社会科学出版社

图书在版编目（CIP）数据

美的真谛. 上下册 / 徐春玉著 . —北京：中国社会科学出版社，2020. 10

ISBN 978 – 7 – 5203 – 5231 – 4

Ⅰ. ①美… Ⅱ. ①徐… Ⅲ. ①美学理论—理论研究 Ⅳ. ①B83 – 0

中国版本图书馆 CIP 数据核字（2019）第 209110 号

出 版 人	赵剑英
责任编辑	朱华彬
责任校对	张 婉
责任印制	张雪娇

出　　版	中国社会科学出版社
社　　址	北京鼓楼西大街甲 158 号
邮　　编	100720
网　　址	http://www.csspw.cn
发 行 部	010 – 84083685
门 市 部	010 – 84029450
经　　销	新华书店及其他书店

印刷装订	北京市十月印刷有限公司
版　　次	2020 年 10 月第 1 版
印　　次	2020 年 10 月第 1 次印刷

开　　本	710 × 1000　1/16
印　　张	96. 75
插　　页	4
字　　数	1486 千字
定　　价	568. 00 元（上下册）

多思　创新　求美
谨以此书献给我的家人

前　　言

无论是美学自身合乎逻辑的体系建设、美学研究方法的进步所形成的巨大推动力，还是社会的进步与发展对美学提出了越来越高的需要，都要求我们更加深入且透彻地探索美的本质。

鲍姆嘉通建立美学，将美界定为"感性认识本身的完善"时，已经指出了美学是研究在感性层面达到"更"好的概念、规则、规律和方法的科学。然而，对美的研究一开始就处于虚无的状态。研究起始，哲学便从绝对的、终极的、抽象的、孤立的角度认识绝对的"最美"。当人们一再高高在上地谈论虚幻的美时，下意识中却包含着"局部最美"的假设。自从鲍姆嘉通宣布美学诞生以后，人们便忘却了美的关键性特征，更是将美学研究引向了一条简单、教条、局部、充满荆棘的"羊肠小道"，并渐入迷途。

随着时代的发展，各种艺术形态的差异越来越大，在骨子里透出与传统相割裂的现代艺术，不断地构建与传统美学理论越来越大的"沟壑"。现代艺术与后现代艺术、"波普"艺术、达达主义、超现实主义等艺术流派和思潮，不断地要求美学给出其坚实的基础与合理的解释。当达达主义流派被阿瑟·丹托误认为是"拒绝创作美的东西"，并借此将美与艺术截然分割开来时，我们禁不住地问：影响至深的当代艺术在追求什么？以广大人民为基础的艺术创作，并不意味着粗制滥造，基于人们对美的强烈需求和由此而导致的"审美泛化"，却容易使人在满足单纯生理快感的基础上产生"审美疲劳"。如果美学不能指导创作出为广大人民所理解、接受、喜欢的艺术精品，"纯审美"或"经典美学"迟早会被边缘化。

　　美学自成一体的逻辑结构、美学理论的高深与抽象，不断地拉大与平常人的距离。说不清的混乱、繁杂的分支体系、各种观点的层出不穷，甚至达到了不可调和的矛盾状态。人们忙着并乐于给基于某个艺术流派所构建出来的理论贴上各种标签。美学理论在解释各国家、各民族对美的追求与艺术表现的不同时显得无能为力，只能引入更多不为人所理解的模糊性的词汇，尤其是在未能把握美的本质时，在解释当前所出现的诸多误解、矛盾和现象中，使美学更加难以理解。重构美学也只是基于传统美学，针对一些新的情况，通过基本原则的简单修正而做出一些尽可能合理的解释。我们需要在美的基本规律的基础上，通过构建不同的"初始条件""边界条件"和内在的文化与思维特征，构建起美学的"定解方程"，在具体环境下特殊的美的规律的基础上，结合边界条件及初始条件而求解此"方程"，使得美、善、丑、悲、崇高、喜剧各安其位。

　　我们正处于一个辉煌的时代，但也处于一个迷惘的时代。科学技术在带给人以更加光明的前景的同时，也使我们感到其矛盾重重。后现代以发挥人的个性和创造力为主题，在更大地维护人的个性、自由和表现空间的同时，也容易使人迷失在鲜活的表象浮华中，乃至"娱乐至死"。在这样一个人人都有说话的自由、创造的自由，每个人都可以随时随地地展开创新，将自己新奇的想法自由表达出来的时代，人们可以根本不用考虑其他人的想法、情感和承受能力。至此，那些被美学加工和强化的艺术精品出现的几率也就极小了。艺术是最能体现人的个性的领域，也是最能使人的个性表现得到保证的领域。"审美日常生活化"正在努力地消弥艺术与日常生活的疆界。互联网的普及，进一步增加了人与人之间相互交流的机会，以互联网、智能手机为"节点"的新媒体、自媒体更是大行其道。与此同时，对物质更强的欲求占据着人的期望，也吸引了人大部分的注意力。物的结构与功能的"极致化"发展成为核心，人也随之变成被物质所奴役的"附带物"，这必定会在很大程度上造成人性泯灭、理想的缺失，还会导致人们在低层次的"审美"追求中不能自拔，甚至不愿意自拔。科技主义——我们在欢呼这种进步，却在面对人工智能时沉默了。我们总有一种忧虑：人的未来在哪里？目前人工智能还不具备自主意识，但生命在自然进化中所形成的美的价值观与人工智能中优化追求的不同，有可能成为未来人与机器冲突的基本点。这需要我们从更为基础的美学层面，探索两者相互协调的共生力量。

后现代理论是一个不好被理解的理论，自然也不是一个很好用的工具。在没有真正理解"后现代"的本质时，只是断章取义地抓住"后现代"最为肤浅和表面的特征及问题，肆意地肢解着后现代理论的核心的做法，使更多的人开始批判或质疑"后现代"，并将其视为洪水猛兽。但以复杂性科学为核心的后现代理论所揭示的特征、关系、规律和方法，却为我们探索美的真谛带来希望。

当代中国在经历了简单粗放式的发展以后，已经进入一个创新的精细化发展时期。在这个时期有两个典型的特征：一个是在各领域的持续性创新；一个是在任何一个领域都在努力地追求"极致化"的发展趋势，尤其是表现出对美的追求的极致化发展。前进需要内在的力量，这种力量很显然就是由人内在生化并升华出来的美以及表达生命的活力而展示出来的对美的追求。国家建设与发展的"加速度"越大，对美的力量的要求以及对美的力量增强的要求就会越大。人们希望从人的本性中寻找到问题的解决办法和力量，这种力量一方面来源于人的生命本质，另一方面则来源于国家的主动引导和宣传。我们期望通过对美的本质的揭示与研究，将这种力量更加有效地激发出来。

本书将"人与环境达成稳定协调的状态称为美的状态"作为基本的逻辑起点，将美的状态与生命的某种状态建立确定的关系，将美的规律转化成为由一个美的状态向另一个状态映射的动力学规律。本书认为，在将生命体与环境的稳定协调状态同其他的状态建立起某种联系时，即形成美的刺激，会使人产生美感。与美的状态建立起确定关系、能够引导人进入美的状态的外界事物，它也就被赋予美的意义。生命的基本力量（活性本征）在生命体与环境达成稳定协调的关系的过程中发挥着关键的作用，生命的活性本征以及由此而进化生成的人的本能，都能够成为引导人进入美的状态的基本因素。在此过程中，生命体会将由不协调达到协调的完整模式独立特化出来，成为一种基本的活性本征。无论是通过与生命的某种活性本征达到共振相干，还是通过某种差异而形成刺激，都将引导人进入美的状态、体验到美感。

生命进化到人这一层次，其一切活动都将在人的意识中表现出联系更加广泛、操作更加灵活、涌现更加自由、多样化程度更高、自组织更加自如的特征。意识的自主性和反思性的力量不仅使人的积极主动性更加突出，也将使与美相关的诸多关系、过程、结构和功能更加突出。

伴随着生命的进化，基于生命的发散与收敛的有机结合，人会独立并强化出对美追求的力量，我们将之称为 M 力 [具有更（More）的意义、美（Měi）的意义]。在此基础上，人还会独立强化出优化的模式和力量。M 力和优化都将成为引导人进入美的状态的本能力量。在意识中，人能够在想象中更加自如地表达差异化构建和比较判断选择的优化过程。即便只是表达 M 力和优化模式，也已经使人体会到足够的美感。在意识中表达生命的发散与收敛的活性本征，会使人生成期望以及期望的满足，期望以及期望的满足也随之成为引导人进入美的状态的基本因素。依据复杂性信息的独立特化和信息之间广泛的联系性，会使其他特征也成为美的标准。在美的复杂性和人的能力有限性的限定下，艺术创作的主要工作便是表达 M 力和在差异化构建的基础，通过比较判断而得到局部最美。美的价值也就转化成为将 M 力凝聚在作品中的多少。本书试图构建新的美学逻辑基础和研究体系。

著者对被引用过其思想和资料的作者与出版单位表示由衷地感谢，对文中被引用的思想却因为各种原因而未能准确注明来源的著作者表示深深的歉意。

在本书的撰写过程中，得到我的家人的大力支持，这种鼓励支持不只体现在生活的照顾上，更为重要的是她们是我诸多思想的首位倾听者、启发者和批评者。尤其是在本书的出版过程中，更是得到我的夫人上官晓梅、我的女儿徐真真无怨无悔的支持，在此表示深深的感谢。

探索美的本质是一项艰苦的工作。由于作者的水平有限，本书的缺点和不足在所难免。恳请专家、读者予以批评指正。

徐春玉

二〇一七年八月

总 目 录

上　册

下　册

目 录

（上册）

上　册

第 一 章

绪 论

　　讳莫如深的美应该正本清源，而美学也应该重新梳理了。

　　我们知道，美学是研究美的科学，是关于"美"的哲学，更具体一点说，美学是研究美的本质、特征、关系和规律的科学，美的核心特性是对人类普遍审美经验的有效概括，而美学则是对一个人类共同面对的审美问题的深入探讨。

　　美学除了研究在人的内心所形成的"完美"的特征、性质、形式、关系和结构以外，更为重要的还是研究这种完美的形成与变化的规律，研究外界事物与人的内心相互作用的本质性联系，研究美是如何经过人的意识的强势放大而突显成为人所特有的美感，研究人所表现出来的运用符号而形成强大的意识空间的过程，研究美所发挥出来的核心的地位与关键性的作用，研究美在意识中被强势加工的特点、关系和规律，研究各种性质、形态的形象性艺术与美的本质的相互关系和相互作用，研究人的想象力在美的生成与完成中的地位与作用，研究想象力在美的变化与发展中的本质特点和规律等。这些方面都应该在美学的研究中有所体现，但当前的现状则是，美学仅仅研究了前半部分。

　　美学除了研究人对外界事物感知过程中所表征出来的美（主要表现为美感）之外，还要研究情感在美中的地位与作用，研究人的情感在美的形成与变化中的特点和规律，研究人的意识在美的形成、审美过程，以及艺术创作中的地位与作用，研究人的意向、态度等心理倾向对美的意义，研究美是如何被人追求和表达的，研究艺术作为一种境界和理想是如何指导人创作出美的表达形式和"载体"，研究如何将人所体验到的美感准确地转化成为相应的艺术品等。

在研究美的本质的过程中，美学还需要研究美的自主性以及如何在人的各种行为中产生相应的作用。研究美作为一种动机，在人的各种行为中发挥何种作用，在美的原理指导下，如何才能驱动人按照美的一般规律，表达出与具体行动相结合的具体模式、艺术品。美学还需要研究艺术家表达自己对美追求的程度和相关特征，描述艺术家如何激发自己内心的美，如何将抽象的美与具体的情景（艺术实践）相结合，探索如何将美通过具体的形式表达出来。

同时，我们也应该看到，研究方法一直是美学的基本内容，也应该是美学研究的重点。每个人略作思考，就都能够认识到，美学具有很强的主观性，每个人在面对不同的事物时自然地会表现出不同的审美观念。美学问题既受到意识形态的影响，也受到具有脱离意识形态的、具有更高概括抽象程度的、一般的美学体系的制约性的影响。人们试图构建出美的基本规律，努力地寻找与具体的情景、具体的审美的人无关的一般性的基本规律，也在努力地将美与具体的审美过程相结合而得出具有特殊性的规律，并由此解释相关的审美现象和问题。这就需要运用科学的方法构建出"走向科学的美学"①。

美与生命的本质的内在联系，启发我们思考如何才能从科学，尤其是物理学、化学、生物化学、生物进化论等学科的基本概念、原理和规律出发，研究美的核心特征、结构和本质性关系。通过对前人的研究，能够使我们认识到，在此过程中，尤其应该从生物进化的角度来描述人内心所形成的美是如何从生物进化的本能中突显并独立特化出来，我们应以此构建出美学的物理化学和生物进化论基础。从逻辑学的角度我们应该认可这一点：如果你承认我所做出的基本假设，又认同我的研究方法的合逻辑性，那么，你就应该认可我得出的结论的合理性。

在人们真正明确地认识到美的过程性特征之前，就急不可待地将对美的实质性理解转化为审美的过程，这将容易产生偏差。即便人们非常

---

① ［美］托马斯·门罗：《走向科学的美学》，石天曙等译，中国文艺联合出版公司1984年版。

喜欢美的创造的顿悟性特征，也应该认识到，美的无中生有是根本不存在的，想要做到一步到位也是非常困难的。总之，美学是具体研究美的心理与体验、客观美的特征与价值判断、美的创造与欣赏、美的范畴分类与形式分类，以及审美教育的基本理论的科学。实际上，正是由于美学所面临的挑战和自身建设中出现的问题，才使我们在一开始就做出了如此的判断。

第一节　新的社会形态带给美学以巨大的冲击

自从 20 世纪 60 年代开始进入新的社会形态以来，社会已经表现出了一些典型的特征，这些特征不断地驱动着美学的重构与创新。虽然韦尔施（Wblfgang Wetsch）已经提出了美学重构的概念①，但我们认为，这种内容与形式的重构还远远不够。在人类社会具有足够的知识以后，需要我们在更大的范围、更广的领域、更加基础的层面上更加综合地考察相关的问题。显然，新的社会对于美学的冲击和需求也更加全面、深刻和彻底。

一　创新成为一个越来越突出的特征

（一）人人都爱创新

在个人的创造力与社会发展之间相互作用的过程中，我们可以明确地看到三个不同层次的创新：一是个人创造性天性的自然表达。人人都可以创新，人人都能够创新，人人也应该创新。尤其是在当前社会，人人都愿意并积极努力地寻找机会和舞台进行创新。人们都已经认识到，人之所以为人就是因为人有经过意识增强的创造力。更为重要的是，人能够表现其突出的创造力，这正是人与他人的不同、人与其他动物的不同之所在。认识到这一点，每个人都会说："既然我有创造力，那么我就

---

① ［德］沃尔夫冈·韦尔施：《重构美学》，陆扬等译，上海译文出版社 2002 年版，第168 页。

应当将其更加充分地表现出来。"当然，如果人只是满足于创新而不进行自然淘汰和优化选择，那么有可能会使人们在漫长的等待过程中失去耐心，并将那些表面的、肤浅的创新当作真正的创新。二是社会通过竞争推动创新的发展。人的竞争天性、创造天性会在这种创造力的自由表现和创造力被极大鼓励的社会交往中得到更有效的刺激。三是有组织的创造性活动的深入开展，更将有力地推进人的创造力的发挥，使人的创造力在这种表现中能够得到"正反馈"式的促进增长。这是一个创新的时代，这是一个只有表现创造力才能够更好生存的时代。中国在国家层面提倡的"大众创业，万众创新"，能够将这一创新推到一个更高的水平。我们相信，一旦将聪明的中国人的创造力激发出来，就能真正地形成以创造力作为判断一个人存在的基本准则，那么，将会对世界发展产生不可想象的巨大的推动力。

创新需要任性而为，但又不能绝对地任性和自由。这既需要通过差异化构建给稳定的社会文明与进步带来新的冲击，又需要从根本上确保这一差异化的构建过程能够保持社会的稳步发展。这的确是一种对社会的进步与发展能够产生巨大的推动的力量。因此就更加需要将人的创造力与美的内在本质性力量有机地结合在一起。人人都可以创造美，但这并不意味着所有的人都能够在把握美的本质的基础上，自觉地运用美的基本规律而创作出美的"作品"。如果不能把握美的本质特征，即使是每个人都能够表现自己的创造力，也有可能仅仅产生大量的水平低下的所谓"作品"。而在大量粗制滥造"制品"的狂轰滥炸之下，人们满眼都将是"癞蛤蟆"，又如何才能见到"青蛙"？如果不能够将美的价值大量地凝聚在作品中从而形成精品，那么"劣币驱良币"就是必然会出现的情况。

在中国，自20世纪90年代起，美学开始逐渐地走出被人无限向往的、崇高神秘的"象牙塔"，走进充满人间烟火的芸芸众生的日常生活里。人们开始充分重视自身关于美的创造力，也认识到了创造力是人生命的本质性表现。无论是从外界环境的角度，还是从人自身表现和满足愿望的角度来看，人们也都更加愿意表现自己的创造力。人的审美要求日益增强。人们逐步地听从内心对美的呼唤，最先从自己身边的事情开始,在诸如穿衣打扮、美容美发、家庭装修、购物休闲等活动中表现美的力量,展开对美的追求。过去只能在 T 形台上、休闲杂志里供人欣赏的服装,现在则被人们堂而皇之地穿戴着行走于熙熙攘攘的街头。然而,伴随着对美的理解的逐步深入,美的日常生活化的潮流引导着人对美的理解越来越趋于表面和流于形式。随着生产力的提升,人的审美价值也在发生着巨大的变化,由此带来的问题就需要重视了。过去购买冰箱、电视、电脑、手机等电器设备,人们只是关注其实用价值和质量状况,现在在其基本的物质需求得到满足,生活用品的功能得到基本实现以后,受到好奇心的驱使,商品其他方面的特征开始受到人的审美本能的关注。诸如外形设计是否符合家居环境的风格,色彩线条是否给人以美的舒适感等,日益成为人们选择商品的决定性因素,而这显然只是表面上的美感。包装固然重要,但"过度包装"却给中国这个资源有限的国土带来了更大的浪费和污染。

以往,无论是戏剧舞台、电视台、T 形台还是其他表达美的"舞台"——网络乃至直播平台,除了少数人以此为职业之外,与艺术相关的主题活动不会成为大部分人生活活动的主要方面。而这种状况正在悄然地发生变化。当娱乐为人们所重点关注并被极力宣传时,人们在有意无意间正努力地将这些方面的活动植入他人的娱乐中。这自然会干扰并占据常人大部分的注意力,使人成为"娱乐至死的种物"[1]。满眼都是这些娱乐活动,人们就会无休止地受到更加强烈的持续性冲击,其思维也就难免受到干扰乃至被其完全"牵引"控制。美学被肤浅化,真正的美的力量在人类社会深层次的进步与发展中,将难以发挥关键性的作用。美自始至终是人的关注重点,但问题是,如何才能使其在人的各种活动中更好地发挥作用?在这里我们应该注意的仅仅是,不可将这种对美的表面的追求转化成为对美的本质理解和人活动的主要方面的干扰和影响。是的,对于一个人来讲,当其从事某个方面的活动时,自然是没有时间和机会去从事其他方面的活动的。

---

[1] [美]尼尔·波兹曼:《娱乐至死·童年的消失》,章艳等译,广西师范大学出版社 2009 年版,第 4 页。

（二）国家的创新发展对美提出了越来越高的要求

中国在经历了简单粗放式的发展以后，开始进入一个精细化创新发展的历史时期。在这个时期有两个典型的特征：一个是在各领域持续性的创新；一个是在任何一个领域都在表现出"极致化"发展趋势，尤其是表现出了对美的追求的极致化发展趋势。显然，这也是中国共产党人所努力追求的目标。如在 2017 召开的中国共产党的第十九次代表大会的报告中就明确指出，"中国特色社会主义进入新时代，我国社会主要矛盾已经转化为人民日益增长的美好生活需要和不平衡不充分的发展之间的矛盾"，并提出"为把我国建设成为富强民主文明的和谐美丽的社会主义现代化强国而奋斗"的目标。创新与美化的有机结合，在带来巨大的促进力量的同时，也对这种推动国家发展的内在的力量提出新的要求：必须强大到足以产生巨大推动力的程度，而不是拖累国家创新发展的"后腿"。国家前进需要内在的力量，这种力量本来就是人内在地生化、升华出来的美以及表达生命的活力而展示出来的对美的追求。国家建设与发展的"加速度"越大，对美的力量发挥作用的要求以及对美的力量发挥增强的要求就会越大。

二 人的个性发展受到足够的重视

个性的基础与每个人的遗传与社会学基础、每个人独特的好奇心与想象力相关，尤其是与每个人形成的特有的美化方式有着密切关系。表现自己的个性，也就意味着表现出与他人的不同。这种差异化构建与优化的有机结合会成为促进个人创造的力量，也会引导人的生活向更美的方向发展。

艺术是将人从神的阴影下拉到阳光下的主要力量，其中起核心作用的就是通过强化人的个性而引导人发现自我。人们普遍认可的是，艺术是最能体现人的个性的领域，也是使人的个性特征最能得到保证的领域。在当今的艺术疆域里，"审美日常生活化"力图消弥艺术与日常生活的明确"疆界"，从而聚焦于将"审美方式转向生活"①，美及艺术也因此使

---

① 刘悦笛：《日常生活审美化与审美日常生活化》，《哲学研究》2005 年第 1 期。

人的个性表现更加充分和便利。这恰恰表达了人能够在更多的场合和机会表现自我，体现生命本能的作用与意义。现代艺术创作的个性化、差异化的趋势越来越突出，这在推动艺术创作繁荣的同时，也给美学带来更大的冲击。如何建立能够涵盖各艺术表现的统一的美学理论，成为当下人们考虑、关注的核心问题。

如果我们基于生命的活性本能而建立美学理论，就可以发现，当下美学在人类活动中的指导作用并没有充分地发挥出来，我们需要在人的各种活动中、在更大程度上体现出真正的对美的追求。美的意义和对美的追求必须体现在人类活动的各个角度、各个方面和各个层次，这也恰恰是美学应该而且能够充分地发挥作用的地方。

三 互联网巨大地改变了人与人的交往

（一）人人都能自由而充分地利用互联网

互联网的普及已经使得社会中的人们彼此之间交流的机会进一步地增多、交流方式更加多元化、便利化。互联网使得信息的传递极其迅速、广泛而且自由，人们能够将大量的信息便捷而迅速地分布于互联网的每一个终端。交流的便利性、多样性、新颖性，对人的思想、社会意识和文化都产生了强有力的冲击，此时以互联网、智能手机为"节点"的新媒体、自媒体大行其道。无论是生活，还是工作和教育的方式，都将在这一新技术面前发生巨大的变革。

人们基于此而提出的新兴的"传媒意识形态"，是由传媒的生存依据和传播机制所决定的传媒的价值诉求、审美倾向以及世俗化目标的综合表达。这可以说明，现实与对美追求的真正需求之间本质性的矛盾已经强大到足以影响人的日常生活的地步了。大众传媒在20世纪90年代中国社会的审美泛化和文学性的社会化扩张进程中，起到了难以替代的引导、鼓动，甚至诱惑的作用。技术的进步与创新形成了基于人的个性与技术创造所生成的精细化"供需"双方，大众传媒的结构与功能的细分，以及各个不同的趣味指向或技术特性，又以其强大的氛围和背景，深深地影响着芸芸大众的闲适追求、生活想象和由此而带来的创新性的进步，并由此进一步地扩展延伸出更具广泛性的差异化的构建与追求。这并没有限制美学在人的思想构建中发挥重要的引领与控制作用，却为美学的深度应用激发更大的需求，在一定程度上也分散着美的力量。由生命的本能而突显成长起来的、能够推动社会进步与发展的对美追求的本质性的力量，如果不能得到美学理论的足够关注，便不能在这个过程中堂而皇之地发挥出应有的关键性的作用。无论是日常生活享受的最初动机，还是对于具体生活方式、生活目标和生活过程更深层次的理解与把握，甚至在生活和工作的更深层次的方面，人们都已经不同程度地受到了大众传媒有意识的吸引、调节与控制。大众传媒表面上的繁华，在满足了人们肤浅的对美追求的同时，也与生活的压力一起阻碍了人在内心对美的进一步深入的追求与升华。人本应该追求更美的关键性的力量，却被人的表面炫耀的美的需要和满足所替代、挤占、排斥。对美的追求虽然是人的本质性的力量，但这种强烈的需求与其作用不能充分发挥的矛盾，被迫驱动人展开另类的探索性的构建。在不能准确寻找到美的本质特征时，人们只能将注意力转移到以其他的形式来表征、度量对美的真正的追求上。

广播电台、电视等的"流行音乐排行榜"，"在线"地发布着乐坛的最新动向，将广大民众的审美标准转化成为人们关注和消费音乐文化、艺术的有力指南。电视里的"消费驿站""电视购物"等，不仅带来了丰富多彩的生活信息，同时也迅捷地催生了所有电视观众对于美好生活的繁荣化憧憬。在众多形式各异的创新产品面前广告大行其道，人们无从选择。报纸、杂志、网络，尤其是智能手机的网页中连篇累牍的"汽车时代""时尚精品""家居装饰"等板块，紧紧地吸引着人的眼球，在一片充满诗情画意的文字、画面里埋伏巨大的大众消费前景,[①] 大众传媒因其技术的优越性和信息收集与传播中的广泛性和便利性，推动了这种形式的社会审美风尚走进人的日常生活。他人的宣传代替了人自身的思考、追求和期望。这种现象内在地将人对美的追求的本质性的力量，转嫁到对其他与人的本质无更多关系的特征的追求上，干扰、分散、压抑着潜

---

① 王德胜：《世俗生活的审美图景——对 90 年代中国审美风尚变革的基本认识》，《思想战线》1998 年第 10 期。

藏于人内心的美的真正"意味"，使人在追求表面的美的过程中，消解了对美追求的本质性力量，也由此而浪费了人的生命活力。

这种趋势是基于传统美学意义的自然延伸的表现，典型地表现出了美学外在的、形式的、表面上的鲜活性特征。这显然已经不能满足人对美的表现的极大需要。在人们热心于那些能够在表面上带来"巨大的""光鲜的""显著的"所谓"形象工程"的同时，也在有意无意地忽略那些真正决定社会生产力的社会基础工程和核心力量。2018 年中美"经贸对抗"中"中兴"公司的遭遇就已经说明了这个问题。社会的发展需要将人性的追求与发展充分地融入社会的整个发展进程中，只有在社会的进步与发展的过程中，才能够更加充分地表现美的本质。只是追求外在形式上的美，甚至将美的本质与其他方面相脱离，或者说，只是将美学原理僵硬而片面地运用到人的日常生活中，是不能达到相应效果的。形式的、虚假的、浮夸的广告式的说法与表面上、形式上的美紧紧地捆绑在一起，使美学也粘染上一定的"骗子"成分，有时又会遭到人的"心领神会"式的嘲笑。

不能与现实有机结合的美学，如果不能够将社会的现代发展与美更加有机地结合为一体，那么人对美追求的本能也就逐步失去其施展的舞台和空间。人们在各种非传统美学的领域中发现了美和美学的身影，说明人们开始注意到在各种活动中生命的活性本能力量与当前环境有机结合时所产生的更加美好的意念和力量的意义。美的本质性力量以及对人类社会进步的核心作用，使美的身影开始更多地出现在摄影、网络、手机短信中，网络美学、摄影美学、短信美学、自媒体美学的出现，加上此前的电影美学、电视美学等，使美学能够借助现代科技媒介开始大规模地社会化，堂而皇之地走进人们的日常生活，出现"日常生活美学化"和"美学日常生活化"相互交织、不可分割的丰富景象。在人们熟悉了美学应用的相关领域以后，好奇的天性也使人重新注意到美的地位与作用。在各个方面和各项活动中都能够发现美学的身影，这本身就有力地说明美作为人的本质性力量，在人的生活中一直发挥着关键性的作用。由于人民大众的参与，更多的不能被称为艺术家的人也开始加入到美的艺术的创作过程中来，并在与人类相关的活动中发挥作用。随着这些领域越来越多地受到人们的重视，美的作用便在这些领域中的突显出来。由于对美的表现的不足和力量的欠缺，以及人对美的强烈追求之间的差距，就像是剥了皮的核桃仁一样一览无遗地展示在人们的面前。

电影、电视、网络、自媒体等新兴媒体，通过即时在线的传播平台，可以使人更加完整彻底地欣赏到对美追求的力量的具体表达，人们也可以通过更加生动形象的方式体验到美所带来的巨大影响。虽然新媒体的抢首发、点击率、"跟帖量"、"网红"、"抖音"，能够带给观众以巨大的、博取眼球式的"另类"广告冲击，但也容易给观众带来片面的、碎片化的海量信息。注意力经济已经将广告与价值等同。显然，在人人都可以自由地以互联网、智能手机等方式自如地表达美的同时，如果不能把握美的本质，便只能最直接、表面地表现人基础的、感性的、本质的生物学本能，更大程度上追求感官的快乐刺激，这已成为当前艺术与审美的基本模式。

与此同时，以计算机为基础的互联网，能够给人提供艺术品的创作过程中的技术、方法和手段的支持，使人更易于在各种创作媒介中做出优化性的选择。比如调色，传统上在画布上作画时，如果将调色板上的油彩画到画布上，那么在感觉不恰当时，画家需要用刀子小心翼翼地将画上的油彩一点点地刮掉。而用电脑作画，在感觉不合适时，只需要点击一下"撤销"键，就一切"OK"了。借助计算机技术中的智能辅助工具，画家可以先由计算机快速地构建出多种形态，即便采用最笨的方法：一一地在比较中去试，也比传统地在画布上画画来得更容易一些。仅仅只是"撤销"的便捷性已经使人失去了深入思考、更全面而恰当地协调局部特征之间相互关系的动力。"错了？没关系，撤销就是重新来过。"只有行动，却没有了思考。人们乐于在这种更加盲目、随机的优化过程中，低效率地表达着对美的追求。"行成于思而毁于随"。不只是"你可以不看"这么简单，而是说这些信息往往会对人的正常思考带来巨大的刺激，并有很大的可能性使人习惯于这种刺激而失去思考能力。

美一定不能只是流于皮表。传统的美学思想在将美与美感等同起来以后，更容易引导人只看到表面的浮华与"精美"，更不容易使人体会到其中潜在表达出来的对美追求的力量的真正内涵，也就不能使人真正地体会到人对美的追求，不能体会到对美追求的力量的表达和对"完美"存在感的认识、向往与为此而付出的努力，而只将好奇心满足止步于这种表面的华美之中。流光溢彩的表面信息，为人们理解与深入的思考带来了更大的困难，人也会很容易地湮灭于这种表面的"漂亮"之中，更容易失去对美的实质性的深入探讨与追求。

当然，只要人具备了强大的美的显性力量，就能够在此力量的作用下，在做了表面的、肤浅的美化以后，继续转向对内在实质性的美的深入探索，以更加强大而准确的力量推动人类社会深入发展。这也就提醒人们，要从当前这种对美和艺术表达的表面的浮华中挖掘出具有更深内涵的美的追求。这不是一件一蹴而就的工作，需要花费更大的精力才能有所成就。尤其需要我们运用更强的洞察力量，透过现象看本质，将美的本质真正明确地表达出来。

（二）如何构建一个美的虚拟现实世界？

互联网的出现使人有了充足而自由的时间。这一方面突出了人对信息的特殊的强化利用能力，引导人将注意力更多地集中到信息特征上；另一方面也会将人的心智在更大程度上从物质、环境、条件的限制中解放出来，使人可以在任何时间进行信息加工，并将零碎的时间组织起来，汇集更加充足而自由的时间专注于与信息相关的诸多活动。甚至能够及时地将其内心涌现出来的"灵感"记录并传播给其他人。

网络的出现使人有了更加广阔的表达空间。技术的发展使人人都能进入互联网的愿望成为现实。在人面对独立的互联网终端时，它会作为一个独立而又与互联网紧密联系的独特个体，因此便能够更加自如地表达其内心涌现出来的各种感受和想法。美的表达自然也在其中。因此，只要它能够表达，它就可以自由地表达。

这样，自由交流能够使人更强地体会到个人存在感和存在价值。信息交流的增多也会在一定程度上提高人对信息的加工效率，甚至会作为一种有效的激励力量推动人的创新和艺术创作"裂变式爆炸"的产生。因此，在基于互联网而生成的虚假空间——"赛博空间"中，一切都被戴上"虚拟"的光环，这便给人的思想提供更大的自由空间，给人提供更加强烈的想象性体验。如何将网络生活与现实生活有机地结合在一起，网络对美学来说到底会成为一场灾难，还是一场艺术盛况，都将取决于美学在其中是否能够准确地发挥出本质性的作用。

人生存的现实社会空间，是在人的长期的进化过程中，在人对美努力追求的力量作用下，基于人与社会在相互作用中逐步建构起来的。但"赛博空间"则是在人的意识力量推动下基于互联网而形成的意识心理空间。在极力标榜个性、自由、平等、创造的虚拟空间里，那些不利于现实社会的稳定与发展的体系，由于更容易满足人的基础性本能，很有可能会通过人的意识的强力作用而放大，并在虚拟空间通过共性作用而成为巨大的破坏力量。与"赛博空间"相比，在人的现实空间中，基于人类社会稳定、进步的力量，能够更加充分地表达人（自然＋社会）对美好生活的向往，因此，应该更能体现出美（完整而深刻）的本质。在这样一个世界，应该以人为核心，将生命的活力当作其中的核心特征，一切建构于"真善美"之上，在一切活动中都表达着对美的追求，一切展示出来的东西都应该是精致的，最起码达到了展示之前的极尽可能的精致。

当然，赛博空间，其实在一开始便处于不自由、不平等的状态：那些掌控、开创了虚拟空间的建设者、规则制定者本身就具有了极大的权力：他们具有了制订、改变和违反规则的权力，他们就相当于"州官"。这些人从一开始便具有根本意义上的"特权"，也就从根本上打破了其所标榜的自由与平等的"口号"。应当看到，在赛博空间中，虽然每个人都可以有更大的自由，可以不做人们不愿意做的任何事情，但也由此会带来更多的问题。

一是人们已经不愿意将对美的追求推向极致。这其中的原因是复杂的，具体看来，可能包括：人们更加急于取得成果、获得利润。在将出镜率、点击量、关注度等作为重要的参考标准时，那些追求表面的光鲜、亮丽的"收益"的人，正以更多的"花边新闻"干扰着美的本质性信息的表达，满足表面的新奇性信息正代替着人的创造性思维构建。当所有的事物都被纳入人们的视线里时，实质性的信息就会湮没在众多的"娱乐新闻"中，自然也就影响着人们对本质性特征和关系的思考。也许有人会说，在这种表面的追求之后，人们便能够展开更加深刻的本质性创新了。但问题是，人们已经（或如果）习惯于此，对本质性特征和规律的思考也就随之迷失在各种具体活动之中。工业化大生产的模式与创新的迅速结合，大大地提升、扩展着某一行业的迁移与改进的速度，人们将更加容易地在某一行业中展开各式各样的所谓"创新"。人们已经没有足够的资源（能力、时间）展开深度思考：当所有的表面光鲜被人利用完后，那些真正对人类社会的生存、稳定、进步与发展有益的力量便会被掩盖、分散。大量的表面创新成果，会取代和掩盖更多的颠覆性创新成果。人是在深度思考中得到进化的，现代社会却要逐步地"肤浅"，成为人类进化的反动力。由于得不到美学的有效指导，不能把握美的创造性本质，人所展示出来的行为就会逐步地落入"标准化"的模式中，重复、复制、粘贴、略作修改的所谓创新等，会占据"头条"并浪费大量的资源（包括注意力、精力、创造力等）。

二是没有固化出对美追求与优化的模式和力量。虽然差异化的构建是人类进步的必然消耗，但是可以运用人的主观性而展开美的指导，从而将这个人的"空间"建设得更加美好。生命表现出了强烈的"追求更好"的力量，但如果它得不到重视就必然地湮灭在显见的现实中。更何况这种复杂性的因素会使人消耗更多的资源因而潜在地被人轻视。实用主义的思潮干扰着人们对满足精神需求的重视，以至于艺术也受到了忽略，"以后有用"的"考证"做法，在失去了人的主观能动性考量以后，会浪费大量的先期资源。

传统艺术不再关注人的本质力量的强化，也不愿意在同各种具体事物关联的过程中，扩展并增强这种力量。这种力量本应该在虚拟世界中得到提升并能够更加有力地发挥作用的，但由于人在面对虚拟世界时已经受到大量新奇性信息的干扰，这种本来就隐藏于人的琐碎活动之下的、非明显的力量便不再发挥其应有的作用，人会因为受到更大功利性的干扰，从而影响其智慧力量的充分发挥。

三是不愿意经受更加复杂的力量的冲击。无论是生物群体，还是人类社会，都是在生命基本力量的基础上逐步进化成长起来的。生命的基本特征决定了人必须满足好奇心，诸如关系性、复杂性、多样性、差异性、新奇性、未知性等都会成为满足好奇心的核心特征。面对复杂的社会，人在其生命活性本能力量的作用下，会从其所熟悉的世界中尽可能地追求差异、表现不同，尤其是让更加多样的信息同时并存，在稳定的基础上追求变化，在规律的、确定的世界中寻找不确定性。人们在面对所熟悉的世界时，会表达出对新颖性信息的更大追求。

的确，在虚拟的赛博空间，人的差异性力量会导致各种差异思想同时并存，每个人又都为了体现自己个性的生存价值与存在感而极力地表达与他人的不同之处。虽然我们可以以表达这种力量的模式作为虚拟社会的共性基本力量，但由于这种力量隐含于所追求差异的表面力量之下，它也就更不容易受到他人的重视。

四是易得性的影响。在虚拟空间，以联系的便利与现实世界无所不包的物流体系作保障，人的各种需求会快速地得到满足。通过表现创造力使自己的需要得到满足的过程本身，因为会消耗更多的资源，除非在性命攸关、迫不得已时人才这样做。既然人的需要能够通过简单的、表面的方法和途径可以顺利得到，那么，人何乐而不为？既然需要可以很容易地得到满足，为何还要给自己"找麻烦"？在此种情景下，人会越来越懒惰，越来越不愿意表达即使是生命本能的竞争向上的力量了。

五是将希望寄托于他人。科技的创新成就了各个领域的精细化发展。服务的个性化要求与满足所形成的"模式锁定"使人不能自拔。一方面，人对外部世界保持足够掌控能力的要求产生新的需要；另一方面，服务行业的个性化发展，又从客观上表面地迅速满足着人的这种个性化需要。"买！买！买！"的模式推动着我国物流经济的发展，但也带来一些问题。

形而上的哲学思想虽然总是受到人们的批判，但其在推动科技进步中的作用与效果，仍在鼓励着人们保持对这种思维方式的热爱。孤立而片面地研究问题的方法，也总是使我们从孤立的角度看清一个客观对象。世界的复杂性给人们从整体上规律性地把握当前的局面带来困难，因此，人们便将注意力集中到更小的领域。把困难留给他人，把便利与享受留给自己，这也算是一种无奈的选择与追求。虽然人能够在美的力量驱动下通过创造性的优化将其扩展到极致，并延伸到人所涉及的所有方面，但在孤立地研究问题的习惯的思维方法作用下，会使人失去更多本质性地表达自身力量的机会，由此而使更多的人产生"退化"的可能。不需要很长时间，人们便会习惯于此。于是人们不再将注意力集中到自身的努力与创造上，而是将希望寄托在他人身上。以至于会出现"做什么的不吃什么"的奇怪现象。反正自己也看不见，"可能他人不会像我这样骗人吧"？那么，连你自己都不再相信自己为何还要相信他人？可你为什么要为这点小利而产生恶行呢？如果人人都会这么想，就必然会导致一种"恶性正反馈"①。

六是丰富多彩的美的理念与艺术表现会带给人以更大的冲击。交流的便利性也使人们在极短的时间内能够受到各种美学理念和不同艺术流派的大量冲击。无论是工具的便利性、交通的便利性，还是人们对于艺术展览的热情，都在助推着当今各种形式的艺术展的迅速普及。比如说，以往人们想要举办一次艺术展，需要花费很长时间来准备，而在当今世界，人们借助互联网很快就能够同时欣赏大量的、风格各异的艺术品。当然，前提是人们愿意将自己所创作的艺术品发布在互联网中。

受到人的好奇心的驱动，人会主动地在很短时间内接受一定量的不同艺术流派的新颖性信息。这是人的生命本性在意识中的具体体现——好奇心的满足。人生于世，就必须时刻受到新奇性信息的刺激，以维持其正常的心理稳定性。而当大量不同流派的艺术品同时展示时，有可能会以其强烈的差异性而带给人以巨大的新奇性作用，尤其是能够带来超出人的好奇心感受范围的差异化刺激，使人不能理解和体验艺术的本质，甚至由此而产生困惑、不安、焦虑和不知所措的情绪，带着这种心理，也就不能得到美的享受了。在人们还没有习惯于当前的美的理念与艺术流派时，新的艺术流有可能又扑面而来。这种状况其实并不需要太长的时间，人就会由于"习得无助性"而表现出更强的被动适应性行为，由此便会失去主动性构建与创造性的本能。

这需要我们在更加有效地满足好奇心的同时，强化对美的本质性研究，由此构建起美的强大的共性力量。

四　人的自由感得到了巨大的改观

人人都有个性的自由、创造的自由、言论和表达的自由。每个人都

---

① 徐春玉、李绍敏编：《以创造应对复杂多变的世界》，中国建材工业出版社 2003 年版，第 422 页。

可以随时随地地开展创新活动，自由地将自己新奇的想法表达出来。在创造本能的驱动下，每个人都可以就任何话题表达自己独到的意见。每个人完全可以按照自己的表达方式任性地展开创作。我们可以不与他人见面就能够随心所欲地表达自己的想法，而且可以在表达自己的思想时，根本不用考虑其他人的想法、情感和承受能力。在国家自由、平等、公正、法治的大前提下，运用互联网，在人人都愿意而且可以表达言论社会中，那些被美学加工和强化的艺术精品出现的几率会越来越小。除非人们有较强的发现和构建美的直觉，并有表达美的娴熟的技能，否则，是很难从中寻找到艺术精品的。当人们将自己的注意力从对美的追求中转移开来时，诸如，当人们只是单纯地追求物质享受，单纯地以金钱的多少作为衡量艺术作品价值的标准时，创造出艺术精品的可能性就会大大降低。由此，我们只能希望创作者在将其作品发表之前，能够运用美的特点和规律进行美的创作。只有这样，才可以形成更多层次和水平更高的艺术精品。

20 世纪 90 年代市场经济在中国社会正式启动并逐渐走向成熟，物质的极大丰富与盈余成为"新民间"社会的突出现象。在市场法则的笼罩下，消费意识形态成为 20 世纪 90 年代多元意识形态"家族"中最为醒目的存在者。虽然"消费话语"成为这个时代最有诱惑力、号召力和生命力的巨型"软实力"，它不仅让在计划经济时代遭受压抑的世俗欲望和感官享乐获得存在的历史合法性，而且还颠覆了传统的价值观和道德观，不断地产生新的娱乐消费时尚。

由于"大众传媒"在这个时代的神奇崛起，传媒意识形态所形成的"传媒话语"便成为与"消费话语"互动的另一个巨型"大数据"。在传媒话语所形成的视觉文化视野里，影像以其感性、逼真、现场感的冲击力以及几乎同步的传播"在线"，使各种各样的消费时尚观念深入人心，这同时对美学的指导作用与意义也提出了更高的要求并形成巨大的压力。传媒在不断呈现消费时尚的同时，也在不断地制造、刺激出新的消费欲望。在传媒的激励和导向之下，消费成了"神话"，不断满足由传媒意识形态和消费意识形态合谋制造的各种欲望便成为人们主要的生存活动，也成为文学叙事表现的主要"审美偏化"——风格。

这本应是作为精神文明建设的核心的美学大力发展的机会，尤其是美的自主性更应该发挥其更加强有力的指导作用，但由于各种各样的原因，它反而使美距离真正意义上的审美日常生活化越来越远。自然，美的本质也就被人们所逐渐忘却，美学的话语权无论是其自动放弃，还是无能为力，面对这种形式的文化变革，便只能"望洋兴叹"。从另一个角度来看，这便为以美学为核心的精神文明建设提供了无穷大的舞台。人们急需要与之相协调的美的精神追求。

新媒体的泛化使人的活动有了恰当的工具，这虽然给美的表达和艺术的创造带来了巨大的便利，但也对美学产生了巨大的冲击，这种状况急需要得到美学的指导和改进。

五 对物质的追求忽略了人的本质性特征

（一）拜金主义的泛滥使人无所适从

人的生存与发展的资源是有限的，人的能力、心理资源也是有限的。更何况人还会受到热力学第二定律的控制而不断地使"熵"变得越来越大。当外物占据人的主要心理资源时，人对自身内心感受的注意力和能力就会越来越弱，人对世界的主观能动性便会逐步失去踪迹。对物质的追求会越来越多地占据着人的期望与追求，也因此而占据人的大部分的注意力，期望与创造会围绕物质需要的满足而进行，使物的结构与功能的极致化发展成为人追求的核心，人也会为此而展开各项活动，人随之会成为为物质所奴役的"附带物"。而对美追求的潜在性的力量，虽然会将这一过程推向"顶峰"，但这种对美的追求力量却有可能产生"异化"——异化了人的理想、异化了人的追求与生存的意义，也因此而异化了人。由于人们无更高的理想追求，很多人便无力摆脱金钱的诱惑，只能不断地、全神贯注地寻求直接性更强的物欲刺激。正如邱华栋在《闯入者》中表述的那样："整座城市只是一个祭坛，在这个祭坛上，物是唯一被崇拜的宗教，人们为了物而将自己毫无保留地献给了这个祭坛。"

在这些物欲横流的叙事文学作品中，除了金钱以外，亲情、爱情、友情、互助等作为人类道德基石的、人类社会成长与进步的核心要素，它们作为最为纯粹的东西理应得到更加有力的"高扬"，却全部遭到质疑、批判，而且还受到了极度否定性的描写："世界上真的有爱吗？爱情算他妈什么东西，一万、十万、一百万能买到吗？十块、一块、一毛钱一斤她值吗？爱情就是水银，剧毒，只能看，不能碰；是狗屎，不能看，不能闻，不能摸。你还以为世界上真的有爱情吗？什么都是假的，只有钱是真的，只有钱最伟大，有了钱就有了一切！"① 以人性为基础的社会文化却转而成为颠覆这个有着几千年优秀文化历史积淀的"宏伟建筑"的"挖掘机"，这的确成为一种令人不解的现象。人们高扬的"尊重人权""尊重自由""弘扬人性"的口号，却成为随意发泄个人疯狂欲望的"遮羞布"。对于男人来说，其"成功是什么呢？就是钱！""男人身上是万万不能没有钱的。钱是男人的胆和魄，没有钱的男人是没有胆魄的"。"我们爱的是钱！""你想钱，就要做钱的孙子，要比钱更卑贱！"（葛红兵《财道》）也许人们会用"辩证法"的思想来解释这种潮流，但这的确不应该成为主流、不能作为榜样，此时，我们尤其应该引导人基于真正的美学而对其加以批判。应使人更加清醒地认识到，在经济社会中，钱只是人生的价值追求在一个方面的、一定程度的体现，它的确可以为我们带来生活的享受和便利，但钱决不能成为一个人人生追求的终极目标。将钱作为追求的终极目标必然会从根本上动摇人类社会发展的根基。

当人们意识到人的所有的本能都可以描述、表达时，便以极大的热情，甚至是不顾一切地直接且单一地描述这种需要和满足这种需要，而根本不考虑社会性特征的制约与影响，这往往会造成两个方面的生命本能的更加剧烈的冲突，将从根本上动摇美的存在、作用和力量的稳固根基。诸如人有恶的本性，恶是作为善的对立面而存在的，人们表达恶，是为了更加有效地向善转化。但在当前，有些人会纯粹为了表达恶而描述，甚至形成了一股被称为"现代艺术"（或后现代艺术）的潮流。在此过程中，他们割断了由恶向善的转化和由恶的对立而更加强烈地表达出对善追求的愿望和力量。单纯地为恶而极端地表现恶，撕裂了由丑向美的转化和升华的基本链条，这将严重地不利于人类社会的稳定与发展，

---

① 莫言、阎连科：《良心作证》，春风文艺出版社 2002 年版，第 31 页。

它自然地被传统美学排斥在外。失去了美学理论的正确指导，这股艺术潮流也会很快地迷失方向。基于此而失去美的升华，失去对人类社会进步的推动作用，它也就不能在人类社会中存在，更不能在人类文明中发展。

（二）人的思想被严重物化

物质主义的兴起使得人以物质的多少作为考虑问题的基本出发点。对物的追求以其直接性而更容易地占据着人全部的心理资源（能量和注意力），成为人日常活动中不可或缺的所思所想。对物的强大追求吸引了人的眼球，形成了稳定的"反馈锁定"。

生命活性的扩展力量很容易使人形成对外在物质的无度追求，在使人忘却自己的同时，转向对满足强烈的物质需求。现在人类社会已进入到后工业社会，从目前来看，后工业社会表现出消费性构建的特征。在当前这个社会里，人的"异化"会进一步加剧，人不仅从工业社会早期的出卖劳动力的工具变为出卖知识的工具，而且会从工业社会早期生产的工具变为消费的工具。①

企业家（更直接地说是资本家）们为了获得更大的利润，试图通过消费，以各种手段无限制地刺激人的物质欲望来促进生产的高速增长，仿佛有了钱、有了充足的物质，人也就由此而得到全部的幸福。"宁可坐在宝马车上哭"的论点就有不少的追随者。这样一来，人也就被塑造成为一种"物的奴隶"，他生存的全部目标只是为了满足当下的、即时的、感性的、物质的享受，高尚的与精神上的追求在人的需求中所占据的比例越来越小。虽然这些追求也表现为对美的努力追求的具体行为，但这种力量将被湮灭在更能直接表现的物质的、感性的快乐享受过程中。

先前物质的匮乏使人对物质满足的期望变得更高，而科技的发展又对这种期望及其满足的稳定循环起到推波助澜的作用。无论是科技的发展给人的生活带来的日新月异的变化，还是通过不断变化的外部环境，都使人将注意力进一步地集中到外界客观事物上。广告的虚夸吸引着人们对美的感性追求，使人只是关注外在的"表面美"，对感性刺激的追求

---

① ［德］阿多诺：《美学理论》，王柯平译，四川人民出版社 1998 年版，第 29—31 页。

也在强化着这个方面的问题。

托尼（Richard Henry Tony）写道："在中世纪思想家看来，把获取经济利益的欲望看作一种永恒而重要的力量，把它作为和其他自然力一样不可避免、不言而喻的事实来接受，以这样一个假设作为建立社会科学的基础，如同把人类好斗或性本能之类的必然属性的放纵作为社会哲学的前提一样不合理性、不合道德。"[1] 在基督教神学观念看来，"追求更多的财富不是进取，而是贪婪，而贪婪是一种弥天大罪"[2]。既然是一种罪恶，人为什么还要做？物质满足的直接性，驱动着人直接抛弃了精神追求。

由于得不到正确引导和激励，人的物质生活虽然富裕了，但精神和道德生活反而日趋衰颓，人变得越来越自私、越来越浅薄、越来越卑微，失去了人基于相互作用所形成的社会性的、对人类的进化能够产生巨大作用的力量；人与人之间的关系变得越来越冷漠，人与人之间越来越疏远、越来越缺少温情和关爱；人们之间交流越来越少，共性力量便越来越弱；由于心灵被物欲所吞噬，无限膨胀的物质欲望和利益谋划，使人已不再关注和思考自己生存的更高层次的社会性意义，不再考虑表现自己由生命的本能而升华得来的一切积极表现、努力追求的力量，从而使人的生活失去了精神的根基和依托，在精神上成为一个无家可居的漂泊者。

各种腐败现象像瘟疫似地迅速滋生了官员的贪污受贿，他们为了一己私念而不顾国家利益、人民的利益，为了自己单一的目的而不顾一切法律，吸毒、抢劫、奸淫等犯罪仍然存在，甚至越来越多地出现在人们的生活之中。究其原因，其中很重要的一点就是作为人的本质的美的意义被极度淡化，甚至被人完全丢弃，美与人完全隔绝。

为什么要这么做？其根本的原因就在于人不再进行以人的生物与社会性有机结合的本能力量为基础的生活，不再努力地追求作为自然的和

---

① ［英］理查德.H.托尼：《宗教与资本主义的兴起》，赵月琴等译，上海译文出版社2006年版，第19—20页。

② 同上书，第20页。

社会的人的更加美好的生活。而是只沿着一个错误的方向一再地"沉沦"下去。这些方面都是由于不能以美的本质引导社会向更好的方向发展的具体表现。与此相应地，在持续性地追求生理需要与满足的同时，生理需要与满足的意识性表现会成为意识空间中的主流，与此相伴生的就是对这种满足的简单追求，以及从艺术的角度替代性地使这种需要得到满足。自然，当其形成一种社会氛围和追求时，社会的复杂性和生存压力（这种压力一方面来源于现状，另一方面，来源于人所构建出来的对更加美好生活的向往与期望）也会进一步地推动着这种现象的不断"发酵"。单一地追求某种感官刺激，简单地追求快感，而不考虑对整个环境、整体社会所造成的严重伤害，必然地会产生严重的后果，最终也会影响生命个体的健康发展。

变动的世界、骚乱不安的内心，迫切需要稳定的精神寄托。"对美好生活的向往"自然地会成为人们所追求的理想目标。以道德为核心的社会美会成为一种基于生命内核的基本的稳定性的力量，坚守于此并形成信仰，会保证人有更加充分的创造力空间，基于这种稳定性力量，人们会在各种虚无的探索中，尽情地泼洒才华。

（三）当前人们的追求产生了"异化"

有一种说法是：生带不来，死带不走，名和利都是镜中花、水中月。但人生的意义何在？是的，我们认为，人应该在有生之年尽可能地实现自己本性中的创造性的力量和对美的追求，甚至仅仅是表达这种努力追求的力量，这就足够了。人应该在表达自己生命活力的过程中，努力地表达对更加美好生活的向往。人活着就要担负责任，于是，便有这种思想出现：我在努力地表达自己所要追求的东西，而那些极力地满足自己欲望的行为，便被人自然地划归到表达其对美好生活向往的行列中。这为什么还要被禁止呢？"你要禁止，就是不尊重人权，就是在灭绝人性！"此时的人只是看到了自己生命活力的表现和基于生命活力表现而生成的期望，却没有看到群体所形成的第二次的、第三次的以及升华后的生命的选择构建。生命是在与自然和社会的相互作用过程中不断地成长进化的，通过相互作用而形成的群体与社会的力量，必然地促进着生命个体的进步与成长。因此，社会的核心力量也就被内在地固化成为生命个体的本能性力量。在一个群体社会中，表达这种力量也是每个个体的社会性基本要求。促进社会进步与发展的力量被全体成员追求与赞赏，表达这种力量以更好地促进社会的进步与发展的社会成员，必然地受到社会的崇尚。这同时也内在地要求每个个体都必须表现社会道德的基本力量。于是，人的活力本能表现为两个层次：一是表达个体自身基本的生命活力；二是表达社会通过联系而赋予个体的社会性本能。在社会中生存，就必然地要将两种力量有机地结合为一个整体。

如果只是单纯而孤立地表达自身生命的本能追求与欲望：一是有可能会受到其他因素的干扰、影响、破坏他人的正常生活，甚至有可能会危害他人的健康乃至生命；二是有可能为了追求单一特征指标而使自己的追求产生异化。人的追求发生了偏颇，追求的目标发生了变化，会在追求目标的手段更加多样化的作用下，使异化达到极致的程度。

单就从表达个人生物活力本能的角度来看，人也存在着表达感官刺激的本能模式和表达深层次的联系性的、抽象性的、升华性本能模式的区分。每个人都不能只考虑自己生物本能的追求与满足。否则，人的理想会很容易因受到生命本能的驱使而展开异化，人的追求也容易产生异化，基于此的美学自然也会逐步地异化。不能及时升华的传统美在人们的思想观念中也会一点点地慢慢渗出"馊味"来。人们不再显现出足够的对生活更加美好的向往与追求，而只是单纯地追逐名利，这距离"更加美好"的生活会越来越远。诸如"毒馒头""三聚氰胺奶""手机诈骗专业村"等都可以看作在寻找不恰当的、为了获得更大的竞争优势而采取的不当行为。

美虽然是人的本性，但需要它更强有力地发挥作用，这就需要强有力的推动和促进手段。在中华人民共和国成立后的相当长的时间内，人们将注意力更多地集中到人的社会性上，并尽可能地加以强化。可以认为，中华人民共和国成立初期的这种做法是相当重要，而且是应该被充分肯定的。随着国家的改革开放推进，人们却开始抛弃人的社会性本能，转身只简单地关注个人的生物性、动物性、生理性本能。在认识到自身个体重要性的过程中，人们将自己的目光转向自身，但仅仅将目光集中在与人的本能相关、或者说与人的更加基本的需要紧密联系在一起的需要及其满足上。吸毒、卖淫嫖娼只是为了简单地满足人的生物本能，而某些社会环境也在极力地仅仅满足人的各种感官需求。作为文化传播与宣传部门的电视台，成为青春靓丽的"小鲜肉"们"嬉笑"的"角斗场"。这种现象虽然不是主流，但由于过度的传播和宣传而对主流产生了严重的干扰和影响，也以极大的市场需求并伴随着工业化大生产和信息产业的发展而产生足够强的作用。

这样的追求不是对美的追求。最根本的原因在于人们没有树立美好的理想和信念，人对美的追求产生了"异化"。物质的富裕不可能完全解决人的生存与发展的问题。如果人不能相应地在精神上获得提升与解放，这种物质的富裕反而会成为人的一种枷锁，会使人失去更加本质的自由，使人成为物的奴隶，从而丧失真正意义上的人的生活。面对这种现实，审美的价值就愈显突出。我们虽然不赞成审美救世主义，但不能否认它对于我们被物欲吞噬了的灵魂至少可以起到一定的净化和消解的作用。

六 人的追求被单纯的感性娱乐所取代

（一）对表面而简单的感性满足的追求

表面的感性审美是需要的，但更需要深度审美和由此而生成的深度思维、深度创新。有时人们会很困惑：创新是人的本能，但在当下，有越来越多的人不愿意创新，而更愿意把问题的解决交给他人。其实原因也很简单：问题越来越复杂、牵扯到的因素和环节越来越多；问题越来越深刻；问题也被掩饰得越来越深。在人们不自觉地将自己降低到动物层面而只注重感性感知体验时，人就失去了深入思考的追求，失去了创新的乐趣，失去了在差异化构建基础上的比较优化和由此而扩展生成的概括抽象能力，失去了通过生命的进化而形成的强大的意识能力，失去了人生的升华，使人不能够在意识层面的运作中享受到更高层次的美。我们需要在众多具体而感性的审美体验中升华到更高层次的审美体验。

如果不能从美的本质出发，不能表现人所特有的抽象性本能，也不能有效地促进对美的追求，不能促使美得到进一步升华、获得更高追求美的力量，只简单地表达本能的生理期望与满足，就会自然地成为艺术表现的主流观念，也会对人的社会生活产生极其负面的影响。20世纪中叶开始的中国普通老百姓的生活就表现出了这种状况。伴随着我国改革开放的推进，随着科技的飞速发展，人的物质文化生活得到了极大的丰富，大众的生活趣味与价值从单一温饱型生存诉求日益趋向丰富与生动，一度受到社会文化道德制约的"身体"悄然苏醒，"个体欲望"和"感官快乐"等作为人性的自然立法被重新确立。"消费"和"服务"不仅成为人们日常生活的基本活动，也变成了文化活动的中心地带，"涤荡"着传统美学理论的重新构建。到了20世纪90年代，随着美的本质不断弱化，"新民间"语境下的"物的欲望"和"性的欲望"，在有形和无形之间取得了"可以而且能够"的合法性地位，成为人们的主要关注点，在更大程度上占据着人的思维空间，形成了稳定的心理背景和基本出发点。"物欲"和"性欲"成为消费社会中人的生命存在、追求与发展的"制高点"，也成为人寻求无限制地自由发泄的理由。在这个"制高点"的"威慑"恐吓之下，传统社会所固有的理想、精神、爱情、信仰、道德等已经开始逐步地退出历史舞台的中心位置。不同意这种观点，便会被扣上"泯灭人性""不尊重人权"的大帽子。在文学中，"性欲"成为20世纪90年代文学叙事中最为突兀的要素。"没有'床上戏'的影视作品不看！""性"已被剥去了传统社会中所有遮羞的装饰，开始走出古典神秘的帷帐，像橱窗里的商品一样，明目张胆、肆无忌惮地被摆布着、展示着、传播着，甚至成为人们关注的"唯一"追求，而且纯粹是为了"性"的满足而从事"性"，形成了一股蔚为壮观的"肉身潮"。

历史哲学家汤因比（Arnold Joseph Tognbee）由此指出："受到大肆宣扬的那些事吸引了我们的注意力，因为，它们处于生活之流的表面，而且，它们使我们的思想不能专注于比较迟缓的、无法去直接感触到与无法衡量的运动，这些运动是隐藏在表面下一定深度上进行的。当然，千真万确的是，这些较为深层、较为迟缓的运动造就了历史，并在那些耸人听闻的事件时过境迁之后，在这些事件造成的心灵效应已缩小到它适当的比例的时候，正是它们在回忆中撑起了伟大的历史。"[①] 那些整天

---

① 转引自蒋承勇《"美是人的名字"——中世纪神学美学及其他》，《浙江社会科学》2015年第9期。

以较强的"刺激冲量"冲击着人的感知神经系统的外界信息，会在人的内心形成高兴奋状态，自然，它的涌现性也就会越来越强，越来越多地在不同的行为过程中发挥作用。

应当看到，马克思和恩格斯并没有否定"性"，对那种健康的、反映人的"本质规定性"的两性关系的描写是给予肯定的。除了用"爱情诗的精华"赞誉中世纪的骑士诗《破晓歌》外，恩格斯还在《路德维希·费尔巴哈和德国古典哲学的终结》中阐明了文学艺术与性爱描写的关系："人与人之间的、特别是两性之间的感性关系，是自从有人类以来就存在的。性爱特别是在最近八百年间获得了这样的意义和地位，竟成了这个时期中一切诗歌必须环绕着旋转的轴心了。现存的实在的宗教只限于使国家对性爱的管理即婚姻立法高度神圣化；这种宗教也许明天就会消失，但是爱情和友谊的实践并不会发生丝毫变化。"① 但显然，人不仅仅是单一的生物人！我们所强调的是，缺少了作为人的本性的美，人能够在这种追求与满足中得到升华吗？

人的追求开始"角逐"于低俗，仅仅满足于生理层面的需要，不能将感性审美上升到更高的美的层次，更多的人也习惯并寄希望于这种低层面的满足。而有动物学家研究表明，具有较高智商的类人猿，已经开始扩展"性"的功能和作用，将"性"活动作为交往并获得足够的资源的方式和手段。② 那么，人为什么就不能基于此而展开对美的升华呢？在延伸扩展、联系、组织基础上的升华是美的一种基本过程，理应得到足够的重视。促进和提升美的升华，是美学的重要任务。

虽然美学本身就此应承担相应的责任，但社会氛围则在此种状况的形成过程中发挥更大的作用，以"收视率""点击率"为核心的美学标准会驱动着人的相关的活动并占据影视审美的高地，虽然其中也包含着一定的美的因素，但从本质上偏离了美的方向。自然，在这种审美泛化的过程中，人们关注的所有方面，都应该成为表达人对美的追求力量的平台，而且还会在众多人的追求过程中更加充分地表现出来。但是，由于

① 《马克思恩格斯选集》（第4卷），人民出版社2012年版，第240页。

② ［英］德斯蒙·莫利斯：《裸猿》，何道宽译，复旦大学出版社2010年版，第35—50页。

没有能把握美的核心本质，所以在相关的活动中没有将人的本质性的力量展示出来，不能表现出真正的对美的追求，因此，也就不能将美的作用更加有效地发挥出来，自然会导致人们从别的角度形成"另类"看法。人不能在美的本质思想的指导下进行活动，就只能任由其呈现泛滥式的发展，这就更需要美学的大力发展。反映人的更为本质的力量应成为美学基本的指导思想和原则，它作为美学与艺术领域的"核心力量"应该发挥其应有的作用。显然，作为国家层面的文化管理与宣传部门不能无所作为，而应该真正地抓住本质且关键的美的力量，以更好地发挥其应有的宣传引导作用。

我们在这里可以很容易理解黑格尔的艺术美高于自然美的观念。但如果缺乏对美的本质性的认识，人们对于在日常生活中更好地表达美的能力会越来越低，美学对于生活工作的净化、升华的力量也会越来越弱。这必然导致人们在低层次的审美追求中不能"自拔"，甚至不愿意"自拔"。比如，在"自然至上"观点的影响下，一切以自然为标准的原则应用在当代餐饮业中，就有所谓的"女体盛宴"，这便只能将其归结为简单地寻找生理刺激的自然表现。那些被韩少功称为"叙事的空转"和"叙事的失禁"的小说，在美学风格上恐怕较之16世纪"粗俗的"德国文学更是有过之而无不及。有些更是"赋予语言以纯粹肉体的性质"，无所顾忌地暴露性、欲望、吸毒、同性恋、自恋、颓废、空虚、死亡、绝望等主题。我们说，"这个可以有"，但绝对不能成为主流，一定只应是极少数的非主流，尤其是不能作为目标来追求，更不能形成一种风气。重要的是要使人的生物性本能与人的社会性本能更加有机协调地结合在一起。我们不是圣·奥古斯丁（St. Augustine, 353—430），把人类的性行为看成是"原罪的污点之一"，但世俗也绝不意味着低俗甚至恶俗。"吃、喝、性行为等等，固然也是人的真正的机能。但是，如果使这些机能脱离了人的其他活动，并使它们最终成为最后的唯一的终极目的，那么，在这种抽象中，它们就是动物的机能。"①

尼采虽然把艺术和艺术作品的概念延伸拓宽到一切生产能力和每一

---

① ［德］马克思：《1844年经济学—哲学手稿》，刘丕坤译，人民出版社1985年版，第51页。

个本质性的被生产者那里，却无力推进美的升华，于是便采取简单粗暴的方式否定经典美学所主张的艺术应使"原始感觉向审美升华"的过程。表面上后现代主义美学在颠覆了经典美学的精确含义的同时，仅仅把非艺术的对象作为审美对象，但它没有能够从中挖掘出其所包含的本质的美，在将诸如性经验中的"快感的享用"也纳入美学的视野时，却没能基于此而构建出概括性更强、抽象程度更高、更加系统的美学理论体系。福柯（Michel Foucault）就曾说过，古代对快感的道德反思不是旨在把行为规范化、合理化，也不是形成一种主体的解释学，而是试图达到一种态度的风格化和"生存美学"。表达人的生理快感并没有错，这是美的核心表达之一，也是美学诞生及存在的重要基础，但问题在于应该如何表达、表达到什么程度、如何将快感表达与其他的审美表达协调统一在一个更高的概念之下，甚至是如何通过表达而激发人的积极向上的力量、如何将生理快感的表达升华到更高层次的美的表达。

拉什（Scott Lash）坚持通过具象的意指体系来表现日常生活的审美形式，也将注意力仅仅限定在感觉层面。鲍德里亚（Jean Baudrillard）和詹明信（Fredric Jameson）所强调的，"就是后现代主义'无深度'的消费文化的直接性、强烈感受性、超负荷感觉、无方向性、记号与影像的混乱或似漆如胶的符码的混合及无链条的或飘浮着的能指。在这样的'对现实的审美幻觉'中，艺术与实在的位置颠倒了"。王德胜直接将视（影）像与快感协调一致，称其"不仅源于我们身体内的享乐天性，更大程度上，它已在今天这个时候推翻了康德（I. Kant，1724—1804）这位19世纪经典美学家的信仰；'过度'不仅不是反伦理的，而且成为一种新的日常生活的伦理、新的美学现实"的这样一种"美学合法性"观念。①

显然，生命的稳定存在与进步发展对美学中提出了"适度"的度量性要求。"过度"本身就是与生命活性的不协调，非但不会产生和激发美，反而会给人带来伤害并使人感到恐惧。人展开审美活动，一方面是为了控制扩展过度的"欲望与快感"或"对它们行使权力"；更为重要的一个方面则是引导其形成"升华"，通过升华所形成的更大范围内的"不

① 王德胜：《视像与快感：我们时代日常生活的美学现实》，《文艺争鸣》2003年第6期。

变量"而维持足够的稳定性力量。欲望和快感可以存在，人也可以过度地沉醉于这种欲望和快感中，但一定要升华，尤其不能任由这种低层次的快感主宰人的一切。正如福柯主张在"快感的道德实践中"建立一种主体的"自决"结构，即建立"支配""服从""指使""屈从""控制""驯服"的关系（而不是像在基督教的神修中的那种"澄清""否弃""解释""净化"的关系）。①

（二）大众娱乐对美的冲击越来越大

对美的不恰当认识，影响着美在新的时代（万物互联的、人工智能的时代）发挥其应有的作用。对美的片面的、局部的不恰当的认识，逐渐地使美学失去其在人民心中应有的地位。审美活动旨在追求一种超然于日常平庸活动之上的纯粹的精神体验，虽然不以满足人的实际需要为目的，也不以满足人的欲望本能为归宿，但并不意味着不再表现美的本质。以往（主要是20世纪中叶以前）人们一直受到传统审美思想的影响而对美极其重视，即使没有这种抽象的精神追求与具体美的艺术之间的紧密联系，由于人们一直维持、表现着对美的追求，还是能够保证更多的人在一定程度上体验到足够浓郁的传统的美。更何况在当时，由于生活各领域受到一定的限制，还不足以使人的视野扩展到无序乃至无法控制的地步。这种情况到当代便发生了巨大的变化。在"新民间"社会里，"消费"不仅成为人们基本的日常生活活动，也变成了文化活动的"巨型语法"。"正是消费这种无处不在的漫溢，改变了人们数千年来对精神、艺术以及自身生存意义的固有认识和界定，也选择着、创造着、生成着新的文化艺术观。"② 人们不禁要问：艺术（艺术家的追求）应该坚守什么？

传统美学和艺术精英的"纯美"或"经典美学"的审美观念，强调的是审美与艺术所具有的超越日常生活的精神性或超验性的内涵，其指称的对象往往是具有强烈的终极关怀意义的、神性思考层面的"经典文

---

① ［法］福柯：《性经验史》，余碧平译，上海人民出版社2002年版，第194—195页。

② 金元浦：《别了，蛋糕上的酥皮——寻找当下审美性、文学性变革问题的答案》，《文艺争鸣》2003年第6期。

化"或曰"高雅文化",这在最大程度上表现人的生命创造力,在当代生活中,其迅速地被人丢弃在脑后,也必然地会受到大众娱乐的强烈冲击。这种"纯审美"或"经典美学"关注的重心是人的精神层次和心灵世界,关注人的基本心理过程,它本可以在大众娱乐的浪潮中更加游刃有余,而不应只是"悲悯的情怀、庄重的态度、追求人性的超越性提升"。它追问的应是美之为美的本源,讨论的是优美和崇高的美学范畴,它更能够在大众娱乐中促进人在各种具体情况下进行反思、概括与总结,从而形成更深层次、更广范围内的美的体验。它应同时包容悲壮、苦难、雄伟、奇异之外的非和谐、非秩序、非平衡和非精致的情怀,并在精神悲苦与庄严之外的生理快感和追求功利的基础上,将表达的主题真正地集中到促进美的升华上,努力地追求更高层次的美并升华成为人的美。更应该在满足人基本的生命活性的基础上,引导人持续性地向更美追求。这种对美无限追求的本能显然没有被人主观地提升为人的日常生活中的独立方面,而是在人的日常生活中潜在地发挥着一定的作用。

从一定程度上讲,无论是大众传媒的兴起,还是更加复杂多样瞬息万变的世界,都在无形中弱化着美的中心地位,逐渐地将美的本质隐藏、掩饰起来。

由于大众传媒的介入,下列变化尤其值得我们注意:第一,从形式上看,大众传媒改造了传播美的载体、方法和手段。通俗地讲就是人们不再只是以静态的形式来表现美(像雕塑《掷铁饼者》那样),而是在大量地运用动态的眼光或动静相结合的方式表达美,并使人从这种动态的过程中理解美。第二,从内容上看,大众传媒(包括"抖音")已经成为美学艺术表达体系的一个有机组成部分。虽然还存在诸多的问题,但这一模式的可视性、即时性、"在线性"动态特征,正逐步地占据人的更多的注意力。第三,从结果上看,大众传媒逼迫后现代美学理论直接与现实状况"同一"为一体。实况转播可以使我们更加清楚地看到努力、积极、拼搏的力量,看到距离我们很近(与我们有更多的相似程度,我们也可以这样做,甚至就在我们面前)的、即时的真实现象,看到他人经过平时的练习而掌握到的优美化的动作和美的内容,看到人们的灵活机动、出人意料和瞬间受到"提问"时的直觉表现,使我们能够欣赏到人是如何表现他们生命中积极向上的力量的，我们也对此感叹，并由此而祈祷自己在付出巨大的努力时也应该有所回报。尤其是在我们能够"看到"这种回报时，便会感受到无限的审美快乐。这就是新媒体所带来的最为显著的力量。对于那些虽然可能具有高超的技巧，却不想表现自己的奋力拼搏者，即使他们取得了相应的成绩，有时我们只是将他们划归到"天才"之列而对其敬而远之，我们还有可能会对其嗤之以鼻。

伴随着即时性的大众娱乐兴起，出现了一个新名词"小鲜肉"——描写在镜头前没有任何"剧本"和事先准备，只是单纯地依靠其灵活多变的能力而能够恰当应对媒体的白皙俊俏、漂亮光鲜的年轻小生，甚至仅仅是因为其年轻。是的，年轻人充满活力，由此会迸发出更加迅捷而强烈的创造性，人们在内心也期望他们能够瞬间做出惊人之举，当这种期望得到满足时便会产生欣慰感。人们认识到，年轻人不会受到更多的似是而非的所谓经验的制约与影响而能够大胆地行动，他们反应快捷且迅速，能够满足人追求"快"的特征要求，能够表现出青年人极大的热情，更能表现出生命本源的向上的生命力量。这些年轻人有灵感，更加灵活，拒斥由一些经验所固化生成的习惯性行为，他们的新奇的观念不再停留在思考上，能够将各种新奇的观念付诸行动、一试为快。他们的无畏，能够以其新异的思想观念与实际行动带来新的刺激和力量，而使人耳目一新。人们期望在青年时期即做出重大突破，科学技术的进步与发展也已经充分地证明了这一点。那些成年人、老年人也都是从青年时期走过来的，因此，他们能够理解和原谅青年的无知与错误，中老年人也往往会不断地回忆、向往充满活力的青年时代。经过筛选，那些出现在众人面前的年轻人，形体与相貌都能够满足大多数人的审美要求等。在此过程中，群体中人们的共同追求又通过"共性相干"所形成的非线性影响，放大着这种力量，并由此而形成了浓厚的社会氛围。"追星族"的巨大舆论与社会力量在悄然而坚定地改变着文化艺术的走向。追星族形成了很强的氛围与话语权。在此活动中，被动式的服务及新奇性信息的大量涌现，使得更多的人只能被动地接收和享受这种信息和服务，并在这种表面的喜悦感受中，失去人选择与构建的自主性以及与世界的相互作用，并使自我、自主性等降低到可有可无的地步。人的主观能动性本就是一种客观存在，表达这种客观存在，将更加充分地表现人的价值和意义。但人们在这种过程中会越来越多地失去更多关于人的意义、愿望、追求和地位的思考，失去了思想和人的思想的独立构建，失去了人在与客观世界（自然的和社会的）的相互作用中的发挥主观能动性的能力。

那些肤浅的、感性的、无理的、尴尬的、"无厘头"的冷笑话、无意义的"说道"，在经历红极一时的"轰动"以后，人们便因感到无聊而逐渐地不再关注。在这个过程中，人自然会失去在内心表现出来的本质性的力量，失去人因为表现生命中积极向上的活力而激发出来的美，失去生命的活性本质力量的表达，人们对生活便会越来越感到索然无味。

（三）广告化美学的影响越来越肤浅

在大众娱乐环境的作用下，人们更多地关注美的感性的、表面的、暂时性的、形而上的局部特征，将注意力单纯地集中到了外形等表面特征上，这就导致美学仅仅在广告中大行其道。实质上，美所表现出来的生命中积极"向善""向上"的力量体现在人的所有的行为中（不只是形式上的），所有人在其各种行为中都会发现，也都能够表现生命中的美的力量。只关注表面美的广告美学，会引导人仅仅将关注点停留在这种肤浅的感性的形式美上，并由此对美的实质表现产生严重的干扰和制约，自然会影响美的作用的深度发挥。

第二节　当前美学发展生成了难以调和的矛盾

虽然这是一个人人都能够追求自由、表达个性的年代，但任何一个人都不能完全按照其自己的想法（想象）而随心所欲。他必然地会受到社会道德规范的制约，最起码要受到自然规律的限制。

一　后现代化驱动着人们对美的新理解

后现代理论是一个不好被理解的理论。20 世纪 80 年代开始，科学研究更多的是揭示事物运动与变化过程中的非线性特征，并基于此而开展了过程的、演化的、经历的、构建性的特征及其规律的研究。由于其特征的研究本来就是建立在非常难以理解的诸如混沌、分形、混沌边缘、互适应、临界状态等特征之上，因此，无论是基于哪些特征组合、以哪一种研究方法为基础而展开延伸，都会为研究带来巨大的困难。

以耗散结构理论、协同学、突变论、混沌学、分形理论、自组织理论等为核心的非线性复杂性科学，从根本上否定了非此即彼的线性科学观，并给人的研究带来更加广阔的空间和视野。而以非线性科学为核心的后现代理论体系，重点关注许多人们以往忽略的、不理解的过程性特征、关系和结构特征，否定了人们习以为常的、努力追求甚至是引以为傲的状态性特征：解析解、连续、恒常与稳定、确定、有序和可控等特征。复杂性科学更是明白无误地指出，非线性并非像人们习惯上认为的只是一个可以忽略的特征，也不像是人们所认为的只有在某些特殊的情况下才出现，事实上，非线性的影响一直存在，只不过我们就像是将头埋在沙子里的鸵鸟，对自己不能处理的问题选择视而不见，这纯粹是在掩耳盗铃。以往的研究在更大程度上可以称为是线性研究。主要通过描述其与某一个时刻 t 的状态性特征以及由此而建立起来的状态变量之间的关系，如 $F = ma$。在这里，牛顿第二定律建立起了一个质量为 m 的物体在时刻 t 所受到的所有外力与其运动加速度 a（瞬间性状态特征）之间的确定性对应关系。即便人们遇到的是典型的非线性过程，人们也会尽可能地将其简化成为人能够准确认知描述的线性过程。但这种非线性的线性近似，试图从局部的角度抓住其中的局部特征和彼此之间的线性关系，仅仅使人获得暂时的、局部的、确定的满足感，却为此而丢掉了更为宏观的本质特征。

复杂性科学认为世界具有未知、不确定、随机、发散、无序、差异化等特征。线性科学所一再遵循的确定性、稳定性、必然性、因果等当时性特征是有条件的、暂时的、局部的、极少的，是一种简单化、粗糙化的假设。自然界绝大部分的运动都是混沌的，其中充满着无序、多样并存和一定程度的无规律性。心理的复杂性、意识的未知性、发散性、多种可能性、涌现性、自反馈、迭代（反思、自相似、开放、自组织

（或称为创造）、局部的、碎片化等，更是突出地表现出了复杂性的固有特征。

后现代理论中的过程性核心特征，将成为我们构建美的新的本质特征和规律的基本出发点。我们需要运用复杂性科学的理论和方法，借此解释如何用自然科学而生成美学的基本规律，如何由生理快感升华为美感等问题。由此自然地会产生更多新的概念、关系和规律，这对习惯于以往美学概念体系的研究者来说，有时会造成很大的困难。但这是必须面对和解决的问题。

由于复杂性科学本身的难度，并且由于人的能力有限性，人们以往还不能顾及这种全局性的影响，只能形而上学地将其线性化处理，只能片面地研究某一个很小的问题，并按照自己的期待进行寻找、"观照""解析解"。难以理解复杂性科学，一方面导致了运用这种方法研究美学问题的学者越来越少；另一方面也导致了人们总是从消极的角度论述和强调后现代观念对美学的负面影响。显然，从维护自己所熟悉的理论体系的角度来看，以负面的、消极的、否定的、排斥的、批判的态度认识后现代思想对人的作用，往往会更加容易。

沃尔夫冈·韦尔施是一位颇具世界影响力的后现代主义学者。正如他的代表作《我们的后现代的现代》所标示的，他徘徊于现代与后现代悖论式的张力之间，一方面为后现代新的思维方式的活力感到兴奋，试图为"后现代"这一概念正名；另一方面也对人们荒谬的误解深怀焦虑并提出了尖锐的批判。①

格里芬（David Hilbert）就认为，这种后现代主义"以一种反世界观的方法战胜了现代世界观：它解构或消除了世界观中不可或缺的成分，如上帝、自我、目的、意义、现实世界以及一致的真理。有时出于拒斥极权主义体系的道德上的考虑，这种类型的后现代思想导致相对主义甚至虚无主义。"② 这种后现代主义在反思现代性的灾难的同时，却又把人

---

① ［德］沃尔夫冈·韦尔施：《我们的后现代的现代》，洪天富译，商务印书馆 2004 年版。
② ［美］大卫·雷·格里芬：《后现代精神》，王成兵译，中央编译出版社 2011 年版，第 225 页。

类带入虚无主义的新的灾难性境地，世界由此失去了意义的根基，真理、价值、正义等问题就统统都变成了无意义的东西。

在人们不能准确把握复杂性科学本质概念、关系和规律时，往往会形成自己的片面理解和认识，再用它来描述本来就复杂、多变和不确定的美学问题，此时对其理解产生偏差甚至错误就在所难免。诸多美学家们的有意无意的排斥，给后现代科学理论应用于指导美学的建构与发展带来更多的负面影响，使人们一开始便站在以复杂性科学为核心的后现代理论的对立面。一些没有真正理解所谓"后现代"含义的人，或是对其断章取义之人，只是抓住"后现代"最为肤浅和表面的特征、关系及方法，肆意地对其肢解与解构，使得很多追求艺术的人开始批判或质疑"后现代"，并将其视为洪水猛兽。在科学技术已进入"第三次浪潮"的迅猛发展时期，产生了耗散结构理论、量子力学、协同学、突变论、混沌学分形理论、孤立子理论等非线性科学，有些人甚至认为这已经从根本上否定了非此即彼的线性科学观，"推翻了科学'第二次浪潮'的占有支配地位的能量守恒定律"①。物质运动必须遵循物理规律，而在这里却遭受到无情抛弃、嘲讽，这种研究是不能被大众所容忍的。即便是人们认为规律也仅仅是一种假设，但这种假设却在更多的情形中被证明是正确的。在没有更好的"假设"之前，我们还应该先认可这种"假设"，并以此作为研究的基本出发点，不能以无知作为"噱头"！

对后现代观的误解使人在极力地表现人的个性化的同时，不再思考人的个性与艺术的独创性之间的有机联系。这是一种美学研究体系的巨大失误。美与艺术在追求人的个性和艺术品的创造性表现的同时，会将美的本质表现越来越深地隐藏到社会的现象中。这种分崩离析、片段化的复杂现状，却越来越强地驱动着人持续不断地追求着美的本质。而美的自律性特征又自然地成为人们坚守传统美学的"保护伞"。我们需要强化美基于自主基础上的自律性，但也应该认识到美本身就处于一个开放的状态，只有通过差异而与其他状态形成相互作用，才能表现出美感。同时，只有及时地将其他学科的研究方法引入美学研究中，才能有效地

---

① 张乾元：《对后现代主义的理论反思》，《美术》2006 年第 11 期。

促进美学的进步与发展。我们在强调美的自主性的同时，不能将其构建成为一个自我封闭的体系，尤其是应该在同其他模式的相互作用过程中，更深入地构建美的意义。

人们出于无知、害怕、偏见和误解，将"后现代"理解为一种情绪，或理解为一种心灵状态。并认为，只要体验着的是生命的自我状态，就必然地带有意向性，就自然与经验、认识、感觉等精神性的特质联系在一起。由此，本身就具有较强主观性的美也就变得更加虚无。从本质上讲，这种包括听、说、看、触摸、痛苦、快乐、厌恶、反感、爱恋、怨恨在内的体验，是"认识可能性的起源"。就审美而言，这种体验无论是"浸入式"的审美还是"非浸入式"的审美，都无一例外保持着对主体"感受性"问题的追问，同时也就自然地进入了"感性认识的科学"的领域。如果说在经典美学盛行时期，人们更看重艺术中的"感受性"，那么在今天，审美的"感受性"更是成为人们日常生活须臾不可或缺的现实需要。

后现代主义是一种影响至深、至广的思潮，也对中国美学同时产生着正反两个方面的影响。就其正面影响而言，其反现代性（以过程性的、动态性的特征嵌入到静态的、状态的描述过程中，通过重点关注这些以热力学第二定律为核心的新的特征反僵化）、反权威（与权威不同，并不意味着反权威。后现代所强调的对美追求的过程性特征，保证了任何人都可以成为权威，任何人如果不思进取，就会迅速地由权威变为非权威。从这个角度讲，后现代仿佛是"逆水行舟"的代名词，固守权威，只能保持过去的荣耀，只有持续地保持追求，才可能成为未来的权威。后现代的动态性特征也明确地表示，不思进取的权威会迅速地被新的视角所抛弃）、去中心（任何意义都可以表述美，任何领域都可以成为美与艺术展示的舞台。美已经冲破了传统的行业领域的束缚而走向全面发展。任何行业、任何领域只要能够在更大程度上、有更多人在从事相关的美的创作，便都可以使之进入大众的中心视野）、终止宏大叙事（随着对美及艺术的准确揭示，美与艺术不再以模糊的、朦胧的、神秘的、困惑的、焦虑的方式展示在人们的面前，由于时间过程性特征所引起的复杂性始终存在，即便人们在创作表达方式上有所突破，也需要进行过程的、历史的、全程的和复杂的构建，同样会维持这里所讲的宏大叙事的合理存在）、解构现成的思想（思想在不断地进步与发展，事物总是在不断变化中运动着，我们只能以片段的方式表达这种状态和过程的终结。而美与艺术的创新性特征始终占据着其品质中核心的地位。再精致的模仿也不被人认可）、批判性（持续性的变革始终在否定着现有的一切。表达一切可能的美会受到艺术家和欣赏者的欢迎。而基于否定他人基础的新的构建，只是为自己的思想在摇旗呐喊，同时，生命本质的差异化构建本就是美与艺术的本质）、反思性的启迪（领悟性的把握本质，只能是沧海一粟，正常的情况则是人在持续地差异化构建过程中，基于某个特征标准，运用反思的方法求得作品的最优效果，甚至我们只是将优化作为一种基本的心理背景，从而引导人连续不断地进行美化构建）等特征，促使中国美学走向开放多元的发展道路，促使中国美学向更加本质的方向进一步发展。后现代还有一种回到社会生活（美与艺术必须与人民大众相结合，在人民中间起到积极的促进作用。谁也看不见的所谓"伟大的作品"只是痴人说梦式）、回到原初〔从更加本质的角度促进美的认识与艺术的创作，是美学的巨大进步。人们在众说纷纭中总要理清楚彼此之间的关系，这就需要一个基础性的"总纲"，在基本规律的基础上，构建出与具体的情况（"定解条件"）相结合的特殊规律，并基于此而"求得"特殊的运动变化"轨迹"，使人能够基于这种变化轨迹而"解析"性地求得美的各种特征和彼此之间的关系〕的倾向，与资本主义现代性相对抗，与一些陈旧泛泛无用的所谓经典相反，与艺术的虚伪和美学的矫饰相抵触，这都是具有积极意义的方面。[1]

后现代不是无本质的，而是指其不只是一种本质，尤其是多种本质的同时并存。人们所强调的应该是向本质的进一步的逼近，不能虚幻地以某些局部的特征和关系当作本质。非线性所揭示的非一一对应性或者区域应对关系，指的是运用人的线性思维不可能完整系统地全面把握问题的本质，因此，应该从概率论的角度研究彼此的"纠缠"和"分割"。

---

① 贺丽、杨光：《冲突与沟通——当代中国"审美现代性"的认识与重写》，《山东社会科学》2007 年第 7 期。

这就意味着，当人对更加美好的状态努力追求时，任何主题都可以作为人所要描述的美的中心。人的个性的发展在于努力地表现与他人的差异性，如果掌握多中心的理念，便接受不了这种艺术现实。量子力学中的"薛定谔猫"也许正是美的本质。而人们只能就这种美的不可确定性来探索其具体化的过程中的基本规律。

后现代是一场革命。并不是说我们想回避"后现代"就能够回避得了的。我们已经进入后现代时代，我们必须也有能力把握后现代的相关特征，并做出尽可能的与其相适应的探索。随着各种艺术主题的自由表现，它对人的能力提出越来越高的要求。"我们可以大写'当代'一词，以便包括后现代主义的选择性试图包含的任何东西，但是，我们再次地感到我们没有可辨认的风格，任何东西都适合。"① 这就是后现代艺术的核心特征。任何意义都可以作为艺术表达的主题，这在带给人以更加丰富的艺术享受的同时，也为研究美学理论带来更大的困难。各种学科已经进入后现代时代，相关特征已经被人们所重视。如果我们仍希望将自己停留在 19 世纪的"梦想园"里，这能够对新的时代问题发挥足够有效的作用吗？

随着科学技术的不断发展，揭示过程性特征的方法已经为人们所熟悉。人们也已经明确地认识到，事物的某种状态不只是与前一个状态有关系，还与事物的变化发展过程紧密相关。非线性科学提示我们，如果只考虑不同时刻状态特征之间的关系，而不考虑事物运动与变化的具体过程，就不能真正地把握事物的运动变化规律。在对事物运动与变化的推测过程中，即便只是存在很小的误差，也往往会得到完全不同的结果。这就启示我们，必须关注事物运动与变化的过程性特征、事物运动与变化的历史和路径等。只要将过程性特征独立特化出来，将它作为与美对应的诸多环节中的一个最重要的环节，就会成为被人们所掌握的特征。

这的确需要在同时考虑时间和空间因素的基础上，深刻地理解、构建美的特征和规律。在这里，尤其需要将过程性特征作为核心特征。这

_____

① ［美］阿瑟·C. 丹托：《艺术的终结之后》，王春辰译，江苏人民出版社 2007 年版，第 15 页。

虽然会为人们的理解和运用美的特征和规律增添许多的麻烦，但却是必须要进行的工作。相关的特征以时间因素为基础而具体展开，需要人们将不同时刻所表现出来的典型模式独立特化出来，并进一步地研究不同时刻状态之间的内在联系。这就意味着不能只是描述与时间相对应的状态性特征，更为重要的是还要描述状态之间的过程性关系，并由此而组成一个稳定的状态结构。

美学需要有力地吸取其他学科的成果与方法，以此为自身奠定发展的基础。当前美学的研究现状表明，从传统美学理论出发，采取逐步"修正"的方法建构对当前艺术"万紫千红"的发展的解释，只会带来更大的矛盾。以往的方法已经不足以承受美学与艺术大厦的建设之重，必须采取科学革命的方法，从人类学、社会学、生物学（尤其是生物物理学、生物化学、复杂性动力学等）、神经科学、心理学等学科借鉴经验，广泛而深入地开展美的基础性研究。

我们认为，美是在生命活性的基础上进化而来的，生命活性的基本模式在美中发挥核心作用。通过群体作用和意识作用会使美得到独立强化并成为人（是大写的人）的核心品质。美在形成独立而稳定的模式以后，可以自主而完整地在人的各种行动中发挥关键性的作用。马克思的"美是人本质力量的感性显现"的观点在我国影响甚深，在我们将"感性"上升到与生命的活性特征和状态协调一致时，可以将其作为解决美学问题的基本出发点，但仍需进一步地挖掘其中具体而深刻的内涵。古典的追求美的统一性理论与后现代追求越来越个性化的表达之间的矛盾会越来越突出。生命体是由一个个相对独立的组织器官协调在一起的复杂系统。该系统内任何一个小的部分的扩展性构建和各个部分所表现出来的生命的活性都在放大着它们内部之间彼此的差异，内在地刺激着生命的进化。美学与艺术的关系也是如此。

二 各种艺术形态对美学的离析力变得更强

美是在不断地与其他因素建立联系、升华的过程中逐步完善的。但在美学的研究过程中，的确存在着有意无意地割裂各种有机联系的倾向。诸如将美与社会的有机联系相割裂，以其美的"无功利性"将美与政治、道德品质相割裂；奋力强化"我"的重要和唯一正确性而将其所秉持的美的理念提高到极致并孤立出来；将某个方面的美感推向极致而不再建立与其他美感的有机联系，单一而孤立地表达各种美的理念而不思升华等。

现代与后现代艺术、"波普"艺术、达达主义、超现实主义等艺术流派和思潮不断地对美学提出新的要求，它们要求得到美学的肯定、理解、解释和指导。与此同时，在传统艺术表达真善美时，一些创作者出于好奇心和创造性本能，极力地表现恶与丑，甚至故意地将其与真善美相对立，这种趋势在某些领域还愈演愈烈。由于得不到美学的正确解释和指导，当代艺术呈现出肆无忌惮的随意发展、杂乱无章的乱象。当然，我们不能由此而否定艺术家内心对美的追求。问题的关键就在于如何才能在更高的层面上对各种独特的艺术表现加以概括总结，系统化地将其转化为一般规律并的具体描述出来。阿多诺（Theodor Wiesengruchl Adorno）的担心与困惑也在深深地影响着艺术人。[1] 我们不否认有某个"天才"突然出现，但显然，脱离开美学理论指导的艺术家不能在更大范围内和更高层次上达到对美深刻理解的程度，而没有了艺术为基础的美学也将愈加空泛而不能深入发展。艺术与美学的不同会有效地促进两者的进步，而两者的协调一致也将会以足够的稳定性力量推动两者的更大发展。

现当代的艺术现状在为美学带来巨大的分解力量的同时，也在为新的美学带来巨大的生机。它引导着美学家必须基于这种差异化的现实，在更高层次上追求美的更加深刻的本质。

三　对美的本质性认识越来越虚幻

（一）美的逻辑基础的虚幻使人困惑

连阿多诺都已经忍不住地报怨道："美学和艺术中已经没有什么是不言自明的了。"[2] 各种艺术形态的差异越来越大，与传统割裂的艺术创新和由此所形成的表面的哲学思考，不断地表现着与传统的美学理论越来

---

① ［德］阿多诺：《美学理论》，王柯平译，四川人民出版社 1998 年版，第 1 页。
② 同上。

越大的差距，它甚至故意地将违反传统美学理论的观点作为艺术创作的基本出发点，纯粹地为违反而违反、为创新而创新、为批判而批判、为反对而反对。基于艺术创作实践的美学理论，在系统解释艺术创作时面对的困难也就越来越多。

随着哲学体系不断地进行自律化建设，各种哲学体系也越来越抽象，不容易被人理解，在追求自身"严密的逻辑体系"的过程中强化着与他者的差异和自身的特色，在各种可能的逻辑方向上的"纯粹知识"的选择性构建，创建着更大的"分叉"，使其理论体系离美的本质渐行渐远。

虽然人们忙于给某个艺术流派所构建出来的美学理论贴上各种各样的标签，从而固化着美学的基本理论，但这种"包饺子"式的做法，只是将不同的理论以松散的方式堆砌在一起，仿佛只要将其像沙子一样地堆在一起就会自动地组成一个具有有机联系的坚固整体一样。这种标签只会让人对美学理论产生短暂的可掌控的感受，但由此所形成的坚固性"硬壳"，则会干扰人最终形成的协调一致的美的理论。

一位权威人物在前面自言自说以后，后面的人便将其"说道"奉为圭臬。虽然人们相信"权威"专家已经做出了精确的结论，但在这里的确也是一种潜在假设：将其成果无约束地扩展到更广的领域。严格说来，即使是某个领域的专家，也往往只是在很小的领域有深入的研究，如果无节制地将这种局部的结论进一步地延伸扩展到更大的领域，这需要认真地验证其正确性。这是科学的态度。理论就是在不断延伸——证实过程中构建出来的。

在研究美的知识体系的基本特征时，人们不断地构建形式各异的理论体系，这不仅推动着美学理论在差异化构建基础上的建设与发展，也在概括抽象的基础上构建更加本质的美的规律。但各种理论在强调自身逻辑性、正确性的同时，否定着其他理论。这种与其他理论的不相兼容的理论，反而阻碍着理论有机统一的步伐。

关于美学的"元知识"思考，进一步地抽象提升着人们对美的认识，增加了人对美的本质的高层次和复杂性认识，这就需要人们有更大的包容心理空间以形成对美学整体把握基础上的"共性相干"，以此而将不同具体情况之间更加本质的共性特征、关系和规律揭示出来。人们潜在地假设存在着更加本质的特征和规律，这甚至已经成为人们研究美学的基本观念。人们在探索基于基本规律上的"定解条件和定解方程"，通过构建共同的规律，将各种具体情况以不同的"初始条件"和不同的"边界条件"来具体区分，在建立起关于美的一般规律和美的"定解方程"——"一般规律＋初始条件＋边界条件"时，进一步得到基于具体情况的特殊规律，并由此而将各种美学理论和审美现象"统摄"起来。

（二）美学距离人民大众越来越远

美学自成一体的逻辑结构、美学自身理论的高深与抽象的特征也为研究美学带来一些困难。复杂的科学理论不断地以自己的方式解释美学道理，使得描述美学的理论变得越来越难懂；美学理论有种说不清的混乱、繁杂的分支体系、更多的自相矛盾的观点：各种观点层出不穷，彼此之间达到了不可协调的矛盾状态，且都在自说自话，谁也不服谁；它们只是抓住"皮毛"却不能深入其本质，有些自视清高的概括抽象的理论，自以为只有自己才在追求无功利的纯净的美，而他人都在世俗中苦苦挣扎，他们沉醉于自己所构建的虚幻的理想空间而不能自拔；各种美学分支在解释各民族美的追求与艺术表现时遇到困难，就间接地引入更多不为人所理解的词汇，尤其是在未能把握美学本质特征和基本规律时，诸多急匆匆构建出来的所谓理论不能有效地解释当前所出现的诸多误解、矛盾和现象，这都进一步增加了美学的难以理解的特征。

他们利用人的一知半解和猎奇的心理，将那些似是而非的观念，将美在人的内心形成强烈但却存在不足的、没有把握本质的印象进一步地强化。自以为人所共知的具体情况提供的仅仅是在局部上的相同或相似，不考虑出现的所有情况，不关注产生的所有的问题，只选择那些能够证明其观点正确的"特例"，不再探索更加本质的规律，将那些特例情况不经过概括抽象武断地推广到一般，从而给人的思想带来更大的混乱。

他们利用人的自以为是的心理，在认同并扩展人的趋同心理的同时，基于人无限扩张的欲望，随意地变换那些可变化的局部特征，把理想当存在，把许诺当现实，把未来视为当前实际，但这只能在一定程度上满足人的期望，人往往会因为这种满足未能切实地实现而产生更大的困惑及焦虑。

难以理解的艺术，如果不能随着技术的进步与社会的发展而表现出美的本质性特征，也就不能引导美学理论家和艺术表现者探索如何才能使美学更好地发挥作用的途径。这种认识上的不足往往还会形成一种稳定的"吸引力"，使人不能摆脱这种确定"话语"的制约，翻来覆去地总是说一些模棱两可的话，以模糊替换模糊，不但没能使人对美及美学有一个更清醒的认识，反而使人对其越来越困惑。

四 各种矛盾分割着对美的本质的认识

（一）理论建构与实践应用的矛盾

在没有认识到美的进化性本质因素时，美一直被看作为一个"突兀"的文化启蒙群体和"知识精英"所掌握并深受全社会尊崇的概念，其创造出来的"纯（审）美"文化成为提升民间粗鄙文化品质的美学范式，其在审美伦理上具有足够的号召力。到了 20 世纪 90 年代，作为"纯审美"或"经典美学"创造者的精英群体无能为力地淡出了美学文化中心，如果美学（美学家们）自身要再故步自封，不与具体的社会变革相结合，不能有效地发挥其应有的作用，那么美学也就不再受到民众的支持和关注，便会逐渐滑向社会和文化的边缘，归于平静。

（二）大众创作与艺术精品的矛盾

艺术家是从更多处于"金字塔"底层的创作者中脱颖而出的。以广大民众生活为基础的艺术创作，并不意味着粗制滥造。艺术必须以精品意识为前提，艺术精品也是在众多的艺术品中脱颖而出的。艺术家对其创作存在着巨大的天赋力量。那些具有足够天赋的艺术创作者，可以更加主动而艰苦地进行着精品艺术的持续性创作。人们总想得到艺术精品，却不能沉下心来去对作品精雕细刻。当不能创作出为广大人民所理解、接受的、以"下里巴人"为基础的"阳春白雪"时，"纯审美"或"经典美学"自然就会日益被边缘化，并逐步地在社会的进步与发展中失去其应有的地位。

（三）传统美学理论与现代理论的矛盾

本质美学需要具有更高美学修养的专业人士进行"打磨"。而所谓的更高的美学修养，一是通过理论学习与思考为其奠定坚实的理论基础；

二是经过具体的实践活动积累丰富的经验，又经过理论与实践的反复提炼、概括总结，形成理论与实践的有机结合，从而构成富有特色的、基于实践的、反映本质规律的理论体系，表现出更高的抽象概括力和更具实际指导意义的"特色理论体系"。

国际美学学会前主席阿莱斯·埃尔雅维茨（Ales Erjavec）认为："审美泛化无处不在。所谓'审美泛化'是指对日常环境、器物也包括人对自己的装修和美化。进一步说，美学也因此淡化了其形而上学的意味。"①如果不能把握美的本质，研究这些问题便只能做到隔靴搔痒。也许，当这些表面鲜亮的"广告性"语言，占据着人的全部视野，满足着人的好奇性追求时，人便没有了自主思考的空间和机会，一切都会由他人提供相对"健全"的服务，而我们只需要更好地"享受"这种服务就可以了。

美学在不能对艺术实践做出正确的指导时，美学在陷入无能为力的状况，自然地处于惊恐状态。无论是美学理论自身的自为性扩张，还是美学实践不断地对美学理论提出指导性要求，都对美学存在的合理性提出质疑。出于理论建构的需要，"超美学"也在一定程度上受到人们的关注。所谓"超美学"②意思是超越传统美学，是指："美学已经渗透到经济、政治、文化以及日常生活当中，以至于从现在起所有的东西都成了美学符号。"③我们说，美与人的不可分割性使得与人有关的任何活动，美学都可以成为表达人的生命的本质特征的方法途径和具体的模式。即便是人人都成为创作者，也是可能的，只要每个人秉承美的本质，尽最大可能地追求美，极尽可能地追求最美的表现形式，不再只是粗制滥造，那么他们即使不被人称为艺术家，每个人也同样可以闪现出美的光辉。一些研究者认为，"日常生活审美化"只是直接将"审美的态度"引进现实生活，这样大众的日常生活就会被越来越多的"艺术的品质"所充满。这本就是一件好事。美体现在人的各个方面，但当人们"把审美特性简

---

① 刘文辉：《20世纪90年代文学叙事的审美范式转换》，《中南民族大学学报（人文社会科学版）》2013年第2期。

② ［法］让·波德里亚：《超政治，超性，超美学》，《世界艺术》2013年第1期。

③ 金元浦：《别了，蛋糕上的酥皮——寻找当下审美性，文学性变革问题的答案》，《文艺争鸣》2003年第6期。

单地授予原来平庸甚至'粗鄙'的客观事物（因为这些事物是由'粗俗'的人们自己造出的，特别是出于审美的目的）或者将'纯粹的'审美原则应用于日常生活的日常事物时"①，美便失去了其应有的"味道"，进而成为流于皮毛式的、鲜亮的"广告"。在美学没有抓住美的本质的情况下，便不能在这种美的本质模式的转变过程中发挥应有的作用。美学就只能在这种波澜壮阔的变革中随波逐流。

"纯审美"或"经典美学"为何会如此轻易撤离其长期据守的理论高地？"泛审美"为何能一呼百应地导演这场颠覆传统的"美学事变"？根本原因就在于美学理论基础不扎实，不能揭示美的本质，从而对艺术创作指导不力。

（四）美学的特色化建设与美学一般规律的矛盾

更为突出的是，各民族、各地区以其独特的方式生成了美的意义和美的表现（艺术）。即便在强调个性化的今天，也依然更加有力地突出美与艺术的民族化的特色建设。"越是民族的就越是世界的"，但这种观点是建立在与世界更加有力地联系在一起的认知基础上的。个性化的民族美学理论，为独具特色的"地方性"理论融入基础性的美学理论体系带来巨大的困难。

各地区、民族艺术的发展对美学理论体系形成冲击。美学的一般标准、规律应该存在，而且的确存在。诸如在将不同的作品放到一起加以比较时，即使彼此之间存在巨大的差异，但我们还是能够从不同的作品中比较出优劣来。地区性特征在艺术与美学观念中的影响，要求我们在建立美学的一般特征和规律的过程中，应寻找将不同国家、民族、地区的不同的艺术和美学统一起来的美学方法。

五　美学的自身发展受到冲击

（一）美学越来越被动

人在现代社会中生活，感到压力大、节奏快，满足好奇心的方式逐渐增多且已经发生了变化，这将进一步地刺激着审美活动表面化、肤浅

---

① ［法］皮埃尔·布尔迪厄:《区分:鉴赏判断的社会批判》,《国外社会学》1994 年第 5 期。

化。在人的能力有限性的制约之下，人往往会失去对更加本质的美的深入探索。人们担心被贴上"还原主义"标签，这也在一定程度上阻碍着人们对美的本质的构建与思考。

（二）美学的迷茫

美学将走向何方？美学将如何发展？无论从理论上，还是从对艺术的指导上；无论是从研究方法上，还是从理论体系上；无论是艺术各形式、各流派如何花样翻新，还是美学理论的层出不穷，还是出现美学统一理论呼声的逐渐高涨，当前美学理论自身的逻辑性自律建设的完善和由此所带来的稳定性，都在给美学理论的建设带来越来越大的冲击，也使当前的美学发展在眼花缭乱的观点中越来越令人难以理解。

1. 各种观点层出不穷

美是一个人们非常想了解清楚的概念。但各种观点的层出不穷干扰和影响了人们的视野，阻碍了人在概括抽象基础上对美的高层次构建，使人陷于烦琐的细节中不能自拔。这也就导致美学在具体地指导、解释当代艺术中举步维艰。

2. 宗教信仰越来越盛行

社会的快速发展，促使人不断地构建使自己内心稳定的模式。在不能有效地表达人的追求与信仰时，各种宗教信仰便开始盛行，而美学本应该在这一过程中发挥核心的作用。在19世纪初期，蔡元培曾经提出了"以美育代宗教"的观点，蔚为一时之风尚，但这需要从理论上实施正确的构建。

3. 美学基础性要求越来越强烈

枝叶繁茂的大树必须有强健的树干作基础。纷繁的理论分支和应用"猕猴"则将美学的基础性树干压得弯曲变形到极致，甚至形成"异化"。美学理论的不足突显美学理论家能力不足。按照传统美学理论对前面所述的诸多问题得不到合理解释时，便需要从基础上真正地开始美学的重构。再不加强美学的基础性建设，美学的分崩离析和"美学死亡"的论点会再次涌起。人们置疑美学存在的合理性的事也时有发生。与此同时，伴随着科学和技术的进步与发展，美学研究方法尤其是其科学化越来越明确。美学研究方法的正确性预示着其结论在更大程度上的合理性。人们既需要个性化的认识与理解，也需要以得到更高层次的规律性结论为基础。

（三）美学新探索——不断地取得进步与创新突破的焦虑，有创造力，有需求

1. 原始美感向审美升华

随着人们对人自身的强烈关注，人就会更加重视由美化而独立扩展形成的概括抽象性本能。基于非线性的差异化构建基础上的优化选择，在更多的场合被应用过程所强化，被独立成具有独特功能的模式，又被生命作为基础，通过表达活性本征而加以扩展，并优化转化成遵循逻辑关系的抽象的力量。这个在人的进化过程中发挥重要作用的本征模式，也会越来越多地成为美的指导标准。美的升华，既是伴随着人的意识的形成而逐步形成的本能力量，也是在人的意识的形成过程中发挥着关键性的力量。在人的抽象性本能力量的作用下，人们不再满足基于原始本征而达成的与某个客观事物的稳定性协调，而是要在更大程度上、更广范围内，将诸多不同的种种原始性的美和美感联系在一起，通过形成新的自组织而升华出具有加广泛而深刻的、能够组织成一个有机整体的完整的美。

2. 后现代化展现其积极意义

后现代科学在美学应用方面的飞速发展，一方面有其强烈的外在需求；另一方面则来自于其内部那种被压抑太久的强大的生命力。后现代科学的发展以及在美学中的应用，极大地扩展了美学家们的视野，使得动态性特征成为可以被理解的概念，诸多以往被忽视的特征和现象也成为人们当前的热门话题。在美学用于解释诸多问题的过程中，审美日常生活化的要求需要得到美学指导，就必须运用新的思想方法构建新的美学理论基础，将各种美学理念联系为一个有机整体。

3. 不断扩展的美学领域

人们虽然还没有认识到美的本质，但在认识到美在生命进化中的核心力量时，仍然会尽可能地在人生活的方方面面、一举一动中都表现出美的力量。写字用的笔要得心应手，衣服要漂亮美观，门把手要古典大方，就连马桶盖都要舒适美观……美已经真正地在人生活的方方面面都

体现出来。与此同时，美也不再只是简单地表现在外观、形式、结构上。对于美如何才能在生活中更适用，如何才能在更大程度上满足人的功能性需求，美学应该在这些问题上发挥更大的作用。

六 对美学的误解越来越深

衡量一个体系性的美学原理，一般来看应从如下几个方面入手：第一，看是否提出了新的美学问题；第二，看对传统美学问题是否有新的解释，这种解释是否具有更大的阐释效力；第三，看问题意识和基本观点是否具有前沿性，特别是在全球化时代，美学理论应该具有比较文化学的视野；第四，看其论证是否有美学思想史和审美文化史的经验支持；第五，看理论是否体现了不同民族、国家的美的思想和艺术的特殊性。比如说，在现代美学理论中，我们必然地要考虑其是否契合当下中国的本土经验。

人们基于鲍姆嘉通的关于美的界定构建出了相应的美学体系，但只关注其中的"感性"部分的特征，而将更多其他方面的核心特征忽略掉。这是一种有意无意的忽略。所谓有意，是人们不知道如何来描述这种过程性的特征。尤其是在当时人的能力有限的情况下，人们只能关注这个复杂定义中的若干局部特征，而感觉作为艺术早期所主要表现、典型的可见的特征，自然会在人们更加关注客观世界的认识理念中被突出地强化出来。

因为人们对后现代观念的不理解，便有更大的可能对后现代观念产生误解。过程的、积极的心理学早已在许多领域发挥作用，却很少引起美学家们更多的关注，人们也只是更多地关注后现代科学在各学科中的发展，尤其是对艺术的进步所产生的诸多影响中的"负面"的作用。越来越后现代的观念被美学家们批判、拒绝，他们甚至对其感到有些害怕。当然，在人们认识到自己没有能力表达这种过程性特征时，即便不知道如何才能将其表达出来，也应该将自己当前的"已知"问题梳理清楚，通过恰当地提出问题，为以后美学的科学化奠定相应的基础。

产生这种状况的原因不外以下几个方面：

1. 研究美学的哲学家的视野有限

哲学家更多地从其学科语言和思维模式来描述美学的相关特征。生物心理学、进化心理学、认知心理学和神经心理学等学科的研究表明，人的心智在进化过程中存在诸多环节：一是以一个神经子系统的兴奋模式对应于外界客观世界的作用，将不同的模式一对一地与外界事物联系起来；二是将诸多模式之间某些相同（相似）的局部特征突显出来，并将其作为联系不同信息模式的核心特征；三是将这些局部特征的集合独立特化出来，并作为一类事物的代表，由此而将具有各种差异的不同信息同一化为一个基本的概念。在研究这些概念之间的关系时，也会将那些具有暂时的、局部的、片面的关系排除在外，把其他的可能性排除在外，而只考虑概念之间必然性的逻辑联系。这是一种将自己限定在自己所熟悉的领域的、将头埋在沙子里的鸵鸟式的做法。

美学家必须以开放包容的心态，随时将美学和艺术中出现的新的现象和问题作为自己的研究对象，将形而上学的孤立式的研究和系统的联系性研究有机地结合在一起。美学家必须具有高度的概括抽象能力；善于综合，通过比较而将差异点和相同点揭示出来；善于在更高层次上构建概括能力更强的美的本质性特征，善于用现有的美学规律，基于美学抽象性特征在具体情况下的具体应用，描绘出与具体情况相适应的特殊规律。美学家必须具有缜密的系统抽象思维能力，善于抓住事物的本质特征，善于将不同现象之间的共性特征挖掘出来；具有把握本质的敏锐洞察力，利用不同具体情况下的稍纵即逝的本质闪现，从中揭示更加深刻的美的特征和规律。

2. 对人意识的强烈关注影响了美学研究的视野

自康德（Immanuet Kant）、黑格尔（Georg Wilhelm Friedrich Hegd）以来，哲学家便更加强调人的直观感受性（人没有时间深入思考，人总是想急于得到结果，而他人的行为又有效地刺激强化了对这种感性的追求）。深度思维不仅会带来更多的能量消耗，而且深度思维会涉及更为复杂的问题，且由于深度思维会涉及更多未知的问题并超出人的好奇心的感受范围而使人焦虑不安。人的能力的有限性使得人只能关注那有限的已知，尤其是当人不具有应对诸多因素和问题的能力时，便会归罪于美学并因此而形成对美学的反感等。更何况，美学体系内容的不协调已经足以使人焦头烂额了。

3. 美的新现象的出现对美的本质带来冲击

在当前的美的表现中，荒诞、怪异、丑陋的甚至是恶的审美意识之所以能够大行其道，一方面是由于人的好奇心的驱使；另一方面也是美的范畴的自然扩张的表现。在人们认识不到美的本质时，诸多新出现的美的问题又以其差异性，给人深刻而准确地把握美的本质带来困难。在将这些美的不同的现象联系、概括、统一起来时，人们需要考虑众多的因素，需要从这些现象中将更本质的特征和关系抽取出来，或者说在构建出关于美学的一般规律的基础上，将其具体地应用到特定的美学范畴、艺术体裁上，以求得在特殊情况下的美的具体规律。在此过程中，我们能够在把握美的一般规律的基础上，构建出针对具体情况的"定解方程"。我们可以分析各种具体美学范畴之间的本质性联系，通过把握美的核心特征，概括抽象出美学一般的规律，形成在历史中表现出来的"初始条件"和周围环境因素影响而形成的"边界条件"，依据由此构建的基本规律所指明的演化规则，探索研究与具体情况有机结合的美的本质规律，然后对美学中与此相关的问题展开分析解读，会更加有力地指导艺术创作和社会文化建设。

4. 表达人本能的力量往往不被知觉

美直指人心，但美在表达人的本质力量的过程中，往往是不被人察觉的，有时人很可能将全面而系统的美仅仅与美的形式相对应。人们会被事物表面鲜亮的信息所迷惑，仅仅满足于表达其形色各异的感性，这将使人在艺术家所创作的抽象的现代艺术品面前手足无措。表达美是一种自觉的力量，但在当下，人们正从不断地追求表征人的本质力量的习惯转向不再考虑这个方面的影响直接地表达美。人们不再将美对艺术创作所产生的、为意识所关注的核心影响当作艺术创作的重点，而是转为描述美的其他的方面，只是在潜意识中，将这种欲被创作的艺术模式与人的本能模式之间的稳定协调结构表达出来。人们不再集中于描述艺术中的美对人类社会的本质性作用，而是将其他不重要的指标作为艺术追求的目标。这是美的价值观的丢失与"异化"。

5. 简洁词汇的构建

要对一个问题和现象深入地展开研究，就离不开将其独立特化出来，在孤立的基础上研究该独立对象在与其他事物发生相互作用过程中所表现出来的特征、关系和规律。通过对其形成一个稳定的认识，赋予其简单的描述词汇。在人们没有寻找到简洁的词汇对其做出更为恰当的描述之前，人们往往不能将更具差异性的观点和艺术统一在一起。力求简洁描述的心态，引导人只会关注研究对象状态性的、局部的特征。

6. 受人自尊心的影响

"我"比其他人高明，我的研究、我对美的追求、我所构建出来的美的艺术品就应该比其他人的创作更美。与其承认我的能力有限，只能在能力有限的基础上得到程度有限的美的艺术品，不如就干脆直接研究、界定那种极致的最美状态。在这种心态的影响下，人们不再追求基于自己的最大潜能和创造力将自己对美的理解、将自己在外界环境作用下的本能模式表达出来，尤其是不再在承认自身能力有限的基础上，表达自己对美的追求，反而去努力地描述那种极致的虚幻美。

有时人表达在外界环境作用下对事物的瞬间的本能表现时，有人对自身的表现没有感受；有些人虽然有感受却并不明确，也不能对其形成深刻的印象；有些人想得到对事物最一般的、反映时代本质特征的感受，但由于涉及更多的问题，或者问题过大而不能系统的把握事物的这种特征，这种情况也容易使人无功而返。那些高明的艺术家则会瞄准很小的环节、特征对事物展开体验和感悟，采取"一滴水中见太阳"的方法，将自己在当前外界环境作用下的本能模式明确地固化出来，通过对其形成深刻的感受，将这种感受具体地转化成为更小的局部环节进行详细描述，以小见大地反映波澜壮阔的时代变迁。虽然"武无第二，文无第一"，但又有多少人能够坦诚地说出"我不如你"这句话呢？

7. 研究惯性的影响

后人往往会采取前人的研究方法和视角，采取他人所熟悉、习惯的语言，在相关的研究范畴内对事物展开研究，在前人研究成果的基础上向前更进一步，因此，人们便需要学习前人的研究成果以及相应的研究方法。在当前情况下，人们是在运用哲学的理论与方法，进一步地研究具有特殊性的美学。主要的哲学基础源于18世纪康德的审美反映理论。人们一般都潜在地假定：当研究脱离人的主观与情感特征时，往往能够得到独立客观的、不随人的变化而变化的确定性结果，这本就是艺术的客观性特征。但从人们对康德的理解来看，"只有作品的'形式'才是'真实'和'纯粹'的美的判断的对象"①，人们转而相信，在欣赏美的事物时，人的主要目标应该是研究它的形式。基于形式的多样性，艺术品就成为独特的和不可重复的东西，艺术品纯粹是为了人们的欣赏而存在，审美活动是一种感性的、直觉的、个别的和不可重复的活动。

这就意味着，只有状态性的、瞬间的特征才能引起人的独立化研究时的重视。只是关注事物（包括美的事物）的状态性信息，人们便能够从这种独立化研究中获得大量的知识。人们也在这种对事物的状态特征独立认识的基础上，赋予状态性特征以独一无二的地位，只需通过对状态性特征关于时间与空间的变化性特征的描述，就已经可以明确地描述与状态的变化相对应的过程性特征，因此，就不再需要将其独立特化出来。但实际上，在由我们所描述的基本关系中，自然地涉及状态与这种过程性特征的关系，并以此而给出对事物美的更加简洁的规律性描述。美的瞬时性的特征已经得到人们足够的关注，但是其他特征对关于时间和空间的积累效应所表现出来的历史性的力量则受到忽视。美的状态信息与这些积累效应之间的关系自然不被人们关注，更多层面的相互关系也就根本不在人们的考虑之列。"前人没有这样做，我也不会这样做"的习惯性思维，限制了人的研究视野，阻碍了人的创新思维能力发挥作用。

8. 研究历史的限定

柏拉图（Plato）吸取了美与艺术在史前美学观念中的重要思想，但同时也明显感觉到了人对美和艺术不加深究而造成概念的滥用的现象。因此，他要求哲学家们"以恰当的方式"探讨美和艺术本身是什么的问题，并试图尽可能地得到"精确的答案"。这是因为哲学对于对象（事物）的认识的不应是它们的特殊性，而是它们的普遍性，是它们的自在自为的本体。

按照这种思维方式，当人们关注这些美的特征时，便只能以状态表达的终极美作为目标，而不再考虑过程的美和表征对美的追求了。

---

① ［美］H. G. 布洛克：《现代艺术哲学》，滕守尧译，四川人民出版社1998年版，第184页。

七 美学自身的表面化问题更加突出

（一）审美泛化

艺术与美的兴盛程度反映着一个国家与民族当前和未来一段时间的水平和发展的"加速度"。随着广大人民群众对美学越来越强烈的渴望，美学越来越多地深入到人民生活的方方面面，美学自身基础不扎实、理论体系不完善的问题就会逐渐地更加突显。

杜威（John Dewey）提出艺术来源于经验的观点，成为审美泛化现象的强大推动力。阿瑟·丹托（Arthurc Danto）更是直接地分析日常的生活用品如何转化成为人们所崇拜欣赏的艺术品。即便是沃尔夫冈·韦尔施（Wolfgang Welsch）提出"重构美学"的观点，也是通过构建新的解释原则来适应迎面扑来的汹涌澎湃的人们从生活中形成的对美与艺术提出的新要求。

1. 参与者众多

对美的要求无论是由于个人自觉性的生成，还是由于国家的大力提倡，我们已经充分地认识到，人人都有爱美之心，人人都能表现出对美的追求热情，人人都可以通过将客观事物与人的本能建立起稳定关系，从而更加有效地运用艺术的形式表达人的美的感受。现代科技的发展，可以使任何人、在任何时间、任何地点将自己内心形成的美感在互联网中表达出来。随便一个话题，由于参与者众多，便都可以引起强烈的反响。这是一种好的现象，但的确需要将其更加有力地组织起来进行提炼、升华。

2. 各种期望及需要成为表现美的载体

随着对人的研究越来越深入，人们会越来越明显地认识到应该将期望及需要等相关特征作为事物的固有特征来看待。出于人的好奇心的美的探索与艺术的创作，自然会出于人的创造性本能而将各种期望及需要作为美的表达的指标。人的所有期望及需要的满足都会成为度量人对美的追求程度的标准。

人的期望及需要都存在生理的满足和心理的满足（直接满足和间接满足），而将人的注意力集中到信息特征上时，人们则更愿意表达期望及需要心理的满足。

3. 美学名词的泛化

美学家出于研究探索的创造性本能而不断地构建出种种新奇的美学名词。面对美学的各种不同的理论、面对各种不同的艺术流派、面对独具地方民族和国家特色的美学艺术理论，人们当前的做法一般是分而论之，只是从形式和表面上冠以"美学"后缀词，冠冕堂皇地称其为独特的"美学"。在大量繁杂的词汇面前，人会表现出手足无措。有些美学名词的描述仅仅在外延上有所区别，而有些词汇仅仅是换一种说法而已。不研究各种词汇彼此之间的内在联系，不去研究其本质的运动与变化规律，便不能深入地构建出美学的完整的逻辑体系。只能像杂货铺子一样，将大致相关的"货物"分门别类地堆放在一起。有时，人们由于强调审美以及美的表达的个性化，会对美的基本规律和明确标准的理念产生怀疑，便有可能因此而否定美学的合理性（合法性）存在。

每个人的成长经历决定了他的所思所想。每个人都会建立起自己独特的本能与客观事物稳定协调的整体关系结构。同样的艺术品必然地激发不同人的审美感受。然而，追求个性化并不意味着无规律、无本质，在这个过程中艺术品还需要体现出稳定与变化的有机统一。我们需要构建在这种有机统一中的美的稳定不变的特征、关系和结构。我们需要概括抽象出美的更具一般性的概念、关系和规律，在深刻揭示美与艺术的核心特征的基础上，把握其更加本质的关系，探索其本质性规律。然后再利用这种抽象的具体化，描述基于各种具体情况的特殊的美与艺术的个性化基础上的美的规律。

4. 美学应用领域的泛化

美学已经从传统艺术的"稳定吸引子"中摆脱出来，在人的活动的所有领域都发挥着相应的作用。相关领域则借助这种力量而得到扩展，甚至仅仅在将美学的传统概念运用到新的领域而带来名义上的进步，也足以使人兴奋异常。与此同时，传统美学和艺术则在强烈地排斥这种扩张。两者之间的矛盾内在固有地推动着美学的进步与发展。

（二）审美表现个性化

1. 自主、自我意识逐步突显

自我意识会随着人对自身研究的深入而不断强化，自我意识会在美学与艺术的深入发展过程中得到更多的重视。人们在强调审美个性的同时，需要从本质上揭示这种审美个性形成的原因、特点和基本关系，以及审美所表现出来的共性规律。

人为了体现自己存在的价值和地位，都会自然地将其内心的所思所想表达出来。有时人只是单纯地表达自我，表达自我的感受。通过美，人们会越来越多地关注自我，关注外界客观事物在我的内心引发的"激动"，在此基础上，人们会更进一步地通过外界客观与人的生命本能的稳定性协调而更加有力地促进生命本能模式发挥作用，更加强调"由自我来选择外界事物"，将自我的感受放到更加核心的地位，更加坚定地将自我的期望和需要作为关键性力量。人们不再关注外部世界，转而关注内心、关注"我"的表达，将"我"的力量更加充分地表现出来。人在任何时刻都会有可能表现出急于求成的基本本能。因此，当人们更加便利地利用一切可能的形式、方法和手段来表现自我感受，并将这种感受和表现传到互联网时，很有可能会使人变得越来越浮躁。与此同时，猎奇的心理驱动着一部分的"粉丝"进一步地强化着这种趋势，使艺术家更加急于求成。

2. 个性化要求的差异化表现

独特的个性保证了个人存在的价值，人们也已经认识到，只有更大程度上表现出个人的价值，才能有效地促进社会的进步与发展。虽然不同人有不同的审美标准、审美方法、审美习惯，但它们都应该遵循共同的美的规律。美学需要在这种本质规律的基础上，研究构建满足个性化的审美特殊性。

3. 内在生命力量的显性表现

复杂的生命本来就是生命的本质力量具体表现的结果，因此，生命的本质性力量固有地成为各种活动的基本力量。美是专门表达与生命的本能力量相协调的外界客观事物的手段，这也就意味着，通过这种表达，能够进一步地强化人生命的本能力量，尤其通过强化人的意识，可以使这种力量越来越强地发挥作用，越来越多地在各种活动中表现这种力量，由此，其独立性也就越来越受到人的有意识的重视。

4. 对自由的向往驱动着其内在的涌动

自由作为与束缚相矛盾的存在，成为生命本能中表现发散力量的基础。人也是在扩展那种更大自由的基础上而一步一步地成长的。虽然束缚会成为活性本能中收敛稳定力量的基本载体，但发散扩展性的力量则会进一步地强化着人对自由的向往，这种力量也必然地推动着美学的本质性提升。

5. 表达的自由保证着个性化表现的市场

人们追求表达自由，并在自由表达中展示自己有别于他人的思想，通过对他人思想的冲击，体现着自己独特的人生的价值。这就会形成一种氛围，形成一种群体的整体倾向和群体追求，从而形成人自由表现自我才华和交流思想的平台。

第三节　哲学作为美的基础时的逻辑约束

在西方哲学史上，形而上学的研究是源于亚里士多德（Aristotle），他关注的重点是先于或高于物理对象的事物，或作为终极的原因。那些过程性的、动态的、渐变的对象的特征则不在其研究的视野中，尤其忽略了这种向"终极本体"的追求过程，认为这种终极本体就在"那"，"我"只需要关注这种绝对真理的状态、性质、结构也就可以了。并且认为，只要有适当的条件，就一定能够"重现"这种"终极本体"。这种终极真理的形而上的观点，影响着后来的哲学研究，使人们只关注终极真理所表现出来的对象的特征、关系、结构和规律，直接忽视了对其阶段性相对真理的合理性和不合理性的研究，更是忽视了对其不懈追求的过程性特征的研究。

当人们不具备研究对象美的状态之间关系的能力，或者说将状态之间的关系也作为一种稳定的信息模式研究情况下，是不能有效地研究与把握对象的美的。在鲍姆嘉通（Alenander Gottieb Baumgarten）提出美学概念的时候，由于当时学科建设水平的限制，美的过程性、演化性特征没有被人们所真正认识与理解，自然也就不能以此作为基本方法来对美的本质展开研究了。

我们习惯于以状态替代过程：一是以大脑神经系统的兴奋模式代表

一个复杂的过程；二是由于大脑神经系统在对信息的加工过程往往在很短时间内，甚至是一瞬间即可完成，这就容易引导人只关注美的状态性特征；三是采取状态的方式将这种模式以一个词或一段话来描述；四是习惯于研究判断一个词与另一个词的必然性联系；五是其他学科也是以任意时刻的状态为基础，再研究由一个状态向另一个状态转化的关系和规律。即使这种研究是过程性特征，尤其是数理科学也会想办法将这种过程性特征转化成为状态性特征，比如速度和加速度就是通过极限的方法被人们转化成为状态性特征，这种研究模式也在强化着美学只关注外在的、表面的、形式上的、独立的特征。哲学的基础性地位和由此而生成的各门学科，也在重复性地强化着这种模式。

基于哲学而形成的西方美学史，认为美的事物背后绝对地有一个"可达""可控"的"终极美"。在西方美学史上，柏拉图是美的形而上学之父，其绝对的"美本身""美的理念"是美的现象背后独立自主存在的真实基础。黑格尔继而开启艺术形而上学的先河，认为"美是理念的感性显现"①。叔本华（Arthur Schopehauer）的美的形而上学更是认为，"美就是清晰显现、可被直接关照，因而也就是清晰展现了事物的含义丰富的柏拉图式的理念"。②叔本华和伽达默尔（Gadamer）用的是"美的形而上学"（metaphysics of beauty），用虚无的美的理念代表终极的美。尼采（Friedrich Wilhem Nielzsche）也使用"艺术形而上学"（metaphysics of art），将艺术绝对化，认为艺术能传达真理，艺术能给人以最终慰藉。今道友信将庄子美学称为"美的形而上学"，并简单地认为庄子是以具体的、局部的"极致美"来代替、引导人去领悟那种更高层次的抽象的美、一般的美和终极的美。按照《老子》的说法，这种终极的美也是不可言说的，是一种当前不可达的终极的美。这就意味着，从亚里士多德开始，哲学家就只是关注终极美，而忽视对美的追求的过程，并由此而导致人们对美的认识严重偏离了美的本质。

从真理的客观性的角度来看，这种认识的产生无可厚非。人的能力

---

① ［德］黑格尔：《美学》，朱光潜译，商务印书馆 1979 年版，第 142 页。

② ［德］叔本华：《叔本华思想随笔》，韦启昌译，上海人民出版社 2003 年版，第 42 页。

是有限的，有限的生命只能通过无限的追求来向这种终极的极限状态逐渐逼近。但人类的美学家却由此而走上了单纯地体验、感悟这种终极美的道路，不再顾及在其生命状态里的对美的过程的追求，不能不认为这其实是一种"异化"现象。即使是《老子》《庄子》一再地强调对美的境界的领悟，如果强调这种领悟的过程，也会具体的展示人们对美的不懈追求的力量。我们不解的是，人们为什么只强调那种虚无的境界，却否定对那种境界在领悟过程中的逐步靠近呢？

一 哲学对美的限制与束缚

（一）绝对真理与相对真理的关系映射着美的新意义

哲学中真理的绝对性与相对性的关系已经指出，美是相对的而不是绝对的。没有绝对的美，也没有绝对的不美。因此，我们认为，对美的恰当的认识应该是：一个事物能够体现出多大程度上的美，或者说，其中所能体现出来的局部的"美的元素"（简称美素）是多少，以及能够被我们所发现、建构的美的元素有多少。对于一个人来讲，我们首先假设其都具有审美能力，彼此之间的差异就在于是否能够从当前对象中提取、构建出相应数量的美的元素、在多大程度上使相应的美的元素达到协调、在多大程度上能够逼近终极的美。这就已经指出了我们只能通过一步一步地表现出对美的追求过程而相对地将最终的美展现出来。

（二）人们习惯于表达状态性模式而不习惯于过程性信息

人的习惯决定了我们在研究美时，往往只顾关注其状态性特征，忽略美中的过程性信息，忽略对美的追求，以及基于人的能力有限性和资源有限性所形成的阶段性的美的状态与美的构建。同时也会忽略个性的人所创作出来的具有个性化的艺术品。当前人们所习惯的真实的美，显然是以过程的形式来表现的。人们仅仅只考虑美的状态性特征，就会失去美的更为重要的信息。

1. 美学从一开始就被鲍姆嘉通将最终结果当作过程来追求

下定义所描述的是反映美的本质的、确定性的关系，其定义必须保证能够反映彼此之间的充分必要条件关系。但我们在考虑诸多对美的界定时，并不满足这个要求。鲍姆嘉通认为美学研究的中心问题是"美"，而"美"就是"感性认识的完善"。什么是"完善"？鲍姆嘉通的这个概念，源自其导师沃尔夫（Wolff），意指对象圆满无缺，具有引起快感的性质。在这里，人们已经将"对圆满无缺的追求"转化成为"已经达到完美无缺的程度"了。如果再进一步地细究这里的观点，我们就可以明确地看到"圆满无缺"与"具有引起快感的性质"是两个不同的概念。他说："美在于一件事物的完善，只要那件事物易于凭它的完善来引起我们的快感。""美可以下定义为：（事物的）一种适宜于产生快感的性质，或是（事物的）一种显而易见的完善。"① 且不论完美是否是一种显而易见的状态和结果，简单地把达到完美当作显而易见，本身就是一个误解。显然，其潜在的意义是指：圆满无缺的事物，能够引起人的快感。而这显然是在两个不同的特征和过程之间建立起了必然联系的过程。这里所讲的"显而易见"指的是每个人都会在当前条件下，能够在大脑中，通过想象而自然地构建出事物最完美的意义（形象）。因此，这是一种关于事物的假设而不是一种本质性的关系。人们在潜意识中已经假设了事物存在这种最完美的状态。我们还需要注意，鲍姆嘉通所说的"感性认识的完善"，既指人凭感官认识到的事物的完善无缺，也指主体感觉、情感的圆满愉悦。"感性认识的美和事物的美本身，都是复合的完善，而且是无所不包的完善。"② 由于信息的表征不仅可以具有感性特征，而且也有意象、符号性特征，所以感性特征仅仅是信息表征的一个层次和其中的一个方面。只界定感性特征的完善，本身就没有考虑到艺术品其他方面的完善，因此，在用这种理论解释其他艺术表达方式，如意象派、抽象派、立体派等艺术流派时，就会表现出无力和矛盾的现象。"完善的外形，或是广义的鉴赏力为显而易见的完善，就是美，相应的不完善就是丑。因此，美本身就使观者喜爱，丑本身就使观者嫌厌。"③ 车尔尼雪夫斯基（Николай Гавилович Чернышевский）将鲍姆嘉通的"感性认识的

---

① 北京大学哲学系美学教研室编：《西方美学家论美和美感》，商务印书馆 1980 年版，第 87 页。

② 马奇主编：《西方美学史资料选编》（上卷），上海人民出版社 1987 年版，第 695 页。

③ 北京大学哲学系美学教研室编：《西方美学家论美和美感》，商务印书馆 1980 年版，第 142 页。

"完善"翻译为"感性认识的极致"①，指"一切的美仅是对感觉而存在""美产生着快乐"②。显然，其强调的仍是美已经达到的极致的状态，也是在以审美的终极化的结果来代替其所有阶段性的中间结果。简要之，"感性认识的完善"的一个基本含义是主体对客观事物圆满无憾的审美感受、快感经验。完美也好，极致也罢，其实所指的都应该是这种美被追求的过程以及基于人的能力有限性而形成的有限的美的阶段性结果。因此，如上所述的种种理论缺点也就显得非常突出。

2. 以往对美的研究历史决定了人以状态表征美的本质

形而上的哲学研究方法决定了美学采取状态性的描述方法，或者说采用一种现有的艺术结果来赋予美的意义，从而忽略那种存在于内心对美追求的更为显著的力量特征。人本主义心理学曾经强调过程的重要意义，却没有被美学家所重视，因此也就不能真正地将美的过程性模式作为一个独立的模式展开独立特化的研究，也就不能将其作为一个美学的重要特征了。研究者将艺术品不同时刻的状态通过有机联系的方式才能构建出来过程性特征，由于与时间相关的结构性模式还没有被人熟练地固化出来，其自然也就不能被有效重视和运用了。当"最终的结果非但与前一个状态有关系，还与构建的历史过程有关系"的过程性特征表现出来时，人们也就有必要而且必须将这种美的过程性的特征考虑进来。

3. 美与艺术的关系决定了人们对美的理解的状态化

在人们的习惯中，每一件艺术品都是在经过一个长时间追求美的过程中产生的。人们所看到的所有的艺术作品，都是以结果的形式展示在人们的面前。人们更多地看到的是艺术成品，并以此作为判断美的概念与价值的基本载体。由于人们所熟悉的文学作品、绘画作品，自然都是以完整的成品的形式出现，所以人们没有对诸如音乐所表现出来的美的这种过程性特征描述给予专门的关注，这也是由于受到文学作品、绘画等艺术作品只表现其结果状态性特征的影响。即便是与时间过程相关的

———————

① ［苏］车尔尼雪夫斯基：《美学论文选》，缪灵珠译，人民文学出版社 1957 年版，第 37 页。

② ［德］康德：《判断力批判》（上卷），宗白华译，商务印书馆 1996 年版，第 210 页。

音乐，也是在艺术家创作完成以后，才呈现在人们的面前。那些美的过程性表现以及追求最终以结果的形式来具体表征艺术品的行为，使人们不再重视这种创作过程，而只是去欣赏最终完美的艺术品。当人们形成了这样的习惯性认识以后，便会自然地运用这个习惯去研究艺术品的其他的特征、模式和观点了。

4. 省略中间过程的习惯性思维

在一个不稳定的心理过程中，我们可以通过不同心理模式之间的联想性激活，或通过一个独立模式的自主涌现而将事物的不同的信息显示在同一个心理空间，通过建立它们之间的关系和表达这种建立关系的过程，就将这种稳定的联系固化下来。由于过程的不确定性和人的能力有限性，我们往往会省略掉中间环节，只将这个过程中具有稳定联系的起点与终点稳定地再现，并作为构建事物的意义的逻辑基础。形象地说，我们是通过 B 将 A 与 C 建立起关系，而当 A 与 C 的关系确定下来后，我们便不再考虑 B 模式在其中的作用，只是在大脑中显示 A 与 C 的关系。这种思维习惯，也是美学研究中只关注结果而不关注美的本质的一个原因。

建构主义理论将建构、生产、发展等作为其理论体系中的"关键词"，其表征着向美的不断追求与逼近的力量，通过表达对美的追求过程的构建，反映着美的表现的过程性特征。恩格斯在《自然辩证法》导言中说得好："在希腊哲学家看来世界在本质上是某种从混沌中产生出来的东西，是某种发展起来的东西，某种逐渐生成的东西。"[①]，强调了艺术的生成性特征。这就明确地指出了美是通过构建、比较和选择而生成的，是通过逐渐生成的方式表现出来的。美的模式至少比被淘汰的模式在某个特征上具有"更"的表现——表达出了对美的不断地逼近的力量。"美是造型艺术的最高法则。"[②] 既然有"最高法律"，就应该存在比它低的过程性的"法律"。它告诉我们，人类追求真善美的审美理想与目标，是在对其不断追求的过程中实现出来的，因此美的过程性特征是符合历史的发展规律和艺术生产规律的。

---

① ［德］恩格斯：《自然辩证法》，中共中央马列编译局译，人民出版社 1971 年版，导言。
② ［德］莱辛：《拉奥孔》，朱光潜译，商务印书馆 2013 年版，第 15 页。

（三）美的有限与无限的关系决定了只有更美而没有最美

根据"有限"与"无限"的哲学关系可以看出，对于能力有限的人来讲，人在对美的追求过程中所得到的只能是局部的最美而不能是全局的最美。因此，我们得到的只能是在一定范围内事物的局部最美，我们只能一步一步地在对美的追求的过程中，由局部的美向更大整体的美、更高层次的抽象美、更大范围内的系统美逐渐逼近。即使是最美的艺术，也存在着无限的可超越的可能性。没有最美，只有更美。对于最美的追求，我们永远在路上！

（四）哲学上存在着对美追求的过程和美的极限状态之间的区别

对美的追求伴随着人类的无限发展从而能够无限地进行下去，但个体生命的有限性却只能得到美的有限的阶段性成果。能力的有限决定了我们不能证明当前我们所得到的美是否是全局最美，生命的有限性也只能保证我们在有限的时间内去逼近无限的美。人虽然有可能通过无限的追求过程去逼近这无限的美，但这却是全人类的职责。我们可以不断地表现对美的追求的过程，却只能将最终的结果表现为暂时的状态性特征。如果将追求美的过程也看作一个信息模式，就应该认识到，这种美的过程性模式与状态性的模式是两种不同的信息模式。如果认识不到两者之间的区别与联系，那么就有可能存在以状态代替过程的现象。

（五）鲍姆嘉通对美界定的多环节使美学研究偏离了方向

在鲍姆嘉通的美的界定中，已经潜在地指出了美学是研究在感性层面如何使其"更"好、更完善的方法、规则、概念和规律的科学。鲍姆嘉通认识到了美与"完善"、完全、完整等内在的联系，却陷入对绝对的完善的美的讨论之中，通过尽力地运用"真"中所体现出来的完善的特征，用"真"来类比性地描述美中"感性的完善"。人们只看到了美的这种完善的状态，甚至只是一种期望的状态，而没有关注如何才能达到完善。自从鲍姆嘉通宣布美学诞生并独立以后，人们便忘却了美的关键的过程性特征，从而将美学的研究引向了一条教条的、简单的、片面的、充满着荆棘的羊肠小道，并逐渐地误入迷途。

（六）美的艺术的创作过程是由局部到整体的

在当前美学理论中，存在的一个很尴尬的问题：美学如何指导艺术创作。现有理论的不足就在于不能抓住美的本质性特征，人总是先是构建出了局部的美，然后再逐步地建立局部美之间的相互协调关系，最终完成一部艺术作品。人们虽然希望自己拥有灵感和超强的能力，也祈祷自己能够一下子就创作出一幅举世瞩目的伟大艺术作品，但实际上这个目标的实现，最大的可能性则是通过自己审美经验的积累和技巧的逐步完善而一步一步地达到。

（七）对美的描述中包含着对美追求的力量

我们一再强调对美的追求，这就意味着以上诸多美的特征在表达着我们对美的认识和对美的构建过程中，已经将美的特征隐晦地表达出来了。但人们往往将这种有机结合的特征隔离开来，并只考虑其中的一个特征，将重要的过程性特征忽略掉。应当看到，美的过程性的特征本身就不容易构建，在人们习惯从状态的角度来描述问题时，对这种特征的忽视就是一种"必然"。

二　美的复杂性引导人对美的追求

美的复杂性是美学研究的基本出发点之一。美的复杂性引导人持续性地表现出对美追求的力量。

（一）美是复杂的

无论是从形成美的动力学的角度，还是从美感的角度，或者表征美的艺术的角度来看，都可以认为"美是复杂的"。简单地说，美涉及如下因素：

第一，美是客观事物与人相互作用形成的综合动力学反应；第二，美是一个受多因素影响的复杂体系；第三，美是一个多层次的复杂性结构；第四，美是一个动态的动力学过程。美的复杂性理论促使人们开始着重关注其过程性、演化性特征，这就意味着首先我们构建出过程性特征，然后将各种环节独立特化成为相关模式，并与其他模式建立起关系，最后构建出完整性的、系统性美的模式结构。第五，美是一个具有自反馈特征的复杂系统。由于人的参与，使得这个系统具有了生命的活性特征，该系统也就随之而成为一个具有"自反馈"的复杂系统。

（二）人的能力是有限的

我们需要再一次地强调：人的能力是有限的，受到这种限制，人只能关注很少的美的状态性特征，如果涉及更复杂的过程动态性特征也就基本顾及不上。那么，不能被人们稳定地建立起来的特征，自然不能作为一种孤立而稳定的模式被记忆下来。人的能力的有限性已经决定着任何人在美的探索道路上只能一步一步地向美（人们内心的虚假性存在）逼近，这也就已经决定了美的核心的力量是对美的追求。

如果人们想表达自己与自然的和谐，那么需要选定一个题材、一种活动、一种意义，它体现人在这种活动中的作用，从而表现出人所体验、领悟到的境界。为了更强烈地表现这种感受，人们经常会选择一个自己熟悉的事物，在此基础上通过表现艺术家内在的好奇心，引起艺术家更大范围内的广泛联想、想象，以实现在更大范围内、更高层次上对美的理解和认识。在不断探索的基础上，艺术家通过比较优化，将创作过程中得到的"局部完美"的模式固化下来。

可以认为，正是由于人的能力的有限性，才形成了审美中的优化选择与构建的模式与本能。试问，哪一种过程不是如此？天才画家毕加索就时刻处于这种如何才能更好地表达人的本能的优化探索过程中。[①] 即使是他不是在有意识地思考，也会不断地在潜意识层面对其所考虑的艺术创作实施差异化构建与优化选择。这种优化的选择，自然是在某些指标的控制下的优化选择——使相关的特征"更符合要求"——向局部极值（也有可能是全局部极值）的方向更进一步发展。

（三）人是在重复的过程中表达着对美的持续追求

在生命活性基础上展开的任何行为，都会表现出生命本能的力量，都是在生命本能模式的指导下具体展开并形成稳定的结构。即使是在生命本能模式的激发下展开联想，也是将那些具有生命的本能特征的信息以更高的兴奋值处于兴奋状态。美是专门表征艺术品与生命的活性本能稳定协调关系的。随着人们对美与艺术的关注，在人类社会中会自然产

---

① ［西］毕加索等著：《现代艺术大师论艺术》，常宁生编译，中国人民大学出版社 2003 年版，第 49—62 页。

生专门从事美与艺术创作的专门群体——艺术家的特殊人群，他们更加专门地将表征这种美的特征视为其基本的工作。人类的进化史已经揭示，具有更强能力的这些人，将会比其他人更好地生存下来。[①] 由此就可以看出，美学家实际上在审美活动中占据着重要地位。

（四）对美的构建是逐步形成和完成的

基于人的能力的有限性，人们便只关注当前最重要的美的特征，在忽略不重要特征的基础上，只将其主要特征固化下来。已经固化下来的状态性特征被看作主要特征，并通过这些特征以及彼此之间的相互关系组成美的相应的意义。

在好奇心的作用下，随着我们对一件艺术品关注时间的不断增加，随着我们对事物认识程度的不断提高，艺术品的一些不重要的特征也会成为我们的关注点。这些特征一般会与其他的特征相互作用，并在相互作用过程中，共同表征着美的理念，促使我们对艺术品的欣赏与认识进一步的深化。

作为一件完整的艺术品，各种特征之间应该是相互协调、相互支持、相互激励的，最起码是不能相互矛盾、相互否定、相互排斥的，或者说某些局部环节在其他因素的联想激发下不能是不合理的，尤其是与整体效能不能是相抵触的。艺术品的各种特征最好是能够形成彼此之间的相互促进、相互支撑的关系，这样将更能提升艺术品的整体协调性，使其表达出更强的审美效果。在这里，和谐性，或者说，不同因素之间协调一致是艺术创作的一种基本要求，而在各种特征的协调过程中，如果能够形成某个因素的共性相干，就会在不同特征的协调过程中形成相互促进关系。

（五）形成美的过程是一种复杂的动力学过程

过程性特征作为美的一种动态的模式会涉及更多美的状态、状态之间的比较与联系，甚至需要将诸多状态特征联系起来。状态性信息本身的多样性、彼此之间的相互作用所形成的复杂性，如果超出人的意识能力，那么美的过程性特征就不容易被构建出来。尤其是在构建过于复杂

---

① ［美］埃伦·迪萨纳亚克：《审美的人》，户晓辉译，商务印书馆 2005 年版，前言。

的自组织、涌现过程性特征时，需要神经系统维持更长时间的兴奋稳定状态，而如果这种过程由于环境其他因素的变化而使其被经常打断，那么相关的过程性特征就更不能被顺利地建立起来。

人们忽略行为中间过程只记忆结论是一种节省资源的做法。不这样做，将会浪费人的大量记忆资源，使生命体不能有效地建立外界环境与生命体生命状态之间更为关键性的关系和结构。人们在建立"前提"和"结论"之间的关系时，便会忽略中间的过程，而只是认定"前提"与"结论"之间存在的稳定的逻辑联系，并认为这种认定极其合理。为什么会存在这种过程？

1. 结论部分具有足够的独立性

通过人正常的心智活动，在该"结论"的独立强化过程中存在诸多过程：人们会将"结论"与各种情景的联系中将其独立特化出来。人们为了加强该结论部分的意义，将其特征、关系和结构进一步地固化，使之成为一个典型而孤立的对象。孤立地建立起该结论与其他信息的联系，这种过程将进一步地促进结论的独立化。

2. 结论会被各种活动重复性地加强

对某一模式的不断重复，是该"结论"被独立特化的关键性过程和力量。人们还会在更高层次上将不同模式的共性特征表达出来。

3. 独立的环节具有足够的自主性

该状态模式的兴奋度越高，其所展示出来的自主性便会越强，越是能够在更多过程中自主地表现这种环节，越是使该模式具有更强的自主强度。这相当于在环节的自主性与自主地表现该环节的作用之间建立起了一个反馈强化的过程。复杂性动力学已经揭示，非线性的特征保证着这种过程稳定的存在。

4. 各种模式对资源利用的竞争保证了高兴奋度模式的合理存在

高可能度模式所起的作用要比低兴奋度模式的作用大。那些可能度高的模式会由于其自主性而在各种活动中发挥更大的作用。激发、联想出来的诸多信息模式中，高兴奋度模式所激发、联想出来的其他模式的可能度自然也会更高，被下一步选择作为意义构建的基本模式的可能性也就越大。

5. 一个模式的兴奋度越高，其他模式的兴奋度就会相对地越低

这是资源有限性所形成的固有制约。大脑神经系统的兴奋和用于信息加工的能量（物质、信息），会有一个"上限"。不同信息模式的兴奋度会组成一个相应的分布结构，从而与不同的意义相对应。

构建美和审美，涉及更多的因素、更多的过程性特征和更多的环节性特征。这些与美有关的信息元素都应作为一个整体而紧密联系在一起。由于受到各种因素的影响，人只关注这种过程进行的最后结果——"完美"的模式，并且只关注这种"完美"模式的最终结构表现。在我们将美和组成美的过程看作一个复杂的动力学过程的稳定状态表现时，这就预示着人们所设想出来的这种美的终极状态必然地综合性地考察各种局部特征、因素和环节的相互作用。既要考虑这种结果的稳定状态，也要考虑从某个初始状态出发而向稳定状态收敛、变化的过程。

实际上，这些形成、构建"完美"状态的相关模式的元素都会被艺术家所关注，成为其在创作艺术品时的指导标准特征。在具体的艺术创作过程中，艺术家往往不以单一的指标作为指导标准，而是在全面考察某些主要标准的基础上，运用自组织方法形成一个综合性指标，然后在该指标的控制下，再使指标更高——达到更加完美的程度——而付出更多的努力。

第四节　美学的研究方法

一　研究方法一直是美学的核心

美学中常见的方法有如下几种：一是用哲学思辨方法，研究美的"本体"、美的规律或艺术美，如人们习惯上认为的柏拉图、黑格尔、康德等的美学就是运用此研究方法对美及美学展开研究的；二是用科学实证方法，研究人的审美经验、审美心理、语言符号，如实证主义美学、人本主义心理学美学、精神分析美学、结构主义美学等，会更多地运用这种方法展开理论构建；三是用多元化方法，研究审美活动中主客体之间的审美关系，如现象学美学、阐释学美学、接受美学等。

美学需要在更大程度上借鉴其他学科的方法，基于其他科学的研究成果，构建美的本质的特殊意义。自康德、黑格尔开创的意识美学研究以来，美学家构建出了仁者见仁、智者见智的自成一体的系统化美学理论。每种美学理论都从各自理解的角度、方法、背景和知识体系出发，都给出自己关于美的本质的描述性见解。但我们却希望在这种差异化的描述中，能够采取比较的方法，通过差异化的探索，进一步地得出其共同的规律，将不同研究者的见解具体细化为受到某种因素影响下的"同化"特征的变异性力量，基于共同的本质性规律，将其更加有效地组织起来，在更高层次上构建出概括性、联系性更强的美学的概念、关系、结构和规律。在构建出美的"普遍规律"的基础上，将其应用于指导各种形态的艺术创作和艺术实践。

（一）美的研究的逻辑模式

美学研究队伍主要有两个来源，而来源的不同也就决定了美学不同的研究方法。一种方法被称为是"由顶向下"的哲学式研究方法：从哲学的一般概念、关系、原理出发，构建美学特殊的规律和本质性的关系；另一种研究方法被称为是"由底向上"的实践式研究方法：主要是以具体的艺术创作为基础，通过艺术创作者自己的感悟和体验，将具体的经验概括上升为一般性的美的抽象理论。与由顶向下的研究过程相比，在由底向上的研究过程中，经常会面临更大的困难。艺术创作在缺少将美学研究科学化的力量，缺少坚实的科学基础时，就只能停留在直接的实践层面，而在由具体的艺术实践概括升华到美学理论的过程中，会受到特殊的艺术领域的特殊性的制约。无论是由顶向下的研究，还是由底向上的研究，只有那些对美学、心理学等有浓厚兴趣，并能够对各领域范畴的美学问题进行深入研究的人，才能构建出由生物本能向对美的追求的过渡性的基本规律。而在此过程中，显然需要有新的研究方法作指导。正如在物理学的量子力学中，人们能够把握量子力学的基本规律，但在以基本的量子力学规律来解释由大量粒子所组成的宏观世界时，仍需采取新的研究方法一样。当前所面临的问题是，美学的很多研究者都在自说自话，不愿意以一种开放、包容的心态综合各种方法，不能有效地引入其他研究方法，而自娱自乐地沉浸在自己的小圈子里不能自拔。为了更加有效地推动美学的进步与发展，需要美学家在构建美学基本规律的过程中，通过构建一个宏大的体系，将各种美学体系、各民族、各地区的美学理论联系统一在一起，将各种具体的美学理论作为其中的环节来考虑。"就像科学家观察自然一样，美学家的研究工作的最高成就，也应当是从大量的、各不相同的事实的搜集中找出一些具有普遍性的、重复出现的形式、主题和典型，以及它们多种多样的原因和条件。"①

在这里，我们需要强调哥德尔定理在美学中的应用。② 这就要求我们：第一，构建若干美的特征；第二，构建特征之间具有更强确定性关系的若干基本假设；第三，将基本假设固化为基本逻辑规律，依照逻辑规律，构建符合逻辑法则的美学的推理与思维方式；第四，分析研究各种问题，得出一系列的推论（定理），并以此为基础而解释其他的现象和问题。

基于人与美的客观的相互作用，我们将采取特征分析模型法来认识完整的美。将一个完整的美分割成为若干美学元素，将诸元素之间的关系作为美的基本元素，将通过相互关系所组成的具有更高意义的结构也视为美学元素之一。在分别构建、表达各个美的元素的基础上，依据系统性原则通过彼此协调、组织构建出完整的美，再进一步地思考美的层次性、功能与结构性，美的时间性（历史性）特征，美在更大整体中的作用等。在此过程中，我们需要强调三点：一是要以非线性的方式研究美的共性相干的非线性过程；二是要以系统的自组织为核心；三是要以系统的自主性为关键。

（二）思辨的方法

以自然科学理论为基础，运用科学的思维方法，可以将美作为科学概念和规律的具体分析对象而展开研究。在这里，尤其强调意识中各种信息之间可能关系的联想、延伸、扩展的作用。

---

① ［英］李斯托威尔：《近代美学史评述》，蒋孔阳译，上海译文出版社 1980 年版，第93 页。

② ［美］侯世达：《哥德尔、艾舍尔、巴赫——集异璧之大成》，郭维德等译，商务印书馆1997 年版，第 22 页。

在意识层面，要以抽象和具体之间的关系及相互转换为基础，根据抽象概念之间的逻辑性关系，根据信息模式之间的局部联系，基于美的核心力量，在展开充分想象的基础上，构建出各种观念之间各种可能的关系，然后构建选择出自认为在更大程度上合乎理性（逻辑性）的关键特征和本质关系，并在与具体的审美问题相结合的过程中，构建出能反映更强美感的具体形态。

（三）实验的方法

通过有意识地控制设定一个专门的环境，如，设计实验，在限定其他因素的情况下，研究随着美的某个因素的变化而对人的审美过程的影响特点和影响规律，从中构建出对美影响最大的核心特征、关键性联系，然后研究不同特征之间的相互作用对审美的影响，以及研究这种特征兴奋程度达到多大程度时，可以使人产生更加强烈的美的感受，构建相关特征在环境作用下的变化规律等。要将各种极端条件下的各种本质性规律综合起来，进一步地与各种具体美的现象有机地结合在一起。

在此过程中，脑神经科学的发展能够促使人有能力和方法专门研究在审美的特殊状态下的大脑神经结构和活动的特征、结构和过程。美的神经心理学、神经生理学为从更加本质的层面认识美打下了坚实的基础，也使人们有了探索美的规律的一种新方法。

（四）数据分析总结法

通过设计问卷调查的方式，运用统计学的原理，能够从大众化群体的认识中分析构建出大多数人认同的概念、关系、规律和具有群体倾向性（意向、态度、基本的群体化趋势）的意见和看法，从而在人们的认识中提炼概括出"覆盖率"更高的一般概念，并以此作为美的核心特征及规律。

（五）比较概括抽象法

比较往往能够得出更好的结论。美学研究也需要从几个方面加以比较，通过寻找不同的人在不同环境中审美的相同点与差异点，将其比较而建立彼此之间的区别，从而将人的兴趣点、相同点和差异点构建出来，然后基于一个共性的稳定概念，将差异性特征以某一个更加抽象的特征表征出来，这样就能从中比较构建出更具概括性的、本质性的抽象特征，建立相关特征之间的关系，并基于这种比较的异同而在一般逻辑关系的基础上，构建出与具体情景相结合的特殊关系。

在美的比较研究中，需要我们比较儿童与成年人、比较古今、比较不同的美学范畴、比较不同的美学艺术领域、比较一般人与艺术家、比较美学理论研究工作者与艺术创作者、比较艺术家与科学家，比较人与动物、人和低等动物以及高等动物之间的异同特征、比较东西方艺术等等。尤其要在更加本质的基础上，将西方美学与中国美学、将现代艺术与原始艺术加以比较，从中构建一个概括程度更高的美的概念、关系、结构和规律。

要善于将不同民族的审美特征构建出来。研究不同民族对美的认识之间的差异，一是促使一般美学形成新的特征，二是促使一般美学构建更加概括抽象的概念。显然，比较的范围越广，所能构建出来的共性特征便更具概括抽象性。通过后面的研究我们将会看到，其实这种研究方法本身就已经表现出了美的本质。我们将会看到，人追求美的基本模式，会促使人在差异化多样并存的基础上，进一步地抽象出概括性更强的美的本质性概念。

分析只是研究美的一种方法，虽然是其中最为重要的、常见的方法，但我们却需要从整体的、综合的角度来研究美。我们要基于美的特征分析模型，构建一个个的局部美，我们还需要从整体的角度，笼统地评价一件艺术品、一种行为模式是否是美的，在评价一件艺术品是否更美的过程中，还往往会出现评价标准的变换问题。我们要研究这些不同的标准及其变换在其美的本质性特征的作用下，如何有机地统一在一起。甚至可以将相关的研究方法也作为美的一个基本元素进行研究。

二　真正"走向科学的美学"

将可能当作必然，将局部关系不加考察且随意地扩展到一般，将假设当规律，是人们探索本质规律时经历的一个重要的过程，而要真正地把握、深度地挖掘、表现美的本质特征，人就应该真正地以美的本质和规律指导建设更加美好的社会。

科学方法来源于古希腊的传统，它试图通过自然本身来说明自然。

当人类放弃了"神创"论而走向自然论时，就提出"真理"等观念。由于传统中国缺乏基于局部化研究所形成的西方的科学理性，中国传统的研究方法往往被称为经验性的。百年来，在中国反思自身落后的原因时，有人认为中国缺乏的是科学精神，于是在 20 世纪初期开始了一场尊崇"科学民主"的思想运动，这场运动不但没有在把握科学本质的基础上，与中国传统的优势思维有机的结合，反而把"科学"异化成为一个"现代神话"，将其与真理绝对地"等同"起来。科学就像是一个魔咒，任何行为只要简单地披上"科学"的外衣，就被人们潜在地认为是绝对正确的。

在美学上，有不少的哲学家、美学家致力于中西美学的比较研究，然后得出中西方美学的相同点和差异点。但片面地把中国传统美学归为感性的、直觉的、经验的、模糊的、片面的等特征；把西方美学归为理性的、分析的、逻辑的、科学的、系统的等特征。① 这种将中西方美学对立起来的做法，无益于美学的进步与发展。个人化的感性并不意味着其中不存在普遍的规律，基于直觉所形成的理论并不意味着不遵守理性的、分析的、逻辑的方法。在经验的基础上概括升华而来的具有本质性意义的事物确定关系，必然会成为人们在心智空间展开思维推演的逻辑基础。我们既需要从单一的、孤立的、片面的角度研究一个对象，但又需要建立其与整个世界的密不可分的联系。从方法上把美学视为"科学"，成为一个时期中国美学所追求的目标。我们既需要孤立地、一一研究单个的美的元素，又需要将它们之间的关系作为美的基本要素，通过联系的方式将其组织成一个完整的系统。我们通过构建一个更加合乎逻辑的美学体系，在把握美学本质规律的基础上，探索中西方美学的融合之道。

在此过程中，我们可以在某一科学理论的指导下，运用科学理论中相关特征、关系以及由此而表现出来的具体规律，观照性地描述美学的相关现象、问题，并在这种研究的过程中，为该科学理论提供美学的新的素材，扩展该科学理论的范围与运用。

所谓科学具有如下意义：第一，构建一套假设；第二，实施研究方

---

① ［美］尼斯贝特：《思维版图》，李秀霞译，中信出版社 2010 年版，第 3—38 页。

法；第三，由客观上升到概念的抽象思维方法；第四，建立确定概念之间必然的逻辑关系的规则；第五，建立一套定理；第六，解释实际问题。"美"的主要特征表现为感性直观，它是令人愉悦的，但当我们将"美学"作为一门"学"来构建时，美学就不仅应该有其自身的学科理念、本质的特征、内在合乎逻辑的联系、基本的规律，还要有科学的方法、稳定的结构。倡导"科学法"的学者们在观念上认为可以建立一门类似于自然科学的美学，在准确地探索构建诸如美的本质、美感的本质、艺术的本质等的基础上，将其与具体的美学艺术实践相结合而构建美学的具体的规律。

这需要在方法上把科学、理性、逻辑推理、形式逻辑的一套理论引进美学和文艺学的论证过程中。或者在具体方法上采用归纳法、演绎法、比较法等，像研究自然的物理、化学、光学那样来研究美学。美学家们并没有故步自封，每当科学发展中出现什么新的理论，便被人们拿过来研究美学，如当信息论、控制论、系统论出现时，曾被一些人拿来建构新的美学体系，但现在看来，它们都已经成为"明日黄花"，因为它不是从"审美现象"出发来进行探讨，而是将科学观念和方法直接套用到美学研究中，在解释美学的相关问题时，就显得僵硬、片面和肤浅，不能与美学的本质问题有机结合，因此无法恰当而准确地阐释复杂的美学问题。在科学内部，也有人对"科学"是绝对真理，可以放之四海而皆准的观点提出质疑。科学研究并不能被证实，它只能被证伪，科学不过是知识的类型，知识是假说。①

人们在美学的科学化道路上艰难前行，为什么当前所谓"科学的美学"的种种理论并没有被学界承认为是一门"科学"呢？或者在众多美学研究者那里它不被看作具有科学性呢？这是因为"美学"的评价尺度并不是科学性的，或者说人们还没有从本质上抓住美的具有更强确定性的特征和关系。就像宗教、信仰、艺术、体验等人类行为，目前之所以还不能用"科学"的尺度去衡量，也是因为人们还没有抓住那些事物的

---

① ［英］卡尔·波普尔：《猜想与反驳——科学知识的增长》，傅季重等译，上海译文出版社1986年版，第3页。

可以度量的、具有确定性意义的基本特征。因此有些人甚至认为，科学的美学（或者美学科学化）实际上是走错了道路。科学解释不了宗教，当然也就解释不了审美。与此同时，"科学"的术语往往被异化为"正确""真理"的化身。所有美学都声称自己是科学的，在不同意对方的观点时，就称对方的观点是"伪科学"，甚至是"反科学"的。

对美的科学化研究将是一种范式的转变，是在探索美的本质道路上必须经历的一个过程和环节。从哲学的本源出发，也可以看到，美的本质规律必须是实证的，但又必须与具体情况相结合。不考虑具体情况的美的普遍规律，不能准确而恰当地解释具体的美、描述极具个性的艺术，将极易堕入片面的、个性化的经验决定论中，这其实已经反映在了当前研究的肤浅性中。美学的对象是一种自然客观实在，它一定可以作为科学中的对象。美是在一定程度上表现了人感性愉悦与否，对美的探讨既要走哲学的、人文科学的道路，即探索审美经验的结构和审美造型的差异，艺术的审美特征或审美的价值，更要运用科学的方法把握其中所包含的本质性的规律。

三　基于复杂性理论的研究

我们应该基于某一科学理论，具体地描述美学的现象和科学理论中美的相关特征、关系以及由此而表现出来的该科学理论的具体规律，并在这种相向的综合性研究过程中，为该科学理论提供新的素材，扩展该科学理论与运用的范围。

（一）简单的系统论的方法

我们可以把美作为一个系统的对象，运用系统论的方法对美展开研究。具体地讲，就是研究美的各种特征、特征之间的关系以及美的运动与变化的本质性的逻辑规律，研究通过这种关系生成的美的新的意义和其所形成的基本的结构，在所研究的各种可能关系的基础上，选择更具确定性的关系，并构建出具有更强逻辑性的美学体系。

在对美的研究过程中，存在着具体的、特殊的问题。不同人对美的不同理解取决于美在不同人内心所形成的不同的感受，这种不同应该在系统美学中得到足够的重视和应有的研究。我们可以对其有以下几种做法：要么将这种特征性忽略掉，要么将这种特殊性作为新的特征，要么将这种特殊性归并到一个抽象度更高的概念中，要么利用这种特征形成抽象度更高、"覆盖"范围更大的美学的概念体系和关系结构。

（二）复杂性动力学方法

无论是研究美在主观上的表现，还是美在客观上的表现，都只是考虑了美的一个方面的特征。美是在主客观相互作用而形成的自组织动力学系统中，伴随着人的进化而逐步特化出来的，它只能在具体情景中才能更准确地传达出来。

美学研究既需要基于人的个性，又需要将其联系起来而组成一个复杂的动力学结构。如果过于强调个人的个性化，那么会丧失作为一个艺术群体所应该表征出来的社会性的个性化特征，也就是说，在过于强调个人至上时，将会忽视艺术家是作为一个类的共性特征而存在。与此相类似的，诸如美的差异性、批判性等都在独立化的过程中被曲解。而当人们曲解了后现代所强调的个性化与自组织的综合性意义时，就无法从其核心特征出发对其作进一步的科学延伸，将美的核心特征作为一个独立的特征并广泛应用于各种场合时，便不能得到准确的合理的应用。

后现代观念源于科学技术的发展，尤其在 20 世纪 80 年代达到了繁荣。在科学技术现代化的过程中，人们开始重视这种具有非线性特征的、具有自反馈（自催化）、共性相干、涌现、自组织等特征的复杂系统的运动与变化。

复杂性理论强化对于生命活性的解释，建构了运用物理化学的原理来描述、解释生命现象的相关基础理论。虽然该门学科还在飞速的发展中，但它所取得的成果，已经足以颠覆以往人们所秉持的旧的观念及方法。通过研究与生命活性相关的发散与收敛的核心特征，探索生命状态诞生于有序与混沌之间的某一个很小的区域，在这个区域即表现出了一定的有序性，也表现出足够的混沌性特征，该理论认定在生命状态中，每一个状态都是一种临界状态。这就意味着，在一个刺激作用到其上时，在所有有可能的应对模式中，每一种模式都有可能被选择作为应对模式，而且该应对模式的显示可能度也具有"概然性"特征。而即使某个模式已经被选择，也并不意味着其他模式没有出现的可能性。

复杂性理论揭示出了通过非线性研究，生命所形成的涌现性特征、反馈特征，尤其是正反馈特征，以及由此所表现出来的扩张性特征。基于生命的这种生物化学特征和规律，我们同样认为，在解释人的意识中的扩展与变异以及美的形成的激励作用与基础性的作用方面，能够发挥更为重要的作用。我们仍需要做出更进一步的论述，解释人的抽象性与美的关系，解释人的意识生成的基础，解释这种扩展模式发展为一种稳定的模式时产生的美感等。这使我们认识到，一方面是该模式与美感模式建立起了确定性的关系；另一方面是美感模式对稳定的模式产生了一系列的延伸、扩张。两者之间通过有机协调形成一个完整的不可分割的整体，这种过程便成为运用科学解释美学中的相关问题的核心特征。

我们需要运用复杂性理论，解释由非线性涨落所形成的由不协调到协调的过程和由不协调到协调的过程中所形成的稳定性模式和作用的力量，并由此而生成的美感的特殊意义。我们认为，在这一过程中，突出了人特有的意识，强化了意识对相关过程的进一步的促进与激发的作用，意识及时地以某一个稳定的形态为基础，保证着生命体能够尽可能地表现扩张的力量，并能够将不断扩张的力量一直表现下去。如哈贝马斯（Habermas）所言：“现代性的特征在于主体具有一种自相矛盾和人类中心论的知识型。而主体是一个异常复杂的结构，虽然有限，却又向着无限超越。”①

人们认为，后现代主义美学的一个基本特征就是把艺术与社会实践更加直接地结合起来。这种结合必须是紧密的，而且是非线性相互作用的。所谓紧密，是指只要一个方面发生很微小的变化，就有可能引起另一个方面的较大且深远的变化。非线性作用将会导致更多现象的生成和多样化形态的生成，也必然地导致不确定性、新奇性和自涌现现象。后现代主义的美学，在强调个性化、差异化的同时，强调美学要给人带来更大创造性的力量，这意味着人会不断地生成新颖的、具有个性化的作（产）品。在这种过程中，美学并不意味着要忽略过程性特征，反而应该

---

① ［德］哈贝马斯：《现代性的哲学话语》，曹卫东等译，译林出版社 2004 年版，第308 页。

更重视这种构建性、过程性特征和由此所表现出来的对美的不懈追求。美的过程性特征会在这个过程中被人充分认识，并将这个模式和力量更为显著地突显出来，而这才应是后现代主义美学的核心。无论我们关注什么，都要尽可能地追求其更加美好，要优中选优、希望好上更好，尽可能地使这种追求达到"极致"——超过非线性所表征的阈值——当超过此阈值时，即使人们付出再大的努力，也不会给事物带来更大的变化时，我们才可以认定这种活动过程的结束。

伴随着时代的发展，激进的后现代艺术家们宣称，审美革命显然是不能依靠一种纯美学的方式来实现，也不能是经由抽象的审美想象来达到的，而是要在表达具体的美学的建构过程中，通过各种艺术行为与各种社会实践的相互作用，使艺术实践成为促进社会发展的一个有机部分，这样才能真正实现后现代美学所设想的审美理想。在此过程中，需要注意的是，一方面，激进的后现代艺术家一定要在正确美学理论的指导下，在表达美的共性的本质力量的过程中，将自己个性化的艺术转变成真正推动社会革命的力量；另一方面，现实的社会改革者也应该以美学理论为基础，借助后现代激进艺术更为发散的想象力，更加有力地推进社会的进步与发展，这就要求美及美学必须深入到人的社会生活的方方面面。后现代主义美学的实践者一般不会在美的理论方面深入探索，他们只是从理论上片面地强调美在人的实际生活中的指导、激励和煽动作用。他们依据的是后现代理论某个方面的短暂指导，他们想要推翻艺术展览大厅、博物馆、图书馆的传统界限，让艺术变成生活的一个常见的现象。试想，如果没有足够的理论支撑，如何才能做得更好？打破了这个界限，就更需要准确把握美的本质。任何时间、任何地点、任何方式、任何载体，它们只要表达美的本质，美与艺术就都是可以存在其中的。后现代主义的艺术家们认为美可以无所不在，他们却只是简单地将艺术的形式表达在任何空间：在睡衣（包括内衣）上画画，在街道的墙壁上创作，在嘈杂的工厂车间里进行艺术展览，向剧院里的观众展开口号式的政治宣传等，他们把传统审美形式中的各种隔离和区划全部打破，甚至将人们习惯上认知中的极端矛盾的概念、范畴统一在一个"作品"里，在他们的艺术作品中已经区分不出什么是艺术行为，什么是政治宣传。虽然在政治活动中可以表达美的本质，但它只是美的本质特征和基本规律的体现，不应作为取乐他人的"噱头"，也不应作为纯粹追求新奇而新奇的借口。在这里，我们不禁要问：为什么要将美、艺术与政治截然地对立起来？这种认识与传统的美学有何不同？我想，这种行为仅仅只是简单地换了个"肤色"而已，但已经使传统美学应接不暇了。真正的美学可以而且应该与社会现实中的政治斗争紧密结合，而现实斗争又会使得这种审美理论具有特殊的形态和意义。在西方社会中，现实的革命者对于激进的审美艺术运动经常采取"绝对认同"的态度。《现代以后的艺术反思》则将注意力更多地集中在艺术在社会的各个方面所发挥的特殊的作用：引导、宣传、鼓动作用。

在这里，我们需要特别提及的是人们在美学理论与应用中存在的一种逻辑上的疑惑。可以认为，正是由于研究美的逻辑起点的不足，导致了对美的本质认识的诸多偏差和误解，尤其是自康德起就没有寻找到表达人的本能的合理方法，而只是单纯地认识到人的独立而客观的本能只有在不受到其他因素的影响时，才能自发地表现出来时，于是人们便将注意力集中到不受任何外界刺激时的"本我"的表达上，由此而自然地提出美学追求的"无功利性"的要求。欲要排除一切对"无功利性"的影响因素，政治（道德）被放到了首要的地位，似乎只有脱离了社会、脱离了政治，艺术才能称得上是"纯艺术"。因此产生了人们习惯上称谓的"二律背反"，形成了对"美与政治紧密结合"状态的误解。人是社会性动物，在社会的核心特征中，道德价值标准自然地作为一种稳定的力量固化到人的本性中，它进化到今天，本身就已经是人的本能模式的一部分。表达这种本能模式，正如表达其他的本能模式一样，应成为追求美的核心过程。当我们想表达某种政治追求和想法时，本身就是在表达美的本质。因此，艺术应理直气壮地在美学理论指导下有所作为，但不应一味地对其进行口号式宣传、虚假地夸大其词、不切实际、不合规律地提升（"升华"）、口无遮拦地许诺，不负责任地乱批评。美及艺术应该真正地凭借一个国家、社会的力量，为人更加有力地表达生命的本能而努力实现对美的强大的追求。

受到康德"无功利性"的影响，人们虽然认可道德在美中的重要地位，但不愿意将艺术与政治建立起更加紧密的联系，不认可基于道德的政治在美中发挥作用，不愿意发挥美对人类社会的进步与发展的核心力量。这种现象很奇怪。即使是从一般应用的角度也可以看出，只要在其中准确地表达了美的本质和美的规律，美能够表现在任何一个活动中、任何一个领域和任何一个环节中，同样也可以表现在政治领域中。正像不存在完全脱离人类社会的个体一样，也不存在完全脱离政治的美学。更何况与人密切相关的社会活动更需要美在其中发挥其应有的作用。要想构建一个新的、更美的世界，就必须在构建与当前有所差别的世界的基础上，通过比较进行优选，或者说对人们当前世界的缺点与不足加以改进，那么，此后就必须打破那个不好的旧世界而致力于建设一个更加美好的新世界。这其中既包括基于人的生命本质、人的本质性的特征所发挥的作用，也有基于社会的道德力量和政治力量所发挥的作用。

从激进的政治理论与后现代美学表述之间的关系中可以看到，社会政治斗争在一定程度上渗入激进美学理论的内部，使其在与之相互关联的基础上相互促进，最终对后现代主义美学的理论形态的完成产生重大的影响。在此过程中，人们还应该认识到，社会活动不仅只有社会政治斗争。如果单纯地以直接的社会斗争为核心指向构建美的理论形态，那么必然会在当代学术思潮中受到普遍怀疑，它自然会被认为是简单、粗糙的理论。后现代美学从此角度对审美现代性问题的理解，可以使得我们考虑以新的方式研究审美，使我们可以从中国文化中现实关怀与抽象思辨不离不弃的、动态复杂的思维特征出发，在审美问题与现实活动之间，形成更加密切和谐的理论与实践的互动关系。

（三）用复杂性理论来解释美的本质的可能性

我们力图从复杂性动力学的角度来描述和揭示美的基本特征和基本规律。一是因为我们所构建的新的美学特征已经在复杂性动力学中被专门研究，我们能够以其中的特征和方法为基础而展开美的具体化探索。二是当代人们对复杂性科学的理解并不深刻，容易对其产生片面的认识，也往往会对其产生误解。这在给美学研究带来更大困难的同时，也给美学的研究进展带来更大的机遇。这也就意味着，在我们将复杂性动力学的研究方法作为研究新的美学的科学理论方法时，会更难以受到他人的认可，因此，这就需要我们做出更大的努力。美学研究应以生命的活性本能特征为基础，需要强化生命活性中的收敛与发散的协调统一，研究两种力量维持在一定区域内的相互关系对于美的意义，研究两种力量的相互作用所形成的稳定性结构对于美的作用，描述收敛、掌控、有序、自组织等模式作为一种稳定性的模式时，在复杂性理论中对美的本质、关系和规律的解释。

后现代观念对于美学研究的冲击力还没有被人充分地认识到。这其中可能存在两个方面的原因：一方面，研究复杂性动力学的专家醉心于复杂性科学中的奇妙问题而无暇顾及美学中的相关问题；另一方面，传统美学家对后现代科学理论的不正确理解，将会阻碍美学工作者运用复杂性科学的想法方法、思维方式去研究美学的相关问题。后现代科学方法的复杂性虽然让很多人望而却步，但我们可以采取多样并存和由此而生成的概然性的方法来描述这一复杂的过程性特征。这就意味着，虽然现实世界只表现出了其中的一种情况，但在存在多种可能性的情况下，每一种可能都会以一定的概率表现出来，人们也就能够依据人的这种生命的活性模式和力量，以当前的模式为基础而进一步地发挥发散与收敛的作用。这些从数学、物理学、生物学、计算机科学、人工智能理论等学科中进化出来的概念、方法，被哲学家、文学家等冠以新的名词，而人们再以这些名词为基础而理解新的美学理论时，往往会产生新的理解上的偏差。

在我们的研究中，是根据复杂性理论的特征、关系、规律来指导寻求美学的特征规律的构建和生成的。我们首先认定它是一种科学的理论，能够引导我们在基础物理学的层面将生命体与非生命体统一在现有的物理学规律之上。我们采取将复杂性理论与美学艺术理想"相向"而行的方法，不断地构建两者之间更大的"交集"。

第五节　推动马克思主义美学新发展

美学应以马克思主义的辩证唯物主义为基础，但一定不是教条、不变地对其"照本宣科"。我们应该明确地认识到，马克思（Karl Heinrich

Marx）虽然没有就美学写出专门的美学著作，从表面上看显得不明确、不系统、不专业，同时在具体论述时，往往将美的思想和理念在说明其他问题的过程中"附带"性地表述出来，从表面上显得不系统，但由于马克思是从联系的角度，尤其是更多地从哲学思辨的角度，通过其他问题的论述扩展性地表达着对美的问题的看法，所以单从现象的角度看马克思对美的理解显得不准确。历史和知识的有限性也会限制马克思、恩格斯（Friedrich Engels）的视野，同样当时历史的局限性和人们的关注点也影响着马克思主义美学理论的深化发展，因此马克思主义的美学从理论层次上看显得不深入。美学理论与艺术实践之间的根本性问题，同样出现在马克思主义美学的理论体系中，但仅从感性的角度来看美学就显得不具体，最起码在指导艺术创作中发挥的作用不那么明显，尤其是在面对新出现的艺术新流派时，马克思的美学还缺乏具体的理论指导。因此，马克思主义美学一定是需要丰富和发展的，一方面是因为马克思主义哲学奠定了现代美学的基础；另一方面需要不断地深入挖掘马克思主义美学中所包含的美的本质性内涵。真理的相对性要求我们必须创造性地不断丰富与发展马克思主义美学。这就需要我们：一是要从系统的角度进行整理，将分散于马克思著作中各部分的美学观点汇总起来，通过内在联系形成一个有机整体；二是需要从美学理论的角度"观照"马克思主义美学理论的深刻内涵，以此推动马克思主义哲学向更本质地揭示美的规律不断延伸；三是在艺术创作实践中丰富和深化理论与创作实践的有机联系，在艺术创作指导中发展马克思主义美学理论，在艺术创作实践中丰富和完善马克思主义美学理论。

一　美是人本性的感性表达

（一）人的本质力量对象化

马克思在《1844年经济学哲学手稿》（以下简称《手稿》）中指出："生命活动的性质包含着一个物种的全部特性，而自由自觉的活动恰恰在人类的身上才得到了更加充分的反映。"这里所强调的就是美形成的抽象以及与生命特征形成的共性激发赋予事物以美的意义的核心。而所谓"人的本质力量的对象化"，其实就是生命的活性本能模式力量的显现化、形式化、客观化，即用一定的为人所能够感知（领悟）的形式来表现人的本质力量。这里"人的本质力量"指的就是生命的活性、活力，这种力量是在重复这种固定模式的过程中逐渐被人所明确认识的。不断的重复性的劳动，会形成更强的驱动力、表现力，或者说通过重复性的劳动，将人在以往的进化过程中所形成的生命的本质力量放大、独立和进一步地强化，从而使之成为劳动中的一个关键性模式重点表现出来。此时，与之相关的各个局部环节、特征并不复杂，已经由人对其做了充分的局部优化，人对更加复杂的美的追求便会占据人的核心注意力。从另一个角度来看，人也只有在艰苦的劳动过程中，才能形成对更节省能量、节省体力的劳动的进一步追求，这也意味着，这种模式只有通过重复性劳动的方式不断地表现出来，才能更加突出地表达人的本质中的美的力量。由于它是更加本质的生命力量的表现，因此，它必然会长时间地吸引人的注意力，但由于它往往以不被人们所注意的方式表现出来，在为人的意识所强化的过程中会存在诸多不足之处。

马克思将人的对象化的生产活动称为"人的本质的对象化"，这样的一种"对象化"活动在一个理想社会之中必然地会返回人的自身，成为个人自我实现的基本条件。"人的本质对象化"应该是一个具有深刻哲学意义的命题。这不仅体现在高度发达的生产力能够将人从必然的自然需求之中解放出来，还表现在其为人提供了让人自由发展自身的每一种独特的本质能力的丰富的对象，还包括其为人的发展提供了足够的机会。"只有通过人的本质的对象性地展开的丰富性，主观的、人的感性的丰富性，如有音乐感的耳朵、能感受形式美的眼睛，简而言之，那些能成为人的享受的感觉，即自我确证为人的本质力量的感觉，才部分地发展起来，部分地产生出来。因为，不仅是五官感觉，而且连所谓的精神感觉、实践感觉（意志、爱等等），一句话，人的感觉，感觉的人性，都只有通过它的对象的此在，通过人化的自然，才产生出来的。"①

（二）人的类属性问题

马克思在论述人类生产力时，将人和动物作了对比。马克思强调，

————————

① 《马克思恩格斯全集》（第40卷），人民出版社1972年版，第541页。

生产力是建立在美学基础上的。在《手稿》中，马克思认为，自由劳动是人不同于动物的类本质（德语中为 Gattungswesen 或称"种族本质"），也就是指明了"自由劳动"是人类有别于其他动物的核心特征。动物没有自由意志，动物的生存活动主要依赖于先天模式。动物尤其是不具有足够强大的大脑神经系统，动物的思维不够丰富，也不能建立信息之间各种各样的联系，这样，其想象力与人相比就会低很多，其他动物也因此而不具有足够强大的"剩余智能"，在动物不能构建出更加多样的可行的模式之前，其根本谈不上意志的自由。马克思在将自由与美建立起关系时，还包括更加深刻而本质的力量，这种重要的力量单靠充分的自由还不能够准确表征的。

（三）马克思的人的类的存在物的理论——在于升华

马克思的关于人的类的存在物的理论，指出了人在表达对美追求的过程中，能够运用更强大的力量，从而更加典型而突出地表现美。通过强调突出人的自由性、扩展性特征，马克思突出强调了人的有意识的活动特征，强化了人的积极主动性，突出了在对美追求过程中的人的自主性、积极主动性的力量。这其中尤其突出地表达了人的概括抽象性的观点，表达了人的共性特征，而不再是仅仅表达某一个具体人的表现。按照这种思想，我们在构建美的本质时，必然地要采取概括抽象的方法，也就是在感官美的基础上，将其升华为抽象的美、本质的美。美必须与人的类共性特征紧密联系。

在《1844 年经济学哲学手稿》中，马克思写道："人是类存在者（Gat-tungswesen），不仅因为他在实践上和理论上都把（包括他自己的和其他物的）类当作他的对象，而且——这只是换个说法而已——他自己是作为当下的、有生命的类来行动的，因为他自己是作为普遍的因而是自由的存在者来行动的。"[1] 马克思在此将自由的和普遍的概念等同起来：人是普遍的因而才是自由的存在者。在很多人看来，马克思的人类学最为人所称道的是，马克思对人的本质的规定并非出自任何形而上学的预设，而是从人作为自然的客观存在的生命活动出发来展开的。在马克思

---

① 《马克思恩格斯全集》（第 40 卷），人民出版社 1972 年版，第 515 页。

看来，人与其他动物一样，都是依赖自然界而生活的，但与其他的动物相比，人具有更多普遍性的力量，这一普遍性体现在他所赖以生活的自然界的范围的广度之上。人之所以会存在这种普遍性，是因为人具有基本的概括抽象能力。在理想的意义上，整个自然界都应该是人生命活动的环境条件和作用对象，也只有在此意义上，人才能获得最大的普遍性。"人的普遍性在实践上正体现在将整个自然作为他的无机的身体的普遍性上，就自然一方面作为人的生命活动的直接的生活资料，另一方面作为这一活动的材料、对象和工具而言。自然界，就其不是人的身体而言，是人的无机的身体。"①

（四）人与其他动物的区别

在马克思看来，动物和其自己的生命活动是直接同一的，因为它的生命活动完全受生理结构在当下需求的直接支配，但是人却可以在此基础上产生新的力量。"人则使自己的生命活动本身变成自己的意志的和自己的意识的对象"②，人能够以当前的意志为基础而进一步地表达生命的本质力量，从而更加有效地扩展人的意识能力。这意味着，人能在强大的意识中反思自己的生命活动并依据自己的主观意志（不只是肉体意识）去规定这一活动。正如马克思所言："有意识的生命活动直接将人与动物的生命活动区别开来。也正因如此，人才是类存在者。或者说，正因为人是类存在者，他才是有意识的存在者，即他自己的生活对他来说是对象。也正因如此，他的活动才是自由的活动。"③ 人的活动的意向性、自主性和扩展性是普遍存在的，而人的创造性的存在又进一步地增强着这种力量。首先，正因为人是有意识的存在物，是以意识为载体而进一步地形成生命力量的自由表达的存在物，这才使得人能够"在实践上和理论上都把（包括他自己的和其他物的）类当作他的对象"④，而非局限于当下的、具体的对象和需求、期望之中，也正因为如此，他才是普遍的、广泛的、自由的存在物。这一意义上的自由因此也首先超越了通常所理

①　《马克思恩格斯全集》（第40卷），人民出版社1972年版，第515—516页。
②　《马克思恩格斯全集》（第42卷），人民出版社1979年版，第96页。
③　《马克思恩格斯全集》（第40卷），人民出版社1972年版，第516页。
④　［德］马克思：《1844年经济学—哲学手稿》，刘丕坤译，人民出版社2000年版，第56页。

解的自由的消极内涵，即康德所说的独立于由感性冲动所直接支配的行动的可能性。马克思对此有着更为明确的论述："动物片面地进行生产，而人则普遍地进行生产；动物只在肉体需求的直接支配下生产，而人自身则独立于肉体的需求并因此才能在对此需求的自由中真正进行生产。动物只生产自身，而人在生产整个自然界；动物的产品直接属于它的肉体，而人则自由地面对自己的产品。"① 其次，人作为有意志的存在者，其活动必然是带有自主的目的性和美的力量。正是在这一问题上，当马克思将人的活动的目的最终归结到人自身之时，他的这一立场就表现出了与传统的哲学人类学更多的共同点。"人不仅仅是自然存在者，他还是人的自然存在者，即为自身而存在的存在者，因此是类存在者。作为类存在者，他必须在他的存在和他的知识之中确证和实现自身。"② 这一引文中的"必须（must）"充分表明了马克思所强调的人的意识的反思（反馈）性力量决定其人的类本质的规范性特征的观点。人在意识中能够运用自反馈的力量而自在地构建自身的最高目的而无须服从于任何外在的目的。这是在经验概括基础上的一个规范的规定。自我意识是构成人的类特征的认识活动和生命活动的出发点，人的活动的目的性通过人的反思最终也以更大的可能指向人自身。人本身成为人的最高目的，人的自由就体现在人的自我实现中，这正是马克思在《〈黑格尔法哲学批评〉导言》中所宣称的"对人而言人自身就是人的根源""对人而言人就是最高的本质"③。这一哲学人类学的前提并不仅仅存在于马克思早期的著作中，在《资本论》第三卷中，马克思同样写道，在必然王国的彼岸，"人的能力的发展作为自我目的才开始，真正的自由王国只有以这一必然王国为基础才能繁荣起来"④。

马克思强调意识的扩展性、反馈性和差异化感知的力量，却没有研究这种力量形成的原因和其内在的生命基础、生物学基础、生理学基础和神经系统基础，其观点也就在美学构建过程中存在断裂。

---

① 《马克思恩格斯全集》（第 40 卷），人民出版社 1972 年版，第 517 页。
② 同上书，第 579 页。
③ 《马克思恩格斯全集》（第 1 卷），人民出版社 1972 年版，第 385 页。
④ 《马克思恩格斯全集》（第 25 卷），人民出版社 1972 年版，第 828 页。

二　劳动创造美

马克思提出了"劳动创造了美"（也有人提出马克思的原义是"劳动产生了美"，但这并不影响马克思主义美学理论的建构与发展）的观点，这也是通常所被人所认可的马克思主义美学理论的基本观点，但这里存在的问题是：劳动与美具有何种对应关系？是不是说，凝聚在劳动中的追求越多，所创造（生产）的美的程度就越高，就越接近"完美"的程度？

诚然，马克思在其论述"自然界的人化""人的本质力量对象化"过程中，主要是讲生产劳动问题，但由于人的生产劳动既包括为了满足实现自然生存性的物质需要，也包含着意识审美和精神自由发展的价值扩展取向，因此，马克思提出"劳动创造了美"的思想，并在批判资本主义制度的"异化劳动"时，指出了"在实践上，人的普遍性正表现在把整个自然界变成人的无机的身体"①，从美学的角度来看，其一，他指出了美是在具有生命力的有机物质上表现出来的基本特征；其二，他指出了美只有在人的身上才能表现得更为突出和显著。

马克思在论述人的劳动时说，人在精神意识上和现实实践中把自己化分为二，"因此，劳动的对象是人的类的生活的对象化：人不仅象在意识中所发生的那样在精神上把自己化分为二，而且在实践中、在现实中把自己化分为二，并且在他所创造的世界中直观自身"②。这句话包含着以下几层意思：人运用意识的无限扩展性，可以从事人以类的形式而存在的各种活动；人通过自己独立的意识活动有机地融合到自然界中、融入劳动过程中；人在劳动过程中自然地利用生命中对美追求的力量，使美自然成为人与自然交互作用过程中的重要因素。

可以看出，人的活动只要体现出了基于生命活性本质中对美追求的力量，所有的活动便都具有了美的意味。人的活动表现出来的生命活力的程度越高、对美追求的力量越大，则生产（创造）的美的成分就越多、

① 《马克思恩格斯全集》（第 42 卷），人民出版社 1979 年版，第 95 页。
② ［德］马克思：《1844 年经济学—哲学手稿》，刘丕坤译，人民出版社 1979 年版，第 51 页。

程度就越高，也就意味着该活动愈是接近这种"阶段性完美"。马克思的
"劳动创造美"的观点是指人在劳动中不断地运用自己内在的对美追求的
力量，不断地通过差异化的方式构建新的模式，通过比较后运用优化的
力量，将美推向更高阶段。因此，这里劳动只是提供了一个平台、一个
固定的模式，提供了相关的机会和相应的需求。马克思所谓的劳动，不
应是仅指人的生命的活动，在更大程度上是指具有一定目的、一定程式
的固定化的动作。工业化大生产更加单一而突出地强化了这种固定的模
式。在流水线上每一个工作岗位上的人，虽然所做的具体工作不同，但
在完成同一个工作时，他们的动作基本上是相同的、重复的。人会在这
种固定模式的重复过程中，运用人的好奇心（也是人的生命活性的基本
表现），将其中与这种固定模式有关且有所不同的内在力量表达出来，并
为人所体会到。在此基础上，人们就会更迅速地构建出更省力、更具效
率、能够达到更好效果的动作行为。如果借助此种美的力量，那么能够
达到更好的效果，诸如，更加整齐、更加光亮、更具对称性等。马克思
讲的人在劳动中将自我的力量与外界相分离，着重地指出了这种美的力
量会随着人不断地重复劳动的固定模式，自然地将与之相关的、使之更
美的力量不断地强化的过程。人的自组织力量也会随着劳动的持续进行，
将美的力量突显出来。

　　这就意味着，人正是利用具有固定模式的劳动，将人内在的使之更
美的力量通过重复的方式突显出来，人也才能以这种稳定的固定劳动模
式为基础，运用差异化力量，将人的这种内在地使之更美的力量表现出
来，使其具有足够的自主性，并通过意识的强化作用形成人在其各种行
为中能够以较高的兴奋度发挥作用的基本模式。

　　显然，艺术专门突出的就是这个方面的模式的特征和力量，人通过
审美所强化的也正是这个方面的特征，并通过人的自觉主动行为，进一
步地促进着这个方面的意识性扩展，促使其在人的各项行为中形成强大
的控制模式，它可以指导人在差异化的构建过程中，不断地基于有效原
则和效益原则寻找更加美化的行为。实质上，正是由于人内在地存在着
追求美的本质性的力量，所以人才能在劳动中更多地去追求"节
省"——更省力气、更加节约能源、更加有效、更加快捷、便利等。马

克思更加明确地揭示了：只有经过艰苦、重复、单调的劳动，才能得到更美的成果。由此，人的本质力量的形式才具有了美的意义。马克思说："只是由于人的本质的客观地展开的丰富性，主体的、人的感性的丰富性，如有音乐感的耳朵、能感受形式美的眼睛，总之，那些成为人的享受的感觉，即确证自己是人的本质力量的感觉，才一部分发展起来，一部分产生出来。"[①] 这为美反映了人的本质力量的认识奠定了基础。所需要注意的是，这里将美绝对化了，也就是说，只要艺术品反映了人的本质力量，使人感受到了人的本质力量，那么，该艺术品就一定会成为美的艺术品。

三　美的规律性

显然，美的状态与变化遵循相应的规律，但如果不能把相应的规律揭示出来，并用来解释相关的美的现象，而只是空洞虚无地说一句："应当按照美的规律……"那么说出来还不如不说。马克思主义美学揭示了美学的基本规律。具体分析，我们可以看到马克思美学理论体系中包含着如下规律：

1. 优化性规律

马克思在英文版《资本论》的第七章中，在对稳定物价措施和价值实现进行论述时对这一话题进行了阐述。在一段非常有名的阐述中，马克思比较了人类的劳动和蜘蛛、蜜蜂的劳动。马克思说，蜘蛛可以结出漂亮的网，但是，它每次只能重复同样的动作，生命的本能使其在重复同样的模式时，能够构建美的作品。人能够运用发散扩展性的力量，固化出更加有效的动作，并只形成很少的浪费。这就意味着人能够更加突出地表达人在劳动中所表现出来的对更美追求的力量，并使其动作更加有效。从这个意义上来说，其他动物的行为中也会有美的"作品"。虽然说在更大范围内来看，该作品并不具有"整体最优"，却是其当前局部特征中的"局部最优"。人能够自觉地、主动地在更大范围内，甚至在未知的时空中去努力地探寻绝对的美。人类在构建绝对的美之前，能够更加

---

① 《马克思恩格斯全集》（第42卷），人民出版社1979年版，第126页。

充分地利用自己的想象力和创造力。也正是由于人的意识性，才使得人能够在更大范围内展开比较优化的美的构建活动。

2. 升华性规律

马克思从人的生产与动物的生产的区别、人能"再生产整个自然界"的实践观点出发，揭示了"美的规律升华性"："动物只是按照它所属的那个物种的尺度和需要来进行塑造，而人则懂得按照任何物种的尺度来进行生产，并且随时随地都能用内在固有的尺度来衡量对象；所以，人也按照美的规律来塑造物体"①。马克思的"美的规律""两个尺度"的思想，从根本上阐明了：人类通过自由自觉的生产活动，把人的合目的性与合规律性统一起来，才创造出美来。这种规律指的就是美的升华性规律。

在人尚未真正摆脱其低层次需求的束缚的情况下，人所构建的人的高层次追求乃至更高的追求以及由此而带来的人的全面发展的目标实际上是不可能实现的。马克思指出："囿于粗鄙的实际需求的感觉也仅仅具有有限的意义。对于一个挨饿的人来说并不存在食物的人类形式，而只有其作为食物的抽象此在；食物同样也可以以最粗鄙的形式呈现出来，而且不能说这种进食活动与动物的进食活动有何不同。忧心忡忡的、贫穷的人对最美的演出也没有什么感觉；经营矿物的商人只看到矿物的商业价值，而看不到矿物的美和独特性；他没有矿物学的感觉。"② 在人的低层次生存需求占据人的主要追求的情况下，即使是人的天性中存在着对美的不断追求的力量，这种力量也不会在人的活动中占据更为重要的地位，将美特化出来的独立力量如果不能发挥其应有的作用，那么美也就不能成为日常生活的主要活动和核心力量了。

美的力量保证着人的活动不只是具有某一个具体的审美过程。人能够通过差异形成的刺激而有效地感知到美的存在，由此而体验到美感。尤其是基于人的"类存在"的特征，通过将不同情况的美感结合在一起，

---

① ［德］马克思：《1844 年经济学—哲学手稿》，刘丕坤译，人民出版社 1979 年版，第 50、82 页。

② 《马克思恩格斯全集》（第 40 卷），人民出版社 1972 年版，第 542 页。

运用人的反思力量，会促进形成美的升华和人的升华，并由此而提升人的品质。马克思指出，人的全部历史是"为了人并且通过人对人的本质和人的生命、对象性的人和人的产品的感性的占有"①，这就明确指出了反思将促使人成为审美的人的升华的历史进程。

3. 差异化构建规律

马克思强调劳动的"异化"的可能和必然性，同时指出，也正是由于这种力量的作用，才导致社会矛盾的突显与强化。人则运用自己的差异化的生命本能，将自己与客观事物明确地区分开来。马克思在《1844年经济学—哲学手稿》里通过"异化劳动"确立了人的"类本质"，并将人的自由全面发展与全人类的解放作为共产主义的根本价值目标。马克思虽然没有专门系统地研究美学问题，没有形成系统化的美学体系，但美的思想始终在马克思的内心存在着。在晚期的《人类学笔记》和《历史学笔记》中，马克思不仅将人的尺度用于批判资本主义，且进一步将人的发展状况确立为任何社会发展的衡量标准。马克思主义哲学及其美学对现实中的人、人性、人的本质、人的发展、人的自由等问题的关注，既是对消费主义时代深陷价值危机、伦理危机的人的"异化"状况的一种批判与救赎，也是马克思主义美学思考未来的基本"原点"。

马克思在《1844年经济学—哲学手稿》的第三手稿中对资本主义的批判以及对共产主义的肯定都是与人的感觉的异化和解放联系在一起的，这正是马克思政治理论的美学维度的最为直接的证明。在此，马克思所理解的人从来都不是一个静态的、孤立的存在者，而是真实地在实践活动中自我塑造和发展自己全部潜在本能的自然存在者。生命的本质力量的表现是不具有一定目的和一定方向的，但它在使人成为人的过程中起到了偏化性选择的作用。按照马克思的观点，历史就是人的自我实现的进程，正如马克思所言，"全部的历史都是为了使'人'成为感性意识的对象并使'作为人的人'的需求成为需求而做准备的——发展的历史"②。这里的人，既是一种客观的自然存在的人，也是使美的升华发展的人。

---

① 《马克思恩格斯全集》（第42卷），人民出版社1979年版，第123页。
② 《马克思恩格斯全集》（第40卷），人民出版社1972年版，第543页。

四　马克思的关于人的解放

人的感觉的发展与人"依照美的规律"去进行艺术创作的能力和审美的能力直接相关，"如同对于没有音乐感的耳朵来说，最美的音乐毫无意义，也不是它的对象一样，因为我的对象也只能是对我的一种本质力量的确认，换言之，它只能像我的本质力量作为一种主观能力自为地存在着那样对我而存在，因为任何一个对象对我的意义（它仅对一个与它相适应的感觉有意义）恰好都以我的感觉所及为限。①"人基于生命的本能的制约，美的相关能力的发展，会受到一定的限制。"私有制使我们变得如此愚蠢而片面，以至于一个对象，只有为我们所拥有的时候，即对我们而言作为资本而存在"② 的时候才是我们的，"因此，一切肉体的和精神的感觉都被这些感觉的单一的异化，即拥有的感觉所替代"③，社会中一切人和物，都具有了私有制的固有特征，即便是表现人的本质性的美，也会被自然地赋予一定"异化"的意义。

马克思是在描述人的本能的发散扩展力量所形成的创造过程中，产生了"异化"。由于马克思只关注资本主义社会的相关问题，他所谓的"异化"只是指脱离了人正确的对美追求的差异化的力量，只表达出了"异化"的力量能够阻碍社会进步与良性发展方面的意义。这里仅仅涉及了差异化构建的一个方面的意义，没有关注到生命体会在差异化的构建过程结束以后所产生的比较优化的价值判断过程。人的自由和解放也不只是体现在感性的层面，它可以在人的各个层面都有机地表达出来。因此，我们可以在马克思美学观的基础上将其进一步地深化和阐释。

（一）自由化规律

人们普遍认可马克思强调的人的自由观，这也是马克思的美学理论中的核心观点之一。这种观点已经反映出了人在努力地追求解放的观点，既是人自由地表达生命的本能力量的具体体现，也是在表达对美的自由

---

① 《马克思恩格斯全集》（第40卷），人民出版社1972年版，第541页。

② ［德］马克思：《1844年经济学—哲学手稿》，刘丕坤译，人民出版社2000年版，第67页。

③ 《马克思恩格斯全集》（第40卷），人民出版社1972年版，第540页。

追求的力量。与此同时，他把人的解放当作一种追求，是由解放到自由的过程，是由行动的自由到思想的自由，直至实现真正意义上的自由。

在对"美的规律"的探讨中，马克思为我们描绘了未来理想的人的具体状态，那就是表现具有生命力的"现实的活生生的"，并且是全面地"合乎人性的人"，这种人具有"主体的、人的感性的丰富性"。这样的人"不仅通过思维，而且以全部感觉在对象世界中肯定自己。"①

在马克思对资本主义批判的过程中始终存在着美学的维度，作为马克思政治理论的终极目的的人的自由和解放（即人的自我实现），表现在人的感觉的彻底解放之上，正如其所言："对私有财产的扬弃因此是人的一切感觉和属性的彻底解放"②，也是人的本质的升华。由此，我们才可以从美学的维度去理解马克思所设想的理想世界，即达到了真正地表达人的生命本能，并且不受任何外界因素制约和影响的人与自然的稳定协调状态。

（二）完美化规律

美一定处于完美无缺的状态。要使"人以一种全面的方式，也就是说，作为一个完整的人，占有自己的全面的本质"③。作为人来讲，就是要力求成为一个全面的人、"一个高尚的人，一个纯粹的人，一个有道德的人，一个脱离了低级趣味的人，一个有益于人民的人。"④ 人是如此，而反映和表征人的本质力量的艺术品，也应该努力地达到这种程度。

马克思用共产主义来代表完美的社会状态，将共产主义定义为对作为人的自我异化的私有财产制度的积极扬弃，在人与自然的有机和谐状态中，人的生命本性能够得到更加充分的表现，并因此通过人并且是为了人而对人的本质的现实的表达。作为一个社会的人，即作为人的人向自身本质表达的复归，这一复归是充分的、主动的、无意识的，并且是在所有发展的全部可能性的范围之内生成的。这种共产主义，在人与自然达到全面的稳定协调之后，人与自然之间、人与人之间的矛盾得到真

① ［德］马克思：《1844年经济学—哲学手稿》，刘丕坤译，人民出版社2000年版，第87页。
② 《马克思恩格斯全集》（第40卷），人民出版社1972年版，第540页。
③ 《马克思恩格斯全集》（第42卷），人民出版社1972年版，第123页。
④ 毛泽东：《纪念白求恩 为人民服务》，人民出版社1963年版，第2页。

正的解决，无论是实存与本质、对象化与自我确证、自由与必然性、个体与类之间都能够达到相互适应，彼此之间的斗争也得到真正解决。"它是历史之谜的解答，而且知道自己就是解答。"① 只有在一个扬弃了异化并且自由而又最有效地表达生命本能力量的社会之中，人的本质力量的全面发展才是可能的。在此，每个人得以"以一种全面的方式，即作为一个总体的人，占有自己的全面的本质"②。简而言之，共产主义是人的异己的存在向人的全部本质的全面"复归"，这是一个哲学人类学的定义。而正如我们在前面所揭示的那样，如果我们可以将人的解放归结为人的感觉的解放的话，那我们可以看到马克思在其文本之中，实际上也给我们提供了一个共产主义的美学定义：共产主义就是一个"在人的本质的全部的丰富性之中，生产出具有丰富的、全面而深刻的感觉的人作为它的恒久的现实"③ 的社会。在此意义上，马克思所设想的自由王国必然是一个全面的美的王国，因为人只有在其依据美的规律进行艺术创作和审美体验，才能真正实现自由。

马克思建立了共产主义的美好理想，将共产主义的状态作为一种完美的社会形态，美好的共产主义理想成为人所努力追求的目标，并将这种理想作为美的核心特征。从社会的角度讲，这意味着构建了一个最完美、完善的社会形态——共产主义社会。马克思在《手稿》中表露了人的期望与追求，追求人的全面发展成为审美和艺术表达中的基本特征元素。我们认为，目标与期望、追求具有内在的紧密联系。马克思的"人的期望论"表征了人对美努力追求的力量，而不只是从状态的角度描述美。显然，单独论述"人的期望"，很难使人看到这种美学观点与具体的审美实践之间更加直接的联系。期望与美之间的逻辑关系需要更进一步地明确阐释出来。

（三）本质表现的规律

马克思基于人的完善发展的追求，强调要从被异化的人发展到全面

---

① 《马克思恩格斯全集》（第40卷），人民出版社1972年版，第536页。

② 同上书，第539页。

③ 同上书，第541页。

发展的人，努力地表达"按美的规律来塑造人"的目标。马克思主义美学的主旨只有一个，那就是追求人的完善并最终使之达到完美的人，使人的自然属性和社会属性从异化分离的状态经由审美而走向和谐统一，让人经过"美的规律"的建构而充分感受、认识和体悟到人自身的美和人创造出来的美，并以此来促进两者的协调统一。在表征人的本能力量的同时，马克思着重强调了将人的类的抽象特征和遵循美的规律的有机融合，从而实现由人的生理快感向美的升华。因此，任何对象都可以作为审美对象，只要将美的意义在其中充分体现出来，我们就可以充分表现生理的快感，但不能忘记这其中更为重要的是人的美的升华。

从这个意义上看，美学即人学，它所描述的是人积极向上的努力追求，表征的是人生命的意义。马克思认为，一方面，自然界不能仅以有用性或感性认识为基础来理解，还要把它看作人的活动，看作人的实践的结果，看成是人的对象化了的本质力量的体现；另一方面，人的精神性的外化、对象化即精神劳动应该转化为人的现实的物质活动。

我们仍需要在美学体系的构建过程中，不断地丰富和完善马克思主义美学理论体系。

第六节　中国美学的进步与发展

一　中国传统美学

以甲骨金文为源头的中华书法，以殷周为代表的青铜文化，以《诗经》《楚辞》以及唐诗、宋词、元曲为理想的汉语诗歌，以"大写意"见长的中国水墨画，以诸子和史传为滥觞的古典散文，以《红楼梦》为代表的古典小说，以京剧为集大成的中国戏剧，以故宫、天坛、长城为代表的建筑，以及以圆明园、颐和园、拙政园为代表的园林等，无一不体现出伟大的中华美的光辉。漫长历史的中国艺术博大精深，中国优秀文化多如牛毛，中国艺术中所表达的"神韵""气韵""风骨""意境"等，成为世界文化艺术中一种与众不同的独特的美感形态。这种美感形态不仅与欧美各民族的美感形态迥然不同，而且也是欧美各民族难以领略和欣赏的。

中西方对于美的价值认识的巨大差异，是由于其不同的自然环境、社会环境和由此而进化形成的不同的知识体系（不同的视角和不同的语境）、文化传统以及生活观念造成的。在独立地看待美的意义时，柏拉图的"美本身"以其脱离开任何具体事物意义的形式美而成为一个仅次于善的核心理念。基督教认为上帝是真善美有机结合的完美整体，从而将人拉入到绝对美的范畴氛围之中。在黑格尔的哲学美学体系中，美的理念是一个与人有着紧密关系的极为高尚的形式化的理想，但他在具体到如何表达这种理想时却遇到了不可协调的矛盾。这种关于美的独立形式化的表述与中国传统的从动态关系演化的角度描述美学思想的方法有着本质的区别。

中国人习惯于从联系的角度看待问题，从不同事物之间的相互作用中界定事物的本质。① 这种复杂的思维方式，一方面使我们不能从形而上的方法入手对某一个问题展开孤立而深入的研究，使我们不能抽象概括出更加一般的概念和理论描述，这会在一定程度上妨碍我们对问题的本质性的认识；另一方面也使我们在建立更加广泛的联系时，使问题变得更加复杂，使我们感到更加的迷惑。

中国古代思想体系的内核是儒、释、道三家思想。它们在用另一套的语言体系来表达着对美的认识与理解。儒家在一定界限范围内肯定美的社会价值，其所认识的美呈现三种发展趋势。第一种美的趋势是美必定与某个具体的特征相结合。孔子甚至"在齐闻《韶》，三月不知肉味"（《论语·述而》）。孔子又提出"里仁为美"的观点，而且认为《武》乐虽然"尽美"，但"未尽善也"。第二种美的趋势是强调事物的各种特征在美的意义上达成综合协调。在孔子的眼中，依附于德善的美学价值明显高于单纯形式的美的价值，因此，表达了众多不同的美的要素基础上的美，将会达到一个更高的程度。与此同时，儒家"温柔敦厚"的"中庸"道德审美价值观，以表达生命的恰当的力量为基础，这种恰当的力量在不被正确理解时，往往会受到人们的批判。第三种美的趋势则是认

---

① ［美］尼斯贝特：《思维版图》，李秀霞译，中信出版社2010年版，前言第3页。

为美的不可存在与不可知性，理论家是通过虚无的存在表达着美的不可及性与不可控性，但他们却引导人通过具体的领悟来努力追求这种虚无的美的过程。释家认为万法皆空，但以美的实在性内涵作为基础的"空"，在对美的现世社会价值否定的同时，指导人通过努力地表达达到"彼岸"的力量而达成美的最高境界，引导人从实在达到虚无。在道家看来，最高的美同样不是与现实事物有机结合的存在。"大音希声，大象无形。"（《老子》）。《老子》曰："五色令人目盲，五音令人耳聋，五味令人口爽，驰骋畋猎使人心发狂。"故《老子》提倡"见素抱朴，少私寡欲"。庄周则从本质上否认美与丑的界限："厉与西施，道通为一。"（《庄子·齐物论》）认为美只是相对的："毛嫱丽姬，人之所美也，鱼见之深入，鸟见之高飞，麋鹿见之决骤。"（《庄子·齐物论》）庄子的根本思想就是告诫人们应追求虚无的实在存在而不应该关注美的具体问题，因此，庄子强调的是对美追求的过程性特征，而不是强调其状态性特征。他认为，甚至可以通过对具体美的否定，或者说对美的状态的否定，而达到真正的美的境界。在古代中国有着巨大影响的墨子，是以排斥美、否定美的方式探索美的本质，其主要思想是"非乐"。他承认美感会产生愉悦，但认为正因为美感的愉悦特征，会导致统治者玩物丧志，贻害百姓，即"声乐害政"。

古人在诸多文化领域中，最早重视并展开对美的研究，它最起码是与诸文化同时并起的。这本身就已经明确地说明了：第一，美的确在人的生活中具有基础性的地位；第二，美最早与人的本性相联系；第三，美的本质在于对美的追求过程；第四，美对人类的进步与发展具有核心的推动力量。美是人类的一种生命现象，人活着就是在不断地追求美、审视美。美学自然就成为人类的本质性现象，是人对自身追求美的反思的理论成果。文明的发展史也说明了：生命有多么丰富，美就有多么广阔；人类有多么复杂，研究美学就有多么艰难。美学之所以能够成为一门公认的独立的学科，是基于人性对人自身进行审美现象的反思性观照。但美总是处在不断的创造中，美学也会随着地域、时代、阶级、民族、个体的不同而呈现出不同的理论形态，这也使美学变得更加不可捉摸。

有人称中国古代"有美无学"，甚至把古代的美学思想称为"潜美学""前美学",因为中国古代虽然有许多关于美和艺术的言论,却没有将美从联系的角度来研究,没有通过概括抽象的方法将其化为形式上的系统描述,尤其是只形成了一些独立的、片面的、就事论事性的观点,却没有构成现代性的学科体制,没有形成系统化的理论体系。古代人谈美只能是经验性的、个体性的,只是形成了杂乱地与各种具体的艺术创作相结合的、片面的、局限性很强的认识,只是形成一些"只言片语"式的零碎结论。谈绘画的仅限于绘画,谈诗词的仅限于诗词,谈散文的仅限于散文,没有将这诸多的不同理论,通过联系在一起而升华形成一个更具抽象性的统一的理论体系,没有将其上升到一个抽象化的理论体系中详加研究,这样,一个方面的研究成果也很难用于指导其他方面的艺术创作。实际上,诸多理论分支中精辟的理论,仅做稍微变革、概括与提升,便可以推广应用到其他的理论分支之中,并由此而形成系统的理论体系。针对每一个具体领域的研究,只需要将其稍作深化,便能够用于其他领域的艺术实践中,但这的确需要构建一个更具一般性的抽象的理论体系。这种现实反映了人们只是关注客观具体,尤其是没有从更高的层面思考自己是为什么以及如何得出这种观点和评价的,没有去思考这些理论之间具有何种共性和关系,没有思考这些思考背后所表现出来的共性——形式逻辑,或者思考方法。

二 现代中国美学

在将当代的中国美学与世界美学建立联系时,中国美学在建设发展过程中同样会出现一些相关问题。系统化的中国美学,显然应该被看成是一个现代性的事件。古典美的思想观念之所以被我们称之为美学,并且基于此而写出许多种被称为"中国美学史"性质的著作,是用现代的美学理论对历史重新编撰、归类、组织与阐释的结果。随着美学理论的新发展,也必定会出现体现中国人的思维特点、语言特色的中国美学的新形式。因此,如果中国的美学家有意识地否定这些观点,不再专门地将其独立特化出来,也没有对其形成专门而深入的讨论,没有以其独立的身份与美学的其他方面建立联系,那么也就不能在系统地归纳、概括、总结的基础上形成中国特有的美学理论。

（一）现代中国美学的乱象极易让人迷惑

近代中国因受到西方科学技术的猛烈冲击而产生了剧烈的变化。传统的中华文明体系，被帝国主义的坚船利炮撞击得七零八散。中国传统社会中一切的一切都被归为"零"，同时一切的一切也都开始了新的构建。五四运动以后，马克思主义美学开始在中国传播，美学研究也逐渐被置于马克思主义的视角之下，马克思主义的哲学体系成为解决美学问题的基本方法。而随着我国的改革开放的不断推进，"一元论"开始受到质疑，从对方法论的讨论开始，中国美学走向了多元价值并行发展的百花齐放的新时代。对美学的方法论的提倡与反思从体系的角度开始构成对"权力话语"的挑战与解构。各种研究实际上在持续地深化着马克思主义美学理论体系与实践的构建。随着西方各种美学方法流派并行发展被引进，美学的多元价值、审美的丰富性、审美经验的个体性和创造性被学术界所认可，各种美学观点与艺术流派的相互作用，成为许多美学理论的基本观点。年青的美学家从自身的体验中，从社会现实的变革与艺术实践中汲取美学研究的力量，美学研究不断地在其艺术实践的起点和美的抽象概括的"高原"来回游离，试图从经验出发或从生命体验出发重新建构新的美学理论。各个新的领域受到人的本质力量的驱动而分别构建出了适合自己领域特点的新的美学特征的标准，同时也将其特殊的组织构建方法逐步地特化出来。从马克思主义辩证唯物主义和历史唯物主义出发的"实践美学"，曾经走到了中国美学的巅峰，有过辉煌的光彩和荣耀，这也成为中国美学后继发展的重要参考，但是什么性质的实践才能形成真正的美的疑问在理论研究中始终存在着。被冠以"美的实践"的模式再一次地落入到自我肯定的循环过程中。

随着中国改革开放的推进，中国社会已经呈现出多元化发展的趋势，价值观以多元的方式呈现在人们的面前，美学也开始走向自由而"散文"的时代。伴随着科学技术的发展，美学研究也开始放弃"教条主义"的"注经式"研究，进一步地走向"散养"式的"和而不同"的研究。日常生活审美化、视觉文化的研究、图像理论的兴起、生态美学的出现，都是美学变革的成果，也是从应用领域促进美学进步的重要推动因素。这其中虽然存在种种问题，但中国人对美的追求反而越来越强烈地表现出来。在此过程中，美学各种理论多样并存的松散式"堆集"，却并不代表着美学理论的体系化。它们彼此之间的矛盾在推动美学发展的同时，也会产生足够的"离心力"而分解着美学。"分久必合"的规律预示着，中国美学必将在多元化的发展中走向繁荣。

哲学是一种探讨的过程，通过探讨什么是宇宙、什么是人、什么是美等问题来进行叙说的过程。对于这些关键性的本质问题，不同的时代有不同的认识和看法，不同的研究方法又会产生不同的理论流派，不同的流派又将产生不同的影响……，于是新的研究方法又产生了新的变异，它不再从哲学产生的原点上展开研究，而是借用已经形成的不同的理论倾向中的概念、原则展开自己的研究。

美学作为一门"学"，按学理和学科的规范，它应该证明一个普遍有效的"判断"，形成一个可以被反复证明的理论，并且是可以传授给别人的。但美学家们又认为，美是感性的认识，根本与理性无关，美的知识可以传达给别人，但个性化的审美却不可以传达给别人。两者之间的矛盾固有地存在着，并且在当今社会这种矛盾变得更加突出。就像康德认为的那样，艺术需要技巧，但艺术本质上是不可传达给别人的。[①] 如果艺术是不可传达的，那么你传达的是什么？这就带来一个问题，美学既然不能最终决定审美与艺术创造，它还有什么用？"既然说了不算，那还说什么？或者还说它干吗？"认为美具有无功利性与美同人类的本质发生关系是不相符的。虽然，审美总是与个人更加有机地联系在一起，但这并不能成为"美不存在"的依据。美具有足够的个性特征，但并不能由此而否定美的普遍的规律性。我们所要考虑的是，如何使审美从全人类的角度得到逐步的提升？整个人类的审美是否就只能依靠每个人在其有限的生命中表现出来？如果它可以这样，美又如何才能向着"极致的美"逐次逼近？人们一度认为，具体的事物都是个别的，因此它形成的结论未必就是真理的，只有抽象的理论才是普遍有效的。但人却可以在前人概括总结出来的知识的基础上，通过美学理论的逐步构建升华，为构建"完美"的美学体系与审美奠定知识基础。在此过程中，由于各个专业差

---

① ［德］康德：《判断力批判》（上），邓晓芒译，商务印书馆 1985 年版，第 149 页。

异越来越明确，彼此之间构建的美学理论的差异也就越来越大。不能包容他人的理论是不健全的理论。只承认自身学科而排斥其他学科的行为，在中国美学的研究中依然存在。如美学与艺术的分野就影响着美学的本质性发展：美学理论家无视艺术家具体的艺术审美经验，艺术家也不想去看那些令人一头雾水式的理论。这导致了中国美学与审美行为实践在具体联系上渐行渐远。这只能看作一个时代的通病。美学上的感性与理性的截然区分，甚至将美学更直接地变为感性学，这显然是一种自以为是的片面认识，因为感性也须遵循相应的美学规律。况且，在诸多不同的感性活动中，必然地存在着事物之间更加本质的特征、关系和规律。正是这些稳定的"心智结构"、生命结构，与一个人经历不同的教育和社会环境的影响相结合，使人在面对不同的客观现实时，会在遵循这些基本规律的基础上产生千变万化的感性行为。如果感性是没有规律的，那么我们就可以提出这样的问题：艺术名作是大家共同推举出来的。为什么？既然不同的人有不同的感性行为，这个"共性"又是如何形成的？我们在说一个人眼光独到，具有较高的审美鉴赏能力时，并不是说他（或她）只在挑选一件衣服时眼光独到，而是说其所挑选的大部分衣服都较为恰当，在与此相关的领域也能够表现出较高的独到审美眼光。显然，这其中稳定的较高的审美鉴赏能力应该是的的确确地存在着的。

随着后现代主义美学的兴起，人们持续地批判传统理论中本质主义、基础主义、宏大叙事等缺陷，认识到了现有的理论（包括古典的美学理论）都不是"真理"，也不是"规律"，更不是"客观的"，这些词都带有表现性，当审美不能离开个人判断的"客观性"时，[①] 人们就以后现代理论为基础，运用后现代理论的方法体系，去观照先前的各种理论和当下的各种实践，试图从中寻找到将其统一在一起的核心脉络和关键性节点。

在对中国美学方法进行反思时，从宏观上我们看到这些方法的确存在一些悖论。但正是由于悖论的存在，才更加有力地促进着学科的发展。

① ［法］让－弗朗索瓦·利奥塔尔：《后现代状态——关于知识的报告》，车槿山译，生活·读书·新知三联书店1997年版，第3页。

正如英国哲学家罗伊·索伦森说："我把悖论看作一个哲学的原子，因为悖论是思想走向成熟的基本起点。"① 美学理论源于日常生活对审美体验概念表达的困惑，这种困惑即悖论。悖论使我们徘徊于许多有着良好答案之间的问题里，对审美之谜的历史解答的同时，使这种悖论不断地维系、传播着、构建着。美是客观的，同时也是主观的。这要看你所关注的是美的哪个方面的特征表现。在美学的研究中，要明确地指出美的客体性和主观性是在哪些层面、哪些领域突出地表现出来。在"主客观"的讨论中，人们人为地赋予其正确与错误的"标签"，同时又被别有用心的人将其无限扩大，也就由此而将"感性"纳入到错误的、人民的对立面的"行列中"。"感性"的客观存在性会被有意无意地通过选择而过滤掉。美感既是功利性的，也是超功利性的。这涉及从什么角度来看、如何看美的问题，以及将这种功利性运用到哪些方面和运用到什么程度。艺术既是天才创造的，同时也是一个具有众多个体的群体运用技巧创造的。这些方面都将在艺术创作过程中发挥相应的作用，只不过其发挥作用的强弱的程度不同而已。这就涉及人的最大潜能的问题，人在将当前的工作与其最大潜能建立起更加有机的联系时，就更容易地形成"天才"式的创造活动。因此，一般而言，悖论的某个答案单独来看是很有说服力的（自圆其说），得出这种答案既需要我们在两者之间寻找妥协点，也需要从一个更高的层次形成概括，将悖论的矛盾双方看作更高概括之下的"特殊情况"，这就使问题保持了生机与活性。某些常识或许看上去是天衣无缝的，但悖论则表现出了我们常识世界的一系列缺陷。显然，这个悖论是由于我们对于某个问题没有深入研究下去，或者没有将其提升上来所致。所谓深入研究下去，就需要我们寻找构成悖论相互矛盾的更为基本的出发点，在这个更为基础的出发点上，构建其本质性规律，再通过基本规律的具体化，分解出组成悖论的双方所对应的不同"条件"，由此而将其统一在一起；而所谓没有提升上来，就需要我们从更加概括抽象的理论层面，将悖论的两个方面的内容及矛盾都包容进理论中。于是，我们就可以将这种"真悖论"转化为"假悖论"。

----

① 朱存明：《论中国美学的方法问题》，《徐州师范大学学报》（哲学社会科学版）2009年第2期。

　　当前中国美学的研究现状已经显示，美学正在开始从形而上学的抽象框架中走出来，开始走向人的生命的本质，走向体验的感悟，走向日常生活，走向人民大众，同时人们也在大力度地开始反思视觉文化、图像转型、环境美学、身体美学、劳动美学中的问题。由此，美学由哲学的巅峰滑向实用体验的具体运用，而如果美学能够再次地由具体而上升到抽象，便会促使美学进一步提升。美学理论通过内在逻辑的理论构建达到一定理论高度时，一定要将其具体地运用到实践中去，指导人的日常生活的各项具体活动。而单纯地依据生活实践总结出来的理论，更要及时地融入系统的美学理论中，通过对其再一次的扩展和概括，形成更大范围的升华。其中，还需要从美学的更为本质的特征出发，基于一般规律性的探索研究，再形成能够解释各种具体情况的美学共性规律的基础上，以此强化中国传统美学的特殊性，推进中国传统美学概念更加有效地融入世界美学体系中的进程。

　　建立科学的美学，必须遵循一定的研究方法，尤其需要构建科学研究美学的逻辑体系。但反观百年来中国美学的方法论进程，其主观性的弊端是显而易见的，这就是研究方法的指导极易走向其反面——反被方法所困，以致失去了美学方法自身的意义。或者更直白地说，美学存在的问题并不是美学本身的问题，更为重要的还是其研究的方法的问题。如"五四运动"时提倡"科学"的方法却走向"唯科学主义"论。如马克思主义哲学方法在运用时，却简单而僵硬地形成了唯物主义一元论的方法。当然，将主观活动作为一种客观存在，实际上就是将主客观统一在一起，但由于主观活动具有灵活变化性，在人们没有能力把握主观的特征和变化规律时，就会形成各执一词的局面。"三论"（系统论、控制论和信息论）被引进时产生了"三论热"现象，它吸引了许多科学家的眼光，同时各种流派的美学方法也都有一大批的追随者，这也直接导致中国美学表现出了简单教条的幼稚病。今天，我们应该对方法的内涵进行重新认识。

　　从词源学上来看，方法在古希腊语中具有"沿着道路"的意思，所以，方法可以理解为遵循正确道路的行动。"因此，所谓方法最好理解为道路。"① 如我们想去一个地方，可以选择乘汽车，也可以选择骑自行车，还可以选择步行到达，重要的是在前往目的的路上不断地正确前行。当然，在没有道路的时候自己要开辟道路，不然就无法到达目的地。当没有工具的时候，则需要自己创造工具。所以法国当代著名哲学家埃德加·莫兰（Eclgur Morinl）认为：方法，乃"天然之天性"②。方法从没有方法的地方开始，努力地走出一条他人没有走过的路。人们在开始研究方法时只是单一地运用反对方法，先是否定其"不是"什么，在否定诸多"不是"的过程中，将"是"的东西显露出来，通过这种逐步的否定而将研究的目光逐渐限定在某个很小的区域，然后在这个更小的研究区域内更为准确地界定其"是"什么。中国美学应该在有效吸收十几种引进的方法的基础上，通过构建更为本质的美的特征、关系和规律，走向对"美"的还原，从而探索出一条通向"美学"宏伟目标的道路。在此过程中，我们可以发挥中国传统的思维方式的固有优势，也期待中国式的思维在美学深化研究中能够而且应该发挥更大的作用。

（二）文化话语权的不足带来新的问题

文化自信的根就在于对自身美的表达。人们如果认识不到自身的美，就不能发现自身生命的本质性的力量，就会失去发挥自身优势的内在文化力量。文化本身就是人运用美的标准将更好的精神意识信息固化下来的过程。人对更美的追求，成为人的行为的典型的核心模式，这种力量必然地在个体的各种活动中发挥作用。与此同时，它也在社会的激励与选择中积累足够的力量。社会的差异化和人的个性化，形成了人类对各种活动的差异化构建。人的差异化构建，会被群体和社会通过比较判断加以选择，而选择的基本依据就是通过"优化"选择出其中美的构建。在信息处理和加工过程中，这种力量还会进一步地促进着人的心智的迅速扩展。而在美的因素作用下，各种信息会形成更具概括抽象性的符号体系，它使优化过程模式和力量能够更加突出和稳定地表现出来。这些

---

① ［日］今道友信：《美学的方法》，李心峰等译，文化艺术出版社1990年版，第18页。

② ［法］埃德加·莫兰：《方法：天然之天性》，吴泓缈等译，北京大学出版社2002年版，第4页。

美的特征、关系和规律，即使是在后现代文化氛围中，在面对后现代文化所出现的新的问题时，也能够在稳定自主地表达人及社会美化力量的同时，在具体地解决各种现实问题的过程中，进一步地突显、强化这种自身的力量，形成富有特色的核心力量与特殊情况有机结合的强大的新奇性的力量。

科学技术的飞速发展，使创新性成果层出不穷，这极大地吸引着人的目光。物质的生产与享受会严重地干扰人的视线，吞噬文化建设应有的资源，导致文化建设严重地落后于物质发展水平，致使人成为科技的"附属品"。遭到冷落、强调感性的人文科学与强调理性、客观规律的自然科学开始相互抵触。在一浪高过一浪的"人文科学有存在的必要吗？"的反思声中，被质疑的中国美学也同样面临生存危机。

以流水线为特征的文化产业，在大量地"制造"满足大多数人需要的"产品"，这是现代社会生活的基础产业。只有在满足人们共同的基本需要的基础上，才能够将需要的个性化突显出来。工厂也会在满足大多数人共同需要的基础上，有能力、有资源创造出满足个人需要的差异化的、个性化的、精细化的产品，但这并不能完全满足人的各种需要。

改革开放一下子使更多的新奇理论在中国流行。我们在跟踪、学习和消化、吸收这些理论的过程中，由开始的囫囵吞枣，到后来有选择地细嚼慢咽，但问题是我们总在他人所构建的框架下说一些模棱两可的话。这些观点似乎很靠谱，但是给人感觉却是似是而非。通过对西方著作的翻译，我们学会了西方美学的概念和理论体系，也学会了用西方美学的思维模式去观照客观现实，但要让西方人接受并理解我们的思维方式，却是有一定难度。因此，中国传统的美学观念很少能够融入西方美学理论体系中。在更多情况下，我们会看到这样的描述："关于这个问题，中国古代有人也做出这样的描述……"但人们根本不去考察中国人所特有的美学观念，人们也不在相关的美学观念的基础上，通过比较中国美学与西方美学体系的不同而形成概括性更强的理论体系。

在对我们今天的生活都影响至深的清朝末期，由于它没有跟上世界现代科学技术发展的步伐而导致落后挨打，使得中国人对自身文化彻底失去了自信。优秀的中国传统文化不再被人重视，我们不知道该说些什么，我们没有了自己的文化判别标准，一切唯他人是瞻。我们不能按照自己的理想构建一个美好的社会，不能依据自身的创新而构建一个适合自己的更加美好的社会，总是想按照他人的社会结构去改良符合自己的更美的社会。我们眼中的美已经失去了存在的空间，失去了判断的标准和方法。审美活动已经简单到只有他人认为是美的，我们才能附和地回声说："真美!"，甚至即便是自身获得一种具有突破性的理论，也只有得到他人的首肯，我们才能放心大胆地展开研究。人们逐渐习惯于"跟踪"、学习，在颠覆性的理论和技术突破面前瞻前顾后，似乎只有他人提出来的观点才有意义。人们在面临创新突破时左顾右盼，裹足不前，于是错失良机。

简单而重复的"标准件"被专家们固化出了准确的行为模式，只要重复性地简单操作，就可以生成精确化的产品。此时，人便成为重复这种动作的"零部件"，流水线式的生产使人失去了人所固有的创新精神和美的意识。人对精神的强烈需求与满足这种需求的便捷方式的不足之间的矛盾，以及由此而形成的"空缺"，和由此而带给人巨大的失落感，驱动着人们对美的全面而系统建设提出越来越高的要求。急功近利，孤立表达，缺少社会性思考与制约等问题，突显出人的精神追求的匮乏，追求卓越的力度不够，不能精益求精，创新精神欠缺，人的自主性达不到足以应对当前多变的世界的要求。追求外在事物，满足感官刺激，只注重快感性感受，更少地表达深层次的人的追求，缺乏升华到更高层次的美的追求，缺少稳定而崇高的理想、信仰与追求等问题也逐渐地表现出来。

极端追求的物质满足在推动科技创新的同时，却为社会的文化建设带来更大的障碍。最起码这种追求已经严重干扰了资源有限的个体对人的文化的追求。在表达以美为核心的文化建设过程中，后现代文化的建构必然地给文化的统一性带来更大的困难和问题。但如果仅仅看到现代及后现代理论对文化所产生的消极影响，不能站在更高的层面对其进行更加综合性的评判，将会给文化的发展带来越来越复杂的问题。后现代的个性化发展和创造性构建又使各种文化理论彼此之间的差异变得更为显著，后现代将诸问题变得更加突出，其中包括诸多问题对于美学的统一带来更大的困难。

将人们对美的追求端正过来，中国美学的建设与发展同样会面临诸多艰巨的困难。显然，即便是反映人的本质的美，如果其失去了价值判断的力量，也会将人带到"糜子地"里头。审美大数据对美学研究的一切量化行为，将为美学寻找到更好地发挥作用的舞台。显然，那些能够满足美学规律的作品自然可以受到人们的关注，但也难免会出现"劣币驱良币"的现象。正如人们习惯了"癞蛤蟆"，青蛙也就不再是美的了一样。在一个伴随科技迅速发展而迅速繁荣的社会环境中，如何在社会道德的正确指导下，全面而深入地促进美与社会道德的有机结合，通过美与社会进步强大的相互作用，更加有效地促进其社会文化的建设，从而使人在把握正确的价值取向上保持足够的定力，不至于使人的理想追求产生"异化"，是美育所面临的更为重要的"课题"。

政治与美之间的本质性联系越来越突出地显现出来。美国学者尼尔·波兹曼（Neil Postman）在《娱乐至死》一书中写道："一切公众话语都日渐以娱乐的方式出现，并成为一种人文精神。我们的政治、体育、宗教、新闻、教育、商业都心甘情愿地成为娱乐的附庸，毫无怨言甚至无声无息，其结果是我们成了一个娱乐至死的物种。"① 在这个过程中，国家的舆论主导宣传将起到重要的作用，应该表现出更强的力量。与此同时，应更加有力地表达基于个人生命活性的本能力量。这两个方面缺一不可。两个方面都应该成为美学的基础。娱乐可以有，但一定要把握"度"。舆论宣传应该在美学理论的指导下通过具体的政策引导大众的心理朝向，从此更加有力地占领舆论的主导阵地。旗帜鲜明、大张旗鼓地宣传以人的美为核心的社会主义核心价值观，国家切不可无所事事，而民众则应该在美学理论指导下，充分发挥美学所揭示的人的本质性力量，更加有力地推动中国乃至世界的文明发展。从美学对人类社会发挥的推动作用的根本属性上来看，美学也不能在这场"努力实现伟大的中国梦"的过程中，置身事外。

---

① ［美］尼尔·波兹曼：《娱乐至死》，章艳、吴燕译，广西师范大学出版社 2009 年版，第 5、6 页。

　　我们需要加大美学基础性学科的研究力度，有针对性地激发广大人民群众发挥自身的生命活性，引导人们在各种活动中将美的本质表现出来，促进美学繁荣的早日到来。而仅凭少数几个人的研究，是不能有力地推进美学的进步与发展的。

　　中华传统文化中的"和而不同""兼容并包"的理念强烈地冲击着"非正即错"的"一根筋"式的、形而上的逻辑关系。人们拥有足够的包容能力和在此基础上形成的概括抽象能力，能够成为中国人特有的优势思维方式。这本应是中国优秀的传统思维大显身手的时候，但国力的落后使伟大的文化遭受冷落的同时，中国传统文化又遭受到了不公正的排斥和批判。他人的冷眼渐渐地使中国文化失去了自信，甚至连自己都开始怀疑自己了。与此同时，如果我们总是从联系性的角度看问题，那么往往使我们的研究不能深入下去。我们可以在"文化自信"理念的指导下，从主观上更加积极主动地强化自己的文化自信心，与此同时在美的基础上，更加自如地表达自己生命本质的力量。

　　聪明的中国人能够以其绝妙的想法冲击社会固有的传统结构，不断地以创新促进着社会的进步与发展。具有强大社会性的中国人，以其特有的行动，扩大着对一切美好事物的追求。但过于复杂的社会因素和想法，使得中国人内心涌现出来的对美的追求热情相对地变小。面对更加复杂的世界环境，面对人的能力越来越显得不足的现实，善于进行复杂性思维的中国人只能采取另一种思维方式，差不多、似乎可以、模糊的、寻找更多已知信息的心态，阻碍着中国人努力拼搏以达到好上更好的卓越追求。

　　哲学在推进社会发展的过程中，创造着一个又一个新的理论和观点，这些观点在复杂的世界中都有足够的立足之地。我们需要运用中国优秀的传统文化，从这种理论和实践紧密联系中对美学既进行片面的形而上学式的研究，也进行以联系为主的系统化的美学研究，从更加本质的基础上深化对美学的研究，这样才能在美学研究中取得足够的话语权，也才能理顺中国美学与世界美学的本质性关系。中国话语权来源于中国的文化自信。尤其是我们在探索新的美学问题，构建相应的美学特征、美学关系和美学规律时，应保持足够的定力，构建将各种美的特征包容进来的美学逻辑体系。这需要我们强化以下四个方面的工作：第一，将中国传统的美学思想在系统梳理的基础上不断升华；第二，基于中国特有的现实生活和实际问题，构建富有中国特色的美学理论；第三，在中国美学与世界美学有机协调与联系的基础上，概括抽象出更具一般性的美学理论；第四，以各学科特有的思维模式，基于现代科学的进步与发展状况，为中国美学研究贡献成果与力量。

三 美的一般规律与特殊规律

美学面对种种的困难、问题与强大的需求，应该怎么办？

马克思明确地提出了要按照美的规律，研究美在人类社会进步与发展中的地位与作用，从而以美的规律来指导人的进步与发展。美既具有一般规律，但同时又有与具体文化、具体社会、具体人有机结合的个性鲜明的特殊性，这就涉及中国传统美学理论如何与世界美学研究体系"接轨"的问题。我们不仅应该探索一般的美的规律，也应研究中国特有的美的规律，然后建立一般美的规律与中国特有的美的规律的内在联系。为此，这就需要：首先，基于一般的美的规律指导和促进中国美学理论的进一步发展；其次，构建在一般美的规律基础上的、富有中国特色的特殊的美的规律；最后，应该有效地将中国传统美学理论扩展、提升为一般的美的规律。

美学研究应该以恰当地引起强烈的审美享受的过程作为基本的逻辑标准和起始点，从某些基本假设出发，在严密的形式逻辑规律和辩证逻辑规律指导下，探索构建美的规律。我们期望能够像物理学等科学的研究方法那样，在得出（作为基本假设）美的基本规律的基础上，通过构建不同的初始条件、边界条件、内在的文化与思维特征，将当前的特殊环境分解为"边界条件"和"初始条件"，从而构建起美学的"定解方程"，依此得出在具体的特殊环境作用下的特殊的美的规律，进一步地结合相应的"边界条件"及"初始条件"而求解"定解方程"，从而有效地解决现有的美的问题，并依据社会的进步与发展，对美与艺术的进一步发展做出合理的预测。

实际上，正如门罗（Thomas Munro）指出的："艺术同我们称之为应用科学的那些具有特定功能的技术之间没有基本的和明显的差别，只是后者首先被科学接触到……。"① 我们认为，最起码，在我们当前的这个世界中人们的所有活动，都应该遵循人们在物理学、化学研究中所揭示的基本规律，心理活动过程也不例外。只不过由于心理活动过程中所展示出来的非线性特征，人们对其中所表现出来的对外界条件的极度敏感性和固有的多样并存性特征心存不解，也就不能有效把握其基本规律，因此，人们往往对这种非线性的特征采取回避的态度。

科学方法中的形式逻辑对美学的建立具有重要的方法论的意义，它使美的理论、观念、思想形成一门"学"。但其在接近美的核心问题时，却需要将这种抽象的概念、规律具体化为特殊的特征和"规则"。美不是一个逻辑学的问题，也不是一个知识学的问题，而是人文精神的价值问题。人类在探索美的本质的道路上不断前行。我们要构建美的基本出发点，探索美的本质。我们需要在探索构建出美的一般的、普遍的规律的基础上，结合美和艺术的具体实际作出符号逻辑上自然延伸，进一步地构建美学的各种不同观点所对应的特殊的"定解条件"，然后将这种"定解条件"与普遍规律结合一起，并依据其内在的逻辑完备性而构建出一套与具体情景有机结合的特殊的美学完整体系。在此基础上，进一步地逻辑地导出与特殊的定解条件相结合的特殊的规律，并由此来解决特殊情况下的特殊问题。因此，我们需要建立的是一套能够在揭示美的基本规律的基础上，系统地构建出基于个性化条件的美的特殊关系和规律。

我们仍按照这种体系来"观照"美：第一，构建一套假设，把它作为讨论的基本出发点，再由这些基本假设出发，去阐释以往人们所做出的解释、以往美学理论与艺术的关系以及对艺术的指导和分析。第二，设定美学标准，确定美学的研究方法。在此过程中尤其要明确自己取舍的基本方法和基本标准是什么，而不采取"折中主义"方法，如说张三在某个方面的错误，李四在另一个方面的可取之处时，就是在随意地变更标准。而应该先确定一个判断的基本原则，甚至先期构建一个完善的标准体系。这里存在的问题是：你为什么这样取舍？实际上在你的内心

① ［美］托马斯·门罗：《走向科学的美学》，石天曙等译，中国文艺联合出版公司1984年版，第394页。

潜在地存在一种稳定的美学判断体系，美学研究的关键就在于将这种潜在的特征和规律揭示并明确地表达出来。第三，明确由客观上升到概念的抽象思维方法。需要确定此时人们强化的是艺术的哪些方面的特征，然后以这些特征为出发点，确定特征之间形成哪些关系，这些关系在客观事物的诸多关系中起到何种的作用，是否能够对艺术创造起到足够的指导作用等。因此，我们需要把握这种由客观事物的具体关系升华为抽象的本质关系的基本原则与方法。第四，在明确的、确定的概念之间建立具有更高程度的、可信的、必然的逻辑关系规则（采取多样并存的高可能度选择，以合理性为准则，以关系的概括程度做出选择），并将此作为在更高层次概括抽象推演中所遵循的基本"规则"。人们应该清楚，在涉及概念之间的关系时，如果只是从众多可能的关系中选择出了某些关系，而且只是基于某些概念所建立的由此及彼的关系，那么它只是一种可信程度更高的概率性关系，在更多情况下，不是由于这种关系所表现出来的可能性较高而被人们更加重视。第五，在运用规律（基本假设）和推理方法的基础上，推导出一系列的结论，并以某些可以直接操作的结论为"结点"而建立一套自洽而不自相矛盾的定理体系，并依据定理、原则、原理所组成的理论体系，具体地诠释美与艺术中的相关问题，此时就不需要从基本假设出发详细地解决基本问题。第六，针对各个美学分支之间的内在关系，针对当前的艺术创作实践，针对当前的美育现状和所要达到的目标，综合分析、研究、解决实际问题。

在用基本理论指导具体实践的过程中，还是存在一个巨大的困难。这表现为：一方面人们是否能够正确地理解基本理论，另一方面人们是否能够将基本理论与具体的实践活动有机地结合在一起，并将理论作为其潜在的指导原则而在实践中发挥关键性的作用。人们不能只是在这种理论的僵化指导下进行的简单的、硬性的应用，而是在诸多能够达成目标的模式中，选择"更美"的模式。除此之外，理论应用于实践还与人的能力有限性有关。当人们掌握了"由底向上"的模式以后，人们又掌握了由抽象到具体的方法，便可以将理论用于指导具体的实践活动。

美的完整性是美的一个基本特征。我们相信，不同的美学范畴、体裁仅仅在具体形态上表现出了不同的美的意义，它们只是内在的本质美的特殊表现，或许他们只是表征了其中的某些环节、某些模式、某些关系和某些结构，还存在更大的可能性是：他们只是一般规律中的特殊情况。我们必须根据这种一般规律，寻找构建出与具体环境相结合的"特殊美学规律的定解方程"，并由此进一步地解释各种美学范畴彼此之间的内在联系。我们应该以中外现有的美学体系为基础，通过比较它们彼此的差异，促进双方的有机融合，并在多样并存原则的基础上，通过将其进一步的概括抽象，构建出抽象程度更高、规律性更强、系统性更加完整的美学体系。

我们可以在构建美学基本特征、基本规律的基础上，构建出各国家、各民族审美的基本特征，探索构建与本国家、本民族、本地区紧密结合、富有本国家、本地区、本民族特色的特殊的美学理论体系，使其特殊性更为突出。在此过程中，我们应该基于本国家、本民族、本地区的艺术文化状况，通过抽象的方法，将其升华为更加一般的美学理论，并与其他地区的美学理论相比较，形成概括程度更高的美学的基本理论，构建出指导艺术创作的日常生活美化的原则方法和途径。比如，我们可以通过研究中国美学的范畴、内涵和关系，从中寻找出西方传统的美学范畴所忽视的美学特征、关系和规律，在这种比较的基础上，提炼升华出中国美学的基本原理、基本方法，以中国化的美学理论推动美学的发展。

人们想提升美对促进社会进步的本质力量，但美的理想如何才能有效地促进社会的进步，其中还要经历不少的中间环节。更为迫切的是，人们想知道应该采取何种方法才能保证美能够更加有力地促进社会的进步与发展。

美育方法要善于运用美学的基本原理，寻找提升人的审美意识和审美能力的方法途径。运用已经达到的当前最好的自然美、社会美和艺术美促进人的审美能力的提升，这对于美育是有一定效果的。但其中也存在很大的不足——只讲结果，而不讲过程。人们认识到这些作品是美的，却不知道如何才能达到、如何才能创作出更美的作品。艺术家专门从事提供更多美的"样本"的工作，人们可以在这种样本的激发下，进一步地构建出对美的本质性认识，并将这种认识具体地转化到构建美的作品中，甚至将其有效地迁移到人的各种活动中。

如果按照我们所习惯的物理学的研究问题的思路，那么就需要我们做以下的工作：

1. 构建人们在描述美的规律时的特征

这个问题涉及人们从哪些角度来描述美的现象、人们又根据哪些特征来判别艺术品的好与坏、美在哪些方面存在质与量的描述、这些特征与模式会发生什么样的变化等。除了研究美的核心特征、模式的描述以外，还需要研究这些核心特征受到什么因素的作用与影响，这些因素从质与量的角度对其产生的影响的力量，也要研究这些特征、模式在时间、空间中的何种变化可以与其他因素建立起直接的对应关系。

2. 研究特征与特征之间的本质性联系、关系和模式

要尽可能充分地考虑这些特征与模式之间可能存在哪些内在关系，这些特征与模式的变化会表现出何种的时间、空间变化的规律等。基于此，构建出具有更强逻辑性约束的一般的美的规律。现在美学还没有像牛顿力学中的 $F = ma$ 那样有一个准确的一般规律，但当我们将精力集中到这个方面的构建时，将会有效地引导和促进人们在探索美的一般规律的道路上不断前行。

与美学相关的各种可能的关系都将在审美过程中产生一定的作用，我们需要具体确定这种影响的大小和影响变化的规律。我们将采取概率统计的方法，构建出关于美的特征在受到其他因素作用与影响时的"概率型模型"，通过研究各个美的特征以可能度的形式所表征的可能度分布——美的分布，研究各个美的特征在审美过程中发挥的作用，探索美在受到各种相关因素影响时的变化规律，并依据美的逻辑性关系，探索构建特殊的审美过程。

3. 构建出特殊社会环境、文化背景下的"定解条件"

我们要研究在特殊的社会环境和文化背景下的美的变化与发展规律，这就要在一般美的规律指导下，探索研究这一阶段美产生的初始条件、环境条件（边界条件）；研究探索美作为一个独立的过程，在受到其他因素影响时形成的本质关系和内在规律，考虑各种条件对一般规律的影响，并将其有机地结合在一起共同研究。

也就是将初始条件、边界条件与一般的美的规律结合在一起，组成

一个关于特殊环境下美的一般规律的能够确定"求解"的规律性描述。钱锺书先生曾言："东海西海，心理攸同；南学北学，道术未裂。"①。我们应该在得出"美的定解方程"的基础上，结合具体的社会、历史、文化条件，结合当前社会环境的现状与发展趋势对美的影响，从而得出当前社会条件下美学的特殊变化与发展的规律。

4. 结合具体的文化视野，得出与具体文化相结合的特殊的美的规律

我们应该清楚地看到，美作为一种独特的现象，会受到社会因素中各个方面的影响。美虽然与社会中其他现象、特征紧密地结合在一起，但我们还是应该将美作为一个独立的研究对象，在将其与其他现象、特征的紧密结合中分离出来，在单独地详细研究的基础上，从各个学科的角度对美的特征进行研究，从而构建出关于美的独立化的学科体系。然后再将美与其他现象的相互作用作为独立的特征而展开各个角度和各个层次的研究，最终形成美的系统化研究体系。

---

① 钱锺书：《谈艺录·序》。

第 二 章

美的生命基础

"人，作为审美创作和审美感知的主体，是以心理生物进化为基础在劳动活动过程中形成的。"① 美的规律必须以自然界的规律为基础。当然，这种规律必须展现出美的特殊性。我们需要揭示人的生物学属性中美的特征。正如埃伦·迪萨纳亚克在其《审美的人》中的 1995 年版前言中写道的那样："艺术是人性中的生物学进化因素，它是正常的、自然的和必需的……《审美的人》探索人类天性就是审美的和艺术性的动物的种种方式。"②

显然，正是由于生物的活性和意识的复杂性，才使人对于美的认识存在诸多误区。这就需要我们在研究探索美的本质的过程中，要以生命的基本特征和规律为基础。人们其实乐于表达生命的本质力量，也乐于表现出对美的努力追求。

有人总是想用确定的范畴，用他们所习惯的语言来描述美及美学的相关问题，结果却"越描越黑"。人们要想在美学方面取得突破，就必须引入新的概念和方法，甚至需要构建一种全新的美学体系。这种构建要对当前的美学研究产生足够的影响力。

---

① ［苏］M．Φ．奥夫相尼科夫：《美学思想史》，吴安迪译，陕西人民出版社 1986 年版，第 1 页。

② ［美］埃伦·迪萨纳亚克：《审美的人》，户晓辉译，商务印书馆 2005 年版，中译本序。

第一节　美的物理学、化学基础

复杂性动力学以生命作为主要研究对象。生命，是一个独特且充满奇异性的物质结构。我们特别关注生命之所以存在的活性。大量新的物种进化规律和进化的自组织的理论研究，指出了由微观粒子、分子、细胞、组织以及松散结合的个体在相互作用的基础上，能够组成动态稳定的特殊的耗散结构——"混沌边缘"。美是生命进化到一定程度时突显出来的一种基本模式。"我们发现，它那独特无二的、差不多是奇迹式的成就，是从混乱中创造出和谐来；是要调和最尖锐的对抗，并把冲突转化成为和平；是要解决矛盾，并把人类广阔的经验中显得最复杂最相反的一些东西统一起来。有机界和无机界的明显界限，只有在这里才会消失；主体和客体看来不可逾越的障碍，只有在这里才会崩溃；只有在这里，物质才会上升到精神的水平，而精神也才会俯降到没有生命的物质的水平；只有在这里，人类灵魂中感性的东西和精神的东西，它的本能的、理智的和首先的，才会自然而又和谐地合作起来，象一个欢天喜地的合唱队所唱出的不同的声音。"[1]　我们就是要在这种生命的奇迹中探寻美的本质。

一　生命处于"混沌边缘"

物理学家认为生命"活性"的另一种说法就是"混沌边缘"。[2]但显然，"混沌边缘"更多的是从物理学、复杂动力学的角度对生命的"活性"进行描述。

复杂理论认为，具有自反馈的复杂系统表现出，将秩序（结构）和随机混乱融入某种特殊的稳定平衡中的能力。具有自反馈的复杂系统能

---

[1]　［英］李斯托威尔：《近代美学史评述》，蒋孔阳译，上海译文出版社1980年版，第238页。

[2]　［美］米歇尔·沃尔德罗普：《复杂——诞生于秩序与混沌边缘的科学》，陈玲译，生活·读书·新知三联书店1997年版，第310—335页。

够表达发散扩展性力量和收敛稳定性力量，并使两者保持在某一个平衡点上。此平衡点——被称为"混沌边缘"，简单地说，"混沌边缘"可以被认为是"生命有足够的稳定性来支撑自己的存在，又有足够的创造性使自己名副其实为生命的那个地方"①。或者说，混沌边缘是一个同时表达收敛与发散力量的动态稳定的有序结构。而正是由于这种稳定的有序结构，才促成了美与艺术的生成。"在一定程度上，艺术修养拥有生命和生长的品质。一个在体力或智力方面生命力旺盛的人，只要他不沉溺于自然界的比例问题，只要具有力量和才智随意地变换比例，就一定具有艺术修养。"②

（一）"活性"的基本特征

1. 自组织理论揭示的"活性"特征

各种迹象表明，以研究生命活性本质为基础的自组织理论，越来越受到人们的关注，并使之成为建构具体事物规律的出发点和基础。H. 哈肯（Hermann Haken）就认为：如果一个体系在获得空间的、时间的或功能的结构过程中，没有外界强加给体系的特定干涉，外界以非特定的方式作用于体系，便说该体系是自组织的。③

在自组织系统中，不同的子系统会以新的方式自为地组织在一起，一些新的特征会不断地涌现并突显出来。新特征的不断涌现本身，也成为活的生命体的新的特征力量。由于新特征的出现，使得这些事物与其他事物在相互作用中的性质、作用、功能等，都将发生变化。有时，也会由于新特征的出现而改变了人们观察研究问题的角度，从而形成一种全新的视野。

随着自组织过程的高度发展，自组织结构将会越变越复杂，这是不是一个确定的概念，目前还不能具体确定，但诸多现象的确表明了存在

---

① ［美］米歇尔·沃尔德罗普：《复杂——诞生于秩序与混沌边缘的科学》，陈玲译，生活·读书·新知三联书店 1997 年版，第 5 页。

② ［英］特奥多·安德列·库克：《生命的曲线》，周秋麟等译，中国发展出版社 2009 年版，第 295 页。

③ ［西德］H. 哈肯：《协同学引论》，徐锡申等译，原子能出版社 1984 年版，第 245 页。

这样的一种趋势，甚至还有人认为①，整个宇宙仿佛就像一个具有自组织特征的系统，它会随着时间的延伸而不断地复杂化。

2. 复杂理论揭示的生物"活性"特征②

按照考夫曼（Kaufman）的观点："细胞传送化学信息，导致胚胎中其他细胞的发展，形成一个自我连续的网络，这样就产生出一个相互关联的生物体，而不仅仅是一团原生质。"③

在生命体中的每一个部分，都将存在这些无穷无尽的相互作用，这会使生命体中的每个子系统作为一个独立的整体，进行自发性的自我组织活动。比如，基因在一个不断发展的胚胎中以一种方式将自己组合成肝脏细胞，又以另一种方式将自己组合成肌肉细胞；原子通过相互化合寻找到最小的能量状态，从而形成被称之为分子的结构；生命体经常通过相互适应而得以进化，从而合成为能与外界环境能够达成稳定协调状态的精巧的平衡系统。在所有这些情形中，一组组单个的动因在寻求相互适应与自我延续中，这样或那样地表达并同时超越自己，从而获得了生命、思想、目标，形成了这些作为单个动因永远不可能具有的集成特征。

更进一步地说，这些复杂的、具有自我组织性的系统是可以自我调整的。在这种自我调整中，它们并不像地震中山坡上的滚石那样仅仅被动地对外界刺激做出单一的、符合力学规律的应激反应。它们试图积极地将所发生的一切都转化为对自己有利的因素，通过调整自身的结构而使外界对自身的综合刺激作用达到最小。人类的大脑经常会组织和重组它的几十亿个神经联系，通过学习和调整不同知识单元之间的关系以吸取经验（总之有时是这样的）。物种为在不断变化的环境中更好地生存而进化，或者说进化便由此而生成。

还有一点需要强调，每一个这样自我组织、自我调整的复杂系统都会表现出某种动力。复杂系统比其他系统更具自发性，更无秩序，也就

---

① ［英］罗杰·彭罗斯：《黄帝的新脑》，许明贤等译，湖南科学技术社 2007 年版，第131 页。

② ［美］米歇尔·沃尔德罗普：《复杂——诞生于秩序与混沌边缘的科学》，陈玲译，生活·读书·新知三联书店 1997 年版，"概述"，第3—6 页。

③ 同上书，第131 页。

具有更强的变化性。与此同时，这种特殊的动力与离奇古怪的、无法预测的"奇怪吸引子"——被称之为混沌的状态，还相距甚远。

显然，这种系统是完整的。"完整性通常指兼容并包，推翻了减少数量、种类会提高效率的传统观念，这已经是混乱的显著益处之一。"复杂性理论揭示出："混乱系统能够最大限度地容纳多种多样的实体，而有序系统往往会减少数量，削弱多样性，从而推动了它们带来的收益，甚至丧失某些决定性的帮助。"① 一句话：在有生命体参与的混乱系统中，生命具有更强的适应性。

（二）"活性"是矛盾双方的对立统一

斯泰西（Ralph D. Stacey）通过研究指出，② 将确定性反馈网络和耗散结构在计算机中进行模拟和分析，以及在实验室中对一些具有这种结构的物理、化学系统进行实验都可以发现：不论组成系统的行为主体是蚂蚁、还是天气网格图中的点、液体中的分子，还是其他事物，这类系统都能够表现出大量共同的基础性质：第一，稳定和不稳定的对立统一；第二，具有不稳定源；第三，具有稳定源；第四，能够呈现出辩证地演化适应性演化；第五，因果性和不可预测性。

"活的生物在其生命活动中，既需要秩序，也需要新异性。"③ 无论我们从什么角度描述生物体所具有的"活性"特征，"活性（混沌边缘）"都将是正反馈与负反馈的有机统一体以及扩展与收敛、确定与不确定、稳定与变化、平衡与不平衡、有序与无序等的综合表现。

1. "混沌边缘"是一种极其复杂的行为，它在维持其日常运作行为的同时不断地表现着差异化的创新构建，既表现着稳定的因素力量，也表达着变化发展的因素力量，每一个状态都是两者共同作用的协调统一状态，而不是两者之间非此即彼的状态。任何一个稳定的状态都是两种力量（扩张与收敛）共同表现的综合作用。

---

① ［美］埃里克·亚伯拉罕森、［美］戴维·弗里德曼：《完美的混乱》，韩晶译，中信出版社 2008 年版，第 47 页。

② ［英］拉尔夫·D. 斯泰西：《组织中的复杂性与创造性》，宋学锋等译，四川人民出版社 2000 年版，第 42—62 页。

③ ［美］杜威：《艺术即经验》，高建平译，商务印书馆 2005 年版，第 184 页。

2. "混沌边缘"状态中以某种确定性的行为为基础，不断地表达着随机性的力量。但有时在一定范围内存在少量的确定性规则，它既不允许完全的"随心所欲"，也并非是无序和有序这两个极端的妥协折中。

3. "混沌边缘"具有一定的稳定性，也具有足够的变化性。它会形成一个具有"活性"的区域，使系统在该区域内自由变化。而且，由于它是一种消耗型的动态协调的稳定状态，因此，要保持"混沌边缘"还需要付出一定的努力，需要组织与外界环境之间存在物质、能量和信息的相互作用。当它在超出其"活性"区域，尤其是处于临界状态时，虽然有可能通过自我调节而回复到协调的"活性"状态，甚至进入一种新的稳定状态，但也随时有可能陷入有序与随机混乱这两个极端的稳定状态。

4. 在"混沌边缘"存在着各种各样的可能事件。其原因在于处于"混沌边缘"的系统本身就是一种实时自适应地应对意外变革的系统。"混沌边缘"能够运用非线性的力量，"遍历"性地将各种可能性以一定的概率表达出来。因此，无论是从其静态结构本身，还是从其动态反应本身来看，它都具有多样性和灵活多变性的特征。

5. "混沌边缘"系统以差异化构建的方式不停地构建新的模式，并在非线性力量的作用下，以某个"特征点"作为局部稳定点，但必须能够将差异化构建的力度维持在一定的范围内。

6. 在"混沌边缘"系统中，新的情况和问题将会随时出现，它有可能完全出乎人们的意料。

这些特征都会在生命体与外界环境的相互作用过程中发挥一定的作用，并形成稳定的模式。我们就将其称为是生命的活性本征模式。

（三）生命的活性比值

克莱斯·瑞恩（Claes G. Ryn）曾经直接地指出："同一性和多样性是互为因果，相互依赖的。"[①]"混沌边缘"结构需要在有序和无序之间保持一个恰当的范围。"我们的构成十分奇妙，一方面热切地渴求新奇，

---

① ［美］克莱斯·瑞恩：《异中求同：人的自我完善》，张沛等译，北京大学出版社2001年版，第25页。

一方面却强烈地依附习惯。"①"活性"结构在于松散与紧密的有机结合。紧密性保证其与整体有稳定的联系，而结构的松散则保证其具有足够的灵活性。"有生命的系统其实非常接近混沌边缘的相变，在这个阶段，事情显得更为松散、更呈流体状。而自然选择也并非自组结合的敌人，自然选择更像是一种运动法则，一种不断推动具有突现和自组特征的系统趋于混沌边缘的力量。"②

　　由此，在这里我们首先提出一个概念：生命活性比值是表达在生命体处于活性状态时发散的力量与收敛的力量、变化的力量与稳定的力量之间的恰当的比例关系。该比例表达的是生命体内收敛与发散力量之间的恰当比例，是一个具有区间性特征的比值。任何生命个体都将对应一个相对稳定的活性比例区间。该区间的大小以及区间的最大值和最小值共同表征生命活力的大小。埃伦·迪萨纳亚克用"对立的平衡"来描述这种活性比值。③

　　生命的活性比值所表达的是生命中发散与收敛力量的比值。由于生命体是一个稳定的耗散结构，因此，这个比值也具有一定的区间性。我们可以通过维持生命正常活动的上、下比值确界（即通过确定生命活性比值的上确界、下确界），构成一个生命的活性比值区间，并由这个"区间"来具体地表达生命的活性比值。由此，只要生命的活性比值"落入"这个区间，我们自然就可以认为生命体处于耗散结构的协调稳定状态。

二　生命体的耗散结构特征

（一）协调

　　协调（也称和谐）最早就是一个美学上的审美范畴。古希腊时期人们便把美视为协调的。毕达哥拉斯学派认为"和谐起于差异的对立"，

---

①　[英]伯克：《崇高与美——伯克美学论文选》，李善庆译，上海三联书店1990年版，第115页。
②　[美]米歇尔·沃尔德罗普：《复杂——诞生于秩序与混沌边缘的科学》，陈玲译，生活·读书·新知三联书店1997年版，第425页。
③　[美]埃伦·迪萨纳亚克：《审美的人》，户晓辉译，商务印书馆2005年版，第233页。

"音乐是对立因素的和谐的统一，把杂多导致统一，把不协调导致协调"①，人体的美就在于各部分之间的"比例对称"性等。协调在古希腊哲学家那里得到重点强调。② 传统的哲学和美学理论不讨论主体与客体的内在协调关系，而是将注意力集中在研究客观事物所表现出来的外在的协调性关系上，甚至把主体所构成的协调关系模式用于观照客体的外在性协调，但这种追求表面的、形式上的协调的理论很快就走到了尽头。

协调的概念在不同的领域中有不同的意义。当生命体内各子系统、部分、组织与外界环境达成稳定协调时，它就相当于构成了一个动态有序的结构。生命体的"混沌边缘"特征决定了，只要各个子系统的静、动态结构被限定在一定范围内并符合一定的"比例"关系，它们就都可以认为是协调的。从人类研究形成的各种知识体系的结构来看，协调具有如下的表达形式和意义：

第一，当两种因素能够使客观事物达到外在形式上的对称与平衡时，两种因素即构成协调关系；第二，两种因素同时成为形成一个好的格式塔的基本元素时，两种因素即表达出了协调性的意义；第三，两种因素可以通过共振而形成稳定同步的协调关系；第四，两种因素构成了协同学中所指明的隶属关系，并进一步地形成了稳定有序的结构时，两种因素即构成协调关系；第五，两种因素在人的意识中通过某种确定性的意义而形成稳定的相互激活性时，即构成相互协调关系；第六，不同的因素因为是同一个有机整体的两个不同部分，所以便由于这个整体在自然界中的合理存在而形成协调关系；第七，不同的因素因为遵循客观规律，便在客观规律的制约下建立起了协调性关系；第八，达成了功能上的满足活性比值要求的相互促进关系等。两种模式如果表现出了上述关系中的一种，那么我们就说这两种模式是相互协调的。

我们将生物学意义上的协调作为构建美学体系的基本"砖块"，或者说我们明确地假设，人们已经非常明确地把握了"协调"的意义，因此，

①　北京大学哲学系美学教研室编著：《西方美学家论美术的美感》，商务印书馆1982年版，第14页。

②　[美] 门罗·C. 比厄斯利：《西方美学简史》，高建平译，北京大学出版社2006年版，第6页。

不再对该词汇做出进一步的描述。而所谓生物体适应了环境的作用是指，生命体已经达成了与外界环境的稳定协调。

但我们可以从人们的众多描绘中，形成对"协调"一词的理解。我们可以这样来理解协调：如果能够寻找到某种标准，使得如果按照这种标准就能达到稳定状态，那么，这个过程所涉及的各种因素彼此之间的关系就称达到了协调。

古希腊的尼柯玛赫（He Kerma hz）早就认识到："一般地说，和谐起于差异的对立，因为'和谐是杂多的统一，不协调因素的协调'（引斐安的话），比达哥拉斯派（柏拉图往往沿用他们的学说）也说：音乐是对立因素的和谐的统一，把杂多导致统一，把不协调导致统一。"① 赫拉克利特（Herakleitos，约公元前535—公元前475，古希腊哲学家）指出了正是由于相互矛盾的有机结合才形成了最美的和谐，指出了表征生命活性的分离、协调状态才是美的根源。同时也指出了矛盾斗争的过程性特征：在斗争中获得最和谐的结果。②

（二）生命是一个有序的耗散结构

1. 耗散结构

耗散结构理论就是研究耗散结构的产生、结构、形式、性质、功能、运动变化规律以及形成稳定、维持和演化的条件等规律的一个重要的自组织理论。耗散结构理论是比利时科学家 I. 普利高津（Ilya Prigogine）于1969年提出来的，它主要用于研究复杂系统中的非平衡、非线性相互作用以形成活的有序结构的现象。可以说，揭示生物体的活性和有序性是促使人们建立、完善耗散结构理论的主要动力。该理论指出，一个远离平衡状态的开放系统，通过不断地与外界交换物质、能量和信息，在外界条件及其变化达到一定程度、系统的参量及其变化达到一定值时，能够通过涨落而发生非平衡相变，它可以从原来的随机无序状态转为一种在时间、空间和功能上的有序状态。这种在远离平衡的非线性区域形成

---

① 北京大学哲学系美学教研室编：《西方美学家论美和美感》，商务印书馆1980年版，第14页。

② 同上书，第15页。

的新的动态有序结构——耗散结构，只有不断地与外界交换物质、能量和信息，它才能够维持稳定，因此就被称为耗散结构。

2. 生物体是一个重要的耗散结构

基于生物体的独特性质及其表现我们可以假定：生命体是一个突出而典型的耗散结构。

对于生物体来讲，它有宏观的静态稳定结构与动态结构，还存在微观的静态结构与动态有序结构。这些不同层次的结构之间存在复杂的相互作用。静态结构对于正常动态结构的维持起着基础性作用，也正是由于动态结构的参与和对静态结构的作用，才使得活的生命体具有如此独特的性质。

根据耗散结构理论，生命体的这种动态有序的稳定结构只有与外界环境不断地进行物质、能量和信息的交换才能维持。在一个稳定的活的组织结构中，各个层次、因素之间是相互协调的，从其稳定性的角度来看，它既存在一定速率的物质、能量、信息的输入，也存在一定速度的别的物质、能量和信息的输出。通过一定程度的物质、能量和信息的输入差，便将"负熵"引入系统，这促进了生命体由无序走向有序状态。这些因素便成为生命体维持活性的基本外界环境，生命体组织依靠其特有的协调活性而对外界刺激进行适应性加工，以维持生命体的动态稳定性。只有当这些因素以一定的量值作用到生命体上时，才能维持生命体组织结构正常的功能、正常生长发育以及更进一步的进化。

3. 生命体耗散结构的特殊性

对于生命体来讲，由于其长期的进化以及组织结构的非线性、非均匀性和各向异性特征，使得稳定性结构分别形成了功能单一的独立的组织器官，分别形成了功能不同的特殊系统。因此，生命体组织的协调就成为一个异常复杂的问题。生命体的协调将涉及生命体与环境之间、生命体内部各系统之间、动态结构与静态结构之间的协调以及各个过程之间的相互协调、生理过程与心理过程之间的协调等。

（1）每个部分都是一个稳定的耗散结构

对于生命体内的每一个部分以及每一个功能器官、组织、系统来讲，由于它们可以认为是彼此相互独立的，分别具有独立的功能，而且每一部分也都是具有一定自主性的活的生命体组织，因此，每一部分都可以认作一个独立的耗散结构。根据耗散结构理论，对于每一个部分而言，生命体内部的其他系统都会以一定的方式和量值对于该部分产生作用，这种作用对于该部分正常组织和功能的维持是至关重要的。由于每一部分都可以作为一个耗散的结构体，所以为维持其正常结构与功能，它们都需要一定的外界环境的作用。从这个角度来看，在生命体内各部分达到相互协调时，各个部分之间的相互作用便成为维持生命体内部各个部分之间耗散结构的最佳协调环境因素作用。因此，生命体内部各个部分之间的相互作用，必须保持在一定的范围内才可形成协调基础上的最佳相互刺激。

（2）外界环境的变化引起耗散子结构发生不同的变化

外界环境的变化，形成了对生命体的刺激，就会使耗散结构发生变化。生命体结构具有多层复杂性，生命体内各组织器官是在外界环境作用下，通过特化出专属功能而形成的特殊的稳定结构，即便是通过变化而使刺激变小，通过刺激而使生命结构发生变化的方式也会很多，那么变化的结果也就会有很大的差异。生命体内受外界刺激作用而形成的变化速度及变化的程度是不一样的，有些系统在受到外界因素刺激时可以很快地发生变化，有些系统就不容易变化。由于它们在新的因素作用下分别表现出不同的稳定状态，因此，原本相互协调的状态也就成为不协调的状态了，这样就将外界刺激内化为生命体内部的不协调因素而促进生命体内部结构的变化。这种不协调状态也就形成了各个子系统之间新的相互作用，它们通过驱使生命系统又达到了一个新的稳定协调状态。

在耗散结构理论的基础上研究内部的各部分相互协调是极为重要的，这种彼此相互协调的耗散结构是生命体在与外界环境相适应的稳定结构，而当其受到新的作用时，就会产生一种驱动其形成稳定的协调关系的过程。

（3）耗散结构与环境组成一个稳定的动力学系统

耗散结构理论将耗散结构本身与其环境组成为一个稳定的动力学系统，使两者成为不可分割的统一体。虽然耗散结构是一个动态的稳定结构，但它不能始终只稳定地表达一种模式，而是在各种非主要因素的干扰作用下，围绕一个稳定状态而不断地变化。

（4）通过刺激引导生命体进入新的稳定协调状态

生命体会达到与环境的稳定协调状态。生命体总会在表达生命活性的过程中，通过与外界相互作用而达成新的稳定协调状态，这也表现出一种稳定的耗散结构。这就意味着，每当新的刺激作用到生命体上时，生命体就会形成一个新的稳定协调关系。每当建立起一种新的稳定的关系，使诸多的局部模式突显出来，就可以通过共振而引导生命体进入稳定协调状态，并达成与外界环境的相互适应。

当生命体没有处于原来的稳定协调状态时，可以通过刺激，使系统重新回复到原来所建立起来的稳定协调关系之中，由此而表现出由不协调达到协调的过程。此时，刺激也就成为引导生命体进入稳定协调状态的基本模式。柏拉图（Plato，前427—前347，古希腊哲学家）已经明确地认识到由不协调回复到协调状态的过程及其对美的意义："美感灵魂在迷狂状态中对于美的理念的回忆。"①

（5）表达原稳定协调状态的基本模式

当生命体构建出与环境的稳定协调关系以后，如果在某种外界环境因素的作用下，使生命体更加强势地表达原稳定协调状态中的某个基本模式，那么，生命体便会在这个基本模式上处于与原稳定协调状态的共振关系。这种共振模式的持续表达，将会引导生命体依据与其他模式在原稳定协调状态下所建立起来的关系，使其他的模式也处于兴奋状态，并由此形成更大程度上的稳定协调。

4. 适应状态下与外界环境的关系

（1）环境对生命体的刺激

环境维持着生命的稳定与进化。在一定环境因素的作用下，生命体通过表现其固有的生命活性本征而生成各种差异化的个体，随后，通过竞争和淘汰，会选择出更能适应环境作用的个体。适应环境能力强的个体会获得更大的遗传的可能性，这些个体获得了与更强竞争能力相关的

①　北京大学哲学系美学教研室编：《西方美学家论美和美感》，商务印书馆1980年版，第34页。

遗传基因，便会因其活性的扩展强化和优异的遗传选择而得到进一步的强化。

（2）生命体与环境之间的相互协调性

环境的变化是不由生命体来控制的，但生命体却可以通过表达生命的活性力量而达到某种程度的稳定。当一定的环境条件发生变化时，生命体的组织结构会发生相应的变化；当其不再变化而稳定下来时，人们就称这种状态为稳定状态或适应状态。从耗散结构理论的角度看，即使是在协调状态下，由于组织的耗散结构性特征，外界仍以相关特征在量值上的差异性而对生命体保持一定的作用。至于生命体是不是通过结构的变化而使这种作用控制在一定范围内，并间接地使生命体产生变化，这仍待进一步地分析。

（3）最佳外界环境

通过对耗散结构的研究我们能够认识到，诚然，内部因素是生命体组织呈现出活性的基本因素，但环境因素对耗散结构的形成、变化与发展也同样具有重要的意义。耗散结构理论将复杂系统与其所存在的环境看作一个有机联系的整体，耗散结构理论强调系统的开放性，系统依靠外界环境所形成的物质流、能量流和信息流使其维持在远离热力学平衡的稳定状态，以维持系统的动态有序结构。与此同时，生命体通过与外界环境进行物质、能量和信息的交换，从外界引入熵流以抵消自身的熵增，从而使系统的总熵减少，总熵的减少意味着系统的有序程度增加，在相应的条件之下就有可能形成一种动态的有序结构，使系统从无序走向有序，并最终使其具有"活性"特征。耗散系统因此和其所对应的外界环境形成共存关系。如果相应的环境不存在了，这就相当于外界环境提供了某种负的作用，从而使整个结构发生变化最终使系统解体。

耗散结构理论表明，欲维持正常耗散结构的稳定，必须不断地与环境之间进行各种形式的相互作用，这种相互作用就成为维持其正常的组织结构特征保持稳定的基本条件。各种环境因素也正是因为这一点而成为维持生命体达到协调稳定状态的基本作用因素。如果这种因素一直作用到生命体上，生命体将维持这种协调有序的动态结构不变，或者依据其耗散结构变化的固有规律而发生变化，因此不会出现活性结构变化加快以及发生其他变化的情况。

在生命体形成多个层次上的协调以达到相应的稳定状态时，生命体就因与环境之间相协调而稳定地存在，此时的外界环境就称为对生命体构成"最佳作用"的最佳协调状态。根据耗散结构理论对环境的重视也可以看出，生命体处在最佳协调状态时并不意味着环境对生命体没有刺激作用了，而是说这种刺激作用保持在一定范围内，生命体会在这种程度的刺激作用下保持耗散结构的稳定性。最佳协调的环境作用具有相对性，这种相对性是指在生命体的协调状态有了一定的变化、达到一定偏差以后，生命体能够以新的稳定状态与这种新的刺激达成适应性稳定关系。当生命体由偏差状态重新回复到这种稳定状态时，生命体就会形成一种感受，由此而使生命体感悟体会到这种协调状态的存在与意义。不同的物种所构建及体会到的最佳作用是不相同的。人们如果没有任何对协调状态偏离的经历，也就体会不到处于这种协调状态时的感受，也就不能赋予它以一定的美学意义了。基于耗散结构理论所揭示的"活的结构"与环境之间的关系，美学中的相关问题就能够得到系统的解释。

由以上分析就可以看出，为正常地维持耗散结构或使偏离正常协调状态的耗散结构回复到协调稳定状态，与其最佳外界协调环境形成协调关系的特征量，可以是使耗散结构达到协调状态的有关特征量、与生命体的正常生长发育过程相协调的特征量以及形成有生命体进一步协调进化的特征量等。

（三）由"不协调→协调"时形成的作用结果

人处在稳定协调状态时，是体验不到协调状态的特殊意义的。只有通过由不协调状态达到协调状态这个过程，人们才能对协调状态产生一种特殊的感受。在由不协调而达成协调的过程中，需要把握几个重要的环节：一是需要进入稳定协调状态；二是要表达出与稳定协调状态不同的状态；三是要关注从非协调状态进入稳定协调状态的过程；四是要依据神经系统内部差异和关系而使人体会到稳定协调状态的特殊感受——美感。

1. 由"不协调→协调"的各种例证

比如生命体内进行的生化过程中出现了多余物质时，它需要从膀胱处排除，如果不及时排除，就会造成一定的内在刺激作用；如果顺利地将其排除，便会形成一种轻松自在的快乐感受。自然，多余物质不可能只要有一点就要排泄出去，它还需要进行别的活动，由此也就形成了具有一定存储能力的协调态，也形成了协调的"限制值"或者说存在一个协调区域。在此协调区域内任何状态都是和其他系统、组织、器官相协调的；当超出了这个区域时，就会造成病态反应。如血液中的红、白血细胞的比例是有一定限制的，如果血细胞极度地增长，就会形成白血病同样，发挥解毒功能的肝脏，如果出现问题时，就会得病，它开始时只是引起动态结构的变化，时间长了以后，就将形成肝组织的病变，会形成新的组织态。

根据不协调状态的形成及意义，我们可以认为，在由不协调到协调状态的过程中，将不协调的因素排除出去，是一种重要的过程。无论是在协调态中因受刺激变到不协调态，然后又因排除刺激而回到协调状态，还是因为不能排除刺激而只能使生命体结构组织发生变化，以形成新的协调，两种过程的结果都是重新达到协调状态。前一种过程是通过将刺激（矛盾）排除而恢复到原来的稳定协调状态，从而对生命体的稳定、生长、发育、进化过程产生有利的作用，并因此而形成生命体的审美反应——从生理和从心理上看都是这样；后一种过程则是生命体组织结构上的进化过程。

这种将生命体的刺激转移出去而进入协调状态的过程，在人的发展的各个阶段和过程中都能够体会到。例如，生病就是对生命体组织出现不协调的别称，对此人们都有体验，"牙痛不是病，痛起来要人命"，是的，无论得了什么病都是很痛苦的，而将病治好时，就会感到无比的轻松。例如，天气太热和太冷都使人感到不舒服，而由太热的地方来到空气凉爽的地方以及由太冷的地方来到温暖的地方都会使人感受到舒服。例如各种需要的满足就是各个方面需要的由不协调到协调的过程。由于外界作用因素的复杂性与多样性，当其以一种整体的方式作用到生命体上而使生命体形成反应时，这些因素就成为生命体形成这种反时的要素。当这些因素中的某些因素重新作用到生命体上时，生命体就会由于已经形成的稳定反应而产生相应的反应，就会对还没有出现的因素构成需要，这些因素也就成为与协调状态反应有差异的不足或多余的刺激，就会形成对生命体的有效作用。而一旦这些需要得到满足，也就重新恢复到生命体内部之间以及与环境之间的相互协调状态，也就使人感到快乐。一个最简单的例子就是，如果人在尿急需要排尿时，不排除就会痛苦，而排除以后在短时间内就会感到无比的舒服。例如，人们由不习惯的生活空间回到自己所熟悉的生活环境时，就会感到说不出的愉快，由不习惯的举止恢复到习惯的行为时，也会产生这样的感受。例如我们所研究的就是当一个信息以其差异性的矛盾从而使人产生了不协调的感受，随之而将这种矛盾转移出去时，所产生的快乐的情感反应。由此可知，这些从表面上看来完全不同的过程，从总的说来都是生命体内产生的"将矛盾转移出去"的过程，由此而形成一个稳定协调的统一的体系结构。

2. 产生相应的化学物质

在生命体受到较大的刺激作用时，将引起不同的系统产生变化以达到与原来的稳定协调状态有所不同的不协调状态，由此而形成对生命体的有效作用。当这种作用效果被感觉器官感知并在心理过程中得到反映时，就产生不舒服的感觉。而如果外界环境又以最佳协调状态作用到生命体上时，生命体将如何反应？

从协同学的角度来看，无论是生命体内部的任何系统，还是生命体的层次，静态到动态结构都将在一定范围内遵循一定的规律。生命体在不协调状态下将会对其他系统产生一定程度的刺激，因此会使生命体产生相应的感受。由于从不协调到达协调状态是作为一种特征因素而存在，它对于生命体的作用结果就是形成协调状态，而形成协调状态的生命体就会产生一种感受，这种感受就是快乐。简单地说，有一种因素的作用，生命体就会产生对这种作用因素的适应。当形成稳定协调以后，它再以此种因素作用于生命体时，无论生命体原来处于何种状态，都会因为激活了已经构成的协调稳定状态而回复到原来的稳定协调状态，并由此而产生某种感受——快乐。

生命体在外界不同信息的作用下必然会产生不同的生化过程，形成不同的生物化学物质，同时也就会产生不同的感受。从生命体与外界环境相协调的角度来看，生命体会在与环境之间处于不协调状态时产生某种物质，而由不协调状态转换到协调状态时，也会在这种过程所形成的模式的作用下产生相应的生物化学物质。在生命体处于与协调状态不同的状态下，当生命体受到最佳外界协调环境的作用以后，就会在原来偏差的基础上，通过与该最佳外界协调环境之间的差值而形成对生命体的有效作用，自然，这种有效作用的结果会使生命体内的多种层次之间以及与外界环境之间达到新的协调。这种过程特征在生命体的生长、发育过程中是经常进行的基本过程。这种过程的反复作用，就会使生命体内生成一种固有的模式，与此模式相伴随的是产生某些确定的化学物质。这些化学物质就是能在生命体内产生快感的生物化学物质，比如脑啡呔、吗啡等。

由于"不协调→协调"是生命体受到一定作用后产生的一种基本过程，这种过程就与"协调→不协调"所引起的感受过程相反。在生命体组织结构与运动由协调状态达到不协调状态时，会产生某种生物化学物质，这种物质使生命体感到痛苦。生命体由不协调到达协调的过程会产生某种生物化学物质，使人感到快乐。从这里也可以看到，快乐与痛苦的感受总是相生相伴、互为铺陈的，没有快乐也就无所谓痛苦，而没有痛苦也就无所谓快乐了。矛盾双方的任何一方如果离开了对方，那么它自身也就不复存在。"最觉痛苦的人并不是那些一直生活于悲惨的境况的人，而是对幸福有过深切感受，并一直期待着幸福的人。"① 正如美国杰出的女诗人狄金森曾写道："假如我没有见过太阳，/我也许会忍受黑暗，/可如今，太阳把我的寂寞/照得更加荒凉。"②

3. 协调后的感受

通过生物体的活性我们可以认识到，生命在协调状态下表现出来的各种特征及其行为就是生命体对环境所作出适应反应。"因而在进化中——也就是说，在朝增加使用地球资源或增加可得能量利用方向运动的过程中——生命自然会分化为特定的（哺乳）种群，他们各自适应了周围的环境。"③ 在生命体达成与外界环境的稳定协调状态时，生命体就

---

① 童庆炳主编：《现代心理美学》，中国社会科学出版社1993年版，第115页。

② 同上书，第116页。

③ ［美］托马斯·哈定等著：《文化与进化》，韩建军等译，浙江人民出版社1987年版，第11页。

寻找到了其本质性力量最有效的表达方式，此时生命体也处于一种动态的稳定状态。如果没有了能够使生命的状态发生变化的刺激性的力量，那么生命体就会对自身所处的状态无所感知。在适应状态下，当外界环境发生变化并使生命体受到相应的作用时，就会使生命体产生一种感受。当有新的刺激作用于生命体时，除了正常的进化与发展之外，还会使生命体产生不适应感，这种超出正常作用值的因素就会对由"不适应到适应"的过程赋予一定的生物化学意义。"我们的许多能力和情感，都是针对古代环境所作的具体的适应，而非某种总揽一切的智慧为顺应所有场合所作的创造。"① 这种意义就表现为对生命体形成有利的作用或不利的作用。具体是有利还是不利的作用，则取决于生命个体之间为了生存与遗传而表现出来的竞争。因此，根据这种原则形成一个主要的推论便是：将不利于生命体的因素排除出去的过程就是对生命体的有利的作用，也就是使生命体相互协调从而回到最佳适应状态的作用，因此也就会使生命体产生出快乐的物质。

盐是人的饮食中一种重要的佐料。饭菜淡了不好吃，而咸了味道也不好。那么饭的咸淡程度由谁来决定？具体地说，由哪一种指标、哪个状态、什么因素来决定？当我们吃过淡或过咸的食物，又重新吃咸淡可口的饭菜时，便会由衷地感受到与生命活性本征相协调时的特殊状态的感受，也就会由衷地体会到美食的可爱之处。

再比如，为什么我们喜欢甜味而不喜欢苦味的东西？甜，意味着能够提供更多的可以运用的能量，可以使我们表现出更强的发散与收敛有机协调的力量，可以使我们更加强大而具有更强的竞争力，使我们在更大范围内探索更恰当的行为模式。苦，则意味着我们需要付出更多的能量与之达成新的协调，这种能量的消耗将会限制身体其他方面竞争力的提升，会成为阻碍其获得更多竞争资源的因素，因此其便不能得到遗传的选择性强化。但其会以一种客观的外界作用使生命体记住这种因素的作用和生命体所产生的反应，也使之成为人的一种基本的本能模式。

---

① ［英］约翰·D.巴罗：《艺术宇宙》，徐彬译，湖南科学技术出版社2010年版，第2页。

第二节　美的生物学基础

"为了把握审美经验的源泉，有必要求助于处于人的水平之下的动物的生活。"① 杜威试图从生物进化的角度来描述美的基本起源。

生物的进化就是不断地与环境形成新的稳定适应的过程。我们不研究生命的本质，但需要将生命的本质作为美的基础。埃伦·迪萨纳亚克指出："进化论的一个公理是，个体有机体（人或其他动物）一般遵循它们认为是它们自己的利益的东西，即使它们在一般意义上可能常常并不知道这些利益是什么（正如猫狗来来去去忙于生存，满足它们的需要而并不'知道'自己在遵从一个总体目标）。这些利用可以简单地表述为：促进它们的遗传物质的生存。这是有机体选择按某种而不是另一种方式行动的终极原因或理由。"② 显然，美学家最不应该轻视的就是生物学家，尤其是应该将生物学的基本概念和原理作为美学研究的基本出发点。在《物种起源》中，我们可以看到达尔文花费很大篇幅在说明为什么自然选择不可能有完美无缺的结果。在我们理解迈尔（Meyer）指出"进化主义者长期称之为进化的折衷（妥协）被现代生态学家称作进化的最优化处理。每一种进化性进展都有其代价，自然选择决定这进展所增加的利益与所付出的代价究竟是否相称"③ 的结论时，我们会自然地构建出美的过程性特征和人所表现出来的对美的追求，从中体验出美对于人类进化的积极意义。

一　生命的本质与适应

对于生命体来讲，无论是协调、适应还是稳定，都很难解释和描述。我们在这里假设：生命体在新的外界环境作用下，能够通过形成新的稳

---

① ［美］杜威：《艺术即经验》，高建平译，商务印书馆 2005 年版，第 18 页。
② ［美］埃伦·迪萨纳亚克：《审美的人》，户晓辉译，商务印书馆 2005 年版，第 67 页。
③ 方舟子：《叩问生命：基因时代的争论》，天津教育出版社 2002 年版，第 165 页。

定的耗散结构，不断地适应着环境的作用。

（一）适应

研究表明，生物体具有非常强的适应外界环境的能力。当外界环境发生变化时，生物体将在各个层次上发生变化，以维持其正常的"活性"状态。适应是只有生物体才有的一种行为。人们最早对适应的研究就提出了负反馈思想，并将其有效地应用于工程领域，对促进人类社会的进步与发展产生了巨大的影响。自动控制理论就是，在理想过程（目标）的基础上，通过研究现实状态与目标状态的差异程度而求得反馈作用量，并通过反馈量再来校正具体的行为过程。这其实还只是简单的适应性行为。随着人们对控制过程的深入研究，人们开始更全面地探讨生物体的基本特征和规律。

适应是在新因素的作用下，生命体为了更好地应对复杂多变的外界刺激，自动调整自身结构的过程。埃里克·亚伯拉罕森（Eric Abrahason）和戴维·弗里德曼（David D. Friedman）更加明确地指出："混乱的一个好处——适应性。适应性：使得混乱的系统能够更快、更显著地以更多样的方式轻松切换。而整洁系统则更加严格，对于要求改变的呼声、突发事件和新情况都反应较慢。"[①]

拉尔夫·D. 斯泰西指出："复杂自适应系统由许多万分和行为主体组成，它们按照既定规则相互作用，反应彼此行动，改进自我行为，进而发送整个系统的行为。换言之，这种系统的运行方式包含学习。因为，学习系统运行于主要由其他学习系统构成的环境中，所以，从某种意义上说，复杂的自适应系统和其他系统构成共同演化的大系统，并在才学习中走向未来。"[②]

在复杂的自适应系统理论中，所谓适应是指具有"活性"的主体能够根据行为的效果修改自己的运动变化规则，以便更好地在各种复杂多样和不断变化的环境中能够更好生存。"适应，即环境控制的保障和保

---

① ［美］埃里克·亚伯拉罕森、戴维·弗里德曼：《完美的混乱》，韩晶译，中信出版社2008年版，第43页。

② ［英］拉尔夫·D. 斯泰西：《组织中的复杂性与创造性》，宋学锋等译，四川人民出版社2000年版，第9页。

持，是特定的生物进化和文化进化的定向性过程。不管在生物学上还是在超机体的领域内，适应过程具有两个特征：创造与保持。前者是一种结构和模式的进化，这种特定的结构和模式能使一种文化或一种有机体实现必要的调整以适应环境。后者则为一种稳定化趋势，即保持已两年适合的结构和模式。"① 具有适应能力的主体，会受到自身非线性力量的作用，在与外界环境的相互作用中表现出分化、涌现等种种复杂多变的演化过程，就是为了保证系统在新的环境因素作用下处于稳定的"活性"状态。因此，适应性的基础是它能够与环境以及其他主体发生相互作用，持续在这种相互作用的过程中，不断地"学习记忆"或"积累经验"，并根据学到的经验调整和改变自身的结构和行为方式。这种改变以是否能够最有效地表达生命的本质性力量为标准。在形成适应以后，由于它能够直接在已经形成记忆的结构中比较优化出应对之策，于是就可以更加迅速地对外界刺激形成反应。在适应过程中，生命体从量化的角度服从"用进废退"原则，这会在原来结构稳定的基础上产生与新的刺激相适应的组织器官。而原来的器官因为与相应的刺激相对应，也会随环境而发生改变。

（二）耗散结构与活动空间

耗散结构理论表明，生命体处于一种时刻变化的过程之中，耗散结构也稳定地保持在一定的变化区域内。稳定的耗散结构需要与外界环境相互作用。生命体的状态值与环境值之间的差异构成对生命体的刺激。维持耗散结构保持动态稳定的外界刺激称为正常刺激，而当外界环境发生变化形成对耗散结构的超常刺激时，将会促进耗散结构本身发生变化。这样，一定量值的外界刺激一方面保持耗散结构的内在稳定性，另一方面则使耗散结构通过改变自身状态而与环境进行协调，并将刺激控制在一定范围内。用单个物理量的角度来度量环境的变化时，耗散结构"活性"的变化意味着所形成的混沌区域的"中间点"将发生移动，这是适应的一种形式。而适应的另一种形式则是使其耗散结构的动态活性区域

---

① ［美］托马斯·哈定等：《文化与进化》，韩建军等译，浙江人民出版社1987年版，第37页。

变大。生物体是通过改变结构，并改变活动空间的大小来应对各种各样的刺激作用的。如果将其运动区域分为稳定空间与不稳定空间，那么不稳定空间越大，适应能力就越强。

（三）适应与复杂性

适应意味着在原来稳定的结构中添加新的结构、形成新的功能。新结构的出现主要是为了应对新的外界环境而构成新的应对之法。新结构的不断强化将会使某些组织不断地特化出来，成为一个独立的组织器官。这样，随着新器官的不断涌现，生物体会越来越复杂。生物体越复杂，则应对原外界刺激的固有结构就越多、越强，适应能力也就越强。因此，系统越复杂，其适应能力就应该越强。所谓"应该"指的是在整体结构的稳定力量的作用下，生命体所能保持的稳定区域的大小。在外界条件不再发生变化时，生物体的复杂性也会保持一定的程度而不再增加。比如说恐龙出于竞争和生存的需要而不断增加其身躯的体积，但当其达到一定程度时，会因自己的体重过重而使自己不能行走，同时也导致其身躯变得非常巨大而不再能适应其他迅速变化的外界环境。如果说外界环境保持相对稳定，"活性"区域就会发生变化，以前那些外部刺激越变越小时，生命体结构就会根据"用进废退"原则而稳定下来。

生命体适应环境变化的能力是有限的。在新的环境作用面前，如果生命体能够及时地改变自身的结构，寻找到恰当地表达其生命本能力量的结构，并稳定下来，那么，就意味着该物种能够适应新的环境。如果生命体在达到足够的物种稳定状态之前就已经灭绝，就意味着这个物种不能适应新的环境。约翰·D. 巴罗（John D Barrow）指出："生物体是一揽子习性的总和，其中一些习性有益，一些无益也无害，另一些则有害。决定某种生物生存的因素是其相比于生活于相同环境中的竞争者，其自身总体的适应性如何。"①

（四）新陈代谢

生命体通过不断地变革其活性本征的固有模式以形成新的结构，从而达成与环境的稳定适应，这种变革被称为新陈代谢。生命体的新陈代

---

① ［英］约翰·D. 巴罗：《艺术宇宙》，徐彬译，湖南科学技术出版社 2010 年版，第 28 页。

谢能力越强、变革的力度越大，越能迅速地根据环境的变化而形成新的应对结构和适应结构，其适应能力也就越强。在适应状态下，生命的活性本征中的发散与收敛的力量会形成一个新的恰当比值。保持生命结构本身的迅速变化能力也就成为提高其适应能力的重要方面。

（五）适应与包容性

当生命体对新的环境具有新的反应模式时，旧的反应模式并没有消失，生命体会在原来稳定结构的基础上通过增加新的结构和功能，从而达到新的稳定状态。此时，新结构和新的功能就会自然地包容在生命体对外界刺激的反应集合中。生命体结构越复杂，就越是能够适应更多复杂的环境因素的作用。

（六）适应与非线性

复杂性科学已经揭示，正是由于非线性，才形成了生命多样性现象。

由于非线性，再也不会出现越多越好或越少越好的局面，不再有线性的叠加原理，不再有系统的无影响的可分性，反倒会因为出现了"蝴蝶效应"而使过程变得更不具有确定性和可预测性。由于非线性项的出现，人们就不可能对系统对象实施精准控制，也不可能准确对未来进行预测。人们根本不能依据自己所掌握的忽略非线性因素的所谓规律以后，对系统的长期的发展做出准确预测。非线性的出现使得非线性难以确定性地计算。由于它不存在普适的解析方法或通解，而只能针对具体问题寻找个别的处理方法，所以获得成功的"解析解"就变得异常困难。

非线性又导致了在线性系统中不可能发生的丰富多样的行为。非线性还使得人们无法对系统内部的主次要因素进行划分，因为在不同的时期会有不同的主次因素，但这种主次因素的变换往往超出人们的想象而无法把握。

非线性表现出来的建构性使人们认识到，事物时刻处于发展变化的过程中，有些特点在没有经过与其他特点进一步的相互作用而使其特征突出出来时，就不可能对其进行筛选，也就不能将那些稳定的、突出特征确定下来，作为对象的描述特征。非线性使得人们只能完整地研究对象的一个过程，而不能根据人们所习惯的局部状态的描述以及局部状态的演化规律来确定事物的全部行为，因为对象在发展过程中随时会有新信息的产生。

生命的构建性、非线性、各向异性、非均匀性，使得其在面对复杂多变的外部世界、在适应复杂多变的客观环境的过程中形成了多种多样的形式、结构和功能。而它们彼此的多样性又通过相互协调、共生、补充等，组成一个完整而稳定的协调世界。在彼此相互依存的过程中，凭借自身的多样性而使其适应剧烈变化的客观世界的能力进一步增强。客观世界的复杂多变的现实，也使我们更加相信物种的多样性，相信解决问题的方法的多样性，进行创新的多样性探索。正如约翰·D. 巴罗指出的："这样，由很少几条对称的法则所控制的宇宙，就能生发出无穷无尽的复杂而不对称的状态。宇宙就是这样，它同时既简单又复杂。在寻求最终自然法则的粒子物理学家们看来，所有的一切都受到简单性和对称性的掌控。但是对于那些试图弄清楚自然的对称性法则所带来的非对称性结果，以及其混沌的多样性的科学家、经济学家或社会学家等，关注的焦点都是自然法则所带来的高度混乱的复杂性。"①

遗传算法在进化理论的基础上，主要揭示了生物进化的三种基本过程：变异、选择与遗传。生物体在外界环境发生变化时采取了在不同原则指导下的多种多样的变异方法。每一种变异分别在保持物种稳定性的基础上产生某种变化，而这种变化又通过非线性过程导致了个体之间相当大的差异。每一个个体在自然环境中生存时，会表现出不同的适应能力，这就形成了不同的生存优势和竞争力。生物适应优势在生殖竞争过程中表现得非常明显，生物界进化的过程非常明确地传达出了这样的信息：适应能力强者在生殖竞争中会表现出很强的竞争优势，其在生物进化上的反映就是适应优势在生殖遗传过程中具有生存优势。经过自然的选择、交叉过程，这种竞争优势就会在后继的群体中迅速传播。在进一步地得到生命活性力量中的扩展性进一步的增强时，就会形成优势遗传基因。这种生存优势经过生殖遗传，会表现出一定的对适应能力的选择与强化。经过生殖遗传过程，那些生存能力不强的个体的遗传能力相对较弱，那些生存能力强者的遗传能力也就相对较强，那么，只要这种生

---

① ［英］约翰·D. 巴罗：《艺术宇宙》，徐彬译，湖南科学技术出版社 2010 年版，第 45 页。

存能力之间的差异达到一定程度，生存能力强的基因就可以在群体内很快传播，从而形成具有这种生存能力的优势群体。

生物群体以其个体的不同差异而进行着群体生存的探索，通过个体的生命活性模式的基本展现，以个体的多样适应与判断，最终选择优势的群体，这是多样生存与优化选择的重点。由于受各种因素的制约，有可能出现另一种局面：在生命体适应能力达到一定程度时，得到有效遗传的并不是群体中最具生存优势的个体。因此，为提高其适应能力，就应该以小的步骤、小的代价、小的规模等方法快速地紧跟外界环境变化的步伐，试探性地适应复杂的外部世界，经过适应性选择而将适应优势进一步地扩大。这就是生物体适应外界环境的一种主流方式。

（七）适应与协调

适应强调了主体的主动性、目的性、内部建构和生存的动力。以生命的"活性"特征为基础，其任何方面、任何过程都会表现出"活性"的特征力量，并维持着各个层面的相互协调。"复杂性理论研究非线性网络的基本特征，特别是复杂的适应性机制的基本特征。复杂的适应系统由若干成分或因素组成，这些因素依照一定的规律发生作用，以检验彼此间的行为并对其做出反应，最终达到改善彼此间的行为和由它们构成的系统的行为的目的。换句话说，这样的系统是以一种学习的方式运行的。一种学习活动的开展是在其他学习活动的环境下进行的。它所带动的是所有学习活动共同变化而进入一个更高的系统之中。"[1] 在这里，"共同演化产生了无数能够完美地相互适应、并能适应于其生存环境的生物。在人类社会中，共同演化之舞产生了同样完美的经济与政治的相互依存之网，比如像同盟与竞争，以及供求关系等"[2]。

（八）变化与适应

适应是在表达混沌边缘的本质力量的过程中探索构建出本质力量恰当的表达结构，以适应环境的作用，这意味着生命体与外界环境之间形

---

① ［加拿大］迈克·富兰：《变革的力量》，中央教育科学研究所译，教育科学出版社2000年版，第202页。

② ［美］米歇尔·沃尔德罗普：《复杂——诞生于秩序与混沌边缘的科学》，陈玲译，生活·读书·新知三联书店1997年版，第363页。

成了稳定的相互作用的动力学系统。生命体如果适应就意味着达到了稳定协调状态。适应意味着对抗刺激，或者使刺激变小。此时，这种适应的模式力量使生命体更加适应外界环境作用的力量等不同层次的本能模式，会成为生命体适应外界环境的基本力量。

将多余的物质排出体外，化解矛盾、达到期望（需要得到满足）、克服缺点、创新取得成功等方式，都能够引导系统由不协调而达到稳定协调状态，都能够使人产生快乐的感受。

二　生命的活性本征

（一）本征的意义

生命的活性本征指的是生命体在受外界因素作用而达到稳定协调状态时，生命体适应了环境的作用以及生命系统所表现出来的固有的运动。生命体的非线性特征决定了生命体并不是以一种无生命状态对外界刺激形成反应，而是基于其生命的自组织、自主涌现等本质，表现出其特有的生命活性力量。生命系统在外界因素作用下的表现，应是系统本征性的运动与外界刺激作用时的综合表现。它通过系统与外界因素的相互作用而形成一个综合性的动力学稳定状态。当将生命体看作一个稳定的耗散结构时，会形成稳定的静态结构、稳定的动态运动和与其他事物稳定的相互作用，由此生命体会在整体上达成与环境的稳定协调。此时，我们将生命体在与外界环境达成协调时稳定的动态运动称为生命体的本征状态。

在一般意义上讲，本征往往具有如下意义：

第一，所谓本征是指事物在与外界环境处于稳定协调的基础上，消解外界因素的刺激作用时产生的动态运动模式。第二，在线性强迫振动系统中，本征是指与强迫振动系统自身有关的固有频率所对应的运动成分。第三，生命的活性本征是一个稳定的耗散结构的固有的模式表现。在弗洛伊德看来，本征就是一个人的"本我"。第四，无念的状态是一种活性本征自然的表现状态。此时，生命体既处于无任何念头、思想的状态下，同时大脑神经系统又处于一定范围、一定程度的兴奋状态，各种思想在意识的显示过程中处于同等水平、同等重要的状态，没有任何一种思想在这种"平均"状态中显得"鹤立鸡群"，各种信息兴奋的可能性都是一样的。

我们可以以无念的状态为基础，并从无念的状态出发，通过某些微小的控制模式的激发，而将这种反映生命活性的本征状态激发出来。此时，无念的状态与此种本征状态之间便会建立起关系，这可以使人体会到并表现出来。

在这里，人对无思无念的状态的追求是一个关键因素。人在追求这种无思无念的状态时，可以采取多种多样的方式。黑格尔提出的"无功利"性态度，就是其中的一个关键条件。我们需要在不追求任何想法的心理模式作用下去追求这种无念状态，并通过这种状态与在美的客观事物作用下的本征状态之间产生共性联系，使在美的事物作用下的本征状态得以激活和体验。

但使自己处于无念的状态只是其中的一个条件，我们还需要依据本征状态下心理模式之间的某些局部联系，在两者之间建立更大范围的关系，并通过差异而形成刺激。

（二）混沌边缘与动态的生命

第一，只有形成差异才能形成对耗散结构的刺激。这种差异指的是外界环境与生命的活性本征状态之间基于某个物理状态特征的不同所形成的一定的差异。这种刺激能够通过差异有效地促进和维持生命的活性本征状态的正常状态。

第二，复杂性动力学界定了一个介于有序与混沌之间很小区域的物质存在的一种"混沌边缘"状态，生命就处于这种区域中。由此，具有活性的生命在每一个状态，都能够不断地表现收敛与发散的独立力量并使收敛与发散有机结合。

第三，生命的活性本征是以差异化作为存在基础的，它表现生命的活性本征，同时也表现在收敛与发散的有机统一的过程中。表现差异是一种基本的模式特征，这就意味着，在正常的活性状态下，必定存在着多种可能的状态同时并存，而生命体处于哪一种状态，都是合理和可能的，至于具体到处于哪种状态，如何由一种状态向另一种状态变换，则由临界状态做出决定。这就要求外界事物与人生命的活性本征存在差异，以此而形成对人的审美系统的有效作用，生命体从而形成与某种活性本征模式的恰当协调。

（三）生命的活性本征

从唯象的层次来看：第一，生命的活性本征状态是一个具有一定区域的动态变化状态，每一个稳定状态都有一定大小的稳定区域，稳定是核心。第二，在每一个稳定区域，都存在非线性涨落，从而将系统引向与其他系统的不协调的作用状态。第三，基于非线性涨落，当生命体由不协调向协调的稳定状态转化并达到稳定协调状态时，即达成一种特殊的状态。后面我们将看到，这种状态就是美的状态。第四，这种由不协调到协调状态的转化也会成为一种稳定的模式，与此相应地，由稳定状态向不协调状态转化也会成为一种稳定的模式。第五，原来的刺激会促使生命体维持原来的稳定状态，而在生命体偏离原来的稳定状态时，原来的稳定状态和由此对应的生命的活性本征力量，也会有效地驱动生命体回复到原来稳定的协调状态。但当刺激冲量过大时，生命体将会形成与环境的新的稳定协调状态。第六，新的刺激促使生命体形成新的稳定协调状态，因此，也就有可能形成新的美的状态。第七，生命体的多稳定性特征和记忆特征保证生命体具有多种由不协调到达协调状态的模式，生命体能够记忆多种不同的稳定协调状态，这使生命体能够将诸多不同的稳定协调状态同时显示出来，并进一步地通过自组织而产生更为复杂的关系结构。第八，记忆信息意味着形成了一种稳定状态，意味着生命体在受到相关刺激时，会将与记忆有关的所有模式激活，以表达原来的意义（也意味着重新回复到原来的稳定协调状态），并保持一定时间、一定强度的稳定性兴奋。经验记忆在这里能够作为一种稳定状态的吸引子而起到稳定的作用力量。

适应新环境的过程是复杂的。生命体在形成与当前环境的稳定关系以后，会形成一个稳定的区域，生命体的状态处于该稳定区域时，都意味着与环境相协调。从进化论的观点来看，生命体通过各种各样的变化而形成多样性的个体，凭借每个个体不同的适应能力，对其结构、基因进行选择。在资源有限的情况下，那些能够生存下来的个体意味着取得了竞争优势并被自然所选择，相应地，保证其获得竞争优势的基因便会通过遗传而得到保存，并随着生命活性的变异而有机会得到进一步强化。

（四）生命的耗散结构特性决定了与生命的本征状态更加协调并成为生命的追求

在刺激模式稳定以后，生命体形成了与刺激的稳定协调关系，那么就可以通过激发刺激模式而更好地表现生命的活性本征。

1. 刺激与本征结构的关系

原来的刺激整体会使生命体表现出稳定的适应性反应。在这种状态中，生命会以一种稳定的本征模式表征着与外界刺激形成的协调状态。此时，在外界环境与生命体表征活性本征之间会形成稳定的对应关系。如果维持这种状态不变，即便外界刺激因素消失，生命体也仍会以其高度自主的状态兴奋着，其所表征的，就是生命体在外界刺激作用时的本征状态。只不过，在无外界环境存在时，这种自主涌现而兴奋的状态将很容易受到其他因素的影响而降低，同时还会由于心理模式兴奋所表现出来的记忆与遗忘的影响而降低。

2. 表达活性的本征模式

稳定协调状态与其他状态是不同的。我们已经讨论了生命体处于稳定协调状态时的特征和优势，指出了当生命处于与外界环境的稳定协调状态时，能够取得更大的竞争优势，生命体便会以这种稳定的状态为基础而更加有力地表达生命的活性本征力量。生命体中的非线性的力量将可能使这种表达得到非线性的叠加，从而使生命体达到与环境的协调状态。在这种稳定的协调状态下，生命体的生理结构、生命活动和人的大脑活动都具有某种稳定性的特征。形成了这种稳定的协调关系，就意味着生命体适应了环境的作用。此时，当生命体以恰当的生命活性运动时，生命体在维持正常活动的基础上，所消耗的能量会最小，发挥作用的力量最大——生命本能力量的表达最为有效。

生命体正是通过最有力和最有效率地表达生命的活性本征，从而达到协调稳定状态，来适应外界环境的变化的。"达尔文意识到环境的构成极为复杂，包括各种各样的影响因素，这些奇怪的变化没有理由会和生物体内的变化有什么联系。他认识到，当环境发生变化，其结果只是某些生物能够适应新的环境，别的则不能，适应者就生存下来，并将使其生存的特性传给后代；不适应的则会灭绝。这样，那些帮助生存的特性就能遗传下去，并被优先传递。这一过程叫做'自然选择'。"①

在人的大脑中，信息会在生命活性的变换之下产生足够大的变异，这些变异后的差异化信息的集合同样符合人的生命本性的基本要求。但当这种变异过大时，就会对人的生命活性产生巨大的影响，导致生命体偏离生命活性的协调稳定状态，即意味着人的生命心智状态处于不协调状态。这一方面是稳定的耗散结构状态自然的动态表现；另一方面则会在超出生命体所承受的区域时，形成足够的"刺激冲量"，促使生命体形成新的稳定的耗散结构。

夏夫兹伯里（Shaftesbury）认识到："没有事物真的比秩序和比例的观念或感觉更强烈地印于我们的心灵，或更紧密地与我们的灵魂交织在一起。"② 这种观点说明了美是具有某种特征的事物与我们的活性本征更加协调时的感受。我们说生命体与外界环境达到更加协调的程度，是指其存在比较物时，在经过对比以后人们所产生的特殊的感受。当没有了比较物，只此一物时，人们会根据此物与人生命活性本征状态的关系而同样赋予该事物以美的感受。

在人们将注意力集中到那具有"秩序和比例"的客观事物上时，便能够认识到，正是由于客观事物所具有的这些特征，才能够使人通过同构共振的方式保证客观事物与我们生命的活性本征更加协调。显然，这种协调的极限即整体同步。这就意味着，"秩序和比例"将在一定程度上表征生命的活性本征。

3. 是向哪个状态"回归"？

在这里存在两个过程，一个过程是，外界因素作用到生命体上，使生命体达成了对环境的适应状态，这相当于生命体与外界环境形成了协调关系。这种受到外界因素的作用而形成的稳定的心理表现，在艺术创作时，却不受外界因素的影响，而只表征在人的内心涌现出来的生命的

---

① ［英］约翰·D. 巴罗：《艺术宇宙》，徐彬译，湖南科学技术出版社 2010 年版，第 24 页。

② ［美］彼德·基维主编：《美学指南》，彭锋等译，南京大学出版社 2008 年版，第 17—18 页。

本征性模式。另一个过程是，由于新的因素的出现，或者说由于生命体内部非线性涨落所导致的生命状态的变化，超出了与外界协调时所形成的运动状态而产生了不协调，但由于某种因素的作用，生命的运动状态又重新回复到原来所形成的本征状态，这表达了生命体由不协调向协调状态的转化。无论生命体处于哪种状态，都将回归协调的稳定点。而具体到它会向哪个稳定状态回归，则要取决于外界环境的刺激作用力的大小和方向了。

（五）本征的变化

生命体无论处在何种状态下，都是生命活性基本力量表现的结果。因此，在协调状态下的生命活性模式，也成为生命的活性本征模式的重要部分。我们就将这种本征称为生命本征。这里我们特别指出的是，生命的基本力量包括收敛、发散以及收敛与发散的相互牵制力量都具有生命活性本征的意义。

第一，生命的活性本征是生命体在不受外界作用时自主涌现出来的。

第二，在新的外界因素刺激作用下，生命体会对其发生适应性变化，在稳定状态下形成与刺激因素相对应的协调本征运动。

第三，形成稳定反应以后，除去生命体在短时间的外界刺激（不足以使系统进入另一个新的稳定状态）表现出来的运动模式，即与外界刺激相对应的协调性本征。此时，生命的活性本征力量会自主地涌现出来，形成与外界作用刺激共同作用下的自组织动力学过程。

第四，这种状态将随着外界环境的变化，通过形成新的稳定状态的方式而形成。不同的外界环境会形成不同的刺激作用，由此就会形成不同的外界环境与生命体以相互作用的形式综合在一起的新的动力学系统。虽然在本质上生命的活性本征保持不变，但由于生命体与具体的环境相结合而具有了特殊性的表达形式。生命体在新的环境作用下最终达成的与外界环境的稳定协调关系也会变化，也就由此形成了生命系统在活性本征的基础上与外界环境有机结合产生的特有的协调性本征。稳定协调性本征所表达的就是这种稳定结合的状态。

第五，不同的生命体的活性本征状态将在更高的系统中通过与外部环境刺激的相互作用将其共性本征模式构建、突显出来。由于生命活性存在自主涌现的特征力量，它不会出现与"外界激振"相同的本征模式的情况。虽然生命的活性本征能够与具体情况相结合而形成协调性本征，但随着各种具体情况的出现及在记忆中将其通过联想的方式再现，它们彼此之间的相互作用会通过共性相干使作为共同基础的活性本征得到放大，并在这种放大过程中突出地表达出活性本征模式。

生命体在达到与外界的稳定协调时，所表现出来的状态称为"协调本征"，而将基于生命本质的本征表现，称为活性本征。生命体与环境达成稳定协调时的本征模式则是一种后继型本征，它只在这种协调状态下才稳定地表达出来，而在这种表达过程中，必然地包含着生命活性本征的基本力量。

与不同环境分别形成稳定对应关系的不同的协调本征模式，会在生命体中建立特有的激活关系以形成新的自组织模式和力量，通过共性相干，可以将不同的稳定协调模式中的共性模式突显出来，由此将不同的具体本征组织起来。

（六）活性本征的自主涌现

生物学原理指出，任何稳定的耗散结构都具有足够的自主性。任何稳定的模式都会一定程度地自主涌现在生命体活动的任何一个过程中。达尔文已经注意到，人的大脑进化后大脑自主性的自由发展与其他各种本能发展变化之间还存在一定的相互影响。"在自由理智的发展与本能的发展之间，存在着一定分量的相互干扰——而这种干扰在后来势必牵涉到脑子方面的某些遗传的变化。"[①]

生命体适应外界环境作用的过程，就是生命的活性本征不断表现，以寻找构建更为恰当的表达方式的过程。生命的活性本征状态是生命体与外界环境形成稳定协调时的运动状态，但这种状态在其他情景中仍然可以通过"同化＋局部差异"的方式发挥相应的作用。

（七）本我与活性本征

生命的活性本征在人的意识中的表现就形成"本我"：在不受到任何因素的作用时生命的本来状态。既然我们所表达的是生命的"本我"，而

---

① ［英］达尔文：《人类的由来》，潘光旦等译，商务印书馆 1983 年版，第 97 页。

生命体对"本我"的表现是无法知觉的，那么，我们又如何才能从中体会到"本我"的特殊意义？

我们来看一些禅宗故事：问和尚修道，还用功否？师曰用功。曰如何用功？师曰饥来吃饭，困来即眠。曰一切人总如是，同师用功否？师曰不同。曰何不同？师曰，他吃饭时不肯吃饭，百种需索，睡时不肯睡，千般计较。（《景德传灯录》卷六）

师去祖云：某甲有个会处。祖云，作么生？师云，说似一物即不中……。（《古尊宿语录·卷一》）

问如何是第一义？师曰，我向尔道是第二义。（《五灯会元卷十·法眼·文益禅师》）

这些禅宗故事说明了，通过具体的实践所形成的"悟"是具体的，又是抽象的。尤其是只有人与物之间形成共振，你才可以去理解其他事物。

日本著名近代禅学大师铃木大拙在分析东方与西方在思维方式上的差异时指出："西方的心灵是：分析的、分辨的、分别的、归纳的、个体化的、智化的、客观的、科学的、普遍化的、体系的、非人性的、合法化的、组织化的、应用权力的、自我中心的、倾向于把自己的意志加在他人他物身上等等。与这些西方的特点相对，东方的特点即可以述之如下：综合的、整体化的、合一的、不区分的、演绎的、非体系的、独断的、直观的（或者宁可说是情意的）非推论的、主观的、精神上个体化的，而社会上则是群体心理的等等。""在对于事物的研究上，科学的方法从所谓的客观观点来看一个物体（对象）。譬如说，设如这桌子上的一朵花是科学研究的对象。科学家们会把它施诸各种各类的分析，植物学的、化学的、物理学的，等等；并把他们从各自研究角度，所得关于花的知识告诉我们，并且说，对于花的研究已经尽了，不再有其他事物可述——除非是在其他研究中，偶然还有新的发现。"但是，"禅的趋近法，是直接进入物体本身，而可以说是从它里边来看它。去认知这朵花乃是变成这朵花，去做这朵花，如这朵花一般开放，去享受阳光以及雨泽。当我这样做，花就对我说话，而我知道了它所有的秘密，它所有的喜悦，所有的痛苦；这就是说，我知道了在它之内所脉动着的全部生命"①。

从认知的角度来看，我们所认知的外界客观事物都与其他事物发生相互作用，这种相互作用的表象在大脑中也是通过相互作用才形成反应的。因此，这些表象所反映的并不是事物本身的特征，而是事物之间的关系特征。无论是我们所看到的声、光、电，还是通过化学检验所得到的事物的特征，或者是通过科学仪器测量到的结果，都是事物间相互作用的结果。当我们测量一个对象时，就是与该对象相互作用，而当我们通过测量仪器对其进行测量时，也就必然因产生了与它们的相互作用而改变了其本身的运动状态，我们把这种相互作用的结果当作了事物本身的运动状态。显然，它们不是一回事。那么，如何才能认知到事物本身的运动状态呢？显然，禅的认知方式对我们很有启发。

叔本华强调观照的力量和意义："在观照（contemplation）中，一个人忘却了他自身。通过观照，他只知道有一个人在观照，但他不知道他是谁。换句话说，他只是在认识客体的程度上认识自身，他因此升华为一个纯粹认识主体，而不是意志主体。"② 因此，所谓"观我之时，又自有我在"中包含的两个"我"是两个不同的主体，被观的"我"是已经完整地表达出来的意志主体，而"自有我在"的"我"是"纯粹认识主体"。按照哥德尔定理：任何一个完善的逻辑体系都有若干不能经过证明的基本假设——的结论，当我们观照自身时，所观察的仅仅是各种行为已经进行结束时的"我"，在观照"我"的同时，是不可能对"我"实施控制与变换的。也就是说，叔本华所讲的观照就是力图在审美时达到"忘我"的状态，"我"在此时的所思所想（欲望、期望、想象等）都不能够出现在先前的审美过程中，而只有我忘记当前的"我"独特状态下的特殊意义，不使"我"受到我思维的影响时，才能真正地把握"我"在此时的生命的活性本征，并努力地追求与之在更大程度上的相协调。

在佛学中存在着简单的出世和入世以后再出世的区别。同样是出世，

①　［日］铃木大拙、［美］佛洛姆：《禅与心理分析》，孟祥森译，中国民间文艺出版社1986年版，第23，31、32页。

②　转罗钢：《七宝楼台，拆碎不成片断》，《中国现代文学研究丛刊》2006年第2期。

但前者的出世与后者的出世已经有了本质的不同。按照弗洛伊德（Sigmuncl Freucl）的本我、自我和超我理论，人们更愿意看到的是经过社会道德与价值标准以及人在各种社会行为中所极力美化以后的生命的本性表现，这种表现与没有受到任何影响的单纯的人的"本我"是有着巨大的区别的。在自我控制之下的"本我"，与刚出生婴儿的"本我"也是有着本质区别的。

克罗齐（Benedetto Croce）所谓的直觉正是一种赋形式于本无形式之中的物质的"心灵综合作用"，与通常的对物质的理解不同，克罗齐的"物质"是指人在实践活动中产生的快感、痛感和喜怒哀乐等情感。在克罗齐的理论中，物质、印象、情感都是同义的，只有经过直觉的综合作用，情感才通过意象而获得艺术的表达形式，而这种形式自然地给人带来美感。这就是克罗齐那个著名的等式，"直觉即抒情的表现"。从另一个角度讲，克罗齐认为，人在艺术中表现出来的应该是人在面对客观事物时所形成的直觉。这种直觉是经历过完整的美的激发与教育之后才形成的，它能够让人在一定时间产生对美的本质追求的力量，也就是说在经历了美学教育、经历了丰富的社会生活以后，人的生命本性能够得到稳定地固化和张扬，人便会更加自然、自如、自觉地表现这种本征意义的状态，展现出对美的努力追求。

人会基于不同的条件而建立不同信息之间的关系。在物质条件极度不发达时期，曾提出"原始共产主义"的说法，而经过了物质条件极度发达、完善后的共产主义与原始共产主义已经有了巨大的不同。同样是共产主义，两者由于在其物质基础支撑方面的本质的区别，在所能达到的以关系为基础的层次上就有了很大的不同。

伴随着人的成长人的心智不断地接受各种信息并将其记忆下来，从而在遇到其他信息时能够受到激发而构建出更加多样的信息活性兴奋系统。在人的心智中，生命的活性本征会自然地在其一切的行为中发挥出足够的作用。从复杂性理论的角度来看，人的心智具有典型的混沌性特征。混沌动力学已经揭示，混沌不是无序的随机状态，所以混沌不是偶然的、个别的事件，而是普遍存在于宇宙之间各种各样的宏观及微观系统中的。万事万物，莫不混沌。即使是自然界常见的混沌现象，在一定程度上生命体也是可以对其控制和与其实现同步共振的。① 不同的混沌系统之间可以通过逐步地增加共性特征而达到一定程度上的和谐共振，其中的关键问题就变成人是否具有对其自身状态感知的能力。

在控制混沌的实现时，最大限度地利用混沌的特性，对于确定控制目标和选取控制方法非常关键。综观混沌理论发展的历史可以发现，起初人们认为混沌是不可控的，直到 1990 年 OGY 方法的提出才彻底改变了这种观点。OGY 控制法是一种参数微扰控制方法，它利用混沌运动对很小参数扰动的敏感性，通过选择一个易调节的参数进行微小变化，将混沌吸引子中无穷多个不稳定周期轨道中所需要的周期轨道稳定住，使系统进入需要的周期状态，进而达到控制混沌的目的。②

（八）人的本征状态与外界刺激作用下的本征表现

人的生命的活性本征与协调性本征虽然存在很大的差异，但它们却内在地联系在一起。协调性本征以生命的活性本征表达为基础，虽然表征的是在与外界环境稳定协调时，短时间内去掉外界刺激时的本征，但它却包含了外界环境的刺激因素。

1. 生命的活性本征会依据该模式的自主性而展现出来

在这里，虽然人们追求的是没有外界刺激存在时的本征状态，但是在外界刺激持续作用时，活性本征的自主表达，最终会形成一个稳定的综合性的动力学系统。

2. 生命的活性本征会不断地适应着环境的变化

随着人的知识的不断积累，人的协调性本征也将随之会发生相应的变化。正如禅学中的："学禅之前，看山是山，看水是水；学禅但未领悟之前，看山不是山，看水不是水；领悟以后，则又看山是山，看水是水了。"③

3. 实际本征状态

生命体在与外界环境达成稳定协调的过程中，生命的活性本征会固

---

① 王光瑞、于熙龄、陈式刚编著：《混沌的控制 \ 同步与利用》，国防工业出版社 2001 年版，第 570—572 页。

② 同上书，第 7—16 页。

③ ［日］铃木大拙：《禅与生活》，刘大悲译，光明日报出版社 1988 年版，第 11 页。

有地表达其本征的力量，在达成与外界环境之间的稳定协调关系时，形成的稳定状态则是活性本征和协调性本征有机结合的综合性表现。虽然我们可以独立地体会到各个不同的活性本征模式的意义和作用，但不能通过诸多活性本征的"线性叠加"而表达其综合性的意义。这就需要我们建立一个新的动力学系统，专门构建其处于稳定状态下的特殊意义。

（1）基于具体而超越具体

生命体总是基于现实并超越现实，与现实环境在相互作用过程中达到稳定协调。生命体在基于具体情景而形成不同的活性本征模式时，会进一步地将其联系成为一个综合性动力学系统，通过相互作用所形成的相干而将其共性模式突显出来。生命体以共性模式为基础，通过与具体情况中的特殊特征建立起稳定联系，即可形成既有共性表达又有个性特征的有机综合体。

（2）基于抽象并超越抽象

各种不同的环境因素相互作用，在它们达到稳定状态时，会促使生命体形成与环境相对应的本征状态。生命体并不满足于形成与单一的因素状况一一对应的模式，而是在某一个模式的基础上，基于外界环境的变化，在原来稳定模式的基础上稍做变化，形成以稳定性的模式为基础，以变化性模式为特殊识别的应对模式。这种具有稳定、不变的模式，是在各种具体环境因素作用于生命体后所形成的一种概括抽象性的共性模式。生命体在受到多种具体情景作用时，受到差异化信息的影响，人们能够以相对较高的兴奋度将这种性质的信息展现出来，使人在更大程度上体验到抽象性的共性美。

（3）形成综合反应状态

生命体形成本征的综合反应，是将具体本征与生命的活性本征有机结合的结果。生命体除了反映与各种具体情景相结合的共性相干的活性本征以外，还存在另一个更为复杂的综合过程。在这里，生命体并不是只保证一种活性本征与之达成稳定协调，而是在使各种活性本征都表达出一定的力量、发挥一定的作用的情况下，通过协调彼此之间的关系，形成具有一定兴奋度的本征之间在外界环境作用下所形成的"综合模式"，这种模式在更大程度上进入了美的状态。

4. 活性本征的差异

当我们在外界环境作用下形成了稳定的刺激反应以后，人的本征表现也会与以往有所不同。这种本征表现将会与外界刺激一起而形成新的状态。这种新的状态会在失去了外界刺激而发生稍微的变化时，人仍然可以利用这种变化而突显强化生命活性本征状态的特殊意义，从而能够有效地体验这种状态的特殊性。

（九）对本征状态的感受

在活性本征状态下，生命体既感受不到其所受到的环境的作用，也感受不到自身运动时的特殊性。乔治·桑塔耶纳（George Santayana）用"心灵的安静"来表达人对这种状态的无感觉性特征。[①] 显然，这种安静并不是死寂，而是生命活性状态下维持其本身的耗散结构的固有特征。在人的身上，可以对本征状态产生奇妙的体验。我们可以通过简单的共振模型及其行为特征来寻找对美的状态的体验。

我们知道，对于一个无阻尼的强迫振动动力系统，其动力学特征可以描述为：

$$\ddot{x} + \omega^2 x = F\cos\Omega t \qquad (2-1)$$

这里，ω 为受迫振动系统的固有频率，而 Ω 则为外界激振力的频率。为求该方程的稳态解，令解为：

$$x = A\cos\Omega t \qquad (2-2)$$

将其代入方程，可以求得：

$$x = \frac{F}{(\omega^2 - \Omega^2)}\cos\Omega t \qquad (2-3)$$

由此可以看出，一个强迫振动系统在外界激振力的作用下，将与外界激振力同频稳定地运动着。当系统的固有频率与外界激振力的频率相同时，将使受迫系统的振幅无限地增加而达到无穷大。动力过程的求解非常简单，但可以给我们带来重要的启示。

启示一：由于共振对结果所产生的急剧放大，会由此而产生巨大的变化性行为，这种巨大的变化性行为将从内部对环境的反馈而促使系统

---

① ［美］乔治·桑塔耶纳：《美感》，杨向荣译，人民出版社 2013 年版，第 26 页。

本身发生变革。同时也可以看出如果不是因为外界环境产生了对强迫振动系统的相应刺激，系统也不会对其行为进行放大。

事物本身的状态与事物同外界事物发生相互作用时表现出来的特征并不相同。因此，如果说要感知被认识对象的本身的运动状态，最好就是在与对象达到协调同步时，通过在协调状态下自身的运动而去认识对方。

启示二：我们在与外部世界的相互作用过程中，外部世界是作为激振源而存在，而我们则是处于被动地位。我们对外界客观世界的认识，是外界对我们作用的结果，同时这种认识也是主体与客体彼此相互作用的结果。

启示三：我们对知识的学习与理解在很大程度上表现为相互之间的共振协调。因此，学习就是要使在大脑中所记忆的信息与外界信息相协调（达到共振，或者说具有相同或相似的格式塔）。而所谓理解，应该是彼此共振时的体验。

启示四：共振的基础是共振双方产生相同的频率，这种现象的形成标明了共性过程存在的意义。任何一个受迫振动系统在受到外界事物的刺激时，会形成与激振源同频运动的情况。这种同频运动从另一个角度来看，就是步调一致。在达到同步运动时，可以根据该对象同其他所有事物的相互作用中的表现特征来正确认识该事物的本质。

人能够通过反馈在好奇心的作用下感知到差异性刺激，人也能够通过反思体验人的自主性的力量。人具有"设身处地"地为对方着想的能力。因此，在人的身上主客体之间共性特征越来越多时，便可以在某个程度时达到共振。即使在一个复杂的混沌动力学系统中，也可以在局部范围内产生共振的过程，然后人通过自身的反思与体验，认识到另一个系统（即使是自身）的独特性质。

当不同的两个人保持尽可能多的相同的局部模式特征时，便可以使其在一定程度上建立起更高层次的协调"共振"，由此就可以根据双方和谐共振状态下的自我觉知而准确把握对方的特征。共振模型带给我们的启示就是：只有当两者的共振达到同步时，一方才可以通过体会自身的运动而了解另一方的状态。也就是说，只有达到与"本我"在更大程度上的和谐共振，才能根据此时的"我"而意识到"本我"的特殊意义。

从另一个角度讲，我们也可以通过与刺激模式的相同关系，依据生命体由不协调达到协调状态的过程模式，有效地进入对"本我"的认识体验状态。两种方式的不同，就是由大脑神经子系统的耗散结构特征所决定的刺激。根据耗散结构理论，在一个稳定的耗散结构体系中，只有不断地与外界环境之间进行物质、能量的信息的交换才能维持其存在。这就意味着：第一，该系统必须与其他系统不断地进行物质、能量、信息层面的相互作用才能稳定地维持自身存在。第二，既然是两者之间的相互作用，就会表现出它们之间的差异性。外界所提供的状态与生命活性状态之间存在差异时，外界对生命活性状态的作用才能表现出来，也就意味着生命系统才能在外界环境作用下形成新的稳定的动力学系统。第三，这种状态是通过生命的活性本征运动与外界刺激所形成的综合性动力学系统来具体表征的。这个新的动力学系统包括了外界信息模式在大脑中的反映性特征，但这也绝不只是外界信息在大脑中的简单反应。

（十）实际本征模式的过程性特征

生命的活性本征是一个由多个模式组成的复杂性系统，生命体达成与外界环境稳定协调的过程，就是在不断地探索各种不同的活性本征模式发挥何种作用的过程。

生命活性系统中的共性相干，会将其他不被注意的活性本征特征突显出来并使其成为主要特征。因此，共性相干所形成并固化出来的生命本征的基本模式，也成为生命的活性本征模式中的过程性的特征。

1. 生命活性模式的表现

生命模式一直处于动态的运动过程中，是不断地表现生命的活性本征的过程，它通过构建活性本征的恰当表达方式而形成与外部环境的有机协调。我们将生命活性本征力量的表现归结为两个方面的变换：收敛与发散。这两种操作的相互制约、相互协调的力量，也会成为生命活性的本征模式。也就是说，收敛与发散的本征模式彼此之间的相互作用，也成为促进系统形成新的动力学系统的基本力量。这种性质的力量自然会在恰当的时机成为决定审美效果的核心力量。

2. 体验自主涌现的活性本征的意义

生命体内任何一个稳定的模式都可以自主地表达生命的活性本征，

展现出以一定的概率自主涌现的力量。而与实际过程相结合涌现出来的生命本征模式，无论是单个活性本征的兴奋度，还是本征分布，都会受到环境因素的影响。虽然它是一个涌现出来的活性本征与具体情况综合在一起的整体反应，但对于习惯内省的人来讲，他会更加关注内在涌现性特征。

人们可以依靠生命本征状态的自涌现而使人体验、表征这种状态。人在这种本征状态的吸引下会形成稳定的心态，会产生足够高的兴奋程度，一方面会将该模式独立特化出来；另一方面也会表现出其稳定的自主性。此时，我们可以通过该模式所具有的足够强的稳定性，而采取涌现的方式将其表现出来。这种处于兴奋状态的模式与当前的其他模式相比便会有很大的差异，人们自然会依据不同心理状态之间的差异而将其表现出来。

当一个活性本征模式自主涌现在一个过程中时，在生命体与环境达成稳定协调关系时，这种活性本征模式会与具体情景相结合而表现出自身特殊的力量，通过自主涌现而变化成为新的力量，与其他信息建立起复杂的联系网络，并通过其形成的美感而赋予本征模式特殊的意义。

在无其他因素干扰时，本征状态的自主涌现可以被处于无念状态时的我们体会到，本征状态与其他状态的差异所产生的刺激，也可以通过我们的好奇心而体验到本征的独立性。

3. 自组织特征

若干被激活的局部特征性信息，并不是杂乱无章地处于无组织状态之中，这些信息在被激活的同时，就会被生命系统组织起来。生命系统在外界环境作用下，将活性本征与外界环境作用一起形成一个新的动力学系统，这本身就是在表现其自组织的特征。无论是激发以往已经形成的联系，还是依据生命的共性表现，大脑神经系统先是使不同的信息处于激活状态，然后在将其组成一个泛集时，通过与其他事物的相互作用而将相应的泛集元素确定下来，并由此组成一个确定性的意义。

4. 将这种共性特征采取相干激活的方式激发出来

通过达成共振的方式可以使对差异感知和自反馈能力很强的人体会到生命的活性本征的特殊意义。这种能力只有在大脑神经系统高度发达的人的身上才可以得到表现。其内在的原因可能是：大脑神经系统可能使其具有足够强的独立稳定性，能够极其迅速地构建出一个个独立的信息模式；大脑具有多种性质不同的信息加工区域，也具有差异感知神经元所形成的好奇心。好奇心将这种差异通过与其他模式建立联系的方式而使差异性特征得到强化表现。大脑神经依据不同意义符号系统之间的共性联系的力量，将这种表征不同意义系统之间共性的模式更加突出地表现出来，从而使人在当前状态下更加突出地体会到这种生命活性本征运动状态的特殊性。

5. 生命系统以一种主要模式的高兴奋表现与其他系统不相协调

当人出现这种不协调状态时，便会将两种模式的不同状态之间的差异表现出来。人会体会到两种模式的不同状态的差异，并由此而形成新的心理反应。在第三种状态形成以后，这种反映人的生命活性本征的运动状态就会使人产生特殊的感受，于是人们会追求这种表征生命活性的状态，并将其有效地表征出来，这就是美的外在表现。这将引起人更大的注意力，也会对其他神经系统产生巨大的作用。

（十一）无为与生命活性本征的体验

从历史的角度看，尤其是宗教的兴起使我们很早对本征状态就有了描述：无为、无念。无念是指在心智成熟的基础上，当人处于清醒状态时，心里没有产生任何信息模式的差异化兴奋，只有人的心智处于纯生命活性本征的自主涌现的活性状态。无念在很大程度上表征了意识状态中的活性本征。虽然两者有很大的差异，但我们仍然可以建立无念状态与本征状态之间的关系，通过彼此的差异体会到与外界刺激相对应的本征状态的特征。

我们的心智在外界环境作用下形成了稳定的反应并构成了新的动力学系统。在心智稳定以后，人的本征状态也就稳定下来。此时，在我们主动地使自己处于"无念"状态时，活性本征状态与"无念"这两种状态之间便会通过差异而形成相互作用，这种作用将在其他的神经系统中表征出来。人会在意识层面的更高层次的控制心理作用下，主动地去追求这种无思无念的状态，并在某些潜意识激发下，在两种状态之间建立起关系，使人能够依据两种状态之间的差异而将其状态的特殊意义表达出来。

当人达成与外界环境的稳定协调状态时，就适应了外界环境的作用，由于生命体内各子系统之间达到了稳定协调状态，所以彼此之间也就达成了相互适应。虽然它们各自以自己的本征模式运动着，但彼此之间却不再是促进生命体发生变化的内在力量。这种形式的刺激不再作为一种刺激模式而在其相应的神经系统中表征出来，生命此时处于对这种刺激的无感知状态，相当于进入一种无为、无知无觉的状态之中。

无为并不是真正意义上的"无物"，而是在"有为"基础上的"无为"。也就是说，存在"有"，却无法感知。无为是基于具体表现之上的"空无一物"，尤其是在生命体受到外界新的环境作用时，达到了稳定状态以后的适应的结果。通过以后的研究我们就可以看到，这种稳定状态实际上就是人处于美的状态。

1. 无为是对生命活性本征的完整表现

人们总是认为，刚出生的婴儿所表现出来的状态就是"空"，此时虽然大脑发育出足够多的大脑神经元，但它却是没有存储任何稳定的特定信息模式的绝对"白板"。这正是最原始的"无为"，尤其是生命的活性本征处于没有受到任何干扰和影响、没有产生任何变化时的所谓"干净"的本征状态。各种活性本征的兴奋程度处于稳定和谐的状态，如果我们能够体验到这种状态，并有意识地使自己处于这种状态，我们将会把它与平时的其他状态形成对照而直接体验到这种无为的状态特征，并通过这种状态与其他状态的差异而使该状态得以稳定表现。

2. 无念作为一种追求的态势和力量

在将大量的信息记忆在大脑中后，人们有可能会去追求更高程度上的无为、在事物变化的所有方面都去追求无为，去追求更加本质的无为——生命的活性本征，形成对这种无念状态的无念的力量追求，最后甚至是连这种对无念状态的追求也不去追求。人们现对这种无为状态的追求过程中，认定了其就是在追求这种无为的无思无念状态，就是在表达那种脱离了具体情况的更为本质和纯洁的生命的活性本征。

3. 无为是由不协调而达到协调后的稳定感受

生命体由不协调而达到稳定的协调状态，使生命体稳定地表达其所生成的新的活性本征。此时，人对是否处于这种状态是没有任何感知的，进入无为的状态就相当于进入了与环境的稳定协调状态，意味着在表征生命的活性本征。因此，无为即美。从这个角度讲，表达某个特征指标下的无为状态，表达使某个生命本征得到表现的客观事物，这本身就是在表达美的状态。此时能够引导人进入这种状态的作品就被认为是能够表达美的艺术品。

三　进入协调状态

我们以生命体"适应"环境的模式作为研究的基本出发点。

生命体通过表达生命的基本力量，通过构建生命体相应的特殊结构和特殊的运动状态而达成与环境的稳定协调，从而使人活性本征的力量达到最佳的作用效果。"事实的确表明，生物似乎是根据其生存的环境量身定做的。这令自然神学家相信，存在某种形式的神性指导着生物世界的运行，且在设计生物时使其本能达到最佳的效果。"①

考夫曼（Kauffman）的研究表明，"当包含多个子系统且各子系统之间的联系较为松散并都能达到最优化的工作状态时，系统的进化速度会更快；反之，当各子系统的发展相互影响且整个系统是由共同进化力量所推动时，系统的进化速度相对较慢"②。

（一）生命是在不断表现活性力量的基础上进化发展而来的

生命最初的活动，形成了生命的基本活性本征模式。从生命进化的角度来看，生命最初表现出来的生命的活性本征是最为突出的。生命就是在表达活性本征的基础上，构建生命的收敛与发散力量的强度和恰当的比值，然后通过差异化个体基础上的比较优化而对其进行选择，在保持生命体耗散结构稳定的基础上，形成了与外界环境的稳定协调。生命体的最基本的活动模式就是表征生命的活性本征模式。随着外界环境的不断变化，生命体会通过表达生命的活性本征而形成不同的应对结构功

---

① ［英］约翰·D. 巴罗：《艺术宇宙》，徐彬译，湖南科学技术出版社 2010 年版，第 23 页。
② ［美］Flix Janszen：《创新时代——网络化时代的成功模式》，雷华等译，云南大学出版社 2002 年版，第 286 页。

能表达，由此而形成后继的活性本征。

（二）生命的活性持续性地在生命的各个活动中发挥作用

生命体在进化时，会不断地表现生命的活性本征的力量，在探索如何更加有效地适应各种复杂环境作用的基础上，形成功能和结构各异的组织器官，逐步地使生命体的功能和结构越来越复杂。生命的核心是各个环节都能表现生命的活性本征，并且在不同的活性本征之间通过功能的共性相干和结构的紧密联系而联系在一起。

（三）从基础层面表现活性本征可以产生更大的力量

在生命体的多层次结构中，越是从基础的层面上表现生命的基本力量，它在更高层次所产生的影响就会越大，也就会更容易激活更多的模式；越是复杂的生命体，越是会形成差异化程度更高的多样化模式。生命体的构建差异会成为一种特征，这些差异化个体会表现出生命活性本征中的"构建差异"的共性模式，从而会在更高的层次上、更广的系统中或更大的群体内将这种"共性"的力量汇总激活，并成为一种联系各种有差异的个体的共性力量。

（四）表现活性本征力量在各个层次之间形成共性相干

如果生命活性在各个环节、各个层次都得到表现，那么，作为一个生命体，自然会将这种力量表现得更加充分，并在不同的过程中，通过共性相干而放大这种力量的作用，使其成为一种显现的独立特征。在这里，我们应该看到的是，在表现有差异的行为时，受到生命的活性本征力量的驱使，虽然人们也会强化彼此之间的差异，但能够表达生命相应的活性本征而联系在一起。

（五）生命体能够以任何一个部分为基础而表现活性

任何稳定的生命组织、结构、器官、系统，都能够表现出生命活性的力量，因此，以它们中任何一个稳定的部分（即使是大脑中出现、生成稳定的心理模式）为基础，都能够构建其发散、收敛以及发散和收敛的有机统一的力量。自然，进一步的结果将会增强活性本征力量表现的强度。它既表现出活性本征兴奋时的自主性涌现过程，又表现控制其他信息变化时所组成的确定性意义，这种性质就是生命体的自相似性。

（六）更大的发散与收敛力量的表现将加速生命的进化

生命体以活性为基础而表现活性的力量时，能够在发散和收敛的基础上进一步地表达生命的活性本征以及促进发散和收敛的有机统一。生命体可以在收敛的基础上表现发散、收敛的作用以及使发散和收敛的有机统一起来。生命体就是在外界环境的刺激作用下，通过差异化构建而选择具有与环境稳定协调的发散力量、收敛力量以及两者之间的有机协调的稳定结构；通过适应性比较而选择出能够使发散与收敛更有效率地发挥作用的稳定性个体。显然，不同的物种在适应外界环境的过程中分别形成了各自有效的收敛、发散、收敛与发散之间的恰当比值的表达模式。在资源有限的前提下，生命体通过竞争选择，将使其某个特征的变化得到认可，将其变化的方向"界定"为发展的方向，并使生命个体在该方向上得到优化。生命体则会在更强的生命活性本征作用下不断地加速进化。

（七）差异化的个体会由其生命的活性本征模式的不同而有所差异

差异化的个体会不断地表现生命的活性本征，而这种表现又会随着不同环境的影响，促使生命体形成更加多样化的群体。群体的多样化又保证着选择的非单一性，这就是说，即便生命体进行优化选择，也并不意味着其只将某个单一个体的优势基因传递下来。其他个体，即便不具有最强的竞争力，也有可能实现生殖遗传。注意，这种差异化的形成是以群体为基础的。更大的多样化群体的存在，保证着后来的个体通过竞争比较完成优化选择。

（八）生命体的适应与进化

约翰·D. 巴罗指出："由环境状况引发的身体结构或习性的变化，都会保持适应的状态，并遗传给后代。之所以会有这样的过程，是因为拉马克相信生物都倾向于朝最和谐、最完美的形态发展。"[1] 随着环境的不断变化，生命体在与环境相互作用中，不断地将新的特征显现出来，此时，生命体会由于这种新模式、组织、器官的显现而形成新的不协调关系，这种不协调所形成的刺激，会进一步地促进生命体产生更多差异

---

① ［英］约翰·D. 巴罗：《艺术宇宙》，徐彬译，湖南科学技术出版社 2010 年版，第 24 页。

化的结构。不同的物种可以优化选择出能更好地适应环境，从而形成具有更强竞争能力的个体，由此而促进生命的持续进化。从这里我们可以看出，进化永远只是一种过程。

四　生命的活性与进化

生命的活性本能与其生存及发展资源有限性之间的矛盾，使生命的活性本能表现尤为突出。在群体中基于资源有限性而生成了个体之间的相互作用与竞争本能，这种竞争性模式的固化又反过来从生物学的层面推动着生命体的变异与选择，进一步地强化着生命体发散性本能与收敛性本能模式同时发挥作用，也更进一步地推动着发散与收敛本能的有效增长。

外界环境的不断变化，生命就在不断地适应环境中逐步进化。生命体通过"刺激→不协调→协调"过程而将外界（外界环境）作用进行分类。在某个时期生命体与外界环境构成协调关系，但在新的环境下这种关系就会发生变化，生命体也随之而表现出新的运动状态。如果有某种外界的信息作用使其回到原来的稳定协调状态，那么，这个因素就被称为是对生命体有利的因素，反之就被称为不利的因素。生命体在与环境达成稳定协调状态时，会形成诸多特有的行为特征，快乐就是其中的一个典型表现。因此，有利因素作用在生命体上所产生的感受就称为快乐。生命体的进化过程将外界刺激对生命体的正常运动、变化与发展的作用效果进行分类，从而使不同的信息分别与不同的审美心理模式结合在一起。

（一）新的外界环境会促使生命体发生变化

生命体就是在外界环境的刺激作用下保持自身的稳定与进化。当新的外部环境保持相对稳定状态时，生命体通过将活性发散与收敛的有机结合而探索形成新的结构，以差异化构建的方式选择出与环境更加适应的生命体，并保持其相对的稳定性。随着环境的变化，生命体将再一次通过探索活性本征的恰当表达方式而产生新的变化。在此过程中，由于环境促成生命体内各组织器官变化的程度和速度会有所不同，所以会在促进生命体变化的过程中，在生命体内部形成不协调的关系，生命体也会通过这种内在不协调关系的相互作用，保持着生命体的持续变化。

（二）生命体就是在由不协调达到协调的过程中不断地适应外部环境

当生命体达成了与外界环境相适应的状态，我们便称生命体达到了与外部环境的相互协调，此时的外界环境就被我们称之为"最佳协调环境"。此时，外界环境对生命体的刺激达到了使生命体维持正常稳定的耗散结构的"最佳值"。即使是在生命体的其他状态中，当这种"最佳协调环境"出现时，也能够驱使生命体重新回复到原来的稳定协调状态。

（三）在稳定状态下，生命体通过形成活性本征状态与外界环境形成确定的对应关系

在生命体的进化、发展和变化过程中，生命体既要维持其稳定性以保证其内部各个组织、器官、系统之间的相互协调，又要保持生命体维持一定的变化发展过程。在新的环境作用下，生命体会通过表现生命一定强度的活性本征以构建新的结构，其结果会间接地使外界环境对生命体的刺激力量发生变化。生命体在表达生命活性而形成差异化个体的基础上，竞争进化将选择出能够与外界环境达成"最佳协调"的个体，其原因就在于：这些个体能够最有力且最有效率地表达生命的活性本征和由此而生成更强的宏观竞争力。此时的外界环境只能维持生命体保持其稳定的耗散结构状态，而不再推动生命体的变化。只要生命体不能与外界环境达成稳定协调状态，外界环境就会对生命体产生超出原来稳定协调状态下所要求的刺激量值。

从更完整的层次来看，生命是通过"由不协调达到协调"状态而完成适应过程的。在生物进化过程中，外界信息作用到生命体上，成为生命体生长、发育、进化的基本支持因素和必要条件，而生命体也通过其特有的生物适应活性，形成与外界环境作用相适应的自组织动态稳定的耗散结构。生命体的自组织活性，在外界因素作用下，会由对环境由不适应到适应而得到进化。不适应到适应的过程完成后，当同样的外界作用重复出现时，生命体就会产生一种感受，即美，生命体也因这种作用的感受而赋予原来外界事物以美的意义。因此，外界事物所具有的美的特征、潜质等，是人们通过自身所形成的稳定协调关系而从心理上赋予它的。更广义地讲，从生命体协调的角度来看，只要将生命体中的系统、

器官、组织的运动变化以及相互协调等与外界信息建立起一种对应关系，就赋予外界事物以一定的审美潜质和特性，这种特性通过将外界信息和生命体形成协调反应的体验联合起来而构成一个整体结构。生命体在外界刺激作用下改变其活性结构形成与外界环境的适应关系，在组织上产生了新的结构，将其从心理上反映时或在心理上对其形成了信息加工记忆过程中的自组织动态稳定结构以后，就成为生命体以后审美过程中固有的心理结构。

五　大脑中的自组织过程

（一）独立特化

相同的细胞元素之间会表现出相关的特征。这些细胞之间一方面会形成共性相干的力量，并因为共性而汇聚在一起，另一方面会因为表现出与其他部分的不同之处而建立起彼此不同的边界，而边界的固化会使不同的系统独立特化出来。生命力量的非线性作用促进着生命体的非均衡化发展，它将会在生命体内呈现出众多不同的结构。

（二）自主涌现

以任何一个模式为基础，生命体都会自然地表现其以发散与收敛为特征的生命活性本征力量，并可以在各种活动中处于兴奋状态并发挥作用，由此表现出生命本征涌现的自主性力量，这种自主涌现的力量同样会表现在大脑神经系统中。

（三）在独立模式的基础上表达生命的活性

生命体在表达生命的活性本征特征的同时，会与外界环境形成稳定协调关系，即标志着以生命为基础的美的状态的存在。我们以任何一个生命本征模式为基础，都可以表达生命活性而形成迭代性操作，形成与当前状态的差异，并建立当前状态与之后所构建的状态之间的联系。在将当前的外部环境和处于与环境稳定协调状态下的生命的活性本征模式之间建立起稳定协调关系时，或者说只通过共振相关的方式使相关的活性本征处于兴奋状态时，也就意味着激活了外界环境与人的活性本征在一定程度上的稳定协调关系。

大脑神经系统在受到外界信息的作用而运动时，大脑的复杂系统本身会构成一个稳定的动力学过程，并在该系统达到稳定状态时形成一个具有确定性意义的稳定兴奋的信息模式。外界信息被感知神经元接收以后，感知神经元会向大脑神经系统发出一定频率、波形的电信号，这个信息会在大脑神经系统中组成一个由若干特征、关系等局部信息所组成的兴奋信息反映子系统。大脑神经子系统在受到这种信号的作用后，会在神经系统自主涌现、联想等模式力量的共同作用下，形成一个综合性的信息兴奋模式。在一般情况下，大脑内部所形成的兴奋信息模式与外界环境所提供的信息模式是不同的。两种模式不同的内在原因在于，大脑系统作为一个具有生命活性的系统所表现出来的特有的生命活性——自主涌现、广泛联想、非线性作用、表现活性（发散与收敛的有机结合）、自组织。

第三节　稳定适应时生命的活性本征

复杂的耗散结构，保证着生命体即便是在稳定状态下，也并不以"点"的形式保持稳定性，它一方面会使生命保持在一个稳定的区域内，在该区域的任何一个"状态"都能够表达出生命的力量；另一方面则指出，生命的状态通过一个动态的运动模式维持在一个区域而不断地变化。

在后面章节中我们将详细地证明，美是与生命的活性本征更加协调时的体验，因此，我们需要准确把握生命的活性本征是一种什么状态，其又如何才能体验到这种状态。从逻辑的角度认识和把握人们为什么要追求与生命的活性本征的更加协调的状态。

一　本征状态与美的刺激

在生命体与外界环境达成稳定协调时，此时的外界环境被称为是最佳外界环境。如果不考虑时间滞后性的影响，我们就会认为：当最佳外界环境重现时，生命体就会以更大的可能性进入已经形成的与环境相适应的稳定协调状态。

这里存在这样的情况：我们以生命体与外界环境已经达成稳定协调

状态作为初始状态。但随后，环境会发生相应的变化。在环境变化达到一定程度时，而且这种变化具有较长时间的稳定性，就能够使生命体形成与原来稳定状态具有较大差异的稳定结构。此时，意味着生命体已经形成了新的稳定状态，与新的外界环境达成了新的稳定协调关系。虽然这种新的稳定协调状态是在原来稳定协调状态基础上形成的，但是原来的稳定协调的状态并未因此而消失。稳定协调的状态就是在这种过程中逐步地积累、丰富、完善和健全的。因此，当原来的最佳外界环境再次出现时，将能够很快地引导生命体进入原来已经形成稳定协调的状态。

当生命体进入稳定协调的状态时，生命体也就能够主题性地表达出生命的活性本征模式。表现生命的本征模式，包括：收敛与发散两种力量的固化与表现、表达生命的自主涌现性力量等，也就意味着在更强地表达生命的活性本征。

在此过程中，我们需要强化生命体由不协调达到协调的模式在稳定协调状态下所具有的意义。人所处于的这种本征状态却不是人在无知无念时的生命本征状态。人的本征状态是一个变化的模式，是在外界环境作用已经形成稳定状态时，暂时去掉外界刺激而只是单纯依据生命活性的自主涌现所表现出来的模式。虽然生命的活性本征有可能会随着外界刺激的消失而产生一定的变化，但我们认为，在短时间内其变化可能很小，可以将其认为是不变的。既然生命的活性本征模式已经稳定下来，也就意味着生命体与外界环境之间形成了恰当协调，外界环境的特征模式也就必然地与人内心所生成的稳定协调状态的意识表征建立起稳定的联系，此时，人们也自然地赋予外界环境（特征以及环节，或者只是构成环境的主要的特征）以稳定协调性的意义。

人在任何状态下对外界刺激的反映都是人在本征模式的自主涌现与外界刺激共同作用下的结果，有些反应是暂时的、不稳定的，有些反应则是长久的、稳定的。显然，只有当那些形成了长久的、稳定的协调关系，在某个方面发生变化时，生命体因仍表征这些已经达到协调稳定的本征模式而由不协调达到协调状态，并由此而使人体会到达到稳定协调状态时的意义。也就是说，只有在这种情况下，才能将相应的兴奋模式与达到稳定协调时的状态建立起联系。在某个方面已经发生变化的情况下，通过具有稳定协调状态的客观物的刺激而使人重新恢复到先前所形成的协调状态，相当于由当前状态出发构建出了由不协调达到协调的过程。这种过程模式也可以看作表现已经形成协调稳定状态的生命的活性本征。

表现生命的活性本征，使活性本征具有一定的兴奋度，意味着要与活性本征模式达成和谐共振关系，意味着在一定程度上与活性本征在整体达成一定程度的稳定协调。也就是生命的能够通过和谐共振的方式，从与活性本征相共振的角度重新进入这种稳定协调状态。

生命体通过变异形成了与当前有所差异的模式，并且通过某些局部特征而在两者之间建立起了一定的关系时，会依据此种差异性关系形成刺激。人就是在这种差异的刺激作用下体会到生命体原有的已经达到适应的稳定协调状态的特征的。

生命体在达到了协调稳定状态时，会在收敛力量的作用下，保持该协调状态足够的兴奋稳定性，并试图将各种变化与该稳定兴奋的状态联系在一起，围绕该稳定协调状态形成与各种具体环境相结合的运动状态。伴随着该稳定兴奋状态的形成，就形成特有的生物化学过程，长时间地处于这种稳定兴奋状态会使与之相关的过程、结构得到强化，也会使其自主性得到进一步增强。在重新回复到这种稳定状态时，便会进一步地促成多巴胺等快乐物质的生成。

外界信息在该稳定区域运动时，不至于形成使该生命体发生变化的强力刺激，甚至使其受到破坏。生命体受到破坏时的感受，人们将之称为痛苦。伴随着生命体由不协调达到协调的过程，它一方面表征着生命体会达到一种新的稳定状态；另一方面还会由于表达出了这种具有更高抽象意义的稳定模式而有效地促成快乐物质的生成。这是不是意味着，欲达到更高层次的美的体验，就必须在一定程度上经历一定的痛苦？

当生命体建立了与外界环境的同步关系以后，就可以从对方的角度来理解他人的审美感受，与其处于同样的社会环境和历史背景，如铃木大拙所指出的与其处于同样的地位，然后我们再结合自身的理解就可以体会对方的心理和行为产生的原因等。也就是说，两个不同的系统，当两者出现共振时，可以通过一个系统的运动来了解另一个系统的运动情况。事实上，此种过程也只能发生在人的身上。而中国古人很早就给出了相应的描述，如庄子与惠子游于濠梁之上。庄子曰："攸鱼出游从容，是鱼之乐也。"惠子曰："子非鱼，安知鱼之乐?"庄子曰："子非我，安知我不知鱼之乐?"惠子曰："我非子，固不知子矣，子固非鱼也，子之不知鱼之乐，全矣。"庄子曰："请循其本。子曰'汝安知鱼乐'云者，既已知吾知之而问我，我知之濠上也。"（《庄子·秋水第七》）

二 活性本征的分类

生命体在与外界环境的相互作用过程中，通过与外界环境达成动态的稳定状态而形成对环境的适应，此时称生命体所表征的状态为生命的活性本征状态。生命的活性本征状态具有两种不同的意义：一是生命活性的基本模式的自然表达，诸如生命的收敛、发散模式及其有机统一模式；二是在达成与环境的稳定协调时生命体所表现出来的构建性活性本征。在生命体达成与外界环境的稳定协调时，生命体会表现出独特的活动模式。我们可以将此时生命体所表现出来的本征模式称为适应性本征，此时生命的基本力量模式会"融化"在这种基本活动模式中，我们将这种本征也称为协调性本征。

生命体只要形成了稳定协调状态，便以特有的活性本征模式持续稳定地运动。在生命体达到与外界环境稳定协调时，这种协调包含了生命活性本征基本模式的运动状态。这里所说的包含着，是指在外界环境作用下，生命体是通过表达生命的活性本征力量而在差异化的构建过程中，基于生命的基本力量选择出了与外界环境相协调的模式，甚至可以说是在生命体达到稳定协调状态时，构建出了生命活性本征的恰当表达方式。这种构建的差异化不是质的差异化，而是在量级表达上有所差异。当不同的活性本征表达出不同的兴奋分布时，也就形成了不同的活性本征组合。

（一）生命的活性本征

收敛、发散、收敛与发散的有机整体，是生命活性的本质力量模式。这种力量模式具有足够的稳定性，在各种生命过程中发挥着基础性的作用，通过独立特化可以使其表达出自主涌现性的力量，只不过，在不同的生命活动过程中表现出了不同的兴奋程度。在稳定模式的基础上进一步地通过实施迭代来表达生命的活力，将是促进其结构变大、功能增强的有效方法。

（二）在协调状态下固化出生命的活性本征

在一定的外界环境作用下，生命体一方面稳定地表达生命的活性本征，另一方面，通过静态结构、动态结构和非线性涨落的相互作用与相互协调，最终可以达成生命稳定的协调状态。

使生命的本征模式成为一种引导其他模式变化的控制性模式的前提，是其已经具备了自主性，这样在生命活性变换的基础上，就能够进一步地生成期望、表达这种模式的需要及其满足。对于人来讲，生命的活性本征可以有三个层次的表现：第一，生理的被动表现；第二，生理的自主表现；第三，意识的本征表现。只要这些表现出现，我们就可以依据其自主性涌现而体会到其兴奋的特殊意义。

1. 在协调状态下能够更有效地表现生命的活性本征

生命体形成适应，就是生命体在不断地表征活性本征力量的基础上，达成了与环境的稳定协调。在这种关系下，生命体会自然地表征生命的活性本征。此时，在不存在其他环境因素干扰的情况下，生命体以稳定的方式表达活性的力量就成为生命活动的主题。此时，生命体内各子系统之间构成了稳定的相互协调关系，所以生命体内各子系统之间的相互作用同样不会内在地发挥差异性的作用，从而内在地促进生命的变化。生命体对此种状态的运动是无知无觉的。自然，即便是在稳定的生命状态下，生命的活性本征同样会表现出稳定的运动模式和超出"稳定吸引域"一定范围的非线性涨落。我们认为在这种状态下，生命的活性本征表达是最有效率——资源消耗更少和最有力的。

2. 形成协调的过程会将生命活性本征中的过程性特征突显出来

生命体在新的外界环境作用下不断地表达着先前生命的活性本征力量，并在达到新的稳定状态时，形成生命活性本征的新的表达。我们可以认为，生命体处于与外界环境稳定协调的状态，就是生命的活性本征达到"最佳发挥"的状态。考虑到人会在其生存中时刻面临各种有差异的环境作用，因此，在这种状态下的活性表征，就是能够应对生命所有可能遇到的情况时最佳的兴奋强度表达。这种兴奋的力量会成为无差异表达的基本模式，在没有受到专门的强化与关注的情况下，人不会对这种活性本征模式的表现有任何的感知。当没有其他环境因素的影响时，生命体的活性本征就会通过自主涌现的方式处于较高兴奋状态。

3. 表征生命的活性本征就意味着使生命体处于协调状态

生命的活性本征力量是生命体与外界环境相互作用而达成稳定协调的基本力量，生命体会在这种模式与其他模式的有机联系中基于某些共性特征而发挥出激励的作用。通过表征与生命的活性本征建立起稳定联系的其他信息模式，诸如外界环境因素——某个突出的客观事物，会因为已经建立起来的彼此之间的相互关系而使得某个活性本征处于兴奋状态。这也就包含着这样一个确定性的意义：当我们与生命的活性本征模式达成共振协调时，也就可以顺利地引导生命体进入当时所建立的与环境所构成的稳定协调状态。

4. 生命的活性本征是一个动态有序的耗散结构

生命的活性本征具有动态性特征，在生命体中的每一个稳定状态中，都表征生命的发散与收敛的有机结合，任何一个生命组织、器官中都能展示生命活性本征的力量。自然，基于生命的活性本征模式之上的活性变换及变换的结果，也会稳定地成为生命活性的基本模式。

从另一个角度来看，当我们将稳定协调状态下的任何一个模式独立特化出来时，它就成为研究其他过程的基本建设"砖块"。我们可以建立该局部模式与其他局部模式的内在整体性联系和外在的局部联系，这样就可以使其他的模式兴奋激活。

（三）　与活性本征和谐共振的意义

在我们已经形成稳定的心理后，生命体便可以通过各种方法部分或完整地进入这种稳定协调状态，当其他方面的差异给人以特殊的刺激时，就会使生命体体会、感悟到这种稳定协调状态的特殊意义，它与活性本征模式相协调的意义包括：

1. 与活性本征的共振协调

从相互作用的角度来看，通过与刺激模式达到和谐共振，能够促使生命体进入活性本征的主要表达状态。刺激基本上是建立在某些局部特征差异的基础上的，既然已经存在了某些局部特征，生命体就会在该局部特征模式稳定兴奋的基础上，通过与其他模式建立联系而构成新的整体稳定关系。这一方面会形成新的稳定状态；另一方面则会形成由刺激导致的这种本质性的稳定联系，基于刺激形成和谐共振，从而与活性本征达成共振。

从生命体表达活性本征的角度看，达到稳定协调状态，意味着最大程度地表达着生命的活性本征。表达生命的活性本征，本就是引导生命进入稳定协调状态的基本模式和基本力量，而与这种模式达成稳定和谐共振，将会以共振吸引的力量通过各局部特征之间的联系，使其他的局部特征也能够以较大的可能性进入稳定协调的兴奋状态中。

在生命体表达活性本征的状态中，存在着发散与收敛力量以及彼此之间相互协调的关系。生命的活性正是由于表征着发散与收敛的有机协调，才表现出了其独特的生命兴奋状态。这些生命的活性本征力量必然地会成为生命体在达到与外界环境稳定协调过程中的核心力量。

2. 与活性本征更加有力地结合在一起

对于单个活性本征模式来讲，与其他本征模式达成协调关系，意思包括：维持该活性本征以较高的兴奋度，使其占据更加主要的地位；维持该活性本征较长时间的兴奋状态；保持该活性本征模式足够的兴奋稳定性，使其不至于因受到其他因素的干扰而迅速转移到其他的信息模式上，而是以该模式的兴奋为基础，将各种相关的兴奋信息协调性地围绕在该模式的"周围"。这些周围的模式，虽然也对该模式意义的确定发挥一定的作用，但仅仅是对其补充，仅仅是组成当前模式意义的更小的信息单元，仅仅是该模式的"次级局部元素"。

3. 与更多的活性本征模式相协调

在生命体进入已经形成的生命体与环境稳定协调的状态时，会依据与其他过程和模式的联系及自身自主性的力量，分别形成各自具有独立的意义、同时又在新的整体中保持其当前独特意义的局部模式（环节、特征和意义）。这些模式在当前稳定协调的状态下作为一个客观存在，已经达成了稳定协调，并由此而表达出与其他模式相互联系、相互激活的关系，表现出了"一荣俱荣、一损俱损"的共存状态。从与稳定状态相协调的角度来看，这种模式与更多的活性本征模式通过共振激活的方式达成更多模式的协调，也就意味着在提升着自身与稳定协调状态的协调程度。

三 表达活性本征构成达到协调的力量

（一）体验人的生命活性在外界作用下的本征状态

我们想在意识中体验在外界信息作用下，人与客观事物相互作用时所体现出来的本征特征，以及在此过程中与其他事物的相互作用，是一件很困难的事情。虽然该协调性本征表现出了与外界环境紧密结合的特征，但它也具有足够的自主性。此时，我们可以在意识中，通过主动地排除其他因素的影响，只是关注该生命活性自主涌现出来的这种力量，并通过与其他心理状态的差异而体验这种状态的独立与差异性。

（二）突出强化生命活性的本质力量

我们要体验在客观环境作用下人的本征状态，就是要表现基于具体环境因素下的生命活体本征中的生命活性：发散、收敛以及发散与收敛的相互协调、相互制约的模式与力量。

1. 单纯地表现生命的活性本征模式

独立地表达生命活性本征模式时，会受到各种具体情况的干扰和影响，而且单独表达自主涌现出来的生命的活性本征和受到外界环境作用所形成的稳定协调状态中的活性本征，两者并不是简单的"1＋1"的结果，而是通过复杂的自组织动力学过程进一步地形成新的综合的结果。生命体在形成与具体情况相结合的本征表现时，是以表达生命的基本力量为基础而具体展开的，因此，单纯地表达生命的活性本征，也能够使人更加顺利地处于与环境所形成的稳定协调的兴奋状态之中。

2. 在其他状态下表现生命的活性本征模式

生命的活性力量会在不同的情况下发生相应的变化，表现出不同的量值。其中的变化之一就是它能够与具体情况有机结合，不只是单纯地表达活性力量的结构，还会产生结合实际情况所形成的特有模式。这种协调性的活性本征会以较大的稳定性持续地发挥作用。

3. 使具有一定意义的生命活性本征模式涌现出来

表达生命的活性本征，就是要表达出生命的活性本征与具体情况相结合的特殊状态。生命体形成稳定协调，是指在各种环境因素的刺激作用下生命体达到稳定的生命活性状态，使生命的活性本征与具体情景相结合而具有特殊的意义。我们所能把握的，就是在使生命的活性本征具有一定的意义以后，使其不受其他因素的自主涌现和联想激活的影响，成为当前心智状态中的核心模式，我们在意识中，会再利用与其他事物的比较与相互作用而感受到这种模式的特殊性。

生命体会表现出静态、动态性特征。此时，我们可以将动态性特征分为两个部分：平常性变化特征和变化增量。如果是耗散结构，就会必然地表现出足够程度的变化增量。变化增量在一定程度上是生命体动态性特征的一个基本方面。这种变化增量同时也是促进生命体状态发生变化的内在力量，生命体组织可以在这种变化增量的作用下，达成新的稳定的耗散结构。

（三）更强烈地体验人在外界环境作用下的生命活性

驱动人更准确地体验这种状态下生命活性本征的动力是什么？或者更直白地说，为什么我们要准确地体验具有特殊意义的活性本征？一是活性本征是生命的基础，所有的过程都是在活性本征的作用下生成、固化，并最终形成稳定的组织器官和生命结构。通过生命体中各种不同过程的相互作用，会将这种共性特征通过相干的方式强化突显出来。二是它的经常性表现使得其具有较高的兴奋度，它能够以足够的自主性而在各种过程中发挥相应的作用。三是以该模式为基础，通过迭代更强地表现生命的活性本征，能够促使人在形成期望的基础上，基于收敛的力量而追求期望的满足，而期望所包含的更多的局部特征会通过求同（相似）达成和谐共振。四是该活性表征会形成生命体的更加本质的力量表达，能够促使生命个体之间生成更强的竞争力，这种竞争力会与活性本征表现形成正反馈，促使其得到进一步增强，促使人能够更强烈地体验活性本征的意义。五是人的自主意识中所表现出来的反思、反馈力量在其中能够发挥关键的作用。这也就意味着，美在意识形成以及强化中能够表现出更加重要的地位与作用。人们会在各种生活活动中体会到自主意识的作用，也由此而体会到自己与他人的不同之处，而且人们还会按照与他人的差异，按照自己独特的理想而驱动自己产生相应的行为。六是人的生命活性存在着扩张的力量，这种扩张的力量又会通过社会意识得以放大下并将其独立特化出来，在人的意识中将其进一步地独立特化、提升其自主的力量。

人是在与外界环境的相互作用中进化而来的。从活性本征的独立意义出发，我们可以通过共振的方式独立而单一地表达生命的活性本征的力量，但却不能由此形成更加强烈的对稳定协调状态独特的感受。这需要表达人在"入世"的基础上，顺利"出世"的过程，即在外界各种因素的干扰与作用下，在维护自己的本心，强化活性本征的自主涌现的基础上，通过在这种联系基础上的稳定协调状态与具体的稳定协调状态的内在差异化联系，从而在更加丰富的信息作用下形成更为全面而深刻的体验。

（四）趋向协调状态的力量

在生命体组织由原来的协调而达到不协调状态时，生命活性中的稳定性力量便驱使其恢复到稳定状态。

1. 力量的大小

生命活性的力量的大小是由发散力量、收敛力量和生命的活性比值来具体确定的。

复杂性动力学研究指出，在一个临界状态中，其稳定性力量的大小可以间接地由负的"李雅甫诺夫指数"来度量，而我们也是用该指数来具体界定收敛力量的大小的。此时，我们也可以由此而类比性地决定一个稳定性系统趋向稳定状态的力量。

2. 维持稳定状态的力量的大小

对于某些动力学系统来说，依据动力学的"李雅甫诺夫定理"，可以通过势能的大小来确定作用力的大小。在动力学的稳定性理论中，如果能够确定该系统的势能，则可以通过势能的大小来确定作用力的大小。在动力学的稳定性理论中，如果能够确定该系统的势能：$F = -\dfrac{\partial V}{\partial x}$，此时，可以通过这种"吸引域"所对应的势能的大小来具体地确定其吸引能力的大小。也就是说，我们认为，这种力量的大小取决于在形成偏差以后回复到协调状态的力量的大小。

四　影响与活性本征相协调的因素

人在与外界环境的相互作用过程中，各种不同意义的模式，会在生物体内固化下来成为一种稳定的行为模式。这些模式是外界环境作用与生命体之间的恰当反应所形成的新的稳定的动力学系统的综合反应。这些模式的存在将会干扰生命体表现其活性的本征状态。在我们进入稳定协调的状态、体验稳定协调状态的特殊意义时，这些模式的存在将对我们的感知产生相应的影响。

生命是在与自然的相互作用中形成稳定的协调状态的。环境的复杂多变干扰了生命力量的自然表现，这就促成了一系列活性本征结构的生成。环境与生命体的相关特征之间的差异，一直作为刺激的力量作用到生命体上。生命体也只能基于稳定的组织结构而在一定程度上表达生命活性的本征力量，这也包括扩张之后的收敛力量。同时，生命的非线性涨落促使其经常偏离生命的活性本征状态，内在地形成与外界环境之间的差异。这就使生命体在对外界环境形成适应的过程中，会表现出不同的共性特征和个性特征。生命体在不同的时间形成不同的复杂作用模块，从而促使生命体能够更加有效地适应复杂环境的作用。

（一）任何一种模式在被独立强化到一定程度时都会具有自主性

这是我们通过对生命活性结构进行研究得出的确定性结论，也是生命活性体"自相似性"的固有表现。任何模式的自主涌现所表达的都是该模式的本征模式。因此，这些模式的自主涌现，将会对其进入美的状态产生一定的影响。

（二）以任何一个模式为基础都可以迭代地表现生命的活性本征

面对任何一个独立的模式，生命体都能够自然地表现其特有的活性本征模式。这种表现是以独立的模式为基础的，这种形式的表现会进一步地强化该模式的独立性，同时，这种活性表现又有可能在该模式的活性表现之间形成一定程度的共性相干，将这种活性力量更加充分地显示出来。即便我们基于生命体与外界环境稳定协调的状态中的某个模式进行活动，也会因为受活性变换的变异干扰，进入其他的"意义吸引域"中。

（三）通过练习将有助于提高其生存竞争能力的模式固化下来

生命体在进行以生存为基础的活动过程中，会进一步地强化有助于提升其生存竞争能力的关键性模式，在这个过程中，那些与该模式有关系的模式自然也会得到加强。在复杂多样的世界中，被直接强化的可能不只是其生存竞争的能力，而是与该生存竞争能力有关系的其他方面的能力。选择的基础是优化，但相关的优化是否正确，则是由自然选择所决定的。在人的意识的强有力的控制作用下，人会构建出众多不同的目标，也会出于不同的追求和认知而产生不一样的选择。由此很有可能在对稳定协调状态的追求过程中产生强烈的偏化。在不能实现对生命体达到与外界环境稳定协调的本质特征追求时，所做的"练习"有可能会产生相反的效果。

（四）生命活性中扩展的力量会进一步地促使各种模式多样化

在每个环节和模式上展开生命活性中的扩展性力量，就必然会在各个环节、过程中形成差异化的构建力量，这将最终形成更加多样化的群体。多样化的个体会消耗更多的资源，这样与各种具体活动相结合的活性本征模式会逐渐地被掩盖替代，甚至会干扰主体的稳定协调状态的体验。与此同时，它还会通过与活性本征之间的差异而使人产生对活性本征状态的差异化感知，在使人体会到生命活性本征意义的同时，改变着某个主体的与外界环境稳定协调的活动。在艺术创作实践中，这有可能会促进生成新的艺术流派，但也有可能使人不知所措，无法进行艺术创作活动。

（五）生命体会将各种模式以较高的兴奋度固化下来

与各种具体情况紧密联系、由各种具体情况作用下人所产生的兴奋度较高的模式，会形成有别于生命的活性本征的模式而将其固化到生命体内，最终成为生命体应对外界刺激的有效模式。

这种模式越多，说明生命体能够在更加多样化的环境中迅速形成有效应对模式的可能性就越高，生命体也就能够以较大的可能性生存下来。但这些有差异的模式的存在，本身就会对生命体表征其活性本征产生足够强的干扰。

（六）与具体情况相结合的模式会对活性本征模式形成干扰

生命体会在与具体情景结合过程中，形成在外界环境作用下的恰当模式，此时，生命的活性本征会产生一定的变化。变化后的活性本征表达着与外界环境作用的对应关系，但这种模式自然与变化之前的活性本征有所不同。生命体会在差异化构建的基础上，通过竞争比较和优化选择，最终形成选择出有效的应对模式。这种有效性，保证了在当前状况下生命体的活性会更加有力地表达，生命个体的生存能力也会更高。如果遗传的机会更多，那么与此相关的优势基因得到强化的可能性也就越高。这种模式是生命体对外界环境作用的有效适应，也是生命体在外界环境作用下的有效应对方法。与此同时，与具体情景相结合的模式的自主化，以及在此基础上由于活性力量的迭代表现，会更进一步地加强这种模式的稳定性。

（七）对外界刺激物的感知忽略了人的活性本征表达

生命体在不断地适应外界环境变化的过程中逐步地复杂化。在各种影响因素存在的前提下，生命体追求其活性本征的共性表现，会成为一种潜在的稳定性力量。人们会在各种模式表现的过程中，通过生命活性本征的恰当表现，来适应外界环境的作用。在复杂的外部环境作用下，生命体会将注意力更多地集中到应对外界环境变化的感知上。人会因为过于关注外界环境的作用而忽视人内在的活性本征的力量。在美与艺术中，所表达的是人在与外界环境之间达成稳定协调状态的体验。当人们过多地关注外界客观环境时，有可能会形成对生命的活性本征表征的"异化"，在此情况下，艺术也就失去其固有的价值了。

（八）存在记忆过程

生命是具有记忆功能的。一方面，这些被记忆的信息会对新的环境下形成新的活性本征产生强烈的影响，这些被记忆的信息模式能够通过自组织涌现和联想性兴奋的方式，形成对活性本征表达的差异性刺激；另一方面，这些模式的兴奋，会对在外界因素作用下表现生命的活性本征的过程形成干扰。人所记忆的信息模式越多，由此激活而形成的活性本征就越复杂，对主体的稳定协调状态的偏离也越大，对这种主体的稳定协调状态的干扰越大，人就越不容易把握这种稳定协调状态的本质性意义。

五　活性本征的相互作用

在实际过程中，并不只是单一地存在主要环境模式与生命的活性本征之间的联系，随着生命活动过程的联系性增强，与主要环境模式具有紧密联系的其他模式会成为重要的环境因素，也会成为激发当前活性本征的外界有效模式。随着生命体活动的不断泛化，其他的模式会与这些主题外界环境模式一起，与生命的活性本征状态建立起确定性的关系。在这种情况下，人们会在这些模式的表现过程中间接地体会到生命的活性本征力量的作用。从另一个角度来看，是否能够成为有效地激发活性本征运动的力量，是要看人是否能够在两者之间恰当地建立起关系。

生命的本征表现是一种综合性的力量。在任何外界环境作用下都不止有一种活性本征模式在起作用。更一般地说，我们可以假设各种本征模式都处于一定程度的兴奋状态。只不过基于生命的基本特征，有些模式与外界环境的某种模式具有更强的对应关系，而其他模式在当前刺激作用下的兴奋度会相对较小。各种本征模式的兴奋会呈现出一种稳定的分布。生命体就是以各种本征模式不同程度的兴奋度与外界环境形成稳定的协调关系的。

如果生命体建立起了与当前环境的稳定协调，那么就意味着这种稳定协调关系系统中的任何一个因素、环节、局部子系统，彼此之间都应该是相互协调适应的。如果生命体反映的是原来已经形成稳定协调时的各局部元素的确定性整体信息模式，其本身就是在表征当前稳定协调状态下的整体性关系。当我们由少到多地使更多的具有独立意义的活性本征处于兴奋状态时，就涉及这些不同的活性本征模式之间的相互协调。此时由于已经加入了更多的信息意义，生命体就具有了更多的其他方面的意义（比如，使其他事物的意义模式通过该局部特征而处于兴奋状态），这必然地会对原来彼此之间的相互关系产生强烈的差异化刺激，对于各活性本征模式之间的相互协调的要求也就被放到一个显著的位置了。

从形成这种稳定协调的过程特征模式看，以完整的由不协调达到协调的模式为基础，使生命体完整地表现进入协调稳定状态的全过程，将能够顺利地引导生命体进入稳定协调状态。

与此同时，从已经达成的稳定协调的状态共鸣的角度看，这种"稳定吸引子"的强大吸引力，将驱动生命体一点一点地通过局部特征的和谐共振的方式向该稳定吸引子逼近，通过局部共振而达到全局共振，再由一个子系统的稳定协调，向全面系统的稳定协调转化。

当我们在艺术创作过程中表现这种协调状态，或者说使这种稳定协调关系达到一定的程度时，也就意味着使艺术品具有了相应的美的特征。随着达成稳定协调的系统越来越多，这也就意味着进入美的状态的程度就越来越深刻全面。

（一）不同的稳定环境形成不同的活性本征

1. 表征生命的本征

生命是在外界环境作用下，在构建其生命活性本征的恰当力量表述的过程中生存、进化与发展的。不同的环境生成了生命的独特的活性本征。这些不同的活性本征分别表达着与不同的环境达到稳定协调（适应）时的基本运动过程。生命的活性本征是其中最基本的模式表现。

在存在诸多干扰模式的情况下，人们对表现生命的活性本征的期待，会驱动着人克服各种困难来表现这些本征模式。随着生物结构越来越复杂，表现生命的活性本征也变得越来越复杂。对于人来讲，可能不再单一地表现生命的活性本征，而是会在意识中通过建立各种模式之间稳定性的联系，系统化地表现这种生命的本征模式，从而使生命活性本征的表现变得越来越复杂。

2. 将各种表现同生命的活性本征建立起稳定的联系

生命活性系统的内在联系性，以及在对外界刺激形成反应时的恰当合作，以及由此而生成的彼此之间的稳定性整体作用，保证着不同的生命活性本征之间形成了一个具有更强联系性的关系整体。这就意味着，面对外界刺激，生命体被激活生成的是一个生命的活性本征群，是一个具有一定兴奋度分布的"谱"，而不再是单一的一种生命本征模式的兴奋表现。在这个过程中，那些与本征模式具有差异的外界模式，会由于不同本征模式的分布性兴奋而被赋予一定的关系意义。

（二）活性本征间的作用促进着生命的变化

1. 功能的特化形成了组织结构不同的功能器官

生命体会在不同外界环境作用下最终达到不同的稳定状态。当这种稳定状态维持相当长的时间时，会促使生命体内部结构被特化，形成专门针对这种稳定刺激从而表达特殊功能的新的组织结构，为使其更加有效地发挥作用，生命体因此会进一步地特化出专门的组织器官。

2. 生命体内部子系统的不协调成为生命体进化的内在源泉

具有自主独立性的每一个耗散子系统，始终处于与其他子系统的相互作用过程中，并在不同的环境作用下分别形成不同的协调性本征状态。由于每个子系统在自主表达其独立的生命活力的同时，都会受到其他系统的作用与制约。这也就意味着，每个子系统都可以独立地表达发散的力量并对发散力量进行放大及追求，可以独立地表达稳定收敛的力量等。子系统在受到外界因素的作用下能够更加敏感地表达出自身的独立作用，通过与某个因素的相干而形成共性的非线性放大，并在系统的非线性特征基础上，通过非线性涨落产生超出协调性要求的新的力量。生命的自主性表现必然地会以一定的几率表达出非线性涨落，从而表达出超出协调性要求的新的运动状态，这种状态也将会对其他系统产生相应的影响，并形成促进系统变化的内在力量。

3. 生命体正常状态下的不协调

协调只是一种相对稳定的状态，系统的动态性根本特征已经决定了系统只能在稳定状态附近或围绕稳定状态运动，同时表现出在稳定状态附近的非线性涨落和向稳定状态趋向的稳定性力量。系统内部各子系统的不协调刺激，会成为维持生命体内各部分结构保持耗散结构特征的基本环境。系统越复杂，要求彼此之间相互协调的力量就越大。当系统内在的力量不足以支持这种要求时，就会促进系统本身产生相应的变化。

4. 生命体超出正常状态下运动的不协调作用

在巨大的刺激作用下，生命体会持续性地表达生命活性的本征力量，不断地产生具有差异化的个体，并通过与环境的作用对此做出选择。那些能够适应新的不协调环境的个体被选择生存下来，那些能够适应新的环境作用的优势基因也会随着交配遗传在更大可能性上被选择而传递。

稳定的相互作用是通过稳定的运动状态之间的差异来提供和实现的。维持子系统之间的相互作用和彼此协调，会成为维持生命体与环境达成稳定协调的基本力量及目标。

（三）活性本征通过相互作用形成自组织

1. 在具体情景中强化与生命的活性本征有稳定关系的模式

那些与具体情景相结合的本征模式，会因为确定性的反应而得到强化，它会在模式的形成过程中起到关键性的作用，但这并不意味着其他的本征模式不表现。根据前面我们指出的，其他的本征模式也会以一定的兴奋度兴奋，并在相应的过程中发挥一定的作用。

2. 主题性地表现与活性本征具有紧密联系的稳定性模式

那些与活性本征模式具有直接关系的关键性的外界环境模式，会成为表征某些生命的活性本征模式的主要外在因素。在生命体形成与之稳定的对应关系时，激发或再现这些外界环境，将会有效地激发这些生命的活性本征模式，或者说，当生命体适应了外界环境的刺激并达到稳定以后，在新的环境作用到生命体上时，生命体就会顺利地将其已经形成稳定协调关系的生命的活性本征状态以较高的兴奋度激活，并在当前新的环境作用下，生命体会因为重新恢复到原来的稳定协调状态而形成差异，使生命体更为典型而突出地体会到由不协调状态向协调状态转移、回复的过程和意义。

第四节　美的意识基础

对信息的强势加工而专注于提升其生存能力的人，在通过强化大脑神经系统对信息的更加有力的处理、扩展的同时，推动着人站在了地球生物"生命链"的顶端。这一切都源自人所具有的高度发达的信息加工能力。根据对意识的研究来看，我们可以从当前人们对大脑神经系统以及意识的研究，归纳出如下几条基本的结论：第一，大脑神经系统的功能主要是对信息进行接收与加工。第二，不同事物之间的相互作用表现为物质的、能量的和信息的形式。大脑神经系统主要通过电化学方式协调各组织器官。第三，神经元的汇聚进一步地促进大脑神经系统的复杂化。第四，独立的大脑神经系统使意识独立特化出来。第五，生命的活性自然地在意识中表现出来。第六，独立地表现意识的涌现性是意识独立特化的标志。

一　意识

（一）意识的概念

由于人对意识的理解不同，意识的意义至少在表达方面有很大的不同。诸如：第一，意识是人脑对大脑内外表象的觉察。意识是人对于其自身活动状态的认识（认知、理解）；第二，意识是人脑对于客观物质世界的反映，是感觉、思维等各种心理过程的总和；第三，意识是赋予现实的心理现象的总体，是个人直接经验的主观现象，表现为知、情、意三者的统一；第四，意识是指人们对外界和自身状况的觉查与关注的程度等。

（二）意识的生成、独立与特化

1. 通过差异而形成刺激

生命体的耗散结构特征，决定了即使是生命体内部的各个部分之间，也会由于表现状态之间的差异而形成相互作用，并由此而维持任何一个部分的耗散结构特征。

2. 刺激是意识耗散结构的存在基础

复杂多变的环境促使人生成了多种不同的信息认识，这些信息的不同兴奋程度会进一步地组成不同心理模式的差异刺激，从而维持着心智的耗散结构特征。

3. 好奇以及差异化自主构建是意识发展的基础

反映差异化、表征差异化、追求差异化、使差异化具有自主性，并使这种过程成为一种独立的过程，这全都得益于人的好奇心。在神经不发达的生物体内，虽然也能表现出一定的意识性特征，也能够独立地对信息进行相对较为丰富的变换，但只有在人类的身上，才会由于其较高强度的好奇心使这一变换变得异常丰满，从而更加有效地促进着意识的进步与强化，维持着意识的不完整。自然，在人们已经认识到好奇心对于社会进步发挥的积极作用的同时，也会通过教育以及自我反思等形式，有意识、主动地增强好奇心，通过更加广泛地实施差异化构建，即使是简单地通过差异化构建形成多种不同的个体，也能够使好奇心得到满足，并通过这种形式使好奇心得以增强。

4. 意识的独立与特化

大脑作为一个独立的组织器官具有独特的意义和作用。当其具有了独立特化的功能以后，第一，能够瞬间生成各种不同的意义；第二，能够独立地建立各种信息与当前信息模式之间的关系；第三，可以独立地对其他信息实施各种各样的变换；第四，可以更加独立地研究当前对象与更加多样的其他事物的相互关系，并在这种相互联系中单独考察其独特的表现和由此而形成的意义；第五，能够在对各种事物信息认识与表达中，表达其独特自主涌现的力量，包括：以此为基础形成的独立力量、以此为基础而展示的生命活性进一步作用的过程模式和结果、按照此模式的要求而展示出来的期望以及将与此有局部联系的其他信息激活并使其处于兴奋状态等。

5. 独特的符号与概括抽象过程

正是由于生命中固有地存在着对美的追求，才进一步地扩展形成了对事物概括抽象过程，并将这种结果运用到美的表述中，反过来又通过所得到的结果表述、强化这种概括抽象的力量。我们可以这样看这个问题：生命的一切活动都以生命为基础。在每一个活动过程中，都表现出收敛与发散的有机统一。各种不同模式的生成，与生命中的发散联系在一起；而收敛的力量则会将各种不同的情况结合在一起而求得共同的不变性模式。

当这种过程稳定的建立起来以后，根据各种不同的情况，人们先是根据瞬间的对应关系而形成确定性的反应模式，随后即建立不同模式之间的有机联系。在这种联系过程完成之后，会形成以稳定性结构为核心的、将各种具体情况稍做变化的、有所差异的模式作为其辅助的综合性的反应模式。一旦生命体再面对新的情况，就会依据其自主涌现性，首先将那种更强的稳定不变的模式处于兴奋状态，然后再运用大脑中固有的以发散为基础的模式，在好奇心的作用下实施差异化构建，不断地将差异化的特征模式构建表征出来，再将这种差异化模式与稳定的不变模式结合在一起，通过比较判断，形成新的恰当的综合性稳定反应模式。

6. 对美追求力量的自反馈是意识形成的关键环节

在人的意识中表现出了对美追求的力量，我们又会将对美追求的力量作为一个独立的耗散结构体，在其基础上进一步地表达生命的活性力量，同时，又会从意识的角度，通过已经形成的稳定性自我，构成"对美追求"力量的自反馈性增强。这种过程本身就形成了"对美追求"力量的共性相干，形成一种稳定的"反馈环"，使其得到非线性放大。

（三）意识变换中的几个过程

1. 意识由量变到质变

从大脑神经系统对信息进行加工的角度来看，在人们认识到意识是人与其他动物相区别的独特行为特征时，人们却不断地发现，人的所谓独特的意识在其他动物的身上也能表现出来，只不过其所表现的程度比人的意识表现程度要低很多。因此并不是说其他动物不存在意识过程，而是说，只有在人的身上，意识才占据人类活动的主要地位，人的各种行为都会受到意识的控制，以意识组织加工以后的结果作为其行为的具体指导。正是由于这种量变，最终导致了人与其他动物在意识上的质的差异，使得人的日常行为都处于意识的控制之下。人能够基于意识而对信息进行更加广泛的变异性加工，意识的自主性保证着人的创造力，凭借它人也就能够从各种差异化构建中比较选择出最优的行动模式。

意识的自主行动，使信息在生物体内的各种活动中能够发挥出更大的作用。尤其对于人来讲，各种活动都将在人的意识空间有所感知和表达。通过对人的意识进行扩展性加工，意识可以不考虑当前的环境现状而直接依据人的内在需求而驱动人产生某种行为。

2. 意识中的信息变化

人是在意义中存在，又在不断地构建出种种不同的意义。信息的意义在于多样化、差异化信息的存在。人构建差异化信息的能力越强，对差异化的包容能力越强，人存在的价值也就越大。大脑神经系统相对于人体的其他系统来讲，具有更强的变化性、更高程度的联系性激励兴奋、更加自如的自组织能力。大脑会依据其对差异的敏感性而对信息中的差异化进行构建，表征差异、受到差异性信息的作用而进一步地生成新的意义。

差异化构建是凭借意识中的好奇心所实施的一个独立的变化模式。由于它所形成的意义总是表现出与其他的意义的不同，因此，人所特有的强大的好奇心，能够保证这一过程持续进行，并将各种仅存在很小局部联系的信息转化组织成为一个有机的完整意义的信息。

人在意识中能够表现出更强的信息涌现性的力量，使各种信息能够自主地涌现在某个心理过程中，并参与到同其他信息的相互作用过程中，从而使人对信息的加工变得更加复杂、全面和深刻。在此过程中，更加强大的心理空间能够保证更加多样的信息同时在大脑中处于兴奋状态，并在局部特征的共性相干和整体的关系模式的基础上，或者通过选择其他控制指标的方式将其更加有效的组织起来。

更为重要的还在于，生命的活性本征力量还促进了在意识中形成比较优化的判断选择模式。在不可协调的各种不同的模式同时并存的情况下，各种不同的信息会在大脑神经系统中通过自组织的方式将诸多不同的信息模式联系在一起，再通过共性相干和表达对美追求的力量，在突显比较优化选择模式的基础上，对不同的模式展开延伸、扩展，最终形成概括程度更高、合理性更强的抽象模式。

3. 反复迭代与自相似

意识中所表现出来的生命的活性，使得生命的"自相似"性特征表现得更为典型。这就意味着，人可以在意识中，以任何一个信息模式为基础而表现活性本征的力量模式，与其他信息建立各种各样的联系。人的大脑的多层次结构则保证着人可以利用这种关系而迭代性地进行活动。只要一个模式稳定下来，就能够以其为基础而实施相关的活性变换。

在大脑中所进行的活动过程与其他组织器官的活动过程相比，能够形成更加强大的模式构建、模式自由变换、模式自由组合等心理转换过程，在心理模式之间形成更加多样的意义和由局部特征所构成的组合结构。由此而生成的意识，由此而生成的社会结构，以及对此社会结构形成反映的社会科学，都具有了"自相似性"特征，都能够表现出典型的生命活性特征。只不过，在由个体组成群体的过程中，个体的独特性和彼此之间的相互作用是人们需要关注的重点。复杂性动力学正是从个体之间的相互作用入手展开讨论，从而研究不同群体所形成的独特的社会结构。这是高于个体之上的更高层次的自组织过程。

这就意味着：一方面，正是由于发散性扩张力量，促进了不同信息在大脑中的相互作用；另一方面，由于信息之间的不同，才促进了高层次神经系统之间的复杂联结，也才能在生命活性的发散与收敛的作用下，形成具有某种共性特征的神经元集合，这些功能神经元汇聚在一起会形成对信息的更加广泛的加工。

4. 感知差异的反复进行

在大脑神经系统中存在的差异感知器，使人具有了感知其他层次神经系统不同状态之间差异的能力，每个人都能够在这种差异化信息的作用下生成足够的变化性信息，在被意识放大的收敛与发散力量的有机协调过程中，促使人在基于差异的基础上表现出发散的力量及其结果。在此过程中，这种表达差异的模式会在更高的心理层次基础上成为一种稳定的模式并能够独立地发挥作用。

5. 形成表达信息的自主性

多层次的神经网络由于都具有了自主性，它能以心理过程为基础，能够在意识地层面上建立不同信息之间更为自由、复杂的关系。这种过程不需要有外界环境的变化和具体情景所形成的刺激，只要保持这种心理状态，便会以其自主性而采取最小能量消耗（与采取具体行动时的资源消耗相比）的形式表达出意识的过程。

信息是物质运动的一种客观属性，单从信息的角度来看，它不涉及能量的运用，可以利用信息的无能量特性而发挥作用，因此，能够在更加多样的模式的神经系统中表现得更加突出。在信息的层面上可以展开各种的变换，强化意识的信息性表现，在局部信息之间形成更加多样的组合（综合），在各层次中反复地迭代相关的变换，实施基于信息的无限次的迭代变换，以形成更加多样的变化性信息，展开更加广泛的联想，仅仅依据局部特征之间的某个局部关系将不同的信息在大脑中同时激活，形成进一步信息加工的基础等。当然，虽然信息与能量可以彼此独立地发挥作用，但却需要借助能量所带来的能源而表达出相关的作用结果。

这就是说，在表达信息特征上，只能以任何消耗能量的方式进行。

我们在这里将注意力集中到在审美过程中所表现出来的信息的相关特征上。我们认为，美的信息是信息量达到最大时的信息；美的信息是在各种可能信息之中，遵循规律的美而使某个特征达到极值。追求美的信息的过程，自然地必须遵循信息的极值原理。

大脑可以对信息实施发散与收敛的有机结合的作用而形成非线性涨落，不断地偏离原来的协调状态，从而形成与原来状态的差异，并由此而形成信息刺激，不断地促进心理过程的持续进行。这就决定了我们依据生命的活性，可以将某个心理过程延伸扩展。

稳定性信息模式的自主涌现，打破了对只具有一定关系的信息可以同时显示在心理空间的束缚，使得某些信息能够出乎意料地出现在与之并无关系的意义构建过程中，并进一步地以该模式为基础而联想出其他的信息，使该模式成为控制心智进一步变化的控制模式，将该模式作为一个基本元素来展开新的自组织过程等。

自组织、共性相干等诸多特征都将依据信息的特征而展开，在这些模式的作用下，生命体可以形成更加丰富的心理表征，依据大脑神经系统多个层次之间的关系而形成内部丰富的相互作用。依据意识的自反馈，通过不断的汇聚、分解，形成独立化的过程，将各种信息模式直接映射到更高层次，将各种模式都当作指导模式引导其他心理模式的变化，尤其是将不同的信息联系起来组成一个更加复杂的动力学过程，并在外界环境的支持下通过达到稳定状态而形成一个确定的意义。

在信息层面由于它不涉及能量变换、不涉及物质的运动，因此，从其本质上就具有更强的可变化性。尤其是在大脑神经系统中，可以利用神经元更加自由和多样的状态，能够更加自由地生成更多的信息模式。这就包括单个神经元具有更加多样的运动模式，神经元之间所具有的广泛的联结可以组成更加多样的信息模式，大脑神经系统所组成的复杂系统可以通过自组织而形成心智的进一步变化。

在"按模式而变"的过程中，第一，任何一个信息模式都可以成为控制模式，引导其他信息模式的变化。第二，以任何一个模式为基础都可以表现出活性特征。与此同时，不同信息模式会因为此种特征过程而表现出共性相干，并与其他特征结合在一起在高层次信息层面被抽象概括。第三，低层次信息可以直接映射到高层次，并成为控制模式，将其与第一条相结合，就可以发现，任何一种信息模式都可以作为指导模式而存在。第四，任何信息都可以与其他信息一起通过自组织而形成一个新的动力学系统，通过该动力学系统内部各信息之间的相互作用，在外界环境的支持下，最终形成一个使各信息模式保持一定的兴奋度的、基于各信息兴奋度的稳定分布，由此与一个新的确定性意义稳定地对应起来。

二 以意识为基础而表达意识

在美的意识中，人为什么形成追求这种形式表现的活性本征？显然，这不是人的主动在追求，而是这种进化结果的自然展现。只有在人的意识中，才可以更加突出地通过艺术而表达美的意义。

意识在美的独立特化过程中起决定性作用，或者说两者之间具有更为紧密的相互作用关系。我们认为，正是由于意识，才使美成为一种独立化的过程。在此过程中，第一，意识为美提供了存在的基础；第二，意识保证了在构建过程中美的受到更多的重复和强化；第三，在意识中建立起了当前信息与其他信息更加广泛而深入的关系。这种关系的建立，能够更好地发挥美的作用，而反过来，美则对意识的形成也发挥促进作用。

活性是生命的基本活动，以任何一个组织器官为基础，都可以自如地表达出活性的基本力量。神经系统意识活动则依据其特有的功能能够更强地表达活性的力量。这些被表达的模式也会同当前意识到的主要信息一起，成为意识中重要的补充信息，并有效地参与到同其他信息模式建立关系的过程中。

日常的生活会将在意识层面表现出对这种更强烈体验的追求，并将其转化到对美追求的力量的强化上，通过在意识层面增强这种模式兴奋度和稳定性，该模式也就成为人们日常行为中占主要地位、发挥主要作用的稳定性行为模式。

1. 来源于生命活性的力量更容易被激发

来源于生命活性本源的基本力量和基于这种力量而进化出来的所有的活动模式，都能够有效地表现这种力量，它能够在生命的各个层面得到反映，从而能够激发出更多与这种力量相关的各个层次的行为模式，而且还会通过各个层次模式之间基于生命活性的共性表现形成共性相干，从而进一步地放大这种力量。因此，这种力量也更容易被激发出来。

在意识活动过程中，这种过程将更容易、更经常、更自由地表现出来；同时，这种过程也更容易被人所感知而成为意识的一个典型的特征。当然，如果不加注意，它也往往会被人忽略。

2. 扩张力的作用与增强

生命活性中的发散、扩张性力量会作为一种控制性力量在意识中得到有效表征，促进着生命体在相应的方向上更进一步的进化。尤其是当人们在意识中将对美追求的力量特化出来以后，人们便会更加自如地将对美追求的力量作为一种基本模式而进一步地将其运用到生命活性中发散与收敛力量的有机协调中，同时又促进这种扩张力量的进一步发展。

与此同时，收敛力以另一种方式而起作用：将诸多经过扩展后的多样化模式并与扩展模式的基础性模式建立起联系，这种模式一方面表现着收敛的力量；另一方面也增强着扩展力量的意义，同时也促进两者相互协调与统一。当人们在意识中构建并独立特化出了这种模式的力量以后，会将其作为一种基本性的力量在生命体的其他过程中发挥作用，并有效地将这种力量模式迁移到其他方面，在其他特征的表现中发挥相应的作用。被激发出来的模式有可能在意识中被共性放大，并通过意识的反映和强化使这种力量变得更加强大。

3. 自然选择的力量

由发散扩展性力量促进生成的竞争力强的个体，将有更大的机会得到发展，尤其是经过自然选择后，那些经过随机性扩展而得到的优化选择，从而形成了具有向某种方向扩展的个体，它会因为获得更多的资源而被选择，并通过重复和同其他事物建立起各种关系而得以强化。

达尔文的生物进化理论，证明了个体由于对这种扩张的良好作用的反馈性而得到增强的过程。那些能够有效提升竞争力的因素，会在自然进化中，通过遗传选择基础上的活性力量表达被一次次微弱地强化，但每一次的微弱强化，会伴随着更长时间的进化，成为了生命体的一种突出的特征。这种强化意味着通过进化而形成了反馈（思）性增强，它反过来从而更具针对性地促进着这种良好扩张的增强。

4. 对扩张的良好作用的反思性增强

生命在不同的活动过程中，生命活性的表征是不同的。当人们在不同的过程中对其加以比较时，便有更大的可能体会到对生命活性不同程度的体验所带来的差异。结合如上所述，人们自然会选择能够在更大程度上表征生命活性的模式。这种模式的力量也会成为人的持续性追求的力量。随机性的扩张，并不能保证生物体在遗传过程中具有更强的竞争力。那些由于能够获得更高竞争力从而被选择的个体的存在，意味着它们通过进化而选择了在相应特征的某个方向上的扩展，从而使扩张具有了进化方向性的意义。通过遗传过程中的扩张、变异与选择，那些有益于生物体生存的因素，会通过生物体的遗传性选择，自然地在与生物体中增强竞争力的模式建立起稳定联系的同时得到强化。当这种模式在人的意识中反映时，相关的模式也就具有了稳定的相互激活性，更为重要的是在意识中可以通过反思的形式促进其有效增长。

5. 意识的放大作用增强着这种力量

人的意识具有对相关心理模式的更加强大的发散性作用，尤其是这种发散性的作用力量与生命活性中发散性力量之间具有的共性相干时，会在意识中得到有效放大。生命活性中的发散性力量通过意识的强势放大，会进一步地促进着生物体对这种力量的追求与体验。

对于人来讲，这种增强模式必然地会在意识中被再次地强化，同时，它在表达自主性力量的基础上，还会受到差异感知神经元的激励而形成对其自反馈的有意识增强。

当这种模式被独立特化出来时，人们便将这种模式与对美追求的力量在意识中有机结合，同时会认识到这两者之间因为表现出了共性特征，人们便能够认识和体会到两者之间建立共性相干时的特征作用。自然地，人们在关注这种模式的过程中，将促进人基于此而表现生命的活性本征，通过表达人的期望和使期望得到满足，形成对这一过程更加强烈的追求。

这种追求的力量，会在艺术家那里得到更加突出的表现。从某种角度讲，能否更大程度地表现这种力量，也就成为衡量艺术家水平高低的一个重要标准。

6. 形成更加强烈的期望

生命的组织器官和个体除了通过涌现性表现展示其自主性以外，还可以通过根据人自身的愿望需求等决定自己的思想和行为的自主性力量。在这种自主性力量的作用下，人能够独立运用自身所形成的，将若干局部信息组织成为具有某种意义的习惯性稳定模式，在多种可能的模式中优化选择出某一个不受到外界环境作用时的被动选择。与此相关的过程在意识中被放大，使其能够在其独立地发挥作用的基础上，与愿意、期望等相关的信息得到强化，使人的心智具有更大程度上的期望性意义特征。

以对美追求的力量为基础而进一步地促进生命活性在意识中的反映，会形成进一步增强对美追求的模式力量，人会在这个模式的基础上进一步地建立使其得到增强的期望。这种期望性的力量，将作为一种独立的模式与生命活性中收敛性的力量一起，促使生命体将资源集中到这个期望的方面实施构建，进而使其得到有效强化。即使人们在无意识中认识到这种力量，也会形成使其得到增强的期望，从而更加主动地运用对美追求的力量而实现这种力量。

7. 追求在刺激消失以后的记忆性体验

按照计算机科学中的哥德尔定理，人们能够体验到在不同刺激作用下形成稳定模式以后的生命活性的本征表现。此时，生命本征中的各种特征能够在其中发挥相应的作用，并在自主和涌现的兴奋作用下，在各种活动中表现出应有的力量。

三　意识与剩余心理空间

当人存在足够的剩余心理空间时，人便有强大的信息加工能力和自我反省能力，从而对人所处的状态产生相关的觉知。实际上，这种强大的剩余心理空间，就是生命的活性本征在意识中自由表现而生成的。

（一）在协调各组织器官运动功能之上会形成更加复杂的信息加工

单一地强化某个组织器官的力量，只会单一地使其变得越来越强大。同时使各种不同的组织器官得到增强，则会在其单一增强的基础上，通过协调彼此之间的关系，形成相互增强的力量模式，这在大脑神经系统中得到更加强势的表现与强化。随着人对大量而复杂的信息的加工，形成复杂的大脑神经系统便是必然。

（二）发散扩展力量的固化与强化促使大脑形成了剩余神经系统，进而生成剩余意识空间

基于生命体当前的功能与结构之间的对应关系，生命活性的力量会在变异扩展的基础上，将变异后的结果与当前结构建立起稳定联系。这就意味着，只要当前结构与变异功能之间的关系能够协调，该组织器官就会在生命活性作用下，基于联想而构建出更多与当前的直接刺激作用有联系却的确不同的应对模式。在意识中，这种现象显得极为常见。也正是由于这种差异化构建和联想性激活，以及基于收敛力量而组合形成的优化，保证着剩余意识空间的有效扩展与作用的有效发挥。

（三）好奇心维持着剩余意识空间的稳定与变化

在生命状态下，即使没有外界信息的刺激作用，任何一种心理状态，都会在表现收敛与发散有机统一的过程中，形成与当前有所不同的心理信息。更宏观地讲，仅仅是单纯地基于人的意识，就可以自如地表现出生命活性本征的力量。对这种差异的感知、主动地构建差异、寻找新奇、关注未知等好奇心的自主表现，将会维持剩余意识空间的稳定性，并能够以符合生命活性本征的模式运动变化着。

四 认知的特征分析过程

（一）世界的复杂性与人的能力有限性

在我们研究美的价值度量的问题时，不可避免将人的能力有限性视为研究美的前提之一。人在与环境的相互作用过程中，人的知识处于以现有的知识模式为基础的不断扩展之中。资源的有限性与生命的活性本征结合在一起，促进着生命体在构建自身过程中不断地优化，或者说，将那些更能适应环境作用与变化的模式固化下来，并随着持续不断的进

化过程，将那些代表更好适应能力的基因遗传下来。

人的能力是在与环境的相互作用中逐步成长的，但在与外界环境的相互作用中存在非线性的"增长的极限"①。根据每一位伟大艺术家的有限的美的表现、创造能力，人们会在以往"最美"的基础上，进一步地发现、构建、表现基于人的有限能力表现的"局部极美"。那些已经被人认知的信息成为进一步探索的基础，那些已经被表现出来的"局部极美"也成为人们下一步展开美的创造的"基本参考点"。

如果说人的能力是无限的，那么我们就可以在生命活性中发散性力量模式的指导下无限地实施扩展性构建，自然，从逻辑的角度来讲，最美的作品也就有可能已经产生，下一步所进行的仅仅就是在无限可能性中将最美的作品寻找出来。在这种情况下，人们的选择就会面临一个巨大的困难。从另一个角度来看，我们可以更加有意识地直接构建出最美的作品。此时，当人们认识到美的意义与作用时，人们会主动有意识地在符号美的特征要求的基础上进行主动构建。这种构建一是先在大脑中将各种可能的情况构建出来，然后再依据某些标准加以选择；二是主动地向美的方向实施构建，首先将具有美的特征、符合美的标准的模式先行地构建出来，此时人们会以美为联想、构建的基础性背景和基本出发点，将美作为一种联想的基本元素，这样做便具有更强的目的性，使得人能够在表现对美追求的力量时具有更强的方向选择控制性。所有的建设者都有可能成为艺术家——构建出了基于艺术家自身最大能力基础上的最美的东西。

1. 对真理的认识是一个渐近的过程

用有限去逼近一个无限的存的方法，只能一点一点由少到多地转变。从根本上讲，对真理的认识仅仅是一个不断地持续进行的过程，因此对美的片面解释已经构成了对"极致美"的逐次逼近。世界的新奇性在一点一点地被人所接收、肯定。这种差异化的局部特征会通过记忆和建立关系被组织到人类的知识体系中，这使我们可以理性地逐步建立起对世界认知的基本结构。

---

① ［美］彼得·圣吉:《第五项修炼》，郭进隆译，上海三联书店 1998 年版，第 103 页。

2. 信息输入大脑

连续性信息在输入大脑的过程中，就已经被离散的神经元所离解。在由感知神经元进一步地汇总到大脑的古皮质区、大脑新皮质区以及前额神经系统的过程中，大脑会通过共性放大与差异消解的作用，仍旧进行着连续信息的分解。与此同时，人们还通过某一局部特征而建立起与其他局部信息之间的多种多样的联系。信息在进入人的意识的过程中时就已经在揭示人认识美的基本模型——由局部到整体地一点一点地逼近。

3. 信息被记忆与遗忘

人的大脑存在着对信息的记忆与遗忘的过程，甚至可以说这两个过程总是同时进行的。因此，一个记忆的连续性信息在记忆过程中被消解成由若干局部特征及其彼此之间的某种关系所支撑的框架结构。它们之所以能够留下来成为构建意义的基本元素，一方面由于其地位突出，或者具有较高的兴奋度，另一方面往往也由于其同其他信息的联系作用而有所加强。

4. 局部特征在不同的信息中被强化

能力有限性限定我们只能采取有限的途径探寻自然界中有限的几种信息表达形式；只能在大脑中显示有限的几个信息模式；只能在大脑中建立信息之间有限的关系；依据局部特征及其关系构建它们的有限的几种意义；意识所进行活动的过程的时间和强度是有限的；对外界信息进行反应的时间是确定而且是有限的；对信息的创新性加工能力也是有限的等。总之，在我们所能想到的所有的方面都是有限的。在此过程中，有些局部特征因为能够在不同的事物中有相同（相似）性结构和表现，这些特征就会因为这些不同的事物在人的意识中不断重复表达而形成共性放大，成为联系不同事物信息的核心特征。这种过程的形成，也在进一步地推进着美的信息在大脑中的框架网络式表征。

5. 联想意味着在具有各种关系的可能模式中使具有某种性质的信息的兴奋度增高

只要不同的信息已经建立起了某种关系，它们之间就存在相互激活的可能性。因此，具有某种关系的不同信息，能够从某些局部特征出发，通过它们之间的相互作用组成一个动力学过程，并会对其他信息模式的兴奋提供相应的刺激。联想成为人在稳定的基础上展开发散扩展的基本力量模式。

6. 意象的特殊表征

与感觉、知觉相比，意象具有更大的抽象性，意象只能反映具体事物有限的几个主要局部的形象性特征和由这些特征通过某些关系而形成的结点网络结构，在主要特征点之间的其他连续的形象性信息，会由于感知神经系统的能力有限性而对其进行"截值"（不在大脑中显示出来），并根据局部特征（作为独立的完整特征）在大脑中兴奋的可能性的大小对相应的信息采取有选择性的反应，最后形成以几个主要局部特征为代表点的信息模式。虽然其他信息兴奋显示的可能性相对较小，但大脑仍会在网络同伦性关系的基础上，对其他信息形成形象性的同构反应。大脑神经系统就是根据这些主要特征所构成的同伦性整体而对刺激事物给出全面反应的。

（二）认知的特征模型

1. 稳定的意义对应于一个稳定的特征框架结构

基于人能力有限性，人们只能对一个复杂的客观信息提取出几个主要特征，在对这些特征形成整体把握的基础上，再对其进行更大的整体层面的描述。某一事物的意象只是保持了事物本身中的一些模式、结构的稳定，并将其他特征和动作作为变化的因素来考虑。

对于一个简单的信息模式，我们可采取"完形"（原型）的方式进行加工、理解和记忆，但对于一个比较复杂的、变化性的信息，人们就只能选择其中几个典型形象，而将其他意义或局部特征作为其补充，只维持几个局部特征及其相互关系所组成的结构不变，将其他诸多特征以一种变化的方式显示出来，并根据信息的整体性而将不同的局部特征组成一个整体。这其中涉及这些问题：第一，整体显示的时间性；第二，显示不同的特征；第三，显示时不同的次序，这种次序由其整体性来决定，其中包括：显示时间的长短、与什么元素一同显示等。

信息意义在以网络框架的方式在大脑中进行表征，因此，每一个稳定而完整的框架结构分别与一个完整的信息意义相对应。

（1）每个意义分别对应于一个稳定的心理时相

为了准确地描述心理状态和心理转换过程的规律，我们同样引入心理状态的描述——泛集。

所谓t时刻的心理时相，是指在t时刻由心理的主要特征所组成的稳定集合。在心理转换过程中，每一个心理时相都将对应着一个稳定的信息集合。这个信息集合与稳定的事物信息和意义相对应，并以其局部特征为结点构成框架结构作为稳定意义的对应信息表征形式，其他信息就可作为变化性信息以保持其"同伦变换"。在这里应该注意，"瞬间"的概念是指一个具有一定时间长短的过程，状态则与一个时刻相对应。在任何一个时刻，事物的状态信息将包括多种不同的层次，比如说在描述一个物体的运动时，物体所在的位置是最直接的状态信息，但在此基础上还存在运动速度和运动加速度等信息，在考虑到物体的运动状态时，还涉及物体围绕某个轴的转动角速度和转动角加速度等状态信息。因此，研究物体的运动就转化成为研究物体的状态性特征在受到外界刺激而发生变化时的规律性关系。物体在每一时刻的位置是最直接的状态信息，后面的这些信息则属于更高层次的构建性状态信息。

（2）每个稳定的时相分别对应于一个稳定的意义

第一，对于某一确定意义的过程。对于某一个具有确定意义的过程来讲，可以用一个抽象的"形象"——由若干局部信息元素通过彼此之间的相互关系而组成一个具有框架结构的意义网络——来加以描述，该确定意义中的其他形象和意义则可以通过符号内涵与外延延伸扩展的方式来加以描述，比如可以在人的大脑中以画外音的形式给出说明，由此而确定相应的意义。

第二，复杂意义的幻灯模型

在认知心理学中，关于信息在大脑中是如何记忆以及如何表征的，也就是说信息以什么样的形式记忆在大脑中的问题，目前有几种看法，一种是认为信息按照两种方式——视觉的心象和言语的形式在大脑中记忆，另一种认为信息采用意义的记忆方式。在记忆一个复杂的图形时，往往采用这种具有局部抽象意义的表征，它是忽略掉某些具体细节的、由事物的主要的局部特征以及相互之间的关系而组成的、具有一定意义的框架性信息结构。因此"信息是依据命题来表征的这种见解，是当前关于意义如何在记忆中表征的最得人心的概念。在一个命题的分析中，所表征的只是一个事件的意义。不重要的各种细节——那些人们不留心去记忆的细节——并不表征"。① 由于"信息是按照一种表达原始断言的意义的方式而在记忆中加以表征的"②，因此对于一个复杂的命题的分析，往往就采用由一系列的命题之间的联系而组成一个复杂的网络——命题网络的方式。通过前面的分析可以明确地看到，对于美，我们是倾向于采取美的结构的网络进行表征。

对于一个具有复杂意义的过程，在无法采用一种框架网络结构所组成的"意义框架"加以描述时，常常采用若干个具有很大差别的"意义框架"与之对应，其过程正如在大脑中放映一系列的幻灯片，这些幻灯片与局部确定意义对应起来以形成阶段性意义，而在每一阶段中只有一个意义框架，其他的信息则通过延伸扩展的"画外音"的形式给出。对于某一个复杂的过程，其整体意义由几个有区别的局部意义框架来表征，如果以每一个局部意义框架为基础，其意义又由相应的局部特征通过相互关系来表征或者采取原型法而直接确定其意义。在生命活性中收敛与发散力量的指导下，人们一般只建立一个稳定不变的意义框架，并采用"幻灯画外音"的方式将其他信息补充进来。因此，这种稳定的意义框架起着稳定性的作用。

2. 大脑中实施的扩展以其中的局部特征作为出发点

在选择了一定大小的局部特征作为过程的主要特征以后，人们会降低其他特征的兴奋程度（可能度）。由于这些可能度的降低，在这些特征对于其整体意义并不起主要作用的情况下，根据信息特征在大脑显示时的变化性特征，这些信息特征就成为可以在一定范围内任意变化的特征元素。

因此，意义框架有两种不同的特征：一种是保持稳定的主要特征（保持稳定不变），而另一种则是可以变换的变化性特征。如果说意象派

---

① ［美］J. R. 安德森：《认知心理学》，杨清等译，吉林教育出版社 1989 年版，第 130 页。
② 同上书，第 131 页。

画家主要在强调色彩以及色彩的变换方面表现，也就是说他们把选择色彩为信息的主要特征，以色彩表现信息的主要特征点，意象的另一种主要性质——变化性在意象派绘画艺术中并没有得到充分地表现，虽然在西班牙的著名画家毕加索的作品中变化性有所表现，但表现得还不彻底。如果将这两个方面更有机地结合起来会使这种艺术表现形式更加成熟，但创作也就更加困难。当然，艺术家并没有无所事事。意象派画作的模糊性，就是这种变化性力量的另类探索。

（三）美的特征分析模型的意义

1. 事物之间的相互作用强化着事物的局部特征

不同事物之间存在着复杂的相互作用，这种相互作用模式在主体中的反映，会使得某些局部特征的"地位"较高，事物的意义也因此与这些被突出展现的局部特征的意义有机地联系在一起。事物的整体意义也就由这些局部特征的意义来确定。那些较弱的模式之间的相互作用，会在人认识客观世界的过程中被认为是不重要的，并因此而被忽略。

2. 人的能力有限性裂解着完整的美

生命体对外界的感知是由感知神经元提供的。感知神经元的分布并不是连续的，而是呈间断性特征。这种粒子性特征也是物质的基本属性。这就从本质上决定了人在认识客观自然的过程中，只能采取"离散化"的方式构成外界的意义。意义框架的基础也在于此。

信息的相互作用所表现出来的共性相干使那些相同（甚至相似）局部特征的兴奋度得以增高，在生命体中记忆与遗忘过程的存在，会使得那些兴奋度较低的局部特征被以较大的可能性遗忘。随着时间的推移，连续性信息也就被肢解成由若干局部特征及其关系（在这里主要表现为整体性的关系）所组成的框架网络。诸多美的特征就是被人的有限能力分别割离开来的结果。当然，从社会文化的角度来看，它还存在以下影响：

（1）对生命的影响力不同

外界事物对生命成长与进化的作用是不同的。有限的资源决定着只有那些能够产生重要影响的作用，才能更加有效地促进着生命的进化，也才能在生命结构体中反映并被生命的进化过程所选择、强化。

（2）生命活性本质的力量也只是表现出不同的作用

或者说，通过进化选择，那些起主要作用的生命特征成为生物个体关注的重点。生命活性便会在进化选择中，构建自己在不同的情景中能够表达不同力量程度的恰当模式。但不可否认的是，生命体每达到一种稳定状态，其生命的活性本征就会表现出一种特有的新的运动模式。

（3）在不同的进化活动过程中形成不同的力量

受到不同环境的作用与影响，生命体分别表现出不同的活性本征。这些不同的内在性力量会从局部特征的角度在不同的过程中发挥作用，从而形成与具体情景相对应的不同的活性本征表现分布。如果我们认可所有的活性本征都将在生命体达到与外界稳定协调的过程中发挥一定的作用，那么，我们就通过赋予各个活性本征模式以一定的兴奋度，从而描绘出一个活性本征兴奋的稳定的分布状态。表达这些活性本征，或者说通过构建与活性本征达到稳定协调的外界环境特征，将使人进入协调时的稳定状态。研究生命体在不同外界环境作用下的稳定协调的规律，就需要研究在外界因素的影响下，这种活性本征模式分布的特点和变化规律。

（4）不同的组织器官行使不同的功能

不同的组织器官表达生命不同的基本结构、功能作用和意义。这就意味着，通过联系的方式，这些组织器官所对应的生命本征模式也会在生命体达到与外界环境稳定协调的状态中发挥应有的作用。尤其是在由不协调达到协调，或者由协调达到不协调的过程中，从这些组织器官所体现出来的稳定协调状态以及与其他状态之间的关系，将使人能够更加清晰地体会到的不同组织器官稳定协调状态所具有不同的意义。

（5）不同的结构在不同的外界环境作用下形成不同的稳定运动状态

生命活动表现出了典型的非线性特征。这就意味着，即便外界环境只是出现了很小的变化，也会在生命体中形成差异很大的稳定协调状态。当然，这种独具特色的个性化的稳定协调状态，还是会通过更高层次神经系统之间的广泛联系而被概括抽象并联系在一起。这种状态就告诉我们，生命体既可以体验到由单个活性本征的兴奋而达成的稳定协调状态独特的作用，也能够根据其内在联系而形成更高层次的稳定协调的升华后的一般性的作用。

（四）意象心理转换过程

1. 事物特征的局部化

从认识事物的过程来看，一般情况下人是先接收事物的局部性信息，将事物信息局部化、孤立化，在将其与一定的意义联系起来（或者将不同事物的相互作用模式作为一种独立的意义特征）以后，这些信息会成为有用的特征。所谓意义化，即将其与别的信息模式之间建立起一系列的关系、表征不同事物的相互作用，体现出它们之间不同的特征，比如功能上的相同、作用上的相似等，并在其显示时，还能有一些关于其意义的说明的具体信息与之一起激活。

事物信息局部化的过程与信息接收的区域有关。无论任何形式的信息接收，都存在一个最佳区域，在这个范围内时，信息的接收效果最好，而且在此区域内也更容易形成局部性的整体性信息模式。

局部化与时间过程有关。一个具体信息在大脑中形成反应时，它的兴奋将维持在一定时间内，而对该信息模式进行的各种信息加工过程也应在此时间过程内进行。

局部化操作与其他信息模式的关系特征有关。如果该局部特征在别的事物上有所表现，或与其他的信息模式具有相同或相似的形状、相同或相似的局部特征、相同或相似的功能等，它也就容易具有独立的意义，对其认知就可以按照模式识别的方式来形成局部特征，特别是对其进行典型模式的直接认知—模式化识别过程。

在事物信息局部化的过程中，我们可以采用多种方法将注意力集中到局部特征上：第一，形成对该特征长时间的注视或近距离观看此局部特征；第二，只选择与此局部特征有关的信息；第三，在大脑中只建构与此有关的其他信息模式等。

如果一个事物信息复杂时，不得不通过分解的办法来认知时，那么此时人们将采用特征分析模型来建构起整体与局部特征的对应关系。事物信息的局部化的过程可以是：第一，结构的局部化，只显示出局部上的结构性；第二，色彩的局部化，将色彩单纯化，去掉中间性的过渡性或合成性色彩，以单一色彩的形式将其整体化、间断化；第三，功能的局部化，将一定的功能与局部特征形成对应关系，使局部特征的功能意义非常明显。

形成局部化的基本操作过程有：第一，抽取与其他事物之间的共同点；第二，通过选择，限制观察问题的角度和尺寸；第三，限制其他条件的存在而只从几个角度看待同一对象，以及建立起与别的事物之间的少量的、局部的关系。

之所以要局部化研究，原因在于，当一个复杂的信息输入大脑以后，由于其复杂性而使人们感到该信息太过新奇，其中有许多的问题还没有被认识到，因此，人不能对该对象形成一个稳定的全面认识，也就是说，在外界所输入的信息与记忆中的知识系统之间还没有构成协调稳定的认知。如果说大脑根据信息的局部特征形成记忆，而凭借已形成记忆的局部知识结构为动态系统，那么就有了生命体与外界信息相协调的基础。如果外界输入的信息与该记忆系统的某些信息特征之间存在关系，这些关系就可以进一步地驱使两者达到相互协调，无论是达到"同化"过程，还是最终形成"顺应"过程，其最终都是形成大脑对外界信息的认识。与其他的协调过程不同的是，这里的知识结构是根据记忆系统中的信息以及外界信息特征同这些记忆特征之间的关系而建构出来的，记忆的信息越多，则建构出的知识体系与信息之间的协调度就越高。

2. 特征信息的意义化

如果以一定的意义将某些特征赋予局部信息，也就是建立起该局部特征与别的信息模式之间的关系，或者用别的信息模式来对此局部特征进行定义，那么就会形成局部特征的能指与所指。

研究分析表明，对事物整体性信息的局部化过程与抽象过程有着密切的联系。抽象过程，它是指通过该事物与其他事物之间的相互作用，在对事物形成稳定认识的基础上，以一个认识中的典型特征泛集而代表这种稳定认识泛集，在工作记忆状态中，只显示出该典型特征，泛集内的其他局部特征就不再在大脑中显示出来。由于忽略了泛集中的其他的特征（实际上是降低了其他特征在大脑中显示的可能度，并使其处于准工作记忆状态），就形成了整体认识的局部化过程，也就是形成了抽象过程。

3. 具体特征抽象化

作为意象的主要特征在大脑中反映以后，它就具有了抽象性，它能够代表一类此种局部特征，在此过程中，由于它以主要特征和主要关系为基本结构，因此它就可以代表一类具有此种结构的具体事物，也就是说，作为其主要框架的补充元素可以任意发生变化而整体意象意义却保持不变。通过前面的研究我们也可以看到，局部化过程在一定程度上也就是抽象过程。局部特征、局部关系，以及由此而组成的意象性信息，都将分别对应着一个稳定的泛集。

4. 新概念的具体图象化

这一过程是对具体局部特征进行抽象后，将形成的抽象概念与各种具体事物的信息反映建立关系的过程。在这一过程中，神经系统尽可能地将与此概念有关的各种具体信息模式都展示出来，形成与此概念相对应的各种具体事物同时在大脑中再现的心理过程，由此而构成一个稳定的泛集。如果这些具体的信息都在大脑中显示出来，那么在选择其中某一个作为其整体意义（图形化信息）时，就具有了较大的可变性。

5. 众多具体局部图形组成松散的整体

我们可以将各种与此有关的所能想到的特征，都作为一个整体所对应的相关局部特征的展开性信息，由此而构成一个更大的泛集。在此时，各个泛集的元素之间，仅仅是同时并存的显示关系，我们只是认为它们同时作为一个具体事物的特征而存在。

6. 各具体局部图形之间通过协调以构成有机整体

当一些信息输入大脑中形成一个松散整体时，虽然它们之间有可能还会存在一些矛盾，但在此时我们可以忽略它们之间的矛盾和不协调，为了从整体上的把握它们，人们仍会根据不同的指标通过大脑神经系统的自组织过程将其构成一个有意义的整体。整体性力量的约束，会使人形成爱好秩序或者在混杂中"求秩序"的心理操作，使人总是习惯于从整体的角度（从抽象的角度，从简化的角度）来看待一个具体的对象。通过前面的研究我们也已经看到，由于生命进化的原因，从整体的角度看待事物也就成为人的一种基本本能。根据协调的意义，形成协调的过程可以有以下几个：第一，以某一个局部特征为主时的协调过程；第二，消除各种矛盾性的整体性协调；第三，各个部分之间通过相互作用而形成一个高于具体特征的序参量，从而形成协调；第四，如果存在某一个指标，如时空完整性、功能完整性等，就可以将具体局部意象显示出来而依此关系组成一个整体。

空间上的整体性具有更大的约束性力量，原因就在于这种力量经常出现在我们的视野里。研究表明，视觉信息在输入人的大脑的诸多信息中占80%。那么，在人的能力有限性的制约下，人会形成一种固有模式，这种模式在更大程度上会依据从视觉的角度认识一定范围内的视觉信息来进行构建。如果超出该范围时，将形成视觉过程的变化；而在该范围内时，一般的认识过程是将其作为一个有机整体而认识。从视觉的角度来看，形成空间上的整体性结构，就是形成视觉封闭过程，这种视觉上的封闭过程对于形成一个空间上的整体性具有重要意义。视觉认知心理学的研究表明，只要在视点的转换过程中形成三次以上的重复时，就可以认为它是在一个空间的整体中进行观察。

功能上的完整性对于形成协调关系具有更强的制约力量。各个不同的局部特征，通过人们认识到它们之间的相互作用而构成一个可以完成某种功能的整体。人们会潜在地假设：整体的功能是在各局部特征相互作用、彼此协调的基础上完成的。在这种情况下，各种局部特征就会成为能够完成特定功能的相互协调的要素。正如发动机的汽缸、油路和控制系统之间的关系一样。自然，更一般的情况是，当我们选定一个指标以后，各个元素就会统一于该指标之下，所谓的统一是指它们可以受控于以前所提供的模式之下。

（五）符号

在心理变换过程中不是不存在符号，而是说在以符号为基本信息表达单位时，它起着基本特征和节点的作用。通过这些符号以及彼此之间的关系可以组成一个具有一定信息意义的整体形象——符号节点式形象，从而可以凭借其所代表的整体意义来展开各种不同的信息变换。因此，符号在更大程度上具有了抽象的性质，它可以代表任何一个信息。这些被代表的形象性信息，就作为该符号信息的潜在性补充信息模式。在对符号进行操作时，往往伴随着对符号所代表的具体意义的操作。以符号为对象而进行操作时，它具有如下操作形式：代入、迭代、置换、换位、移位等，通过这些操作，可以使符号具有新的意义。

五 意识与理性的内在统一性

1. 意识与理性是两个不同的概念

理性包含着更强的逻辑限定性，这种逻辑限定性有时来源于事物整体性所做的约束，包括符合与遵循人们已经发现的现有的规律（诸如动量定理、动量矩定理、能量守恒定律、热力学第二定律、电磁学中的麦克斯韦方程、薛定谔量子力学方程、相对论规律等），受到社会习俗的制约（人们所遵从的稳定的习惯行为，包括对于群体的稳定与发展有利的相关原则与规范），也包括相应的社会道德规范以及法律法规。从更广义的角度来讲，则可以将其理解为其建立了不同稳定模式之间的相互激活关系。意识所描述的是在人的大脑神经系统中所展示出来的任何一种心理信息模式的兴奋、变换与自组织构建以及创造的状态和过程。

弗洛伊德将意识区分为有意识和无意识。意识主要表征为人在清醒状态下所能觉察到的心理上的信息变换的状态及过程。在人的大脑神经系统中，存在着大量的不为人们所知觉的针对信息的变换与加工过程，这就是无意识。

依据神经系统之间的相互联系性，尤其是大脑神经系统所表现出来的生命的活性，会不断地表现出基于某个模式而向其他信息模式的收敛与发散的变换特征。基于收敛性变换，会将某些共性的局部特征强化激活，使之成为联系两种不同信息模式的基本"激发点"，而基于发散性变换，则会将不同的信息激活并与当前的基础性信息建立起联系。在这个过程中，那些彼此之间具有较多关系由此而形成较多联系性的信息，会以较高的兴奋度（可能度）在大脑中处于兴奋状态，从而被人所感知，它们共同组成人的意识空间信息；大量的、彼此之间具有较少关系的信息模式，则会以较低的兴奋度处于兴奋状态，它虽然不被人明显地认识到，但它却可以依据其自主性而在某一个稳定的心理状态时兴奋，并由此而对心理变换过程产生适当的影响。

2. 历史上人们重视意识是由理性开始的

人类的进化得益于能够对信息进行大量加工的大脑神经系统的有效发育。在大脑的信息加工能力增强与人的意识进化两者的相互作用过程中，基于生命的活性而在发散力量的表现过程中，逐步地将基于理性（逻辑、规律）的信息及相关的行为转化成为人的核心行为。自然界的丰富多彩，也潜在地驱动着人在各种可能的状况中，寻找具有一定合理程度的关系。在将人的光辉从上帝的阴影下解放出来以后，人们进一步地强化着理性的地位与作用。与此同时，艺术的发展又以其独特的力量引导着人重视生命活性中非理性——"与发散力量"相对应的模式的意义。

3. 意识是比理性状态更为宽泛的状态

理性是意识中更具合理性的成分。这就决定了意识是比理性状态更为"宽泛"的状态。人们可以基于理性（规则、规律）而不断地构建出更具理性（或说理性程度更高、关系中符合规则、规律的关系更多）的特征之间的关系［包括一个心理状态向另一个心理状态转换时，遵循规律的心理模式之间的关系更多、兴奋冲量（兴奋度与兴奋时间的乘积）更大］。

4. 理性是意识中符合一定逻辑的状态

在意识中，可以随意地对心理信息模式实施变换，局部信息的任何变化、组合，都可能在意识中表现出来，尤其是在表现生命活性中的收敛与发散的有机协调的过程中，人能够主动地寻找构建与当前有所差异的信息。但在构建各种差异化信息多样并存的过程中，却表现出了在更大程度上寻求信息之间逻辑联系的倾向。这种倾向的力量来源于生命活性中收敛的力量，也是由对美的追求所表现出来的、寻找更加有效的收敛的力量、收敛到最为恰当模式的力量驱动所至。以一定逻辑关系为基础所展开的信息之间的自由而广泛的联系，基于更多差异化信息基础上的确定性信息的构建，都将与人的活性本征模式相协调。

5. 理性必然地表现出生命的活性

理性构建于更加复杂的生命活性的基础上，因此，在大脑特化出的各种状态意识中，必然地会充分地表现生命活性的意识特征。我们能够更加充分地基于理性而表现生命的活性力量。追求理性的进一步增强，或者通过在理性基础上表现生命活性中的发散性、扩展性力量而构建更大的有别于当前模式的愿望，驱动人们朝着这个新的状态努力地追求在局部特征上与之一一相同（相似或求同），这成为追求理性的必然环节。

6. 追求理性是生命活性中收敛力量的表现

基于更多信息和更加自由信息组织基础上的意识活动，在表现生命的活性时，会自然地将注意力集中到基于各种多样并存的信息基础上对确定性关系的寻求与构建上。生命的活性本征中的收敛性力量驱动人们在更加多样的差异化世界中，寻找那些在变化中的"不变量"，并基于此而构建出具有"规律"制约的理性，从而在多样的差异化状态中逐渐向稳定收敛。差异的力量越强，则收敛于理性的力量便越突出。随着意识中理性的稳定表现及自主能力的形成，人们会进一步地强化理性的力量并在各种情况下积极地表现理性的力量。

7. 人在意识状态可以有效地扩展理性

人们认为的理性的含义合乎理性、合乎规律，但也存在另一种对理性的相对世俗的理解：一定程度的合理性。由于我们只能认识到相对真理，因此，绝对理性的状态就只能在一定程度上才可以达到。这就意味着，在我们所建立的关系中，合乎逻辑、合乎规律的关系在诸多所构建出来的关系中仅仅只能占一定的比例，或者说这种比例已经超过众多的人就此问题的心理阈值。

8. 理性可以使意识具有更强的目的性

目的性是人在运用活性扩展的力量构建出来的比当前更好的差异化状态以后，所表达出来的向这种状态的趋同。这本身就是人将美"捆绑"于对美的追求中，从而形成美化的结果。虽然随着人们对目的性认识的越来越深入、越来越细致，直到最后形成了不同的针对目的的元认知，但目的的美好性特征始终潜在地存在着。目的性在理性中占据关键性的地位。

第五节　研究的出发点

生命是美的基本出发点。只有生命才表现美，只有高级生命也才体验、构建、创造美。

一　生命是美的基础

表达生命活性的特征，虽然可以表现出美的状态，但却不一定能够表达出美的意义。人类则能够基于生命的活性本征将美在各个方面的优化、促进、建设作用表现出来。生命活性只有在各种具体活动中体现时，才能被人所感知和体验，因此，人也就只能借助于各项具体的活动，来表征人的生命活力。这就意味着，我们能够以任何基于生命活性的稳定模式实施美的构建。

生命体的混沌边缘表现出一个度，因此关于美也存在一个度。这个度可以用一个区间来描述：处于这个区间内的任何一个点——任何一种应对外界环境的模式都是恰当的。此时，从维持生命活性稳定状态的角度来看，就会对这个"度"有一种基本的要求。尤其是我们可以体会到，当刺激处于这个度的范围内时，人们能够感受到适度的快乐，超出了这个度的范围时，人便会感受到不愉快乃至痛苦。在此过程中，喜剧的对比刺激往往恰到好处，又直接作用于人的内心，由此产生较强的恰当刺激，从而更加有力地激发出人的美感。

二　研究美的逻辑起点

（一）生命是美学的基础

生命体的存在、发展、稳定与运动都是要遵循自然规律的，但与人们所熟知的客观规律相比，生命所遵循的客观规律具有很大的特殊性。既然生命体有其极端的特殊性，我们就要以自然规律为基础，探索生命特有的生物化学本质特征和规律性关系。我们可以在研究探索意识生成与发展的核心关系、规律的基础上，构建美与意识相互作用的基本规律。

不断地探索构建美学的物理化学基础。在我们仍未寻找到更好的物质运动规律来替代当前现有的物理化学规律的情况下，我们必须将美学的特征和规律构建于现有的物质运动规律的基础上。我们可以首先假设其遵循现有的物质基本规律，并在强化研究意识的形成及本质特征和规律的过程中，将现有的自然科学所揭示的自然规律与美的本质逻辑有机地结合在一起。

构建美学的生物进化基础。虽然我们还不能从现有的物理化学规律中直接明确地导出生物进化规律，但我们仍坚定地认为，美学规律应该在基础的物质运动层面服从人们已经揭示的物理化学等自然规律。虽然美学规律应该具有特殊的形式、特殊的表达和特殊的内容，但它却不能违反物质运动规律。与此同时，我们还必须明确地认识到，美学的进步与发展，与人的进化有着更加直接的联系。生物进化理论已经揭示出不同的物种之间仅仅表现为量（程度）的区别，而不是质的区别。美学原理也应该在生命进化的各个层次有所反映和表现。

美毕竟具有特殊性。这种特殊性是通过比较的方式显现出来的。当前人们仍普遍认为，只有在人的身上，美感才得以突出表现。因此，我们要通过比较研究，探索人为什么形成了美感，而其他动物却没有形成美感，在这里，尤其要重视生命的进化在美学中的重要地位和所发挥出的重要的力量。与此同时，我们还需要关注美的独立特化与自主性对人的进化所产生的强有力的推动作用。① 我们需要通过比较，分析成年人内心的美与婴幼儿内心的美的区别与联系，分析意识在其中所发挥的关键性的作用。要通过比较的方法，研究依据各种不同的标准对人在审美上的区别与联系，从更加抽象的层面概括出、从更深的层次挖掘出更大程度上的美的共性特征（"不变量"），并由此而构建出美的基本规律。

（二）多样并存上高可能度选择的等概率的假设

我们在探索为什么美的理念会在人的身上形成的问题时，首先应该假设：在此过程中应存在各种可能性，而且每一种可能的情况都有可能真实的发生。我们应该在此基础上展开深入研究，不能先入为主的假设，不能带入先天性的偏见，尤其是不能表现出任何的"目的论"想法。当然，我们可以将这种先入为主和偏见作为其中的影响因素来考察。虽然美在人身上体现存在各种可能性，虽然西方美学已经建立起了一个宏大的体系，但我们却要假设：各民族、各地区的传统美学理论在美学体系中具有同等重要的地位。它们相互之间能够通过彼此的差异而形成有效

① ［美］理查德·加纳罗、［美］特尔玛·阿特休勒：《艺术，让人成为人》，舒予译，北京大学出版社2007年版，第3—37页。

的促进作用,激发引导美学研究者以这些局部的、富有地域和文化历史传统的美学理论为基础,充分运用人所特有的概括抽象能力,在对其相互比较、融合中,在相互促进与交流中,在相互交汇与激励中,构建出概括程度更高的美的本质性特征、关系和规律,并从更高的层面展开概括总结和系统归纳。

美学研究应基于各种可能性,在初始时,假定它们具有相同概率发生的"等概率假设"。在构建多种可能性的基础上,分析生物体、分析人为什么会选择这种模式——或者说选择这种模式的概率有多大;研究各种因素对其发生的概率及其变化的影响规律;研究探索决定人的特化、偏化选择的决定因素、关系、结构和规律,在得出一般规律的基础上,结合具体与抽象的逻辑性联系,从中构建出与具体环境的美的规律有机结合的"美的定解方程"(基本规律 + 初始条件 + 边界条件 + 各因素的内在逻辑关系),并以此为基础而展开对各种美学现象的解释、运用和发展。在各种可能多样并存的基础上再表现美的更深层次的关系、过程。无限多的意义同时存在于自然界之中,当前之所以能够确定性地显示某种意义,是由于在当前环境的影响下,其发生的概率相对较高。当各种意义以一种无序而随机的方式展现出来时,这种将所有的因素都罗列出来的做法,可以提升人们对美的本质的把握能力。

(三)独立特化后表现生命的力量

耗散结构理论已经揭示出,在生命体内任何一个部分、组织、器官、系统都可以通过聚集与特化,具有相对的独立性,形成独特的结构,表达与众不同的功能。每当形成一个新的稳定状态,都可以将其看作一个与其他系统达成新的稳定协调基础上的新的动力学系统。任何一个活性模式在其兴奋强度达到一定程度时,都可以被独立与特化出来。

第一,将其独立特化。当一种模式被反复强化时,该模式会成为一个独立的模式,并由此而表现出足够的自主性。既然是将其独立特化,它便具有了独立自主的含义,在此基础上,该模式会独立地与其他的心理模式发生各种各样的相互作用,能够在各个过程中通过涌现而表达出独特的作用:一是生成新的心理模式;二是指导人重复相关模式以产生相关的行为。也使我们能够对其在孤立化基础上进行的单独研究。

第二，以该模式为基础而展开进一步的思维转化。可以用该模式指导其他信息的变化，通过该模式所对应的特征、关系和结构，引导我们去寻找、构建客观对象中的具体状态模式；对该模式实施新的变换；联想更多与该模式有关系的相关信息；将该模式作为组织信息之间关系的控制模式。

第三，以该独立模式为基础，将与之有关系的诸多特征联系在一起。在这个层面上，通过建立不同心理模式之间的关系，通过形成新的神经子系统，在将这种关系由上至下地激活形成了过程中形成更多低层次信息之间的相互作用，最终构建出一个更加完整的反应模式。

模式的独立与特化在艺术创作中具有重要的作用。某一艺术流派在开始时并不明确，流派特征并不明显，它只是随着艺术的深入探索，人们开始明确选择某个特征指标作为衡量其艺术水平高低的基本标准。随后，人们便主动地集中精力创作出能够更好地表征这种特征指标要求的作品，并在这种追求的指导下进一步地延伸扩展艺术创造活动。也就是说，生命活性中的扩展本能，直接将美的本质性特征，包括人在意识中固化出来的表征美的模式，通过差异化的构建方式直接独立特化出来，由此引导人在艺术品的创作过程中，直接表达这种被独立特化的活性本征。创作者在这样一个独立指标的控制下，尽可能地选择与之相关的艺术元素，在彼此之间多种可能的关系中选择出最为恰当的关系，从而在运用这种指标进行比较判断时，将其推向"更美"的境界。艺术流派的成长即反映了这种基本的过程。在人们选择了一个特征指标时，只是为了满足这种特征指标的要求，而创作出"更"能反映、表征这种特征指标要求的作品。在此过程中，将一个特征指标独立特化，是先行者的做法，而对这一特征指标在达到其要求上"更"强化和延伸扩展，是"跟风者"所做的工作。

独立特化后的要求是，以独立化的模式研究其在所有情况下的独立表现，研究在各种具体活动过程中的特殊性，并在各种情况的基础上，通过概括抽象的方式对其进行升华。

美会在人的意识的独立特化、自主、强化的过程中，发挥出更大的作用，并在其不断被使用的过程中，基于其持续性地表现对美的追求而使这种模式通过共性相干的方式得到强化。

（四）强调差异的平等

随着复杂性科学的深入研究，人们抓住了后现代主义强调每个人的独特性和由此而形成的彼此之间的差异的力量。英国学者巴什勒（Baechler）提出"本体论上的平等"，认为任何存在的东西，不论是伟大的还是平凡的，都是真实的。"本体论上的平等"要求摈弃一切歧视，"接收一切差异"，使一切的美的因素、特征、标准、目的、追求等处于同样的地位。但在这里，我们需要注意这种平等是何种意义上的平等。忽略了对更美追求的平等，无异于自我否定。我们需要在差异平等假设的基础上，将人在遗传、心理等方面的差异，目标和评价标准同一，过程被严格地规范化等因素，都转化为影响各种模式的可能度发生变化的原因，通过探索这种影响的关系和影响规律，构建出各种可能性的稳定分布，并将其与具体的环境和时代背景有机地结合起来。在这里，那些最能表现人的多样性的方面，如情感、意志、动机、兴趣等特征理应受到重视。"差异的平等观"承认和保护学习者的丰富多样性，这种观念更能体现"公平"的含义，在探索美学过程中应该会更有效率。这种差异的状况也就要求人们尊重各种不同的艺术形态、流派的合理性（平等性），这也正是人生命活性中"发散"力量自主表现的结果。我们不应该为丰富多彩的艺术形式、体裁的出现而感到恐慌（但实际上，由于多种不同的艺术形式极大地扩展了我们所面对世界，并由此而带给我们更多新奇性的东西，也促使我们尽可能地寻找生活中那些熟悉的审美体裁）。应该尊重"艺术个体"差异的合理性，并在更大程度上表征这种对差异性的追求模式、力量和态势。

三　重点强化若干环节

经验之上的归纳总结提升的方法，所得出的结论不可避免地保持着受到具体经验的约束特色。我们需要具体地讨论不同经验之间的内在联系，或者说，我们需要超出各种具体的经验，构建出更具一般性的美的概念、关系和规律，并进一步地将这种一般的概念、关系和规律，同具体的审美过程相结合，尤其需要与特殊的文化相结合，从而得出能够恰当表述具体文化中的美的特殊规律。

理性逻辑展开方法基于抽象的概念与人的心智运动与变化的内在联系，在构建出了概念之间各种可能的局部联系的基础上，从中寻找到更能反映美的本质的描述和关系。理性逻辑的基本出发点是准确界定基本的概念及其关系。人在意识层面能够对信息展开更加自由的变换，这决定了人能够在多大程度（可能度）上表征描述美的特征在数量上的变化问题。在此过程中，我们则需要研究如何做才能使得一件艺术品中表现美的成分更多，或者说如何才能促使一件艺术品表达出更美的意义。

要想运用科学的方法研究美学问题，就需要预设一个基本的假设，先认可一个可用于控制心智变化的逻辑推演体系，再由此来解释美学中的诸多问题，化解、协调、分析美学中的各种矛盾，并将其具体用于指导艺术创作中。这其中的关键就是美学中被人称为美学规律的这些"基本假设"，这些"基本假设"是那些能够描述美的本质特征和本质特征之间关系的事先假设，人们基本上认可这些假设的合理性，这些基本假设也就成为我们构建美学规律的基本前提。我们一方面可以依据艺术创作的具体经验，抽象性地提炼其中所包含的美的基本特征、基本关系和"基本假设"，同时，还需要将不同国家、不同地区、不同民族的特殊艺术形式包容在一起，形成系统化的升华和理论性的概括抽象；另一方面则需要从生命的基本活性本质出发，依据现有的科学方法，对在人的心智中表现出来的美的特点和规律加以准确"观照"。在促进美学理论的系统化与升华的基础上，依据抽象与具体之间的对应转化关系，解释美学与艺术中特有的现象和问题，并对艺术未来的发展做出科学合理的预测。

在这里，我们遇到的最大挑战是如何从意识的层面具体地推演出美的特点和规律（基本假设），明晰美的意识与其他内容形式的意识的不同之处。构建美学最大的问题是如何运用复杂性动力学方法，在心智变化的非线性特征的基础上，从多样并存的现状出发，构建出具有美的更强逻辑性的内在本质关系。正如前面我们所看到的，我们需要具体地把握不同层次上对美的相关问题加以描述的特征模式，然后再建立这些不同层次之间特征模式之间的内在联系。在此过程中，我们需要关注若干关于美学的重要的特征与环节。

（一）模式的自主涌现

当人进化到复杂的生命体以后，尤其是伴随着人的意识的不断强化，人们开始从宏观的角度直接描述在其视野层次中各种具有自主性涌现的稳定模式的独立意义，人们希望通过将其作为描述复杂性行为的基础性语言，通过研究各个不同的独立组织器官的相互作用而组成完整意义的美学的基本关系和规律，并将其作为描述各种现象的基本出发点。

卡尔·波普尔（Karl Popper）特别强调："我的新的乐观主义解释强调一切生物的主动性。……如果情况如此，那么个体的积极性，来自内部的压力，对新的可能性、新的自由的寻求，试图实现这些可能性的活动，比起来自外部的选择压力更有效力，因为来自外部的选择压力导致较弱个体的消灭，导致对自由地剥夺，包括对最强者的自由的剥夺。"[①]

自主与自我意识是在大脑神经系统中表达出来的只有典型的人才能表现出来的意义。生命体可以在任何一个稳定模式（结构）的基础上，再一次地表现出生命的活力。由此而形成的差异在为专门的差异感知器所感知，并将其表征出来时，人的意识便能通过对这种差异的感知、放大与操作而形成了人的自我意识的具体内容。

1. 自我对自我状态的觉察形成了自我意识

多层神经系统的独立性，使我们可以在意识的其他层次中体会到当前对信息实施的加工过程。此时，生命体是通过差异状态形成刺激，激发相应的差异感知器兴奋而将这种状态特征表达出来的。在完整地进行了相关的过程以后，便形成了对自我状态的完整感知。以这种感知为基础，进一步地实施活性变换，并将这种变换的结果在心理中表征出来，就是自我意识。

2. 意识的活性涌现是自我意识的基础

意识的活性涌现表现出了与当前状态的差异；在意识基础上的活性扩展又加大了这种不同；对感知差异过程的固化与放大，促成了好奇心的生成，它反过来专门对差异的感知、固化与放大起到一定的作用，好

---

① ［英］卡尔·波普尔：《通过知识获得解放》，范景中等译，中国美术学院出版社1998年版，第13页。

奇心成为人的基本本能之一。这种力量又进一步地加强着意识的活性涌现强度，使更多与当前状态无关的信息涌现在大脑中，并进一步对这种无关信息进行加工的控制与指导。

以任何一个生命的本征模式为基础，都可以表现出生命的活性特征。这就是活性生命体的"自相似性"特征。此时，我们需要准确判断任何一种模式是否可以作为一个独立的模式而存在，是否能够自主地表现其独特的作用，并用它来指导心理模式的变化，需要更加关注其所展示出来的涌现性特征等。我们需要紧紧抓住独立的自主化与涌现特征，以其为基础实施生命的活性变换，独立研究各种事物信息在活动中的意义与作用，并与其他特征联系为一个整体，从中构建出自主模式独特的美的意义。第一，生命体在没有其他相关的外界因素刺激时，能够以一定的可能性（兴奋度）自主地展示其模式的兴奋状态；第二，通过联想，让与该模式相关的其他信息模式以一定的可能性处于兴奋状态；第三，在模式独立与自主的基础上，构成"意识相"的概念：在任何一个独立的层次，都可以通过低层次大量基本单元的相互作用，组成具有足够统计意义的独立意义。各种模式在人的意识生成以后，能够在意识中特化出为人的意识所感知的独立意义。

美在于体验、表达和传递。因此，美如果不能在意识层面得到明确的体现，就不能使人在意识中更加强烈地体会到美的状态的独特感受，也就不能在意识中更好地发挥其应有的作用。

（二）反思与反馈

反思与意识的独立、自主具有更强的联系。以生命活性为基础的大脑，同样表征着生命的活性：收敛与发散的有机统一。我们认为，基于生命的这种有机统一，大脑会在神经系统中进化、独立特化出特有的以表现、追求、构建差异化的模式为核心的好奇心。正是由于好奇心的存在，进一步地促成了大脑的多层次结构，生命的活性也使得我们能够以任何一个层次的某个自主的模式为基础，通过收敛与发散力量的有机结合，生成其特有的反思过程。生命体基于大脑的多层次结构，会就某一个过程而形成内部彼此之间的相互作用，并在好奇心的作用下，在其多个层次之间反复进行。这就形成了反思。

　　反思是在好奇心的作用下在不同模式之间建立关系的一个过程。反思与自我意识具有非常紧密的关系，它们是同步成长进化的。我们可以认为，反思是自我意识的核心操作。在将反思当作为一个独立模式时，基于反思我们同样可以表现发散与收敛的有机统一，从而形成更多信息与反思模式建立稳定关系的过程。

　　一是通过对这一过程的反思，促进这一过程具有更强的活动能力。

　　二是在使这一过程独立特化时，能够通过该模式在其他过程中的独特作用而形成联想，将与此有关系的其他信息都显示在人的意识空间中。

　　三是通过反思内在地提升和表现这种模式的自主性。在涌现的基础上，通过反思而进一步地肯定着反思、强化着反思。

　　四是主动强化反思性。我们能够独立特化出反思的作用，认识到反思在人的内心对意识的强大力量，因此，我们能够主动地提升人的反思能力，引导人主动地反思。或者说，将任何心理模式都作为一个独立的对象，运用反思方法建立当前信息与其他各种信息之间的关系。

　　对自我的反思促进着自我意识的强大。人们认识到了自我意识的意义，便会形成使其得到进一步增强的主动性，即使人们不主动增加好奇心，也会以其为基础而进一步地表现生命的活性，或者说在表现生命的活性的过程中使其得到有效增强。

　　生命具有自相似性迭代特征，这是在人的意识中实施反馈、反思的基础。这样，生命的活性就能够在任何一个层次、局部结构中稳定地加以表现。依据生物体的"自相似"性特征和生命的多层次结构性特征，在研究美的过程中，我们能够以任何一个模式为基础而表达生命的本质力量，也能够以任何一个模式为基础而在其他的结构层次中表现该模式所表达出来的生命的活性。生命的活性保证着在当前模式独立特化的基础上，再一次地实施生命的活性本征模式操作，对当前基础性模式实施活性变换，使生命体得到进一步的变化与发展。把握人的大脑神经系统相对独立的多层次的复杂性特征，构建不同层次之间的迭代与相互作用，能够在意识中展现出更强的生命的本质性的力量。

　　基于生物本身普遍的非线性特征，人们在研究具有更加广泛联系的心理过程时，能够得到差异化程度更高、更加多样的不同的结果，这种结果会呈现出更大的不确定性，人们也会因此而认为，人的主观能力是不可靠的。这恰恰是人的心智运动与变化的非线性特征的具体而真实的表现。也正因为如此，我们才试图运用复杂性动力的方法研究美，努力从这种个性化的审美过程中，寻找解释这种个性化结果的影响控制因素，从中构建出美的共性的本质规律。

在多层神经系统的支持下，人的自我意识可以对自身进行迭代性操作。在人的自我意识表现出来一个确定性的意义以后，人便能够以该模式为基础而对其实施新的变化。诸如进一步地表现生命活性中的发散与收敛以及两者的有机协调；对自我意识实施差异化构建；对自我意识的表现展开评价和选择；在自我意识的控制下使更多能够与自我意识建立起联系的其他信息处于兴奋状态等。

（三）对差异化的感知与独立

从刺激的角度来看，在内部将差异表达出来并将差异化的模式在其他神经子系统表征出来，是促进系统内部生长的基本力量。基于生命的活性表现和对差异感知的神经系统的特化，我们需要把握这种力量的作用，既要将差异的结果表达出来，同时还要将通过差异所形成的刺激作用到其他系统中。在意识中，能够通过差异感知系统的自主意识，从大脑神经系统内部形成对差异的感知、认知和表达，并由此而将人的自主意识独立特化出来。

差异化的表现及反映也是自我意识的前提。只有存在差异，才能将这种差异的结果以刺激的方式作用到其他系统中，而这得益于：一是多层神经系统的效用；二是差异化模式的出现；三是能够对差异的感知并独立反应；四是将差异化的模式独立特化出来。

（四）意识强化

主动地增强意识在人的各种行为中发挥作用是人进化的核心要素。人通事先过构建事物之间关系的方式而获得提前预警，从而获得更多的生存机会，并由于社会交往而更加有力地促进着大脑神经系统的复杂化。

在人的意识被显现出来时，心理活动是人所感知到的活动中的主要活动，此时对信息的加工过程会变得越来越重要，基于大脑神经系统的自组织会自主地涌现出更多具有一定意义的新的信息，尤其是通过构建与当前有所不同的差异化期望模式，在比较优化的基础上引导人朝着这个期望性模式努力，并成为指导人产生具体行动的控制模式，这将促进意识在人类的进化过程中发挥着越来越重要的作用。

经过意识的不断延伸扩展，不断变异，不断与其他信息建立更加多样的关系，包括经过各种局部特征而将更多的信息汇聚过来，在充分表达生命活性的基础上，就会在人的意识空间中实施信息之间更加自由的信息"自组织"。这涉及：第一，将其在心理上表征出来，并在一个稳定模式的基础上，持续性地进行迭代，不断地表达出生命活性的力量，以追求更好；第二，在与其他信息建立关系的基础上不断地异变，不断地通过差异化构建形成多种不同的模式；第三，通过不断变异而将各种信息模式汇聚到当前的信息模式上，通过各种各样的组合模式形成各种不同的意义；第四，在收敛力量的作用下，通过比较优化具体地选定某个模式；第五，通过生命活性在意识中的表现而形成各种美好的期望，从而指导着人的进化与追求。

在表达意识的生成与进化的过程时，能够通过对信息进行强势加工而取得竞争优势的方法，使美以及美感都会受到意识的放大而成为意识的一个突出的特征，这表达着美与意识通过神经系统所表现出来的非线性相互作用。诸多过程复杂的相互作用将能够使人深切地体会到，意识已经成为人的关键性力量。虽然意识并非人所独有，但在人身上却表现得最为充分，而且比其他动物要强得多，成为人的主要活动。

人在意识中，依据关系，依据独立模式的自涌现力量，依据大脑生命活性生成的自组织，依据生命活性的迭代性力量，依据对不同模式之间差异的感知与表达和由此而形成的对其他模式的有效刺激，能够更加便利地建立信息之间更加广泛的联系。依据信息之间更加局部的关系，进行局部信息的任意组合等，通过心理信息的自如和丰富性，能够使我们更加明确地体会到生命活性在运用差异化力量构成幻象中的突出表现，体会到意识对幻象的无限差异化构建的放大过程，也使我们能够在生命活性的引导下，通过与生命活性建立更加协调的关系而生成表达出更加丰富的幻象。这使我们明确地体会到，幻象是人生命追求的精神实现——我们所强调的是人的生命所表现出来的追求。

（五）"作用力冲量"

为了度量相关力量的时间积累效应，我们模仿"冲量"的概念，提出相应的"兴奋冲量"的概念，它可以度量刺激作用在时间上的积累效果，度量生命体受到刺激的作用的改变程度。在扩张运动层面，一定强度的"扩张冲量"促进着生命体动态结构的变化，而只有在动态结构的变化量达到足够的程度时，才能形成足够大的差异，从而引起人们的觉查。

第 三 章

美是生命与环境稳定协调的状态

"但是，是审美对象的生命内容或精神内容，方才构成美的世界的真正核心。"[1] 生命是美的基础，这是我们构建美学的基本出发点。美是人性中生物进化的必然结果，对于人来讲，它是正常的、自然的和必需的。脱离了生命本质和人的本质的美学是不可想象的。美学必定以生物学、生物化学和生物物理学的基本规律为基础。

美所涉及的各种活动并不是美所独有的，但美所涉及的各种活动却有着特殊性。美的各种活动必然地在人的日常生活的相关活动中得到表现。我们只是针对美和艺术专门将其从日常活动中独立特化出来。

第一节 美与美感

柏拉图带着"什么事物是美的"问题，领着我们思考"美是什么？"从哈贝马斯开始，丹托和贝克尔（Howard S. Becker）以及迪基（George Dickie）引导我们思考"在哪里是美的？"古德曼（Nelson Goodman）则将提问的角度变成"何时是美的？"

在将各种美学的基本观点汇总起来时，可以归纳为以下七个主要观点：其一，美是各部分的合比例（亚里士多德）；其二，美是和谐；其三，美是非功利的、无关概念的、普遍必然的（康德）；其四，美是理念

---

[1] ［英］李斯托威尔：《近代美学史评述》，蒋孔阳译，上海译文出版社1980年版，第70页。

的感性显现（黑格尔）；其五，美是人的本质力量对象化的确证（马克思主义）；其六，美是存在的显现［海德格尔（Martin Heidegger）］；其七，美是本能欲望的升华［弗洛伊德（Sigmund Freud）］。在这里，亚里士多德的美学观点只在于描述外在客观事物各部分之间的某种关系。这种关系外在地反映了与人的活性本征中收敛与发散协调稳定的关系之间的共振相干。他在讲美是和谐时，却没有讲这是什么形式的和谐。对于康德来说，其潜在意义就是说美要与人在不受干扰情况下的活性本征共振相干。

我们假定，美的基础就是人的生命的活性，而这早已被哲学家们所认识并肯定。黑格尔就指出："自然美的顶峰是动物的生命。"① 潘知常也已经明确地提出，审美是人存在的方式。② 当我们探索美的基础，将美的本质归结为生命本质的形式表现时，自然会想：当我们感受到美时，这种特殊的感受，尤其是在美学家那里美的感受应该与其他方面的感受是不同的，我们此时所处的状态应该与其他的状态也是有所不同的。比如，喝一碗"好喝"的汤与喝一碗"不好喝"的汤的感受有着巨大的差异。

我们看到艺术品、体验到大自然的美景时，我们就会体验到美感。"没有生命，即没有艺术。"③ 罗丹（Auguste Rodin，1840—1917，法国雕塑艺术家）已经充分认识到了生命与艺术（美）的关系。此时，生命会展现出特殊的运动状态、结构和形式，从神经认知的角度来看，此时的大脑也会表达出特有的兴奋模式。那么，我们提出的问题就是：在此时此刻，我们感受到美时，生命会表现出什么样的特征？我们的机体在我们感受到美时处于一种什么样的状态？我们的心智又处于一种什么样的状态？这种状态具有什么样的特殊之处？与其他状态相比会有何种的不同？它会表现出何种独有的特征？这种感受需要用什么特征来描述？具有什么样的规律？

一　美的状态

美的确是一个很奇妙的词。我们在描述美时，往往会将美与具体的

---

① ［德］黑格尔：《美学》（第一卷），朱光潜译，商务印书馆 1979 年版，第 142 页。

② 潘知常：《生命美学》，河南人民出版社 1991 年版，第 12 页。

③ ［法］奥古斯都·罗丹口述、［法］葛塞尔记录：《罗丹艺术论》，傅雷译，中国青年出版社 2016 年版，第 69 页。

事物、具体事物的具体形态对应起来，但却很难界定一个抽象意义上的美。在我们描述一个具体事物时，是通过该事物与其他事物相互作用过程中所表现出来的特征来实现的。但美往往不被认为单单只是事物的一种属性。[①]

比如说，我们可以说天边是"红"的，也可以说天边是"美"的，此时"红"是一个客观事物的属性，但美却不是一个具体的客观存在。我们需要具体地分析"此时天边的红对于什么人来讲是美的，而对于其他的人来讲不是美的。"

美不只是事物的一种单纯属性，而是人与环境通过相互作用后所形成的一种复杂的动力学关系结构。"是否是美的"与人此时所处的某种特殊的状态有着直接的关系。这就意味着，"红"可以仅仅是事物的属性，但美却不能作为事物的一种属性。但从另一个角度来讲，美在一定程度上也可以称为是事物的一种属性：我们可以称一类事物是美的，而另一类事物是不美的，这其中必然有美的属性在起作用。那么，具有这种美的属性的事物具有什么更加本质的特征？是哪些属性决定了一类事物是美的，而另一类事物是不美的？或者说，我们在说"美"这个词时，是在表达一种什么意义？更直接地说，"美是什么？"或者从建构的角度来讲，在什么情况下（什么时间、什么场合），美也会成为事物的一种属性？对这些问题的思考往往会使我们产生疑问。我们需要从另一个基本的逻辑起点界定美、认识美的本质。

（一）美的状态

生命体以活的、处于兴奋的、稳定的耗散结构为其基本特征。这种状态是一种客观表达和客观存在。稳定是生命的常态。生命就是表达发散与收敛稳定协调的"混沌边缘"范围内。生命就是在稳定与变化的过程中，保持在"混沌边缘"。生命的本质在于以稳定的耗散结构而适应着外界环境的刺激作用。生命以对外界环境形成稳定的适应状态为基础，无论是由于环境的变化，还是由于生命体内部某个结构的自主性活动，

---

① ［美］达布尼·汤森德：《美学导论》，王柯平等译，高等教育出版社 2005 年版，第 8—10 页。

只要形成了对该稳定协调状态的任何偏离，都将意味着通过差异而产生了对生命体的刺激，就会进一步地驱动生命体通过构建活性本征新的表达力量模式而达成新的、与外界环境稳定协调的状态。生命体在该稳定状态中仍会表现其生命的基本力量，在生命体达成与外界环境的稳定协调的基础上表现出稳定的活性本征模式。生命体重复地表达由不协调达到协调过程，将会使这个过程中的各个部分特化成独立的模式，也会在生命体独立地表现出与某个状态的差异时，通过形成对原来已经形成稳定协调状态的刺激与激发，使人在表现出由不协调达到协调的完整模式时，形成相应的体验。

在描述生命体适应外界环境的刺激作用时，我们往往会潜在地认为，外界环境在发生变化时，会由于与达成生命体稳定协调时的状态有所差异而构成刺激，该刺激会促使生命体发生相应的变化。该刺激越大、作用时间越长，作用到生命体上的"刺激冲量"——刺激在作用时间上的积累效应就越大，导致生命体的变化程度也就越大；刺激所形成的"刺激冲量"越小，促进生命体结构发生变化的力量也就越小，生命体结构变化的程度也就相应地越小。

当外界刺激作用到生命体上时，通过形成新的生物化学过程，并且随着各种各样生物化学物质的生成，外界刺激促进着生命的静态结构发生变化。生命的静态结构与动态结构是协调对应的。静态结构的变化必将引起动态结构发生相应的变化；动态运动表现出来的相关特征，直接与外界刺激相"抵冲"，并在其达到一定程度时，促使生命的动态结构和静态结构形成在当前外界刺激作用下的稳定协调状态。

通过考察生命体在各种外界环境作用下的表现和生命体在产生美感时所处状态的特殊性，我们可以给出如下定义：

美的状态是生命体达到与外界环境稳定协调时的状态。或者说，我们将美的状态界定为是生命体进入与外界环境达到稳定适应时的状态。或者说，我们将生命体达到与外界环境稳定协调时的状态称为美的状态。

通过这样的定义，我们不再虚无地描述"美"是什么，不再通过其他的事物而间接地描述"美"，而是将美转化成为对美的状态的描述，将美的状态直接界定为生命体本身的某个特殊的状态，将美的状态与生命体同周围环境达成稳定协调时的状态相对等，从而引导我们可以从客观的角度展开对美的研究。我们需要描述人在处于与环境的稳定协调状态时的相关意义，如人所形成的思维习惯，所表现出来的特殊的兴奋模式等。由此我们也可以看出，美学中所谓的"完善"指的就是这种主体与客体之间达成的复杂的稳定协调状态。基于第二章的研究，我们就能够更加明确地认识到：人处在美的状态时，会表现出特殊的动态结构，我们就将其称为生命的活性本征状态。

汪济生曾经就以美的状态来界定美的本质，但他却没有做进一步的阐述。汪济生指出："这样，几者的关系就清楚了：动物体正是通过精神活动对美的追求，来实现自己和客观世界的协调的。"[①] 我们可以认为，汪济生曾经注意到了生命体与外界环境在达到稳定协调时的特殊意义，但却没有将其作为美的状态，也没有将美的状态当作美学体系构建的基本出发点。

美的状态将取决于大脑处于一种什么状态、身体处于何种状态，或者说取决于生命体处于一种什么样的状态。可以看出，生命体会在这种与外界环境的稳定协调状态中有效地表现出由若干生命的活性本征模式所组成的综合性的兴奋模式。美的状态是若干美的元素处于兴奋时的综合表现，是由若干本证模式的恰当兴奋所组成的。在人处于这种稳定协调的美的状态时，会表现出其特有的神经系统兴奋模式，这种神经系统的兴奋模式是一种客观实在，因此，可以把这种兴奋模式本身就看作美的客体。

生命通过表达其活性本征进一步地达成与环境的稳定协调状态。"各级反射活动都是为了实现生命体和客观世界的协调，这种协调就是精神活动的使命。"[②] 活性本征在生命达到与环境的稳定协调中发挥着关键性的作用。诸多美的元素之间建立起确定的关系以后，只要其中的一个美的元素处于兴奋状态，就有很大的可能性通过彼此之间已经形成的关系而使其他的美的元素也处于一定的兴奋状态，从而引导人在更大程度上

---

① 汪济生：《系统进化论美学观》，北京大学出版社 1987 年版，第 3 页。
② 同上书，第 47 页。

进入美的状态。活性本征处于兴奋状态，意味着引导人达成与环境的稳定协调状态，从而进入美的状态。生命体不再因为不协调状态而处于急剧的变化过程中，这种状态因使人达到了与环境的有机协调，在自然地表达生命活性的过程中就不再消耗更多的能量，成为恰当表现生命的活性本征的状态；这种状态会因为能够更大程度地表达生命中的收敛力量而保持较强的可掌控能力。自然，美的状态的独立性便会赋予与之相关的所有模式以美的意义，达到这种状态是生命在不断地表达生命的活性本征的过程中逐步形成的；固化出来的生命的活性本征力量，在使生命体达到协调的过程中发挥着关键性的作用：从差异化构建到比较寻找更优等，而且这种协调状态本来就是在生命的活性本征力量的作用下形成的。因此，与生命活性本征的和谐共鸣就被认为是引导人进入美的状态的基本方法，由此这种和谐共鸣就被独立地赋予美的意义。人的本质性行为是最稳定的模式，因此，也是使人在由不协调达到协调状态时的重要工具和基本方法，或者说在人们进一步地强化这些稳定性模式的展示程度时，可以增加人由不协调达到协调的程度。随着展示达到稳定协调元素的程度的逐步增加，人的内心就会感知到程度越来越高的协调性，相对应地，在人的内心会感知到促进这种协调程度由低向高的转化过程时，人也就有更大的可能性和更大程度地体会到美感。席勒（J. C. F. Schiller，1759—1805，诗人、哲学家、历史学家和剧作家）用熔炼性和振奋性来表征美所表达的生命的活性，而在美没有达到完美时，则会偏差性地表现出熔炼性和振奋性的不协调，因此与生命活性的协调程度也会有所欠缺。①

李斯托威尔（Wiliam Francis Hare Listowel）描述了这种稳定协调状态与其他状态之间存在的不同以及在相关意义中的作用。李斯托威尔指出："最后，在创造或观照的时刻，在高级的自我和低级的自我之间，存在着一种令人惊异的独特无二的和谐；在人类心灵的各种能力之间，存在着一种兄弟般的合作关系；在兽性的感觉、纯粹的感情以及各种各样想象

---

① 北京大学哲学系美学教研室编：《西方美学家论美和美感》，商务印书馆1980年版，第178页。

中的欲望，与最深刻的同情、对于伟大的人类价值在理智上的觉察以及从实用的和认识的利害感中完全解脱之间，存在着一种混合。美的最辉煌的奇迹是：当在行为中、思辨中、信仰中，低级的自我必须为高级的自我作无情地牺牲的时候，在艺术中，自然的东西和真正是人的东西却塞满地调和了起来。那就是说，人类在他千万年来发展的最高顶点，在他成年时繁花盛开的时期，应当能够尊重和保存粗野的本能的天性。他就是从这种本能的天性中产生的。"①

史蒂芬·贝利（Stephen Bayley）从丑与美的相互关系的角度，更是总结强调指出了和谐与美的内在对应关系。史蒂芬·贝利指出："1. 匀称、有规律是美。2. 和谐是大美。3. 秩序是美的创造物。4. 美有赖于实用性。5. 没有实用性作为基础，美很快便会索然寡味，会不断被后继的新事物所取代。6. 有最高应用价值的，是至美之物。"②

生命体适应外界环境过程的复杂性、人的能力有限性以及人认知外界客观的实际认知过程，使我们只能从有限的活性本征的角度，通过使这些活性本征处于兴奋状态而表达生命体与外界环境的稳定协调状态。不同的外界环境作用于不同的人的身上，会形成不同的稳定协调关系。又由于生命体的特殊力量，会将一个完整连续的稳定协调状态具体地分割成为若干局部特征以及特征之间的相互关系。生命体具有不断地固化稳定性模式的本能，这些被独立特化出来的模式也就与稳定协调的美的状态建立起了确定性的关系，这些被独立特化出来的因素、环节等，也就能够具有独立的意义而在其他的过程中发挥作用。

生命的进化过程可以看作不断地与外部环境相协调以达到稳定协调状态的过程。从生物群体进化的方式来看，这体现出了在差异化构建并形成多样并存的基础上，通过比较进行优化选择从而构建恰当模式的过程。因此，表征这种由多个环节所组成的稳定的复杂模式过程，就是在提升生命适应环境变化的能力。从这个角度讲，适应本身就是一种优化

---

① ［英］李斯托威尔：《近代美学史评述》，蒋孔阳译，上海译文出版社1980年版，第236—237页。

② ［英］史蒂芬·贝利：《审丑万物美学》，杨凌峰译，金城出版社2014年版，第29页。

构建与选择的过程。

在这里存在一种基本的假设：生命体可以在表达生命活性的基础上，形成具有不同适应能力的差异化的个体，并能够通过竞争强化和优化淘汰的方式，最终形成与环境稳定协调的适应能力最强的个体群。

生命体之所以要选择进入协调稳定状态，这是生命本质表达的必然结果。这其中涉及生命活性本征相互协调时对于生命体进化与成长所产生的后果的意义。如果某项模式有利于个体提升其适应生存能力，这种能力便会随着竞争优势的获得使个体通过交配遗传的方式传递下来。在生命体处于不协调状态下，生命的活性本征需要有超常表现，但无论是在更大程度上表达发散扩展性的力量，还是表达稳定收敛的力量，都不是在表达"以最小的能量消耗获得最大的效益"的最大信息状态，这种状态将驱使生命体进一步地实施差异化构建，并在生命体的自然淘汰过程中，选择出使生命的活性本征得到更有效表现的状态模式。这体现出了"从混乱过渡到和谐的时刻最具有生命力"[①] 的基本观点。

生命本身就是一个协调的有机整体。从收敛与发散力量的关系来看，在更大程度上表达其中一方力量的同时，会牵连性地强势表达另一方的力量。"有一条基本的审美法则说，我们的知觉不光需要活力和刺激，同样也需要延宕和宁静的领地，也需要间断。"[②] 生命体在与外界环境的相互作用过程中，不光是需要扩展性的基本力量，也需要充分表现收敛的、稳定性的力量，它给变化、延伸、变异提供稳定的基础和维持其变化发展的力量。稳定的收敛与发散力量的恰当关系，正是表达某一个物种生命力的特殊性所在。不同的物种对应于不同的收敛力与发散力所组成的稳定协调状态。偏离稳定协调状态而达到任何一个状态，所表达出来的这种关系都将带来更大的能量消耗。生命体不会因这种能量的过多消耗而消亡，但却一定要寻找生命活性本征的更为恰当的表达方式。生命体只有在与生命的活性本征达到和谐共鸣时，才能达到效率最大化的效果，因此，进入与外界环境的稳定协调的美的状态也就是达到与生命活性本

---

① ［美］杜威：《艺术即经验》，高建平译，商务印书馆2005年版，第16页。

② ［德］沃尔夫冈·韦尔施：《重构美学》，陆扬等译，上海译文出版社2002年版，第42页。

征和谐共鸣的状态。此状态，也只有在生命系统中才能更加有效地表达出来。"效率：混乱的系统只需花费智谋的资源来实现预定目标，有时还能将工作中的一部分负担转移到外部世界。但整洁则需要持续地消耗资源，并倾向于将所有负担全部截留在系统内部。"① 对于这种状态，自然也是生命选择的必然结果。那些能够以消耗能量而获得最大效益的行为，会因为能够得到更强的竞争力，会通过自然选择被固化下来，此时各种活性本征模式都能够最大效率地发挥作用，使生命体具有更强的竞争力。这种模式也成为生命获得更大生存竞争能力的基本方式。因此，生命的进化，会使生命体在与环境的稳定协调状态——美的状态下，能够最有力和最有效率的表达活性本征。正是由此，生命才会表达出对美的追求。

追求美的状态在更高程度的完善的结合与平衡，是席勒构建美学思想的关键的概念。席勒指出："我们已经见到美是从两种对立冲动的交互作用，从两种对立原则的结合，才产生的，所以美的最高理想要在实在与形式的尽量完善的结合与平衡里才可以找到。"②

在不断变化的外界环境作用下，生命体通过形成一系列的与环境的稳定协调而不断地改变自己，这是一个基本的生命过程。在更大程度上追求这种过程，就是在放大生命活性的建设性力量，促进生成更多的差异化个体，从而保证着生命体在更大范围内的比较优化，进而缩短达到稳定协调状态的时间，以最优的状态稳定地适应外界环境的作用。生命体一方面在提升自己的生命力水平；另一方面则不断地寻找自己的生态位。

这些因素和环节的稳定、独立特化和自主也由此而与美的状态建立起了稳定的关系，并由此而具有了美的状态的意义。当这些特征模式处于兴奋状态时，代表着此模式通过和谐共振的方式处于兴奋状态，能够引导人从这个兴奋模式的角度进入更全面的美的状态。因此，我们对美的认知过程、特征、关系和规律可以采取特征网络模式的方法，认识到有限的美的若干局部特征。我们认为，一个完整的艺术品是由若干局部

---

① ［美］埃里克·亚伯拉罕森、［美］戴维·弗里德曼：《完美的混乱》，韩晶译，中信出版社 2008 年版，第 54 页。

② 北京大学哲学系美学教研室编：《西方美学家论美和美感》，商务印书馆 1980 年版，第 177 页。

特征和彼此之间的相互关系所组成的网络结构来表达的。那些能够激发人的美感，并使人体会到由不协调而达到协调状态的过程，便被人们赋予美的意义（——事物，意思是能够给人带来美的享受的事物）。我们就将这种被独立特化出来的因素、环节称为美的元素。玛克斯·德索（Max Dessoir）就指出："理想的美是直接显现的形式的统一，这个统一不仅与内心活动的自然进程相合，而且与内心状态的和谐的共存相合。"① 无论是艺术品的形式还是内容，只要是艺术品的局部特征，都能够作为美的基本元素而从局部到整体性地形成与美的和谐共鸣，这就是形成美感的方式。在其以较高的兴奋状态兴奋时，一旦之后表现了这种稳定状态，便会生成能够给人带来审美享受的相关物质，使人进入审美状态之中。

由于一个信息模式在大脑中的表征是指该信息模式在大脑中处于兴奋状态，因此，可以认为，在大脑中所表征的美的状态，是由相关的美的元素在意识处于兴奋状态时的综合表现。那些被记忆在大脑中的美的元素，当其不处于兴奋状态时，便不能参与到当前状态同其他信息的相互作用过程中，也就不会对心理状态及其变化产生相应的影响，其也就不具有存在的意义。那么，我们就可以从表达活性本征、使相关的活性本征处于兴奋状态的角度进入美的状态。

基于这种稳定的关系结构，我们就可以将其进一步地理解成：表达活性本征，就是从活性本征的角度进入与环境的稳定协调状态的基本力量。用杜威的话来讲就是："活的存在物不断地与其周围的事物失去与重新建立平衡。"② 正是由于这种不断地"失去平衡——建立平衡"的过程而最终构建起稳定的美感，与此同时，才能更加明确地体现出美的阶段性特征。"混乱可以帮助一个系统与周围的环境保持和谐，提示你注意那些易被忽视的信息变革中的资源等，并有助于提取其中的价值。有序的系统却会阻碍这些价值的获得。"③ 通过这种对比，它们之间的差距能够

① ［德］玛克斯·德索：《美学与艺术理论》，兰金仁译，中国社会科学出版社1987年版，第137页。

② ［美］杜威：《艺术即经验》，高建平译，商务印书馆2005年版，第16页。

③ ［美］埃里克·亚伯拉罕森、［美］戴维·弗里德曼：《完美的混乱》，韩晶译，中信出版社2008年版，第49页。

给人以更加强烈的感受。不同活性本征之间的稳定协调关系，便成为引导生命体建立更大程度的稳定协调的基本力量。当生命体达成了与外界环境的稳定协调时，就可以通过这种稳定的对应关系，建立起确定性的"审美经验"。由不协调到协调既然是人的一种本质性的行为，它就能够在人的各个层面的活动中展示出来。在综合性地表征这些层面的信息时，这种信息会以较高的可能性产生不同层面信息的共性相干，也就更容易地将这种特征作为稳定性的力量。在人们将其进一步地推广延伸时，就会自然地产生如下情况：当它与人的本质模式相协调的程度越高时，人们体会到的对这种体验的感受与形成的美的感受的程度就越高。它既然是稳定性的元素，表现这些元素就意味着向协调程度更高的方向转化，而这种过程就会在人的意识中突显出来并成为一种稳定性的模式，从而在人的各种行为中发挥相应的作用。这样，我们便可以通过局部的共性相干元素而使相应的信息模式处于兴奋状态，并依据不同稳定状态时的信息模式之间确定性的关系而引导人进入美的状态。人们可以依据这种稳定的对应关系，通过某种方法先期地使其中的某些信息元素处于兴奋状态，再由此而引导人展开艺术欣赏活动。当然，由于美的状态所表征的是生命的某些活性本征处于兴奋状态时的情况，因此，要想真正地将基于生命的活性本征表述为相应的审美经验，就不仅需要具体地将其显化为可以为人们所明确感知的艺术审美过程，还需要相应的"唤醒"过程。

歌德（J. W. Goethe，1749—1832，德国著名思想家、作家、科学家）指出："艺术要通过一种完整性向世界说话。但这种完整性不是他在自然中所能找到的，而是他自己的心智的果实，或者说，是一种丰产的神圣的精神灌注生气的结果。"[1] 这里的"生气"指的就是人生命的活力，由此，艺术必然是人的丰富的精神世界的具体表现。别林斯基（Белинский，1811—1848，俄国革命民主主义者、哲学家、文学评论家）也在强调美在于表达生命的活力："诗人用自己的感情，自己的思想，给大自然景象

---

[1]　北京大学哲学系美学教研室编：《西方美学家论美和美感》，商务印书馆 1980 年版，第 174 页。

添加生气。"① 这种"添加生气"指的就是将人的生命活力观照到外界事物上，也就是说：我们需要在人的生命活性乃至意识活性模式的指导下，在与客观事物的相互作用过程中，从客观事物中发现、提取、构建事物中与美相关的特征、关系和模式。席勒则着重指出："游戏冲动的对象可以叫做活的形象，这个概念指现象的一切审美的品质，总之，指最广义的美。"这种"活的形象"意思就是生命活性在艺术活动中的体现，而表现这种生命活性就是表现出了广义的美。②

乔治·桑塔耶纳曾将主客体之间达到稳定协调看作事物的本质——上帝的属性，尤其提出了在人的本性与环境达成契合时，能够给我们带来对美和幸福的体验——美感。乔治·桑塔耶纳指出："在意志与表象、本能冲动与生活事件之间不存在二元并置或者对立冲突，这就是上帝的属性之一，也是我们想象中的上帝的完美性之一。这就是我们通常所谓的万能和创造性。然而，当我们在对美进行观照时，我们的感觉功能具备同样的完美性；毫无疑问，我们关于神性生活的概念源于对美和幸福的体验，源于我们的本性与环境的偶尔契合。"③

艺术家所表征的就是生命体与自然相互作用并处于稳定状态时的人的本征状态。人当时所形成的状态应是生命本征与外界环境相互作用从而形成一个新的动力学系统的稳定性结果。简单地就是：第一，基于生命的本质而表达活性本征；第二，构建在新的外界环境情景作用下达成稳定协调时的稳定表现——活性本征；第三，表达形成了这种稳定协调关系的环境情景，从而通过这种关联而激发生命体生成的稳定协调模式；第四，对于人，更涉及各种稳定协调关系在意识中表征时的美的升华。

中国古代传统哲学强调"天人合一"，但他们所强调的人与自然的关系只是人被动地与自然通过追求和谐的方式达到"合一"。而我们在这里是更为突出地强调人的主动性，同时又进一步地强调人是在与外界环境稳定协调的过程中，逐步地构建出人自身的"天性"。

---

① 北京大学哲学系美学教研室编：《西方美学家论美和美感》，商务印书馆1980年版，第221页。

② 同上书，第176页。

③ ［美］乔治·桑塔耶纳：《美感》，杨向荣译，人民出版社2013年版，第9页。

（二）稳定协调状态下的生命特征

根据定义，我们将生命体处于与外界环境稳定协调状态作为研究美学的基本出发点，并进一步地描述这种状态的各种特征和优势。

外界环境总在发生变化，但生命体的变化却不是无限的。在当前刺激作用下，生命体的动态结构总会达到一种稳定的状态，同时生命体的静态结构也会达到一种稳定的状态。在此过程中，不同生命体的适应能力是有所不同的，有些生命体会与外界环境形成适应关系；有些则不能达成与外界环境相适应的状态，此时，这种物种就会由此而灭绝。生命体在当前确定的外界环境作用下并不是在一直发生变化，而是通过与外界环境的稳定协调而达到一种新的稳定协调状态（尤其是动态稳定性过程）。在此过程中，相当于生命体通过构建生命活性本征的恰当表现而形成新的、与外界环境相适应的静态与动态结构。新的结构会综合性地减少外界环境对生命体的刺激作用，并在维持生命的耗散结构稳定的基础上，使相关的资源消耗达到最小、使生命体对资源的利用率达到最高。正如哈定在综合性地研究生物的进化和人类文化的进化之间的共性特征时指出的那样："由于特殊进化包含着适应性专化，所以在此过程中，优势的获得总是被限定在一定生物种所适应的环境圈内。这种环境在变化过程中不会扩大；相反它却往往会变成十分狭窄的'小生境'。在这种环境里，竞争的最后胜利使得物种成了它的小生境中可竞争资源的唯一主人，结果就使优势种在竞争中超越其他物种而日趋完善。"① 这相当于生命体针对某一专门的活动而求得优化，并使活性本征力量的发挥达到最有效的结果。

生命体以耗散结构的稳定状态为基础，只要偏离了该稳定状态，就会消耗更多的物质、能量和信息。不同的物种具有不同的生态位，这就直接决定了它们对资源的不同的利用情况，或者说，以生命的稳定状态为基础而达到任何一个其他状态，都需要在原来稳定的耗散结构的基础上产生新的变换，这需要相应地消耗更多的资源（能量、物质和信息）。

---

① ［美］托马斯·哈定等：《文化与进化》，韩建军等译，浙江人民出版社 1987 年版，第55—56 页。

"这一理解是符合逻辑的，只要我们接受赫克斯利有关进化的突变观点：'生物占用地球资源的过程逐渐变得更为有效。'文化是人类为生存而利用地球资源的超机体的有效方法；通过符号积累的经验又使这种改变的努力成为可能；因此，文化进化实际上是整体进化的一部分和继续。如果我们接受洛特卡关于进化是能量流最大化的观点，那么结论仍然不变。文化延续着生物的过程，占用了剩余能量，并为其生存将能量注入组织中，文化象生物那样向能源开发量的最大限度运动。"① 从信息论的角度来看：生命体如果以当前稳定的生命状态为基础，只要向任何一个状态转化，都需要实施相应的变换，也就意味着需要付出更多的信息资源。生命体会依据其生命的活性产生持续性的变异，能够在某些特征指标的控制下通过寻找生命活性本征的恰当表达而达到最有效率的稳定状态。这是这样一种假设：生命体在恰当的刺激作用下，能够通过变异的方式在某些特征的控制下达到稳定状态。"适应现实享有至善地位，然而任何偏离现实原则的现象即刻会被打上逃避的印记。这种现实经验，为逃避意向提供了各种合法的依据。这便表明在对人们逃避现实的途径抱有心理分析义愤的背后，隐含着追求和谐的意识形态。"②

李斯托威尔已经认识到在人与环境达到稳定协调状态时的特征："当一种美感经验给我们带来的是纯粹的、无所不在的、没有混杂的喜悦和没有任何冲突、不和谐或痛苦的痕迹时，我们就有权称之为美的经验。"③

一次我在和家人登泰山时，突然产生了这样的体会：在用力登泰山时，如果以一定的力度和频率保持攀登状态，生命体就会达到一种稳定的状态，此时，虽然也会累，但由于身体处于稳定状态，攀登还是很顺畅的，并不感觉特别的累。而当休息了一定时间，再次进入攀登状态，身体开始时则会感觉很累并伴随有疼痛感。再坚持一会，便又会达到登山时的和谐稳定状态（登山时的快乐状态）了。

---

① ［美］托马斯·哈定等：《文化与进化》，韩建军等译，浙江人民出版社1987年版，第7页。

② ［德］阿多诺：《美学理论》，王柯平译，四川人民出版社1998年版，15页。

③ ［英］李斯托威尔：《近代美学史评述》，蒋孔阳译，上海译文出版社1980年版，第228页。

生命体有表征活性特征的本质属性。在稳定协调的状态下，生命体内任何一个兴奋的模式都会作为一个独立体，自主地表现其所固有的生命的活性本征。一是生命活性的收敛、稳定性是这种过程的基础；二是在某一模式稳定表现的过程中，生命的活性本征会必然地发生作用，从而表现出以该模式为基础，形成生命的活性本征变化的过程；三是生命与外界环境达成稳定协调的过程，是对生命活性恰当表达的选择过程——在诸多可能的兴奋表达中选择对生命的生存与进化有利的模式；四是生命的活性本征变换将以一种稳定的结构形态通过自主涌现而在任何过程中发挥作用，在某一模式的运动与变化过程中发挥作用便成为它最基本的表现；五是生命体在与外界环境的相互作用过程中，总要形成一定稳定的结构，并以稳定的结构为基础展开稳定的活动，而稳定的活动又不断地通过发散扩展的方式优化性地固化出稳定的结构，相关结构在稳定状态时，会不断地表现出非线性涨落，从而形成结构的变化；六是以收敛和稳定为基础的活性本征驱动着其他的信息和变换都与某一个模式建立起联系，这种联系的形成就表现出了它们之间的相关过程。

生命体在稳定协调状态会固化出多种不同的局部模式，那么，使更多的局部模式处于兴奋状态，也意味着生命体要与环境在更大程度上达成稳定协调关系。通过局部关系，可以部分地使生命的活性本征处于兴奋状态。根据生命体与环境达成的这种稳定协调，就可以构建出更加有力和更加有效率的活性本征的力量模式。生命在不断地由不协调而达到协调（自身内部各部分之间、生命体与环境之间）的过程中，由此而达到美的状态以及表达进入美的状态的关系模式。

我们可以认为，生命由不协调达到稳定协调的过程，即是由不美的状态而进入美的状态的过程。伴随着生命的进化过程，生命体内会将这种模式独立特化出来，并通过各个过程中的共性相干而使其处于越来越重要的地位。更为重要的是，由不协调达到协调的模式，也成为引导生命体进入协调状态的基础性模式。由于通过表达"不协调达到协调"的完整模式而使人进入了美的状态，在由不协调达到协调时，会使人感受到一种特殊的意义，这种模式作用到人的内心便会产生美感，生命就在由不协调到协调的过程以及达到稳定协调的美的状态中，通过与此建立起稳定的相互激活关系而赋予客观事物以美的意义。此时，在由不协调达到协调状态的诸多环节，包括"此时"的外界客观事物也都具有了美的意义，因此处于协调状态的感受，就被认为是美感。在协调状态下的这种感受，与人的日常生活中的各种活动表现结合在一起时，即形成人们经常感受到的愉悦性的快乐、人们在描述美感时，也是从这个角度出发形成认知的。

　　这里需要解决四个方面的问题：第一，当生命体处于与外界环境的稳定协调状态时，生命体本身会表现出稳定的活性本征状态特征。虽然生命体不再对这种活性本征状态的表现有所感知，但活性本征的有力和有效的表现，却成为这种稳定协调状态的固有模式。即便是"那些显示一般优势的物种族类，通过对其特殊生态位置的适应以及日趋增强的适应力，会不断改善它们的专化能力，直到其进一步适应的潜力达到极限、并使自身（作为一物种）稳定下来为止。实际上，这种稳定似乎是大部分进化趋向过程的最终结局，除非它们遭受了全体这种进化中最为严峻的厄运。[①]"我们需要注意，显然，达尔文也没能给出证明，于是我们只能假设，在自然选择的作用下，在优化选择力量的作用下，生命的活性本征表现是最有力和最有效的。第二，表达这种活性本征模式，就是与这种活性本征产生和谐共振，进而与之达成一定程度上的协调关系，并通过不同活性本征模式之间在协调状态下所形成的稳定协调关系，引导生命体重新表达出原来生命体与原来的环境所形成的稳定协调状态；第三，通过稳定协调所建立起来的各种模式之间的稳定性关系，由于具体地表达具有这种协调关系的外界事物，也就能够与生命体的这种稳定协调状态建立起稳定的联系，因此，从生命体耗散结构的意义来看，如果从外界环境的角度构建出具有这种稳定关系的环境特征，就能够从外界环境特征出发，有效地引导生命体进入原来所形成的与环境的稳定协调状态中；第四，表达生命的活性本征、意义与环境情景之间建立起稳定协调的完整结构，相当于与在稳定协调状态下的某个（些）局部模式形

---

　　① ［美］托马斯·哈定等：《文化与进化》，韩建军等译，浙江人民出版社 1987 年版，第 56—57 页。

成共性相干，这将引导生命体由不协调而进入协调状态。那么，在新的环境中构建出与原来所形成的稳定协调的关系相同的局部外界环境，也就成为一种引导生命体表达活性本征而使其回复到原来的稳定协调状态的基本方式。由此我们也才能够理解，即使是在抽象的概念与具体的艺术之间，只要建立起能够表现以往所构建的具有美的状态的协调关系，也就能够使人通过欣赏艺术品进入美的状态。

由于外界环境的变化形成了对生命体的刺激作用，生命体便会在各个层面产生各种形式的变化。在群体生存的过程中，那些与竞争优势相关的优势基因，会通过竞争优势而得到遗传，并通过遗传所获得的新的生命的力量而得以放大。随着生命体不断在更加复杂的环境中寻找构建最佳的生存模式，那些真正能够提升生命体适应能力的优势基因就会顺利地遗传下来。在此过程中，生命体通过表达活性的基本力量，先是构建出具有差异的多个个体，通过彼此之间的相互竞争而在它们之间形成优化选择，生命体便在这种多种可能性中选择出了能够提高其竞争力、具有较高的生存能力的最有效模式，生物进化论将这种过程称为"自然淘汰"。这个选择过程是从某个角度、依据某个特征指标不断地提升生命个体生存能力的竞争优化过程，会使生命个体在竞争优势的本征模式上表现得越来越"好"（越来越有力）、生命活性本征表现得越来越强大和有效，那么，我们可以自然地得出一个结论就是进化就是指朝着某个特征所指明的方向优化，从而意味着向更美的状态接近，也就意味着对更美的状态的不断追求。"种群的适应性专化是生命进化必然的一面，进步是适应性专化的产物。在特殊进化的过程中，'进步'意味着群体由于适应性变异得以生存，或得以战胜环境变化所带来的威胁，或得以比先前更有效地利用相同的环境。"① 在此过程中，那些能够有助于其提升个体竞争力的因素，便进一步地通过相互作用（联系）而成为判断个体是否是美的基本指标。因此，在生命体达成与外界环境稳定协调的状态下，生命活性本征的表现通过达到与外部环境和内部各模式彼此之间的相互

---

① ［美］托马斯·哈定等：《文化与进化》，韩建军等译，浙江人民出版社 1987 年版，第12 页。

协调而变得更加有力和更加有效。"对艺术家来说，美是轻松自如地把握对立面，美是'不再需用暴力……'美具有那种有用于、有益于、有助于生命的东西所含的'生物学价值'。"①

在这里我们应该能够区分弗洛伊德的主观主义与康德的经验主义之间的相互关系。更准确地说，生命的活性本征只有与客观对象建立起稳定联系时，才能被赋予美的意义，或者说才有可能使人体会到美感，那么，这与美的天生性特征就是相一致的。从我们给出的定义可以看到，只有在达成生命体内外部的稳定协调时，才能通过这种稳定协调关系而使生命体进入美的状态。而生命体就是在这种持续不断的稳定协调过程中，不断地适应着外界环境的变化。相应地，这些稳定的活性本征不断地发挥作用，也就自然地成为生命体构建以后新的协调稳定关系的基础。生命体就是在这种持续性地积累稳定协调结构的过程中，逐步复杂化的。至于对单个生命个体来讲，人在刚出生时，能够更大程度上、更加直接地表征不受任何干扰和影响的生命的活性本征。

在生命体受外界环境作用的动态变化过程中，一方面会由于生命体内部的非线性相互作用而形成"自反馈"；另一方面，也会依据外界环境的复杂性变化等因素的影响，驱使生命体由原来稳定的协调状态达到新的不协调状态。这一方面会促进生命体的不断进化，但同时也揭示出，当我们由这种不协调状态而回复到原来的协调状态时，即直接进入美的状态，使人产生美的享受。"也可以说，当视、听器官产生美感时，也就标志着一种动物体和客观世界的协调。"②

激发由其他因素所形成的与生命活性本征相联系的模式，能够有效地使生命活性本征处于相应的兴奋状态，其本身就意味着使人由不协调状态在一定程度上达到协调状态，这种过程就是直接使原来已经达成的稳定协调状态处于当前的兴奋状态。

（三）对美追求是人的本性

人是否在本性上追求美？生命体就是通过更加有效地表达活性本征

---

① ［美］马尔库塞：《审美之维》，张小兵译，生活·读书·新知三联书店1989年版，第109—110页。

② 汪济生：《系统进化论美学观》，北京大学出版社1987年版，第2页。

而达成与外界环境的稳定协调，从而进入协调关系下的稳定状态，这就是生命的本质，因此，对上述问题的回答应该是肯定的。这虽然是我们立论的基本出现点，但我们仍然愿意对此做出进一步的解释。首先，从远古开始的人类漫长的艺术史，证明了美的观念与人类自我意识的形成与强化大致是同步完成的。就是说，从类人猿进化为人类的过程，就是人类美的意识滋长、萌生的过程。美的典型得以表现，标志着由类人猿转化成为人，美与人类生活因此具有不可分割的紧密的内在关系。在距今约四五万年前的旧石器后期的"山顶洞人"遗址中，考古学家发现了白色带孔的石珠、黄绿色的钻孔砾石和穿孔的兽牙等装饰物①，"一些艺术的表现方式在现今人类社会是通用的，无论是音乐、舞蹈、绘画、雕刻、陶艺、编织、金属加工还是其他。虽然艺术在所谓的发达世界通常被视为一种奢侈品，而对于大多数的采集狩猎群体来说，艺术则是与他们的生活密不可分的，是构成他们的精神信仰的一部分，是他们的领土或社会身份的标志，或者是他们与相邻群体进行交易的货品。"② 克里斯·斯特林格与彼得安德鲁就明确地指出了艺术品对于人类生活与进化的意义与作用。这些艺术品已经表达了艺术、对美的追求与人的意识进化的同步性。虽然我们无法解释原始人类在打造这些装饰品时的心情和确切意图，但是可以肯定的是，这种原始的艺术创造活动一定根源于人类自身最内在的美的冲动。因为，在生存异常艰难的自然环境中，人们不会闲极无聊而花费巨大的时间和精力去打制这类与生存——生活必需品无任何关系的东西。同时，这种美的创造与生产活动并行不悖。"不可否认，历史上和全球范围人类社会最大的特征之一就是与艺术的奇妙纠缠。即使是没有多少物质财产的游牧民族，常常也会把他们真正拥有的东西装饰一番；美化自己；在一些特殊的场合使用经过润色的诗性语言；制作音乐和歌舞。所有书籍社会都会实践至少一种我们在西方所说的那些'艺术'，而且，对很多人类群体来说，从事艺术活动在其社会最重要的

① 于民：《中国美学思想史》，复旦大学出版社 2010 年版，第 3 页。
② ［英］克里斯·斯特林格、［英］彼得·安德鲁：《人类通史》，王传超等译，北京大学出版社 2017 年版，第 286 页。

努力中处于首要地位。"① 美化自己表现美是所有人的天性，那么，我们不得不将美归为人类的本能。

马克思曾经提出，人类在生产活动中也遵循着"美的规律"。原始人类打磨的石刀、石斧、骨针等用具，符合便于"上手"、省力、有效果等美的内在适用原则，在此过程中还扩展出了符合美的外在形式的观赏性原则，或者说，将这种适用原则与外在形式建立起稳定的联系，从而赋予外界形式以内在适用的美的意义。因为光滑、匀称的石刀、石斧，对人不会对人体产生更大的伤害，更便于在各种情况下不受伤害和无干扰地使用，因此它就会受到追捧。人们惊叹于美在日常生活中的地位与作用。欧洲旧石器时代的第一件艺术品在 20 世纪被发现，以当时人类原始的技术，他们居然有能力、有意向和时间创造出这样复杂的图像，这实在是让考古学家"难以置信"。② 从形式上看，受到人内在美的力量的驱动，人类有更大的可能将内在的适用性原则与外在的观赏性原则有机地统一在一起，有时人们也通过内在适用而界定和判断外在形式的美。当有更加充裕的时间时，人们会更加关注这种由适用原则而固化出来的外在形式。布洛克说："在完形心理学的推动下，行为研究第一个从人类学上涉及了审美基本功能……为了将这一势能转化为明确的行为和行动，人在自己的物质生活环境里就需要一定的客体形象来完成外化活动。在动物那里是本能给定的东西，在人那里，却首先是通过内化来决定的。"③ 首先，内在的便利优化适用性原则在外化为客观形象时，会在人的感性认识中表达出特殊的意义，随之这种单纯的外在形式也就具有了内化性的意义。其次，从内省的经验可以明证，优化、美化是每个个体原初的冲动。每个人都可以通过意识层面的反思性过程感受和体会到人在本性上是爱美、追求美的。从生命体表达由不协调达到协调的完整过程看，与生命体处于协调状态下的美感相伴的喜悦是原始的、本能的和深层的。

---

① ［美］埃伦·迪萨纳亚克：《审美的人》，户晓辉译，商务印书馆 2005 年版，第 7 页。

② ［英］克里斯·斯特林格、［英］彼得·安德鲁：《人类通史》，王传超等译，北京大学出版社 2017 年版，第 287 页。

③ ［德］布洛克：《作为中介的美学》，罗悌伦译，生活·读书·新知三联出版社 1991 年版，第 12 页。

人原初的美感形态与意识、知识和教育无关。康德提出"反思判断力"的"自然合目的性"理论,是人类具有先验审美能力的有力证明。审美能力因此就与人的知性、理性及感性能力一样,是先天就具有的。即使在特殊的情形下人们不得不接受不美的或丑的事物,也不能证明他们在本性上是排斥美、否定美的。

美的状态就在于表达生命活性的本征,使某些生命的活性本征处于兴奋状态。鲍姆加通借用美学家的习惯性思维方式,表征了:"美学家在自己的范围内喜欢无限的丰富性,喜欢混乱和质料。"① 为什么要专门强调"在自己的范围内"的概念? 这就在一定程度上表征了美是与具体的某个生命体的活性相协调的,美度量了与人的生命活性相协调的程度,而"艺术的必要性是由于直接现实有缺陷,艺术美的职责就在于它须把生命的现象,特别是把心灵的生气灌注现象按照它们的自由性,表现于外在的事物,同时使这外在的事物符合它的概念"②。

(四)处于美的状态使人更愿意从事相关的活动

虽然克里斯·斯特林格和彼得安德鲁从人类进化历史的角度描述了人类进化的无方向性,"人类进化历程给我们的主要启示之一是它是多么地没有方向和不可预知,又是多么地悄无声息地开始和继续"③,但我们却坚定地相信,在生物界的"优胜劣汰"的自然选择过程中,仍会在一定程度上表达出一定的方向性偏化选择。

人在协调状态,尤其是由不协调状态转化到协调状态时,与不协调状态相比,协调状态会给人带来快乐的感受。这种认识是人们研究并建立美学理论的基本出发点。人们汇总了历史上人们对美与快乐关系的各种研究成果,④ 如果认可美是促进人类进化的基本力量的观点,那么我们就可以通过大量的文献明确地看到,最初人们是因为与稳定协调状态建

① [德]鲍姆嘉通:《美学》,简明等译,文化艺术出版社1987年版,第93页。

② [德]黑格尔:《美学》(第一卷),朱光潜译,商务印书馆1979年版,第195页。

③ [英]克里斯·斯特林格、[英]彼得·安德鲁:《人类通史》,王传超等译,北京大学出版社2017年版,第300页。

④ 祁志祥:《"美"的原始语义考察:美是"愉快的对象"或"客观化的愉快"》,《广东社会科学》2013年第5期。

立一定程度的关系才感受到快乐，人们这才开始关注美，关注美与艺术的关系，并将美独立特化出来的。这样做从主观上引导人开始了积极主动地强化增强美的意向。在意识中建立美的独立与特化过程，相当于通过美这一独立而自主的环节形成了对这种美的力量的"自反馈"强化。也正是由于这种力量的强势作用，才使美在人类社会中的地位变得更加突出。人在体会到表达这个模式（通过与该模式的和谐共振）而使人能够在活性本征力量的表达方面变得更加强势，并因此而获得更强的资源和竞争力时，也就内在地增强了这种模式在其他活动中发挥作用的可能性。

表达生命的活性本征是一项生命本身的固有的活动。"我们为活的有机体的目的性、结构的完善、手段的经济感到愉快。我们赞赏自然洞穴或山脉的永久性的建筑结构；冰的晶体所以愉悦我们，不仅由于线条和几何图形的运用，而且还由于'手法的熟练和精细'。在所有这些情形下面，我们的感受和那些其对象是艺术的艺术性的感受是相似的。"① 当我们将其外化为一种确定性的模式，并使其具有了独立性时，也就意味着能够将其与生命的活性本征表现隔离开来，这就意味着人已经依据生命的活性本征而建立起了自相干反馈环，并使人依据该自相干反馈环而自主运动。

生命体由不协调达到协调，是生命表达活性本征的必然结果，这样会使人生命的活性本征表现得到强化。表达生命的活性本征，在一定程度上意味着引导生命体进入与外界环境所形成的稳定协调状态。

从协调状态出发，处于不协调状态的感受，将刺激人更加重视对由不协调达到协调状态的感受，这种差异化的对比也驱使人更乐于由不协调而达到协调。基于这种模式而形成的意向模式的稳定与强化，以及将这种模式独立特化，也就意味着在意向性模式本身之外，又独立特化出了对意向性的追求与强化以及相关模式的自主性，也就意味着又建立起了一个自相关反馈环，使人能够再一次地通过其他模式的激励而促进该模式的强化。

---

① ［波］奥索夫斯基：《美学基础》，于传勤译，中国文联出版公司1986年版，第331页。

（五）心智活动以较少能量消耗而使人更从容地从事这种心智活动

与打猎、种植等体力活动相比，审美活动将更少地消耗能量、体力，不会使人冒更大的生命危险，并在意识中使人的活性本征表现能够得到更大程度上的满足。即便是从生存的角度来看，只是能够在安全的场所通过意识表现而表达这种意识及其期望的满足，便足以使人更愿意进一步地强化这种过程和模式的意义。在意识中表现出来的对美的效果的反思，放大促进了美的独立与自主性。因此，在以神经活动为主要特征的人的身上人能够更加便利、自如地从事这种活动，尤其是人在不从事打猎、种植等活动的闲暇时间，人能够更加自如地表达生命中对美的逼近性追求。正如埃伦·迪萨纳亚克指出的："在现代社会生物学理论中，个体进化要追求其最大利益是一条公理。"① 这种结论不管对与否，但其最起码表征了人的向利益最大化追求的力量。这种对美的持续追求的模式的延续扩展，更可以使人不借助任何的工具，能够仅仅在心智活动中稳定而持久地表现这种活动，使人在意识中对美的追求变得更加突出。美专门表现出来的生命活性中发散扩展的力量，推动、扩展、强化着人的一切活动，人的期待性心理的强势作用将更加有力地促进美的特化，这种期待性心理模式还作为引导人进入美的状态的基本模式而使人重复地进入美的状态，使进入美的状态的模式变得更强、更稳定。以美的状态为基础而表现出来的与美的状态相关的活性本征，使得美能够有力地促进剩余心理空间的生成、固化与扩展，因此美的意识层面的反映有力地推动着人的进化。正如克里斯·斯特林格、彼得安德鲁所指出的："岩洞墙壁上的画作（被称为洞穴艺术）获得认可则花了更长的时间，因为其中一些距离生活区域很远，而且很多都表现出相当惊人的艺术技巧，不像是石器时代人类的头脑和能力所有创作出来的。"② 这里所指出的就是艺术对人智力发育的有力的促进作用。

（六）宗教的追求带来启示

当生命体达到与外界的稳定协调时，将不再发生相应的变化（外界

---

① ［美］埃伦·迪萨纳亚克：《审美的人》，户晓辉译，商务印书馆 2005 年版，第 34 页。

② ［英］克里斯·斯特林格、［英］彼得·安德鲁：《人类通史》，王传超等译，北京大学出版社 2017 年版，第 287 页。

环境保持不变的前提下）。同时，在把握了不同事物之间的本质联系而能够灵活且准确地把握事物的变化规律，尤其是认识达到了对万事万物状态与规律的领悟而不再随着具体事物的变化而变化时，人也就意味着进入稳定协调的状态，此时人便相当于进入了"神"的境界。我们由此认为，把握到不随具体事物的变化而变化的规律时，即进入了美的状态。相应的规律也就成为引导人进入美的状态的基本元素。人对这种规律状态与关系的掌控的期望与能力，深深地影响着人们，驱动着人不断地追求掌握更高规律、更高"境界"，由此就表达出与宗教相同或相似性的感受。由于这种对"规律"的把握与掌控，是以抽象的模式为基础的，而在以具体的事物来表征这种关系时，也就应与具体情况相结合，因而在具体表达时，就会形成"说是一物即不中"的现象。正是由于这种不能通过具体事物来说明本质性规律的现象存在，便会要求人们基于具体事物而升华出对事物变化规律的认识与理解。

"行，无行之行。住，无住之住"。很早就在一本佛学书中读到此句，但现已记不起是哪本书了。这种状态是一种被佛学禅宗称为领悟的状态。当人们用一种具体状态来表征这种状态时，总是存在不能准确描述及特征的情况。无思无念而单纯地表征生命的活性本征模式，意思就是通过宗教性的修行与追求，将这种本征模式的表现加以强化，使其成为能够把握事物本质联系的、更加有效地联系多种具体状态、情况的最佳中间状态。概率统计理论已经证明，在某些情况下，我们可以通过追求能够到达各个状态中的"均方差"为最小的状态，来具体地"求得"这种状态。

当我们不受任何外界刺激而处于无任何思想的稳定协调状态时，人便处于无欲望、无追求状态，而当人对这种状态处于无感知时，意味着没有任何信息在大脑中占据刺激的主流，外界客观事物自然也就不在人的大脑中生成能够决定人的心理状态、促使心理状态发生变化的任何意义。此时就相当于进入了佛学中所谓的"相，非相，非非相"状态。我们可以通过追求这种无思无念状态而向这种状态逐渐逼近，如果最后人们甚至连追求这种"无思无念"的心理态度也没有，便真正地达到了"非非法""非非相""非非念"的状态时，我们便达到了不存在其他因素干扰而只单纯地表达活性本征的稳定协调状态。此时主体内部各子系统之间，也达成了稳定协调，各子系统都以活性本征的模式恰当地表达，虽然它们固有地存在着彼此之间的相互作用，但却形成维持各子系统保持耗散结构稳定的"最佳外界环境"的协调状态。

显然，如果单纯地从更加有效地表达生命的活性本征的角度来看，以追求随机涌现的、局部关系联结的、无意识表达的、无秩序关系结构（甚至是反逻辑）的达达主义艺术流派，反而将其表现得尤其突出。而从达达主义流派直接延伸扩展得到的"超现实派"，以"一种心灵的无意识行为，我们想表达思想的真正功能……排除一切审美的或首先的成见，受没有任何理性控制的思想的挥舞"① 的艺术特点追求，更具特色。在"超现实主义"作品中，人们认为的"最好的例子就是安德雷·马松的奇怪的曲线风格，他们采用一种不具象的、'无意识'的书法般的画法。在马松艺术中出现的任何图象，都只是画家的手法情感的自由的、无意识的活动的副产品"②。

（七）其他动物中既无美的符号也无美的独立意义

美的状态是生命体与外界环境达成稳定协调时的状态在人的意识中的反映。我们特别强调人的意识的独特性，因为它是在将人与其他动物以美的特征进行比较时应该特别注意的。虽然在大脑神经系统相对不发达的动物中，它们也能够有较大的可能性以足够的强度和稳定性类似地达到或体验到美的状态，但在这些动物身上，这种美的状态却不能够在其意识行为中发挥其独立的涌现、经常性、高强度、关键性的主导作用，因此，美的状态和相应的美感仅仅只是在其行为中的"灵光一闪"，不足以使其产生足够的记忆，不足以使其利用丰富的大脑资源进行更大程度的扩展并由此而生成自反馈，也不足以持续而稳定地对其行为产生足够的控制力，美的力量在动物的行为中也就不会占据重要甚至是核心的地位、发挥重要的作用。

---

① ［美］萨姆·亨特：《二十世纪西方绘画》，平野译，中国国际广播出版社1988年版，第6页。

② 同上书，第7页。

二　美感

自从鲍姆嘉通将美界定为"感性的完善"以后，人们对美学的研究重点便更多地集中在了人的感性方面，人们也将对美的本质的研究寄托于心理学中对感性的本质性认识的基础上。感性产生的基础是存在外部世界刺激的作用。显然，如果不能对美感形成本质上的认识，那么这种对基于"感性"的任何变换的理解都将有失偏颇。

（一）美感

当生命体与外界环境达成了稳定协调状态时，这时美的状态会通过与其他的状态建立关系而形成差异，将这种差异以刺激的方式作用到人的内心时，便会使人对于达到并处于稳定协调状态产生一种特殊的感受，这种感受即美感。当通过一种有差异的状态与协调状态建立起稳定的对应关系，能够使人体会到由不协调达到协调的完整过程模式时，便使人体会到美的状态的特殊意义。在我们将美的状态独立特化出来时，从另一种角度讲，就是：当美以具体的信息模式表征在人的内心并为人们所感知时，人们感知到的便被称为美感。

显然，美的状态与美的感受不是一回事。我们将美的状态界定为生命体与环境达到稳定协调时的状态，这种状态就如黑格尔指出的："真正的美的东西……就是具有具体形象的心灵性的东西。"[①] 在这种状态下，生命体通过与之有所差异的状态建立起某种关系，人由于受到各种形式内容的刺激，便会产生一系列对处于这种状态的感受，这种感受就被人们统称为美感。美感是以感觉到的稳定协调模式为核心，表征、引导人体会到美的状态的特殊性，是对由不协调状态达到协调状态这个完整过程实现模式的体验。汪济生也认识到了美与协调的内在联系，但却将美的状态与美感混为一谈。汪济生指出："由此，我们可以提出自己对美的定义：美是动物体（主要指其最高形态——人）的生命运动和客观世界取得协调的感觉标志。"[②]

---

① ［德］黑格尔：《美学》（第一卷），朱光潜译，商务印书馆 1979 年版，第 104 页。

② 汪济生：《系统进化论美学观》，北京大学出版社 1987 年版，第 3 页。

美的状态的特殊意义通过美感而被人所认知。由于生命体处于与环境的稳定协调状态之中，因此，人对是否处于美的状态时是无感知的。对这种稳定协调状态的感知，只有通过建立与其他有差异的状态之间的关系时才能形成。正如尼古拉斯·沃尔特斯托夫（Nicholas Wolterstorff）指出的："我将上帝视为典型的卓越存在，并且我坚持认为，只有根据某个上帝之外的实体处于与那种典型的卓越存在的某种卓越—传递关系之中，才能说明它在某个方面是卓越的。"① 这里指的就是人只有通过对比和差异才能对美的存在有所感知。也由此而说明，只有生命体存在恰当的差异关系时，才能使人更加强烈地体验到美的特殊存在。此时，研究美感只是通过对美的感受，也就是说，通过其他状态与美的本体状态的相互作用所形成的差异而产生刺激，使人在表达由不协调达到协调的过程中产生相应的感受。可以认为，人们以往所认识到的美仅仅是美感，而且仅仅表达的是由不协调达到协调过程中的诸环节中的某一个环节。由不协调达到协调的诸多模式环节既赋予外界环境事物以美的意义，外界客观也就由此而与美的状态建立起稳定的联系。生命体在表达不协调的差异状态时，也就表达出了相应的刺激，重现（或者在更大程度上地重现）这种刺激并与达到稳定协调时的状态建立起稳定联系，即可以引导人产生对美的状态的新的体悟，激发人产生美的感受。在生命体与外界环境达成稳定协调的状态下，一方面会固化出生命的活性本征运动状态；另一方面，表征这种活性本征状态，就是在与这种模式形成共振相干，也就意味着与生命的活性本征达到了更大程度上的协调，与美的状态也达成了一定程度的协调，这样就能够引导人在意识中形成美的感受。

列夫·托尔斯泰（Дев Никодаевчч Толстой）对于生命体达到与外界环境的稳定协调时的美的主要感受特征时指出："我们把存在于外界的某种绝对完满的东西称为'美'，但是我们之所以认识外界存在的绝对完满的东西，并认为它是完满的，只是因为我们从这种绝对完满的东西的显现中得到了某种快乐。"②

---

① ［美］彼德·基维主编：《美学指南》，彭锋等译，南京大学出版社 2008 年版，第 282 页。
② ［俄］列夫·托尔斯泰：《艺术论》，丰陈宝译，人民文学出版社 1958 年版，第 39 页。

由于人对自身处于美的稳定协调状态具有不可感知和不可描述性，鲍姆嘉通只能依据真与美具有相似性的关系，甚至认为真与美具有对等关系（真就是美）的认识假设基础上，通过研究真的概念、意义、作用、特征、关系和变化规律，并依据这种类比性的关系和结构，引导人加深对美的意义的理解。鲍姆加通指出："审美的真和可然性以及文学的虚构和叙述越具有丰富性——就像是以美的方式思维的美学家能在其中倘佯的森林一样，那么在一个具有这种才能和这类感情，并受过良好训练的人身上，而且在每一个单独的人身上，就必定会更加激起求真的特殊热情，从而使他不会由于自己的武断而误入迷途，不会在那样的丰富性中陷入迷乱，而是认为，其他人将会看到在他们的虚假中产生的歪曲性的效果所造成的错误。"①

（二）美与差异

这里的问题是：我们所体验的是两种状态的差异刺激，还是处于稳定协调关系中的美的状态？答案自然是前者。当生命体处于与外界环境的稳定协调状态时，虽然生命体适应了外界环境的作用，不再能够感受到这种刺激所产生的作用（但实际上外界环境一直保持有足够的刺激作用），但也并不意味着不受到外界环境的刺激作用，因为生命体是一个稳定的耗散结构体。生命体处于这种状态时，只是感受不到这种外界环境与人的状态在相关特征上的差异而形成的刺激作用，在这种稳定的环境作用下，生命体也不再发生相应的变化。外部环境的这种程度和形式的刺激，只是为了维持生命体保持动态稳定的耗散结构，成为生命体维持其耗散结构特征的外界稳定性因素。

当生命体以美的状态作为其基本出发点时，所体验到的是当前状态与美的稳定协调状态之间的差异。当人从"无念"的心态出发去体验稳定协调的美的状态时，这种差异的状态所表征的就是美的活性本征的自然表达状态，这往往会被认为是生命的本征状态。生命体就是要在外界刺激的作用下，通过不断地表达活性本征的力量而构建在外界事物刺激作用下的美的稳定协调状态的。"狄德罗对哈钦森的批判在下述假设中达

① ［德］鲍姆嘉通：《美学》，简明等译，文化艺术出版社1987年版，第88—89页。

到了高峰：人天生赋有美的内在感觉，但是，他只能在那些对他造成损害的东西中才能发现这种美。"① 这里就完整地体现出了"差异—协调—对立"的过程，并由此而体现出形成美感的各种关系。

从鲍姆嘉通对美的界定出发，美学成为从"感"性的角度和"直观"的角度出发来研究美学相关问题的学问。体验美的方式是通过差异而形成刺激。我们所体验到的自然是在外界刺激作用下形成稳定反应时表征生命活性的本征状态与其他状态的差异性的表达。反过来说，既然是体验，就会有差异；正过来说，只有存在差异，才能形成刺激，也才可以促使系统产生相应的变化。在美的状态形成以后，我们可以构建另一种心态，根据两种心态之间的差异所构成的刺激，驱动对刺激敏感的差异感知神经元的兴奋，并由此而形成好奇心的兴奋，通过形成相应的心理模式及兴奋，使相关过程形成组织与变化而体验到这种状态的存在。

具体到美的元素的兴奋，可以看到美的元素在当前美的状态中有一种稳定表现，在其他的状态中又会有另一种表现。将当前美的元素的表现放到另一种美的状态中，就会表现出不协调而形成刺激，使人产生美的元素的表达及引导人进入美的状态的审美感受。

从另一个角度来看，当差异达到一定程度而形成足够的刺激时，生命体将会发生相应的变化，随即而形成新的稳定协调状态。此时生命体便会感受到新的由不协调达到协调的过程，体验到协调状态与不协调状态时的不同感受，由此而对稳定协调状态产生新的认识。

因此，美感是通过刺激和构建才为我们所感受到的。大脑依据信息模式的相关性，通过激活众多具有此种局部特征的整体性意义（使这些意义在大脑中以较高的兴奋度兴奋），使与之相关的美的模式同时处于兴奋状态，此时，还进一步地通过激发对美追求的力量，主动地构建与美的状态、认识等相关的局部特征和整体性意义，并将这种联想激发和构建有机地结合为一体。在联想中同时实施构建，在构建的同时不断地展

① ［德］汉斯·罗伯特·耀斯：《审美经验与文学解释学》，顾建光等译，上海译文出版社1997年版，第62页。

开联想，通过激发使更多的信息处于兴奋状态，以此引导人展开比较优化选择。大脑同时根据与美的相关程度的高低而做出兴奋度高低的构建和选择，依据大脑神经系统的自组织规律，基于众多的美的元素而构建出一个综合性的美的兴奋状态。生命体会在不同的外界环境作用下，通过形成不同的协调稳定状态而表征不同的美的状态，此时，通过局部共性特征的共性相干便能够将不同的美的状态特征联系在一起，这就必然地通过差异所形成的刺激，使人体会到相应的美感。"在这儿，期待出现一种非异化作品的幻想境界，可以消除从深藏在压抑之下的污浊之美中获得的快感。而在弗洛伊德那里，审美快感获得了更深层的意义，它首先是'一种从深层心理渊源中释放出来的巨大快感'，即从对过去经验的认识中产生的巨大快感：'现时的一种强烈经验在作家身上唤起了对他早期经验的回忆（通常是他童年的经验），从这种回忆中产生出在作品中实现它的愿望。作品本身既展示了最近的诱发性事件的因素，也显示出以往记忆的因素。'"①

美学中的"距离说"强化的就是这种差异感知。它要求保持恰当的距离，一是要求形成相应的刺激；二是要求在诸多能够引导人进入美的状态的外界信息中，应保持已知与未知信息、稳定与变化信息、确定与新颖信息之间的恰当的比例，以此来保证其与生命活性中的收敛与发散力量的比例关系的恰当吻合。

在认识到美是人内心的表征和体验时，黑格尔就已经明确地指出："美就是理念的感性显现。"② 可以看出，黑格尔着重强调的不是美，而是以美的状态为基础时所表现出来的美与其他状态之间通过差异而形成的美感。美的理念作为一种心理模式与美的感性表达之间是存在差异的，而这两者又通过内在的关系必然地联系在一起。

基于佛学禅宗的理论，体验到生命与外界环境协调稳定的一种方法就是在领悟人在处于无念的兴奋状态下体验所生成的生命活性状态，并

---

① ［德］汉斯·罗伯特·耀斯：《审美经验与文学解释学》，顾建光等译，上海译文出版社1997年版，第37页。

② ［德］黑格尔：《美学》（第一卷），朱光潜译，商务印书馆1979年版，第104、142页。

以此为基础，在诸多能够激发生命活性的状态中，寻找构建出与生命活性本征能够达成更大程度和谐共振的客观意义。如果详细地考察生命的活性本征状态，对于具有各种知识的人来讲，"无念"状态与美的心态（美的状态的心理表达）之间是有很大的不同的。当我们处于"无念"状态时，可以根据这种无念状态与美的状态之间的差异而将美的状态体验、表征出来，并使人体验到美感。此时，可以先使自己处于这种无念状态，然后再去通过一系列微小的差异的心理模式的兴奋，与那种美的状态下不受干扰而自然表现的活性本征建立起只存在微小扰动的联系，通过形成微小的差异化体验，可以在不改变原来的活性本征状态的情况下，运用人的好奇心所对应的差异感知神经元及神经系统，将这种差异状态体验出来。既不改变原来稳定的活性本征的表现状态，同时又能够形成足够的差异化的刺激，使人感受到这种状态的意义，显然，这种情况是很难把握和控制的。可以说，没有大智慧者，是不足以担当此任。我们需要注意，应该强调关注的是人对这种活性本征（如黑格尔所谓的人的内在精神）的反映，而不只是只关注外界客观事物。

从通过差异化才形成刺激的结论可以看出，艺术家与欣赏者之间固有地存在差异，显然，欣赏者的初始心态则成为审美活动的关键。在人处于初始心态时，无论是欣赏者的审美经验，还是欣赏者的主观期望，都将在其中发挥作用。

第一，感知是依靠彼此之间的差异形成刺激而表现的；第二，生命的活性本征会在人的意识中充分表现，从而与其他模式形成有差异的心理模式；第三，不同的信息模式通过建立广泛的联系而在大脑中联系在一起，会形成对当前心理状态的有效刺激；第四，心理中的好奇心成为感知、独立并强化不同系统之间差异的核心力量，而自主的好奇心则会引导人增强对差异性信息的兴奋度，主动地引导人实施更大程度上的差异化构建、表达新奇性信息特征、表达变化性信息、复杂性信息、形成对未知的期望性心理等，尤其以表达发散扩展的力量模式为其中的关键，[①] 这成为我们表达感知的基本特征。人们只要表达出了其中的一种模

---

① 徐春玉：《好奇心理学》，浙江教育出版社 2008 年版，第 49 页。

式，便是形成了感知，而表达的模式越多，感知的特征就表现得越显著、突出。

美的状态的特殊意义通过美感的方式表达出来。在形成美的状态与美感之间稳定的关系以后，美感便也随之而成为引导人进入美的状态的基本要素。人对美的状态的特殊意义的感受，来源于与生命更协调状态的变化。艺术家能够专门地将这种感受表达出来，而欣赏者则专注地体验这种感受。这种感受既是从人的生命活性本能中通过升华［经过独立、自主、意识的强势增强以及形成对这种状态的趋向（意向）特征］而形成，是人生命的基本体现，同时也是人受外界客观事物的相关信息模式刺激作用的结果。

人的感受就是一种动态的过程。从人们对心理的描述也可以看到这一点：感受就是外界信息输入大脑时，在大脑中形成的一种兴奋模式——与其他组织器官相互作用的一种过程、一种结构，或者称为是一种模式。外界客观事物以其特有的模式力量引起人的生理和心理反应，在这诸多反应中，就有一部分是美感反应。

（三）美感的特征

第一，美感具有"自发性"特征。即使没有任何外在刺激，美感也会自发地在大脑中通过自主涌现而兴奋，并使人通过差异而体现出美的状态的特殊感受，从而对稳定协调状态产生体验，形成美感。

第二，美感具有外在"刺激性"特征。只有存在某种状态与稳定协调状态之间的差异，通过两者之间所建立起来关系，才能使我们感受到美。习惯上，美感更多的是在外界信息作用下所形成的感受。

在人刚出生时，基本上可以认为人处于一种单纯地表达生命活性本征的状态、"无思无念"的状态。但这种状态随之会被越来越多的知识所干扰影响。这种状态的稳定性，已经足以使人难以忘却了。只要是具有美的特征的事物（或者说被赋予了美的意义的客观事物）的信息作用到人的内心，就会以较大的可能使生命体迅速形成并达到这种协调状态，这种作用与当前人所处的状态之间会产生一定的联系与差异，由此形成一种刺激，激发生命体的运动状态发生变化，并使人感受到在稳定协调状态时的特殊性。

第三，美感具有"控制性"特征。它作为一种稳定的模式，能够有效地引导相关心理信息模式的变化。这种控制力体验涉及该模式的表现程度，可以使人体验到的在一定程度上当前状态对人心理的刺激与作用；体验意味着对这种模式作用结果的认知；基于局部特征能够建立起当前的美感状态与其他状态之间的关系，可以延伸扩展该状态与更多其他状态之间的关系，从而赋予更多客观事物以美的意义。

在与稳定协调状态有一定的距离，但又不足以影响生命活性本征的稳定表现时，我们所感受到的美感是：平和的、喜悦的、追求与向往的、觉悟的、达到了神的境界的、达到了高度融会贯通的、完成了并可重复再现的、一切都在其掌控之中的、流畅的、紧张之后的放松、痛苦之后的快乐、喧嚣之后的宁静、对立之后的统一、多样并存后的协调、达到了"自我实现"的等，这些感受都可以称为是：通过表征生命的活性本征的（收敛、发散、收敛与发散的有机融合）而与生命和环境所形成的稳定协调状态共振而达到美的状态后所体验到的美感。从生命体验到体验生命，这里所强调的便是只有存在差异才能感受到美的刺激，当然，产生共振也是形成审美体验的基本方式。

在《画山水序》一文中，宗炳（375—443，南朝宋人）提出："圣贤瑛于绝代，万趣融其神思。余复何为哉，畅神而已。神之所畅，熟有先焉。"那些圣贤能够将"万趣融其神思"，表现出了人基于各种具体情况而达成的美的升华，达到如奇凯岑特米哈依（M. Csikszentmitalyi）所言的"流畅"（flow）、畅快的感受。[①] 普罗提诺斯（Plotinus，204—270）将这种状态界定为迷狂和宗教的心醉神迷状态，而"人生的目的就是通过禁欲和宗教的心醉神迷状态返归上帝。只有处于迷狂和宗教的神迷状态下，我们才能上升到神的境界"[②]。

宗炳认为，对山水画的观照，除了可以体验到"道"的美好，还能够使精神畅快，亦即获得愉悦的审美体验。山水画使人产生心怡神畅的

①　[美] 米哈伊·奇凯岑特米哈伊：《创造性：发现和发明的心理学》，夏镇平译，上海译文出版社 2001 年版，第 106—125 页。

②　[苏] М. Ф. 奥夫相尼科夫：《美学思想史》，吴安迪译，陕西人民出版社 1986 年版，第 48 页。

感受，这是美感享受中最高的享受。

三　美的客观事物

从逻辑上讲，生命活性状态会与各种客观事物有机结合而生成稳定的联系结构。美的状态指的就是在各种客观事物作用到生命体上时，生命体通过选择恰当地表达生命的活性本征而达到了与外界环境稳定的协调状态。自然环境已经成为生命的基本环境，已经与生命的活性本征建立起了确定性的关系，成为引导人进入美的状态的基本外界因素，因此，也就具有了美的意义。人的意识会在生命状态下，自然地表达生命体在稳定以后所展示出来的生命活性本征模式的意义。意识会通过相同（相似、同构）等所形成的共振的方式表达处于兴奋状态的生命的活性本征模式，这成为艺术表达的重要方面。黑格尔在《美学》中说："人把他的环境人化了，他显出那环境可以使他得到满足，对他不能保持任何独立自在的力量。只有通过这种实现了的活动，人在他的环境里才成为对自己是现实的，才觉得那环境是他可以安居的家……如果主客双方携手协作，自然的和善和人的心灵的技巧密切结合在一起，始终显现出完全的和谐，不再有互相斗争的严酷情况和依存情况，这就算达到了主客两方面的最纯粹的关系。"①

不同的客观事物作用到生命体时，都会使生命体表现出与环境刺激相协调的特有的生命活性本征状态。对于这种本征状态，人所能体会到的只是在新的稳定状态形成以后，在短暂地（以使活性本征的改变很小）除去了外界刺激作用时的生命的状态特征。这是生命活性系统在外界环境作用下所形成的新的动力学系统的综合性的固有表征。这已经不再是以前所形成的稳定协调状态下的本征状态，而是生命体在形成新的协调稳定以后的固有本征状态。这种状态既表达出生命的活性本征模式，同时又表达出了与新的环境所形成的稳定协调关系。此时，当我们关注在这种稳定协调状态下的外界环境特征时，便具有了艺术表达的新的意义对象：表达那些能够使生命体与此时的环境达成稳定协调关系的外界环

---

① ［德］黑格尔：《美学》（第一卷），朱光潜译，商务印书馆 1962 年版，第 318—319 页。

境，或者说，表达其中的某个外界环境、外界环境的某个局部特征等。认知心理学中揭示的人在认识客观事物时的特征网络模式，以及在生命体复杂的非线性作用状态下，在受到当前外界环境的作用时，会形成不同的活性本征，也会形成不同的活性本征兴奋组合。我们需要的是构建那种既能够促使某些生命的活性本征模式处于兴奋状态，同时又能够使其达到最大程度协调（使更多的活性本征模式处于恰当的兴奋状态）的客观刺激。

在这种稳定的状态下，虽然有可能不存在相应的外界环境，但如果固执于内心所涌现出来的美的状态，那么，我们就有可能从这种稳定的美的状态出发，基于人内心的活性本征模式的兴奋，构建出能够满足这种性质要求的客观刺激物——艺术品。虽然这是我们从内心构建出来的能够使最美的活性本征处于兴奋状态的外界客观，但我们仍将其认定为客观存在。

这本身就是一个创造性的构建过程。不同的客观刺激在与生命体达成稳定协调关系时，会使生命体构建并表现出不同的生命活性本征模式。至于说在以后的过程中，哪一种刺激会使生命活性本征在人的意识中表现得更加突出，则需要依据生命体的心理背景、活性本征模式的涌现性力量、环境中的相关因素，以及由此所能够联系起来的众多活性本征模式之间的相互作用等具体确定。

事物的联系性质特征决定着人们将能够赋予与美建立起稳定联系的各种事物以美的意义。在将这些事物、环节、特征独立特化出来时，通过表达生命活性的基本力量以形成美的状态时，美的状态也会与这些特征形成有机结合，那么，这些特征也就成为美的标准。丰富的美的元素以及更加多样的外界事物信息，使艺术创作具有无限的可能性。至于哪些特征会成为决定其艺术创作的美的标准，则取决于哪种生存与发展状态在人的进化过程中发挥着更为关键的作用，使其成为能够被艺术家感悟到的典型而突出的标准。在这个过程中，更为重要的是取决于艺术家对自己内心的美的构建和表达。

（一）与美的状态建立起稳定协调关系的客观事物

基于美的状态的意义，美的状态模式表征为两种形式："物的存在"

和"意识的存在"。我们这里强调的是美的意识的存在。意识的存在作为一个稳定的心理状态和过程，只要其发挥作用时，就会有很大的可能性，通过与局部的活性本征的和谐共振而联系性地使"此时"所形成的完整的活性本征处于兴奋状态。生命体形成了与外界环境的稳定协调，从内在的角度来看，生命会自主涌现性地表达活性本征；而从外界的角度来看，外界环境与美的状态能够形成稳定的联系，或者构成了生命体达到美的状态的"最佳外界环境"。这就意味着，当建立起这种稳定的联系以后，再现具有这种意义的外界客观时，就会有很大的可能通过这种稳定联系而使人的活性本征也处于共振兴奋状态。通过共振的方式引导人进入美的状态，并利用稳定的关系而有可能会使更多的信息模式成为引导人进入美的状态的基本模式。简而言之，在美的状态下，与生命达到稳定协调的外界客观就成为引导人进入美的状态的基本模式。如果客观事物是人创作出来的，就被称为艺术品。在本书中，我们就将引导人进入美的状态的艺术品就视为美的。罗丹就曾明确地指出："艺术之源，是在于内在的真。"① ——表达的就是人的活性本征。

人们常常通过"风景如画"来赞美自然的美。但却把人与自然之间的关系搞颠倒了。真实的过程应是：在人的进化发展过程中，通过一系列与环境达成的稳定协调，环境外界成为引导人进入美的状态的基本环境，此时的自然环境便成为使人产生足够美感的客观事物。人们在美感的驱动下表征这种美的状态，才创作出了能够引导人进入美的状态的风景画。

在将生命与环境所达成的稳定协调关系外化为客观事物时，便形成了外界客观中美的特征。正如玛克斯·德索指出的："我们甚至在罗斯金的高超的学说中都能看到这一洞悉的痕迹。他把一切在其特性上保留与天赐属性的相象，而且结果能将自然的天赐部分拉向自己的东西都叫作美的。所以统一就是上帝包罗万象的本质的象征，静止就是上帝的不变与永恒的象征，对称是上帝公正的象征，纯洁是上帝意志的象征。谁若

---

① ［法］奥古斯都·罗丹口述、［法］葛塞尔记录：《罗丹艺术论》，傅雷译，中国青年出版社2016年版，第15页。

能看清并重现出这些天赐的完美，谁便是伟大的艺术家。"[1] 事物达到了完美的程度，与上帝和谐共鸣，就意味着是美的。这就是美的完美性的理性认识基础。

因此，美既是主观的同时又是客观的，是一定特征的客观事物激发了人的美的构建和判断，以此而形成了审美过程。

（二）意义

意义是通过不同事物之间的相互作用和运动变化，在人的意识中形成的稳定性认识泛集。具有确定意义的信息，表达着事物与其他事物相互作用时的稳定特征和模式信息。事物的意义一般以稳定泛集的形式来具体表征。

伴随着时间和空间的复杂性，不同的意义与从局部特征共鸣的方式和美的状态建立起不同性质和程度的关系。通过认知，人会通过一定的意义来表达美的状态、表达与美的状态具有稳定协调关系的意义，从而通过差异而使人体会、感悟美感。

（三）情感

按照人们的习惯，美的状态、美感、美的事物、对美的认识等与美相关的各种模式在具有了独立性时，会被我们以更具抽象性的美来进一步地概括出来。尤其是我们在将美独立特化出来以后，就可以以独立模式的意义来表达美。我们也就以美为基本模式，通过表达生命的活性本征而将其进一步地延伸扩展，并采用其他的语言词汇来描述美、表达美。那些以往能够与美具有一定重叠"交集"、在一定程度上表达了美的意义的词汇也就可以大行其道，对美的描述和运用也就更加丰富多彩。在这其中，情感以其足够的稳定性和强度，在一定程度上能够表达生命的活性本征，通过后面的研究我们还将看得更为清楚：情感作为生命的活性本征与丰富的认知系统的中间桥梁，情感的强烈兴奋会使人生成更容易鲜明地体验到的那种美妙的美感。因此，虽然通过艺术表达情感是艺术创作的重点，因为情感能够成为我们产生美感的重要入口，但它却不能

---

[1]　［德］玛克斯·德索:《美学与艺术理论》，兰金仁译，中国社会科学出版社 1987 年版，第 137 页。

是唯一方式。

（四）艺术品与生命状态总有差距

当人形成了在外界环境作用下协调适应的新的稳定状态时，体验这种生命活性所表征的状态，将这种模式用艺术家所熟悉的方式表达，就成了艺术品。

我们如果将与生命状态的有机协调作为终极美的基本判别标准，那么与生命状态更加协调（协调度更高）就意味着更美。协调度越高（一方面是指相同或相似的局部特征越多；另一方面则是指差异和新奇的局部特征越多。此时，两者的比例应在更大程度上与生命的活性比值相一致），越是能够带来更加深刻、更加全面系统、更加强烈的审美感受。艺术品总是在表达一定程度上被人们所熟悉同时又能够使人产生足够新奇感的特征模式，因而能够与生命的活性本征从各个角度达成和谐共鸣，促使人产生足够强的美感。

（五）美与美学

美是关于美的状态与境界、美的追求（期望和满足）、美的感悟、对美的认识和美的事物特征的一种混合性的描述。这些因素作为美的松散性集合中的基本元素，只要在大脑中使一个方面的结构、模式、特征、关系和规律等处于兴奋状态，我们就可以认为与"美"建立起关系，进入了美的状态。自然，这些美的元素之间的相互协调，将会使我们内心的美的状态更为协调，使我们对美的状态产生更强的理解和感悟。至此，我们不再是一一表达美的全部元素，而是笼统地用一个词"美"来表达。

由于美的复杂性，美往往不能被看作一个客观对象，[①] 当我们在具体地谈论美时，往往需要借助一个具体的客观实在。比如，我们可以说"美的花""美的云朵"等。因此，在谈论什么是美的本质问题时，这个讨论便没有意义。显然，无论是人对美的状态的具体感知，还是形成美的认知等，都已经预先在人的内心形成了某种确定的结果。也就是说，我们这里所涉及的美的特征模式，虽然不能同时在人的内心显示出来，

---

① 李志宏：《"美的本质"命题辨伪——认知美学初论》，《吉林大学学报》（社会科学版）1999 年第 1 期。

但其已经成为一种确定性的模式。当我们谈论美时，会有不同的美的元素稳定地在人的大脑中处于兴奋状态，从而表达出一个确定性的意义模式。在人的大脑中稳定地展示出来的这种确定的心智模式，就是美的客观存在。如果人们形成了这种确定性的认识、形成了稳定的心理结构以及确定的"指代"结构，那么人们便可以用一个词来具体描述，这个词就是"美"。

　　美学就是研究美的特征、关系和规律的科学。具体地说，对美的研究包括以下方面：美的状态的本质、意义、特征和关系；进入美的状态时的方法途径、表达生命的本能与进入美的状态的内在联系；美的感受性的特征和感受的方法，以及这种感受与其他信息之间的稳定性联系的特点与规律，引导人进入美的状态的客观事物与美的状态之间的本质性关系，被赋予美的意义的客观事物（主要是艺术品）的特征和美的事物的意义；关于美的知识、美的历史、美的标准和评价，人在内心所形成的对美的认识和持有的理念、期望等。根据美学的基本内容，这些特征的状态、关系与受到其他因素影响时的变化规律等，都是美学中的研究重点。

　　在人形成与外界环境稳定协调的过程中，外界自然环境、外界社会环境、人通过学习所记忆的知识、人的期望与需要的满足、人的生命活性本征等特征模式都会在人进入美的状态的过程中发挥关键性的作用，因此，这些信息组成了美的状态的各种可能集合。至于说哪种模式会处于兴奋状态而成为具体的美的状态的决定性元素，则将由外界环境、当前的心态及心理趋向、审美偏好与习惯、模式的自主涌现能力、对美追求的力量等因素通过相关的动力学过程来决定。人们关注哪里，哪里就成为表达生命活性中发散扩展力量的基本出发点，也就会由此而实施差异化的构建，在当前基础上寻找其他有差异的元素。这也就是为什么说女人总是说缺少一件合适的衣服，而男人总是缺少一件合适的领带的原因。

　　（六）美的独立与特化

　　按照习惯，当人们将美独立特化出来（意味着使美具有确定性的意义，将追求美的力量、达到美的状态的过程和美的状态独立特化）时，便可以依据这种独立模式的意义而与其他信息建立起种种的关系，形成一种新的动力学过程，并在这种美的模式与其他模式相互作用的过程中发挥美的指导性作用。随着"美"的进一步独立化，人们所面对的只是独立后的美的模式与其他事物的相互作用，此时可以不再考虑如何将美与客观事物联系在一起。这种隔离会在一定程度上有效地促进对美的本质性的研究，但最终则需要将美与人的各种具体行动有机地联系在一起，由此而更为有效地促进着人的发展。

在美没有独立特化之前，人们更多地采取一种松散集合的方式，将与美相关的各个局部模式在各种事物中的意义表征出来，并以此而建立同其他信息的关系。因此，基于此而形成的美的认识则是多种多样的。

四 美是生命进化的关键力量

生命体就是在不断地适应变化的外界环境的过程中逐步进化的。生命体形成稳定的结构，意味着形成对新环境的适应。生命体在最有效和最有力地表征生命的活性本征以形成差异化构建的过程中，会通过选择竞争力最强的个体，选择与外界环境能够达成稳定协调关系的模式状态而形成对环境的适应。这是赋予生命体以美感的核心，也是赋予外界客观以美的意义的关键。当外界环境变化时，它会对原来已经形成稳定协调关系的生命体形成较强的刺激，进一步地促进着生命体发生变化。生命体在表现其活性本征力量的过程中，在形成差异化个体的基础上，会利用大自然优胜劣汰的力量，促使生命群体通过竞争与优化构成新的适应能力更强的个体，而那些能够在新的环境中具有较强竞争力的个体便能够有效地生存下来。生物群体的进化策略和结果，在个体身上表现时，即形成了单一的美的关系的表征。

（一）人的一切都是在生命活性的基础上进化生成的

生命体是在变化的外界因素作用下，通过不断地形成与其协调稳定状态而逐步进化的。无论是环境的变化，还是生命体本身的自主性变化，以及由此所表现出来的非线性涨落，都会在外界环境与生命体之间通过差异而形成刺激。这种差异化的刺激，一方面会使生命体形成新的稳定协调状态（形成新的耗散结构）；另一方面则会维持生命活性的稳定状态，使生成的各个组织器官的稳定与进化都将处于协调的状态。在人们体会到生命体由不协调而达到协调的过程时，这种过程所产生的力量将会对机体产生一种更加稳定的作用力，这种作用模式在生命体的神经系统中同样会产生相应的反应。这为复杂的具有自主性的大脑能够更加便利地感知美的状态和认识，并赋予能够引导人顺利地进入美的状态的客观事物以美的意义，打下神经生理学基础。

既然总是可以通过表达人生命的活性本征而形成了人的一切（结构和活动）模式，就可以以人的活性本征的表现作为基础，在激发出更多不同的信息兴奋模式、构建恰当的生命活性表达的力量模式时，优化选择构建出恰当的应对模式。由此，生命体中的生命活性的力量必然地成为与环境达成稳定协调的活性本征模式。

（二）发散与收敛的有机结合，不断地表征着生命活性

生命活性中的发散与收敛的有机结合是一种稳定的动态模式结构，生命的发散、扩展和与之相协调的收敛、稳定，都是生命活性的固有表现，生命体在不断的发散与收敛独立表现和相互协调的过程中，通过改变自身的结构而适应新环境的作用，形成与新的刺激环境相协调的状态，并在这个过程中将这种状态稳定下来，最终形成新的稳定的收敛与发散有机结合的模式。生命体会优化性地习惯处于这种状态下，使生命的活性力量表现得更为有效。

（三）生命中的非线性涨落总是形成对协调偏差的极度扩展

生命活性表达出非线性力量，会使生命系统表现出超出一般状态的非线性涨落。这种内在的非线性扩展会由于超出机体组织的动态协调区域而使机体受到更强的刺激，从而对相互协调的机体造成伤害。当生命体由更大的偏差回复到生命活性状态时，会通过痛苦的感受而形成与其他感受更加强烈的对比，从而使人更加有力地体会到由更大的偏差而达到稳定协调状态时的美的感受。经常性的非线性涨落导致更大偏差而使人感受到痛苦性刺激，与此同时，表征生命活性中的稳定与收敛的力量，则会引导生命体形成与稳定协调状态在局部特征上的共振而联系性地形成更多局部特征的和谐共振，以回复到更大程度上的美的状态。在将两者联系在一起时，就会由此而产生更加强烈的愉悦性的情感反应。

（四）通过强化相关模式形成"自催化"

只要形成了一个稳定的模式，生命体就会以该模式为基础而实施生命活性变换，它在适应外界环境的过程中，就会形成稳定的活性本征兴奋模式。在生成了稳定的生命状态以后，生命体会在主动地表达生命的活性本征的同时，与这种生命状态相协调，就会形成自主反馈。

通过在协调中放大协调、追求更进一步的协调，也会形成基于协调模式的共性相干，并促成生命体形成偏化选择。生命体就会在偏化选择以后，运用共性相干的力量而强化这种协调模式。强化这种模式，也就意味着保证机体在多样化探索的过程中，通过差异化构建和局部特征上的共性相干，选择出更能适应环境作用的稳定模式，从而会基于这种模式而保证个体取得相应的竞争优势，从而形成独具特色的生物物种。

人会在意识中更加强烈地表现这种主动选择和构建的过程，并经过人的主观意识的广泛联系，主动地强化这种能力，从而使这种能力得到有效提升。

（五）协调后会有更稳定的基础而表现发散

生命活性的稳定与变化是协调统一的。形成了协调状态，人就会在协调稳定力量的作用下，激发、生成和扩展出更强的发散性力量，使差异化构建变得更加突出，从而形成更加多样的差异化个体，在这种更加多样的探索过程中，通过竞争而优化选择出对生命活性本征状态有更强追求的具体模式。只有超出了生命体正常的耗散结构的活动空间，才能形成对生命体的有效的刺激，才使生命体体会到美感以促进生命体向新的稳定状态转化。以这种模式为基础而构建出的更加广泛的差异化个体，以及从中优化选择出来的模式自然也就具有了更强的适应能力。

（六）竞争会形成优化性选择

生命个体在与其他成员的相互作用过程中，可以在更大程度上表现发散，也可以更多地表现收敛，可以形成差异化更大的个体，由此而形成更加多样化的群体。在资源有限的约束下，生命体会通过竞争而自然选择发散能力更强的个体。于是，通过自然选择强化了在某些方面发散能力强的个体，个体也会利用反复强化这种模式的过程，从而使其具有更强竞争力的优势基因得到进一步加强。

这种力量会通过群体的相互作用而强化和放大，成为一个个体在群体中有效生存时所必须遵循的行为模式。受到这种力量效果的反馈性强化，这种习惯性的力量表现也就成为该群体稳定的生存与发展的基本力量。如果没有有意识的选择性，那么生命体会在诸多与竞争遗传因素相关的因素中实施差异化构建，并最终也会恰当地选择出决定其竞争力高的优势基因个体。

格罗塞（Ernst Grosse，1862—1972，德国艺术史家、社会学家）研究指出："那些狩猎民族所特有的种种人和兽的神似的绘画和雕刻，很明白地对我们显出来，那是特别在狩猎民族中发展到了十分完全的生存竞争的能力在审美上的成功。"① 原始民族也重点突出与强化人的生存竞争能力，这些能力成为其绘画和雕刻的核心与主题。

第二节　进入美的状态

生命就是通过恰当地表达生命的活性而分别形成不同的结构功能，并达到与环境的稳定协调的。这种稳定协调状态将具有非常独特的性质。在达成与外界环境的稳定协调关系以后，生命的活性本征处于自然表征状态，通过后面的研究我们将会进一步地认识到，生命体会在差异化构建的基础上，通过比较判断而进行优化选择，使得生命体的耗散结构达到与其生命活性本征更加协调的状态。生命会在差异化构建的基础上，通过活性本征最有效发挥的基本特征而选择出适应能力更强的个体。

在活的生命体中，不同的活性本征会依据其在稳定协调状态下所建立起来的稳定性关系而形成确定的相互激活关系。显然，随着不同的美的状态的建立，这些活性本征模式之间便具有了更加广泛的相互激活的意义：从某个局部本征出发，使其他的活性本征模式处于不同的激活兴奋状态。激发出来的活性本征模式越多，一方面意味着如果它与原来所

---

① 北京大学哲学系美学教研室编：《西方美学家论美和美感》，商务印书馆 1980 年版，第281 页。

形成的稳定协调结构的协调程度越高，那么它会达到更高水平的美的状态；另一方面则意味着如果它在更大范围内形成美的状态的融会与概括，那么会由此而从美的状态的角度得到升华。

康德指出："观念本来意味着一个理性概念，而理想本来意味着一个符合观念的个体的表象。因此那鉴赏的原型（它自然是筑基于理性能在最大限量所具有的不确定的观念，但不能经由观念，只能在个别的表现里被表象着）更适宜于被称为美的理想。类乎此，我们纵然没有占有了它，仍能努力在我们的内心把它产生出来。"[①] 这是生命活性的直接表现，而不是经过意识无限加工后的美的理念。这种表现虽然是基于人的活性本能挥出来，却又获得了更大程度上的概括与抽象。我们仍需要直觉地表达出生命活性本征的力量，或者说在构建直觉性意义的过程中，准确地表达出生命活性本征的力量。

在我们对美的界定中，所表征的是与生命活性本能状态更加协调而更深刻地进入美的状态的力量，因此，由相对不协调通过生命的不断追求而达到更加协调，就已经明确地表征了引导人进入美的状态的核心过程。以此为基础，黑格尔和马克思关于美的本质的理论也就有了具体的"落脚点"。

一　进入美的状态的方式

进入美的状态通常采取的是与美的状态中的诸多局部模式和谐共鸣（共性相干）的方式，而体会到美感采取的则是通过差异而形成刺激的方式。进入美的状态的方法包括：第一，与活性本征共性相干，形成稳定协调，即进入美的状态；第二，表达由不协调到协调的过程模式；第三，与形成协调时的活性本征和谐共振；第四，与由不协调达到协调模式中的局部模式共性相干，并引导其在更大程度上表达所形成的稳定性联系；第五，依据外界事物与美的状态的稳定关系，通过与这种性质的外界事物的和谐共振而间接地激发美的状态。

---

① 北京大学哲学系美学教研室编：《西方美学家论美和美感》，商务印书馆 1980 年版，第166 页。

　　从生命进化的角度来看，形成稳定性协调，意味着在应对各种复杂的外界作用情况下形成了最佳的"静态"结构，并以该结构为基础，能够更加灵活便捷地在更加多样的各种复杂情况下形成有效的应对策略和状态。也就是说，生命体可以表达出有更强的剩余适应能力：基于当前的确定性结构而能够适应更加复杂多样的外界环境的作用。我们已经论证，正是由于人的剩余心理空间更强，才保证了人具有了更强的主动适应能力。生命体可以通过持续地调整活性本征以及相应的生命活性比值，从而以更加有效的方式达到在现有的结构状态下更加有效地利用资源的状态。此时，人则更加充分地利用了大脑神经系统的自由而便利性特征。

　　无论是通过关系模式的促进的方式，还是通过共振的方式激活生命的活性本征，或者说使该模式处于兴奋状态，都是使生命体达成与稳定协调状态和谐共振的重要方式，自然也是生命体由不协调而达到协调的稳定性力量。在达到稳定协调时，各个环节以及独立的模式与协调后的状态建立起稳定的联系，此时，活性本征模式的兴奋就会成为其中重要的收敛性力量特征了。

　　进入美的状态、通过与活性本征的共性相干进入美的状态的过程、由不协调达到协调的基本模式、通过所建立起来的稳定协调而赋予外界客观事物以美的意义（通过与这种外界客观事物的和谐共鸣而引导人处于与这种状态的稳定协调状态）等，这些方面都将组成美的特征，这些兴奋的模式也就成为美的状态的基本元素，使这些基本元素稳定与强化，都将在一定程度上意味着美的独立特化。我们便以美而概括代表这些局部的、部分的和整体上的意义。

　　（一）形成共振

　　我们可以通过研究美在局部特征的相同或相似的方式，形成共性相干而使其得到兴奋表达，使生命体表达出与原来稳定协调的状态有更多相似性的特征，并在更大程度上回复到原来外界环境作用时的协调状态。我们可以通过局部特征的相同或相似性关系，并通过其他方面所表现出来的差异而产生有效刺激和感知，从而引导系统产生美的感受。这就是通过共振引导人进入美的状态的方式。因此，生命体与刺激相协调，意思是与刺激所表现出来的模式形成共性相干，更进一步地与由不协调达到协调的过程共振相干。

　　当前的外界环境会促使生命活性偏离原来已经形成的协调状态，尤其是在生命体不能通过"同化"的方式应对新的环境作用时，生命体就只能通过重新获得新的稳定状态的方式，产生与原来协调状态有所不同的活性本征运动，形成不同的物质结构（这些物质会对机体的活性协调状态产生刺激，会促使其产生相应的变化）。受到非线性和非均匀性的影响，这个过程在更大程度上起源于生命体内的某些局部子系统的变化。生命体内那些具有针对性和敏感性的某个子系统会先于其他系统发生变化并达成新的稳定状态，此时，就可以根据生命体各子系统相互协调的牵制性的力量来促进其他系统发生相应的变化。生命体就是在这种内外刺激作用下的变化来达成新的协调稳定状态的。

　　根据在美的状态下各种活性本征模式能够得到最有效的表现的特征和规律，我们可以看到，进入美的状态的方式就是与美的状态中的某些局部美的特征元素共振相干，并根据活性本征之间的稳定性关系而将这种局部的和谐共振状态进一步地扩展到更多局部特征之间的和谐共振状态。美感自然是体验由不协调达成协调后与协调状态共振的感受和特征。正是由于不同的个体以共振的方式表达出生命的共性本质，也就是说，每个人都能够通过与生命的活性本征通过共振而进入美的状态，由此我们才能够体验出共性的美感，也才可以由此实现美的传递。以生命活性本征的共振为基础，人们会进一步地依据各种本征之间的关系而联系更加广泛的信息意义，使人的审美体验更加丰富。在卡西尔的符号理论中，是用符号来表达这种共性的基本模式，通过表达相同的符号而实现着共振性的体验。这种对处于稳定协调状态的无知觉，与叔本华的"无"存在一定程度的关系。① 如果借用 H·里德对克罗齐的评价"在安静中的回忆"可能会更有启发性。②

　　笠原仲二就认识到一切有利于生命的稳定、生长与进化的因素，意

---

　　① ［德］叔本华：《作为意志和表象的世界》，石冲白译，商务印书馆 1982 年版，第 562—564 页。

　　② ［英］H. 里德：《艺术的真谛》，王柯平译，辽宁人民出版社 1987 年版，第 171 页。

味着对生命的稳定、生长与进化起维护（保持）、促进和追求的力量等因素模式，都将成为引导生命体进入稳定协调状态的基本力量，因此，"甘美的食物、芬芳的香气、悦耳的音调、悦目的美色等，一切有利于稳定、增进和充实生命的对象，皆为美意识发生的直接源泉"①，这就意味着，由不协调到协调状态在一定时间内建立起联系时，便会形成刺激，从而使人的官能获得快乐，那么，也就具有了美的意义；相反，一切阻碍人的生命稳定、阻碍生命力旺盛、增长的因素，使人畏惧、憎嫌、回避的对象，意味着人的生命力被否定，使人的生命力受到毁伤、削弱、耗损等的事物，就会使生命体的组织器官感受到痛感，因此就会形成美的对立面——丑。②

（二）建立关系

1. 依据局部特征的相同与相似使与其有联系的其他信息处于激活状态

不同的信息模式在人的心理中，会依据其表达相同的局部特征方式的差异以及各种特征之间的局部关系，使其他的信息处于兴奋状态。

2. 在多种可能存在时的高可能度选择

信息之间基于局部特征的相同（相似）而形成的复杂关系，使得在某个局部特征处于兴奋状态时，保证诸多不同的整体意义信息都有可能处于兴奋状态。鉴于资源有限性的影响，面对外界刺激，生命体只能显示出有限数量的整体信息。此时，生命体会基于自主涌现与关联性记忆所形成的兴奋可能度的高低加以选择。可能度高的信息被激活而处于兴奋状态的可能性大。

3. 受到环境的影响而选择

诸多模式都有可能在心理认知空间处于兴奋状态而构成当前的意识。受到资源有限性的影响，那些自主涌现的力量较强、与其他兴奋的心理状态中信息模式的关联度较高、与外界环境因素能够建立起一定联系的

① ［日］笠原仲二：《古代中国人的美意识》，杨若薇译，生活·读书·新知三联书店1988年版，中译本前言第2页。

② 同上书，第42页。

信息，将会以较高的可能度被选择。

（三）自主涌现

任何信息模式在生命系统中都能够具有一定的独立性。独立的生命组织可以自主地表达收敛与发散性的力量，这使其具有了涌现性的力量。自主涌现的强度与下述因素相关：

第一，依据其记忆程度。被记忆得越牢的信息，其再次地在大脑中自主涌现兴奋的可能度就越高。

第二，依据生命的活性。不同的生命活性决定着不同的模式在大脑中涌现的兴奋程度。与生命的活性本征联系更紧的信息，其自主涌现能力越强。

第三，依据其他因素的支持。存在诸多模式的自主涌现，但至于哪种模式会以较大的可能处于兴奋状态，则是自主涌现、其他信息的支持和当前环境影响的各种因素综合性的结果。

（四）建立新的动力学系统，形成新的稳定状态

生命体是随着外界环境的变化而变化的。当外界环境变化不大时，生命体会通过"同化"的方式只关注局部很小的差异性信息，此时它大体上以传统的经验模式为核心，仅仅略作调整；而当外界环境变化相对较大时，生命体便会通过与环境的相互作用，通过表达生命的活性本征，通过构建一个新的动力学系统，形成新的稳定协调状态，从而在原来美的状态的基础上，发展出新的美的状态和新的美的元素。

二　生命的活性表征在对世界的认识中发挥作用

（一）人的一切活动以生命的活性本征为基础

生命的本质在于收敛与发散的有机结合——"混沌边缘"。自然，以任何活的生命组织结构为基础，都能够自如地表现其生命的活力——收敛与发散及其有机协调。

生物体内组织器官的变化服从"用进废退"的基本原理。任何一个组织器官的使用强度越大，其他组织器官对该组织生长变化的刺激就越大，需要该组织表现生命活性中发散的力量也就越大，当这个器官在同时表现发散扩张与收敛稳定力量的作用时，会不断地形成动态变化的过

程，并在最终形成与外界的协调时稳定下来。基于共同基础而生长壮大出来的新的组织，组成了该组织器官的新的结构。

基于生命活性表现而被独立特化出来的每一个模式，都是生命体与外界环境稳定协调的活性本征模式，都会由此而具有了引导人进入美的状态的作用。生命体仅仅是体现出生命的活性本征，还不足以更加完整地体现美的独立性与地位，还不足以使美所具有的独特作用能够更加充分地发挥。伴随着美的升华，生命活性本征所对应的美在意识中的地位将更加突出，由此所生成的指导性的力量便会更加有力。

康德指出："美是不依赖概念而被当作一种必然的愉快底对象。"[①] 人与美的相互作用的过程，依靠的是美的客观事物出现在人面前时的一瞬间所形成的直觉认识。当人在一定原则指导下，采取一定的方法展开相关的研究时，就会必然地涉及美的更多信息和判断、选择原则、标准，由此而在更大程度上表现出人所特有的"理性"，显然，经过选择与构建的"理性"认识，会偏离人的生命活性更远。黑格尔的"生命和自由的印象，却正是美的概念的基础"[②] 的命题，说明美是生命活力的表征，具有进化的、客观的内涵，它不仅强调了艺术应表现人的生命活动的伟大、崇高的人格精神，而且也能够使欣赏者可以更深一层地理解艺术所表现的情感的意义乃至生活的内在含义。

（二）活性本征成为指导建立信息间关系的基本模式

生命能够以任何一个稳定的活性结构为基础而自主独立地表现活性的力量。生命的任何活动都以表现生命的活性本征为基础。生命自然地以发挥活性的力量为基础而指导其表现出各种差异化的行为。即便是形成了不同的模式，这些不同的模式也会同样以表现活性本征为基础而建立关系。从收敛力量发挥作用的角度看，人在不断地表现出与以往、当前和他人有所不同的行为，但与此同时，却又在表现收敛稳定性力量模式的过程中，运用收敛的力量将若干不同的模式、事物联系在一起。这

---

① 北京大学哲学系美学教研室编：《西方美学家论美和美感》，商务印书馆 1980 年版，第164 页。

② 袁世硕：《并非新说：美是生命活力的表征》，《文史学》2016 年第 3 期。

就意味着，表达收敛性的稳定力量模式，就成为建立不同信息之间关系的指导性模式。

（三）追求与生命本征的和谐共鸣是人的基本过程

一是以生命为基础，所有的活动都在这种模式表现的基础之上建构出新的反应模式。构建何种活性本征的力量表达，将取决于生命体是否具有足够的生存能力和竞争能力。因此，以生命的活性本征模式为基础，对其他信息所进行的变换，都会表现出生命的活性本征意义。生命就在于不断地表现其生命中差异化构建与优化选择的力量，从而形成与各种环境稳定协调的基本模式，人的各种活动也就必然地与人的生命本能内在地联系在一起。虽然各种活动都会在一定程度上与活性本征建立起直接关系，但显然，能够在多大程度上引发更多活性本征的兴奋，将成为艺术区别于其他活动的基本特征。

二是与生命活性相协调所形成的快乐反应，会被人的意识加以强化。各种各样的由不协调达到协调所表明的美便会自然地与快乐形成紧密联系，从而联系构建成一个有机的美的整体。人们出于对快乐的喜爱和追求，也会使这种过程固化成为一种基本模式。

三是这种模式会达到足够的稳定性。人们无论是否愿意，都会在各种活动中发挥其自主涌现性的特征力量，这就意味着它总是能够不受人的意志的控制，自由且出乎意料地表现出来，持续性地表达这种高兴奋度的模式并与活性本征达成和谐共振。这就意味着，通过各种活动，即使与该模式还没有建立起稳定的联系，我们也能从活性本征自主涌现的角度达到与美的状态在更大程度上和谐共振——每个人都可以成为艺术家。显然那些高明的艺术家，则更善于将那些能够与大众的美的状态和谐共振的模式意义表达出来，通过艺术品引起更多人的和谐共鸣，使更多的人产生相同的审美感受。

四是由于其自主性，生命体又会以这种模式为基础而展开生命活性的各种变换，在表达生命的活性扩展力量并使其得到增强的同时，通过反思性意识反馈而形成对这种模式的主观性专门强化。这种专门强化的力量，会在人的身上通过意识的表达而变得更加突出。

五是以与生命的活性本征相协调的模式为基础，自然的表现扩张性过程和结果，这种过程对生成期望具有重要的指导作用，人会在这种扩张过程和结果的作用下，通过形成新的期望并由此而形成专门的追求模式，使这种与生命的活性本征相协调的力量得到进一步放大。

六是在以生命活性为基础时，通过与生命活性的协调会形成综合反应，在这个协调过程中，主要表现出了外界作用与活性本征的和谐共振而表达出收敛掌控的力量，这种力量的存在将使生命体以更大的力量表达与稳定协调状态的关系。

也许我们想知道，在一个具体的由不协调到协调过程中，我们会在多大程度上表现这种掌控的力量？这显然不是一个质的问题，而是一个量的问题。根据生命的复杂性和所面对问题的局部联系性特征规律（即在某个局部特征处于激活状态时，生命体会根据该局部特征使其他的特征模式也处于兴奋状态），只要我们表征生命活性，就会使收敛与发散的协调同步。人与人的不同就在于表征差异化构建与稳定性掌控力量值的差异，或者说，能够使这种协调的状态维持在哪个"恰当比值"点上。

如果对"混沌边缘"所描述的状态具体细分，可以看出，混沌边缘将稳定地对应于具有一定不同功能的区域，这种区域可以分为三种不同的状态：稳定协调状态、成长变化状态、变化的加速状态。这些状态分别对应于相应的激励以及对相应激励的需求，当这些需求得到满足时，自然会将生命体带回到原来的稳定协调状态，并由此产生稳定协调后的快乐感受。除了协调稳定状态以外，维持生命体的正常成长也是一种正常的协调状态，生命体在偏离这种状态时，协调状态的稳定力量同样会驱使生命体恢复到这种状态，从而驱使人因追求这种状态而产生美的感受。在这里尤其需要注意，这里的"成长"指的是符合生命体自身自然成长、本性成长的状态和过程。布劳（Edward Bullough，1880—1934，瑞士心理学家、语言学家）就认为，需要通过美的力量将生命的活动限定在生命恰当的比值范围内。布劳指出："适意是一种无距离的快感。美，最广义的审美价值，没有距离的间隔就不可能成立。"①

---

① 北京大学哲学系美学教研室编：《西方美学家论美和美感》，商务印书馆 1980 年版，第 278 页。

七是在生命进化到一定程度，形成复杂的结构功能和稳定的子系统时，每一个独立的组织器官都具有了更强的独立自主性的意义，也都会形成各具特色的活性本征模式。此时，在人的意识能够感知的层面，生命的活性本征会被这些组织器官的独立功能所替代，这些组织器官的活动（作用与力量）随之而成为具有美的意义的本能力量。在表达与这种模式相同的信息模式（基于该模式的共性相干而兴奋）时，如果能够使相关的组织器官感受到稳定协调后的快乐状态时，那么根据整体系统不同部分之间的紧密联系，生命体可以将这种状态扩展到其他的组织器官中。

（四）机体组织的活动被灵活地反映、固化在大脑神经系统

在杜威看来："在节奏中坚持变异，也许看上去像费力证明一个显而易见的道理。"① 任何稳定的模式都会在表现生命活性的过程中，不断地形成对该模式活动的"记忆"，并固化出一定的组织——形成稳定的表征该行为的结构。在大脑中稳定兴奋的心理信息模式，都可以成为能够独立表现的基本模式。这些模式会与其他被记忆的外界信息、机体反应模式一起，成为与其他信息建立联系与变化，通过自组织而形成新的具有稳定意义的基础性信息。节奏意味着运动，但它同时又表征着一定的不变性特征。节奏是能够同时体现静止与变化相互协调的特征。我们所要把握的是：只有那些与生命活性的节奏相同，或者说具有与生命活性运动的"功率谱"相同的节奏分布，才是引发人产生更强烈美感的节奏。这里，尤其需要注意：矛盾性的模式也会成为人的活性本征模式。"艺术异在化的传统意向的确是浪漫的，因为它们在美学上与发展着的社会势不两立；这种势不两立即它们真理之象征。"② 这就明确地表明"对立"本身也可以成为美的本质性特征之一。当我们表达对立时，也成为进入美的状态的基本角度和力量。

（五）作为基本力量的活性在各种活动中形成共性相干

既然各种活动都表现出了生命活性的力量，那么，它们就有更大的

① ［美］杜威：《艺术即经验》，高建平译，商务印书馆2005年版，第187页。
② ［美］马尔库塞：《审美之维》，张小兵译，生活·读书·新知三联书店1989年版，第69页。

可能在各种具体的活动中建立起共性联系，并通过由各种活动所表现出来的差异化构建形成的差异刺激过程而形成共性相干。在生命体内所展开的就是发散与收敛的有机结合，发散与收敛的两个过程同时还进行相互牵制的影响作用。各种不同的过程之间会由于同时表现生命的收敛、发散以及两者之间的相互作用形成共性相干，基于相应的非线性相互作用而使之达到足够高的程度。

（六）在任何一个模式的兴奋中都可以自然地表征活性

生命的活性就是表达生命活性本征的过程。生命体通过构建生命活性本征与外界相协调的表达方式，就可以构成生命体的复杂的结构和活动。生命的活性本征在任何一个层次、结构、系统和活动中的表现，都可以使我们明确地认识到：一是在所有的活动中都可以反映美的元素、激发美的元素的兴奋；二是生命的活性本征可以与任何活动的相关指标相结合而成为指导人产生相关活动的美的指标。

三　通过与活性本征共振而进入美的状态

生命的每一项活动都是先通过表达生命的活性本征，然后再进一步地构建出与环境相适应的稳定状态，并在这种过程中，将生命的个性化本征表达模式固化下来的。这也就明确地指出，在生命体达到与环境的稳定协调过程中，生命的活性本征是引导人进入美的状态中的基础性的元素，也是有效地使其他模式处于兴奋状态的基本出发点。"客观对象必须具有丰富的多样性和表现力才可能稍稍抓住我们的注意力，才可能更普遍地打动人性。"①

生命的基本力量之一是，生命体中每一个稳定的模式、组织、器官、系统，都具有独立的活性模式，都能够在各种活动中自主地展开其活性的力量。这些模式本身会达到一定程度的相互协调，但却内在地包含着其他的不同的意义——与不同的环境达成稳定协调，因此它也具有不同的兴奋模式，具有不同的稳定协调的意味。这些模式具有足够的稳定性和自主性，也可以不依靠任何的关系只是表现自身的涌现性力量而处于

---

① ［西］乔治·桑塔耶纳：《美感》，杨向荣译，人民出版社2013年版，第76页。

兴奋状态，从而参与到新模式的构建过程中。

这些模式由于可以在各种不同的过程中得以表现，因此，它会依据不同的过程而表达出更强的共性相干的力量，这也会由此而增强该共性模式与具体情况下各种模式之间的稳定联系。

因此，美具有其现实生活的基础，那就是人在日常生活中对于和谐的追求，人们渴望人与人、人与自然之间和谐相处，这一愿望是来自存在本身的。这里的关键就在于对美的追求作为人的一种生物的本能而持续性地发挥着稳定性的作用。但是在现实生存中，由于主客对立，如人与自然、人与社会冲突，因此人经常处于不和谐的状态。在现实中，和谐仅仅是一个暂时的、相对的概念，而人却能够在强大的意识作用下，将这种相对的概念独立特化出来，在意识中不断地重复表现这种模式和力量并由此所形成的共性相干，使美成为人的活动中的主体追求的目标。

格式塔（Gestalt）的"同构"说，就是要求艺术与生命活性相协调。① 它们之间同构的程度越高，则激发出来的本质性的生命活性就越强烈，或者说在人受到外界刺激而形成反应的过程中，生命活性在其表征中占据更为重要的地位。

休谟（D. Hume，1711—1776，苏格兰不可知论哲学家、经济学家、历史学家）就认为："美是各部分之间的这样一种秩序和结构；由于人性的本来的构造，由于习俗，或由于偶然的心情，这种秩序和结构适宜于使心灵感到快乐和满足，这就是美的特征，美与丑（丑自然倾向于产生不安心情）的区别也就在此。"② 讲的就是美与人的本性相协调的程度之间的关系，这里休谟用了"适宜"这个词来描述这种相协调的程度。可以认为，休谟已经看到了与外界作用与人生命的活性和谐共振而达成的"适宜"。

（一）通过表达生命的本能而与活性本征共鸣

1. 通过共振达到稳定协调状态

通过共振而达到稳定协调是进入美的状态的基本方法。从动力学的

---

① ［德］鲁道夫·阿恩海姆：《艺术与视知觉》，滕守尧等译，中国社会科学出版社 1984 年版。

② 北京大学哲学系美学教研室编：《西方美学家论美和美感》，商务印书馆 1980 年版，第 109 页。

角度看，使活性本征模式处于兴奋状态，就是通过共振而使该模式的振幅达到足够高的程度，从而占据所有可能表现模式的空间，使该过程完整地占据整个心智的主要部分甚至全部，使各种信息都与当前处于兴奋状态的活性本征建立起动态的相互作用关系。

表征生命的活性本征模式，就是通过使生命的活性本征处于兴奋状态而与美的状态达成共振协调，这本身就是一种进入美的稳定协调状态的基本过程。首先通过某种活性本征模式的直接表达而形成这种局部本征上的共振共鸣，其次通过该本征模式与其他本征模式的关系而使其他的活性本征模式也处于兴奋激活状态，再依据当前兴奋模式之间的相互作用而将以往所形成的美的完整模式重新激活，最终引导人更加全面而系统地进入美的状态。

2. 在稳定协调状态下各层次表现出各自的本征状态

从生命本征的角度来看，一定的静态结构可以产生较大的动态运动能力、较强的超动态运动范围等。在复杂的生命系统中，生命中的各个层次、部分以及彼此之间的相互作用都以耗散结构形式通过与生命的活性本征的共振协调而稳定地表达自己的"本征"状态。这就意味着，从生命的耗散结构状态来看，静态结构、动态结构、超动态结构三者之间是以耗散结构的状态达成相互协调关系的。在美的状态中，当各种不同的活性本征模式建立起了稳定关系、构成了稳定的关系结构，它们就会在一种局部模式处于兴奋状态时，能够以较大的可能性使相关的其他活性本征模式也处于激活兴奋状态。

3. 表达生命的活性本征的相关模式是进入美的状态的基本出发点

生命就在于表达与其活性本征相适应的、更加有效的状态。生命中的活性本征的力量在生命体不断地适应外界环境的过程中发挥着关键性的作用。这些模式的固有表现，成为形成生命体与外界环境达成稳定协调的基本模式，这种模式也就组成生命体进入美的状态时的本征模式，在所形成的与环境协调后的本征模式中，自然包含着这种力量。

生命中收敛与发散的有机协调要求我们，既不能过度地强势表达一种力量，也不能更大程度地减少另一种力量的表达。在生命体系中各种表达生命活力模式以探索与外界环境更大程度的适应的过程中，生命结构会达到新的稳定协调状态，此时生命结构和功能就不再发生变化，并能够更加有效地表达生命的活性本征力量。在此种状态下，各个层次上表达活性本征将达到一个与生命活性相适应的恰当状态。这就意味着，生命体就是通过构建恰当地表达生命活性本征的力量而达到与外界环境之间的稳定协调状态的。

与生命的活性本征和谐共振可以引导人进入美的状态。我们需要从理论上分析为什么与生命活性本征状态相协调便会产生美感，为什么与生命活性本征状态相协调会产生更强的竞争力量、会产生更大的生存优势，人为什么要更加乐于追求这种由不协调达到协调的状态和过程，是什么因素干扰了生命体对这种状态的自然表征等。

生命的活性模式是生命体在应对任何外界环境变化时必然表现出来的模式力量，是生命体在外界环境作用下必然发挥重要作用的核心力量，也是生命体在达到与环境的稳定协调时本征表现中的重要"成分"。生命体就是通过探索生命活性本征能够最有力和最有效地表达模式而形成与外界环境的有效适应的，这就意味着，在美的状态下表达生命的活性本征，就足以使生命体获得更强的竞争力。依据不同活性本征之间的生命关联性，当生命的活性本征模式处于兴奋状态时，无论其兴奋的程度如何，也都能够以较大的关联性力量而带动其他本征模式的兴奋。

美感是具有生命力的个体在与外界环境的相互作用过程中，通过共性放大而形成的对"完形表现"的感受。这种"完形表现"感受是在差异化相互作用过程中构建出来的。生命体是通过表达生命的活性本征而构成完形的，人在凭借与完形有差异的状态建立起与完形的关系时，即能够使人体会到美感。

4. 以优化的方式进入美的状态

生命体由单一个体来应对各种各样复杂的情况，这本身就已经做出了优化抽象——单一的个体应对更加多样的外界环境。生命结构体也是在这种不断地应对和适应外界环境过程中，逐步达到优化的程度——使生命的活性本征表达达到最有力和最有效率的状态。"我们感官的范围，不论是在数量上还是质量上，都是一种面对有限的资源进行选择的结果。我们也许可以演化出比现在的视觉强1000倍的能力，但是这其中的代价，可能是消耗了本可以用在其他方面的资源。我们目前的总体感官能力，是对现有资源最有效的利用。"① 这就明确地指出了各种本能会在生命体适应外界环境的过程中，通过协调达到最有效发挥的程度。

从形式上看，生命体表达出了由不协调而达到协调状态的过程，引导人进入美的状态，这种过程明确地表达着优化的过程：由多种可能性的不协调状态达到具有美的意义的稳定协调的单一状态。由此，这种模式力量也就与优化的力量建立起对应关系。

在诸多进入美的状态模式中加以比较选择，就是在一定意义上表达着优化的过程。我们在体验外界环境作用下人的生命活性本征状态时，涉及人对稳定协调状态的追求，涉及由此所形成的引导人进入美的状态时更有力也更有效率的独特力量，通过生命的本征优化表达而达到与自然的更加协调。显然，美是在生命体表达活性本征的基础上，由于受到外界环境的影响而形成了新的稳定状态时的表现。这需要我们在诸多可能模式中寻找更能表征美感的恰当模式。

（二）自主反馈强化通过自主进入美的状态的力量

耗散结构的各子系统存在自主涌现性的力量。那么，耗散结构会以一定程度兴奋时的自主性的力量，通过其他模式的自主涌现和彼此之间的共性相干，增强进入美的状态的自主可能性。如果在稳定协调状态下子系统仅仅只表现出与其他系统相适应的自主活动，不会因出现某种因素的反馈强化而使其达到一种新的作用状态，那么也就不会并由此而促进整个生命结构的变化。在正常的状态下，生命体有时会为了获得更大的利益而不惜以牺牲生命为代价。这是由于生命体对当前利益的重视，从而使其在主观意志（自主涌现出来的意志）作用下达到一个只有在更高程度上才产生的对人的行为的扩展性作用。但在生命的稳定协调状态下，则不会出现这种超出维持生命体正常稳定与变化的意志行为。

（三）以活性本征运动形成协调性联系促进更大整体进入美的状态

在主体内部各部分之间达到稳定协调时，生命体包括体内的各子系统，都在恰当地表达着生命的活力。由于它们彼此之间达成稳定协调，

---

① ［英］约翰・D. 巴罗：《艺术宇宙》，徐彬译，湖南科学技术出版社 2010 年版，第 36 页。

都只是在表征自身的活性本征，各个不同的子系统都以其自身稳定的耗散结构特征运动着。它们彼此之间的相互作用虽然存在，但却是以维持其他系统耗散结构的稳定为目的，而不以促使其他系统的变化为量值控制。各系统之间相互作用的力量不再成为促进整体结构变化的力量，而只是成为维持生命结构表现出动态有序结构的基本条件。动态过程不会产生多余的生物化学物质，不会产生使其他部分产生痛苦或快乐的刺激，各部分所需要的各种物质、能量、信息都能够顺利送达，各系统正常运动生成的物质也都能够被顺利地转移，各系统都能够恰当地表达相应的生命活性本征。这就是人们通常所说的"各安其位"。

此时，彼此之间凭借生命的活性本征可以使收敛与发散自然地表达自身的活性本征，收敛与发散的稳定协调所形成的牵连力量，保证着不因为某一方的强势表现而超出另一方协调的范围，保证着两者的表现处于"活性比值"的恰当范围内。

美的状态是一个综合性的整体。生命的活性不只是将外界信息模式"对应分解"为若干局部特征，通过关系模式而组成一个框架式网络整体，而且在其内部，会由于生命体与各种具体过程的稳定性联系，将美的状态分解为若干不同的本征模式并综合而成为一个有机整体。表征每一个本征状态，虽然只是单一局部地表征美的状态，但是都可以通过局部本征模式与整体本征模式的联系而使人完整地进入美的状态，更何况每一个本征模式还会由于其基于自身的自主性而形成的发散、扩展性变异，形成更为复杂的活性本征的动态稳定结构。但不管如何，只要表达形成稳定协调的本征模式就能够在一定程度上进入美的状态。通过其他状态与本征状态之间的关系而激发促使人表现出相应的本征模式，意味着可以在差异化的基础上建立起由不协调到协调的完整过程，人便由此而体验美。

随着生命活性本征不断的构建差异过程，也会由此而使生命体在形成新的稳定协调过程中赋予外界客观以新的美的意义。

（四）在美的状态下可以更加有力地表达其活性本征

生命活性本征的恰当表达，会使生命的活性力量在各种生命活动中占据更为核心的位置，它的作用虽然很强烈，但不能使人具体地感知、体现出这种生命的本质。此时，我们可以将达到稳定状态作为一种基本的判据——生命体通过改变自身的结构和生命的力量而达到与环境的稳定协调。即使外界环境的作用一直存在，生命结构也能保持足够的稳定性。

试图在原初心理活动中揭示美感的格式塔心理学派，认识到了"造成表现性的基础是一种力的结构"①，并且认为人的心理结构中的"力的图式"与外在事物的"力的图式"可能有"异质同构"的关系，能够以同构而表达抽象意义上的和谐共振的过程。树木的"形"所表现出的向上、茂盛、葱绿的生命活力与人的生命活力在"质"上的表现是相同的，它们由外形表现出的活性力量和人的内在意识中活力的模式表达是相一致的，这是"推动我们自己的情感活动起来的力，与那些作用于整个宇宙的普遍性的力，实际上是同一种力"②——内在之力。从格式塔的角度来看，存在着几个方面的完形：一是形式的"完形"，它可以形成一个完美的整体，各个局部特征之间形成没有任何多余信息的协调与整体化；二是形式与内容之间关系的完形，这是人们寻找到表达意义的更加完美的形式；三是内容中各个局部特征之间的"完形"（这是在抽象意义上表现出来的"完形"，包括各个局部特征组织在一起时，形成了更加多样的信息层次的支持与"不相互矛盾"性特征）。这种完形的潜在意义就是指在两者之间构建出和谐共振关系。

人在汲取大自然的物质营养的同时，也在汲取着大自然的精神之气韵。人们经常心旷神怡地表达外界事物所赋予的生命活力的意义，如花之艳丽、海之广阔、山之雄伟、水流之欢快、鱼跃之生动、金玉之光泽等，这些都能够成为表现人之内在生命活力的共性特征。显然，它不单单只是外界客观事物的属性，而是人在以美的模式来"观照"（通过局部特征上的相同与相似而达成共振关系）事物的综合性特征。由于它们与人的审美观照直接相关，因此，可以使人更加直接地从中获得审美享受。

---

① ［德］鲁道夫·阿恩海姆：《艺术与视知觉》，滕守尧等译，中国社会科学出版社 1984 年版，第 625 页。

② 同上书，第 625 页。

（五）激发生命的活性本征的审美可以带来更大的力量

人的一切活动都是以生命活性为基本模式而具体展开的，任何活动无不打上生命活性本能的烙印。生命活性成为生命活动的基础，任何一个层次的生命活动，都将表现出生命活性的本质性模式。因此，当展开以激发人的生命活性为基础的审美过程时，自然会激发更多的事物中的信息。

一是，在美的状态下事物会对人产生更大的作用（人追求更加强烈的审美反应，还有其他方面的原因，在其他章节中已经有所描述），表现出更强的生命的意义，因此会受到人们更加强烈的关注，并因此而引导着人的追求。笠原仲二指出："对于中国人来说，具有那样的能够充实人的本性或者满足人的本能的欲求、官能性方面能够满足生的充实感、具有那种力量的美的对象，不仅是已述那样的味觉、嗅觉或者视觉性←→触觉性对象，而且进一步也是与听觉有关的东西，即对于耳来说，也是美的音声、歌乐。"①

二是，因为美的事物能够对人产生良好的作用效果，会使得与美相关的力量得到进一步增强，并通过更加显著的"正反馈"，促使人形成对这种良好的美的作用持续专注，由此推动着美的特化，强化美在各种其他活动中的地位与作用，同时人又能够从这种作用中体验到更大的益处和收获，这又反过来会促进对美的更大强度的追求。

三是，对美的期待以及对这种期待性力量的满足，进一步地促进着人对美的追求与向往。既然对美形成了更加强烈的期待，那么就会进一步地启动使这种期望得到满足的力量，因此而进一步地激发出收敛性本能，这就会联系强化收敛与发散之间的内在联系模式，形成更多层面的共振激发，驱动着人们感受更加强烈的审美体验。

（六）活性本征表达与竞争力

在外界环境的作用下，通过生命活性的本征运动而形成适应能力不同的差异化的个体。在自然的优胜劣汰过程中，会将那些适应能力强的

---

① ［日］笠原仲二：《古代中国人的美意识》，杨若薇译，生活·读书·新知三联书店1988年版，第38页。

个体选择强化出来。在此过程中，那些既能够最有力地表达生命的活性本征，同时又能够最有效率地表达生命的活性本征的个体，会有更强的生存能力，也能够获得足够高的竞争力，有更多的机会将其优势基因传递下来，因此而在自然选择的过程中成为优胜者。生命活性的本征模式的兴奋能够引导生命体达到稳定协调状态，并通过活性本征之间的相互关系而使系统的稳定协调程度得到进一步增强。第一，生物的非线性特征从根本上决定了生命体在面对任何刺激时都有可能产生众多不同的行为模式，但对于当前生物个体的当前反应行为来讲，却只能在一定的时间内采取、完成一种模式，而不能同时完成多种不同的模式；第二，生命活性的扩张模式，保证着生命体会不断地构建出不同的模式，并在此基础上加以主动选择；第三，不同生命体面对资源有限性的直接竞争中，会使某种模式增强性地固化成为决定其取得竞争优势的基本力量，并随之而转化成为生命的活性本征，并使这种模式更加突出地表达出来，随之成为引导人进入美的状态的基本力量；第四，个体除了通过采用直接提升竞争力的选择以外，有时还会表现出在其他方面的选择：在另一个标准之下，通过生存与遗传而做出的优胜性选择，可以根据两个特征之间的内在联系，间接性地促进其成为较高美感的控制模式；那些取得成功的模式，经过长时间的选择，能够使生物体更好地取得竞争（遗传）优势的基因，会因"遗传＋生命活性本征的放大"而得到固化；第五，生命个体取得竞争胜利后能够体会到稳定协调状态下的美的感受，这种美的感受又与生命活性本征的最有效的表达建立起稳定的关系，这将引导生命体通过自反馈而强化这种力量，由此而间接地促成了对美的追求。竞争获胜后的收获奖赏，强化着人们对协调表现的感受，这也就意味着将促使生命个体更加乐于表现这种模式，或者说，我们将这种感受称为美时，生命体有更大的可能性选择恰当的美的模式来应对外界环境的变化。由于信息的复杂性，竞争获胜后被强化的模式众多，但只有在众多不同的竞争过程中发挥作用的那些共性的本征力量才最终被选择出来。"如果其他物种也在进化，并在更有效地利用自然资源方面也取得了某些改善的话，那么它必须广泛地占据优势，并在战胜甚至全部消灭前期物种的同时，使自己的成功迅速地和多方面地得以扩展。"①

生命体因达到稳定协调而具有更高的竞争力。而美则表达了生命与外界环境达到稳定协调的状态性特征。这种状态是通过生命体由不协调达到协调的过程形成的。此时，由不协调达到协调也会作为一种稳定的模式固化下来。如果想更详细地描述外界作用与生命的活性本征状态相协调会产生美感，进而促使人选择使竞争力增加的方向进化这个问题，我们还可以进一步地从生命进化的角度做出如下解释：

1. 自然选择

个体如果竞争力强大，就在竞争过程中被自然所选择。因为其在竞争中发挥作用，其与此相关的、支持竞争力提升的优秀基因就在被重复选择的过程中被强化。

2. 被迭代强化

因为生命活性基于该模式的扩展，会使其得到进一步增强。在发散性构建过程中，又会因受到竞争性选择而强化，因此，在将其作为一种基本模式时，就会由于被重复运用生命活性操作而被强化构建。

3. 被意识主动强化

生命体在这种模式的作用下不断地表现本能模式，即使是在外界环境的作用下，也促使个体不断地表现本能模式，使其在选择过程中得到持续性增强。意识对这种过程具有更加有力的强化作用。在这种状态下，具有更强关联性的活性，会将不同的外界信息联系在一起，基于活性表现而生成的各种模式，便能够通过活性表现而使这些模式建立起确定性的关系。人便通过自身的差异性体验更加强烈地体验到处于稳定协调状态下的特征和奇妙之处。人所熟悉的美一定是在运用生命活性基本力量——发散与收敛的有机协调——的过程中，根据与生命活性本征状态在更大程度上相协调的差异判断而选择判断出来的。

（七）在其他特征指导下表现生命的活性本征模式

在任何外界环境的刺激作用下，通过某个行为模式而自然地表达生

①　［美］托马斯·哈定等：《文化与进化》，韩建军等译，浙江人民出版社1987年版，第57页。

命的活性本征，生命体会通过构建不同的差异化模式，在环境的支持作用基础上、在竞争需要的控制下，基于某项标准的判断做出优化选择，从而将最能有效地表达生命的活性本征、最大效率地利用资源的模式确定下来，以形成在更大程度上与各种各样的外界环境相适应的能力。只要某种模式能够更加有效地促进生命体的稳定与发展，都将成为提高生命体竞争力的基本特征。

生命体不可能针对每一个外界环境都形成一个稳定的"静态结构"。它只能在共性地表达生命活性本征的基础上，结合当前的具体情况而构建出特殊的运动本征。这就意味着，基于生命的扩展性的力量，每当外界环境发生变化，生命体就会重新构建出一种稳定的运动本征。此时，这种生命活性本征中的扩展性力量，便成为联系不同有效应对行为的共性模式。

（八）与活性相协调的意识模式的表征

意识是人最为突出的行为特征。意识是大脑神经系统高度复杂化的必然结果，也是促进大脑神经系统复杂化的基本力量。人的意识是生命通过活性在神经系统反馈放大而进化出来的。因此，各种形态的活性本征都会在意识的形成过程中发挥出一定的作用。随着这种表现的重复再现，这些模式就会作为独立的模式而在意识中得以固化，并能够表达出足够的自主性。当这些模式在大脑神经系统中表征，并为大脑神经系统内部特有的差异化感知神经元感知时，人在意识中就能感知到其独立性和所发挥的作用，从而在这种感知过程中被强化。当然，由于在人的意识中可以更为广泛地建立信息之间的各种联系，受到环境等其他因素的影响，会激活更多的信息模式，此时，那些被环境支持、与生命的活性本征形成更大程度和谐共振的模式意义便会被突出地展示出来，意识就会对其形成恰当的表达。

所谓恰当地表达意义，即恰当地表达生命本征的意义模式。一个意义由诸元素通过相互关系联结而成，每一个元素都存在美的内容与形式的关系。人们会在诸多可能的对应关系中，通过环境的激活性选择和与生命活性本征在多个层面上达到共性协调，选择突显出最恰当的关系。

意识的强化会使某些信息模式具有独立的意义，如果能与这种意义和谐共鸣也就可以使人在意识层面从这个局部模式上进入美的意识状态。在此过程中，正如泰勒指出的："人的高级智力优点的显著特征之一，就是比动物较少依赖本能。"① 因此，人在表征生命的活性本征时，与动物相比会受到更多的干扰，这就为表征生命的活性本征带来困难。

（九）与活性相协调的动作模式的表征

生命的活性本征在意识中可以更加自如地表达出来。这种模式还可以直接地映射到生命的动作控制系统中，使生命体表达出与生命的活性本征直接对应的行为模式。我们可以认为，生命早期所表达的更多的是这种模式。随着生命结构越来越复杂，神经系统越来越发达，意识发展水平越来越高，在其行为模式中也就越来越少、越来越困难地能够直接表达这种生命的活性本征。当然，当我们主动甚至是通过相应的训练而强化生命的活性本征与行为模式的直接对应关系时，也是可以在一定程度上将生命的活性本征明确地通过相应的动作行为模式表达出来的。实际上，在文明不发达的某些地区的宗教活动中，可能更为经常地体现出这种生命活性本征的力量，也就更容易激发人的审美感受。在舞蹈、音乐等艺术形态中，也更为经常地表达出这种力量模式的具体形态。

（十）格式塔心理学所讲究的是同构

禅宗以具体取代抽象的修行方式，使人在具体情况下体会到"禅"所追求的共性本征。禅宗所要表现的"真"，即真实、本征，表征的是事物原来的面目，而"修禅"重点在于由具体达到抽象的共性本质的升华，并在共性本质的基础上，更加有效而准确地把握各活性本征模式在相关活动中的具体表现，促进抽象概念与具体实际的有机结合。

我们可以认为，此时正如科学界常常追求的：人们所达到的境界即是在把握了事物本质的运动与变化的规律之后，能够将其与各种具体的事物和环境相结合，并且能够运用本质的规律有效地解决实际问题时，所产生的感受就是如同"悟"的感受。更为重要的还是，人会依据自己的创造性本能，创造性地解决自己以前从未遇到过的新的问题，此时就

① ［英］爱德华·B.泰勒《人类学：人及其文化研究》，连树声译，广西师范大学出版社2004年版，第43页。

意味着人在表达创造性的活性本征。这些模式的表现，都意味着它们力求与生命的活性本征和谐共振，意味着在一定程度上力求与先前所形成的稳定协调状态达到更大程度上的和谐共振。

（十一）美的无利害性更加强化美所表现的本征状态

在无利害关系的状态下，人会联想到更多的仅存在局部关系的大量信息，人会在好奇心和扩展发散力量的作用下，会将更多的无关信息引入心理空间，这些无关的信息之间通过相互作用往往会形成新的意义；同时，这些信息之间的相互作用也将会严重干扰和影响人的活性本征模式所表现出来的稳定协调状态。尤其是人在利害关系的引导下展开思考时，将会紧紧地围绕与利害有关的这些方面展开思考，从而影响对美的追求。生物进化论已经指出："现在的生物都经过了一系列的适应调整，其中大多数的调整都是有益的，而且没有一样带来致命的灾难，这些生物的调整都是针对带来的生存环境，都有特殊的期待。如果这些理论成立，那么生命就会生生不息，繁荣昌盛；但是，一旦生物跟不上环境条件的变化，就会没落消亡。"①

1. 利与害

生物的进化促使生命体形成了"趋利避害"的基本力量，这里所谓的"利"是能够促使生命的发散与收敛有效表征的状态和稳定性的模式。这种力量的作用，将使生命体具有更强的生存和遗传优势。这种模式经过个体之间的相互作用和相互竞争而进一步地发展，由此固化出了对有效发散模式的独立特化与自主意识的表现，从而能够独立地发挥越来越重要的作用。

既然沿着某个方向的扩展可以提高竞争力，那么退回去即使竞争力降低，那么，在这个"退回去"的方向的扩张就不会被选择。这就意味着，生命体会选择沿着一个方向不断进化的能力，并在此方向上不断地通过优胜劣汰而强化其竞争力的模式力量。"感觉良好的东西在绝大多数情况下就是对我们有用的东西。事实上，两者是枚硬币的两面：人们普遍做某件事情因为它感觉良好；而因为某件事情感觉良好，人们才去做

---

① ［英］约翰·D. 巴罗：《艺术宇宙》，徐彬译，湖南科学技术出版社 2010 年版，序第 8 页。

它。……在人类中就像在其他特种中一样，最终选择了二者之一而不是另一个（即，接近还是回避），可以说最终是根据它比另一个选择让我们感觉更好。"① 因为人的生命本征状态中存在着发散扩张的力量，因此，表现这种发散扩展性的力量，就意味着即使在外界环境的作用下，生命体也将更大程度地表征生命活性。从生物进化的角度来看，我们可以得出这样的结论：优胜劣汰是美学的基础。

2. 利与害的生命选择

在生物的进化过程中，并不是先形成利与害的判断模式，然后再进行优化选择，而是通过确定某种模式在取得竞争力中的地位与作用，由此而关注它在某个方向不断地强化，通过在某个特征方面强化后的比较判断，最终引导生命体在关注所有特征强化的基础上，通过自然淘汰而进化出对更美追求的力量。

生命在扩张与收敛的过程中仍然保持活性，并以此推动着生命的进化。生命同时表征着发散与收敛，即使在正常状态下，也通过收敛与发散的力量产生差异化的不同个体。生命的适应程度决定着发散与收敛力量的表达强度。按照自然选择原理，那些在某个方向表现突出者自然就会有更多被选择的机会。

3. 利与害对竞争的作用

生命体将有助于其提升其竞争力、生存能力和进化能力的因素界定为有利的，反之则称为有害、或者说不利的。在研究利害判断与生物遗传的内在关系时，我们同样需要进一步地思考以下问题：利害判断的作用、利害判断的形成、利害判断的特化、利害判断的独立自主、利害判断的意识强化、利害判断在审美判断与选择中的作用等。按照达尔文的进化论观点，这一切的问题都是在竞争过程中由自然判断选择决定的。

4. 偏离美的本质的利害选择

人在利与害的选择作用下得以进化，这已经表明了生命活性的本质性作用。各种信息之间关系的存在及生命活性的扩展，会引导生命体将

---

① ［美］埃伦·迪萨纳亚克：《审美的人》，户晓辉译，商务印书馆 2005 年版，第 61 页。

更多的目标列为其生存与进化的追求。具体到美的问题上，这种发散扩展可以在美的框架下确定性地进行，但也能够在满足人的好奇心时，将这种美的意义"异化"扩展到对其他特征的追求上。比如人们在追求美好生活时，应是以表达人的生命的活性本征为基本出发点，虽然也可以在一定程度上以追求金钱为暂时的、局部的目标，但却不能将追求金钱作为其唯一目标，尤其是不能认为"有了钱就一切都'OK'！"金钱仅仅是实现人的美好生活的一个环节。将对金钱的追求与人的活性本征的美的表达等价起来，就是人美的追求目标的"异化"。

5. 美的利与害

美是人在与环境的相互作用中形成的一种状态、感受和理念，它是一种由简单到复杂、由被动到主动、由孤立到完整的过程，是一种逐步进行的过程，在人的身上，则表现为一种积极主动的反馈影响过程。人追求表达的是一种期望与对其不断满足的过程，因此，此过程即真实地与人的生命活性本征模式和谐共振。这是在全部生命活性本征基础上的和谐共振，它在具体的表现过程中，往往是以先通过扩张生成有差距的美的模式，然后再通过收敛而向这种状态一步一步地逼近的过程。

在将对更美的追求的力量模式转化成为工作中的核心因素时，将驱动人不断地追求质量更好的产品品质，努力地做到好上更好。在社会生活中，就表现为更加积极向上，表现人们对美好生活的不懈追求，力争做到好上更好。在对更美追求力量的驱动下，人们会在更大程度上放弃对利润的、单纯的美的追求，力求把一切都做到更好，也就会尽可能地减少诸如"毒奶粉""毒馒头"的事件，不以欺骗而获得不当利益，也不会为了直接地追求金钱而失去对"美好生活的向往"，而是会尽可能地表达人的生命本质中的对更美的追求，通过表达美而力求实现更加美好的生活。

四　容格强调与活性本征的和谐共鸣

人的生命的活性本征会成为一种相对稳定的模式，成为能够与各种不同情况有机联结的、更大范围内的不变量，成为与具体情景紧密结合的"原型"。容格强调生命中的"原型"，强调艺术在于表征这种生命的

"原型"，或者说以不同的艺术形式表征这种生命的"原型"。在与更多的生命活性本征共振协调的过程中，人们不断使生命的活性本征得到重复性强化，使人们在这种活动中更加清晰地认识到"原型"的意义及其作用，也会以更大的可能性表现这种模式。

五　表达精气神就是与人的生命活性共性相干

对于生命活性最早做出探索的是中国人。"天人合一"成为我国古代劳动人民在认识自然的过程所提出来的一条基本原则。对生命活性本质的认识构成了中国哲学的基础。在中国哲学中，阴与阳，具体地表征着发散与收敛。阴阳和谐，则表征着发散与收敛两种基本的模式内在的联系性，以及由这种两种不同力量的内在联系性所形成的协调统一。"天人合一""天人相应"，强调人应该顺应自然，调气养生。从战国时代的古医籍《黄帝内经》来看，那时人们所注重的是人体、疾病与四时天地的关系和人体各部分组织器官在各种生理病理状态下的相互联系与相互影响，医学知识成为对人体生理病理活动的经验观察的总结。"天人相应"是指人体与自然界应该相通而呼应，《内经》认为，生命只不过是一种特殊的、具有生命活力的物质运动，新陈代谢是生命特殊的运动形式，它既不同于物质的简单运动，又不同于一般的生物化学变化。中国古代医学哲学认为，生命过程是天地阴阳二气运动变化的过程。"阴阳者，天地之道也，万物之纲纪，变化之父母，生杀之本始，神明之府也。"（《素问·阴阳应象大论》）人体就是在与自然界的变化发展相适应的过程中运动变化的，因此，"四变之动，脉与之上下，上春应中规，夏应中矩，秋应中衡，冬应中权"。在一天中，"阳主昼，阴主夜，故卫气之行，一日一夜五十周于身之气与昼日行于阳二十五周，夜行于阴二十五周，周于五脏。故平旦阴尽，阳气出于目……下行阴分，复合于目，故为一周"（《灵枢·卫气行篇》）。作为顺应自然而生的人，应该与自然界相适应，达到与外界环境的稳定协调状态——达到自身的正常与健康，"阴阳四时者，万物之终始也……逆之则灾害生，从之则苛疾不起……从阴阳则生，逆之则死"（《素问·四气调神大论》）。"人与天地相参也，与日月相应也。"（《灵枢·岁露篇》）天人相应论指出，人身之气与自然界通过天地的阴阳之气（阴阳模式）相通（和谐共振）。《素问·六节脏象论》中指出："天食人以五气，地食人以五味，五气入鼻，藏于心肺，上使五色修明，声音能彰，五味入口，藏于肠胃，味有所藏，以养五气，气和而生，津液相成，神乃自生。"

这种与生命的活性本征模式通过共振协调而达成协调的思想，同样地表现在人对自然的认识和对人与自然相协调状态的表达上。王国维的"古雅"观具有一定程度的返璞归真的意味，他认为人应不断地在各种世俗观念的作用下，努力地追求表现本心、本性。正如冯友兰指出："照道家的看法，人失去了原有的德，乃是因为欲望太多，知识太多。人竭力满足欲望，以求快乐。但是，欲壑难填，当人力求满足无穷的欲望时，所达到的适得其反。"① 因此，要想更加彻底完整地表达人生命的活性本征，就需要："要彻底的桀骜的真实。要毫不踌躇地表白你的感觉，哪怕你的感觉与固有思想是冲突的"②。

艺术家的创作在于表达自己的本心。而人的本心则是在外界与人内心通过相互作用达成稳定协调时在人的意识空间的反映。这里要追求不受外界因素影响的"本心"，就是在表达先前所形成的与环境稳定协调时生命的活性本征，也就成为在当前环境条件下追求一种"脱俗"的解脱状态。这就意味着，当前的与原来已形成的稳定协调的环境之间的差异会成为使生命体处于稳定协调状态的刺激与干扰因素。艺术所要表达的应该是人的不受当前世俗干扰与影响的本心——原来的稳定协调状态时的活性本征。在人能够将诸多不同的表现关系联系在一起，通过概括抽象的方法强化出这种共性模式时，这种"本心"就会转化成为以稳定符号的形式表现的与人的生命活性相协调的状态和感受。正如陶渊明著名的《饮酒》诗所描述的："采菊东篱下，悠然见南山。山气日夕佳，飞鸟相与还。此中有真意，欲辨已忘言。"

在中国传统的哲学观念里特别强调"精气神"，医学中更是如此。中

---

① 冯友兰：《中国哲学简史》，新世界出版社2004年版，第88页。

② ［法］奥古斯都·罗丹口述、［法］葛塞尔记录：《罗丹艺术论》，傅雷译，中国青年出版社2016年版，第16页。

国人用精气神来表达一个人生命活力的大小。精气神是对一个人生命活力大小在不同层面、环节表现的描述。艺术品中的精气神所表达的就是人的生命活性。在西方人的哲学体系中并没有精气神的概念，他们只是想知道精气神在不同人身上的差异性的表现。的确，这种特征是建构于人的整体特征之上，是一种生命的活性本征在更高层次的表现。我们虽然不能从微观层面上寻找到精气神所对应的某个基因片段，但我们的确可以从不同年龄的人身上体会到由于精气神的不同给人的不同的影响。

虽然西方哲学体系中不关注人的精气神，但他们却能够在艺术作品中将其表达得更加充分。生动活泼的美的内涵，表征的是人所能展示出来的更大的发散、收敛和两者有机结合的力量。其中既包含有更强的发散性的力量，也包含着更强的收敛性的力量，两者之间的有机结合也成为其中的一种关键性的力量因素。生命的混沌边缘就是要保证收敛与发散的协调稳定。生命体在变化的、新奇的、未知的信息模式大量出现时，会在收敛与发散牵连力量的作用下，尽可能地突显其中稳定性的、已知的信息，甚至会有意识地增强这种收敛、掌控的力量。

生命体收敛与发散力量协调统一往往会表现为不同的内容与形式。比如，当以人所熟悉的场景为稳定性基础而展开更加广泛的扩展性联系时，生命体在稳定的环境作用下，便会将注意力集中到与当前有所不同的、多样并存的、未知的、新奇的、不经常出现的、与当前无关的信息上，甚至会专门有意识地增强这种发散的力量而构建与收敛力量的稳定协调。从外界客观的角度来看，现实中完整的场景有更多的环节，引导着人能够基于任何一个环节运用好奇心而展开联想与想象，人们也更愿意将自己的注意力集中到外界客观上，这也是具有客观特征、描述客观对象的艺术品能够直接激发人产生更多的审美联想的基础，也是人们在描述其更为熟悉的场景时经常产生更为强烈的审美感受的基本原因。

充满了生机的、生动形象的观念、意义会成为艺术表达的重点。在艺术作品中，艺术就是通过具体的意义，明确地表达出一个人精气神高低的不同。如果我们看到了这种精气神的表现程度与作品所孕育的相关意义是协调一致的，同时也就看到了艺术家通过运用精气神的状态来促进某种意义表达时所做出的努力，体会到了艺术家在更大范围内的"推敲"与"琢磨"的过程，那么，人们对该作品的评价往往会更高。

生动形象核心地表征了生命的活性意义。当然，更为重要的是表征了生命中扩张的力量，正如出现在人们眼前的人和物一样，将其动态鲜明地表现出来，可以使人产生更多层次和角度的联想，通过使这些具有某种相似性特征信息的集体出现，从而形成一种共性模式，促使人产生进一步的概括抽象，使其形成更高层次的意义构建。这是因为人们已经熟悉了作品中的场景、社会背景和自然环境，其中某些局部特征所表达的意义也就为人们所熟悉。

与人的当前的活动具有更强的联系性、具有更多的相似性特征的艺术品会更多地吸引人的注意力，在保持其差异、运动、新奇、未知、复杂特征的基础上，会产生出更多与生命活性相协调的特征和状态，引导人进一步地生成更多与当前信息有所差异的信息，激发人形成更恰当的审美享受。而从创作的角度来看，创作者也会将其作为一个创作标准，在艺术元素的选择上，尽可能地满足这种特征的要求。

那么，从艺术的角度来表达人的精气神时有什么规定？通过哪些方式可以表达人的精气神？或者说通过哪些特征可以表达人的精气神？比如说，在画一个人的表情时，我们可以很清楚地辨别出所画的一个人是一名儿童、青年、中年或老年人。可以表现出其表情、眼神、行为倾向、展示不同的活动画面、身体形态等，但在说一个人的精力旺盛时，能够从哪些方面来具体表现？又如何表达气韵？一个人的神韵的大小将在哪些模式和行为特征上有所表现？只是神似，便可以采取各种形式来具体表达。这就需要我们在构建出不同的表达模式的基础上，选择出能够达到更高效果的基本形态。

中国画家之所以喜欢画花鸟，就在于中国画家擅长于表达生物体内的生命力，通过具体的形态而直接表达生命的力量。徐悲鸿画马，就表达出了马在奔跑时所展示出来的生命的力量。在抽象画、印象画中，则利用变形的手法更加突出而直接地表达出生命的本征模式。

如果用更多层面的信息特征表达精气神，就能够显示在其更大程度上的与生命活性在局部特征上的共性相干，从而更有效地将美的相关特征突显出来。如果少了其他因素的干扰和影响，就会在心理中主要从事相关的活动，也就使得在美的状态下的活性本征表达成为人活动的主题。

1. 直接表达

通过局部特征及其相互关系所构成的意义，就能够直接表达出人的精气神。我们可以探索不同年龄阶段的人所表现出来的精气神状态之间的差异，并以此作为基本模板而具体表达精气神。从生命活性的角度来看，充足的精气神所表达的是更具发散、扩展力的生命活性状态。在人们所熟悉的生活状态下，诸如探索能力、活动能力（活动的范围与活动的力度等）能够在更大程度上表达生命的活性本征。在与生命的活性比例关系建立联系时，精气神越充足，则展示出来的生命活性比值就越高。

2. 间接表达

通过相关环境背景、人物的关系、活动的效果等采取间接构建的方式，可以隐含地表达出人在充足的精气神的作用下所能达到的效果。在此过程中，恰当地表达出对更美的状态的追求的活力，表达由此而蓄势待发的力量趋势等，都会能够使人在两者之间形成共鸣而体验到强烈的审美效果。

当外界信息直接刺激作用到大脑神经时，会随即形成针对当前刺激的稳定反应。但该模式往往会与其他模式基于局部特征的共性相干而建立起相互作用关系，此时，信息模式之间会通过相互作用而形成一种新的意义。此种意义的形成，或者说关系的建立，意味着构建出了新的"间接刺激"。人的意识又在此基础上构建出了更高层次的抽象性意义，在由高层次的抽象意义转化为具体的意义表征时，将会使得间接刺激的意义具有更加广泛联系的力量。显然，对于这种间接意义的构建与体验，是需要以高度发达的大脑神经系统为基础的。

3. 局部含有

在所构建的完整性意义中，虽然在其整体上不以表达人的精气神为主题，但可以仅仅在某些局部特征上表达出人的足够的精气神，此时这种精气神的稳定模式仅仅只是构成其更大整体意义的局部基本元素。人们在审美过程中，也能够认识到这种局部精气神模式的存在，并通过各种关系之间的相互作用延伸到其他的意义中。在局部的表达过程中，虽然只是将直接表达人的精气神作为其中的一个局部特征，但是此时根据大脑神经系统的自组织过程，会通过这种局部联系而引导人进入美的状态，并依据由此而进入的美的状态同当前状态的差异促进人形成特有的审美感受。诸如，可以采取如达·芬奇（Leonardo da Vinci）在《最后的晚餐》中表现的巨大的模式来表达复杂的心理变化，描述彼此之间的关系和由此揭示出更加本质的内容。

4. 隐喻性表达

各种直观的意义与其所隐含地表达出的精气神并不构成直接的对应关系，这需要依据间接模式之间的关系，通过关系结构之间更高层次的关系模式的方式将其构建揭示出来。欣赏者在审美过程中，能够通过自己的理解和建构，通过不断寻找、构建其隐在含义的方式，在抛弃具体的感性信息的基础上，将其隐含其中的深层次意义揭示出来。在此过程中，各种局部特征在各个层次的意义构建中所起到的作用并不是均等的。当其主要特征所表达的是人的状态时，它会在信息内涵与作用上占据更大的成分，其所对应的"权重"也应该更大。在艺术创作过程中，为了更加突出地表达一个人的精气神，我们需要研究一个人的精气神在什么情况下能够达到足够高的程度，也就是在何种状态下能够表现、反映出足够高的精气神。

从发生学的角度讲，美的本源在于对生命活力的表现。创造美的过程就是生命活力展示的过程。"美是人的生命追求的精神实现。"[①] 表达美的状态的最直接的方式就是使生命的活性本征直接处于兴奋状态，并在将其作为基本特征的基础上，依此而组成更大的整体意义。将该活性本征模式作为稳定的表达模式，通过引入其他的联系性信息，也可以形成与生命活性本征的和谐共鸣。显然，单纯地讲生命活性的表现，会过于泛化，如果要更加有效地将人的生命活性的本质直接表达出来，那么就必须借助人与外界的相互作用过程中的表现而间接地、隐喻性地展开生命活性。在外界环境作用下，人的活性本征表现是与外界环境形成稳定协调的关系。

----

① 封孝伦：《从自由、和谐走向生命——中国当代美学本质核心内容的嬗变》，《新华文摘》1995 年第 11 期。

在此过程中，只有基于人的生命活性的本征状态，才能有效地展现直觉等概念在美学体系中的地位与作用。生命活性的本征状态才会以抽象性特征的具体表现，在抽象性特征与美的本质之间建立起更加突出的内在联系，揭示抽象艺术能够给人带来足够的审美感受的特殊规律。人的生命活性通过在各种具体信息形态中的共性表现，通过各种艺术形式和流派等能够表现得更加丰富多彩。

人是在对自然诸因素的适应选择中进化成为最优的物种，也是由于这一最佳选择，使得人可以在后来的发展进化中形成了极复杂的大脑和身体基质。这一结果的现实表现便是人有更大的可能与充满活力的自然界交融相悦。人喜欢春天是因为春季是能够更加显著地突出万物生发的季节，这与人的活性本征中的生长的力量共性相干；人喜欢鲜花是因为鲜艳是生命力旺盛强健的表现，借助于此，人可以更加充沛地利用鲜花所连带出来的生命的意义而更加有力地表达自身生命的活性本征；人喜欢大海是因为大海宽广的包容性构成了生命自由发展的基本条件，成为生命活性中发散扩展力量表达的基本前提；人喜欢缤纷多姿是因为人之生命形态在差异化构建基础上向多样性发展而形成内在追求等。这都是在表达生命活性本征的基础上，通过和谐共振引导人进入美的状态后所产生的进一步的审美感受。

第三节　表征生命活性本征的具体模式

正如约翰·D. 巴罗指出的："'韶华易逝'岁月不饶人，但是对于剧烈环境变化征兆敏感的人，更能采取措施生存下去。我们对于周围环境的一些短暂的特征比较敏感——阴影拉长预示着白昼即将结束，乌云和狂风预示寒冷和风暴，远方的地平线隐藏着未知的事物——对所有这些指示作出反应，都曾获得自然的回报。"[1]

基于当前状态而表达本能模式时，意味着人是从一个具体的模式入

---

① ［英］约翰·D. 巴罗：《艺术宇宙》，徐彬译，湖南科学技术出版社2010年版，第133页。

手与生命的活性本征形成共振，并通过活性本征诸多模式的稳定性联系而使其处于更高的兴奋状态。由此使人更加显著地体验到由不协调达到协调的完整模式，或者说由此而表现与活性本征更加协调的结果。当我们以这种模式为基础而表达由不协调达到协调的过程时，意味着我们选择了进入美的状态的基本模式和角度，因此也会使人更加顺利有效地进入稳定协调的美的状态。表达与生命的活性本征已经建立起稳定的确定关系的外界客观，也具有同等的作用。从对美追求的层次来看，表征生命的活性本征，就是要在以各种不同的活性本征模式为指标的基础上形成对美的判断与追求，包括尽最大可能保持与活性本征的和谐共鸣、与更多的活性本征的和谐共鸣、使活性本征达成更高层次的自组织、表现对更美追求的力量等。应当看到，美的独立性已经可以使我们以美为基础而自由地表达对美追求的力量。

根据我们对美的状态的定义——美的状态就是生命体与外界环境达成稳定协调时的状态，那些与生命活性本征有关的，以及被意识强化出来的模式，都会成为美的状态的基本元素。如果我们与这些模式通过相同或相似而达成和谐共振时，都能够开启进入美的状态的基本模式。在考查充分利用各种活性本征之间的有机协调关系时，便能够顺利地引导人进入更大程度上的美的状态了。

伴随着生命的进化，生命的各种力量都会形成其独特的自主性，会在个体的意识中有力地表达出来，同时也会在群体所形成的集体意识中得到有效表现。这些方面的表现又最终在人形成与自然（包括社会）的稳定协调中发挥作用，彼此之间还会通过自组织而构成一个有机整体，这些力量本身会作为追求更大程度稳定协调的基本"元素"，一方面会成为促进生命体进入美的状态的基本角度和模式；另一方面也会由于彼此之间的关系而使生命体在更多的角度和模式上进入美的状态。

从耗散结构的基本层次来看，存在多种不同的力量模式：一是与生命活性状态相关的模式。除了静态稳定的结构以外，更多的是表现动态稳定的结构。无论是意义结构、情感结构，还是外界信息直接在大脑中所形成的稳定的感知性意义模式，除了心智中稳定的模式以外（它是以神经系统一定的稳定性兴奋来具体表征的），更为重要的还在于人基于当前模式的扩展性（包括：发散、扩张、差异）、收敛性模式（包括：收敛、求同、稳定、辐合），以及基于当前模式所形成的发散与收敛的有机结合（相互牵连力）。二是促进其增长的趋势，以及由此而生成的期望和满足的过程，从而使这种过程和结果也成为与美建立起直接关系的基本模式。这其中还包括主动地构建差异。康德就明确提出："快适也适用于无理性的动物。美只适用于人类，换句话说，适用于动物性的又具有理性生灵——因为人不仅是有理性（就是说有灵魂）的，但同时也是一种动物。善却是一般地适用于一切有理性的动物，……人可以说：在这三种愉快里，只有对于美的欣赏的愉快是唯一无利害关系的和自由的愉快；因为既没有官能方面的利害感，也没有理性方面的利害感来强迫我们去赞许。"① 这就意味着，人能够以善为基础，并在善的引导下，对人的美的本能模式做出理性的扩展和变异，并将过程模式及其结果也转化成为与美相关的固有模式。

我们所能够直接体验到的生命的活性本征力量包括：第一，由对美的追求所表征的基本力量。第二，发散扩展的力量。第三，稳定收敛的力量。第四，收敛与发散的协调牵制力量。第五，独立特化的力量。第六，在更高层次反映各种具体模式共性优化特征的概括抽象的力量。显然，符号学美学对此给出了足够的重视。第七，好奇心。在意识层面基于生命的发散扩展以及对差异感知的强化和固化，形成了动物，尤其是高级动物特有的好奇心：对喜好新奇性信息程度的度量。好奇心——追求新奇性信息，或者说提升新奇性信息兴奋度的能力，也就成为人在审美过程中的一项重要特征。② 第八，基于任何一个模式的都能够表达出活性本征模式的力量，从而形成与活性本征表达有机结合的在具体情况下能够实现的协调性本征模式。第九，期望的力量。生命活性中的发散扩展性力量在意识中表现时，便会形成与当前心理状态有所差异的模式。当心智的力量与之结合在一起，或者在心智中表现出生命的进化模式和

---

① 北京大学哲学系美学教研室编：《西方美学家论美和美感》，商务印书馆1980年版，第154页。

② 徐春玉：《好奇心理学》，浙江教育出版社2008年版，第22—24页。

进化方向模式时，便成为人所特有的心理上的期望。形成期望并驱动人达到期望的状态（期望的满足），会成为人的一种基本的本征力量。第十，满足的要求。生命活性中的收敛、稳定性力量在意识中表现时，会针对人们心中所形成的期望通过局部意义的逐步求同而达到新的稳定协调状态，或者形成回复到原来稳定协调状态的力量。这种刺激作用驱动着生命体发生变化，并在意识层面将这种变化反映出来。第十一，比较的力量。生命体通过与诸多生命的活性本征相协调而更好地扩展生命活性本征表现的空间，也将更加有效地提升生命体的生存进化能力。这种协调指的是与生命活性本征模式的协调。在认识到生命活性本征的状态特征，重复性地使更多活性本征模式的兴奋度达到足够高的程度时，就意味着在更大程度上达到了与生命活性本征状态的协调。这就必然地意味着，与诸多生命活性本征模式的协调，都能够使我们产生更强的美感。第十二，合作的力量。生命系统中形成合作是生命体的一种基本的力量。简单地看，这将在很大程度上取决于以下环节和因素：一是，通过彼此之间的关系而放大共性，因为表达共性特征是表现合作力量的基础。二是，生命体通过共性所建立起来的联系会形成一个稳定的群体。不同的个体出于生命活性的扩展与发展，会在资源有限的基础上形成竞争，那些具有更高竞争力的个体就会将自己的优势基因传递下来。此时，在与其他物种竞争过程中所表现出来的合作的力量就成为一种优势因素被放大。三是，彼此之间的相互关系驱动着合作与互助。尤其是伴随着神经系统的进一步进化，它能够将更多的模式通过某些局部特征而联系在一起。于是，那些起间接性作用的模式便会成为决定选择的重要模式。

沃尔夫冈·韦尔施指出："对于审美经验来说，即便秩序久被认为是有目的的理性的代名词，对秩序的破坏（即使这一破坏来自于此类有目的的理性）仍能唤起对秩序的渴望。"① 追求秩序以及破坏秩序是生命活性中一对不可分割的对立面，它们组成一个有机整体，那么，无论从哪个方面都将能够有效地唤起人的审美情感。

---

① ［德］沃尔夫冈·韦尔施：《重构美学》，陆扬等译，上海译文出版社 2002 年版，第 127 页。

一　基本认识（假设）

第一，在生命体内，使本能模式激活的方式有两种：一是通过差异关联使某些本能模式处于兴奋状态；二是通过共性相关形成共振而使相应的模式处于兴奋状态。第二种激活就是通过具体地表征生命活性的本征模式而使生命体的本能模式处于兴奋状态它可以看作从当前状态出发而与生命的活性本征状态相协调。

第二，生命的活性本征具有多种不同的模式，随着外界环境的差异化作用以及生命活性的本征活动所构建的差异化应对模式，生命体会在持续不断地差异化构建（发散）、分离和聚集（自成体系）的共同作用下，构成功能、结构各异的组织器官。这些组织器官的结构和功能将分别对应于不同的活性本征。这种多样的组织器官的生存和强化，也意味着生命体内本征模式会越来越多、越来越复杂。这些不同的本征模式也会因为差异而形成彼此之间的相互作用，这种相互作用成为生命体维持耗散结构特征的关键性力量，也成为生命体在不同组织器官的相互协调作用过程中进化的内在本源。

第三，在众多模式中，通过美与艺术，我们可以只表达一种本征模式，也可以表达众多的本征模式，甚至是全部的本征模式（后一种的期望太高，往往达不到。从美的价值的角度来看，表达的本征模式越多，则所体现的美的价值就越高）。虽然各种模式彼此之间有很大的不同，但这些本征模式会由于都是通过生命的活性本征分化生成的基本模式，因此彼此之间必然地存在着固有的内在联系，就能够由一种本征模式的激活而牵连性地引发更多本征模式的激活。

第四，表征活性本征意味着与生命更加协调。无论是外界环境的刺激作用，还是生命活性本征的固有运动，生命体都会在原来协调稳定的本征状态的基础上不停地发生变化。于是，突然地，在外界某种刺激作用下，使生命体表现出了原来已经协调稳定的活性本征，又促使其通过其他本征彼此之间的相互联系而激发出了更多的活性本征的兴奋，生命体就会由与外界环境的不协调状态而重新回复到原来已经形成的协调稳定状态，这个过程就能够引导人更加明确地体会到进入美的状态的特殊感受。这同时也就意味着，当我们通过某种间接的方式表征本能模式时，也会使生命体因为在一定程度上表达原来已经达到协调稳定的活性本征模式而形成美感。

在表达人的本性时，能够通过人的本性而激发更多的信息、将本性在更多的过程中发挥作用等方式，为意义的构建提供更多的物质信息基础。通过由本能基础上表征生命的扩展性力量而形成由协调达到不协调状态的过程，并在生命收敛力量的作用下由不协调达到协调状态，导致表达活性本征的差异化构建而放大了对稳定协调状态的差异刺激，从而使人获得在稳定协调状态下的更大的快乐体验。这也就表征着，人们所建立的扩展性力量越大，构建出来的差异化的信息模式越多，则由不协调达到协调的力量就会越大，人体会到的美的范围就更大，这种更大范围表现出来的美与"最优最美"的状态所形成的差异，就会促使人产生更强烈的美感。这其中就有因表达差异化构建力量而引导人进入美的状态的过程。从这里也就可以看出，更大程度上表征扩展的力量，构建更多的差异化的信息，这本身也是与人的生命本能模式相协调的。

二　生命活性本征的直接表征

当我们感知到生命的活性本征的力量，便会选择与之相同或相似的客观事物的运动变化而直接表达生命的活性本征。即使不能从整体上表达这种模式，也能够从局部特征的角度直接表达这种模式。"真正的艺者不惮于犯一切既成偏见，诚实地表现他的感觉。"① 显然，对于处于繁杂社会中的每个人来说，由于受到各种信息的影响，想要全面而深刻地表达这种活性本征的力量也是非常不容易的。正是对这种生命力的体验，吴冠中才构思创作出能够给他人带来强烈审美感受的艺术品。吴冠中在回忆录中写道："我作风景画往往是先有形式，先发现具形象特色的对象，再考虑奉承在特定环境中的意境。有一回在海滨，徘徊多天不成构思，虽是白浪滔天，也引不起我的兴趣。转过一个山坡，在坡阴处发现

---

① ［法］奥古斯都·罗丹口述、［法］葛塞尔记录：《罗丹艺术论》，傅雷译，中国青年出版社 2016 年版，第 18 页。

一丛矮矮的小松树，远远望去也貌不惊人，但走近细看，密密麻麻的松花如雨后春笋，无穷的生命在勃发，真是于无声处听惊雷！于是我立即设想这矮松长在半山石缝里，松针松花的错综直线直点与宁静浩渺的海面横线成对照。"①

一是在激发出人的本能时，通过本能模式的兴奋而激发更多的心理——行为反应，从而建立对当前信息更加复杂的加工，并由此而展开联想，激发更多的信息模式，使人的心理活动变得更加丰富多彩。

二是在激发出人的本能时，往往会伴随着构建出相关的期望和与期望相关的满足的活动，也就是说，这本就是与当前有差异的状态，从生理和心理上，都能够通过期望和使期望得到满足的方式形成协调性的满足，或者说达到这种状态。因此，这种状态就可以归结到期望的形成与满足之中了。这些因素都已经成为艺术家重点描述的方面。

萨姆·亨特对现代艺术的评价是："西方现代派绘画的另一个特点是从画得象真转向强调表现画家本人的思想感情。"② 超现实主义画风更是以人的内心的活性本征表现为主。正是由于超现实主义特点，我们更需要关注里德（Herbert Read）对克利（Paul Klee）的评价："克利的艺术是本能的、奇妙的和纯朴客观的，其中没有丝毫可笑或讥讽的用意。他的艺术有时近乎、天真幼稚，有时显得原始古朴，有时给人疯狂之感。但这些特征的确不是克利艺术的本质所在，我们只有抛开所有陈腐之见，方能正确理解克利的艺术。"③ 这将要求我们应该扩展表达生命活性本征的视野，将更多的活性本征纳入美和艺术表达的范围内。H. 里德已经认识到了这种趋势。H. 里德对一位被称为是超现实主义大师的马克新·恩斯特（Max Ernst）的评价就是："作为一名超现实主义者，或者诗人、神秘主义者以及画家，他所寻求的东西并非只是一种符号，以期象征那些易于理解和能够阐明的东西。他发觉生活，特别是精神生活，存在两个侧面：一面是明确和可视的轮廓与细节，另一面——或许是生活的主要

① 吴冠中：《风景写生回忆》，《光明日报》2017 年 2 月 12 日。

② ［英］萨姆·亨特：《二十世纪西方绘画》，平野译，中国国际广播出版社 1988 年版，第 6 页。

③ ［英］H. 里德：《艺术的真谛》，王柯平译，辽宁人民出版社 1987 年版，第 173 页。

部分——则是潜在和模糊的，难以确定的。一个人就好似游动在时间海洋里的一座冰山，只有少部分漂浮在意识的海平面上。超现实主义者，无论作为画家还是诗人，其目的均在于表现自己潜意识世界的各方面特征。为了达到这一目的，他不惜采用形形色色的象征主义表现手法。"①超现实主义致力于描述由这种符号延伸扩展而得到的事物的象征性意义，并在诸多可能性中选择出最为恰当的表达结构。"他们的目的在于打破意识与潜意识、内心世界与外部世界之间的物理障碍和心理障碍，以期创造出一个真实与虚幻、冥想与行为交融贯通和主宰整个生活的超现实世界。"②艺术家在自由地表达生命的活性本征的同时，还需要以其新颖性而给人带来更大的艺术享受。

三　表达发散与差异化

生命活性本征力量中的发散与扩张力量会在意识的表征中占主要地位。人们基于所熟知的生活，艺术家会更多地利用"活性"中发散的力量模式进入美的状态。比如说通过构建差异、以变化性的信息为核心、从某个信息模式出发向更多的有差异的信息模式展开联想、从量的角度使之实施更大程度的变异扩展等。约翰·D. 巴罗（John. D. Barrow）曾经指出："以前，人类和社会学家强调的往往是人类艺术和社会活动的多样性，但却忽视了生命的共同特点（这些特点其实都根源自我们所处的宇宙环境的普遍性），也忽视了这种能够产生生命的环境所必然呈现的特点。长期以来，科学所关注的只是外部世界的规则性和简约性，忽视了不规则性和复杂性。与此相对照，我们的艺术追求的则完全是多样性和艺术形式的不可预知性，将人类和这些复杂的形式及其背后宇宙所提供的环境联系在一起。"③

（一）活性的发散性的力量

生命活性的发散扩展性力量在生命的稳定与发展过程中总是不断地

---

① ［英］H. 里德：《艺术的真谛》，王柯平译，辽宁人民出版社1987年版，第175—176页。

② 同上书，第175—179页。

③ ［英］约翰·D. 巴罗：《艺术宇宙》，徐彬译，湖南科学技术出版社2010年版，序第9—10页。

发挥作用。"完美和自然生长一样，隐含着不规则变化和微妙的差异。"①
正如人对处于稳定协调状态却无所感知一样，由于人对于稳定协调性的
力量往往不会过多关注，因此，该模式也成为生命在与外界环境达到稳
定协调时的基本模式。生命体也正是通过不断地表达发散扩展性力量，
从而在构建各种有差异的模式的过程中，促使生命体进行比较选择优化，
以自身最佳的适应状态，与外界环境达成新的稳定协调结构。在此过程
中，这种发散扩展性的力量就是形成的稳定协调关系的基本元素。荷伽
兹（William Hogarth，1697—1764）认识到了变化性的本能模式在美的状
态中的作用："变化产生美。"② 博克（E. Burke，1729—1797，英国 18 世
纪著名的政治家和政论家）更是明确地提出："美的对象的另一个主要的
特征是：它们的各个部分的线条不断地变换它的方向；但它是通过一种
缓慢的偏离而变换方向的，它从事不迅速地变换方向使人觉得意外，或
者以它的锐角引起视觉神经的痉挛或震动。"③ 这种论点集中体现出了美
与生命活性相协调的状态：同时存在稳定与变化性的信息，而且变化还
不能超出一定区域的情况。即使有这种超出区域情况的出现，其出现的
概率也将是很小的。

　　差异化构建是一种在发散基础上的、在更加宏观层次上的活性本征
表现。而不同差异化模式的比较更是表征了生命的活性力量。在此过程
中，既然表现出了比较的过程，表征差异的模式以及这种表征本身也就
具有了更进一步的含义：比较具有了生命的活性本征模式的意义。生命
活性也赋予比较过程（模式）以美的特质——在美的状态下的基本元素
和进入美的状态的基本模式。在人的意识中表达差异化构建的模式，这
本身也会成为在更加宏观层次上的引导人进入美的状态的基本模式。这
就意味着在外界因素的作用下，生命当前的运动状态能够更好地与生命
的活性本征状态在更多的角度和模式上建立起稳定的协调关系，在表征

---

　　① ［英］特奥多·安德列·库克：《生命的曲线》，周秋麟等译，中国发展出版社 2009 年
版，第 295 页。
　　② 北京大学哲学系美学教研室编：《西方美学家论美和美感》，商务印书馆 1980 年版，第
102 页。
　　③ 同上书，第 122 页。

这种模式时,人们也就会通过与其他模式的差异而赋予这种模式以美感。

(二) 发散与差异化是一种本能模式

生命体的不断进化与发展,将生命活性本征中的模式独立特化出来,形成众多不同的活性本征模式。任何模式如果其已经达到了足够的稳定性,便由此而具有自主性,能够基于任何一个活性本征模式而迭代性地表现活性本征,能够自主地涌现出来,并在当前的心理过程中发挥作用。

表达发散与差异化的模式与其他模式的不同,使得我们能够感受差异化的状态并独立地将其表征出来。当我们建立起该模式与某个客观事物之间的联系时,依据这种稳定的联系,我们便可以借助该客观事物的表现来表达发散与差异化模式时的感受。此时,将这种感受通过具体的客观形象具体地表达出来时,就形成了艺术创作和艺术品。

埃伦·迪萨纳亚克指出:"不足为奇,我们倾向于选择使我们感到肯定和愉快的东西,优先于那种让我们感到不太肯定的东西。而且,重复一遍,我们选择的东西——使我们感到愉快的东西——一般都是对人类进化有生存价值的东西,所以,行为就是有助于我们生存的适应。天生就具备在某个特定互不干涉中按照某个特定方式行动(选择)的行为趋势的人们,在绝大多数情况下比不这么做的人生存得更好。"[1]

(三) 与发散力量模式的共性相干

发散力量往往在与其他信息模式的相互联系过程中表达出来。与发散力量模式形成共性相干的直接方法就是通过与其他模式的相互作用而表达出这种发散性的力量。其他的方法还包括:与发散性的力量表现出某些局部意义上的共性相干;激活与这种发散性力量具有稳定联系的众多信息;建立与这种发散性力量具有稳定联系的信息的关系等。

从一个角度讲,要独立地表达发散的过程。在动力学中表达发散,意味着由当前状态过渡到与当前状态有所不同的其他状态,或者由一个稳定的吸引域跃迁到另一个稳定的吸引域。在意识状态下,表达发散的过程,就意味着运用好奇心而不断地引入与当前有差异的信息,在对其形成众多不同意义的过程中,使由诸多局部特征形成的各种意义具有足

---

[1]　[美] 埃伦·迪萨纳亚克:《审美的人》,户晓辉译,商务印书馆2005年版,第60页。

够大的变化性。意识的过程性特征，使我们能够将这种发散的过程作为一个独立的模式来发挥作用。

在以发散模式为基础时，表征对美追求的力量模式，会由扩展发散转到更大的扩展发散，引导人不断地追求、构建差异化，以变化性更大的信息补充到信息的心理反应空间之中。这种过程的长期进行，将使人的意识空间变得越来越大，同时，运用对美追求的力量模式使这种空间得到增强，将会进一步地强化人的剩余心理空间，从而更加自如地实施各种形式的心理变换。

（四）在各个层次体现发散的力量

生命的活性本质已经决定了，我们能够在生命体的任何一个层面、任何一个局部系统中，都能够表现出生命发散扩展性的力量。"人类偏爱新奇和试验是一种生物心理倾向，同样也是人类对秩序的需要。"[①] 埃伦·迪萨纳亚克用另一种说法指出："不对称和不规则被用为表现生命力的观念。"[②] 自然，这种力量也必然地会在人的意识层面得以反映。在意识的任何一个层面和子系统表征这种力量时，这些模式之间的相互作用，将会进一步地在彼此之间共性地表达这种发散性的力量而形成共性相干，从而形成一个联系性更强的稳定模式。如果引用奥古斯丁用"应和能"来表达发散性的意义构建，就是"物体本身有一种美（Pulchrum），它是一种完整的美，它们还由于同整体的应和能为整体所用，因而是适合的（aptum）、美的"，这意味着表征这种模式，自然会使人产生足够的美感。

（五）以活性为基础进一步发散

通过生命体的多层次结构表现与反映，能够将生命的力量迭代性地作用到当前的活性结构，从而形成对当前活性结构的延伸与扩展，使生命的活性具有更强的发散扩展性的力量。生命体在重复表达这种过程时，会通过与各种具体情况的共性相干而将其更具本质性意义的共性结构突显出来，同时还会将这种迭代的过程模式作为一种稳定的模式固化下来，

---

① ［美］埃伦·迪萨纳亚克：《审美的人》，户晓辉译，商务印书馆2005年版，第126页。

② ［苏］M. Ф. 奥夫相尼科夫：《美学思想史》，吴安迪译，陕西人民出版社1986年版，第63页。

并将迭代的结果也一并稳定表达，使之成为美的状态的基本元素。

　　显然，在后现代社会中，人们已经充分地认识到这种多本能主题表达的重要意义。受到后现代的影响，人们已经开始从各个角度，表达这种发展的差异化的力量。如20世纪60年代在艺术界发生的一些事件恰好印证了这一点：达明·赫斯特（Damien Hirst，1965—）在博物馆的画廊橱窗中将一些半满的咖啡杯、盛满烟蒂的烟灰缸、空啤酒瓶、糖果纸、报纸、画架等物品散乱随意地布满地板，并在上面签名，这就将其称为艺术品；安迪·沃霍尔（Andy Warhol，1928—1987）在纽约曼哈顿斯塔波画廊将一些最平常的肥皂、番茄、麦片的包装盒展出；沃霍尔还将一些相同的形象，如几十个梦露和100个耀头等，通过丝网版画的技术方式排列组合到一起。他甚至不用自己动手，就如同机器一样将这些作品印到画上。有些人赞同这种艺术品，如沃霍尔就在当代获得了巨大成功，他的作品有着巨大的市场，几乎只要出售就能一卖而空；而有些人则对这种现象感到不解，甚至嗤之以鼻——"这也算是艺术品？"

　　我们认为选择不同的活性本征作为艺术表达的主题，对美学理论的深化与系统构建及艺术创作发挥着重要的指导作用，虽然这种指导是从艺术创作实践的角度被动引起的，但在后现代的艺术创作过程中，似乎少了一些人们所习惯的美的特征，如对美更好效果的追求和进一步的优化等。这是需要进一步研究和深化的。

　　第一，单纯地表达这种模式，即成为与人的美的状态达成共振的一个协调点。基于不同的美的元素之间的相互关系，无论是在一个整体中已经建立起稳定协调关系，还是仅仅能够依据更小层次上的局部特征的相同（相似）（——由此而形成共振），都有可能激发人由局部到整体地形成更大系统上的和谐共振，从而推动美的状态向"更大范围"延伸扩展。

　　第二，以满足人的好奇心为基本出发点。艺术家甚至会为表征这种模式而在更大程度上构建不同的、矛盾的、相互否定的模式，甚至是将无关的信息堆列在一起。

　　第三，内含着向协调转化。当人们认识到不合理、不正确甚至认识到能够向协调转化的可能和趋势时，这种不协调同样会使人产生美感。

因为美能够在不协调的基础上，进一步地引导人产生协调性的结果。喜剧的美始终受到人们的喜爱，其中重要的原因就在于喜剧总是可以使矛盾性认识的同时显示而给人带来强烈冲击的基础上，引导人将矛盾排除而进入形式上的协调状态，从而带来更加强烈的美感。

（六）表达差异化与发散及增强的趋势

差异意味着与当前状态的不同。在将发散力作为一个独立模式时，以该模式为基础，能够使该过程得到重复表达并使其"兴奋冲量"得到进一步增强。在此过程中，人们还能够依据好奇心的其他内涵性力量，建立使更多不同信息同时显示的更大的心理空间，激发出的这种更大的剩余心理空间，可以留待新奇性、差异化信息的有效显示。人们会有意识地寻找与当前有所不同的局部特征、特征之间的差异化组合和由此而表现出来的各种不同的意义。

从质的角度来看，我们会将这种模式升华为一种脱离具体过程的抽象模式——构建差异，再由抽象转化到具体的抽象——具体化的过程，并从具体与抽象的内涵及外延的关系中表达更大程度和更广范围的差异；从量的角度来看，我们会基于某种特征的量的变化，将具有与当前状态在量的方面有所不同的信息特征、不同的事物表现出来。

基于信息模式联系性的力量，我们还能显示更多的各种模式之间的由此及彼的过程，或者在显示过程中使人认识到对美追求的力量模式，尤其是以发散模式为基础，通过表达这种独特的对美追求的力量模式，以得到更具发散性的模式和结果。尤其是将表达差异化的过程和使差异化的表现得到增强的过程模式，都成为一种独立而稳定的模式存在着。

（七）表达发散与差异化的结果

无论是本能的作用，还是我们已经习惯于表现在外界刺激作用下，形成由不同"个体"模式所组成的集合，这种习惯都使我们将多种不同的状态和结果作为一个具有某种性质的集合确定性地展示出来。"只有善于怀疑的画家才能取得巨大的成就。"① 意思就是：只有关于实施差异化构建的画家才能创作出最美的结果。

---

① ［意］达·芬奇：《达·芬奇讲绘画》，刘祥英等编译，九州出版社2005年版，第5页。

　　我们经常性地不注重过程而只看状态，不看中间过程而只关注最终结果（从某种角度讲，由于中间过程时间相对较短，不能形成有足够记忆能力的稳定性模式，它在整个过程进行结束后，也就完成了任务，并不再显示），这种局部化的过程，在于将初始状态与终了状态相分离，并引导人将注意力集中到建立两者之间的何种关系上。

　　对美的不断追求、差异构建与比较优化的前提是形成有差异的不同个体，使不同的个体同时显示，以便能够建立起它们之间有效的相互作用，并进一步地完成优化选择，将美与艺术推向一个更高的层次。约翰·D. 巴罗指明了："安全平静的世界对于生命的进程来说也许并不不好。要想活得复杂，你就得身历险境，因为只有面对危险，才使得复杂性的演化变得必要。"① 正如人们所说的"国难兴邦"。也更加明确地指出，生命体把基于发散而形成的适应复杂性、适应一定程度的差异化构建作用也作为本能模式，进一步地通过它形成扩展性构建，构建了期望的追求与满足的过程力量。

　　从局部特征上主动地构建差异化的模式，然后研究局部特征之间通过相互关系所组成的不同意义，并将其显示在同一个心理空间。人对客观事物认识过程中的非线性特征，生成了人的认识与外界客观之间的非一一对应关系，即便是相同的客观刺激，人也往往会形成不同的反应结果。人会基于相同（相似）局部特征而形成与众多心理信息模式相对应的结构，还能够在自主性地引导表现这种结构和发散扩展性本质力量的同时，形成主动地追求发散的过程和结果的稳定模式。罗兰·巴特（Roland Barthes）写道："因为拒绝固定意义，最终就是拒绝上帝及他的本质（hypostases）——理智、科学、规律。"② 这就直接指明了艺术的多样化的本质。

　　生命体以发散模式为基础而再一次地表现活性本征时，即会形成有别于当前模式的差异化模式和向着该模式"汇聚"的收敛性模式。即使

---

① ［英］约翰·D. 巴罗：《艺术宇宙》，徐彬译，湖南科学技术出版社 2010 年版，第 40 页。

② ［美］布莱恩·沃利斯主编：《现代主义之后的艺术：对表现的反思》，宋晓霞等译，北京大学出版社 2012 年版，第 93 页。

是收敛性的模式，也由于它是从众多的模式出发向当前模式的汇聚，这从本质上已经表达了它是差异化构建的结果。这种模式将会有效地指导人产生相关的行为。相关发散模式的自主化以及由此所形成的反思性增强，会使发散的模式稳定地展示出来。艺术家在创作过程中更是经常地通过差异化的构建而形成多种不同的模式，并进一步地通过比较判断从中选择出最为恰当的模式。而从作品的角度来看，没有一件艺术品与其他艺术品是相同的，这本身就是艺术家在满足好奇心的过程中的差异化构建，也被人们认为是艺术家创作艺术品的基本出发点。

基于生命本能的差异化的力量，促使人在生命本质的基础上，形成了进一步的差异化扩展，这种扩展会成为人的基于本能的"期望"。表现这种期望，会促使人生成力图使其达到全部的和谐共鸣的要求。在形成这种期望以后，它又会在生命活性中收敛力量的作用下，得到更好的满足，以及形成对达到这种满足的期望。这种模式及其力量在美的状态中成为基本元素，单一地表达这些模式，就可以使人更大程度上体会到了美的力量。这种研究便与弗洛伊德的研究成果建立起了紧密的联系，或者说，这种观点可以解释人们为什么要更多地表达自己由本性所激发出来的审美感受。

四 表达收敛与掌控

生命以稳定为基础，因此，表达稳定的力量和由不稳定达到稳定的过程模式，是生命活性本征的基本力量。生命要求这种稳定性的力量得到更强的表达。人表达彼此共性的、重复的行为，都是在加强稳定性的力量，减少因变化性信息过多而带来焦虑感，并由此使之固化出来成为美的元素。节奏也是如此。正如约翰·D. 巴罗指出的："但是对于世界的秩序或规则的敏感性的确是一种强大的动力。人类所独有的关于世界的大量的神话传说以及伪科学等，都说明我们倾向于发明创造一些秩序原则来解释世界万物。我们惧怕神秘无解的世界。"① 生命活性本征力量中的收敛与稳定性的力量在意义的确定过程中发挥着重要的作用。收敛

---

① ［英］约翰·D. 巴罗：《艺术宇宙》，徐彬译，湖南科学技术出版社 2010 年版，第 37 页。

的、稳定性的力量模式也就必然地成为人进入美的状态的基本力量。建立各种稳定收敛模式与美的状态的稳定联系，形成从各个模式向美的状态汇聚的趋势和方向，表达各种具体模式与抽象模式汇聚联系的结构等，都展示出了收敛性的稳定力量，使人更加明确地认识到这种模式的特点和作用。"为了能够接受文化环境，我们在遗传上被赋予了团结他人、模仿并希望讨人喜欢、学习一种语言、接受我们同伴的信仰、对外人及其方式加以抵制和怀疑这些倾向。与其他动物相比，我们较少仰仗天生的资源，而是较多地依靠我们的同伴来学习我们存在就必须知道的东西，然而，我们具有向我们同伴学习而且有学会某些东西比学另一些东西更容易的某种先天能力的倾向。如我已经说过并且还将有机会重复的那样，各种文化和文化实践是满足人类独有的那些生物性嗜好或需要的手段。"①显然，表达出共性的行为，也是求得稳定、表达收敛掌控力量的生物学的具体表现。

　　狄德罗（D. Diderot，1713—1784）指出："算学中……所谓美的解答是指一困难复杂问题的简易解答。"② 由复杂到简单，由不能掌控到能够掌控，通过这种掌控的力量模式所表现出来的简洁性，已经使人体会到了美。"原来可以这样有规律地看哪！"这就是人们体会到这样的规律性的掌控力量模式时所产生的基本心理。

　　表达"活性"本征中收敛稳定性的力量，可以引导生命体更加迅速地进入美的状态，推动着人对美的追求。正如达·芬奇所讲的："实际上，对所偏爱的事物大了解才可以称得上大爱。相反，如果你对事物不深入了解，爱就少一些，甚至不爱。"③ 人们往往更加关注发散性力量在人的生活中的重要性，却会忽略稳定收敛的力量所发挥的潜在的基础性作用。在生命体表现发散扩展力量的同时，与该模式力量有机协调的收敛性的力量，保证着生命体以足够稳定的力量回复到美的状态，或者说通过美的状态的自身足够自主稳定性而在外界环境发生改变并产生新的

---

① ［美］埃伦·迪萨纳亚克：《审美的人》，户晓辉译，商务印书馆 2005 年版，第 38—39 页。

② 北京大学哲学系美学教研室编：《西方美学家论美和美感》，商务印书馆 1980 年版，第131 页。

③ ［意］达·芬奇：《达·芬奇讲绘画》，刘祥英等编译，九州出版社 2005 年版，第 24 页。

差异的适应性行为时，保持足够的稳定性、基础性，驱动着人以新的结构为"稳定吸引子"而达到新的稳定协调状态。罗丹强调"最美的题材在你的面前，便是你最熟知稔悉的对象"①。艾伦·戈德曼（Alan Gold-man）则更加明确地指出："人类精神具有一种自然的驱动力，在复杂环境里发现或设置秩序，在看似杂乱无章的数据中把握完整的形式和可理解的模式。这可能就是为什么我们在对不同类型的艺术作品的解释中总是自然地搜寻主题在大体上的统一性，以及形式与内容、背景与人物等等之间的适应性的原因；同时也是为什么我们为了在贯穿艺术历史的作品中间寻找秩序不仅关注个人风格也关注历史风格的原因。这就是为什么哈奇生将美等同于是复杂或多样的柱吸引后世哲学家的原因（Hut-cheson 1971）。"②

（一）活性中收敛的力量

对于人来讲，既有来自生命活性的收敛性力量，也有通过社会交往所形成的以共性为基础的稳定性的力量。这些力量都成为生命体进入稳定协调状态时的基本力量，也成为在达到稳定协调、生命体维持在美的状态时的确定的"吸引力"。展示这些模式的兴奋，在这些兴奋模式的控制下引导、联系、激活其他信息的兴奋变化，本身就是在利用收敛的模式力量汇聚不同的信息。

（二）收敛与掌控是一种本能

生命体不像无生命体一样，在外界刺激作用下仅产生确定性的反应（复杂系统会产生更加复杂的反应）。在表达发散力量的同时，生命体也会必然地表现出收敛的力量和过程。复杂性动力学揭示了生命体会不断地生成新的特征的现象并将这种新的特征和现象的构建当作常态。生命体在外界刺激作用下将会产生多种不同的应对模式。如果外界环境刺激信息的丰富程度越高，生命体由局部特征的激励而形成的整体反应模式会更加多样。在有限的时间内，生物体都会将所表现出来的模式组合成

---

① ［法］奥古斯都·罗丹口述、［法］葛塞尔记录：《罗丹艺术论》，傅雷译，中国青年出版社 2016 年版，第 16 页。

② ［美］彼德·基维主编：《美学指南》，彭锋等译，南京大学出版社 2008 年版，第 87 页。

一个稳定统一的模式。随着以后同样（相似）情景的反复出现，生命体会在差异化构建的基础上形成比较的优化选择。这就意味着，在众多可能的应对模式中，生命体往往会在差异化构建的基础上，通过比较判断选择出最优、最美的模式。而在比较优化的过程中，掌控（收敛的力量）发挥着关键性的作用。"其中一个原因，是对秩序的认识被作为一种有效的活动而得到奖励，并在生物中代代相传——比如，认识食物来源、猛兽，或是同种生物等——并最终变成了生物的本能。创造或是发现秩序可以获得满足感。这种情感也许具有进化的源头，当时如果具有这种能力，意味着更高的适应性。"①

形成收敛的心理状态，就会从心理上形成一种稳定的认识：我已经对该事物、问题具有了稳定的掌控能力。此时，具体地表现由收敛到更大程度上的收敛——以收敛为基础而使这种力量增强，并与收敛的过程及收敛的意向有机地结合在一起，或者说只是在收敛的过程中体现出表达趋向稳定状态的力量，人们也会从内心产生掌控的感觉。掌控是对达到稳定的、收敛的状态的力量的自主意识表达，其中具有更强的主动性意味。

掌控作为一种独立的模式，会形成一种对满足的要求，期望在"更"大程度上需求得到满足，能够形成"更"加强大的掌控能力。艺术会专门地在更大程度上表征这种形式和内容的美。比如说哥特式建筑以其对称而使人享受到充分的美感，这种对称、"圆"、稳定，像诸如"力的平衡"这样受到阿恩海姆（Rucloif Arnheim）的重视。② 阿恩海姆从力的角度，揭示力的平衡，并认定这只是美的模式一个方面。更为重要的还是由此特征而在表现这些掌控模式及力量的基础上，满足了人们的发散（联系、扩展、延伸）模式以及使其得到进一步增强的趋势和意向。在平衡基础上的变化、奋张，也与生命的活性本征遥相呼应，这将在更大程度上会引导人进入美的状态。

---

① ［英］约翰·D. 巴罗：《艺术宇宙》，徐彬译，湖南科学技术出版社 2010 年版，第 37 页。
② ［德］鲁道夫·阿恩海姆：《艺术与视知觉》，滕守尧等译，中国社会科学出版社 1984 年版，第 13—22 页。

　　重复是以足够的作用力保持模式稳定的有效方式。利用重复表达稳定的力量，是文化进化的基本模式，也是节奏、舞蹈动作的主要表现内容。"当然，人类和其他动物都喜欢秩序而不是混乱，规律性和可断定性是我们理解我们的世界的方式。理解或解释任何事物都意味着我们要认识它的结构或秩序。……直到我们找到了一种行事模式并且使我们的旧习惯适应新秩序。但是，我们对规则几何图形感到天生的满足是似乎不仅仅是喜欢秩序不喜欢混乱的一种实际的调整。它是'超'秩序，是人类秩序或文化秩序而非自然秩序的表现形式。"① 在遇到各种不同情况时，生命体出于表达稳定收敛模式的本能，会在变化中寻找并表达不变量。当我们从诸多不同的模式中构建出了共性模式时，相当于构建出了不会随着具体事物变化的不变性特征模式。此时，人就可以在重复表达中体现其他的差异性的模式，从而将稳定特征表达与差异发散模式表达协调到生命活性本征的表达范围内。

　　因此，在这样一个复杂多变的世界里，人们更加急迫地寻找稳定性的习惯性模式和力量，因此重复性的动作、节奏、群体中共同的行为，便成为艺术最常见的表达主题。我们可以认为，这些被选为重复性的动作是因为其能够促使人具有较高的生存与发展能力，保证其有足够的竞争力使之在关于遗传的竞争中获得大的遗传机会。问题是，如果这些动作模式为什么具有这样的功能？比如说，在由食物决定其生存的环境中，这些动作对于更多地获取食物是有效的、有利的，那么，这些动作在人的内心的稳定性就会足够强，在平时的活动中再次展现出来的机会也就会更高。当然，人们在展示这些动作时，会作一些变形夸张的处理，包括能够使其与当前的氛围相适应等，还会在众多可能的模式中优化选择出最有效、最有力的动作模式。在人们重复表达这些动作时，由于能够使这些动作的表现更加稳定和有效，这些动作姿态才被作为重复性的动作姿态从而构成舞蹈、祭祀等活动中的基本模式，成为被重复表达的基本单元。人与人之间的共振相干和在此基础上的局部的变异，以及由此

---

① ［美］埃伦·迪萨纳亚克：《审美的人》，户晓辉译，商务印书馆 2005 年版，第 124—125 页。

而形成的合作与集体性的力量，也是这种模式的具体表达。与此同时，在人类社会的诸多仪式中，为了能够使这些动作与各种具体情况紧密结合，人也在强化着这种稳定的共性模式，或者说以这种共性模式作为其中的核心行为。即便是艺术家在表达新颖性的动作行为、创作出具有新颖性的作品时，也必须以这种稳定的行为结构为基本出发点。

（三）掌控的意义与作用

1. 掌控意味着节省出更多的资源

掌控意味着会有更大的可能节省出更多的资源。人们会在这种模式的独立作用下，希望能够更节省资源，从而以更少的形式反映更加丰富的信息。或者说已经体会到如果把握事物运动与变化的基本规律，那么会对所遇到的各种情况和问题都能够构建出恰当的应对之策，人们此时已经具备了足够的应对未知情况的创造性思维和方法。一旦有相似情景的再次出现，生命体便会依据由此而形成的"最佳"的应对之策来迅速应对。

2. 在掌控模式的独立作用下，能够节省更多的资源

形成了掌控，就可以将其作为稳定的心理模式而"同化"新输入到大脑的新奇性信息。对于那些人们已经认识到的模式，只需要使其再次兴奋；而对于那些新奇性的信息，则采取顺应的方式，运用生命的活性本征变换，在差异化构建的基础上，通过比较优化的方式，选择构建出恰当的应对模式。由于应对少量新奇性信息所需要的资源会相对较少，由此就会形成以更少的形式反映更加丰富的信息的基本过程，从而达到节省资源的效果，或者说以同等的资源获得更大的发展机会和空间。

3. 已经体会把握了事物运动与变化的基本规律

当我们把握了客观事物对象的运动变化规律，认识到客观对象在当前环境作用下所有可能的变化，在不同的因素影响下分别有可能形成何种变化模式，包括认识到了其变化后全部的各种可能性，而且能够在一定程度上知道每一种可能性出现的概率，以及影响这多种可能性的影响因素与各种情况出现的相关性规律，把握到了该对象万变不离其宗的"宗"，那么，对于在各种具体环境下对象能够表现出来的可能性的行为便有了足够程度的把握，这会使我们能够预测其出现何种情况、表现出

什么状态和什么时候产生相应的行为、各种模式出现的可能性、在同其他事物的相互作用过程中会表现出何种的特征等。

4. 对所遇到的各种情况和问题已经构建了恰当的应对之策

当各种情况出现时，我们都会分别形成不同的应对之策。掌控意味着我们面对各种不同的情况，已经形成了最佳的应对模式，即使是面对一个未知的领域，我们也可以将其所有可能发生的各种情况都能预想得到，我可以充分发挥自身的创造能力，在通过探索构建具有一定效应的各种应对之法的基础上，优化选择出最佳的应对策略，甚至只是从内心形成了自己掌控该事物运动与变化的各种可能性，包括自信地认为自己具有较高的创造力，一定能够创造出应对未来各种未知情况的有效应对方法。只要在内心形成这种稳定的心理认识，也就表明人已经具有了相关的能力。

5. 已经具备了足够的应对未知情况的创造性思维和方法

面对我们从未遇到的新的情况，我们所能运用的便是生命本能中的创造性模式。从一定程度上讲，当我们具有并能有效地运用创造性的思维模式来寻找解决问题的办法、寻找应对之策时，这就预示着我们肯定能够寻找到针对新的情况和问题的恰当的应对之策，这就在一定程度上反映了我们对该问题具有了一定程度的掌控能力。

（四）与收敛力量模式的共性相干

通过表达收敛的过程模式，使与此相关的模式处于较高的兴奋状态，意味着生命体与这种收敛的力量达成共性相干，从而有效地提升从该模式的角度进入美的状态的兴奋度，引导生命体通过这种模式的共振兴奋，进一步地通过激发局部模式之间的相互关系达成更大范围、更高层次上的稳定协调。

生命体会将收敛的过程及相关的模式固化下来，使其成为一个稳定的本征模式，表现这种模式，或者说在某个过程中一定程度上地表现这种模式，尤其在意识的状态中，人类会通过该模式的自主反应，以及基于此的强化收敛的追求与态度，而将这种力量表达得更加充分。

在众多不确定的模式中选择、构建出一个确定的模式，使不稳定的过程稳定下来，即使不再对相关的刺激产生反应，也是一种确定的模式。

其潜在的含义是，我们能够在差异化构建所形成的多样模式的基础上，通过比较优化的方式选择构建出恰当有效的应对之策，将诸多不同的信息模式统一到一个确定性的认知模式上。

寻找、比较、判断、优化选择出的一个稳定的、最优的对应模式，会伴随着生物的进化成为具有独立意义的稳定性结构模式。这种力量成为使生命体进入（更）美的状态的基本推动力。表征这种模式，或者通过外界客观事物使这种模式处于兴奋状态，也会使人在这个模式和较高程度上处于美的状态。当然，这种完整模式的表现本身，就已经表达出了其自身足够的稳定性：我们可以在任何过程中都表达出这种完整模式的力量。

（五）表达收敛到掌控的结果

寻找到生命体随着具体事物变化而不变的更加本质的特征，就意味着建立起了各种不同的具体事物信息同该本质特征的稳定性联系，通过本质特征的规律性变换，就可以具体地描述各种具体事物基于本质特征的变化规律。

通过形成掌控，会表现出生命更具稳定性的吸引点和趋向稳定的力量，包括在认知过程中更大程度上寻找构建随着信息的变化而不变的稳定性信息，能够看到这种事物随着时间和空间因素的变化性过程规律，发现其中有哪些因素是在不断地变化着。比如说，在经典力学中，我们构建出了决定物质运动状态变化规律的基本特征：物质的质量、物质所受到的所有的外力以及由此所表现出来的加速度。此时，牛顿揭示的经典动力学方程可以简单地描写为 $F = ma$。在我们考虑不同的物质时，无论其是地球同步卫星、电脑笔记本，还是一位滑冰运动员，或者仅仅是一个马铃薯、一颗在空气中飞行的子弹，组成它们的物质、结构等都不重要，重要的、或者说不变的仅仅是它所具有的质量。

一幅画，重要的是色彩、线条、结构。单就色彩这一概念，无论是黄色、红色、还是绿色，都是色彩中的一种。色彩这一抽象性特征则不会随着具体的色彩、具体的事物的变化而变化。艺术家会基于色彩的抽象概念，依据色彩在人的内心所生成的意义，通过将各种具体的色彩同时并存，从中比较优化出更具美的意义的信息元素。

（六）在各个层次体现收敛的力量

收敛的力量将体现在三个不同的层面：生命的基本活性表达、个体的意识活性本征表现和通过生命个体的相互作用所形成的有利于社会稳定与进步发展的模式力量。人会受到意识的强化而在更大的范围内建立起诸多不同美的经验之间的稳定性联系，将其升华表现在更高的层次上，它会伴随着美的升华而联系更多的、更有意义的信息表达。

在此过程中，生命体利用扩展性的力量而与稳定吸引子建立起更加稳定的关系，这将会有效地提升稳定意义的收敛吸引性力量。生命体会利用牵连的力量扩展增强发散力，此时需要激发人构建更多的相关信息，围绕确定性意义而将相关的信息展示出来，通过强化诸多差异化模式与稳定性意义的联系，在生命活性结构中构建表达发散模式的基础。

寻找构建人们所熟悉的模式，是艺术创作过程中最基础性的工作。在具体的艺术创作过程中，人们需要将所熟悉的场景、人物、行为、情感、事件等信息展示出来，将其作为起到稳定性、基础性作用的基本力量，引导人在此基础上展开差异化构建，并利用它们之间的恰当的比例关系与人生命的活性比值相协调。此时，需要基于人们所熟悉的日常生活，包括用人们熟悉的语言、熟悉的追求以及人们所熟悉的幽默关键点等，展开相同或相似的联想。要做到这一点，就需要艺术创作者深入生活，尤其是掌握自身所习惯的美的模式的表达。喜剧美中的"关键点"的构建与表达，就必须是人们喜闻乐见的方式。有一种奇怪的现象：对于儿童来讲，令他们乐不可支的笑话关键点，在成年人那里却没有感受到一点可笑之处；而令成年人前仰后合的笑话，又有可能让儿童莫名其妙。

（七）表达掌控模式、期望以及掌控

一旦构建出了随着时间、空间以及其他各种因素的变化而变化的运动规律，认识到其运动与变化的趋向等时，就能够通过各种措施影响客观对象的变化。随着组成美的兴奋状态的局部特征越来越多，人们会感到对事物的掌控能力越来越强，那么，人们就会在此过程中运用相关的力量来达到一定的目的。

1. 掌控所形成的美

掌控是一种基于生命活性的基本模式，生命体如果与此模式形成共性相干，有效地激发该掌控模式及其进一步的发展的意向，那么会带来更加强烈的美感。尤其是在将掌控与发散的力量与同时显示的差异化的众多不同的艺术品相结合时，会与由差异化所形成的同收敛模式的有机统一所表现出来的生命的活性本征相协调而形成稳定的反馈环，通过构成稳定的"模式锁定"，从而使其长时间地发挥作用。

"规则有序"满足了人的掌控模式（模式及力量、强度）追求的期望，在此过程中还会表现出人有更大掌控能力的意向。如果想在更大程度上满足人的这种掌控表现和表现的强度，那么就应该基于此而形成美的兴奋程度更高的整体表现，通过其中所固化出来的局部特征之间在差异基础上相互作用形成刺激，这样人在这个方面得到的审美享受就会更加强烈。

2. 再现与掌控

再现出人们对客观事物在一定程度上的掌控，意味着表达掌控能力。在一定程度上表达掌控，同时会牵连性地驱动表达出一定程度的"变形"模式，从而构成与生命活性的动态协调。生命体从这个角度进入美的状态，由此可以使人体会到美的意义。

在人的生命活性中，人们通过表现收敛的力量，期望获得对客观世界的掌控，尤其是希望不断地获得和表达这种更大程度上的掌控。这种期望模式就成为一种稳定的本能模式。与此同时，这种构建于基本模式之上的期望模式，也成为一种引导人进入美的状态的本能模式。

这种过程反映出了由繁到简的一种过程。当达到了不能再简的程度时，该过程即结束。表达这种结果，就意味着形成了掌控：将诸多具有差异性局部特征的具体情况模式（信息）收敛统一于确定的抽象模式。在我们只掌控这种抽象模式时，意味着掌控了相应的规律，也就大致掌控了各种具体情况下的运动与变化的各种可能性，事物的运动与变化也就在我们的掌控之中。这种"大致掌控"的意义同样与生命的活性本征模式相协调。

（八）在诸多差异中求得最佳体现

生命体一方面通过发散扩展构建出了一系列有差异的个体，另一方面，彼此之间的相互联系又促使其形成具有紧密关系的稳定性群体。生命中收敛与稳定性的力量不断地发挥作用，会在资源有限的前提下，以提高竞争力为指标而对其加以优化选择。生命体总在利用其生命的基本活性而构建与各种具体环境的稳定协调关系，并通过达成这种稳定协调关系而更加有效的强化生命的活性本征，这就使得那些能够有效提升竞争力的模式将会通过优化选择的方式被固化下来，甚至通过主动的方式构建某种特征为优化过程和结果而有效地提升其生存竞争力。

（九）以活性为基础进一步地收敛

这里所强调的进一步收敛，主要是指意识层面的"收敛"，是以大脑的多层次结构为基础，利用模式的自主性和信息在大脑中多层次的映射，在大脑中以活性为基础，将更多的信息模式与之建立关系，围绕该模式，在收敛的作用下构建更进一步的优化过程。虽然强调收敛，但却是以各种不同的信息模式向确定性意义"收敛"的过程。

（十）逻辑规律成为稳定性的力量

出于掌控的需要，人们在不断地寻找、构建着能够在不同信息之间建立必然性的联系。通过事物之间关系的复杂性，人们已经认识到了某种关系往往只是不同信息之间局部的、暂时的、变化的关系，需要通过不断地增加这种性质的关系而提高人对两者之间必然性逻辑关系的高程度确认。虽然信息之间的必然性逻辑关系包含在这种多样而复杂的局部关系中，但在由此而构建出来的可信度高的关系中，必然性的逻辑关系仅仅只是其中的一种情况。各种关系的可信度越高，由此及彼的合理性就越强，人们也就更善于将两者统一为一个整体。这样一种思想可以自然地扩展到对美与艺术的思考及研究过程中。

1. 构建美的逻辑规律

我们需要持续不断地强化美与艺术的逻辑性结构研究。逻辑关系构成了人们展开艺术创作与艺术欣赏之间关系的更加坚实的基础。为了形成人对艺术品更加翔实的了解与掌握，人们可以基于逻辑关系而激发艺术品中更多的信息，甚至只是将其作为一种基本的、使其他信息处于兴奋状态的联系桥梁。由于人天性的好奇心与本征的发散扩展的力量，人们会构建出艺术品中更多的其他方面的信息。这也就意味着，在保证人的生命活性的基础上，人可以通过维持稳定性的结构而将那些更具变化性、新颖性、未知性、差异性、关系性、复杂性的信息联系性地显示在人的大脑的工作空间，并由此而建立信息之间的各种可能的激活关系，提升人构建未来的可能性。从合理性的角度保证着各种信息可以与人的生命活性达成更大程度、更深层次的和谐共鸣。

2. 构建艺术的合逻辑性关系

客观事物的基本规律、美与艺术表现的内在联系、人们熟知的社会习俗、为了某种目的而有意识地制定的各种规范等，都有可能成为人们开展审美及艺术创作的基础。当人们在遵循这些合逻辑性的关系时，在一定程度上也就是在表达收敛的力量，引导人从这个角度向合乎逻辑的向真正的稳定协调状态——更美的状态逐渐逼近。

3. 寻找习惯的最美表达方式

无论这种习惯上的最美表达方式是来源于社会中当前众人的构建、历史沉积，还是个人的创造性优化固化，它都将成为人们在构建最美的表达形式和内容时的基本选项。任何艺术形式都将如何构建选择最美的结构内容作为探索的核心。比如在表演艺术中，"我们的目标不仅是塑造人物的精神生活，而且要'以一种美好、艺术的手段'把这种生活表现出来"[①]。

4. 强化维持稳定的力量

稳定的结构是动态运动的基础，一定的静态结构是一定动态活动的基础。静态结构的稳定性力量对于动态结构稳定力量产生基础性的影响。各个系统彼此之间相互作用的力量也与维持系统保持足够稳定以及由此而表达出收敛的力量有关。动态结构中稳定力量的大小将取决于动力学系统中的收敛性力量的大小。与此同时，对维持稳定的主动追求也会成为维持生命体的动态稳定的基本因素。

五 将收敛与发散协调于"活性区域"

生命活性本征的收敛与发散的协调统一，成为一种确定的基本模式，

---

① ［俄］斯坦尼斯拉夫斯基：《演员自我修养》，刘杰译，华中科技大学出版社 2017 年版，第 16—17 页。

并能够在人的意识空间得以准确表达。以追求清晰、明确为重点的先前艺术，只能单一地表达出与某个或者极少的活性本征模式的和谐共振，因为它只是从局部的角度进入美的状态，所以也只能使人体会到很少的美的特征。后现代艺术则可以同时表达更多的活性本征，因此具有更加丰富性的特征。如果用另一种说法就是："一个物种在既定的进化等级中愈是专化和适应，那么，其走向更高等级的潜势就愈小。"① 这被称为是"进化潜势法则"。

根据收敛与发散力量的协调有机统一关系，我们可以看到，生命体在表达人的生命的活性状态时要恰当。当人们认识到这种生命活性本质状态，又充分认识到这种模式在美中的意义以后，就想使其得到极度地表现，这是合理的，但当其超出一定的范围则就会变成不恰当的。任何一种力量的极度表现（但却与美的意义不相同），都有可能对生命的稳定与正常成长造成一定的伤害。无论是改变哪一方的过度表现，都会使我们所感受到的收敛与发散的协调关系向生命比值的要求更高的方向进一步转化。从保持收敛与发散稳定协调的角度看，越是稳定的模式，越是需要更多变化性的特征。当两者之间所达成的关系与生命的活性本征协调一致时，便能够以此为基础而引导人进入美的状态，并引发人产生更强的美感。因此，诗歌便以其明确的语言描述与其所隐含的变化的、新奇的、未知的信息，在使两者之间达到一个恰当的比例状态，与这种模式力量和谐共振，从而给人带来美的冲击。

培根（F. Bacon，1561—1626，英国文艺复兴时期散文家、哲学家）已经提出人物形象的美不在形状的比例和颜色，而在人物的动作，"优雅合度的动作的美才是美的精华"②，只有那与生命的活性本征和谐共振的行为，才能给人带来更高程度的美的享受。因此，在好奇心与创造性本能的作用下，人们去追求其他的活性本征时，结合艺术形态展开艺术创作实践时，也会要求艺术所表现出来的新奇度不至于太高。这种活性本

---

① ［美］托马斯·哈定等：《文化与进化》，韩建军等译，浙江人民出版社 1987 年版，第78 页。

② 北京大学哲学系美学教研室编：《西方美学家论美和美感》，商务印书馆 1980 年版，第77 页。

征的表达，体现出了如下的特点：

1. 表达发散与收敛相协调的力量

生命本身具有一种稳定性的力量。也就是说，要在保持收敛与发散力量协调统一的状态之中，保持生命的稳定。适应也是一种稳定的力量，通过适应可以及时地调整生命体内相关的结构。比如说，在一个心理状态中，如果新奇性信息过多，相互牵制的力量就会更多地将那些已知的信息激活，或者说建立新奇性信息与已知性信息的更多的关系等，这就是其中一种稳定性的力量。

我们可以利用生命活性中收敛与发散的相互牵制的力量，并将这种力量作为稳定的模式而具体地达成与这种模式的和谐共鸣。清代笪重光《画筌》云："虚实相生，于无画处皆成妙境。"这句话所表达的就是这种发散与收敛有机结合所形成的牵制性本征模式。

虽然在更大程度上表达发散扩展的力量，可以激发更多信息模式的兴奋，但如果不能通过与之相协调的收敛牵制力量的协调作用，那么人就不会围绕当前审美主题展开活动，活动形成的意义也与当前审美过程无关，就会对当前的审美主题造成很大的干扰。

艺术创作中往往会利用再现、重复等方法表达人们对掌控模式的认识与理解。拜占庭艺术中存在大量的重复（再现），主要表达的就是艺术信息中收敛的、稳定性的力量，这在一定程度上表现了人的掌控心理，同时又与其他信息相互作用而形成变化，从而表达出收敛与发散的协调一致，稳定与变化的有机统一，这是再现的意义之一；再现的意义之二是指再现客观世界中的美——客观世界中能够使人产生审美情感的信息模式，通过人内心的美与客观世界的美的交相呼应而组成一个有机整体。在此过程中，无论是人内心的变化性信息，还是外界客观信息特征的变化，都能够使收敛的、稳定性的力量结合在一起与生命的基本特征达成和谐共振关系；再现的意义之三是通过外界信息与人的内在模式形成共性相干，而激发人的审美情感；再现的意义之四是通过再现而形成更为复杂的情况，并由于再现所体现出来的其他方面的差异而形成新的刺激；再现的意义之五是再现已经体现出了对美追求的力量模式：一而再，再而三……这种再现已经体现出了人们不断追求更强的对美追求的力量，是以表达稳定的追求而与所生成的众多新奇模式协调统一在一起。

笛卡尔（Rene Descartes，1596—1650，近代法国哲学家、物理学家、数学家）指出："在感性事物之中，凡是令人愉快的既不是对感官过分容易的东西，也不是对感官过分难的东西，而只是一方面对感官既不太易，能使得感官还有不足之感，使得迫使感官向往对象的那种自然欲望还不能完全得到满足，另一方面对感官又不太难，不至使感官疲倦，得不到娱乐。"[①] 他提出了美在表现出生命活性时所具有的区域性特征，同时提出了当外界刺激与生命的活性状态达到和谐共鸣时，即进入美的状态而使人产生愉悦性审美感受的关系和过程。

2. 模糊与清晰的相互协调

生命体并不是单一地表达事物某个方面的特征，而是各种特征，既有清晰，也有模糊，尤其是能够使清晰与模糊的比例达到与生命的活性本征相协调的程度。无论是表达动态变化性特征，还是多样并存性特征，人都会在差异化多样并存的基础上，运用对美追求的力量而形成抽象与具体的有机统一：在主要特征、核心、关键、中心点上清晰，而在非主要特征上模糊，甚至采取"平滑"变化过渡的方式。远与近的特征也会通过构建恰当的比例关系而达到协调统一。此时，有较远的模糊性的特征，有近的清晰的特征，在两者之间通过相互协调达到与生命的活性更加契合的状态时，就可以满足根据意义的整体性关系，形成与活性本征比值达到协调的"布局"。

在更多艺术品的表达中，往往会以主要特征反映关键信息，将其他非主要特征对应于信息的变化的状态而使其具有一定程度的可任意变化性特征，这就是由生命的活性本征比值所决定的。如果表征这种状态，意味着与生命的活性本征在这一特征上达到和谐共振关系，并由此而引导人进入美的状态。

3. 变与不变的相互协调

生命的活性本征比值可以通过确定生命体与变化信息量的比值来构

[①] 北京大学哲学系美学教研室编：《西方美学家论美和美感》，商务印书馆1980年版，第78页。

建表现。在一个有效的艺术品中，我们一定能够发现其中既有运动的成分，也有静止的元素，动与静的相互协调，要求艺术品中既有相对静止的物体特征，也有正在运动着的物体特征，或者说能够使人清醒地认识到，这种状态下的物体所描述的是其正在运动的状况。生命体可以以信息中的变化性、趋向性特征为主要特征点，表述其整体趋势。它有向内发展的过程，也有向外发展的趋势。

4. 概括抽象与具体结构的相互协调

生命的活性本征比值可以通过整体信息中的抽象信息与具体信息的有机协调来表征。一方面反映不同意义中的共性模式；另一方面又以具体的形态性信息与共性的抽象性特征相联系，整体信息成为各种具体表象与抽象认识的有机统一。人们在看到这种概括抽象与具体化的过程时，往往更能表达这种力量。在概括中体现着具体，在具体中表达着抽象。通过具体，使人们能够顺利地构建出抽象的概念、关系和逻辑体系；而通过抽象，人又能够更加顺利地在细化、规律性描述具体事物的运动变化"轨迹"的过程中，将其具体事物的特殊性同时性地构建出来。

5. 表现简与繁的相互协调

在艺术表达美的状态时，可以通过活性力量而形成表达美的简约的过程：在差异化构建的基础上，表现收敛的力量，此过程就是简约。它所表达的是生命活性中收敛的力量，是由复杂到简单，由不可把握向能够把握、掌控状态的转化，使人由未知到部分已知、再到大部分已知的状态转化。简约是相对于繁杂基础上的简约，从某种角度讲，这种简约的结果代表着生命体能够顺利地由这种简约而到达极其烦琐的状态。由此而表达出以对美的追求为核心的抽象，表达出对美的追求的力量模式。

中国诗画艺术和传统美学崇尚淡泊、简约，这其中包含着艺术创作者与艺术欣赏者之间共同的相互作用。所谓简单的艺术直接引导人展开深入思考，是有一定的意义事先存在的。这指的是人已经建立起了简单与复杂、单一与多样的稳定性关系。这还意味着，艺术家能够引导欣赏者将简单的艺术品与欣赏者复杂的内心世界建立起有机的联系，或者说，以简单的艺术形式直接表明由欣赏者来深度构建复杂的心理反应。艺术欣赏不再只是欣赏者单一地受到艺术品的刺激而反应，而是艺术品能更加有效地将欣赏者个人的理解、主观态度、自主情感加入其中。在欣赏者的内心，通过艺术品的外在刺激和欣赏者自己的内心反应而达到恰当的比值。

6. 表层与深层的相互协调

艺术家以寥寥数笔，典型地表达出美的抽象性意义，同时还引导人展开进一步的思维构建，从而将欣赏者内在更深层次的想法、意图挖掘构建出来。引导人展开深层次意义构建的过程是艺术审美一个主要的过程。如果欣赏者只是体会到简单的艺术品的表象，就只能从形式上进入美的状态，而不能从更深刻的角度进入美的状态，所产生的审美享受也会相对浮浅，在人的内心也就不容易产生更加深刻而全面的审美体验，也就不能在人的各项活动中发挥出更大的作用。

艺术品能够表达存在与虚无的相互关系，以"有"激励"无"，以"无"启发"有"，以现有的信息激励人展开没有说出来的信息的构建，以当前表面的艺术展示表达那潜在的、需要人们在建立彼此之间关系基础上才能形成的结构性的意义等。这同样是一种表象的简单和深层的复杂有机结合的过程。

7. 表达出形式与内容的有机统一

在艺术审美过程中，人们会困惑于艺术作品所表达的是何种意义，然后才能构建这种意义与某种生命的活性本征之间的和谐共振。艺术品所表达的意义与某种活性本征的形式、结构或功能达成有机协调关系时，便能够迅速地引导人进入美的状态，并通过美的状态与当前状态的差异形成更强的刺激，使人产生更加深刻的审美感受。显然，艺术创作不只是在形式上展开向美的转化，在深层的意义层面同样涉及基于众多不同意义模式时的美的选择性。

8. 体现出各种矛盾关系的协调统一

当人们将相互矛盾的关系与人的活性本征在更大程度上和谐共振，与更多人的活性本征在更大程度上共振协调时，这就表达着在诸多可能的关系中，人们选择优化出与生命的活性本征更加协调的状态，使这种协调过程显得更加突出。

其实，表达美与丑、繁与简、混乱与有序等矛盾范畴的对立，这本身就是在表达人的活性本征比值，因此，这些矛盾就不再是古德曼所谓的混乱的语序体系了。古德曼指出，如果美与丑之间没有明确的区分标准，或者说没有明显的不同的特征存在，那么对于审美的价值来说，美也就仅仅是一个模棱两可、可有可无的、模糊混乱的术语。显然，这种相互矛盾的特征有机协调的状态表征着人生命活性本征的和谐共振，由此生命体就进入美的状态。从美的信息的角度来看，相互矛盾的信息能够在更大程度上激发人产生进一步的审美行动。① 这种关系可以看作生命活性的自然表现，也可以使人看出这种"行动"本身所具有的美的意义。

六　美的再现与表现

美在所有的特征方面都应得到本质性表现。只要人确定了某项指标，并且构建出具有可比较性的量化方法，就能够基于此而创作出更强的性能、更令人感到赏心悦目的作品。

（一）直接表达

当出现在人的大脑中的信息与人的生命活性在意识中直接通过相干而形成共振时，意味着当前信息直接与人的生命活性建立起关系，使这种模式成为更加鲜明的美的主要特征。

1. 感觉

一种最直接的描述是在没有任何想法时，直接感受人的生命活性在外界刺激作用下的本能性反映。不经过人的自主意识，不经过意识的影响、干扰与偏化性构建，直接反映人在外界信息激活作用下的本征性状态。这种状态有时也会出现在人受到外界刺激的一瞬间所产生的感觉性状态中。此时，人还没有时间将其他的信息联想出来，只是在外界信息的作用下使人的本能直接处于激活状态。

2. 意象

信息在大脑中由低层次（感觉接收层）向高层次（概括抽象层）的映射过程中，实施着由多种模式对应于少量模式的过程。不同种类的信

①　［苏］Ю. M. 洛特曼：《艺术文本的结构》，王坤译，中山大学出版社 2003 年版，第351—364 页。

息模式，会通过彼此之间的关系而在大脑的更高层次形成基于具体感觉信息形式的概括抽象，将那些反映不同事物具体信息之间的共性信息突出地表现出来，并使之成为信息表达的主要模式。从抽象程度的角度看，参与低层次反应信息的数量与高层次反应信息的数量的差值越大，则抽象的程度就越高。这种过程同样出现在意象性信息的形成过程中。因此，意象是具有一定抽象程度的形象性信息，是抽象的形象性信息与具体的感觉性信息一同显现的结果。

3. 抽象符号

在将不同的信息联系在一起时，大脑神经系统会通过自组织而形成一个稳定的动力学系统。此时，大脑会在高层次中将这种稳定的模式表达出来。这种模式有别于低层次中各种具体的模式表现，在更大程度上表征着低层次各种具体模式的共性结构。如果某种模式表达这种过程，便表达了抽象。在高层次中表现出这种综合性的动力学系统，并用一种稳定的模式来代表这种共性模式时，也就形成了符号。

抽象是一种本能模式，这种本能模式会在人的意识状态下被进一步地放大：一是反映这种过程，将人的抽象过程作为一种稳定的模式独立地表征出来；二是反映这种过程进行的最终结果，反映具有这种模式特征的意义；三是反映基于该模式所形成的期望和需要的满足。从而在各个层面上表达作为本能的抽象模式在更大程度上的协调。

我们可以将生命的活性本征以直接表达的方式表达出来，也可以通过与之建立起稳定联系的信息表达模式而间接地表达出来。此时，生命体通过与美的状态所建立起来的关系而赋予其相关意义，从而在表达具有这种关系的环境事物结构时，引导人通过关系使更多的美的元素处于兴奋状态。

（二）美与模仿（再现）

那些能够使人产生美感、能够使人产生震撼感受的客观事物作用到人的内心以后，人们就会想将这种模式固化下来，将这种感受描述出来，同时在自然中将在那些能够有效地激发人的审美感受的基本模式中做出审美效果强度的选择，从其完整的整体性特征中提取出局部的能够产生更加强烈的审美感受的景象，如果将这种感受说给他人听，那么也能够让他人也看到、体会到。

这种美的信息模式在被人们认识、固化和强化以后，会促使人产生两种不同的结果：一是人们更强烈地关注外界事物的美和美的事物；二是构建能够更加准确地模仿客观事物为更美的准则。

之所以说真实的就是美的，原因就在于人们所熟悉的信息已经在生命体达到与外界环境的稳定协调状态和过程中发挥关键的作用。这种"熟悉"在于能够有效地激发人生命活性本证中的收敛稳定模式，表达着生命体与外界的环境所构成的稳定协调的美的状态。

（三）对美的表现论解释

艺术在于表达艺术家内心涌现出来的美的意义。在具体表现时，可以表现在自然物中选择出来的能够与生命的活性本征更好协调的自然物模式；可以表达与社会的本征运动状态更加协调的意义和模式；也可以表达人在内心涌现生成的能够与生命的活性本征更加协调的某种意义。因此，这种意义可以通过生命体对当前的外界客观事物来直接反映，也可以通过想象所构建出的与活性本征更加协调的形象性信息来反映。在此过程中，可以通过意象的形式来表达、可以由情感模式来表达、可以由抽象的模式来表达。尤其需要强调的是，在此过程中，艺术家可以通过先期构建诸多不同的模式，并在诸多形式的并存中，选择出最美的形式，以更准确地表达人们的选择和理解，以与其生命活性更加接近的意义和状态，控制人的选择和优化。更本质地讲，是要将人们在大脑中构建出来的美的理念通过具体的符号表达出来。

杜夫海纳（Mikel Dufrenne）在描述"表现中的真实性"时[1]，强调从主体的角度表达生命的活性本征。因此，由于生命的活性本征表达构成了生命体与外界环境达到稳定协调的基本元素，这种性质的表达即意味着要引导人从该活性本征表达的角度进入美的状态中。

（四）美的形式与内容论

美的形式论强调的是追求最美的形式，从形式上追求最能反映内容

---

[1]　［法］米·杜夫海纳：《审美经验现象学》，韩树站译，文化艺术出版社 1992 年版，第547—556 页。

的恰当形式；而美的内容论则以最美的意义构建作为其主要目标。人们会从诸多的相关内容意义中，构建出与人的生命活性能够最佳协调的内容。与此同时，内容论还强调情感在美中的意义，强调情感与其他各种意义的有机协调。美的内容论也强调与社会的道德价值标准相符、对符合社会道德标准的期望，甚至是要求人达到超出社会道德标准更多的、达到了崇高程度的内容与意义。震撼人心的意义主要表征在美的内容方面。所谓震撼人心，就是在人的内心引起强烈反应，就是在更大程度上与生命的活性本征的共振相干，减少其他信息对人心理状态的干扰与影响，并围绕该意义而建立与更多的其他信息的关系。

生命体虽然在追求与更多数量上的其他信息之间的协调关系，但却紧紧地关注自身在当前的意义。这就意味着，所激发的其他信息越多，对其当前意义的促进作用就会越强，当前信息的兴奋程度也就会越高。激发、激活的信息数量与这种稳定不变的信息组成稳定协调关系，将能够在更大程度上与生命活性中的发散与收敛之间的活性比值达到"同构"。在此过程中，人们既看到了其确定性的意义，又能够看到其从稳定不变的基本特征出发生成的任何引导、控制更多其他方面的信息活动。这种活动既能使人认识到这种结果，还能够看到其中所表现出来的过程模式。这些被激活的信息将与稳定性的信息一起组成符合生命活性要求的基本结构。

通过前面的研究我们已经看到，生命活性本征中的发散力量表征着差异化信息的多样并存、变化、复杂、未知以及新奇性信息的不断出现。这种发散力量的表达往往是不以人们所关注的熟悉的信息为基础的。艺术家需要构建最能表达艺术家自己思想的意义模式，就需要将那种更能反映其生命活性本征的意义模式构建出来，或者说，在诸多相关的意义、意义之间的相互转换、意义与情感等的相互关联中，构建出最能表征人的生命活性的意义模式。在此过程中，如果艺术家描述的是人们所熟悉的生活场景、故事、人物、事件等，虽然不需要说明，但这些信息已经足以在人们的内心形成不需要言说的潜在意义了。这种意义与表达这种意义的符号之间具有审美与抽象相互融合的基本过程，这就在一定程度上意味着，人能够在稳定地表达生命活性的本征模式的同时，产生出与各种具体特征模式相结合的美的元素。

在运用当前的局部信息形成意义，或者说人们确认一种意义时，会涉及不同的意义泛集，具体到哪种意义更能与人的生命活性相结合，或者说，在与本能模式有机结合的过程中，哪种意义更能激发更多其他的本能模式，以促使人能够完成更大范围、更深刻程度上的美的构建？

人是在意义中生存、进化、与发展的，时刻需要表达意义。但什么样的意义才是艺术家想要表达的？我们也可以反问，他们为什么要表达这样的意义？作为艺术品所要表达的"意味"具有什么样的性质，或者说包含了什么样的局部特征？如何才能形成表征生命活性的意义？美学家提出了"艺术即有意味的形式"的观点，其本质上在于揭示：美是通过有意味的形式来在更大程度上表达人的活性本征模式，从而有效地促进人进入美的状态。表达已经形成了稳定意义的本征状态，这就是在更大程度上表达与这种状态的协调。

形式论以追求更能表达意义的最恰当的形式符号作为艺术创作的核心手段。贝尔所谓的"有意味"，是通过对美在外在形式上的追求和差异化基础上的优化选择而确定形成的。通过研究，人们越来越明确地认识到，美的蒙娜丽莎不是对某个人物的简单摹写，而是达·芬奇内心的美与实际人物的美相结合，它是向达·芬奇内心最美的人物逐渐逼近的最终的结果。一是指美的这种形式可以引起人更多的想象；二是通过这种模式所表达的意味最明确；三是其所表征的意义是联系最广泛、具有更强的抽象性和代表性的意义；四是与其生命的活性本征在更大程度上相符（同构）；五是通过抽象与具体的紧密联系，从中做出更大程度的优化性选择。

人是在意义中生存的，原因在于：第一，人通过进化对外界信息做出了有利与有害的价值判断；第二，这种判断会被独立特化出来而成为决定人的行为的重要模式力量；第三，由直接判断扩展到间接判断，在不断地扩展利与害的判别标准；第四，经过人的意识的无限放大，使这种优化的信息意义占据人的主要心理活动。在生命活性中扩展力量的作用下，人的内心总是存在与当前状态有所差异的趋势和期望，达到期望或者说使需要得到满足，甚至是表现这种趋势和期望的过程，本身就是在与生命的活性本征达到更大程度上的协调，这就是美创造的核心。第五，在更高层次表达生命体与生命活性相协调的符号模式。无论是采取内涵还是外延的方式表达，符号之间总能够存在微小的局部联系性的意义，在某种程度上这更进一步地凸显出原始艺术家的抽象性描述与人的符号性生命活性本质的内在关系结构。"如果对外部世界直觉的审美反应，从整体上说对生存带来的是负面效果，那么这种反应就不会继续演化。"① 克罗齐典型而突出地描述了这个问题，着力强化那些不经人的意识加工而表达的本征心理模式。对于一般人来讲，他虽然形成了与具体情景相结合的活性本征，但因为心理模式在大脑中形成的时间实在是太短，一种心理模式在大脑中稳定展示的时间又很有限的，那么，各个活性本征之间的关系便不容易被固化协调；而那些天才的艺术家，却能够顺利地利用美和艺术直觉将那些不同的活性本征瞬间组织成为一个协调的整体心理模式。

　　一个生活于世间的人，他的思想和行为或多或少地会受到各种社会环境因素的影响，受到人类知识固有的影响。"艺术作品不仅提供了视觉的愉悦和体验，同时也是折射着我们时代文化背景的思想库。"② 即便是在不被人们所认识和理解的后现代艺术中，也是如此。那些已经在人类社会中正常生活的艺术家，将如何才能更加准确地表达那与生命活性本征更加协调的意识模式？他们只是强化感觉，并认为接收性的直接感受可以与人"意识活性模式"（与"情感活性模式"相对应）相分割，他们尽可能地将自己的意识从这种感觉中剥离出来，只是强调客观事物信息作用时的直接感受。而这种有限性自然可以通过遗忘的自然规律来描述，其与好奇心还有一定的联系。毕加索认为，"艺术不是美学标准的应用，而是本能和在任何法规以外所感应到的"③。因此"一幅画不是预先可以想好的，事先可以被安排的。在作画过程中，它随着一个人想法的

　　① ［英］约翰·D. 巴罗：《艺术宇宙》，徐彬译，湖南科学技术出版社2010年版，第125页。

　　② ［美］布莱恩·沃利斯主编：《现代主义之后的艺术：对表现的反思》，宋晓霞等译，北京大学出版社2012年版，序言第1页。

　　③ ［西］毕加索等：《现代艺术大师论艺术》，常宁生编译，中国人民大学出版社2003年版，第59页。

改变而改变。而完成后，它还会按照看画人的意识状态继续改变。一幅画就像一只活的动物一样有生命力，历经生命每天加诸在我们身上的变化。这相当自然，因为绘画只能通过看画的人而生存"①。毕加索只是想表达直觉感受、直接感受、直接情感，而不愿意将这种意义再次地经过理性（意识）的联想、选择和放大进行加工，因此，他想表达的是生命体在受到外界环境作用时最初的那种强烈反应。这样，也就在后继的加工过程中付出足够的时间。

在艺术创作中，艺术品还受到技巧性的影响。这里突出的是以生命的活性为基础，从而赋予各种信息层次时，对艺术创作的指导意义，是艺术家在众多的表达过程中，优化选择出了这种技法形式。显然，在艺术作品的创作过程中，即便是表达灵感、直觉，也不是创作者的率性而为，而是创作者在众多可能性中选择了"最美"的模式，如线条、色彩、构图等诸多元素都将如此。而在此过程中，艺术家还要充分考虑到这种"意味"的表达以及彼此之间各种可能关系的最恰当的关系。这种最美的模式表征，表达着创作者突出而典型的情感，并因此而使人利用这种情感体验到强烈的美的感受。

最美的作品往往能够激发更多的人与生命活性共性相干的情感模式。人们能够在充分认识到创作者的情感表现与欣赏者的内心所激发出的情感之间并不具有必然的一对一联系的基础上，认真研究各种模式在某种层次建立起的某种关系，也就意味着形成审美的联想、激发过程，由此而引导欣赏者展开美的想象性构建，以通过美的力量而更加强烈地体验到美。

以生命的活性本征为基础而形成的美的各种信息，从其根基上（表达活性本征的力量）即构成了共性相干的作用基础。当人在意识中更加关注这种模式的表达时，就会基于这种基础性力量的共振相干而将更多的活性本征、情感反应、外界客观意义有机地联系在一起，通过越来越多的美的特征的限制和力量而共同达成着对更美的追求。

---

① ［西］毕加索等：《现代艺术大师论艺术》，常宁生编译，中国人民大学出版社 2003 年版，第 55 页。

第四节　由不协调达到协调状态

自然界以其客观存在而成为维持生命体生存与稳定的基本环境。当生命体明确地建立起与环境的稳定协调关系以后，意味着会赋予已经与这些活性本征状态建立起稳定协调关系的外界信息以促使某些美的元素处于兴奋状态的作用，环境模式才会以与生命的活性本征达成稳定协调关系的美的意义而反作用到生命体，保证生命体在与美的状态协调稳定的外界环境的作用下，尤其是在进化到具有足够的意识能力的人的程度时，能够将与美的状态有关系的诸多模式通过共振协调的方式处于更高的兴奋状态，同时用这些美的模式所形成的期望指导人在更大程度上产生相应的行动，对人的行为产生足够而恰当的影响。

人在外界环境作用下，形成了稳定协调反应以后，便能够稳定地表现这种模式完整的自主性力量，并在外界只存在某些（甚至是很少）相同（或相似）的局部特征时，依据不同活性本征之间的稳定性联系而顺利地将更多的活性本征模式共振激活。在此过程完成以后，人的那些本能性模式作为稳定状态的基本元素而再一次地兴奋表现时，意味着就能够从这些模式的角度引导人进入美的状态，人便因进入美的状态而产生美感。因此，可以通过与人的某些活性本征达成和谐共鸣的方法，表现生命体由不协调达到协调的过程。在此过程中，可以通过与人的生命活性本征共性相干的方式使活性本征模式突出地显现出来，直接使人从这个角度进入与美的局部协调稳定的状态。

斯宾诺莎（Spinoza，1632—1677，著名的荷兰哲学家）提出将"有用"与否作为美的外在判别的标准，将"舒适"作为美的内在判别标准，提出外部环境与生命状态的协调就是促使人形成美感的基本原因。它们之间的关系越是协调（与更多的美的元素和谐共振），便会越美。"人们一旦相信了一切存在物都是为了他们而存在，就必定认定其中对他们最有用的是最重要的，最能使他们感到满意的是最出色的。……如果神经从呈现于眼前的对象所接受的运动使我们舒适，我们就说引起这种运动的对象是美的；而那些引起相反的运动的对象，我们便说是丑的。"①

自组织复杂系统内部稳定地存在着通过共性相干而形成共性聚集的过程。这将使表达某种特征功能的组织器官不断增强，从而达到一个新的高度，使其功能表达更加有效，尤其是能够在对各种具体的情景中应对自如的基础上，保证其静态结构的足够的稳定性。而这种稳定性的力量则会在审美过程中持续性地发挥作用。

一　协调状态的快乐感受

在生命体达成与外界环境稳定协调的基础时，生命体表达出了由不协调达到协调的过程状态，这就会在生命体内产生快乐的情感反应。这种快乐的感受往往被人们认为是人处于美的状态时的特征，但这却是一种误解。人在与外界环境达成稳定协调关系时，对自身是否处于这种状态是无感知的。只有人在从不协调状态达到这种协调状态，或者由这种协调状态进入不协调状态的过程交替进行时，人才能体会到这种协调状态的特殊意义，此时人便由此而产生快乐。因此，我们说，快乐是美感的一种模式。

在快乐模式稳定地表现时，以此为基点的模式会表现出稳定的"活性"状态，基于此就形成了以快乐模式为基础的更进一步的过程。人在意识中基于快乐而表达发散扩展基础上的收敛与稳定时，即人展示出对快乐主动追求的态势时，人们便会主动地追求这种模式，追求与此模式相关的各个环节的表现，并通过稳定表现而强化该模式整体的稳定性，生成更多的稳定性的静态结构（相应地也增加了稳定的力量），各个环节的稳定关系，会以各个局部环节为基础而形成更加复杂的愉悦性的审美感受。

（一）美的快乐的感受

在美学中一直存在着美的快乐学说。这甚至可以说是人们研究美学

---

① 北京大学哲学系美学教研室编：《西方美学家论美和美感》，商务印书馆 1980 年版，第87 页。

的基本"触发点"。人们正是以快乐为研究的起点而赋予相关模式以美的意义的。按照弗洛伊德的理论，生命体由不协调达到协调，与由期望（需要）得到满足所形成的快乐有关。在生命体达到协调状态时，就会产生恰当的快乐性美感。人们也正是基于此而将协调作为美的基础，也正是由于此而赋予其以美的意义。

无论是通过美的特征相联系的力量，还是促进美的升华的模式，都能够使我们认识到在美的状态下人不只是仅表现为快乐，还会有其他的模式表现。快乐是美感的核心特征，但却不是唯一的特征。在人们以这些模式为基础，从而形成更高层次的概括抽象、延伸扩展时，人们便在直观的优美、崇高、丑、悲剧、喜剧等的基础上，基于多样化的美的具体形态（也就是说，在具体地根据音乐、绘画、文学、戏剧、诗歌、雕塑等具体艺术形态的基础上），概括出更具一般性的美的抽象过程和模式。表达这些抽象的模式，本身就能够引导人进入美的状态，与此同时，人们还会在这些抽象模式的指导下，能够在快乐的基础上，升华、领悟而形成更加一般的抽象模式——美。

由"协调→不协调"，意味着人产生了期望，形成了某种性质的需要。由"不协调→协调"，意味着表达出了人的期望，同时又使人所产生的需要得到了满足。满足了人的本能模式，并使其达到了协调而快乐，从而在美的喜闻乐见的基础上强化着美的意义和作用。

生命体在由"协调→不协调"后，就进入了不协调的状态，因而会对生命体的稳定协调状态形成刺激性的作用，当刺激在达到一定的程度时，就会使生命体感受到痛苦或紧张。由于"协调→不协调"的过程模式特征与"不协调→协调"的过程模式特征构成相对立的关系，因此两种过程模式所产生的感受自然也就相反。在将两者结合在一起时，就会由于相互影响而分别对对方的感受起到加强性影响。这两种过程也会由于存在诸多相同的环节性模式而自然地统一于一个整体中，从而起到对比、夸张、强化的作用，并使快乐感受得到加强。也就是说，我们将"协调→不协调"作为"不协调→协调"的对立面来对比性地加以说明，能够由此而带来更加强烈的审美感受。

（二）美感就是"心畅"的感受

米哈里·奇凯岑特米哈伊提出了与理解内在动力相关的发展观点。[①]奇凯岑特米哈伊使用"心畅"（flow）这一术语来描述生命状态中最佳的感受——美感。他发现，当人们形成了掌控感或者全身心地投入某个活动的时候，"心畅"就最有可能发生。他尤其指出当个体从事的挑战既不太困难也不太容易时，心畅就会产生。按照奇凯岑特米哈伊的观点，"心畅"具有下列特征：第一，专注于进行一个动作的整体感觉；第二，行为与意识的合并；第三，注意的重点在有限的刺激领域；第四，自我意识的缺乏；第五，在控制某人动作和环境中的感觉。

奇凯岑特米哈伊认为"心畅"只是当人感受到在已知情境中动作的机会与他们掌握高难度任务的能力相匹配时才有可能出现。这里的"相匹配"实际上指的就是生命体与生命的活性本征比值更加协调的状态：将发散与收敛之间的比例关系限定在生命活性的比例关系范围内，形成发散与收敛活性本征更加紧密的结合。

动机心理学的研究表明，对于挑战和技能水平的不同认知知觉将导致不同的动机结果。[②] 在这里，"人的技能水平"代表着人的掌控能力，而"问题的挑战性"则代表与掌控相对应的未知的、变化的、复杂的、不确定的信息意义。当人感受到挑战并且知觉到自己具有较高水平的技能时，心畅的感受就有很大的可能性产生出来；当人的技能水平很高，但参与的活动没什么挑战时，人们会感到非常厌烦；当技能和挑战水平都很低时，人就会感到缺乏兴趣；当人面临赋有挑战性的任务又觉得自己没有足够的能力解决时，他们就会体验到焦虑。我们可以用一个表格来具体地表达这种关系和结论。

[①] ［美］米哈伊·奇凯岑特米哈伊：《创造性：发现和发明的心理学》，夏镇平译，上海译文出版社 2001 年版，第 1—11 页。

[②] ［美］托马斯·费兹科、约翰·麦克卢尔：《教育心理学》，吴庆麟译，上海人民出版社 2010 年版，第 190—208 页。

表1　　　　　　　　　　　实现"心畅"的关系

		知觉到的收敛、掌控能力	
		低	高
知觉到的发散扩展力量	低	缺乏兴趣	厌烦
	高	焦虑	心畅

（三）快乐感受的独立与特化，促使机体建立起了众多模式与快乐感受的关系

在生命体与环境达成稳定协调状态，并由其他状态的兴奋而与该状态建立起一定的关系时，人能够体会到的基本心理反应是快乐的、轻松的、安定祥和的、丰富多彩的。快乐模式也因此与生命体同外界环境所建立起来的稳定协调关系具有了紧密的联系。那么，快乐模式也就成为表达人在稳定协调状态的基本模式，也就成为引导人进入稳定协调的美的状态的基本元素。由此人们有时会片面地通过是否使人产生快乐的感受而更加直观地判断是否进入美的状态。

在此过程中，快乐模式会被神经系统专门强化并在各种活动中有了独立表现的机会，这一方面会强化快乐模式的稳定性和吸引力；另一方面还会在表达延伸扩展快乐模式作用的同时，引导人单纯地从快乐的角度建立各种事物、行为与快乐的种种联系，进而与美的状态建立起各种形式的联系，也因此而使人在更多的环境中通过达到稳定协调模式而体验到美的快乐的表现。

（四）意识的形成赋予快乐模式以更加广泛的意义——美的心理

快乐模式可以通过意识建立起与其他事物信息更加广泛而自由的关系。快乐作为一种独立的模式，使人可以在意识中以快乐模式作为稳定的"共性中介"，通过建立快乐与各种模式的联系，在将各种情况汇总的基础上，形成新的自组织过程，从而在具体的美的状态基础上形成进一步的美的概括与抽象过程，并在抽象与具体的相互转换过程中促进着对更加广泛的、一般的美的意义的升华，这也使人更加容易和广泛地体会到美的意义。

二   通过由不协调达到协调赋予客体以美

生命活性本征在生命体与外界环境达成稳定协调的过程中，始终发挥着关键性的作用。也就是说，生命活性本征模式的表现自然地在生命体由不协调达到协调的过程中成为关键性的因素，单纯地表达活性本征模式，已经足以表达生命体由不协调达到协调的过程了。由于"内在的和谐只是在通过某种手段来达到与环境的某种妥协时才能实现"①，因此，我们必须强调，内在的协调一定是在生命体达到与外界环境的稳定协调后才能形成与表现。

（一）美的本征状态是一个稳定的耗散结构状态

稳定的耗散结构本就是一个在外界环境的不断刺激作用下才能保持稳定的状态。这就意味着，人的活性本征也是一个稳定有序的耗散结构，以其不断的运动而展示其特征和力量。该稳定的耗散结构同样会不断地与其本身的外界环境发生物质、能量和信息层次的相互作用，这种稳定的耗散结构也同样需要有外界环境的支持才能够得到有效的维持，也会表达出动态性的涨落特征，不断表达着与外界环境不可分割的稳定联系。不同的活性本征会以兴奋组织的方式形成一个稳定的美的状态。

1. 外界环境的复杂多变干扰了生命力量的自然表现

人是在复杂多变的环境作用下，通过差异化构建基础上的优化选择而不断进化的。生命体会在暂时稳定的环境作用下达成与环境的稳定协调，不断地生成暂时的、局部的美的状态。与此同时，当人适应了当前环境作用时，原来那些不被注意的因素便有可能会成为其中的重要特征，并以较大的力量，在维持生命体耗散结构稳定的基础上，促进生命体的结构性的变化。这一连串动态稳定的协调状态，也就意味着形成了一连串的美的状态。对美的持续性追求，会使生命体，尤其是人在更大范围内的概括抽象的基础上，促使生命体进一步地升华成为更具一般性的美（与更多的外界环境模式相对应、具有更多的活性本征兴奋并达成彼此之间的相互协调）。伴随着人对美的升华力量

---

① ［美］杜威：《艺术即经验》，高建平译，商务印书馆 2005 年版，第 17 页。

的认识、感知和自主化，会表现出对生命体更高层次的稳定协调的逐次逼近以及主动追求。

2. 生命是在与自然的相互作用过程中形成稳定的协调状态的

生命的活性本征状态一直在表现收敛、发散以及彼此之间相互协调的力量。由于生命活性本征的非线性涨落，有可能形成超出以往所形成的适应外界环境的协调状态，生命体会通过进一步的发展而努力地通过各种差异化的构建，形成与环境更加协调的个体和状态。在外界新的力量作用下，也会促进生命状态发生变化，通过构建生命活性本征更为恰当的结构模式，最终形成新的收敛与发散以及彼此之间相互协调的稳定状态。因此，生命会不断地表达生命的活性本征，与环境达成一系列的稳定协调关系。普罗提诺斯（公元 204—270）用"太一"来描述这种稳定协调状态，并已经认识到人会在意识的作用下因受到各种与美无关的因素的影响，而逐渐地偏离这种状态。①

3. 差异一直作为刺激的力量而作用到生命体上

外界与生命的活性本征状态之间的差异，是维持和促进生命状态发生变化的根本因素。当生命适应了这种新的外界环境刺激作用时，就会达到一种新的稳定的动态有序状态。此时，这种状态同样与外界环境之间一直会存在着一定程度的差异，通过这种差异形成的刺激，维持着生命体的耗散结构状态。在这种差异达到一定的程度时，便会形成更大的刺激以促进生命体（静态结构与动态运动结构）发生变化。每当达成暂时的稳定协调时，便会使生命体进入一种可以称为稳定协调的美的状态。生命体便会通过由不协调状态达到协调状态所形成的不同层面而体验到美感，此时，也就自然地赋予能够使人进入美的状态的外界环境以美的意义。

4. 即使是表达生命的力量，也只是在一定程度上的表达

在生命体达成与外界环境的稳定协调时，并不意味着能够完整地表达全部的生命活性本征。通过前面的研究我们已经认识到，在不同的环

----

① ［苏］М. Ф. 奥夫相尼科夫：《美学思想史》，吴安迪译，陕西人民出版社 1986 年版，第48 页。

境作用下，生命体会基于非线性特征而分别形成不同的稳定协调状态，以不同的活性本征模式为基础，达成与不同的环境的稳定协调关系。在当前环境条件作用下，不同的人会与环境形成不同的稳定协调关系、形成不同的审美感受，甚至会形成同时采取若干种不同的进入美的状态的方法，使这些模式以不同的兴奋程度处于兴奋状态。这些不同的美的元素的兴奋会通过人的意识的强化和自组织而升华成为更加一般的美。这需要基于不同活性本征的美的状态而达成彼此之间更高层次的相互协调。

5. 扩张之后的收敛性表现，表达出对生命活性的本征性追求

在以生命的活性为基础时，扩张表达为一种模式。表达这种扩张模式本身，就意味着与这种模式和谐共振，从而形成对生命活性状态从局部到整体的固有追求。

生命的活性在于收敛与发散的协调统一。在发散、扩张达到一定程度，甚至是在发散与扩张进行的同时，生命体便开始强化收敛的过程。从另一个角度来看，生命体与收敛力量的和谐共振，就是在表达人们对生命活性状态的追求。表达发散状态，将可能的状态纳入所能掌控的控制范围内，也意味着追求，而表达这种追求的模式力量也是在表达生命的活性本征，这种模式同样会使人产生回复到生命活性本征状态的过程。

6. 生命的非线性涨落促使其经常地偏离这种生命的活性本征状态

在生命体内，非线性是其突出的特征。在这种复杂的非线性系统中，往往会在不同的层面、过程，因为不同因素模式的共性相干而形成非线性涨落，促使生命体在某个方面的变化超出生命的活性协调关系。在表现这种非线性涨落，并产生一定的结果以后，会在收敛力量的作用下形成回复到生命的活性本征状态恰当比值的力量。此时会通过激活生命活性收敛的力量模式并使其以自然表现的方式趋向先前的稳定协调状态。如果有更高的非线性涨落时，生命体会受到收敛力量作用的过程中，将其顺利地表达出来，进一步地在生命体内形成追求这种表现的独立模式。生命体会受到这种力量的作用而乐于追求这种表现——追求与生命的活性本征更加一致的模式与力量。

显然，我们这里所谓的偏差并没有说明其方向，即没有说明其是"正向"的，也没有说明其是"负向"的，说的是其"绝对值"。这也就

意味着，只要是偏差大到一定程度，都会对当前的稳定协调状态造成一定的影响。人具有了足够的自主性，会对美的追求固化成为一种稳定的模式，生成以该模式的作用效果作为判别标准的方向选择过程，并使其在意识中得到强化。

（二）通过活性本征而由不协调达到协调

1. 综合表达生命的活性本征与外界环境的有机协调

生命的活性本征将随着外界环境的变化而变化。在美的状态下我们所体验到的是在外界环境作用下人的生命活性本征。这就意味着，任何意义都将在审美中与人的生命活性本征通过相互作用而组成一个整体，或者说，任何生命活性的本征表现都会受到外界环境因素的影响。这也就意味着，我们可以在任何环境的作用下，能够通过体验生命活性的本征状态而赋予外界环境以相应的美的感受。中间的差异仅在于：不同的外界环境会使不同的活性本征处于兴奋状态；有些外界环境在激发活性本征方面不是那么的有力和准确；有些外界环境不能激发出更多的活性本征模式的兴奋；有些外界环境不能使活性本征模式的兴奋成为活动的核心等。托马斯·哈定等从文化进化的角度就明确地指出："那些在即定环境中能够更有效地开发能源资源的文化系统，对落后系统赖以生存的环境进行扩张。或者也可以这样说，法则揭示的是，一个文化系统只能在这样的环境中被确立：在这个环境中人的劳动同自然的能量转换比例高于其他转换系统的有效率。"[①]

那么，这种状态与生命初期稳定协调状态下的本征感受有何不同？两者的差异在于：在生命初期协调状态下的本征状态是在没有受到外界环境因素作用时的本征表现，而后来的美的状态则是在诸多环境因素、人的知识背景和心理倾向等诸多因素共同作用时的活性本征。当我们体验在外界环境作用下的本征状态时，这种本征状态的变化会很大。生命初期的活性本征，能够在更大程度上表达生命活性本质的力量，而后期形成稳定协调时的活性本征，则是外界环境与生命体达成新的动力学过

①　［美］托马斯·哈定等：《文化与进化》，韩建军等译，浙江人民出版社1987年版，第60页。

程时的活性本征，此种形式的活性本征也就内在地含有着外界环境的因素了。

生命体对达到协调状态的追求，放大了我们追求协调状态的力量，这又会使我们形成了更强大的掌控的力量和自我感受。在这种状态下，表达对更美追求力量的自主性，以及在其他过程中所发挥的作用，驱动着人在表现这个模式时，得到更好的"收益"。

2. 生命活性本征模式与由不协调达到协调中的各种模式建立起稳定的联系

在由不协调达到协调的过程中，生命体会将不同的环节、过程等固化成为具有一定意义的确定性模式。尤其是这些局部的模式在其他的过程中有所表现时，这种独立化的过程将进行得更为顺利。当这种不同的信息模式与活性本征形成了稳定性的联系以后，这些在由不协调达到协调的过程中有所表现并与本征模式建立起稳定联系的模式，也会被披上"本征"的外衣。而建立活性本征与这种性质的模式的联系，从各种活动中发现活性本征模式的表现，会在建立活性本征模式与由不协调达到协调中的各种模式之间稳定联系的基础上，更加突出活性本征的力量，使活性本征在美的由不协调达到稳定协调状态中发挥更大的作用，在此过程中，与本征模式建立起稳定联系的各种特征模式也就成为艺术表达的基本模式。在这种情况下，一方面会使艺术的表达更具多样性、差异性、丰富性；另一方面也更不容易让人们体验到其中所包含的生命的本征性的意义。

3. 强化由不协调达到协调的感受

在生命体通过不断地表达生命的活性本征而达成了与外界环境稳定协调的过程中，我们需要强调如下方面：

第一，通过生命的扩张与收敛力量的有机结合，驱动生命体必然地达到与环境的稳定协调状态，由此而形成对环境的有效适应。在生命体达成与环境的稳定协调时，生命体会不断地表达生命的活性，通过差异化构建而选择出更强的适应模式。

第二，不同的环境会使生命体形成不同的稳定模式，通过达成不同的稳定协调状态，构成不同的稳定协调状态。

第三，不同环境作用下所形成的活性本征会通过自主表现而产生相互作用，内在地推动着生命体的复杂性进化。

第四，多种美的状态在生命体自组织的作用下，通过联系而形成优化升华。这种模式在人的意识中更加自如而灵活地表达出来，从而使得对美的追求成为在人的身上才有充分表现的基本模式。

显然，在由不协调达到协调的过程中，通过形成差异性刺激，由此而使人感受美的体验。

第五节　美的特化与自主

在我们已经认定美与一个稳定的意义泛集相对应，并用"美"这个具有符号意义的词语来表达这个稳定意义泛集时，美便具有了独立化的意义。在将美独立特化出来时，无论是美的状态、美的感受，还是对美的追求等，都会成为一种能够稳定兴奋的心理行为模式。当这种确定性的行为具有了足够高的稳定性，便具有了自主性，能够与自由等概念能够联系在一起，并能够使其得到进一步表现。而在经过意识的强势放大后，它就会以更加强大的力量自如地为了追求美而表现出独立的作用，并在表现其足够强的冲击的同时，在更多的生命活动过程中发挥相应的作用。这就会表现出美的激励性、驱动性和牵引性。

一　美的独立与特化

美的独立与特化形成了美的自律性特征，包含着其能够独立地与其他事物在独特的相互作用中表现出自己特异的力量，还包含着生命体各部分内在的紧密联系所组成的有机整体。

人们并不是先有了对美的追求，然后才有了人们通过追求而想极力地在某个方面表现得更进一步的思想，或者说才有了在对事物诸多特征的追求中想尽力表达出对美努力追求的过程。人们对外界事物诸多特征的关注是同时进行的，会有若干特征能够被人们同时所关注。美的事物也仅仅只是丰富的外界客观中的一个部分。以美的状态而赋予其他事物以美的意义和对美的追求只是其中的部分意义。但由于其所表征的是生命活性本征的力量，生命体在表达活性本征时会自然地在一定程度上处于稳定协调状态，而且，这种本征力量会在生命体所进行的任何一个过程中发挥作用，因此，在将不同过程建立起联系时，人们会自然地通过汇总概括的方式将其抽象突出出来。

（一）美的力量在各种活动中都能够有充足表现

当美的力量的意义被人充分认识到并独立特化出来以后，它便具有了足够的稳定性和自主性，能够自主涌现在人的各种活动中并有效地参与到各种信息的自组织过程中。一是美会在各种模式中重复表现；二是美会与各种活动建立起更加广泛而稳定的关系，并由此而扩展美在各种活动中的表现。当然，生命体同时也会在各种信息模式的显示过程中，由于存在众多信息的显示的干扰而将美的意义进一步地弱化。

（二）美在着力强化人的活性本征

艺术与美的诸多活动突出而重复地强化人的活性本征，能够使本征模式以更高的兴奋度、更强的自主涌现能力，在各种活动中更加自如地发挥作用。由于表征人生命的活性本征可以使人顺利地进入稳定协调状态，并能够使本征的表现更加有力和更有效率，也能使人获得更高的竞争优势，在人表达这种力量（以及由此而衍生出的创造和追求的力量）时，也能够更加有力地推动社会向好的方向进步与发展，因此，其在各种活动中的表现就会变得更加突出。从教育的角度看，强化人的活性本征也更容易使人接受并乐意将其表现出来，从而在人的各种活动中都表现出向着更加美好的状态努力追求的趋势。

（三）美在各种活动中共性相干

美是生命的本征性力量，因此，美在各种活动中都有充分表现，美的模式就会通过在各种不同活动中的共同特征而建立起相干性联系，并通过这种共性模式的兴奋而将不同的心理信息模式联系在一起。从过程的程序来看，这种共性相干往往存在于美被人独立认识之前。或者说，美的共性相干性力量能够在美的自主与独立特化的过程中发挥重要的作用。

（四）美在独立时的自主与涌现能够充分发挥其作用

当美具有独立的稳定兴奋性特征时，会表现出足够的自主性，也会在独立自主的基础上，表现出其足够的活性涌现性力量，即使不存在与当前情景的联系，与美相关的活性本征也会依据其自主性而自由地涌现在相关的心理过程中，使美的模式在各种心理活动中发挥着更为重要的作用。

在将这种模式独立特化出来以后，生命活性便再次地以该模式为基础而具体地表达生命的活性，使之具有了变异的扩展性特征，在生成人的相应期望的同时，通过牵制而使人产生更强的求同的追求力量。人们越是关注它，它便会在更大程度上得到增强，并成为进一步增强的目标。弗朗兹·博厄斯通过研究原始艺术，指出"我们讲过艺术的来源有二，一是生产技术，一是来自具有一定形式的思想感情的表现。形式对于不协调动作的控制越是有力，其结果就越具有审美价值。因此，艺术的享受主要来自人们的头脑对形式的反映"①。

美是积极的、主动的。美国长岛大学阿诺德·伯林特（Amold Berleant）教授指出，我们对"美"的最好的理解应该表述为，美意味着肯定的、积极的美学价值，这种意义上的美更贴近现代生活，而且远比传统意义上把美定位于艺术层面运用得更为广泛。由此，也必须明确美如何不是物体本身所具有的一种属性，而是某种情境的性质。②

（五）受到好奇心的影响而使美突显

美的表现会具有特殊的意义。这种特殊性表达在美与其他活动过程的不同基础上。

无论是外界环境的作用使生命处于自身涌现性的力量表现，还是由于人的意识的强势放大，都会受到人的好奇心的作用而使生命体维持着差异化的表征、新模式的构建与选择过程。在人独立特化出强大的好奇心的作用下，这种差异的刺激性力量会在不同的心理过程中反复表征，使人在意识中强化性地表达出对信息模式加工与变换的表征与变异，使

---

① ［美］弗朗兹·博厄斯：《原始艺术》，金辉译，贵州人民出版社2004年版，第238页。
② 张敏：《"美与当代生活方式国际学术研讨会"综述》，《哲学动态》2004年第8期。

之成为人的一种突出的显性力量。也就是说，美在人的各种行为中一定能够发挥关键性的基本的力量，而人又会在将这种力量与其他的过程建立起联系时，会在意识中受到好奇心的作用而将这种模式独立特化出来。

（六）美会经过意识的放大而突显

独立的美会在意识中得到更加充分的表现。以美为基础，生命体可以在意识中更加自如地表达生命的活性本征，并在意识中将诸多模式都能够有机地结合为一个整体，如上所描述的各种变换与过程都会由于大脑神经系统中存在的广泛联系、更加自由地组合成不同的兴奋模式、复杂的自组织过程而变得更为强大。

美的独立特化会使人从局部特征的角度，将更多的模式与美的稳定协调状态和美的感受建立起稳定的联系，美的状态也会在独立特化的基础上因受到生命活性本征力量的作用而进一步地延伸扩展，通过形成更加丰富的信息集合体使人产生更加多彩的美，由此而赋予更多客观事物以更加丰富的美的含义。随着这一过程的强势进行，还会使美的状态保持更强的自主性。这就意味着，在任何一个生命活动过程中，美的状态都将有可能自主地涌现在相关的信息过程中，从而发挥有效的作用。

主动地追求美会使美变得强大。与生命活性本征状态的更加协调（共振协调），与人们主动地表达生命活性，两者从逻辑上讲应该是一致的，它们之间的差别仅仅在于"主动性"这一个特征上。其实这是本能模式自主性涌现的具体表现。艺术创作往往在人的生命活性本征的和谐共振中，进一步地通过差异化构建和优化而得到在当前状况下最美的"东西"——意义与形式，这是需要意志参与的，尤其是在处理各个局部艺术元素之间相互协调的过程中，更需要有意志的大力参与。因此，艺术不再只是直觉的产物，而是非理性与理性有机结合的结果。正如阿多诺强调指出的："故而不应忘记，若无有意识的意志力，艺术也就无从谈起。"[1]

在人们将美独立特化出来以后，它便具有了自主性的意义。人在意识中会出于生命活性的力量而使美变得更加强大，人也会运用扩张的力

---

[1]　[德]阿多诺：《美学理论》，王柯平译，四川人民出版社1998年版，第44—45页。

量强化美，当生命体以此为目标时，人的自主和主动性以及与此对应的生命的活性扩张与收敛的协调统一力，将引导人使对美的追求变得更加突出和强大。

在以该模式为基础而迭代地表现发散扩展性力量，并通过差异化的构建与当前的模式建立起共性相干关系时，会使这种主动的表达变得更加突出。因此，在更多有差异化的过程中表达出这种力量的共性相干，会使人基于具体的美而形成更高层次的升华，驱动着人构建更高层次的美的状态。

（七）过程的反复进行强化着美的独立性

生命体由协调到不协调，由不协调到协调，这种反反复复的过程表征着人可以通过美的边界而一次一次地进入美的状态。这种过程也会使人进入美的状态的过程模式突显出来。

在生命体达成与外界环境的稳定协调时，使表达生命的活性本征成为习惯。从另一个角度来讲，就是形成一种稳定性的模式，使人们在遇到相关的情况时，能够自动地激活已经建立起来的优化应对模式而迅速应对。从心理动力学的角度来看，人在表达人所习惯的方面时，这主要表现为收敛性力量，以及由此而生成的稳定性力量，这也是人的生命中的重要的活性本能模式。如果表征这种本能模式，那么就可以与人的活性本征模式形成更大程度上的共振协调。基于该模式与其他活性本征之间的稳定性联系，有效地使其他的活性本征也处于共振兴奋状态，并因此使人产生更加强烈的对美的无限追求。当人将这种模式固化，并在人的日常生活中经常而有效地表达出来时，也就意味着将美从高高在上的"象牙塔"中解放出来。

这里涉及对移情的认识问题：不是移情，而是习惯性地运用其艺术审美的基本概念、基本原理和基本方法去观照其他事物。当然，掌握了这种方法，我们便有了足够的稳定性，这种稳定性保证着人会有足够的涌现性的力量，那些不为我们所关注的重要信息会自觉地涌现出来，成为我们研究关注其他事物的基本语言。

在生命的诸多模式中，生命本能模式会变得更加强大和稳定，但也由于它与更多的信息建立起联系而变得更不易为人所觉察到。生命个体更容易表达的就是这种生命的活性本征模式（自组织涌现）和由此所表现出来的指导性行为。形成习惯，即意味着生命体适应了外界环境的作用，当生命体达到新的稳定协调状态时，不再消耗更多的能量，也不会因此而对其他子系统产生不恰当的刺激（这种不恰当的刺激会使其产生不舒服的感受，会消耗更多的能量，会产生更大的不稳定性，会使系统经历更长时间的稳定过程，此时，就会产生超出生命体内子系统相互协调的更强的刺激作用。这种感受就意味着使生命体感受到痛苦），两者经过对比，在自然淘汰的选择指导下，生命进化会选择出由不协调而达到协调的过程和模式，也会以能够更长时间地处于稳定协调作为努力维持的状态。

（八）对美的效果的反思性放大促进了美的独立与自主

人对处于与外界环境的稳定协调状态是没有感知。但人却可以通过将这种状态与其他的状态建立起联系而感知到这种状态存在的特殊意义。人在美的状态中将能更加有力地表达生命本征的力量、更加有效地表达生命的活性力量，从而表现出更强的生存适应能力。这种本征力量的表达也会为人对稳定协调状态的感知产生足够的影响。与此同时，人会根据这种力量表现的结果而对这种力量模式、对这种力量模式作用的方向做出判断，选择出对生命的稳定与发展有益的、扩展增强的方向，或者说，对这种方向的增强加以肯定和放大增强，使其变得更加突出。

鲍姆嘉通只关注感性而把理性排除在美之外，这就相当于把重要的内容抛弃掉。而在对美的追求过程中，理性会发挥更大的作用。其中包括：第一，主动地追求美；第二，有意识地引导人们在更大范围内追求美；第三，有意识地将美的核心因素构建出来；第四，按照美的模式去观照客观，从中将美的元素构建、提取出来；第五，促进美的升华。而这些过程都将与人的意识密切相关，我们将在后面详细研究。

（九）文艺复兴时期对人性的解放进一步放大了美的力量

历史的发展并不意味着人一直在关注人的本质性力量。在人的能力有限而又想在更大程度上把握当前复杂的环境变化时，自然地产生了宗教、迷信等。人越是想在更大程度上把握这种未知的客观世界，就越会增强宗教和迷信等的存在及其力量，这样人的任何活动也就自然地被赋予宗教迷信的力量意义。在这种强大力量的作用下，人会将自己的全部都"归属"于宗教迷信，人便成为宗教的"附属品"。如在基督教的基本教义中，人生存的全部目的就是在为上帝"赎罪"。在文艺复兴时期，人们才开始关注"我"存在的意义、"我"的利益和想法。艺术家更加关注"我"想表达的内容与形式，更多地表达"我"的期望和喜欢。文艺复兴时期对人性的解放进一步扩大了美的力量。艺术创作出现了为"我"而创作的态势，人也就开始关注起"我"的判断与选择。由此而将人性自身的力量放在了首位。在宗教中，本来表达人内在美的感受被赋予上帝的力量，而当人更加关注"我"时，这种本来就是人的内在的力量自然地得到回归。

弗朗兹·博厄斯指出："人类普遍具有艺术表现的需求，甚至可以说原始社会的人们比文明社会的人对于美化生活的需求更为迫切。他们的这种需求至少超过那些把大部分时间用于获取最起码的生活资料的人们，但是也有一些民族对于舒适的渴望超过了对美的需求。在原始人中，善与美是一而二，二而一的。既然如此，他们是否具备现代人类中的那种强烈的审美感呢？我认为可以有把握地说，各个民族在其特有的、有限的艺术领域中，对于美的享受同当今的社会一样——少数人是强烈，多数人是淡漠的。原始人在艺术的快感中往往情不自禁地忘乎所以，在这一点上也许要超过我们。"[1]习惯上人们认为的原始人，虽然不具有像现代人一样具有更加完整的知识体系，但却更能直接地表达情感与生命活性的有机协调。现代人心思复杂，但却将人的本性丢在脑后，甚至已经忘记了自己是谁、从哪里来、想到哪里去。

二　对美的喜爱

如果说人们喜爱艺术品意味着人们喜爱美，或者说人们更愿意表达美，那么核心的问题在于，生命的每一个模式都能够赋予外界信息以特殊的感受，但为什么只有美感才吸引人？各种不同的感受也同样受到人们的关注而加以表现，但这种表现却是以美感为中心来加以比较的，通

---

[1]　［美］弗朗兹·博厄斯：《原始艺术》，金辉译，贵州人民出版社 2004 年版，第 241 页。

过比较的过程，人们会进一步地得到什么？通过抽象概括而形成了美的升华，将会带来更多的问题。

（一）对美的喜爱来源于人的本质

1. 美的本质促使人对美喜闻乐见

美表现出了由不协调达到协调的过程特征。生命形成与外界环境的稳定协调状态，也就意味着达到美的状态。稳定协调不仅会成为生命的一种状态，又会成为生命的一种追求：追求更大程度的稳定协调。在形成了这种稳定协调的整体状态下，诸环节会成为一个稳定的有机整体，这就意味着，诸多因素与环节也就与美的状态、美的感受等建立起稳定的联系。生命也总在通过发散与收敛性的过程，使人建立起一种稳定的反馈环，从而更加自如、习惯性地表达这种力量。稳定的习惯性表达即成为一种稳定的吸引力，使人在收敛力量的驱动下，在该稳定吸引域内协调地运动着，表达着稳定协调的感受。

2. 美作为一种稳定的模式发挥作用

美的状态可以使生命的活性本征表现更有效率，也因此能够获得更大的竞争力和更稳固的发展基础。这种协调模式表现的可能度越高，以此所形成的进一步的活性扩展，会使人产生表现此模式的更大的差异和与之趋同的满足需要。在表达由不协调达到协调的过程中，由此所产生的美感会反作用于人表现活性本征的过程，使人习惯于这种表达。

当美表现出足够的兴奋度，能够自主地涌现并在各种活动中自发地发挥作用时，可以将其看作人乐于表现这种美的模式的具体例证。当我们将其作为一种稳定的模式，并进一步地表达生命的活性本征力量时，会形成期望以及由期望满足所形成的相互作用环，这种稳定的相互作用环的存在和表现，促使人们将其作为一种稳定的活性本征特征。与这种模式相协调，或者表现这种模式，将使人达到更大程度的协调，这种模式的稳定存在本身，就会在一定程度上表达生命体与环境的稳定协调关系。因此，生命体在与以往的状态相比较时，就会产生更大的快乐感受。

稳定的美的模式的自主涌现也意味着以这种力量而激发美的元素，使我们一开始就从这个角度达成与更加完整的美的状态的和谐共振，并通过各个局部美素的关系促进与更多美素的共振协调，使人产生更强的快乐的审美感受。

3. 生命活性的基本表现决定人对美的追求

在生命活性基础上构建出来的一切活动，在表达生命的活力时，都在一定程度上表达了与生命活性本征的稳定关系，也都会由于美素之间的关系由少到多地与更多的美素共性相干，由此而表达美的力量。在一切活动中都要表达生命的活力，这也就无所谓生命体是不是喜爱表达美的力量，而是必然地表达出对美追求的力量，也就在各种活动中都能够体现出快乐的情感模式。

以生命为基础而进化出了意识表征以后，将会更加突出地表达出对美的追求的独立的力量，并由此而特化出来并使之成为一种显性的模式，使其能够以较高的兴奋度在各种活动中表现出"追求"的力量。

以稳定协调状态为基础而进一步地表达活性本征时，可以形成与该状态有差异的期望状态以及与之趋同的需要的满足的力量。即便是我们从"等概率"的角度来论述这个问题，也会体现出对更美追求的力量。更何况该模式力量还会通过与生命的活性本征因共性而达到共性相干，从而通过非线性相互作用使其达到更高的程度。当然，这种共性相干只有在人的意识将其典型而突出地加以强化表现时，才会形成更加显著的效果，并成为不得不为人所重点关注的核心模式。

4. 自然地以该模式为基础而展开生命的活性

美的模式经常性地表现时，便具有了足够的稳定性，并由此而展现出生命体足够的自主性、涌现性，也就是其能够在不相关的活动中通过涌现而参与到心理模式的自组织相互作用过程中，自觉地引导人以该模式为基础而使人稳定地表现生命的活性。以此为基础而表现生命的活性中的扩张模式时，就会形成差异、空缺和需要得到满足的期望，更何况期望的满足本身就表征着由不协调达到协调的过程。此种过程也意味着人能够以更高的可能度处于这种状态和由此生成的感受之中。

5. 达到稳定协调意味着进入美的状态

生命体在适应外界环境的过程中，一直在努力地达到与外界环境的稳定协调。复杂的外界环境又使这一过程持续地进行。生命体不能与外界这种复杂的状况形成一一对应的关系，只能以很少的"稳定活动模式"

"加"很少的"差异模式"而抽象性地与这种复杂状况联系起来，这两个方面本身就是与生命活性本征的稳定相干，并随着应对越来越多的各种情况而有效地扩展着生命的适应能力。这也从本质上决定了，生命体在努力地追求与外界环境达到更大程度上的稳定协调。

生命体处于美的状态时能够获得更高竞争力，反馈地强化着达到稳定协调的过程和力量，也表征着人更乐于以此状态作为表达的基础。

6. 形成期望与追求

生命体与外界达成稳定协调的状态时，生命体仍会自然地表达发散与收敛以及两者之间的有机结合。这是生命活性本征的自然表达所形成的结果。尤其是生命体会在生命活性本征力量的作用下，基于所形成的差异——期望而进一步地表达出收敛稳定性的力量。在形成消除这种差异的愿望与追求时，表达着生命体不断地向这种状态逼近，表达着生命体对这种状态的追求与喜爱。而当这种过程模式在人的意识中更加经常、突出地表达出来时，也就形成了人喜爱美和追求美的基本模式及力量。

7. 竞争与选择强化着生命的活性本征性力量

生命体在进化过程中，因为与扩张协调而取得竞争性胜利，从而形成偏化选择，竞争胜利后的快乐、获得交配的机会和在此基础上进一步地表达生命活性中发散与收敛的力量，则强化了这种因达到稳定协调而形成的美感。表现扩展已经表征着追求与爱，期望其得到更大程度的满足，因此会更爱美。

这里会存在一个新的问题：人们为什么会在外界信息的作用下，只是关注外界信息，而不关注人的生命活性在外界信息作用下的具体表现？我们认为，外界信息总在不断地发生变化。从生命进化的角度来看，生命的主动进化只是在人的意识充分发达以后才表现出来，尤其是科技发展到今天，人们已经试图开始设计生命，但在人的意识达到足够强化之前，都只是被动进化。由于此种模式的长期作用，会使人迅速地形成一种习惯：习惯于关注外界客观的变化；内心所体验出来的差异化刺激，只是人所感受到的刺激的一个方面，它与众多的外界信息形式的刺激作用混杂在一起，这种内心体验出来的差异只是占据较少的分量；由美的状态所表现出来的"节省资源"的基本动力在促使人达成美的状态的同时，也在维持着人的懒惰性行为模式。这种模式一旦在生命的各种模式中占据足够的控制地位，人便不再关注由于自身内心生成的基本力量。

（二）喜闻乐见与生命本性的关系

王朝闻的"喜闻乐见就是美"带给我们对美以新的理解。美能够给人带来快乐，这足以让人对美无限喜爱了。但除此之外，还有更加深刻的原因。

我们可以简单地说，喜闻乐见是生命活性的基本体现，表达出了人对美的追求，更多地在于表达对美掌控的力量。这种力量又具体地归结为收敛力，是收敛的力量进一步地特化出来的独立的力量，并在人的意识中反映表征出来。当人表现这种掌控模式，并由此而展示出生命的力量时，便会使生命体由不协调达到协调而形成快乐。这是两种力量综合协调的结果：一是扩张；二是收敛；三是两者的协调组成生命。只要与这种复杂的动力学系统相一致，人就能够感受到美。依其特有的结构而与人的生命活性相互作用，并将这种相互作用的结果以美的方式表征出来。

（三）直觉、洞察与人本能模式的激发

为什么依据人的直觉所创作的艺术品会具有更大的震撼力？艺术家在追求灵感，他们相信，当他们面对外界客观事物（环境）时所产生的初始瞬间的直觉感受，正是他们内心活性本征自然表现而生成的美。

显然，初始瞬间的感受是最不受后继思维过程影响的状态。因此，如果人们认可了艺术家在这一初始瞬间所产生的感受，就是其生命本质的感性表达，那么，直觉真的如克罗齐所描述的那样，更加真实地反映出了美。正如人们对克罗齐理论总是存在疑虑一样，我们认为，这种直觉却并不能更好地反映与生命活性本征的协调，不足以使人直达稳定协调状态，但人们却更愿意相信直觉。人们之所以更多地相信在艺术创作活动中所形成的直觉，简单地说，应该有以下几个原因：第一，人们对第一个完整意义更加偏爱；第二，直觉以其完整的意义而给人带来更大的新奇性冲击，出于对新奇意义的爱好，人们会选择直觉；第三，当直觉经常如此时，人们也就在更高的层次上更愿意相信、依赖直觉，更愿意表现由直觉所形成的整体艺术感受，并在此基础上做进一步的优化；

第四，艺术是感性的，而思维则是理性的，人们出于对艺术品的维护而排斥经过理性分析的认识，因此更愿意相信直觉；第五，惧怕复杂和麻烦的心理，促使人更早地做出直接性的意义，而此时，直觉性的意义则会满足人的这种要求。

在美学家克罗齐提倡"直觉""洞察"与"领悟"的状态时，其实人们没有认识到，欲形成"直觉""洞察"与"领悟"，必须经过长时间的思考。只有在准确地把握了抽象与具体之间本质性关系基础上，才能把握这种状态所形成的特殊的感受。通过人特有的经过训练与强化的洞察力，能够抓住在大脑中出现的美的状态中很小的局部特征，将这种美的状态完整而稳定地展示出来。

1. 在直觉状态下更能准确地表达生命活性的本征特征

从生物进化的角度来看，生命体后继所有的活动都是在生命活性力量表征的基础上产生的。任何活动都是通过表达生命活性力量的表现而特化形成的。因此，在任何行为中，都能够具有本能模式表达的力量。在这里，我们需要伴随着生命体内独立的组织器官的生成与强化的过程，描述与之相伴的相关特征。

在直觉状态下，我们强调的是人在不经过更多信息加工，不考虑更多的利害关系，不考虑更多的得与失，不考虑是否能够为他人所接受，不考虑能否或者说如何才能卖得大价钱，不考虑内在地表达某种意义等情况。展示艺术家在受到客观事物的作用时，由那一刹那所产生某种确定性的意义。这种表达在更大程度上体现的是人的活性本征，或者说是外界环境与人的活性本征的直接共振表达。

只有在艺术家的内心构建了美的模式时，才具有了通过恰当的方式表达这种美的过程与冲动。由于没有渗入更多意识信息，生命活性本征在受到外界刺激作用的刹那间，便直接而突出地表现出来。美学家们往往认为，在顿悟状态下能更好地表现生命活性的本征状态。克洛齐由此而构建了自己的美学理论体系。

不受其他信息的刺激作用与影响，只是单纯地表征人的生命活性本征，这只有人在刚出生时心智所处的大概的状态才能形成。也就是说，即便是生命体在母体中生存，也已经记忆了大量的客观信息。即便这些客观信息是外在的，也已经转化成为人生命的活性本征。人就是在外界环境的作用下不断成长，通过与变化的环境形成一系列的稳定协调过程，才形成一系列的美的状态。因此，人在意识中除了重点表现生命的活性本征以外，还会在外界环境的作用下，表现与生命活性有机结合的思想，从而形成适应性本征。

2. 即使存在外界信息的刺激，也是在这种刺激下形成稳定心理状态的本征表示

人的心理是在外界信息作用下具有生命活性的稳定性结构。更进一步地讲，在人达成与外界环境的稳定协调时，生命体作为一个稳定的动力学系统，客观事物信息已经作为基本的外界环境成为人的意识状态的生命活性状态的固有元素。处于这种状态，生命体可以通过共性相干的方式更大程度地激活与此相关的本征模式，也可以直接表达这种适应性本征。我们可以在外界信息的作用下，使某个稳定的意识模式在生命活性状态下处于兴奋状态，也可以依据这种意识模式的生命活性而涌现地表征这种当前意识模式。

生命体既可以单独地表征当前意识模式，使当前意识模式兴奋足够长的时间；也可以不断地建立当前意识模式与其他信息的关系，更进一步地引导意识模式的变化。而当我们稳定地表征当前意识模式，而不再建立与其他信息的相互作用时，这种状态在人内心的反映，就是其丰富的自觉信息状态。

3. 将直觉作为一种独立的模式

受到心理意识的作用，人们会将"直觉"作为一种独立的心理现象。直觉在更大程度上就是活性本征自主表达后的心理表现。

4. 在直觉状态下，可以激发更多的信息

在这种直觉状态下，人可以从更加基础的层面——表达生命的活性本征——共振性地激发、自主地涌现出大量的相关信息，此时，人对运用信息的方法来描述事物的过程会形成一种更加深刻的认识与理解。构建于这种认识之上的更高层次的领悟，也会产生新的变化。人会调动与当前意识模式相关的、各个层次的信息加工模式，还会在这种状态下，在各种信息变化的基础上，通过概括与抽象，领悟更高层次的认识，并

在由抽象到具体的转化过程中，联系更多的具体性信息。

5. 掌握了直觉领悟状态的进入方法

由于人的能力有限，只有专注、缜密思考，人们才会将自己的思维专注于其所关注的对象，从而形成对当前事物的深刻的洞察和领悟。艺术创作是需要有稳定的可描述的对象的。艺术品的复杂性也是需要创作者花费大量的时间来创作的。这就要求所要描述的对象（想要表达的"意味"）具有足够的稳定性。对于艺术家来讲，一方面需要专注于所要描述的事物；另一方面则需要基于所描述的事物而主动地展开各种艺术表达形式的差异化构建。由此，会驱动人的对美追求的力量而选择将与生命的活性本征最匹配的表达形式固化下来。

为了追求最纯洁的本质，人们会将注意力集中到受到外界刺激作用时生命体所表现出来的最初的状态和感受上。艺术家往往会直觉地认为，在大脑中闪现出来的那个一瞬间的感觉性信息才是"最真"、最纯洁、没有受到一点其他意识干扰的，才是最能反映人内心的美的，也才是最能反映艺术家本人在此时的本质性观念的状态。

6. 对直觉模式的渴望

对直觉的渴望一定需要得到满足的吗？直觉是人的一种本能模式，基于这种模式，人们自然可以形成期望的使需要得到满足的追求。而在这种期望达到满足以后，就是表现人的收敛力量，从而使人体会到与生命活性相协调的状态，自然，在其整体性的相互影响下，也会激发其他的本能模式的兴奋，由此而带来更大的协调。

19 世纪，法国画家高更从塔西提岛发回一封信。他在信上说，感到自己不能前行，除非可以往前回溯，他要"越过希腊帕特农神庙的石马，回到童年的木马。"[①] 在这里，高更表达了艺术家的焦虑。高更认识到：对于高超技巧的贪恋，会让艺术面临沦为单纯表达技艺的危险。但艺术是需要表达人与环境的本质性稳定协调的，这就需要排除更多意识因素的影响，使人的活性本征处于单纯激活状态，艺术家则应尽最大可能表达这种状态。人们时常嘲讽的孩子气和童真，对于艺术家来说却是莫大

---

① ［英］E. H. 贡布里希：《艺术的故事》，范景中译，广西美术出版社 2015 年版，第 586 页。

的珍宝——直觉与单纯。高更认识到，这将帮助艺术家们回到艺术本身。许多年后，一个先锋主义群体完成了高更的心愿，再一次回到了"童年木马"。人们称这种流派为"达达主义"（Dadaism）。

科学家彭加勒因描述非欧几何时产生了灵感而形成了洞察，禅学的洞察与科学研究的洞察之间的关系是什么？而这种洞察与艺术中的美的关系又是什么？为什么人们更愿意选择这种首先在人的大脑中出现的完整性的艺术形象？

因为这是一般人所认识到的更大的可能性的选择过程。在一般人看来，这种意义更容易为人们所共性地理解。但意义的形成具有更加突出的个性。试想，如果没有一点的知识作基础，如何才能将基本原理具体地运用于各种具体情况？在学习过程中，就需要不断地练习做作业，以形成对理论的深刻理解与洞察，并进一步地构建新的情况和新的关系的解决模式。杰夫·科尔文（Geoff Colvin）从认识与运用的角度[1]，熟练地将通过比较和强化而构建的最准确的模式固化下来，并在稳定的基础上，致力于创新发展。即使是固化，也是在提升其稳定变化的可能性，或者说使动态运动与变化具有更加稳固的基础，从而将各种具体情况与稳定的规律建立起更加有效的关系。从知识的角度来看，当我们掌握了基本原理以后，也需要将知识中稳定的基本概念、基本原理和基本方法与实际中的各种具体情况对应起来。

直觉与洞察是具有某种联系性的。关键是在人的审美直觉的形成过程中，存在一些内在的美的整体性所形成的对其所表现出来的艺术形式的选择与构建制约，尤其是其中所体现出来的整体化的关系和结构，使得整体结构具有联想性的力量，成为进一步地通过共性相干而将本质特征揭示出来的基本力量，也成为人们在迅速构建各种不同的整体意义的基础上，加以优化选择的基础。

洞察准确地描述了这种由当前的某些局部特征而准确地构建出未知的整体意义的过程：我们贴到一个很小的孔往里面看，从而看到整个洞里的情况，这就是洞察。

---

① ［美］杰夫·科尔文：《哪来的天才？》，张磊译，中信出版社2009年版，第210—211页。

人的这种能力是依据当前的某些不明显的局部特征而延伸性地展开扩展构建，在构建出与假设出来的新的环境、新的情景的基础上，结合新的创造与构建，通过意识中自由联想与构建的想象性力量，从诸多可能性中优化选择出更为恰当的新的完整场景。根据生物进化理论，我们可以构建出这样的方法：在局部特征的基础上，先构建出多种不同的完整意义模式，然后在构建出诸多不同新的场景情况下，结合社会的进步与发展的实际，将那些与这些实际有更多的联系以及具有更大可能性的趋势结果表达选择出来。在真正地符合社会的进步与发展规律时，即形成准确洞察。

在这里，差异化的构建是基础之一；能够想到更多可能性的构建，则是其中的基础之二；利用相应的特点和关系尽可能地延伸扩展构建出更大的新奇可能性是基础之三；从众多可能性中能够选择出更具可能性、与社会进步与发展具有更大契合度的可能情况则是基础之四。

克罗齐的艺术直觉学强调的是人的美的整体性，指导着我们瞬间可以不经思考地构建一个完整的美的表征形态——整体艺术品。强调的是人在面对艺术品时的一种直观反应、一种瞬间反应的状态。但这种直观反映与真正的美的状态还是有很大的不同的。直觉意味着：当已经形成了一种稳定的整体性反应时，如果其中的一个局部特征通过共振的方式处于兴奋状态，能够通过各个局部特征之间的关系瞬间地使这种完整的模式激活兴奋而展示在人的内心，可以使我们一下子便表现、体验到完整的美。

此时，我们需要抛弃现有的各种固定意义的影响，基于当前的环境，使真正的美的模式处于兴奋状态——按照人们习惯的说法：将真正的美构建出来。正如斯坦尼斯拉夫斯基指出的："舞台上最好的效果就是演员完全随着剧情走，完全不受意志控制，演员在体验这个角色本身，他不用刻意去想他该如何表达、他该如何做动作，而是就这么自然而然地表演，凭着直觉、正意识地表演。"[1] 从这个意义上来讲，由于没有时间涉

---

[1] ［俄］斯坦尼斯拉夫斯基：《演员自我修养》，刘杰译，华中科技大学出版社 2017 年版，第 15 页。

及更多的干扰和影响，没有做出更多的推断与联想，因此，人们就直观地认为，在直观状态下所激活的运动模式，就是与人的活性本征紧密结合的美的基本元素。显然，当在这种情况下活性本征与具体情景形成紧密结合时，这种反映可以表达人内心的真正的美。当人的活性本征与环境并不能紧密结合在一起时，这种假设就很不恰当了。

但实际上，在力求达到更高程度的稳定协调时，是需要通过异变形成新的差异化构建，在大量的多样并存基础上通过联系汇总而进一步地通过共性相干，进一步地揭示出更恰当的模式。因此，在已经做出了优化加工以后，而实际上人总是在面对客观世界时做出优化性的比较选择工作，由于这种优化的模式和结果具有更高的稳定性，人便能够在外界因素的刺激作用下，使之更加突出地展示出来。

在直觉与洞察基础上构建出来的完整的美的模式，与人们有意识地通过异变所构建的理性建构的模式具有很大的不同。原因就在于人的理性与各种情况的结合，使这种理性具有了更强的人为因素的干扰，人的活性本征的意义就被会掩盖。

如何才能更加准确地"直指人心"，将人的活性本征通过心理信息模式的形式表达出来？人的心灵是容易受到干扰和影响的。无论这种扰动是来自于外界、来自于人心灵的自主性，还是来自于人内心的"类随机涨落"以及由此而形成的联想性关联，为了更大程度地追求自己的本心，就需要尽可能地排除其他信息的影响与干扰，这样做是为了长时间地使人的本征性的"我"变得更加稳定和强大，具有更高的兴奋度，即使是在各种信息的作用下，也能够保持足够的稳定性。在表演艺术中，需要"将潜意识带入创作性工作是有特殊技巧的。我们必须让潜意识本质上处于最本真的状态，尽我们所能投入其中。当我们的潜间谍、我们的直觉真的出现的时候，我们还得知道如何不去干扰它"①。

与美的状态中的诸多元素达成和谐共振，是引导人处于这种状态的有效方法。显然，更多地表达人们所熟悉的日常生活的种种，将使这种

---

① ［俄］斯坦尼斯拉夫斯基：《演员自我修养》，刘杰译，华中科技大学出版社 2017 年版，第 15 页。

过程进行得更加顺利。"我们坚信只有我们这门艺术是完全沉浸到人物的生活体验中去，只有这样才能将角色难以琢磨、最深层的内心生活以艺术的手法再现出来。"[①]

（四）中国传统绘画艺术中的留白

在中国艺术品中，中国画突出地表现出了"留白"的基本特点。这有可能是将艺术在更大程度上与生命的活性本征相协调的基本方法，也能够使欣赏者更好地将其自身融入艺术的体验与创造过程中。

1. 将人追求空、静、自然境界的思想引入艺术中

生命的活性本征引导生命体在已经形成足够知识的基础上，在对变化性追求的过程中，将一定的注意力集中到对空、静等信息特征的追求过程中。人的发散扩展性本征力量，会使人将对更美追求的力量转化到对其他特征的不懈追求过程中，并进一步地追求其达到极致。

2. "无"代表着另一种的状态

道学上追求"无"，而佛学追求"空"，通过达到"法，非法，非非法；相，非相，非非相"的境界而领悟事物的"真谛"。将人对"无"的心理理解达到更加真实的程度时，可以通过留白的方式来表达。这是在追求没有任何具体状况的干扰与影响时的本质性规律的独立展示，但又是将这种本质性的规律与各种具体情况有机结合的综合性表现。

3. 激发人的欲望对人的本心所产生的刺激性影响

人的心灵是需要在社会中丰富与发展的，在这种丰富与发展的自然建构过程中，不断地将各种知识性信息融入人的"本征性的我"之中，此时会形成新的外界环境作用的新的"我"。此时的"我"显然与刚出生的"我"已经有了巨大的变化。那时的"我"只是能够在最大程度上表达生命的活性本征。在成年以后的"我"已经是在与外界环境形成了更多相互作用以后所形成的新的稳定的动力学过程。但我们仍可以通过：只关注自我、表达自我，而不考虑甚至直接排除、否定其他因素尤其是外部环境的作用而达到那种"本我"。由此，那些艺术品往往会通过"留

---

① ［俄］斯坦尼斯拉夫斯基：《演员自我修养》，刘杰译，华中科技大学出版社 2017 年版，第 17 页。

白"而表达其中所包含的没有说出来的含义，这种含义往往会交给欣赏者自己来构建。

4. 留白表达了中国人特有的抽象能力

因此，其艺术品以意象作为表达意义的核心元素，甚至会在核心元素上做出选择，构建核心元素之间恰当的关系（符合各种逻辑要求的关系），表征艺术整体意义在与其他事物相互作用过程中的整体作用等。在抽象过程中通过遗忘而将影响小的局部特征弱化，从而表达出留白。由此可以看出，中国画的留白在一定程度上表征着人的抽象能力和过程。

5. 留白在一定程度上反映着人们求美的力量和趋势

因为留出了空白，这种空白就在于引导人基于当前的信息模式而进一步地构建出有差异化的模式，构建出对更美的追求和期待更美的基本模式。从而使审美与每个人的审美经验建立起有机联系，这种随着人的不同而表现出来的不同的审美，所表达的内容随着个人的不同而不同，但其所表达的都将是这种基本的力量。

不同人的抽象模式是不同的，而留白也留给了欣赏者以足够的空间，引导其不断地构建差异化的模式，并促使人在多样化的基础上，引导人在对更美追求的力量的驱动下不断地比较、优化，并在主观上引导人构建更美的模式，由此而表现出足够的选择限定性。

6. 留白在于让欣赏者自己构建的过程中表征对美追求的力量

留白有利于让欣赏者表达新的向往与构建。能够让欣赏者自由构建与设想，与此同时，还通过激发欣赏者的联想而引导其表现生命的活性本征，由此而形成与创作者在审美上的共鸣。

留白能够以其主要的特征和关系引导人们去构建具有更加美的意义，引导欣赏者将注意力高度集中到关键特征上，引导到关键特征之间的固有关系和由此所形成的意义上，那些无关的信息会因为受到排挤有可能不再出现。如果信息量过大，将会吸引人全部的注意力，不利于欣赏者有足够的自主心理去构建自己对美和艺术的理解。留白提供给了欣赏者这种机会，甚至通过留白而提供了这种主动性，引导欣赏者自主构建。既然有留白，就构建了一种不足，这就潜在地要求人们一定要去构建、去协调、去完善，有效地将欣赏者对美的认知加入其中。

7. 留白与欲言又止的美学思想

引导他人浮想联翩，由他人结合自己的理解和内心感受，由他人将其活性本征模式有效激发而表达出对美的追求，有利于欣赏者个人在艺术品的有效刺激下，与当前的具体情况有机结合而形成特有的审美经验，从而形成特殊的审美感受。

留白可以作为对比而存在。空白虽然没有任何的信息，但可以作为当前已经存在的信息的对比，以无对比有，以虚的存在构成与"实"相对应的关系，涉及有与无、稳定与变化、逻辑与想象，还涉及创作者与欣赏者、已知与未知、现有与构建、相同与不同、对立与统一、黑与白、动与静等之间的关系。

通过留白引导欣赏者构建艺术品与其生命活性在更大程度上达成协调。艺术家正是准确把握了这种关系，从而使人在认识到两个相互矛盾的方面。通过这种关系与人的活性本征结构达成和谐共振，从而以这种模式的共鸣而激发人产生相关的审美感受。

留白可以表征那些信息的地位比较低，包括色彩相对很淡，结构不至于发生突然的变化而引起新的特征构建，属于信息变化的舒缓环节，由此也就不会在人的内心形成某种有意义的作用，从"简约"的角度便可以将其忽略。

第六节　美是人类进化的核心力量——美的价值

即使最贫穷的部落也会生产出自己的工艺品，从中得到美的享受，自然资源丰富的部落则能有充裕的精力用以创造优美的作品。[①] 由此，无论是人类学家，还是历史学家、思想家、政治家，都能够更加明确地认识到，美是人类进化的核心力量。或者更加武断地说，正是由于美才有力地促进了人类的进步与发展。

---

① ［美］弗朗兹·博厄斯：《原始艺术》，金辉译，贵州人民出版社 2004 年版，第 1 页。

一 美对个人成长与进步的意义

（一）美专门以人类进步的力量作为主题

美与艺术的重点在于将美独立特化出来，使其成为一种专门独立的力量。在将美独立特化以后，人们便能够在这种力量的基础上进一步有意识地强化这种力量，并从主观能动性的角度使这种力量变得更加强大。正如 S. R. 凯勒特（Stephen R. Kellort）指出的："对大自然的美学体验的益处是什么？有可能反映对理想化自然模式的直觉认可：健壮的牡麁、山林之王、斑驳艳丽的蝴蝶都体验了一种对完美、和谐和生态平衡的追求。美学引力不仅能为人类提供勇气，还能指导我们找到充满挑战和混乱潜势的生活的意义和秩序。美学体验或许可以使一切变得优雅、和谐，并使动物和景观按照人类理想的形态得到有目的的设计。"[①]

（二）通过美的重复强化了这种力量

重复性的工作，可以使人的生存技能得到强化。在艺术品的创作过程中，人们已经通过选择能够有效地影响人的生存与竞争发展的那些重要的活动和技能，通过有针对性的训练，在意识中不断地强化与人的生存与竞争发展有关的关键环节，以使人类在自然界中的地位越来越高。这些环节知识、能力和技能的提高，有更大的可能保证着人在以后在遇到相应的危险时，能够有效地避开。人会在意识中使这种能力得到进一步的延伸扩展，使之在各种活动中发挥其应有的力量。尤其是在艺术与美的追求中，会将人的创造性在意识层面的反复进行，使其变得更加有效，也使得人的创造性尤其是意识活性模式（心理信息模式）能够更加有效地转化成为具体的行动，使人在行动中能够表现出更强的创造性。显然，从教育的角度来看，三个环节在任何一种活动中都将发挥重要的作用：一是考虑更多因素、环节的深度思维；二是在差异化构建的基础上实现创新；三是通过不断地追求更好而达到完美的程度。而这三个主要环节在美与艺术中同样被反复强化。

---

① ［美］S. R. 凯勒特：《生命的价值——生物多样性与人类社会》，王华等译，知识出版社 2001 年版，第 19 页。

（三）美通过自身体验的正反馈有效地强化了这种力量

人们创造美，表现对美的追求，在美中体验美的力量，这本身就是人在运用美的力量表现生命的活性本征，形成具有自反馈相互作用的稳定反馈环。诸多环节都将围绕生命的活性本征表现而形成共性相干，促使人在各个层面更强烈地表现生命的活性本征，从而避免了非本质性的干扰与影响，促使人能够更大限度地表达生命的活性本征而更好地适应自然与环境的新的变化。

（四）美的多样性构建促进了人意识的复杂化

反映美的艺术品以更加多样的方式表征人生命的活性本征：一是多样性模式越多，反映这种不同模式的神经系统就会越多，而当其不够时，便会通过所形成的差异而形成促使其增长的力量；二是在多样性模式存在的基础上，依据彼此之间的不同，在大脑中形成复杂多样的相互作用，这种差异化的相互作用会使人在更高层次上建立信息之间众多的关系，促进意识的进一步复杂化，并由此而反馈作用到对美的强化和主动追求上；三是多样化程度越高，通过自组织形成的新的动力学系统就越复杂，稳定的时间就会越长，所形成的自组织意义也就具有更大的不确定性；四是通过差异化构建的模式与生命的活性本征相协调，以稳定协调的力量促进着意识空间的进一步扩展。

（五）美有效地扩展人的剩余心理空间从而使人的意识变得更加强大

在意识中表征一定的意义，是通过一定局部特征的兴奋而形成一个有序的神经兴奋集合来实现的。因此，我们能够在任意时刻通过一个确定的泛集来表征心智的一个稳定的心理状态，通过由一个泛集向另一个泛集的映射来表达一个心智变化的动力学映射过程。此时，一个具有确定意义将对应于一个稳定的泛集，而心智的变化就由一个稳定泛集向另一个稳定泛集的映射来表征。在此过程中，除了该稳定泛集中的那些稳定的泛集元素以外，还会存在若干不断变化着的、以较小兴奋度兴奋的局部信息元素，这些信息元素组成稳定泛集的变化性泛集。除此之外，虽然与之有很大的不同，但能够仅仅依据某些非本质的、非逻辑的关系所维系的意义，有效地组成当前稳定泛集的联系性信息集合。稳定性泛集起着对人的行为的控制作用，而这种关系性泛集所发挥的作用就很少。

但它可以提供给心智各种可供选择的差异化方案。也许这些模式在当前的反应中不能达到最优的效果，但在其他的场景中，有可能发挥重要的作用。

当人们将美的这种力量集中到心智的进步与发展时，就是在意识层面更加快乐而充分地表现生命的活性本征，使得意识以及所表现出来的生命的活性本征在艺术创作中占据更突出地位置，尤其是我们在以意识作为基本的出发点而表现人生命活性的本征力量时，突出了意识与生命的活性本征相互作用的力量，更会有可能通过意识的非线性涨落而使其变得更为强大。使人的心智更多地偏离开特征模式之间那种确定性的逻辑关系，使人能够在更大范围内将更多不同的信息联系为一体，基于当前信息而展开更加复杂的差异化构建和更加多样的意义构建，即使是这种意义构建与当前的心理状态以及所表征的意义没有任何关系。

基于这样的变换，美可以使人能够在距离当前的心智状态越来越远的情况下稳定地构建各种意义，但又能依据其很小的局部联系，将其联系起来，成为对当前心智状态的有效扩展，组成一个更为复杂的动力学系统。由此，美可以使人的剩余心理空间变得更大。

二 美对社会进步的作用

（一）美对人类社会道德进步的促进作用

在人的个体通过彼此之间的相互作用形成一个社会时，美的力量会通过彼此之间的共性相干而对群体起到一定的维持稳定与促进发展的作用。由此通过社会的相互作用，产生了彼此之间的相互联系，也通过群体中对个体的崇尚作用而使这种美的力量得到反馈性地增强。

（二）美作为人们谈论的一个话题和考虑问题的基本出发点

美在群体社会中的重视、独立与强化，使之成为人们彼此之间交流与合作的基本背景。这意味着，人们都想将这种力量表达得更加充分、比其他个体的表现更加出色，经过交流，就会在意识中形成更强的共性放大的力量，使这成为一种在实践过程中明显表现，并能够为人所感知的一种模式力量。

（三）道德的力量促进了美的独立化

社会道德的力量在社会的生命状态中发挥着美的力量的作用。虽然这种力量从根本上来源于个体中美的力量，但会受到社会道德力量的促进而得到进一步的独立与强化，并能有效地促进这种力量在个体行为中的地位与作用。

社会在其进步与发展过程中，会将那些有利于群体的生存与发展的特征固化出来，使之成为群体中的个体所遵循的基本行为标准，成为人在群体中生存所追求的目标和获得更多社会资源的比较标准——道德标准。社会道德本就是人生命中美的特征在群体行为中的反映，是美被社会群体选择强化的结果。因此，社会道德规范也会必然地在个人的本征行为中发挥核心的作用。社会道德的力量也必然地在社会的作用下成为一个人的活性本征模式，成为引导人进入美的状态的基本元素。

（四）社会群体内的竞争一直存在并放大了这种美的力量

在美的自主独立性达到一定程度并与社会道德建立起稳定的联系时，人也将这种社会性行为特征固化为可以用美来表达的基本模式，成为可以指导美与艺术构建的基本指标。

在人身上体现出来的竞争力会与该模式力量呈现出正相关关系，竞争资源的取得就是这种力量强势表现的结果。个体在社会中所取得的竞争性的优势，则进一步地强化着人们对这种力量的追求。

实际上，社会群体内的竞争一直存在并放大着这种美的力量。既然道德是群体生存与发展的核心力量，是在群体的形成、稳定与进化过程中逐步固化出来的特征，那么，在为了获得更多竞争优势的本能驱动下，该特征也随之而成为人的本性力量。在社会道德方面更强的个体，会比其他个体能够获得更多的生存资源，也由此而能够获得更强的生存能力，获得更多遗传的机会，与此相关的优势基因就会在长期的进化选择过程中被强化。社会道德也就会在这种肯定与追求中得到强化，并推动着美的独立与特化。人在群体中生活，便需要依据其生命本质中对"更利于"群体生存与发展的特征而表现自己的行为，并由于在相关特征方面表现得更为突出而受到群体中其他成员的喜欢、欣赏与仰慕，这种特征也就直接决定着：在道德特征方面表现得越好，就会受到其他人的追捧，并因此而获得更多的竞争优势。处于群体中生存的个体，也会在同他人的相互作用过程中，为了获得这种竞争优势而比他人表现得更加充分。

三 审美能力的进化与成长

人的心智产生于神经系统的高度发达。人偶然地选择了通过提高信息加工能力而提高其生存能力的方法，并在其心智达到一定程度时，具有了自主性的特征，在强化信息加工能力与使其自主性增强之间建立起稳定的正反馈，进一步地促进着人的意识的生成与发展，使人以高度发达的意识信息加工能力而成为"地球之子"。随着人类越来越多地、更深层次地运用人的心智，人类的心智仍会进一步地进化。

美是人的特殊心智活动的结果，因此，人关于美的心智的基本特征和变化规律也必然地构建于人的神经系统的基础上。神经系统是由一定的物质组成的特殊结构。物质的运动与变化服从物理学的规律。虽然如此，我们却不能将美的规律简单而生硬地归结为物理学的形式规律。我们需要在物理学、物理化学、生物化学基本规律的基础上，构建符合神经系统特点的特殊的规律，再由此升华成为心智规律、美的规律。

自从达尔文提出进化论以后，人们也在试图从进化论的角度解释在人身上的一切现象，尤其是从进化论的角度研究心智的成长特点和变化规律，但这不是简单的归并。这种情况恰如，即便人们知道了分子的平均平动动能与温度具有直接的对应关系，如果我们没有构建出温度的概念，也不能从分子的平均平动动能的概念直接导出温度的概念。这就意味着，需要我们先在更高的层面构建出系统在相关层次的特征描述，再由此而建立各个层次特征概念之间的本质性联系。

从动力学的角度来解释美的现象时，我们需要把握的就是，在生命活性层面表现出了三种核心特征：一是发散；二是收敛；三是发散与收敛协调性地保持在一个范围内。人们已经更多地看到这种协调区域合理性的存在，尤其在中国的古代哲学体系中，对这个问题描述得更多。《黄帝内经·素问》有大量的篇幅专门讨论阴与阳以及阴阳的相互作用问题，《道德经》《易经》等也对此给出了更具一般性的论述。我们想知道的是，这种基本的力量如何转化成为人对美的追求。这其中的中间环节有可能是人依据这种模式进化出了竞争与拼搏力量的结果。我们还想知道，这种生命活性中的"发散力""收敛力"以及两者之间的保持在一个恰当的比值范围时，能够在多大程度上直白地对应于人对美的追求，并在现代人对美的追求中发挥着明显的作用。

快感只是美感的一个重要方面，甚至可以是促使人形成美感的原始出发点，但在进化到人这一层次，却在意识的基础上具有了更大的变化性、发展性，在更加广泛地研究美的意义时，我们能够将快感与美的基础性作用进一步地延伸扩展。我们需要在联系更多情况下的审美和更多情况下的快感表达的过程中，求得具有更大共性结构的"不变量"特征，并在升华的基础上，生成更大层次、更多角度方面的延伸扩展性的特征力量。

（一）审美是生命的适应性特征使然

生命体的运动变化特征就意味着，外界刺激越大，促进生命体的静态、动态结构变化的力度就越大。当外界环境维持这种状态不变时，生命体本身的变化就会通过与达到稳定状态而形成对新环境的"适应"。适应——是一个非常独特的词汇，它在新的环境因素作用到生命体上时，通过促进生命体的耗散结构发生变化，而变化的结果是朝着这种刺激促使生命结构所能接受的刺激越来越小的方向发展。此时，我们可以独立地将生命体的适应能力提出来。可以认为，正是由于生命体不断地在选择构建发散与收敛力量的恰当表现（优化）而形成与外界环境的适应，才促进了生命体的不断进化，也由此而生成美的基本力量，并在人的意识中突出地强化出来，成为指导人的基本行为的核心控制要素。

（二）审美能力的成长

一个艺术流派的发展过程，经历着由探索、兴盛、持续、衰退四个阶段。艺术作品在被世人所接收的过程中，也表现出了：接受、深刻认识、兴趣消退的基本过程。正如一件产品的创新、生产与换代一样，而圣吉（Peter Senge）提出的"增长的极限"更是揭示了这种阶段性发展的理论基础。① 人类在艺术品的创新与发展过程中，会不断地基于生命的活性而表达其特有的好奇心，持续性地寻找新的发展模式，通过新的发展力量，促进持续性进步，构建新的发展基础等。

在美与人的意识发展的相互作用过程中，并不是单纯地同步进化发展的。生命相关特征的非均匀性发展告诉我们，在美与人的意识的非线性相互作用过程中，美与意识的发展关系表现出了阶段性特征：当意识的非线性自主性发展达到一定程度时，再以差异化的力量促进美的非线性发展；而在某种外界环境的作用下，使美的非线性自主发展达到一定程度时，又会通过差异而促进意识的进步与增强。

人的审美能力会伴随着持续的审美过程而不断地提升。又在这一提升过程中更加强调突出审美的地位与作用，这种过程的反复进行，将会使得这种模式在人的注意力和日常生活中占据越来越大的比重。

我们认为，心智的进步与成长服从多样并存基础上的高可能度选择规律。这一规律反映了人在认识客观世界、形成自己稳定的内知识结构的过程中，先是通过各种异变、观察而形成了大量的心理模式，利用大脑的自组织原理，再通过比较，将那些对人类有利的知识、"概括面"更大的关系和反映事物运动变化本质的规律固化下来。我们这里只是运用"高可能度"表现人的心智对稳定模式的选择，显然，在心智的不断进步中，人会由于经常地表达美与艺术的力量而逐步地特化出对美追求的基本力量。首先，这种"高可能度"是运用对美追求的力量构建、强化出来的；其次，这种高可能度变化所揭示的规律就是美的——没有最高只有更高的规律；最后，反映这种构建过程的是在差异化构建基础上的、基于某个特征（判断指标）的比较优化选择过程。

人们会一再地运用自己的主观意愿去研究和描述所遇到的客观现实。人们也会经常地运用美的这种力量去观照一切事物。正如汉森（N. R. Hanson）《发现的模式》所揭示的那样，人们总是带着某种先入为主的观念去描述所感受到的客观。尼采用主观的"造就"来描述这种"朝

---

① ［美］彼得·圣吉：《第五项修炼》，郭进隆译，生活·读书·新知·三联书店 1998 年版，第 103 页。

向隐喻形式的冲动"。这既是人自主意识的主观表现，也是意识对相关过程的强势变换和增强的必然结果。显然，只有在人的意识的强势增强作用下，人才能将这种过程显著而自由地独立表达和自主表现。由此而更加灵活地与具体情景建立起各种可能的联系，进一步地引导人在多种可能的基础上，基于外界环境的影响，基于人基本的心理背景、期望和满足，基于生命的活性本征等，将恰当的模式通过比较判断而优化选择出来。

那么，这种先入为主的心理背景是如何形成的？结合心理学的研究，表现出如下几个方面的因素：第一，客观地以局部特征、特征之间的相互关系构成一个稳定泛集而反映当前客观；第二，根据当前客观事物的局部特征激活相关的局部特征；第三，通过自主涌现而形成特定的泛集性集合；第四，基于当前的客观信息，通过自组织形成一个以完整的观念为稳定基础的、其他模糊性观念为补充的、表征生命活性比值的意义观念动力学系统；第五，以这种观念动力学系统为基础，将人的心智综合在一起而形成一个完整的观念。

在具有了这个稳定的观念以后，人会带着这个稳定的个人观念去描述客观：第一，以当前心智构建的意义代替客观；第二，用当前心智去引导客观的变化，运用当前的心智模式所显现的特征引导相关信息特征的性质，或者从相关被激发的信息中选择与当前要求符合程度更高的相关信息；第三，从诸多信息中选择反映客观世界的部分真实信息；第四，通过在主客观相互作用的基础上，选择与主客观状态符合程度更高的信息；⑤在心智模式方法的指导下，构建客观的特征、关系和变化规律等。

马奈（Édouard Manet）想要表达主观的理想[1]，指出了他想要表达的是在他内心产生的理想的美，而其他人想要体验到马奈的美，就需要与马奈一样产生同样的美感。即使不能直接体验到马奈所表达的内心深刻的美的元素，也要求通过"设身处地"以及从其他方面更多的局部特征入手，通过建立更多相同或相似的局部特征（通过局部特征的共性而共鸣协调）而达到这种"共同美"的体验。

---

① ［英］H. 里德：《艺术的真谛》，王柯平译，辽宁人民出版社 1987 年版，第 142 页。

（三）人的发展表现出阶段性特征

生命活性中发散与收敛的相互作用，保证着稳定的结构——发散的基础呈现出阶段性的发展过程。由一种稳定状态向另一种稳定状态跳跃，即使是渐变的，在人们内心的感受也是跳跃的，这就是生命活性发展的非线性特征。

受到人内心所存在及生成的虚幻的"最美"假设的力量牵引，从局部上表征与之相同（相似）的特征，将会逐渐地产生量上的变化，并在量的积累达到一定程度时，产生认识上的质变。随着由一个阶段向另一个阶段的变异，意味着艺术审美模式由一个范式向另一个范式的变化。人们对美与艺术的认识也会经历着"熟悉—生疏—熟悉"的持续变化过程。这种阶段性特征会引导艺术家从"熟悉与生疏"同活性本征比值的关系出发，从人们所熟悉或生疏的角度和方法、手段出发，去集中力量而表达当前人们所认识到的美的状态，或者去表达此种类型的美的状态等。而欣赏者也会在环境的制约影响下，更容易地以其易感性而体会到相应的美。

1. 人的本性中对美追求的力量具有阶段性特征

在非线性因素的作用下，人在某个状态下的活性中的收敛与发散以及两者之间的相互协调力都是有限的，而且还呈现出非线性的特征，会受到不同外界环境的影响而表现出不同构建的力量，形成对美的不同表现的不同强度的追求。这就意味着，在某一个状态阶段，人所构建出来的完美状态将会在当前的活性状态基础上，仅仅是达到一种局部的最优。

在不同的时期，由于人的关注点不同，会形成以不同的美的理念指导艺术创作的实践过程。由此而在不同的时期形成不同的艺术表现形式。收敛性的本能驱动着某个时期会形成以某个流派为核心的艺术表现，而人的好奇心则又不断地驱动着人探索不同的艺术表达形式。

2. 构建发展阶段的稳定性本征表现

根据生命发展的阶段性特征，人在面对更加复杂多变的外界环境时，当前阶段的稳定状态就成为生命本征的基本特征。所谓协调，自然是在更大程度上追求当前稳定状态的协调，表现的也是当前稳定的外界环境作用下的本征状态。生命活性中的扩展力，也是以当前稳定状态为基础而形成的发散性力量。

生命的建构性特征明确地揭示出：随着构建过程的不同，会表现出不同的稳定协调基础和不同的后继协调过程，由此而产生出性质不同的美的元素。即使是表达相同的活性本征，也会由于这种建构过程的存在而使人产生不同的综合性的稳定协调状态，美的状态自然也就具有不同的美的元素和不同的意义。

3. 生命本性中的稳定性力量的阶段性发展

复杂的生命形成了不同的活性本征。彼此之间可能会达成相互协调的状态，但在正常状态下由于环境的复杂多变，会由于彼此的不同表现而产生不协调的相互刺激。这既是收敛力量的表现，也是扩张力量的表达。当然，这种不协调的相互刺激可以保证生命体维持在耗散状态，或者处于不断的进化状态。

生命本性中作为扩张力量的基础的静态结构的大小，表现出了稳定与发展的有机统一。这种有机统一性表现为一定程度的静态结构，支撑着一定量的动态结构和一定程度的扩张力量。

在人们的眼中，生命体一般表现为扩张的力量，在扩张力量表现达到一定程度时，就会形成新的动态稳定结构，而在动态稳定结构达到一定程度并维持相当长的时间时，会形成稳定的静态结构。虽然静态、动态、扩张变化三个状态之间形成稳定的关系，但不一定是一一对应的。这就意味着，一定稳定的静态结构，可以对应于由一个区域所表征的动态结构，任何一个稳定的动态结构，又与一定区域的扩张变化相对应。

在动态结构层面，一定程度的"动态冲量"促进着静态结构的变化，也只有在静态结构的变化量达到足够的程度时，才被人们所知觉，并以此为基础而形成新的结构。这就意味着，在一定的静态结构稳定时，它所提供的动态结构变化区域、扩张的力量都将具有一定的区域。那么通过某种形式表达出生命的这种模式和特征时，便会使人产生美的感受。

四　美出现的标志

美是在什么时候出现的？我们应该选择何种特征作为标准？应该如

何确定其出现的年代？虽然存在像前面所讲的阶段性特征，但人们还是直观地认为，美是伴随着人类的成长而逐步显现出来的。美在人类社会中发挥足够的作用的判别，可以通过如下原则来认识：

（一）美出现的原则

在人类的进化史上，我们是以什么样的原则具体来断定美与艺术在人类进化中所发挥的关键性的力量的？

1. 独立性原则：美具有足够的独立性，能够明显地在各种行为中发挥强大的作用，并且能够有差异地在人的相关活动中得到独立表现。

2. 自主性原则：美具有足够强大的自主性，能够自觉地在人的行为中发挥作用，能够在不受其他因素的作用下自主地涌现并发挥控制引导的力量。

3. 关键性原则：美会在人的行为中发挥关键性的作用，不是可有可无的作用，而是起到更为关键性的作用的，虽然人们可以认识不到这一点，但不能忽略其在各种活动中持续地发挥作用的效果。

4. 经常性原则：该模式力量必须在人的各种行为中经常性地发挥关键性的作用，而不只是偶尔发挥作用。它一定能够带来足够的"作用冲量"，能够有差异地在人的相关活动中独立地表现出来。

当人们通过集体的合作而获得更大的力量，并能够获得更多的猎物时，将美的出现又往前推进了一步。在此过程中，从知识形成并发挥作用的角度，将美的产生归为人的理性，由此而从意识的角度单纯地促进着人的意识的进化与发展，并在具体的实践中检验、提炼和升华着这种理论体系的合理性。理性发展到一定程度，便会形成一定程度的符号性扩展，在与具体实践相结合过程中的扩展与收敛，将形成规范化的知识体系，并为美与艺术专业化的形成与发展起到足够的推动作用。

具有期望，是满足某些价值标准的构建，因此其天然地具有美的特质。这是在美的表达中不能忽略的。在人的进化过程中，会在意识中形成美的状态与客观事物之间的非一一对应性关系，要想准确地表达这种对应关系，就需要对诸多可能性加以比较选择，自然，这个过程进行的前提就是通过差异化构建形成了多种不同的可能性模式。

（二）美出现的标志

1. 石器的出现

在人类的进化过程中，美能够发挥重要作用的有三个方面的表现：一是石器的出现；二是绘画的出现；三是美学思想的明确提出并有了文字记录。① 美在音乐中出现的时间可能还会更早。但由于没有足够的记载工具，这只能作为一种可能的推测。在人类行为的诸多反映中，可以认为，正是出现工具的使用标志着人类自主意识在其行为具有了主导地位，无论是利用工具扩展人的能力，还是人利用工具达到更高的效率，工具的出现以及发展会在更大程度上更为准确地反映美及艺术在人类社会中的重要作用。在多样并存中比较优化出最优的模式以及对更有力量和更有效果（或者对这些方面）的努力追求是其中的核心基础。显然，这种力量会通过意识的放大而得到强化和突显，但也只有在艺术的兴盛中才能得到专门的教育。

在人类行为的诸多反映中，工具的出现及使用标志着人类自主意识在其行为中具有了主导性的地位。因此，我们便以工具的出现作为人类中美与艺术意识出现的标志。典型的便是人在制造、选择和使用工具的过程中，不断地优化着工具，使其更加顺手，使其更加锋利和更有效率。按照这种思路，我们可以将绘画的出现作为美与艺术的历史起点，往前推到旧石器时代工具的出现。

人类学家将人类的发展分为旧石器时代和新石器时代。旧石器时代主要使用打制石器；新石器时代主要使用磨制石器。我们认为：如果能明确而突出地表达人对美的追求的产品，无论该产品是什么，都标志着艺术的生成。

2. 绘画艺术的出现

在先人所居住的岩洞里出现壁画，使这一领域开始独立并使美的表征深深地植入到人类的社会中。这是传统意义上美与艺术以专门形式出现的标志。在心智进化的作用下，人类喜欢上了仅从信息的角度而形成

---

① ［英］克里斯·斯特林格：《人类通史》，王传超等译，北京大学出版社2016年版，第286页。

的这种表达形式，体现人在获得资源以后的心智喜悦之情，表达出了人们的期盼之意，以及在心智中表达期望得到满足的过程。人因进入心智的美的状态而表现出了更加强大的竞争能力，也由此而使人们将美与对美的追求有机地联系在一起，人们也就更加愿意从事与美相关的活动。当然，由于从事这项工作的难度越来越大，所需要的准备知识和技能越来越多，对人自身的能力要求也越来越高时，专门从事这项工作的人也就越来越少，这项工作的崇高性也就变得越来越强。

3. 手工艺品的出现

美的力量并不只表现在壁画作品中，而且表现在人的生活的所有方面。可以认为，只要是产生了重复性的劳动，美的核心力量便会自然地表现出来。无论人在何种领域从事何种工作，只要表达出了这种力量，就会在一定程度上进入美的状态，因此，与此相关的客观事物，诸如与人的生活密切相关的日常用品，也就具有了美的意味。

已经优化的规范化的动作加上机械化生产，使人类社会中对美追求以及优化的力量失去了身影。只是简单复制的产品，即使是再精确，也不能被人视为艺术品。显然，首创已经成为是否为艺术品的首要因素。在优化的规范化动作形成时创作出来的第一件作品，却毫无疑问地被称为艺术品。杜尚（Marcel Duchamp）的《泉》能够激发人的某种活性本征并且具有首创性因素，因此被称为艺术品，但如果再拿出一个小便池，那这第二个小便池就只能被称为产品，其所具有的价值便不包含有美的因素了。

4. 美学思想的出现

美是在什么时候出现的？我们应该选择何种特征作为标准？应该如何确定其出现的年代？简单地认为，美是伴随着人类的成长而逐步显现出来的。我们总得根据一些标志确定美的出现，它在人类社会和人类的进化中发挥重要的力量。如果仅仅只是很小的作用，那还不足以使美受到其应有的重视。

五　艺术家群体的出现

（一）影响艺术家出现的因素

第一，艺术活动有着更加频繁的表现，这种频繁表现会使艺术的独立性得到极大增强，也容易使人将其看作一个独立而完整的"个体"。

第二，人有更多的闲暇时间用于表达自己内心的感受，尤其是与自己的活性本征所形成的更加强烈的感受。

第三，既然美是与外界环境达到稳定协调时的状态，人的耗散结构特征又从本质上决定着人与环境之间复杂的相互作用，由此而表现出来的对美的共性追求便成为一种确定性的力量而发挥作用。

第四，人需要达到更美的状态，即使是将美的状态作为一种独立的模式，人也在不断地运用生命的力量而形成更大的扩展和期望，并由此而引导人们做出更大的努力。

第五，社会分工的细化不断地将这种工作从综合化的活动中分割出来，使人在强调这项工作的独特性，尽可能地增加该行业的成效的同时，不断地强化着该行业与其他行业的不同之处。

第六，需要专门的技巧，也使具有这种专长的人成为专门的艺术家。随着艺术的发展而出现了越来越复杂的专门技术，需要专门的技能才能更好地达到人们期望达到更好的目标。尤其是这项工作还需要花费人的更多的时间，涉及更多的因素，特殊性和独立性也就随着行业的不断重复而独立特化出来。

（二）艺术家的来源

从人类进化的角度看，艺术家往往来源于那些有更多的闲暇时间、有足够的食物保障（生活条件得到保障），能够自主而自由地将自己内心美的感受表达出来的群体。而在当今社会，艺术家则更多地来源于那些更愿意表达自己内心的感受、愿意追求更美的人。

第 四 章

美的关键性特征——对美追求的 M 力

卡尔·波普尔指出："最重要的问题之一是寻求更好的生活条件：寻求更大的自由；寻求更美好的世界。"①

生命与外界环境在达成稳定协调状态时，会进入一种特殊的状态——美的状态，此时，某些生命的活性本征模式力量会在形成稳定状态以及维持在稳定协调状态的耗散结构的过程中，发挥关键性的作用，并成为稳定协调状态的活性动态表达的基本模式。不同的活性本征模式也会因此而建立起稳定的相互激活关系。那么，表达生命的活性本征模式，便成为进入美的状态的基本模式、角度和方法。不同的活性本征模式也由此相互激活关系而引导生命体在更大程度上（激活而使更多的活性本征模式）处于兴奋状态。随着人的进化以及人的生活的复杂化，人在表达生命活性本征而形成对外界环境刺激的有效应对模式时，会受到越来越多的干扰，人的生命活性本征的表现也就越来越隐匿。在我们将这种人与环境的稳定协调状态界定为美的状态时，人所表现出来的美，自然也就越来越多地受到干扰，人也越来越不能更加准确地体验到系统、全面而深刻的美。但人在艺术表达中，总是不懈地努力追求更美，以至于将这种对美追求的力量也转化成为使人进入美的状态的基本模式元素和力量。与此同时，人的能力有限性直接决定了美的构建性的力量存在的突出性、合理性和必要性，事物的复杂性也已经决定了人只能关注任何事物的很少的局部特征，要想对其形成完整的把握，就需要表现出一

---

① ［英］卡尔·波普尔：《通过知识获得解放》，范景中等译，中国美术学院出版社 1998年版，第 14 页。

个更长时间的持续追求的过程。对美的认识与追求自然也在其中。这些因素的存在将启发我们应探索构建新的美学特征。

黑格尔就曾经指出："人类本性中就有普遍的爱美的要求。"① 对美的追求显然应该成为人在美的状态时的核心表现。马克思就曾指出："囿于粗陋的实际需要的感觉只具有有限的意义。"② 人在满足物质生活需要的基础上能够不断提升自己的精神境界，摆脱动物性的贪欲和利己主义，成为"具有人的本质的全部丰富性的人"，"具有深刻的感受力的丰富的全面的人"③。美国心理学家阿弗里德·阿德勒（Alfred Adler）认为，每个人并不是无休止地追求更多的攻击、力量或男性的品质，而是追求优越性或完善美满，力求优越成为一切人都具有的共同的最终目标。④

所谓需要，简单地说就是有机体缺乏某种物质时产生一种主观意识，它是有机体对客观事物需求的反映。简单地说，需要就是人对某种目标的渴求或欲望。马斯洛（Abraham H. Maslow）认为，人的需要是分不同层次的，并以努力地追求自身的"高峰体验"为自我实现目标。基于生命活性本征的自然表现，突出显示出了生命体不断地通过追求"更好状态"以更好地适应外部环境变化的力量。尤其是，"在任何环境里，从特殊进化的观点看来，进步都是相对的——即相对于周围环境而言的"⑤。

各种不同的时间过程会使人在面对不同的环境时能够形成不同的稳定协调状态，由此形成不同的进入美的状态的过程和方法。这些不同的美的状态的基本元素并不必然地构成相互协调关系。但常人心中的美是一个完整的美，是包含各种稳定协调状态下的美以及概括升华了各种具体情况下的美，只是从单一的角度进入美的状态不足以使人产生更加完整全面的审美感受。德国哲学家、诗人席勒（Johann Christoph Friedrich

---

① ［德］黑格尔：《美学》（第一卷），朱光潜译，商务印书馆1979年版，第9页。

② ［德］马克思：《1844年经济学—哲学手稿》，刘丕坤译，人民出版社1979年版，第79页。

③ 同上书，第80页。

④ ［奥］阿弗里德·阿德勒：《自卑与超越》，吴杰等译，中国人民大学出版社2013年版，第9、167、169、196、222页。

⑤ ［美］托马斯·哈定等：《文化与进化》，韩建军等译，浙江人民出版社1987年版，第12页。

Von Schiller，1759—1805）就强调"人性的完满实现"①，曾分析资本主义和工业化的消极影响，认为它破坏了人类天性和谐的美的状态，导致人的片面发展，造成人的性格完整性的破坏。他认为，要恢复人的天性的完整，只有依靠审美教育才能实现。与此相对应地，如果从另一方面来看，也只有更加充分地表达人的天性，才能使美及艺术得到进一步的提升。由此，在人的天性表达与美（艺术）之间构建出一个稳定的"自反馈环"时，就成为审美教育中的一项重要工作了。

马克思的"劳动创造美"是我国许多美学理论，尤其是实践美学理论的基础，但由于受到当时社会发展和科学技术发展水平的限制，马克思主义的"劳动美学论"有其一定的历史局限性和知识体系深度构建的不足。马克思的"劳动创造美"，描述了人在劳动中更多地运用人所特有的对美追求的本能而进入美的状态的可能性。人对美追求的天性一直在起作用，而这种模式可以在重复性的劳动中能够更加突出地表现出来。劳动在人生存中的模式的地位会逐步地得到强化，而在劳动过程中，则会更加突出地体现出对美追求的意义与作用。劳动所重复地表现出来的生命本征，在人对"更加美好"状态的追求的本能中表现出来。

人对美追求的模式在人的劳动中会得到更经常地表现和体验，因为人总是在劳动中不断地重复这种过程，也就会使相关模式形成了更高的兴奋度。由于具有更大的强度，因此，作用会更加突出。这就意味着通过劳动能够更容易地将这种对美追求的模式展示出来。

那么，在人将劳动作为核心的生存模式时，自然应该把美作为核心模式。生命的活性，以及生命的活动性本能表征着人能够在劳动中不断地实施差异化的构建活动，并在各种劳动模式中，通过比较而选择出效率更高的劳动模式。这就涉及更进一步的过程——优化。人在劳动中更多地表现人的优化模式。与此同时，繁重的劳动会有力地驱使人更加努力地去追求这种劳动效果"更加美好"的过程。这是因为，繁重劳动所

① 北京大学哲学系美学教研室编：《西方美学家论美和美感》，商务印书馆 1980 年版，第 176 页。

带来的疲劳以及由此而带来更多的资源的消耗，促使人为了节约而降低繁重劳动的强度而不断地优化自己的行为、不断地优化所使用的工具等。可以认为，马克思只是揭示了形成美的粗略形式和大概的过程，没有能够提示出美的更为显著的基本力量模式——"更加美好"模式的存在与表现。

在艺术创作过程中，从一个角度讲，要创作出艺术品，就需要劳动，无论是将自己的想法、情感表达出来，还是将自己对美的感受、理解通过一定的形式、载体表现出来，都需要通过一定量的劳动才能实现。更加复杂的问题，引导人在创新中更多地表现这种"更加美好"的基本模式，并由此而在相关的劳动中将这种"更加美好"的模式突显出来，通过不断重复而将其独立特化出来。马克思的"劳动创造美"所反映的就是在这种优化而形成美的过程中的形式和过程的层面，人在劳动中，会不断地按照人天性的对美的追求而得到更美。

在将这种"更加美好"的模式独立出来以后，第一，将其与更多的其他信息建立起稳定的联系，并在人的认知过程中发挥作用；第二，将其他信息在审美过程中体现出来；第三，与其他信息一起同时显示，而赋予其他信息以美的意义；第四，与其他信息一起作为大脑自组织的基本信息元素等。

在以往的美学理论体系中，"对美追求"的特征仅仅只是浮光掠影般地存在，这需要我们对其强化重视，并展开深入研究。

第一节　将"更"的力量突显出来

一　对更美的追求是生命的本性

中国古语道"天道酬勤"，意思是连天都会对人的勤奋做出更多的回报。习近平在 2018 年元旦讲话中指出"幸福都是奋斗出来的"，准确而深刻地揭示了立于世的每个人都固有地存在着努力对美好生活追求的特征力量。哲学家卡尔·波普尔说："一切活的事物都在寻求更加美好的世界。"① 更是提出了生命对美好状态追求的本质性的力量。

然而，始自古希腊的哲学研究引导人只关注状态性信息，形而上的美由此具有华丽而极致美的状态性的特征意义。柏拉图在《会饮篇》中更为详尽地谈到了"绝对美"。对人力量有限性的认识与研究，使人能够认识到，对于这种终极状态的、绝对的美的认识在目前状态下往往是遥不可及的。

传承了几千年的哲学传统开始被复杂性科学所打破。复杂性科学将重点放在引导人关注过程性特征上，由此开启了引导人关注美的相对性与美的构建性特征的历程。通过后面的研究我们可以看到，这种过程性的模式和力量一方面成为努力地进入美的状态的基本力量模式；另一方面也成为人追求更美的状态的核心要素。塔可夫斯基说："人存在于其中的时间，让人有可能认识到自己是一种道德的、追求真理的所在。这是一种既令人甜蜜又令人痛苦的天赋。生命充其量是拨给人的一个期限，在这个期限内他可以并应当根据自己理解的目标完善自己的精神。"②

外界环境是千变万化的，在每一个稳定的环境作用下，生命体就会形成与之相对应的稳定协调状态。在将这些状态联系在一起时，就会形成多种多样复杂的活性本征体系，形成各色各样稳定协调的美的状态。自然，在此过程中，进入这种稳定协调状态从而形成对外界环境作用的适应，都使得生命活性本征得到更加有力和更加有效地表达。表达活性本征中的发散模式，是引导人进入美的状态的基本力量。生命活性中发散扩张力量的表现，一方面会促使人在当前美的状态基础上不断地构建与之有所差异的新的美的元素；另一方面则驱动着人内在地基于当前美的状态向更多活性本征模式相互协调的更高层次的美的状态协调逼近。在建立当前美的状态与其他美的状态的有机联系的过程中，依据生命体的自组织构建过程，会自然地引导着人不断地向更高层次的美转化升华。

---

① ［英］卡尔·波普尔：《通过知识获得解放》，范景中等译，中国美术学院出版社 1998 年版，第 1 页。

② ［俄］安德列·塔可夫斯基：《雕刻时光》，《三联生活周刊》2017 年第 10 期。

　　人在一定时期与环境的稳定协调，保证人只能在某些方面表达出美的状态和对美的追求。这使我们不得不假设：美是相对的。更为重要的是我们不得不假设：我们只能通过表现对美的一步一步的追求，进而得到相对的"更美"。这就表明，在从生命的意义中寻找美的存在和生成的过程中，我们只能明确地表现美的建构性特征和意义，并进一步地在生命的本质力量中寻找美的生成和存在的决定性的因素。这种力量使我们重新认识美的意义，构建认识美的新的角度和方法，也由此而生成美的新的特征。

　　事实上，自美学成为一门独立的学科以来，已经将对美的追求的思想固化在美学之中。鲍姆嘉通指出："美学的目的是感性认识本身的完善。而这完善也就是美。"① 从表面上看，鲍姆嘉通关注的重点是"完善的感性认识"，但实际上则是"感性认识的完善"。这具有与当前人们的习惯性认识有所不同的意义。通俗地讲，鲍姆嘉通的重点在于美学应主要研究"感性认识如何才能达到完善"。但人们习惯上认为鲍姆嘉通想研究的是"已经达到完美时的感性所具有的特征、关系"等。鲍姆嘉通的这个完善的概念，源自其导师沃尔夫，意指对象的圆满无缺，具有引起快感的性质。应该注意的是，"完善"与"引起快感的性质"是两个不同的模式。但的确，只要达到了圆满无缺，就会有较大的可能性引起快感。而美所关注的重点就在两者之间的内在性的本质关系。鲍姆嘉通提出了完善的美的特征包括："每一种认识的完善都产生于认识的丰富、伟大、真实、清晰和确定，产生于认识的生动和灵活。"② 鲍姆嘉通在认可所谓完善的一些外在特征的基础上，强调了生命活性本征力量的表现。

　　鲍姆嘉通指出："美在于一件事物的完善，只要那件事物易于凭它的完善来引起我们的快感。""美可以下定义为：（事物的）一种适宜于产生快感的性质，或是（事物的）一种显而易见的完善。""（事物）产生快感的（性质）叫作美，产生不快感的（性质）叫作丑。"③ 鲍姆嘉通所说

---

① ［德］鲍姆嘉通：《美学》，简明等译，文化艺术出版社1987年版，第18页。

② 同上书，第22页。

③ 北京大学哲学系美学教研室编：《西方美学家论美和美感》，商务印书馆1980年版，第87页。

的"感性认识的完善"，既指凭感官认识到的事物的完美无缺，也指主体感觉、情感的圆满愉悦。"感性认识的美和事物的美本身，都是复合的完善，而且是无所不包的完善。"① "完善的外形，或是广义的鉴赏力为显而易见的完善，就是美，相应的不完善就是丑。因此，美本身就使观者喜爱，丑本身就使观者嫌厌。"② 暂且不说对象在达到圆满无缺时，是否一定能够引起人的快感，单就这种"圆满无缺"的状态本身就很难达到。这其实存在着一种由局部到整体的潜在性推理和假设：通过一个方面、一个局部的完善而推测、延伸，联系到所有的方面也都可以完善。因此便进行了不言自明的、"相似即同一"的潜在假设：③ 既然我们从一个方面（或者说我们通过其中的一个步骤）可以得到完善的结果，那么，我们就一定能够在所有的方面得到完善的结果。既然我们能够关注所有方面的完善，那么，我们就可以以此为基础而展开讨论了。这种由局部的相似而导致整体的同一的过程模式，的确仅仅只是一种假设、一种期望。

车尔尼雪夫斯基将鲍姆嘉通"感性认识上的完善"翻译为"感性认识的极致"④，在一定程度上表达指出了只有对美的追求才是美的本质的认识。这里，单从感性认识的角度指导其所能达到的极致，可以基于当前的人类，也可以指具体的某个个人（或者说天赋极高的艺术家），但在人的能力有限性的前提下，任何一个人所能达到的极致都将是有限的。这也就更加明确地指出了，后来者应该在相关方面有可能在此基础上做得更好。康德就将这种完善与美直接对应起来，认为达成完善的状态就一定能够产生快乐："一切的美仅是对感觉而存在""美产生着快乐"。⑤ 由"完美—快乐"而美的思想便油然而生。"感性认识的完善"论断的一个基本含义就是主体对客观事物圆满无憾的审美感受、快感经验。"美是完善"，便成为莱布尼兹以后美学研究所关注的一个明确的基点。18 世纪

① 马奇主编：《西方美学史资料选编》（上卷），上海人民出版社 1987 年版，第 695 页。

② 北京大学哲学系美学教研室编：《西方美学家论美和美感》，商务印书馆 1980 年版，第 142 页。

③ ［美］S. 阿瑞提：《创造的秘密》，钱岗南译，辽宁人民出版社 1987 年版，第 86—98 页。

④ ［俄］车尔尼雪夫斯基：《美学论文选》，缪灵珠译，人民文学出版社 1957 年版，第 37 页。

⑤ ［德］康德：《判断力批判》（上卷），宗白华译，商务印书馆 1996 年版，第 210 页。

上叶德国美学家沃尔夫指出："美"在于事物的"完善"，衡量事物"完善"的标志就是"快感"："美在于一件事物的完善，只要那件事物易于凭它的完善来引起我们的快感。""产生快感的叫做美，产生不快感的叫做丑。""美可以下定义为：一种适宜于产生快感的性质，或是一种显而易见的完善。"① 从中可以看出，这里的完善不是指真正的完善，或者说，是在一定程度上达到局部完善极限时的状态，其潜在的深层次意义是人们对完善的追求。"完善"是一种"适宜于产生快感的性质"，"美在完善"，意即"美"是事物具有适宜于产生快感的性质，或者说美是适宜于产生快感的事物。② 沃尔夫提出，完善可包括两个方面：一个方面是形式上的，它体现在对象的多样性和谐统一之上；另一个方面是实质性的。他由此而举例证明：一个钟的完善在于准确报时。这里的实质性，相当于我们常说的功能性。美是对这种完善的感知，或者用他的话说，"直觉"——美是对这种完善的直觉。我们不能通过美对人的刺激而感受到美，只能通过直觉而感受到美。只有像我们这样的主体直觉地感知到它时，完善才变成了美。在沃尔夫那里，美有一个客观性的标准，这就是对象的某种不依赖于我们而存在的"完善"的性质。美只是对"完善"的"感性认识"而已。如果我们分析克罗齐对康德的评价，就可以非常明确地感觉到克罗齐也认识到应该将对美追求的力量作为一种独立的模式来考察。③ 乔治·桑塔耶纳则将对美的更好状态的追求隐含起来。乔治·桑塔耶纳指出："不仅道德刻意追求的各种满足归根结底是审美的满足，而且在初具良知观念、正确原则获得直接的权威性后，我们对这些原则的态度也逐渐演化为一种审美态度。"④

　　在将其作为一个基本结论、一个独立的模式、一个用于进一步研究其他问题的逻辑起点时，一个延伸扩展的疑问便自然地出现在人的面前：

---

① 北京大学哲学系美学教研室编著：《西方美学家论美和美感》，商务印书馆 1982 年版，第 88 页。

② 北京大学哲学系外国哲学史教研室编译：《十六—十八世纪西欧各国哲学》，商务印书馆 1962 年版，第 193 页。

③ ［意］贝尼季托·克罗齐：《作为表现的科学和一般语言学的美学的历史》，王大清译，中国社会科学出版社 1984 年版，第 116 页。

④ ［西］乔治·桑塔耶纳：《美感》，杨向荣译，人民出版社 2013 年版，第 38 页。

美不只产生快乐，还会生成其他的感受，但在美学历史上，为什么单单只提快乐？仿佛就是在假设：只要是能够使人产生快乐的就是美的。"不一定吧？"这种结论的不合理之处谁都能看到，由此美学家们又在美产生快乐的这个问题上生成了其他的限制词，指出，只有产生这种特征的快乐也才是美。

问题在于："是哪种特征的快乐？"

如果简单地认为"完善"是一种"适宜于产生快感的性质"，将"美在完善"体现在感觉的层次，认为"美"是事物具有适宜于产生快感的性质，或者说美是适宜于产生快感的事物，那只是在诸多可能性中确定了一种情况：完美一定使人产生美感。这里所存在的一个巨大的鸿沟在于：为什么完善的外界事物就一定能够使人产生"美的快感"？即使是以快感作为衡量完善的基本标准，还存在一个快感的程度问题。那么，这种快感的程度所表达的是不是完善的程度？是一个在什么范围和程度上的完善的程度？我们需要重点解释为什么达到了完美无缺就一定会使人产生快感。我们显然不能讲，能够给我们带来快乐的就一定是完美无缺的。

在人们不掌握完善的意义、不掌握"最完善"的状态特征，不理解实际中只有更完善而没有最完善时，仅仅将注意力集中到客观事物局部的对称、均衡、平衡等简单的形式特征上，简单地以偏概全，就是不合逻辑的。单就"完善"的角度来看，格式塔心理学也只是揭示了针对简单形状的完善状态和结构。诸如，对于一条曲线来讲，圆是完美的。对于两条相交在一起的直线来讲，只有相互垂直的状态才是最完美的。正四边形以及正多边形都可以认为是完美的。但在超越了这种简单几何图形的、更具抽象性的概念中什么才是完美？与此同时，人们对习惯上的诸多美的特征也存在种种疑问，诸如对于对称为什么是完美的问题就始终萦绕在人的心头。按照阿恩海姆（Rudolf Arnheim）的观点，满足力的平衡的状态就是完美，这种完美显然与几何上的对称不是一回事。这又是为什么？事实上，我们所能看到的所谓"完美"仅仅是自然界中极少的几个简单的特例。而人创造的美可以是无限的。那么，我们就只能说，在当前人们所认为的"完美"只是局部的、片面的、暂时的、偶然的，甚至是"极小概率的"。人们是通过直接认定完美无缺与快感之间的本质性联系的，但实际上，这应是两个不同的过程。从逻辑的角度讲，不知道完美却还是描述完美的特征和形态，这本身就已经表达了人们是在通过向完美的追求中而逐步地表现完美。

在习惯上，人们讨论的重点往往是"什么是完善"，而不是"如何才能达到完善"，由此，美学的研究之路就一路地偏了下去。当我们采取建构主义的思想来描述这个问题时，也就成为：我们不讨论极致的美是否存在，不研究其具有何种的特征和性质，我们只是要把注意力集中到如何将其构建出来，不再讨论它的存在性、唯一性、可达性和合理性。

鲍姆嘉通提出，上帝在各种可能的世界中选择了我们这个实际存在的世界，因此它是最完善的，于是，在更加泛泛的意义上，鲍姆嘉通认为世界是美的。他也由此而进一步地指出，不仅世界从总体上讲是完善的，而且一物有一物自身所独有的完善特质。一物之美，是由于此物自身达到了完善。正是由于这种完善，才能使我们产生审美的快感。他说："愉悦是对一个完善或杰出的感受，无论是（这种完善）在我们自身还是在其他某人或某物都是如此。这是因为其他存在物的完善也是使人愉快的，如理解、勇气，特别是另一个人的美，或者动物，甚至无生命的物体，一幅画或一件工艺品等等的美。"①

鲍姆嘉通认为，诗的目的不仅在于传达真理，而且是用"可感的表象"，即从感官获得的意象来传达，因此，诗的"完善"体现在两个层面，一是它的媒介，即所用的语词，其实所指明的就是其形式；二是所引发的意象，也就是由形式所表达的内容。进一步地，鲍姆嘉通认为这种"完善"还体现在这两个层面的关系上。这就暗示了一个重要的思想，即媒介有其自身的"完善"力量。

在鲍姆嘉通之后，有几位学者进一步地发展了他的思想。其中比较重要的就有鲍姆嘉通的学生梅耶（Meillet）。梅耶在坚持艺术认识论意义的基础上，拓展性地强调了它的情感意义。摩西·门德尔松（Moses Mendelssohn）进一步地将完善的概念进行了细化，提出"完善地再现"与

① Leibniz, "On Wisdom", in Leibniz, Philosophica Papers and Letters, p. 425. 引自高建平《"美学"的起源》，《社会科学战线》2008 年第 10 期。

"再现完善"之间的区分，并提出四种"完善"说：第一种是客观对象的完善，对这种完善的感知就是美——这其实就是莱布尼兹、沃尔夫的观点；第二种是"感性认识的完善"，即获得对于对象的经验时人通过具体的感知而形成的完善，这种完善在更大程度上与鲍姆嘉通的观点相近；第三种是当我们的精神状况影响我们自身的身体时所产生的对于身体状况的完善；第四种则是指工艺的完善。英国哲学家鲍桑葵（Bernard Basanquet）对这段话的解释时指出："他把感官的认识，即感受或感觉的完善性称之为美。……他认为美就是当表现于理性认识中时被称为真理的那种属性在感觉中的表现。"①

仔细分析鲍姆嘉通的定义就可以看出，鲍姆嘉通在界定美时，在更大程度上借用了"完善"的潜在意义：是完美无缺的善行、绝对而极致的"完美"，或者说是已经达到极致的"真"。如果我们将这种观点用中国传统的语言来描述，可能会更加准确、全面。如王阳明对《大学》中"止于至善"的解释是："至善者，性也。性元无一毫之恶，故曰至善。"②王阳明从善与恶的矛盾关系中揭示，一个人在正常情况下的行为表现既包含一定程度的善行，也包括一定程度的恶行。在排除了所有的恶行时，就会达到绝对的"至善"。而在当前的语境中，善，则更多地具有良好的社会道德的含义。的确，在鲍姆嘉通著作的后面，鲍姆嘉通花费了大量的笔墨来描述"善"和"真"。这就是在借助"善"和"真"的本质性特征和理解来类比、象征性地说明这种已经达到极致状态的"美"。试想一下，如果鲍姆嘉通不将"感性的完善"归结为美，而是将"完美"称为美，这本身就是一种用 A 来定义 A 的逻辑方式。

鲍姆嘉通从哲学的角度认为，对于真理的认识其实就是一个过程，"人们不能从黑夜一下子跨入阳光灿烂的中午。同样，人们也必须借助诗人们创造的令人眼花缭乱，但却生动的各种意象，才能从无知识的黑暗转身明晰的思维"③。但既然如此，我们为什么却只是坚持那种状态，而忽略了更

---

① ［英］鲍桑葵：《美学史》，张今译，商务印书馆 1985 年版，第 242 页。

② （明）王阳明：《传习录上语录一》，中州古籍出版社 2008 年版，第 135 页。

③ ［美］埃·凯·吉尔伯特、［德］赫·库恩：《美学史》（上），夏乾丰译，上海译文出版社 1989 年版，第 382 页。

为核心的过程性特征？我们应该认识到，当我们一直处于白天的环境，而且已经习惯于此时，是不能体会到"白天"对于我们的存在与生存的意味的——《白天不懂夜的黑》。这也就意味着，无论是达到真理的程度，还是达到美的程度，都只是而且只能是一个过程。只能通过人的不懈努力而一点一点地向着这种"终极"的状态去实现。具体到艺术创作，即便是优秀的艺术家，在想出了一个主题以后，会围绕着这个主题，将其中所涉及的各个局部特征、特征之间的关系、主题的意义与情感表达等信息元素，通过差异化构建的方式形成多样并存，然后再依据对美追求的力量通过比较优化选择。"直到他感到完美了，他才停止！"显然，如果我们抛弃了这种对更美状态的追求，失去了使之不断地更美的力量，那么，所有的对美的理解认识也就走向了僵化、片面和未知。这是借助对真理追求的过程性特征来比喻地说明对美追求的过程性特征，甚至我们可以将对美追求的力量模式和意愿（以及意愿的满足）也作为与美能够建立起紧密关系的基本特征。

可以看出，即使是在人们所熟悉的美学史中，鲍桑葵也已经充分而明确地表现出了对于这种感觉的完善的特征——美——的更加有效的认识与理解，但在将这种认识进一步地延伸、扩展到抽象的层次时，将这种完善归并到真理的范畴时，这就需要进一步考量。

如果认为真理与美是不可分割的，正如神学中将上帝看作为万能的存在，因此认定上帝就是绝对美的、就是绝对真的，最起码在当前，人们还没有认识到真理与美的内在联系，还没有认识到为什么要将两个不同的范畴归并到一起的情况下，我们只能采取分开研究，再探索其内在的本质性联系的研究方式。

我们认为，以研究"极致美"的状态为核心的形而上的美学研究已经走进了"死胡同"。必须采取新的角度和方法将美学研究从这种状态中解脱出来。

海德格尔以艺术表征人的存在，表明了艺术作品在与人的生命活性的共性相干所形成的审美的感受，认识到了美中"更"的作用，[1] 并用

---

① ［德］马丁·海德格尔：《存在与时间》，陈嘉映等译，生活·读书·新知三联书店 2006 年版，第 262 页。

"超越"来描述其对美的构建与追求。雅斯贝斯（Kart Jaspers）也用"在路上"表达了教育会始终伴随着人的成长，表现出对美的持续性追求，并试图将这种追求的过程转化成一种确定性的模式——一个具有时空特色的稳定性知识结构。杜威更是直接地强调："艺术表示一个做或造的过程……《牛津词典》用了一句约翰·斯图尔特·穆勒的话：'艺术是一种在对完善的追求'，而马修·阿诺德称之为'纯粹而无缺陷的手艺。'"①

此时，作为由生命活力而突显独立出来的对更美追求的力量——"更"的力量，就应该成为美学中所关注的关键性特征。我们认为，由于该力量的生命性基础作用，独立地表达这种力量，也在表达生命的活性本征。尤其当该力量基于生命活性的诸多本能模式基础上表达出来时，会与更多的活性本征模式建立起更大程度上的有机联系。

"对更美状态的追求"作为一个独立的特征模式应该成为美的关键，实际上却在以往被人所忽视。其实，从鲍姆嘉通对美的理解中，就已经包含着对美追求的力量特征。如在导论中，鲍姆嘉通就指出："美学……它的功用主要是：……（5）在日常生活的实践中，提供一个在同样条件下超越所有其他人的特定的优势。"② 显然，这种优势就是在比较中形成的。既然存在比较，就有所谓的美的程度问题。

"在不列颠博物馆雕刻大厅中，可以看到埃及雕刻家们的初期学派，正处在通向希腊艺术完美性的途中，但还远没有到达。"③ 这也从结果的角度指出，艺术成熟始终在追求更美的过程中。我们可以而且应该构建基于直观形象的优化与完善过程中所体现出来的对美追求的过程和力量。更准确地说，这种与生命的活性本征稳定协调的表征，"自然与我们相响应的微妙而又不为人们所察觉的那种联盟；是表示人的心灵与内容无限丰富的自然似乎均相吻合。④"

---

① ［美］杜威：《艺术即经验》，高建平译，商务印书馆 2005 年版，第 50 页。

② ［德］鲍姆嘉通：《美学》，简明等译，文化艺术出版社 1987 年版，第 13—14 页。

③ ［英］爱德华·B. 泰勒：《人类学：人及其文化研究》，连树声译，广西师范大学出版社 2004 年版，第 283 页。

④ ［美］埃·凯·吉尔伯特、［德］赫·库恩：《美学史》（上），夏乾丰译，上海译文出版社 1989 年版，第 382 页。

而在现代艺术以及后现代艺术中，越来越明确地将对美的追求作为美与艺术中的基本元素。"杜尚提出，艺术作品的身份、意义和价值是被积极地、动态地建构起来的——这是对现代主义、理想主义美学的一种激进的拒绝。"① 杜尚强调的美的建构性特征，指的就是对美的追求，强调的是对美的追求力量的表达。

由此，我们明确地提出，为了完整地构建美学体系，就必须将对美追求的力量作为一个独立的特征来描述。

二 "更"——M 力的界定

生物进化论指出，凡是有利于稳定及适应进化的模式和作用，都将成为在进化过程中被选择、强化的力量。生命扩张的力量无论何时都一直在起作用，无论从形式上还是从本质上看，表现扩张的进化都会成为主要的力量。表征这种力量，意味着从这个角度、模式入手展开向协调状态的逼近，也因此具有了这个角度和模式基础上的局部美的意义。在表征生命活性的过程中，重复表现会将这种生命活性的本征模式固化出来，并与美的状态建立起稳定的联系。艺术显然是将这种活性本征与客观信息（艺术品）建立起有效联系的重要模式。

生命的完整性是在复杂的外部环境作用下形成的。在当前条件下，绝不可能达成与生命体在所有情况下的、各个层面的有机协调，只可能与生命本征的某些方面达成协调，也就只能局部地进入美的协调状态。当然，当生命体形成了以这有限的几个局部特征为主的活动，并占据其中大多数的资源时，这些有限的局部特征所指示的运动便足以代表生命体全部的活动，此时的协调也足以代表整个生命的完整协调状态。但这并不意味着完全地与生命的活性本征状态达到完整协调。

生命体在与环境之间由不协调而形成协调的过程中，是与各种不同环境稳定的相互作用才形成抽象的概括性结果的。这就意味着在生命体内通过达成稳定协调而进入美的状态本身，就已经展开了基于生命活性

---

① ［美］布莱恩·沃利斯主编：《现代主义之后的艺术：对表现的反思》，宋晓霞等译，北京大学出版社 2012 年版，第 87 页。

本征的差异化构建基础上的优化处理，这种处理又在一定程度上代表着生命体的比较选择。从这个意义上讲，生命体在达成稳定协调的过程中，已经成功地进入了美的状态。

（一）M 力

对美的追求表现为人们不断地探索构建更美的过程。通过构建比当前更好的意义、结构、形状等，一步一步地实现着向终极美的逼近。由此，我们将注意力从"极致美"的状态特征上转移开来，集中到研究探索构建对美追求的力量。

在这里，与以往有所不同的关键性的特征是"更"。为了更加明确地表达这种力量，我们将"更"的模式特化出来，并将其称为"M 模式"。之所以如此选择，主要是由于在英语中，英语单词"More"——表达的是比较级中"更"的意义，与此同时，我们还考虑到在汉语拼音中的美——"Měi"——表达的是美的意义；因此，我们用"M"来代表这种"更"的模式和力量，表达着对美的追求，将其简称为"M 力"。与生命的稳定状态达到稳定协调，进入了美的状态，我们就说由此而产生了美。因为达不到完美协调的程度，便有了表达"M 力"而形成与生命更加协调的追求与表现，由此而将"更"的力量自然地表现出来。

我们在这里，将采取有意识、主动的方式将其独立特化出来，是因为此模式主要反映了人对更美努力追求或者说就是美的过程性特征。但在真实的进化过程中，则是通过在建立各种具体表现基础上的概括抽象的方式逐步形成这种模式的。实际上，我们可以认为，这种独立特化的自然过程与大脑所进行的过程是相一致的。

虽然 M 从字面上表达的是比较的程度，但实际上，我们是将对美追求的过程和力量描写为表现 M 力的过程。表达 M 的过程中，就是通过 M 的作用而使人表现出对美的追求。在生命的各种行为中，虽然会自然地表现出来，但随着人的意识活动的增多，会一再更加突出而典型地将这种具有更高抽象层次特征的模式重复表达出来。而且，它表征的是人的生命本能，更能在所有的活动中自如地表现出来。我们需要充分利用它天性的力量，运用人的意识的力量进一步地使其得到强化，从而在现代社会中发挥出更大的力量。当然，这种过程本身就是在运用 M 的力量。

随着人们选择不同的模式加以比较，在重复的力度上会更加强烈。也就是说，人们将更容易体会到这种模式及其作用。M 模式作为一种"横断"性模式的力量，可以"戴"在所有词的前面，从而形成美的判断标准。而我们便依据这种标准，对所构建出来的多种模式进行判断与选择。

M 模式与任何的行为结合在一起，会使我们的各种行动都能够表现出 M 的意义。与不同的行为特征相结合，便会有不同的 M 的具体表征，也才会形成不同的异变形式基础上的 M 力作用的过程。比如说：吃点心，在我们将 M 与之相结合时，可以有：吃更多的点心、更快地吃点心、更恰当地吃点心等的相关过程，也可有吃到更好的点心的过程等。

根据生命的意义，在 M 模式被独立特化以后，它便同时具有了状态性特征、变化过程性特征和意向性特征。一方面，从表面上看 M 力更大程度上与生命活性中发散、扩展的力量相关，实质上，M 模式同时具有收敛与发散模式的特征。另一方面，将 M 作为一个独立的模式时，我们便以该模式为基础而自由地表达生命的活力，也由此而更准确地表达对美追求的力量。

鲍姆嘉通提出一个对象所表现出来的完善的特征，包括："一个对象的表象（1）越是丰富，（2）越是重要和适度，（3）越是精确，（4）越是清楚明白，（5）越是可靠、踏实，（6）越是辉煌夺目，（7）这个对象所包含的细节越多，（8）越有意义，越是重要，（9）把各细节联系在一起的关系越牢固，（10）对象所包含的一切配合得越好，审美逻辑意义上的真就越重要。"① 从这里我们就可以明确地看到，鲍姆嘉通实际上是在强调"更"——M 的特征和力量。

在我们将 M（"更"）作为美的形成及完美模式的基本特征时，也就意味着将表征 M 的力量当作人们习惯上所谈论的美的一个核心特征，作为一种独立的模式，作为人的心理状态中一个不可或缺的关键模式和基本元素。在我们所揭示的这种美的核心力量中，主要表现在两个方面：一是通过表达对美追求的力量，引导人进入美的状态；二是表达这种力量不断地促进更美。在人们仅仅看到这种对于美追求的行为，并且表现

---

① ［德］鲍姆嘉通：《美学》，简明等译，文化艺术出版社 1987 年版，第 89—90 页。

出了坚忍不拔的品质时，人们也会从中体会到这种震撼人的力量，并由此而赋予这种行为以美的感受；当一种意义表现出了人的对美的"更"进一步的追求时，也就意味着与人的这种"更"的本能共振相干，从而表达出美的力量。瓦·康定斯基（Василий Кандинский）将这种对美追求的力量描述为"向前、向上"的力量。① 在艺术史中，我们同样可以清晰地看到，诸多艺术品因为表达这种模式和力量而成为"名作"。罗丹更是强调了这种力量的存在和作用。罗丹指出："我认为宗教并不是教徒喃喃诵经的那回事。这是世间一切不可解而又不能解的一种情操。这是对于维持宇宙间自然的律令，及保存生物的种族形象的不可知的'力'的崇拜；这是对于自然中超乎我们的感觉、为我们的耳目所不能闻见的事物的大千世界的猜测，亦是我们的心魂与智慧对着无穷与房屋的憧憬，对着这智与爱的想望。——这一切也许都是幻影，但是在此世间，它鼓动我们的思想，使她觉得有如生了翅翼，可以到达腾天而飞的境界。"②

（二）美的过程性特征展示了对美的追求与特征

强调美的构建性，这与后现代理论是相一致。后现代理论的主要特征就包括过程性、构建性，这就充分考虑到了动态、变化性特征在审美中的地位与作用。运用复杂性理论所揭示的过程性特征，才使得对美追求力量的独立作用能够充分地展示出来。在复杂性理论的指导下，人们才开始努力地将时间演化过程中所表现出来的对美追求的生命力量作为一种稳定的结构模式而固定下来。

对美的追求表现在寻找、构建最恰当的表现模式的过程中，而这种过程的结果是以得到"完美"（相对）的艺术品作为结束的。如果只关注结果，艺术家便不可能把自己寻找、探索构建完美艺术品的过程一一地展现出来。艺术品的长时间的创作过程，已经表明了这个过程的复杂性，更恰当地表现了艺术家探索构建"完美"艺术品的过程性特征。我们一般称艺术家创造了一件"完美"的艺术品，而不是说艺术家的这个创作

---

① ［俄］瓦·康定斯基：《论艺术的精神》，查立译，中国社会科学出版社 1983 年版，第15 页。

② ［法］奥古斯都·罗丹口述、［法］葛塞尔记录：《罗丹艺术论》，傅雷译，中国青年出版社 2016 年版，第 192 页。

过程是美的。因为结果已经明确地表达出了艺术家具有足够高的能力以较大的可能性追求更加"完美"。

由此我们也可以看到，即便是伟大的艺术家，他们也只是能够创作出更多的作品，其所创作出来的"最美"的艺术品，也只是与同时代的其他人相比达到了"更"美的境界。从逻辑的角度讲，在不能"穷举"到未来是否能够达到更高层次时，我们不能说后面绝不可能出现比之更伟大的艺术家。"前无古人，后无来者，念天地之悠悠，独怆然而涕下"，这仅仅只是个人的感受。其实，即使是从人的自尊心、自信心的角度出发，从人的好奇心的本能出发，人们也不愿意认可当前伟大的艺术家一定是"最"伟大的艺术家，也总是想而且也总能够从各个方面和角度寻找到他们的不足、缺点，并以此来安慰自己。这也明确地意味着，我们总是在走向"最美"的路上。

与此相对应，我们相信，消除缺点的过程的无限进行也可以达到"完美"。人们将这种无限追求的极限状态认为"好""美"，同时，将追求、构建这种"好"与"美"的状态的过程也认为"好"与"美"的核心模式特征存在本质上的逻辑关系，甚至将其视为是同一个事物。

习惯上我们知道，审美本身就已经限定了一种活动和态度，也就是相信能够给人带来审美享受，能够给人带来心灵的安慰，激发人对美的更强烈追求，使人将追求美构成平时的基本行为，具有这种力量的个体能够获得更多的资源、具有更高的竞争优势，由此而促使具有这种力量的个体产生更强的进化力量。"更"的结果所构建的模式能够给人带来更加深刻且范围更大的审美，表现出来的也是体现出"高于"他人的模式，人们也就更愿意将其表达出来，更可以依此而更好地养家、遗传和生存。

（三）M 的意义与作用

1. M 力是生命的基本力量

如果从生命本质的角度出发，就可以发现，生命活性本征力量中的发散、收敛以及发散与收敛有机协调的模式和力量，都是 M 力量的更为本质的生物物理学基础。我们将 M 力揭示出来，就是要强调这种力量对于生命进化的有力促进作用，也在于强化其在人类社会的进步与发展中的地位与作用，同时要将其作为美学的一个核心特征，并以此而引导美学的重构与进步。

在生命体适应外界环境作用变化的过程中，出于对协调稳定特征的追求，生命体会通过自身的变异，在不断的发散、变异过程中，通过遗传竞争的方式将更能适应环境的个体选择出来。问题的本质在于，当生命体处于与环境的稳定协调状态时，能够使生命的活性本征表现得更具效率和更加有力，因此，向着稳定的、协调的状态转化的力量也就随着生命的进化而被固化下来。从竞争与进化的关系来看，某种因素使得个体具有了足够的竞争力，那么，与该因素相对应的遗传基因被选择的机会就会增大、增强，也就有更大的可能性成为显性的力量，后代具有这种基因从而具有更强竞争力的可能性就会增强。适应了环境的作用，意味着生命体在相关特征指导选择之下的竞争力会变得越来越强乃至达到"最大值"。美的状态是生命体达成与环境稳定协调的状态，这种状态在更多情况下是由不协调向协调转化形成的，此过程表现出了典型的追求"更"（加协调）的基本模式。

生命的活性本征被独立特化，由此而生成的 M 力也会被独立特化。因此，这些被独立特化出来的模式自然会各自独立地表达其应有的地位与作用。这就意味着，我们可以独立地在艺术品中将生命活性的力量表达出来，在创作艺术品时，将生命活性的力量表达出来，在美的理念中，更多独立地体现出生命活性的力量。

2. 认识自然的过程体现着 M 的力量

在我们认识世界的过程中，并不存在"绝对"的美、真。一切都是相对的，我们也只能是相对清楚明确地认识这个世界，都只能是"在一定程度"上认识这个世界。在认识世界的过程中，每增加一步对世界的新的认识，都会使这种过程进一步地加深、加强、加固。因此，在我们所描述的这个世界的相关术语中，加上具有美的意味的形容词和副词，应该是恰当的。

因此，从我们认识这个世界的基本过程来看，已经非常明确地体现出了 M 的力量。我们甚至可以将其看作我们所界定的新的美的定义的哲学基础。这使我们体会到，认识自然的过程是一种表现出典型的时间性特征的动态过程，认识体现了一种"程度"的变化：由少到多地由未知到已知、由片面到相对全面、由局部到相对整体、由单一到系统的方式，持续性地认识一个客观对象。

世界是复杂的，彼此之间呈现出相互联系的力量。人的能力又是有限的，我们认识客观世界的过程，是在好奇心的作用下，在现有认知的基础上，不断地将新奇性信息引入心智空间而不断地建立与已有的信息的关系，是记忆、理解和运用的结果。人在刚出生时，利用已经记忆的信息对当前事物信息实施变换，已有知识的引导的作用力量也相对较弱，但其记忆能力是超常的，能够在很短时间内记忆大量的信息。人就是在这种不断的记忆过程中，逐渐地构建、体现其自主性的力量，使得利用其心智中记忆的信息模式而对外界信息实施变换、选择、引导、观照的力量越来越强。人记忆的信息越来越多，对客观事物的理解也会越来越深刻，运用已记忆的信息指导自己产生恰当行为的可能性也越来越强，人用自己已有的"构念"去观照外部世界的可能性也会越来越高。

人的能力决定了美在本质上是由局部向整体逐步完善的。在 M 力作用下的差异化构建，成为我们认识世界最基本的过程，而在差异化构建的基础上形成正确、合理认识的结果，则是比较优化力量作用的必然，如上描述的过程中，已经体现出了 M 力的作用。因此，M 力必然地在追求极致美的过程中，发挥着关键性的力量。

（1）完美是在人的内心虚拟构建出来的，甚至只是人内心存在的一种假设，是一种期望与期盼，甚至是一种信仰、追求。通过表达对美的追求，我们应该认识到，完美只是一定程度上的相对完美。我们仍然假设这种完美一定是可以通过无限逼迫的过程而能够达到的极限。

（2）在有限资源的基础上，我们只能逐步地逼迫"完美"的境界，只能达到"局部极值"——局部最美。

（3）在不断重复和通过不同过程的共性相干，会将 M 的模式和力量特化出来。此时，人们只要表达出这种力量和模式，便会由此而体现到进入美的状态的感受。

——具有这种特征的模式，会在神经系统的高层重复性地出现而成为一个独立的模式；

——使其达到足够稳定的程度，在相应的心理转换过程中，能够激发其他信息，依据其特征和关系在其他信息中提取挖掘相关的特征，依据相应的模式引导其他模式变化的过程；

——在其兴奋与记忆强化达到一定程度时，能够将其自主性更加有力地表达出来。此时，作为一个独立的模式，可以是受其他信息存在而稳定地发挥作用，从而与其他心理模式的差异性特征而对心理转换过程产生足够的刺激影响力量，引导人产生相关的行为；

——经过意识的放大而使 M 力的意识性更为突出。本来，这种模式，尤其在神经系统的高层能够更加有效地反映出来，人的天性会与人的意识具有更加直接的刺激、扩展、强化关系，因此，也就更容易地在意识层面与各种信息建立联系，能够在更大程度上、更加自主主动地表达对美的追求；

——运用人的意识特有的自主性而主动地强化这种力量。本来，由于其出于人的本能而自动、自觉地在人对外界信息的加工过程中持续性地发挥作用，但作为具有强大意识的人类的我们，却可以运用人的意识中"剩余能力"的力量，主动地使其得到进一步的强化、增强，引导其在各种活动中能够更好地发挥作用。这种作用将会表现在三个方面。一是不断地引导发散、扩展。二是在扩展基础上实施收敛，促使人在多样构建的基础上收敛到少量的模式上。而收敛选择的过程中，也会表现出依据某种特征加以选择的过程和力量。三是引导人选择优化。我们提出并构建固化了这种力量在人的进化中的地位与作用，结合人具有的自主的意识力量，便能够强化这种力量，从而能够更好地推动人的进步与发展。

柏拉图提出了美的绝对性意义："这种美是永恒的，无始无终，不生不灭，不增不减的……它只是永恒地自存自在，以形式的整一永与它自身同一，一切美的事物都以它为源泉，有了它那一切美的事物才成其为美……一个人从人世间的个别事例出发，由于对于少年人的爱情有正确的观念，逐渐循阶上升，一直到观照我所说的这种美，他对于爱情的神秘教义也就算近于登峰造极了。"[①] 那么，在我们将完美的观念赋予某一

---

① 北京大学哲学系美学教研室编：《西方美学家论美和美感》，商务印书馆 1980 年版，第22 页。

个特征时，便赋予了一个普通的"人"沿着这个特征向着"完美"的方向不断前进的过程和力量。即："先从人世间个别的美的事物开始，逐渐提升到最高境界的美，好像升梯，逐步上进，从一个美形体到两个美形体，从两个美形体到全体的美形体；再从美的形体到美的行为制度，从美的行为制度到美的学问知识，最后再从美的各种学问知识一直到只以美本身为对象的那种学问，彻悟美的本体。"① 通过对美的不断追求，逐步由局部到整体、由具体到抽象地达到对美的本体的彻悟。

3. 抽象性本能驱使人抽象出了"更"的模式

大脑神经系统是在对不同信息进行联系性加工的过程中逐步成长起来的，大脑也将不同信息之间的联系作为其正常的基础性活动。在将不同的信息联系在一起而求得一个指导模式的过程中，人会表达收敛的力量而在一定指标的控制下选择出更好地达成指标要求的模式。这个过程的反复进行，便会在人的抽象本能的作用下，将 M 模式独立特化出来。

鲍姆嘉通指出："一般是以下述方式从单个的现象中产生的：有一些事物本身就包含有直到各细节都确定的形而上学的真，因而赋予表象以最大限度的质料的完善，如果这些事物确实是作为单个现象被认识到的话。"② 这就提出了抽象与完善的内在联系。并由此而显现出认识的局限性：复杂事物本身不仅存在着一定程度上（局部上）的不确定性；而且这里提及的形而上学的真与质料的完善本身是否具有这种关系仍需要进一步研究的。

4. 扩张模式基础上的再扩张

以发散扩张模式为基础，实施在扩张基础上的再扩张，将发散作为一个基本模式而将活性本征模式重复地作用到发散模式上，就会形成对 M 力的再扩张和增强。因此，生命的自相似性特征和生命活性力量在各个部分的表现，决定了这种过程能够被人们独立特化出来，而成为一个典型的模式。

---

① 北京大学哲学系美学教研室编：《西方美学家论美和美感》，商务印书馆 1980 年版，第 22 页。

② ［德］鲍姆嘉通：《美学》，简明等译，文化艺术出版社 1987 年版，第 91 页。

（1）非线性涨落。当从热力学的层面来考虑此问题时，我们可以发现，非线性涨落是形成更大 M 力的基本力量。这就意味着，M 力的增强有其热力学基础——M 力会以非线性涨落而得到增强。虽然同样存在着向相反方向的非线性涨落，但生命的进化会使只我们选择某一方面的增强。

（2）稳定性的力量成为协调的力量。生命的核心标志就是发散扩展性力量与收敛稳定性力量的比例关系保持在一个很小的"混沌边缘"。根据稳定生命体的协调关系，当作为协调因素之一的稳定的力量增强时，自然会增强与发散相关的扩展性力量，力求使发散与收敛两者的关系维持在一个有效的区域内，这是生命的固有力量。因而，生命结构中稳定性的力量，以及伴随着收敛、稳定性力量的增强，也会通过收敛与发散之间的协调性关系而促进 M 力的增长。

（3）相互刺激的适应与进化。复杂性动力学所研究的核心就是在某些特征上的"自催化"。显然，M 力在人意识的进化中发挥着自催化的作用：其表现得越充分，就会通过收效而使其得到更进一步地增强。这种增强使其表现出更大的力度。

以 M 为基础而实施活性操作（再迭代），将使 M 变得更加强大。人在主动地表现 M 的力量时，会将这种过程进一步地强化，这就意味着，通过这种自主性的构建和反思，会形成对这种力量的专门化、独立化和非线性强化，使人能够在更加基础的层面形成针对这种力量的非线性的"正反馈"作用，从而与其他的力量一起，促进生命中新过程、结构的不断形成。

（4）收敛力量的协调性刺激。收敛力量的作用，会促使与之相协调的发散力量的增强，由此而进化出来的意识中的 M 力也就会成为牵带性增强的力量。比如说，人在饥饿后渴望饱食的欲望得到满足以后，人们会将这种饱食的模式进一步地扩展，期望得到更大的满足：吃得更饱。而与此相关的特征就会与此建立起稳定关系，并在众多不同的过程中，将 M 的力量突出出来。

5. M 力是美的状态的关键性过程特征

在我们将"更"的特征独立特化出来，使之成为一种美的核心特征，将其与生命的进化过程建立起联系时，可以使我们更加明确地认识到，正是由于 M 力量的表现生成了差异化多样并存的群体，才有了后一步生命的比较优化选择与进化。在具有无限的可扩展性力量的生命面前，即使是出于资源（物质、能量、信息）有限性的限制，也会决定生命的持续进化与发展。显然，资源的有限性与生命的无限可扩展性之间的矛盾生成了比较选择过程，尤其是能量的有限性决定了生命体不可能将这些模式同时都表现出来并无限地进行下去，那么，在差异化构建力量的作用下，时间有限的生命体就必然地在众多可能模式中选择出更少的模式。显然，在选择的过程中，自然会选择那些使 M 在相关特征上能够得到更加充分表现的个体。从生物进化的内部力量来看，生命活性中收敛性的力量会终结持续不断的差异化构建，这会使得生命体在发散与收敛力量的共同作用下生成在多样并存中的比较选择。在某个指标控制下的选择，就是在某个指标选择基础上的优化。

6. M 表达着人类永不满足的意愿和行为

要强调 M 是生命的力量，还需要分析为什么其他动物没有更加充分地表现 M 的力量，研究这种力量为什么没有在其他动物的进化过程中发挥出关键性的力量作用。我们认为，M 力是生命的本质，因此，其他动物在竞争选择过程中，在选择提升其竞争力量的过程中，也都表现出了 M 的力量，只不过这种力量却不能促使其建立独立的美学体系。因为人类已经从某些表面的信息中传达出了选择性的力量。在其他动物中没有由此而独立特化出美的力量，是因为其没有足够强大的意识。

生命活性本征能够以任何一个模式为基础而自然表现，在任何一个意义的层次自由表现。从逻辑上也就直接决定了，生命体能够以任何稳定的模式为基础而表现生命的活性。这也就导致，基于一种稳定模式所生成的期望以及由此而产生的期望满足的过程和结果，都将因为与达到协调状态建立起联系而具有美的意味。此时，表达 M 力可以使这一过程持续不断地进行。当这种过程在人的意识中具体表现时，便会形成持续性地构建期望和使期望得到满足的基本过程。

德谟克利特（Democritus，约公元前 460—公元前 370，古希腊哲学家）认识到对美追求的力量只在层次更高的人的身上才体现出来："只有天赋很好的人能够认识并热心追求美的事物。"① 德谟克利特将对美的追求作为一位天赋很好的人才能表现出来的特征。从另一个角度也指出了只有用心的、运用智慧的人才能对美有所追求。

7. 表现 M 力就是在不断构建更美的模式

通过 M 的意义我们一般会形成这样一个明确的假设：通过不断地表达 M 的力量，就一定可以达到终极的美。这也就告诉我们，在能力有限性的制约下，我们所能达到的最好的结果，取决于是否能够长时间地表现 M 力，或者更直白地说，取决于我们能够在多大程度上表达出 M 的力量（我们可以引入"M 力冲量"的概念——M 力在时间上的积累效应）。使这种 M 力冲量持续性地发挥作用便能够构建出更多可以为我们所能感知到的差异的更美的模式。狄德罗认为，人们更一般地把美的称为"限制在人的才能的最高努力上"②。只有在付出巨大的努力，表达出对美的极力追求，将这种对美追求的力量作为美的基本元素时，才能体会到美的最终成果。

8. 对更美的追求推动人向着更好的方向进步

由于 M 力的存在，对美的追求显然是无止境的，这将引导人持续不断地实施美的构建，并将这一过程一直进行下去。其所选定的方向将对美追求、优化的过程进一步地扩展，并重复进行这个过程，从而得到"好上更好"的结果。这是一种已经具有独立性的模式。通过美以及对美的追求，已经强化了这种力量。而人则可以依据其独立性在人的任何活动中发挥其应有的作用。

缪越陀里（L. A. Muratori，1672—1750，意大利哲学家、古典主义美学家）提出："在一切事物中，上帝最美。"③ 明确提出"向往"和"终极目标"，是那种通过不懈地表达人对美的追求的力量，力争终极性地达到目标的追求。"理智希求知道在我们内外的一切；意志希求得到凡是由

---

① 北京大学哲学系美学教研室编：《西方美学家论美和美感》，商务印书馆 1980 年版，第 17 页。

② 同上书，第 132 页。

③ 同上书，第 89 页。

于善而能使我们快乐的东西。这两种强烈的希求决不会休止，除就他们终于在对上帝的观照中寻到乐境，因为上帝把最高的真和最高的善都结合在他身上。但是人从为原始罪孽而遭到谴谪以来，由于有了肉体和罪恶的情欲，向真和善这两种希求，尽管本来是自然的，却每天都遭到许多障碍，因此，上帝决定了把美印到真与善上面，以便大大加强我们心灵的自然的（求真求善的）倾向。"①

从等概率的角度看，我们可以在人的各种行为和特征追求中发挥这种力量，但并不意味着一定会产生好的结果。人总会在社会道德规范的制约下形成某种潜意识追求，将个体的生存与发展维系于社会的进步与发展之中。但由于人的角度和标准不同，所产生的行为将既有可能产生对社会进步有利的效果，也有可能产生对社会进步与发展不利的效果。尤其是人在表达 M 力时更具有一定的盲目性。但这种盲目性也在一定意义上表达了人的探索性。生命与自然的和谐需要维持在一定的范围内。即使是有益性的扩展，如果超出了一定的程度，也将会带来不良的后果。人所持有的价值判断标准成为后继是否应该继续从事相关的活动、是否应使相关的活动得以加强的基本依据。积极而慎重的人类，会依据其经验及知识，做出试探性构建，并由小到大地展开选择与判断。

9. 在将美独立特化出来以后，便强化了 M 的力量

因为在对美的追求过程中，人们更多地表现了 M 的力量，只要我们能够明确地认识到并突出地表现出这种力量，就意味着我们在强化 M 力的影响。

也许我们可以看看物理学家们的话，可能会产生更大的启示："因为我们是有知觉的生物，在演化推动下，在熵和死亡的爪牙间求生存、求繁荣。热力学第二定律（熵定律）也是生命的第一法则。如果你无所作为，熵就会按程序行事，将你推向更高层的无序，最后以死亡告终。所以，我们生命中最基本目的就是做一些'反熵'的事情来对抗熵，也就是耗费能量来生存、来繁衍。在这场战斗中，与人为善、帮助别人民一

---

① 北京大学哲学系美学教研室编：《西方美学家论美和美感》，商务印书馆 1980 年版，第90 页。

条成功的策略。正是从这些行为中，我们演化出了道德。在这个意义上，演化凭借自然法则赋予了我们一条有道德、有目的的生命。要达到意义或道德，我们并不需要比这更高的力量。"①

三　M 力是生命的活性表现

我们需要从动力学的角度具体解释为什么说 M 力是生命体的基本力量，而又为什么说只有在人类身上才表现得更加突出，并经过社会的复杂化更加有效地促进其力量的深化表现。

（一）表达 M 力是一种本能

M 力来源于生命中的活性本征，它在更大程度上是生命活性中发散力量的显性表现。虽然我们不进一步地将其复原到生命体内基本的物理化学过程分析上，但我们仍可以从生命活性的基本力量出发，从每一个状态和过程中都表现出的发散与收敛的有机统一中，寻找 M 力的来源与出发点。一个基本的结论是，表现发散、收敛以及发散与收敛有机协调的过程就是在表现 M 力，因此，表达 M 力就意味着与生命的活性本征在更大程度上的协调。

1. 生命活性中的扩展性的力量

生命处于"混沌边缘"。在混沌边缘状态，生命体不断地表达发散性力量、收敛性力量。尤其是"混沌边缘"的发散性力量会更加突出地促使生命个体不断地形成扩展性增长、不断地实施差异化构建、不断地形成新的与当前有差异的模式。由于这种增长对物质和能量的需要，会使某些个体因为偶然因素而变得更加强大，从而具有更强的遗传优势，并通过遗传而进一步地放大对这种具有较强发散扩展力量的个体的选择。

显然，在生命的差异化构建过程中，收敛的力量也在起作用，它保证着生命结构的差异化在达到一定程度时，在这种巨大差异的基础上通过收敛而形成多个不同的个体。但是似乎这种收敛性的力量在 M 力中表现得不太显著。这是一种误解。从收敛性力量驱使生命个体不断地表达

---

① ［美］迈克尔·舍默：《因为宇宙会毁灭，所以一切没意义？》，红猪译，《环球科学》2018 年 3 月号（总第 147 期）。

M 力量的过程，已经具体地展现出收敛性的力量。

2. 以任何一个模式为基础而表达生命的活性

生命的基本特征决定了，生命体可以以任何一个稳定的结构、组织、器官为基础而表现出生命的活性，以任何一种模式为基础，都在同时地表达收敛与发散的有机结合。复杂的生命结构也是在这种强化迭代的过程中逐步形成的。与生命活性本能模式相协调，本身就意味着表现这些模式的相关特征和结构，由此，表达发散扩展与收敛稳定性力量的有机结合，就促进了 M 力的生成、强化与固化。

3. M 表达着人对美的不懈追求，表达着人类永不满足的行为

表达 M 力成为一种永不满足的追求，是生命活性中发散和收敛有机结合的自然表现。生命所表现出来的这种活性本征，使我们稳定而重复地表现出这种模式，在以该模式为基础而表达生命的活性本征时，会使该模式具有更强的倾向与趋势，在保证该模式具有独立的基础性作用的同时，驱动人面对缺点构建出相应的补偿性行动，持续表现该模式达到局部最美等。

生命体不断地构建着与最美之间的"距离"。即使已经达到"美的极限"，人们也会在好奇心的驱使下通过构建差异，在构建更大的美的范围的同时，不断探索性地寻找更美的模式。以 M 模式为中间桥梁在大脑中建立起与各种信息之间的关系。在以 M 模式为基础时，M 模式本身又会被生命的活性放大；将 M 模式作为一种稳定的模式，会被生命的各项活动不断地重复强化，又在与各种活动的有机联系中强化着 M 力的作用范围。

4. M 力的重复表现强化着 M 力的兴奋度

生命的进化历史告诉我们，生命的活力越强，其适应能力就越强。在表达收敛性本征力量的过程中，基于形成的多种不同的模式，M 力会作用到收敛过程中，形成收敛程度更高的状态；与此同时，M 的力量驱动着生命体在诸多模式中通过共性相干而选择与 M 力作用方向相同的模式。M 力越强，在表达 M 的单个步骤中引起的改变就越大，意味着单个步骤所能达到美的程度就越高。

大自然会选择那些生命活力更强者。表达 M 力是生命体在展开任何

活动时基本的活动模式。发散的力量形成了差异化构建，收敛性的力量则会形成比较基础上的优化选择。两者的有机结合，既是生命活性的综合表现，又是促使生命体不断优化的基本力量。当 M 力与这种生命活性相结合时，会在自然选择力量的作用下，使生命体形成更强地表现生命活性的状态。

（二）表达 M 力的过程

当我们独立地考虑 M 的力量表达时，就是将 M 作为一个独立的特征。这就意味着，只要我们在从事一项工作时，将 M 力表现得越强烈、越典型突出，美的状态以及美的程度就越突出，人们体会到的对美的追求的力量也就越强烈，向美逼近的程度就会越大，人们能够体会到的美感也就越强烈。

M 力与任何特征相结合会使对象在表达特征的过程中，向某个方向产生进一步转化的过程。至于说是哪个方向，则由大自然的生存选择法则所决定。诸如，人们所习惯的使某个特征进一步地变大、进一步地变小（这可以看作变大的反过程）等。人们经常会用"更快、更高、更强"（奥林匹克运动会的基本宗旨）来表达 M 力与某种特征相结合所形成的进一步过程。

（三）表达 M 力的结果

在一定时间内将 M 力与任何一种特征相结合，所形成的基于该特征表现的生命体的竞争力、生存力得以提升的方向上，都可以使生命体在比较过程中获得被优化选择的优势。生命体也在这种竞争优化选择过程中，与某种特征更为紧密地结合在一起，直到影响生命个体的遗传过程——在竞争比较优化过程中，将那种与使竞争力更强的遗传基因得以被选择，并在被选择过程中得到进一步强化。

（四）由表达 M 力转化到在更大程度上、更恰当地表达 M 力

将 M 力作为一个独立的模式而迭代性地表现 M 力时，可以通过 M 力模式的自主涌现而在各种情况下发挥出更强的作用。通过差异化的表现，自然可以形成针对 M 力的差异构建，并在资源有限的制约之下形成比较优化选择。尤其是人的意识作用能够使 M 力在主观意识基础上得到有效增长，人还可以利用其所特有的主动性不断地增强 M 力。

（五）M 力是一个被忽略的重要特征

虽然 M 是一种生命的本质力量，但由于其必须通过建立不同状态之间的关系而形成一种具有时间特征的过程模式并表现，因此不容易被人建构和认识，也就更容易被美学家们所忽视。在人们习惯于从状态的角度来描述终极的美时，这种模式也更不容易为人们所揭示。M 力度量着人们向更加美好的状态转化的程度，因此，M 是一种以时间为自变量的过程性的模式和力量，它以一定时间表征不同状态的过程为基础，通过建立这些状态之间的内在必然联系，从而形成依据时间而展开不同的模式并形成有机联系的整体。由于描述的是同一事物的不同时刻表现出了不同形态之间的关系，因此，这种过程性特征更主要地通过不同状态之间的联系而形成一个整体。

第一，过程性特征的过程表征。过程性特征只能通过过程的变化来表征，通过建立不同状态之间的关系，甚至将这种关系模式孤立地展示出来而成为一个独立的模式。音乐以其特有的时间性特征也能间接地表达出来，影视作品则有能力而更加突出地表征这个特征。

第二，展示变化过程。由不稳定到稳定、由弱到强、由小到大、由非主流到主流、由不被人注意到为人所主要关注，以及相反的过程等。就这样，该模式由不熟悉到熟悉而一步一步地成为在人的相关行动中起关键性作用的力量。我们可以说，世界的无限信息就包含在系统的随机过程中。只不过，在某些有序化的过程中，通过共性相干等过程会将其中的某些特征模式涌现出来而成为一种显现的独立特征，人们便以这种核心特征而代表整个状态和过程。此时，由无序而达到有序的过程模式，会作为一个由若干环节所组成的完整整体而成为人们所关注的对象。

第三，过程性特征的趋向表征。在过程中特征表现出 M 力时，如果我们仍然关注状态性信息，在生命活性本征（收敛与发散有机结合）的作用下，便会在更高层次的神经系统中形成由一种状态向另一种状态转化的过程性特征。我们可以通过表征一个过程的某个突出的中间状态，引导人们在联想、想象中将这个过程性特征构建出来。

在一个复杂的对象中，要想表达一种过程性模式，我们可以依据具体的"量子"步骤将其离散，组成若干典型模式的顺序变化的结构，而在具体地表征这个过程量时，采取一一展示的方式具体表达。而对于一个并不复杂的对象，人们可以采取将其同时展示出来的所谓"格式塔"方式，完整地表现出在一定意义上的"完形"。在这个模式中，除了表征这个结构之外，还需要考虑其变化发展的趋势（和与这种趋势相对应的特征模式）。

第四，表达过程性特征的终极状态。从最基本的层面上来理解 M 力模式，在于驱动人不断地表现这种模式，或者说与具体的行为相结合，不断地朝着"更优"的方向进行。在我们认定美是一个"比较"性的特征时，虽然现在已经很优美了，但人们仍然会在这种"已经很优美"的基础上，再行构建有所差异化的模式。

第五，将这种过程性特征固化下来。主动地强化该环节的兴奋程度从而固化出特有的模式，形成固有的环节模式，包括使该环节稳定而完整地展现出来，以该环节为基础，形成稳定的前后关系，形成与其他环节、过程和事物稳定的相互作用和控制性力量，建立该环节在其他事物中发挥作用的模式和存在。即使在以往与 M 不存在能够联系在一起的关系，在该模式的指导下，也能够依据其足够的稳定性而在某个无关的活动中将该模式完整地涌现出来，并用于指导下一步心理状态的变化。通过构成稳定而且确定的关系结构，将其时间过程特征和空间结构特征都明确地表现出来。

显然，在将 M 独立看待时，基于此的复杂系统的非线性涨落和生命体特有的收敛与扩张，会促进着 M 的变化与增长，也由此而促进着更强的追求美的力量。

实际上，正如李斯托威尔指出的："而每一种价值，不管它是来自宗教、道德、美或真的领域，都要求通过人类的努力和活动，立刻得到实现。"[1] 这就明确地指出了 M 力——对美的追求的力量已经受到人们的重视。只不过由于各种各样的原因，才没有能够将其独立特化出来。

---

① ［英］李斯托威尔：《近代美学史评述》，蒋孔阳译，上海译文出版社 1980 年版，第61 页。

四　M 力突显的动力学过程

一种模式被独立特化以后，就要在各种过程中独立而有效地发挥作用，不再考虑该模式在形成过程中受到其他因素的限制，从而能够在联系的更加广泛的程度上具有更加全面的表现。在美与艺术的关系中，我们可以根据绘画艺术而独立形成美的理念，但我们将这种美的理念推广到一般时，我们需要根据这种美的理念去观照音乐、戏剧、雕塑、书法等艺术表达形式。从一般原理出发，我们也可以根据德国的审美意识所抽象概括出来的美的观念去审视美国、中国、希腊等的艺术。同样，我们也可以根据这种独立特化后的结果而有效地指导艺术创作。

（一）独立显现

任何一个心理模式被重复激活时，就会在大脑神经系统中形成一种稳定的联系，成为一个稳定的动力学系统，并通过记忆的激活而再次显示，在其他事物的相互作用过程中发挥作用。大脑神经系统在对外界信息的加工过程中，能够不断地表现出汇聚、优化、分化（差异化）的构建过程，尤其会在强调彼此不同的差异化特征时，将其独立地显示出来。

我们可以从另一个角度来看待这个过程。通过运用活性的力量而表现：从各种相关信息模式向该模式汇聚。相反的过程则是：从该模式出发，同其他信息建立各种各样的关系，并最终形成一种联系性更广、更具概括性的稳定性抽象模式。两个过程并不是水火不相容的，而是在不同的过程中分别发挥着自身的作用。

1. 保证 M 模式形成足够的稳定性

我们需要从生命活性的角度来解释为什么会形成 M 模式的独立特化。无论是模式的重复，建立该模式与各种信息的关系（其意义也在于通过其他信息的兴奋而通过这种联系，形成对该模式的持续性刺激），使该模式具有在其他事物中的不同的意义与作用，表现该模式的自主性涌现，在该模式的指导下控制对其他信息模式的观照等，都将对 M 模式的独立特化起到"养分"性的支持作用。

根据信息的相互作用性特征，我们可以根据其他信息的激活而提炼出该模式在各种信息模式中的模式和作用，或者在各种活动中寻找该模式发挥作用的地方和所能起到的作用的效果，使其具有完整性、独立性。也可以只是使它单纯地处于激活兴奋状态，维持它在各种活动中的稳定性结构和功能，在同其他事物相互作用过程中，体现其与其他方面不同的独特意义，能够保证该模式足够的独立性。

只要 M 模式具有足够的兴奋度、兴奋时间，就能够具有足够的稳定性，就能够在心智变换过程中发挥其应有的作用。显然，无论是独立的重复显示，还是在其他的过程中发现 M 力的表现，都可以通过各种过程对 M 模式所形成的共性"加持"而使 M 力的稳定性、自主性得以增强。

2. 独立显现出来

在各种活动中，将 M 独立出来，保持或体现出 M 模式的稳定性、不变性。独立地表现它与各种活动的相互作用特点和规律，单独地体现它的作用，也就意味着要考虑在一切我们所遇到的情景中构建 M 的具体表现和独特作用。在将 M 模式独立特化以后，该 M 力即成为组成人心智的稳定性的基本元素，成为构建其他复杂心理过程的基本指导元素，成为人复杂心智模式稳定与变化的基本力量，成为与其他模式单独联系、建立关系的稳定出发点等。这一切都来源于将 M 模式的独立与特化出来。

发挥 M 模式的自主性的力量，通过增强其稳定性，在人活动的各个方面，将 M 力稳定地表现出来，体会到 M 力在人的各种活动中向着更"美"的方向所表现出来的驱动性的作用，使人能够充分认识到 M 力的独立作用效果，并通过其所生成的更好的效果而使人体会到 M 的意义，也使 M 的自主性具有了"偏化"性构建的意义。

3. 成为不能为人所忽视的核心力量

独立特化以后，我们就能够运用其特有的扩展性力量和扩展以后的模式的力量，在更多的过程中更加有力而独立地发挥其基础性的作用。在美与艺术中，更是要将其突出地表现出来，充分认可其在所形成的完美（相对意义上的）作品中的重要地位，以引导人在以后的创作过程中，重点表现此种模式和力量，使其在相关活动中表现出足够的指导性力量，占据更为突出的、重要的地位。

需要持续地在各种活动中差异化地表现，使 M 力成为一种独立模式。经过不断的发散与收敛变换，在不断重复的过程中，这样的 M 力量模式能够得到反复表现从而构成了稳定的结构，由此形成与其他部分通过联系而形成协调的独立而稳定性的力量；同时，还能够与各种具体的情况相结合，形成在确定的情景中表达出确定性反应的行为模式。这种模式还会随着在各种情景中的表现而得到强化，那些对该模式集合起联想激励作用的环境（条件）性信息模式的兴奋度则会进一步降低。随着与生命活性各个子模式相对应的模式兴奋强度的逐步提高，该模式的独立程度也相应地得到提升，这便会在其兴奋度达到一定程度时，形成独立的模式。

4. 通过相关性激活

不同的信息模式依据关系模式而形成共同兴奋状态。心理模式之间会存在各种各样的局部联系。建立不同信息之间的联想，是生命在大脑神经系统中所形成的基本的过程。

5. 在 M 特化出来以后，运用高层次模式进行反复迭代

生命的自相似性特征允许我们在将 M 独立特化出来的同时，尤其是在表达 M 力量的同时，通过两个过程所形成的正相干，从而放大 M 的影响，并使 M 的作用更加突出。由此人们会更加突出地表现 M 力的意义和作用。

6. M 力量的持续作用

M 在更大程度上表达的是生命活性中的发散性力量，由于进化的价值判断和选择，这种发散、扩展性的力量被赋予优化的意义。当 M 力形成以后，足够的稳定性的力量保证着这种力量持续性地发挥作用。而生命的持续生存也保证着 M 力的持续作用。只不过往往会由于疲劳和其他因素的干扰等因素阻碍着 M 力的持续发挥。而要保证 M 力的持续作用，则需要存在其他因素的影响。

需要稳定性力量的持续作用。作为生命活性本征的核心特征，稳定性的力量在任何一个过程中，都能够自如地发挥作用。即便是千变万化的环境，由于收敛性的力量将人的生命活动，尤其是意识活动以一定的稳定性而维持着，其必定能够发挥其应有的作用。

需要收敛与发散力量的相关作用。在一个活性状态下，收敛与发散两者之间形成稳定的联系，这就意味着，在表征以发散为核心力量的 M

力量的同时，必然地依据收敛与发散之间的协调性关系形成稳定性的促进力量。这种动力学过程中所表现出来的稳定性的力量，在心理过程中的表现，就是形成了持续表现 M 力量的过程。

7. 稳定性地持续表现 M 的力量，成为宗教追求固化出来的核心特征

宗教精神所表现出来的就是能够长时间地将其作为其思想、行动的指导和不可忽略的心理背景。在此过程中，更强地表现出 M 的力量，就会形成这种稳定模式的表现。

（二）独立特化的大脑神经系统基础

生命的基本特征决定了生命的组织内部在不断地分化生成各种功能、组织结构不同的组织器官。生命活性的发散与收敛两个过程持续性地发挥作用，并在相互牵制力量的控制下，维持生命处于"混沌边缘"（或者说，是生命处于"混沌边缘"的状态而要求收敛与发散力量保持稳定的牵制力）。差异化构建生成不同的组织器官，并内在地促进生命结构的有效生长（进化）。收敛稳定性的力量固化器官的独立性，促使生命体通过稳定的结构表达出一定的功能，形成结构各异的组织器官。这种综合性的力量将促使生命体在差异化的构建与非线性的相互作用中，通过形成各个不同的组织器官，从而使其具有各自独立的意义，而组织器官作为更大生命体的一个有机部分，充分地发挥着自己的作用。

在由功能不同的机体组织组合成一个更大整体的过程中，会表现出诸多过程：第一，相似性单元通过共振相干而形成更为强大的联系，并以更大的可能性扩展同一个组织器官；第二，在原来组织的基础上，通过扩展性增长，会在与外界环境的相互作用过程中，在受到外界环境的作用而表现其特定功能的过程中，不断地促使其力量变得更为强大；第三，生命的整体性决定了其是在一个整体的基础上成长分化的。

（三）单独表现

一个模式与其他模式一同显现，就会受到其他模式的影响与制约。而独立表现一个模式的意义时，就不会受到这些因素的约束与限制，从而以更加广泛而独立的意义表现出来。一般情况下，我们能够看到更多的意义，也更容易使我们形成清醒的认识。典型而突出地表现 M 的力量的方法之一，是将其单独表现，或者说，以强化 M 模式为基础，而在任

何活动中都发现、提炼 M 的模式，寻找 M 表现的踪迹。

1. 通过恰当的方式将其表现出来

基于生命活性本征的 M 力的自然表达，即在生命活性限定的基础上表现 M 力，也可以在意识的自主强化作用下使 M 力得到极度扩张、扩展表达以后，再在另一方面实施构建，以保证生命活性中收敛与发散的有机统一。

2. 表达其所对应的更加概括抽象的意义

可以将 M 力的表现上升到更加一般的层次，诸如从心理上形成一种抽象性的感悟，使其脱离具体情景（环境、背景、具体事件和具体艺术表达形式），甚至从主观上形成一种基于具体但更加概括稳定的心理趋势。M 力在各种过程中发挥作用，可以认为是建立起了 M 力与各种过程的稳定性联系，反过来看，就是通过 M 力抽象地表达出了各种具体的过程。人会在这种暂时地表达 M 力而获得更美的结果的过程中，得到推测性的结果：有极限状态的存在。即使是在潜意识中虚幻地存在着这种可以涵盖一切的所谓"真理"的感受，我们也能够对这种"的确存在最美的模式"——通过 M 的力量一定能够达到最美的境界——存在感的确认和对这种存在模式的感受中表达出相应的意义。

3. 更加充分地理解 M 在人类社会中进步的力量与作用

虽然 M 的力量作为人生命活性中最基本的力量，无时无刻不在人的各种活动中发挥着关键的作用，但我们仍需要独立构建并有意识强化其在人类社会中的独特表现，提升其在人类进步与发展中的地位与力量。在我们想要更加充分地表现 M 的力量时，需要将这种模式表现更加有效地突显出来，使人们都能够认识、体验到它的积极性、主动性和内在的力量，强化对其正面认同的态度，认定它给人类社会带来的好处，形成对这种力量的共性相干（自主表现＋反馈强化），并通过社会的放大力量更加促进其强化。

4. 更加充分地理解 M 在促进人类社会进步与发展中的美的方向

在将注意力集中到生命体与外界环境的稳定协调状态时，我们能够而且应该更加强烈地感受到 M 力在人追求美的过程中所起到的有力作用，感受到强化 M 会促使人向更美的方向追求、拼搏，而不是向不美的方向付出更多努力的所谓好的效果。人在付出对美追求的努力以后，所要达到的效果应该是能够保证人取得更加强大的适应生存能力，这种通过提升其竞争力而获得的生存优势遗传基因，会在无数代的选择过程中被强化。

（四）使 M 力稳定显现的方法

1. 重复。通过不断重复的方式，使这种 M 力在人的意识中形成兴奋程度更高的表达。

2. 主动突显。尤其是人类，会在认识到这种力量的重要性时，主动地强化该模式的自主性和涌现性特征，保证其更加积极有力地发挥作用。

3. 建立与各种活动的有机联系。M 力在各种活动中充分地发挥作用，意味着形成了 M 力与各种活动的稳定性联系。我们可以依据事物原来的意义而在各个环节向更美的状态进一步追求，并在局部进一步美化的基础上展开对整体意义上美的构建，从而逐步构建"当前整体的最美"。

4. 通过 M 的自主性而自主地涌现。在涌现过程中，充分利用人的选择性意识力量而对其实施强化。

5. 主动通过反馈增强。在认识到美对人类社会的积极向上的意义以后，人们便会依据人的主观能动性，使 M 的力量在意识中得到进一步的强化。

（1）充分发挥教育等外界环境的引导作用。将环境与教育作为促进人心智产生变化的外界力量：一是通过这种教育的专门刺激，维持这种稳定模式的耗散结构性（生命的活性状态）；二是通过这种刺激与生命活性状态的相互作用，促进人生命活性状态的变化；三是通过选择性引导，将人的注意力集中到美的方向上。

（2）促使人自我反思，并在反思的比较选择中依据价值判断，通过意识增强 M 力。形成内在的认定、反思与优化选择，将那些不利的因素排除在外，并对这种 M 力的表达，在比较优化选择的过程加以固化，或者说，将这种构建固化的方法作为生命活性表现的基础，从而使人可以恰当而稳固地运用生命活性的基本模式实施进一步的变换性增强。反思增强的更加有效的方法，是通过这种自反馈的判断与选择过程形成自反馈而达到的。

（3）以往的审美过程形成了相应的审美经验，会形成使 M 表现的习惯性模式。那么，我们可以基于这种习惯性模式，将其更加有力地表达出来。

五　M 力的自主涌现

生命活性的本质性特征已经决定了生物体内任何相对独立的模式和结构都能够自主地表现出发散与收敛的有机协调，因此，任何稳定的模式都能够表现出其自主涌现性特征。这就意味着，其中稳定的静态结构所记忆的任何活动模式都会自主地在其他过程中因为兴奋而参与到相应的生物过程或信息加工过程中。当 M 模式独立特化出来以后，会自主地在各种活动中成为兴奋度较高的信息模式，成为将不同信息联系在一起的中间桥梁，会引导相关心理信息模式发生相关的变化，会通过活性所形成的发散与收敛而形成期望以及期望的满足，会使人沿着某种特征的变化方向形成新的差异化的构建过程和稳定模式，从而引导人进一步地寻找、构建与之具有相关、相同（相似）性的局部特征，完成向这种目标（期望）的逐次逼近。M 力的稳定显现，能够使其在相关活动中发挥出足够确定性的作用。

M 力作为一种稳定的心理模式，会依据生命的活性而生成的自主活性在任何一个过程中涌现出来，指导心理基于某个特征指标的变换向前更进一步，作为一种指导性的力量而在相关过程中发挥作用。在稳定地表现 M 力时，其对心理变换将起到有力的驱动控制作用。M 的自主涌现性的力量又促使艺术家和欣赏者都去自觉地在所看到的信息中将这种力量提取构建出来，使其成为引导人进入美的状态的基本模式，最起码会将其作为在众多信息中选择具有此种特征的信息的基本因素。

（一）M 的不断重复性强化和突显，使其具有了独立自主性

一个模式的重复性表现，使该模式稳定下来，通过形成对应的组织结构或形成稳定的兴奋模式而表现出足够的确定性，表现出高可能度下的自主涌现，保证着其能够以较高的可能性在其他过程中发挥作用。生物体在适应外界环境不断变化的过程中，始终通过表现生命的活性，并因此而固化出 M 的力量。

生命的活性保证着该 M 力保持足够高的独立性的同时，促使其表现出自主涌现性。M 模式不只是在外界复杂的环境作用下，通过联想促使人形成不同的心理和行为模式而优化形成更为恰当、更进一步的结果，而且它本身的自主性会不断地发挥作用，驱使人在当前现有行为模式的基础上，通过求新求异求变的方式，形成新的模式，并从中比较以得到更符合标准的结果。因此，M 模式的自主性会自发地驱动人向更美的方向不断地"进步"。

既然 M 是由生命的活性本征延伸固化出来的稳定模式，它的表现也就通过共性相干而形成了与美的状态在当前这种美的元素上的共振协调。依据 M 模式在美的状态中所发挥的独立意义，我们可以看到，如果以达到协调作为一种基本的模式，那么，在将 M 与这种模式相结合时，自然会产生达到更高协调状态的要求，通过 M 力量的作用能够逐步地达到更加协调状态乃至最协调的状态。这样，在 M 与这种最协调状态——更加全面而深刻的美的状态之间就建立起了稳定的联系。

1. 表达自主

M 力是在生命的进化过程中，由于在各种活动中共性表达而形成的一种独立自主的力量。依据生命的活性特征，我们知道，以生命体内任何一种稳定的模式为基础，都可以进一步地独立表现出活性的力量，能够独立地表现其发散与收敛的力量，也因此而表现出自主的力量。生命结构的自相似性特征又可以使生命体，以任何一个当前模式为基础而形成新的收敛与发散，同时在各种活动中起到期望性引导力量的作用，又会使其得到进一步增强。群体之间的差异以及彼此之间的相互作用，以及彼此之间在该力量模式上所形成的共性相干，又会使这种力量在比较性追求中得到社会性的推崇增强。自然，基于 M 的延伸扩展的力量以及其在竞争优胜结果的"奖励"又使这种力量在无形中被强化。这种被强化的力量在意识状态中更会得到自如的表现。

在 M 模式独立特化出来以后，可以通过外界的力量的激励而使其处于激活状态，也可以通过维持该模式以较高的兴奋度，形成可以自主表现该模式力量的过程——不依靠外界因素的刺激，自主地表现 M 的力量。增强 M 的力量，在更大程度上立足于保证人在各种活动中都去努力地表达 M 力而追求美的境界，本能上表达 M 力，会使人积极竞争、努力拼搏。

生命活性保证着 M 力的独立与特化，使其具有自主的意义。M 的独立特化使其具有了自主涌现的力量，能够自主地发挥引导其他信息变化的控制力量。发挥 M 的自主性的力量，同时又会受到其他事物意义的强势刺激，使其形成足够稳定且强势的兴奋程度，达到让人不得不将其表达出来的动力。这就意味着，在人的身上，只要使 M 达到了一定的程度，便不只是能够在人们所关心的艺术创作过程中表现出来，还能够使其表现在人的一举一动中。在人的身上，表现 M 的力量会成为一个典型的特征。没有任何的功利性考虑，只是单纯地表达人的生物学本能中的 M 力，只是不断地驱使人精益求精、好上更好。

（1）以 M 的力量为基础，表现人的生命活性特征。在 M 力量独立特化以后，人们便以这种模式为基础，将这种模式作为生命体中的一个稳定的"耗散结构"，典型而且持续性地表现其所代表的生命活性本征的力量。

（2）由"偏化"向"均匀化"表现转化。这种过程由于实行了脱离"上下文"相互联系的过程，能够使其由"个案"推广到全体情景，由个别推广到一般，并形成潜在的"可以在任何具体情景中运用"的虚拟性认识，并就真的在其所面对的任何一种环境中加以表现。这种表现，会在原来表现的基础上，同步构建一个更强的"非线性涨落"，既形成原来稳定的模式表现基础，同时构建了跳跃"步长"（力度）更大的涨落，使其"寻优"的范围变得更大，由此而形成概括抽象性更强、适用范围更广的美的状态。这也就意味着，在我们得出了一个依据个体而形成的典型模式时，就会在潜意识中依据其中局部特征之间的关系而将其推广到一般。这也在引导我们需要在一个更大的范围内形成更加本质的抽象模式。

我们独立构建出了 M 的力量，并不意味着只在艺术审美中加以表现，而是要说，这种力量在人的生命的每一个环节、活动中，都能够更加自如、更加典型突出地表现出来。人的生命艺术化，并不是说人在日常生活中去"演戏"、做假、表演，而是要在强化 M 力的过程中，结合当前的生活环境去寻找、构建更好的东西，达到更好的状态，表现更强的功能，不断地探索构建更加美好的生活。美的生活是一个抽象的、虚幻的理念，我们需要将其具体化为每一个情景、环节、因素，通过局部上具体地表现 M 力而一步一步地形成整体的美的追求。虽然这种优化可能会因为我们注意力的变化而有所不同，也可能由于人的个性化而造成对美的不同理解和认识，但由于其表现出了共同的 M 力特征，以生命的活性本征作为基础，因此，就能够通过这种共性追求而表现出对美的更加全面而深刻的追求。这种追求会经过群体的相互作用与共性放大，随之而成为具有社会意义的道德追求与美化指标。这是生命本征的力量，因此，也是人最愿意表达的力量。

　　M 力的自主性影响会促进其进一步地独立特化。只要一个独立心理模式的兴奋度达到一定程度，就一定会以一定的概率而表现出自主性特征，会更加有力地表现与其他部分的差异性，具有独立特化的可能性，便会通过其自主涌现性主动地在各种过程中寻找其发挥作用的可能性，也就由此产生了由该模式出发而表达其功能的过程。

　　2. 联想显现

　　在各种不同的活动中会基于某些局部特征的共性相干而表现出局部相似的力量，这些相似的力量会在更高层次中通过与低层次相似性力量模式的共性相干而显示出来，并能够将不同的过程更加有机地结合在一起。这里涉及 M 力与相关特征建立起稳定联系以后的联想激活过程。一种是根据这种稳定关系，会在某种特征激活的基础上进一步地使 M 模式也处于兴奋状态，通过与 M 力所建立起来的稳定性联系而进一步地强化这种相互激活性；另一种过程则是在 M 力处于兴奋状态时，会将其他的信息模式激活组织为一个整体，并与 M 力一同发挥作用。

　　3. 持续性习惯表现

　　当 M 具有了较高的稳定程度，尤其是人们已经形成了 M 力在各种过程中自如表现的模式后，人们便能够在各种活动中，习惯性地表达 M 的力量。

　　4. M 力的新奇表现

　　持续性地表现 M 力，会使 M 力的稳定性进一步增强，这将会有可能使人因为缺乏新奇而产生疲劳感。此时，这就需要采取不断地引入新奇性信息的措施，维持在创作一部完整艺术作品时使 M 力持续性地发挥作用的状态。此时需要将好奇心与 M 力在分别看作两个不同模式的基础上，通过一种模式的兴奋而控制另一种模式变化的过程。

在人的意识中，我们可以：第一，感悟 M 力表现时的新奇感受；第二，在表现 M 力的过程中，选择和主动构建新奇性的特征；第三，将 M 力与好奇心有意识地结合，或者说在表现 M 力的过程中关注好奇心；第四，利用好奇心的作用，而将这种稳定的模式迁移到其他特征上，从而控制引导其他信息的变化。在持续表现 M 力而达到一定程度时，可将人的注意力转移到由其他因素标准所控制的优化过程中，转化到优化其他环节和过程的差异化构建、比较优化选择上。

（二）影响 M 力发挥作用的因素

虽然 M 力是生命的活性本征，但随着生命个体进化到人的层次，各种因素的干扰越来越强，也内在地影响着 M 力的发挥。具体来看，一是，其他因素的出现所产生的影响，包括出现的其他因素吸引了人的注意力，将我们从对本质问题的研究中摆脱出来；二是，随着劳动强度的加大，会使某些过程的"产品"不能及时地从该系统中排除出去，并由此干扰和降低了该过程顺利进行的强度；三是，随着人们所面临的问题的复杂性的进一步增加，提升了人能够顺利解决的问题的难度，也使人的注意力从表达 M 力上转移开来；四是，这种基本力量在更大程度上隐含于各种美学理论中，人在不能更加明确地认识到这种力量时，便不能够更加自如地运用了。多种艺术形式使人眼花缭乱，要想从中独立特化出这种力量，将会变得更加困难；五是，人的深入思考的能力会逐渐地受到众多表面鲜明的形式化的信息的冲击，这些信息在给人带来表面的新奇感，满足人的表面好奇心的同时，也容易使人失去了探索、思考的动力和乐趣；六是，服务业的兴起，使人更愿意将问题的解决丢给他人，自己会因为迅速地从表面寻找了满足自身好奇心的方式而流于肤浅。其实每个人都应该认识到，人是在解决问题的过程中逐步成长与进步的。我们不能只享受他人所带来的成果，而应该主动地去构建，通过自己的异变构建，寻找出推动社会与文明进步的新生力量。

第二节　M 力与美

人靠自身的力量是不可能接近至真至善至美的圆满境界的,[①] 但由于 M 力是生命的本质性力量,它在生命的各种活动中自始至终地都在表现着,因此,在各种活动中表现 M 力,既意味着在各种活动中具体体现出了美的力量,同时又使我们向着至善至美的境界更进了一步。

一　美就是不断表现 M 的过程

美与人的生命活性是不可分割,与人的日常生活也是不可分割的。人的生命是在与自然界、与社会通过相互作用以达成稳定协调的过程中表现出来的。在人与自然和社会的相互作用过程中,各种稳定的模式都有可能在人进入美的状态时产生足够的影响力。

通过生物进化过程,我们已经看到,在人的生活中,美一直伴随着人的各种各样的活动,只不过是人们没有将其独立地特化、突出出来。马尔库塞就强调对完美的追求与"人"相互作用的意义:"改造了的、'人化'的自然,将反过来推动人对完满的追求,或者说,没有前者,后者就不可能。"[②] 因此,生活美学主张美学向生活回归,不是简单地追求生活中的快感,而是着力于发掘生活世界当中的"审美价值",以美的意义去激发人构建更加美好的生活,提升现实生活经验的"审美品格",提升人形成更高的审美追求(审美品位和层次),努力地增进当代人的"人生幸福",这被认为是非常重要的美学新突破。

但在表征美的核心:M 力的复杂性与时间长的压力下,人会转向表现与之具有密切关系的、以其他特征来表现美的意义的表征方式和手段上。日常生活审美表面化和审美日常肤浅生活化构成了社会审美的主体

---

① 单世联:《西方美学初步》,广东人民出版社 1999 年版,引言第 1 页。

② [德] 马尔库塞:《审美之维》,张小兵译,生活·读书·新知三联书店 1989 年版,第 139 页。

风景。被人们喜闻乐见的幽默式的审美活动，只是贯注了少量的美的元素，便被大肆传播。我们需要明确的是：为了表达某种思想，需要选择最恰当的背景、恰当的人物、恰当的事件、恰当的时间、恰当的场合、恰当的行为如此等。我们所谓的"恰当"一定是在将美的核心力量——对美无限追求的 M 力表现到极致。

在这里，我们不得不说"性"在艺术表达中所占据的独特作用。是的，我们有无穷多的主题可以用于表达美的意义，并与某个美的状态模式建立起和谐共振关系，但人们为什么乐于选择以"性"作为艺术表达的主题？说来简单：第一，因为它受到人们的普遍关注；第二，以往人们的压制又使人们保持对性极大的好奇心；第三，性是人的基本本能，它往往会带来更大的联想，也更容易带来更大的期望；第四，期望越强烈，则对应的满足该期望的追求的力量便越大。虽然我们对此持否定态度，但不可否认的是，在这种特征目标的追求过程中，已经表现出了 M 的力量——在某个方向特征上表现得更加强烈。以美的力量驱动着这种更为强烈的追求。但人们却没有放弃"粉饰"这些追求，人们成功的标志自然地被这种特征所"玷污"，从而具有了"异化"的意义。

当人精力充沛以及创造者人数众多，尤其是差异化的竞争使人们分别在努力地寻找不同表现"舞台"的过程中，对美的不正确的理解便会使其具有了不恰当的运用。人们的追求自然也就会"异化"。那些只为单一地进入美的状态从而体验美的意义的作家，会尽最大可能地描写他们所关注的主题。这本无可厚非，但当进一步地考虑到其作品所产生的社会意义时，便有许多的话题可以由此而展开了。①

现实中，在人们强调自我的同时，往往更容易直接忽略社会性的意义。应当看到，社会性是人的本性之一。社会的相互交往促进了人的进化，社会的信息交往促进了人的意识的复杂化。与此同时，社会的竞争与选择又进一步地突出了 M 力量的意义和作用，并在经过社会和人的反思过程中得到强化，这种强化与个体 M 力表现的共性相干会进一步地强

---

① 郑崇选：《镜中之舞——当代消费文化语境的文学叙事》，华东师范大学出版社 2006 年版，第 89 页。

化着 M 力的力量，使其得到进一步地增强。

表达 M 力只应是其中的一个方面，甚至是最为重要的方面，是要将 M 作为一种独立模式，并促使其与人生命的活性本征相结合，使收敛与发散有机结合。这就意味着，要恰当地表达 M 力，使其维持在一定的程度范围之内。

可以基于以下诸多原因来论述 M 力作为进入美的状态的基本模式：美的本质表现为对美的追求，这是核心地表现 M 力的过程。作为生命活性表现的基本力量，M 是经常表现的过程模式，M 力是生命活性的显化性表现，人们在各种行为中也能够更为经常地构建出这种力量所对应的稳定性模式。表达 M 力在一定程度上可以与生命的活性本征达到更大程度上的稳定协调，也会由此而使人体验到更大程度上进入美的状态而形成的审美感受。在生命体与环境所达成的稳定协调状态中，会使 M 的表现程度达到最大。这也就意味着，通过表达 M 力，可以更容易、更突出地引导人进入美的状态之中。

人对美的研究潜在地表现着 M 的力量。康德从唯心的角度展开研究，已经认识到了 M 的价值所在。康德在《判断力批判》一书中，关于艺术有三个规定性：非自然性、实践性和"熟巧性"。在这三个特征中，实践性和"熟巧性"特征都体现出了 M 的力量。康德指出，任何艺术家都需要通过自己具体的实践活动才能取得艺术创作的成果。实践的力量越强，则艺术品的价值就越高。在这里，"熟巧性"指出，只有通过有针对性地练习，将那些决定其达到美的程度的局部特征稳定地固化下来，节省更多的注意力资源于其他方面，可以使艺术品达到更高的程度。

1. 表达 M 力即在更大程度上与活性本征共性相干

表征 M 的本身，就因为与人生命活性的扩张性模式形成稳定性协调而引导人从这个角度进入美的状态。简单地说，表达 M 力，就是在表达美的状态和美的力量。在我们将这种模式独立特化出来以后，可以更准确地把握该模式的特点和运动变化规律，可以更好地发挥该模式与其他模式相结合时的作用，促使人在向更美的方式探索出更具差异性的模式。M 是一种本能的力量，被人们独立强化，并引导人从其所实施的活动中进行选择和构建，并驱动人向着更加美好的方向前进。

生命在与外界环境的相互作用过程中，遵循着"优胜劣汰"的规律，是由胜利的一方来确定生命个体是在哪个方面有更强的表现的。持续地实施 M 力可以使生命体由不协调达到协调、达到协调程度更高的境界，在一定程度上讲，生命体适应外界环境的程度最终判据是由"由不协调达到协调"模式来提供、选择的。达尔文认为，这是自然选择的结果。基于此，我们直接可以认可：生物进化论所描述的就是生命体在生物学层面表现出来的美的基本力量和规律。优胜劣汰、适者生存，这已经构成了美的基础。因此可以认为，达尔文的生物进化论，就是美学的生物进化论基础。

活性的表现是收敛与发散的有机统一。表现发散、收敛以及发散与收敛有机协调的过程体现出 M 力的作用。力量的展示必然地将 M 力隐含于其中。表现这些力量，就是沿着相应的方向更进一步的意思，这就是在潜在地表现 M 力的过程。发散是为了得到更进一步的、强大的力量，得到与当前不一样的质的差异化的力量，而收敛则是为了迈向某一个"点"。

在将 M 力作为生命的核心本能力量时，我们同样可以在动物的身上看到其是如何表现的。诸如狮子单纯地通过力量而取得巨大的竞争力，并因此而获得更多食物、遗传和生存的机会时，会利用其所获得的遗传的机会而将与这种特征相关的优势基因传递下来。但它们不会单纯而主动地在意识的作用下增强这种竞争的力量，尤其是不能使这种竞争力量通过变异而达到极致。

2. 运用 M 力追求更美

哲学上存在着对美追求的过程和美的极限状态之间的本质性区别。对美的追求可以无限地进行下去，但生命的有限性只能得到有限的阶段性成果。即便是追求的力量是有限的，但如果说追求的过程可以是无限的，我们也能够达到这种无限的美的结果。我们假设整个人类会对美持续不断地努力追求。我们可以不断地表现对美的追求的过程，但将最终的结果表现为状态性特征。

美的复杂性限定了我们只能达到局部美然后再推广到更大的整体中。这种矛盾来源于人的能力有限性与世界的复杂性，尤其是自然界的运动与变化表现出了突出的非线性特征所致。复杂的美能够引导人在美与好奇心有机结合所形成的控制力量的作用下一步一步向更美转化，这种过程在每一步中都能够有效地地显示出 M 的模式。在基于某个局部特征而进入了美的状态时，无论是已经达到了更大程度上的稳定协调，还是由于生命的活性本能驱动我们不断地地表达 M 力而达到更高层次的美，我们都会表现出更大的不满足，便会在 M 力的作用下，从其他更多的局部特征入手展开共振协调的过程，然后再将其综合在一起。

对美的追求是阶段性的。生命在具体的运动过程中，通过发散与收敛的有机结合，形成了"以过程代状态"的基本形态，通过持续性地达到稳定而形成对新环境的适应。活性中收敛的力量使得生命体在发散、扩展达到一定程度时，必然地表现出收敛、稳定的力量。这个过程的反复进行，形成了一种典型的稳定性模式：先发散再收敛。对美的追求呈现出持续的过程，只能在收敛后再扩展发散。我们必定以 M 力过程性表现来表现出生命中对美的追求的力量。

这使我们更加明确地认识到，美是一种过程性的构建过程，不是一个终极性的状态结果。在学习数学分析课程之前，人们只是习惯于特征量之间的关系，但人们在学习极限论时，却认识到，极限是一个过程，而不是一个状态。要想真正地认识"极限"的意义，就必须将状态转化成为一个具体的过程。人们可以运用过程性的结果，而表征这样一个状态。这也使得我们运用复杂性动力学分析研究美学的相关问题时，能够将决定对美追求的过程性力量独立特化出来，而且还能够更加明确地认识到只存在美的相对性特征。艺术的创作过程已经更加明确地表现出了这种力量。基于此，我们就应该更加重视对更美的状态努力追求的力量模式，在其人生有限的时间内努力地追求更美。

在这里，我们需要强调，过于强调感觉层面在表达某种特征标准上的极致化，会通过所形成的强大的刺激而给人带来强烈的美感。艺术创作中更多地使用情感因素，在更大程度上也是基于此。但从活性比值的角度看，还是需要注意"度"的限制。

美的有限与无限的关系决定了只有更美而没有最美。人在对美的追求过程中所得到的只是局部的最美不能是全局最美。我们只能通过追求有限的更美而向那种无限的美一步一步地逼近。我们既不能证明当前我们所得到的是否是全局最美，生命的有限性也保证我们只能在有限的时间内去逼近无限的美。因此，我们得到的只能是在一定范围内的局部最美，我们只能在对美的追求过程中，由局部的美向更大的整体美逼近。从活性比值的角度来看，也应该强调这种差异化构建范围的大小——不能与活性比值的差异太大。

美由绝对性特征表现为相对性的趋势越来越明确。哲学真理的绝对性与相对性的关系已经指出，美是相对的而不是绝对的。当然，没有绝对的美，也没有绝对的不美。正确的认识是：一个事物能够体现出多大程度上的美，或者说，其中所能体现出来的局部的"美素"是多少，以及能够被我们所发现、建构的美的元素是多少。对于一个人来讲，我们首先假设其都具有审美能力，彼此之间的差异就在于能够从当前对象中提取、构建出多少美的元素，在多大程度上能够逼近终极的美。这就已经指出了我们对于美只能通过一步一步地表现对美的追求而相对地将最终的美展现出来。

对美的追求过程，引导着我们关注美由状态结果变为对美追求的过程特征。我们一再强调对美的追求，这就意味着以上诸多特征在表达着我们对美的认识、追求和对美的构建过程，已经将美的相关特征明确地表达出来。但人们往往将这种有机结合的情况隔离开来，只是考虑其中的一个环节，将其他的过程性特征忽略掉。应当看到，过程性的特征本身就不容易构建，在人们习惯于从状态的角度来描述问题时，对这种特征的忽视就是一种必然。如果将过程也看作一个信息模式，这种模式与状态性的美的模式就是两种不同的信息。在认识不到两者之间的区别与联系时，以状态代替过程，就会丢失更为重要的过程性特征。

其实，鲍姆嘉通在一定程度上已经认识到了美的相对性和绝对性的关系问题。"由于形而上学的不完善，每一种人能够加以把握的审美逻辑的真，同只有全知全能才能把握最高的、逻辑的真之间差距是无限大。因为健康的精神即使做出了可敬的求真努力，也不可能达到他自己知道不可能达到的认识；正是因为这样，所以，他就必定会满足于广义的、最高的、逻辑意义上的真当中的无穷小的部分，特别是满足于他能够达到的那些。"① 这是人将自己对过程性特征的感知转化成为了对过程结果的认知。这也就意味着，人们正是由于认识到了绝对真理的不可把握性（未来，不知是何年？）才应该更加关注这种对真理的不断追求，并将这种不断追求的模式固化、突显出来。

3. 在艺术创作中将 M 力明确地表达出来

艺术创作的关键点包含两个方面：一是在通过艺术创作表达人的本性的过程中持续性地表达 M 力以求得更美的含义、情感和最佳的表达方式；二是在艺术品的内在意义中通过与人的本质的和谐共振将人类社会中努力地向上追求的 M 力表达出来。

通过动物学的比较研究，我们可以看出，只有在人的身上，才能受到意识的放大而更加突出地表现出追求"更好"（"更快、更高、更强"、更快捷、更协调、更适宜、更准确、更稳定、更便利、更节省、效率更高等）的基本模式，并且使人能够更加努力地在相关特征上表现出更强的 M 的力量。

由于 M 力作为人进入美的状态的基本模式力量，人在将 M 的模式独立特化出来以后，便会独立而有效地表达 M 的力量，通过与之形成共振协调关系，依据这个 M 力模式的兴奋引导人进入美的状态。一旦使这种力量模式得到更加强势的表现，人就会在该模式稳定表现的基础上，使与之建立起稳定关系的关系性模式也处于激活兴奋状态，并依据已经形成的美的状态下各种模式之间的稳定协调关系而引导人在更大程度上进入美的状态。当然，在此过程中，会有较大的可能而受到其他因素的干扰和影响，减弱人进入美的状态的"力度"。

表达 M 体现着对美的艺术品的构建过程。M 力表现得越强，表达着艺术家在以某项标准引导艺术创作朝着特征指标所限定的"更美"的方向做出更大的努力，意味着艺术家凝聚在艺术品中的这个方面的"劳动"就越多，艺术品中反映出来的美的元素也就会越多、越深刻，所产生的美感也就越强烈，艺术品的价值就会越高。

从这里就可以看出，艺术创作是艺术家在其力所能及的程度上，为

---

① ［德］鲍姆嘉通：《美学》，简明等译，文化艺术出版社 1987 年版，第 90 页。

了达到"最美"（局部"最美"）而做出的努力。强化这种对美追求的 M 的力量模式，不断增强 M 模式的自主涌现能力，不断提升 M 力模式的兴奋程度是其中一个重要的环节。如果仅仅以最终的美的状态来培养学生的审美能力，是远远不够的。要通过艺术教育，引导人们掌握与 M 力形成共振协调的方法，能够更加自如地运用 M 力的有效作用，有机协调各部分之间的联系，运用 M 力而形成对更美的不断追求。即便是如丹托（Arthur C Danto）所讲的"艺术的终结"，也只是某个流派的终结和新的艺术形式的生成，但决不意味着缺少了 M 力的强力作用。①

4. 运用 M 力进一步地扩展 M 力

在使 M 力达到更高的稳定性、兴奋度时，可以依据其自主涌现性的力量而在任何一个过程中自由表达；同时，还能够以该模式为基础，迭代性地表达生命的活性本征，由此形成该模式的扩展性表达，从而引导人从这个角度扩展联想性地在更大程度上进入美的状态。

在以 M 力为基础，将 M 力作为一个独立稳定的模式时，生命体会自然地在 M 力模式的基础上表现出生命的活性：发散与收敛的有机协调，基于 M 的发散性力量，使 M 进一步增强、建立更多的特征与 M 的关系的过程等。基于 M 的收敛性力量，则会表现为以其他各种不同的信息为出发点，以从中发现 M 力的表现的过程。尤其是在将 M 力作为一个稳定的模式时，运用意识的多层次表现，能够通过非线性反馈而使 M 力得到强化。以当前的 M 模式为基础，通过发散而形成扩展性的模式，会引导人在该扩展后所生成的模式的指导下产生新的行动，进一步地在各种活动中促使人表现出对在某个标准上沿着"更好"状态变化的方向形成追求的基本行为。

生存的优势选择决定了 M 所形成的对"更好"状态追求的方向，又通过这种结果的有效增强反馈性地强化着 M 的力量。M 力会突出地表现在两个方面：一是 M 力作为生命活性的自然表现；二是通过生存的进化选择强化了这种自然表现。只要在人的心理和行动过程中表现出了 M 模

---

① ［美］阿瑟·C. 丹托：《艺术的终结之后》，王春辰译，江苏人民出版社 2007 年版，第 41 页。

式，就一定在表达着人对更美状态的追求——与更美的状态在更多的局部特征、关系特征上达成共性相干。

5. 运用 M 力探索更美的意义

在我们建立起 M 力与美的内在联系时，只要表征 M 力，就会通过 M 力的表现而进入美的状态，并通过与其他状态的差异而形成美感。在略去这些中间过程时，我们认为，只要表征出了这种追求的力量，也就具有了美的意义。从另一个方面来看，生命体就是这种不断地表达生命的活性本征而优化选择出更加适应的个体，即不断地表现出"由不协调达到协调"的模式的。对外界环境的刺激形成更加稳定适应的过程，就是构建更美的过程，就是在表现 M 力的过程中，通过"由不协调达到协调"而在诸多可能的模式中选择能够取得更大协调程度的模式的过程。从本质上讲，不断地表现 M 力，即不断地促进着生命体"由不协调达到协调"、由小程度的稳定协调向更大程度的稳定协调的方向迈进。

在将协调程度作为一个基本指标时，对更高协调境界的向往将作为一种稳定的模式而在人已经形成的美感中占据重要的地位、发挥重要的作用。

在假设优化是生命体的基本力量时，我们就会认可生命的进化规律，也就意味着生命体会朝着不断优化的方向持续性地进化。

（1）表现这种"更"的模式时，即表现了美。无论以哪个方面的特征标准作为获得竞争力的基本判据，都在表达 M 力的意义，生命体就是在这种比较选择的优化过程中逐步进化的。生命进化本身就是一个动态的比较优化的过程。人们会在日常生活工作的诸多方面，将 M 的力量和意义表达得更加充分。M 力冲量越强，则形成的更美的程度就越高。

（2）通过诸元素，引导人构建更恰当的意义。一种局部意义能够与某个美的状态中的某些处于兴奋状态的美的元素建立起和谐共振关系，成为引导人进入美的状态的基本因素，使人能够从这个角度体验到进入美的状态时的特殊感受。而我们所需要的则是能够利用有限的信息引导人与更多的美的元素建立起和谐共振关系、与更加本质的生命活性本征建立起和谐共振关系，将那些不利于这种和谐共振关系建立的相关特征排除出去。因此，在人们想要表现某种意义时，需要通过构建诸元素以及彼此之间的时空关系，从中做出恰当的选择，这样做，将使人能够更恰当地体验到更深层次的相关意义。

（3）通过诸元素，引导人更恰当地体验情感、情感的变化。人的情感作为生命活性本征的重要方面，能够成为引导人进入美的状态的基本力量。由于情感所具有的更加强烈的易感受性特征，人们往往会将情感作为表达美、感受美的基础。正是由于情感的易感受性特征，才使美学家们更加关注情感在美中的地位与作用。通过后面的研究我们将看到，情感模式仅仅是人的生命活性本征的一个方面，通过表达情感而引导人进入协调程度更高的美的状态时，也需要依据情感模式与其他美的元素之间形成更加紧密的关系。但由于情感会在各种情景中表现出来，受到更多其他因素的干扰，表达情感并不一定能够更加有效地引导人进入美的状态。因此，就需要强化与其他更多的美的元素的和谐共振。比如说，人们在小说的创作过程中、在诗歌的创作过程、在通过舞台和影视作品表达美的过程中，人们都在寻找如何才能表达情感中的生命活性本征，在诸多可能的模式中选择与生命活性本征的情感成分更加协调的外在客观信息。在这里，寻找情感的恰当表现的过程，就需要以情感的恰当表现为标准而表达 M 力了。

M 力在美学中的意义与作用，需要得到重复性强化，尤其需要从意识的角度主动加强。

二　由不协调到协调体现 M 力

（一）在由不协调到协调的过程中体现出 M 的力量

我们需要强调，表征活性本征就意味着表达生命本质的稳定协调状态。追求更加协调的力量本就是生命活性的基本力量。对美追求的力量与生命活性中的扩展性力量具有更强的相关性。即使这种力量没有成为一个具有某种意义的独立模式，它也会成为控制各种信息在大脑中实施变换的基础力量。因此，在生命体内的任何过程都会自然地表现出这种模式的力量和意义。在其被独立特化出来以后，这种意义便更加明确。人们会更加自然地表征这种力量，通过将其独立突显出来，使人更多地体会到与生命的活性本征更加协调的意义。

这里的关键就是，我们将如何由表达生命的活性本征力量。收敛与发散以及收敛与发散的有机结合是生命的活性本征的基本力量。在生命体活性本征力量的作用下，生命体表现出了特有的结构和功能。由于这种力量是生命的活性本征中的基本模式（力量），在与外界事物各种各样的相互作用中时刻都会表现这种基本力量，由此而形成与各种情景相结合的行之有效的行为模式，并促使生命体形成了复杂的结构。与此同时，生命活性的自相似性特征还决定了，我们能够以这种生命的活性本征作为一个基本的模式，迭代性地对其实施活性的本征力量，在这种表现生命活性本征的"自反馈"过程中，表达着强化后的生命的活性本征。

单一情景的反复出现，单一情景的长时间稳定，就会形成单一情景的"高冲量"作用，会由于活性本征力量的较长时间兴奋而逐步地形成具有优化力的基本模式：具有自主性的 M 力。尤其是 M 力作为美的一个基本元素，对进入美的状态具有核心模式的作用。对美的追求相当于在持续性地表达 M 力的过程。此时，会通过表现 M 力而形成"正反馈"作用——追求更美，使 M 力表现得更为充分，其在引导人进入美的状态中的作用就越发重要。追求美，就相当于在相关的过程中使其表现得更加强势。对美的追求，可以使 M 力变得更加突出和有效，也使之迅速地成为被人们所关注的核心品质、不可或缺的基本力量，具有较高自主性的关键模式，能够在各种活动中有效地发挥作用。

我们要注意两个环节：一是在美的状态中持续不断地表现 M 的过程和结果；二是对美的追求在于表现 M 力。也就是说，当我们追求美时，就意味着在追求美的过程中表达 M 力的作用，从这两个环节之间的关系来看，就相当于形成了对表达 M 力的正的相互作用，两个环节会因为共性地表达 M 而形成共性相干，这就意味着，在我们追求美的过程中，会使 M 的表达更加有力。在这种力量的作用下，人也就会更加有意识地追求美。

由不协调到协调并不是绝对的。这是由一个过程具体渐近表现的过程。生命体通过表达生命的活性本征而逐步地达到与外界环境越来越高的稳定协调。这个过程进行的时间越长、重复的次数越多、强度越大，在人的进化过程中被独立表现出来的可能性就越大。

从原来的不协调到更加协调的过程中，表达出了进入美的状态的不同程度的过程。在达到协调状态时，人会通过与不协调所建立起来的关系而感受到协调后的特殊感受——美感，也因为这种稳定协调的关系而赋予与这种状态建立起稳定联系的相关因素、事物以美的意义。既然人是在不断地追求更美的过程中才能达到这种结果，那么，人就会在此过程中更为典型地体现出"更"——M 的力量。达到协调的程度越高，体现出来的 M 的力量就越强。实际上，在与复杂的客观相联系时，我们所关注的是促使机体达到与外界环境完全协调的过程。无论是内部不同的活性本征之间的协调，还是在环境作用下所达成的与外界的稳定协调，此时，由较低协调程度到达完全协调状态时，这两者之间的距离就具有了足够审美的意义了。

（二）由不协调到协调与对更美追求的内在联系

1. 达到"更"加的协调的状态

在由不协调到达协调的过程中，体现了"更"的特征——与更多的活性本征模式共振相干。由"更加协调"赋予人以美的感受，也将这种"更"的力量独立特化出来。

在我们习以为常的行为中，充分体现出了 M 的力量，使我们能够在意识层面独立地认识 M 的意义，并能够促进其更好地在各种心理变化过程中发挥应有的作用。一件艺术品，能够更加专注于与更多的活性本征模式的共振相干，从单一的角度讲，所引起的协调程度的变化就会越大，在艺术品中所表现出来的美的程度就会越高，使人产生的单一的美的感受就会越强烈。由原来协调程度很低，通过在美的模式刺激下激发联想出更多的和谐共振模式，并进一步地达到彼此之间更高的自组织协调，表明此时的 M 的力量会很强。也就是说，由原来与较少的活性本征模式的共振相干——协调程度低，达到与更多活性本征模式的共振相干——变化到较高的协调程度时，这种协调程度的变化，可以决定生命体所能够表现出来的 M 力量的大小。在此过程中，距离达到全部因素的共性相干的差距，会在美感中起到更为重要的作用。因此，从美感的角度将更加直接地体验出 M 的意义。

由不协调到协调而赋予客观事物以美，这种过程就与由优胜劣汰所形成的对美的追求具有内在的逻辑关系。是竞争形成了优胜劣汰，是美的模式赋予其判断选择的标准——哪个更美，便选择哪个。通过由不协调到协调而形成愉悦性的感受，在由不协调到协调的完整过程结束以后，与该完整模式相关的诸多因素、事物等，都会与该完整模式建立起稳定的相互激活关系，这就意味着，当这些模式处于兴奋状态时，更容易使人将所形成的稳定协调状态也处于兴奋状态，此状态的兴奋已经表明人已经进入了美的状态（即使是部分进入，也算是进入美的状态），与这种稳定状态建立起确定性关系的外界事物，也就能够有效地使人联系性地由其他状态进入稳定协调的兴奋状态之中。这也就明确地指出了，当前具有此种性质的外界客观已经具有了美的意义——使人能够在一定程度上进入美的状态。与外界环境达成稳定协调，会有诸多确定性模式的兴奋表达。但在经过人的意识的选择的过程中，有可能只是选择其中很少的几个主要模式兴奋。因此，自然涉及由少量的因素的和谐共振如何达到更多数量因素的和谐共振的逐步强化问题。在此过程中，运用 M 力使生命体达到了与环境在更大程度的稳定协调，并由于与 M 力形成稳定的关系而进一步地促进增强达到这种稳定协调的程度，也因此会有更大的可能使个体具有更强的竞争力。

2. 与"更"准确的状态协调

生命体通过表征生命的活性模式而由不协调达到稳定协调的状态。在协调状态赋予生命以美的意义后，表征生命的活性模式也就与美的状态建立起了更加明确的关系。受到各种因素的影响，生命体所处的状态同先前所形成的与外界环境的稳定协调之间会表现出不同程度的差异。在差异达到足够大的程度时，人会在生命活性本征模式的作用下，持续性地表现收敛的力量，向着稳定的协调状态进一步地转化，或者形成一个新的稳定状态。每转化一步，都会产生每一步的快乐。

这种过程，尤其是会受到人的意识因素的影响。由于意识具有更强的扩展性，生命的活性本能会在人的意识状态中得到更为广泛、发散、自由的特殊表现。在意识层面表现收敛与发散的协调关系时，会表现出与生理状态有很大不同的特性。根据意识的特征，信息之间具有更强的发散性。因此，意识层面所表现出来的活性关系与生理状态之间的活性关系会在程度上表现出很大的不同，这种独特性恰好可以作为人与其他动物区别的基本关系。单纯从收敛与发散两者在量的表现的差异和生命比值表现的角度，就可以看出人与其他动物的不同。

3. 表现出对协调状态的进一步追求

随着生命的进化与复杂化，在生命活性的扩展与收敛本征力量的共同作用下，生命体会在与特殊环境的有机结合过程中固化出多种多样不同的活性本征模式。在我们通过活性的"离散"方式来看待这个过程时，就会发现，生命体会在局部的活性本征与外部的局部信息之间形成局部的稳定协调关系，会随着生命体的适应性进化而使外界环境形成与生命的活性本征模式的非一对一关系。在我们描述与生命的活性本征达到稳定性协调而进入美的状态时，意味着与所有的活性本征都达到稳定性协调，显然，具有这种特征的外界客观事物在以变化作为核心特征的环境中是不存在的。不断变化的外界环境促使生命体形成一系列变化着的与外界环境的稳定协调状态。由于生命体内任何的模式都将在大脑神经系统中留下痕迹，原来已经形成的稳定协调状态并不会随着新稳定协调状态的出现而消失，而会有效地记忆在生命体丰富的大脑神经系统中。神经系统越复杂，记忆的这种以往的稳定协调状态的数量就会越多。因此，当前外界客观有限的信息量只能激发有限的活性本征处于兴奋状态，从而达成与生命的活性本征（全部）在一定程度上的稳定协调。这就需要我们不断地构建与生命的全部活性本征的稳定性协调，从而更有效率地表达生命的活性本征。

由不协调到协调，一步一步地体现出了 M 的力量：由当前的协调程度较低向下一步的协调程度较高变化。这一切的逻辑起点在于：第一，资源是有限的；第二，生命的活性力量会导致扩张的无限进行；第三，无限的扩张必然导致对资源的争夺；第四，存在争夺就存在选择；第五，争夺就存在一种优胜劣汰的选择——竞争；第六，争夺在选择竞争力强的个体的同时，也选择了竞争的方向：沿着哪个方向增强使其具有更强的竞争力；由此便可以看到，竞争才是生物进化过程中选择的核心力量；第七，稳定协调是美的状态，那么，由不协调达到协调便生成美的意义（进入美的状态、产生美感、建立美的状态与外界客观之间的稳定联系、赋予外界客观以美的意义等）；第八，在稳定协调状态才能更加有效地表达生命的活性本征力量。生命活性的本征力量的兴奋性表达与美建立起了关系，具有了确定的对应关系。

一是，由不协调达到稳定协调，人们将这种过程和结果称为适应，我们也将这种适应后的稳定协调状态称为美的状态。由不协调达到稳定协调的过程，就是由非美的状态进入美的状态的过程。

二是，生命体之所以要追求适应环境的过程，并不是以此作为目标来追求，这恰恰是生命活性中收敛与发散有机结合的必然的动力学结果。生命体同时表征着收敛与发散。发散会作为一个模式稳定地存在着。发散的结果往往具有不确定性，因此，单一地表达发散的力量，在生命体内不能形成一种稳定的结果。而由收敛所形成的结果具有更高的稳定性，可以使其更长时间地发挥作用，更长时间地展现这种状态结果。生命体不断地在与外界环境的适应过程中构建生命活性本征力量的恰当表现，生命体也由于这种稳定性而构成了进一步地活性表现的基础，或者说，从另一个角度促进生成了其他方面的发散与扩展。可以认为，并不是生命体在追求对环境的适应过程，而是其追求保持长时间稳定协调所形成的必然结果。

三是，生命体通过表达活性本征而选择构建了最终的适应状态。非线性与非均匀性的结构和作用，促使生命体形成了非均匀化的结构组织。生命体以在任何一个部分、组织、器官将表达生命的活性本征作为其基本特征。在现有稳定组织结构基础上表达活性本征，意味着机体组织在展开新的构建，这必然地促进生命结构越来越复杂。无论是表达发散的力量构建更多的差异化个体，还是表达收敛的力量构建稳定的组织和结构，其结果是通过自然的选择过程而形成稳定的结构。如果外界环境对机体仍有足够的刺激，意味着机体内部还没有形成对该刺激的稳定性反应模式，那么，机体结构就要通过内部活性本征力量的作用而产生进一步的变化。这就意味着，在外界环境的刺激作用下，生命体通过表现活性本征（收敛与发散的有机统一）而不断地形成新的组织结构，当生命体通过不断地调整生命比值，通过综合的过程，使生命体所能感受到的外界刺激缩小到一定的程度，使外界刺激最终被限定在某个区域内时，就会在外界环境作用下，在某个指标控制的基础上，比如说在能量消耗达到最小的标准制约下通过表达更高的生存能力形成稳定的结构，从而形成对外界环境的稳定协调适应。

我们之所以说生命体适应外界环境的过程是一个综合性的过程，其原因就在于：生命的适应过程是复杂的，在我们关注生命体沿着一个特征（结构的、功能的）增长的同时，必然地使其他方面的结构特征相对地减小。生命体在某种因素上增长的同时，对其他因素的关注度（分配给的物质、能量和信息）自然会减小。生命体并不只是沿着单一的特征方向的变化，生命活性本征的恰当表达保证着在复杂的外界环境作用下，能够在诸多因素同时存在的情况下保持在一个综合性的恰当"位置"。内部各组织结构彼此之间的相互协调性也会制约着这种力量的变化，最终会以符合收敛与发散所形成的保证生命处于"混沌边缘"的相互协调的状态为标准。

四是，适应以后，生命体也就意味着能够以更小的资源消耗，稳定地生存与发展。生命体在由不协调达到协调的过程完成以后，在一定程度上进入美的状态，并由此而生成美的快感。生成快感是由于适应了新的环境刺激，达到了一定时间内的稳定协调。此时，生命体就可以按照同化与顺应的过程而节省出更多的资源。即使是为了不排除更多的不利因素（剩余的有害物质），也足以使人感受到快乐了。

五是，将终极的美转化成持续地表现 M 的力量。

歌德写道：

> 一切消逝的
> 不过是象征；
> 那不美满的
> 在这里完成；
> 不可言喻的
> 在这里实行
> 永恒的女性
> 引我们上升。[1]

---

[1] 梁宗岱：《诗与真·诗与真二集》，外国文学出版社 1984 年版，第 62 页。

美的力量植根于人性的深处，但在人的一举一动中发挥着关键性的力量。1832 年，81 岁的歌德，在完成了他苦心经营了大半辈子的《浮士德》之后，写下了这首《神秘的和歌》，以一种满意和感激的心情，赞颂着 M 的力量。歌德讲到了美的不完满，同时也通过自己亲身的体会表明了更美的状态就是通过不断地表达 M 的力量而逐步完成的。只有持续地表达对更美的追求，才能达到更美的结果。

（三）表达 M 从而达到更加协调

我们纠结点在于：即使我们承认"由不协调达到协调"而进入美的状态并由此产生美感，那么，为什么还会存在人在重复性地从事某项工作的过程中，不断地进行着差异化构建以探索最优的应对模式的过程？虽然生命的本质在于收敛与发散力量的稳定协调，但在外界环境作用下，并不意味着在当前环境中能够最有效地表达生命的活性本征（相关的模式和使模式达到相应的兴奋程度）。与生命的发散性本征模式和谐共振而使其处于兴奋状态，意味着能够从这个角度进入美的状态，但当我们以非最有效的方式表达发散性本征力量时，自然会不断地产生差异化的结果。

在达到稳定协调的过程中，本能的力量表现得最为突出。之所以会选择这样的模式表达，完全是自然选择的结果。"由不协调达到协调"就是在这种力量的作用下形成的。因此，我们应该先认可这种力量，认可"由不协调达到协调"而进入美的状态，再由此而形成对此过程的"正反馈"。这样两者之间便建立起稳定的联系，从而使这种联系形成稳定的"反馈环"，以保持这种模式的稳定性自兴奋。

由此，我们可以得出这样的具有逻辑性的转化关系：由于生命体以耗散结构的形式表达其稳定性，形成适应就意味着生命体在与外界环境的相互作用过程中达到了动态稳定。表征 M 就意味着促使生命体能够最有效率地表达着生命的基本力量，也就意味着与生命的活性本征更加协调；寻找更多的与其相关的局部特征相同（相似），意味着在寻找通过更多局部特征的和谐共鸣以达到更大程度的协调稳定，也使这种力量能够得到更有效的发挥。在表征 M 的过程中，是根据能否达到更加协调的程度作为判断标准的，这就意味着通过不断地表达 M 力，就会形成不断优化的选择，也就驱动着当前的生命状态由不协调向着更加协调的方向前进。形成协调的过程本就是生命体在寻找恰当表达其生命活性本征力量的过程中逐步形成的。达到协调时，诸多因素自然地就成为与"达到协调"时的状态感受稳定相关。通过 M 力的表达而形成稳定联结，通过其他模式的激发兴奋而使更多的活性本征也处于兴奋状态，以此达到更大程度上的协调。基于生命活性而特化表现的 M 力，使人通过扩展形成期望及其满足的表现，可以更加多样而完整地表达出由不协调达到协调的基本过程。

1. 人们会将这种追求的过程作为一个稳定的模式

当这种模式固化下来后，通过表达其独立的意义，便可以在一个新的关系层面上对其展开新的构建。最起码伴随着这种新元素的出现，会在人的心智结构中构建出更多的差异化信息，在形成一个新的动力学系统时，一方面将其独立性表征得更加明确；另一方面则在与其他事物的相互作用过程中，充分地表现其固有的力量，引导其他事物的信息发生变化。

2. 当人在意识中对活性本征形成更大的干扰时，表征活性本征变得更困难

各种信息进入人的意识空间，会对人的心智及其变化产生足够大的影响力，使人在相关的环境因素作用下，更容易地偏离原来所形成的稳定协调状态，并通过与稳定协调的美的状态的联系而使人产生相应的审美感受。受到美的状态的愉悦性感受的影响，人们会将自己的注意力更加集中到对美的研究过程中，更加关注如何在工作生活中提升人建立当前外界环境（信息）与人的活性本征相协调（人们习惯上称为发现美）的能力。

三　弥补不足也是对美的追求

弥补缺陷，克服缺点，解决问题等方法，虽然不足以使作品达到更加"完美"的程度，但可以提升其在人内心的美的感受，而不是增加丑的感受。在这样一种力量的作用下，人们也会将丑的模式或者说是将否

定性的模式作为艺术表达的主题。汉斯·罗伯特·耀斯（Hans Robert Jauss）关注强调否定性的意义，指出否定性也能够成为艺术的基本特征："但是，当否定性超越了一种传统所熟悉的视域，改变了和世界的既定关系，或者说打破了流行的社会规范时，否定性也就是在艺术作品的生产和接受的历史过程中成为艺术的特征。最后，否定性在审美经验的主观和客观两个方面都留下了标志。否定性包含在康德的'审美的无利害性'这一否定公式中。这一公式意指的是'自我与对象之间的距离，即被称为审美距离或深思时刻的快感生活中的间隙。'"① 在此过程中，"汉斯·布卢门伯格用人类学的模式来解释人们为什么可能对客观否定性的事物进行审美享受，而这些事物乍看上去似乎是'不可享受的'（诸如：丑陋者、可怕的事物、阴险毒辣者或畸形者）。这儿，如果所享受的不是客体的令人震惊的否定性，而是主体自身官能（被那些客体所影响）的纯粹功能的话，那么，审美快感就有可能出现"②。

　　当人们在看到其创作的艺术品还不能达到"完美"的状态以及程度时，能够敏感地觉察到与"完美"的差异（此时需要充分地发挥好奇心的力量）。这种不协调，有时被人认为是缺点、不足，有时会被认为是丑、是恶。由这种状态向稳定协调状态转化，是达到更美境界的基本方法，而否定这种特征的存在与作用，也是引导人进入美的状态、体会更强的美感的基本过程。将这种感受明确地表达出来时，就会将其作为进一步展开新的创作的基本出发点，然后在活性收敛力量的控制指导下，形成弥补这种缺点和不足的动力及行动。

　　人们往往习惯于用"超越"来表达这种新的构建。但实际上，"超越"并不是说否定原来的一切，而是在原来基础上展开与当前有所不同的新的构建、新的创新，并在比较判断和优化选择的基础上将更美的东西留下来。否定原来的实践，并不意味着否定一切、走向虚无、走向形式。否定原来的理念，是在看到原来的片面、混乱的基础

---

　　① ［德］汉斯·罗伯特·耀斯：《审美经验与文学解释学》，顾建光等译，上海译文出版社1997 年版，第 18 页。

　　② 同上书，第 45 页。

上，在原来理念基础上的更美的构建，是要否定原来理念中局部（甚至是整体）上的缺点、错误、不足，达成更好的整体性理念，而不是"一棒子打死"。

在我们对美学新的表征中，已经不存在绝对的"二元逻辑——'1'或'0'"——要么是正确的，要么是错误的，而是转化成为以诸多局部美的元素特征所形成的集合为基础的概率逻辑、程度逻辑、模糊逻辑关系。在通过消除缺点而达到更美的过程中，会涉及这样的问题：一件原创性艺术品可能会存在若干不足之处，而随后的模仿品在认识到这种不足（有可能是其他的艺术评论家已经指出）以后，采取优化的方法消除了缺点和不足，构建出了更美的作品，在这种情况下，哪件艺术品的价值更高？这其中涉及的问题：一是作品的原创性程度；二是美不只是形式上的，哪件作品能够激发出来更加深刻的美的元素，哪件作品的美的意义更强；三是优化的程度。我们认为，当模仿品的优化处更多，甚至已经达到足够高的程度，或者已经超出了原创与模仿所产生的负面影响时，就已经具有了足够的原创性意义。

当人们由不美向美、由低层次的美向高层次的美、由不完美向完美的追求转化时，我们能够看到通过对美的追求所表现出来的 M 的力量。当我们站在一个更高的位置，比如说，我们已经达到完美（相对的高峰）的境界时，再反过来看待还没有达到完美境界的人或事物时，有时会自然地产生一种悲悯的心态。人们常常会将自己装扮成"上帝"，以上帝的心态看待世间百态。在充分认识到自己比他人优越时，便会更加自如地利用这种优越的力量而进一步取得更大的超越。这是一种通过 M 力而表征超越过程和结果的力量。由于自己（包括心态和追求）身处高位，因此，便不自觉地对不如我们的他人产生悲悯的态度。能够以自己的优越感来对比他人，设想他人也能够达到我们这个的境界，而看到他人目前却不能处于我们这种状态时，悲悯的心态便油然而生。可能目前我们还不能讲清楚这其中的若干环节，但我们可以明确地感受到这种悲悯的心态。因此，审美表现的是超出日常现状，并有力地推动现实向着更美的方向砥砺前行。

四　M 模式的力量作用指向性

在我们单纯地考虑 M 力的作用时，却并没有明确地考虑 M 的作用方向。M 力量的指向性可以由此而成为审美价值与审美判断的基本依据，M 力量的方向代表着人们的追求与向往。我们一般都潜在地假设：M 力的指向一定是"更美"的方向，因为这种更美符合生命进化成长的方向。M 力量的指向性与 M 力量的大小一起，组成了向"更美"（与更多的美素共振协调、与更加本质的生命活性本征相协调等）转化的基本模式。的确，在生物进化的自然选择之下，生命体准确地表达出了表达 M 力向更美的方向逐步进化的基本过程。但就每一个个体而言，并不能保证在每一次的活动中，都是以向更美的方向转化的。从生命发展的动力学的角度来看，在我们达到局部最小时，有时甚至需要从这种局部最小通过"退火"的方式，先回复到更低点，然后才能进一步地寻找到更高点。从等概率的角度来讲，我们也需要研究生命的进化为什么将某个方向作为 M 力持续表达的方向。

心理学的"态度"早就研究了这个问题，也在一定程度上表明了 M 力模式的指向性。从根本上讲，使客体朝着某一个所选定的方向是进一步增强还是减弱，则由是否有利于生命的进步与发展来具体确定。由竞争所形成的优化选择，将会集中在这些特征上。基于生命的进步与发展，人们指出的对世界的看法与理念、态度与情感，以及由此所具有的心理背景，都在一定程度上表征着 M 的方向性特征。那些能够使生命体的进步与发展的适应能力得到强化，促使其竞争力得到进一步增强的方向，便会与 M 力形成有机联系。

印象派艺术作品能够在更大范围内形成更强的概括汇总。印象派所表征的是在一定范围内意义、色彩、形象、结构等外部艺术元素的"重叠"，在此过程中，艺术家又会进一步地追求其内心抽象后的意象、艺术家内心更美的意识存在和向更美的状态的转化与追求，使得抽象艺术作品显得"更纯"，那些表征各种具体的模式，会在这种抽象过程中被逐步弱化。此时，艺术家所描述的就是能够既基于当前的具体事物，但又是众多同类事物概括总结后的、具有一定抽象性的具体形象。

（一）M 模式指向性的意义

进化会使生命活性的指向形成一定的控制的力量，会通过竞争而选择那些对生命的稳定、进化与成长有利的方向。当我们固化出 M 模式以后，它会表征一定的力量，有利于机体的稳定与成长。在这里，稳定是一种基础性因素。基于稳定的扩展性力量，虽然在一定程度上体现出了成长的力量，但成长还只是一个次要的因素。在研究这一问题时，我们的出发点是"等概率原则"——假设从某个初始点分别朝向不同方向转化的机会（可能性、概率）是均等的。从等概率的角度来讲，从某一个基本稳定的状态出发，可以沿着某个方向向着进一步增大的方向转变，但也可以沿着相反的方向转化。在沿着相反的方向转化时，会回到较早前的稳定状态。由于当前的稳定状态是从较早前的稳定状态增大而来，而当前的稳定状态与较早前的稳定状态相比，具有更强的竞争力，回复到较早前的稳定状态，自然也就意味着降低了竞争力，不能取得更强的竞争优势，自然就会被淘汰。在回复到原来的方向上时，生命体本就是在原来方向的基础上朝着进化的方向前进而被优化选择的，回复到原来的方向上，会通过比较而表现出使竞争力降低的情况，那么，这个方向的 M 力表现自然就不被优化，因此也就不会被竞争而选择。方向的选择便由此具有了偏化性。这种自然选择，会不断地增强着沿着某个方向进一步发展的力量。

第一，当我们以收敛和发散作为基本模式时，M 力的作用便促使我们朝向收敛、发散的方向做出相应的变化，或者说选择具有更强的收敛、发散性特征的模式。生命的进化便会在这个过程中做出强化性选择。

第二，朝向增大的方向，朝向与增大相关的方向。这里涉及生命体本身的状态、差异和通过竞争所形成的优化选择。

第三，通过好奇心将所表征的差异性特征进行描述，再从中做出选择。显然，由于好奇心在人的意识中生成了差异化构建的基本过程，才有了进一步的比较优化的过程。这种比较优化的选择，也就能够确定出 M 的指向。

第四，当我们选择了一个指标以后，生命体会朝着该指标的局部极大（取极值）的状态转化（进步）。也就是说，它始终驱使机体向着某个指标所给出的极值方向进步。而这种极值以某种内在的联系（无论是形式上还是内容上），使其状态与人生命活性的基本状态更好地协调。受到好奇心的作用，这种沿着某个方向变异的力量也会保持一定的程度。

在艺术创作过程中，如果将人的追求作为一种基本特征，单纯地表达这种追求本身，就已经表达出了相关的意味以及 M 的力量。也就是说，此时我们表达出来的就是以 M 的力量所展示出来的与美的状态在更大程度上的和谐共鸣关系。它是以我们的追求来表达增强的 M 的力量，这也就意味着，我们可以创造（作）出更能体现我们的追求的艺术品。

在这里，我们的追求被当作"美"，更能体现、强化追求的意味，也就是说我们在表达对更美的构建时，艺术品的标准便又具有了新的意义：更好地表达我们的追求。这种美学观念和特征在中国古代画家那里能够得到明确地体现。艺术家们追求与自然的和谐，表现自己对"天人合一"的准确而深刻的理解。我们自然也可以将追求本身作为一种独立的模式来固化、意识化，并成为我们行为的一种指导。

（二）非线性偏化选择的美学意义

在活性状态中，存在着收敛与发散力量的作用，尤其是还存在着往哪个方向收敛、往哪个方向发散与扩展的不确定性问题。在生命的进化过程中，突出了 M 力的方向性表达。我们不能只看到 M 的促进力量，而不考虑其是在往哪个方向促进。虽然表现发散，总是意味着促使其得到增长。但当 M 力与具体的特征、功能结合在一起时，便会由于生命的遗传选择过程而具有恰当的方向性：能够保证其更加适应的方向，是 M 力恰当表现的方向。

在生命体内，时刻表现着通过正反馈而放大生命活性本征力量的过程。一是生命活性中存在着不断放大的力量。因此，生命的进化过程表征着这种力量。一方面表现了这种力量会向 M 转化，另一方面则稳定地成为生命的本质。二是当其以足够强的稳定性而确定地表达时，人们通过持续地表达这种模式，由此而形成扩展，并在扩展的基础上形成收敛。从另一个角度看，人们就是在追求这种模式，自然选择会强化这种选择的优势，长时间地从事这种建构过程，会形成偏化追求。从非线性动力学的角度看，将会引导我们追求更加本质的力量。

1. 只有非线性才存在非对称选择

非线性科学已经揭示：只有在非线性因素中，才存在"对称破缺"，也就意味着只在另一个方向上出现新的稳定状态（出现新的吸引子，从而可以使系统由当前的稳定吸引子通过非线性涨落跃迁到新的稳定吸引状态）。①

2. 通过群体选择，表现出了非线性选择的力量

在非线性系统中，形成了多种不同的差异化的稳定状态，但这些稳定状态并不具有同等的吸引力。生命体处于这些不同的"稳定吸引域"时，会具有不同的适应能力。我们只是强调，这种不同和偏化性构建，就是非线性特征所造成的。

3. 通过意识放大而成为一种显现性行为

后面我们还要对意识对生命活性本征的放大过程展开深入研究。正是通过意识放大后的独立的模式，才能促使人能够运用意识的力量而将其放大到极致（但由于人的能力是有限的，这种"极致"仍不会达到人类的美的极限）。显然，其长期进行时，就会在人的意识中形成意识的偏化性表达，从而使人的偏化性表现更加突出。

（三）朝向更美的方向

朝向更美的方向，明确指出了 M 力量的价值，自然选择会使那个对生命体更加有利的模式方向得到进一步增强。当人们有意识地构建更美的特征时，便会驱使人们在其中做出构建和选择，将那些满足条件的局部信息以较高的可能度在大脑中激活。

美学在强化着我们正确的选择，正是我们的选择被赋予了美的意义，这才能更有效地指导我们做出更进一步的优化选择。这就意味着，美在强化着我们向着某个最优的方向选择与构建。席勒宣称，只有美学才能达到"生活的艺术"，沃尔夫冈·韦尔施也指出，"美学宣称它是唯一合法的方向"②。

（四）指向性特征的独立与特化

随着将这种指向性的力量在人的各种活动中发挥作用，这种指向性

---

① ［西德］H. 哈肯：《协同学引论》，徐锡申等译，原子能出版社 1984 年版，第 229 页。
② ［德］沃尔夫冈·韦尔施：《重构美学》，陆扬等译，上海译文出版社 2002 年版，第 90 页。

模式便会通过各种活动的共性相干而作为一个独立的特征模式被特化出来，并以此为基础在意识中建立与其他各种心理、信息模式的局部、部分与整体的关系。这种过程可以在人的意识空间中顺利表现出来。

（五）指向性的升华

当我们将 M 的指向性作为一种基本模式来表征、考察时，会进一步地描述其在各种活动中的地位与作用，也会由此而扩展研究其他形式的指向性模式。那么，这种过程在处于稳定的状态下，就会形成升华的过程——将具体的升华过程扩展到抽象的升华过程，即使我们没有在其他的过程中发现该指向性模式的存在，也会将其升华到一般抽象的层次，并作为一定的指导性力量在其他过程中指导人的行为。这是具体指向的抽象性升华，也是抽象的指向概念的具体性升华。

为了表达更高层次的意义，人们会在诸多低层次的意义中加以恰当地选择，并将选择的结果赋予其抽象的意义。该过程已经在一定程度上具有了抽象升华的意义。在我们将更加多样的模式联系在一起时，就会在 M 力的作用下，形成追求升华性的力量，通过概括抽象而将基于具体情况的追求升华到人的更高的追求中。

（六）赋予其他标准以指向性的意义

1. 与其他标准相结合

当人认识到 M 力在对美的追求过程中与某个特征相结合也会成为一种确定性的力量时，将会引导人将注意力集中到运用 M 力而促使个体在该特征变化的方向上产生持续性的变化，将其作为选择的基本判别标准。

2. 在其他标准中体现 M 的力量

M 是一种生命的内在力量，只有借助于其他的活动才能够充分地表现出来，只有通过一定的过程才能表现出来，只有通过对差异性模式的选择与建构也才能使人明确地认识到这一点。美在更大程度上的稳定协调性力量，要求我们不能只将注意力集中到有限的特征上，而是要考虑将 M 力与更多的特征相结合，通过综合考量，在众多可选择中将对物种进化最有效的 M 力的表达选择出来，并通过整体意义上的优化选择，将更加完整的美的状态构建出来，力图揭示进化的本质性力量。

3. 在人的生命活动中更加自如地表现 M 的力量

我们不能将其他物种获得竞争优势的特征与 M 的结合简单地作为人的竞争力选择的基本标准，并进一步地作为更美的基本标准，需要将 M 作为一个稳定的模式而自主、自如地表现其在人的各项活动中的作用，自如且灵活地与其他各种模式联系在一起稳定地表现出整体下的相互作用特征，使之在更多的因素作用下更加协调地表达出 M 的力量。随着 M 力的独立特化和不断地在相互关联中被强化，人会将表征 M 的力量作为一种更加自觉的行为特征，驱动生命体沿着某个特征所指明的方向，朝着竞争力更强、适应能力更强的方向提升。

（七）坚持正确的方向

当我们认识到美的本质特征时，在审美泛化的过程中表达美的本质就不是一件坏事，它驱使人将美散布于世界的每一个角落，在任何一项活动中都能够充分发挥美的力量，使人能够在表面上对美追求的过程达到一定程度时，能够及时地转向更加深入地研究、表达美的本质的过程。问题在于，要在这种泛化过程中，在各个层面上都能够不断地表征 M 的力量，尤其是促进更好地推动社会的进步与发展，保证人的各种行为能够为社会的稳定、进步与发展带来更多的"正能量"，而不仅仅是促使社会的变化，不是将那些阴暗的、消极的、对社会有害的方面尽力展示。

伴随着社会的发展，我们会更加明确而全面地审视我们对经济的看法。我们不再否认"钱"的积极性的作用，也能够充分理解："等我有了钱，我就可以……"潜在意义就是在利用"钱"这个"中间等价物"，在其他各个方面给人带来更加美好的生活。但需要我们进一步的构建，而且不能使我们的追求产生"异化"。一方面，我们不能以追求更多的钱为终极目标，而是要利用钱带来更多的幸福，钱只是一个中介物；另一方面，这种生活决不意味着只为自己带来好处。

（八）"M 冲量"与美的程度

当我们将 M 力的表现集中在构建更美的成果时，M 力越强，作用时间越长时，向更美的状态转化的程度就越高。考虑到 M 力在时间上的综合效应，将美的程度记为 B，就可以建立如下关系

$$M\tau \approx \Delta B \tag{4-1}$$

式中 τ 为 M 力的作用时间，ΔB 表示美的程度的增量。

单从协调模式的角度看，更美意味着更协调。不考虑不同美的元素彼此之间的相互作用，更美就意味着与美的状态中的美的元素的共振数量越多。

上式可以写为

$$M \approx \frac{\Delta B}{\tau}$$

当存在这种极限，或者假设如下极限存在

$$\lim_{\Delta t \to 0} \frac{B(t + \Delta t) - B(t)}{\Delta t} = \lim_{\Delta t \to 0} \frac{\Delta B}{\Delta t}$$

时，我们可以将上式写为

$$M = k \frac{\mathrm{d}B}{\mathrm{d}t} \tag{4-2}$$

此时，M 力即为单位时间内形成的向更美的转化的程度，其中的 k 为比例系数。不同的人表现出不同的比例系数值。

五　美的超越意味着 M 力的表现

超越意味着力图从当前的现实生活中解放出来，从各种烦恼中解脱出来，从各种束缚中解放出来，从当前状况中解脱、超越出来，从而达到一种更好。

超越具有脱离的意思，超脱具体，不为具体所困惑，自然也就不会受到具体环境和条件的制约及限制，从而可以表现人的自由、自如的一面。超脱是向着更高目标追求的一种方法，从摆脱当前环境和条件的限制的角度来看，超脱也是追求本心的一种方法——从当前的状态中超越到更高的层次。当以任何一种模式为基础而实施活性中的扩展性变化，并且完成了这种扩展时，不但形成了并表达了生命活性中收敛稳定的控制模式，还意味着形成了新的稳定模式，人的大脑还会进一步地以该新的模式为基础而展开涌现、联想和新的自组织过程，构成新的稳定协调状态，也就意味着完成了超越。形成期望、表达期望、表达对期望的追求等方面，就是超越。

人的生活可以区分为"实际的生活"和"心理的生活"两个层次。

心理生活中由于存在对美的不断追求，因此，人的心理生活中存在着美的心理生活的部分。美的心理生活又可以具体地区分为"更美的心理生活"和"最美的心理生活"两个亚层次。所谓"更美的心理生活"是指在客观生活面前，人总是在自己所关注的特征上，运用 M 的力量而构建出"更美"的状态，并使自己按照这种"更美"的状态模式指导自己的行为。而"最美的心理生活"则是按照自己内心所形成的"最美"的状态指导自己的具体行动。两者的区别就在于，"更美的心理生活"强调了在客观现实面前人对美的构建性模式及过程，通过一次次地构建产生不同的、经过优化选择而形成的更美的结果；"最美的心理生活"强调的是通过无数次的构建而在内心所达到的最终结果。"更美的心理生活"只能在很少的局部特征上追求更美，而"最美的心理生活"则意味着在所有的方面都通过追求而达到了最美。

（一）超越是美的本质

美的基本特征就意味着超越，人总是在其核心力量——M 力的支撑作用下，引导人构建出与当前有所不同的更"美"的模式，直到我们在有限的能力基础上达到极限，我们可以将其称为"有限的极致"——在当前模式下所能达到的"增长的极限"①。

生命的进化、变化与发展，以及外界环境与生命体相互作用时的差异化特征的存在，都表明了，当我们在表达美的状态和特征时，一定是激发出了新的活性本征，建立起了活性本征的外在表达形式。生命的本质就在于进步与发展，也就是在不断地超越。表现超越的力量，就是在表现美的"天平"上增加了一个重重的砝码，就是在一个正确状态中增加表现美的比例、分量，引导人向着更美的方向前进一步。

如果忽略美中的 M 的力量，人们就认识不到美的积极向上、努力拼搏的力量，不能更好地在人的生活的方方面面发挥其足够的促进作用，不能使人体会到人向着更加美好的方向再进一步的追求，那么，美学自然就会成为一种仅供"赏玩"的可有可无的"无用"之学，单纯地描述

---

① ［美］彼得·圣吉：《第五项修炼》，郭进隆译，生活·读书·新知三联书店 1998 年版，第 103 页。

绝对美的状态性特征，只能将自己陷入虚无的状态之中。我们应该充分地强化和表现美中的 M 力量，将其在人从事的任何活动时的表现更加强势而突出地发挥出来，一方面，更加强势地表现人的这种生命本质特征，促使人更加强烈地体会到这种出自人的内心的推动社会前进的力量；另一方面则更加有效地在人所从事的任何活动中都能够发挥这种力量，保持：从事任何工作，都应做得更好，追求精益求精，不断地向卓越努力的态度和行为。这种力量虽然不是解决问题的最好的模式，但是推动用解决问题的模式去更好地解决问题的内在力量。

（二）表达 M 意味着超越

美的状态表达 M 力，即意味着形成超越。美与超越平庸有一种内在的联系，就在于：表达 M 的力量就是在超越。表现 M 而追求超越，本就是人的本性。表现 M 就是超越。表达 M 的力量，从本质上就是在表现美所包含的 M 的力量。而表达 M 的力量就会一次次地形成超越。只要在生命的运动与发展过程中，表现生命的活性，将会稳定地形成表征 M 力量的过程。而表征 M 的力量，就意味着下一步总是会得出与当前有所不同、比当前更好、更美的结果。因此，可以简单地说，美就是超越。

沃尔夫冈·韦尔施同意阿多诺的观点："审美经验……（必须）超越自身。"[1] M 力量的本意就是如此，通过不断超越而达到超越的目的，甚至不断地表现这种超越的 M 力量，就已经达到目的了。因为表现这种超越的力量时，已经表达了人的生命本性，而这种生命的本性又成为一个强大的稳定性力量，维持着人对原来稳定状态的追求和协调。虽然说人的生命本能与任何一个稳定状态都保持着有机协调，但毕竟它代表着稳定的力量，展示它，就意味着增加了稳定性的力量，由此而使人体会出确定性的美感。

（三）通过差异化构建与比较优化形成超越

无差异即意味着对人的内心无刺激，意味着达到了人与自然的和谐共处，意味着人处于与自然完美的稳定协调状态。没有了刺激，便不足

---

[1]　［德］沃尔夫冈·韦尔施：《重构美学》，陆扬等译，上海译文出版社 2002 年版，第131 页。

以促使其发生进一步的变化，通过与这种稳定协调状态之间的关系，却可以使人体会到那种无名的美的快乐。表征着 M 构建出了与当前有所差异的新的模式，而表达 M 的自主性，又表征着主动地追求着与当前的不同。

而这种无差异将以一种共性相干的作用，表达着对人内心已经形成稳定的本征状态的有机协调关系，使人在当前繁杂的外界环境刺激面前，重新回复到已经形成稳定状态的本征状态，从而促使人由当前外部环境作用下的不协调达到强化内心本征表现，以内心的本征强势表现来占据当前心理的主流状态之中，从而使人体会到这种由新的状态向稳定状态的变化的基本过程模式。艺术品就在于表征人在达到这种协调状态时的稳定的外界环境特征模式的，在具有这种特征的艺术品的作用下，人就能够顺利地进入美的状态，因此，人就是通过这种过程而体现、赋予外界事物以美的意味的。

在这里，我们可以发现这样一个问题：一个人的内心反应是外界刺激与内心涌现相互作用，从而形成新的动力学系统的结果。如果我们更加强势地关注我们内心的感受，不考虑外界环境的刺激作用，则会通过建立一个新的动力学系统而形成新的稳定协调状态。这也就意味着，人在不同的心态之下将会形成不同的美的状态，在当前环境作用下，也就会形成不同的审美感受。

（四）美是一个不断超越的过程

超越意味着新的创造。通过不断地采取差异性构建的方法，形成新的模式，并与原来的模式相比较，从中选择出基于某种特征沿着某个方向表现更进一步过程的模式。当人们在更大范围内实施异变性构建时，就会有更大的可能性产生能够更加深刻地激发人的活性本征的更美的作品。

美具有超越性内涵。在美中，总是以表征生命活性中的差异化构建的力量作为根本，这就是基于当前信息模式，在不断地构建新的模式的基础上，通过差异性构建，产生多种不同的模式，然后再运用比较模式，在优化的指导下，选择出"更"好的模式。

在表达 M 模式及其力量时，具有：第一，表达 M 模式；第二，表达运用 M 所构建的结果；第三，表达 M 模式与某一个模式的有机结合；第四，将模式变化前后有机地结合在一起；第五，将 M 与模式的变化前后的状态结合在一起。

从主观的角度分析，也总是在当前模式的基础上，构建期望能够更好或者按照某种特征不断地沿着使该特征"更强"（加上负号以后则意味着"更弱"）的方向变化的过程。虽然有多种不同方向变化的可选择性，但人们总是选择"向着更好"的方向扩展、增强，也就意味着这样做一定能够使人表现出更强的竞争力，使人获得的利益、更有利于个体和社会的稳定、更有利于个体和社会的进步与发展。这种目的经过人的有意识强化，会变得更加明显，可以确定性地加以表达，甚至被人们运用相关的语言做出更加扩展性的强化（增强），引导人在相关特征所指出的方向上更进一步，甚至直接达到极致。我们已经知道当前物理界所认定的最低的温度是 −273.15℃，我们可以直接从意识的角度想象已经达到了这种温度的极限状态，并在此基础上进一步地把握物质的特殊运动规律。

从一般意义上讲，每一件艺术品都与现有的艺术品有着不同的方式、结构、意义，本身就是在差异中形成了创作的艺术品的独特个性，从而形成了对现有艺术品的超越。与此同时，艺术品以其超越生活的本质性特征更加明确地表达了 M 力量的作用。即使是达到了相应的目的，人们也会在 M 力的作用下构建出更美的形式，或者说在好奇心的驱使下转而寻找反映其他美感的不同形式的艺术品。通过表现 M 的力量而表现并完成超越，是人们在对美的追求过程中表现出来的典型特征。

过程性的美，或者说人们认识中已经形成的"最美"，总是基于现实并超越现实，基于生活而超越生活，基于当前的任何一个模式并运用、表现 M 的力量形成并完成超越的。但这仍然是将超越后的状态作为结果的思维状态，不强调超越的过程，不强调超越的意向与态度，不强调超越的努力，不强调超越的具体形式、方法和途径。当 M 的力量在人的意识中自由表现时，人可以通过发散的力量而将差异性模式构建、固化下来。而所谓的"不认可""不承认"，只是表面上的、无知的。实际上就是在将这种力量作为其中的关键性特征。

　　意识中所表达的发散性构建，决定着人的意识必然地以不断地构建差异性模式而形成与其他系统的相互作用、相互协调，维持人心智的动态耗散结构性特征。因此，应通过对美的状态的主动追求而超越当前状态。在美中，表征这种超越的模式、过程和力量也已经成为艺术表现的重要方面。一些抽象的符号和抽象美，也正是从形式上更直接地表达这种 M 的模式和力量的。

　　从耗散结构理论的角度来看，只有超越了当前状态，形成了与当前状态有所不同的状态，从而形成差异性刺激时，才能被我们知觉、领悟，因此，超越性的实在性意义也就是其差异性。自然，有正的方面的差异，也有负的方面的差异。而人类往往会选择能够促进其生存与发展的、能够促进竞争力向提升方向变化的特征，它也会由于与竞争优胜的获得而得到强化。

　　生命活性的有限性，对差异的大小形成自然的限制。外界刺激过大（包括相反方面的过大）都将成为差异性构建，在超出一定区域的作用，都将对机体产生有利或不利的影响。当对机体组织造成伤害，从而不利于其竞争力的强化时，自然会表现为不利的因素。或者说，这种伤害的形成会不利于个体在竞争中取得优胜，那么，其本来与竞争优胜的取得具有一定联系的力量，便不会被强化。

　　如果这种超出一定区域的刺激反而促进了个体竞争优胜的取得，那么，就会被重视。从在将这种模式重复性地固化出来，并随着生物体的进化，在其突显出了意识的力量以后，这种模式便会在意识中被重复表现，并由于其在个体获得竞争优胜的结果而强化。自然，在美的状态中，好奇心将会发挥出重要的作用：选择和放大差异，使人更充分地感知到美的状态的特殊"意味"，以及由此而赋予各种活动以 M 的力量。好奇心应得到充分表现，但这种表现又是需要受到活性中稳定收敛力量的限制的，最起码应以当前人们所熟悉的信息作为稳定点。当人们面临一种艺术流派的变革时期，往往会因为与人的好奇心发生激烈的碰撞，产生各种不同的艺术欣赏感受。不能为人所熟悉的太过新奇的艺术品，将给人的心灵带来强烈的冲击。有些人赞同，有些人反对，有些人甚至感受到焦虑不安甚至恐惧害怕。

在人的主观能动性的作用下，超越毕竟能够在一定程度上表达了人们对更美状态的追求。当我们揭示了在美中的 M 力量，同时认识到 M 与各种特征有机结合所形成的特定的美的形态，以及运用 M 的力量而达到极限状态——完美无缺时，我们便可以正确地认识各种特征在美学中的地位与作用，会认识到，美在人们的内心只取决于是否能够达到完美，或者说应引导欣赏者在先构建完美理念的基础上，去检验艺术品达到完美的程度。

从这个角度来看，我们再来看"艺术是生活的反映"的观点，就可以发现其中所存在的某些不足。艺术是借助生活中人们所熟知的人和事，表达更高的追求和更美的意义。因此，艺术是典型化的结果，是经过大量的差异化构建基础上的恰当（优化）选择，这里所谓的恰当是指人们在众多可能的模式中，或者说人们按照美的模式、角度和方向能够构建出众多的模式中，在这个有限集合的基础上选择出了其中最美的形式，并按照艺术家所熟练掌握的方法技巧显化出来。生活是人们展开差异化构建的基础，也一定是人们所熟悉的，但只是这种熟悉的生活，也不足以使人产生更美的感受。人们必须在其所熟悉的生活的基础上，通过大量的差异化的构建形成了新颖的刺激，而人又能够在这种差异化构建的基础上从中选择出最美的模式，使人体会到这种基于所熟悉的生活的最美性的新奇刺激，从而达到与人的生命活性本征在更多美的元素上的稳定协调。

（五）超越意味着超出现有的美学范畴

审美超越并不意味着否定现代，而是以后现代的过程性特征——以 M 的力量为核心，与现代主义中的理性有机结合，在原来不涉及的领域发挥出更大的作用。显然，只有在我们真正地把握了美的过程性特征，把握着其中所表征的 M 的力量时，才能更加自如地在艺术创作过程中，由单一地表现人的感觉美的艺术形态，向知觉意象、抽象符号、情感需要的角度转化；从体现一种特征，向协调性地表现更多的特征层次转化。在这里，我们通过超越来表达美学领域的进一步扩展，更好地发挥 M 的力量等，不再一味地否定其他，而是要与以往人们所习惯的艺术形态并驾齐驱、有机协调，或者仅仅是在通过恰当的方式表达人的生命本能中的 M 的力量。只要能够在相应的活动中描绘着与人的生命活性更加协调的关系，就能够达到更美的境界。

当人们看到当前艺术表现的不足和缺点，看到当前艺术的僵化与粗制滥造，通过运用新的艺术表达对象、表达形式而创造新的艺术时，并不是在批判，而是在弥补。这种状态却不包括以诋毁生命的极端化追求与发展而做出极度表现。大量僵化与粗制滥造的作用，是毁灭人性的表现，会与生命的活性渐行渐远，本身就是在违背美学的基本规律。我们应该在一个更加广阔的范围内，基于任何的特征标准和追求，探索任何意义的恰当表达，但一定要更加充分地表达出 M 的力量。

（六）美是超越现实的

美在利用人的生命力量、运用想象力去构建一个超越性的（相对）终极状态，甚至仅仅依据有限步骤地表达 M 力而形成更好结果，就潜在地假设一定会存在一种有别于当前现实的"最美"的状态。而从生命本征的角度来看，即使人们只是简单地"观看"外界客观，也会在当前稳定信息模式的基础上，在人的内心通过表达生命的活性而产生有别于当前客观信息的变化性信息。

超越意味着基于当前现实达到"完美"的极限。艺术的超越性就在于在人的内心总是存在一个既基于当前现实，又以其"完美"性特征而比当前状态更加完美。在我们将现实仅仅作为一种信息模式时，基于现实，并以生命本能的发展、扩展性变化而形成高于现实的"完美"的模式。而人的心智意识的无限加工能力，为这种变换提供了保证，保证着人可以自由地在心智空间构建出更加完美的心理模式，并以该模式指导人产生相关的行为。

美是基于现实并超越现实的更加优化的存在。通过表现现实世界（美的现实性），并发挥 M 的力量，从而在差异化构建的基础上，将更加美好的个人与社会的追求有效地表达出来。即使是我们在真实地描绘现实世界，我们也总是在比较选择中构建出相对最好的反映模式、反映意义、局部特征等。

这就意味着，我们拿到一部照相机，并不意味着只要我们将镜头对准外部世界，按下快门，就一定能够得到一张具有美的意味的照片。我们一定是基于我们内心的审美观念，移动相机的取景框，在我们所能看到的影像中，比较选择（相对）出最美的。

　　按照美学对"超越性"的理解，这一切应是脱离现实、努力地高于现实的审美的人张扬自己的心灵和想象力去主观创造达成超越世界的意义，从而获得精神上的更大自由。虽然说脱离现实的纯粹冥想的意义世界不会很快实现，但我们可以从当下开始去努力地追求其逐步实现。基于美的意识性特征，我们必须按照"超越美学"的设想去规范美学的发展，努力地从当前的自然和社会基础出发，充分发挥人类的精神力量，在这种相互作用中去寻找、构建美的本质。"艺术品超越了单纯冥思这一维度，它包含历史感知的维度，同样也包含语义的、讽喻的、社会的、日常生活的、政治的维度，当然也包括情感和想象的过程。"① 无论哪个方面的特征，都能够作为艺术品表达 M 力量的领域。因此，要尽可能地试着去体验其所表现出来的 M 的力量。你有可能一下子寻找不到艺术家在哪个方面表现了自己的美学天性，那么你的欣赏在某种角度上讲，就是通过你的试探，寻找到艺术家表现出来的美感，并与之产生"共鸣"。

　　艺术的超越性，必然地奠定了生成美的超越性的基本特征。无论是佛学的领悟和解脱、基督教的超越与解脱、道教达到更高的无为境界、儒家的追求、科学家的本心与艺术家表达内心最美的追求，在这个超越性特征上是相一致的。

　　教育的提升与培养、政治家追求人民大众的群体利益，也都表现着超越，超越意味着差异性的生成，超越意味着创新。在将 M 的力量赋予以往所没有的活动时，也意味着美学的超越。沃尔夫冈·韦尔施否定了这种将 M 的力量赋予人的生活的方方面面所带来的美的超越，仍愿意将美局限于传统理论中。如果人们并没有能够抓住美的本质，这种美化也就只能仅停留在表面，只能做一些简单、肤浅的粉饰。其实，即使是运用美学的基本理论于广泛的日常生活，也存在一个"美化"的过程，而这个过程本就是本质地表现 M 的力量的过程。无论这种力量表现在表面，

---

　　① ［德］沃尔夫冈·韦尔施：《重构美学》，陆扬等译，上海译文出版社 2002 年版，第129—130 页。

还是更深的程度，只要人们持续不断地展开"美化"的过程，就会将问题的解决落到美学的实处。

当然，超越并不意味着在所有的特征上展开极度的扩展。一方面是要达成与生命活性本质的有机协调；另一方面则是在异变中，运用比较而使得某个特征达到"最优"，这也是促使当今生活向着更加美好的方向推进的基本力量，这将逐步地与人在内心所构建出来的美的理念"贴近"，通过形成更多与美相同（相似）的局部特征。在美的信仰成分中，更多地体现出了追求的力量，也就是更加强调了在日常生活中的对美的追求，对 M 力量的表达，因此，更接近以 M 力而反映美的本质的思想。

（七）实施阶段性超越

美的超越在一定程度上表现为超越当前的存在。只要人们选定了一个特定的基础，而选定基础是必然的，就存在一种超越性的表现。

第十八届国际美学协会主席柯惕斯·卡特（Curtis Canter）在会前致全体美学会会员的信中辩解道：美学在行动，并非要美学家们都到大街上去、到舞台上去、到实验室去、到生产车间去，而是要大家关注当下的艺术和审美活动。从这里，就可以明确地看到，不能有效地表征人在美中内在地包含的 M 的力量，便不能有效地发挥美学的作用。因此，美学家一定要到大街上去、到舞台上去、到生产车间去、到田间地头去，到人民火热的生活当中去。

后现代的回归性的确具有质朴的、原生态的、大众的属性，不能以美学的粉饰而掩盖本质内容上的伤害。如中国抵挡由福尔马林、双氧水、三聚氰胺、苏丹红、瘦肉精、敌敌畏、膨大剂、催熟剂、农药（包括化肥）等无数化学专利品伪饰起来的非常具有审美视觉效果的有毒食品，就是要除掉美学帮凶的外衣，复原一个安全卫生健康的世界，也一定是实在可行的。它要求以具体的表现而强化着 M 力的作用与影响。无论在何种观念中，都要更强地表现 M 的力量。在任何体裁形式中，将这种力量表达出来。

后现代美学理论的否定性和回归性，除了积极意义外，也有不少的弊端。尤其是其身在其中而又反对自身的做法显得自相矛盾和相互对立。

如在理论方面，极力夸大艺术与美无关的思想。彼此之间的差异及由此而生成的自主性，会使得两者的区分越来越显著，也更加显著地实施差异化的构建，并各自独立地建设自己的内在逻辑关系。在艺术创作上，更是打着回归原生态、表达人的本性的旗号，一味地利用裸露身体的诱惑，表现性交、暴力等原始性的本能，并把这当作至高无上的所谓"纯艺术"。因此，表达这些原始本能的所谓后现代的艺术就一直在为人们所诟病。这就是对后现代美学认识不正确所导致的对艺术创作观念的错误引导。与人的活性本征相关的理念、模式都应该在艺术品中得到充分的描述，但更为重要的则是需要实施美的升华。与此同时，更应该驱动人们在更大范围内、更高程度上构建个人与社会这两者之间内在的紧密联系。

美学家一定要重建美学对艺术的更加有力的指导。否定艺术、否定经典美学、解构崇高、反宏大叙事、反对阐释等，完全是一种后现代表面上的"去中心""非本质思想和方法"的体现，形式上表现出了后现代主义对传统美学进行解构的策略。但事实上，却是在本质上反美学的。后现代主义的核心是建构，在解构中完成超越，在解构中，人们往往只注重"解"而忽略了"构"。只是单一地否定而没有"建"和"构"不能称为后现代。"解"只是其中的一个方面：通过解而形成差异化的建构，通过局部小的逐步变化，对后来的整体性意义产生重要的影响。否定，作为由不协调到协调而产生美感过程中的一个重要环节，当人们表现着由协调到不协调的过程时，也会表现出其应有的作用。两种过程由于存在内在局部上的稳定联系而建立起关系，并由于同时反映着一个过程而形成一个美的有机整体。虽然过程方向的表达正好是相反的。因此，当我们在更高的层面将其协调统一在一起时，就会产生更加本质的认识。

如果认识不到美的观念中 M 的力量，就不能准确把握后实践美学的实质性内涵。也正是由于后现代科学，才促使我们将注意力向过程性特征转移，或者说，将过程性特征作为研究和描述问题的实质性特征。通过建立过程性特征与状态性特征之间的内在联系，更加本质地把握事物的运动和变化规律。

六　中国人对美追求的传统表述

在古代中国，人们用另一种语言体系描述着对美的极限状态的追求。老子的"立象以尽意"（《系辞·上十二》）和"在天成象，在地成形"（《系辞·上一》）。老子"涤除玄鉴"（《老子·载营》）。庄子强调法天贵真的自然无为之道，诚朴齐一的象罔（《庄子·天地》）由自然之真导向性情之真。

《孟子·尽心》中有"可欲之谓善，有诸已之谓信，充实之谓美，充实而有光辉之谓大，大而化之之谓圣，圣而不可知之之谓神"。在这里，尽心一词已经将其本质性的理解概括其中：第二，尽自己最大的可能；第二，自己的心力是有限的；第三，在这种有限的心力作用下，达到最充实（最美）的境界。孟子的"充实之谓美"的观点是：世界上一切事物（包括人）其——天性——得到充分发展，以至完备充实，这就是美。所谓充实，是指个体通过积极主动的努力，把其固有的善良本性"入而充之"，使之贯注满盈于人体（包括精神）之中。充实是一个对"充实"追求的过程。虽然充实也可以描述成为一个状态，但一定是在表达充实过程中的极限状态。这就意味着，基于当前的"充实"人们可以做进一步扩展，从而构建出与当前的"充实"有所不同的状态，而且人们可以运用意识的力量而比较优化出比当前的"充实"状态更加"充分"的结果。只要你指出了一个充实的状态，我就一定能够构建出一个与你所谓的充实有所不同的更美的状态。因此，对充实的追求，与对美的追求的模式是相通的，而如何做到更加充实，则是人们所要不断追求的目标。

就天性的精神层面而言，孟子主张要扩充、发展原本就具有的善性，使其达到"充实"的程度。"充实之谓美"。他认为"恻隐之心""辞让之心""羞恶之心""是非之心"是每个人生而具有的善性，但此"四心"只是从某些角度对其所达到的程度做出的道德描述，只是仁义礼智的萌芽，并没有达到完善的程度。即便如此，此时"四心"已经具有了"操则存，舍则亡"的特点，因此，孟子的"充实之谓美"的实质就是在"存心""养心"的基础上，进一步地"扩而充之"使之达到"尽可能""尽善尽美"的程度。在升华于自己的内心而达到完善"四心"的过程，其实就是践行道德的具体过程，就是要达到与生命的活性本征在更大程度上和谐共鸣的过程。除了与收敛与发展的共振协调以外，还要与生命的活性比值相协调，或者使相应的活动维持在这个活性比值所限定的范围内，这就要求要守礼以"执中"，如孟子说的："执中为近之。"就是说"四心"的扩充不能走向极端，需要将"四心"的增长与强化维持在生命的活性比值范围内。孔子曾经说："恭而无礼则劳，慎而无礼则葸，勇而无礼则乱，直而无礼则绞。"（《论语·泰伯》）强调的就是要将差异化构建维持在活性比值的约束范围内。

刘勰在首次铸就意象一词时，指出所谓"独照之匠，窥意象而运斤"（《文心雕龙·神思》），在这里的"斤"指的是"尽量""尽最大可能地""达到最大程度"等义，也就是在超越基础上对这种更美的境界的追求。

王弼在《老子道德经注》云："美者，人心之所进乐也；恶者，人心之所恶疾也。美恶犹喜怒也，善不善犹是非也。""进"的本义就是追求，也就是通过表达 M 的力量而取得更进一步的程度。"进乐"即"喜好""向着所喜好的方向更进一步"。在西方，"不论是在日常希腊语中还是在哲学性质的希腊语中，称一件东西是美的，仅仅是说它值得赞赏或者很神妙或者令人向往而已"①。这里的"向往"直接点明美的追求与 M 的力量。

"天行健，君子以自强不息"，是中国人所固有的对"更"的模式的表达，也是表现了人们对"自强不息"的追求。从其简单的角度来看，有以下若干特征。一是指出了理想中的人的境界——君子。要成为一名君子，就必须做到努力追求、自强不息，这即是君子的理想状态，也是君子的不懈追求——通过不断地追求自强不息而逐步地提升这种"自强不息"模式的可能度，促使人养成自强不息的习惯。二是指出了成为君子且自强不息是出于人的内心的一种愿望和追求——"自强"，而不是在受到外界刺激和压力时生成"应激行为"。出于人的生命本能，每个人都

① 李泽厚、刘纲纪主编：《中国美学史》（第一卷），中国社会科学出版社 1984 年版，第 80 页。

能够在一定程度上表现出自强不息的力量，但在君子身上，这种模式将会表现得更加强烈、更加积极主动。三是努力进取——更强不息。要做到"强"上加强，美上更美，真正地表达这种美的过程性特征，这就相当于已经认识到了从自己的角度努力进取、积极拼搏。既认识到了自己的不足，也认识到了必须做出更大的努力，尤其是应该从主动的角度使这种力量得到进一步地强化。四是要维持这种自强的行为永不停息。这就相当于逆水行舟，不进则退。这种力量，在于促进人能够一直努力地追求下去。既要持续地进行相当长的时间，又要在每一种活动中维持这种模式。

以此作为指导思想，引导人在更高程度上向着更美好的状态努力追求，努力地表达人的这种美的本能。那么，"更"要达到一种什么样的程度？正如我们在基本假设中所指出的：是达到与生命活性的"更"高程度上的协调。要达到"中庸"的程度——生命的发散与收敛的协调统一——与生命的活性特征相协调。"叩其两端而知其中"，就是说，需要我们在不足的方面做出异变性扩张探索，在超出的方面做出异变性收敛探索，在经过多样化的探索以后，通过比较，从中构建出"更"为恰当的模式。此时人们这才发现：中间的某个适当位置才是能够使我们感受到美的意义和作用的最佳位置。

在中国的传统绘画艺术中，山水画是以客观的山水自然作为表现对象的，而描绘、观照山水自然，就是对"道"的直接呈现。宗炳在《画山水序》一书中所要回答的问题就是：山水画能够表现山水自然所蕴含的意蕴，也就是说，山水画可以表现"道"，审美主体在山水画中能够体会到"道"的审美特征。

宗炳首先利用类比关系阐明了"理""象""言"之间的关系。"言不尽意"，但我们难以逾越语言，又必须通过它来实现美学表述。带着对美的无限追求，以一种具体的形象，结合人所特有的发散扩展性本征力量，使人洞察全体，达到一叶知秋的效果。由一般到具体，由抽象到概括等。这就是古人提出的"立象以尽意"的艺术创作原则，言不尽而意无穷。通过创作"意象"的方式来安放丰富的审美意蕴。在语言艺术中，"意象"的呈现方式是语言，它仍然在某种程度上受到

"言不尽意"的钳制，"意象"的显现需要通过审美者的语言理解能力来重新构造。

最近网上有一篇文章，通过对中国诸多神话的分析，指出神话故事突出地表现出了古代中国人"与自然做斗争"的积极进取精神，并指出中华民族核心精神是努力抗争。其中诸如钻木取火、大禹治水、愚公移山、夸父追日与后羿射日、精卫填海等，都表明了中国古人所信仰追求的正是通过自己的努力奋斗而最终取得战胜自然的成果。我们可以将其称为是中国人的信仰与追求。毛泽东主席曾精辟地概括为："与天奋斗，其乐无穷；与地奋斗，其乐无穷；与人奋斗，其乐无穷。"这强调的就是在对更美的无限追求（表达 M 力）过程中获得生命的快乐。生命的进化历史，本就是一部斗争的历史、奋斗的历史。的确，若我们从小接受这种教育，这种思想精髓便会深深地"印刻"在我们的内心，成为我们做任何事的基本心理背景和核心力量，进而将其称为"文化"，在我们从事任何事情时，这种"文化"也都会自然地将其表达出来。因此，这种力量也成为我们达到与新的环境的稳定协调的基本力量。这是人的本能表现。这种模式便自然地成为美的状态的基本元素。那么，与这种模式和谐共振，也就意味着，通过共振的方式引导人进入美的状态。当我们强化这种力量时，我们同样会感到无限的快乐。

第三节　美与竞争

对生物的进化起关键作用的竞争与拼搏，会在生命活性本征的自由表达过程中为自然所选择。虽然说生命体通过表达以生命活性本征为基础而得以进化，但当生命体能够独立地表达出美的核心力量以后，便成为引导人进入美的状态的基本力量，也成为艺术表达的关键特征。当人们看到一个人努力奋斗的精神状态，其行为体现出了精神的美，表现了人通过表达生命的活性本征而展现出对进入美的状态的完整过程，也就更愿意反映人的这种对美的本质性的追求。

一　竞争使 M 突显出来

(一)　竞争

"经济学告诉我们：人的需求无止境，但是资源却是有限的。"[①] 从生命活性所表征的基本特征出发，通过竞争与淘汰形成了优化选择，通过遗传与异变性探索等模式，体现并强化出生命中向美努力追求的基本态势。由此，生命状态也就与生命体内固有的追求优化——使之更美的过程紧密地联系在一起。在特化出 M 的力量以后，生命会通过其具体表现而内在地表征着 M 的力量。在将美与 M、M 与生命建立起更加直接的对应关系后，与生命相关的诸多特征，更加直接地与 M 力、也就是与美建立起稳定的联系。此时，人主要会表征生命中所体现出来的 M 的力量，进而描述生命的力量。

埃伦·迪萨纳亚克简单而直接地将其归结为是生命的进化自然选择了这些方面的力量。"通过把艺术称作一种行为，我们也建议，在人这个物种的进化过程中，有艺术倾向的个人，那些拥有这种艺术行为的人，比那些没有的人生存得更好。这就是说，一种艺术行为具有'选择'或'生存'价值：它是一种生物性的必需品。"[②]

表达生命活性中的扩张而形成竞争时，会进一步强化 M 的力量。当生命体通过进一步迭代性地表现发散、扩展力量的同时，也意味着使 M 变得更为强大，并通过竞争性选择而将这种得以增强的力量和增强这种力量的模式也固化下来。通过重复性表现 M 力、通过在各种情景下表现 M 力以建立各种信息与 M 力的关系，会使 M 力在各种情景中自主表现和自主反馈性追求更加强大。诸多环节都将与竞争相伴随并得到选择和有效增强。

(二)　竞争使 M 突显出来

这种力量会被竞争所强化，被竞争后所取得的胜利而固化，并由此

---

① [美]理查德·加纳罗、[美]特尔玛·阿特休勒：《艺术：让人成为人》，舒平译，北京大学出版社 2007 年版，第 5 页。

② [美]埃伦·迪萨纳亚克：《审美的人》，户晓辉译，商务印书馆 2005 年版，第 65 页。

而具有足够的自主性。虽然不同的物种在表达竞争优势时的特征是不同的，但在表达 M 力使竞争能力更强的质的过程则是相同的。这种力量又会伴随着艺术创作的独立与特化，具有更强的独特性意义。此时再经过人的意识的强化，将使其具有更加丰富的含义。以后，按照习惯，我们将对美追求的力量直接简化地称为美的力量。

1. 重复表现

生命群体内的竞争是经常发生的，而每一次的竞争都会自然地通过 M 力量的不同表达而形成选择。那些因为表现 M 而获得竞争优胜的个体，会通过获取更多的资源而使这种力量得到奖赏性增强。这就意味着，在生命体的日常生活中，M 力更加经常地表现出来而成为兴奋度更高的稳定性模式。

2. 在各种不同活动中形成共性相干

竞争表现在各种不同的活动中，争夺不同的资源、包括争夺不同的食物、争夺有限的水、争夺有限的睡眠、争夺活动的空间、争夺交配权、争夺下一次的需要等。尤其是这种争夺还会随着活性中发散扩展力量的作用而变得更为强大。在各种不同的活动中都表现出了竞争的力量。随着这些活动中更为经常地表达 M 力而获得竞争优势，这种竞争力便会通过各种活动的表现而成为共性相干的基本模式，在具有足够的强度而具有了自主涌现的力量以后，即便是不主动强化，也会在各种活动的表现中通过联系的方式使其得到强化。这种力量尤其会在游戏的差异化构建和比较选择过程中得到更加显著的加强。①

3. 竞争的力量扩展到各种活动中

随着竞争模式的稳定与自主的加强，人会将竞争的力量扩展到在各种活动中稳定地表现出来，并成为指导人产生相应的行为及促进行为发生变化的基本力量。同时，也会随着竞争力量与各种活动更加有机的结合，通过各种活动的表现而使竞争力具有更加抽象的意义，能够使其具有更强的自主性，自如地在各种活动中发挥其应有的作用。

① ［荷兰］胡伊青加：《人：游戏者》，成穷译，贵州人民出版社 1998 年版，第 7 页。

二　M 力与竞争的力量

由不协调到协调是否能够有效地提高个体的竞争力？在生命体达到与外界环境的稳定协调时的一个直接表现就是：在保持生命力的基础上能量消耗少且最有效，也就是说，在这种状态下，将更加有力且有效地表达生命的活性本征。在将竞争向上的力量与美感建立起应有的关系时，竞争的力量将会促进美的形成与优化，强化与他人的比较，突出与自己的比较（当自己不满意时，不会因此而停滞，而是进一步地去寻找更恰当的生存模式和更高的竞争力）。这种力量在情感的选择过程中，通过将这种差异表征出来，通过差异而进一步地激发人的意识的有序进行，能够保证使艺术作品的情感表现得更加强烈、有效。尤其是在社会氛围的作用下，人们更愿意表现出特征指标控制下的更加突出的行为。

M 力的持续表现会在资源有限的前提下，突显竞争的力量。M 力推动着个体在群体中基于选择性力量而获得更强的竞争优势。竞争获胜后的奖励则会进一步地强化与竞争相关的各种模式的稳定性和兴奋程度。自然，表达 M 力、更强的竞争力也会得到直接的强化。与此同时，竞争反过来又会使 M 变得更加"抢眼"。竞争获胜而形成的反馈性激励，以及由此而表现出来的共性相干，会推动着这种力量的进一步发展。

三　表现竞争的社会化力量

竞争是在资源有限的情况下通过群体内个体之间的社会交往而表达出来的，群体中的个体通过在相关特征指标上表现得更强而获得竞争优势，以获得更多资源，在具体的过程中，就是获得交配遗传的机会，从而有更大的可能将优势基因遗传下来。随着社会交往的增多与强化，随着由于竞争力较高而能够获得更多资源的模式的更多表现，群体中的个体都会将基于某种特征而增强竞争力作为其强化的基本生活方式。虽然由于受到其他各种因素的影响而将这种模式掩盖起来，但并不影响将其作为一种典型的追求目标。

（一）竞争起源于生命活性，却为社会有所选择

生命的进化历程已经揭示，在资源有限的情况下，只有比其他个体

表现出更强的 M 力而获得更强的竞争力，才能被进化所选择。由此，这种与竞争优势只有具有一定关系的优势基因，才能传递下去。经过多少万年的进化过程，会一点点地将这种优势积累突显出来，致使竞争力成为决定一个群体中生物进化的基本力量。代表这种竞争优势的活动模式，也就成为生命中主要的活性本征模式。这就意味着，正是由于自然的选择法则而使 M 力的表达方向具有了优化的确定性。

（二）竞争向上的品质在社会中的表征与反应

简单的遗传算法则已经明确地指出，在生物的遗传过程中，与竞争优势的获得有关的基因会得到强化成为优势基因，长期的进化过程会在竞争中重复地强化着这些优势基因。但我们所强调的是，这种社会性竞争会通过竞争后资源的获得而形成反馈性增强，群体中的个体会单纯为了竞争而力争变得更强。

在社会的相互作用过程中，经过社会判断形成道德价值评价，会将那些为社会所允许、赞扬、鼓励的模式明确地固化下来，依据其价值而做出取舍，并成为决定个体获得竞争优势的基本因素，这就意味着，更具社会性意义的信息特征，也会有效地转化成为生命的活性本征模式。在肯定这个过程和结果的基础上，在生命活性本征力量的作用下形成进一步的放大，通过加入更多的新奇性信息、差异性信息和变化性信息，通过引入更多的关系性信息，以及对其进行分类、分层等，将其变得更加复杂、系统和完整。

生命活性本征力量的固有表现，会使神经系统高度发达的物种能够表现出足够强的期望性的力量。期望的形成，会使生命个体提前构建更多应对有可能出现的新情况的新的策略，期望通过相关的表现使个体能够获得更多的竞争资源。生命个体会在当前状态的模式的基础上，通过表达生命活性中的发散扩展性本征形成差异，将这种差异表达在心理过程中并形成由当前状态趋向该差异性状态的过程，即表达为期望、追求。无论是根据竞争而形成的优化选择，还是生命个体赋予期望以更好的意义的特征，尤其是在人的身上，会将这种放大后的期望模式作为追求的对象，会在相关的社会情景中，将这种抽象模式具体化为能够与当前环境相结合的行为模式，并将其表现出来。

人可以将这种模式抽象概括出来，将其与具体的事物分离开来，将其作为一种抽象的模式而追求和表现，然后再将其与各种具体的事物、各种具体的行为相联系，从而更加显著地将其突显出来。

（三）竞争能力的自主表现

个体之间的竞争力在对社会的促进过程中被独立与特化，并具有了自主性，从而在各种活动中得以表现，即使不是出于竞争，也会表现出足够的积极向上的努力姿态。

在不具有意识或者说意识比较弱的情况下，只会在基本的生理层面表现出比其他个体的"更快、更高、更强"，而在意识的作用下，则会将这种模式凸显而成为显性特征，并在强化稳定的基础上，形成自主性，表现出比其他的个体想得"更多、更深、更广"，并且还能够进一步地扩展到其他的特征表现上。人会通过社会中的共性相干和群体所生成的基于当前状态的、表达社会活性本征的、为社会价值所选择强化的方向进行生命扩展，会主动地将这种偏化性选择表达、强化出来。

这种竞争力会与某个特征相结合而成为群体竞相模仿、表现的行为，每个个体都会试图比其他个体在表达这种特征时表现得更为出色。也会以某个直接决定其生存的竞争特征指标做基础，在生命活性本征力量的作用下实施延伸扩展等，转化成为由其他指标控制的新的竞争策略。

四　表现竞争力量与美

（一）美与努力拼搏

生命体通过长期的进化，将表达 M 力和取得竞争优势的模式充分表现并固化下来，使之成为决定生物进化的核心因素。是自然的优胜劣汰突显了相关的标准、力量的构建和方向的选择，是选择的过程构建了向某个特征标准更强的变化方向发展的 M 的力量。人们更为经常地用"向上"来表达这种方向。因此，努力向上的模式使人获得更多的竞争优势，使动物个体变得更加强大，更加完善，也使其具有更多遗传的机会和利用遗传使之得到反馈加强的过程。表达 M 的力量本身就已经构建了努力拼搏的力量基础。与 M 有关的力量都有可能被逐步放大而突显，并在自然力量的选择作用下，将其主要的决定力量在人的竞争意识中突出地反映出来。正是竞争，才形成了 M 力的突显和强大，也才在人类群体中促进生成了专门以表现这种力量为其主要工作领域的艺术家群体。

努力向上会使人在取得了一定的成绩（收获）以后，下一个环节仍会表达 M 的力量；不断地通过异变后的比较，选择出比当前还要更好的；在付出如此努力的基础上，会以当前的努力模式为基础，加大 M 的力度而再努力等。这样做，所表明的就是我们在努力拼搏。从本质上讲，第一，努力拼搏是人活性中发散力量的具体体现；第二，生命的本征表现，保证在每一个环节都表现出 M 的力量；第三，在已经达到当前局部完美的程度时，基于时间和资源的有限性，必然驱动个体做出更大的努力；第四，对完美的追求促使人在下一个过程仍须表达 M 的力量；第五，基于本能，生命体更加积极主动地表现努力拼搏。

1. 竞争向上与美感形成共性相干

虽然竞争与美是两种不同的状态和过程，但两者在追求"更进一步"的特征上表现出共性特征，因此而表现出相干性，通过这种共性相干，保证着更为强劲的 M 力的独立与特化，保证着竞争与美都得到进一步强化，也保证着竞争向上与追求更美过程的有机结合。群体的相互作用及个体的竞争性本能会成为生命个体进入美的状态时的基本特征，并由此而与美感建立起稳定的联系时，将会有力地促进人对美的进一步促进与追求。

表现生命活性本征中发散扩张的模式过程，就是通过表达而与这种模式共性相干的协调过程。在此过程中，会通过彼此之间的相互关系，使生命体能够基于更多的局部特征表现出共性相干的力量。这能够促使更多的生命的活性本征处于兴奋状态——达到与生命活性本征在更大程度上的稳定协调，也就使得生命的适应能力会变得更强。在生命体处于与环境的稳定协调状态下，会促使人体会到由不协调达到协调的过程而产生美的享受。更加协调的状态，会赋予外界刺激和由不协调达到协调的过程模式以美。这就意味着形成协调的程度越多，表现 M 的力量越强，生命体适应环境的能力就越强，也就有更多的机会将其优势基因通过遗传而得到强化。

2. 当竞争向上模式作为一个控制模式

该竞争模式作用到对美的追求的过程中时，会在每一个"暂时美"

形成以后，以这种"暂时美"的状态为基础，进一步地向更美的状态转化，而且试图比其他的个体表现得更为突出。在此过程中，生命活性的表现和人对这种表现的体验，会将这种"更进一步"的模式从竞争过程中独立突显出来。

生命的自相似性，保证着任何一个具有独立性的组织器官、行为模式，都能够受到其他组织和行为的作用的基础上表达生命的活性本征，并保证着迭代过程可以持续地不断往下进行。生命进化的内在动力在于体会和感知到这种差异，并将这种差异所形成的作用力反馈到相关系统中，从而维持相关系统的持续性活动。这种对差异的感知以及将这种差异反馈到相关的系统层次中进行再反应，使生命体可以在迭代过程模式的基础上，进行自主地表达生命的活性本征，从而形成以差异感知为本能的反复迭代过程。

总是能够以现有的模式作为基础，赋予生命活性可以自主表现的力量，将生命活性中的发散扩展模式与之建立起有机的联系，自然会形成更加强大的过程。当然，收敛的力量会保证着人不断地以现有的模式为基础。

3. 竞争向上模式成为人进入美的状态时的重要模式

人的竞争性本能会成为引导人进入美的状态的基本元素。只是单纯地表达人的这种竞争性本能模式，使之处于兴奋状态，就能够引导人开始以这个模式为基础而促使其他的活性本征模式的兴奋，表现由不协调达到协调的过程，以协调状态为"终点"，通过建立与其他模式的不同而形成差异——刺激，使人产生美感。

4. 竞争在人格力量上的表现

在 M 力的作用下，会将"建立关系"的模式得到扩展、推广，通过这种更加多样的关系，促进人从更多的角度进入美的状态，持续性地建立美与各种模式的稳定关系；不只是单纯地为了竞争拼搏，而是将人追求向上的力量与转化成为对更美的追求。与学习、与工作、与生活都能够建立起稳定的联系。

自然，出于竞争的内在本能，社会中的每个人都会在试图表现得比他人更加出色的基础上，不断地探索创新，并将创新与追求美有机地结合在一起。比如当某位艺术家创作出了一件新的作品时，其他艺术家都将在内在竞争力量的驱动下，努力追求比对方表现得更加"出色"。由此而形成的稳定的人格的力量便会在其中发挥作用，从而驱动人去追求能够获得更多竞争资源的作品。

努力竞争的品质不只是在艺术家的内在动机中发挥着更为关键性的作用，驱使其不断地比其他艺术家表现得更加"出色"、比自己以往的作品更加"出色"，在好奇心的作用下，不断探索新的表达之路，使艺术家努力地攀登一个又一个艺术高峰。由此就可以看出，为什么在文艺复兴时期会出现大量的艺术家。

5. 竞争向上的自主性保证对美的追求的自主性

竞争起源于社会中个体与其他个体差异化的相互作用，这就是美感的社会性基础。稳定而高兴奋度的竞争模式随之被社会的竞争强化。如果艺术家认识到自己具有比他人更为突出的、其他人所不具备的专长，认识到这是其取得竞争优势的关键性特征，便会更加积极主动地，以更大的力度强化和表现这些模式。自然，在由此所生成的社会性关系结构中，也会以社会意志的方式促进放大着这种力量，使得个人在表现这种力量时更加"卖力"。

6. 在人取得竞争优势而获得更多的生存与发展资源时，会得到快乐

竞争成为一种本能，与其他模式稳定协调的表现，意味着引导人进入美的状态。当人处于稳定协调状态时，会通过由不协调达到协调而产生快乐的感受。因此，这种竞争与快乐之间的稳定性联系，会通过社会的放大，使这种快乐的感受更加强烈。在一定程度上讲，艺术家就是为了通过创新而取得高于他人的竞争优势，并由此而得到更大的快乐。独立的快乐模式会将与其有关系的各种模式联系在一起。快乐模式的独立化保证着人的生命的活性表现有了新的基础，形成人对快乐模式更加多样而丰富的强化与追求。当然，社会也在强化这种快乐。

在人的意识空间中，会由于自主性反馈，形成追求更大快乐的主观能动性，人在思维的初始状态即形成能够表达更大美感的意向，并将其作为观察、认识、理解事物和知识的基本心理背景。

根据信息在大脑中建立关系的过程和规则，人会基于当前的意向模

式而建立信息之间复杂的联系，本能地将美的感受与更多的信息建立起关系，主动地将更多的因素与快乐模式建立起关系，并通过这种关系而赋予更多的外界事物以美的意义。在这种关系稳定地建立起来以后，人就会在复杂多变的外部环境的作用下，经常性地被相关因素的激发而体验到美感。

7. 与竞争向上的本能相协调，形成深层美感

外界信息与这种竞争向上的本能模式相协调、共振，或者在外界信息表征了人的这种本能模式在一定程度上的某些局部特征时，基于多样并存，在这种美感的统筹作用下，人们会内在的形成竞争向上的基本模式，从而通过表征更加深刻的活性本征而使人进入更深刻的美的状态。

（二）通过竞争向更美的方式转化

在生命的进化过程中，在不同个体的相互作用之下，形成了典型的竞争性本能，这种竞争的本能在人的意识和社会关系中得到进一步强化，会促进人以美感为基础而向优化（更美）的方向转化延伸与扩展；促使人在更大范围内建立与更多信息个体之间的复杂关系；在更大范围内建立抽象概括关系；考虑更多的因素等，并尽可能地将更多的因素与美感建立起关系，从而在遇到各种因素时，都会建立起基于美的追求的进一步的完美化的过程。

通过以下各方面的影响，将使我们明确地看到竞争向上与对美的追求的内在联系：

第一，通过竞争取得了优势，获得了更多的资源；

第二，表现扩张使其竞争力更强，使生命个体能够得到更多资源；

第三，生物的个体会由于竞争而获得生存优势，促使其追求更强大的竞争力，并通过遗传而进一步地放大、固化这种对更大竞争力的追求；

第四，优势遗传基因会与这种扩张建立起稳定的联系；

第五，在该模式强大到一定程度时，会形成自主性，即使不受到外界因素的刺激，也能够自主地将相关的信息模式激活，并建立起同其他信息之间的关系，或者对再一次激活的信息产生选择性影响，或者说改变其他信息的模式——发挥作用；

第六，在神经系统达到足够强的程度时，便会受到意识的强大影响，

从而将这种基于 M 力模式的竞争力量表现得更加突出。

　　表达与人的竞争本能模式，形成与人的竞争本能的和谐共鸣，意味着在满足人的竞争本能。从一定的角度讲，人的竞争本能不仅在很大程度上驱使人在一个群体范围内产生极致化的表现，而且也会将其作为一种与取得竞争优势后的美的感受。以本能模式为基础而表现生命的活性本征力量时，会形成扩展升华后的本能。当扩展的力量作用到本能模式上，会进一步地形成本能的欠缺。在当前外界环境的作用下，在人的自主涌现同时作用的过程中，如果构成的意识状态与人的竞争本能状态以及由此而展示的生命活性竞争状态（收敛与发散的有机统一）不相符合，就会在生命活性中收敛力量的驱动下产生相关的行为，努力地增加两者之间的共性元素，使符合理想与追求的信息模式越来越多。

　　在以竞争作为基本的稳定性模式的过程中，同样会出现由于发散性联系而形成的扩展、扩张，形成新的竞争本能模式。这种变化模式会通过与当前状态所表现出来的差距，激发人的活性中收敛力量的表达。人便会在收敛的、稳定性的力量作用下，要么回复到原来的协调状态，要么以新的状态为基础，通过形成新的稳定协调状态，向新的状态转换。这种状态也会驱使人向某个未知的状态的追求，这就意味着对未来的追求，或者说是将未来的稳定状态作为一种行动的吸引域，从当前状态出发，向未来状态逐次逼近。

　　当人们形成了这种稳定的逼近模式，并在意识层面进一步地强化了这种模式，就会更加有效地主动强化这种模式，增强该模式的自主涌现性力量，建立更多的信息与该模式的有效联系，在这种模式的引导下，驱使人产生相关的行为，并以此模式为基础，在生命活性的扩展、发散模式作用下，在差异化模式的作用下，不断地构建与当前模式有所不同的新的模式，并通过美所形成的比较优化选择的力量而使向美的逼近更加丰富多彩。

　　（三）形成一种基本的心态，保证这种向美的转化的趋势具有更高的稳定性

　　社会性竞争保证着即使得到了美感模式，也会促使人进一步在此基础上，构建比当前"更美"的新模式。以该模式为基础而更强地运用生

命活性的力量，引导人的心理向这个方向做出更大的扩展，使更多具有这种特征的信息模式处于兴奋状态并与之建立关系：第一，激发更多的具有此种特征的信息；第二，对相关的信息形成局部期待心理；第三，通过期待形成需要以及对需要形成追求，通过形成更大的期望和需求，形成向满足更强需求状态、寻找更多局部特征的相同与相似而逐步逼近的追求过程。

通过前面的描述我们已经看到，我们应形成"只有更美、没有最美"的心态和意向。这是一种稳定性的认识，会在 M 力的作用下驱使人不断寻找更美的感受和更为恰当地表达美感的方式。作为人，就是要形成一种对美的追求的态度与意向，保证其建构出足够的自主性，形成对相关特征指标控制下向"更美"转化的主动性追求。即使是人没有形成"最美"的状态性认识，也会在表达 M 力所形成的更美的结果而独立地形成美与 M 力的内在联系，促使人认识到，即使只是表达 M 力，也能够引导人进入美的状态而使人产生美的感受。

（四）与奇凯苓特米哈依的理论相一致：存在一个对其评论与欣赏的环境

艺术评论家在对作品风格的确定及推广过程中具有不可忽视的强化作用，对艺术风格的选择作用具有重要的指导意义。在某一艺术风格形成的过程中，评论家的看法反映出其特有的审美观念，评论家会结合自己的审美观念和喜好对艺术家作品的诸多表现加以判断。这既是人表达生命活性时需要通过已知的模式而形成共性相干，也由此而表达出收敛的力量，使之成为进一步展开审美活动的基础。当评论家的美的观念与艺术家的审美观念相同时，便会在评论家与艺术家之间形成"共性相干"，从而促使艺术家在相关的方面考虑更多、建构更强。

（五）在好奇心的作用下，持续地进行这种过程

艺术家会受到好奇心的作用而在形成更美的追求过程中，不断地引入与当前信息有所不同的信息，生成的不同的心理模式又以其特有的差异化构建和由此而形成的相互作用的正反馈。大脑的自主与涌现一直进行着，并也会产生出更多新奇的、差异性的信息，从而维持相关过程的长时间持续进行，通过形成更加稳定的"吸引子"而使人沉醉于审美状

态之中，使具有特色的艺术流派能够在流派特征突出稳定的基础上，表达出更多具有新奇性特征的艺术构建。

第四节　M 力与终极美

《礼记·大学》的开篇即明确地指出："大学之道，在明明德，在亲民，在止于至善。"孔颖达将其释为"言大学之道，在止处于至善之行"①。陈澔集说："止者，必至于是而不迁之意。至善，则事理当然之极也。"郑玄注："止，犹自处也。"宋朱熹在《四书集注·大学章句》中解释说："言明明德、亲民，皆当至于至善之地而不迁。"《大学》明确指出，有了这种目标与追求，"知止而后能定，定而后能静，静而后能安，安而后能虑，虑而后能得"。"止于至善"，简单地说，就是达到、直到、处于最完美的境界。

"止于至善"的"止"就是停止的意思，从某种角度讲是在通过追求而达到极限的意思。但没有追求的过程，就不会有"止"的结果。虽然强调的是至善，但其实表达的是一种永不止息、创新、追求、进取与超越的心态，是一种对"至善"的完美境界孜孜以求的执着信念与精神。由于人的能力有限，同时又受到各种条件、资源的限制影响，虽然不能达到至善的境界，但我们却必须坚守"止于至善"的信念，通过自己的不懈奋斗，努力地达到美的极限。而终极的美，也是通过无限的人类社会中每个人的极致追求而最终实现。

一　美的相对性

以往，在没有认识到对美追求的力量时，人们只能判定美或不美，不存在美的程度有多大的问题。但当我们以对美的追求作为其核心力量以后，美的相对性问题便自然显现。虽然我们持续性地运用 M 的力量似

---

① （东汉）郑玄注、孔颖达疏、吕友仁整理：《十三经注疏·礼记正义》，上海古籍出版社2008 年版，第 2365 页。

乎可以达到那种终极的美，美的相对性则说明，我们只能不断地构建更美的模式，乃至达到一个人在其力所能及的范围内所能达到的最高峰。我们只能得到相对美的作品。"'美'并不总是令人满足的。无瑕的完美也可能乏味无聊，而且有时候还是令人不安的。"① 库申（Victor Cousin，1792—1867，法国哲学家、美学家）更是突出地强调了美的相对性，认为"对于一个孕育理想美的人来说，所有的自然形象，无论多么美，都不是一个优越的美的肖像，它们都不能实现这个卓越的美。你告诉我一件美的行为，我就可以再想象出一个比它更美好的行为"②。美的相对性是 M 力作用的必然结果，也是我们构建美学体系的基本特征之一。

（一）美的真正意义指的是完美

在人们内心中对美的认识仍然只是一种状态性特征，而且人们将其认定为：完美，并在潜意识认定其已经达到了这种"最"美好的状态。但这的确仅仅是人的一种期盼，是人的一种愿望，尤为重要的是，这是一种假想中的理想状态，甚至人们只是将其已经达到"完美"作为其中的一个固有的特征。可以看出，对于这种极限状态，人只能是在对其不懈的追求过程中才能逐步地向其逼近。也正是出于对这种极限状态的期望，才驱动着人持续性地努力追求更美。

每一件伟大的艺术品，也只是比其他的艺术品在相关的特征方面表现得更好（如更对称、平衡、稳定等）。德国美学家玛克斯·德索就明确地提出："美的就意味着一部作品是其同类作品中的佼佼者。"③ 是的，仅仅是在当前的"同类作品中的佼佼者"。这种美（好）的作品是通过比较而得到的，而且仅仅是诸多现有作品中的最好的。虽然人们持不同的判别标准，但在人们公认的标准上，当前的作品一定是同类作品中最好的。

通过前人的努力构建，完美似乎已经成为一种整体化的知识结构，其涉及各种因素、各个层次和各个环节，还涉及在各种情况下的完美。

---

① ［英］史蒂芬·贝利：《审丑万物美学》，杨凌峰译，金城出版社 2014 年版，第 6 页。

② 北京大学哲学系美学教研室编：《西方美学家论美和美感》，商务印书馆 1980 年版，第 234 页。

③ ［德］玛克斯·德索：《美学与艺术理论》，兰金仁译，中国社会科学出版社 1987 年版，第 139 页。

但美（即完美，一定）是一种理想、期望甚至只是在假设中才存在的极限状态。即使当前已经很美了，但还有很大的不足，距离最美还有一定的差距。

在还不能在各个方面体会到完美的境界、达到完美的程度时，可以通过体会其中的一个（或某些）方面，采取妥协的方式，牵连性地促进其他方面的综合表达，以达成局部的完美性的体会，并通过彼此之间的内在联系，期望性地促进其他方面（因素、环节）在完美方面的构建。人们可以直接描述这种完美的境界。我们总是强调这种程度的完美仅仅是局部上的完美。由此，人们可以通过更加概括抽象意义的符号表征，在意识层面表现这种心理，体验这种抽象性的、虚幻性的感受。

俄国托尔斯泰（Л. Н. Толстой，1828—1910，俄国批判现实主义作家、哲学家）将完满与美对等起来，指出："从主观的意义来看，我们把给予我们某种快乐的东西称为'美'。从客观的意义来看，我们把存在于外界的某物绝对完满的东西称为'美'。"在托尔斯泰看来，这种完满的东西能够给人带来快乐，因此，完满的东西就与能够带来快乐的东西建立起了稳定的内在联系，或者说它们本身就是一回事。①

（二）人在内心存在着对完美的固执假设

人们潜在地假设，完美是通过不懈地追求完美的过程极限。我们认为，完美更是一种过程而不是一种状态。在人们还不能体会到完美的境界时，可以通过对完美的不懈追求来体会完美的境界。这就意味着，完美与对完美的追求，以及在此过程中所表现出来的 M 力，是紧紧地联结为一体的。此时，在人们还没有构建出即便是局部的完美状态，只要人们通过差异化构建而形成一个更大的集合体，这就意味着下一步人们将基于 M 力，通过比较而展开优化选择的过程。这两个过程是不可分割的。但我们更需要强化 M 的力量因素。只要我们在两者之间建立起紧密联系，或者说我们已经认识到两者之间的内在联系，我们就可以稳定地通过一个过程更强烈的展示而体会另一种过程的稳定进行，同时体会到两个过

---

① 北京大学哲学系美学教研室编：《西方美学家论美和美感》，商务印书馆 1980 年版，第259 页。

程结合在一起时的完整过程。人们可以通过大智若愚的更强的包容境界来表现完美，体会这种力量作用和所达到的状态的人的本征生命活性表现。人们可以去追求这种大智若愚的境界，通过对这种境界的追求，体会到在没有受到其他因素的干扰与刺激时本征的生命活性状态；也可以在极端环境中通过表达人的自如来表现完美。完美具有自由的特征，这也引导人通过体会自由而促进对其他方面间接性的激活理解。

在对美的探索过程中，我们总是假设存在这种美的极限。但当不存在局部的最优（极）值时，应该如何办？有时候，即便存在局部极值（极小），也有可能与 M 的要求不相符合。在这种情况下，生命体会通过更大程度、更加多样的变异而形成"非线性涨落"，驱使生物体在更大的范围内进行比较探索，最终形成更大范围内的最优。即使真的不存在这种极限存在的状态，我们会这样做：通过表达 M 的力量，得到下一步的比当前更美的状态结果。将这个整个过程作为一种基本的稳定性模式，再一次地重复这种过程……当进行了若干次以后，由于每一次都会得到比以前状态更美的结果，那么，我们就会在潜意识中得出这样稳定性的假设性结果：只要我们持续性地逐步将表面 M 力向更美的方向演变，因为 M 已经通过一步一步地得到比以前更美的结果了，那么，单纯地表达 M 力，就一定能够将最美的结果构建出来。

这就意味着：第一，典型地通过表征发散力量与收敛力量的有机结合，形成比当前更美的结果；第二，通过与生命活性本征状态的更加协调而一定能够达到这种最美的状态；第三，在将"对美的追求"和"达到最美的状态"有机结合并形成一种稳定的动力学模式时，完整地表现这种模式，即完整地表达出了美的力量；第四，将对美的追求的过程持续地进行，会使人得到更美的结果，因此，最美的结果一定能够通过无限次的追求而得到；第五，人们会在潜意识中假设可以存在这种过程的无限次重复进行，因此，这种过程的极限结果，便会得到"极致的美"；第六，省略这些中间过程，只看到外界刺激与选择的最终结果之间的联系时，就可以独立地看到外界刺激与"更美的状态"之间的内在联系；第七，人们只重视这种终极的"极致美"状态，忽略中间的追求过程，并认定这种局部最优美与 M 力的内在关系；第八，我们可以在这种极致美的状态中，研究极致美的结构（各个部分之间的关系、特征），以此而强化极限美的存在合理性。

二　追求更美进化成为一种本能

通过表达生命的活力而突显出来的 M 力，成为生命存在的基本力量和根本表现。生命就是在表现 M 力，因此，表现 M 力而追求更美，甚至由此而生成追求完美的期待，就成为人生命的基本意义。我们可以认为，美是已经达到极致后的本质状态，从任何一个表象中，只要我们基于具体情景而努力地追求，就能够通过具体的过程而领悟到这种状态。"你看一张画，读一篇文章，你全没有注意到它的素描、色彩或风格，但你是真被感动到心坎里。那时你可以确信，这素描、色彩、风格，一切技巧都已到了完满的地步。"①

（一）完美

完美是一种与整个人类形成的活性本征完全稳定协调的状态。这种状态的美既然对人类个体中的每个人是如此，对于每一种具体的情况也会如此。尤其涉及各种具体环境作用下所形成的稳定协调状态时的各具体活性本征之间在相互协调基础上的升华。在此种状态下，既通过彼此之间的差异构成了相互作用，但又保证着整个活性本征的相互促进与相互支持的协调稳定，在以某种确定的模式运动着的基础上，形成更高层次的概括升华。

我们假设整个人类在所涉及的各个方面都达到一种绝对的完美，能够保证每个人基于各种"具体活性本征"而达成彼此之间的相互协调，又能够保证每个人与其他人的美的状态的稳定协调。作为一个具体的人，我们每个人都会在潜意识中固执地假设：只要我们持续性地从事基于 M 力作用下的追求，就一定能够达到最完美的状态。这种完美的理想必定是存在的，而且我们一定能够实现这种完美的理想。这可以被看作一种信念、信仰，人们坚信这种完美状态存在的合理性和确定性。对完美的

---

① ［法］奥古斯都·罗丹口述、［法］葛塞尔记录：《罗丹艺术论》，傅雷译，中国青年出版社 2016 年版，第 104 页。

追求也就成为一种信念、成为一种驱动人不懈追求的力量。这种假设是伴随着人持续性地表现 M 力，是在各种活动中通过表现 M 力而取得更好效果时所形成的稳定性的模式。这也就意味着，这是一种固化于人的内心的稳定模式。存在完美已经成为人的基本"信仰"。

人们总是将局部的美自然而武断地推广到整体的美。这反映在美与"格式塔"在简单层面上存在一定的联系。格式塔指的是完美的构形——完形。但这种完形只是局部意义上的完形。虽然生命活性的存在指导我们：实际中的人总不能达到这种完美的构形，但可以假设存在这种完美的构建而引导人不断地追求、构建这种完形。阿恩海姆在格式塔理论对艺术的指导中，提出了：当艺术品与人内在的审美经验出现同构关系时，人便可以体验到美的基本观点，由此而将人的注意力从"完形"转移到人的内心与外界的"完形"如何才能同构的问题上。如果我们将同构看作外部客观与人内心的完美（这里以虚假的假设存在完美作为基本的出发点），我们便可以简单地通过这种完形的过程所形成的模式刺激，体会到"完形"的意义。我们并不知道人内心的完美（包括感觉性、知觉性、意象性和符号性特征）是一种什么样的模式，只是单纯地讲：如果艺术品与人内心的完美同构，便可以将他人内心的完美激发出来，这就是在讲：A 就是 A。而这对于美的深入探索没有一点帮助，对于艺术也没有任何指导的作用。我们需要注意的是，如何能使艺术家在那种朦胧的美的理念指导下，具体地构建出能够引导人从这个角度进入美的状态的形式化信息。如果将审美过程作为一个整体，那么，艺术品与人的审美心理之间应该形成这种内在的同构性逻辑关系。因此，艺术品应该与人生命的活性本征同构。

阿恩海姆在《艺术与视知觉》中只是揭示了感知觉对这种完美形式的作用，揭示了视觉上简单的形式完美在艺术创作中的作用。格式塔理论提出了圆、水平与垂直线所组成的关系、正多边形、正多面体等都是完形。对称、圆、垂直、力的平衡、色彩的平衡、协调也表征了外界信息之间的同构性关系的意义。从扩展的角度来看，又能够进一步地推广到动与静的协调，收敛与发散的协调，变与不变的协调关系中。自然，这种外在形式的同构，也会因为同构模式的存在而与人的美的状态达成一定意义上的和谐共鸣。因此，从基础层面讲，可以在一定程度上达成与生命活性本征状态的稳定协调。如果已经建立起了各种不同的同构之间模式的关系，也会由此而形成共振协调，从而引导人进入美的状态。马蒂斯（Henri Matisse）在描述他的创作经验时，就是通过不断地变革而求得最后的协调。"因而我有必要使各种不同的因素之间获得协调平衡，从而相互间都不会毁坏对方。为了获得这种效果，我必须组织各种观念。色调之间的关系应该是这样的：这种关系要支持色调而不是毁坏它们。新的色彩组合将代替最初的组合，从而表现出我整体的艺术观念。我不得不去改画，直到我的画似乎完全改观时为止，这样，在连续的修整之后，红色代替了绿色，成为主导的色彩了。"① 因此，完美的感觉艺术形式、完美的知觉艺术形式、完美的意象艺术形式、完美的抽象艺术形式，通过所观察到的现象与事物，在达到与生命状态的协调中，都表现出了"完美＋变异"的稳定结构。"对艺术创作的理解，我们也经历了一个从中世纪到现代的转变，即从制造到创造的转变。就前者而言，完美的事物作为一个被模仿的模型先于制造物，后者则自身生产着完美的事物（换言之，完美事物的美的外观）。完美这一概念的历史说明，在它的发展过程中，暂时的和个体的完美事物的复合量日益取代了永恒的、制约一切的完美事物的单一量。"②

　　问题在于，受到意识的发散扩展性影响，在人的内心形成了诸多与活性本征不同，但存在各种复杂关系的知识性信息。艺术家如何才能准确地描述这种湮灭于客观作用之中的人的本质性生命活性？按照阿恩海姆的观点是通过局部同构，然后再依据其内在的逻辑关系而构建整体同构。在局部上先构成同构关系，引导生命体在相关特征上构建彼此的内在关系，通过这种内在关系而激活其他的生命活性特征，在生命活性局部特征激活的基础上，形成生命活性的完整协调状态，再体验这种完整协调状态。这种形式上的"同构"就是在某个信息特征上达到与美的模

---

　　① ［西］毕加索等：《现代艺术大师论艺术》，常宁生编译，中国人民大学出版社 2003 年版，第 9 页。

　　② ［德］汉斯·罗伯特·耀斯：《审美经验与文学解释学》，顾建光等译，上海译文出版社 1997 年版，第 71—72 页。

式的共振相干，然后再进一步地扩展到更多方面。

我们应该清醒地认识到，人的心理是复杂的，不只是感觉信息的形式，其他的意义在我们内心对最美模式的构建中同样发挥关键的作用。我们将最美的形式表达出来，也是借助于具体的局部信息元素来表征的。在由局部意义的形式美推广到一般意义上的美时，还需要做大量的工作。

在中国古代哲学体系中，通过不断地追求更好地达到"天人合一"的境界，与阿恩海姆的所谓完形相对应，都指的是客观与心理的共性相干所形成的基本协调，此即形成完形。

（二）对完美的信仰

在人们构建美的理念时，是按照"最美"的结果来理解的。不管是不是存在这种极限，人们只是在内心存在这种稳定的假设：人们确信，存在这种美的极限。但显然，达到这种极限的过程，就是一步一步地表现 M 的结果。只要我们按照这种趋势一步一步地往前走，就一定能够达到这种极限的状态——实现最美的结果。也就是通过持续不断的 M 的力量，使美达到极致——美的极限。持续地表现 M 的力量，就是一步一步地向着"最完美"的方向前进。或者说，当人们重复地表现 M 而构建出了比前一个状态更美的结果以后，这种过程反复进行几次，就会使人们采取"以局部代整体"的思维模式，将这种模式固化出来，并通过使之具有更强的自主性而形成一定存在最美的极限的假设。在具体地表征 M 力的过程中，我们会确定性地假设，每一步都一定能够得到比前一步"更好"（在某个标准的度量下）的状态，虽然在生命表达活性而形成 M 力的过程中，M 力的大小可以是确定的，但却是可以无限次地表达的。这种过程可以一直进行，而且还一定能够得出最终的最美的结果。那么，即使是在个体生命是有限的前提下，依据人类生命的无限可延续性，也一定能够在无限的时间内通过有限地表达 M 力而达到一种极限：最美。显然，这一定是局部的最美。我们应该充分肯定在人的信仰中所存在的存在美的极限——理想中的美——完美。

在构建出一个综合性的判据时，我们能够持续地表达 M 力而综合、全面、系统地达到这种"极佳化"的状态。但与生命的活性本征全面和谐共鸣的状态，才是最美的状态。即使人将美的状态独立构建出来，人也能够以当前的美为基础而展开进一步的延伸扩展工作，尤其是将 M 与之相结合而获得意识层面表征时，所获得的更加抽象的模式将具有更强的符号性意义、获得更加复杂多样的美的状态。

马克思所描述的"对人性的复归"，指的就是达到与人的生命活性的完全的协调、耦合，要求能够更加完整地表现人的力量。这就意味着"物尽其用，人尽其才"：一是指其效能达到最大化；二是浪费达到最小化。完美的状态在谢林那里被称为是"绝对概念"（the eternal idea）："绝对概念存在于自然和艺术中，指的是理念和形式、物质与精神的同一。当人们对某一样具体的事物进行深入体悟之时，无不能感受到它内蕴的绝对概念。"①

以最大限度地发挥人的本性的力量为基础，或者说，与人的生命活性在更大程度上的协调，就一定能够达到当前最美的状态。我们认为，极致的"完美"（极限的美）已经成为一种期盼、一种追求，甚至只是一种假设。在美学的研究中，并不缺乏对这种追求和期盼的认识与构建。极致美（完美）只是"局部更美"，而完美则应假设为是"全局最美"，这是真正的终极美。这种理解与我们给出的美的定义是一致的。

显然，人们更愿意直接描述这种终极的美的状态，而不愿意描述对这种终极美的追求过程。在最美的状态下，人们会赋予它具有最大的自由度和可以任意扩展的空间。的确，终极美是脱离了各种具体表现的本质的状态。在人的认识中，如果反映了本质性的美，便不能够与各种具体情景相结合，也就不受各种具体情景的特定制约。美无处不在，即便是特别平常的状态，也能够使人从抽象的角度表达出这种感受。正如禅宗的"棒喝"中所表达出来的对"悟"的感受是一样的。

一个人可以具有各种各样的能力。这是在人有可能面对各种困难和复杂环境时自然形成的能力。人们也假设：人在能够期望把握自然的运动变化规律方面，具有无限的可能性。依靠基于规律的推演，自然地能够对未来做出准确的预测，能够把握各种变化的情况，有足够的能力掌

---

① Schelling, "On the Relation of the Plastic Art to Nature"，转引自顾明栋《"神性"与艺术理想——中西文论中的审美理念之比较》，《文艺百家》2011 年第 1 期（总第 118 期）。

控所有的情况。但从另一个角度来看，这意味着人已经认识到了自己能力类别的不足，认识到了人类在某些单一因素方面，与其他动物相比有很大的差距，期望在能力的种类方面表现 M 的力量——具有更多的能力、具有更加强大的能力。人们还会对于这些方面有更高的要求，形成提高更高能力的期望。而这种期望自然也就成为完美的特征表现，这自然是人的扩展性模式的本质性表现。

（三）追求完美是后进化出来的一种稳定性本能

比较过程可以一直进行，但总有一个比较过程的终结。人生的有限性直接决定着一个人进行的比较过程只能在有限的时间内进行，由此而得到比较后最美（局部最优）的结果，也将是有限的。比较终结状态所产生的结果便是在人的内心所形成的自认为是最恰当的模式。这种最恰当的模式与最美的模式必然地存在着巨大的不同。因此，追求终极美是一个不断的构建、比较、选择、优化的过程。我们将用有限地追求更美的过程的结果代表最美的结果。由于好奇心，人会一起实施异变性构建，使差异化构建的范围不断扩大；生命的稳定收敛的力量又驱动人不断地比较优化选择。其结果必然是伴随着比较优化选择的过程而向完形（美）一步一步逼近。

这种规律直接指出了美的典型性、美的关联性。它通过将各种不同情况的异化展示，并通过综合及建立综合模式与异化模式的关系，创造出外界艺术形式中更"美"的模式。信息的重复再现和信息量的差异性的变化，促使在心智过程中形成分解与联系，这些反映不同信息之间共性模式的过程，会成为一种稳定性的力量。这种力量与变异、变化、新奇等特征的信息一起，与人的"活性"特征相符合。当人处于这种特征的"稳定域"时，长时间的作用就会在独立的情感系统中产生足够多的"情感物质"和"情感结构"，当心智受到其他因素的作用偏离该稳定状态时，便会产生其他的"情感物质"和"情感结构"。再一次地回复到这种状态，以及使回复到这种状态的过程性特征足够强大，就会促使人产生更加强烈的情感反应，表达在一定程度上反映活性本征的情感模式便能够引导人进入审美状态，先前的"稳定协调"状态也就被人们赋予美的形态、结构和意义。

（四）完美状态强大的吸引力使人忽略对美的追求

我们之所以说"完美"状态更加吸引人，其中一个原因是减少了其他因素的干扰，人可以在满足节省性原则的基础上，以更大的效率顺利地完成任务。这是将达到"最美"而付出的艰苦的努力所带来的压力、痛苦作为已经达到"最美"状态后的轻松感受相对比，从而体验进入美的状态时的特殊感受。从功利性的角度来看，人们更愿意回忆快乐而不愿意回忆由于受到过强的刺激而带来的痛苦。表征轻松地达到稳定协调状态和通过艰苦的努力才达到稳定状态会形成明显的对比，会在消耗能量方面存在巨大的差异。诸多现象已经表明了这种过程。因此，在存在可选择的机会时，将驱使我们更愿意简单地显示"完美"状态，而不考虑相应的过程。那些成功者会更多地回顾其成功后的喜悦，而不愿意提及当初的苦难。

根据前面的假设我们可以看到，人会将追求达到更高程度协调的 M 力与这种虚幻的最美境界建立起稳定联系（或者说人们确信存在这种稳定的联系，并且一定能够达到这种最美的境界），并因此而持续不断地通过体验相关的过程而提升进入完美的境界的感受。

当然，由于构建完美地进入美的状态的过程会消耗更多的资源（这相当于表达人的创造力而构建新的创造的过程），而表征这种局部的最美状态则只需要很少的资源。因此，人们更愿意简单而局部地显示"完美"的状态，不愿意考虑与此相关的过程性特征。人们会简单地从某个特征所表现出来的美的意味来代表所对应的事物的整体的美。

人们会盲目地相信自己的力量。既然存在最美的状态，那么，我只需要构建出这种最美的状态，然后与之通过共振相干而直接进入最美的状态就可以了，为什么还要通过一步一步地追求而达到这种状态呢？处于这种思想状态的人们，却没有想到另一个问题：你所设想的"最美"就一定是真正的最美吗？

（五）过程完成后的结果具有足够的稳定性

当一个心智过程完成以后，能够在大脑中稳定地存在，只是具有稳定性的结果，这也就意味着只留下"最美"的结果，只能展示最终结果。结果具有更强的稳定性。或者说，人们更愿意相信"这是我所构建出来的最美的结果"。这种结果具有更强的稳定性和影响力，在其以较高的兴奋度持续兴奋的过程中，会对其他的过程持续性地产生稳定性的影响，因此，"最美状态"的意义便会更多地受到人的重视。将一个模式固化并推广到一般，此时人们记忆的也总是这种稳定的模式，那些变化的模式由于不能得到重复强化，也就不能以较高的兴奋度产生更加强烈的记忆，就不会被人们所记忆。

一个过程结束了，既然已经达到了最美的境界，那么，我只需要关注一个过程的结束就可以了。与此同时，过程性特征由于兴奋时间短，不足以对其他信息产生足够"兴奋冲量"的作用，因此，其所产生的影响就小，该模式也就不能保证有足够的稳定性、自主性，人们也就不再重视相应的过程性模式。

问题在于在达到这最终结果的过程中，各种稳定的模式都会因为形成了审美过程而建立起稳定的联系，表达这些模式时，同样会激活人在大脑中构建出来的"最美"的模式。

（六）形成对终极状态美的表现原因

人之所以形成了以状态来代表"最美"的习惯，除了具有略去中间过程的习惯以外，还往往存在如下原因：

1. 善于将一个模式固化并推广到一般

人表现出了由局部代整体的习惯。人的能力有限性已经决定了人只能不断地采取"以局部代整体"的基本模式。由局部代整体，表明了运用这种模式在更多情况下展开思维的过程。在局部上获得了一定的成效时，便将这种关系和结果推广到一般。将从局部过程中得到的结果向终极状态转化，在充分而直接地认可这种结果时，直观并潜在地认定这种已经推广到一般的结果。其实，如果我们将生命活性中的稳定看作已经被我们认可的局部，而通过表现生命活性的发散扩展性力量，便可以得到与生命活性本征相适应的相对的整体。

认定美、追求美、期望美的心理会强化这种力量，从而形成以状态代过程、以局部代整体的基本过程。在将这种模式独立特化出来时，表达这种模式的自主涌现，就会以局部的优化而代替整体的"最美"。只要我们得到了即便是很小的局部特征意义上的美的本质，人就会努力地将其升华到更大意义、更高程度上的美。即便认识到人只是表达出了这种能力和相关的思维模式。

2. 合理性的态度与习惯

通过与客观事物的相互作用，人们已经认识到，在涉及不同信息模式之间的关系时，都只是存在一定数量、一定程度意义上的确定性认识，与此同时，也会存在一定数量与具体情况相结合而有所变化的情况。面对复杂多变的外部世界，受到收敛稳定力量的驱动，人们会将注意力更多集中到那些已经被认定的部分合理的关系上。因为外界环境本就已经提供大量的、新奇的、变化性的信息了。

受到稳定性力量模式的作用，我们所形成的合理性的习惯驱使人们不断地构建那些符合其自身潜在逻辑关系的结构模式，直接抛弃那些与其潜在逻辑关系不相符合的模式，以终极完美的状态代替对美的追求。

3. 生命的活性使然

人对外界的认识取决于人的生命活性本征。因此，人在认识客观世界的过程中，并不是真正地达到这种状态，只要存在与某些局部特征的和谐共振，就可以认为两者之间具有某种稳定性关系。随着人们越来越多地在两种状态之间构建更多相同（相似）的局部特征，人们对于两者之间处于同一状态的合理性认识就会越来越高。生命体总是在自然的进化过程中优化选择，那些生存下来者无论其原因如何，仅仅是因为生存了下来，便具有了足够多的理由。

生命的存在就在于能够持续地表达 M 力，而只要在一个过程中表达 M 力，就会产生更强的引导人进入美的状态并产生足够的美感的效果。正如詹姆斯说的：“我们应该寻找的并不是相似性，而是‘永不停止’。”[①] 人们看到了运用 M 可以得到更好结果的情况，并将这种模式稳定地固化下来，然后就运用由局部到整体的方法，将其推广到一般——存在并能够达到最终的最美结果。在重视 M 的力量时人们就相信通过 M 力的作用，就一定会得到最美。鲍姆嘉通在奠定美学基础时，就已经指

---

① ［英］特奥多·安德列·库克：《生命的曲线》，周秋麟等译，中国发展出版社 2009 年版，第 309 页。

出了这个问题。当我们从美学历史的角度来看时，也可以明确地发现，在古希腊哲学体系中，已经表现出对这种特征的表现和对美的努力追求的力量。① 中国古代哲学体系中也认识到了这个问题，并以一种为人所忽略的方式持续性地表达着。

人看到了自身的本性，但不再重视这个因素，不再把这种模式当作是人与自然相互作用过程中的一个重要的环节，不再重视这种力量，对这种力量的效果也不再表达出足够的惊奇，如此，人们就只将注意力集中到其所表达的最终结果上。

生命的活性就在于把握稳定与变化的协调统一。因此，人们在认定某种局部模式合理性的基础上，再以其变化作为补充，并在外界的变化因素作用下，更加明确地突出这种局部合理性的认知。这种对稳定性认识认可的力量，使人更加关注终极性结果，或者把这种局部性认识认定为"全局性"结果。

确定与不确定的有机结合保证着这种结果永远处于不断的比较调整与建构以求得更美结果的过程中。能力的有限性决定着我们将这种有机的结合也作为一个固定的模式来遵守，这种固定的模式虽然以时间和空间的方式稳定地表达着，但由于与生命的活性本征相协调，也会成为一种稳定的"状态"性特征。这种状态性特征也在强化着人们对"极致美"的状态性特征的认可。

4. 艺术家拿出的作品都是局部的、暂时的最美的结果

人们在潜意识中认为，我们所看到的艺术品，都是完美的艺术品。没有一个艺术家会将自己创作最美作品的过程展示出来，艺术家不能通过不断地将阶段性构思、优化的结果展示给他人，而总是将其成功以后的作品展现在大家的面前。这种"以状态代过程"的方式，引导着人们只能以最美的结果来间接表达追求的过程。同样，当我们谈到艺术品时，往往会不自觉地把"完美"的状态根据附着上面。

艺术家拿出的作品都是在当时环境和当时的能力条件下所能达到的

① ［美］门罗·C. 比厄斯利：《西方美学简史》，高建平译，北京大学出版社 2006 年版，第 2—4 页。

最美的结果。这种状态也进一步地强化着人们的思想，认为美就是终极的状态。单从艺术创作的角度来看，虽然艺术家有着超乎常人的非凡美的表达能力，但艺术家的思维也不例外地存在很大的局限性。艺术家需要自信，需要将其内心生成的美的状态稳定地持续表现足够长的时间，能够使其运用恰当的手法将其明确地表达出来。这有时需要无限制地自我提高自己，强化自己内心生成的美的状态和所建立起来的与当前客观事物的联系，或者通过自己内心的美的状态与生命活性本征力量的联系，根据美的状态与其他客观事物的联系而重新构建一个稳定的心理模式。

在艺术创作过程中，艺术家往往需要克服更多的困难。"人生不如意乃十之八九"，因此，人必须通过自己的努力才能取得一点点的成绩。凡事等待他人来解决时，自己终将一事无成。但人生的意义却在于表达自己生命活力中那积极向上的努力追求。"幸福都是奋斗出来的！"（习近平总书记在 2018 年的新年贺词中语）绝不只是一句简单的口号，而是驱动人产生具体行动的号角！艺术家们更会懂得，虽然美及艺术在这个方面已经做出了较大的成绩，却仍需使之得到进一步增强，以此而与社会的加速发展态势相适应，甚至通过其强大的超越性力量，引导社会的进步与发展。

问题在于艺术家并不是直觉地一下子在大脑中形成这种完美的美感，并将其完美地表现出来的。更加强烈的美感是通过持续不断寻找构建更美的意义内容和结构形式而一步一步形成与构建出来的。人们在大脑中，利用感觉、知觉和抽象，对信息进行各个层次的加工，在构建完美作品的过程中，将诸多信息特征（包括情感）和意义附着到艺术品上。自然，由于信息形态所处的层次不同，附着的方式也不相同，对所形成的"完美"的艺术品的作用也就不相同。

由于先期已经达成了与外界环境的稳定协调，这种状态已经先期地存在着。虽然随着环境的变化，会生成新的稳定协调状态，但这新生成的稳定协调状态则构成了其他的美的状态，这就将由其他的过程来表达了。因此，可以认为，这种美感在艺术作品创作过程的先期就在艺术家的内心确定地存在着，虽然创作者可能还不清楚这种美的感受是什么，却能够朦胧而潜在地体会着这种感受。虽然有时创作者不能更加明确地将其作为创作过程中的一个明确的指导其行动的核心指标，但艺术家一定会通过表达对朦胧的更美的状态而一直追求着，通过这种建构性的探索逐渐使目标更加明确。人们是在考虑其他特征而不断地构建出差异化个体的过程中，以美作为选择性的指标而构建的。尤其是通过某种因素的激励能够稳定地表达出来。

美感在艺术家由高向低、由抽象到具体地表达其内心被激发的兴奋，然后通过具体形式的艺术作品将这种美感表现出来，通过具体的形式将美的感受传达给他人。完成这种完美美感的艺术品的创作过程，需要有更多的对这种完美持续性追求的过程。

我们看到的艺术品永远是成品，我们一般会将这种阶段性追求的结果看作最美的，我们也会由衷地表达出对艺术家足够的敬意。尤其是人们在认识到自己与艺术家的差距，感叹艺术家的惊人才华时，会进一步地放大对艺术品的敬畏之感，从而只将注意力集中到现有的艺术品上。

三　对完美的追求

虽然当前仍不完美，但我们只要不断地去追求完美，就一定能够在以后的某个时期达到完美。但这是以过程代结果的假设性心理。即使真的没有终极状态，人们也已经认可了对美追求的力量。并且，更多阶段性的更美也足以使人们相信真的能够达到美的终极形态。

不断地表达追求完美的模式和力量。人们可以不知道这种表现是为了更好地追求完美而单纯地表达 M 的力量。在这种表达的过程和结束时，人们通过对所形成的结果进行价值判断，以此而赋予其美的意义。

（一）追求美是一个动态的构建过程

完美可以给人以更大的想象空间。构建完美的过程，就是在 M 模式的作用下，逐步地向美构建的过程。局部的极美并不代表整体的最美。小范围内的最美，不能代表在全体范围内的最美，也不能代表它是真正的极限式的最美。这需要我们进一步地在更大范围内，构建差异性更大的、更加多样的不同个体，并在此基础上通过比较选出更美。复杂性动力学的研究表明，只有在一个局部极小的稳定点附近通过更大的非线性涨落，才能引导系统在一个更大的范围内"寻优"。在人内在地向"更美"构建的过程的同时，意味着必须在主观上加大差异化构建的力度，以构建出具有更大程度差异、更多差异性特征的新的模式。显然，要达到这一点，就必须具有更大的想象空间或更加广阔的视野。信息之间的关系越少、相同或相似的局部特征越少，信息之间的距离就越大。那么，我们也就只能在更加局部的关系上，在更一般、更自由的程度上，更加充分地发挥生命活性本征中的"发散性"力量，构建各种差异程度更大的个体模式，并在此基础上做出恰当的比较选择。这样做，一方面会造成系统向稳定收敛的时间变长；另一方面也有可能使系统收敛到其他的"协调稳定状态"。虽然在一定程度上延长了系统收敛于稳定状态的时间，却可以使我们寻找到在更大范围内的更优结果。

人持续性地运用 M 的力量实施构建，不断地去寻找更大范围内的"最美"，将会驱使人在当前构建出了局部极美的结果以后，要么在当前局部最美的基础上，展现在更大范围内的局部最美；要么通过构建其他的美的标准指导下形成的差异化模式而比较出相对更美的模式。从追求最美的过程来看，意味着人在不断地运用想象性构建，去构建比之当前更美的模式。这是以表达 M 力而形成局部优化的过程。在表征优化后的局部特征时，并不只是单纯地表达这种结果，更为经常的是表达先前的差异化状态的多样并存和达到优化后的结果。这些信息会同时显然，因此，可以有效地扩展人对信息加工的空间，同时，也会保持心智空间足够的扩展力量。

永不停止的探索步伐决定着美的不断构建。即使已经得到了局部最美，人们也会在生命活性本征尤其是 M 力的推动下进一步地展开活性变换，从而去寻找在更大范围内的"最美"。我们会将扩展作为一种稳定的模式，并以此为基础而展开活性变换，尤其是形成对扩展的扩展，并由此而形成对"最美的追求"的力量。

我们是在扩展中不断地增加着我们关于世界的美的认识，但也在这种构建过程中，更多地引入了"不真实"的、变化的和没有内在联系的、虚幻的成分。虽然从新奇的角度，人们可以运用好奇心而不断地引入更多的差异化的信息模式，并随着对新奇性知识的认识与理解而加深人对事物本质性的美的规律的认识理解，引导人在"是"与"不是"之间做出判断和选择，但从本质上讲，这种差异化的构建却会对真正美的追求过程造成干扰与影响。

（二）完美状态的形成是人经过长时间思考的结果

一步一步地达成更美结果的稳定性力量，使人认识到，完美往往需要人经过长时间思考才能达到，对达到完美的期望也在驱动人持续性地思考，不会因暂时的局部极美而停滞不前。完美与实际状态的差异会带给人更大的刺激，尤其是完美能够带给人全方位、多角度的刺激，使人体会到更加强烈的驱动性感受。

我们可以单单从时间的角度来考虑美与不美的作品，或者说，寻找更美与相对不美的作品之间在美的特征方面的差距。这一方面会驱使人进行更长时间的思考，通过更多的差异化构建，沿着更美的方向，从中构建出更多的符合更美特征标准的阶段性的局部结果；另一方面也是在自然表征着 M 模式的过程中，在与众多情景稳定协调的基础上的进一步构建。思考构建的时间越长，人们构建出差异化更大的不同模式的可能性就越高，那么，通过差异化比较而基于指标的优化选择，就具有了更大程度上的最美。

驱动人持续性地思考，不因暂时的局部美而停滞。人会因不满足于当前现状而不停地探索构建；也会在一定程度上促使人能够在这种过程中不断地扩展着自己的心智空间。长时间的持续思考，自然会比短时间的思考所形成的想象性心理空间大，这种思索还会激发人将更美作为一个核心指标，通过发挥 M 的力量，在美的指引下创作更美的作品。

（三）完美与实际状态之间的差异会带给人更大的刺激

追求美是一个动态的构建过程。这种过程性的特征会在人关注这种时间结构的过程中被独立特化出来，成为一种显性特征。既然当前局部最优的美与完美之间的距离始终存在，也就会驱动人以更大的力量表达出对更美的追求。

当前是不美的，因此，会与完美状态形成更大的不同，巨大的不同会形成巨大的刺激，而强烈的刺激会产生更大的驱动性的力量，会使与美相关的系统产生巨大的变化。诸如使社会产生更快的发展速度、更大的发展加速度等，社会变革的持续时间也会更长，从而带给人及人类社会更大的变化。

（四）具有更强的联系性

完美带给人全方位、多角度的刺激。完美意味着人从多个角度、多个方位的"完形"，而不只是单纯从视觉上看的"完形"，也不只是使人基于很少的活性本征模式的和谐共鸣。因此，只要人们基于这些特征，就能够体验到与完美所存在的巨大的不同，由此而产生向更加完美努力进步的力量。

完美在于将所有的事物更恰当地联系在一起，这种联系也就代表着完美所对应的更大的联系空间，生命活性本征中收敛与稳定性的力量也内在地要求着人们建立完美与当前状态之间的种种可能的联系。通过提升对更加多样的情况的掌控能力，会引导人采取更多的联系方式，将更多其他方面的局部特征联系在一起，并能够在这种多样化的联系结构中寻找到最恰当的模式。

人们在努力地追求更加完美。而在此过程中，也必然地会产生对更美追求的差异化构建，使"美成了一具僵尸。它已经被新颖、激烈、奇特等特有的'震颤的价值'所取代。原始的冲动成了现代思想的最高霸主。现在，艺术作品的目的在于让我们脱离深思的状态和静态的欢乐，而这一度曾是与美的一般概念紧密相连的……我们如今很少能看到在'完美'这种愿望驱动下生产出来的东西了"。① 由于放弃了审美客体的完美形式以及永恒美的形而上学，放弃了艺术家的模仿以及理念的先验存在的真理，放弃了观察者的不介入状态以及静思默想的理想，艺术终于跳上了新的历程。它"使美的本质特征无法确定"，从而摆脱了美的永恒实体。它对于审美产生过程中意义先于形式的问题提出了质疑，从而摆脱了认识真理的理论模型，摆脱了哲学的认识。

四　完美的分类

（一）不同的完美

从完美的领域和范畴，我们可以将在人的内心中形成的完美模式推

---

① ［德］汉斯·罗伯特·耀斯：《审美经验与文学解释学》，顾建光等译，上海译文出版社1997年版，第81页。

广到具有独立性的任何一个领域，诸如政治性完美理想、宗教性完美理想、艺术性完美理想、人生性完美理想、社会性完美理想、道德性完美理想等。我们可以从这些不同的分类和人们对这些不同完美领域的研究中归纳出基本的完美理想，在对这种理想加以区分的基础上，通过概括抽象过程，基于完美化的思想，构建出统一的完美的理念。

（二）完美的程度

从美的程度来看，这种被赋予美的意义的局部特征越多、与其他局部特征越协调，彼此之间所形成的共性放大的力量就会越强，而在人的内心所形成的总体美的感受就会越强。局部美的简单汇总、堆集并不能说明整体的美，但关键在于我们能够在局部美的基础上通过彼此之间的相互协调构建出部分甚至是整体的美的关系。在将局部优化的美的元素彼此之间的关系也作为一个基本美的特征来考虑时，在基于能力有限的假设之上，我们就会潜在地认为：美的局部模式特征越多，人们感受到的美的程度就会越高；而这种感受在达到一定程度时，就会产生一种突变：使人会认识到当前事物是美的，自然，与此相对应的人的心理状态也是美的。由于人的意识具有涌现性自主特征，因此，人也可以不在外界事物信息的刺激作用下生成这种美的突然性感受。

对于完美，从美学历史的角度看，脱离了功利性的"唯美"被在一定程度上等同于"完美"。唯美主义可以上溯到康德的非功利美学，它强调艺术作品必须严格按照审美标准来加以评判，其价值与现实生活中的政治、道德和宗教考虑都毫无关系。这在法国作家戈蒂耶（Théophile Gautier，1811—1872，法国唯美主义诗人、散文家和小说家）提出的"为艺术而艺术"口号之中，表现得再清楚明白不过了。

五　持续表现 M 力而达到终极美

一方面，M 力自然地与这种模式相结合；另一方面，达到协调后各个部分之间能够保持最大程度上的协调作用，而不会生成更多的刺激物质。

其实这些力量模式都是与美建立起稳定联系的因素、模式，当形成生命体与外界环境的稳定协调关系以后，表现这些模式，也就意味着激发出了相关的美的元素，即使只是激发了美的某些元素，通过引导人进入美的状态，也足以使人由达到协调而产生快乐的感受了。

把更多、更深层次地进入美的状态作为追求的目标一步一步地实现，或者说一个局部特征一个局部特征地求得相同（或相似）——和谐共鸣，将会形成更加深刻而系统的整体美。所谓追求，意味着认定，是指以那种模式当作当前稳定的模式；或将其作为行动的指导模式引导人构建出与其具体的展开模式尽可能相同（相似）的局部特征；追求意味着构建与其相同（相似）的局部和整体性信息模式；追求意味着表现出与其要求相一致的行为模式（局部、部分、整体、全身心）；意味着其行为符合其标准的要求；或将其作为向其收敛的稳定性模式。生命活性的综合表现，就在于促使人"表达 M 的力量"。由于 M 的独立意义，我们可以认为，追求就意味着表达 M 力而求得更多局部特征的和谐共鸣。在此过程中，由于存在着与扩张、发散相协调的收敛、力图达到稳定的力量，这些模式也成为引导人进入美的状态的基本元素。

各种与美的状态相关的模式都有可能在生物的进化过程中发挥着一定的作用。在将美独立特化，使其具有了自主性，又通过意识的强势放大以后，为了更好地表达 M 的力量，便有了对美的独立追求。但显然，只有在人的身上，尤其是经过意识的主动强化，才能将对美的追求以及美表现得更加充分。随着人将相关的活动熟练化、高兴奋化，便能够表达出对美的独立追求，此时，人们会以熟练化的动作为基础而表达出其他的意义，人们也会在这种熟练化的过程中逐步地认识、体现出更强的 M 力量。这种稳定的力量，也促使人在其所从事的各种活动中，表现出对美的追求，促使人运用美的模式，形成对美的"观照"——运用美的理念在一切客观事物中寻找与美的模式相同或相似的局部特征。

人是为表达、追求美而存在的。当人没有了追求、没有了信仰，也没有了爱时，生命的意义便不存在。

由不"更"到"更"，或者说，只是遵循一种状态，而不考虑通过构建差异基础上的比较选择，是不能体验、展示对美的追求的。"更"作为一种稳定的模式时，这种"更"的模式便成为由不协调到协调的目标追求过程，此时，人们可以将"更"作为一种目标来追求，表现这种"更"

的模式，便表现出了对美的追求。苏珊·朗格强调要构建"有表现力的形式"①，尤其是突出地提出了表达 M 力的意义。所谓有表现力就是具有"更强地表达美"的可能性。可能性越高，则表现力就会越强，这也就意味着，表达出来的 M 力越强，表达出来的美的元素越多，则表现力就越强。

还有一个更好的在等你，M 的力量在驱使你不断地做出努力。这是人在美的指导下对期望的构建，是美独立出来后的结果。这种独立化的过程在意识的促进和作用下成为稳定的心理模式，并能够有效地发挥作用，而且也只有在人的意识作用下才能更加稳定地展示出来。

（一）为表达意义而构建更加具体的意义

在人们通过若干步骤表现 M 而形成更美的稳定模式以后，基于生命的活性本征可以延伸扩展，并将"完美"的存在作为了一个必然存在的坚定信念。此时人们不再满足于与活性本征和谐共振时所生成的感受。对于那种虚无的信仰假设，人们总想通过其耳闻目睹的日常行为中的局部的相同（相似）性表现，印证其合理性，并将其明确地表达出来。人们由此而假定：该具体表达模式与人的某个活性本征达成了整体性的协调关系。但在实际过程中，涉及：

第一，大意义由小意义组成；

第二，表征抽象的意义通过具体情景表现；

第三，需要在诸多可能模式中构建恰当的表现形式；

第四，为表达意义而构建最美的形式；

第五，M 力在艺术创作中被突出地表现出来。

当我们独立地表达 M 力，并使其达到极致时，在我们将注意力集中到 M 力的表现上时，由于 M 力代表着美的程度，因此，M 力的极致就代表着美的极致。

"说是一物即不中"，毕竟没能说出来。想通过具体事物中所包含的共性，而引导人进入美的状态是可行的。这其中的问题是，这种共性隐

---

① ［美］苏珊·朗格：《情感与形式》，刘大基等译，中国社会科学出版社 1986 年版，第 200，205—206 页。

含极深，人的悟性又是有限的，不能展开更大范围、更加本质地体验，就只能以局部取代整体了。

（二）好上更好的美的构建

对美的追求是一种意向，是人的生命活性本质以及竞争性本能在审美过程中的反映。基于当前信息而不断探索性地构建最美的表征，这个最终的表征将通过生命活性中的收敛与发散的恰当比例来构建。

1. 在人所能想到的所有情况的基础上追求更美

创作过程体现出不断地追求更美，也是在审美过程中人们运用自己内心美的构念对客观事物观照的比较优化过程。美必须与具体的事物场景相结合，通过这些具体的场景而构建一定的意义，但一定是构建最恰当的场景，包括场景（物品）、人物、行为、情感、语言等。

2. 美具有抽象性特征，通过比较所形成的美感具有足够的抽象性

在艺术创作过程中，存在印象派作品，该流派的作品在抽象与具体之间寻找到了恰当的"位置"。

抽象性特征是人们舍弃了具体事物的意义，直接将形式（抽象性的关系）提取出来而加以表征的模式。完美一定不能伴随具体的情况的变化而变化，因此，完美就与抽象具有了更大程度的"交集"。在更大范围内的完美的就意味着在更大范围内的"不变量"。正如康定斯基所强调的，只是根据信息特征之间的关系而形成了对于关系、规则、规律的表征，并与具体的事物相脱离。正如 $F = ma$ 所表征的：一个质量为 m 的物体，在受到 F 力的作用时，将产生一个 $a = \dfrac{F}{m}$ 的加速度。在这里，这个物体是什么并不重要，不管是一堆棉花还是一块钢铁，重要的是这个物体的质量和物体所受到的所有的外力。

当我们将"追求"作为一种基本的心理模式时，它便具有了更强的意向性特征，在人对信息反映的每一个环节，都将体现出这种意向，无论是客观图像在大脑中的反映，客观信息在人的大脑中形成知觉图像也具有了选择性，会将那些与人的内心所选定的图形意义相关的局部特征及其关系，并使其得到进一步地加强；在形成意象（印象）的过程中，更多地与其他事物信息建立起了关系，并能够在这种差异化的关系中构

建（抽象）出稳定不变的模式。

3. 各种特征与此过程能够建立起有效联系

在联系的基础上，可以通过稳定的美感而赋予这些特征以美的内涵，而表现这些特征，自然就存在艺术表现。在构建最能表达意义的形式的构建过程中，自然存在寻优级的过程。所表达的相关意义越多，达到的和谐共鸣的程度就越高，也就越美。

4. 现实更加复杂，通过多种信息的成分而构建相应的"重量"，从而满足生命活性

所谓的优化过程及所代表的本能模式，体现在由当前状态向活性本征状态的逼近过程。当前状态与活性本征状态不协调转化到与活性本征状态和谐共鸣：此时维持稳定与变化的比例。现实的复杂性、变化性作用到人的意识中往往会产生与原来稳定协调状态的很大的偏差，使原来的协调变成不协调。当某种因素形成了由不协调到协调的过程，这种过程相当于形成了与原来美的模式的差异性关系，并因此而激发人产生美感。

（三）美的极限——终极美、完美

极致化所表达的意义包括：第一，持续性地构建更美，使美达到个体人的能力的极限；第二，通过夸张，使其变得更加典型和突出，在好奇心能够容忍的程度内带来极度的夸张，从而给人带来最为强烈的冲击；第三，在生命活性允许的范围内形成最大的差异化构建，通过在表现由不协调达到协调的过程中，产生更加强烈的审美感受；第四，通过差异化构建形成更大范围的多样并存，并由此将使美的范围得到更大程度的扩展；第五，将发散与收敛的比值维持在生命比值的限定范围内，保持足够的概括与抽象的力量。通过概括抽象各种不同的甚至是相互矛盾的具体情景，以及持续的比较优化，会形成更高层次的美的升华。

人为什么会追求"极致化"——"极端化"的表现？也就是说，在人的意识中为什么会存在着极致化的表现心理？我们认为，从本质上讲，它是生命活性本征的固有表现，而且通过社会的竞争性交往，会对其进行专门的强化，会使群体中的每个个体都能够认识到通过竞争而取得更多的资源的力量。当将这一过程独立出来时，便可以赋予其更加一般的

特征意义，并由此而进一步地实施扩展与延伸。此时，人们会将基于这种模式的扩展与延伸模式也作为其中的一种基本特征。

通过前面的研究我们已经看到，持续地表现 M 力，最终就会形成一种极致化的结果。但人们内心仍存在诸多疑虑：人为什么要在其内心构建出"完美"的理想，或者说，人的对"完美"的追求是如何从生物本能中逐步特化出来的？从基本的层面讲，阿米巴虫具有审美意识吗？当它朝向高浓度葡萄糖方向运动时，这种追求是否会进化成为对"完美"状态的追求？人在意识中构建"完美"的心理过程是什么？

在更加宏观的层次上，通过人与人之间的相互交往，会将人的竞争性本能与这种审美表现的有机结合，通过表现追求卓越的竞争性本能，或者说与这种本能和谐共鸣，能够有效地引导人进入美的状态。极致的完美状态将给人带来更大范围、更加深刻、更加全面的审美感受。能够极致化地表达审美愉悦感受，以及给人带来极致化审美享受的作品，更容易地受到人们的追捧。创作者在表现自我对美的体现时，更多地表现、努力地创作出具有这种特征的艺术作品。

（四）美的标准控制下，运用 M 力达到美的极限

人们在选择了相应的审美标准以后，就会按照该标准的引导指示，追求使自己的行为在更大程度上满足标准的要求。同时，人会运用 M 的力量，推动这种过程的一再进行，当进行到了一定的步骤以后，就会在人的内心形成突变的感受：通过这种推动已经促使其达到了足够的极致。

当人确定了一定的美学标准以后，就会驱动人的行为按照这个标准而推向极致。这是人的本性中 M 力量的具体表现。通过 M 所表达的过程性特征，人们便由此而自然地假设：必定存在一个极限状态。人的生命活性状态也已经揭示，只要存在收敛性的力量，就会围绕相关的目标而逐步达成人们的愿望，而当扩展性的力量在不断地构建基于当前状态的新的目标时，就必定会、或者说人们假设，其必定能够达到这个目标。第一，先设定一个小的目标；第二，运用收敛性的力量实现这种目标；第三，运用扩展的力量构建一个新的目标。虽然是运用 M 的力量构建出了一个新的目标，但实际上，人会在收敛力量的作用下，基于当前的状态围绕"完美"状态而形成一个逐步达到的过程；第四，人们在构建新的目标时，并没有"好高骛远"，而仅仅是做到比当前更好。比当前"更好"，比他人更好，比他人更努力、比他人更有效、比他人更能基于最大潜能进行创造，更加新奇、更加极端……当然，向"终极"美推进的程度自然是越大越好，但越大便意味着需要更多的资源、更长的稳定时间、更多的信息支持、更高的能力支持、更大的容忍能力、更强的灵活性等。在这里，人们又凭什么相信这样做一定会达到这种期望中的"完美"？是的，就是这种期望或信念。即使人们看不到"最美"的最终状态，但人们仍然坚信，在 M 力的持续作用下，一定会更好。而在这种稳定性认识的基础上，人们便由此而产生了自然性推论：单调递增有极限。这正是高等数学中的一条基本定理。这就意味着，人们内心中虚幻的完美就一定能够达到。与此同时人们还会将这种期望直接变成为实际的存在。认定这种存在，并在某些情况下假设其已经存在。这是一种不为人所熟知的心理转变，但一直稳定且合理地存在着，人们正是不断地构建出与当下不同的模式而形成对人心理状态的刺激，并由此而驱动着人的相关行为，通过这种行动对客观世界产生足够的影响。差异越大，刺激就会越大。第五，相信 M 的力量。即使人们没有对这种"完美"的"终极"状态是否存在的认识，但人们会通过相信 M 的力量而认可这种存在。认定了人类向更美好追求的模式和力量，虽然最终的状态可能与人们的期望性想象有所差异，甚至会在追求的过程中绕一个很大的弯子。

既然固化出了美的状态，通过向美的不断推动，就表达美的相对性本质，直到达到能力的极限。或者受到干扰而转移到其他的方面，或者由于人失了对当前问题的兴趣，将注意力从当前问题上转移开来，不再进行美的进一步优化。

在我们运用生命的活性发散力量，以及在意识层面的独立意义的好奇心的作用下，形成差异化联想、构建与主动追求，在所能构建出来的所有可能性的基础上，基于某个标准，将 M 力与之相结合，形成持续的构建过程，直到达到自然规律所限定的特征的极限。

博厄斯指出："有了固定形式即可以在技术尚不完善的情况下，力争取得理想的形式同时，对于美的理想追求很可能超过创作者的能力所及。"① 在向美的理想追求的过程中，只要充分激发出了 M 的力量，并将注意力集中到很少的局部特征上，就可以产生在更大范围内的美的结果。

基于当前状态而达到标准要求，是 M 力量的具体表现，沿着标准所指明的方向达到极致，也是 M 力量的具体表现。显然，只要 M 具有足够高的兴奋程度，只要我们将自己的注意力较长时间地集中到标准所指出（包括与标准相关）的过程上，就会有很大的可能性达到极致。

有时人们甚至不知道是否存在这种极限，但人们会在潜意识中认定：的确存在这种极限，而且，通过人的不懈的持续性的努力，就一定能够达到这个极限。这个极限在人的大脑中反映时，是以一个区域的形式来表征的。而从达到极限的角度来看，也是在达到一定的程度时，人们就认为已经达到这个极限了。如果我们从数学分析中"极限论"的区间套定理、极限的定义、有限覆盖定理中，那么可以清楚地看到这种理论的内在逻辑性。而如果我们将这种认识扩展到对美的追求、对真理的追求的过程中，那么就能对相对美和相对真理理解。

1. 只要我们不断地表现 M 的力量，就会被人们认为是更美的

人们认识到 M 力量是由人的生命活性力量中特化出来，并通过人的意识而无限放大，自然会将这种力量与各种具体的形态相结合。这就需要我们将 M 力量（模式、力量的大小、力量的方向、M 的作用方式）固化下来，将 M 的表现与具体的过程相结合，将其组成一个复杂的具体过程，而当我们持续性地表达这种力量时，便会产生距离越来越大的差异化模式形态。

只要表征了 M 的力量，表征得越突出，带给人进步的力量就越大。虽然这种表征可以在社会的进步过程中被赋予道德的含义，但其本质上仍是人生命的基本追求。只要在具体信息形态的描述中引导人将注意力集中到表达当前环境所激发出来的与生命的活性本征模式和谐共鸣的模式上，就意味着在进行深刻的艺术创作。

---

① ［美］弗朗兹·博厄斯：《原始艺术》，金辉译，贵州人民出版社 2004 年版，第 2 页。

2. 通过表达 M 力而一步一步地追求着更美

在不断的构建、选择过程中，按照某一指标持续性地比较，一步一步地将那个能够更好地满足人的指标要求的模式固化下来，就应该是在这一阶段的努力中所得到的"局部最美"。我们可以不从理性的角度对这个"美"具体地界定是什么，但我们可以通过一系列的构建、选择，将其确定下来。

也许人们会问：这种观点是不是意味着我们不能具体地界定什么是美，也不能事先给出一个明确的标准？实际上，当我们给出了这个标准时，也就意味着人们已经构建出了最美的模式。问题在于，如果我们更直接地将这种最美的模式作为标准来具体构建不就可以了吗？问题是我们真的没有能力将这种最美的模式构建出来，而只能是在局部的有限个体中，通过比较竞争而选择出"局部最美"。"说是一物即不中"的困扰始终存在。我们所表现出的有可能永远是对"更美的努力追求"。"教育的目的当然是要把我们从偏见中解放出来，并且朝最大可能的至美方向发展理想。"① 我们强调，没有最美，只有更美，人会在更加多样的比较过程中，寻找到在所能构建的范围内的最美、至美的模式。

随着 M 模式的强化达到一定程度，M 力便具有了自主性，这就意味着在任何一个活动中可以自主地涌现出与 M 相关的特征，并驱动人产生相应的行为；自主地在各种心理过程中（相关或不相关）发挥控制引导作用，激发人朝着更优化、更美的方向进步，甚至达到"增长的极限"，能够通过变异所形成的非线性涨落，而引导系统在一个更大的范围内寻优。引导其他模式产生相关的变化，也就是以 M 的特征指导其他信息特征的显示。

M 模式作为一个稳定的联系性的力量，能够激发更多的其他信息显示出来，当 M 具有独立性以后，便可以自主地发挥作用。这句话的意义是非常独特的：我们必须将其作为一个独立的模式，充分考虑其在各种活动中的独特作用与意义。诸如，在工作中，尽可能地做到精益求精；在社会中尽可能地做到尽善尽美；在艺术创作中努力追求完美无缺；在

----

① ［西班牙］乔治·桑塔耶纳：《美感》，杨向荣译，人民出版社 2013 年版，第 125 页。

科技探索中要努力地追根求源；在学习中努力进取、深入理解、广泛联系；在问题和困难面前想尽办法以求得解决，并进一步地探索是否还存在其他更加有效、便捷的方法等。同时将这种品质尽可能地扩展到其他的活动中。由此我们便可以明确地看到，美学其实应该成为诸多学科的内在基础性学科。

3. 基于生命的活性本征对美的程度做出判断

当人们所表征出来的模式与人的生命活性本征模式和谐共鸣时，就直接决定了美是人的本质力量的具体表现。人们将不能直接地表达更加本质的生命活力，而是必然地通过具体的活动来表现。

人们由此判断哪一种模式更好，或者能够达到更美，最终是由人的生命活性本征来决定的。通过不同模式之间的相互关系，是否能够在更大程度上与人生命的活性本征相协调。这就意味着，人们在依据其自身的生命活性而对不同模式在比较的过程中加以选择，并将这种选择的结果固化下来作为艺术品。这种选择和构建是在人的生命活性力量的潜在控制下实现的，并且可以仅仅以区域的形式来具体限定。这就是说，只要是处于这个区域内，任何一种状态都有可能被人们当作"局部最美"的状态确定。而这就是区域的非线性力量所致，也给人们进一步地表达M 的力量留下足够的空间。

艺术家往往更愿意表达人的本性（及要求。在这里，我们把在更大程度上满足本性的要求当作本性的一个有机成分。根据人的生命活性的要求，形成需要是其扩展性力量的结果，而形成达成需要满足的力量则由收敛的力量来提供。因此，这两者本就是一回事），在发散与收敛及其相互协调所形成的力量作用下，将更加符合收敛与发散的协调整体力量的模式固化下来。在本性力量的作用下，除了人们进行多样性构建，并由此而进行不断的选择以外，人们还在这种差异性的构建过程中，不断地将那种具体的美构建出来。

由于人与人的不同，人在依据自己生命本能的力量加以选择的过程中，与具体的艺术形态往往不能建立起更加本质而直接的关系，每个人表征自己生命活性的模式不尽相同，对于其理解也不相同，在与具体的表达美的艺术品联系的模式也不尽相同，同时，每个人受到的教育及影响有所不同，所构建出来的、基于人的生命本能的力量的、与具体信息模式相结合的具体的艺术形态也就各不相同。

由于受到各种因素、思想的干扰，一般人只是将生命活性的力量置于各种意识之下，使其他意识更多地在人的心理中占据更为重要的地位，却将基于生命活性本征的力量表达放在次要地位。因此，在其所展示出来的行为中，活性的力量便不容易被人们所注意。意识促进了人的发展，但在表征人的意识活性时，却在更大程度上受到其他信息的干扰与影响。

在艺术创作者那里，从主观上主动地追求这种力量的表达，被认为是对人的本性的"回归"，与美有关系的诸多环节都会被经常地重复、主动地强化、有意识地积极追求。这样做虽然并没有直接针对我们所描述的这三个方面的特征加以有针对性地培养，但这种更加空泛的、但是大强度的要求，则可以使这三个方面的特征得到培养。

黑格尔用"绝对精神"来描述这种美的极限——"完美"的存在及意义，而表征这种绝对精神的作品就被称为艺术品。即便是从这个意义上来看，也意味着：当人们已经形成了这种完美的绝对精神以后，是否能够恰当地表征出来？即便是高水平的艺术家，表达其内心所形成的完美的能力也是有限的，更何况还涉及其内心所形成的"完美"的绝对精神到真正完美的距离，涉及这种完美的绝对精神在转化成为具体艺术品时能够被表征的程度。

阿多诺指出："艺术无法实践自身的观念。因此，任何一件艺术作品，包括最高尚的作品，都不是完美无缺的，故而拒绝接受所有艺术作品务必追求的完美理想。"[1] 人的能力有限性的影响虽然决定了人只能达到局部的最优，但这决不意味着人们不能在有限时间内努力地追求最美。我们可以秉持只存在局部美的理念，但一定要付出更大的努力去追求更美。

（五）增长的极限与局部最美

热力学第二定律指出，一个封闭的热力学系统的熵总是增加的。圣吉又进一步地提出了"增长的期限"的概念。人们期望 M 力达到无限增

---

[1]　［德］阿多诺：《美学理论》，王柯平译，四川人民出版社1998年版，第97页。

长的程度，人们也期望即使是有限的 M 力，也应该通过持续性地发挥作用而使人在对美的构建中达到最美的程度、达到美的极限。我们应如何理解这种相矛盾的情况？我们决不能做违背自然规律的事情。在我们认定必然遵循自然界的基本规律的假设之下，我们需要研究影响和制约 M 力持续性地发挥作用的因素有哪些。

1. M 力是有限的

生命的有限性已经从根本上决定了人的能力的有限性。作为人的能力之一的 M 力，也必定是有限的。

表现生命活力强化生命的力量，最有效的力量，其实就是美的力量。美的程度与表现出来的 M 力的多少具有紧密的联系。但我们的能力是有限的，我们只能关注一个复杂过程中的若干环节。虽然我们还具有稳定的扩张性的力量，可以对 M 力进一步扩展增强，但这种增强也是有限度的。在这两个模式的相互作用下，会形成以下过程：在我们可以认知的范围内将 M 的力量稳定地表达出来。当我们受到 M 力的作用驱动个体沿着某个特征方向变化时，一旦这种过程完整地进行了有限的几步，我们便将这种模式稳定地记忆、固化下来。此时，人的扩张性心理模式便会在其中发挥作用：我们可以反复地进行这种过程乃至可以无限地进行下去。前面每一步的进行，都已经使我们感到：每进行一次这种过程，便总可以得到比以前更美（好）的结果。虽然我们看不到这种"无限"进行的结果，但在前面几步确定性过程可以顺利地进行后，我们便会形成一种信念：这种过程可以无限进行并且可以最终得到终极美（最美）的结果。

2. 收敛力量也在发挥作用

生命活性特征表明，在任何一种状态下，都会同时表现收敛与发散的力量。持续性地表现 M 力，也必然地表现与收敛相对应的各种变换。这种过程将影响对发散力在资源方面的要求，或者说有限的总体资源将会因收敛力的表现需求而限制 M 力的增长。

3. 收敛与发散协调性的要求

生命的活性本征要求收敛与发散应该是相互协调的。这种协调关系并不意味着某一发散力一定对应于确定的收敛力，而是使双方维持在一定的程度内。

　　违反了收敛与发散的协调性要求，诸如过多且过长时间地发挥 M 力，将会造成生命体各组织器官彼此的失调，这种失调状态将会以一定的制约性力量限制 M 力以较强的 "M 冲量" 发挥作用。同时驱动生命体产生相应的变化，以达到新的稳定协调状态。

　　4. 发散力量要求有更多的资源支持

　　包括需要更大的基础性结构支持，而这种基础性结构的稳定与发展也是需要消耗资源（物质、能量和信息）的，越大的 M 力，需要的基础性稳定结构就越大。那么，有限的静态稳定性结构也就决定了其只能提供相应大小的 M 力。M 力的极限就是必然。

　　5. 发散力因为生成了更多的 "附产品" 会阻碍其进一步地表现

　　人的心智空间是有限的。意义将会由有限的信息模式通过相互关系而组成。当这些附产品需要顺利排除而不能达到要求时，这些附产品便会成为发散力进一步地发挥作用的阻碍因素，干扰发散性因素发挥作用，从而将人的注意力转移到其他方面。

　　6. 从心理上看，因为长时间表现 M 力而缺乏新奇感

　　在长时间表达 M 力时，会使人缺乏足够的新奇刺激从而使人产生 "审美疲劳"。好奇心的作用将有效地转移人的意识注意力，转而在其他心理信息上发挥作用。这种转移就意味着 M 力中止了在当前过程中的表现。

　　7. 其他因素的出现会干扰发散力的进一步发挥作用

　　M 力始终在生命体内表现着，但由于其他因素的出现也会使得 M 力的 "作用点" 发生了变化，会使得其不能在原来的基础上进一步地增强，而只能是在新的起点上发挥作用。这种变化也使得 M 力达到了极限。

　　8. M 力的大小本身决定了这种极限状态的存在

　　由生命活性所衍生出来的 M 力，本身就只有一定的大小，虽然经过意识的强化使其得到了足够的增长，即使是受到正反馈的作用而增长，这种增长的幅度也是有限的。由于人能力的有限性，这决定了 M 力只能在很短的时间内发挥作用，人只能在一小段一小段的时间进程中，一步一步地发挥作用，这种作用必定不是持续性的。但人类的进步历史可以

是无穷的。人们相信，这种有限的力量在经过无限长的时间以后，一定可以最终达到极致的美。

9. 诸多局部特征在争夺 M 力

任何一件艺术品都有着诸多因素和环节，每一个要素都需要在 M 力的作用下达到"最美"，又加上我们需要考虑彼此之间的相互协调，那么从整体上看，一件艺术品所消耗的 M 力就应该更大。这也就自然限制了我们在某一个局部要素上发挥更多的 M 力。

达·芬奇有着众多的创造性想法，但由于其缺乏足够的"收敛性的力量"，在更多情况下，仅留下很少完整的艺术作品。达·芬奇就像"老熊掰棒子"一样，掰一个新的就丢掉旧的。

进步是在现有稳定结构所提供的扩张力量基础上的变革，是由一个稳定状态向另一个稳定状态转化的过程，这种过程具有足够的突变性（跳跃性）特征。在现有的稳定结构所形成的扩张力量的作用下，系统的稳定性结构会随着扩张力量的不断表现而逐步增强，与此相应地，扩张的力量则会逐步变小，由此而达到一种"增长的极限"。而要想形成新的扩张，就需要建立一个新的稳定状态，并以新稳定状态的稳定性结构为基础，通过其所提供的扩张性力量的作用而形成新的扩张。

圣吉揭示，在以某种力量作为基础而实施扩张时，会存在"增长的极限"。艺术品的创作也会达到一种局部最美。此时，艺术创作就会达到一个高度而必须变革。但从整体上，人们可以通过诸多的局部最美汇聚在一起而形成更大整体上的最美。但在这里，尤其需要在不同的美的状态之间达成新的稳定协调。而这又需要付出更大的努力。

（六）影响对美终极追求的基本因素

人们总是相信存在这种"终极美"，只是因为人可以无穷地表达 M 力而达到这个结果。在差异化的构建过程中，可能会出现局部的"下山"现象，但只要坚持在比较中求得更优，就一定能够达到更大范围的"极值"。这就要求要通过表达更大范围、更强力度的非线性"涨落"（更高可能度的变异），以使生命体从这种局部最优的吸引域中跳出来。诚如维特根斯坦（Wittgenstein）所说，即便"穷尽了证实手段"，"到达了尽头"，也翻出了底牌："我们做什么也无从达成绝对的、最终的辩护，我们只能求助其他毋庸置疑的东西。"① 那么，剩下的就只能是我们不断进行的无休止的对这种绝对的、最终的追求。这也就意味着审美最终仍座上了"首席"。

第一，表达 M 力是人的活性本征，而这种力量的有限性将成为人们对终极美追求的基本限制。

第二，人的能力是有限的，只能做出有限追求。

第三，基于美的复杂性，我们只能基于某些特征而展开对美的局部追求。

第四，艺术的发展历史告诉我们，艺术领域始终贯穿着创新。人的个性差异促使其与他人有所差异，这则会形成众多不同的创新方法和创新方向，从而不能形成合力的情况。这就意味着不能使人站在巨人的肩膀上"更上一层楼"。

第五，人对个性和自我的追求促使人构成与他人有差异的作品，这将有可能形成不能有效地在继承中创新的情况，从而只能认可当前的状态性结果。

第六，我们将局部美的追求作为一个核心特征，因此，将终极美转化为局部的最优化后的美，由此而提升了 M 力的地位，同时形成与某个活性本征和谐共鸣以激发人形成美感的新的意义。

---

① ［德］沃尔夫冈·韦尔施：《重构美学》，陆扬等译，上海译文出版社 2002 年版，第 73 页。

第 五 章

生物进化就是在不断优化

在生活中我们可以明确地感知到，只要存在重复劳动的过程，即使只是进行了一次的活动，也都一定会表现出美化（优化）的过程。优化是生命的基本过程，基于优化过程的美化，成为生命的一种基本模式力量。生命，通过不断地表现生命活性中的扩张与收敛的力量，尤其是通过扩张而形成多个"方向"的差异化构建，再通过自然界的反馈与选择，使促进生命体生存能力增强的方向得以突显和固化，也就意味着在众多可能性中基于某个特征通过比较优化出了某个具有足够竞争生存优势的方向。可以认为，优化是生命活性自然表达的一种本征性的力量，也是生命进化的基本力量。在通过客观（艺术品）表达生命的活性本征而引导人进入美的状态时，同样存在着比较优化判断选择的过程。在现实生活中，有诸多不同的客观表达可以与同一种活性本征建立起稳定联系，但通过这些不同的客观表达，会形成表达程度不同的差异表现。在我们想要得到最美的结果时，就需要通过优化的方法选择出最能恰当表达的客观存在。优化的力量也就在其中自然展示，并由此而成为引导人进入美的状态的基本模式因素。

生物的进化可以认为是不断优化的结果，美也是通过比较优化而达成的。但到目前为止，人们还不能明确地寻找到生命是依据哪一种优化的原则而进化的，只能笼统地将"进化"作为最后的唯一借口。依据生物进化论，我们就简单地认为，不同的个体会运用不同的资源而获得更强的生存力量。显然，那些能够更好地利用资源而获得更大"力量"的个体（以更强的竞争力而获得更多的生存与发展的资源），可以得到更好生存，或者说，能够以更大的可能性将其"优势基因"传递下去，这种过程的持续进行，便可以使生命体得以朝着"优化"的方向进化发展。这种进化既是生命体力量的固有表现，也是自然选择的结果。

我们需要在美学体系中强化突出这种人对更美的状态不断优化的本能性力量，将其从形式的优化过程中，在独立特化的基础上，延伸扩展到基于所有特征的比较优化选择和构建中，从而表达出对美的不断追求。那么，我们就可以明确地认为，那些审美能力强者，能够在一个过程中将优化的模式通过与具体过程相结合而迅速地固化出来。越是能够迅速地独立特化出优化模式并具体表现的人，其审美能力也就越强。根据两者之间的紧密相关性，我们也就可以大致地认为，审美能力强者，能够在某一个过程中迅速地构建出独立优化的模式。

既然生命体可以通过由不协调达到协调而进入美的状态，自然，要进入美的状态，就需要将不协调状态下的相关信息、事物展现出来，这就要求实施差异化的构建，那么，这种差异化构建的模式也就成为人进入美的状态时的基本元素。更何况，表达这种差异化构建，本就是生命活性中发散力量的具体表现。生命体不断地通过比较而选择出更加协调的稳定模式，并将这一过程固化下来，成为一个可以反复自主表现的模式。此模式也随即成为生命的活性本征意义的基本模式，与之和谐共鸣也就成为进入美的状态的基本途径。

人只要是运用比较优化的方法，就已经在表达着美的特征、表达着美的状态。根据比较与优化的基本联系，当我们表现出比较的模式时，便已经开始了优化的过程。因此，只要我们独立地表现出比较、优化与选择的模式，便就已经开始进入美的层次和状态中。我们所需要的是构建通过比较而优化选择的理论基础。

本章首先研究基于生命的活性本征进化生成优化的本能力量，再从优化的过程研究构建稳定的过程。其中包括：第一，确定标准；第二，展开差异化构建；第三，在标准的指导下选择优化这样的固定模式，并使之有效地运用到各种具体的情况。

第一节　优化与生命的进化

一　优化的概念

简单地说，所谓优化是指采取一定措施使在某项指标上变得"优异"。

习惯上，人们对优化的理解是：为了更加优秀而"去其糟粕，取其精华"；为了在某一方面中表现得更为出色而去其糟粕；为了在某方面更优秀而放弃其他不太重要的方面；使某人或某物变得更优秀的方法或技术等；在计算机算法领域，优化往往是指通过算法得到问题的更优解等。诸多解释包含着两层的意义：一是所谓优秀是什么；二是指在哪些方面更加优秀。

在人们的日常习惯性理解中，关于优化的所谓"优异"已经包含了差异化的意义。进一步地延伸意味着在差异化构建的基础上，通过比较，将在某个指标控制下更好的模式选择出来。

（一）优化是在一定指标的控制下向最好（优，只是局部意义上的）逼近的过程

我们总是习惯地讲：这山没有那山高。意思是说，在不存在绝对美的基本假设基础上，人们总是在通过比较而寻找追求更美。正如美国计算机专家西蒙（Simon）在人的能力有限性的假设之下指出的，我们往往得不到绝对的最优、全局最优，在一般情况下所得到的将只能是局部区域内的最优（局部最优）。但在我们的内心却真正地具有这种最优（最美、极致美、终极美）的状态存在的认识。①

（二）最优化是指在一定范围内寻找最优的过程

除非在逻辑上得到证明，否则，寻优将永远只是发生在一定范围内的过程。人的能力有限性也决定了我们所求得的最优只能是在有限区域

---

① ［美］赫伯特·A. 西蒙（司马贺）：《关于人为事物的科学》，杨砾译，解放军出版社1987年版，第183页。

内的局部最优。

二　现代科学建构于最佳逼近上

（一）最佳逼近是数学分析（高等数学）的基础

微积分的创立是以若干微小简单结构的相关特征的汇聚最大程度地与复杂的、真实的具体情况达到最佳匹配（等值）的过程。数学中的积分问题，描述了对事物的运动与变化能够产生影响的过程性积累特征，"积微分方程"则描述了过程性与状态及状态变化性特征之间的相互作用。这种关系引导着我们要善于建立各个层次特征变量之间的相互作用关系，尤其是要基于时间的动态变化特征。这种过程性结构更需要在将各个局部环节确定出来的基础上，基于时间性的关系而将其稳定的结构固化下来。在此过程中，人们又依据所构建出的相关特征将客观规律转化成为用数学关系能够描述的基本形式。这本身就可以看作人在运用简单而向真实逼近的优化过程。由于微积分是现代科学的基础，因此，可以更加明确地认为，以优化为核心的美学也就自然地成为现代科学技术的基础。

问题在于：不断地求异比较，就一定会有局部的最优吗？差异化的构建只是在探索与当前有所不同的其他的模式，而接下来进行的则是依据生命活性中的收敛性力量，从诸多具有差异性的模式中基于某种特征标准而选择出"最佳"的模式。即便没有达到局部的最优，在有限的时间内，或者说在我们注意力所能达到的最大时间内，最大程度地发挥 M 力，只要达到了我们力所能及的"最高峰"，就可以说是达到了这种最大值——我们所能达到的"极致美"。从微积分学中的"极限"概念出发，我们会在潜意识中假定：存在这种极限状态——通过持续性地寻找局部最优，最终一定能够达到全局最优。显然，由于人们不掌握这种每一步的寻优的力度，并总是通过试探的方式构建向最优逼近的程度，因此，在复杂性科学中，就有围绕"最优解"而来回"晃荡"的过程。

（二）科学计算

以计算机为基本工具的计算数学，有效地促进了科学新的发展，改进了人们认识客观的思维过程，从而将对某个"值"的状态性认识，转化成为向该值一步一步"逼近"的计算过程：从某个初始点值出发，采取逐步逼近的方式最终达到符合某种要求［比如达到局部极大（极小）］的、最大程度上与之相一致的"点"值。在更多的实际工作领域中，由于存在工程误差以及存在"安全系数"的控制要求，我们往往不需要"求得"那个解析解的准确点值，而是能够以某个与之有所区别（存在误差）的点值（甚至只是得到某个范围）来代替这个值，甚至我们只需要确定一个范围，并要求其"点值"落入这个范围即可。在具体的运算过程中，通过使某种误差判别方式达到一定程度时的判定而结束计算。理想状态下，我们希望这个误差是"零"，但由于实际工程中往往存在很大的误差，故，只要在工程误差允许的范围内，这个"近似解"的值便可以作为理想解析解的准确值。

（三）极值原理引导人们近似地构建出一定精度的结果

在各种可能的关系中，服从自然规律的关系将使某个特定的"泛函"（具有更加广泛的函数的意义。在这里，我们选定为"美的标准"）达到极值（极大值或极小值）。那么，我们便可以从某个最初起始点值（初始状态结构）出发，采取向"最优点"一步一步靠近的计算方法，在某个误差允许范围内，求得"局部最优解"——"近似解"（"满意解"或"合理解"）。[1] 这个仅仅是从数学的角度展开来考虑的。具体到实际过程的复杂性，在不同的阶段往往需要构建不同的泛函，并以此而求得不同的极值，有时还需要考虑各种泛函之间的相互协调关系。

在"变分法"中，通过构建物质运动的基本规律，建立相应的边界条件，基于此而构建出一个泛函，然后指出，在该泛函的指导下使该项泛函达到极值的一定是满足自然规律的。在这里，我们则需要从种种的可能性中，寻找构建某一个还不知道的基本规律基础上的泛函，并假设：使该泛函达到极值的状态就是最美的状态。由此，我们需要运用差异化构建的方法，在得出诸多结构的基础上加以比较，并从中优化选择出"局部上的最完整"。

---

[1]　杨砾、徐立：《人类理性与设计科学》，辽宁人民出版社 1988 年版，第 95、127—130 页。

三　遗传算法与优化

以达尔文为核心的进化生物学家，揭示了生命体如何在不断地适应外界环境的过程中逐步获得更高的竞争能力的。生物学家进一步的研究表明，不同的生物体在选择获得竞争优势的特征方面有着很大的不同，但其优化选择的基本过程则是相一致的。美国的心理学家约翰·霍兰德（John Holland）进一步地将其提炼为三个主要的遗传步骤（称为遗传算子）：交叉、变异和自然选择（优化选择）。遗传算法及进化的本源在经过判断选择时突出地表现出了优化的本质。

（一）进化与优化

在遗传算法中，选择判断函数主要体现出这种优化的过程。这意味着优化的判断本身反映着生命体的进化。直观的说明是，那些在判断函数上表现出色的个体具有更大的交配权（被选择的可能性），其与此相关的优势基因也就有了被遗传的更大可能性，这也就指明了生命体就是在不断的差异化的构建过程中通过比较判断优化的过得进行选择的。

Holland 提出的遗传算法通常称为简单遗传算法[①]，但已经足以说明生命遗传的典型特征。遗传算法中的三个主要算子：选择、交叉和变异，分别模仿达尔文所揭示的进化过程中自然选择和群体遗传过程中发生的交配和突变等现象，构成了遗传算法的基本操作。遗传算法的基本思路是，从任何一个大小确定的初始化的群体出发，按照随机选择（首先认定每个个体都具有遗传的可能性，但根据竞争优势原则，需要通过控制函数而使群体中满足优化判断函数的优秀个体有更多的机会将其遗传基因传给下一代）、交叉（体现出自然界群体内个体之间的信息交换和遗传过程）和变异（在群体中引入新的变种，以确保群体中信息和模式的多样性。其实这就是通过差异化构建而保证在更大范围内寻优的基本条件）等遗传操作，使由多个个体所组成的群体，能够通过一代又一代的进化（比较优化选择）而在搜索空间中构建越来越大（由控制函数来确定）的区域，再由优化判断函数最终选择一个"最优解"（具有局部意义上的最

---

① 陈国良等编：《遗传算法及其应用》，人民邮电出版社 1996 年版，第 3—10 页。

优解）。遗传算法在揭示了生物遗传的三个主要算子的基础上，通过其核心算子——"选择"判断函数——根据优化判断函数而选择取得优势的个体，从而使得"后代"个体在优化判断函数上表现得更强。因此，"自然选择形成生物的适应性时，不是从无到有一蹴而就，而是一点一点地修饰、改选而来的，只是用旧瓶将新酒；因此毫不奇怪，生物的适应性并不总是十全十美的，有的甚至有明显的缺陷"[1]。生物学已经明确指出了极致的完美是不存在的，我们只能依据人的最大化的能力而做出最优化的结果。这种结果一定仅仅是局部的最优解。

这是从生物进化的角度得到的生命发展的基本模式。实际上，我们可以在人的日常行为中经常看到这种过程。比如说我们所做的任何动作同样表征着动作优化的思想。我们的走路姿态是我们在成长过程中以最符合我们自身条件而固化出来的优化结果。一般来说，任何熟练的动作一般都是经过长期的差异化构建以后的比较优化选择并最终固化的结果。熟练的动作往往会更省力、节约更多的资源和取得更大的效益，或者说更适合自己。而娴熟的技法则在保证那些想要表达某种思想的人能够用"最优化"的模式表达优化出来的思想的同时，确保每一个动作模式更加准确有效。这种模式同样会在各种艺术创作过程中表现出来。比如说在小说等文学作品的创作过程中，当人们想表达某种意义时，首先会极力地寻找各种语言的描述，并从中选择出能够让自己和他人感到最为恰当的描述，在诸多可能性中选择能够在更多情况下都能够恰当表达的基本语言结构模式。

（二）遗传算法中目标的确定

在生物进化的实际过程中目标是在不断地变化的，各种主要目标都将在生命适应环境的过程中发挥一定的作用，并最终形成一个综合性的、甚至有可能只是一个妥协的目标。各种分目标在不同的过程中将会分别起到各自主要的作用，并由此而形成该分目标的独立特化。而在汇聚成综合目标时，则是通过组织重要目标集合的形式而表征出来（不单单是简单相加或单一选择）。在形成综合性的优化综合目标的过程中，也不是

---

① 方舟子：《叩问生命：基因时代的争论》，天津教育出版社 2002 年版，第 165 页。

平均地看待各种因素所起的作用，而是有意识地将某些因素的"权重"加大。在考虑到各种分目标以"加权"的方式对生命的进化过程产生影响，在进化到具有高度发达的意识的人的身上时，此时，影响到审美的特征和加权值变化将涉及如下因素：第一，情感的加权；第二，心理背景的加权；第三，意向与期望的加权；第四，好奇心与兴趣的加权；第五，生命"活性"特征的加权；第六，最大潜能的加权；第七，其他重要影响因素的加权。这里所谓的重要影响因素，涉及比如说 W. 沃林格（Wilhelm Worringer）所描写的关于"三角形"概念是如何从实际生活中产生出来的问题。① 在综合性地考虑各种情况的前提下，在某些局部过程中，我们只需要抓住有限的局部特征、特征之间的关系以及有限的运动模式和特点，这本身就是在实施"加权"——只显示出有限的局部特征，而将其他的特征的权值设定为"零"的过程。

这里的其他重要影响因素，还包括对猎物的恐惧感受等。高大危险、险峻的高山、激流等，也会对目标加权产生影响。在特殊环境中特有的搏斗模式因为会被人们经常性地看到和重复体验，并且会将那些有可能出现的情景在大脑中涌现出来，为了达到最佳效果，人们会在平时就设想出种种的应对之策，再从中选择构建出最佳的应对模式，并在具体的实际行动中加以实施。

（三）优化的遗传算法表示

审美模式的目标在优化选择中具有核心的地位。在遗传算法中，人们可以明确地确定一个目标，而在"美"的模式的形成过程中，由于问题的复杂性，或者说由于人的能力有限，人们往往不太容易能够建立起这样一种目标。在更多情况下这种目标是不明确的，人们还不能就某一个审美过程建立一个明确无误的目标，这种目标只能是模糊不清的、时常变化的，有时甚至是暂时的、局部的。但无论如何，在每一步的选择中，都表现出了依据某个目标进行选择的力量。如果我们将这些目标看作审美优化与判断的基本准则，这些目标便也就具有了审美的意义。

---

① ［民主德国］W. 沃林格：《抽象与移情》，王才勇译，辽宁人民出版社 1987 年版，第 63—64 页。

我们需要从抽象的角度对优化过程进行描述。复杂性动力学可以给我们以具体的指导。通过考察生命体的进化过程，在生物学中已经形成共识。在多种可能的选择中，并不总是趋向于最优，直接的寻优有时会使生物体在面临多样性时顾此失彼。对外界环境的极度敏感的生物体，在进化过程中采用的最基本的原则和方法就是多样并存基础上的有效（优化）选择。生物体往往选择那些对自己的生存最为有利的应对之法。[①]这不是说生物体的主动选择，而往往是受到自然淘汰作用时的被动结果。虽然从表面上看群体的生存能力主要表现在遗传环节，那些交配能力强的个体会有更多的遗传权利（能力），但生物体的遗传优势将会潜在地包括在这种交配优势之中。

生物体选择了使自己能够顺应环境的变化（具有更高的竞争力，能够获得更多资源）而生存下来的方式。作为其构建各种特征与能力的基础，或者说，将其他的能力统统置于这种通过竞争而取得更强的生存能力的模式基础上，通过竞争而产生相应的遗传选择过程，将其具体地表达出来。由于任何一个方面的过度强势将会消耗更多的资源，并进一步地降低其他方面。因此，生存，将是一个综合衡量，并成为保持在一定生命活力区域的结果。

可以看到，遗传算法所揭示的主要过程，在美的形成以及美的判断过程中，都将发挥重要的作用。在审美模式的形成过程中，人们将注意力集中到了差异模式的构建与选择上，通过对差距的"距离"及由此而带来的与生命"活性"及其他因素的关系展开联系，由此而决定所谓的恰当程度。在此过程中，通过将美作为一个独立模式，可以展开基于美的各种联系和差异化构建的过程。与此同时，基于习惯上的联想性原则，人们可以不断地通过差异、局部联想，使那些具有局部联系的信息模式在大脑中处于兴奋状态，使其参与美的模式的构建中，并将这种具有抽象性的优化的模式固化下来。在此过程中，由于多样性、复杂性以及生命活性中的差异化本质特征，促使人在美的兴奋状态模式构建过程中，

---

① ［美］R. M. 尼斯、G. C. 威廉斯：《我们为什么生病》，易凡等译，湖南科学技术出版社1999年版，第9页。

不断地构建其他的表征模式，并在资源有限的控制之下选择出更好地满足要求的新的个体。帕斯克描述道："内部的差异通过产生新的观点，通过促进不平衡和适应，能够扩大一个机构作出选择的范围。事实上，控制论有一条著名的法则，这就是必不可少的多样性法则。该法则认为任何系统为适应其外界的环境，其内部控制必须体现多样性。如果人们减少内部的多样性，该系统就难以应付外界的多样性。革新的组织机构必须把多样性结合到其他内部的发展进程中。"①

随着环境越来越复杂多样，需要生命体具有更高的生存能力。在人的意识空间，由于能力有限而形成的抽象性本能，会将这种出于动力学本能的基本模式迅速地转化成为目的性本能，并在将其作用到诸多特征的过程中，经过优化的筛选，将其中更具决定性的优化力量突显出来。

四　生命的活性固化出优化的力量

（一）生命活性中的收敛性的力量

生命的非线性特征保证着生命体不断地表现出发散与收敛的有机结合。基于当前稳定结构基础上的发散性构建，会持续性地生成差异化的个体。与发散力量相协调而组成生命的动力学基础的收敛性力量，在保持生命结构稳定性的同时，将诸多的发散、扩展性状态与稳定状态联系在一起，并驱动生命体在远离稳定状态的情况下，趋向稳定状态，努力向稳定状态运动。它能够使生命体保证在系统表现出更大程度的非张性涨落时，能够顺利地回落到稳定状态。在发散力量作用的同时，生命体会基于某项在竞争进化中选择出来的特征而构建更能满足指标要求的各式各样的新的个体。这种力量也是生命中的稳定性力量。在由多样个体向少量个体转化过程中，就存在一种比较选择。此时的选择就是在收敛性力量的作用下实现的。

1. 外界事物的多样持续性作用，会促进生命体形成具有不同程度差异的个体，使生命个体内部形成不同的效应器官。

---

① ［加拿大］迈克·富兰：《变革的力量》，中央教育科学研究所译，教育科学出版社2000年版，第48—49页。

2. 促使人运用更为强大的意识能力，在这种多样性的应对模式中做出选择。多种不同模式的同时存在，在生命体只能选择一种应对模式的情况下，只能采取优化的方式加以选择：第一，在众多可能的行为模式中只做出一种模式，这本身就是选择；第二，在多样的群体中选择出少量的群体，也意味着选择。

3. 从多样作用中寻找、构建最（相对）恰当的模式。选择不是随机、随意进行的。即便是采取排队的方式，那也是先到者优先。

4. 选择模式的独立化。选择模式的意义会在人的意识中重复性地独立表现，这种重复将使选择模式也成为一种独立的模式。与此同时，基于意识的强大力量，人会在意识中更加自如、经常地表达这种模式，以选择判断优化为基础进一步地表达生命活性中发散与收敛的力量。

5. 选择标准的构建。多种不同情况的同时并存，使人产生了标准的选择过程。当人们以选择标准作为一个独立的对象来考虑时，就会在多种选择标准中选择出恰当的标准。

6. 选择的局部关系性保证那些即使不具有相关性的标准也有可能出现在被选择的视野中。事物 A 对应于选择标准 B_A，事物 D 对应于选择标准 B_D。无论是 A 还是 D，由于彼此之间存在局部联系，因此，它们所对应的选择标准都有可能出现在下一次的选择过程中并发挥相应的作用。

生命体在将优化的过程显示出来以后，将其与更多的不同种类的过程结合在一起，或者说在更多的过程中发挥作用，并在此基础上做出进一步的延伸。这种力量在经过人的意识的强化以后，会进一步地形成非凡的扩展力量。在描述人从内心涌现出来的本征性模式时，已经在对美追求的力量的作用下进行了优化、美化性的加工。实际上，即便是基于生命的本能，这种本征性模式也会在外界环境的作用下产生变化，而在人的意识活性作用下，形成的变化程度会进一步地加大。

（二）在与生命活性更加协调的过程中表现出了 M 的力量

优化是在生命体中表现出来的一种典型的力量。生命是一个收敛与发散有机协调的耗散结构体。虽然我们区分了生命活性的两种变化性的力量，但两者是不可分割的。我们可以独立地看到两种力量所发挥的作用，但更应该看到，生命体在单独表现一种力量的过程中，潜在但却稳定地展示出另一种力量。发散与收敛相互协调的力量，同样会作为一种模式在生命的进化过程中发挥其应有的作用。这就意味着，在表现发散的过程中体现着收敛的力量：一是围绕发散的起点表达收敛的力量；二是稳定地表现发散力、M 力而不受其他因素的干扰；三是在使优化的过程进行到更高程度时，保持足够的优化模式稳定性；四是即使存在发散、差异化的过程，仍然强化与突出优化过程和优化的力量。

以 M 为基础作用到其他模式上时，可以看到运用生命的活性本征力量可以表达出更强的收敛性的力量。在表现收敛力时，也会体现出发散的力量、M 的力量：扩展、增强性地表现 M 力——使 M 力表现更加突出，能够在更大范围内、更大程度上、在更加多样的差异化力量的基础上展开收敛，使人通过比较而建立起更加强烈的对比，体会到更大的差异化的刺激作用，从而引导人在美的力量的作用下形成更加强烈而突出的优化过程。那么，这将会引导人们围绕表现收敛的力量而尽可能地通过发散而构建更多差异化的模式。

我们这样做，是将对美的追求的模式和力量归结到生命活性中发散扩张的力量上。从描述生物体对不同模式的比较选择的过程中，我们可以看到，正是由于重复比较哪个更加协调，才决定性地选择强化了 M 模式。在个体与外界相互作用过程中，会不断地生成一个又一个的模式，这些模式会表现出不同的与生命活性本征状态的协调程度，并通过这种协调状态的比较，而将其不同的相互作用效果表现出来。当这种比较选择的过程反复出现时，就将这种模式——M 力在更高的层次抽象概括出来，并通过反复重复的进行而使其得到强化。

艺术品在表达这两种力量模式时，能够在差异化的基础上，通过比较而构建出最优化的形态结构，将同时激发彼此之间的相互作用，并通过美化的结果而形成稳定的正反馈环，使其在各种活动中更加稳定地发挥作用。

（三）生命的适应能力

生命体适应外界环境的过程，可以看作在差异化构建的基础上，通过竞争而将更具竞争力的个体优化选择出来的过程。我们可以将这种过程看作"适应"的过程。

通过形成与美相对应的诸多活性本征，生命体可以：第一，获得更多的资源；第二，节省更多的资源；第三，表现出更大的竞争力；第四，表达出持续地对完美的追求。这就使得生命体必然地具备了进化的本能。美的力量，或者说具有更强的美的力量者，能够在自然界中获得更强的竞争优势、获得更多的资源，由此也就具有更强的生存能力。自然，在进化到人这一层次，对更高境界的向往也将作为一种稳定的模式而在人已经形成的美感中占据重要的地位、发挥重要的作用。根据前面的研究，在人的内心已经形成：只要表征 M 力，就会因进入美的状态和其他状态之间的差异性联系而形成美感。我们据此就认为，只要表征出了这种追求的力量，便就具有了美的意义。

（四）生命的活性力量构成了优化的本质基础

1. 运用差异化的力量构建诸多不同的信息模式

在表征生命活性的过程中，存在着两个基本的变换。在这里，我们构建出来了两个基本模式：其一，运用差异化的力量构建诸多不同的信息模式，并使其共同地显示在大脑的认知空间；其二，运用人天性中对美的追求，在诸多模式中将最美（局部意义上）的模式恰当地选择出来。无论是从现有的模式中选择，还是在现有模式基础上的再加工，都是在表征各自变换基础上的整体协调。

这实际上就是生命活性的综合协调表现。我们可以从几个方面来看待这个问题：第一，生命活性中收敛与发散的协调统一表征了这种优化的关系。在分别展示发散与收敛力量的基础上，再将其协调地统一在一起。通过发散和收敛有机统一所形成的 M 力量，更加有力地表征人生命的活性。从这样两个基本操作的角度，我们可以认识到，要想取得成就，就必须更加有力地表达生命的活力：表现发散的力量；表现收敛的力量。但生命不只是同时表达两种基本力量，还在于维持并促进两者的有机协调，通过同时表达两种力量，并通过相互牵制而维持生命的基本活性。在表征发散力量而构建出更多具有差异性个体的同时，又运用收敛的力量，通过自然淘汰的方式，从中选择具有足够竞争力的少量个体。先是利用发散形成多样并存，然后便在资源有限的限制下，基于活性的收敛作用减少多样并存的数量，此过程就是在优化；第二，生存与自然选择强化了以适应能力为基础的竞争力的提升，这使得适应能力成为生命体在比较优化选择过程中的基本指标；第三，与收敛有机结合的扩张必然地导致基于生存与发展资源的竞争，竞争所对应的优化选择也使得发散与扩张具有了优化的基础和被间接赋予的意义；第四，竞争在自然遗传进化中会促进形成优化选择。生命活性本征中的发散性力量，生物群体在资源得到保证的前提下，会促使生物群体中个体的数量急剧增长。这也就必然地导致资源的枯竭。无限的扩张与有限的资源之间的矛盾，必然地在生物群体中形成竞争。存在竞争，就必然地导致优化。生物遗传通过竞争，使那些能够提升竞争力的优势基因得以不断地重复和强化、固化，并使其在稳定的基础上具有自主性，再经过意识的主动强化而使人具有了对生命本能的竞争力的选择、构建过程。人们开始设计具有更强竞争力的生命体。与此相对应，人工生命在没有经过长期各种复杂环境的选择时，会在某个单一的方向上具有更强的表现，但从其整体适应性及在复杂环境的竞争力的角度来看，就不能武断地说其生存能力较强了。这就是优化的基本过程。

2. 表达生命的活性本质上意味着优化

其中的分过程包括：第一，生物活性的非线性特征决定着差异化构建的本质，并对多样并存产生决定性的影响；第二，综合成单一行为的收敛性力量，决定着生物体在多种可能性中加以选择，并在选择中形成优化的过程。其实这种选择过程本身就是在依据某个特征标准而对其中表现得更加突出、具有在这个特征指标上表现得更加有力而选择的；第三，获得最大资源的另一层意义就是最大程度地节省资源。从生命进化的角度来看，正是活性中的发展扩展与生存发展资源有限性的矛盾使优化突显。生物在进化过程中，通过异体的交配生殖而遗传成为一个关键性活动。为了获得生殖交配权，选择的结果可以认为就是优化。显然，如果生物个体的神经系统足够强大，还会将这种模式独立特化出来，并通过记忆与学习，形成对该模式专门训练强化的过程，从而更加有力地推动生物在相关模式上表现得更加突出。

狄德罗（Denis Diderot）具体地提出了美是在比较中构建出来的，明确地强调了美的优化性特征和力量。"我说它们美，意思就是：在同类的存在物中，花中这一朵，鱼中那一条，在我心中唤醒最多的关系观念和最多的某些关系"。① 并不是只要是花、鱼就是美的，而是这些花中存在一朵花才可以称为是美的。

3. 节约资源的需要

"自然在运用其资源的时候特别懂得节约：面对一种挑战，肆意挥霍而产生过度适应，就有可能带来其他方面的不适应。"② 资源的有限性使得生命体欲在某个方面强势发展，就会抑制在另外一些方面的发展，这就表现出了在强化提升方面的选择和优化。与此同时，如果说当前的模式会消耗大量的资源，这种消耗自然会降低人在有效应对危险局面的行动能力。在危险降临时，那些能够有效避开危险的个体才能有效生存。长期的进化和强化，会使那些提高其应对危险能力的相关因素得到强化。在此过程中，节约资源的模式也成功地在逐步进化过程中得到强化并成为一种潜在的显性力量。

4. 剩余能力的必然选择

人类的进化主要表现在智能的进化，而这在一定程度上基于神经系统可以构建更加多样而丰富的信息加工过程。生命活性在神经系统中自然会发挥相应的作用，这将会促进神经元数量的增加以及神经系统复杂性的增强。而生命的活性在赋予神经系统以更强的生命活性的同时，能够使人生成更大程度上的剩余能力，尤其是在人吃了含有大量蛋白质的食物以后，有足够多样的可能性的活动可供其选择，这将使其剩余能力得到更大程度上的构建。剩余能力的强大，促进了人可以构建更加多样可能的应对模式，那么，选择就成为下一个的必然过程。在能力有限与资源有限的双重压力下，生命个体自然会从提高其生存能力和提高其遗传（交配）能力的角度提升增强有限的相关模式的作用，使其重复性地在相关的活动中发挥相应的强势作用。这种力量稳定的自主性特征，也能够保证在其自主而稳定地表现时，展现出特定的生命的活性力量。当

---

① 北京大学哲学系美学教研室编：《西方美学家论美和美感》，商务印书馆 1980 年版，第 134 页。

② ［英］约翰·D. 巴罗：《艺术宇宙》，徐彬译，湖南科学技术出版社 2010 年版，第 28 页。

这种模式一再地重复时，就会将优化的过程固化下来。各种过程的综合稳定作用，促使其形成稳定的联系和结构，便因节约资源而将这种优化的变换扩展到其他的方面。

5. 在诸多模式中将最美的模式恰当地选择出来

对于人来讲，就意味着必须在更大程度上依赖人所特有的意识活性加以选择。表征发散的力量，意味着需要人运用好奇心而大量地构建有差异的各种不同的模式，并运用局部信息之间更加多样的相互作用而组成大量的整体性意义。要围绕一个主题进行长时间的深度构建，构建出来的差异性的信息模式越多，代表构建的程度就越深，也就会在更大范围内形成更准确的本质性描述。

生命活性中的收敛性的力量终结持续不断的差异化构建过程，与此同时，资源的有限性生成了选择过程。资源的有限性决定了生命体不可能将这些模式同时都表现出来，或者使每个个体的生存与发展都得到保障。无限的发散扩张性迟早要达到一个临界点：通过变异而形成的更加多样的差异化个体，必然会为了生存与发展而争夺有限的资源，并形成竞争。生命体的无限扩张性力量，必然地在众多可能模式中选择出更少的模式。通过基于某种特征（力量）的竞争，生命体自然会选择那些使 M 得到更加充分表现的模式。这种"更"的力量转化成为优化选择。

杰拉尔德·埃德尔曼（Gerald Edelman）提出了一种能够为一般人所接受的意识理论。该理论认为人的大脑通过探索许多可能的神经联系实现达尔文式的进化，这些神经联系中，有一些对生命的生存与进化会更加有利，那么，通过重复的使用、判断与选择，这些有利的连接会得到加强，其他的则被消解。[1] 可以认为，这种理论为我们系统地构建生命与美之间的本质联系奠定了神经生物学基础。波普尔曾明确地指出："我常常谈起，从阿米巴到爱因斯坦只有一步之遥。因为两者都用试错法工作。阿米巴必须憎恨错误，否则便会死于错误。但是爱因斯坦明白，我们只能从我们的错误中学习，并且他竭尽全力、作出新的尝试，以便发现错

---

[1]　［美］杰拉尔德·埃德尔曼、［美］朱利欧·托诺尼：《意识的宇宙》，顾凡及译，上海科学技术出版社 2004 年版。

误，把它们驱逐出我们的理论之外。阿米巴不能采取这一步骤，但爱因斯坦能，这一步骤就是批判的和自我批判的态度，就是批判的取向。这是人类语言的发明使我们举手可及的伟大美德。"①

由于所从事的领域不同，因此，运用发散的力量构建差异性信息的领域与范畴也就不相同。在艺术领域，需要倾向于表达某种模式指导下的从众模式。而在运用收敛的力量时，对于艺术领域来讲，则主要是运用竞争向上的力量而寻找、构建、选择更美的模式，甚至将这种追求的力量——M 的力量也作为其中的核心元素。

在这种基于差异化基础上的比较判断选择过程中，那些与活性本征和谐共鸣，或者说在达到与环境的稳定协调时的状态表征，就成为在诸多个体的选择中起基础性作用的选择标准。只要依据某个标准实施比较的判断选择，就已经表明了优化选择。生命体在不断地重复将这种模式固化出来，使其具有足够的自主性的同时，还会运用生命活性的扩张性力量延伸扩展，形成具有其他意义的优化过程。优化便因此而变得更加丰富多彩。

6. 艺术家不断地构建最美，科学家不断地探索更真

在艺术中，艺术家将注意力更多地集中在如何才能构建出更加多样的模式，并从中加以选择。有经验的艺术家，通过强有力地激发出 M 的力量，能够更好地结合艺术创作，有意识地构建出更美的模式，供下一步的选择。这也就使得其差异化的构建具有了更强的限制性——将 M 的力量作为限制性因素，构建出"更好"的差异化的个体。

艺术在于突出而持续性地强化这种模式和能力。人也就在表达这种模式力量的过程中，从这个角度形成与美的状态的和谐共振，并进一步地使整个机体在更大程度上进入美的稳定协调状态。由此，无论是艺术家，还是科学家，都能够更好地表达这种力量。因此，虽然在不同的领域，但却能够有效地进入美的状态。"稍微趋异与微妙差异——我知道你根据下列原则，发现了一种艺术理论：对数学而言，自然界从来就没有

---

① ［英］卡尔·波普尔：《通过知识获得解放》，范景中等译，中国美术学院出版社 2014 年版，第 519 页。

正确过，因此艺术家必须同样稍微趋异于准确性才能创造出美的形式……事情并非如此，真正的原因是它们极其接近于完美，其中只要有一点点差错就针暴露出艺术家功力不足。"①

宗炳在《画山水序》中提出了"况乎身所盘桓，目所绸缭。以形写形，以色貌色也"的理论观点。通过具体的"形""色"创作，画家将其所居的环境和眼睛所看到的景象山水、自然的客观形貌绘制于画绢之上。在宗炳看来，画家要真正的画好山水，取材时必须以亲身的直接审美体验为前提，只有这样才能恰好地表现自然山水的审美意蕴。张操将其概括为"外师造化"。而郭熙则认为："学画山水者何以异此？盖身即山川而取之，则山水之意度见矣。"（《林泉高致·山水训》）这就是说，要运用自己的感知系统，将所看到的景象都显示出来，并在此基础上加以选择。

面对山水自然，要实现正常的审美，必须达到"去之稍阔"，以一定的审美距离来实现对自然山水的全方位观照，只有如此，才能获得审美体验。既要见之画外，又要身着其中。

绘画就可以以"意象"的方式来呈现"道"，内置最高意义上的审美内涵。以此形成对相关特征的关注，并运用差异化构建形成多样并存，然后再在多样并存的基础上，通过比较优化的方式，选择出最能表现道的意蕴的"形"和"色"表达出来。这种相关特征一定是画家自己所熟悉的，甚至是其极为熟悉的"身所盘桓，目所绸缭"，不是凭空捏造的，也不是无中生成的，而是其亲身经历的。

（五）与活性本征的协调使生命具有不同的竞争力

第一，适应意味着生命体具有灵活的变化与区域稳定能力——具有更强的发散与收敛以及有机结合的力量。生命体是通过持续性地表现收敛基础上的发散和发散前提下的收敛而形成不同的个体，并在不断的表现收敛与发散的过程中，达到了新的稳定状态的。

第二，越强的生命活力会更强地表现出更高的发散扩展能力与更强

---

① ［英］特奥多·安德列·库克：《生命的曲线》，周秋麟等译，中国发展出版社2009年版，第300页。

的收敛稳定能力；两者对于生命体来讲应该是彼此协调的，能够在更强的差异化构建过程中，通过优化选择，将适应变化的环境的个体选择出来。

第三，与活性本征的协调程度越高，基于生命活力的表现就越强，由此所形成的适应能力也就越强，越容易地将其取得优势的基因传递下来。

第四，对较高发散力的收敛与逼近使生命个体具有较高的竞争力。对较高的收敛力的逼近与趋向也使生命体具有较高的竞争力。两种力量的综合表现，使得具有较强生命力的个体具有更强的竞争力。

显然，"进化过程不大可能创造出这么一种生物体，让它的身上只有一个较为薄弱的环节决定了这种生物的平均寿命。更可能的结果是，自然选择为我们进行了资源配比优化"①。

五　优化模式的独立与特化

通过竞争而选择，会使优化的模式成为一种重要的基本模式，并伴随着该模式的持续进行，形成专门独立特化的结果。虽然这种过程涉及更加复杂化的因素，但其却在生命的进化过程中，通过诸多过程而成为一种独立的模式。

（一）把优化过程作为一种稳定的独立模式固化下来

在追求"完美"的过程中，人们采取的是在差异性构建基础上的优化选择方法。在这种过程反复进行的情况下——出于生物的活性本能人会经常性地从事这种活动，人们会将这种模式独立特化出来，使其在具有自主性的基础上，通过人的意识加以强势放大，并在人的其他活动中发挥作用。在对一个过程反复进行的过程中，会形成基于这种模式的无限迭代的过程。显然，在人经历了几次的优化过程以后，便会认定这种优化过程的自主性会持续进行，在人将这种过程独立特化出来，并使其具有了自主性时，便形成了可以无限构建的过程。

无论是重复表现优化的过程模式，还是人在意识中将在其他过程中

---

① ［英］约翰·D. 巴罗：《艺术宇宙》，徐彬译，湖南科学技术出版社2010年版，第52页。

的优化过程模式突出显示出来，还是以该模式为基础而在各种活动中"观照"出相关的特征关系与结构，还是其突出表现所生成的美的强烈感受的反馈作用，都会将优化过程作为一个独立的模式特化出来。

但人们往往不关注这种优化的过程，只是关注优化的结果。人们认为这种优化的结果就是美的，人们还会在已经达到"局部最美"的基础上，依据其固有的 M 的力量而进一步地通过扩展差异，或者在某种特征的控制下沿着某个方向作极度的变化，直到过程由于受到其他方面因素的干扰而结束。

随着这种优化过程的反复进行，这种过程性的模式就会转化成为一种稳定的、具有确定性的心理模式，通过按次序地表征这种心理模式，就会使人产生一个具体的过程性结构，无论是在外界环境的刺激作用下激活，还是在自主涌现作用下，都能够将其完整地展示出来，并根据其时间进程和各种具体的环节，一一地与当前的客观对象相照应，从中发挥指导控制作用。

在将差异性构建基础上的优化选择模式固化下来而成为一个稳定且独立的模式时，便可以以此为基础而再一次地运用生命的活性扩张，促使其发生一系列的增强与变化。这就意味着，我们会在意识中大量地进行差异性联想，并采取差异化的构建方法，利用在意识空间信息之间局部的联系而扩展这种差异化的规模，在多样并存的基础上，通过比较进行优化判断，将那些具有更强优化指标的模式选择出来。

当我们不具有这种娴熟的技巧，虽然我们内心产生了生命的涌动，虽然我们也能够体会到与相关形式中的局部特征之间的某种稳定性联系，但我们不能将这种形式准确地表征下来。在具有了娴熟的技巧以后，便可以在稳定地构建基本模式的基础上，自如地在相关的形式中局部地通过差异化构建并优化的方式，表达出与他们的生命活性相协调的感知觉、情感和符号意义。

在美学与艺术领域，有诸多的理论从各个角度潜在地包含了这种不断地比较优化的本质。因此，艺术欣赏将成为运用、强化人的优化力量的主要领域。

（二）独立地发挥优化的作用

人在意识中，会将优化作为一种独立的模式，在对信息加工的各个层次抽象而独立地表达出来，并依据其独立的生命活性表现时，在人对信息加工的各个层次表达出优化的力量。正如其他过程一样，优化的独立表现是人的意识强势的效果之一，也可以称为一个人成熟的基本标志。

（三）促进 M 与优化的相互作用与共性相干

一是重复性地表现在某个特征指导下的选择过程，比如，在自然的进化过程中，雄狮会为了获得与母狮交配的权利和机会而与其他的雄狮展开体能的较量，此时体能便成为优化选择的核心指标；二是不同优化指标在优化选择中经常会高强度地发挥作用时，彼此之间则通过共性相干会对优化模式的独立特化产生足够的作用力；三是基于某个优化指标的稳定完整性和自主表现，结合以该特征为基础的生命活性的发散与收敛的有机结合，将会形成基于某个优化指标的差异化构建和基于此的优化选择过程；四是不同优化指标之间的概括抽象，尤其是具有了足够表现这种过程的相互作用，并能够将这种相互作用的结果在其他神经系统中反映出来时，便会以更大的可能性形成基于少量优化特征的概括抽象，尤其是形成了稳定的抽象与具体的对应关系以后，便可以自如地在抽象与具体之间展开转移，使得优化模式的独立与特化能够更加顺利地进行。

1. 使该模式独立和重复性地表现

无论是与他人在一起时的共同行动，还是随着环境的变化而分别形成不同的模式，无论是出于生命本能所形成的差异化构建，还是对这种差异化构建的主动追求，都将提供出足够的机会与场所，供这种模式稳定地表现。生命的力量保证着这种模式会在各种过程中发挥作用，尤其是优化选择的模式经过重复性地表现以后，会以其更加独立性的特征在各种活动中发挥作用。

2. 诸多环节形成稳定性的联系

优化模式包括若干环节，这些环节会随着"优化选择"模式的独立与特化而得到明确化构建，人们会依据该模式与其他心理信息模式之间的关系而指导人在相关活动中发挥作用。尤其是该整体化模式的若干环节，会形成一个具有反馈作用的整体闭环，通过各个局部环节而建立起与其他事物的相互作用，进一步地促进形成该模式的整体锁定。

3. 该模式在其他过程中发挥作用

人可以从不同的过程中提取、发现该模式所起到的作用，并通过进一步的概括汇集形成更高层次的抽象性综合；也可以以该模式为基础而指导其他过程的变化；还可以与其他信息一起综合性地在心理反映事物变化的过程中发挥作用。与该模式相关的各个环节会有充足的表现。这些局部环节也会在其他各种活动中表现，并由此而促进该优化整体模式的完整表现。

4. 该模式会在各种活动中自主表现

该优化模式会以一定的兴奋度而在人的行为中自主表现，从而使人的行为表现出这种模式的典型性特征，同时还会表现出相应的趋向，使人在不自觉的过程中表现出使生命体获得更大的竞争优势的力量，诸如形成对更美努力追求的力量。

5. 在各种活动中的表现会强制性地与外界环境联系为一个整体

不同的环境会因为共同地表现出这种优化选择的模式而建立起关系，或者说，在"优化选择"模式单独激发时，会将这些与之有联系的其他模式激活兴奋，那么，这些本不具有联系性的意义，也会因此而具有了关联性，并因为同时激活兴奋而形成一个新的心智动力学系统，并在系统的运行过程中，将其相互作用表现出来，最终形成一种新的意义。

这种由诸多环节所组成的模式的持续进行，会在其稳定地固化下来的同时，将相关的环节组织成为一个独立的动力学特征模式，并由人在潜意识中建立与其他事物的关系、在其他过程中近似地再现该局部特征等，在使其具有一个个独立意义的同时，又在整体中发挥着关键性的作用。一个连续的事物和过程，往往会被能力有限的人分割成由一个个局部特征和相互之间的关系所组成的意义网络。在以每一个局部特征为基础时，使人既能认识到该局部特征在当前事物中的意义，同时又能够认识该局部特征在其他事物中的意义，并通过该局部特征在更高层次中的作用而形成更加广泛的联系。

在每一个模式稳定强化的基础上，依据生命的活性本征，会使其具有足够的自主涌现的可能性。尤其是，人的大脑神经系统能够将该神经动力学系统中所记忆的局部特征以出乎意料的方式涌现出来，即使该模式与当前心理状态无任何关系。自然，涌现所表现出来的可能的关系是：与该模式在神经系统中记忆的程度及由此表现出来的概率性关系。而在此过程中，会表现出"拖尾效应"①，即使该模式的展示是小概率事件，该模式也有一定的可能性在大脑中涌现出来。

该模式在经过人的意识的放大以后，会具有更强的力量，这就包括其能够联系更多的相关信息，使更多的信息作为构建更大的动力学系统的有机元素，并在更高层次控制相关探索、优化过程的持续进行［而不只是求得局部极值（局部极大或局部极小）］。

六　优化模式的自主意识

（一）优化模式自主化

生命的基本特征保证着稳定的优化模式具有自主意识的力量，能够不受干扰地在生命体的各种过程中涌现出来。基于生命活性的优化模式发挥关键的作用，使得差异化构建与基于指标的优化选择持续性地进行，通过模式的稳定强化而发挥出更强的自主性的力量，使其成为心智变换的基本环节。人的各种行为也就具有了足够强的优化性的特征和印记。

在将优化模式固化并形成自主化以后，可能使我们在任何活动中都可以表现出优化过程，也使优化成为生命的活性特征。此时，表达优化也就意味着引导机体从这个角度有效而顺利地进入美的状态。

（二）优化模式在意识中得以强力放大

人的本质得益于优化模式在各个方面、各种具体的活动中持续性地发挥作用。通过促进人建立各种关系、构建各种模式，并通过比较反思的过程而促进着人的意识的复杂化，可以认为，这种力量尤其在人的意识的形成过程中发挥出更大的作用。人们认识到这种过程是人对外界客观世界认识的基本过程，认识到其在人的生存与发展中的核心作用，人就会有意识地主动强化这种模式的力量，通过建立该模式与其他各种模式之间的相互联系，扩展该模式在其他过程中的作用，尤其是将该模式

---

① ［日］高安秀树：《分数维》，沈步明等译，地震出版社1989年版，第146页。

与创造的力量更加有力地结合在一起。

在人们认识到这种模式对于生存与进化的积极意义时，人们还会进一步地在意识的作用下，主动地专门强化这种模式，强化这种模式同其他诸多模式的有机联系等。在意识中表现得越多，人们在意识层面体会到该模式的独立性就会越强。伴随着优化模式在意识中的自主涌现力量的不断作用，人们也就更加容易地在意识层面独立地体会优化模式的意义和作用，该模式在意识中被体验的可能性就会越强，在意识层面与更多的其他心理模式建立起稳定性的联系，也就更加容易在意识中频频地表达出来了。

（三）人可以无限地运用优化的力量

既然这种优化的力量促进着生命体的进化，保证着生命体以较高的竞争力而不断地进化，尤其是能够在各种活动中保证生命体具有足够的竞争力，人们就会更加自如地在各种活动中表达优化的力量。人们已经通过美育而主动地强化这种力量。这种优化所具有的自主性保证着人能够以该稳定的优化模式为基础而独立地表达活性的力量，从而使得美在人的所有活动中都能展示其无限的力量特质。

（四）优化抽象的本能过程

把当前的世界简化为很少的几个有用的信息特征，是所有动物的抽象性本能，而这包含着美的本质。形成这种抽象的基本过程，最初是伴随着优化过程而实现的。但当抽象具有了独立意义以后，人会基于抽象的独立性而表达活性的力量，从而使抽象具有了更加广泛的意义。此时，我们就可以利用抽象与实际的关系而具体地优化构建出适合各种情况的准确优化标准。

七　选择优化标准的选择与泛化

但凡优化，都会事先确定一个标准。正是由于生物进化过程中的标准选择，才将基于某个标准而对进化过程中的选择优化问题突显出来。在将不同的比较优化选择过程联系在一起时，生命体会形成基于不同的标准选择的综合性的概括过程，从而形成一个更高层次、具有抽象性的"标准"模式，一方面使得生命个体在进化中选取不同特征作为优化标准的过程成为该特征下的具体化模式；另一方面也使生命个体能够体会到在不同的过程中可以选择不同的特征作为优化的指标，甚至可以运用人所特有的创造力而在新的过程中构建新的优化特征指标。标准的选择与确定即是生命进化的必然结果，同时，也是人在意识中依据标准变化后果中是否有利于生命个体获得更大的竞争优势后，通过主动扩展强化的结果。

生命体在进化过程中是如何自然选择优化标准的？通过研究和比较生物的进化过程，我们可以发现如下因素：第一，通过生物遗传以竞争力的强弱作为标准而具体展开，因此，非均衡的竞争取胜特征成为首个被选择的特征而突显出来。第二，通过生存的压力，将影响生物个体生存的决定因素突显出来，而与此相关的因素也由此而建立起稳定的联系。这种稳定的联系会在生物群体的相互作用过程中被进一步地强化选择。第三，在人类社会中，会通过长期形成的具有意识特征的价值追求和文化的影响，将与人类社会的稳定、进步有利的特征标准选择出来。第四，受到人的本质的好奇心的作用，会将与当前标准有所差异的其他的特征标准构建出来，由此而形成一个稳定的标准集合。第五，生命会表现出活性的力量，这种力量以差异化构建为主要表现，并进一步地被人称为是创造性。因此，基于生命的创造性，人会不断地构建出其他的特征而作为保证生命体进化选择的顺利进行。

（一）选择的特化

选择不同的标准，便会形成不同的优化模式、形成不同的竞争策略，也会由此而表达出不同的优化行为模式。达尔文揭示，在自然选择面前，不同的物种形成了不同的优化策略，形成了不同的进化路径，也由此而形成了形态各异的丰富的动物世界。物种在竞争优化特征（策略）的选择过程中，往往具有继承性，虽然可能会选择其他的竞争优化特征，但长期的稳定性进化竞争策略则会保持相关特征指标的稳定性。长期的竞争选择，也使得这种优化特征被固化下来。

（二）选择标准的泛化

选择不同的竞争优化特征，便意味着形成了不同的进化策略，这也最终导致不同稳定性物种的特化。随着生命体的持续进化，存在着对直接作用效果的被动选择、对间接作用效果的被动选择、对直接作用效果的主动选择、对间接作用效果的主动选择、对相关作用较弱的选择问题。从整个生命体的角度来看，每个物种都会在与自然、与其他物种的相互作用过程中，选择不同的比较判断优化特征，以使其物种能够在更大的生态空间更好地生存与发展。

（三）选择的自主化

如果能够在更大范围内建立不同特征指标比较判断能力选择之间的关系，便会基于这种更多具体模式之上形成更高层次的概括抽象，通过将其更加本质的共性特征揭示出来，物种便可以根据不同的环境选择不同的比较优化特征而展开更强的竞争。

但显然，作为一个有机整体，只有在人的身上，才表现出了标准选择的自主化过程。人通过在具体环境中的生存与发展，形成了独具特色的对美的追求和艺术表现。这就需要将由竞争而优化选择的模式固化下来，并使这种标准的选择表现出足够的经常性和反馈性力量。

（四）在人的意识中强化选择

只有在人的身上，才可以运用意识的力量，基于选择的不同标准而建立起不同标准特征之间的关系，形成更高层次的概括与抽象，尔后又反过来通过抽象概念的具体化展开，在好奇心的作用下，试探性地选择其他的比较标准得出不同的优化结果。在人类社会的艺术创作过程中，就是经常这样做的。

（五）最佳生存原则

从原则上我们可以以任何的特征作为比较优化的标准，但对于人来讲，往往是以获得最佳生存作为基本原则。在此原则的基础上，人们会进一步地推演出"最省力原则""最大效益原则""利润最大化原则""力量最强原则""竞争力最强原则"等。

鲍桑葵在描述休谟对于美学的贡献时指出："但是，美给予人的快感大部分是从便利或效用的观念中产生的。因此，这个似乎值得注意的论点正是把效用观念和美感精确联系起来的方式。因为休谟极其明确地断定，美一般来说总是由于效用而起。这种效用同产生美感的观赏者根本无关，只牵涉所有人或直接关心对象的实际特性的人。因此，只有通过共鸣，观赏者才能感受美。"① 这里的重点把便利以及效用的观念与美建立起有机联系。但显然，作者所关注的休谟所谓的效用与我们所描述的效用所发挥的作用已经有了巨大的区别。我们强化效用的意义却在于：第一，基于"效用"而展开优化；第二，表达这种不断优化的过程并将这种优化的过程独立特化出来成为一种独立的力量；第三，优化后的结果会更美。

由于优化的过程涉及更多的环节和因素，这种优化的原则并不意味着前后一致地限制各个环节的优化，在优化的过程中，每一个环节都可以独立地选择自己的优化标准，并通过整体上的相互协调优化而形成一个有机整体。

（六）将与活性本征更协调作为优化的判据

1. 优化与进入美的状态

将与生命的活性本征更加协调作为优化的基本选择指标时，这种选择本身就与美化的意义相一致。通过对更加多样的不同特征的协调比较，将具有更加协调的模式选择出来。这就是在更大程度上进入由若干美的元素的兴奋所组成的美的状态的意义。在将优化作为一种基本模式时，单纯地表达这种优化的模式本身，就足以成为引导人进入美的状态的基本力量了。

优化可以使艺术品更美。这种更美的意义一方面是指，通过优化，人会选择与活性本征更加协调的状态，或者说，以与生命的活性本征是否能够在更大程度上的和谐共振作为更优状态模式的选择标准，也就能够使人体验到更强的美感；另一方面是指艺术品能够使人产生更加强烈的审美感受（人们往往认为这是通过情感的模式而形成），在于优化的艺术品能够促使更多活性本征达到彼此之间的相互协调，更美的意义还在于形成美的升华。"使生命活性发挥更大的效益"成为优化的基本力量。

2. M 力推动着优化选择

M 的力量不断地构建差异化的个体，由此表现生成了差异化多样并存的群体。这恰恰也是生命的基本特征。即使从生物遗传的角度，也揭

---

① ［英］鲍桑葵：《美学史》，张今译，商务印书馆 1985 年版，第 235 页。

示出了生命体通过变异所形成的差异化个体的多样并存的比较竞争、优化选择而形成与环境的适应，并在稳定状态下进入美的稳定协调状态。

美要求人们持续性地表现 M 力，这使我们认识到，即使已经达到了"最美"的程度，但仍然可以通过表现 M 力而进一步地寻求"更美"。我们所得到的永远只是"局部最优"，人的能力有限性也决定了我们所达到的不可能是"全局最优"。那么，我们永远有可能通过差异化而构建与当前的即使最优也有所不同的模式，并在当前的局部"最优"与新构建的模式进行比较而再行选择。

M 力的存在要求我们必须持续性地进行这种过程，但这并不意味着我们因为这种没完没了的"优化"而不能创作出一件完整的艺术品。因为在一定的时期，当我们尽最大可能、想尽了所有的办法只能得到这么多有差异的模式，并通过比较求得这种最美时，虽然我们能够认识到这也仅仅只是"局部最优"，但我们也没有能力再构建出更大范围内的局部最优，那么，我们就会以这种局部最优为基础而产生足够的满足感，将其认定为已经达到了全局最美，然后将这种最美的模式固化下来并完成为一件确定的艺术品。一件"相对最美"的艺术品便由此完成。实际上，出于人的完成性的力量驱使，根据生命活性中对收敛与发散力量有机协调的作用，我们会自然地在发散达到一定程度时，采取收敛的力量而完成一部作品。

3. M 力在当前基础上扩展追求更加优化

在发散与收敛力量的共同作用下生成了在多样并存中的比较优化选择过程。将 M 力与优化的过程相结合，就是以优化作为基本的模式特征指标，将 M 力与优化过程模式相结合从而在表达 M 力上形成迭代，表达的是对进一步优化的力量，保证着人持续地对某一个过程实施进一步优化的过程。

娴熟技巧的形成，体现出了"更"——M 模式的力量，是人在长期的劳动中，出于本能地在熟能生巧的过程中，不断地通过差异性构建和比较而得到优化的结果。我们可以将这种结果归结为生命本能中收敛的力量——力图节省更多的能量资源用于更好的扩展。

不断地发散、异变——非线性的特征表现＋系统的不断变化→形成了差异性的状态。显然，在游戏中"想做什么就做什么"的思想的实质在于通过各式各样的差异化构建，逐步地探索出种种可能的情况，然后通过构建最佳的应对策略行为而形成最优化的行为模式。游戏由于自由性、非功利性等特征，强化着生命个体在更大范围内的差异化构建，可以看出，人在游戏中会将优化的过程表现得更为突出。因此，游戏就在美学中具有其固有的力量。

重复性的工作可以将 M 力更加单一、突出而明确地表达出来，能够使其在此过程中发挥更大的作用，并由于神经动力学系统的足够强大，可以将不同的模式同时展示在心理空间而与 M 力建立起稳定的联系，因此，人就在 M 力的作用下，必然地形成多样并存的状态。在诸多可能存在下一步须只对应于一种行为模式时，就存在着彼此的竞争性选择，从而形成更为常见的比较判断优化选择的动力学过程。

4. M 力是泛化的优化过程

在有效地表达 M 力的过程中，一方面是在形成更加广泛的联系的基础上的比较判断选择，是向着"更美"的方向的转化，在生命的任何一个过程中都能看到其所发挥出的作用效果；另一方面，生命个体会利用联系不同的模式通过汇总概括的方式在更高层面上得到抽象性的模式，并假定其不变，再运用生命活性力量的作用，将其推广到其他的情形中，用其观照控制其他过程在信息特征上的变化。

5. M 力持续构建与生命活性本征更加协调的个体

各种本征力量会内在地表现出彼此之间的有机联系。而在表达 M 力时，也会通过这种联系而使其他活性本征处于激活状态。但在资源有限、或者说在受到其他因素的干扰与影响下，要想在更多情况下获得更强的竞争力，就需要在更加充分地表达发散与收敛力量的同时，通过在不断地适应复杂的外界环境的过程中，协调两种力量的表现强度，在固化两种力量比率的基础上，在表达生命活性的同时，更加有效地利用资源。

人具有主动性，人会利用这种主动性形成更强大的审美过程、专门的审美过程，并由此而特化出专门的职业。这类职业者，通过更加充分而自主地表达出其独特的个性，对其他领域更强的差异和冲击而体现自身的价值。

第二节　美与优化

生命在于表达收敛与发散的有机统一。生命会以 M 为基础而形成优化的持续表现，将 M 模式与优化模式区分开来，从而成为两种独立的力量。基于生命的力量而形成意识层面的 M 力能够在意识中持续表现，这将会在 M 力表现与优化过程中形成相互联系的模式锁定，更进一步地促使人在意识层面形成优化的模式，并使人在各种活动中持续性地表达出更强的优化力量。

一　优化与美

我们假设，优化是美的核心力量，甚至可以认为是美的根本。一系列局部优化过程的整体化，便形成了进入美的状态的构建过程。之所以会形成优化的过程，可以从以下几个方面来认识。

一是生物个体之间时刻存在各种方式和内容意义的竞争。不断竞争选择的结果，使某些增强竞争力的基因逐步强化、固化出来，并对物种的进化产生足够显著的影响力。

将这种过程具体展开，就可以发现以下经常发生在生物群体内的过程。单从生命体在遇到外界环境变化时自然做出反应的角度来看，不同的个体会形成不同的反应。这些不同的反应会在个体的反映中形成差异性刺激，从而促使个体产生进一步的行动。这其中就包含着在诸多模式中通过比较选择出基于个体不同行为模式的局部最有效的模式。所谓局部最有效，指的是通过这种方式在有限的个体行为模式基础上、在有限的时间间隔内、在有限的环境条件下比较选择出来的最有效的行为。诸如人们认为人类 4000 年的文明发展史仅仅是生命体几十甚至上百万年进化的一个瞬间。可以认为，我们现代还仅仅在享受几十万年前由于生命进化的优势选择所带来的"红利"。由于还存在着在一个更大的群体和更长的时间，甚至是"无穷大"的群体中的差异化行为模式的问题，只是由于能力有限也就无从比较了。这也就意味着，当人们认识到了达到终极状态会有足够的困难时，人们便开始不懈地努力去追求在更大程度上达到目标，或者说与终极状态努力地逼近、相似。

二是优化一定是生命活性中发散与收敛力量有机结合的必然。发散力量促成了差异化构建并生成多种可能性；收敛力量则将数量较多的集合元素对应于数量较少的集合元素。面对多种可能的方案，人们只能选择少数几种甚至只是一种模式来指导人产生恰当的行为，而收敛的力量则恰好能使这种要求得到满足，在多种不同的模式中选择出少量的几个甚至只选择一个，就成为一种必然。

生命体的生存与发展促成了优化模式的生成与选择。这就意味着，在着力表征生命活性中的发散、扩展力量的过程中，会逐步地形成比较判断选择的优化过程。而一旦这个模式被独立特化出来，人们就会以其特有独立化优化力量，在促进生命体通过差异化构建形成多样并存的模式以后，从诸多可能的模式中优化选择出最符合"要求"的模式。人在成长过程中，会将这种模式强化突显出来，从而成为指导人产生相关行为的控制指导模式。

要想达到人的丰富性、主体性，就必须采取异变基础上的多样性探索与选择，在多样并存的基础上，通过优化的方法选择出更好地符合判断标准的模式。希腊的亚里士多德（Aristotles，前384—前322，古希腊哲学家、科学家、教育家、思想家）对一位优秀的肖像画画家的要求是："他们画出一个人的特殊面貌，求其相似而又比原来的人更美。"① 这就表现了既要模仿实际存在的人，又要通过异变性的探索而构建出比实际的人更美的行为。克罗齐也明确指出了美学应该研究美的过程性特征，它所描述的是表现人的（表象、幻想）等特征的相关活动的科学。② 这些特征领域，正是能够促使人更强地表达优化力量的领域。

三是协调性的需要——美的需要。生命的活性本征力量会自发地表现，但由于处于稳定协调状态而不为人所感知。因此，美在生命中的意

① 北京大学哲学系美学教研室编：《西方美学家论美和美感》，商务印书馆1980年版，第40页。

② ［意］贝内德托·克罗齐：《美学的理论》，田时纲译，中国人民大学出版社2014年版。

义往往会被人所忽略。如果能够将各种不同的活性达到相互协调的程度，以此为基础所进行的过程将更加有效，能够在更加多样的情况下的恰当应对中进行汇总与构建，将那种本质的、最美的模式构建出来，并以该稳定的结构而通过激发联想其他的信息，从而灵活地以当前很少的（被抽象）的模式应对更加复杂的情况。

弗朗兹·博厄斯（Franz Boas）认识到"在技术的成熟和艺术的充分发展之间，存在着紧密的联系，研究了具有单一工业的民族的艺术即可发现这一点"①。成熟的技术催生了艺术的发展，原因就在于在成熟的技术中充分体现出了 M 的力量，使得人们所产生的实用的东西，在他人的眼中也就具有了艺术的价值。

四是能力的有限性决定了必然地展开取舍。取舍即意味着优化，选择出更符合某种标准、使某个方面进一步增强的模式。与此同时，生命的活性还将这种具有自主性的优化模式通过延伸扩展而进一步地增强。因为它的效果对于人的生存与发展具有有力的促进作用，在其整体表现时，与此相关的环节便都会得到强化，此时，这种起优化标准的模式，以及选择构建优化标准的模式便会以较高的兴奋度被独立特化出来。显然，基于人的能力有限性，这里的优化也只能是在一定区域内的"优化"，尤其是在比较选择过程中，只能是在其所构建出来的众多标准模式基础上的优化。因此，它取决于人们所能构建出来的多样并存模式的范围。

五是与生命的更多活性本征在更大程度上的协调，将会使生命的活性本征力量更大程度地发挥作用，推动着优化过程更加强势地进行。在诸多与生命的活性本征达成不同的协调时，生命体同样会做出选择，将那些协调程度更高的模式选择出来，并通过记忆与遗忘而做出"离散化"的加工。

在人生命的所有活动中，都表现出生命的活性本征，但为什么美学与艺术对激发活性本征"情有独钟"？根本原因就在于人在进入美的状态时，能够通过"快乐奖赏"而使人对进入美的状态产生更强的、更加稳

---

① ［美］弗朗兹·博厄斯：《原始艺术》，金辉译，贵州人民出版社 2004 年版，第 6 页。

定的追求，通过节省"无谓"的消耗保证着生命活性本征在更大程度上发挥作用。生命活性本征的这种强势表现会与"快乐奖赏"建立起稳定的反馈环，而使人更加愿意从事相关的活动，或者说使美在人的生活中占据更为突出的地位。生命活性中收敛与发散的有机结合，形成了优化的基本过程。在被意识将优化的概念赋予此模式时，便形成了优化与美的稳定对应关系。

这种经常性的模式会在意识中更加突出地表现出来，通过强兴奋而保持较高的独立自主涌现性力量，也使美与艺术从各种具体的活动中剥离出来，使美与艺术抽象性地成为与具体的活动无关的模式。美与艺术是通过具体地表达与美的状态的稳定协调而形成对活性本征的共性相干，并通过意识中对美的追求形成对活性本征模式的"自反馈"强化（因为这是在利用意识的独特多层次特征，通过内部所形成的反馈环而从意识整体上形成非线性"自反馈"）。

二 对美追求会产生更大的审美反应

在不能认识到美的本质性特征时，人们不知道如何将这种逐步完善的力量在艺术品的创作过程中表现出来，尤其是人们还不能够描述这种过程性的特征，没有把过程性特征作为美的核心过程，仅仅以艺术品的最终产物进行研究和界定，艺术家的辛苦得不到认定，忽略了艺术家的个人才华与劳动如何才能有效地凝聚在艺术品中。

这个被忘却、无论是有意识忽略还是无意识忘却的特征显然就是：以在更大程度上处于美的状态而表现出对美的追求，表达生命的活性本征模式而逐步地达到更加完美、表达人好上更好 M 力和不断优化的基本模式和力量。这种特征力量是不可回避的，因此，也是在美学研究中不能忽视的。美学理论家们在描述自己对美的理解时，总会下意识地将这种特征表达出来，但没有将其作为一种美的核心特征专门进行研究。艺术创作者也总是在极力地表现出这些方面的特征。由于没有将其独立特化出来，也就没有将其升华为美学理论的基本特征。由于没有认识到这种特征，人们只能将这种状态极限作为论述的基本出发点，形而上地假设存在这种极限的状态，同时还假设我们可以而且已经把握了这种极限状态。我们还可以振振有词地说，我们所看到的艺术品都是已经达到最美状态的艺术品，甚至还会说，其所达到的完美的程度，"多一笔富余，少一笔不足"。

人们在批判新媒体的过程中，由于不适应、不掌控、不熟练所形成的抗拒心理，使人们更愿意提出更多的批评和否定，但没有将新媒体中好的方面固化并强化，也就不能有效地利用新媒体的优势性力量。不能保证新媒体下艺术作品的唯一性，也是其中的基本原因。[①] 这是由于人们没有认识到新媒体所揭示出来的 M 的力量，没有梳理新媒体在表现不同的审美标准时的变化性和由此所表现出来的个性，没有充分认识到 M 力量与审美标准的有机结合在新媒体中的恰当作用的结果，也没有认识到，应该而且必须充分地利用新媒体这一特殊的载体更好地发挥 M 的力量，通过优化以构建人的更好的生活和未来。我们应该更加有力地认识到，这种在新媒体中有效地运用 M 力而形成的美与新媒体的有机结合，保证着新媒体在表达 M 力量过程中的丰富多彩和多样并存。面对当前这种表面繁杂的艺术创作景象，在人们没有认识到其中所包含的本质性美学特征和规律，尤其是还没有（有时是不愿意）形成深度思维，并由此而形成对审美与艺术的系统把握时，就只能从其表面感受表层的、简单的、形式的、局部的美。在这里，虽然利用新媒体可以无限次地"打印"出同一件艺术作品，但其所能达到的"最高的层次"却是唯一的。

审美是人的一种基本本能，人能够直接地表现为 M 的力量、表达差异化构建基础上的优化力量，而且在人的各种行动中发挥作用。只要人们稍稍停下探索的脚步，M 的力量就会持续性地发挥作用，在当前的"步骤"环节中通过差异化构建而探索寻找到"更优"。实际上，通过异变构建多样并存的模式，并由此而比较、优化，社会形成对美的追求，并由该模式的激发而成为对美激活的一个有机成分。

三　优化与本征状态的对应关系

优化的力量与本征模式的兴奋具有何种关系？实际上，我们往往是

---

① ［英］约翰·D. 巴罗：《艺术宇宙》，徐彬译，湖南科学技术出版社 2010 年版，第138—142 页。

基于进入美的状态的程度来进行选择的，这就意味着美。但当我们分解出若干不同的美的意味时，也就具有了更多的描述和构建。

（一）在表达本征状态的过程中，会建立各种意义与某一个本征状态的关系

在不同的情景中表达同一个本征模式，当形成了稳定的对应关系时，虽然本征模式也会发生相应的变化，但这些不同的本征模式之间能够在更高的层次形成共性相干。在这种情况下，也就意味着不同的生命个体会在更高的相互关系层面形成共性相干，而将本征模式的兴奋与各种具体的美的意义模式形成稳定的对应关系。

（二）当这种本征状态处于兴奋状态时，会激活与之建立起稳定关系的诸多意义模式

根据生命体所形成的模式兴奋的相关性原则，一种模式兴奋时，与之有关系的其他模式也将以较高的兴奋度兴奋。更何况还存在有诸多稳定模式会以其自主性而呈现出涌现性兴奋状态，并参与到心智的变换过程中。大脑神经系统会依据其特有的生命活力而形成自组织过程，这些共同兴奋的模式会与本征模式一起形成复杂的动力学关系，并在达到稳定状态时，形成新的稳定协调状态——新的美的状态。

（三）同时兴奋的不同心智模式，会依据心智的活性特征而进一步地展开自组织过程

这些意义模式被记忆在生命的活性结构体内，在受到激发时，会处于兴奋状态，同时会引导控制生命体采取这种模式所对应的行为。不同的模式应该产生不同的行为。但记忆的有限性，或者说差异化的表现会限制这种一对一的过程，会通过自组织过程将不同模式之间的共性模式突显出来，将彼此之间的不同显示出来。

（四）不同的意义会在大脑中进行抽象的过程，从而形成优化意义的过程

基于不同模式而形成抽象的过程，意味着将具有差异化特征的其他模式通过共性相干所形成的比较判断优化选择而形成一个"代表模式"，进而通过建立各种具体模式与该模式的联系，将其他模式都联系同化到这个模式中。这样的过程在概括抽象过程中发挥重要的作用。或者更加

明确地说，在概括抽象的过程中，优化将是一个重要的力量。生命体会运用优化的力量对诸多与本征状态相对应的意义展开优化，我们甚至可以说，在抽象以形成"代表模式"、共性模式的过程中，即展开了优化过程。"我对艺术行为的进化和选择价值来自一种使其特殊的倾向的假设是建立在如下主张的基础之上的：即无论在哪里，人类都会以一种和其他动物不同的方式对世俗的、普通的或者'自然的'秩序、领域、心境或存在状态与不觉的、超常的或'超自然的'秩序、领域、心境或存在状态之间作出区分。"① 这里强调的就是由"稳定＋扩展"形成的活性比值而限定的生命收敛与发散有机结合而生成的"混沌边缘"状态。

如果我们针对某一个具体的问题能够构建出相应的极值泛函，那么我们就可以明确地指出，在各种可能的模式中，符合规律的模式一定是"最优"的模式。爱因斯坦基于极值化原理，推导出了光线传播所遵循的最短路径原理。从泛函分析中我们可以知道，在遵循规律的研究中，通过求得在某一个极佳条件下的极值（最美状态）可以更好地达到符合规律性的状态。这也就意味着，在众多的可能性中，只有最美的状态（符合泛函要求的），才有其存在的最大的可能性。表征美的程度，已经明确指出了美的相对性的特征和意义，同时也指出了美的多样性、美的构建性特征和美的优化的力量。对美的追求过程更是明确地反映出了美的过程性特征，我们也由此就可以根据"程度度量"的方法，从一堆杂乱无章的物体中，将更美的东西选出来。这取决于我们是否具有审美的心态，或者说是否能够从客观事物中，按照美的态度，将具有美的意味、表征 M 力的模式激活，并依据表现美的特征的高低，选择出具有较高美的特征的模式。

这就进一步地引导研究者、艺术创作者要不断地探索构建，将符合自然规律、符合边界条件和符合初始条件（更一般地讲是符合自然规律的定解条件）的、更加一般的函数（泛函）构建出来，通过确立相对应的极值原理，得到自然规律的极值函数表达。有了这种表达，我们就可以心安理得地求得精确解的近似解，并通过掌握该近似解与精确解之间

① ［美］埃伦·迪萨纳亚克：《审美的人》，户晓辉译，商务印书馆2005年版，第83页。

的误差，从而得到使自己心安理得的程度——可接受度（或合理度）。这也使人明确地认识到，正如我们只能得到相对的美而不能达到绝对的美一样，误差将始终伴随着我们。

在这里，我们不得不提及在艺术家创作艺术品的过程中，被人们津津乐道的是灵感迸发时的癫狂状态。这种状态虽然与精气神相协调，却是在做了极度扩张基础上所达到的"最佳"的状态。既然曲艺是为了激发人的审美享受的，那么，就在其所能体现到的方面，尽可能地基于当前的意义，通过极度的夸张变形，形成更加多样的个体，并通过比较优化选择出最恰当的模式。包括在使其具有更大程度的典型概括方面，使之更加典型、更加突出、更加独立、更加与众不同，具有更强的新奇性，以引导人在审美享受过程中得到美的更大的刺激作用。

将人与机器的差异化构建相比较，就可以发现其中的明显不同。人的差异化构建具有更大程度上的"价值"的意义。从这个角度来讲，人之所以将 M 力突显出来，也是因为这种力量的表现会增强生命个体的竞争力，能够促使其获得更多的稳定与发展的资源，甚至只是简单地能够使其具有生殖交配权。由于使遗传具有较强能力的影响因素很多，这些因素都会被作为被强化的因素。而在与其他的过程的相互作用过程中，M 的力量因为表达了共性相干从而被突显出来。显然，在当前的人工智能机器的差异化构建中，只是随机的、无目的的。显然，如果不以相应的价值为基础加以选择和组合，这种选择和组合将会无限地进行下去，因此，由机器所形成的构建将是无意义的，甚至是有害的。但我们相信，这种制约最终不会影响人工智能的发展。

总之，在诸多进入美的状态的方式中，通过优化的方式进入显然是更好的。优化的过程模式和优化结果的激活兴奋，都意味着与美的状态通过这个模式的兴奋而达成更大程度上的和谐共鸣。优化在于以美的状态为标准，选择具有表达更多活性本征模式的更多的美的元素的过程。这种态度本身就已经包含了更多的美的状态的元素。优化后的结果能够与美的状态在更大程度上达成和谐共鸣。由此，优化模式本身也就与美的状态中的诸多元素建立起稳定的联系，表征优化的过程和结果本身，也就意味着使优化的结果更美。也由此而使优化的模式独立特化出来，并为人通过意识而专门强化。

与此同时，优化模式成为人基本的活性本征模式，优化过程会在各种活动中宏观而自然地表达出来。与这种模式的和谐共振，便能够顺利地引导人进入美的状态。在优化过程中因为启动了优化模式，使之处于兴奋状态，该模式也就成为美的状态中的基本元素。因此，单纯地表达该过程模式，就已经意味着引导人从优化的角度进入美的状态。

四　社会竞争对优化的影响

竞争在于取得优势，竞争的结果是通过选择，使某些个体获得更多的资源。而在生物的进化过程中，竞争更多地体现在获得更多的交配权，以使自己的优势基因得以传递。相关的过程都通过群体的相互作用而表现。由此我们看到，社会竞争对生命的进化起到重要的作用。

之所以在长期的进化过程中形成优化的力量，在很大程度上取决于个体在社会群体中的选择与构建上的重复，表现在种群长时间进化的重复影响，在重复中形成并强化了差异化的结果，并一再地使 M 力表现的选择性增强——每一次的选择就是对 M 力的肯定，使其得到重复，并建立与其他模式的广泛性联系。群体的存在维持着这种过程的持续进行。

竞争力量的形成，表现在竞争与 M 力的相互作用意义上。M 力在竞争特征中发挥着重要的作用。这种力量一方面会出于个体的本能而得到增强，通过一系列偶然因素的影响而使其在某个方面具有较强的竞争力；另一方面则会受到意识中反馈效果的作用而得到强化性的增强。

（一）有限的资源成为优化的基础

有限的宇宙只能提供给生命体以有限的资源。无论是能量、物质还是信息，都将是有限的。而这种有限性与生命体本身在不受限制时无限的扩张能力相比，显得更加重要。

资源的有限性在 M 力的作用下表现出了竞争。内在地表现 M 力，会形成生命个体的无限性扩张，但资源有限的固有限制，会使某些扩张受到限制。此时，生命体便会形成偏化性发展。从另一个角度来看，表现 M 力以促使生命体在某个方向上的发展，本身就是竞争。这种竞争促进着不同个体的相互联系，促进着个体在某些特征上通过表现力而表达出更强的差异性。

从生物进化的角度讲，可交配的机会是有限的，快乐的获得也是有限的。基于生命体中发散与扩展力量而形成的无限的发展性也使资源的有限性变得更加突出。人的能力也是有限的。那么，生命个体就会为了争夺这有限的资源在能够更强地表现生命活力的本征方面，形成更强的非线性相干，将比较选择的力量突出地特化出来，并由此而将优化的力量独立特化出来。

（二）M 的无限扩张性

伴随着生命突出地表现 M 的作用，不断地形成了个体之间的差异化的结构和模式，由此而形成了具有差异性表现的不同个体的多样并存。在没有资源的限制的情况下，生命个体的生成将会呈现出指数增长的趋势。生命活性的本征力量会表现出以任何一个稳定模式为基础的发散与收敛及其有机结合。这种过程可以反复地持续进行，由此就可以形成生命活性中 M 力的可以无限扩张的特征表现。这种力量同样能够表现在一个种群的发展进化过程中。

（三）基于生命的 M 力会以阶段性发散与收敛的有机结合而表现出阶段性的优（美）化

发散基础上的收敛，或者说差异化构建基础上的综合统一，形成了比较优化这一后继性的本征模式。尤其经过意识的运用与放大，这一生命的活性本征模式会得到进一步扩展，并成为一种显著性的特征，优化的模式和力量也就成为一种人的显性本征模式。只是单纯地表征这种模式，就已经足以使人在更大程度上有效地进入美的状态了。尤其是优化的过程本身表征着由一般状态向优化状态的转化，这种模式的阶段性表现，也总是表现出由不协调达到协调的过程特征，体现出协调基础上的差异化刺激，既使人体会到了差异所形成的刺激，又能够使人体会到与这种完整过程模式的共振激励，使之在这一过程中得到固化，并形成一种具有足够强度的、具有独立意义的稳定模式，保证其在任何一个过程中都能够顺利地表达出各个环节。

以上诸方面会在群体的相互交往过程中得到表现，并使社会性特征与之相结合而成为新的优化特征。

五　优化后得到的结果更美

我们潜在地假设，随着优化过程的不断进行，我们会得到越来越美的结果。表达优化，就向着更美前进一步。

一是表征了优化的过程模式，使这一过程更加突出地体现出来。由于优化与美的内在本质性联系，通过表征优化的力量，使优化也成为人基本的活性本征模式，这种力量也会使人更加具体而鲜明地体会到美的意义和过程。既然优化已经成为美的状态的基本元素，那么，该模式的兴奋（表达优化过程）就必然地对美的状态"加分"。

二是通过比较而选择了更加协调的模式，这个过程就是在优化，通过比较的差异化构建而达到更加协调的过程，基本的出发点就是在诸多引导人进入美的状态的外在模式中，选择能够最大限度地使人产生更强美感的模式。这将使人更加顺利而深度地进入美的状态。

三是基于不同的标准同样存在不同的优化过程，会得到基于该标准的更加协调的状态，这些基于不同标准但表现出同样的优化模式的过程彼此也会形成共性相干，彼此的激励会更加强烈地使人体会到美感，因此，人便能够更加强烈地体会到更加美好的状态。

四是在比较中，可以选择能够达到更大程度协调的模式，协调的程度越高、达到协调的因素越多，则在人的内心激发形成的美就越明确，通过由不协调而达到协调的过程就会越强烈。虽然存在诸多标准，但当人们将注意力集中在很少几个方面时，其他差异化的因素的存在往往会更加强烈地将主要的因素突出出来。

五是在众多的干扰之中，优化，意味着排除更多的无关因素，使美的模式能够更加突出地表现出来。干扰越严重，排除干扰因素所产生的净化的力量和由此效果所形成的刺激就会越强烈，优化所花费的时间就越长，与在达到美的状态时的差异就越明显，由此所形成的差异化的程度就会越高。

美的比较优化选择促使个体好上更好。第一方面是因为建立起了多样并存的差异化模式之间的关系，这种过程将使大脑的心智活动变得更加复杂；第二个方面是指，通过指标控制下更加协调的比较，可以将与目标更协调的模式选择出来，人们甚至有可能会在这种选择的过程中，通过某些局部的变异而重新构建出更符合特征指标要求的新的模式；第三个方面则是因为，这种比较优化选择的过程标示着由多个不同的模式向少量的、甚至是一个模式的转化。正是通过这种过程的建立，促使人们在另外的神经系统中建立不同信息之间的关系，并由此而形成概括抽象的过程。人类正是由于这种丰富的代表着比较优化的抽象能力，才不断地在大脑中对信息进行更多形式和更大信息量的模式加工，并在更高层次汇聚了更大程度上的不变性信息，使得这种高层次的不变性信息的汇聚，促使大脑形成了不同层次的结构，形成了不同结构之间复杂的相互作用。显然，在以比较优化为基础的抽象能力独立特化以后，以抽象模式为基础再进行表达生命的活性，就有了变异与扩展，也就使抽象具有了人们所习惯的意义。

伯克（Burke）指出："如果我没搞错的话，大量赞同比例的偏见不是起因于在美的躯体中所发现的某些度量的观察，而是起因于变形与美的关系的错误观念，认为变形是它的对立面，根据这一原则，在消除了变形的原因的地方，一定自然地而且必然地引入美。我想这是一种错误。因为变形不是与美相对立，而是与完善的觉的形体相对立。"① 这正是对差异构建基础上的优化选择的美的原则相对应的具体说明。我们可以这样说：对此原则，伯克似乎已经走得很近了。

但也应该看到，这仅仅是我们在认为是如此。

六　M 与优化选择相结合

虽然基于生命的活性本征，独立地构建出了 M 的力量，同时也特化出了优化抽象的基本模式，M 也就成为不断推进系统优化的基本力量。同时，两者之间的本质性联系也使我们在两者之间不能有效地做出区分，但两个模式的独立性显而易见。在将 M 力作为美的重要的核心力量时，有其他不能确定的情况时，只是单一地表达 M 力，就能够使人体会到恰当的美的意义。因此，我们需要在强化两者自主性地发挥作用的同时，

---

① ［美］伯克：《崇高与美》，李善庆译，上海三联书店 1990 年版，第 114 页。

强化两者之间的相互促进与相互合作关系，更好地使美的力量更加有效地发挥。

（一）M 与优化

我们越是深入地研究不同特征在美中的意义，越是挖掘得深入，建立彼此之间的内在联系的难度就越大。克服困难而取得成果所形成的对比性刺激会更加强烈和丰富。虽然在人的各种生活中有着千差万别的形态，但诸多形态中都共同地表征着人内在的 M 力量。只要我们随着生活事物的发展变化而将这种 M 的力量体现出来、揭示出来，使之成为稳定的"教化"促进的力量，使人能够启动自身 M 的力量，构建基于当前生活的更美好的状态，将有利于美好生活的构建的行为特征揭示、构建出来，将其作为稳定的模式与优化的力量有机地给在一起，这些力量便能够在人的日常生活和工作中表现得更加显著和充分。对美的追求就会成为一种稳定的强大力量，从而与生命的活性本征一起，更加有效地推动着人类文明的进步与发展，推动着人类的进步与成长。

在多样并存基础上构建优化结果，本身表达了人的掌控模式，同时表达了 M 的力量——在 M 力的作用下，使优化进一步地深化进行，在更大范围内实现优化；由 M 力而专门特化出对美追求的力量，与优化的特征相结合而形成进一步优化的力量。更为重要的是表达了与生命活性结构和谐共鸣的状态：同时表达了发散与收敛及其有机结合所形成的整体模式，这种力量在生命的各种活动中都会发挥更为关键性的作用。那些被选择的作为收敛选择目标的特征便被赋予美的意义。

1. 表现 M 与生命活性扩展模式的有机结合

虽然我们可以依据生命的活性将生命个体面对外界刺激时的行为分别作为两种不同的模式，但当同时表现两者的力量时，意味着在两者之间会形成共性放大的作用。自然，在表现 M 力时，就会促使生命体在单位时间内更加迅捷地构建出更多差异化的模式，使优化的范围更加广泛。

2. 通过更大程度上的协调与收敛模式相协调

生命的基本模式是能够在各种活动中自然地发挥作用的。由于人更多地观察外界客观，从而将对以人的内在模式表现作为进化的基本力量的过程，转化到依赖外部世界客观事物上。这就使得人在自觉地表现与活性本征完全协调的过程中，产生一定的偏差与干扰性的影响。这种偏差也就转而使得人会进一步地努力追求与生命的活性本征更加协调，以更加有力地表现能够取得更大生存与发展力的基本行为上，能够从更多角度、更深层次地进入美的状态，并通过与其他状态建立稳定联系，体会到稳定协调状态时更强的美感。

3. 将 M 与美的优化选择有机结合在一起

在人们所形成的审美规则中，在各个方面都能够将优化的思想突显出来。优化，意味着在多样并存的作用与比较过程中，形成及选择出使目标达到极值（极大或极小）的过程模式。在审美过程中，这种目标函数有可能意味着达到距离诸多信息所有的综合"距离"中的最小者，或者说，所构建出来的优化的模式，与所能想象到的诸多信息的差异性力量综合达到最小。在这种情况下，最能反映人的生命活性：首先，这种所谓最小，并不意味着没有，而是始终有差异性信息的存在；其次，使差异性信息的差异度最小，意味着达到最大程度的掌控；最后，在保证各种信息处于同等地位的情况下，处于各种信息的"中心"，这里所谓处于同等地位，将由人的情感赋予其不同的"加权"值，也与人的心理背景有一定的关系。也就是说，我们需要进一步考虑它所能展现出来的受到其他信息的关系性刺激而形成的激活的程度。

人在成长过程中，会不断地将那些无效、费力的动作排除在外，通过差异化构建和优化选择，将那些更加便捷的、节省体力的、有效的行为模式固化突显出来，使我们能够以最小的能量消耗而获得最大的行动效果。因此，人的生命活性特征的综合表现，形成了优化。

人为什么会将这个过程作为指导人产生具体行动的控制模式？当一种模式稳定地在大脑中处于兴奋状态，无论该模式的兴奋是由于自主涌现而激活，还是在其他外界环境的作用下直接采用联想的方式激活的（或者是通过某些局部特征联想激活的），该模式所涉及的各个环节以及各个局部特征所对应的具体意义模式都会一同处于兴奋状态。与此同时，人身体内部各组织效应器官也形成了与此相对应的运动模式。尤其是人以该模式为基础而进一步地形成扩展变换，形成了既与当前存在一定的关系，但又是沿着某个方向的扩展而形成了新的"期望"性信息以后，会受到生命活性中收敛力量的驱动而朝向该期望状态运动，试图与其中的某些局部特征达成相同或相似关系。两种运动的综合作用，便形成了将某个模式作为指导人产生具体行动的控制模式，而人也在努力地与这种驱动达成协调一致关系。

第一，在此过程中，人们还力图形成与生命活性本征的适当协调，通过与美的状态之间的恰当距离而创作出震撼人心的作品，能够给人带来更大的快感，使人产生更大的审美享受。为此，人们更愿意做出更多的努力，以创作出能够给更多的人带来更大的审美享受的艺术品。

第二，当人构建了以"更"的结构来表达意味时，对 M 力也给予了足够的强化。一是人们在重复地强化 M 的力量；二是人们体验到 M 力作用效果所带来的利益，将反作用于进一步地强化 M 力的作用。在赋予客观事物以"更"的感受后便可形成新的感受。作为一种新的特征，人们在将具有心理特征的 M 力赋予到客观事物信息上，将相关特征扩展成为美的基本指标。人们也会在各种表达 M 力的模式中，构建出基于 M 力表现的优化模式，使 M 力的表达更为恰当有效。

（二）在多样并存基础上更强地表达 M 的力量

表达"更"就需要运用比较的方法，其中所包含的意义就是比当前的模式"更"，是在标准的引导下，向目标更进一步。因此，就需要首先构建出与当前表达 M 力的有所不同的模式，运用求异，或者说就是要将与当前心理状态不同的信息展示出来。虽然此时的构建过程已经非常复杂，但我们已经明确地感觉到其中的确包含着用更美的模式加以指导的心理。先是通过差异性构建，力争构建出不同模式的潜在指导下，通过局部上的不同而构建整体的不同，然后再将这些不同的心理模式一同显示，在某些目标的指导下比较选择出更为恰当有效的表达模式；或者说将寻找当前模式中哪些不足、不合适、感觉有些别扭、有些不到位等的想法而加以改正。

这是一种本能性的力量。由"更"所带来的延伸性模式，可以具体地运用到各个领域。我们可以将追求最优、竞争拼搏、追求完美，促进需求"想定能力"的提升等作为一种独立的内在性力量。这些方面都在有机地结合在一起而成为一个人意识中显见的追求更美的基本模式，并通过内在的相互关系而组成一个有机整体。即使是一个松散的整体，也会因为同时与美建立起了关系而更加有机地结合在一起。

对美的追求（创作美、欣赏美）都在一定程度上表征了这种基本的模式。从这里我们就可以明确地认识到，美育应该对此模式更加重点的集中强化，促使人形成向更美的方向进一步转化的力量。美育也应该在这个特征上集中更多的注意力强化培养，引导人在各种相关的活动中更加充分地发挥这种模式的力量。

我们期望这种结论是以动力学演化的方式自然形成。根据生物进化的特点和规律，我们应该可以认识到，运用 M 来追求最美的过程是无限的，最起码在人活着的一生中，可以始终地表现这种对美的追求。当然，我们也可以在其达到足够的程度时，就认为其已经达到了终极的美了。计算机的迭代运算是通过一定的判据来决定其是否再运算的，而迭代终止的判断方式也是在选择某个标准值时，在一个迭代过程结束后，计算其相应的值与该标准值的差的"绝对值"，并判断其绝对差值是否达到某一个误差差值的要求。如果还没有达到要求，则接着进行下一步的迭代，直到达到要求。

（三）M 力驱动在更大范围构建更美

生物学揭示出，要保持一个生物种群能够生存下去，该生物种群中差异化的个体需要达到足够的数量。否则会因为"近亲繁殖"而使该群体失去适应能力。从优化的角度来看，一个直接的结论就是：通过运用 M 的力量所构建的差异化个体的数量越多，则基于此所形成的优化的程度就越高、适应能力就越强。同样，逻辑学也有这样的结论：对于集合 A 与 B，当存在 $A \subseteq B$ 时，基于集合 A 所得到的优化结果，必然地包含在 B 中。随着优化集合逐步扩大，优化过程所需要排除的不确定性就会增强，优化后所产生的优化强度也就越高。人所生成的审美体验自然也就愈加强烈。

在这里，如果将艺术创作过程简单地分为构思与创作两个阶段的话，前一个阶段是艺术创作中最重要的阶段，这是一个需要付出艰辛劳动的阶段，所以陆机要求作家在创作中能"精骛八极，心游万仞""以古今于须臾，抚四海于一瞬"，这样就可以在下笔之时，"笼天地于形内，挫万物于笔端。"（陆机《文赋》）神勰也强调"神思""夫神思方运，万涂况萌，规矩虚位，刻镂无形，登山则情满于山，观海则意溢于海，我才知多少，将与风去而并驱矣。"（神飚《文心雕龙·神思》）。这其中所表达的共同特征就是通过差异化的构建在一个更大的范围内优化形成涵盖众多情况的抽象而完整的模式。

在人们尽可能地发现、提炼、构建生活中的美的时候，人们也会将人间百态作为一个实际创作的美的作品。这就意味着，要想有高水平的艺术创作，就需要在应对各色各异情况，掌握最优化应对之法的基础上，通过建立彼此之间的联系，形成基于各种具体情况的概括与抽象，从而将解决问题的方法和能力升华到一个更高的水平，尤其是提升能够更为恰当、有效地应对未出现的情况的能力。

比如说，我们可以从以"描述自然"为话题而展开比较。然后再从一个新的角度，采取一种新的方法来描述，强调不同的特征和关系，由此便会构成新的表达形式。此时，人们会在所选定的新的表达模式的基础上，不断地构建新的方法和模式，基于比较而求得更为自然的结果。人们总是批判以准确描述自然作为新艺术形成的借口。显然照相机的出现将照相师与艺术家区分开来，艺术家转而去寻找其他的表达自己对美的感受的方式方法，但实际上，艺术领域对如何更恰当而准确地描述自然的探索一直在持续性地进行着。从这个意义上说，创新也就成为艺术品的一个基本要素。相应地，印象派在对局部信息作概括抽象的基础上，将抽象后的特征作为局部的基本元素，将局部的精细化结构进行抽象化、意象化处理，再以抽象的关系作为将局部特征联系在一起的力量，通过抽象化的协调而形成一个有机整体。立体主义在遵循某些局部特征之间某些关系的基础上，打破了原先表面上的固有关系，从而在看似整体凌乱时，呈现出了局部的合理性。

杜威在《哲学的改造》一书中指出，动物不保存过去的经验，而人保存这种经验。[①] 意思就是人能够在更多的差异化构建模式的基础上进一步地比较出更"美"的模式，而动物只能构建出当前有效的模式。这个结论，同样可以类比于低水平的艺术家和高水平的艺术家之间的区别。

---

① ［美］杜威：《哲学的改造》，许崇清译，商务印书馆1958年版，第1—2页。

在艺术的创作过程中，需要强调三个环节：一是，不断地在更大程度上实施差异化构建；二是，在每一个方面通过比较而选择其中的最优；三是，在更美的方向主动构建。要在主题观念下构建最为恰当的意义，要在诸多反映意义的形式中找到最优。

在我们将注意力集中到寻优范围时，表达 M 力，就是在有效地、主动地、有意识地扩展人的寻优范围。包括表达强化人更大的差异化构建能力，有意识地突出好奇心中的差异化构建的力度，使具有新颖性程度更高的不同信息同时显示出来。显然，受到好奇心的作用，人也会对差异化的信息甚至是矛盾性信息具有越来越高的包容能力。

表征发散性本能将体现美的差异性特征，表现 M 力会内在地形成差异化构建过程，更强地表现发散的力量构建多样并存。美国电影《音乐之声》中的歌曲："踏遍每个小溪，最终达到自己的理想。"表明了艺术家对美的理想的追求，这也就明确地暗示：每个人在日常生活中也都应该如此追求自己的美好生活。这就意味着，我们需要通过差异化的构建，寻找自己在各种情景下的追求，在各种具体情景下构建出相关的理想。在中国的艺术创作过程中，历来不缺少在美的创造中的优化与追求等核心力量。"推与敲""琢与磨"最终形成最美的艺术品。

（四）由 M 力向竞争优化的模式转化

1. 生命活性的本征表现的 M 力是优化的直接驱动力

这种由 M 所表征的优化的力量，是生命体进化选择的基本力量。对有限资源的最有效益地利用所形成的结果就是进一步的最优化。将 M 模式独立特化出来，将其作为描述其他过程的基本模式，表示着：随着持续性地表达 M 的力量，引导生命体在相关指标特征上向着某一方向更进一步。如果说人们将这种特征变化的方向视为更优，那么，越是表征 M 的力量，所形成的结果就会越优化。

2. 在 M 力的作用下，强化了彼此的竞争

竞争就意味着选择。竞争是为了取得优胜，那些竞争优胜者可以获得更多的生存与发展的资源，尤其是那些获得生存与交配权的个体，在竞争力方面都会表现得足够强。可以获得生殖交配权，从而将保证较高竞争力的遗传基因传递下来。那些竞争力高的个体因此而获得更多的资

源，这些资源会进一步地强化个体的竞争力。

即使资源充足，在 M 力的扩张之下也会内在必然地形成竞争。个体都将在 M 力的驱动下，力争获得更多的资源。更多的资源可以使 M 力的基础变得更为强大，这种强大又会提升 M 力的有效增长，从而使个体得到更加强大的 M 力，由此而争取获得更多的资源……

（五）扩张与节省原理存在着内在的联系

生命活性中一方面表现出了一味扩张的力量，但却从另一个角度构建出了节省的基本模式。在资源有限的情况下，对于生命活性的不断构建过程，在一个方面的扩张，必定表征着另一个方面的节约。这种节约又表征着资源有限性的限制作用。两种力量内在地相互制约，并保持在一个恰当的范围时内。

在强化扩张的过程中，根据收敛与发散的相互制约关系，节约的模式将限制着扩张力量的大小。从人行为的角度来看，节约资源消耗的动作不会产生更多的"肌酸"，能够减少人的"疼痛感"，这种具有"痛苦"性质的刺激，将使生命体更多地避开这种力度的活动，也驱使人内在地通过节省能源、减少能量消耗而选择某些动作，并因此而提高生命个体的生存能力和取得遗传的竞争力。在建立当前行为与其他因素模式的稳定联系以后，那些能够节约能量的行为，会使其他方面获得更多的资源从而被强化和选择。因此，为了提升生存能力和竞争力，那些能够节约资源的行为也就与提高竞争力的行为具有了稳定的对应关系，从而有了专门强化表现的可能性。

在自身内部的能量资源有限的前提下，各种不同的活动会通过竞争而使生命体形成更加有效地利用资源表达生命活性本征力量的模式，并由此而形成节约的模式。通过节约，人们不断地寻找更加有效（利用更少的资源产生更加强大的力量）的动作模式，进而也使这种模式固定化。以节约模式为基础，人们会进一步地扩展这种力量，寻找更加有效的动作。随着这种模式的经常性表现，生命体会将这种模式固化下来，以便将人的思维探索节省下来，促使其关注其他的特征。人们在不断地熟练化的过程中，会不断地探索如何才能节约能量、节省体力，并在此过程中，形成达到最恰当模式的表现方法。

这种更加节约能力、更加便捷、精准的动作，制作出来的产品自然地表征了这种动作的结果。这种动作的制作物与其他动作的制作物相比，具有更加整洁、有序、对称、重复性特征。单单从这种具有节约性质的动作中，人们便能够体会到美的意义。节省原则是指在节省资源方面展开差异化构建基础上的比较判断优化选择，将那些能够更节省资源的模式选择固化出来。在人们更为恰当和得心应手地完成相关的操作时，人们更会选择这种有更少的资源消耗的行为模式。随着这种模式的稳定性的增强而逐步突显、自主化，并随着人的意识的无限扩展而在意识空间中更加强势地突出这种模式。人们会更加自如地运用生命活性的力量而表现节约的力量。经济学也就由此而专门特化出来。可以说，节约模式是人基于动作选择的基础上自然进化的结果。

我们所考虑的是如何才能更加有效地提升生命个体的竞争力，以促使其得到更多的生存与发展资源和空间，并使其在各种严酷的环境变化面前具有更强大适应能力。强大的适应能力也就意味着随时具有足够的竞争力，以确保其能够有更多的机会将相关的优势遗传基因传递下去。生物"优胜劣汰"的基本原因，在不断地将各种与表达 M 的力量的模式突显、强大、自主和意识化。生命体就是在不断地表达生命中发散扩展性活性本征力量的过程中，形成差异化的构建模式，通过多样并存的结果而选择出更好地适应外界环境变化的个体的。

人们运用差异化扩展的力量，构建出了一个又一个的模式，而在选择不同的模式产生相关的动作时，所消耗的资源就会有所差异。通过获得更多资源而使自身强化是一个获得竞争力的有效的手段，同时减少其他方面的资源消耗，也是提升有效竞争力的有效模式。"总之，有关生物界进化过程中一般优势种特征的界定，是简单而实用的。因为它们在开发变化的环境时，具有日益扩大的热力学意义上的多面性，所以它们的分布范围要比非优势种大得多。相对而言，特殊优势种的特征，则是凭借不思增强的变化性，在一个较小的范围内保持自己的垄断地位。"① 这

---

① ［美］托马斯·哈定等：《文化与进化》，韩建军等译，浙江人民出版社 1987 年版，第58 页。

种模式的重复进行，将使这种稳定性突显出来，并成为典型的稳定模式。在其独立特化的基础上，会分别形成不同的本征性模式，与美的状态力量建立起联系，并随之而成为被人们通过不断地实施差异化构建而优化的基本特征指标，成为一种被人们极力追求和表现的力量。李斯托威尔在评价格兰特·艾伦的观点时就已经指出："美，是'在与生命功能直接发生联系的过程中'，那种给我们的神经系统提供了最大量的刺激和最小量的消费的东西。"[1] 这意味着，美就是在表征生命活性的过程中以最小的能量消耗获得最大的收益，从而以简单的模式表现出最大信息量的过程和结果。

七　优化与移情

移情表达着优化抽象的具体化和观点。艺术家准确地描绘了在其身上所表现出来的与其生命活性相协调的情感模式，并且能够让欣赏者也同样地体验到这种情感模式，还能够进一步地引发与欣赏者自身的生命活性状态的兴奋，从而激发欣赏者的更加强烈而突出的审美过程。由此便产生足够的吸引力，引导着欣赏者更愿意按照作品的演变身临其境地体验，按照艺术品中的生活逻辑指导欣赏者自己的思想。通过忘却欣赏者自身的自主性、独立性，抛开人所特有的自主地对信息展开意识的强势加工的种种想法，仅仅依据作品的逻辑性，只是将自己内心与生命活性相关的活动模式和特征赋予艺术作品，将自己同化到作品中，构建某种结构，以便将情感与意义更好地赋予作品，在保持生命体的静态结构稳定的基础上，产生更加强烈的动态性行为结构。

李斯托威尔认识到移情与同情的内在联系："但是，艺术家所特有的深刻而又生动的同情，是什么呢？它主要是艺术和自然这两个广大领域的生命化和人化，由于一种洋溢的生命力和丰富的想象力那种不可抗拒的力量，把我们自己的感情和愿望注入和外射到我们周围各个方面的外界事物中去。"[2] 艺术就应该表达生命的本质性的力量。《哥特形式》中

---

[1]　[英] 李斯托威尔：《近代美学史评述》，蒋孔阳译，上海译文出版社 1980 年版，第15 页。

[2]　同上书，第152 页。

所表明的那种教堂特有的稳定性结构，也应该是与生命的活性本征相符合的外界客观。人们也在这种逐渐的构建过程中，优化出能够与生命的活性本征达到更大程度和谐共振的"最优"结构。

而从欣赏者那里看，抛弃各种习俗的影响、各种文化的限制，都能够在更大程度上激发更多人的审美情感，或者说，欣赏者一开始便将自己同化、移情到作品中，通过其所激发的一系列的情感模式，再去寻找与其本身的"情感活性模式"相匹配的程度（共性相干的程度），并由此而激发出更多相关的生命活性。

欣赏者甚至会在这种状态的稳定吸引下，构成一种强势的稳定吸引子，将其他的信息都按照人的生命活性本征状态来构建、提取、"观照"，也就是稳定地按照人生命活性之"舟"来求得由以往的活动所"刻"下的美的特征"之剑"。以往生命的活性给人留下了足够深的"刻痕"，以至于形成了稳定的模式，能够自主地激活，从而去"套导—引导"可能与此根本没有任何关系的任何一个被选定的信息，引导其按照该模式的限制而变化。

想一想电动力学和量子力学的发展，就可以明确地认识到这一点。由于经典力学的成就，人们习惯于用"力"来考虑问题，因此，人们自然也就首先赋予电磁场所表现出来的力的特征，并在此基础上，进一步地升华、抽象出"场"的概念，进而形成了新的思维模式。

在量子力学中，主要通过"几率波"而构建量子力学的基本规律，由此而形成特有的思维结构。这促使我们首先研究量子对象在服从量子规律时的几率波，再通过几率波与量子状态之间的联系而得到具体的量子状态表征。而量子力量的基本原理进一步地揭示，随着观察方式的不同，会以不同算符的形式作用到几率波，从而得到不同的物理量值，从而将量子力学的作用效果转化到我们所习惯的宏观事物之间的相互作用上。这也就意味着观察者会有效地进入量子系统中而影响到观察结果。将我们自己赋予艺术品所展示的生活中，就具有了"他观"的可能性，此时，人们可以客观地以第三者的身份认识在自己内心所表现出来的种种感受，而且可以做到人在主观上不干涉自己内心意义的变化与生命活性的表现，并在"元思维"的层面上做到只是客观地感受而不影响其变化的状态。

在移情观念中，更加突出的是我们在与艺术家创作艺术品的过程中，通过相互作用而付出的努力，是以创作作品过程中所表现出来的 M 的力量相对比的。比如在书法作品的欣赏中，我们虽然能够明确地认识到我们也会写字，却写不出书法家那么"好"的字。在这个过程中，我们体会到了我们自身与书法家平常艰苦、努力练习所付出的心血。我们也能够将心比心地体会到艺术家在尝试各种试错性变化，力图达到整体的"更好"、更恰当、更合适、更加有效率地创作书法作品的努力追求。

认识到艺术家与我们之间的距离，又同时看到艺术家创作出来的作品在我们内心所产生的足够的协调和审美感受，通过我们所体会到的与艺术家的差距和我们所欣赏到的美的艺术作品的协调过程，我们就会设身处地地想：如果让我创作这么一部艺术作品，我能够达到吗？我会遇到哪些困难？存在哪些方面解决不了的问题？我与艺术家的差距在哪里？这些认识同样会在艺术欣赏过程中表现出来。

移情是需要存在一定的距离的。在我们认识到艺术家准确而恰当地表达了与人的生命活性相协调的情感模式以后，我们能够从中体会到我们不能像艺术家那样从表面上寻找艺术品的对称、节奏或者说所谓的比例关系，也不能以与客观世界直接对应的透视原理作为判别艺术品好坏的唯一标准。达·芬奇往往通过大量构图从中寻找到形式与其内容之间的恰当关系。蒙娜丽莎那迷人的微笑，就在于其恰当地表达了与人的生命活性相对应的笑：具有多种形式和意义、不夸张、不固化，并由此而具有了更多的理解和意义，这种不同的理解和意义都能够得到合理的解释。这是作品完整性的具体体现。至此，我们通过这种差距式的移情，形成了更为强烈的美感。

移情表达了人对美的感知、体验与欣赏过程中，对与生命活性不同协调程度的把握，以及促使人使自己的心理体验与内心的"完美"更加协调的一种态度和过程。在不断地将自己内心所涌现出来的生命特征赋予客观事物（艺术品）时，表现出了更多的自我中生命的力量，这也就意味着直接将自己内心的体验——自身的生命活力特征赋予当前所观的艺术品，这增加了艺术品中所包含、激发的情感和心理信息模式，也由此而激发了人的生命活性本征的活力。这种形而上的追求却是具体的、明确的，是从其生物学的活性本能中进化出来的收敛与发散性的本征特征力量。

诚然，即使在中世纪会有这样的声音："像追求永生之福那样/更贪婪地去追求肉欲之乐吧/要是我的灵魂已死/使我操心的只有肉体……抑制自己的天性，实在太难了/还有目睹美人儿却要保持纯洁的灵魂/年轻人无法遵守这样严厉的定规/去无视他们肉体的憧憬。"① 它所表现的是生命的发散、扩展性力量。而达·芬奇则强调指出说："不是数学家请勿读我的基本著作"②，所强调的则是收敛的、稳定性的力量。只有数学家才能与"我"建立起足够的共识，也才能基于此而理解"我"的发散性思维的合理性。"如果说文艺复兴艺术有一个贯彻始终的特点的话，这就是对合理性、逻辑性和构图的鲜明性的刻意追求。"③ 这种合理性、逻辑性同样强调的是收敛的、稳定性的力量。

文艺复兴时期的世俗化趋势，使人有一种满足效率的偏好和注重改进技艺的空间、机会。正如法国学者富尔（Panl Faure）所描述的：竞争产生对效率的追求，胜利属于最快最巧者，由此造成了社会的知识化。形形色色的发现自 14 世纪到 16 世纪成倍地增长。城市经济需要的增长极大地刺激了生产的机械化。④

美作为无限追求过程的极限，引导着人们建立起对这种极限状态的无限情感，将生物活性本能中特有的掌控心理模式与之建立起稳定的联系。通过人们不断的追求过程，形成对这种无限状态在一定程度上的掌控心理，它以巨大的吸引力而使人产生一种挥之不去的绝对依存感，成为人心智稳定的吸引域。潘知常提出了通过构建"信仰"与"爱"，以保证这一过程的长时间持续进行。显然，只进行很短时间的寻优过程，是不能在更大范围内达到最优的。

---

① ［法］雅克·勒戈夫：《中世纪的知识分子》，张弘译，商务印书馆1996年版，第24页。

② ［英］艾玛·阿·里斯特：《莱奥纳多·达·芬奇笔记》，郑福洁译，生活·读书·新知三联书店1998年版，第11页。

③ 同上书，第60页。

④ ［法］保罗·富尔：《文艺复兴》，冯棠译，商务印书馆1995年版，第47页。

第三节　通过比较选择优化

我们需要基于某个指标标准，在多样并存的基础上，通过比较判断而优化选择出更美的结构模式。通过多样并存基础上的恰当选择，能够得到局部的"优化解"，这就在意识的层面表征了对美的追求和美的力量。我们既需要强化这种差异化构建多样并存的力量，也要强化通过比较判断而进行优化选择的力量。"生物界和文化领域的一般进化，都是通过优势种的演替完成的，每个优势种都具有着在种类广泛的环境中开发能量资源的多变和更为有效的手段，并最终使的地域得以扩展。"①

一　优化的基本力量

复杂性理论揭示了生命的非线性特征，指出了生命的基本特征在于收敛与发散有机协调于某种状态的力量。多种可能性本质上是由于非线性造成的。生物进化的独立与异变会形成不同的个体，通过非线性过程而形成差异化的个体，在将多种模式同时并存时，使得多种可能的情况以一定的几率发生，当生命体构成了与环境的稳定协调时，收敛与发散的有机协调使人进入并稳定到美的状态之中，此时表现出来的美的状态作为一种具有较高兴奋度的确定性模式能够表现出足够的稳定性和"吸引力"——以其高兴奋度和自主涌现的力量总是能够保持该模式的稳定兴奋。基于稳定的美的状态可以使生命的活性本征力量更加有效地发挥作用，因此使得能够表达这种力量的个体具有更强的竞争生存能力。由此而生成的 M 力和优化的力量，又会进一步地成为生命的本征力量。生命体内的任何子系统和结构都能够自然地表达生命的这种力量，心智的稳定与变化也以这种力量的表现为核心，人的成长与进步自然也是以这种力量的表达为基础的。这就是人心智成长的基本规律。这也就表征了，

---

① ［美］托马斯·哈定等：《文化与进化》，韩建军等译，浙江人民出版社 1987 年版，第73 页。

生命的进化过程就是典型的优化过程，换句话说，就是突出地努力表现美和追求更美的过程。具体说来，包括两个方面的力量表达：一是，以M力为基础不断地形成更大差异的不同信息模式；二是依据彼此之间的相互作用，在寻找活性本征更加有效地发挥作用的过程中，自组织地表达出比较优化的过程，通过优化的结果将不同的信息联系在一起。人的成长过程，便是在不断地操作这种过程，将满足一定标准要求的知识单元固化、联结成系统，并与实际事物联系为一体的过程。

（一）通过差异化构建形成多样并存

如果从生命活性本征的角度来看，多样并存是生命活性力量的综合表现：通过发散扩展力量表达出与当前不同的状态，再通过收敛稳定性的力量构成一个个稳定的个体。生命体的非线性特征作用，导致在M力的作用下会不断地形成有差异化的个体，生命活性本征中的收敛性的力量，又驱使生命体将这种与其他个体有所差异的模式独立特化出来。社会群体的差异化模式推动着这种力量的具体表现，指导着每个人都会在各种活动中不断地实施差异化的构建。与此同时，群体的相互作用又以一种稳定的力量进一步地促进着差异化构建与多样并存。这使得人会更加愿意处于一种相对多样并存的状态，并习惯于这种多样并存的状态。与此同时，这种多样并存的状态还会作为生命活性的一种基本表达模式，成为生命体在与外界环境达成稳定协调时的一种基本特征模式。显然，简单地说，面对一个对象，通过构建多样并存，也成为驱使人进入美的状态的基本模式元素。

人们用鉴赏力来表达比较与优化选择能力的高低。这自然是艺术家的核心品质之一。在当前环境中激发出（使之处于兴奋状态）与之相协调的生命的活性本征，并且又将这种稳定的对应关系运用最恰当的形式表达出来，就是在通过差异化构建后比较选择的基础上，最终形成了最美的结果。这其中涉及抽象的鉴赏能力与具体的艺术作品如何吻合的问题。抽象的鉴赏模式在具体化为当前艺术作品的过程中能够有效地包容某种关系。鲍姆嘉通的"完善"所表征的就是多样并存中的最优。其所期望描述的是高高在上的虚无的"完善"，而不是世俗的完善。真实的完善则是人在力所能及的范围内所能想到的各种差异化模式基础上的"极限最好"——所能构建出来的最美。

（二）多样并存反映了不同个体之间的关系和相互作用，由此而表现出某种特定的意义

在通过比较而选择更美的认知基础上，我们会形成：美与选择→比较与美→多样并存与美，这样也就在多样并存与美之间建立起了直接的对应关系。简单地说，生命的活性本征表达了多样并存必然存在的合理性，因此，在一定程度上表达多样并存的现象时，也会在一定程度上引导人进入美的状态。在谈及多样并存的特征时，多样并存的数量也就具有了恰当的含义。多少是合适的？在生命活性比值的制约下，一般会有一个基本的美的标准。虽然各人的看法会有所不同，但基本上会维持在一个特定的范围内。而且，这里的所谓恰当又可以在某种程度上以生命活性比值作为标准的。基本上看，其以与人生命的活性所限定的范围为基础。

（三）通过比较、优化所构建出来的美的模式具有更强适应能力的意义

生物体内的比较优化模式也是在生物的遗传过程中进行了一定次数以后所固化形成的稳定模式，生命的力量会在独立特化的基础上赋予其独特的自主涌现性地位——能够稳定地涌现在各种活动中发挥作用，并将该模式的扩张性模式和结果表现出来。对于人来讲，更可以在意识中强势表现，引导人形成期望，围绕相关模式而展开进一步的行动（表征、联系、自主等）。19 世纪的施莱尔马赫（Federico Scher Macher）就曾经提出："各种艺术作品之间没有什么区别，只是就其艺术的完善来说，对它们加以比较才有可能。"[1]

比如说，当我们去买一把紫砂壶时，会特别注意到壶嘴与壶把的比例协调问题。我们可以通过先将不同的壶放在一起比较，尤其关注壶嘴和壶把在壶体上时的感受，然后看哪个大小的比例让人看起来更加协调。我们通过差异化构建，在比较了不同结构的壶嘴与壶把的"大小"关系时，最终会确定选择出那把壶嘴与壶把具有最恰当比例的壶。当我们将

---

① ［意］贝尼季托·克罗齐：《作为表现的科学和一般语言学的美学的历史》，王大清译，中国社会科学出版社 1984 年版，第 161 页。

两者之间的比例构成一个被称为"合适的"结构时，我们便觉得是美的。这就是我们在比较了各种不同的关系后的美的选择，被选择的优化后的结构，反映了这种关系结构与人的生命活性的关系是协调的，或者说尽可能地与人的生命活性关系更恰当地结合在一起的状态。

（四）以多样并存作为优化构建的基本过程

优化在于从诸多差异模式中求得使评价标准达到最优的结构模式。生命体就是以群体的差异化比较选择为基础，通过基于某个特征目标的比较选择而维持生命体的逐步进化。生命的进化本身就是在不断地优化——选择出最能适应外界环境的个体，也就意味着朝着最美的方向不断地前进。

鲍桑葵也强化了多样性统一的美的原则的重要意义："美寓于多样性统一的想象性表现中，即感官性表现中。"① 但通过前面的描述我们可能看到，多样并存只是美的基本特征之一，而通过比较优化而形成统一则是美的另一个基本特征，甚至是更为重要的特征。通过后面的研究我们将看到，两种基本的模式会在想象中得到更为充分的表现，引导人将美的状态明确地表达出来，从而使人感受到美的意义。两种基本力量的有机结合才最终引导人进入更加全面的美的状态，也才由此而促进着美的升华。

（五）通过求异而构建更加多样的差异性信息

在生命活性力量的作用下，不断地表达发散扩展与收敛辐合的有机结合而形成不同的个性化模式（个体），资源的有限性又要求只保留数量较少的个体，那么，就必然地存在竞争以及选择，这个完整的过程进行优化——将在某个特征方面具有"更"高值的个体选择出来。在自然选择中，往往以保持更加强大、灵活的体力作为获得更多交配权的基本力量，从而将自己的优势基因传递下去。"在长达数百万年的时期以内，人类是进行猜测性思索的主体，他一只脚下踏在生物现实界和物质现实界坚实的基础上，另一只脚踏进了神话的朦胧世界。"② 稳定的现实基础和

---

① ［英］鲍桑葵：《美学史》，商务印书馆1985年版，第24—57页。
② ［美］拉兹洛：《用系统论的观点看世界》，闵家胤译，中国社会科学出版社1985年版，第92页。

发散扩展性的力量共同作用，使得人类在意识的作用下的确成为不能够被更好理解的物种。在人类的选择过程中，在意识力量的作用下会转化和扩展竞争获胜的因素和特征。体力仍作为获得竞争优势的一种基本因素，但同时，一方面个体以获得信息支配与加工的优势而获胜；另一方面由于人的意识的参与而表现出了更加复杂的情况，在人的意识不同的选择之下，人们会以不同的标准而选择配偶，从而有效地分化扩展着人的优势基因。

依据生命的基本特征，这种认识表现出了"在多样并存基础上优化选择的构建"过程模式，成为突出的在差异化基础上的选择与优化。我们需要重点指出的是，在人们将这种过程特征独立特化出来时，通过反复强化而使其具有了较高的兴奋度，并因此使其具有了自主性，后又经过意识的强势放大，便具有了更加独特的意义。在将理念等抽象概念具体化的过程中，通过人的主观意识而加以重点强化，便又建立起"元意识"层面的强化，使之变得更为独立和强大。

由于对优化过程认识的扩展和重视，人们开始了以差异化构建为基础的核心过程。差异化的构建就成为优化过程中的基本模式力量和基本出发点。差异化的过程和结果，也就成为美中的一个基本美素。沃尔夫冈·韦尔施同意阿多诺的观点：通过不断异变，在多样并存基础之上，依据人内在的美的力量，寻找到公正（构建出美）。沃尔夫冈·韦尔施指出："追求一种理念，不应通过形式架构以求统一，而应公正地对待异质性。'在自身的多元化中打到了尊严。它让公正降落到了异质性上面。'"① 这就意味着，美学需要正确而全面地看待差异性，并在此基础上进一步地发挥对美追求的力量。

在人基于多样并存而形成更具概括抽象性模式的过程中，也会基于此而进入美的状态并形成美感。这是由于生命体具有足够的独立特化的能力，在生命的活性本征模式作用下，不断地构建出有差异的个体，而当差异化达到一定程度时，便会独立特化出独立的个体。这种过程的反复进行，便会成为一种独立的模式，并成为一种活性本征模式。展示这

① ［德］沃尔夫冈·韦尔施：《重构美学》，陆扬等译，上海译文出版社2002年版，第95页。

个过程模式，就意味着与生命的活性本征模式相协调。

独立特化的差异化构建的抽象模式，会指导不同的艺术家在具体的艺术创作过程中，表现出不同的形式。画家从绘画的角度构建颜色、线条、结构等方面的差异化，而表演艺术则着重强调其他的方面。"演戏一开始就要利用'假如'，它像杠杆一样把我们从日常生活提升到想象力的层面上去。剧本，剧中人物都是作者想象力以及由作者构思出来的一系列'假如'和规定情境所创造出来的……艺术是想象力的作品，所以戏剧家的作品也应该是这样的。"① 这就明确地说明，差异化构建基础上的优化，已经成为艺术创作与艺术表达的核心模式。

这里所表征出来的有以下诸多因素：第一，基于当前的模式而构建与之不同的新的模式，这些不同的模式会一同显示。第二，人会在多样化同时并存过程中，通过比较而选择出"更"为恰当的模式。这种构建和选择本身体现出了"更"的状态和过程。第三，多样并存本身会满足人的好奇心，从而给人带来美感。这也就意味着，当满足人的需求，从而在形式和内容上表达生命的活性本征（如好奇心），表现出由不协调到协调的过程，可以使人体会到由不协调到协调的快乐感受，而这种感受更多地与美感建立起关系。

这种能力是应该得到更好的培养的。"马可·奥勒留坚持认为，要成为世界公民，我们不仅要积累知识，而且还必须培养善解人意的想象力，使我们能够理解那些跟我们不同的人们做事的动机和所作的选择，不是把他们看作让人不能亲近的异类，而是认为他们跟我们一样有共同的问题和可能性。"② 只有实施了差异化构建，才能有更好的理解。

二　表现 M 力生成多样并存

（一）持续表现 M 力会形成差异

在表现出典型的 M 力以后，生物个体会表现出特有的差异化的构建

---

① ［俄］斯坦尼斯拉夫斯基：《演员自我修养》，刘杰译，华中科技大学出版社 2017 年版，第 52 页。

② ［美］玛莎·纳斯鲍姆：《培养人性：从古典学角度为教育改革辩护》，李艳译，上海三联书店 2013 年版，第 70 页。

方式。生命体是以某个模式、阶段的差异化构建形成了差异化的个体。在生命体将 M 力独立特化以后，既能够以 M 模式为基础而进一步地表达生命的活性本征，同时，也能够以生命体内任何一个模式为基础而表达 M 的力量。表达 M 力是指由当前稳定点向其他状态点转化。抛开 M 所具有的方向性意义，在意识空间中，这就意味着通过联系而将差异化的局部特征引入相关的动力学演化过程中。生命的活力以及生命体的自相似性特征，保证着在运用 M 力而表现出彼此分离和表达差异的力量，将使个体之间的差异越来越大，并在差异化大到一定程度时，形成各式各样的差异化信息模式。

这些表达方式都将会促进生命体在各个环节、各个层次的活动和构建过程中，稳定地形成具有差异化的过程和结果。

（二）表征发散性本能将体现美的差异性特征

美具有差异化的本能。无论从美的感受性特征，还是生物进化所表现出来的固有特征，都以差异化为基础。与此同时，表达 M 力就在于构建差异化的结果。两者必然地联系在一起。这种将过程与结果联系在一起的状态，会在两者之间形成一种独特的关系：通过表达发散的力量而达到更大的差异化的结果。这也就意味着，表达发散性本能的过程，与美的状态中的差异化模式相协调。以此作为促进人进入美的状态的基本途径，也由此而使人体会到美感的特殊意义。"我们应该认识到，无论是艺术还是自然界的，美的一个重要因素也在于微妙的变异，它从生命存在之日起一直在塑造着生命的形态。"[1] 表征生命活性中发散的力量本身，就是在表征人的基本力量，而对于这种模式的具体表征，则会激发构建于这种模式之上的大量的信息。从联想的角度来看，大量的信息因为与这种发散模式有联系，或者说都是运用发散的力量而建立起了关系的，那么，发散模式的兴奋自然会激发大量的其他信息。

在我们将"更"的模式以 M 力的方式突出出来以后，就相当于把"过程量"通过"状态特征"表征出来。我们只能控制在多大程度上运

---

① ［英］特奥多·安德列·库克：《生命的曲线》，周秋麟等译，中国发展出版社 2009 年版，第 296 页。

用、表现 M 力，只能控制通过猜测所构建出来的向"那个最美的状态"逼近的微小调整量，但却不知道当我们实施了这种大小的 M 力以后，所得到的结果到"那个最美的状态"的距离是多少。这种具体的过程我们可能不能精确把握，但却可以通过生命的优化本能而自动调整。如果不够，那么，下一步就往前再进一点；如果过了，那么，下一步就往回走一点，一直找到那个最适合的特征点。在抽象的层次上人们会使所描写的人物更加丰满，但所运用的词汇是否恰当？我们只能先将其构建出来以后再看。感觉太过了，就选择层次稍弱一点的词汇，使描述词语少一点，如果感觉弱化的力度还不够，就选择层次更弱一些的词汇，甚至选择构建更多的描述词语加以强化描述。在此过程中，我们还需要基于差异化构建所形成的多样并存态势，提高对各种不同模式的包容能力。"事实上，这是艺术精品的一个例子。它稍有差异地模仿了最伟大的模式，反映出设计者的力量和个性；它了烦琐，保留了本质；它非常热爱知识，无畏于新颖；它认识到各种有秩序的事物总存在例外，也认识到研究例外的价值。它把设计和事实联系起来，把原始创作和真实性联系起来；它发现了自然的美并不在于相同，而在于相异。"① 差异基础上的进一步优化，构成最美的艺术品的几率就会大大地增加。

在比如：艺术家在绘画创作中选择着色时，主要表现出了这种试探比较基础上选择判断优化的过程。如果感觉到色彩稍浅，那么就再浓一点；如果过深，就稍微淡一点。如果认为这种色彩所占据的区间太大，那么下一步修改时就使其小一点，反之就使之再大一点。在这里，寻找大小合适则是一个不断地试探（错）的过程。无论是哪一种美的特征，都应该在艺术的创作过程中，通过"试错"的方式最终寻找出最佳的结果。

显然，在考虑差异化构建时，可供选择或者说所能想象到的可以实施差异化构建的特征因素越多，差异化构建基础上的优化就会进行得越顺利（可能难度也会变得越大），而结果也会更美。比如说，在表演艺术

---

① ［英］特奥多·安德列·库克：《生命的曲线》，周秋麟等译，中国发展出版社 2009 年版，第 269 页。

中，"要实现演员和他所扮演的角色间的亲密联系，就需要增加一些让剧情更加充实的具体细节。由'假如'营造出来的环境，就是起源于演员的真实情感，然后环境反过来又会对演员的内心活动产生强大的影响。一旦你的内心与你的角色之间建立起了这种联系，人就能感知到那种内部刺激。有了演员自己的亲身生活体验，无非再添加上一些偶发事件，你自然就会真切地理解舞蹈台上该如何表演"①。显然，联系的因素越多，便会引导演员构建起更多的差异化的构建，演员在优化的过程中也就越出色。自然，演员需要花费的精力也就越大。

根据我们在第三章中的描述，那个最恰当的目标值是通过与生命活性本征相协调而构建出来的，是生命的活性本征在控制那个最恰当的"点"。虽然我们不能一下子说出那个具体的"点"是什么和在哪里，但可以通过比较的方式而向那个"最优点"逐次逼近并将其在一定误差的基础上构建出来。即使是我们不能精确地得到解析意义上的"精确解"，当我们持续性地实施比较过程时，即便不能达到那个点，也能够在某个"误差"计算方式确定的允许范围内近似地认为已经达到了那个最为恰当的"点"。更有可能的是，我们在差异化构建中，依据某个美的特征标准，通过比较而将那个状态（点）确定下来。我们可以理直气壮地说：美是近似的。

我们需要在求异中不断地通过比较而得到更好的结果。人的能力有限性就已经决定了：没有真正的完美，而只有更美。美是在比较的过程中形成、表现出来的基本过程，人们内心所产生的"最美"的状态，是在比较的过程中形成的判断的"最终"结果，而且这种结果在更大程度上具有相对性——相对于其他的更美。虽然我们已经建立起了一个自认为是"最美"的模式，但当我们构建了一个新的模式时，仍然会依据对美的努力追求而达到"局部极值"。

这个"最美"的过程是暂时的、局部的。此时，由于好奇心的存在，人们在得到了"最美"的模式时，仍会不断地探索，包括与当前现实进

① ［俄］斯坦尼斯拉夫斯基：《演员自我修养》，刘杰译，华中科技大学出版社 2017 年版，第 46 页。

一步地结合，将当前的各种意识与 M 模式有机结合，构建出新的艺术表达方式。在形成了基本模式时，人们对求异而得到的不同模式加以比较，并根据审美标准从中选择出"更美"的模式。已经形成一种习惯时，便会保持这种模式以自主涌现的方式持续进行。可以认为，这种不断探索其他更美的模式的好奇心，既是美的状态的基本元素，也在干扰着"最美"状态的意义。

艺术作品是艺术家内心独特美的个性的具体表现。每位艺术家即使在相同的因素作用下，也会形成不同的对美的感受，在当前条件下构建出不同的美的意味。由于 M 的存在，突出了人对美的不懈追求的过程。虽然已经得到了最美的结果，但受到 M 力的作用，人仍不会满足，仍然会在当前"最美"的基础上，运用生命活性中的发散力量，通过构成差异化的过程，在多样并存的基础上，基于某种优化的标准而进行比较选择，并由此而得到优化的结果。正如好奇心的意义一样，这里的 M 力在形成最美的过程中，既是美的状态的基本元素，也在干扰着"最美"状态的意义。"因为，达·芬奇认识到大自然力求完美。力求完美则总要达到一个目的，这是亘古不变的。达·芬奇也认识到'人类要比鸟类或蜜蜂强'，人类自己承认的这种最高境界一定可以找到，美术是这样，最美观的建筑也是这样。因此，产生了对变异的高尚热情，变异是天才人物的超人的躁动，躁动往往无法克臻克善，在身后留下尚未完成的事业，因为老是那么多工作要做。有人朦胧地建议说，这样的情感要在达·芬奇声名远播的《蒙娜丽莎》的面部表情上才能找到。"[①]

三　比较的过程力量

（一）比较的意义

比较是将不同的信息模式放在一起构建相关的相同性特征和差异性特征，从而建立起信息的相互激活关系的过程。在资源有限的基础上，有比较就会有选择。显然，生命的发散扩展本征的作用，使得资源总是

---

① ［英］特奥多·安德列·库克：《生命的曲线》，周秋麟等译，中国发展出版社 2009 年版，第 281 页。

有限的。而在收敛稳定性力量的作用下，也总是会在多样并存的基础上优化选择。因此，在多样并存的情况下只采取少量甚至只选择一种模式时，就会有比较选择。

1. 生命的进化与比较

阿米巴虫会自动地向葡萄糖浓度高的方向移动，说明了生命体先天地就具有比较与选择的过程。阿米巴虫会在比较的基础上，判断出哪个方向的葡萄糖浓度高，自然就选择那个方向。这种构建就比那种构建所要表达的意义"更"加优美一些的构建具有内在联系性。

比较的前提和基础是多样并存，比较前的"动作"正是通过差异化构建形成多样并存。由此，在比较与差异化的多样并存构建之间建立起有机的联系以后，只要激发出了比较的力量，首先被激发出来的就是通过差异化构建多样并存。这成为对美的追求的关键性力量，但也往往是在美和艺术中被忽略的力量。

比较会成为人的本能。而人也总在比较。有人曾指出说，当前中国人"跟美国比科技，跟德国比严谨，跟俄罗斯比勇猛，跟日本从比整洁……一个发展中国家要跟全球的发达国家去比他们最强的，除了中国大陆也没谁了，但也是这些对比让中国大陆有了质的飞跃"①。当然，这样的比较的确很累，但这正是中国人潜在的精神力量。当我们在所有的方面的确是能够站到可以同对方相比较的层面，甚至还能利用我们的创造力而形成超越对方的态势时，我们的发展也就站到了一个足够高的程度。

2. 比较选择是关键

只是为了多样并存，也就具有了美的意味表征活性的基本模式，必然地形成多样并存。而当这种模式被固化，并进一步地被独立特化出来时，便会成为一种稳定的本能模式。表征多样并存，最起码表征了生命活性中的发散的力量，也使人看到了这种多样并存的结果。

选择是一种无关意识的过程，但能够在意识中被强势放大。在自

① "阿靓说"：《台湾一高人道破中国大布局》，http：//www. lmydl. com/tag/% E9% % BF% E9% 9D% 93% E8% AA% AA/。

然的记忆与遗忘的过程中，固化出了用少量的典型信息代表复杂信息的过程。将这个过程独立特化出来，成为从众多模式中比较选择少量信息甚至是单一信息模式的本能过程。生物的进化过程一再却潜在地表现出这种模式。在人的意识复杂化到一定程度时，由于比较的过程可以在人的意识中快速而稳定地再现，这种模式也就成为一种显现的基本模式。该模式的独立与特化，尤其是该模式的自主涌现，也使之成为一种人们可以主动追求与表现的模式。人可以利用这种模式的自主性而展开比较。

（二）比较的独立与特化

1. 将比较作为一个独立的模式

比较模式的重复使用，该模式就会在不同过程中通过共同表现而形成共性相干，尤其是该模式与生命的活性本征模式的有机结合，会使之成为一种在人的意识中能够独立表现的本征模式。其他动物的意识还不够发达强大，因此，比较的独立性不强。只有人才能将比较作为一种独立的模式在意识中明确显示，并更加有效地发挥其作用。

在将比较作为一个稳定的模式独立强化后，它便具有了自主性，即使没有可以比较的信息，人们也会表现出这种意向与趋势，并将与之相关的信息展示出来。

2. 明确比较的各个环节的意义与作用

当我们明确比较过程所涉及的若干局部环节，又利用这种局部环节构建出了彼此之间的相互关系，并通过这种相互关系而构建出了比较的整体模式时，既强化了比较的独立化意义，加深了人们运用比较的认识与理解，同时又通过比较的局部环节而更加有效地建立起比较在各种过程中灵活运用的力量。

3. 在各种过程中表达比较的力量

比较模式的自主涌现使人可以在各种过程中显现出比较的力量及作用，并通过比较的结果和给人带来的节省资源的好处使人更加关注比较模式的独立性和力量，并由此而强化人的信息加工能力。我们甚至可以将比较作为建立不同信息之间关系的基本模式。

四　比较后的竞争优势判断

生命活性的本质，决定着其在多样并存的群体中自然地表现出比较后的选择过程。在同一个群体内，生物进化在比较后的寻优选择中，是以取得交配权为基础标准的。不同的物种之间的比较，则是以取得更多的生存与发展的资源为基础的。无数代的遗传，强化着与具有较高竞争力相关的基因，并使其在生命活性的发散扩展表达中得到增强。正如遗传算法中揭示的，生物个体通过比较特征指标的高低而表明其竞争力的强弱，通过取得更大的生存与发展的资源而得到强化，尤其是通过遗传而将与此相关的优势基因遗传下去。

复杂的世界和复杂的生物的相互作用，会使这种取得竞争优势的比较特征往往隐含于日常的活动中。随着意识的生成与进化，这种决定生命体在特征上展现出来的生存能力的高低会得到主动强化。如果我们将生物的进化过程分解开来看，存在一种通过比较而在某个特征指标下得到高低（优劣）不同的判断结果。这种高低往往表征着生命活力的高低。整个生命界将通过这种交配遗传资源的有限性而逐渐地转向比较后的选择寻优。显然，在不同的标准指导下，会有不同的优化策略，也就不同的生存策略。

（一）比较后的竞争优势判断

生命体在差异化的构建过程中，不断地比较和竞争，从而将最有效的"优势基因"固化下来。那些能够更加有力地表达差异化构建和比较判断优化的个体，能够比其他个体更好地生存下来，也具有更多交配的机会。在通过差异化的多样构建以后，将其汇聚在一起时，生命的本质性适应力量已经做出了选择：将那些与"由不协调达到协调"相干的模式固化突显出来，并将各种活性本征力量有效地组织起来从而成为核心力量。正是这些具有差异化的模式的相互作用，最终才通过生物进化的方式，将优化后的模式固化下来。生命体就是在不断地如此地表现 M 力并与相关模式有机结合的过程中，形成对外界环境和与变化的有效适应。

（二）比较后的选择寻优

在与生命活性状态更加协调的判断过程中，受到能力有限性的影响，经常是通过两两比较而加以优化选择的。当这种过程进行得足够多时，就可以认为已经达到了足够大的范围内的优化选择。从这个过程可以看出，忽略中间环节，直接在两个稳定的模式之间建立关系的过程是人实施抽象的基础。在这个过程中，通过汇聚而生成一个完整而独立化的模式的过程，在其中起着潜在的核心作用。那些中间环节会因其他信息的出现而弱化不再显示。

按照这种模式，我们通过与生命活性在更大程度上的协调，建立起了外界客观事物与我们内心美的感受之间的关系，那么，两者之间便就具有了稳定的联系，甚至成为一个结构明晰的结构统一体。我们不再考虑促使我们在两者之间形成逻辑关系的各种关系和因素的影响，我们只是认定了两者之间的稳定性联系，并且在一个方面处于兴奋状态时，能够迅速地使另一个方面也处于激活状态。

（三）在多样并存的基础上更强地表达 M 的力量

在审美比较过程中，就是要将与当前状态有所差异的模式通过比较而选择出更美的模式。在比较过程中，会涉及进一步地求得最佳的态度与意向。因此，这种比较表现出了与抽象思维中比较操作的不同之处。但是，也正是因为存在比较的过程，才能够引导人们进一步地展开差异化构建，展开进一步的优化过程，也才有可能在更大范围内、更大程度上、在其力所能及的范围内求得最美。

除了人们主动地运用 M 以追求更美的核心品质以外，在强化表现 M 力的过程中，还会显现运用比较以形成更美的过程，通过比较而求得"更好"。比较是一种过程，这也就表征着审美过程也是一种过程。

五 选择的基本力量

（一）是自然的选择，构成了进化

无论这种选择是通过遗传还是通过变异，选择过程的持续进行，意味着生物系统能够朝着某个方向不断地优化增强。在当前看来，生命的优化是以不断地提升其生存与发展能力为核心的。那些能够迅速适应环境的不断变化，尤其是在各种严酷的环境中也能够有效生存的生命个体，会因为具有较高的生命力而具有较高的生存能力。

（二）信息之间的相互作用自然形成选择和构建

诸多不同的信息在大脑中同时反应时，本身就已经表现出了竞争性的过程。在竞争中，那些可能度小的信息将会被淘汰，被记忆下来的信息是被选择的信息，人们也因此而将这种信息界定为显著性的主要特征。受到更多激活信息刺激的信息的可能度，会进一步地增大而使该信息模式成为一种突出的显性特征，成为人的意识中的核心特征，成为人的意识的主要表征。

（三）资源有限性决定了比较后的选择

生命体在表现活性力量的过程中，通过发散扩展的力量和由此而特化出来的 M 力的作用，不断地构建独立的差异化个体，这些个体的生存与发展都会对资源产生相应的需要。在有限资源的束缚下，必然地使某些个体获得更多的资源，以使个体得到生存和更好地发展，而其他的个体则因为缺少资源而被淘汰。这个过程就是优化的过程。

（四）在多样并存的构建中，人们会选择更好的

比较是通过竞争获得优胜后不断地强化以后的相关过程模式的固化。且不论这种更好的意义是什么，人总是要在多样并存中运用收敛的力量选择出其中更好的。这甚至可以成为一种稳定的期待，或者说是人在内心所形成的一种稳定的信念——坚定地认为一定存在这种终极的美。

这种过程同样地在人的意识中加以表现：基于生命活性中的发展扩展的力量构建出了多样并存，大脑所具有的无限扩张性本能，构建出了众多不同的模式，这种扩张性的构建过程经过人的意识的无限制放大，成为一种典型的稳定性模式。与此同时，该模式的自主性的力量又在驱使其不断地扩张。生命活性中的收敛性力量则会驱使其必定要收敛到一定的意义上。在将这种模式独立特化出来时，生命的活性能够以此为基础进一步地表现出生命活性的力量，也就是作进一步的扩展和收敛。大脑中的多种模式将对应于一种行动模式，也就意味着必须在多种心理模式中选择出一种模式。收敛性的力量驱使人在多样并存中做出选择。选择确定性意义的习惯驱使人做出选择，收敛的比较性的力量，保证着优化的选择。这种过程将在人们称之为"想象"的过程中得到更有效的表现。

通过想象而构建出恰当的应对模式的力量，驱使人在多样并存中做出选择。在人的行为熟练化的过程中，已经作了 M 化处理：更快地达到目标、更稳地抓住物体、更加节省体力减少能量的消耗。这种稳定的模式会直接作用、反映到人的心智中，在将这种模式独立特化时，充分表现其自主性，成为在多样并存中恰当选择的决定性的力量。

如果对人的行为的形成及成长的过程加以分析，就可以看到，这种认识所揭示的关系和规律实际上是将"劳动"——重复及差异化构建基础上的优化选择作为立论的基本出发点。

我们都应该看到这种现象：在婴幼儿出生后不久，他们的行为不具有确定性，也非常不准确。而在他们想抓握物体的过程中，一开始他们并不能一下子就能够准确地抓住他们看到、想抓的物体。他们的手会一直在他们想抓的物体周围晃荡。但他们会努力地探索控制自己手的稳定性，经过身体内各肌肉群的协调，经过视觉的有效反馈，经过很短时间的练习，他们就能够很准确、迅捷地抓到他们身体周围的小玩具。我们可以想象：在他们开始想抓东西时，他们的手会由于不受现有目标的控制而处于随意的状态，但只要他们想抓那些引起他们注意的物体，就能够迅速地通过练习而以更稳定、更节省能量在更短的时间内抓到该物体。优化后的模式由此而自然形成。

人的生命活性中发散的力量，促成了扩张的差异性构建，也才有了在艺术中着力强化这种力量的过程。这种力量就在于通过异变而构建出种种不同的模式，正如伽达默尔（Hans-Georg Gadamer）指出的，"理解就是对本来事物的重建"[①]，然后再由竞争过程实施判断与选择。在这个过程中，体现出抽象的力量和多样并存模式的独立与特化。具体细化来说，第一，从现实世界的多样并存的状态中，选择更美的模式；第二，从人的内心所构建出来的多种不同的模式中，选择更美的模式；第三，以构建多样并存的模式和力量，表征着美的发散性建设力量和多样并存中的高可能度选择的美化的力量。这也就意味着，基于扩展而生成的 M

---

① ［德］H·G·伽达默尔：《真理与方法》，王才勇译，辽宁人民出版社 1987 年版，第 246 页。

力，成为人成长与进化的关键要素。这种观点在达尔文的进化论中是一个基本的出发点，也成为美学中的一个基本结构点。这就直接表明了，人在成长的过程中，会逐步地将 M 的力量体现在其习惯的、熟练化的行为中。自然，在人从事繁重的劳动时，会更加显著地体现出 M 的力量、优化的力量，这才使马克思认识到了劳动在美的形成中的作用与力量。

在美中 M 的模式，需要在意识的参与下才能稳定而突出地正常运行。艺术发展的历史，就是 M 模式独立与特化的历史。这里的"更好"有时仅仅是因为表现出了 M 力，或者形成了对某个特征的比较选择。我们之所以说这种 M 力在美与艺术中不被重视，就在于当前所有的美与艺术教育都将这种描述艺术家在创作过程中如何表达 M 力的艰苦劳动当作"花边新闻"，作为茶余饭后的"边角料"。艺术的历史就是艺术创作的历史。这种历史又怎么能够抛开艺术家在创作过程中的 M 力的表现呢？

六　比较的恰当构建

比较优化的一种方式是首先应先行构建多种不同的模式，然后再实施优化选择。另一种方式，或者说在我们已经选定了一种优化后的模式以后，还可以运用不断"修正"的方式逐步构建更优。正像是控制过程一样，应该向前一点，不够则再向前一点，多了就向后一点。这个过程类似于求极限。而我们可以灵活地运用极限中的"区间套定理"或"两边夹定理"来求得这个"最佳值"——"极限点"。

我们通过什么判据而不再进一步地"往下进行"——寻找"更合适"？第一，这是由生命的活性状态来表征的。第二，将其他标准与美的标准建立起稳定的联系时，赋予相关特征以美的标准。第三，当我们持续不断地运用好奇心的力量而不断地在意识中构建差异化的模式时，我们就是在持续地进行着比较优化的过程。在此过程中，有可能会形成基于各种具体情况的更高层次的概括与抽象，由此而升华着人对美的更高层次的追求。

当存在不同的模式时，会首先选择作为比较的指标性特征；确定不同模式在该标准下的度量方法；确定选择的方向，也就是说，我们要确定被选择的模式是沿着特征指标变大的方向，还是沿着特征指标变小的方向；构建不同模式在该标准下的具体表现值。无论是美的虚假存在假设，还是美的构建性特征，都决定了我们只能通过差异化构建的方式，在构建出了更多不同模式的基础上，通过比较判断，选择出基于特征指标度量下的更进一步的状态。

在比较优化选择的过程中，有对比物比较时的优化、与人的意识中的形象的比较优化以及与虚幻存在的比较优化。当存在有限的个体时，比较优化的选择是容易进行的，比较优化的过程也是确定的，优化出来的"元素"也是唯一的。比如说在日常生活中，我们可以常见这种现象：男人往往不愿意陪家人买衣服。在陪同夫人买衣服时，男人们往往会总结出这样的经验：在其指定的几件衣服中指出哪件衣服最恰当是能够而且更容易做到的。而且限定越多，还越好选。但如果夫人在一开始只是想买一件适合的衣服，甚至说可买可不买时，作为"参谋"的男人就困难多了。

与人的意识中的形象通过比较而优化的过程，则是一个新的动力学过程，它通过对比物和对比目标之间的相互作用，促进两者之间的"互适应"，通过形成一个稳定的动力学系统而最终将双方确定下来。与某个特征指导下的"极致美"的比较就具有更大的变化性和不确定性了。由于那种"极致美"本身就是虚幻而非具体的，因此，便不具有可比较性。但人可以将努力地追求"极致美"的过程特征作为一种稳定的模式，但至于说结果如何，那就随它去吧。

七　艺术品的恰当优化构建

人人都有爱美之心，这是从生物进化的角度，将表征生命活性的发散，以及由此而形成的竞争与拼搏、获得更多发展资源，提升和固化出来的基本模式。这种模式经由人的有意识的放大，明显地成为一种具有自主性的不可或缺的模式。这种过程在艺术创作中表现得更为显著，艺术也成为专门针对此种特征展开强化和表现的特殊行业。

想要达到艺术品的恰当优化构建，往往意味着从诸多可能中选择出了"最美"的形式——艺术品。但这种模式与人们常讲的对艺术品的欣赏经常处于两种不同概念的关系中，尤其是艺术家的本意和欣赏者所看到的结果有时会有较大的不同。艺术家所表现的"最美"与欣赏者所体会到的"最美"有可能不是一回事。有时仅仅是因为所看到的意义不同，但其中所隐含的对美追求、优化的力量则是共同的。因此，在美的创作过程中，人们会展开相关的过程：通过多样性构建，基于某一特征（选择的活性本征），从中比较性地选择出更美、更恰当、更有效、更准确、更具震撼力、更引人深思的艺术作品。人们会在差异性构建的基础上，通过多样的比较，从中选择出这其中的"最美"的意味来。接着，又进一步地探索构建出"更"恰当的手法、选择恰当的形式将其表征出来。比如说，在艺术创作过程中，想要表达人的某种情感，就会在"更"的引导下，不断地构建不同的情感模式和情感的表现方式，并通过不同模式的比较而将最能表达情感的形式模式构建出来，再选择恰当的体裁，通过准确的手法将其描述出来。当人们感受到旋律的音乐美时，要将其表达成为一首完整的作品，需要将各种元素按照其内在的逻辑性一一展示出来。

艺术家在艺术创作过程中，会将自己与他人比较，将当前与历史比较，将当前与记忆比较。这是基于个人认识的比较，尤其是与以往自己所创作出来的艺术品展开比较。任何一位艺术家都不愿意重复自己的独特创作，即使是存在同样的重复，也必定给予足够的异变而形成一定程度上的新的艺术品。

唐朝贾岛在《题李凝幽居》的创作过程中为"僧推月下门"还是"僧敲月下门"而琢磨不定，并由此而冲撞到韩愈的仪仗队后，韩愈建议用"敲"字更佳，指出用"敲"可以与该句中的"鸟宿池边树"产生动静相辅的效果。由此而留下"推敲"一词，并对以后的中国文学及艺术创作产生了足够大的影响。

"在古代人中间，美的基本理论是和节奏、对称、各部分之间的和谐等观念分不开的，一句话，是和多样性的统一这一总公式分不开的。"①这种结论，指出了通过优化后的统一性与差异化的个性之间的协调与统一。也就是说，只有建立起了这种稳定的对应关系，而且是由个体真正

---

① ［英］鲍桑葵：《美学史》，张今译，商务印书馆 1985 年版，第 9 页。

地在内心建立起了这种关系，而不只是从人类的角度、泛泛地说可能具有这种关系时，才能真正地体会到美的本质。

八　通过协调程度判定优化

根据协调的多因素、多角度过程，尤其是存在各种非协调因素干扰时，需要对彼此的力量加以协调，或者运用自组织的力量达成新的协调。在这个过程中，需要：

1. 根据协调程度的判断而形成优化判断

单纯地对待若干不同的模式，我们可以根据各个部分之间的相互协调关系来判断其优化的程度，或者说，将不同部分之间的相互作用作为基本过程，依据与生命活性的协调程度，选择稳定的关系，包括选择出符合规律的关系、符合逻辑性的关系、已经被认定明确的必然性关系、稳定的行为习惯模式等的关系。强调相互促进、相互补充、互为基础（互为最佳环境）、相互支持、互为因果，而不是相互矛盾、相互否定、相互抵消。在此过程中，尤其需要在保证满足好奇心的前提下，保持收敛的力量。"好奇心＋记忆"＝"生命的活性本质"。这种基本的模式会反复地对人的心理过程进行差异化的变换，不断地推动着人在心理过程中持续性进行着优化选择。

2. 形成向着更加协调的方向进一步转化

伴随着相互作用时间的延长，生命系统会表现出越来越强地追求在当前环节稳定基础上向其他环节延伸转化的过程。表达发散而构建差异化的模式，同时利用收敛的力量而从中选择出具有更强协调性的模式，以保证对外界环境的变化和其他新奇事物的足够关注。美的状态要求生命体向更加协调的方向不断进步，并不只是对于与当前环境作用下的稳定协调，而是要针对所有环境（包括未知的环境）下的稳定协调。生命体能够构建出足够的应对未知的剩余能力。在人的身上，这种剩余能力变得更为强大。这需要人们先构建基于当前环境作用下的稳定协调，然后再进一步地将各种具体情况下的稳定协调组织起来以形成更高层次的稳定协调——通过概括抽象而形成升华。尤其还包括，当人构建固化出了更加协调的模式以后，便会运用 M 的力量强化这种模式构建，并在人的自主意识的作用下，使这种表现变得更加突出。

3. 持续地判断选择最终形成优化结果

在描述这种持续优化的过程中，生命的活性本质会驱动人从其所关注的对象中自然地涉及、扩展至其他方面。即便是人们已经认识到，局部的优化并不能保证整体的优化，因为局部的相互作用仅仅是对于当前情景的非常关键的力量，从美的优化的角度来看，局部的优化结果，也必然地强化着人对"作品"的优化程度的认可。我们需要将优化的过程在局部、整体及与更大系统的相互作用中体现出来，由局部到整体、再到更大系统中的优化结果而保持优化的基本过程。

4. 整体最优与局部最优

要想形成更大整体、范围内的"最优"，就必须通过异变而求得更大范围内、更多因素基础上的差异化的不同模式。人基于生命活性所表现出来的发散性力量已经保证了这种过程的持续进行。更何况随着外界环境的不断变化，人在构建出一系列的稳定协调关系以构成一系列的美的状态的同时，会将其统合起来，并通过共性相干而形成美的升华。即使人们从表面上直接体会不到美的吸引力，但人只要愿意表达 M 力，通过比较表征差异，通过比较反映共性，就能够通过比较从中选择、构建出最美的理念。

基于人的能力有限性，在优化的过程相对复杂时，人们会将自己的注意力集中到很小的"区域"，通过只涉及很小的问题而进行差异化构建和比较优化，寻找构建局部的优化最美。限制差异化构建的区域本身是一种优化的方法，而将优化的注意力集中到局部特征上，也是基于人的能力有限性所能做到的收敛优化过程。我们潜在地假设，只要我们持续地进行着这种过程，就一定能够在更大范围内实现由局部优化到整体的优化。

第四节　信息与优化

在简单地将有序的状态与杂乱无章的状态相比较时，人们更多地会在有序状态中体会到美的存在。一个简单的推论便是：美就是有序。由于在物理学中已经存在着"有序程度"与"信息量"之间的系统性关系，这自然会引导人们展开这个方面的思考与探索。

单纯地考虑艺术作品的有序与信息量的关系，的确还存在诸多不足。因为有序并不意味着美，或者说有序并不与美形成直接的对应关系。生命诞生于"有序与无序的边缘"地带，绝对的有序不会在人的内心产生美的感受。正如无生命的结构与有生命的结构相比不会使人产生美感一样。那么，我们如何从相同的信息量中"分离"出哪些是决定美的信息中的更为核心的特征？

虽然我们目前还不能具体地度量"最美"状态下的信息量，但我们却可以在不断地探索各种形式的优化过程中的信息量的变化，在人们所习惯上看到的特征表现中，用信息的方法探索描述美的规律。

一　美的状态是活性最有效率的状态

"美——'繁荣兴旺的事物，表现存在的最大丰富性的东西'。"[1] 以最小的结构表达最大量的信息，成为信息论在美中发挥核心作用的基本出发点。"托马斯·阿奎那把能够最充分地反映事物（即使这个事物本身是丑）的那种形象称之为美"（圣·托马斯·阿奎那，Saint Thomas Aquinas，1226—1274，欧洲中世纪末期基督教神学家和经院哲学家）。[2] 洛特曼更是专门研究指出，文艺研究的任务，就是研究文艺的生命机制和文艺储存、传送信息的机制。由此，洛特曼将美与信息对应起来——"美就是信息"——能够带来、产生最大的信息量。我们是否可以认为，将信息独立特化出来，也是美的进化与升华的基本阶段特征之一？是的，美以信息的形式来表达，但这里却没有指出什么形式的信息才是美的。

欲通过信息化而构建寻优的过程描述，我们认为，在众多可能性中，遵循美学规律的过程和结果一定是最美的。这种过程和结果完整地表达了差异化构建基础上的比较优化而得到的在更大范围内的美。

---

① ［德］汉斯·罗伯特·耀斯：《审美经验与文学解释学》，顾建光等译，上海译文出版社1997年版，第97页。

② ［苏］M. Φ. 奥夫相尼科夫：《美学思想史》，吴安迪译，陕西人民出版社1986年版，第68页。

在信息反映美的运动变化的每一个环节，都体现出了对"最优"模式的寻找与构建。在美的状态下，所表现出来的生命的活性状态可以看作"最有效率"的状态。生命体就是在这种状态中保持着内部各子系统的稳定协调、与外界环境之间的有机协调。

在美的状态，各种生命的活性本征一定是最有效率地发挥作用。一旦偏离开这种美的状态，生命的活性本征就会付出更大的力量、做出更大的努力，也就会进一步地增加能量的消耗，在生命体内部各子系统之间的协调关系就会被打破，并由此而促进生命结构的变化，直到达到生命新的活性本征与新的环境的稳定协调——进入美的状态，这种变化过程才算是稳定下来。

齐夫（George Kingsley Zipf）在研究人类的语言特征中发现，只有极少数的词会被经常使用，而绝大多数词很少被使用，由此而提出了著名的"齐夫定律"。该定律指出，词频的差异有助于使用较少的词语表达尽可能多的语义，这符合语言的"经济原则"。齐夫给出的"最省力原则"是："例如，一个人在解决当前各种问题时，会在他将来可能遇到各种问题的背景之下加以考虑，这些将来的问题是由他本人估计的。此外，他将力争以全部功力最小化的方式解决各种问题，全部功力既包括解决当前问题时所必需的全部努力，也包括解决将来可能遇到的问题时他必须作出的全部努力。这反过来就意味着，他会竭力将其功力消耗的可能平均比率最小化（历时）。而且，在这样做的时候，他就是在将其力最小化，这里的功力就是我们所界定的那种力。因此，最省力是最少功力的变体。"[①] 从研究的无偏见要求出发，我们不能采取通过举出若干例子的方式来证明这个原则的正确性。而应该基于各种情况的平等性——基于等概率原则，再结合生命的基本特征和进化规律，从中推导出相应的原则。也就是说，我们需要从生命的基本特征出发来构建这种基本规律，而不是将其当作目的来举例证明。是的，生物系统不只是应对一种情况，即使在当前情景下达到了某个方向能力发挥的"最大值"，在针对其他情况时仍需要做出调整。生命活性本征就是在这种不断调整的过程中固化

---

① ［美］乔治·K. 齐夫：《最省力原则》，薛朝凤译，上海人民出版社 2016 年版，第 3 页。

下来，由此就形成了能够针对其所面临的所有情况下的最大值的。李斯托威尔指出："理论知识把经验当成只是概念思维的工具，宗教则把经验看成是一种与超验的实在有关的东西。只有艺术，为了其本身的原因，方才把我们所直接体会到的自然和我们自己的心灵表现出来。这样，从艺术和游戏中所获得的满足，其根本的解释还在于阿芬那留斯（Avenarius）的生物学原理，也就是费力最小的原理（'des kleinsten Kraftmasses'）。根据这个原理，在神经细胞中，异化和同化的比例之间那种完美的调节，真正说明了我们从艺术中得到愉快的原因；当然，它也说明了我们在日常生活中所经验到的冷淡和不安。艺术的光辉，就在于它以最小的神经消耗提供了最大的刺激。"[1]

齐夫指出，"动物在选择能够满足自身机体强大需求的时候，会在其辨别能力范围内进行选择，它往往最终选择的行为是消耗能量最小的行为。"[2] 动物并不是在具体执行某项工作时，随着行为的推进而总能够选择出消耗能量最小的行为，而是在存在诸多可能模式的情况下，尽可能地从中选择出能量消耗最小的模式——为了以后的生存，为了在面对未知情况时也能够生存。因此，选择与强化是一种事后进行的活动。生命体通过表达生命的活性而表达出差异化构建的过程，并从中进行优化选择，将满足"能量利用率最高"的模式选择出来。因为这种模式能够提供在更多情况下的较高的竞争力，在这里，在较长时间内保持较高的竞争力，或者称为"竞争力冲量"——竞争力与时间的乘积——竞争力在时间上的积累效应的度量，它能使具有较高"竞争力冲量"的个体有更大的可能性使其优势基因可以得到有效遗传。从中我们也可以看到，这种优化的行为只有在具有了足够强大意识的人的身上才能更加充分而典型地表达出来。

通过比较，我们也可以看到，齐夫提出的"统一化之力"和"多元化之力"的概念，表征他对生命活性中收敛、发散以及收敛与发散的有

---

① ［英］李斯托威尔：《近代美学史评述》，蒋孔阳译，上海译文出版社1980年版，第81页。

② ［美］乔治·K.齐夫：《最省力原则》，薛朝凤译，上海人民出版社2016年版，第17页。

机统一的本质性理解："我们甚至可以设想一个特定的言语遵从两个'对立的力量'。一个'力'（言语的经济）往往会通过把所有意义统一在一个词语里从而把词汇规模减少至一个唯一的词语，由此我们可以称之为统一化之力（the Force of Unification）。对与这个统一化之力相对的是另一个'力'（听者的经济），它往往会把词汇规模增加到每个不同词语表达每个不同意义的程度。由于这第二个'力'往往会增加词汇的多元化，于是我们称之为多元化之力（the Force of Diversification）。"① 从这种描述就可以看到，齐夫也是在表达生命活性本征以达到美的最省力的状态，能够更加有效地利用资源来描述语言过程的。

二　美的状态是信息量最大的状态

从信息论里我们知道，人们用熵来度量一则消息所含信息量的大小，用来接受信息前对问题答案的不确定程度的度量。申农（Shannon，美国数学家兼通讯工程师，1948 年创立信息论）把描写不确定程度的量叫作"熵"。熵越大，不确定性越大。熵的单位是"比特"。紊力学研究指出，进入系统的"比特"越多，系统的熵——或不确定性就越高。信息论的研究表明，信息熵虽然采取了与热力学中的熵相同的形式，但信息熵与热力熵形式相同但内容却相反。与生命的智力有关的信息传送过程是熵值减少的过程，因为信息传送是一种有序化过程，即是使不确定性减少的过程。与此相对应地，一切物理与化学的作用、过程，诸如能量的传输、粒子的运动等，则是无序化的过程，即不确定性（熵值）增大的过程。我们想知道的是，在经过优化过程以后，得到了有序化的结果，这种结果便是有序化的程度。

因此，可以认为，表征生命的活性本征状态，或者说与外界环境达成稳定协调关系时的生命的活性本征，就是在各种可能状态中的信息量最大的状态。这种信息量表征能够以最小的结构使人联想起最大量的信息。但要达到信息量最大，还需要事先辅陈其他关系。

---

① ［美］乔治·K. 齐夫：《最省力原则》，薛朝凤译，上海人民出版社 2016 年版，第 25 页。

（一）在诸多可能模式中，与生命的活性本征和谐共鸣的指标，将使信息量达到极值

生命的活性表现一直在进行着优化的过程，并在一定因素制约下，使能量利用率达到最高。因此，优化可以归结到生命活性的综合表现上。表现这种优化模式本身，即可通过共振协调的方式引导人进入美的状态。

虽然我们不能达到终极的美，但能够在有限的时间内运用最大的智慧而构建表达出我们的能力所允许的局部最美。这样的每一个局部最美，都能够以最简略的形式勾画出最大量的信息。甚至是在已经形成稳定协调的外界环境的各种影响中，只是单纯地表达与生命活性本征全面协调的状态。

我们可以从另一个角度来考虑、佐证此问题：当我们得出了一个规律性的表达形式，比如 $F = ma$，而在我们遇到一个新的情况和问题，又有效地利用该规律解决了其中的问题时，我们便又一次地感慨：该规律真美！

1. 多样并存与信息量

随着差异化构建的力度越来越大，所形成的多样并存的数量越来越多，一方面会因为表达差异化构建的本征力量而使人产生更强的与稳定协调状态共鸣的力量；另一方面在达成优化选择的过程中，会通过建立起最优模式与非最优模式之间的稳定关系，使人体会到更强的审美感受。先是在激发出更多信息的基础上，再行发挥追求美的力量而从中加以选择、组织以及由此而生发出进一步的构建，从而形成最美的模式。在这种状态下，人的追求、表现生命本源的力量将以更强的兴奋而表现得愈加突出。

在更大范围内构建出来的"最优"，所产生的美的力量就会越大。在我们将其所涉及的范围进一步地扩大时，对美所产生的惊叹式的感受就会越强烈。在这种情况下是美的，在那种与之有着巨大不同的另一种情况下也是美的，那可是真美呀！

2. 信息量与最优化结果的内在联系

按照信息的最大化原则，我们是将信息量作为一个基本标准，通过激发人构建最大信息量的方式，提供出众多可供选择的备选方案。而这

个标准显然是潜在地表征与生命活性在更大程度上的稳定协调，是在尽可能地排除其他方面影响下的优化结果。

3. 差异化与信息量

差异化的程度越高、数量越多（多样并存），在优化后（所形成的单一个体）所能够感受到的美的程度就越高，最起码这是一个"大于（等于）"关系。这就意味着，在更大范围内陷入"沉迷"状态时，所产生的差异性认知的信息数会越多，人由此所产生的美的感受也就愈加强烈。尤其在艺术家处于一种陶醉状态时，会将这种差异化构建的能力表现得更加突出。

4. 计算误差与优化程度

从误差计算的角度来看，当其所涉及的计算误差达到足够小的程度，或者由此而表达出了某种关系时，可以近似地认为系统已经达到了所要求的"极值点"，同时意味着在众多可能性中我们已经选择出了基于某个优化标准的最优模式，而该具有稳定性的"极值点"便是人们求得的最优化的模式。

5. 美的状态与最优化点的关系

生命体的复杂性，使我们能够从不同的角度来描述其所具有的优化状态。针对每一个优化点，都可以从某个局部点出发，通过不断逼近的优化过程而达到相应的极值点。而美是一个综合程度更高的状态，要使人进入美的状态，则需要从更多的角度，不断地通过从与生命活性本征和谐共鸣的判断选择，更加全面而多样地进入美的状态，并在协调各个局部优化结果的基础上，给人带来美的感受。

当然，当我们选择不同的美的标准时，可以从中重点强化 M 力的表达作用以形成共识。与此同时，考虑所有的因素，再考虑彼此之间的相互协调的因素，通过组成一个更具概括性的美化模式，从而将各种过程有机地统一起来。

洛特曼曾明确地提出："只有在发现了那些定期出现的特征、并意识到那些特征是无穷尽的时候，才能去研究艺术文本的独特性。"[①] 美一定

---

① ［苏］Ю. M. 洛特曼：《艺术文本的结构》，王坤译，中山大学出版社 2003 年版，第110页。

不是不言自明的。美是需要与生命的活性本征达到和谐共鸣而表现的，这既需要变化的信息，也需要稳定的成分。美需要通过重复性的比较而优化选择表现出来。美隐含于事物的其他特征之中，只有那些对美实施观照的"有心者"，才能从中寻找到美的痕迹，也才能由此而将美提取、构建、表达出来。

因此，"每一种艺术作品的基本目的，都在于表现某个主要的或突出的特征，也就是某个重要的观念，比实际事物表现得更清楚更完全。这种主要的特征，可能像在植物学和动物学中一样，是那种最重要的特征，也就是最稳定最基本的特征，其他的一切特征都是从这一特征产生出来的；或者从另一方面说，是那种最有益的特征，即对于个人和他所属的集团的发展贡献最大的特征"[①]。由于贡献大，也就成为"最稳定最基本"的特征被迅速选择遗传下来。

6. 优化后会更美

我们可以按照更美的标准进行优化。在此过程中，人们会将美的光环直接"套"在这种与生命的活性稳定协调时的状态上，由此而直接引导人在宏观层次建立起对美的认识。生命的活性在表达的同时，会将收益最大化的模式固化下来。显然，在生命活性状态下，保证着收敛与发散的有机结合，而所表现出来的效果应该是最大的，也是最美的。生命适应外界环境的过程，就是在不断地探索如何在最有效率地表达生命活性本征的过程中，达到与外界环境的稳定协调。进入意识层次，便直接转化为利用信息特征表达与美相关的诸多过程。

（二）美的相对与构建

1. 美的相对性的信息意义

美是相对的，我们只能达到更美，而不能达到"最美"。这种特征已经指明了美与信息之间的内在联系。事实上，我们是将我们所能达到的"局部最美"当成了相对于所有人在所有时间内的最美。

我们只能得到在具体情况下与具体的外界环境达成稳定协调时的美

---

① ［英］李斯托威尔：《近代美学史评述》，蒋孔阳译，上海译文出版社1980年版，第92页。

的状态。但要想由此而体验到针对所有情况下的美的状态（与所有的外界环境都达成稳定协调），就只能在意识中运用"大智慧"才能得到。这一定是基于各种美的感受基础上的进一步的概括升华。

在我们具有了超出一般人较多的最大潜能，基于最大潜能而发挥出了我们最高层次的创造力，又给出最大程度的注意力时，便可以认为，我们已经达到了他人所根本不能企及的程度。那么，即使是我们在有限时间内仅仅得到了相对于全人类来讲的局部最美，也可以认为已经是整体的"极致美"。

2. 美的构建性意义

当人们认识到美这种构建性过程时，这种模式就会成为美的状态中的重要元素模式，在其他模式的激活过程中具有基础性的作用，表达这种模式，我们同样可以根据该模式与其他模式之间的内在性联系而引导人进入美的状态。

3. 美的抽象性意义

美的抽象性意义主要体现在与具体美的联系上。美的程度越高，越是能够联系到更多的具体美。或者说，通过各种具体的美，能够有效地"收敛"到这个具有更高概括抽象性的美的状态。

（三）最大信息量与生命的活性本征结构和谐共振

洛特曼认为只有优秀的作品，才能包含有无尽的信息量；而越是低劣的作品，其信息含量（信息量）就越低，也就越缺少美感。应该看到，这里只在一定程度上指明了信息量与美的关系。从信息量的角度来看，抽象程度越高，尤其是已经建立了抽象与具体之间的关系，并将这种关系表征出来，即使不能全部表征，人也在一定程度上已经掌握了从某些"个案"能够实现这种抽象与具体的转化关系，比如说达到了佛的领悟程度时，既能够把握当前具体事物（情况）的运动变化规律，同时又能将这种规律运用到解释说明其他事物的具体变化过程。也就是在真正能够体现出概括抽象与具体实际的有机统一时，我们就能够通过具体的多样性向抽象的单一性的转化过程而体会到信息量与优化程度的关系。这是其一。其二，在通过比较优化后，这种优化的结果是基于各种具体形态基础上比较优化后的结果。各种具体模式的数量越大，比较的次数越多，由此所形成的比较优化的程度就越高、优化的范围也就越大。那么，从范围扩展的角度，已经表征了信息量的增加与变化的特征。其三，表达 M 力在于形成对美的努力追求，这种追求与信息量的增长具有一种正向的关系。此时，对于那些凝聚了众多劳动（表达了 M 的力量）的作品，美的程度就越高，也越容易被更多的人所欣赏。其四，表达与生命的活性本征更加协调，与更多的生命的活性本征更加协调，使更多的活性本征彼此之间达到更高程度、更大范围的相互协调，意味着越是容易激发更多人的活性本征，表征的信息量就会越大，由此，所对应的美的程度也就越高。其五，更加多样的信息表征了信息更大的复杂程度。从复杂性的角度来看，也指出了美与信息量之间的对应关系。其六，越是抽象的信息，越是能够激发人产生更多的联想，也由于涉及美的本质而激发人产生更多的想象性构建。因此，能够形成的联想越多，信息量也就越充分。其七，越是表达生命的活性本征，越是能够由此而激发更多的其他信息，因为这些信息都是在生命活性本征作用下具体生成的。这是由基础的共性相干展开表现的结果。这种将各种具体情况下的表征与生命的活性本征表现对应起来时，生命的活性本征表现就成为各种具体情况下的抽象模式，这也就在明确地揭示生命的活性本征表达已经构成了最大程度的信息量。

M. Ф. 奥夫相尼科夫分析鲍姆加登的美学思想时指出："鲍姆加登在企图将美的客观基础概念具体化的同时，还指出整体的各个部分的和谐。鲍姆加登从莱布尼茨的宇宙观念出发，把宇宙看作为可能有的世界中的最好的世界，因而也是完善的最高体现，作为神的最完善的活动的产物，我们的世界乃是一切事物的原型，因而也可以被看作美。所以，模仿自然乃是画家的最高任务。反之，他离开自然越远，他的作品就越不真实，因而也就更丑。"[①]

研究艺术文本的特殊性，其实就是在探寻艺术语言的奥秘：它何以能够在篇幅极小的文本中聚集大量的信息？——自然语言的结构是一种

---

① ［苏］M. Ф. 奥夫相尼科夫：《美学思想史》，吴安迪译，陕西人民出版社 1986 年版，第213 页。

在长期进化过程中形成的有序组织结构，这种结构完全是自动化和智能化的，说话者的注意力仅只集中在信息上，对语言的知觉完全是自动进行的。而在艺术中，尤其是在现代艺术中，正是稳定的艺术语言结构向艺术交流的参加者提供相关的信息："自然本身的混乱，有序法则的无序：这都是作者建构他所希望传送的信息的方法。"①

洛特曼指出，艺术语言在尽可能地以极小的信息载体承载更大量的信息，并由信源有效地传递到信宿。由于人的意识空间是有限的，过多的确定性信息会影响更多变化性信息的出现，而诸多的变化性信息更是以相应的确定性信息的量为基础的。失去了确定性信息的基础性支撑，变化性信息也就成为无根之萍。显然，基于一个确定性的信息，可以联想引发出一定量的变化性信息。从稳定与收敛的角度来看，两者之间最恰当的比例是与生命活性所表现出来的生命比例，与这种比值相吻合也就是与生命活性和谐共振。这也就成为引导促使人进入美的状态的基本模式。

无论是一些潜在的意义，还是不同局部特征之间的相互关系，都作为一种内在的逻辑联系构成人的基本心理背景。这些潜在的信息自是包含在局部特征和所表达的意义中。比如说，在绘画艺术的任何关于圣母与圣子的画中，圣母都没有出现过一般正常的年轻母亲那安详、慈爱、平静地看着自己孩子时的那种幸福、恬静、自在的微笑，都是一脸的严肃、痛苦、悲伤。这是因为，她是神，她已经感受到她儿子以后所发生的一切，尤其是苦难。但从其他的各种行为表现中，无不体现出其中所包含的无限的母爱。而这些都是一些潜在的知识，我们可以认为处于这种文化背景中的每个人都是应该知道的，没有必要细说和点明。

在将艺术结构分为内文本部分和外文本部分以后，洛特曼指出，艺术结构的外文本部分是艺术整体中充满意义的真实存在，它能够做到比文本更不稳定，更为多变，具有更多的人为性的特征。显然，艺术文本总是以外文本部分为背景而向接受者传递信息的。通过以它为载体，欣

---

① ［苏］Ю. М. 洛特曼：《艺术文本的结构》，王坤译，中山大学出版社 2003 年版，第127 页。

赏者能够展开充分的联想与想象，从而把大量的与当前信息仅存在很少联系的、甚至是无关的非艺术信息通过展示而转变成为有限的艺术信息，这就是艺术文本包含无尽信息的根源之一。由此，洛特曼把审美快感界定为接受出自外文本系统的信息，而把理性快感界定为接受出自文本本身的内容性信息。显然，在艺术信息的交流过程中，信宿（艺术信息接受方）的任何感觉、知觉过程，都会表现出各种各样的并且经常与艺术文本无关的"代码"，出现这些代码的延伸扩展和复杂的应用，目的是要把最大范围的外系统或外文本因素引入欣赏者的内文本系统中。在对艺术文本反映的过程中，人们并不只是激发出自符号和符号系统的信息，甚至只是简单地接收信息的传输。任何一种与环境的接触都相当于对信息的接受，艺术文本会与当前的环境结合在一起而形成综合性的信息输入。人们还会由此而联想激活更多的其他信息，甚至会利用人特有的自主性而将更多的信息涌现在认知心理空间。因此，在这种信息的传输过程中，便会由于信息的传送与损失而促使人在艺术的传递过程中，表现出信息的意义："能够最大限度地传递艺术信息的模式应该是什么？"显然，如果说艺术家的作品没有人能够欣赏，那其美的意义也就不存在了。当欣赏者认识到艺术家激发出来的活性本征以后，就能够自如地表达出所对应的信息，甚至只是在众多可能性中，将创作者所表达的美的状态包含其中，此时的信息量也就成为最大的了。

要引发欣赏者产生同样的美感，就必须以一定程度的相同知识为基础而展开，必须使欣赏者与创作者具有足够多的相同的美的基本元素，以达到更大程度的和谐共振，并使这种协调过程更加顺利地进行。那些凭借由欣赏者自己主观构建、选择的"代码"去理解（译解）作品的读者，无疑会以较大的可能性在更大程度上歪曲作品的原意；如果完全脱离文本依据外文本的联系去理解（译解）作品，虽然不至于认识不到作品的任何意义，却与创作者的真实意图完全不相干，由此而展开的逻辑推理过程也会漏洞百出。

由于自然环境、社会习俗、教育尤其是人的个性化成长的不同，要形成相似的美的"基本砖块"谈何容易！好在生命的活性特征是一致的，因此表征这种模式可以进入美的状态，而且运用这种力量实施知识的构建，便意味着构建出相同模式的可能性大增。

（四）基于不同的特征而选择出更优的结果

虽然我们可以选择一种指标展开优化，也可以选择更多的指标展开优化，还可以将更多的指标组织成一个综合性的指标而将各个角度在一起优化，但这都可以看作以符合生命的活性本征的方式组织成的综合性的优化标准体系结构。显然，所选择的角度越多，在人的内心进入美的状态的全面性就越高。

人基于某一项特征，可以迅速地将不同模式之间的差异表达出来，并通过这种差异而将更能满足指标要求的模式选择出来。当基于不同的指标而进行选择时，所采取的策略与复杂性应有所不同，复杂程度也会相对增高。我们可以将不同的优化指标综合在一起，在差异化的基础上通过比较不同综合指标形成对于全面进入美的状态的不同理解。

王坤指出，艺术认识论的力量在于：艺术家把那些在非艺术眼光看来最不像 A 的各种现象，当作 A 的抽象模式的具体表现，以更加可信的方式将不同的信息联系在一起，使人体会到美的状态所形成的强烈作用。或者以深层次美的稳定结构与外在的表层次的非艺术结构建立起稳定的对应关系，使人顺利地通过这种非艺术结构而表达出深层结构中的美的结构。[1]

巴尔扎克指出："艺术作品就是用最小的面积惊人地集中了最大量的思想。"[2] 无论是艺术的创作还是艺术的欣赏，都要能够建立起这种稳定的对应关系：以很少的抽象性符号信息反映大量具体的感知性信息，或者引导欣赏者在激发出大量具体信息的基础上，再准确地把握艺术家创作的本来意图，或者激发欣赏者的美的状态。无论是从艺术文本的内容，还是形式上，也都存在这种对应关系，其实质就是在差异化构建基础上的优化选择。

优化的力量表现在发散扩展中。基于生命的每一个稳定状态，都会

---

[1]　［苏］Ю. М. 洛特曼：《艺术文本的结构》，王坤译，中山大学出版社 2003 年版，"译者序"，第 15 页。

[2]　［法］巴尔扎克：《论艺术家》，转引自伍甫、胡经之《西方文艺理论名著选编》（中卷），北京大学出版社 1986 年版，第 98 页。

自然地表达发散扩展的力量，并由此而形成与当前有所不同的状态。在人类抽象概括出相应的知识体系以后，作为知识体系中的一个有机成分的艺术，由其所表现出来的需要以及期望的满足，同样强烈地表达着生命的活性本征，成为具有独立审美意义的基本模式。洛特曼引用托尔斯泰的说法："在我所有的、或者说几乎所有的作品中，我总是受一种需要的驱使，这种需要就是：集中我的思想，组织它们并表达出来……思想一旦离开它赖以生存的组织，用另外的语言表达出来，就会失去意义，它的价值也就极大地降低了。"[①] 这就已经表达了托尔斯泰在创作伟大的文学时，同样是在差异化构建的基础上进一步地优化和追求更美。由此而产生的艺术作品，才能更能准确地表达一定的意义，从而具有更加广泛的联系性和更加准确的深刻抽象性含义。甚至对于所表达的意义也展开差异化构建基础上的优化选择。

正如洛特曼指出的："进而我们还可以发现：由符号或者符号因素的物质化性质，将会出现各种差异，而各种类似则作为系统内部相同集团的结果而出现。那些虽然不同而彼此相等的变体中的相同因素，显示出他们的恒定性。这样，我们就把握了交流系统的两个不同特征：一个是体现在某些物质材料上的个别信息流（在文字或者语音物质材料中，在电话交谈的电磁铁物质材料中，在电报符号的物质材料中，等等）；一个是恒定的抽象系统。"[②] 洛特曼想要说的是艺术作品必定以稳定的抽象符号系统作为系统的稳定性因素，从而进一步地激发生命的活性扩展发散表征。当形成了确定性的符号以及建立起符号与各种意义之间的"指代关系"以后，似乎以确定性的符号能够激发人产生更美的结果作为终结，实际上表达了这种多样性具体和优化后的抽象之间的和谐共振关系。但人们实际上并不满足，而是会运用生命活性中的扩展性变换，通过探索其他的意义表达而形成与生命活性在更多角度和层面的具体表现，再通过优化的方式达成信息论意义上的稳定协调。

---

① ［苏］IO. M. 洛特曼：《艺术文本的结构》，王坤译，中山大学出版社 2003 年版，第15 页。

② 同上书，第18 页。

这里表达出了信息的形式与内容之间在优化过程中的分离性特征：内容与形式虽然存在紧密的关系，但在具体的优化过程中则可以通过两个方面的过程来分别表达。我们不只是构建形式最美（优），也从诸多表达美的状态的诸多意义中进行优化构建和选择。从内容的角度来看，我们期望能够将人更加全面深刻的美的状态通过一定的意义表达出来；而从形式的角度看，我们则期望能够构建出更加准确、最美地表征美的状态和形式。它们的不同之处仅仅在于选择和基于不同的优化标准上，优化的思想则是一致的，都是为了在众多不同的模式中，通过比较而选择出最优的模式。

"为了接受由艺术的信息，人们必须掌握传送该信息所使用的语言。"[①] 你不能保证让所有的人都具有这种"基本砖块"，也不可能将每一件艺术品一一地向所有人用其他的语言做出新的解释，艺术家所能做的就是通过激发人内心共同的引导其进入美的状态的基本力量，在差异化构建（这也是基本力量之一）的过程中，通过优化构建出"最美"的结构（这也是基本力量之一）。在此过程中，差异化的力量仅仅是基于稳定结构的局部变异"修正"。这种基本砖块虽然可以通过教育和规定而固化下来，但更为重要的则是其一定是在长期的生活和艺术欣赏过程中逐步优化形成的。

三　促进美的程度在量的方面的增加

与生命的智力有关的信息传送过程是熵值减少的过程，因为信息传送是一种有序化过程，即是不确定性减少的过程。我们想知道的是，在经过比较判断优化选择以后，使有序化程度增加了多少？这种有序化程度的增加，可以称为美的程度的增加。因为优化即意味着寻找构建当前与活性本征更加协调的模式。这种优化在更多情况下是从局部特征的角度一点点地向着更加全面、系统、深刻的方向推进的。在人们将这种模式独立特化出来成为"意识相"层面具有独立意义的模式时，是确定性

---

① ［苏］Ю. М. 洛特曼：《艺术文本的结构》，王坤译，中山大学出版社 2003 年版，第 19 页。

地在美的状态与优化过程之间建立起稳定的联系：优化后的结果一定是在（差异化构建的）更大程度上（从更多的局部特征模式入手）引导人更迅捷、便利、有效地进入美的状态。在意识相中，也就直接地说优化就是在不断地获得更美。

当我们构建出了众多的模式，由此而选择出程度更美的模式，从而感受到足够的美感时，会与围绕这种模式的差异化个体的数量建立起一定的关系，而这种关系应该与 M 力表达相关。但显然还是应该将两者独立出来分别看待。从热力学的角度来看，信息相当于负熵，增加信息意味着构建更加有序的结构，而信息损失则会增加系统的无序程度。我们必须通过艺术家的行动，通过引入更大程度上的"负熵"，从而有效地增加艺术作品的有序程度。"总之，所谓杰作是一件作品，其中再没有浪费的、无意义的部分，它的形、它的色、它的线，一切一切都归纳到大师的心魂的表现上。"①

（一）M 力与美的程度

我们从信息的角度研究美的意义，核心就在于如何才能保证得到更美的结果。当我们选择了一个美的判别标准，那么，表达 M 力就意味着使后来选择出现的结果比之先前的会更美。以一定的强度表达 M 力，会使美的程度的增量达到一定程度，但这并不意味着使美的状态达到了某一个什么样的程度。

我们这里主要考虑当差异化构建的数量在发生变化时，由此而形成的优化的程度与信息量的内在的关系，试图从这个关系寻找到进入美的状态与优化模式之间的对应关系，再基于该过程的"初始条件"，说明通过优化能够在多大程度上使我们顺利地进入美的状态，并由此而生成强烈的美感。

考虑到 M 的作用时间的因素，可以有如下关系：

$$\Delta S \sim M\Delta t \tag{5-1}$$

$$\frac{\Delta S}{\Delta t} \approx \beta M \tag{5-2}$$

---

① ［法］奥古斯都·罗丹口述、［法］葛塞尔记录：《罗丹艺术论》，傅雷译，中国青年出版社 2016 年版，第 187—188 页。

对一个事物将其向更美的状态的转化是一个长时间的持续追求的过程。假设这种极限存在，考虑到对美追求的瞬间力量的作用，就可以将其写为：

$$\frac{dS}{dt} = \beta M \qquad\qquad (5-3)$$

式中 β 为相应的比例常数。

与式（4-2）结合在一起时，即有：

$$\Delta B = \omega \Delta S \qquad\qquad (5-4)$$

此式意味着艺术作品的美化增长的程度，与其信息熵的减少具有某种确定性的对应关系。信息熵越小，艺术品所包含的美的程度就越高。

我们可以进一步地通过分别考虑发散力、收敛力以及两者之间的有机协调模式所表现出来的对优化的影响，再考察其他的情况。当我们选择不同的美的标准时，可以表达 M 力的作用。在考虑所有的因素时，需要有效地协调彼此之间的相互作用，因为这需要通过组成一个更具概括性的美化模式，将各种过程有机地统一起来。而且一切所考虑的仅仅是保证美的程度的有效增加量，而不能是达到了何种程度的美的状态。有序并不保证更美。因为在与生命的活性本征协调一致时，需要将有序与无序保持在一定的比例范围内。

（二）差异化构建的模式数量与优化程度的关系

优化的程度可以通过与"最优点"之间的误差（距离）来表达，因此，优化的程度可以通过两个不同状态之间有差异的信息元素的数量来具体表征（有差异的信息元素越多，则两个状态之间的距离就越大）。基于美的相对性，在这里的优化程度，只能以增量的形式来表达：我们得到的是优化程度的增加量。差异的信息元素数量越多，达到两者有机协调的难度就越大，由此，所需要的对美追求的力量也就越大，由一种状态向另一种状态转化时需要的信息量也就越大。

在这里，有两个因素在其中发挥一定的作用：差异化的程度和具有差异化个体的数量。差异化的程度越高，弥补这种差异所需要的 M 力就越强；与此同时，差异化的数量越多，不确定性就越高，使其协调统一在一起的难度就越大，得到某个确定性结果的信息量就越大，通过比较优化所形成的优化的程度就越高。

从认知的角度看，与优化目标具有相同局部特征的数量越多，则到"最优点"的距离就越近。通过某种度量方法，在界定了相关距离的计算方法以后，我们便可以描述在距离（误差）达到多大程度时，便认为已经达到了优化点的位置。在不存在最优点（最美的状态，或者说我们对最美还只是一种虚无性的期望）的情况下，就只能通过相对距离来具体地构建。

持续性地扩大差异化的模式（数量及差异程度），意味着不确定性增加。显然，这样做可以有效地扩展了优化的范围，但我们所关注的是在扩大了差异化个体所覆盖的范围以后的优化过程。当人们认识到当前的"最优值"是在更大范围内的最优值时，会从内心产生"更优"的感受。由此，这种感受与 M 力的表达呈现出正比例关系。比较的范围越大，或者说差异化构建所代表的"分散的程度"（简称分散度）越大，在能够表达出优化结果时，所产生的优化的程度也就越高。这也就意味着，当我们通过比较优化的方法得到了最优值时，这种最优的感受将随着分散度的增加而增加。

（三）优化的信息

在确定存在比较优化的过程中，而且在一定能够得到最优化的结果的前提下，优化过程中的信息量便由差异化构建（发散能力）来决定。差异化的数量同人的发散能力有关：与灵活性与敏捷性具有联系。我们可以用其所形成的界定结果对此加以度量。在这里，不再单一地考虑已经被优化后的结果，而是将整个优化过程考虑进去。

创作者依据其内心的活性本征，能够激发出更大程度的想象，协调更多角度和模式进入美的状态，引导欣赏者也能够产生更大程度的想象性构建，从而将创作者的意图准确地传达出来，以此而获得更具优化意义的更大信息。此时，差异化的扩展性构建的结果就成为通过比较优化而得到最美结果的最大信息量。

此时，根据信息量的意义可知：假设通过差异化构建获得了 N 个不同的模式，它所对应的不确定性，也就可以通过比较选择而获得的优化信息量即为：

$$S = -\sum_{i=1}^{N} p_i \ln p_i \qquad (5-5)$$

随着 N 的变化，各信息模式的可能度也将发生相应的变化。此时的信息量一定是在能够被比较优化选择的基础上才是有效的。在只有一种情况时，$S = 0$，而假设各种情况都均匀出现时，$S = \ln N$。我们这里不但要考虑到差异信息模式数量的变化，还要考虑每个信息模式在大脑中处于兴奋状态时的兴奋程度（或兴奋的可能性）。

深谙个中三昧的艺术家，在创作中不是在表层结构中努力地追求艺术文本的复杂性，使之因此而更显得"艺术化"，而是在文本的表层结构中竭力建构显现为非艺术的艺术文本。他们总是力图构思被认为是缺乏"美的意味"的结构，也即尽力增加外文本结构的复杂性，尽量简化文本，创造看似简单无奇，但没有大量复杂的外文本联系就不能正确译解的艺术作品。他们潜在地假设：人能够顺利地构建出那与美的状态建立起稳定联系的深层结构——于无声处。表层结构与深层结构之间的反差，将会在人的内心产生强烈的审美感受，使人更加深刻地体会到美的状态的内在含义。

沃尔夫强化了"完善的事物"就是美的基本观点。沃尔夫进一步明确地强调，"那件事物易于凭它的完善来引起我们的快感"[1]，也就是说，这种完善能够恰当地引起我们的快感，使我们既没有感到过于复杂，也没有感到过于简单，其信息量是恰到好处的。

四　在信源与信宿之间构建共性模式

从信息传输的角度来看，当信源能够激发的信息越多，信宿也激发出了更多的信息时，彼此之间存在更大交集的可能性也就越高。如果说两者根本没有交集，就会使欣赏者不知所云。信息的交流也就根本不会存在了。这需要引导信源与信宿之间共性模式的构建：扩大范围，然后再比较优化，选择出意义在最大程度上相近（相似）的局部特征。

---

① 北京大学哲学系美学教研室编：《西方美学家论美和美感》，商务印书馆 1980 年版，第88 页。

当人们掌握了对象的表达方式，建立起了诸多表达方式之间的内在逻辑关系，也就由此而掌握了事物之间的本质方法。传递并掌握了本质，也就表明了信息量达到了极值。这与物理学中所揭示的自然规律也就相一致了——在诸多形式中，服从规律的模式在各种可能状态所对应的泛函中，使泛函达到极值。

洛特曼指出，任何一种用作交流手段的符号系统，都具有一个明显特征：其结构的复杂性与信息的复杂性恰好成正比。信息的性质越复杂，用于传递信息的符号系统也就越复杂。显而易见的是，艺术语言是一种相对于自然的普通语言更为复杂的结构，艺术语言中包含着更大量的信息。能够引导欣赏者从中解读出更多的潜在性意义。掌握这种局部信息模式与大量信息的对应关系，对于提升艺术的欣赏能力至关重要。假如艺术语言中所包含的信息量与普通语言中的信息量相等，那么艺术语言也就不复存在了。这使我们确信，艺术品一定是在用最佳的简化形式（优化后的最大信息量）全面而深刻地表达着美的状态。这就是为什么我们不能用普通的语言系统更加简略地表征艺术品的"神韵"的原因所在。

（一）建立共性模式

运用更简单的结构表达更为丰富的信息，或者说一定的结构表达出更多的信息，是不是艺术创作所要达到的基本目的，或者说是对美的状态的追求？我们是不是可以认为，一定的结构，它所表达出来的信息越多，就越美？还是说，由此所激发出来的活性本征模式越多，或者说从众多可能性中就越有可能形成更多方面的稳定协调，就可以达成更大程度上的审美？这种关系应该如何描述？其与优化过程的关系是什么？与潜在的稳定性关系的数量有何种关系？这其中涉及信息的传递、接收与理解的综合性过程。

这其中最主要的是与艺术家和欣赏者内心存在的审美心理模式是否有更多的相关性特征的问题。那些由此而形成的建立信息之间更加广泛的联系的方法被用于信息论中。因此，信息论美学的重要方面在于运用恰当的方式与生命的活性本征在更大程度上达到稳定协调，使生命的活性力量得到最大程度的表现。并进一步地揭示在美的信息传输过程中的信息量的变化问题。

依据关系而将不同的信息联系在一起，成为从信息的角度来研究描述美的相关问题的基本出发点。这需要：第一，保持相同的局部特征；第二，表达相同的关系和结构；第三，表现出建立相同局部特征的心智模式；第四，表达个体共同的生命活性本征；第五，表达社会所形成的习俗关系；第六，表达逻辑关系和本质规律；第七，建立矛盾对立关系，通过对立关系而将其在一起。

正如洛特曼指出的，即便是某些局部特征（发音）的重复也会带来稳定性的特征，并由此而使人体会到美——让人体现出相应的节奏与韵律。① 自然，结构上关系的重复也能使人体会到这种通过稳定的节律而表达确定的关系和结构，从而在引导人进入美的状态时能够体会到美感。甚至利用这种局部上的重复、相似性特征而建立起某种联想的关系，将更加丰富的信息联系在一起，表达了生命活性中的收敛与稳定性模式，同时以此为基础可以引导人展开差异化构建和比较优化的选择构建，并在诸多可能性中选择出最美的结构。

（二）减少干扰信息

简化是通过优化，将一个更加复杂且不确定的状态转化成为信息量更加强大的文本的过程。是在能够引发人在最大程度上表达最为丰富的激发性信息，或者说，这本就是优化的一个方面。这样做的结果也能够达到以最简单的形式表达最为丰富的内容的优化结果。"简化的效果通过急剧增加文本结构的复杂程度而获得。"② 在人的能力有限的前提下，尽可能地减少非优化信息的干扰与影响，或者说通过优化的方法将差异化的信息协调统一于核心特征上，将人的注意力在更大程度上集中到美的本征状态上，将可以使人产生更加强烈的审美感受。

洛特曼认为："统一在一个足够抽象的层次上，但在较低层次上又被分成若干次生结构——也许甚至不是彼此对立的而是简单地独立和变

---

① ［苏］IO. M. 洛特曼：《艺术文本的结构》，王坤译，中山大学出版社 2003 年版，第148—150 页。

② 同上书，第 367 页。

化——的形象，在文本层次上为同时规律又出乎意料的行动创造了可能性，也就是说，创造了既保持信息又减少该系统中剩余信息的条件。"①简化是减少冗余性信息的有效手段。有效的冗余性信息对优化能够产生积极的作用，但无效的冗余信息则会对美产生足够的干扰。各个局部特征都有其独立的意义，同时又与其他部分进行着复杂的相互作用，并在这种相互作用中，自动地表现出具有自组织特征的涌现性力量。因此，艺术创作在减少更多冗余信息的同时，使得信息接收者能够更大量地生产相关的丰富信息。减少冗余信息，使信息具有更大程度上的涌现性、自组织性和联想性。基于信息而表达生命的力量便会由此而生成新的美的信息。新信息的不断生成，以及生成信息的方式和能力，将成为美的重要力量。这种力量就是生命中扩张的力量。从这里我们就能够更加明确地看到审美过程与非审美过程之间的区别。

在建立起确定性关系的基础上减少冗余性信息，意味着减少干扰和影响，使欣赏者将注意力更多地集中到与美的状态紧密相关的特征上，从而引导人更加全面、迅捷而深入地进入美的状态。在此过程中，我们则更强调通过多样并存基础上的概括抽象过程的完整进行，这也意味着在强化人的审美能力。为此人们需要基于与内在美的结构稳定协调的基础上，构建出与这种美的状态具有一定距离的表层结构，引导人将其自身的优化性本能激发出来，与美的情感和美的意义建立起稳定关系，以使人形成以美的状态为核心的心智表征，并使美的状态成为主导，甚至只是美的状态的单纯表达。

（三）扩大共性范围

从包含更为强大的信息的角度来看，越是在表层结构中建立更加无序的信息，越是使人体会到深层结构中与美的状态相关信息的作用，也越是能够从对立的角度使人产生更加强烈的审美体验。即使是人们认为无关的诸如创作者的时代背景、所受的教育、个性特征和行为习惯等信息，也能够在人所表现出来的"共情"力量作用下对共性特征的构建产

①　[苏] Ю. М. 洛特曼：《艺术文本的结构》，王坤译，中山大学出版社 2003 年版，第 356 页。

生影响。这也成为在美的共性模式构建过程中所考虑的内容。"因而,我们的工作就是:建构显得是非艺术(未组织的)的艺术(组织好的)文本,创造被认为缺乏结构的结构。"① 平凡中反映崇高,与丑中见美、恶中现善一样,都将给人带来更加强烈的刺激,也使人们体会到更加强烈的审美体验。

洛特曼指出:"艺术结构的每一个要素,都作为语言结构中的可能性而存在,在更大的规模上,作为人类意识结构中的可能性而存在。"② 这意味着每一个要素都可以作为艺术表达的基础性模式。基于每一个要素,都可以在差异化构建的基础上,通过优化而使之成为能够代表更多信息的典型化结构。注意,这意味着人们已经掌握了这种力量和模式,能够表达出差异化构建的模式方法与期望,同时能够顺利地在多样并存的基础上运用优化的力量和过程,将概括性、联系性更强的优化模式突出来,使人能够体会到由此而带来的与美的状态在更大程度上的稳定协调。概括的范围越广,所产生的满足性、掌握性美感就会越强烈。

(四)扩展优化能力

艺术作品要能够有效地激发出欣赏者的优化能力,一方面会引导欣赏者实施优化构建从而有效地强化人的优化能力;另一方面则从该优化的本征模式表现出发,引导欣赏者进入美的状态,再进一步地依据其他方面的信息而使人产生足够的审美享受。

信息量巨大的优秀作品,能够引发欣赏者在更大程度上表达扩展性本能力量,使欣赏者展开扩展性联想的力量,甚至将矛盾的关系也作为构建信息之间联想的基本关系。如洛特曼指出:"艺术形象不仅作为某种文化定式的现实而建构,也作为有意背离该定式的系统而建构。这些都是由个别有序化造成的。这些有意背离的增长率与该定式的基本规律性成正比,一方面,它们使得基本规律更加有意义;另一方面,又减少了

---

① 〔苏〕IO. M. 洛特曼:《艺术文本的结构》,王坤译,中山大学出版社 2003 年版,第367 页。

② 同上书,第 371 页。

主角以基本规律为背景的行动的可预见性。"① 这种通过差异化构建而使不确定性增加的力量，也为具有优化力量的人在表达优化的力量的作用过程作"铺垫"。

艺术作品要能够引发欣赏者的创造力，激励构建出更多新奇性的补充性特征。在艺术家的创作与观者的欣赏过程中，只要不断地增加彼此之间的共性的力量，便会使信息传递顺利进行的可能性大大增加。诸如，人都具有创造能力，当将注意力集中到引导欣赏者表达出构建美的力量和对美追求的力量时，意味着从基本模式寻求共鸣。洛特曼引用托尔斯泰的说法："我们需要那种人：在艺术作品中搜寻孤立的思想是愚蠢的行为；他指导读者依照那些作为诸多联系基础的法则，在联系的无穷迷宫中漫游，艺术的本质正是由这些联系构成的。"② 在于说明在已经优化的基础上，要具体地通过差异化构建而寻找其他的表达形式，并由此而优化成为最佳的结构。洛特曼强化提出"外文本"的概念，直接引导人将注意力集中到外文本上，基于外文本而实施一定程度的差异化构建。由此而表达出了以差异化构建为基础的比较优化选择过程和结果。③

技巧只是局部的优化过程，却并不代表整体意义的完整性表述。在将一则信息分为形式性信息和内容性信息时，从进入美的状态的角度来看，形式和内容上同时存在可优化的过程。

第五节　满足好奇心以及美的距离说

在人们习惯性的认知层面，好奇心已经被作为一种稳定的用于描述其他心理过程的基本词汇了。顾恺之在《论画》中说："有奇骨而兼美好。"荆浩在《笔法记》中提到："奇者，荡迹不测，或与真景乖异。"明画家李士达云："山水有五美：苍也、逸也、奇也、圆也、韵也。"这

---

① ［苏］IO. M. 洛特曼：《艺术文本的结构》，王坤译，中山大学出版社 2003 年版，第 352 页。

② 同上书，第 15 页。

③ 同上书，第 412 页。

种认识同前面我们所讲的将美的本质归到与生命的活性本征达到稳定协调的结论相比较，已经进步了许多。马佐尼（Giacomo Mazzoni，1548—1598，意大利文艺复兴时期的哲学家和语言学家）指出："诗人和诗的目的都在于把话说得能使人充满着惊奇感，惊奇感的产生是在听众相信他们原来不相信会发生的事情的时候。"[①] 好奇心作为人的一种后继性本能，成为引导人进入美的状态的基本模式，也成为艺术创作过程中主要考虑的因素。

一　由生命活性到好奇心

好奇心是由生命的活性本征在大脑神经系统中高度集中反映的产物，是大脑神经系统中差异感知元汇集、独立特化并强化到一定程度的结果。[②] 形成好奇心有两个基础：一是复杂的外部环境的差异化刺激促使生命体形成了不同的反应，生命体本身发散性力量的持续作用，导致了不同的模式之间的差异越来越大，最终不得不形成有差异的综合性反应模式。二是生命活性的收敛性力量强化不同模式之间的内在联系，并将这种差异化的反映在其他的神经系统中表征出来。在两种力量共同作用到神经系统中时，生命的活性力量会进一步地发挥作用，促进着差异化感知神经元的汇聚与生长，并进一步地将好奇心独立特化出来。

二　好奇心是人的活性本能

既然我们将好奇心当作描述其他心理过程的基本词汇，我们就认定好奇心是人在意识层面所体现出来的最基本的活性本征。那么，与这种活性本征达到和谐共鸣，便能够引导人迅速地进入美的状态，好奇心也就成为引导人进入美的状态的基本元素，表达好奇心和使好奇心得到满足，也就成为艺术表达所必须考虑的重要方面。与此同时，好奇心表现出来的内涵性特征，诸如差异化构建、建立信息之间的相互关系、构建

---

① 北京大学哲学系美学教研室编：《西方美学家论美和美感》，商务印书馆 1980 年版，第 74 页。

② 徐春玉：《好奇心理学》，浙江教育出版社 2008 年版，第 113—118 页。

更加复杂的结构、表征不同事物的差异化信息、关注不确定性信息和新奇性信息、对未知信息留有期望等，都将成为与好奇心相关的独立模式，同样应该在美的状态和艺术表达中发挥足够的作用。

事实上，满足人的好奇心的行为在艺术史中表现得尤其明显。每一位艺术家都在不断地探索能够表达自己独特个性的艺术品。他们既学习一定的流派，在一定的氛围基础上，创作出能为一定的人群所理解、欣赏的艺术品，同时也在好奇心的作用下不断地探索新的艺术表达形式，通过具有某种共性特征的大量的艺术创作而形成富有个性特色的艺术流派。而当他们取得一定成就，达到一定的高峰以后，仍会不满足，仍然会不断地探索，以使自己达到另一个新的高度。这既是他们受到天性好奇心的不断作用的必然结果，也是他们在努力地表达对美的追求过程中的活性本征表达。

三 满足好奇心与距离学说

好奇心作用于心理的结果是不断地构建差异化的模式。由此而生成的多样并存、复杂结构、变化性信息、新奇性信息以及对未知信息的期待也是满足人的好奇心的基本因素。只有保持一定的刺激，并具有足够强的相关性，才能够激发人产生更多的想象与情感，也就意味着与人更多的生命的活性本征模式通过共振兴奋达到更高程度上的协调，并通过对比而使人产生更强的审美享受。因此，以好奇心的内涵而表征的生命的本征力量，在与美感建立起有效的联系以后，人们会更加愿意表达这种状态和力量，更多地从这个方面进入并长时间地维持着与外界环境之间稳定协调的美的状态，并由此而更加有效地表达生命的活性，通过发散性构建与稳定收敛的联系，将更多的外界环境与之美的状态建立联系，在更加广泛的范围内赋予更多外界信息以美的意义。

德谟克利特已经认识到了距离对于形成美感大小的关系。德谟克利特指出："大的快乐来自对美的作品的瞻仰。"[①] 显然，在此过程中，会涉

---

① 北京大学哲学系美学教研室编：《西方美学家论美和美感》，商务印书馆 1980 年版，第18 页。

及越来越多的间接相关性联系，那么，通过此种外界信息与美的状态所建立起来关系在使人产生审美享受也就越来越困难了。

四 满足好奇心期望

好奇心在一定程度上度量维持心智的正常稳定所需要的差异化作用的程度。当缺少这种差异化信息的作用时，人会主动地追求与当前心理状态有所差异的信息、变化性的信息、复杂性的信息、新奇性的信息，甚至是将与当前无关的信息强行地引入心理空间，并进一步地增强相关的过程，以维持外界信息与生命活性比值的稳定协调，从而使好奇心得到更大程度上的满足。

五 好奇心与审美

"连续不断的激动导致冷漠。"[1] 这一定是由于没有给其提供足够的新奇性信息所致。没有了差异，人们会在这种持续性的激动过程中很快地形成适应，适应了这种外界环境的差异化刺激，人就会在外界刺激的作用下形成习惯性的适应反应，从而降低人们对相关新奇性信息的较大的新奇度的需求。从行为的角度看，人们也需要不断地构建和探索新的行为模式，并通过对相关行为模式的反馈（反思），提高人对新奇性行为的要求。根据扩展力量的阶段性特征，人们需要寻找其他的促使其更进一步地表现 M 力量的新的模式。由于扩展力量的阶段性特征，也赋予 M 力量表现时的阶段性特征。但我们可以通过其他的途径来构建扩展的力量，以便赋予 M 以新的意义。

在将好奇心与追求美有机结合时，第一，满足好奇心，或者说与好奇心模式相适应时，本身就会有效地激发人的审美享受。第二，根据人们对好奇心的认识与理解，作为一个与人的本能紧密相伴、在人的任何心理活动中都能够有效地表现的心理特征，在任何一个心理时相会不断地求新、求异、求变（表达相应的模式）时，能够在更大程度上将与当前心理时相有所不同的信息引入心理空间，将其作为组成新意义的基本

---

[1] ［德］沃尔夫冈·韦尔施：《重构美学》，陆扬等译，上海译文出版社 2002 年版，第42页。

元素。第三，受到好奇心本身的作用，这种过程本身就是在不断地引入新的信息模式，从而促进人在差异化比较过程中，构建出更能反映人的期望要求的、"更美"的模式。这种过程的进行，即意味着满足好奇心，或者说与好奇心形成共性相干。第四，形成对更大好奇心的期望。将好奇心作为基础，在好奇心的基础上表征生命的活性本征模式，意味着对好奇心进一步地实施发散、收敛，以及促成以好奇心为基础的收敛与发散的有机结合。这就意味着人们会形成更加强大的好奇心，促进生成更具新奇、差异化程度更高、未知的成分更多和复杂性更强的心理模式。与此同时，与收敛过程相结合的对期望的满足，自然也会促使人形成美感。第五，尤其是这种过程还通过反思进一步地强化着人的好奇心，反过来进一步地促进审美过程中的好奇心，使其能够发挥更大的作用。第六，在我们的意识中，同样存在着孤立化的力量，我们会将在一个领域、流派中特殊的画风固化下来，突出其中典型的特征，在维持这种典型特征的基础上，通过其他的变化来满足人的生命活性的表征、需要与追求（期望）。除了我们依据具体信息模式的不同而体现差异，并运用比较而求得更美的过程以外，还有效地利用流派的稳定特征的收敛性力量和基于流派的差异化构建所表现出来的力量实施创新。"在游戏中，被孜孜以求的是新奇性和不可预见性，而在现实生活中，我们通常并不喜欢不确定性。"[1] 这也是人们喜欢游戏的原因之一。而在现实生活中，由于变化性的信息过多，影响了人的内心稳定模式所发挥的稳定性的作用，因此就会与人的活性比值相差较大，从而不会引起人的审美感受。显然，当表达美的力量的形式不足、多样性欠缺、新奇性不够时，便不能更加充分地在差异化构建的基础上实施优化，因此，相当于表达手法匮乏，正如阿多诺指出的"退步"[2]。

　　"知觉总是引导着注意力，更进一步说，导向对不可见、不可听、前所未闻的事物的认可。"这就是要满足人的好奇心。人的好奇心以及满足人的好奇心既是人的本质性的行为，也是一种稳定性的行为，人们会因

---

① ［美］埃伦·迪萨纳亚克：《审美的人》，户晓辉译，商务印书馆2005年版，第75页。

② ［德］阿多诺：《美学理论》，王柯平译，四川人民出版社1998年版，第54页。

为表现这些稳定的模式而由不协调达到协调状态，并因此而赋予这些稳定性的模式以美的感受。那么，从这里我们就可以解释人的期望，以及对虚无的完美的无原则的信任（坚信），也自然地成为人的本质性模式。在这些方面形成期望并达到满足以后，会促使人产生愉悦性的审美享受。①

六　在好奇心的作用下构建差异

从艺术创作的角度来看，受到好奇心的驱使，艺术家会不断地探索新的艺术表现手法，这一方面满足了人的扩展性期望；另一方面从意识的"相空间"层面，满足了人的好奇心。而从艺术欣赏的角度看，人也愿意感受这种耳目一新所形成的美的冲击。

沃尔夫冈·韦尔施提及"琳琅满目抑或烦恼"这一问题②，其实指的是艺术作品不能通过其足够的新奇性而带给人以新颖性冲击，由此而使人产生审美疲劳。即便是最美的艺术作品，整天环绕在人的四周，总是让人以美的眼光去面对这些，人也会由于在这个方面没有受到足够强度的新颖性刺激而感受到审美疲劳。

喜剧在以出乎意料而满足人的本能欲望的同时，还从更多的方面形成对人的喜剧本能模式的冲击。通过研究喜剧的形式及意义，使我们认识到由不协调达到协调时所形成的对稳定协调状态的刺激作用，认识到了差异在这种转化过程中的作用，也体会到了时间因素的影响。这使我们更加明确地认识到，好奇心是人的典型而突出的意识本能，而好奇心也只有在人的身上才能更加充分地展现出来。以独特的、新颖的形式满足人对新奇性信息的需求——好奇心，以及满足由生命活性作用到好奇心上所形成的关于好奇心的扩展和由此所形成的期望时，会使好奇心成为生命的本能性基本力量而引导人从这个角度进入美的状态之中。

---

① ［德］沃尔夫冈·韦尔施：《重构美学》，陆扬等译，上海译文出版社 2002 年版，第100 页。

② 同上书，第169 页。

（一）由差异而满足好奇心

1. 表征差异

好奇心驱使人产生与当前信息不同的模式与意义，复杂的大脑神经系统所表现出来的生命的活性力量，表达出了建立联系又恰当分离的特征，这种特征与强大的大脑神经系统一起能够使不同的信息模式同时兴奋，而大脑所具有的记忆能力更是能够将这种差异性的信息模式一同展示在大脑中。这种构建差异化信息的稳定模式会促进人生成需求与期待。喜剧以差异化的形式在人的大脑中形成了不同的认识，并将这种不同认识联系在一起，共同作用到人的大脑神经系统中，自然会满足人表现差异的需求，引导人进入美的状态。

2. 由差异而激发好奇心

不同信息的差异作为一种信息模式能够刺激差异感知元的兴奋，并由此而内在地激发人的好奇心，由好奇心的兴奋出发而形成众多丰富的心理认知和情感反应，并在好奇心的中枢联结作用下将其联系成一个更为宏大的整体，会赋予外界信息以更加丰富的美感内涵。内涵丰富的美感，将给人带来更多激发美感的"触发点"，也就有更多的机会使人产生审美享受。

（二）由多样并存满足好奇心

1. 多样并存是好奇心的基本内涵

多种不同信息在大脑中的同时兴奋，能够有效地激发人的好奇心，使好奇心处于兴奋状态。多种不同信息的同时激活，这本身就是好奇心基本内涵的自然表达，因此无论是表达不同信息的同时显示的构建过程，还是表达不同信息的同时显示的结果，这种过程本身便成为引导人进入和存在于美的状态时的基本心理模式。

2. 在多样并存的基础上构成完美

在使多样不同的模式处于兴奋状态时，一方面成为引导人进入美的状态时的局部特征；另一方面成为建立全面协调的完美模式、向全面协调的完美模式逐次逼近与各种具体变形后的模式之间的联系，使人在多种差异化的模式中体会到完美模式协调的基本力量。差异化的模式与完美模式相比，意味着构成了不协调的关系，会与协调状态建立起稳定联系，并从中更强烈地体验到由不协调达到协调时的审美感受。

（三）由复杂而满足好奇心

喜好一定复杂性的人类，会通过信息的复杂性，使人的好奇心得到有效满足。喜好复杂性的心理模式作为人的生命活性本征模式，在其对信息加工的过程中始终发挥一定的作用，表达人的这种喜好复杂性的基本心理，也因此而成为人进入美的状态以及"在"美的状态中形成产生审美感受。

（四）由探索构建满足好奇心

由喜好新奇而表现出来的好奇心引导人不断地探索未知。显然，人在表达探索新奇事物，由未知到已知、由不确定到确定的过程中，表现出了由不协调达到协调的过程。这些心理在一定程度上会在辅助其他的心理模式而共同对人表现美和欣赏美的过程中发挥作用。

（五）由矛盾对立满足好奇心

矛盾的信息将会在人的内心产生更加强烈的差异化的感受，因此，矛盾性的信息在满足人的好奇心时将会更加强势，以这种形式使好奇心得到满足时所形成的由不协调达到协调的作用就会更加强烈，由此而产生的美感也会更加强烈。现代艺术家在寻找美的表达主题时，更多地选择相互矛盾的范畴，通过表达冲突，在使人的好奇心得到满足的同时，表达其他的意义。因此，在构建相互矛盾的信息时，往往会不遗余力，并通过这种组成矛盾的各个方面的具体信息而传达出其他人们能够认识到的意义。

洛特曼指出了在认知过程中的"自动化"与"解自动化"的矛盾对立概念，表达着生命活性中收敛与发散的有机协调模式，也在潜意识中启发人们真正地认识这种模式的力量。洛特曼指出："艺术文本绝不单只属于一个系统或一种趋势：文本结构中的规律性与对它的背离，形式化，最后，还有自动化与解自动化，都在不断地斗争。每一种趋势都参与对其结构的对立面授斗争，但都仅仅只在与对立面的联系中才存在。"[1]

---

① ［苏］Ю. М. 洛特曼：《艺术文本的结构》，王坤译，中山大学出版社 2003 年版，第136—137 页。

　　对比是差异化构建的有效方式。洛特曼从信息之间关系的角度重视艺术文中的"对比"与"对立"，认为无论是承载信息的语言和结构，还是产生意义的重新编码和外文本，都有赖于它们的存在。对比与对立越鲜明，由此展开联想就会使更多的信息处于兴奋状态，艺术文本中的信息量就越大，激发出的人的审美情感和意义构建过程也就越丰富、相应的心理转换过程进行得也就越持久。反之，对比与对立越模糊（不明确），艺术文本中的信息量就越稀少。从建立信息之间关系的角度看，这是两个不同的过程。主要描述的是引发欣赏者产生更多联想所引起的信息量变化。洛特曼强调以对立的人物和性格来表达美的意义，表达收敛与发散的有机统一，并将其作为美的表达的重要方面。这也是能够与生命的活性本征在更大程度上共振协调，以形成进入美的状态。①

　　从信息元素无限组合的角度来看，美的意义永远不会消亡。但如果从某些世界观念的角度来看，这种结论又是可能的。当我们厌烦了当前的局部特征和由此所组成的意义时，如果不引入新的特征、关注新的环节、注重新的关系、构建新的意义，或者说基于当前局部特征和相关关系的所有可能的组合都已经被人们所认识，基于差异化构建和所有可能指标下的优化结果也为人们所把握，最起码相应的方法人们已经掌控，其新奇性不再时，人们便会认为基于当前的审美理念与审美元素时，美的东西就会消亡。但人们可以有更多的可以选择的东西，与此同时，人的好奇心也将带动人们关注其他的信息模式。人们可能出于新情景的更多可能性而感到焦虑和恐惧，由此而产生排斥这种新形态出现的心理，但随着更多的局部元素为人们所熟悉，人们会越来越多地接收这种新的观念，于是艺术便又重生了。②

七　美的趣味性

美的趣味性是康德美学的核心概念之一，在其被滥用到各种艺术的

---

　　①　［苏］IO. M. 洛特曼：《艺术文本的结构》，王坤译，中山大学出版社 2003 年版，第351—364 页。

　　②　［德］阿多诺：《美学理论》，王柯平译，四川人民出版社 1998 年版，第50—51 页。

说明时，必然地产生矛盾和问题，也随之而成为人们批判的焦点。[①] 人们所应批判的是美中趣味的滥用和低俗化的普遍表现，而不应针对美的趣味性意义进行批判。或者说我们需要在表面的美的趣味大行其道的同时，构建出更加深刻而抽象的美的趣味的力量。这需要我们在更高的程度上建立趣味与其他美学范畴的本质关系。

（一）趣味的意义

美学的历史告诉我们，人类最早是从趣味开始而展开对美的追求与研究的，人会关注并专门研究那些在各种活动中能够给人带来趣味的行为、事物，人也在这种趣味的维持和发展过程中，进一步地获得更大的趣味。美学就是在这种趣味的驱动下逐步地成为一门独立的学科领域的。并将美的意味由趣味而扩展到其他的审美特征，诸如优美、崇高、滑稽（幽默）、丑。以趣味为基础展开生命活性的本征力量，可以将对趣味的研究和相关的问题扩展到其他的方面。如果将趣味当作审美的一种情感，我们自然可以从情感的角度，在艺术作品中去寻找和构建其他情感所能起到的作用。简单地说，即使是从对比的角度，我们也是可以从趣味的对立面出发而构建使趣味得到更大表现和体验的新的模式。更何况，在将趣味与其他情感结合在一起恰当反应时，能够使人依据情感的敏感性而体验到趣味的特殊意义。

（二）趣味是美的重要特征

在趣味中包含着重要的快乐的成分。而快乐、趣味也最早被哲学家所关注，并由此而展开研究。人是在与自然的相互作用过程中生存与发展的。自然带给人的作用不只是使人得到乐趣，而是通过生成更加丰富多样的模式，并通过这些模式的关系和转化，促使人产生各种各样的情感和行为。人在一定程度上会像其他动物一样，也会为了追求快乐而更多地从事能够带来快乐的独立性的行为模式。

在与其他动物相比较时，我们能够认识到，人可以在意识层面充分地认识趣味给人带来的更深的感受，并能够专门而独立地强化快乐模式，使快乐模式具有更强的自主性、将快乐模式与其他信息建立起更加广泛

---

① ［意］德拉·沃尔佩：《趣味批判》，王柯平等译，光明日报出版社1990年版。

而深刻的相互作用，甚至为了使快乐达到极致而不惜付出生命的代价。人可以创造性地构建能够给人带来乐趣的专门"机器"、药物等，其他动物却不能将快乐从各种情感中分离出来，并有目的地创造出能够使人充分地享受快乐的"专门刺激"。

（三）趣味反映了人的追求

趣味以其恰当的差异而与生命的活性本征和谐共鸣，以趣味为核心表达着人们的追求与喜好。人会在相关的趣味点上展开生命活性的力量，建立各种信息与趣味点的关系，使趣味点在人的日常生活中占据更为重要的地位，通过有效提高其自主性而强化趣味在人的各种行动中的指导性作用。

（四）基于趣味展开研究

一个事物的意义需要在同其他事物的相互作用过程中被确认。这往往需要在更大的范围内研究不同的对象，通过彼此之间的相互激发、相互作用过程，而将那些不为人所认识的本质性的关系、模式稳定地显示、固化下来。因此，也唯有此，才能引导人揭示这个范畴内同一类问题——美的不变性特征——美的不变量，并引导人在更大范围内把握这个不变性的特征结构，在各种具体现象中构建这个不变性的具体表现，从而揭示其在不变性特征方面的内在规律。这种结构在研究美学问题时，同样会表达出来。我们需要以趣味为基础表达生命的活性本征，从趣味开始，向其他方面延伸扩展，从而构建成一个完整的体系，并在理论与实践的相互作用中共同发展。

（五）美学强调趣味的意义

美学提倡趣味，也是希望从趣味的角度激发更多的人产生审美过程，激发人产生更多的审美心理，以促使更多的人激发出更大的美的力量。通过美学独立强化趣味的意义和作用，将有更大的可能引导人基于趣味而更有效地提升人的生活品味。

（六）促进人从低级趣味向高级趣味转化

促进人从生理快感升华到意识快感、趣味，促使人能够在更大程度上体验到更加本质、全面而深刻的美。美学虽然在极力地避免其中所包含的生理性快感的因素，但是从具体个体审美和美学的发展历史来看，我们应该明确地认识到，这种生理性快感是人审美的生理基础，生理快感是审美中的基本元素，也是审美的开始。人必须以生理性快感为基础，并在生理快感的基础上升华成更高层次（也就是更具概括性的抽象认识，能够在更多的其他过程中发现这种美的模式）的审美享受。在此过程中，大量不同的趣味，会通过汇集而形成相互作用，促进人在具体的审美基础上通过概括抽象提炼出美的本质，而决不只停留在肤浅的、"广告"形态等内容的审美范畴。这是美的升华的基本方式之一。

表征美的种类越多，意味着我们越是能够并在更大的范围内构建出关于事物变化的"不变量"，在这种概括抽象基础上形成的美的抽象性认识也将会愈加深刻。显然，抓住这个"不变量"，我们就可以在那些具体的情景中，优化性地寻找构建在相关不变量上表现的形式和程度。

（七）基于趣味，将审美具体化

以趣味作为"载体"，可以使具体的审美过程落到实处，有更大的可能性引发人深究趣味的力量，引导人从审美的整体性的角度，将更多的美的理念激发、构建出来。

那么，这种趣味性来自哪里？是什么因素促使人形成了兴趣？满足人的好奇心即形成兴趣，也就是通过共性相干而形成了人的好奇心，并由此而进一步地促使人形成了趣味。而这实质上，就是与人的生命活性相协调的结果，也就是在诸多可能的选择中，选择了与生命活性相协调的状态，并由此而使人产生美的享受。与这种状态的协调程度越大，促使人产生的愉悦情感就越强烈，也就是给人带来的审美快乐就越强烈，并由此而促使人形成"更"的模式，将"更"的模式突出而典型地表现出来。

（八）将趣味作为联系不同审美的中间桥梁

维持着人以趣味为重点，以趣味为共性特征，通过趣味在将各种审美模式联结为一个松散的集合的基础，再进一步地自组织成为一个整体，促使人形成美的更加深刻的理解与把握。各种情感是基于生理结构的发展而生成的，但却不一定在艺术品中反映出来。虽然其他情感的恰当变化可以刺激趣味的表现，但我们仍然将各种情感都看作艺术表现的恰当特征，将情感看作强化审美体验的基本元素，从而使美学的情感表现认识论的"覆盖"面、概括面更广。当我们以趣味的概念和认识为基础而进一步地延伸发散,将人的审美趣味从当前的状态扩展到其他模式时,就意味着引导人在更加一般的情感的基础上,构建出更具一般性的美的理念。

(九) 促进趣味与 M 力有机结合

以趣味为基础,促使人向更加有趣味的方向转化,由此而使人体验、把握、领悟 M 力与趣味有机结合的作用与方向。这会进一步地通过趣味而强化 M 的力量,通过 M 与趣味的相互作用,形成向其他领域延伸扩展的基本模式,进而指导其他审美特征在美学领域发挥作用,提升美在艺术创作时的指导作用,更加有效地提高艺术的丰富和深刻程度。

(十) 以趣味为基础的期望

以趣味作为引导,这其中存在一个潜在的过程:通过表达生命的活性本征而形成更大的趣味和新的趣味(与具体因素、情景相结合而成为一个整体)的期望,以及在此基础上牵连性地带来的对这种期望的满足性追求。期望的形成,同时意味着人会在生命活性中收敛力量的作用下形成满足期望的过程。

此时我们将趣味看作一个综合性的整体模式,是联系各种情况的中间桥梁。由于引起趣味的因素众多、相对较为复杂,人们往往将其分解来看待。在我们把握了各种情况下趣味的形成与表达的特征规律时,的确应该将趣味作为一个独立的模式。完整地表达这种趣味模式,可以引导人从趣味的角度进入美的状态中。由于趣味涉及更多的因素,复杂的相互作用使其具有更大程度上的易变性,人也就更加容易地将趣味混杂在其他的心理过程中,既增加该趣味稳定表现的难度,也不容易使其独立地显现出来。

八 表达好奇心

我们曾经研究过趣味与好奇心的本质性联系。[1] 描述趣味在美中的地位,好奇心是一个不可回避的问题。虽然好奇心作为人在意识层面独立

---

[1] 徐春玉:《好奇心理学》,浙江教育出版社 2008 年版,第 168—183 页。

表达的活性本征力量，成为人进入美的状态和表达美时必须重视的因素，但仍需要从趣味的角度对好奇心铺开研究。受到趣味的作用，在好奇心的作用下，人会主动地追求与当前美的标准有所差异的新标准，构建其他的美的表达模式、构成期望等。

（一）好奇心在人心智完善过程中发挥关键作用

人在认识复杂事物时，经历着由简单到复杂、由局部到整体、由粗到细、由表及里、由单一到系统的过程。此时，好奇心自然地发挥作用，在人们记忆和理解了当前信息以后，再引入新奇性信息进一步地去认识当前的客观事物。在艺术创作过程中，人们可能一开始只考虑某一个主要因素。随着作品创作的进一步完善，人们会在好奇心的作用下转而注意到更多的特征，并最终形成一个全面而稳定的认识。

（二）作品的新奇性特征在完美中具有重要地位

在任何稳定的心理模式中，都会与人的好奇心形成有机结合。好奇心不断地促使人在当前稳定心理模式的基础上，进一步地构建出与当前具有差异的新奇性信息。人们理想中的"完美"自然地表现着好奇心的作用：必须具有足够的新奇度。而当人们通过感知而没有发现足够的新奇度从而不能有效地满足人的好奇心时，人们会进一步地从中挖掘、构建出各种新奇的、未知的模式和意义。因此，新奇在人所构建出来的理想美中也占据一定的地位，理想美中包含着新奇性意义。那么，是否可以认为，正是因为在美的状态中固有地存在好奇心的因素，才使美的相对性意义更加显著？

艺术品的新奇是艺术品的一个基本特征，而艺术品能够激发欣赏者更多的思考、激情，具有更多的引导和促进作用，也是艺术品的基本特征之一，其中"更"的特征应该体现得更加充分，以其"更"的模式放在任何特征和动作的前面，并恰当地在作品中表现这种"更"的特征，就是更加引人注目的艺术品，其思想性是引导欣赏者构建出更具深度的和有更多的启发（引起欣赏者更多思考、创造的）的作品，或者更加准确地反映了当代的现实，以及隐含于表面之下的更加本质的特征、关系和结构。

在中国的美学体系中很早便已经关注到新奇的意义。① 研究考证表明，"奇"进入诗文理论，成为文学理论概念，是在刘勰《文心雕龙》之后。刘勰认为，"奇"是人固有的一种心性，"爱奇之心，古今一也"（《练字第三十九》），特点是"爱奇者闻诡而惊听"（《知音第四十八》）。刘勰在《定势第三十》中也指出："奇正虽反，必兼解以俱通"，表明"奇"和"正"可以互相转化。在钟嵘的《诗品》中有 10 处提到"奇"。晚唐司空图的《二十四诗品》也把"清奇"作为一种高雅的艺术风格。他对清奇的描述是："娟娟群松，下有漪流。晴雪满竹，隔溪渔舟。可人如玉，步履寻幽。载瞻载止，空碧悠悠。神出古异，淡不可收。如月之曙，如气之秋。"②

1. 好奇心是一种意识层面表达出来的独立的本能模式

生命体是在外界环境的支持和刺激作用下才保持稳定、生长的基本特征的。生命的活性固有地表现出其特有的好奇心。好奇心只有在人的身上才表现得更加突出，以至于生物学家将其作为区别人与其他动物的核心品质。生物学的进一步研究则表明，在很多动物身上也表现出了强烈的好奇心。我们将好奇心作为生物的基本品质，但我们同样认可，只有在人的身上才能表现出足够强的好奇心，只有在人的身上才能将好奇心与知识有机结合，并能够主动地增强好奇心，维持好奇心在人的稳定与发展中的核心地位。

生命的活性状态就是在与外界新奇性信息的相互作用中不断地维持的，因此，如果将心智也看作一个稳定的耗散结构，外界环境自然成为维持和满足人的好奇心的基本因素。

2. 满足好奇心是美的一种特征

人在意识层面满足好奇心这种本能模式，或者与该本能模式相协调时，便会产生美的感受。这是好奇心在意识中独立特化并具有自主性以后的基本结论。这种认识经过人的意识的放大会成为指导人产生相关行

---

① ［日］笠原仲二：《古代中国人的美意识》，杨若薇译，生活·读书·新知三联书店 1988 年版，第 123 页。

② （唐）司空图：《十四诗品》，转引自何文焕《历代诗话》（上），中华书局 1981 年版，第 42 页。

为的突出的指导模式。

在好奇心的驱使下，人们会构建出具有差异化的信息和行为，无论是状态性信息、关系性信息、期望性信息、过程性信息，只是要新颖的，便都可以在人的内心基于好奇心而产生更多的美的感受。这是由差异性反映所表征的新奇性构建，以及因本能独立的好奇心而形成的活性本征表现的结果。"我面朝大海，春暖花开"（海子的著名诗句）。大海和春天、花具有很大的不同，而作者却将两者结合在一起，给人带来新奇的理解和感受。

3. 表现差异的好奇心

新奇性与美具有一定的内在联系性。作品的新奇性以及由此而有效地满足人的好奇心的特征，是美的关键性特征之一。肯定新奇、喜好新奇、追求新奇，是生命活性力量在意识中固化出来的好奇心的自然表现。这种隐含于具体模式之下的潜在模式，已经成为人们显现的美的基本模式，也就是说，这种模式成为人进入美的状态的一个基本模式。

以形成差异为基本力量的好奇心，驱动着人形成基本期望，它所表征的是喜好新奇性信息的态度和趋势（只是抽象性地表达这种构建差异的基本模式）。而在生命活性的作用下，以好奇心为基础，在发散、扩张模式的作用下，将使这一模式得到进一步的增强和扩展。与此同时，在人的收敛、稳定、掌控模式的作用下，促使人形成更加强烈的审美体验。

利用好奇心将不同的差异表征出来。通过形成足够的刺激，促使人在差异化多样并存的基础上，基于某个特征而展开比较优化的选择过程，以使更多的美的元素处于兴奋状态，甚至提高人构建更强的美的主动性，促使人更加主动地寻找进入美的新的构建方法，以形成新的提升过程（在一个新的领域表达 M 的力量），使美的构建更进一步，也使美的构建过程维持更长的时间。在人大量地受到表面的美和美的肤浅的冲击时，会有更大的可能会失去对美的新奇感、神秘感，也由此而使人失去了对美的好奇心，人们便会觉得这种美化的过程索然无味，同时，这将很有可能会产生对相反过程的追求——对非美（丑、恶等）的追求。① 这其实

---

① ［德］沃尔夫冈·韦尔施：《重构美学》，陆扬等译，上海译文出版社 2002 年版，第112 页。

是通过差异化对比而形成更加强烈的美的刺激。但这种状态却为人们更加准确地把握美的本质带来更大的困难。

4. 经过意识的扩展，使得这种模式的审美满足得到更大范围和程度的发挥

满足人的需求是艺术作品的作用之一，满足人的愿望也是其中的重要特征。在这里，好奇心已经成为需要满足的基本模式元素。艺术品能够在更大程度上满足人的 M 力的心理模式，在人们更熟悉的基础上，增加更加新奇的元素、组合，形成与活性更大程度的共性相干，那么，作品的"美的意味"就将更加突出。在这里体现出了：第一，在美的作用下，驱使好奇心在更大程度上寻找、构建差异性的信息；第二，驱使好奇心更多地寻找缺陷和不足。消除了缺陷和不足，就意味着作品更加完善；第三，当人们看习惯了某一种艺术体裁、形式和内容时，便会想方设法地变革，以求得新的艺术表现形式和内容。这其实就是人的好奇心在美以及在艺术创作中地位的反应。

艺术品的价值之一就在于其独特的独一无二性。这就表明了好奇心已经成为美的状态的基本元素。作品即使再美，也不能重复。仿制品永远无法与真品相媲美，就在于真品的首创性。除了与人的好奇心紧密相关以外，能够引发人产生美感的作品，与作品本身的新奇性、未知性、复杂性、不确定性等有着紧密的联系。

人们之所以经常评价拜占庭艺术的呆板、僵化、缺乏灵活性，其根本原因就在于人们已经厌倦了这种经典形式的美，而在好奇心的作用下急需要通过变革构建出新的艺术表达形式，并由此而给人带来新的美感。

由此我们可以得出这样的进一步推论：好奇心的存在表征了美的相对性意义，没有完美而只有相对的美；好奇心在美中的重要地位要求诠释好奇心在"极致美"中发挥着新的作用。

基于好奇心我们已经知道[①]，在好奇心的控制下，需要将新奇性信息的量保持在一定范围内，通过新奇与熟悉的恰当比例而与生命的活性本征中的发散与收敛的有机统一（活性比值）、和谐共振。熟悉的生活与新

---

① 徐春玉：《好奇心理学》，浙江教育出版社 2008 年版，第 31—33 页。

奇的生活会在彼此之间满足活性比值的恰当要求时产生更强有力的作用。反映恰当活性比值的好奇心，一定要得到恰当满足。维持恰当的好奇心，就使我们处于美的状态，因此，我们是快乐的、幸福的、安详的、自然的。

在艺术品的创作中，艺术家往往会以自己所熟悉的意义、人物、关系等表征自己的意义。作为欣赏者，人们也更愿意看到自己所熟悉的艺术形式，并从艺术作品的独特表现中体会到新奇性信息的意义。在这个稳定的结构中，前一段的意义指的是与生命中收敛稳定性活性本征模式的和谐共振，而后一段的意义指的则是与生命中发散扩展性活性本征模式——好奇心的和谐共振。在当前，不同种族的人在看待其他国家的人时往往不能恰当地区分不同的人，表现出来的就是由于这种不熟悉而不愿意在这些方面付出更多精力，因此，那些细微之处也就成为不为我们所观察的具体实际。"因为他是外国人，我对他不熟悉"，在看他时，"外国人"就已经足够新奇了，面对这种更具新奇性的整体信息，不能分出更多的精力去把握其他的细微的区别之处，因此，区分起来也就更不容易了。

人们面对不熟悉的大量信息，由于超出了人的好奇心所能接受的程度，人会感到紧张焦虑、恐惧不安，甚至产生极度的惊慌乃至精神崩溃。只有那些对人们来说有足够的熟悉程度，但同时又能够使人感受到更多新奇性信息的刺激作用时，才能够引发人足够的好奇心，使人表现出足够的兴趣。比如说，我们在欣赏其他国家、民族不同的艺术形式中往往会产生焦虑感，原因就在于我们对这些艺术形式不了解，我们不知道其中所隐含的隐喻性意义，没有掌握其艺术表达的习惯，这种有着太多新奇性信息的艺术品必然会给我们带来巨大的心理压力。因此，大量新奇性信息以整体化的形式作用于人的大脑，在超出了人的好奇心范围时，必然地给人带来强烈的新奇性信息的刺激与冲击。由于短时间内人还不能认识和理解，短时间内掌控不了这么多的新奇性信息，或者说没有足够多的已知信息作基础，生命体便会自然地产生应激反应——焦虑。这也说明了一种新的艺术形式出现时，为什么往往会不被更多人的理解、欣赏，甚至怀疑、排斥、否定。印象派、抽象派、立体主义、野兽派、达达主义等艺术流派在其成长的初期不被人理解就是一个明证。这种熟悉与新奇的元素的同时出现，如果能够与人的生命活性状态相协调，将更加直接全面地与更多的美的特征元素达成共性相干。而艺术品的创作就在于通过这种熟悉与新奇关系的协调，去追求那些在更大程度上与人的生命活性状态达成更多特征元素匹配的艺术形式。其他国家的欣赏者在欣赏中国的传统艺术时，也会面临同样的问题。

人们更愿意通过人们所熟悉的体裁、元素创作艺术品，还出于以下原因：第一，这是在人的收敛性力量作用下的具体体现——生命的活性本征要求人所熟悉的信息特征必须占据足够的分量；第二，是人天性地追求确定性的独立特化过程的自然表现——该模式独立化的程度越高，则这种力量表现得就越充分；第三，是人在意识中追求确定性意义的表征——在意识层面由于能够将发散性模式力量表现得更加充分，因此，在意识中会将寻求人们所熟悉的环境的心理趋向表现得更加突出；第四，人可以在相对确定的心理状态下更加强有力地表达生命的扩展性变换——即使是出于更强地表达好奇心，人也会寻找更为熟悉的信息模式；第五，这种过程本身就是生命的收敛与发散协调统一的具体要求。

可以认为，满足人的任何品质的追求，都会带来更强的共振协调表现。创作出与时代相符的、具有更多新奇性元素的艺术体系，本身就是一种创举。这种力量同样是驱动艺术家创作的基本力量。在将具有独特流派特征的艺术与当前的社会知识元素有机结合在一起时，同样会给人带来审美性的"新奇性冲击"。这也同时引导我们注意：一是要将新颖性力量与当代文化更加紧密地结合；二是需要将原来的艺术流派向其独特性（差异性）方向推向更进一步；三是需要构建新的本质性美学，使其在当前独特的艺术流派的各种活动中能够发挥出更好的作用。

好奇能够带来更加新奇的信息，因此表达了追求新奇中的 M 的力量。单从这个角度来看，满足了人的好奇心的新奇性艺术品，也会因为明确地表达了人的内在的 M 的力量而使人产生更强的美感。期望作为一种差异，在于满足人的好奇心，因此，从这种状态本身即可以满足人对新奇性信息的掌控的基本心理。神秘美可以归为好奇心的美，由此引发人对这种神秘性的掌控心理与向往之态度和追求，形成力图掌控的基本模式。

第六节　充分利用发散的力量美化创作艺术

在将美独立特化出来以后，美成为意识中一个独立的意义。人也就有了足够的能力自由地对其实施优化。这种特征力量也将表现在优化的各个环节和层面。这就使得人有更多的可选择性而形成多姿多彩的艺术世界。鲍姆嘉通潜在地强化差异化构建的力量。"心理学家只要仔细斟酌一下，有多大部分美的思维必须通过幻想图像和排列和剪辑而形成，他就不会对此感到惊奇。"① 指出了对美的追求必须构建于多样并存基础上的比较、优化与选择。

既然美在于优化，那么就意味着，在艺术品的创作过程中，需要大量的优化模式的力量，需要通过大量的差异化构建，通过不断地表达 M 的力量，在将更美状态的形成构建在更加广泛的范围内的基础上，再基于某个标准优化选择。

一　将更多的信息引入信息加工空间

将更多的信息引入信息加工空间可以有效地促使人在大脑中展开概括抽象化的过程，促进在具体审美经验基础上的升华。

（一）赋比兴与展开信息的联想

在中国传统美学领域，赋比兴占据着重要的地位。赋比兴是《诗经》的主要三种表现手法。最早的记载见于《周礼·春官》："大师……教六诗：曰风，曰赋，曰比，曰兴，曰雅，曰颂。"后来，《毛诗序》又将"六诗"称之为"六义"："故诗有六义焉：一曰风，二曰赋，三曰比，四曰兴，五曰雅，六曰颂。"唐代孔颖达《毛诗正义》对此解释说："风，雅，颂者，《诗》篇之异体；赋、比、兴者，《诗》文之异辞耳。赋、比、兴是《诗》之所用，风、雅、颂是《诗》之成形。用彼威逼，是故同称为义。"

---

① ［德］鲍姆嘉通：《美学》，简明等译，文化艺术出版社 1987 年版，第 24 页。

赋：简单地讲即赋予，是作者将自己的思想、感情转移到艺术作品中，将更多不同的客观事物的不同描述引入同一个欣赏状态中，使欣赏者认识、体验这些思想和感情的过程。"赋"不是简单地赋予，而是通过差异化的认识与理解而赋予其以当前的、新奇的、个性化意义的同时，将其共性特征表达出来。赋的意义即铺陈直叙，是人把思想感情及其有关的事物平铺直叙地表达出来的过程。在篇幅较长的诗作中，铺陈与排比往往会结合在一起使用。"铺排"是指将一连串内容紧密关联、存在某种潜在的共性特征的景观物象、事态现象、人物形象和性格行为，基于一定共性特征基础上的恰当变异，按照一定的顺序组成一组结构基本相同、语气基本一致的"句群"。它既可以淋漓尽致地细腻铺写，又可以一气贯注、加强语势，还可以渲染某种环境、气氛和情绪。表面形式可以不同，但其一定表征某些共性的模式。

比：就是类比，是通过比较的方法获得"更"佳的一种构建、方式与选择。"比"的过程已经表现出了先通过差异化的构建，然后再通过比较而求得某个共性特征指标下的最恰当的模式。比是其中最基本的手法，用得最为普遍。以彼物比此物，以他人比自我。诗人有本体或情感，借一个事物作类比，一般说，用来作对比的事物总比被对比的本体事物更加生动具体、鲜明浅近而为人们所知，便于人们联想和想象，便于人们理解被比的事物的特征和意义。在比的过程中，多采用形象生动鲜明突出事物的特征。

在将这种过程和模式独立特化的同时，进一步地强化和反复运用，所得到的就是向更加完美的状态比较逼近的过程。在不同的过程中，通过差异而构建多样并存的过程和结果是不同的，判断的标准和优化选择的方法也是不同的，但其所反映的优化的过程则是相同（共性相干）的。在诗歌、小说的创作过程中，涉及在比较中的恰当选择，首先就要构建出诸多不同的相关词汇。在绘画作品中，是通过构建多种不同的结构、关系和整体，从中选择出自己认为是更美的结构、色彩、线条（具有更高的协调程度）、结构。显然，在此过程中，只要我们强化了 M 的力量，并认识到 M 在美的本质中的作用，那么，就可以在更大范围内和更高层次上将不同的领域、不同的理论协调统一在一起。人们通过这种比，看到了相关的方面，也得到相关的结果。由于这是将两个方面的特征同时显示出来的过程，可以形成更为典型的审美效果，欣赏者也可以体会到更加强烈的审美体验。

在所能激发思想、情感的词语、顺序、组合的形式中，自然需要选择那些更能表达情感、表达人们内心的期望和意义，形成与生命的活性本征表现更加符合的情感体验，尤其是存在差异时，人们会在好奇心的作用下，运用差异化构建的力量，寻找更多的相同、相似性元素，将其有效地纳入自己所熟悉的日常生活场景的轨道中。在这里，"更"的意味便成为优化的比较特征。自然，人们也会将自己的感情移入作品所描述的情景中，通过这种结合而更强烈地体会情感的起伏与意义的变化。

在文学作品的创作方法中，更多的是将相关的描述词汇构建、展示出来，再通过其在整个作品中的作用比较而寻得恰当的形式。如果我们将艺术品的创作方法与发明创造方法相结合，就可以从中寻找到两个不同领域的相同之处：这正是人的思想成长与成熟的基本规律。相关标准就是：以最小的词汇激发人更多的思想（联想和想象）和情感，引发人能够长时间地浮想联翩。

在中国传统的文学手法中，"兴"发挥着重要的联系其他差异化描述而求得最优的作用：先言他物以引起所咏之词。兴有运用他物烘托之意。从兴的特征上讲，包含着直接起兴、兴中含比两种情况；从使用上讲，有篇头起兴和兴起、兴结两种形式。采取兴的手法，在于激发读者的联想，增强意蕴，达到形象鲜明、诗意盎然的艺术效果。

第一，其内在的含义就是激发人美的模式；

第二，使人从优化的过程中感受美、体会美；

第三，使人受到美的作用而产生符合美的特征的行为。

具体地来看，激发人产生更多联想的方法包括：第一，局部上的相同或相似；第二，激发人的审美态度；第三，表达 M 的力量；第四，达到和谐；第五，激发人在这个方面的积极主动性；第六，通过提升追求一种境界；第七，表达联想、联想、再联想；第八，把"更兴"作为一个目标主动追求。

（二）随机联想法

更美的作品，能够在更大程度上激发我们的联想和想象，使我们构建出更多的意义，并推动在诸多意义中，准确地选择出恰当的意义。当人们主动地采取随机联想的方法而将各种有差异的信息输入到大脑，促进大脑构建出各种各样新奇的意义时，就相当于在原来稳定的结构中引入了新奇性的信息，扩展了大脑构建优化的寻优范围。

从形式上来看，基于多样并存上的"乱"与"序"以及彼此之间的关系，表达着生命的活性状态中的随机与有序的协调统一。因为生命体就是发散与收敛的协调统一。这种协调统一在信息状态上的反应，就是多样并存基础上的乱与序的恰当结合。

二　批判与发散

否定性审美范畴以批判性的方式揭示了存在的意义，不直接诉诸理想，而是通过对现实不合理性的、缺点的揭露和批判表达审美理想，构造审美意象。

批判意味着不满足，批判在于引导人认识到现状与理想状态"最美"之间的距离、缺陷，意味着质疑当前，质疑绝对性、质疑武断性、质疑其存在的合理性、质疑其存在的真实性、质疑低俗。批判意味着否定当前、意味着期盼、意味着从当前状态出发构建新的模式、批判意味着肯定新选择的合理性、批判意味着多样并存、批判意味着面对未知、批判意味着面对复杂、批判意味着创造新的模式。因此，批判是以美为基础、为准绳的。

"这里同样需要一种怀疑精神，为抵制当今流行的风尚，批评这个词也同样重要。"① 怀疑意味着不断地构建，不断地以否定当前状态的基础上实施新的差异化构建，并在构建的基础上加以判断和选择，并由此作出进一步的构建。因此，当我们将批评与 M 的力量结合在一起时，就能够很自然地认识到批评与美的构建的本质性含义。批评的目的是为了否

---

① ［德］沃尔夫冈·韦尔施：《重构美学》，陆扬等译，上海译文出版社 2002 年版，第159 页。

定当前的现实，而进一步地则是要构建新的更适合、更美的模式。这是为以后新的构建打下基础的过程。

批判的核心在于：第一，在相关角度、原则、关系和规律的基础上，实施差异化构建；第二，选择比较的原则和方法；第三，展开比较并基于比较的原则进行选择；第四，持续性地开展这项工作。

"并不是随意地做出这样的努力，预先就把超越了我们认识意义的东西分割出去。"① 在基于当前环境而向完美转化、构建的过程中，受到信息关联性以及人的好奇心的作用，那些不美的信息将时不时地对我们的构建产生不良影响，因为，从这些不美的模式出发，即使大幅度地向完美逼近，也不同于从美的模式出发向"完美"的逼近。即便是按照算术平均值的计算方法，那些不美的信息模式也将作为一种模式被平均到更美的模式上，从而影响到最终的完美的构建。实际上，我们却能够在意识中在对这些模式主动准确反映的基础上，形成一种抽象的概括与升华，自觉地将这些不美的东西排除在外。这就意味着，我们在构建"完美"状态之前，已经把这些不美的信息排除在外，而只留下相对美的东西，从而不留其存在的依据与基础。

三 功夫在画外——书法美的创造

人们更多地直观评价一件艺术品的好与坏、其中所隐含的意义、其中内在地表现出来的美的元素的性质与数量，但没有从正确的角度看到隐含在作品中所包含的真正的劳动价值。

从表面上看，书法作品与其他艺术品相比，往往以更少的创作时间创作完整一部作品。书法家在创作一部作品时，我们看到更多的情况是一蹴而就，但人们往往会忽略那种隐含于作品中的"内在功力"。这就导致我们在欣赏书法作品时，有时会去寻找此件完整的作品中所含有的"败笔"的多少，也潜在地认为，败笔越少的书法作品越好。书法作为一种艺术形式，必然地遵循着艺术创作的基本规律。

---

① ［德］鲍姆嘉通：《美学》，简明等译，文化艺术出版社1987年版，第92页。

（一）在练习中将最美的结构固化下来

1. 书写者在练习过程中，表现出了对最美的字的结构的不懈追求

这种在练习书法时持续性追求强化了人内在的 M 力和由此而形成的优化的力量。练习就是为了得到富有个性的最美的字——首先是其自己要认为非常美。M 力表现得越是充分强大，人在优化其具有个性特色的作品方面的力度就会越大，具有个性的最优化的局部特征越多，包括使每个字都达到了具有共同的个性特色的最优结构，在更加充分地考虑各个字彼此之间的相互协调时，整幅书法作品的艺术价值也就会越高。

2. 对最美的字体的理想追求，以理想的牵引而强化着人内在的 M 力

书写者总想写出他认为的最美的字。在其内心所怀揣的固有的美的理念驱动下，一方面是在不断练习、描摹中展开个性化的构建；另一方面则在他们对美的追求的虚幻性力量的强大作用下不断将优化的结果固化出来。在这种理想与追求的驱动下，促使人在平时展开枯燥的练习，而这总会带来人们所期待的美好结果。

（二）通过练习凝练出个人风格

在书法创作过程中，平时的练习发挥着重要的作用。

一是，在平时的练习中，先是寻找表达与自己内心的活性本征在更大程度上和谐共鸣的"最美"的形式，通过练习会表现出更大程度的差异化构建，以及通过主动地追求最美的结构，从而将一个字所对应的最美的结构显现出来。

二是，在练习中构建自己的书写风格：字体，形成并固化自己的书法特色，使每个字都能按照书法者自己对其美的理解而稳定准确地书写出来。

（三）在恰当的时机将这种最美的模式表现出来

我们可以通过持续不断的探索性练习，将我们所认可的符合个性特征的最美的字固化下来，使我们在书写不同的作品时，能够稳定地将优美的字书写下来，并保证每一个字的书写成功。虽然我们能够写出最具个性特征的最好看的字体，但并不保证在每一次写字时都能写出如此最美的字，也不能保证整篇书法作品每个字彼此之间的相互协调。通过反复练习形成稳定的动作，将以更大的可能性在一幅作品中将平时美化的

练习结果表现出来。

（四）稳定地再现最美的结构

对美的理解具有足够的习惯性，这种习惯是在更高层次形成的模式，其中包括从哪些角度入手更容易地进入美的状态，与生命的哪些活性本征达到稳定协调，或者如何与情感以及生成的意义在最大程度上达到稳定协调。这种习惯会在不断的练习与表现过程中形成更强的自主性，会更加自由自如地在各种与该模式无关的活动中表现出来。

（五）通过彼此之间的相互协调构建书法作品的整体美

不只是一个字具有这种书法特点，所有的字都能够在更高层次上表现出相关的特征。每个字都能够按照人本性中所表现出来的对美的追求——M力，都按照人内心潜在的最美的理想和虚幻的感受，构建出与其他字相协调的最美的结构。在考虑彼此之间相互协调的关系时，将不同字的最美的结构、形态作为一个基本元素，再将每个局部最优的字集中起来，从更大整体上构建整体协调的美的"书法"作品。

四　劳动创造了美

虽然"劳动先于艺术"[1]；但通过重复性的反复劳作，有效地刺激了人追求更优（如更加节省资源、能量、体力）的力量，便会在生产过程中，通过各种形式的探索，将使人感到最优的形式结构固化下来。

（一）劳动程式的固定化

通过差异化的劳动，在众多可能的行为中，选择、构建出最美的模式。而重复性劳动，会突出地将这一环节独立出来，并引导人们通过差异化的构建而追求更美的模式，再将其相对孤立地展示出来，无论是有心还是无心，人们都会这么做。

（二）通过差异化构建的方式形成多样探索模式

有心者的劳动核心必然是通过差异化构建而寻找最优（效率最高、最节省体力、能够得到其他标准下的最优结果等）的劳动模式。即使是

---

[1]　［俄］普列汉诺夫：《普列汉诺夫美学论文集》，曹保华译，人民出版社 1983 年版，第395 页。

在得到了最优的劳动模式，也会不断地试探其他的方法，再一次在比较中优化构建和选择。

贴近生活，揭示生活中人们所熟悉的美。"读万卷书、行千里路、阅人间百态"，并从中选择出最恰当的。无论是人的体验，还是人的认识；无论是不同的信息依据其中的局部特征而形成的激活联想，还是在大脑中所形成的自然变异性延伸扩展，这些不同的构建就是依据生命活性中的发散与扩展而引导人展开后继的比较优化。

（三）在比较优化模式的作用下构建最优

熟练化基础上的美化：通过差异化构建基础上的优化选择，将最美（局部最美）的结构固化下来，并通过熟练化的操作稳定地表达这种优化模式。人们所掌握的艺术的起源的基本原理，已经说明了这个本质性的问题。

经验：就是人们从诸多与具体情景相结合的行为模式中，在差异化构建的基础上比较优化出一定的最有效的稳定模式的过程。这使人在遇到相似的情景时，能够迅速地构建出这种稳定的模式以形成有效的应对方法，同时也会在人特有的好奇心的作用下，保持足够的可变异性，能够在遇到更大新奇性的情景时，启动探索的力量在原来有效的经验基础上有所创新。

我们不能说哪些劳动是美的，哪些劳动是不美的，我们需要将劳动与美独立地作为两个不同的范畴，在分别研究的基础上，再研究两者之间通过相互作用形成新的动力学系统，并在这种自组织演化的动力学过程中，深刻把握美的本质。

我们认为，认识人在劳动中能够自然地表现出对美追求的力量，也就是自然地认定劳动中包含着美的本质特征时，马克思所强调的是劳动，是在不断进行重复性劳动基础上的优化构建，是一种动态的劳动而不是静态的劳动，既是劳动的过程，也是劳动的成果。既然美的力量自然地包含在劳动中，那么，劳动越多，劳动成果所体现出来的美的效果就越突出。

美是在多样中构建出来的，是在多样求异构建的基础上通过概括抽象的方式在更高层次反映出来的；表现对美追求的力量在于比较，是通过比较尔后的恰当选择所固化的，这种比较、依据恰当标准进行判断并加以选择的模式会被固化下来，并成为一种引导人进入美的状态的稳定的基本模式；美是在与实际事物的相互作用过程中形成并由此而激活的，更是在复杂多样的劳动中逐步地体现出人的这种对美的追求和美的构建的本能表现的结果。人对美的追求的力量会在具体的实践过程中表现出来，通过具体的劳动而重复表现，在具体的劳动中，将这种模式作为一种稳定的模式来看待，并在劳动中形成专门针对这种模式而展开意识活性的差异化变换过程，形成更强的、兴奋度更高的、作用效果更好的控制模式。优化的本能模式会在这种重复表现中得到进一步增强。由此看来，重复性的劳动只能作为美的一个载体、一个舞台和一个机会。应该强调的是通过重复、通过重复表现差异，以及在重复比较中构建更美的结果：

第一，通过若干的局部最优的比较和选择，构建出整体的最优；

第二，直接在优化过程中，通过扩展搜寻范围；

第三，产生更大的非线性涨落，增强其扩展适应能力；

第四，基于某个因素的优化和基于全部因素的优化；

第五，考虑人的自主性的优化；

第六，考虑人无限意识的优化；

第七，基于不同美学观的优化；

在强化人本能中的优化力量时，这会使我们明确地认识到，只要是劳动，就会自然地表征人本质的使之更美的力量。以此为基础的人的心智活动，能够在意识空间中将其表现得更加充分和更加显著。选择恰当的语言将其准确地表达出来，并为他人所有效地接收，自然是构建语言美的关键性劳动。

在将劳动作为一个固化的模式时，在意识力量参与进来时，会形成对人的本性的自然观照。黑格尔之所以特别重视心智的力量，强调的就是在优化的过程中真正地关注了人的意识的力量，但由于其忽略了使之更美的力量，导致其没有在意识中给予对美追求的足够地位，而这也促使其不能把握美的本质。人在劳动中，会以劳动这种固化的模式为基础，在意识中强化从差异化的角度寻找、发现、构建人的本性以及在劳动中不同表现的力量。人在这种利用劳动的观照过程中，更大程度上发挥和表现人对美的表达的天性力量，在更大程度上将自己本能的主观意愿固化到对作品的理解过程中，将自己内心激发出来的其他方面的美的元素固化到当前对作品的描述中。

当通过劳动将这种观照模式突出地显示出来，成为一种可以为人们所感知的模式以后，人便可以选择恰当的方式将其通过间接的方式表达出来——创作出具有一定意义的美的艺术品。而从劳动的成果来看，人也会在各种结果中，以美作为标准而加以判断和选择，将符合人的美的标准的模式构建出来。这种结果与过程的直接对应关系，促进着双方的共性相干，使之达到一个更高水平。

艺术是人在这种过程中将美的模式和力量反映表达出来的基本形式。创造艺术品的过程主要表现在使之更美的过程。美是人追求本质客观表现力量的表达。这种将美的思想观念通过为人们所认可的意义表征的方式表现出来时，也反映了劳动。即使是用语言，也必须将其说出来。没有劳动，这些美的思想观念将只是停留在人的大脑中。人对美追求的力量是通过劳动而不断地重复强化的。虽然还存在单纯地从意识的角度将对美追求的力量进行强化的方法，但的确，通过劳动能够更加深刻而有效地建立起优化的力量和对美追求的力量与各种具体活动的紧密联系，劳动也在着力强化抽象的对美追求的力量与各种实践活动的有机联系；也使人将这种意识与具体实践活动的联系在更高的抽象层面得到更为恰当的反映，并由这种联系而具体地扩展到客观世界，使人从抽象的美升华到美的构建过程中。

在马克思的美学理论中没有直接研究完美是一种什么样的状态，只是将劳动与美绝对地等同起来。其隐性假设是认为人存在着对美追求的本能力量。马克思强调的劳动创造了美，其内在的含义在于劳动中重复而强化地表达出了人的优化性本能，这才通过劳动这种活动形式产生了美的结果。如果只是单纯地讲劳动而不讲差异化构建基础上的比较优化，是不能令人信服地在劳动与美之间建立必然联系的。那么，只有在美中优化力量的作用下，劳动越多，或者说重复性劳动越多，人的劳动成果才会越有成效、越美。在人追求美的本能力量的驱动下，会逐步地削减在这个劳动中所花费的无效劳动量，而所形成的劳动性成果，自然也就在符合美的标准的程度方面会越来越高。这就意味着，当人们已经行动并遵循人具有追求美的本质力量的基本假设的基础上，人才通过劳动而表现出了美。

尤其是劳动具有了社会性的道德价值标准，对劳动结果的判定更是具有了新的意义。虽然在"达到更加高效"这个特征上，人会因为不同的目的，会形成不同的理解和追求，但当人通过道德价值标准来具体地衡量这个特征，以及度量人在这个过程中所表现出来的对美追求的力量大小时，便具有了社会性的意义和差别标准。尤其是随着人的劳动的社会性意义的显现并占据突出的地位，人们对劳动概念的理解便会更进一步。如果没有认识到这个基本假设，自然就对劳动与美的关系产生"异化"性的片面认识。

马克思所讲的劳动的异化，是指基于美的标准与追求的异化，是对人类社会正常进步与发展的异化。通过劳动，选择了不同的标准，就会表现出不同的对美追求的力量过程，也就是会产生不同的力图在优化标准所指出的特征方面达到更大（或者更小——优化）程度的努力——追求。生命的活性本征赋予个体在各种具体的活动中，都能够促使其得到更加完美的发展，因此，无论从事何种具体的劳动，都会确定地表征生命体内追求更美的力量。当人们有意识地将这种力量独立特化出来，尤其是使其具有足够的兴奋度而表现出自主性时，当人们更多地在意识空间将其进一步地强化时，就会一再地表现出"使之更美"的对人的各种行为的不懈指导和控制。在此过程中，人的创造性就会在生命活性的控制下，通过不断的差异化基础上的优化构建而形成稳定性掌控。那么，在不同社会道德标准的引导下，社会的优化也会形成不同的选择。基于此，人会对美的追求产生巨大的偏差。马克思由此而揭示只有共产主义才是人类社会进步与发展的最终形态。

五　巫术中的美

美学研究者之所以认定在巫术中存在美，除了巫术是人类最早展开的文化活动以外，在巫术中，更早地固化了相关的动作、道具、活动模式等，也因此使得相关者能够在重复性的动作中进一步地表征 M 和优化力量的同时，使 M 和优化力量的表现更加突出。这种基于人的通过优化而追求更美的基本模式，会在所有人的内心产生共鸣，并由此而体会到巫术中的美。

（一）巫术中信仰的力量

原始人类与现代人类相比较，在掌控世界的能力方面存在明显的不足。现代人类社会不断地享受着古代劳动人民不断积累总结优化出来的经验知识。伴随着古代劳动人民的期望和追求以及由此而固化出来的能够掌控的愿望和替代，形成了足够强的信念：一定能够掌控世界。也一定能够更加充分地表达对美追求的力量而构建出更加美好的生活。

（二）巫术的固定模式

当固化出了一定的行为模式时，巫术也随之而成为一种独立的"职业"。巫术并不是随意进行，而是有一定相对稳定的行为模式和一定的模式。一定的情景采取同样稳定的模式，而不同的情景则会采取不同的模式。在巫术的重复性的工作中，人会将优化的力量充分地表达出来，由此而产生具有美的意义的固化模式。

（三）多样化的变异性探索

在巫师持续性地表达相关的行为时，会基于一定的节省资源、节省体力、提高效益的原则而不断地探索构建基于具体情景的优化后的行为模式。能够更准确地表达意义，能够使自己感到不累，能够给他人带来行为上的美的观感，同时在表达优化力量的过程中产生高于他人的优越感等，诸多因素驱动"巫术工作者"在优化中固化着相应的动作。

（四）对局部动作的优化

巫师通过学习、记忆将不同的行为模式联系在一起，在长期的差异化构建探索的基础上，一方面能够通过比较选择，形成基于具体模式、具体内容的优化结果；另一方面则会将不同具体情景下表达优化力量的美的动作汇聚联系在一起，通过概括抽象形成美的提炼与升华。

阿多诺总是在当代艺术与巫术之间做出联系与比较。显然，巫术中并没有强化出对更美的状态的力量追求，也没有专门独立特化出这种力量，与此同时，优化的力量强度也不够（尤其是没有受到人专门的强化和重视），由于知识的限制，在巫术中优化的范围也有限（视野有限），差异化构建的力量不足以达到使其更加全面的状态，不能为更多的人在更大范围内的差异化构建而优化理解。因此，巫术中的理解具有个体性。之所以又为种属所共同体验，这其中还包含着个体自身的构建，包含着期待，虽然不是种群中最美的状态，但人们却潜在地认为是种群中最美的状态了。人们认识到创作者在这个方面付出的努力时，也就以其所展示的力量而作为理解其最美的构成的基本模式。[1]

（五）巫术美学与神话美学

"神"与人的距离引导人拼命地思考人与神的联系。在持续不断地为神寻找存在的基础从而拉近人与神的距离时，人们会将神与人在某些局部特征同化的过程中，不断地表达神与人存在巨大差异的特征方面。而在表达这种差异时，仍在构建通过表达 M 力能够使两者相统一的模式。将对神的追求、对自身成为神的期盼转化成为人们所追求的目标。将这种理想转化成为一种具体的形象，通过与人日常生活的紧密相关，从而提高人追求神境的过程和力量。巫术中通过追求神的力量，使人能够在一定程度上有效地掌控世界的变化。这种追求显然是去人化的，因此，可以在更大程度上反映生命活性本征。在此过程中，足够的掌控能力和对多种情况的掌控也就有机地结合在一起。

六　艺术的起源

（一）生活是艺术表现的基础

劳动这一持续性的活动，为表征人对美的追求的模式和力量而提供了一个稳定的平台。反复的劳作，有效地激发和强化了人对美追求的优化的力量，也使人有了差异化探索的稳定性基础，反复的劳作也提供了人在劳作过程中进一步地比较、优化的时间、机会和舞台。在人们将那些优化后的动作固化下来稳定表现时，就生成了艺术的行为表达。

第一，哪些活动具有较强的刺激，哪些活动就能够使人产生更强烈的记忆，这些活动模式被再次重复的可能性就会增高，自主涌现的可能

---

[1]　[德] 阿多诺：《美学理论》，王柯平译，四川人民出版社 1998 年版，第 4 页。

性也越大，更容易使人将其当作一个稳定的基础或背景，也更容易使人产生足够强的期望。

第二，食物处于短缺状态，条件又不允许出去猎食，便采取精神满足法，将其表达（画）出来。这可以看作人们重点关注期望性信息，并通过这种期望而形成对信息更大范围内加工的过程。

第三，人在内在的对美追求的本质力量作用下形成了最美的模式。具有足够意识能力的人，这些被优化的模式会表现出更强的自主性，会自然地在各种情况下自如地涌现出来，从而对相关的过程产生足够的影响控制作用。因此，人会自然地对那些已经被优化的模式给予重点关注，在生产能力严重不足的古代，应该更能经常地表达这种优化的力量。

（二）人所关心的核心问题成为艺术表现的重点

人们关注什么对象，该对象就会对人产生更加强烈的刺激作用，其自主性就会得到足够强的增加，在人的意识中在更大程度上得到关注，人们也就更加容易地在艺术中表达什么。这意味着人们就会基于什么而展开差异化构建，尤其是会在想象过程中更大程度地利用心理模式的易变性和丰富性特征而表征这种差异化构建的力量，促使人在此基础上优化出更加优美的模式。

（三）想象表现时的优化

即便是在被人类学家统称的原始社会中，人们也在同自然的交往过程中，同样地表达出了想象中的优化过程，只不过由于其生活环境的限制，他们所关注的焦点与现代社会中的人所关注的焦点有很大的不同。[1]好奇心决定了差异化构建的范围的大小，[2]而心理变换开始的起始点则决定了在哪些区域展开差异基础上的优化选择。因此，基于任何稳定的知识点，由此所展开的思维对象也就决定了他们能够在哪个相对稳定的范围内构建出众多不同的差异性特征，并依据生命活性中的优化力量而构建出适合他们生存环境的最美的艺术品。但这并不排除即便是在原始艺术中，也会因有些技法（差异构建与比较优化选择）已经达到了足够高

---

① ［法］列维·布留尔：《原始思维》，丁由译，商务印书馆 2009 年版，第 8—15 页。

② 徐春玉：《好奇心理学》，浙江教育出版社 2008 年版，第 57—70 页。

的程度而为我们所不及。在古代，也会出现那些最大潜能得到有效开发的天才。

（四）原始艺术

与现代艺术相比较，古代艺术，或者说叫原始艺术具有以下诸方面的特征：第一，表达了人们的愿望与期盼；第二，体现了当时的人们对美的追求，表现出了基本的 M 模式的力量；第三，作为基础，有了前人的探索，才有后人在此基础上的进一步的发展，通过简单地模仿前人行为的基础上而有所创新；第四，没有足够便利的创作材料，只能作简单处理；第五，创作的难度相当大，没有专门的工具和载体，更多情况下只能创作出如"岩石画"等形式的艺术表达；第六，意识还没有达到足够强的程度，不具有足够的独立性。限于活动的范围、食物的种类及富裕程度、食物的复杂程度（吃得越多、食物的方式越复杂，则人所具有的闲暇时间越充足，人就能够付出更大的努力）、生活方式的复杂程度、劳动的复杂性程度、交流的频次、语言的完善和复杂化、文字体系的完善程度等。人是否有足够多的闲暇时间展开反思与交流，通过反思而求得优化的结果，进一步地扩展差异化构建的范围与力度，能够使得优化的范围更大、覆盖面更广，由此便决定了是否能够表现程度更高的优化、能够得到更美的结果。

"原始荒诞所以是一种美，是因为它满足了远古之人对于超越自身生命局限的某种生命力量的追求。"① 在这里体现出了诸多的意义：其一，典型地体现出了一种追求更美的力量；其二，这种美的特征表现在某种生命力量的增强上；其三，这种力量在于突破和超越了某种局限的增长，成为人们不懈追求的力量；其四，通过比较，人们寻找到了生命力量增长的来源，这种来源仅仅在于通过简单叠加而形成；其五，与现代人相比，差异化构建的能力有限、方式有限，由此而形成的比较优化的程度也就有限。没有更多的信息，没有更多的欲望，不能在其意识空间更有效地表现活性本征等。实际上，对原始人的界定就是以诸多的差异和不足为基础而展开的。以实用等功能性为基础的石斧、骨针、陶轮、骨镞、

---

① 封孝伦：《人类生命系统中的美学》，安徽教育出版社 1999 年版，第 318 页。

玉琮等，"虽然具有一目了然的实用意义，但同时也体现着易被忽视的诸如对称、均衡、变化、节律等作为造型艺术千古不变的形式法则，以及质地、色泽、平整度、光洁度等方面的种种形式特征"①。在相关的活动中，人能够更加自然地表达 M 的力量、优化的力量而使当今的人们惊奇不断。

原生态艺术在当今艺术界仍然存在一席之地。有些艺术流派在追求那种具有"原生态"意味的最美的作品。"童稚""天真"？那已经足够吸引人。成年的我们已经失去了童稚，再也写不出像儿童写的那样的书写体了。因此，在童稚基础上的优化乃至达到最美，就会更加困难。原生态决不意味着落后，也决不意味着我们在原谅其所存在的不足。应该基于其具体的社会意识形态，基于特定的社会生产和社会发展的历史尽可能地做到"尽善尽美"。我们应该在把握基本美学特征和规律的基础上，基于原生态艺术的基本特点，而把握其特殊的特征和基本规律。在原生态的单纯认识的基础上，能够更好地消除人无限的物质欲望对于生命活性本征状态的干扰，专注于人的日常生活与所关心的问题，致力于"完美无缺"化的建设，更强地表现生命的活性本征。②

谁都有年轻时，开始的手法技法不必娴熟。古代艺术能够激发当前人的期望、心态、感受及想要表达的愿望，而且也在一定娴熟的程度上表达了这种感受。在此过程中，将更加本质地涉及技能的遗传性问题。知识可以记录并传递，但到目前为止，人们还没有寻找到人的能力和技能通过传递加以增强的方法。专门的有针对性的主动练习便显得至关重要。美的技能应该可以被遗传，只是人们目前还没有寻找到相关的方法和途径。

苏珊·朗格（Susanne K Langer）注意到："音乐史家和舞蹈史家克尔特·萨哈斯（Curt Sachs）在其所著的《世界舞蹈史》一书中说到，一个令人十分不解的事实是，作为一种高级艺术的舞蹈，在史前期就已经发展起来了。还在文明的初期，舞蹈就达到了其他艺术和科学所无法比

① 邓福星：《艺术前的艺术》，山东文艺出版社1986年版，第1页。
② 封孝伦：《人类生命系统中的美学》，安徽教育出版社1999年版，第318页。

拟的完美水平。在这个时期，人们普遍过着野蛮的群居生活，人们所创造的雕塑和建筑还极其原始，诗歌还没有出现，然而却创造出了使所有的人类学家都感到吃惊的、难度较大而又很美的舞蹈艺术！"① 这也是王羲之在书法方面的顶级造诣不能够通过遗传的、教育的方式使后人创作出比之更高，甚至达到其同样高度的书法作品的疑惑之处。而这正是王羲之运用自己所体验、强化、掌握的 M 力和优化的天才所在。基于此，人们也才更加重视所谓天才论的观点。

之所以说，中国的王羲之早在晋代就已经写出了美轮美奂的书法作品——《兰亭序》，今天的人们却不能写出如此高水平的书法作品，原因可能包括：第一，今人的注意力不集中，第二，有众多功利性的干扰；第三，不能付出更多的努力去表达 M 的力量；第四，不能经受长期艰苦练习所带来的强势智能；第五，没有一个追求更美的书法的社会氛围；第六，不是书法者自己最大潜能的领域从事创造性的工作；第七，不能将自我追求固化到对书法的追求中；第八，没有将对其他方面的追求与构建转化成为对最高书法境界的追求；第九，在人们没有准确把握美的本质的情况下，是不可能采取有针对性的措施来有效地提高人的能力的。结合人的心理具有非线性特征，它可以灵活地根据外部环境的稍微变化而形成完全不同的认知结果，那么，即使我们把握到了美和心智成长与进化的基本规律，也很难结合一个具体的个体人而构建出可以"遗传"的创作能力。

知识可以记载、传授，但能力却不能。如果我们构建出了能力培养的方法，是不是可以使之得到可传授性增长？最起码在当前的条件下，当知识转化成为指导人产生某种确定性的行为时，意味着具有了用某种模式去产生行为的可能性，也就是说，我们具有了某种能力。即使在这种情况下，可以传递的仍然只有知识，而不是能力。虽然人们已经在这些方面不断地努力，但在当前条件下，还不能精细地做到这一点——我想要什么能力，将某个程序通过直接接入人的大脑的方式而使人直接具有这种能力。美国科幻电影《黑客帝国》（又称《21 世纪杀人网络》）描

---

① ［美］苏珊·朗格：《艺术问题》，滕守尧译，南京出版社 2006 年版，第 13 页。

述了这种能力。我们很期待。

1. 美的力量还不足以强大到对遗传过程产生足够强大的、决定性的影响

生物学家的研究表明，小狮子还在母体中时，就在通过类似的奔跑动作而开始锻炼强化自己。可以认为，美以及艺术的力量还不足以强大到在生命进化中产生足够的影响力。意识中的美本身就是智商高低的一个主要标示，其意义在于是否主要以美的思想构建优化恰当的应对模式。这可以看作人与动物本质性的核心区别标志之一。

2. 人的能力有限性

虽然人们已经认识到了美的力量的重要性，但仅仅通过人的意识而使其得到了强化，在人的意识中才能够将其独立地反映出来。但其作为一种能力，必然地受到了能力有限性的影响，基于生命活性的基本特征，这种对美追求的力量还相对地比较小。M 力还没有强大到足够的程度，便不能够对遗传过程产生足够的影响力，M 力便不能够自主地在相关活动中发挥出足够强大的力量，作用的微小使其淹没在其他因素的影响之下，人们看不到它的身影，也就不能认识到其独特的作用了。

3. 能力的提升是要通过具体的活动来转化的

当人们掌握和理解了相应的知识，就需要通过具体的活动将其转化成为人的能力。当人在某项能力上不断地练习从而达到熟练化的程度时，这项能力即转化成为人的技能。

关于崇高美的本质，正如康德所说的，实质上是通过对象的"大"（力量或数量的大）受到人在理性与想象中的"战胜"与"征服"而显示人的伟大与崇高。应该是与当前人的力量相对比时显示出来的差距。盘古开天、夸父追日、精卫填海、愚公移山、后羿射日、大禹治水，都是人们耳熟能详的古代神话故事，反映出了当时的人们对力量的无限追求、精神向往和对未知在一定程度上能够掌控的力量的追求。掌控未知，把握未来。对未知的掌控以及在更大程度上掌控未知的愿望得到满足，或者说通过这种艺术的形式得到了替代性的、形式上的实现，使自己的愿望得到了表面的满足，使人觉得能够在更大程度上、或者说是从原理、规律的角度认识到能够把握自己的命运，并且在自己与神之间建立有机

联系，这就意味着自己通过恰当的方式也能够成为具有无限大神力的神。伴随着原始荒诞向原始崇高转化，人们开始了对具有无限力量的虚无的神的追求和在一定程度上的掌控。在人们寻找神的成长的原由时，"修炼"便成为超出人的日常生活行为的某种活动。

即使是在原始社会，也能够体现形式与生命活力在各个层次与特征上的有机协调。"原始民族和社会已经而且继续被分别看作儿童似的（天真、未受损害、不成熟、欠发达）、神秘的（像女性一样，与身体、自然及其和谐相协调）和未驯化的（朗朗健康地摆脱了文明的不满与压抑，利比多旺盛，暴力的、危险的）。"① 更加明确地表达了活性本征诸多模式的表达。它以与特殊的具体情景有机结合的态势，以一种共振状态的协调体验，激发人的内在美感。同时，又在其他因素的强调作用下，突出强化相互促进局部上的共性相干，通过相互关联的方式形了基于当前模式的更加强烈的审美感受。即使存在差异，这种差异也很小，不需要付出更多的努力便可以消除差异，就能够更有效地扩展了人对美的体验。使人能够从众多其他诸多特征中，体会到这种与生命活性达到协调的美的状态。"原始人的那些充满活力的艺术，是对大自然的赞美。这种艺术选用有机曲线，加强了自身的生命力。这是一种扎根于温暖的海岸与肥沃的土地的艺术。这种艺术充满着生活的乐趣和对世界的信心。动物、植物以及人形，都画得非常妩媚可爱。此外，由于这种艺术摆脱了刻板的摹仿，从而一直沿着生气勃勃的方向不断发展。"②

在原始社会，由于人所面临的更大的生存压力，无论是食物的短缺，还是住所的不坚固，都将影响着人在日常的交流中还不能将对美的追求作为其核心、重点，不能形成足够的氛围，仅仅只有少数人表现这种行为，这是因为：一是没有达到足够的人数阈值，表现不出共同追求的力量；二是这种力量还达不到足够高的程度。仅仅只有少数人具有足够的审美意识能够强烈地体验到美的冲击，也就不能通过社会的共性放大而形成足够强的力量。当足够的群体表现出共同追求的力量时，会通过群

---

① ［美］埃伦·迪萨纳亚克：《审美的人》，户晓辉译，商务印书馆 2005 年版，第 28 页。
② ［英］H. 里德：《艺术的真谛》，王柯平译，辽宁人民出版社 1987 年版，第 52—53 页。

体之间的相互作用而形成关于该特征的共性相干，并通过群体的共同追求而形成对该特征模式表现的反思性正反馈强化，通过社会的共性相干而形成对该项特征的社会性追求，通过社会的力量维持着这种力量的持续作用。

其他生存活动的干扰与影响，使得原始人不能有效地实施有针对性的专门训练。专门化的工作总是存在一些固定化的行为模式，要有足够稳定的技巧和明显的标志，包括具有某种功能的产品的持续出现。在还不能掌握更加准确而娴熟的技巧，甚至还不知道训练哪些方面的技能时，便不能形成一个相对固定的行业。没有了固定的工作和稳定的产品，便不能表达持续而稳定的作用。

要形成更加娴熟的技法，保证相关从业者在表现这些技能方面超出其他个体很多，就要采取专门措施强化练习以固化和掌握这种技巧；并且将这种技巧灵活地运用到相关产品的制作过程中，构建各种具体情况下的优化性行为，由此而表达出更大程度上的与其他个体的不同之处。

原始艺术家在表达"意识活性模式"和"情感活性模式"的过程中，会有突出表现某种形式的灵感——"心畅"，也就是说，即使没有得到足够的训练，原始艺术家也能从生命活性的基本模式出发，通过建立生命活性模式与意识、与情感的有机联系，而更好地表征人的生命活性，使人得到更强的审美享受。显然，如 H. 里德所认为的，"追求原始艺术风格的热望"在高更那里得到了充分发扬。① 而我们也同样会相信，这种风格同样会在以后的某个艺术家的身上发扬光大。

而在当下，由于意识已经达到了足够强的程度，我们可以运用多种方式基于局部特征或利用很小的局部关系而形成一连串不可思议的新奇性意义，形成对最完美的模式的足够大的干扰（当然，另一方面则更利于完形的构建），将这些信息组合在一起并与我们在相关层面（感觉层面、情感层面、符号意义层面）构建与人的生命活性状态的协调关系，或者说共性相干时，就会由于彼此之间只存在少量的相同性关系，而不

① ［英］H. 里德：《艺术的真谛》，王柯平译，辽宁人民出版社 1987 年版，第 156 页。

能达到相关的整体协调。这也就为我们的审美和体验带来障碍，甚至会干扰审美的表达。

"人们对于形式美的兴趣是最基本的，也是最主要的。因此，简单的艺术并不一定表达某种目的，而在人们精了某种制造技术以后，自然产生了对某种形式的追求，这就是艺术的基础。这种因素在高度发展的现代艺术形式中也起着重要的作用。诚然，这些因素有时并不体现任何意图；但必须承认，人类同这些因素的关系与我们同自然界许多美的现象之间的关系是基本相同的。人类对形式的兴趣来自开关本身给予人的印象，它并不是为了表达某种具体的思想或对美的追求，而是具有表达感情的作用。"① 当人们通过劳动，将某种技巧熟练化到最精致的程度时，将这种力量和模式转化到相关的产品上，艺术品便形成了。

弗朗兹·博厄斯建立起了技巧与引导人进入美的状态直接的关系，强调技能的作用，从而赋予技巧模式以美的意义："工人的技巧赋予艺术作品以审美效果。这种审美效果不仅来自掌握技巧的愉快，而且来自完美的形式造成的快感。"② 当人们认识到这种技巧，从中体会到了优化的美妙感受时，便会自然地表达出更强的对美追求的力量。有时，仅仅是看到这种技巧的表达，就会产生美感。

南宋鉴赏家赵希鹄对画家的要求是："胸存万卷图书，目饱前代奇迹，又车辙马迹半天下，方可下笔。"③ 明代唐志契的《绘世微言》中载："然则不行万里路，不读万卷书，欲作画祖其可得乎？此在士大夫勉力之，无望于庸史矣。"④ 这就指出了应在更大范围内基于差异化构建，在多样并存的基础上，通过概括抽象的方式优化地求得更高层次的认识与理解，在这种观念的指导下，通过比较优化，选择出最好的理念表达模式。通过过程模式和结果模式从多个角度体会到进入美的状态后所产生的审美享受。

---

① ［美］弗朗兹·博厄斯：《原始艺术》，金辉译，贵州人民出版社 2004 年版，第 39 页。
② 同上书，第 238 页。
③ 葛璐：《中国画论史》，北京大学出版社 2009 年版，第 99 页。
④ 俞剑华：《中国画论类编》，人民美术出版社 1986 年版，第 732 页。

第七节　日常生活审美化

生命的日常活动构成了美的基础。万事万物都为美，意思是从事任何活动都可以努力地追求美，或者说，在万事万物的构建过程中，都应该努力地追求更加完美，而这正是促进社会进一步发展的基本力量。日常生活审美化，恰恰在于我们的能力在得到了进一步发展的基础上，有了足够的能力关注审美，通过美的标准促进我们生活的各个方面的美化。而表面的审美化，以及由此所带来的肤浅的广告、促销力量，恰恰是这种要求的基本表现。正如沃尔夫冈·韦尔施所指出的，我们需要深层的美化万事万物。以往的美学更加关注审美经验，在当下，则更需要关注日常生活对于美的意义。应抓住美的核心力量——M 力和优化的力量在日常生活审美化中的作用。

经过人的意识的强势加工，尤其是将其作为一种独立的力量来追求时，必然会表现得更加充分。尤其是非线性的发展促使这种进步呈现出偏化性发展地态势，不可能唯一地依靠生产力的发展而发展着。而人们所熟悉的日常生活，以其稳定的模式带给人以更强发散力量的基础。因此，通过日常生活及其相关信息模式的表达，第一，在诸多真实之中选择出最美的模式；第二，基于日常生活，人在意识空间能够实施足够的差异化、延伸扩展构建基础上的理想化；第三，已经将人的理想中的美作为现实存在而固化，与实在的客观事物信息一同展示，将其真实的美的意义赋予客观事物上。因此，我们不能简单化和僵化地将日常生活的经验与艺术对应起来。但的确，我们应该看到，在形成日常生活经验的过程中，已经进行了大量的美化、优化工作。而我们所强调的也是这种力量的作用。

已经不记得有谁说过：一流的汤永远比二流的小说更具创造性。以做汤为例，体现出了劳动创造出了一流的"汤"中对恰当盐量的美的追求。在日常生活中最为常见的做饭放盐，便体现出了典型的对恰当口味（美感）的追求。"好厨子一把盐"。没有人一下子就能够做出一流的汤。单就放多少盐，就是一个需要不断磨合、不断试错、不断优化、追求恰当的过程。

做饭体现出了典型的对美的追求，也体现出了劳动创造出一流的"汤"时的最美境界的追求。在我们向外国人介绍我国菜肴的做法时，经常说到一句简单的话"放盐稍许"，这让他人很不理解。这其中的意思是：你习惯于吃得咸一点，就可以多放点盐；而你习惯于吃得淡一点，就可以少放点盐。但往往会存在这样的情况：老年人吃饭应该稍淡，而干体力劳动工作量大者，往往更喜欢咸一点。这就需要根据不同人的口味和习惯对此加以调整。如果失去了这种不断调整以获得最佳口味的过程，便也失去了"创作的滋味"了。这里的"稍许"就是与人的口味相适当的意思。如果不知变通，那就变得很麻烦了。

显然，吃他人做的饭，永远不能控制饭的咸淡。每一次菜的品种不一样，未加工时菜的重量不一样，菜的老嫩程度不同，搭配的其他的菜也不一样，因此，放入的盐的量就应该有很大的不同。我们在做饭时，此次咸了，下次就应该结合菜的量和品种、水的多少适当地少放点盐；此次淡了，下次就多放点盐。通过这种不断的逐次逼近，并通过各种形式的试探组合，便能够将更适合自己口味的做法固化下来。看来，要想做出一流的汤，也是非常不容易的。

在人的成长与进步过程中，日常生活会不断地刺激着个体形成与环境的稳定性协调，并由此而内在地生成美的相关特征。在考察日常生活对于审美经验的有效作用的同时，我们需要表达生命活性的力量在当下日常生活中如何发挥美的力量，以更好地提升人的生活品味。

一　美在生活

车尔尼雪夫斯基提出的"美是生活"包括了三层内涵：第一，"美是生活"；第二，"任何事物，凡是我们在那里面看得见依照我们的理解应当如此的生活，那就是美的"；第三，"任何东西，凡是显示出生活，使我们想起生活，那就是美的。"① 在这三层内涵中，依照我们的理解，可

---

① ［俄］车尔尼雪夫斯基：《艺术与现实的审美关系》，周扬译，人民文学出版社 1979 年版，第 6 页。

以看出，如此的生活，就是我们在内心构建出来的美好的生活，强调美的生活的意味，就在于艺术品的创作与欣赏，都离不开生活，都必须以生活为基础。这本身就是对生命活性本征中收敛稳定的模式共性相干的具体表达。更为重要的是，这种认识已经指出了美是对与生命活性状态相协调的感受、体验到日常生活的稳定性力量，我们也能够以此为基础更加自如地展开生命的活性本征，在各个层面表征收敛与发散，在原来协调状态的基础上，形成新的不协调，尔后，又运用收敛的力量驱动我们表征相关的模式，使我们可以从对美追求的力量入手激发更多的活性本征，以此形成更强的审美享受。诸如在生活中我们可以更加有效地产生某种理念、信念，而为了表达这些信念，我们能够更加容易地构建出更加典型、优化的局部信息。

车尔尼雪夫斯基在其论文的开头就声明："尊重现实生活，不信先验的假说。"[①] 车尔尼雪夫斯基在对前人关于对美的本质问题的种种说法的辩论中，说到了现实生活中美的实在情况，如"一座森林可能是美的，但它必须是'好的'森林，树木高大，矗立而茂密，一句话，一座出色的森林；布满残枝断梗、树木枯萎、低矮而又疏落的森林是不能算美的。玫瑰是美的，但也只有'好的'、鲜嫩艳丽、花瓣盛开时的玫瑰才是美的"[②]。"对于植物，我们喜欢色彩的新鲜、茂盛和形状的多样，因为那显示着力量横溢的蓬勃的生命。凋萎的植物是不好的；缺少生命液的植物也是不好的。"[③]"太阳和日光之所以美得可爱，也就因为它们是自然界一切生命的源泉，同时也是因为日光直接有益于人的生命机能，增进他体内器官的活动，因而也有益我们的精神状态。"[④] 还有前面曾经讲到的上流社会和劳动人民心目中的"美人"的容貌姿态不一样，认为上流社会的美人是病态，农家少女"红润的脸色和饱满的精神对于上流社会的人也仍旧是有魅力的"，正如其所引茹科夫斯基（Николай Еяорович

---

① ［俄］车尔尼雪夫斯基：《艺术与现实的审美关系》，周扬译，人民文学出版社1979年版，第2页。

② 同上书，第3页。

③ 同上书，第9页。

④ 同上书，第10页。

Жуковский）的诗句所说："可爱的是鲜艳的容颜，青春时期的标志。"①
从相关的描述中我们可以看出，车尔尼雪夫斯基论现实美包括人体的自
然之美，其中还包含着更多、需要进一步细分的美的特征。但其核心的
特征则是将其归结到生物各自显现的生命状态，或契合人的生命机能的
自然现象中。但显然，车尔尼雪夫斯基虽然在表达生命的美，但在生命
美的准确表达方面显得过于泛泛，在表达对美追求的力量方面更是显得
不足。车尔尼雪夫斯基在论文的一个地方讲"美"的概念与"生活"的
概念的关联时，在"生活"的概念后面附注："更准确地说，'生活力'
的概念。"②"生活力"一词更强调了生长生存的意思，也可以译为"生
命力"。

黑格尔最先突破了美学中关于美的本质问题的诸如"美是圆满""美
是关系"以及他自己的"美是观念的感性显现"的抽象表述，直接具体
地给出了：自然美是自然生命的属性的答案。无论是直接认定自然美就
是最美，还是假设自然界能够完美地再现在人的内心，都已经先天地假
设了自然美中生命活性所发挥的作用的客观存在。

黑格尔论自然美是自然生命的表征，没有单方面的描述只是讲其客
观存在，自然美之所以为美，是由美的客体和审美主体合成的，缺少任
何一个方面，都不能使审美主体产生相应的美感，也没有美的意义与美
的事物了。黑格尔论美的本质问题，认定自然美是自然物的客观属性，
同样没有丢开审美主体的主观因素。他说："有生命的自然事物之所以
美，既不是为它本身，也不是由它本身为着要显现美而创造出来的。自
然美只是为其他对象而美，这就是说，为我们，为审美的意识而美。"③
黑格尔没有抛开自然美的客观属性，如他在说明"自然美还由于感发心
情和契合心情而得到一种特性"时，接着说："这种表现固然是对象所固
有的，见出动物生活的一方面。"④

---

① ［俄］车尔尼雪夫斯基：《艺术与现实的审美关系》，周扬译，人民文学出版社 1979 年
版，第 8 页。

② 同上书，第 10 页。

③ ［德］黑格尔：《美学》（第一卷），朱光潜译，商务印书馆 1979 年版，第 160 页。

④ 同上书，第 170 页。

黑格尔论自然美是自然生命的显现时指出："人的身体却属于较高的一级，因为人体到处都显出人是一种受到生气灌注的能感觉的整体"①，这就是在强化生命的活性本征的同时，进一步地强调美的升华。"无论在身体方面还是在心灵方面，直接存在的这种缺陷在本质上都应了解为一种有限"②，也就是偶然的、个别的，"这也就破坏了独立和自由的印象，而这印象却正是真正的美所必不可少的"③。在这个过程中，意识将发挥着核心的作用，因为"心灵不仅能把它的内在生活纳入艺术作品，它还能使纳入艺术作品的东西，作为一种外在事物，能具有永久性"④。

车尔尼雪夫斯基对自然美的解说则更贴切，他说："不能说自然根本就不企图产生美；相反，当我们把美了解为生活的丰富的时候，我们就必得承认，充满整个自然界的那种对于生活的意向也就是产生美的意向。既然我们在自然界一般地只能看出结果而不能看出目的，因而不能说美是自然的一个目的，那么我们就不能不承认美是自然所奋力以求的一个重要的结果。这种倾向的无意图性、无意识性，毫不妨碍它的现实性。"⑤

与生活的恰当的距离会激发更多人对美的追求。生活是人们所熟悉的。这种熟悉的生活会成为与生命活性本征中稳定收敛的力量相对应的意义，基于此种稳定的力量，人们可以联想激活更多的信息，通过局部联想可以构建出更多的场景和更多的意义。这构成了在更大范围内寻找更能反映美的生活的最优（局部）模式的基础，而这种基于生活所构建出来的艺术则会由于贴近于欣赏者，在激发欣赏者收敛稳定性本征模式的同时，又与欣赏者所习惯的信息有着很大的不同，使欣赏者更加充分地体会到发散扩展性本征模式，以及收敛与发散相互牵制的基本模式力量，由此而使人产生更加强烈的审美感受。基于生活而创作美的艺术品，

---

① ［德］黑格尔：《美学》（第一卷），朱光潜译，商务印书馆1979年版，第188页。

② 同上书，第194页。

③ 同上书，第193页。

④ 同上书，第37页。

⑤ ［俄］车尔尼雪夫斯基：《艺术与现实的审美关系》，周扬译，人民文学出版社1979年版，第43页。

更是艺术家最为惯常的做法。

只有更为熟悉也才能展开更大强度的发散性共建，并在满足生命活性本征中的收敛与发散的有机结合的结构中，获得与更多审美元素的和谐共鸣，并由此而使人产生更加强烈的审美感受。正如阿诺德指出的："19世纪的现实主义艺术作品，由于其外观掩盖下的某些审美性相，最终总比其他一些力图达到艺术纯粹性之理想水平的作品更有价值。"①

（一）生活的多样化表现

根据我们所构建的基本结构，我们认为，美是生活的合理之处在于：第一，生活可以激发人更多的想象、联想；第二，生活距离我们自身最贴近，能够提供更多的让我们想象的素材，使我们的心灵更加丰满；第三，能够使我们的好奇心等本能在由生活所激发的各种意义中得到更大程度地满足，进一步地，使我们的生命活性由于得到更大程度的协调性激发而得到满足。

车尔尼雪夫斯基提出"美是生活"，是把"生活"作为"生命的表现"，亦如黑格尔所说的"生命现象"。人的美的状态是在具体而实际的生活过程中逐步形成的。黑格尔的美是生命活力的命题，认为自然美是生物机体中显现出的内在生命活力的表征，艺术美更是归结为人的生命表现，特别是"心灵的生气灌注现象"。这只是其中的一种情况，另一种情况则是人们构建出来的自然美是在审美观照下形成的。黑格尔所设置的两个前提，一是艺术"理想的完整中心是人"②，一是"心灵的表现才是人的形体中本质的东西"③。黑格尔明确地指出："在荷马的史诗里，神与人的活动总是经常往复错综在一起的；神们好像是在做与人无干的事情，但是实际上他们所做的事情却只是人的内在心情的实体。"④ 至高无上、法力无边的神与人有机地协调在一起，已经明确地表达了人神的不可区分性，也指出了由人可以向神转化的基本力量。

---

① ［德］阿多诺：《美学理论》，王柯平译，四川人民出版社1998年版，第63页。
② ［德］黑格尔：《美学》（第一卷），朱光潜译，商务印书馆1979年版，第313页。
③ 同上书，第212页。
④ 同上书，第289页。

（二）人的差异化构建本能发挥作用

这里却没有更好地解释，在我们构建出了有差异的、更加多样的基本模式集合以后，在人所特有的对美的追求的力量作用下，如何才能转向与人的生命活性更好地协调的状态。

一是受到各种信息的影响，在人的成长过程中，会将人与自然的相互作用固化成为人的基本本征模式，因此，人在成长以后的本征模式就已经在一定意义上表达了以往的环境因素（自然环境、社会环境、知识背景等）与人有机的相互作用。

二是在生命活性的本征模式的作用下，人会不断地在本征模式的基础上构建新的扩展性的、有所差异的表征模式，还会在这种表征中由于非线性涨落作用而形成更大的偏差，达到距离人的本征状态相差甚远的"不协调"状态。

三是由不协调状态向更加协调的状态转化，是在人的生命活性力量的作用下形成的，同时依赖于收敛与发散的力量，而人的生命活性自然会将这种模式固化独立出来，也成为一种本征模式。

四是由不协调状态向完美协调的状态转化。显然，我们所有表达的意义来源于生活；我们想要表达存在这种"完美"的信念来源于生活，并与生活有机地结合在一起；我们想要表达意义的形式也会为我们所熟悉。正是由于这种熟悉（与生命活性中的收敛稳定性本征模式共性相干）和意义表征时的新奇性（与生命活性中的发散扩展性本征模式共性相干）带给我们以刺激。通过与这种刺激的模式和谐共振以及满足我们对更大刺激（在一定范围内）的期待模式的和谐共振，尤其是在不存在刺激时人们内心生成的对刺激的渴望，这都将有效地驱动人依据生命活性中收敛的力量努力地构建共性以弥补差距。

（三）人会在与生命活性本征状态更加协调的比较中形成优化选择

表征活性本征是生命体的基本活动。生命体的活动同样会受到外界环境的各种因素的干扰与影响。生命体会时常地因受到不相干因素的影响而偏离其稳定协调状态。为达到与外界环境的稳定协调状态，生命体也会在这种表征过程中不断地进行着比较优化，在竞争中加以选择而进化。人的大脑及其主动性保证着活性本征的扩展性进行，而人的意识则会将这一过程变得更为突出、自主、主动和强势。表征这种状态，以及表征与这种状态紧密结合的客观事物，便成为艺术家的主要活动。

（四）将这种比较优化选择的模式固化下来

生活的更为经常的重复活动，使得这种优化模式、追求模式被突显和固化，并通过在各种活动中的共性表现而形成共振相干，使之能够通过意识的放大扩展而形成更强的力量。弗朗兹·博厄斯就明确地指出："有一点可以肯定，只要产生同定型的动作、连续的声调或一定的形态，这些本身就会形成一种标准用来衡量它的完善亦即它的美的程度。"[1] 生命的进化过程就是在不断地优化。这种力量自然会反映在生命的各个活动中。这就已经指出了美的核心在于表达出 M 的模式和优化的力量，而且也指出了必须以某一确定的特征作为基础，与 M 及优化建立起整体性的关系。弗朗兹·博厄斯指出："因为，只有高度发展而又操作完善的技术，才能产生完善的形式所以技术和美感之间必然有着密切的联系。技巧与美感的形成是不可分割的。显然，操作完善的技术——完善的技巧是在不断的劳动中逐步形成的。"[2]

我们之所以要强调美的生活性特征，是指人在生活中存在，在我们表达生活时，生活的诸多信息更会经常而有效地在我们的内心被激活，因此，自然会不断地促使我们在这种欣赏中，通过自身的构建而体会到艺术家所表达的美。如果说艺术家所表征的美根本不能引起我们的认识、理解，也就意味着展现在我们面前的艺术信息对于我们是完全陌生的，它就不能引起我们的共鸣，也不会使我们浮想联翩，不能使我们体会到其中艺术家所想要表征的情感、意义以及某些更深层次的意义，不能与欣赏者以往所形成的稳定的美的状态达成和谐共振，我们就不会认为其是一件真正的或好的艺术品。

产生共鸣是需要有诸多相同的局部特征（也就是说存在较多的能够形成和谐共鸣关系）为基础的。不能引起人的共鸣的美的艺术品，是不能被人所欣赏的。当我们对一个艺术体裁没有恰当的认识，甚至很陌生

---

[1] ［美］弗朗兹·博厄斯：《原始艺术》，金辉译，贵州人民出版社2004年版，第2页。

[2] 同上书，第2页

时，是不能对艺术品的美有清醒的认识的。在与生命的活性本征稳定协调的状态下，大量的稳定性结构的存在意味着需要表达出丰富的差异化的发散构建，熟悉的往往是被遗忘的。我们知道了，就会视而不见，但这就意味着，对于美的艺术品的欣赏在很大程度上并不意味着与美的结构达成共鸣，而是引导欣赏者能够结合自己的经验而构建出更多的差异化的信息，并在欣赏者自身追求美的力量作用下，自觉地构建出对美追求的力量，并基于这个力量模式的构建而构建出与创作者的共鸣。

生活将更多地引发我们结合具体情况不断地表现对美追求的力量，以我们所熟悉的日常生活作为稳定性的基础，使我们能够更加自如而娴熟地表现对美追求的力量。从美育的角度来看，要能够使美具有引导、激励的作用，也需要人们去理解、去欣赏。艺术会依据艺术美与现实人的差距而带给人以巨大的冲击力。

既然美会从生活中获得更多的信息滋养，那么，人的社会生活的诸多思想、理念便会自然地在以生活为基础的对美的追求过程中有所体现。社会道德中的善与恶也应该在美的表现形态中有所表征。在与生活相适应的社会道德中，就有与人的日常生活更加协调的道德表现。

通过一系列的优化过程：提纯、综合，人能够形成"一种它们的原形式所无法提供的（能够）满足（人的某种要求的形式）"，这就是基于差异化个体基础上的升华的过程。显然，康德的"无利害说"指出了在与生命的活性本征状态共性相干时的基本要求。干扰越多（尤其是欲望越多）想要表达生命的活性本征就越困难。佛教强调不受任何世俗的干扰，远离红尘，与康德强调审美无功利性，在一定程度上具有相通性。从单纯地表达生命的活性本征，可以在更大程度上进入美的状态的认识出发，可以看出，人只有能超越感官的简单享受，并以一种无利害关系的态度去对待审美对象时，他获得的感受才是审美性的。康德将"美"提高到自然与自由以及感性和理性的主宰来认识，表现出了优化抽象的力量，也使人看到由于比较选择而得到了更具美的程度的模式。

二　在生活的所有方面表现美

人的社会生活必然地对人的稳定性心理模式的形成及稳定运行产生

重要的影响。"人类的一切活动都可以通过某种形式具有美学价值。"[1] 通过人与社会及其相互作用过程中所形成的稳定联系，将人与环境相互作用中的稳定特征模式固化下来，作为完美模式的基本元素（内涵特征或外延特征）。要在生活的各个层面、各种活动中，表征 M 的力量，表达人们对更加美好生活的追求与向往。简单地讲，生活美化，就是在生活中表现 M 的力量，表现人对美的追求。而其前提是面对生活中方方面面的生活和形形色色的人生，努力地在此基础上进行优化选择，同时，在经常性的反复表现时，运用 M 的力量，将生活中最美的模式固化下来。

在与自然的相互作用中，通过"天人合一"所形成的协调性感受主导着人在想象中的美的优化构建，真实地表达自然与人协调时的感受——真。在与社会的相互作用中，通过不断地经验判断和选择，会形成与社会群体的稳定、进步与发展有利的"美德"——善行。

英国社会学家迈克·费瑟斯通（Mike Eeatherstone）在其《消费文化与后现代主义》一书中，将日常生活审美化分为三种不同的意义。[2] 第一就是艺术向日常生活的泛化。首先是那些艺术的亚文化，即在第一次世界大战和 20 世纪 20 年代出现的达达主义、历史先锋派及超现实主义运动等，他们的目标就是"消解艺术与日常生活的界限"。当达达主义流派被阿瑟·丹托误解地认为是"拒绝创作美的东西"，并借此而将美与艺术分割开来时，[3] 艺术元素应成为日常生活中的一个有机成分，但是在服从真正的美学原理基础上的存在。基于此，我们会禁不住地问：那些影响至深的当代艺术真正在追求什么？费瑟斯通指出了日常生活会反过来向艺术逆向转化，像福柯指出的那样，现代人的典型形象就是"花花公子，把自己的身体，把他的行为，把他的感觉与激情，他的不折不扣的存在，都变成艺术的作品"[4]，日常生活中的元素和优化的力量自然也应该在艺

---

① ［美］弗朗兹·博厄斯：《原始艺术》，金辉译，贵州人民出版社 2004 年版，第 1 页。

② ［英］迈克·费瑟斯通：《消费文化与后现代主义》，刘精明译，译林出版社 2000 年版，第 5、34、96、97、99 页。

③ ［美］阿瑟·丹托：《美的滥用——美学与艺术的概念》，王春辰译，江苏人民出版社 2007 年版，序第 7 页。

④ ［法］米歇尔·福柯：《福柯集》，杜小真选编，上海远东出版社 1998 年版，第 536 页。

术中被表现，当然，在此过程中，如果失去了美的本质性优化力量，一切都只是一种生活的展示，便不能与美建立起任何的关系。也许自然已经展示出了最好的结构，但经过差异化构建和比较后认为当前的自然状态就是最好的结构，与没有经过比较而直接表达的自然结构相比，在心理上已经有了很大的不同。这种不同就在于优化后的美的结构具有了优化后的基本力量和美的含义。费瑟斯通进一步地揭示了经过特殊优化后的符号和图像会深深渗透入当代社会日常生活结构中。费瑟斯通认为日常生活审美化可以指将生活升格为艺术作品的规划。他认为，在消费社会中因媒体的原因，愿望、实在与影像被彻底混淆，虚拟美学的神奇诱惑到处存在。在日常生活中人们会在更大程度上构建虚拟环境，将使这种倾向更加突出。这种现状显著地揭示了美学没能在新媒体中发挥其应有的支柱性作用的窘境。由进化而生成、升华的优化力量会体现在生活的方方面面。G. E. 摩尔（G. E. Moore）指出，生活中最大的善，即在于个人情爱和审美愉悦。王尔德（Oscar Wilde）主张，理想的唯美主义者应当"用多种形式来实现他自己，来尝试一千种不同的方式，总是对新感觉好奇不已"①。这里体现出了多种意义：第一，差异化的多样模式；第二，表达优化的力量，通过对不同方式的尝试而选择恰当的局部最优；第三，对新奇感的不懈追求；第四，不断地表达人的对美的追求时的 M 力量。

三　极力地表现出对美的追求

"身体或物体的有节奏的动作、各种悦目的形态、声调悦耳的语言，都能产生艺术效果。人通过肌肉、视觉和听觉得到的感受，就是给予我们美的享受的素材，而这些都可用来创造艺术。"②

在人的日常生活中，因为存在着以稳定的生活和熟悉的场景作基础，因此使人能够更加顺利而自由地表现 M 力和优化模式的作用。具体行动

---

① Mike Featherstone, *Consumer Culture and Postmodernism*, London：Sage Publications, 1991, pp. 66 –67.

② ［美］弗朗兹·博厄斯：《原始艺术》，金辉译，贵州人民出版社 2004 年版，第 1 页。

的过程，就是人与外界事物发生相互作用的过程，或者说，将自己内心所形成的与 M 有关的诸多模式以某种形态表现出来的过程。中国人的"知行合一"，表达着 M 的力量——由开始的知行不一，努力地达到更大程度的知行合一。在 M 力的作用下，促进着知与行之间建立起更加美好、恰当、有效而准确的对应关系。M 力也在各种实践过程中得到突显、重复和强化，进而表现出足够的独立性、自主性，使其表现变得更加自如灵活。在其稳定展示的基础上，被生命体的日常活动再一次地运用活性的表征而得到加强，这样，就会由于 M 力与生命活性的共性相干而形成非线性增强，更容易地产生新的状态和获得突变性的力量。

四　艺术即经验

杜威的艺术即经验的观点，表达的也是这种状态的具体特征。人可以遇到各种各样的事物，也可以有各种各样的行为，但在将其联系在一起时，我们虽然具有高度复杂的大脑神经系统，同时也具有足够的记忆能力，但我们却不能针对每一个具体情况而形成记忆，而是通过概括抽象，将能够具有更强联系能力的优化后的不变结构作为稳定记忆的"主结构"，再通过记忆的差异化局部信息加以补充的方式形成进一步的扩展，使优化构建在一个更大范围的基础上。

现实中我们只能会经历有限的经验，但我们会运用我们所特有的大脑，在意识空间中对信息展开更具差异化的构建，展开各种各样的虚拟性设想，使我们所面临的问题更加丰富。与此同时，我们会保持不断追求更美的 M 力，保证着我们持续不断地进行着差异化的构建和优化。只要我们在若干活动中不断地扩展、优化，同时在进一步地反思（反思的过程同样在差异化构建的基础上比较优化选择），在求得更大范围内的差异化构建的基础上，持续寻优，将与更大范围相对应的优化模式固化下来，我们就能够具有更强的生存能力。

在意识中，反思会作为一种主动的过程，引导更大范围内的差异化构建，通过差异化构建寻找更加多样、复杂情况下的优化模式。尤其能够是在不断的比较优化过程中，将这种优化后的结果与更加复杂、极端情况下的模式相对比而求得优化后的结果，这是在更大范围内的主动寻优，也是将概括抽象出来的优化模式的具体化，因此便显得更为可贵。

当杜威提出艺术即经验的命题时，其中即包含着通过各种形式的构建，并通过比较优化选择，最终形成一种稳定的表征模式。杜威的艺术即经验中的经验，一定是经过美化的，汇聚判断、异变、选择、强化、建立联系，在众多模式的基础上，再由此构建出了构建于经验基础之上的更美的作品。

因此，当这种优化的模式具体地突显出来时，可以使人明确地感受到各种变异模式的驱动性影响，表达出在差异化模式构建基础上的多样并存地存在。由于已经养成习惯，人们就会在这种生活的多样化状态中，将经验稳定地表征出来。这也就意味着，人会经验性地表达出 M 的力量，又在这种状态下受到扩展力量的作用而近乎地达到极限。生命的本能驱使人在外界信息的作用下，不断地通过构建多种不同的模式而表征生命的扩展性力量，与此同时，又在收敛性力量的作用下，将那种由于生命的竞争所表现出来的对更高状态的对美的追求固化下来，从而成为一种稳定的力量。

在杜威看来，所谓审美感情，实际上只是许多实际生活经验、情绪等心理冲动的平衡与中和，"活的存在物不断地与其周围的事物失去与重新建立平衡。从混乱过渡到和谐的时刻最具生命力"[①]。这种过程，表达了生命由不协调达到协调从而进入美的状态的基本过程。正是由于这种不断地"失去平衡——建立平衡"而最终构建起稳定的美感，与此同时，人们还能够深深地体现出美的阶段性的与各种具体情景相结合时的美的特征。"如果一个人看到耍球者紧张而优美的表演是怎样影响观众，看到家庭主妇照看室内时的兴奋，以及她的先生照看屋前的绿地的专注，炉边的人看着炉里木柴燃烧和火焰腾起和煤炭坍塌时的情趣，他就会了解到，艺术是怎样以人的经验为源泉的。"[②] 杜威已经看到了美中的 M 力在人的日常生活和工作中所发挥的核心作用。艺术的经验性，已经准确地揭示了美是在多样并存的基础上构建出来的，能够优化而表达人不断地

①　[美] 杜威：《艺术即经验》，高建平译，商务印书馆 2005 年版，第 16 页。
②　同上书，第 3 页。

追求更美的状态的基本过程。杜威用"经验"来代表这种过程的结果。原因在于这种状态更多地从经验中表现、突显出来，正如马克思的劳动创造了美：美在劳动中突出而典型地表现出来，成为促使人的心智产生较大变化的一个有力的刺激。但显然，"艺术即经验"即使不是完善，也不能描述在表现过程中尽可能地强化其对美的追求的力量在日常生活中的作用。美的积淀学说内含着美是在不断比较判断优化选择的过程中形成的，但如果只讲"积淀"而不讲是通过比较优化选择了"积淀"，那么也会引导人从单一的"积淀"的概念和过程出发，在理解上产生偏差。

带着优化的力量，留下来的经验往往就是优化的结果。我的妻子喜欢上了"十字绣"，并且经常绣十字绣。她的体会是：绣十字绣时，有的针法就好看，有的就不好看。针法的走向一致，光线的反射角度就一致，光泽就显得好看，绣出的作品就好看，手法就快速而便捷。她的作品被看到的人所称赞。

僵化的片面的极度追求危害着美的生命力，美由此便会失去丰富多彩的意义，失去生命的活力，人们便由此而生成单调无感受。对确定性的追求能够使我们与收敛稳定性模式和谐共振，但这种协调关系一定建立在以此为基础的发散扩张模式的和谐共振上。只是单一地表达确定性，对确定性的追求会在一定程度上阻碍美的充分表现，将更多未知的、多样的、不确定性的美排除在人的视线之外。我们需要的是，在生活的方方面面都能够表达出对美的追求和优化的力量，通过各种形式与美的状态达成更大程度的稳定协调。

诗和绘画艺术都建立起了多样的差异化模式与优化后的单一模式之间的稳定性联系。而两者之间的不同则在于：诗强调的是优化后模式与差异化模式的发散性联系，绘画强调的是由众多差异化模式向优化后模式的收敛性联系。

五　美是文化的核心

简单地讲：第一，历史沉积是一个不断地比较优化的过程，所谓优秀的文化，就是人们运用美的力量不断构建和优化选择的结果；第二，人的任何力量都是通过表达生命的活性而表现的，而表达生命的活性正是生命体进入美的状态的基本方法；第三，生命通过表达 M 的力量不断地优化而达到进化。生命的进化即是在美的力量作用下的必然结果，也使美的力量得到进一步地强化和突显。把握了这些方面，也就把握了文化的本质。

六　M 与工匠精神

工匠精神指的是对达到完美的孜孜不倦的追求精神。这种精神即理查德·桑内特（Richard Sennett）所谓的匠人精神。[①] 这种精神并不因工作的领域和性质而发生变化，是所有行业的工作者应持有的精神。

（一）任何领域都可以看作美的精神展示的场所

不只是形式上表达出对美的艺术，形式上表现对美的追求是最基本的。只要在某个特征指标上体现出了对其进一步的演化过程，就可以称为对美的追求。在这里，我们所强调的是任何一项工作。

"技可进乎道，艺可通乎神"。是的，庄子早就通过"庖丁解牛"构建了可以在各个领域表现特有的审美观念和展示出现的对"极致美"的努力追求的力量在人的日常生活中的地位与作用。这可以认为是人们对如此娴熟技巧的赞叹；是人们看到自己的不足所形成的巨大反差的感叹；是人们看到了庖丁对美的追求，看到了庖丁在解牛时所表现出来的对更准确、优美地把握的力量；是人们看到了庖丁经过日常的训练、练习，在长期的技巧积累后成熟优美的动作表现；但更为重要的则是，表达出了人在重复性的劳动中，必然典型而突出地表现出自身对各种差异化构建基础上追求更美的内在力量。

经过了多样化的探索优化，人们会优化出最佳的行为——准确、简洁而有效，这种动作式的美，是人在长期从事重复性动作中优化的结果，是使相关的技艺达到最佳、最有效、最节能、最节省体力的形态，因此，必然是相关模式的美的表现。在人们面对这种表现时，认识到自己在从事相关活动时，会产生更多的多余动作而认为他们的行为是美的，并由此而使人产生美的感受。

---

① ［美］理查德·桑内特：《匠人》，李健宏译，上海译文出版社 2015 年版。

通俗地讲，既然一个杀牛者在其日常生活中都能表现出对美的追求，何况在人们心目中那些更高贵者？

（二）任何工作在表达 M 力而达到极致的过程中都能表现出对美的追求

我们需要重点强调，美的核心标志是其所表达出来的 M 的力量和优化的力量，也就是与每个人生命的基本活力。表达对美的追求，甚至只是表达生命活力所汇聚起来的向更好追求的力量，是每个人生存的本源。人生在世，就是在不断地努力追求，从根本上讲就是努力地表现其生命的本质：对更美好状态的追求。工作只是一个舞台、一个载体、一种具有一定性质的劳动。人的任何活动都不干扰和影响我们对基于生命本征的活力表现。

"庖丁解牛"当初作为一项低贱的重体力劳动，却能赢得最高钦敬的艺术追求，反映了人类劳动在对美的追求中的共性。这个中国的古老寓言，朴素而本真地表现出劳动与艺术间最初的内在联系与完满同构。席勒"游戏"说提倡现代职业分工以外的审美必要，"庖丁解牛"启示的是专业领域内的艺术被追求和强化的具体表达。马克思劳动美学的理想是"人也按照美的规律建造"，那么，人们为什么不能将其作为一种在自己的劳动中体现出美的力量的追求？

"大国工匠"只选择那些对国家的崛起与复兴起到重要作用的行业者。但实际上，一个国家的兴旺不只是反映在很少的几个方面，或者说仅仅是很少的几个关键的方面，而是反映在一个国家的日常生活和工作的方方面面。比如说我们要造一口每家都用的炒菜铁锅，要求其要更少的有害物质，能够更使得地操作：炒菜，更便于清洗，更不容易生锈，具有较高的强度和寿命，更不容易损坏等。不像有些业者声称的："你不用坏，那我吃什么呀！"这个行业者应该为此而付出更大的心血，做出更大的优化和追求更好的努力。菜刀也是如此。我们所设计制造的菜刀便于操作还最省力，最能保护切菜者不受到伤害，便于磨砺，具有足够的强度，外表还足够美观，而且在各种情况下都能够为人所灵活使用等。这样，就会有更多的人来买这种产品。

这并不意味着只是对国家重要行业、关键岗位上的工作者的一种度量和要求，如果每个行业都在努力地追求卓越，就会通过共性相干而形成一个氛围，会促使更多的人表现出"良性正反馈"，同时也会将这种精神和追求有效地扩展到其他的行业。当各个行业都表达出努力向上、追求卓越的"大国工匠"精神时，国家的整体就会有一个显著的提升。

我们可以从两个方面简单地说明这个问题：第一，各个行业的产品的质量是最好的；第二，在他人所不关注的方面有众多的创新性产品，能够在他人的日常生活和工作中也发挥出重要的作用。显然，我们这里所强调的是任何一个行业都可以通过努力追求"更好"下达到极致而成为"大国工匠"。从整体氛围的角度来看，这将取决于两个方面的力量：第一个方面是国家的创新能力；第二个方面是在国家层面表现对美的追求的力量。从国家层面来促进这种力量，可以使人获得更大的成就感。可以想象，当中国人能够表现出自己的创造力和对美的追求时，人们总在结合自己的工作和生活，创造出更美的新产品，我们将会产生多大的推动人类进步的力量！这真地应验了那句口号"劳动者最光荣"！

（三）对人类和社会有益的目标都应该获得人们的追求与崇尚

只要是人类社会衍生出来的任何行业，都存在自身对美的追求的本质力量，也都显不出来高低贵贱之分。在美的面前，人人都是公正的。我们不应以职务的高低来评价一个人对于人类社会的贡献，也不应以挣钱的多少来看待一个人，而应看一个人在表达其生命中对美追求力量的大小和其表现出来的程度。

只要每个人在其所热爱的岗位上尽最大努力地表现其对美的追求，就都能够创造出伟大的业绩。虽然每个人所能达到的"极致"的程度有所区别，其中还会涉及其他方面的因素，但只要我们秉持这种努力地追求"极致"的思想和追求的力量，就一定会在所从事的工作中做出巨大的成就。

我们促进将顽强拼搏精神与追求美相结合。人具有顽强拼搏精神，即使在问题与困难面前，也会不断地努力进取、追求更加远大，表现出更强的竞争力，努力追求"更快、更高、更强"。通过这种模式的强势兴奋，以持续性地促进人对美的追求。

也只有通过教育的激发，促进和提升了人对美的内在本质性追求，才能将其作为一种核心的品质得到强化，也才能在无形中促进着各项工作的有序进行，人也更愿意表达这种力量。在当前我国的品牌建设过程中，并不是缺乏人们习惯上的美感，这其中重要的是我们要自信，要敢于相信自己认为是美的形式结构，认可自己希望达到的美的新的功能。应该相信，我们所遇到的问题，他人也会遇到；我们解决的困难，对于他人同样会产生帮助。这也就意味着，只要坚持我们对美的追求，就一定能够对他人产生足够的帮助。

人们总是说乔布斯对美与艺术的修养造就了"苹果"的辉煌，但这只是表面现象，当然，也正是由于乔布斯有其特殊的审美意味，有其特殊的对美的看法，并坚持不懈地去追求这种美，才最终创造出了为人们所喜爱的电子产品。对于当代的中国来讲，其中更为重要的则是在美的意味中追求卓越的追求，去努力地尽可能做到好上更好。这种不懈的追求，这种精益求精的内在动力，才是当然中国品牌追求的更为关键的因素。

第八节　美与经济

经济学被世人视为不恰当的、充满着"铜臭味"的，但其本质上却反映了人的优化本能，也就是从根本上表达了人对美的追求——经济。显然，经济学正是研究与此相关的诸多特征、变化规律的一门理性学科。

当前，由于"经济学"更大程度上与直接的经济利益联系在一起，人们总是期望能够以最小的代价获得最大的效益。做任何活动，人们都在计算：$\dfrac{产出}{投入}$，并以其比较值而对行为进行判断和选择。比如说，当有可能产生两种不同的方案时，我们可以通过计算这两种不同的方案在该项比值上的大小，从而选择比值较大者。

"经济学告诉我们：人的需求无止境，但是资源却是有限的。因为几乎所有的东西都比我们希望的要少，所以人们就在他们所珍视的事物，以及像食物和生活处所等必需品上面贴上了价格标签。"① 当我们更准确地把握经济学的本义时，能够更加清晰地认识到美与经济的本质性联系。通过查询百度百科就可以看到，所谓："经济其本质意义上是讲生产或生活上的节约、节俭，前者包括节约资金物质资料和劳动等，归根到底是劳动时间的节约，即用尽可能少的劳动消耗生产同尽可能多的社会所需要的成果。后者指个人或家庭在生活消费上精打细算，用消耗较少的消费品来满足最大的需要。"②

俄罗斯的政治经济学著作对经济学的解释更加明白："经济就是遵循一定经济原则在任何情况下力求以最小的耗费取得最大的效果的一切活动。""经济就是人类以外部自然界为对象，为了创造满足我们需要所必需的物质环境而不是追求享受所采取的行为的总和。"③ 总之，经济就是用较少的人力、物力、财力、时间、空间获取较大的成果或收益。但显然，如果将经济等价于钱，那就大错而特错了。

"经济是指社会生产关系的总和。指人们在物质资料生产过程中结成的，与一定的社会生产力相适应的生产关系的总和或社会经济制度是政治、法律、哲学、宗教、文学、艺术等上层建筑赖依建立起来的基础。"④ 从这里就可以看出马克思的《1844 年经济学—哲学手稿》往往被后人作为马克思美学理论的基本出发点的一般的内在联系。马克思认识到两者之间的本质性联系，却没有更加明确地将这种联系揭示出来，没有以此为基础而展开进一步讨论，也没有以此为基础而用于解释所遇到的各种问题。正如我们所看到的，马克思是在《1844 年经济学哲学手稿》中更为丰富地论及美的问题的。⑤

在美学理论中，往往将美学与经济粗野而肤浅地联系在一起。克罗齐（Benecletto Croce）就曾把美学和经济学称作"两门世俗的科学"，认

---

① ［美］理查德·加纳罗、［美］特尔玛·阿特休勒：《艺术：让人成为人》，舒子译，北京大学出版社 2007 年版，第 5 页。

② 经济：360 百科，https://baike.so.com/doc/1755100 – 1855929.html。

③ ［俄］M. N. 杜冈 – 马拉诺夫斯基：《政治经济学原理》，商务印书馆 2009 年版。

④ 经济：360 百科，https://baike.so.com/doc/1755100 – 1855929.html。

⑤ 骆冬青：《论美学的"经济学—哲学"维度》，《江苏社会科学》2016 年第 4 期。

为这两门几乎同时产生的学科，有着内在的共同点：美学和经济学这两门学科要求的"是提出心灵的实证和创造性形式的尊严，是企图理论地表明或确定和整理那个在中世纪被称为感觉的东西，那个不被熟知、甚至否定和应驱逐的东西，那个现代所要求的东西"①。

仅仅只是从感觉的角度来描述美与经济两者之间的本质性联系，似乎是过于浮躁了。在一定程度上，经济学与美学都是以人的欲望为对象的"世俗科学"，显然，都是以生命活性中的扩展性力量作为基础来进一步展开的。经济学与美学建立在相同的"追求更好"的优化的力量根基上，建立在人的世俗欲求或曰"人欲"得到自由解放的历史事实上。这本是人的欲望自由及其限度表达的基本问题，这本身就表明了两者之间密切的关系。若非如此，生物体也不会由此而进化，优化的过程也不会生成和固化。

经济学假定稀缺资源，对人的欲望趋向于满足的最大化，是以"实物"的方式来解决问题的；而美学指向的也是同样的问题，即心灵的"无限"欲望如何满足，给出的是以某种"实物"来营造"虚幻"的世界，用"虚幻"的世界来为心灵寻找"家园"。马克思的《1844年经济学哲学手稿》曾为美学界广泛重视，其内在根由，正在于马克思揭示了"人的情欲的本体论的本质"在经济生活中呈现出来的美学意义，它是马克思的"经济学—美学"。但不管如何，都不能将经济学与美学之间的关系建立在"感性"的基础上。

在将"经济"作为"生计"来考察时，当然也可以牵强地说是源于"秩序感"，即建立生存的物质交换与分配秩序的问题。这是在将美学经济学化。经济学中"经济人"的假设，就是把人的本质中对美的追求当作其中的核心。在马克思那里，私有财产被作为人的日常活动的差异化构建的必然结果。这就是马克思所说的："人既对自己说来成为对象性的东西，同时又毋宁成为异己的和非人的对象；他的生命表现就是他的生命的外化，他的现实化就是他的非现实化，就是他的异己的现实。私有

---

① ［意］克罗齐：《美学原理·美学纲要》，朱光潜等译，外国文学出版社1983年版，第338页。

财产不过是上述情况的感性的表现罢了。"① 私有财产作为人的"异己的现实",是人的"生命表现"与"生命外化",本身就"感性"地表现了人的生命冲动与生存境界。所以,马克思主张"对私有财产的积极的扬弃","通过人并且为了人而对人的本质和人的生活、对对象化了的人和属人的创造物的感性的占有,不应当仅仅被理解为对物的直接的、片面的享受,不应当仅仅被理解为享有、拥有。人以一种全面的方式,也就是说,作为一个完整的人,把自己的全面的本质据为己有"②。

于是,单一地将人的感性的全面发展,认为是人的美学生成,是通过私有财产对人的感觉和情欲"真正存在论的肯定"而实现的,是不全面、准确的。私有财产作为实现人的需要的必要的感性形式,当然会被异化为"拥有感",这会成为稳定性的力量。马克思主张废除私有财产,彻底的废除私有财产与私有制,将"意味着一切属人的感觉和特性的彻底解放"。这种"废除"可以看作在"入世"基础上的"出世"。只有通过形成私有财产,并使其达到足够高的程度,再废除这种私有财产,才能使人获得足够的自由,并由此而达到完整的人。在这里,将"私有财产"当作实在的可以废除的具体东西,从而使人在否定具体的不足的过程中,达到美的更高境界。从"异化"的角度来看,美本身所包含的发散扩展的力量本身即"恶之花",显然,经济学之所以能够大行其道,就是因为资源与欲望之间悲剧性冲突的永恒存在以及由此而生成的效益与优化。如果单一地从生命活性扩展的负面效果来看,经济学就会被认为是以人的欲望扩展为基础而生成的"恶之花"。不只是人,这种基于当前模式而实施的生命活性的扩展,是任何生命体的基本本征力量。相对于自然资源来讲,无论是生命体个体的力量还是生命体的数量,都将在这种扩展力量的作用下持续增长。那么,与人相关的所有的活动和文化遗产,也都具有了这种特征。所以有人把他的观点总结为:"一切文明意味着邪恶倾向的发展。"③ 艺术与审美也是在与生命的活性本征的收敛与发

---

① ［德］马克思:《1844 年经济学—哲学手稿》,刘丕坤译,人民出版社 1979 年版,第 77 页。

② 同上。

③ ［英］约翰·梅纳德·凯恩斯:《就业、利息和货币通论》,高鸿业译,商务印书馆 1999 年版,第 370 页。

散有机协调的过程中，通过形成"多样"的奢华，进一步地增强着感性享受的"贪欲"。在此过程中，基于掌控能力的活性本征表现，人的欲望会在更大程度上被唤醒与激发，人也才能表达出与掌控模式和能力相适应的更为强大的差异化构建的力量，形成自由思考与自由想象的能力并由此而释放出创造性的才能。

是的，人在劳动中更为经常地表达着这种差异化构建与"创造着具有人的本质的全部丰富性的人，创造着具有深刻的感受力的丰富的人、全面的人"①。作为人的自主活动的劳动，开发了人的感性，创造着人的感性，丰富着人的感性。也正是在克服困难的过程中，人的一切才能、激情、想象乃至性情气质、生命意志才都被充分调动，在使人达到更加完美的程度的过程中，表达出美的意义。

---

① ［德］马克思：《1844 年经济学—哲学手稿》，刘丕坤译，人民出版社 1979 年版，第 80 页。

第六章

人的意识的力量

"与环境相协调的丧失和统一的恢复这种周期性运动，不仅在人身上存在，而且进入他的意识之中：它的状况是人借以形成目标的材料。"[①] 意识成为揭示美的真谛必须关注的核心点。德谟克利特很早就已经指出了人的意识在美感中的核心地位——"身体的美，若不与聪明才智相结合，是某种动物性的东西"[②]。

意识的诞生的确是一个真正的奇迹。但它的确就是这样随着生物的进化而自然地产生出来。以神经系统的运动为基础的意识，能够依据大量神经元之间的电化学性质的联结和信息刺激的扩展，形成以局部特征模式为基础的信息之间的联想与激活；依据神经元之间相互作用的更自由性而建立更多信息之间的关系；依据神经子系统表现生命活性的自主涌现，维持着对心理信息模式的自组织变化加工；依据基于差异化感知的好奇心而内在地驱动着对当前稳定状态的刺激，不断地维持着对当前状态反映的心理变化；并由此而将事物的信息性特征独立特化出来。

在人的意识中，我们会有效地执行多种过程，从而使得意识中的相关过程在人的身上表现得更加突出，甚至成为占据人的行为主流的典型表现。这些过程包括：一是将相关的模式独立特化。意识形成以后，在意识层面所表现出来的意义、差异和由此而形成的推动变革的力量模式，都将在意识中被人独立地认知、变换及强化，并随着人与人之间的信息

---

① ［美］杜威：《艺术即经验》，高建平译，商务印书馆2005年版，第14页。

② 北京大学哲学系美学教研室编：《西方美学家论美和美感》，商务印书馆1980年版，第16页。

交流与合作，使其在更大程度上占据着人的核心活动。二是在意识层面形成该模式的自主性、意识性。与此同时，经过意识的放大而使其变得更加突出，在人的意识中主动表征和追求时，将会形成更为强大的力量。人对自身运动状态及其变化的认知成为心智的核心，其他系统的运动与变化不再成为人的意识所关注的重点。意识的独立性，使得在意识层面会经常地使一些模式具有独立的宏观意义，成为人们考虑问题的基本出发点。三是生命的各种活性特征模式都将在意识中表现出来，尤其是还能够以意识为基础而展开进一步的活性变换。人会通过自我意识反馈的力量而对自我意识展开进一步的扩展增强，由此而形成稳定的自反馈。人在意识中将这种美的感受突显出来，在意识中进一步地放大，在意识中将更多的模式、因素与环节联系在一起，通过快乐更加强烈地表达生命的活性本征，而快乐的反应，又使人更加强烈地追求这种表现状态。

断臂维纳斯是美的，但断臂的不足则会形成一种缺陷：维纳斯怎么会没有完整的胳膊？但在给维纳斯接手臂时，人们才发现，维纳斯的手臂怎样放置都不好看，这是因为人们总认为还一定存在其他的更好的状态，人们不断地试探哪种状态更美，而且由于不同人出于不同的审美标准，会构建出不同的美的状态，最终也没能给出一个统一的方案。虽然具体的形态有所不同，但人内心所表现出来的"一定存在最美的状态"的思维模式却是一致的。很显然，这种期盼只有在意识高度发达的人的身上才能表现出来。

弗朗兹·博厄斯指出："世界各族人们的创作证明，理想的艺术形式主要来自具有高超技术的匠人在实践中提高了创作的标准它们有可能是原有标准形式的一种富于想象的发展。但如果没有形式的基础，那么，想要创造出给人美感的愿望也就不复存在了。"①

美与意识的关系是在美学研究中不可回避的关键问题。"传统形而上学的根本错误，恰恰在于没有认识到我们的认知对于审美的依赖性。从此以下这条规律流行不衰：认知的话语若不意识到它的审美基础成分，无一能够成功；对美学与认知的能力的掌握一起得到扩展；没有美学，

---

① ［美］弗朗兹·博厄斯：《原始艺术》，金辉译，贵州人民出版社 2004 年版，第 2 页。

就没有认知。"① 我们也由此相信，意识（认知）与美之间的相互作用将更加炫彩。

第一节 意识的力量

达尔文曾认为，智力进化是一个连续过程，但最新研究表明，在人与动物之间，的确存在着一个巨大的智力鸿沟。在1871年出版的《人类起源》中，达尔文认为，人类和其他生物在智力上的差异是"量的差异，而不是质的差异"。长期以来，学者们一直支持这个观点，近年来似乎也越来越多地得到遗传研究的支持——人类和黑猩猩的基因有99%都是相同的。但是，我们同黑猩猩的遗传物质方面的高度的相似程度能否足以解释人类智力的起源？用横断性的方法在不考虑智力是如何进化的，而是直接分析人与动物的区别，就可以发现，智力进化并非像达尔文认为的是一个连续过程，反而有很多证据表明，在动物与人类之间，存在着一条巨大的"智力鸿沟"。可以认为，智力在由动物到人的过渡中，表现出了足够的非线性特征，智力已经通过足够的量变形成了足够大的质的"突变"，由此而促使人表现出了与其他动物有着巨大区别的新的行为。

尽管对于人类智力是何时形成的这个问题，人类学家迟迟未达成共识，从其具体的进化过程中没有寻找到更为核心的力量。但考古学记录显示，从80万年前开始，人类智力就发生了一次重要的变化，这个巨大的变化过程一直持续到4.5万至5万年前。② 显然，在漫长的生物进化史中，上述的几十万年只能算"弹指一挥间"，但正是在这个时间段内，首次出现了多构件工具、带孔的骨制乐器、陪葬物、含有多种符号的洞穴壁画等，古人类也开始能够自如地运用火。陪葬物的出现足以说明当时的人类已经发展出了足够高的审美能力，说明审美能力在古人的日常生活中已经占据更为重要的地位，并对灵魂产生了足够强大的信仰；壁画

① ［德］沃尔夫冈·韦尔施：《重构美学》，陆扬等译，上海译文出版社2002年版，第57页。
② ［美］罗伯特·M. 萨博斯基：《突破人类进化极限》，《环球科学》2009年第10期。

更是详细记述了古人类经历过的种种能够让他们刻骨铭心的事件以及他们对未来基于某种特征的期望；对火的应用更是开始结合物理学与心理学，为人类的祖先征服自然创造了先决条件——更易于取暖和烹饪食物，使食物更易食用，人类也由此而更加便利地利用能量。

这些古老的遗存给我们带来一些非常明显的暗示：祖先们如何解决新的环境问题，如何用创造性方式来表现自我，在进化史上烙下他们独有的文化印记。这其中已经展示出足够的美的力量。法国拉斯科山洞中的壁画显示，古人类对绘画的二重性已有充分理解——图画本身是一种事物，同时它又能反映当时的其他事物和发生在自然界中的种种事件（包括人与自然物的相互作用）。[①] 同时也表达出他们基于生存的环境和由此而生成的审美偏好。在此过程中，我们无从知晓，他们能否通过想象运用声音或文字符号向他人展现自己的认识、收获、期望和对未来的设想。同样，现已发现的任何远古乐器（如 3.5 万年前由骨头和象牙制成的笛子）也都无法告诉我们，它们应如何使用、古人类是否总用它们演奏几个简单的音符、远古的作曲者是否在想象中按照迭代回归的方式，将子旋律放在主旋律下，通过反馈迭代构建出更加复杂且通用的音乐。

当我们比较人类的语言与其他动物的交流方式时，智力鸿沟就变得更宽了。像其他动物一样，人类也能用非语言交流系统来表达我们的思想、情绪和愿望，婴儿的哭和笑就是这个系统的一部分。但是，只有人类才拥有以操控意识中的精神符号为基础的语言交流系统，而每一种符号都可以分为特定的抽象范畴，如名词、动词和形容词。尽管一些动物能用声音交流食物、性、掠夺行为等情绪以外的物体和事件信息，但相对于人类而言，这些声音不属于任何抽象范畴，也不能作为语言表达的结构单元。

"当然，拥有了足够复杂的大脑，能够借鉴经验，而不再简单地依赖遗传编码作出反应，这也是人类付出了代价才换取到的。这需要我们

---

① 参见［英］克里斯·斯特林格、［英］彼得·安德鲁《人类通史》，王传超等译，北京大学出版社 2017 年版。

投入大量的资源，而不仅仅是发展演变直觉反应能力。这还需要冒一定的风险，因为意识可能出错，作出错误判断。但是生来就具有的直觉反应却不会这样，除非是环境发生了意想不到的突变。随想象力一同到来的，还有风险。不过利毕竟大于弊，在变化迅速的环境中，保证生存的唯一办法是预见可能发生的事情，并为此作出多种计划……此外，根据场合的变化以及知识的拓展，这些传递信息的方式还提供了不断修正信息的可能性。"① 重要的是只有通过差异化构建基础上的适应性优化选择，才是生命体进化的基本方式。与拉马克的观点不同，达尔文就特别强调差异化构建的力量。② 我们可以看出不同系统（这里指语法和数量的概念）如何相互作用，以产生新的思维方式，让人类更深刻地认识世间万物。③

　　这一切都基于神经系统独特的性质。但同时又是生命系统的独特力量——以任何一个独立的系统为基础而进一步地表达生命活性的力量。神经科学家的研究表明，神经元具有多模式特征。神经系统通过联结而组成复杂的神经网络，其表现将变得更为精彩。神经系统利用神经元的不同连接强度可以记忆不同的信息模式，这也就意味着，在大脑神经系统中，可以保证不同兴奋模式的形成，保证不同的兴奋模式在同时兴奋的过程中生成新的过程。生命的活性在大脑神经系统会得到更加灵活的表现。美的力量也只有在意识层面才能被独立特化。这就需要我们必须深入地研究意识的意义与作用。

一　生命的意识活性

（一）活性在意识中的表现

　　根据保罗·盖耶（Paul Guyer）的研究，在历史上，杜博斯（Dubos Rene Jules）已经认识到了在意识中表达生命的活性，也是构成人与环境的稳定协调从而进入美的状态的基本因素。④

---

① ［英］约翰·D. 巴罗：《艺术宇宙》，徐彬译，湖南科学技术出版社 2010 年版，第 29 页。
② 同上书，第 25 页。
③ ［美］罗伯特·M. 萨博斯基：《突破人类进化极限》，《环球科学》2009 年第 10 期。
④ ［美］彼德·基维主编：《美学指南》，彭锋等译，南京大学出版社 2008 年版，第 22 页。

基于生命而进化生成的大脑神经系统，以及由此所表现出来的意识，必然地表现出活性的发散与收敛的基本特征和力量。从意识的层面来讲，意识中的发散力量是以不断地运用好奇心而激发、选择使不同的信息处于兴奋状态为基础的，而收敛则以强调不同信息模式之间的关系模式，尤其是彼此之间的共性信息元素的兴奋度为基础。生命体所有活性的特征都会在大脑神经系统中以一种稳定的兴奋模式的形式表现出来。对于人来讲，人体内所有的活动也都将在人的意识中得到反映，并且还会由于大脑神经系统能够对信息实施各式各样的自组织而将生命的活性表现得更为突出。

（二）以意识为基础表现活性

通过人对自我的反思可以发现，人的意识是一个稳定的耗散结构，虽然涉及众多不同的特征，但意识状态一定是由若干信息模式的兴奋而具体表现；会保证多样不同的信息模式并存于同一个意识的兴奋状态。以某一个意识状态为稳定的基础时；会通过差异化的方式向其他信息延伸扩展而将其联系为一个有意义的意识兴奋集合体；会将更多有差异的信息通过表达局部的共性信息（使之兴奋）的方式向某一个兴奋的信息模式汇聚；在意识中能够构建出更加广阔的空间，容纳更多的不同信息。基于信息，我们可以展开任何层次的变换，可以实施任意次数的迭代性变换等。

（三）意识发展与 M 力的关系

由生命进化而突显出来的 M 力，无论是直接表达生命活性中的发散力量，还是在意识层面表达 M 的力量，都会使 M 力在意识的表现更加自如、强势，并使之成为促进意识进一步发展的重要力量。在 M 力模式兴奋的基础上，可以建立起更为多样的关系，仅仅是这一点，就将进一步地促进着意识的复杂化。在人的进化过程中当认识到通过意识能够更有效地增强个体的生存能力时，便会更加突出地表达这种力量，并由于意识的自主性而使意识在 M 力作用下的反馈性作用变得更为有力。更为直接地，在更多的过程中将 M 力与相关特征建立起关系而在量的程度上发挥更大的变化性的促进作用。在将 M 力与相关特征结合在一起时，我们便可以根据不同事物在这种特征上的量的变化性特征，在 M 力的作用下构建出差异化的模式，在该特征量的变化方向选择的基础上，选择出基于该特征的优化性的个体。

二　意识的基本过程

在研究意识的基本过程中，需要基于两点而展开思考：一是在人的心理意识中同样能够表征生命活性的基本力量，并通过这种力量的表达，在意识层面建立各种信息之间更加广泛、自由的关系；二是意识具有独特的作用，它通过由量变达到质变，在将各种优化模式进一步强化的同时，推动着人类心智朝着更加复杂化、美化的方向发展。

（一）基于信息进行加工变换

意识主要表征为对事物的信息特征进行加工变换，从中选择出对人的生存与进化起到有益作用的模式。在人的意识中对信息实施变换，包括更加丰富的内容：包括建立信息之间更加一般的相互激活关系；通过彼此运动的差异而维持更大神经子系统的兴奋；用一种模式去变换另一种模式；在更高层次上将低层次系统之间的共性模式通过概括抽象的方式表达出来；将意识中的心理信息模式通过自主涌现激活的方式在各式各样的活动中发挥作用；依靠生命的活性的力量在神经系统中表征信息以及对信息进行加工。人可以单纯地在心理意识层面对信息进行各种形式的加工。此时美学理论也就可以在人的心理意识层面依据其内在的关系（或者说对这种关系的期望）而得到发展。这种纯理论的信息扩展过程，也是由生命活性的扩展性本能模式所表征构建的。

（二）表现发散与收敛及其有机结合

信息在大脑神经系统中的某一个层次反映时，可以同构地映射到低层次或高层次的大脑神经系统中。高层次的心理模式主要表征低层次心理模式之间的共性特征和低层次通过自组织形成一个新的动力学系统的综合反映。这也就意味着，任何一个心理模式都可以成为建立低层次信息之间关系和构建相关意义的指导性模式，也可以成为在高层次神经系统中建立低层次系统的不变量的基础性信息（此时，当两者具有更多相同的局部特征时，即形成更大程度上的共性相干，即将这种不变量信息特化出来）。该模式也就可以成为一个独立的模式而被实施相关的变换，尤其是在其基础上对其进一步地实施基于生命活性本征的各种变换。

（三）认定自我

在心理意识中，通过差异感知器反映差异性信息所形成的内在反馈（"反思"），会形成对具有涌现性的"自我"展开认定过程并将认定的结果表达出来，并以自我认定的结果为基础而进一步地表达出生命的活性本征变换。当我们以生命的活性本征模式在意识中的反映为基本出发点而进一步地表达生命的活性变换时，相当于在认定生命的活性本征的基础上，在意识中反复迭代性地表达生命的活性。

（四）对意识的反复迭代与反思

在不违反哥德尔定理的前提下，我们可以在大脑内部的某个过程结束后，内在地觉察到相关心理模式的变化，对其所表现的后果价值加以评价，并以此为基础而展开进一步的变换。此过程发生在人的具有多层次信息反映及加工的大脑神经系统中，依据大脑多层次的差异感知性的力量，这种过程也就成为可以随时为人所感知的"在线"的过程。认知心理学已经揭示，信息在大脑中是以局部特征及其所组成的网络框架具体表征的，心理变换的过程往往由若干小的环节所组成，每一个小的环节也能够迅速地完成，可以在整体过程还没有结束，只是完成了某些小的环节的基础上，即展开反馈性比较，从中加以选择。以每一个稳定的心理模式为基础，都可以进一步地表达生命的活性本征力量，由此便可以形成一个复杂的动力学系统。

（五）积极主动性

在意识中生命活性的力量表达，形成了人的积极主动性。

1. 差异

对差异的感知及放大（以差异模式及差异化的结果为基础时，进一步地表达活性的力量，形成了在差异上的迭代）将使这种表征差异化的模式和结果，被固化成为生命活性中的一个基本本征模式，并成为人能够通过意识而主动表现和主动强化的基本模式。

2. 反馈

通过大脑神经系统所构建出来的信息之间的相互联系通道，很容易地通过其他神经子系统的兴奋而将这种反馈性作用表达出来，还会通过意识的自反馈作用，促进其以更强的兴奋度在人的认知过程中发挥关键性的作用。在此过程中，其他心理模式的自主涌现的力量通过反馈而形成对某个心理模式的有效促进。在构建反馈的过程中，还会表达出差异化构建以后的比较优化选择的过程。

3. 自主涌现

生命系统中的任何稳定的模式（包括组织、器官、系统）都具有自主涌现的力量。任何一个心理模式通过自主涌现，能够以其足够的兴奋状态参与到与其他心理模式的相互作用过程中。以意识中的任何稳定模式的自主涌现为基础，通过形成差异，会刺激下一步心理过程的进行；以这种过程模式的兴奋为基础，还能够对相关的过程构成控制变换，推动大脑神经系统自组织过程的进一步进行。

4. 通过意识产生期望

在当前模式的基础上表达活性中发散扩展的力量，形成与当前状态的差异，在意识中将基于这种差异而形成对这种新状态的追求与满足表征出来，就会产生人们所熟悉的期望。这种生命活性本征力量在大脑意识中的综合表现，也使其具有了本征的意义。

第二节　生命活性的意识表达

"我们所涉及的进化中的人科——大约 25 万年以前——比其他动物更加聪明和机敏，他们的脑子容量更大，构建更复杂，这种天赋所容许的心理和情绪的复杂性导致了更加宽广的思维和感情。"[1]

基于此，生命的活性本征在人的意识中将表达得更加充分，也更加有效率。"人们倾向于认为当按照规矩、集中精力思考时，当目标清晰时，当把混乱的世界按照有条理的计划分类时，大脑会发挥最大的功效。但实际上，大脑总是处于不同层级的无序世界中，从原始感官信息的处

---

① 　［美］埃伦·迪萨纳亚克：《审美的人》，户晓辉译，商务印书馆 2005 年版，第 85 页。

理到复杂想法的整理都是相当混乱的。我们的大脑已经进化到足够在混乱中发挥作用了，有时我们非要坚持按照整洁有序的方式来思考问题，事实上却是在阻止大脑按照最有效率的方式运转。也就是说，'认为大脑在绝对整洁有序的情况下才能发挥最大效用的观点'其实是引人误入歧途的。"[1] 这也需要我们从一个新的角度研究意识在信息加工过程中表现出来的特征、关系和规律。

一　活性本征的意识表达

在人的意识中，可以以任何一个信息模式为基础而表达生命活性力量，通过向其他信息的延伸扩展，将更多的信息联系在一起，并在差异感知元的作用下，持续地将这种不同表达出来，成为促进心智复杂化进行的基本力量模式。

1. 展开联想

在人的意识中，可以以任何一个信息模式为基础通过关系而向其他的信息延伸扩展，并通过这种局部特征之间的局部关系而使不同的信息在同一个心理空间处于兴奋状态。这些同时处于兴奋状态的信息，会与其他相关的兴奋性信息一起组成人当前的意识空间，并对人的心智所形成的意义以及心智的变换产生足够的影响。

2. 表现生命的活性扩展

以任何一种心理意识模式为基础而表达活性中的扩展性力量，主要建立起与当前状态有所不同的状态，并依据这种不同而将不同的兴奋性信息模式联系在一起：一是会使某些特征的兴奋度发生变化，在这种情况下，会由于意识低层次局部特征兴奋度的变化而改变其所组成的高层次的意义；二是使心智在组成意识空间的诸多信息模式在某些特征上发生变化，并将变化后的结果性状态信息一同显示出来；三是当存在控制心理模式发生变化的情况时，将变化后的结果与控制模式一起显示在人的意识空间中。此时，我们可以依据联想的过程，将其所依据的联想性

---

① ［美］埃里克·亚伯拉罕森、［美］戴维·弗里德曼：《完美的混乱》，韩晶译，中信出版社 2008 年版，第 162 页。

的关系做出进一步的扩展：将其他的联想标准引入心理意识空间。

3. 从其他信息出发向该信息收敛

当从诸多具体的信息模式向某一个以很少的局部特征所组成的意义泛集转换（映射），或者说以很少的局部特征所组成的稳定泛集代替更具多样性的具体信息集合，或者说，在意识层面表达收敛性的变换，将一个具有较大"秩"的泛集映射到较小"秩"的泛集时，我们就会将这种模式稳定固化下来。在我们将这个过程反过来"看"时，即得到由收敛的反过程所表明的扩张。任何模式在意识中得到表现从而具有一定的意义以后，都会作为一种稳定的元素参与到意识的自组织过程中并进一步地发挥作用，这种意义上的收敛与扩张之间的过程也就能够确定性地不断表现出来。

M 模式经过意识的表征会成为一个独立特征，并在意识中得到更加突出的表现，能够更加自如地引导心理状态产生相应的变化。由于 M 力的意义，在意识中运用 M 力实施无限迭代后，会驱使我们向着极限的美的状态做出更大的努力，使我们在更大程度上以更大的力量达成人的期望中的虚幻性的"美"——完美状态。由于这种完美的状态是以期望的形式存在着的，这种完美的状态本身就会成为人们不懈追求的目标，那么，对美的追求，包括对期望的追求等，也就自然地成为人的本征力量，成为通过协调共鸣而引导人进入美的状态的基本模式，由此被赋予独立的美的意义。当人们"看到"运用这种模式所带来的好处时，会通过这种有益结果的反馈性强化，使人们更加自觉和主动地追求使其得到强化的力量，并在恰当地表达生命活性的本征力量的过程中，主动地增强其稳定性、灵活性。这种独立的模式会与其他的信息建立联系，成为一种强有力的指导模式引导人的心智产生变化。该模式既然被独立特化出来，人们便会赋予其"意识活性"的力量。因此，对美追求的力量在意识中被独立特化出来时，就会成为一个与其他信息没有任何牵连的独立模式而在意识中被进一步地实施活性变换，在意识的特殊状态下，被赋予更广的意义，与更多的信息建立起联系，能够独立地发挥作用（自主地发挥作用）。

我们如何由当前的无知状态而达到如克罗齐所谓的"理性的完美"？[①]这是一个渐近的过程。在人们到达理性的完美之前，必须经过这个不断地比较、选择的过程。这就是在意识中不断地表达优化力量的过程。

4. 表达人的意识活性模式

人是在意义的世界里生存的。在激发过程中，存在着如下过程。

（1）基于相同（相似）局部特征的直接激发。两个不同的动力学系统，可以通过共性相干而形成一定程度上的牵制力，并由此而产生一定程度的"共鸣"协调，达到与对方运动状态的"同构"。此时的同构，是通过逐步地建立两个不同对象之间更多局部特征的相同（或相似）而形成的。相同的局部特征越多，同构的程度就会越高。当然，当我们主要考虑两个对象在有限的局部特征上同构时，意味着，两个对象在这些主要特征上的相同的数量越多，则同构的程度就会越高。当两个不同的系统达成了这种共振协调关系时，我们能够通过其中一个系统的运动来了解、控制另一个系统的运动，比如说可以运用我们自己所特有的对当前所处的状态进行感知的自省能力，将这种状态的意义表达出来。依据混沌控制理论，我们可以小心翼翼地基于两个已经形成共振同构的系统中的一个引导控制另一个，使其能够确定性地表达其活性本征，又能够处于当前系统的控制之下。

（2）涌现性激发。涌现性特征是生命体的基本特征。具有外在特征的艺术品仅仅是一种环境因素，而人则能够在这种氛围中自动地涌现仅仅与欣赏者自身相关的审美模式，依据这种涌现出来的特征，通过建立与外界信息之间的相互作用，包括在当前信息兴奋的基础上与外界信息建立起稳定协调关系，就能够在先前由差异化状态向协调状态的整体过渡中，对稳定协调的美的状态形成特殊的审美体验。

（3）自组织。表达生命的活性本征，就会产生自组织过程。这种自组织过程和结果，必然地形成抽象与优化的过程。各种不同的活性本征在自主表现的同时，能够依据自组织过程而形成一个更加完整协调的有

---

① ［意］贝尼季托·克罗齐：《作为表现的科学和一般语言学的美学的历史》，王大清译，中国社会科学出版社1984年版，第43页。

机整体。

世界的复杂性和人的能力有限性已经从根本上决定了人的抽象性本能。在赋予外界信息（事物）以美的意味的过程中，表现出了移情性行为，这是将人自身的感情（复杂的感情）迁移到外界事物（信息）以后，再进一步地展开新的过程的结果。在面对一个新的事物时，人会在差异化构建所形成的多样并存的基础上，通过多种不同信息模式相互作用的自组织而形成概括抽象过程，表达着人的抽象行为，这种抽象行为的结果会随着人的知识背景的变化而形成一种稳定的知识结构体系。

优化的过程也是一种自组织的过程，此时人们在意识中会在各种心理信息模式的作用下赋予这种性质的自组织过程以更加特殊的意义。生命的进化使其生成了从众多可能性中构建出最美（最有效、最有力）的过程模式。优化理论的重点就在于揭示系统如何能够在众多可能性中通过比较判断而优化选择出使某项指标达到最小（或最大，总之是达到极值）的过程模式，并在实际过程中通过具体的过程表达出优化的力量和追求。此时人们能够在想象中运用生命活性本征中的发散扩展性力量（包括差异化构建和联想性兴奋）构建出众多不同的模式信息。进化中的优胜劣汰表现了生物自然的基本规律。当我们构建出满足客观规律的优化判断指标时，被优化选择出来的模式，一定是众多可能性中的真实的过程模式，显然，也应该是满足全部规律的"真实"过程。这就需要我们在意识中基于生物进化的基本规律来构建这样一个优化判别目标函数，通过各种方式的差异化构建，在诸多的可能状态中，选择使该函数达到极值的状态结果。

从审美的角度来看，这个用于构建更美状态的指标的选择，以及所对应的规律，都是伴随着生物的进化而逐步形成并成为主要控制力量的。从某种角度讲，所谓不同的进化策略，就是选择出了不同的优化指标的结果。生物体长期的进化判别目标是自然形成的，但在人的意识作用下，有可能会形成判断目标的"异化"。这个问题有可能会在具有自主意识的人工智能领域表现得更为充分。

不同的艺术形态有不同的表达意义、不同的情感和不同的美的状态的方式。也就是说，艺术家会表达不同的"意味"。显然，从"意味"的角度来讲，艺术并不只是表达情感，艺术家也会选择不同的情感群以及与意义的相互协调来表达出更强烈的审美感受。无论是意义、情感还是美的状态，诸元素之间都会形成一种稳定的协调关系。比如在通过抽象物表达美的状态时，并不是说所有的抽象符号都具有美的意味，而是那些在人们经历了由下至上的、由众多具体到抽象的不变量的转化过程以后，才赋予这种抽象的不变量以特殊的美的符号性的意义。在这里，这种抽象的符号与具体美的意义之间的关系，相对于艺术品来讲，是应该先期存在。这尤其需要人在意识中通过想象而将 M 的力量和优化的力量表达出来，在寻找构建这些力量的恰当作用下，达到与环境的稳定协调。人如果不能在依据与美的稳定联系的基础上建立该抽象符号与内心各种信息之间的关系，不能激发更多信息的兴奋，那么，也就不容易形成各种意义的构建和进一步的优化过程，人也就不能将外在客观与人的内在想象建立起种种的联系，人的情感就无从激发，人通过情感而表达出强烈的美感的过程也就无从谈起。

严格地说来，抽象符号与具体的美的意义之间并不要求先期存在这种美的对应关系。但显然，只有两者之间建立起更为丰富的联系，甚至仅仅构建了由抽象到具体的"范例"，而人们又在一定程度上掌握了由抽象到具体的描述关系，就可以认为已经建立起了相应的综合性描述，从而便会形成一种更加全面而深刻的系统感受。

外界客观刺激在简单生命体中引起的反应也是相对简单的，而在复杂的动物身上，所引起的反应则会复杂得多，其中涉及感知神经系统和相关效应器官的运动。这些感知神经元会将其兴奋传递至更高层次的分析神经集合，通过局部的共性兴奋而反向地与更多具体的感知系统联结为一体。对于人来讲，一个刺激除了引起机体内各组织器官的不同反应以外，这些不同的反应之间还会进一步地促进其他器官的反应。首先是在大脑中能够激发出数量更多的信息的反应，这些信息会进一步地生成新的激活模式，还会在大脑中形成差异性的反应，并通过这种对差异的感知、放大，促进新心理过程的进行。大脑神经系统中能够更加自如地表达自主涌现的力量，在神经系统分别达到稳定状态以表征不同的信息意义的基础上，进一步地将各自的模式向综合性神经系统汇聚，并通过更高层次神经系统而形成更加复杂的大脑信息加工过程。

在更加广大的意识空间中，人能够并善于将更多的信息引入心理空间实施变换，从而在大脑中形成一连串的转换加工过程。与其他的组织器官在表达其生命活性的过程中，能够通过差异化构建而优化选择出最有效的行为模式相比，在大脑中先进行优化然后再将这种模式指导相应的组织效应器官产生相应的行为，将会节省大量的资源，也因此而推动着人类走上了地球生物链的"制高点"。

二　M 力的意识表达

丰富而发达的大脑神经系统对任何一个具有较高兴奋度、较高稳定性的心理模式，都采取独立特化的方式，使其能够在独立表达的基础上，建立与更多的心理模式之间的联系。这样，稳定性心理模式就会在大脑中表现出较强联系基础上的综合化、整体化结果。M 作为一种独立的力量自然会随着人的活动的有效进行而特化出来，并能够更加充分地发挥出其应有的作用。

（一）M 模式被意识放大

生命体会将那些兴奋度高、作用时间长（刺激冲量大，所产生的稳定性的记忆力强）的模式独立固化下来。由于人的主观意识在此过程中起重要的作用，人们会更加关注自身的主观意识的力量。M 同样会被意识所关注、强化。一是人会以较高的可能性以该模式为基础迭代地进行生命活性操作。以 M 模式为基础，生命活性将其固有的力量：发散、收敛以及发散与收敛的有机统一作用到 M 模式上，在 M 模式的基础上进一步地表达生命活性本征的力量。二是经过意识的放大，将 M 转化成为高层次的通过概括抽象出来的稳定性模式。在这里就需要充分显示出想象的力量。依据大脑神经系统的生命活性和神经系统的自组织过程，依据局部特征信息之间的局部联系，将各种信息在大脑中进行更加自由地组合、兴奋激活，综合形成具有各种各样的意义，并由此而形成更加多样的信息同显，以及更强的发散扩展的力量。这种过程实施的基础是想象，也是人们在得出确定性优化认知之前的基本过程。意识则在这种自由兴奋与综合的基础上，结合当前的外部环境，结合当时人的基本心理背景，在诸多各种整体性意义中，通过比较判断，优化选择出有限的若干个确定性较强的结构，再由此而选择出指导人产生某种行为的有效模式。

M模式在人的意识中被放大具有如下意义：一是放大构建各种信息的差异性特征；二是放大扩展比较求优的过程；三是利用局部模式建立更多信息之间的关系；四是利用局部特征之间的局部关系形成更加多样的各种可能的意义；五是采取任何模式来变换此种关系；六是采取各种可能的方式将局部特征有效地组织起来；七是持续地表达对这种力量的更强的追求等。

（二）将M从心理中独立特化出来

在M力量的表达过程中，要有意识地突出表达M的力量，更要主动地表达M的力量，要使所表达的M的力量达到足够大的程度，使其所占据的成分达到足够高的程度，使人在意识中明确地感知到它所起到的作用，并在一定程度上主动地将这种表现转化成为艺术的主题。也就是说，要使M力的表现占据足够的"分量"，使其具有更高的兴奋度，能够在更大成分上指导信息模式在相关特征上的变化，或者说在诸多指导信息模式变化、建立信息之间关系的模式中，更多地选择这种指导模式。

促进M力在意识的各个层次得到独立特化，包括感觉的层次、知觉意象的层次、抽象符号的层次以及对心理过程进行控制的方法性层次，将M转化成为具体的信息形式表达。能够在意识认知的基础上，建立与众多不同信息形式之间的内在联系，从而形成对M的自主性以及扩展性力量的强化生成，促进其在各项活动中保持其有效的扩展、发散性的意义，而不只是僵化、单一地表现M力。

（三）将M力作为一种稳定性的力量而不断表现

稳定地表现M力，使我们能够针对各种具体的情景信息模式而展开差异化的构建，并在此基础上通过比较而构建选择出"更美"的模式。这就意味着，各种过程都能够共性地表达M的力量，并由此而在各种不同的过程之间形成共性相干，基于此而将不同的过程联系起来。

基于稳定的M力，保证我们能够在更大范围内展开基于具体细致环节的优化追求过程，也就是说，基于稳定的M力，可以进行更大的差异化构建，形成更加多样的差异化个体，并在此基础上引导人展开更大程度上的优化选择。仅仅是表现 M 力，就可以在不同的模式之间建立起共性相干（共同表现 M 力）的关系，从而促使生命体因表现 M 力而成为保持稳定的一种力量。

（四）要保证 M 模式的自主性

在意识中使 M 模式具有足够的稳定性、独立性时，会将表现出的生命的活性本征力量向着更加强大、更加有效的方向推进，从而更有力地提升、增强人的生存竞争能力。即使没有相关外界刺激因素的作用，人们也能够依据其自主性而将 M 的力量在大脑中涌现出来，不断地促进表现出更强的发散、收敛以及统一协调的力量，并以任何一个心理模式为基础而更强地表现生命的力量，使心理变换过程持续地进行。要么以此模式为基础而将其他的信息激活，要么在此模式的引导下使信息产生相应的变化。依据 M 模式自主性的特征，不断地构建具有差异性的模式，并且使这种差异性的构建程度更高。在多样构建的基础上，M 模式的自主性又将引导人在多种指导模式存在时，发挥 M 模式的选择性作用，基于某个特征能够保证生命体更好地保持生存与发展的变化方向而选择"更美"的模式。

要从主观上认识到 M 模式的意义、作用和重要性，充分认定 M 模式的独立意义，体验其在各种不同的过程中发挥不同作用时的具体表现，体验 M 的表现和在同其他信息相互作用过程中的表现以及其在激发新的信息、构建新的意义中的作用。

（五）建立 M 模式与各种心理模式的有机联系

事物的运动与变化模式会在人的意识中建立更加广泛、自由的关系，也因此而使各种信息在意识中得到更加有效的加工。在此过程中，如果我们能够建立起 M 力与相关信息的关系，便可以通过各种信息的激活，有效地增强 M 力的兴奋度。一方面会根据信息之间的这种局部联系，激发 M 力；另一方面，还会有效地增强其自主性，促使其在即使与之无关的活动中也能够有效地发挥作用。

这需要我们不断强化 M 模式在各种活动中的作用发挥，充分发挥 M 模式在各种心理转换中的作用，形成 M 模式与各种具体情景相结合，寻找在各种具体情景中表现 M 模式时的特殊性和一般性的模式。更进一步地，需要在将 M 力与各种具体情况相结合的过程中，形成概括抽象的模式，在各种过程中观照、构建 M 力的"身影"，使人在这种模式的作用下，更加稳定而自如地将 M 力与各种新奇的特征、过程、事物相结合，从而在相关的过程中更恰当地将 M 力表现出来。

第一，人的意识在广泛建立联系的过程中，不断地重复表现某个模式，促使其形成稳定性较高的心理模式。通过在意识中表达 M 力，就可以使 M 力模式达到较高的兴奋度。

第二，从当前心理模式出发持续性地表达 M 力而形成扩展，这也就意味着将当前模式独立显示出来，持续不断地构建与当前信息有所不同的信息。

第三，构建各种差异化联系，甚至在 M 力的作用下，构建与当前心理状态差异化更大的信息，在建立广泛联系的基础上，将这种差异化的过程模式和结果模式表达出来，并通过这种差异体现，与 M 力有效地联系成为一个有机整体。

第四，强化通过意识的反馈。在生命体中会以差异化感知和反馈为基础形成对自我的觉知和选择——意识由此而形成。因此，意识会以更强的态势而有效地增强着通过反馈而形成的自我意识。尤其是通过教育而使人掌握了这种对自我意识进行反馈联系、强化的过程以后，人会更加自觉地运用这种力量形成对自主性的有效增强。

M 力量基于生命活性，可以在认知的各个层次表现出来。在意识层面将其独立特化出来时，可以逐步地提升其在人的各种实践活动中发挥出应有的作用，并伴随着心理模式中抽象程度的提升、联系使更加多样的不同事物而得以升华，这种升华总是基于低层次模式的共性表现（概括、抽象）而在高层次中独立特化出来。虽然 M 力作为生命的基本力量，能够在高层次中自如地反映出来，但能够随着抽象程度的进一步增加而给人带来更大变形基础上的虚幻性感受。这就要求我们在具体的实践过程中，将 M 力在更高抽象层次的作用中突显出来，使其成为能够从抽象概念的层面引导人顺利地进入美的状态的基本力量。

这需要我们在各种认知活动中，通过共振性地体验到 M 力发挥作用时所形成的差异性构建的特征，并在这种构建过程中，进一步地表现寻优的模式和力量，通过具体的实践活动，将各种差异化的模式表现出来，并通过构建更优而体会到 M 的力量，以寻找更加有效地表现 M 力的最佳的方式等。

（六）在各种具体情景中更加自如地表现 M 力

当 M 力在意识中的自主性达到足够高的程度时，无论是差异化构建，基于某种特征的比较，还是基于某个特征的优化选择，都不再需要人主动地在意识空间实施控制性的构建。人的意识空间与无意识空间相比有很大的不足。当我们能够结合具体情景而自如地表现 M 力时，M 力因已经成为一种能够突出表现的潜意识作用力，成为一种稳定的程序化的模式，它就能够在更大范围内、更高层次上发挥作用。因为表征人的 M 的力量是一种本能的过程，在一般情况下人们是不会知觉地将其表征出来。人们就会在潜意识中运用 M 力的作用，持续性地进行差异化构建并从中选择出最好的模式。自动地展开各个方面，将会"节约"出更大的意识空间去解决那些"棘手"而需要动用创造力的问题。

人能够在各种具体的活动中，在促使其综合表现的基础上，自主地体现出 M 的力量，促使其自由地在各个特征的变化上形成新的趋势，在差异化构建的基础上进一步地扩展，并运用活性的发散与收敛的有机结合所形成的基于某个特征的优化过程，自主地表现 M 的力量。从这里就可以看出，强化 M 力及其自主性，应该是美育的一个重要内容。

正是由于 M 力量的存在，才能够驱使我们不断地激活更多的信息，在构建差异的基础上通过比较而做出更为恰当的选择。当养成一种确定性的习惯时，人就能够更为恰当地运用自己的直觉和洞察。尤其是在表达人的艺术感受时，处于直觉和洞察状态，或者说处于对艺术单纯追求的状态下，直觉和洞察力往往会构建出更为恰当的整体意义，以其更少的干扰而使人能够更"单纯"直接地表达出生命的活性本征。即便不是生命的活性本征，也是能够在以后的心智变化过程中起到主要作用、不会随着其他因素的干扰而变化的模式。

（七）意识对 M 力的放大

人的意识具有超出用于协调机体内各组织器官运动所需要的更大的信息表达与加工空间。虽然在意识中，信息之间的联动性不强，但可以根据信息之间的局部联系而形成一个更大的松散性的兴奋集合。这些兴奋的信息由于与 M 力同时建立起联系，因此，一方面会形成基于 M 力的共性放大；另一方面，人的意识会表现出自主性反思过程，就会通过这种反馈而有意识地增强 M 力。

经过意识的放大和意识的主观能动所构建出来的"自催化"——正反馈——在人身上的典型性特征，表现 M 的力量可以成为指导人产生具有 M 力量特征的典型性的行为。在这里，可以显示出想象的两种影响：一种是对相关过程诸如审美的促进性影响；另一种则是对相关过程的干扰性影响。从生物进化的过程来看，一定程度的干扰，将会促使系统在更大范围内寻找最优。这种干扰往往是差异化构建的结果。也由此而形成多样并存，并通过群体相互作用、相互竞争的方式表达出来。显然，这种干扰将利用该生物进化系统的非线性涨落得到进一步地放大。

我们可以充分利用意识中所存在的信息的多样性、自由组合性、生成性、自反馈性、自相似性特征，对诸多力量运用意识而突出与强化，并主动性强化诸多模式的力量和其所发挥的作用。

1. 以 M 力作为基础展开生命活性

在人的意识层面，既然我们已经认识到生命的活性本征在美中的地位与作用，那么，就应该更加突出地表现生命的活性本征。这需要人们体会到这种生命活性的意义作用与独立性，并将其转化为意识状态的表现，在强化其独立性、自主性的基础上，强化其在各种活动中的作用，尤其是促使人们在意识状态中能够更加强烈地体会到。

更明确地说，我们将在意识中基于对 M 力的认识和理解，将 M 力与生命活性相结合，在 M 的基础上表现生命活性，将 M 力与生命活性中的扩展力相结合，将 M 力与生命活性中的收敛力相结合，将 M 力与发散与收敛有机结合的力量相结合等，会形成更加复杂的 M 力的表现体系。

2. 在意识中充分认识到 M 力的地位与作用

在各种事物中体现 M 力，使其沿着 M 的何种方向发展，则需要判断其具体的作用效果。对于生物体而言，沿着一个方向表现 M 力可以获得对生物体的稳定、变化与发展的有利的结果时，沿着相关的方向则意味着对生物体产生有害的结果。只要我们在意识中认识到了 M 沿着某个量值的变化方向将会产生有利的结果时，我们便会强化在这个方向的扩展。而且，这种利益对于生物体的作用越直接，其强化这个方向扩展的努力就会越强大。

3. 运用人特有的想象力增强 M 力

在将 M 力与想象力看作两种既有联系但又有区别的独立模式时，我们便可以依据彼此之间的局部上的各种形式、内容的关系，研究两者之间的相互作用。通过想象的差异化构建，形成 M 力的新的表现形式，构建 M 力与其他信息相结合时的作用模式，而不单单只是 M 力的作用。显然，当我们将 M 力与其他的特征有机结合在一起时，M 力的表现将会更加丰富多彩。

三　优化选择的意识表达

通过意识的强化表现，可以使人对更美追求的 M 的力量表现得更加充分、更加自如，在差异化构建的基础上，形成更多差异化的不同表现个体；以对美追求的完整模式为目标，形成对美"更"进一步的持续优化构建。人在意识中会利用这种本能使相关的表现更加自由和充分。也能够使人以 M 力为基础而更强地表现生命的活性本征，通过在更大范围内追求差异化的个体，并由此而构建更强的优化比较。这会从生命扩展的角度提升强化人对自由的更强感受——人可以在更加多样的可能性中、在更大的范围内实施自主的优化选择。经过意识的自主强势放大，使其在人的日常心理反应中占据重要的地位，在任何一个心理转换过程中，都能够努力地表现在 M 力作用下的优化过程，而不只是局限于当时想象构建出来的某一个模式，并在 M 赋予某个特征以美的力量的指导下，进一步地构建、比较、选择和优化。

这种已经被优化、固化了的神经兴奋模式（心理模式），能够在人的各种行为中发挥重要的作用，引导着人进行复杂的差异化构建，并由此而表达出复杂而有效的行为，提升着人的竞争力水平，提升着个体的生存能力。比如说，对于体操运动员、跳水运动员等，他们表现（演）出来的应该是与他们本身的身体素质能够最好结合的动作模式，是一连串由各种姿态的连续所组成的最美的动作。之所以说这些动作是最美的动作：一是说这些动作具有独特的典型性；二是与他人的、习惯性的动作有很大的不同，能够给他人带来足够的惊奇感；三是人们能够想出应该做出的习惯性的动作，而人的习惯性动作也应该是得到优化的、行之有效的动作，否则，就会被生物的本能所抛弃；四是人们能够顺利地将这种不同的行为构建出来，并且将这种矛盾化解出去；五是这种新的动作本身出乎意料，并以此而给人带来与美的模式共振的审美感受；六是这种新奇的动作与人的发散、异变的基本模式产生了共振，从而激发了人的相关的审美元素。而在这个过程中，动作的难度（他人所不能的程度）在其中占据着重要的分量。

其实，人在运用智能认识表征自然现象时，已经体现出了 M 的力量。这种力量在智能学科中能够发挥更大的作用。无论是每个智能算法中循环运算的收敛终止点的判断，还是人们力图构建与目标更为匹配的状态，都是在以构建"最优解"为基本出发点去努力地寻优。生命的优化本能也驱使我们想表达某种意义时，总要选择一定的体裁，构建具体的内容信息，包括人物、场景、色彩、线条等，还有可能通过这种具体的形象性信息而表达出更加深刻的意义。艺术创作者更是在基于一定的意义而选择、构建人物、场景、关系等，通过这种构建将各种相关的信息模式都在大脑中显示出来，并运用 M 的选择性力量而展开优化。

（一）在意识中表达优化模式

如果将人与其他动物相比就可以发现，这种差异化构建基础上的比较判断优化选择（美化）的力量模式在其他动物身上虽然也有表现，但不能达到这种像人一样的足够高的程度；即使能够表现，也不能占据更为重要的地位，不能在其日常行动中更加突出地表现出来；尤其是在其心智过程中，不能更加典型地表现出来、自主地表达出来。优化的力量从生命活力的表现中独立地突出出来，代表着生命的基本活性力量，并通过意识的有力作用而成为一种独立的力量模式，能够在各种活动中发挥出可以被独立认可的作用。而这都是人意识的力量在其中发挥关键性作用的必然结果。通过人的意识的有力强化，比较判断优化选择的作用也会更为突出。结合其自主性，人会在更加有效地在优化模式力量的表现中有意识地主动、专门放大。专门强化优化的力量，会使人在这种表现强化的过程中，形成与优化模式力量表现的共性相干，从而使这种表现更加有效。作为艺术，能够受到更多人的深切关注，也是因为这个方面因素：使人感受到的美更加强烈。

（二）形成对优化模式的追求

生命体是通过比较优化而选择出与外界环境更为稳定协调的模式的。当人固化了这种模式或者将追求"更进一步优化"的模式固化出来，它便成为由不协调达到协调的驱动性力量。在形成了由不协调达到协调并与这种模式建立起稳定的关系以后，意味着由"不协调→协调"的转换与优化模式力量的表征之间建立起了稳定性的对应关系、协调关系。实现了转换，就会与这种转换模式一样地共振、共鸣，在人的心理状态与所对应的状态之间通过达成若干局部特征的相同（相似）而形成共性相干，从而可以有效地激发这种模式，并使其运动强度达到足够高的程度，就可以实现与人的活性本征达到更高层次协调的关系，以满足人对这种优化模式的追求为基本，由此而给人带来审美享受。只要任何一个过程体现了这个模式，便都是在创作美和审美。美学理论家们更是重视这种模式和力量的作用。最近出版的《生活即是美》《身体意识与身体美学》以及杜威的《艺术即经验》，这些著作中都对此进行了一定程度的描述。

无论是音乐、小说、绘画，还是书法，都从主观意识的角度更加鲜明地表现出对这种比较优化模式的追求与固化。自然，要通过恰当的形态将这种对"更进一步优化"的追求与固化的过程与模式表现出来，是需要通过意识的更为强势的加工才能真正实现的。艺术家的创作实践中的创作表现已经认证了优化模式力量的稳定性存在及表现。那些伟大的艺术家，需要事先认识、构思、比较与选择。诸如，人们只看到达·芬奇已经画成的作品，却看不到达·芬奇通过各种构思而最终形成一幅完整的艺术作品架构是不够的。人们常讲，莫扎特在作曲时，往往是一气呵成的，却不知道莫扎特也会为了创作出符合自己审美体验的音符而绞尽脑汁。他要通过各种异化性的多样构建，在众多可能性中比较判断优化选择出"最恰当的"。

音乐家在创作出作品时，会不断地试探各种方式的演唱（奏），并以此而将自己认为最美的、最能打动人心的乐曲创作出来。虽然人们从内心普遍认可创造的"顿悟"式、也更愿意看到这种顿悟，人们更愿意看到一首作品一蹴而就地不经过任何的修改（或者说很少修改）而具有完美的品质，人们也更愿意为这种"神话"而做出不懈努力，但在实际创作过程中，将更多地表现出"渐次逼近"的对优化目标的追求过程。创造学中的"沉思"阶段所描述的就是这样的过程。自然，这也就意味着，只要在某个方面采取了"更"的模式，在"更"的指导下通过异化性多样探索选择了符合某种标准的模式，形成了人们在力所能及的范围内的极致，并且表现出了人在尽可能地去努力追求这种"更"的结果，那么，人就会自然地在生命活性力量的作用下，选择某个优化的判别标准，从而在这种差异化的多样并存中，通过比较的方式选择出基于当前这种多样并存基础上的最优结果。

艺术品以在更大程度上能够激发欣赏者的审美享受作为基本的出发点，表达着艺术家能够长时间地采取这种方法构建出更好地满足相关标准的更加优美的作品，但也往往因其难度而让人望而生畏。艺术家总是在追求能够在更大程度上打动人心的作品，这也能够更加有力地激发出他人生命的活性本征，使其体会到更加强烈的协调后的美感。在此过程中，也正是由于其作品能够使他人更加充分地体会到优化模式的力量，激发出了众多的相关模式，才使人的审美变得更加深刻、有力。

（三）意识中的优化表现在任何一个过程中

1. 描述优化本身就已经经过意识的加工

生命状态在表现时，我们可以观察到，但只有人，才能将这种生命活性状态运用到恰当的情感模式中，尤其是与符号形式有机结合，从而典型而突出地表达出来。我们所强调的是，这里所表征的是运用符号来表达人的生命活性本征的过程。这种符号是在社会意识中可以作为基本元素进行交流、扩展、选择和强化的。

因受到各种因素的影响，人会在意识中通过构建联想出更多其他的信息模式，从而对当前认识（尤其是对当前与环境稳定协调的活性本征的认识）形成更大程度的偏差，因此，在意识中，会形成在更大程度上偏离生命的活性本征表现的状态。由于受到更多外界环境因素和人意识认知自主表现的影响，人的生命活性本征状态会在人的日常行为中发挥越来越小的作用，或者说虽然起到重要的作用，却不为人们所认识、理解、体验和重视。在实际过程中，人虽然也总是在追求优化的结果，寻找构建对优化模式的最恰当有效的表达和描述，但由于其模式的独立性不高、兴奋程度不高而不能为人所明确觉知。

2. 只有在意识作用下，才可以实施更大的差异化构建

生物体内不同组织器官的运动表达着不同的活性本征模式。其他的组织器官虽然在保持其活性的条件下，能够在生命活性区域分别构建出不同的反应模式，但由于其静态稳定结构对于其动态运动状态的强有力的限制，使其所形成的动态运动区域较小，静态稳定结构较强的牵制力，也会使非线性涨落所对应的区域相对较小。

在神经系统中，却可以依据神经系统的电信号的兴奋模式，依据神经元之间大范围的联结和更加自由的静态结构与兴奋状态之间的对应关系，将更多的差异化模式联系起来，促使其通过建立新的系统而形成稳定模式。神经系统在表达信息模式时，既能建立起更加广泛的联系，又不具有较强的制约性。同样是神经元的兴奋，当不同的神经元之间表现出不同的联结方式和强度时，其所表达的意义也会发生变化。

3. 运用各种特征的比较而求得最优

不同的活性本征模式在任何一个心理过程中都可以起到相应的作用。我们可以在各种不同特征的指导下，在环境的影响下，在人的内在秉性支持下，具体地展开各种可能的生命的本征力量，以此为基础从而求得最佳（优）的结果，将最能激发人的美感的模式表达出来。这尤其需要在人的意识空间中，能够更加自如灵活地将各种力量独立表达的基础上，在差异化构建的基础上形成比较判断和优化选择，形成一个更加复杂的动力学系统，并将其综合性地表达出来。

第三节　意识与美

2300 多年以前，古希腊著名的哲学家和美学家柏拉图就提出了"美是什么"的追问。柏拉图试图给出的美"单一的理念"的答案，但其在理论和实践两个方面都不能令后世美学家们信服。伴随着人们对美的本质的不断追求，除了柏拉图的"美是理念"的观点之外，分别构建出了不同的理论体系。如普洛丁提出"美是上帝"，亚里士多德构建出了美是形式、比例与适度，黑格尔以"美就是理念的感性显现"为基础构建出了完整的美学体系，休谟认为美就是一种快乐，康德的美是主观的，博克的美是事物的特征，狄德罗的"美在关系"，车尔尼雪夫斯基的"美是生活"等，以及克罗齐将美构建于"直觉"之上，谷鲁斯和浮龙·李强化美是"内摹仿"，立普斯的美是"移情"，布洛的美是"距离"等学说。

历史上，美学家们都认识到了主体与客体同时在表达美的过程中的重要意义，但常常站在主客二元对立的立场上，在肯定一个方面的同时，否定另一个方面。通过将人与对象截然相分，把"美"独立地看作或居于主观，或居于客观，或者将美看作抽象观念的既定存在物。这些观点背后隐藏着一个潜在逻辑前提，即认为有一个固定的、绝对的、客观化的审美对象，人可以通过把握这个客体化的对象来发现"美"、表现"美"。例如，把舞蹈表演中的舞蹈者或者一个个优美的动作，把书法作品中的字、画框里的画、音乐中的曲调等作为绝对存在的审美对象，人的意识用某种方式去把握和交流，引导人找到其中的美，或者是发现隐藏于自己心中的美的特殊性。这一方面，通过将美与意识分割开来将有利于人更加清醒地看到美在人的意识形成中的独特作用，使人更清醒地看到美在人类进化中的作用；另一方面也能够在与意识的密切联系中、在多种不同的信息加工的联系中，更加突出美的核心地位。

正如我们在第三章指出的，在我们谈论"美"这个词时，已经与一个稳定的认识泛集稳定地对应起来，因此，每当我们谈论"美"，其意义也是明确而确定的。我们不再需要将"美"的内涵性意义在每一次"美"的意义表述中明确出来，而只是从更加抽象的层次表达这个具有稳定意义的"美"。

美不再只是人类进化结束以后的一种功能性表现，也不再只是一种被动的、可有可无的状态模式。美自始至终地参与人类的进化，并在人类的进化过程中发挥着关键的作用。表达美的精神的"艺术是最初的和基本的精神活动，所有其他的活动都是从这块原始的土地上生长出来的"①。美与艺术已经并且仍将稳定而有力地推动着人类社会的进步与发展。显然，这种作用尤其是在意识的进化与作用的发挥过程中才能起到更为显著的作用。各种活性本征在意识中自主表现时，就已经具有了特殊的意义，通过信息之间的局部联系，在激发出更多信息的基础上，自组织将促进生成更具启发性的新的意义。

克里斯·斯特林格和彼得安德鲁指出，"岩洞墙壁上的画作（被称为洞穴艺术）获得认可则花了更长的时间，因为其中一些距离生活区域很远，而且很多都表现出相当惊人的艺术技巧，不像是石器时代人类的头脑和能力所有创作出来的"②。这里所指出的就是艺术对人智力发育的有力的促进作用。

一 美对人类进化的促进

（一）美可以充分地表现 M 的力量

发挥 M 的自主性的力量，可以有效地促进人意识的形成与发展，推动人类社会的进步与繁荣。通过意识的强势增强的意识表现，在人的意识强势作用下，无论是一再重复，还是建立该模式在各种信息加工中的基本表现，建立将该模式赋予各种特征以相关的审美标准，都将有效地促使 M 模式（以及由此而延伸的对美的追求）的充分发挥。在表达引导人进入美的状态的诸多元素中，M 力占据着更为突出的地位。因此，表

① ［英］科林伍德：《艺术哲学新论》，卢晓华译，工人出版社 1988 年版，第 8 页。
② ［英］克里斯·斯特林格、［英］彼得·安德鲁：《人类通史》，王传超等译，北京大学出版社 2017 年版，第 287 页。

达美的状态,也就同时意味着在更大程度上表达 M 力和其作用。

（二）美扩展了竞争的力量

美来源于优化,而资源的有限和个体之间的相互竞争推动着优化的形成。不论是作为一种判断指标,还是作为生命的活性本征表现,还是其能够取得更大的竞争资源的标准,美的存在进一步地强化了个体的竞争能力,并通过意识的重复运用和放大性加工,使这种优化模式的力量变得更为突出,也使其变得更为强大。

（三）通过差异化构建不断地扩展意识空间

由差异和好奇而构建出来的新奇、未知、多样并存以及复杂,使人形成了意向性心理。这是直接的意向心理,当这种模式在人的心智的更高层次反映出来时,多样并存将体现出差异化的各种模式的共同作用,并由此而形成刺激。这种模式在意识中得到表现、成为一种稳定的模式,使人可以在意识中对其自由变换、与其他信息建立各种联系、以其为基础而组成各种各样的意识等。差异化构建一方面推动着意识的强大;另一方面则维系着对美的表达和追求。两者之间自然会由于这种相关而紧密地结合为一体。

美的多样性构建促进了人的意识更加复杂化。反映美的艺术品会以更加多样的方式表征人的生命活性本征,引导人进入与环境达成的稳定协调的美的状态:一是多样性模式越多,反映这种不同模式的神经子系统就会越多,而当其不够时,便会形成促使其增长的力量;二是在多样性模式存在的基础上,彼此之间的不同,会在大脑中形成复杂多样的相互刺激,这种差异化的相互作用会使人在更高层次上建立信息之间众多的关系,促进意识的进一步复杂化。

在意识中表征生命的活性本征及由此而特化出来的 M 力,促进着人基于当前状态而不断地构建与当前有所不同的信息模式并展开优化。参与反映的神经系统越多,大脑神经系统的加工能力就越强。以此为基础的意识表现也就越充分和自由。这也就意味着人的意识将更加复杂,对信息的加工将更为丰富。持续性地使人的意识如此增长,总会达到一定阈值而进入非线性状态,形成与其他的过程更加复杂的相互作用。人的意识便在这种过程中生成和强化。

（四）比较优化所形成的概括抽象促进着大脑系统的复杂化

当不同的信息同时显示在大脑神经系统中时：一是说彼此之间的相互作用会使不同信息的共性特征得到强化；二是有可能会形成基于某个模式的指导变化过程；三是会由于大脑的自组织而构建出一个新的稳定的心理动力学过程，这种过程的形成，意味着在心智转换过程中又增加了一个新的"思维元素"；四是通过基于某个特征的比较而优化选择出一个相对最优的模式从而将更多的心理模式有效地组织起来。当最终形成一个稳定的模式，也就等于形成了一个由若干信息对应一个信息模式的情况——这就是一定程度上的概括抽象。在这四个过程中，起关键作用的是比较优化。而优化在被作为一种稳定的模式时，又会被人进一步表达生命活性本征的力量而形成针对其他形式的优化过程。当这种过程反复进行时，会展开一系列的概括抽象过程。与这种过程紧密联系在一起的、基于生命活性中发散与扩展力量而生成的好奇心，也会促进着对信息之间差异性特征的感知与表达，由此而维系着这个过程的长时间进行。

大脑中反复进行的稳定过程，成为生命活性进一步迭代表达的基础。由此而扩展增强着信息在大脑中的加工过程，使人能够逐步地增强对信息的加工能力。

（五）美的独立与特化成为人类进步的核心力量

在人的意识层面将美独立特化出来，会使美以其稳定的状态而成为一种专门独立的力量。在其独立特化以后，人还能够在这种力量模式稳定的基础上进一步有意识地强化这种力量，并从主动性的角度使这种力量变得更加强大。差异化构建、多样并存、比较优化概括、收敛稳定，这些美的核心过程在人的意识中的重复表达，能够顺利地引导人进入美的状态，并会通过各种模式之间彼此的不同、彼此之间的相互作用和更高层次的自组织而更强地表达生命的力量。美感及所形成的基于美的状态也更强地表达生命的力量，成为促进人的力量不断增强的核心要素。

显然，当我们构建出了美的本质的力量以后，这种力量便能够在任何一种过程中被独立特化和明确地发挥作用。美便不再是一个可有可无的特征，而是必然地发挥关键性作用的力量。它驱动着我们不断地追求好上更好。此时的本质性力量非但不会干扰和阻碍美的作用的发挥，反而会因为被人有意识地特化而发挥更大的作用。人会因此沿着这个方向而深入下去，不再流于皮表、浮华和虚伪，人便可以在这种力量的驱使下，不断地在艺术体裁中追求卓越，从而创作出更伟大的作品。这样，人的艺术创作，以及将美固化在人的艺术创作中，表现在人的日常生活中，体现在人对理想的构建和追求中，将会更加有效地发挥美的力量。我们也因此而在把握美的特征、关系和规律的过程中，在其所不考虑的特征方面，更加有效地表现个人的选择性（由此而体现个人风格和特点）。

（六）美在比较基础上的优化选择促使个体好上更好

大脑神经系统的特殊性，造就了能够将更多的信息记忆下来，通过激活与其他信息模式建立关系以组织各种各样的意义的能力。这种扩展的近乎无限的能力，使人的意识具有足够的灵活性。与人特有的创造力结合在一起，能够保证在其一生所遇到的各种情景中灵活应对。第一，大脑神经系统本身的非线性，保证着大脑神经系统能够在构建多样化不同信息模式的基础上，建立起差异化模式之间的关系，这种过程将使大脑的心智活动变得更加丰富和更加复杂。第二，通过指标控制下向更加协调转化的比较，将与目标达到更大程度协调的模式选择出来，表达出优化的独立力量，甚至有可能会在这种选择的过程中，通过某些局部的变异而重新构建出更符合特征指标以及指标指示方向变化要求的新的模式。第三，这种比较优化选择的过程标示着由多个不同的模式向少量的、甚至是一个模式的转化，并在其他神经系统中将这种比较抽象的过程模式及结果表达出来。在意识中对这种过程模式的揭示，在美学中是革命性的。正是通过这种过程的建立，促使人们在另外的神经系统中建立不同信息之间关系的基础上，形成概括抽象的过程。人类正是由于这种丰富的抽象能力，才不断地在大脑中对信息进行更多形式和模式的加工，并在更高层次上汇聚了更大程度上的不变性信息，使得这种高的不变性信息的汇聚，促使大脑形成了不同的结构。

（七）美通过自身体验的正反馈有效强化了这种力量

人的创造力使人创作出能够引导人进入美的状态的艺术品，在美的状态中体验美的力量，表现出对更美的追求。这种体验以及在体验基础上的选择，本身就是在运用进入美的状态时表现生命的活性本征进行判断选择，就等于形成了对活性本征表现的自反馈相互作用。美的诸多环节会围绕生命的活性本征形成共性相干，促使人在各个层面更强烈地表现生命的活性本征，从而可以更加有效地避免非本质性的干扰与影响，促使人更好地适应自然与环境的新的变化。

应该注意的是，这种体验后的选择，是在多样并存基础上的选择，而多种差异化个体的存在，本身就是在表现生命活性中扩张、增强力量的必然结果。因此，正是通过体验而形成了运用正反馈有效强化的结果。

（八）对更美的追求的力量推动人向着更好的方向进步

一种环境只能形成基于当前环境条件的稳定协调。随着环境的不断变化，人会形成更加多样的稳定协调时的美的状态。这些不同的美的状态则会因为共同地表征着美而具有内在的本质性联系。诸多不同的美的状态的差异性存在，引导着人对更美状态的不同追求。对更加完美的追求是无止境的，这将引导人持续不断地构建，并将这一过程一直进行下去。在其所选定的方向尽可能地扩展，从而形成"好上更好"的结果。这是一种已经独立性的模式。通过美以及对美的追求，会不断地强化这种力量。人则依据其在意识中的独立性，使其在人的任何活动中发挥其应有的作用，从而使美在任何一个过程中更加有力。

从某种角度讲，人可以在其各种行为和特征追求中发挥这种美的力量。虽然人们已经意识到，这样做并不意味着会产生好的结果，但人总是会在社会道德规范的制约下形成某种潜意识追求，从而将个体的生存与发展维系于社会的稳定与进步，通过彼此的良性合作与互动，在社会的进步与发展中表达自己的力量、付出自己的贡献。与此同时，人们也会选择那些具有更好结果的行为模式，更加具体地表达美的意味。

（九）美有效扩展人的剩余心理空间使人的意识变得更加强大

在意识中，是通过一定局部特征的不同兴奋而形成一个有序的神经兴奋集合来具体地表征一定意义的。在我们提出了泛集的概念以后，就意味着一个具有确定意义的心智状态对应于一个稳定的泛集，而心智的变化就由一个稳定泛集向另一个稳定泛集的映射来表征。在每时刻，都有一个确定的兴奋状态，那么，我们就用一个稳定兴奋的状态来具体地表征每一个时刻所对应的心理状态。

表征一个确定的意义由一个稳定泛集与之对应。此时，除了该稳定泛集中的那些稳定的泛集元素之外，还会存在若干不断变化着的、以较小兴奋度兴奋的局部信息元素，这些信息元素组成了稳定泛集的变化性泛集。而在此之外，还存在着虽然与之有很大的不同，但仅仅依据某些非本质的、非逻辑的关系维系着意义，组成了当前稳定泛集的联系性信息集合。稳定性泛集起着对人的行为的控制作用，而关系性泛集所发挥的作用就很少。但它可以提供给心智各种各样的可供选择的差异化的方案，以备心智的进一步地优化。也许这些模式在当前的反应中不能达到最优的效果，但在其他的场景中，却有可能发挥重要的作用。

当人们将美的这种力量集中到心智的进步与发展时，就会在意识层面充分地表现生命的活性本征（包括 M 力和优化模式），使得意识及所表现出来的生命活性本征在艺术创作中占据更为突出的位置。尤其是我们在以意识作为基本的出发点而表现人生命活性的本征力量时，会突显意识与生命的活性本征相互作用的力量，有可能使这个过程中的非线性涨落变得更为强大。使人的心智更多地偏离特征模式之间那种确定性的逻辑关系，使人能够在更大范围内将更多不同的信息联系起来，并基于当前信息而展开更加复杂的差异化构建和更加多样的意义构建，即使是这种意义构建与当前的心理状态以及所表征的意义没有任何关系。

总而言之，美可以使人在距离当前心智状态越来越远地构建各种意义，但又能依据其很小的局部联系，成为对当前心智状态的有效扩展，因此，美可以使人的剩余心理空间变得更大。

（十）美给人带来的协调性乐趣使人更愿意从事相关的活动

表达生命的活性本征是一项与生命本身有关的活动，也是人们自觉自愿并能快乐从事的一种活动。当我们将其化为一种确定性的模式，使其具有了独立性时，它便能够与生命的活性本征隔离开来，这就意味着人已经依据生命的活性本征而建立起了自相干反馈环。人在体会到由从事这个模式而使自己能够在相关方面变得更加强大，并因此而获得更大的资源和竞争力时，也就内在地强化了这种模式在其他活动中发挥作用的可能性。这也就从主观上积极主动地强化了增强美的意向。

由不协调达到协调地表征人生命的活性本征模式，会使人的生命活性本征表现得到强化和优化，这种状态只是某个角度的美的状态，基于此种状态，会由于对处于不协调状态的特殊感受，促进人更加重视对由不协调达到协调的过程模式，两种状态所表现出来的差异化对比也驱使人更乐于由不协调而达到协调。

这种意向性模式的稳定与强化，以及将这种意向性模式独立特化，也就意味着在意向性本身之外，又独立特化出了对意向性的追求与强化以及相关模式的自主，也就意味着又建立起了一个自相关反馈环。

（十一）心智活动以较少数能量消耗而使人更愿意从事这种活动

与打猎、种植等体力活动相比，审美活动将更少地消耗能量，还不会使人冒更大的生命危险。因此，人能够更加便利地从事这种活动，尤其是人在不从事打猎、种植的闲暇时间，可以更加自如地表现对进入美的状态的积极追求。这种模式的延续扩展，可以使人不借助任何的工具，便能在心智活动中稳定而持久地表现这种活动。使人在意识中对美的追求变得更加突出。此模式的稳定形成，会使诸多与该模式有着紧密联系的因素、环节，也具有了相关的意义。

（十二）重复性的强化工作，可以使人的生存技能得到强化

在艺术的教育与训练过程中，人们往往关注那些重要的活动和技能，这种有针对性的强化，会在意识的作用下被选择，人自然会不断地强化与人的生存与发展有关联的关键环节，这些环节知识、能力和技能的提高，也就意味着人在以后遇到相应的危险时，能够有效地避免开来。尤其是对艺术与美的追求中在意识层面的反复进行，可以更加有效地提升这种能力，也使得人的创造性尤其是意识中的活性表征能够更加有效地转化成为人行动的力量，使人在行动中表现出更强的创造性。

（十三）人类足够的闲暇时间提供了表达进入美的状态的时间

人们不再为果腹而忙碌，不再为饥饿而担忧，较为充裕的食物，尤其是含有较高可转化能量的食物，保证着人能够有足够的闲暇时间进行基于纯粹意识层面的信息加工（想象），那些被各种行为所重视的美的基本力量，尤其是 M 的力量和优化的模式，也同样地在其中发挥作用，这种过程的持续进行将导致意识的作用越来越大。

二　美的意识性

这里所描述的应是我们所体验到的在外界信息作用下的人的本征状态，或者说，体验到的是人的生命活性本征在具体的外界环境作用下的本征性表征。这种状态与人的生命本征（在无干扰和影响作用时的状态）相比，已经有了很大的不同。

我们已经指出，人的心智是在原来信息作用下所形成的协调稳定状态，而当外界环境在使人达到了稳定状态以后，此时的外界环境就被称为最佳刺激环境，人也就相应地将此时的状态称为适应了外界环境作用时的最佳状态。此时，人所表现出来的状态即是生命的活性本征与当前的外部环境形成了有机结合的综合状态，成为生命的活性本征与外部环境有机结合的具体性的生命本征。在这种稳定状态下，人在又受到了其他因素的作用时，会进一步地产生诸多更加复杂的过程，形成一系列的稳定状态，成为偏离了原来稳定协调状态时的新的状态。体验这种过程的变化以及建立这种协调稳定状态的关系，便能够使人体验差异而产生美的享受。

我们这里想要描述的就是美是如何随着人的进化而逐渐地在意识中反映并得到强化的。在这种认识理论下，我们能够将诸多特征作为美的追求的目标。

"事物的存在"与"美的事物的存在"是两种不同的概念。美的事物的存在，是人们构建和揭示了事物中的美的特征，或者说将美的理念覆盖到具体事物上，从事物中发现了能够与人的美的理念中的相关特征相吻合的局部特征以后，赋予事物以美的意义时所建立起来的稳定关系。美同时具有主观性和客观性特征。

根据第三章的描述，美是关于美的状态与境界、美的追求（期望和满足）、美的感悟、对美的认识和美的事物特征的一种混合性的描述。因此，美在更大程度上体现出在人的内心形成的美与美感的认识与体验，并以恰当的方式赋予艺术品以激发人的审美力量，促使人形成审美感受，这是美的主观性。而美的客观性可以从以下方面具体表征。

第一，每个人都会自然地表征生命的力量，并达到与客观环境的稳定协调。生命力量的客观实在，就是美的客观性的物质基础。

第二，在每个人的内心都能够形成相对终极性的美，这种认识本身是客观存在的。虽然它在大脑中以意识的形态表征着，但是一种大脑神经子系统以恰当的兴奋程度兴奋的综合表现，因此是一种自然存在的现象。

第三，在人生命活性本能中的 M 力量的作用下，必然地向更美的方向追求，这是一种必然的过程，也是美的客观性的重要因素。每个人都会运用自身特有的生命的力量而求得"更优"，在此过程中，每个人又会在意识中重复地迭代，使这一过程反复进行，并潜在地认定：的确存在一种"极限"状态——完美。这本身就是"以状态代过程"的具体进行。

第四，美是在人的大脑中的存在物。美的状态（生命体与环境的稳定协调时大脑的活性表征）即是客观存在的，是能够明确地在人的内心，以动态的神经系统的兴奋而客观稳定地表征出来。本身就是一种客观表现，因此而具有了客观性。

第五，美感是与生命的活性本征更加协调的体验（感受、表征）。只有已经建立起这种稳定协调的关系，并已经在生命的适应过程中达成了与外界客观的某种信息形态的稳定性差异联系，人们才能在这种外界客观信息的作用下，通过激发这种稳定联系的模式，进一步地使生命的活性本征也处于兴奋状态，才可以形成进一步的美感过程。这种状态的形成与表现，都是在客观世界中进行的重要过程。

三　意识在美中的力量

（一）美在观念——美是人理性的感性显现

美的观念在更加迅速多样的意识加工变换中被反复重复，被人在意识中发现其在各种事物信息中的存在、地位与作用，美还具有稳定的自主涌现性，因此，只有在人的意识中才可以将美的状态、关于美的理念、对美追求的 M 力以及优化的模式力量、美的事物，以及由此所体验到的美感更加明确地表达出来。

（二）在意识中通过反思表达着美的构建

意识的形成过程表达着美的构建，在生成上升到意识的层面时，美这种独立的现象会得到更强有力的重视、独立与强化，并由此而表现出更强的延伸、扩展、异变的力量（模式）。显然；只有在人的意识中才能将这种感受独立强化，并通过更加丰富的联想和自组织构建形成更为复杂的信息体系，使之成为指导人产生恰当行为的本质性力量；也只有在这种情况下，审美才能成为人的基本追求和能力表现；也只有在人的意识中，才能通过所形成的强大的正反馈和自组织涌现力量，使这一过程进行得更加突出。

在其他动物身上，虽然在人看来可能存在各种形式的质性的对美的追求表现，但这却是动物基本生理层面的表现，还不能上升到美感的层面，也不能形成对美的独立追求。其他动物也存在意识，但却不能在其意识层面形成对美的主动而独立的追求。这都是因为没有更强大的大脑神经系统作基础，没有更大的剩余心理空间，不能有效地形成更多层次的反思，不能形成自主意识和自我体验，不能实施独立于客观事物的信息加工的缘故。虽然可能存在一些心理构建，但却不能作进一步的延伸，也不能将这种延伸作为其心理变换的指导控制，更不能将其作为其行为指导了。自然，更不能在将不同的美联系在一起时形成美的升华了。

在人的意识中，能够更加自如地通过反思性强化突出对活性本征的体验，突出 M 的力量和优化的模式。在意识的作用下，我们可以通过刺激而感知到进入稳定协调状态时与非稳定协调状态之间的差异，并通过刺激和达成稳定协调所建立起来的固有关系，体验稳定协调状态的美妙之处。同时，我们还能够认识到，人是具有自我反思能力的，我们能够依据生命体内所存在的复杂的子系统以及彼此之间的相互作用，使得我们即便处于稳定协调状态，也能够通过其他系统与某些子系统处于稳定协调状态之间的不协调刺激而感知到某些处于稳定协调状态时的独特性质。

即便是我们已经构成了生命体内各子系统与其稳定协调状态下的活性本征状态的全面协调，我们也可以通过该活性本征与各种非活性本征之间的稳定联系，并依据这种联系而将其组织成一个有机整体，通过这种整体结构与生命活性本征状态之间所形成的差异而体验这种活性本征所表达出来的优美之处。

　　无论是生理上的、心理上的还是人的意识层面的各种活动，相关的过程都可以在人的意识中得到明确表现。而在其他动物的身上，虽然也能偶尔地体现出相关的力量，但这种力量却不能形成动物的主动追求、差异化模式和强力表现。动物达不到，人则可以。这就是人的强势意识使然。

　　（三）在意识状态更加清晰、重复地体验与生命活性本征的更加协调

　　人的意识就在于体验到来自人的意识中的差异（刺激），并将其以更大的信息模式的汇合而独立地表达出来。此时，既表达这种刺激，同时又表达构成这种差异的不同的心理模式。与此同时，还会更加有力地表达生命活性中的收敛力量，并将其与由不协调达到协调的过程，通过共性相干而放大这种模式的作用，使人能够更为典型而突出地体会这种完整的模式。这种过程的持续而内在地进行，将会促进人内在地感知变化的系统的发展，促使人对这种内部系统的状态和变化具有更强的敏感性。

　　（四）在意识中使美感达到足够高的程度

　　大脑神经系统就是在这种力量的作用下进化与发展的。人的意识也是在这种表现以及自我觉查、表达的过程中得到强化的。基于在不同时期表现出不同的功能、形成不同结构的过程，大脑神经系统会通过广泛联系基础上的收敛汇聚与扩展延伸，形成功能不同的区域和联系不同信息特征的层次。在丰富而大量的感性信息模式的基础上，通过与机体内部其他功能器官的联系而形成情感兴奋模式。反复地建立不同模式的关系，并将关系模式在相关的其他系统中表征出来，就会使大脑神经系统产生质的变化。生命活性的力量会在大脑神经系统中有更加充分的表现，保证感觉系统、情感系统在发散与收敛的联系中得到更强表现，将彼此之间的有机联系与差异所形成的共性模式，在其他的神经系统中表征出来。随着这个过程的广泛进行，就会形成更高层次神经系统的同时表征：感觉系统、情感系统不同模式的共性模式。而大量地表达基于这种共性模式基础之上的扩展与延伸，便会形成人所特有的期望模式，从而以更加复杂的多层次信息推动大脑神经系统的健全与发展。

　　在生命基础上特化出来的大脑神经系统，是人生命意识的基础。比较动物学的研究进一步表明，与人相比，其他动物从质的角度也都具有

意识的相关性特征。虽然在此过程中存在着用人的模式去观照动物的心态，但我们认为，既然人与动物都能表达出相同类型模式的心智的加工变换，这就意味着两者的区别只是在程度（数量）上，而不是在质性上。但唯独在人的身上，意识能够成为人的行动中最关键的特征。这就指明了，在此过程中达到了由量变到质变的转化过程。各种行为模式都有人的意识的参与；各种行为都会受到意识的控制；各种行为都在意识中先形成期望，并运用生命的活性力量形成对期望的追求，再产生进一步的行动。

我们能够以人的意识中的理性为基础，在将其特化出来以后，独立地展开对美的特点和规律的研究，更加经常地表现这种美的模式，将美与其他信息模式建立更加广泛、复杂而深入的联系，还能够通过对这种联系的效果的判断与反馈，形成一种稳定的反馈环，促进信息之间在更加多样联系基础上的逻辑性联系。尤其是还能够通过差异感知神经元汇聚而形成的更强的好奇心，通过形成差异化的丰富多样的模式集合，形成稳定的"反馈环"以保持其稳定模式长时间的持续兴奋，并以此为基础而将更多其他的信息联系为一个整体，或者形成以该稳定泛集为基础的稳定"吸引域"。

伴随着美的独立特化，美就具有了足够高的自主性。此时我们可以通过由不协调达到协调的完整过程，使人更容易地通过差异感知而体验到美的状态的特殊意义，从而使美在意识中发挥出更大的作用。由此，具有自组织反馈能力的大脑神经系统，便会以稳定的信息模式为基础，强化意识状态所表征的生命活性。理性中的美所表征的是美的信息之间各种可能关系中的逻辑关系，通过美的独立性力量，能够对意识中的其他过程，尤其是表达生命活性的收敛过程起到足够的自反馈强化作用，利用美对意识的强化与发展起到正反馈作用，形成美与意识组合成对某些方面具有正相干作用的稳定环，使美的作用与表现在人的心理活动中占据关键性的地位，发挥超过某个阈值的作用，并通过与其他个体的相互联系，使美的状态体验以及对美追求的模式成为群体中超过某个阈值的共同追求的特征，通过有别于个体的群体的追求，从而形成外在的力量。

（五）稳定的美的状态会在意识中表现出自主性、发散扩展性

美即使作为一种虚幻的存在，即便是不为人所明确地感知，由于人总在表达由不协调而达到协调过程的整体体验，也能够使人感知到进入这种状态时各种能力更大限度地表现的力度。由于美（美的状态、优化使之更美和对美的追求）在各种各样的过程中发挥重要的作用，会以较大的可能性而在人的多层次神经系统的某个层次将其独立特化出来，就会成为一种具有概括抽象性特征的综合性的力量。

（六）在意识中可以将对美的追求进一步泛化

如果我们在各种具体情景中发现了某些共同的局部特征，便能够将其独立出来，并以其为基础，形成更高层次的概括，随之而将其具体化为各种情况中的局部特殊表现，并在这种差异化表现的过程中，寻找更美的模式（形式和意义）。将美在更高的信息表征层面反映，从而在指导低层次的具体表达时，会形成更具广泛性的控制构建，有可能只是仅仅凭借很少的局部特征，就可以通过其所构建出来的完整的意义而指导、观照出其他美的意义。"在表现的时候，我们会忘掉事物的实际图像，并添加上我们的眼睛试图带给我们的各种各样的变化和修正。"①

在此意识过程中，我们还依据美的自主性，研究美在各种不同过程中的具体表现，在美的指导下变换各种事物，表现美的核心力量，推动事物的运动与变化，并在其中做出优化选择。尤其是在此过程中，更为突出自如地将 M 力展示在各种活动中，在心智过程中更加自如地形成期望，依据意识表达活性的收敛性力量，将期望作为客观事物模式来引导人的具体行动。

（七）人用感性激发美感但却在理性的驱动下创作艺术品

美作为一种状态、一种理念，通过感性过程被人所感知关注，并在人的意识中得到进一步的演化。这使得人更为关注美的感性的力量。但要将这种美的感受具体地表达出来，却需要依靠理性的力量，通过构建局部特征彼此之间的逻辑关系，形成更美的模式。在人们所构建出来的美的特征，以及引导人进入美的状态的原则、规则、规律的指导下，消

---

① ［英］约翰·D. 巴罗：《艺术宇宙》，徐彬译，湖南科学技术出版社 2010 年版，第 11 页。

除更多的缺点，从而在使其逐步完善的过程中，逐步完善。

四　意识中的美

关于通过与人的活性本征的和谐共鸣而进入美的状态、与由不协调达到协调模式的共性相干、通过与人的活性本征和谐共鸣（进入美的状态）的外界环境的稳定协调而赋予客观以美的意义、促进人对更美的追求以及通过差异体会到诸多与美的状态相关的美感等的认识理念，会在意识中形成一个稳定的泛集。在每一次的审美过程中，该泛集有可能并不完善、全面，也可能只是将某些美的元素展示出来，但却一直在发挥作用。我们一般将这个稳定的泛集称为美的理念，简称为美。

（一）意识是美的主观性的根源

后现代主义将人的自主性置于核心地位。强化进入美的状态，或者与生命的活性本征达成和谐共鸣，是人的主观选择，是人自主地构建出来的。即使是一件完美的艺术品，也是以在欣赏者那里能够起到美的激发作用而被重视。无论是艺术家还是欣赏者，都会自主性地构建美的独特表达。艺术家将这种处于与环境的稳定协调的美的感受表达出来，欣赏者则会在客观艺术品的作用下自觉地构建出主观艺术品（与客观艺术品具有一定的联系性，但却是在欣赏者内心依据其自主性构建出来的）——与其美的状态达成一定程度的和谐共鸣。

艺术创作主要描述了人对美的理想的自主构建过程和结果，突出的是由于人的自主性而产生的与外界环境达到稳定协调的意识性构建。美感是客观事物作用到人的内心时所产生的关于美的感受和认识，但我们这里却要重点强化美的主观意识成分。

1. 自主地表达 M 的力量

M 力是引导人进入美的状态的一个主要元素。能够独立而自主地表达 M 的力量，在于表现了人对 M 力量的表达和运用，是这种力量在人的意识状态的强势增强的结果，这种表现甚至会占据人的主观意识状态。它表征着状态、过程和趋势（方向和意向）：第一，独立自主地表达 M 的力量。在人们认识到 M 的力量，从而依据其自主性自觉地表达 M 的力量时，就是美的主观性的主要表现；第二，将 M 赋予某个特征上从而自主表现。在使特征 A 具有了 M 的力量以后，人们就会以 A 作为主要关注点，从而在差异构建的基础上，将反映 A "更好"的模式固化下来。这种稳定的美的特征力量成为人的构建美的意义的基础性力量。

2. 艺术品一出现在人的眼前，就会有效地激发人构建出美的意义——引导人进入美的状态。这是人在研究和描述美的主观性特征时的基本出发点。人并不是简单地接收艺术品所表达的美的含义，在更大程度上会从当前艺术品中提炼、观照出美的含义、表达着自身的活性本征意义，但同时，人会根据艺术品中的局部特征的刺激，自动地生成与当前现实、历史、文化、自然紧密结合在一起的更高层次的美的理念。这种美的构建性是人之所以为人的基本要素。对美的构建，在其他动物中即便是有，也只是一种偶然性的、低强度的表现，不能成为必然性的、突出的、典型的、经常性的行为模式，也就不能在其行为中发挥更为重要的作用。

（二）由生理快感升华为美感是在意识中实现的

美从感性的愉悦美感上升到一般抽象的美，由具体的美感升华到一般意义上的美，这种过程只有通过将不同的、甚至是相互矛盾的模式汇总在一起，通过概括抽象而在高层次系统中生成，而且在目前，只能是通过人的大脑而形成。除去人的大脑以外，人体内的其他组织器官都不具有将更多的不同模式汇聚在一起的能力，也不具有更强的概括反映能力，在更多情况下，只是形成对若干刺激的直接反应，而且被激活的模式也很少。甚至是单一的反应模式已经足以动员器官的全部组织。

（三）意识中美的自主性

基于生物学的理论使我们认识到，在生物体内，一个稳定的模式会具有独立与特化的力量，并能够以该模式为基础，通过稳定地表现该模式控制其他模式的变化。此时，当美作为一种稳定的力量时，社会发挥对人的行为的稳定的指导性作用，人会在差异化感知器的作用下，建立与当前模式有差异的新的模式，并依据其局部特征而将其他的信息激活在大脑中，在其他的过程中发现、引导人进入美的状态的元素，通过和谐共鸣而表达美、体验美。人会将美作为一种独立的模式，利用意识的自主性，主动地在强化美的力量的同时，追求与增强美在各种活动中所发挥出来的力量。还能够基于美的自主性而构建具有其他形式和内容的美。

王朝闻的喜闻乐见，直接以其对美的追求的日常结果作为原则。虽然会如人们所说的"流行的不一定都是好的"，但当大多数人都喜欢时，对这个问题的判断就具有了更多的确定性的意味，从群体的角度看待这个问题就已经体现了这种美的抽象概括性特征。这是在众多比较过程中所形成的过程，是在人的日常生活和社会实践中逐步生成的观念，能够在更大程度上解释人的日常行为中对美的追求与构建的过程，使人不只是看到了美的事物就终止了，而是看到了一种持续构建的过程。

抽象通过寻找更大范围内的"不变量"而赋予其符号性的意义。但人们更多地看到这种通过寻找更能表征恰当对应关系的符号与意义的对应结果，而不关注这种具体的通过优化选择而形成的概括抽象的过程。这也使得表达抽象的结果会成为美的表达的一种基本方式。

即便是在没有艺术品的作用时，人也会依据其内心稳定的美的理念，在美的自主性的作用下，自动地生成能够体现当前环境特色的美的理念。美是人突出地在意识中构建显现出来的一种状态。这种构建与当前环境的刺激作用有着紧密的联系，人能够依据在其主观审美过程中的核心"美的构念"表现而形成自组织构建。除此之外，还存在依靠人的美的自主性而联想激发构建美的理念的过程。人进入美的状态的自主性会在虚构出来的意义的基础上，联系性地激活表达出对美的追求和终极状态的美的元素。基于追求在更大程度上与诸多活性本征的共鸣相干，或者进一步地引导诸多活性本征的自组织协调，通过与当前具体情况协调结合而自觉构建更加完美的状态。

对美的理念的态度的自主性，决定着人会将自己的审美理念作为看待其他事物的基本心理环境。人可以自主地激发自己内心稳定的审美心理，带着"审美的眼镜"去审视所看到、听到的一切，从客观事物的信息表征中提取出越来越多的美的特征。当人具有审美的态度和"眼镜"时，即便没有在艺术博物馆，人们也能够以一种审美的观念去欣赏、体验、联想和想象"小便器""盒子"等所表现出来的艺术的美。这种"审美的眼镜"也成为人们理解现代艺术的一种基本的力量。

（四）人会主动地追求与强化美的力量

在 M 力量的作用下构建优化更美（形成以主观上追求美的过程力量），这将会作为一种稳定的模式而表现其独立性、自主性，人便会主动地表现 M 与优化的力量。对更美的追求、表达活性本征中的基本力量模式、表达 M 的力量、表达比较判断优化选择的力量等，都被认为是美的核心作用力量。人们认识到美的核心力量在生命进化中的重要作用，便会以其基本的 M 力量为基础而突显其在各种过程中的推动力量（建立起与各种活动之间的联系），并在各种过程的中通过共性相干而进一步地增强这种共性的力量。人在意识中，还会通过其作用发挥的反思性评价，对其进行取舍，以反馈而形成强化的力量。

（五）美的理念必然地有别于客观对象

美的状态是人在面对外界客观时所形成的稳定协调模式的综合反应。美则是对美的状态、美感、美的事物的诸多理念的综合性认识。可以认为，在客观事物成为生命体与环境稳定协调的外界因素模式时，这种客观事物就因为能够引导人进入稳定协调状态而被赋予了美的意义。美就是人在意识中赋予某种性质的客观事物以美的意义的表征。当人由不协调而达到协调时，表达出了这个稳定的过程，使人能够完整地体会到由不协调达到协调的完整过程模式，也同时使人体会到了稳定协调时的美感。

以其差异性形成刺激，在表现其自主性时，涌现性地表现其力量，并形成对这种力量的主动增强和主动追求的趋势。这是维持大脑心智稳定的基本环境因素和促进大脑心智进一步增强的基本力量。而美则在这个过程中表现得更为有效。

美的状态是客观的。即使是扩展、增强，也是在一定信息模式的指导下，在一定信息模式的基础上具体展开的。无论是联系，还是涌现，都有一定的足够稳定的信息模式作基础，同时，作为扩展指导模式，也并没有出现如门罗所讲的"神秘主义"的影响。[①] 经过一定的延伸扩展，

---

① ［美］托马斯·门罗：《走向科学的美学》，石天曙等译，中国文艺联合出版公司 1984 年版。

通过其他种类的关系而引入更多其他信息时，会使人的意识状态发生新的变化，不断地构建出脱离当前刺激的新的反应。人的意识状态本身更强烈地表现出了混沌性特征，表现为收敛与发散的有机统一。这就是意识的独特作用。在这种情况下，人的生物性特征固有地发挥作用，会与其他信息一起形成一个具有自反馈功能的复杂系统，人便通过这个复杂性系统的稳定性运动，将美的状态、美感表达出来。与此同时，在人的意识基础上，还会进一步地升华出美的社会性意义，此时，人与人之间通过相互作用，形成了相互激活关系，促进了信息的强化与发散性联系，对于社会这个具有生物活性的特殊结构体，固有地表现出了生命活性特征，社会性特征也就自然地在人的关于美的构建中表现出来。自然（生物）、意识、社会三个层面同时产生作用，促进着美的复杂性理解和认识，也在此基础上表现出了特有的美的规律。

（六）要经过人的意识的提升而形成确定性的美感

不同的人会有联系信息的方式不同，而受到传统文化的影响也会形成这种不同的联系方式和内容。随着联系的具体对象发生变化，便会体现出不同的审美趣味——审美偏向。

艺术创作在于美感模式的形式化，而抽象的审美模式的具体化赋予美的具体化的新方式。人在自然美的欣赏过程中，从表面上看创造性失去了意义，但会利用对美的创造性而构建不同的方式，提取自然信息中的不同意义。人在大自然中的个性化心态，始终维持这种多样的差异化构建的方式和过程。大自然所形成的多样形态的常态作用，使人具有了足够的包容能力。与此同时，大自然中生物体所表现出来的生命的力量，虽然不直接地以显著的力量对大自然产生足够强的作用力，却能够使人通过长期的积累作用而形成这种结果。向能量更多的方向汇聚、运动、转化，吃口感更好的东西……生命本能的泛化，使得追求更好的模式独立特化出来，且通过意识的延伸扩展而得以强化和提升。

禅宗美学研究的是直觉审美的感受，是顿悟美，而不是通过局部美的元素逐步地综合形成整体美的分析性的美。在有些艺术家那里，他们更愿意表达那顿悟所形成的美感体验，原因就在于他们认为分析性的美的冲击力不够强，无法反映人的本质。美学中的距离学说既表明了刺激的合理性，也指出了在审美过程中好奇心存在的合理性。中国画的留白为引导人形成更多的联想提供了空间和相应的要求。因此，"多样并存中的更美"的理念，与"留白"可建立起稳定的联系，引导人更加积极地参与到美的欣赏与构建。沃尔夫冈·韦尔施指出："处处皆美，则无处有美，持续的兴奋导致的是麻木不仁。在一个过于审美化的空间里，留出审美休耕的区域是势在必需的。"①"麻木不仁"其实是由于缺乏与人生命的活性本征的发散性力量和谐共振所造成的不足所至。能够在"多样并存中的更美"构建更恰当的表达形式，技巧（最能恰当表达美感）就会成为艺术创作中应该被重视的重要方面。虽然作家表达了情感而欣赏者也体验到情感，但在此过程中，欣赏者所产生的审美感受有很大的可能同艺术家的审美感受是不同的。艺术家并没有直接通过相关情感的描述而引导欣赏者体会到情感所带来的更强的作用和更大的艺术震撼力，而是通过故事、绘画等让欣赏者自己去想象、构建、体验，有时也是通过时间因素而引导欣赏者延长欣赏的时间。

人们在不断的生产劳动中，能够通过差异化的构建形成各式各样的劳动方式，然后人们再运用某项指标，尤其是节省体力特征和更加有效率特征的控制，促使人不断地优化自己的行为；通过生活的具体实践，不断地修正、完善、充实自己的美感和对更美的追求，这应是车尔尼雪夫斯基的理论基础。杜威的实践学说可以看作通过不断实践的差异化构建，再进行不断地修正优化的实践过程，这会将人能力的提升过程变得更加复杂，因此，对人的作用也将更加全面。

五　直接认定美的结果

（一）人为界定

从一般的角度来看，我们认可 A，而且也已经建立起了与 A 具有相关性或者已经与 A 建立起稳定联系的 B、C、D 等，此时，若 F、G、H 等与 $\{B，C，D\}$ 相关，那么，我们也就在认可 $\{B，C，D\}$ 的过程中，认可

---

① ［德］沃尔夫冈·韦尔施：《重构美学》，陆扬等译，上海译文出版社 2002 年版，第168 页。

$\{F, G, H\}$。因此，当某一种行为被界定为美的行为时，也就是在人的意识中将这种美的感受独立特化出来，并由此而使其他的相关联信息模式也具有美的意义。

（二）当与人的本能相符时，能够产生更强的审美感受

尤其是在当前偏离人本性的协调状态，并形成对协调稳定状态的努力"回复"时，这种力量将从最根本的层面上带动生物个体的相互协调。因为涉及更多的组织器官的感受，而组织器官的运动又能够通过表现反映到大脑的神经系统中，会形成对美的感受的二次放大，形成对美的感受的共性相干，从而保证了在人的意识中形成确定的美感。

（三）人的意识中形成对美感的主观能动性

提升了表现美的特征，促使人形成对美的更多的追求与强化，人在的意识空间所展开的对美的感受的主动性强化，将进一步地促进以差异化构建为核心的更加多样的优化方式的心理过程。当这种模式被进一步地实施活性变换时，会通过形成与当前状态的差异以及努力地与这种差异状态所展示的局部特征的相同性追求，表达出对美的主观能动性构建。

（四）社会意识的放大

生命个体在社会中，会通过彼此之间的相互交流与合作，尤其是通过竞争与优化，从而表现出对美的增强与促进作用。

1. 共性放大

在一个群体中，人们共同地表现美的力量时，这种美的力量便会被人们选择作为其取得竞争资源的基本因素，处于这个群体中的每个个体，都会受到其他个体在美的相关特征上的共性表现激励和差异刺激而表现得更加出色，这样便形成了群体在相关特征上表现得更加出色的进一步增强的氛围和力量。

2. 价值性放大

当人们认识到这种美的力量的放大有利于个体、群体和人类社会时，首先赋予这种价值模式以道德价值标准的意义，同时人们会从这种有利的角度增强这种美的力量对个人、群体及整个人类社会的作用，通过对这种价值的追求而推动人类社会的进步与发展，使社会被打上这种价值

追求的"标签"。

3. 崇尚性放大

当人们认识到这种美的力量可以产生更好的结果时，人们从崇尚这种最好的结果，转化到崇尚直接决定这种更好结果的形成作用力——对美的力量的崇尚，受到这种因素的作用，表达出对这种力量的追求——使之成为更为强大的行为表现的度量。群体中的每个人为了使自己处于更加有利的竞争位置，也会期望自己能够在相关方面表现得更加突出。

4. 激励性放大

对美的力量会采取主动性措施，有意识地增强美的力量，增强美的力量与各种因素的有机联系，增强美的力量在各种活动中发挥作用。我们需要通过强化练习，增强美的力量在各种活动中的强有力的无意识作用，驱使人们不自觉地沿着某个方向不断"更美化"。

5. 艺术美高于自然美

黑格尔认为："我们宁可以肯定地说，艺术美高于自然。因为艺术美是由心灵产生和再生的，心灵和它的产品比自然和它的现象高多少，艺术美也就比自然美高多少。"① 如果单单从心灵产生美的角度来看，还不足以得出这样的结论。因为人是在与大自然相适应的过程中产生了稳定协调性的关系，并由此而赋予构成这种稳定协调关系的外界客观以美的意义。黑格尔之所以认为艺术美高于自然美，就在于自然美只能在一个很小的范围内通过差异化而求得更美，艺术中能够在高明的艺术家那里得到更深入的差异化构建，人们可以在意识中构建出更多差异化的不同意义，并能够在更大的差异化的基础上，通过比较进一步地放大差异，使人更加鲜明地体会到由不协调达到协调的过程所带来的冲击，使人产生强烈的审美感受。从比较动物学的角度来看，人同样能够从其他动物的角度来构建更美的东西。马克思的类人性和高于人的对美的构建与探索的理论也表明了艺术美高于自然美。

我们可以把自然美作为其中能够激发人产生审美感受的一种模式，然后再运用人对美追求的 M 和优化的力量，在差异化构建的基础上不断

---

① ［德］黑格尔：《美学》（第一卷），商务印书馆 1979 年版，第 4 页 。

地探索其他形式和结构的美，再从中加以比较，以选择出更美的模式。人类可以将自然的美作为美的一种模式，在创作艺术美的过程中，将自己的注意力集中到对美的更为强大的追求与表现上，更加强烈、主动地体现 M 和优化的力量，并在一定程度上利用活性放大这种表现。自然界则只是依据其生命活性的本能而自然构建，一是不具有主动放大力；二是不具有主动表现力，不能利用意识所形成的活性放大，因此便不能大量地产生在其日常活动中占据重要地位的"艺术品"。

从这个角度和意义上来看，艺术美相比于自然美，人能够在更大的范围内通过差异化构建而比较选择出相对于更大范围的美。自然美已经存在，我们可以将自然美仅仅看作一种方案，在这种自然美的基础上，通过扩展构建与自然美有所不同的形式，再从中比较选择。或者说，我们可以在此方案的基础上进一步地通过差异化构建而求得更大范围内的更美。从逻辑的角度来讲，比较的范围越大，求得更美的可能性就越高。更何况，即使我们选择出了最美的结果，而此时，比较的范围的大小也随之被赋予一定美的意义。从这个意义上看，艺术美最起码与自然美"相当"。人们在大自然中审美时，也是在运用自己的审美经验去观照自然美，而这主要就是一种构建过程。

移情是一种审美观照。从另一个角度来看，我们在审美过程中不断地表现着对美的追求和构建，而在对大自然的审美过程中，则只是简单地接收和以自然为背景的观照，少了更大程度上的构建，也就在表征美的特征方面相比于艺术美要少了一个部分。

六　不断地在意识中追求更美

在我们将美以及对美的追求作为一种稳定的模式元素时，可以迭代性地运用生命的活性，在与其他信息建立种种联系的过程中，使其更加充分地发挥作用。正如人的心理的层次结构所表征的，之所以说在人的大脑中迭代模式可以进行并且能够更加突出地进行，是因为人类大脑具有多层次结构，这是在对信息的加工过程中通过不断地优化进化形成的。根据大脑神经系统的多层次特点，任何一个层次的模式都可以对其他层次模式的变换起到一定的控制作用。尤其是高层次信息反映的是低层次神经系统中各信息模式之间的关系，从另一个角度来看，高层次信息模式能够对低层次神经系统模式的变化起到相应的指导控制作用。

当我们选择一种模式控制大脑中其他层次信息的变化而得到稳定性的结果时，我们就会利用稳定的行为模式与大脑神经兴奋模式所具有局部的对应关系，引导机体组织的其他效应器官表达出相应的行为模式。当外界信息中的局部特征被大脑所加工，并在大脑中被有效地组织形成一个完整的整体意识模式时，就能够控制动物表达出相关的恰当应激行为。当大脑神经系统选择了一种模式并用于控制其行为时，其自主构建出来的模式就会主动而完整地引导人产生系列化的行为。康德和黑格尔认识到了意识的作用，从而使意识在其哲学体系中占据更重要的地位。以此为重要内容和基础的美学，自然也就特别重视意识的作用。人的意识具有更加强大的放大作用，它通过信息之间更加自由的联想、更强力量的发散与收敛以及有机结合、更强的自组织构建而基于当前心理模式建立更多信息之间的联系，并在此基础上形成更高层次、更大范围的概括抽象，从而以美的力量构建更美的模式。

（一）促进更美的基本力量

1. 活性涌现特征

我们首先将向更美追求促进更美的基本力量归结为生命活性在意识中的反映。具有稳定性的心理模式，可以稳定地表现生命的活性，形成与当前有所差异的不同模式。生命体又会在外界环境的作用下，通过达成稳定协调而在诸多不同的模式中比较选择，从而将更美的模式优化构建出来。这种模式的自主涌现，会保证生命体不断地在优化过程中进一步发展。

2. 具有足够强的记忆力

对更多信息具有足够的记忆能力，并被信息之间的局部关系和信息模式本身的自主涌现性力量促使其处于兴奋状态，都将使信息有效地参与到意义的构建过程中。

人工神经网络理论已经证明，只是通过改变神经元之间的联结强度，一个具有 N 个神经元的神经网络就可以记忆大量的信息。信息在大脑中以网络框架的形式表征信息，这种表征本身就奠定了通过局部特征之间的相互关系而组成一个具有相互激活性的意义网络的基本结构。人的大脑神经元的数量足够大，因此，能够记忆可以称为无限的"巨量"信息。

人的这种较强的记忆能力能够将更多的信息汇聚在一起，在促成相互作用的基础上，形成新的动力学系统，或者构成比较判断，使人可以展开优化选择的过程。并在这种过程中，进一步地扩展着人的意识空间，使人的意识变得更为强大。

3. 通过信息之间的局部联系而形成更大程度的激活

大脑神经系统能够包容性地使更多的信息模式同时处于兴奋状态。这些不同的模式会通过其中的某些局部特征形成稳定的关联性的相互激活结构，使人能够利用某些局部特征的相同（相似）关系而形成不同信息兴奋的相互激发性。

4. 在其他层面将差异作为一种基本模式

处于大脑神经系统中的感知神经系统以及由此而固化出来的好奇心，能够有效地将差异化的信息在更高层次的神经系统中表现出来，使之成为促进心智过程持续进行的基本力量，并进一步地对现有的意识系统产生作用。从逻辑的角度来看，这种作用是可以反复存在的。这种模式能够通过不同过程的和谐共鸣而使这种过程变得更为强大，通过不断地生成新奇性信息，在相关的意识层面不断地构建各种新奇性意义，从而维持意识过程的持续进行。

（二）对美追求的力量的来源

美的优化的基础是差异化构建基础上的多样并存。这就意味着，更加多样的意义模式联系在一起时，将能够使人的优化本能力量有了更加充分的舞台。

1. 对美追求的力量是更加基础的生命活性力量的表征

对美追求，意思是从不美中发现美、构建美。表达生命的活性本征，意味着引导人进入美的状态，就在于美的表达。这些过程将在意识中更加突出地表达出来。生命活性的力量在意识中可以更容易地通过构建而成为稳定的模式，并因为与生命的活性本征建立起共性相干和模式锁定而成为对美追求的突出力量。

2. 有更多的信息可以利用

信息在大脑中的网络化表征，使人通过大脑神经系统的局部兴奋而激活更多存在局部特征关系的诸多信息模式。大脑神经系统对信息意义的依赖性会更低，在大脑神经系统中反映出来的信息模式的固定性更低。在大脑神经系统中，基于整体信息中局部特征的多种可能联系和多样性激活，仅仅依靠局部特征之间的某些关系，就可以将不同的信息在大脑中激活，以此为基础而构建出不同的意义，并同时还能在人的意识空间中，通过自主反思形成使其得到更强的扩展空间和更强的扩展性力量。

3. 可以实施更加自由的组合

基于信息之间的局部联系性，能够有效地扩展人的心态，使多种不同的意义都可以在大脑中稳定地存在着，任何一种意义也都有其存在的合理性。人在好奇心的作用下，将更能理解这种意义在一定程度上的合理性，通过构建出更多的意义，并通过与其他信息的联系、比较，形成更加多样的新奇性心理过程。

在此基础上，还能够表现出扩展性的心态，努力地追求更加多样的不同意义，或者说将更多的不同信息联系在一起。

4. 更加自由

在人的意识空间，各种不同意义表现的合理性，使人形成了自由的概念，会在人的意识中形成一种自由的感受。通过差异化构建而具有更多的可选择性，使得人具有扩展与创造能力；具有足够的自主性而能够自由地做出恰当的合理性选择。这种选择完全取决于人的自主性：自由，以及对更大自由的期望和满足。不只是受到外界的控制甚至不再受到自然规律的限制。

（三）意识的放大性力量

生命活性的基本模式都能够在以神经网络为基础的大脑意识中表现得更加突出。通过大脑神经系统复杂的非线性和多层次结构，通过自反馈（在信息反映层面去感知这种相互作用：差异与相互刺激）更是形成了自主反馈增强的力量。这使得人能够对自我感知的心理过程具有更强的放大性力量——使人的意识变得更为强大。尤其是在人的宏观意识中，好奇心在其中起着表征差异的作用，引导人能够主动地寻找、选择、构建与当前有差异的信息，主动地将本来没有关系的信息与当前信息建立起各种各样的关系，并利用这种其他方面的关系而强行地认可当前关系的合理性，能够联系到不同的事物信息量变得更加广泛，在更大范围内构成动力学的稳定过程，由此而使意识保持更强的自主性、更强的涌现性。

在意识中能够更为经常地在各种活动中重复表现与美相关的诸多模式，如收敛发散、差异化构建、比较、优化等。第一，提高了美的模式的稳定性、自主性，能够使其力量的表现强度更高；第二，则使美的共性本征的概括抽象程度更高，也使得人能够越来越强势地表现出美的升华；第三，会由于更强的联系性保证着美的力量在更多的过程中发挥作用；第四，会由于受到人在意识中的主动延伸扩展而使美的力量变得更为广泛。

（四）意识的延伸扩展性力量

意识的延伸扩展也是一种重要的放大力量。由于在意识中主要表征的是信息的兴奋与变换，因此，在意识中的延伸扩展，就是向其他信息延伸、向不确定性的延伸、向未知延伸，将看似没有联系的信息汇聚在一起，并通过自组织而生成更具综合性的新的动力学系统。总体上来看，这是一个由当前少量心理模式兴奋从而激发更多心理模式兴奋的过程。进化的非线性作用会引导生命体选择不同的获得遗传优势的不同方式。作为类祖先的某些生命体会通过建立不同信息之间关系而获得更大的生存可能，并随着进化的优胜劣汰而不断地强化这种优势基因的显性力量，最终进化形成了人类这一特殊的生物物种。经过持续的遗传强化过程，人的这种使其在整个生物界能够获得更高竞争力的行为模式变得更为强大，人便利用这种对信息的强大加工能力和创造力，能够更有效地避开危险，并通过表达其更强的自主创造新力量的能力，由此而成为最有力量的生物物种。

通过表达美的状态中的独立特化后的无限扩张模式，能够使其得到强化和具有自主化。人又通过其特有的反思性构建能力，在意识层面能够主动地扩展生命的活性本征力量；差异化的模式力量会使这种意义的美得到进一步的独立强化，使人能够主动地在意识中加以增强；好奇心的力量及对差异的感知，以及由此而形成的刺激维持着耗散结构及其稳定与发展，使人能够在意识层面更加主动地增强意识中基于好奇心的差异化构建能力；联系性的力量使其他的模式与某个被关注的信息建立起更为复杂的关系，引导意识主动地增强向某个信息汇聚以形成收敛的过程，主动地通过比较优化而概括抽象出更加本质的不变性结构信息，从而可以实施对意识层面活性表征的进一步多层性构建和反思性的主动增强等。既基于每一个意识状态而运用活性本征中的发散性力量向其他信息模式延伸扩展，同时依据生命活性中的收敛力量将各种不同的信息向某个信息"汇聚"。这些元素的兴奋表达着生命体达成的与环境的稳定协调，这些具有本征意义的模式都将成为引导人进入美的状态的基本元素，使这些模式及其相关模式处于兴奋状态，也就在表达美的意义。

（五）意识中期望性的力量

形成期望是人的意识的基本特征，是生命活性在意识中表现的必然结果。当人可以在意识中自由地通过构建差异而表征生命活性的扩展性力量时，就会形成与当前状态信息有所差异的新的信息——产生期望。

生物的基本行为经过社会的表现而转化成为人的意识中的基本模式，遗传中的优化模式也是这样转化成为对美的追求的基本模式的。在此基础上，基于道德标准的美的判别标准同样也会在社会意识中形成社会性期望，从而引导社会向着某个更好的状态不断地转化。

（六）意识中"观照"的力量

当我们掌握某种意识，并用这种稳定性的模式去"观照"客观世界时，应注意以下过程。第一，发挥人的积极主动性。人会主动地带着内心所形成的期望、先入为主的美的意义等去观照客观事物，或者说按照自己的内心去理解客观事物。第二，利用人的意识中的观念发现、构建客观的特征、关系和规律。在所构建出来的观念的指导下，寻找客观现象和行为在相关特征下表现的方面、表现的程度和所占有的分量，并通过关系而联想性地构建出其他方面的局部特征和意义。不断地寻找更多的与期望所描述的相同（相似）的局部特征。第三，用人的意识中的观念（理想、期望）去构建、改造客观事物，使所构建的新的事物具有与期望的状态有更多相同的局部特征。人们相信能够按照自己的观念去创造一个新的世界，人们按照自己内心所生成的理想而指导自己的实践活动，从而从局部上构建出符合自己理想的局部模式，并使这种过程持续不断地进行下去。在此过程中，意识起着关键的作用。正是由于人可以在意识空间进行各种形式的信息加工，才使人形成了这种升华的过程。正如马克思在《1884年经济学哲学手稿》中所讲的："通过实践创造对象世界，改造无机界，人证明自己是有意识的存在物，就是说是这样一种存在物，它把类看作自己的本质，或者说把自身看作类存在物。"① 诚然，动物也可以通过与生命的本征模式达到稳定协调而产生快乐的情感审美享受，但动物只能单一地在"这种情景"中表达"这种模式"，不能将其延伸扩展到其他的活动，也就不能在此基础上形成美的升华。

（七）各种模式都可以成为指导信息变化的控制模式

我们就是在不断地运用抽象与具体过程之间的相互转换，利用大脑神经系统的多层次结构特征，从而在不同角度和不同特征、不同关系和不同规律的基础上，构建出具有抽象性意义的新理解。当不同的理解并列放在一起时，能够依据这种差异而促进心理转换过程的进一步进行。

第一，局部信息以不同的关系联系在一起时，能够组成不同的意义，以局部特征为基础而将不同信息组合在一起的心理过程的反复出现，促使我们不断地形成新的认识；第二，不同的事物可以有各种不同的理解和认识，当我们从不同的角度来描述客观世界，尤其是在意识中将不同的事物同时显示而比较异同时，就可以基于局部特征的相同与相似而形成概括性抽象理解。这一过程是在多样并存的基础上通过自然的淘汰和有意识的构建而表现出来的；第三，利用大脑的多层结构，能够以任何一个模式为指导，引导其他信息的复杂性的变化，从而建立信息之间更加复杂的联系；第四，抽象性本能和过程促进着不同认识的构建，能够保证这一由具体到抽象、由抽象到具体的过程反复进行；第五，感知差异、构建差异、追求差异的自主好奇心，会维持这一过程的持续进行；第六，对这一过程的反思则会形成模式的自主表现，尤其是能够更加有意识地主动增强这一能力。

---

① ［德］马克思：《1844年经济学—哲学手稿》，刘丕坤译，人民出版社1979年版，第53页。

（八）在构建意义过程中，不断地表征 M 力

稳定的信息模式会依靠其自主涌现性显示在大脑中。生命活性在意识中表征的核心特征，就是通过涌现而将与当前心理过程无关的信息引入心理空间，通过联想、自组织而参与到下一步的心理转换过程中。

1. 在已经形成完整意义的基础上，沿着某个方向更进一步地扩展

根据 M 力的意义，它促使我们在意识中更加强势有力地沿着某个特征指明的方向进一步地发散、延伸、扩展，最起码在该过程持续进行时，会通过这种不断的延伸扩展而形成差异性较大的模式，这种差异性将促使其形成不同的个体，并在此基础上促进着生命体的选择优化。在以基于某个特征的优化选择过程中，M 的力量会将这一力量变得更加强大。从另一个角度来看，这种优化的过程本身也可以看作在针对 M 力表现时的收敛性模式，或者说满足在收敛基础上所形成的更快、更强收敛的期望。从进入美的状态的角度来看，表达 M 力已经足以使人达到一定程度的稳定协调。

2. 激发更多的差异化信息

在大脑中本就会激发不同信息模式之间的相互关系，但在 M 力的作用下，会促使人认识到这种量上的差异和表现，并引导人沿着某个方向，激发出更多的信息，使我们能够在更加多样并存的基础上展开比较优化。差异化的模式越多，在达到优化后的稳定协调状态时，生成的信息量就越大，在人内心产生的美的感受就会越强。

3. 在 M 力量的持续作用下，表现追求完美的过程

在意识中每一次地实施 M 力的过程中，总能够得到比前面更好的结果，只要我们看到了有限的几步这样的过程，这种模式就会具有足够的稳定性和自主性，通过若干次的重复，人就会在意识中形成一种坚定的认识——信念，认为这样持续地做下去，最终一定能够达到"完美"的状态，甚至直接说，形成这样一种坚定的信念：通过持续地表现 M 力，一定能够达到这种最终的"完美"状态。而且就直接认定：这种"完美"的状态一定存在。由此，我们就会形成一种认识：这种过程可以无限地进行下去，并且一定能够达到极限状态——得到极致的美。

（九）信息的由局部到整体

人在建立不同信息之间关系的过程中，经历着由事物到信息、到心理模式再到行动模式的过程。这将涉及由部分信息到整体信息以及由局部信息到整体信息的过程性模式。完整的美的状态是通过诸多相关的美的元素的兴奋组成的一个有序的兴奋集合。在当前环境的作用下，处于兴奋状态的活性本征模式越多，彼此之间的协调性越强，人进入美的状态的可能性程度就会越高，在人内心所形成的美感就越强烈。随着意识的生成，这种过程在人的意识层面会得到更大程度的增强，促使人更为经常地从事这种过程。局部信息记忆在大脑中后，会表现其自主涌现性力量在与之不相关的过程中处于兴奋状态，成为一种新奇的信息元素作用于当前的心智过程，从而参与到同其他信息的自组织的相互作用过程中。在 M 力的作用下，会更加有力地表达美的状态中的这种由局部到整体的过程转换。

（十）以活性为基础的人的意识

1. 意识中的收敛力量

既然收敛作为一种生命的本能力量模式，当表征这种模式时，就意味着在更深层次上展开协调性的活动，由此而激活美的完整模式。

收敛会保证在人反映外界客观世界的过程中，围绕人的相关活动而与其他的信息相联系，在意识中将其他事物的局部特征显示在心智的联系空间，在内心建立起一个稳定空间与变化联系空间有机结合的心理空间，将稳定性信息及意义与变化性信息及意识分别归到不同的类别中。在保持稳定性泛集不变的基础上，同时激发差异感知系统——好奇心，形成与生命活性本征和谐共振的状态。

由抽象延伸出来的方法之一是归类。当这种归类的方法形成以后，也就意味着我们认识到了一个事物即使已经发生了很大的变化，其本质性的模式也能够具有更大的可能性被当作为稳定不变的特征。比如说我们在很小的时候同一个人在一起待了很长时间，对其禀性有了一个基本的稳定性掌握，由于各种原因，我们不再同他相处在一起。但在很多年以后，当我们基于其中的某个特征而认出他来时，仍然能够根据以往我们对他的掌握重新认识他并基本上把握他，此时的"他"仍然是我们以前所认识到的那个"他"。此时，这个被我们当作"他"的稳定不变的模式，表征的就是我们以往在同他交往过程中所形成的稳定不变的关系模式。

表达收敛的力量，或者说仅仅是表达收敛的力量模式，就可以使我们产生掌控的感受。形成一种意义，认定一种意义便意味着掌控。一旦归类成功，也就意味着我们已经通过构建这一类对象中的不变量而完成了对此类对象的掌控。我们能够顺利地将所遇到的客观事物根据事物的具体特征而归为不同的类别，并形成基于稳定性泛集的掌控心理。甚至当我们表达这种掌控模式时，我们就能够产生掌控后的认知和感受。

收敛力量的来源还包括，动态的变化与静态结构的稳定性，以及两者之间所建立起的一种确定性的关系。通过艺术与审美的专门重复，并在艺术与审美中建立众多的关系，则会使这种力量的独立性得到加强，并进一步地强化着由众多不同的具体构成的美与美的本质建立起有机联系的力量。

2. 与收敛模式共性相干

当通过艺术元素以及彼此之间的关系而与人收敛的力量形成共性相干时，也就意味着激发出了人的这种本性的力量，通过使之处于兴奋状态而在一定程度上表达着人在一定程度上进入美的状态之中。

当我们主题式地表征这种收敛的力量，与这种力量所表征的各种模式形成"共振"，将会在更大程度上表现出与生命的活性本征相协调的过程，而这一过程将会以其本能力量的作用和与其他本征模式的有机联系而带来更大程度上的协调，并由此带给人以更强的审美感受。

3. 通过联系使这种模式处于兴奋状态

整体性的力量会成为稳定性的力量，通过局部特征以及彼此之间的关系，能够直接将其所对应的整体意义展示在大脑中。此时，在人的意识形态中，又会通过表达某种"有意味的形式"的抽象态度（意向），反过来再将与情感具有一定关系的信息模式运用自组织的力量加以重新组织，在多样并存的基础上，将具有更强抽象性的信息模式展示出来。

可以看出，在复杂的环境作用下，这是一个反复进行的过程。在反复过程中，整体化的力量以及由此而延伸出来的整体抽象化的力量和由此所形成的美感模式的完整性，以其收敛的力量而驱使人形成更加完整的美感模式，并进一步地在以发散作恰当补充时，形成更为复杂多样的美的模式。

4. 通过好奇心形成对收敛力量的间接激活

当人受到更加剧烈的外界环境的变化作用、受到更强的新奇性刺激的作用时，人会从心态的层面在更大程度上偏离原来的协调状态。在趋向新的环境作用下的稳定状态的本能作用下，与收敛性力量有机协调的扩展性力量的变化，将会使生命活性中收敛力量的进一步增强，使人表现出更强的掌控的欲望，希望能够更加强烈地掌控外部客观世界及其变化趋势的可能性。即使不能掌控当前世界（包括掌控相应的结果），最起码我们应具有提升自己的能力而强化掌控当前世界的能力的主观能动性。

在生命活性中存在着收敛的力量，从一个角度反映着人的生命的本质性特征。只要表现生命的发散力量，那么收敛的力量就必然地会发挥作用。在外界环境的作用下，会构建收敛与发散力量的有效表达并形成协调对应，形成与外界环境的稳定适应。生命的活性本征表达着：在表现收敛力量的同时，发散性的力量也必然地同时表现。收敛的力量表现会与发散的力量一起，共同表征着生命的基本特征。这种收敛力量的意义在一定程度上需要在发散力量的作用下、在发散力量的基础上才能更加有效地表现出来。

5. 在人的不可掌控的环境中，具有对一定情景的掌控

稳定性的状态本就是美的状态的基本特征。通过收敛性力量而形成的掌控力量，会以其更大的熟悉性成为将各种信息组织在一起的基本力量；人们会以其所熟悉的意义而展开联想，将那些动态的、新奇的、不确定的（尤其是会留下对未知的期望心理及空间）信息显示在大脑中，并通过自组成组织成一个意识的兴奋活性状态；或者说，将新奇的、未知的信息组织在一起的模式的展示，以及与这种模式相符（和谐共振）的心态，通过所具有的足够的稳定性作用力模式的兴奋，使人体会到美感。美感的强烈程度是与其所激发的生命活性本征的兴奋程度有机结合在一起的。所能激发的活性本征模式的数量越多，使人达到稳定协调时的审美享受就越强烈。

爱笛生（J. Addison，1672—1719，英国的文学家和评论家）曾指出：

"我们的想象就爱有一种对象来把它完满，就爱抓住过分的超过它的掌握能力的那种对象。对着这些无边的景象，我们就被投入一种既愉快而又惊奇的心境；抓住了它们，灵魂中就感觉到一种可喜的平静和惊奇。人的心天然地厌恶凡是对它像是一种约束的东西……但是如果这种伟大之外又加上一种美或奇特（即不平常）……我们的乐趣就会加强，因为它不仅起于某一个单独的根源。"①

在生命活性的状态中，收敛与发散的力量并不是一一对应的，而只是要求彼此之间的关系维持在一定范围内（两种力量的表达符合这种活性比值的区域性限制）。收敛的力量将对应于一定区域大小的发散的力量；发散的力量也将对应于一定区域大小的收敛性的力量。收敛与发散力量的牵连力量，也只是通过一方将另一方限定在一个相对较小的区域内。此时，我们便可以从第一，两种力量的表现；第二，两种力量牵连时的表现中取得相关的极小表现值，并由此而确定生命活性状态的表现程度、表达数量，并由此而转化成为引导人进入美的状态的基本模式。

为了表征差异力量的大小，我们可以通过艺术作品中的信息量来描述这一特征。作品中差异化信息量的大小，将随着欣赏者的认知和能力的变化而变化，通过新奇性局部特征的数量来具体表征。

6. 生命活性的收敛力量在意识中的反映

我们能够以心理模式为基础来描述收敛的力量模式。当收敛性的力量在意识中表征时，可以作为一种稳定的力量，通过保持某种心理意义的稳定性，成为进一步表征生命活性与外界环境稳定协调的基础性模式。

这种收敛性力量的强度在一定程度上表征着人对客观世界的把握和了解，表征着人对复杂的客观世界形成了一定程度的确定性的认识。无论是从一个心理模式向其他心理模式的"联想"、延伸，还是从其他心理模式向某一个稳定的心理模式的联系；无论是在诸多事物表象的运动变化中构建出了事物的本质性特征、逻辑性变化规律，还是在掌握了事物以后运动变化的各种可能的形态，包括对其"运动轨迹"（可能达到的各

① 北京大学哲学系美学教研室编：《西方美学家论美和美感》，商务印书馆 1980 年版，第 96—97 页。

种状态）有一个准确的预测，可能存在哪些形式的变化、在什么范围内变化以及变化会达到什么样的程度等，还包括在这些不同的形态之下与其他事物之间会发生什么样的相互作用，这种作用将对人们所涉及的所有的方面会产生什么样的影响等，都将是收敛力量的具体表现。

7. 形成掌控的自主性

生命活性中收敛的力量在意识的反映，会在人的内心形成稳定的掌控模式表达和内在地形成对掌控的感受，并将这种感受独立地特化为一种具有自主性的模式，使人在面对新奇的、未知的、复杂的、不确定性的外界事物时，促进人在意识中通过构建更为具体的"情景"而形成更强的掌控的感受。甚至当人们认定这一力量会在人认识世界的过程中发挥作用，人们只是认定这一力量，便在一定程度上形成了掌控的力量。在结合人在掌控其他新奇事物时所形成的心理感受时，人们就会认为在一定程度上掌控某个未知的对象。

8. 形成对掌控的期望

与复杂多变的外部环境相对应的掌控，会随着外部环境的更大变化而在人的内心形成与当前期望有所不同的期望——往往是更强的期望。虽然可以变化的方向有多种，但最终被选择的将是使期望更强的方向。基于掌控模式而进一步地表达生命活性中扩展的力量时，自然会形成对掌控的期望。此时，无论是对掌控形成期望的过程模式、形成掌控的期望的结果模式，还是对这种期望的满足模式，都会成为人在与外界环境构成稳定协调关系时的固有模式表征，这也就成为引导人进入美的状态的基本元素。在此过程中，一是会形成对未知事物掌控的渴望；二是通过延伸扩展形成能够更强掌控的愿望；三是强化这种抽象的掌控力量，将通过认定这种力量升华抽象，强化人对当前未知事物更加深刻的掌控感受；四是形成提升这种掌控力的愿望和能力；五是通过构成人较强的创造力，而间接地表达足够的掌控能力。

9. 合目的性

在人具有了一定的目标后，向着目标追求，将一切与目的有关系的局部信息展示出来并加以强化，或者仅选择与目标有一定关系（仅仅是局部特征的某些局部关系）的信息，而将那些与目标或达成目的没有关系的信息、行为模式都排除在外。

由于认识能力有限，对人类进化的规律还不能准确把握，在认识当前结构和功能的优势时，人们还将合目的性作为一种收敛的力量。比如说，在人们还没有掌握为什么人会追求更美的东西时，人们就从主观上认定并将对美的追求作为一种目的，将其作为一种基本的结论，作为研究其他问题的基本出发点（其实也是一种基本假设）并采取反向推理的方式形成目的论的理解。实际上人形成对美的追求是一种进化的动力学结果而不是目的性结果，不是为了这个目的而变化，而是在动力学进化过程中必然地达到了这种目标。或者更准确地说是这种目标被进化所强化的可能性形成了偏差所至。我们需要把握形成这种偏差的原因以及在进化过程中的作用。在生物学等学科的迅速发展中，我们需要的是形成美感的动力学解释，希望得到生物学甚至是更基本层面的物理学、化学的解释，而不是简单的目的性解释。

10. 相向性模式

在诸多可能的模式中，挑选出在更大程度上更加吻合的模式，是基于生命活性中收敛力量的相向性模式。在生命体因为非线性涨落而形成了更多有差异的模式以后，生命活性中通过激发收敛的力量会产生相向性行为（心理）模式。当人在大脑中构建出一种稳定的模式以后，该模式会成为人行动的控制模式。同时，会驱使人在内心尽可能地构建更多与所期待的模式相同的模式。以新的模式作为稳定吸引子，先是认定这种模式的价值，先由局部上的相同到部分的相同再到更大部分的相同而一步一步地完成。

七　美的感性与理性

美是通过感觉的方式首先体验出来的，但美又会经过诸多与生命的活性本征相关的模式在不同的信息表征层面（感觉、知觉、意象、符号）逐步表现。这也就意味着，与美相关的诸多模式都将在人的审美过程中统一协调地表现出来。虽然人们更多地强调美的感性的完善性的力量特征，但我们一定要认识到，美绝不止于"感性的完善"，其他的信息形态一定能够在恰当的过程中被人作为表达生命的活性本征的基本形态。

在历史上，随着人们对自身认识的不同，形成了不同的美的理念，也由此而构建出了不同的理论体系。这种不同认识和由此表现出来的对美的追求，都是基于不同的生命活性本征表现而展示出来的不同结果。从美学与艺术的发展历史中，我们可以发现浪漫主义美学理论[1]一书中所揭示的理性至上、狂飙突进运动、古典主义、浪漫主义等理论思潮所产生的不同影响。

康德认为美不能只是个人的感受，而且必须能够为他人所感受。[2] 这也就意味着艺术品必然地包含着共性的美，虽然人们在表现自己 M 力量的方式和结构时会有所不同，但都同时表征了 M 的力量。只要具有了这种模式和模式的表征（表达 M 的力量），就会在审美过程中建立起共性相干的关系。即便是再强调美与艺术的个性化，这种共性的力量也是其中最为关键的。这也从另一个角度说明：在一个群体中，可以通过认为一部艺术品是美的人数（更精细地，可以根据每一个人对这部艺术品关于美的程度的判断）的多少，或者说由此而界定一个阈值，将其作为一个标准，来判定一部艺术品的好坏。这也就意味着，最起码在当前，并没有绝对完美无缺的艺术品。所谓一件艺术品的好与坏，或者说是否表现出了艺术家在创作艺术品时付出了最大的努力。当然，不同的人有不同的看法，由此而提出的改进意见（在哪个方面的改进、改进的程度等）也会不相同，但只要艺术家考虑到了这些因素，并结合自己的理解做出了相应的调整与选择，并持续不断地向着更美的方向持续变换，就一定能够得出局部最美的结果。或者说，我们也一定能够得出在统计学意义上的最美的结果——有多大比例的人认为是美的。

在充分认识到人的意识在其审美中的地位与作用时，黑格尔强调了人的意识的绝对力量，进而在人的意识中独立出了人的自然属性、进化属性，但由于没有认识到这种属性在美中的意义与作用，因此，也就不能将其转化成为具体地指导艺术创作的指导原则。

---

① ［德］曼弗雷德·弗兰克：《德国早期浪漫主义美学导论》，聂军译，吉林人民出版社2006 年版，"译序"，第 1—2 页。

② 北京大学哲学系美学教研室编：《西方美学家论美和美感》，商务印书馆 1980 年版，第156 页。

在人们仅仅只是认识到美的局部特征，并运用意识的发散扩展性力量建立更加广泛的联系的过程中，美的感性与理性的矛盾则始终存在。美学强烈地需要一个可以将其整体性地综合组织在一起的力量。阿多诺认为，"艺术是不能征服而能批判自身的理性之物"①。理性与非理性的区别在于在多大程度上运用非逻辑的关系。严格遵从逻辑关系而由此及彼时，即被认为是理性的。当人们在更加宽泛的程度上思考"合理性"的关系时，便就有了更加自由的视野。也使人的包容能力、综合协调能力得到进一步的提升。

审美判断的普适性以及无目的性，直接指出了只有在这种状态下，才能将更具一般意义的差异化信息构建出来。② 普适性与抽象性具有一定的内在联系结构，正是将优化模式作为抽象概括的一种基本手段而具体表现的结果。当人们具有了一定的目的，尤其是在功利性的影响下，所构建出来的差异化的特征会具有某种潜在的特定性，这种共性将会影响人运用对更美追求的力量所构建出来的美的艺术品。

第四节　美与想象

达尔文从生物进化论的角度指出了想象力是人的核心品质。达尔文指出："想象力是人的最高的特权之一。通过这个心理才能，他可以把过去的一切印象，一些意识连结在一起，而无需乎意志居间作主，即这种连结的过程是独立于意志之外的，而一经连接就可以产生种种绚丽而新奇的结果。"③ "科学和即使是最狂热的艺术都是内心想象的典型、方法、结构的交流的必然成果。"④

在我们建立了意识系统与生物体内其他过程的相同、相似性特征以后，我们可以更加深刻地理解想象与美的内在联系。莱辛（G. E. Lessing，

---

① ［德］阿多诺：《美学理论》，王柯平译，四川人民出版社1998年版，第97页。
② 高建平：《"美学"的起源》，《社会科学战线》2008年第10期。
③ ［英］达尔文：《人类的由来》，潘光旦等译，商务印书馆1983年版，第111页。
④ ［英］马丁·约翰逊：《艺术与科学思维》，傅尚逵等译，工人出版社1988年版，第15页。

1729—1781，德国启蒙运动时期的著名作家、评论家和美学家）就曾经明确地提出："最能产生效果的只能是可以让想象自由活动的那一顷刻了。"① 通过将人与其他动物相比较，将成年人与儿童的意识状态相比较，将不同地区和国家的人的意识状态加以比较，我们可以更加深刻地理解这种想象力的特征和在审美过程中所发挥出来的关键性的作用。想象力在审美过程中能够自由地发挥作用。人们也将其能够自由地表现，作为审美的重要标志。

单就想象这一过程和对象来讲，并不只是美学的研究重点，也是科学方法论等的研究重点。马丁·约翰逊通过考察科学与艺术在想象力表达上的本质性联系，尤其强调想象力的重要意义："我们同艺术家所建立的密切联系，并不是由于对艺术家所处的时代、他的经历或者他的作品外在内容的传统看法的承认，而是由于艺术家洞察人类疾苦和振兴人类命运所反映出来的想象力。"② 其实，想象既是人的本能活动，也是意识中主要的活动。在我们清醒的大部分时间内，我们的大脑中主要进行的就是想象。更为人所关注的基于确定性意义（特征、关系等）的理性思维，就是以具体的想象为基础而展开的。③

一 想象与想象力

（一）想象是信息在大脑中任意变换的过程

基于任何局部特征，采取任何关系、组织构建出任何一个意义的过程，都可以称为想象。想象认可任何一个信息模式的意义的合理性（包括局部的、暂时的、偶然的、变化的），不管其来源于世界的客观反应，还是来源于人在内心基于相关信息的任意构建。想象所表征的是信息在大脑中能够自由组合与相互作用，任何意义在想象中都有其存在的合理性——因为想象。各种变换在想象中的自由进行都可以有效地控制其他信息组合、变异。

---

① 北京大学哲学系美学教研室编：《西方美学家论美和美感》，商务印书馆 1980 年版，第148 页。

② ［英］马丁·约翰逊：《艺术与科学思维》，傅尚逵等译，工人出版社 1988 年版，第32 页。

③ 徐春玉：《好奇心与想象力》，军事谊文出版社 2010 年版，第177—188 页。

可以将任何的局部特征、以任何关系的形式，以任何一个模式为指导而将泛集中的元素组合在一起，以任何一种关系作为确定其意义的基本关系结构；想象可以建立信息之间的任何关系，并且认为这种关系是合理的，或者说认定这种关系在现实中有可能是客观存在的。想象可以不依任何客观事物信息为基础，但会在更大程度上依据局部特征之间各种各样的关系而将其他的信息通过激活的方式进入人的意识想象空间。

想象能够在各种信息层面上进行意义的组织、变换并用于指导其他信息的变换。想象具有足够的包容性。各种不同的信息能够通过自组织的方式形成某种意义，不管这种想象性的意义是否可以在现实中存在、是否可以与某个具体的事物相对应。想象可以基于任何一个心理模式而表达生命的活性本征，可以对信息作任何一个方向的延伸、变异扩展，这种变异的程度甚至是无限（无节制）的。

诸多过程在想象中的任意进行，甚至给我们造成了这样一种印象：在想象中无所不能。那么，也许我们会问，为什么会在人的大脑中形成了这种过程并具有这种能力？从本质上讲，人的心智活动本身就是在想象。甚至我们通过对未来的某种差异化构建而形成了未知的状态、形成了预示性未知泛集时，也是在想象。在人的心理变化过程中，从来不存在单一的、线性的逻辑关系。所表现的只是在多样并存上的高可能度选择。

与前面我们所描述的过程相类似，在想象过程中，同样会表现出在相关模式的基础上表现生命的活性（发散、收敛及两者之间的相互协调）——在扩展模式的基础上进一步地强化这种模式，使之表现出程度更高、力量更强的发散、收敛及发散与收敛的有机统一的基本过程，由此而使更多的差异化想象构建成想象的一个基本的过程。

（二）想象力是大脑对信息能够进行任意变换的程度的度量

想象力只是描述各种意义构建的可能性。想象力越强，意味着构建出来的有差异的信息模式的数量越多、差异的程度越高。在此过程中，任意变换、任意组合、面对更大的未知空间的程度越高，则想象的能力——想象力就越强。因此，我们认为，想象力取决于依据局部特征所构建出来的信息意义的新颖程度（激发出来的泛集中所包含的未知局部信息的性质与数量），涉及不同类别的信息之间的距离（相差异的局部特征的性质与数量）等。想象力强者有更大的可能性将具有更多差异化局部特征的不同事物信息联系起来，并依据自组织规律组成一个有意义的信息整体，能够将具有很少局部联系的信息组织成确定性意义，将各种局部特征组合成有一定意义的整体性信息。这种任意的构建过程，在想象中可以自由地进行，并由于生命活性的作用而成为常态。这种量上的变化，最终引起了质的变化。人能够依据局部特征所构建出来的有差异的意义的数量和类别，尤其是与心理灵活性相对应的事物的不同类别的数量，形成了具有更大的未知心理空间——剩余心理空间，为想象的进行提供了更大的存在空间和扩展空间，也使人具有了足够强的信息加工能力和信息创造力，也由此而构建了美的基础。

（三）想象是人脑的基本过程，人是在想象中进化与成长的

人的心智就是在想象中逐步形成与进化的。人不断地表达着自己的想象力、扩展着自己的想象力，并在自由地想象各种事物、事物之间的各种关系、各种新的信息的过程中，将那些与客观事物在更大程度上相符（在更大程度上具有符合理性的制约——简称合理性）的信息特征模式固化下来，将具有规律性的关系固化下来。人类也由此而形成逻辑关系体系。

虽然人是在想象中进化与发展的，但由于不能认识到想象的本质，又结合想象本就是在人的内心所进行的必然过程，人们不能对这种过程产生正确的认知也是历史的必然。正如人们总是在运用形而上的方法研究任何一个客观对象一样，对想象的本质性认识也是在将想象独立地特化出来以后才能进行的事情。在更加强烈地追求确定性关系，形成更强的掌控心理的作用下，人们将注意力更多地集中到对不同事物信息之间确定性关系的把握上，将建立信息之间的逻辑作为人认识客观世界的核心工作，也由此而忽略了想象的地位与和作用。显然，人所推崇的理性思维仅仅是一种只关注结果的简单思维方式。我们需要正确把握想象与逻辑思维的本质性联系，并从中构建出想象的本质性规律。

（四）幻想、想象、创造与思维具有层次递进关系

人们潜在地从信息之间具有多少确定性关系的角度来具体研究知识、

创造、想象等不同关系的。知识、科学创造、创造性想象、科学幻想、幻想所体现出来的信息模式之间的确定的逻辑关系越来越少，体现出来的信息模式之间任意构建各种可能意义的可能性会越来越高。幻想所依据和体现出来的信息的必然性联系最少，甚至能够在完全无关的两个信息模式在大脑中处于兴奋状态时，人也能够利用其特有的幻想能力构建一种新的意义。科学理论则主要表达知识点之间的逻辑的、规律性的关系。

在人们实施优化构建的过程中，可以在现有多种不同模式的基础上加以比较选择，也可以在大脑中，运用意识的力量而实施差异化构建，并沿着美的方向而有意识地构建，从而再行选择。此时的选择便因此而具有了意识构建的含义。比较优化选择是在差异化构建的基础上形成的。因此，幻象只是其中的一个过程，在幻象的基础上，应该通过比较而优化选择，由此而构建出具有幻象性质的最美的模式。

二　想象表征的是信息在大脑中的自由加工

（一）信息在大脑各层次间自由映射

想象开始是以各种可能的关系为基础而具体展开，并最终以形成确定的逻辑关系为结束。此时人会略去中间过程，只是将这种具有逻辑关系的知识记忆下来。在多种可能性并存的基础上，通过优化和抽象的方式形成确定性的最优结果，并在更高层次确定性地表达出来。这种确定性的结论便会作为一种稳定的结构，直接映射到大脑的各个层面的神经子系统中。这就意味着，想象后的结果可以作为一种稳定的心理模式引导各种层次信息的变化。

（二）按模式而变

想象认可任何一个心理模式所具有的独立意义，以及与其他信息的相互作用意义，因此，在想象中，我们能够以任何一个模式为基础而控制其他信息模式的变化，达到该模式的抽象性特征要求和外延性要求，在好奇心的控制下，尽可能地与该模式的局部特征所提出的期望、要求相符合的具体模式和谐共振，或者将包含这种"不变结构"的具体信息构建出来。

（三）迭代变换

在想象中可以以任何一个层次的信息为基础而表达生命活性的力量、表达稳定性模式在控制信息变化中的力量。当我们建立起了对信息的变换模式以后，能够以变换模式为基础而实施生命活性的变换，并通过建立与其他信息的差异化的联系、表征和对这种过程的反思，维持着这个差异化心理过程的持续进行。

（四）概括抽象

概括抽象本就是在想象中实施发散与收敛有机结合的产物，是在想象中构建具有更强逻辑性关系的过程。运用这种方法可以将不同的信息联系在一起，从中比较优化出不随具体事物信息的变化而变化的本质性"不变量"。或者通过典型化的方式，在构建出了抽象条件下的特征之间关系的基础上，将其推广成为涉及所有事物的相关特征的典型关系结构，并依据此典型结构而对事物的运动变化加以推演，试探性地构成关于事物变化的本质性规律。这种将不同事物联系在一起，或者将基本规律推广到用于描述具体事物运动变化上的做法，只有在具有高度发达的人的意识中才能进行。

（五）表达活性的力量：发散、收敛以及相互协调

将生命活性的力量作为指导构建信息之间相互激活与相互联系的控制模式，生命活性的本征模式将在大脑神经系统中自由地展示，表现出以信息为基础的更为强大的过程：发散的力度更大、收敛的力量更强、发散与收敛之间的相互牵制力量更加牢固。这种自由表现，也被认为是想象力的自由表现。

（六）表现心智的扩展性力量

想象受到一定逻辑的制约。它本身所依据的就是局部信息之间所组成的固有的意义，但想象却要抛弃这种意义所形成的限制，形成一种稳定的心理模式：实施意义的扩展和任意的组织加工。

思维是在多种可能中构建逻辑化关系的过程，因此，思维必然地以想象为基础。虽然人们可以有意识地沿着某个方向、基于某种特征的逻辑关系为基础实施逻辑构建，在人们已经认识到这个问题时，采取逻辑推导的方式展示出逻辑思维的过程。但在实际中，更大程度上是首先依

据局部特征之间各种可能的关系构建出种种的可能的意义，再从中选择出具有更大可能性的、具有更高可信度的想象性意义。或者说，通过"穷举"的方式构建出所有可能性以后，再从中依据更合理、可信度更高甚至更具逻辑性、规律性、更科学的关系的限制，从中选择、界定出相应的"合理性"的结论。

三 想象表征了意识中的发散与扩展

表达想象的力量，在更大程度上就意味着更加强势地表达人所特有的生命活性——更强的差异化构建和形成更加多样的情况下与某个稳定意义的确定性对应。这种生命活性被意识强势增强，从而将人生命活性中的发散、扩展性力量表现得更加充分，人们也更加多样地重复展开这种活动，会在重复性的迭代表现过程中，形成对那些共性特征的、差异性特征的更大的非线性涨落，促进心智结合在更大程度上的变化，以更加强有力的刺激，促进着心智产生更大程度的变化。这种变化是内在的、自主的、自主生成和涌现的，尤其是"自催化的"。它是人的进化的产物，自然，会在人对外界信息的心智加工过程中表现得更为强大。想象力越强，越是意味着人在实施更大范围的探索构建，也就能够寻找到更大范围内的优化结果。无论是在想象还是在游戏中，都表达了差异化构建基础上的多样并存和由此而具体表达出来的优化的过程。

（一）想象就是人运用发散的力量而构建出种种可能性意义的过程

在意识中自由地表达生命的活性本征时，能够充分地表达发散扩展力量和收敛稳定性力量，在没有明确的目的、目标、需要的潜在束缚下，基于当前信息，在发散扩展力量作用的基础上通过收敛稳定而构建出来的任何意义都会被认可，尤其是人在意识中还会通过好奇心的作用而基于当前信息构建出各种可能的新的意义。随着进化的持续进行，通过一定的目的而从中选择的本能会被突出强化，但基于生命活性而表达发散扩展的力量的模式则一直存在着，基于当前信息而任何组织构建各种不同意义的过程模式也会一直表现着。在想象中，生命活性本征的表达将具有更加广泛和自由的意义，因此，会经常表现、在各种过程中共性地表现，也成为在心理意识中组织其他心理信息模式变化的基本力量。

（二）将想象独立特化后的运用

将想象独立特化，让想象独立地发挥作用，也就意味着可以不考虑由其他模式的相关、联系和由此而形成的制约限制，不考虑由于情景和各种信息的具体限制而独立自主地表达想象的力量。此时我们可以以想象为基础而进行两个方向的活动：一是以想象为基础，通过好奇心所代表的差异化构建的力量，基于当前信息向其他心理模式实施延伸扩展；二是从各种其他模式出发，向想象的目的或结果汇集、辐合。在扩展的方向上，没有任何的限制；在目的的汇集中，也没有任何的先入为主和前提。

（三）当想象具有自主性后的运用

人可以自由地想象，更大程度上在于想象被独立特化以后的自主性表现。即使没有相应外界信息的作用，人也会自主地展开其固有的、自主的想象力而自由想象。即便是人们在研究信息之间的逻辑关系，想象也会不断地通过差异化构建而将其他各种可能的关系构建出来，留待下一步的优化的规律选择。当人运用局部信息之间各种可能的关系而形成一种稳定的模式时，想象模式的自主性便会进一步地成为指导其他模式变化的控制性模式，从而使想象中的心理变换变得更加自由和丰富。

（四）想象在意识中被强势强化后的运用

通过意识的强势增强，人的想象力会变得更加强大，并稳定地成为人在面对任何外界信息时必然地展开的一种本能性模式。人会极力地增强这种变异、扩展的力量而构建差异化程度更高的各种各样的信息，并将这些差异性信息一同显示。通过在想象中构建多种形式的异变，在扩展了人的足够的想象力的基础上，人又会必然地去追求稳定的、收敛的意义。

因此，在人们运用想象力去寻找自然的美，或构建美的自然时，也是在必然地做出选择，将那些能够给人带来更多审美感受的模式比较判断选择出来。人们在艺术创作中，无论是局部特征的选择、局部信息的构建，还是整体意义的组合与重构，都体现出了艺术家通过"更"的意义而追求更强的想象力表现。

（五）表达更强的想象力

作为一种与生命活性在意识层面的直接对应的活动模式，代表着人的生命本能的表现，也就意味着与这种模式相协调，并通过该模式的兴奋而联想性地使其他的活性本征也处于足够的兴奋状态。因此：第一，在更显著地表达想象的力量时，能够表现更大程度上的美，激发人更多想象的艺术品往往更美；第二，人在想象中通过构建差异化的模式，并从中"寻优"（比较 + 选择），可以使艺术品在更大程度上表达更美；第三，想象的新奇性带给人强烈的协调后的感受。

（六）想象的双向作用

正向作用。首先：想象通过差异性构建，构建出了局部表征某种意义的各式各样的信息模式；其次，人会在想象中运用综合的过程，通过优化的方式概括抽象出稳定不变的模式；再次，艺术家将这种模式表征出来；最后，艺术家在艺术品中明确地反映出对美追求的力量。这其中的关键就是在于引导人们真正地认识到、体会到对美追求的力量，并且认定其在艺术品的创作与认定中的作用和在艺术品中对这种模式和力量的追求。

反向作用：想象会以其构建各种意义的特征干扰人的情感、意识层面，通过相关信息表征人的生命的活性本征。随着想象的逐步增强，这种干扰、控制的力量也会变得越来越大。此时，想象成为一种具有限制性的制约力量。

四　通过联想将更多的信息联系起来

联想在想象过程中发挥激活更多信息的作用，以供想象中的信息加工和组合过程的进一步展开。而想象也会在更大程度上激励联想过程能够在更大范围内展开。

（一）在想象中可以依据局部特征而联想

我们将依据局部特征由此及彼的过程当作是想象的基本过程，而不是思维的基本过程。但当我们在众多可能的意义中注重构建确定意义的最大逻辑性（最大合理性）的关系时，通过实施排除合理性小的模式的过程，便成为以思维过程为主了。显然，在此过程中，美的力量——构建具有更强逻辑性的关系——逐步显现并成为一种核心的力量。

信息依据自主涌现、自组织构建、联想和外界直接输入的方式进入并组成人的意识空间。但在想象中，构建联想及组织意义所依据的关系可能会具有更多的局部特征。在稳定的关系模式具有自主性的前提下，有可能成为同当前事物没有联系的关系性模式，也会作为指导人建立不同信息之间关系的基本模式，从而使得人们所建立起来的联想激活过程变得更为广泛。

在想象中可以在当前联想的基础上扩展联想。使联想的方式更加多样，使人向更加深入的方向深化联想，综合性地依据各种不同的关系而展开联想。联想的范围会进一步地扩展，涉及的局部特征会越来越多，会形成一个面对未知的更大的剩余心理空间，或者说形成对未知的更加强烈的期望。

人在想象中会更加有意识地强化扩展联想的力量，使人的联想范围变得更加广阔、联想的因素更多、关系的差异化程度更高、联想的层次更加深入。在将联想模式独立特化、使联想具有足够的自主性时，人们还会从主观的角度有意识地强化这种联想能力，探索其他的联想的方式，并将各种信息综合成为一个更加复杂的有机整体。

（二）依据差异化的力量将差异性信息联系在一起

在想象过程中，虽然信息之间存在着巨大的不同，但人们总可以运用想象将其有机地组成为一个有意义的集合，并从中选择出合人的心意的整体意义。人们在充分地利用差异化的力量形成不同信息的同时，意味着在不同的信息之间建立起具有生成性意义的关系；从另一个角度来看，具有差异化局部特征结果的构建差异化的模式，也因此而成为联系不同信息兴奋的桥梁，并在一方处于兴奋状态时，通过彼此之间的这种差异化关系使另一方也处于兴奋状态。

受到差异化信息之间关系的影响，两个不同的相互对立的信息会因为存在矛盾，也就具有了被人们重视的矛盾关系。在利用这种矛盾关系将其同时激活的基础上，人会进一步地基于其所展示出来的局部特征而进行下一轮的心理变换。并且，由于这种矛盾性的存在，还将使这一过程进行得更为深入。

（三）在意识中将更多的信息联系在一起

大脑神经系统以其巨大的记忆能力而保证着人能够将不同的事物信息通过同时显示的方式联系在一起，通过构建各种意义而形成巨大可能性的信息活动空间。这也正是人的生命活性本征在意识中的具体表现。人对这种状况的差异化感知，以及在反思中强化着这种力量，将会有效地推动着人在这个方面表现得更加突出。

五　在想象中自由运用好奇心

此时，我们可以将好奇心作为一个稳定的心理模式，并通过该模式的兴奋而将具有差异性的信息联系在一起，甚至只是将其作为一个稳定泛集中的固有信息模式。

（一）强化好奇心的力量

好奇心与想象力是以不同的方式表征生命活性的基本力量。两者在历史认知进化所形成的独立性，引导我们可以单独地基于好奇心与想象力而进一步地发挥、构建两者之间的相互作用。同时，基于人的意识的好奇心与想象力，能够在一定程度上表征人的更加自由的感受。当一个人不受限制地自主表现其好奇心与想象力时，已经表达出了足够的自由度。两者之间在自由性方面的相互作用，会进一步地促进好奇心、想象力表现出更大的差异性扩展。人能够受到自由好奇心的作用而促进想象力的自主表现，由此所表现出来的自由度就更高了。越是表现好奇心，想象力的自由程度就越高。

（二）更多地实施差异化构建

自由的核心标志与差异化的数量联系在一起。差异化的数量越大，表现出来的自由化的程度就会越高。人在想象中会更加自如地利用具有独立性的好奇心的力量，实施更大的差异构建，通过有意识地提高与当前有所差异的信息的兴奋度、增加具有这种特征的信息的数量，突出和强化与当前信息有所不同的信息，强化信息之间的差异性特征，并将差异性特征作为独立的特征认定、表征出来。

（三）突出新颖性信息的兴奋度

人会在想象中有意识地构建与当前信息只存在更少关系的信息，具有更强新奇性、更少逻辑性关系、更多未知性局部特征的信息，通过自主地选择、构建和扩展具有新颖性的信息，主动地使已知信息的数量以及所占据的心理空间变得更小，使信息的新颖程度更高。甚至会主动地留出来更大的对新颖性信息期待性的心理空间，这意味着将对未知性信息的期望模式也当作了当前信息的固有特征元素，那么信息的新颖程度就会变得更高。

（四）表现出更强的多样并存

人们在想象中会认可各种不同的意义，并使更多的信息显示在人的心理空间，甚至会扩展这种容纳更多信息同时兴奋的心理空间，还会依据生命活性在意识中的表现，在现有稳定兴奋模式的基础上，留出对新奇的、未知的、不确定的更加多样信息的期待性心理，以此而引入更多的不同信息，保证随后通过新的自组织动力学系统而使意义的新颖程度变得更高。

（五）表现出更强的对复杂性的追求

在想象中，信息之间的关系会更加多样、层次更加复杂，上下层次之间的联系更加紧密，由此所形成的自组织过程的稳定时间会更长。这也就允许在想象中能有更多的信息加入大脑对信息的自组织加工过程中，在形成越来越复杂的自组织动力学过程的基础上，形成概括抽象性更强的多层意识模式。由此而形成的对复杂性信息的期待心理模式越强，构建出来的信息的新颖程度就会越高。

（六）不受限制地认可各种自组织的意义

在想象中，依据若干局部特征、采取相应的方法所构建出来的任何的意义，都有可能被关注和认可，并在认定达到一定程度的基础上，形成更进一步的自组织过程。在想象中各种不同信息涌入信息加工空间的制约性会很小，只要信息之间已经建立起了某种关系，只要这种关系能够被人所记忆，只要它们能够同时处于同一个兴奋的认知空间，不同的信息就有可能构成相互激活的基本关系。

如果人已经探索构建并记忆了能够有效应对客观环境的行为，那么，将这种有效模式迅速激活，就可以通过缩短选择的时间而提高应对效率。在没有通过差异化构建而比较判断优化选择出更有效的模式时，就需要保持对新环境的差异化构建的创新能力，以增强提高应对新颖环境的适应能力。在此过程中，从主观上不让想象受到限制，并激励想象的任意进行，将会有效地扩展人依据更加多样的信息形成新的动力学过程的心态。对不受限制信息期待的心理越强，则信息的新颖程度就越高。

六 想象中的比较优化

虽然美学与艺术给予了想象以更强的重视，但如果没有抓住想象在美中的本质性的特征力量，也不能形成对想象更加明确的认识与理解。想象的自由性已经决定了人在想象中可以更大强度地实施美的构建。在现有艺术品作用的基础上激发增强人的强势的想象力，促进人的基于局部特征之间的关系而展开广泛的联想，并协调性地变换信息之间在局部特征上的关系，甚至运用具体与抽象的转换，在这种转换过程中，寻找、构建出恰当的意义。

但我们认为，在想象中，促进心智的独立特化，促进心智在人的行为中发挥更大的作用，甚至只有在人的心智作用下通过比较优化而才能产生更好的行为。当存在具有一定相似性的多种不同模式同时作用到人的意识大脑时，通过比较而优化选择的过程是可以顺利实现的。如果只存在一种模式，人们却要由此比较寻优时，就会存在一定的困难。这需要在异变模式的作用下，运用想象而虚设性地构建出在某些局部特征相似基础上的不同的形象性整体模式，甚至只存在这种虚设性构建的心理、心理期望，驱动人选择出自认为已经优化后的结果。

我们说，当一个人处于生命活性本征的兴奋状态时，会尽可能地展示想象的力量，能够引发更强的审美享受，而这种力量就包括生命的活性本征、M 力和优化等的对美追求的力量。也可以说美表征的是生命体由一个稳定状态向另一个稳定状态跃迁时的稳定的模式。在此过程中，由于没有其他信息的影响，只是生命的活性本征在外界环境作用下持续不断地发挥作用，能够保证人以更加自由自主的方式，在差异化构建的基础上，通过比较优化选择的过程选择出"最佳"的模式和对应关系。不同的环境会形成不同的稳定协调关系，从而进入不同的美的状态。这就意味着，生命活性状态的表征可以有多个层次、多个模式，只有人们所习惯的模式仍是不够的，我们需要随着时代的发展而不断地扩展、适应。当我们形成了新的适应状态，生命的活性便又通过与新的环境相结合而具有了新的意义。与这种新意义的"和谐共鸣"，会驱使人通过相应的艺术形式将这种新的感受表达出来。这就需要我们不能固守传统的美的观念和形态，排斥其他新的美和艺术的新的形态，尤其是应该基于创新构建新的艺术品。鲍桑葵所强调的审美原则是："美寓于多样性统一的想象性表现中，即感官性表现中。"① 显然，并不是简单地表达多样基础上的统一，而是在想象中的多样并存的基础上，通过优化而构建出当前的最美。

通过想象前期的差异化构建然后想象后期的比较优化选择，会形成相对稳定的模式，这种稳定优化后的模式与变化的想象模式之间会构成与活性本征的表现相协调的状态，这种状态正是艺术家所努力追求的稳定模式。当外界信息以与活性本征毫不相干的方式出现，从而形成当前人的"本心"时，这种外界信息的输入和想象对于原来稳定的协调状态是有害的。当然，我们着重于考虑其所展示出来的量的大小。

（一）在想象中强化 M 与优化的力量

想象在运用神经系统复杂的联系、自组织、活性迭代、感知差异等模式时，达到了足够高的程度，使其成为能够有效改变人的心理和行为。人们对此仍没有任何的限制，没有人会说想象已经足够了。人们所想的是如何使这一过程在更大程度上进一步地进行。想象的无限可进行性，为比较优化选择过程提供了更大的作用空间。这也衬托出美在想象中的比较优化过程表现会更加突出。

（二）通过想象实施差异化程度更高的构建

根据想象在心智成熟与进化中的地位与作用，我们可以知道，美在想象中可以进行更加多样的差异化构建和优化选择。人会运用强大的想象力，通过在意识空间能够自由地实施差异性构建的特征及过程，促使人通过比较而优化，并将优化的结果以具象的形式表现（达）出来。在

---

① ［英］鲍桑葵：《美学史》，张今译，商务印书馆 1985 年版，第 43 页。

表征 M 力量的过程中，通过比较判断和优化选择，仅仅是其中的一个基本环节，而比较的基础首先应该是存在不同的模式。差异化的构建模式会在想象过程中表现得更为有力。这种差异化的构建与是否表征美不存在对应关系，这只是想象的基本步骤。

想象在于自由地激发、允许、引导人们不断地实施差异化构建。通过各种局部特征、特征之间的关系，所对应的意义的生存、组合、变异等各种形式的差异化构建，各种具体表达，逼迫人运用概括抽象的力量将各种具体情况联系起来，在概括与具体化的表现中，将更本质的共性特征突显出来。通过形成各种各样的意义，在美的想象中则通过强调比较优化选择，引导人向更美的层次转化。

（三）在想象中有效扩展优化的范围

不受限制的想象，在保证自由地实施差异化构建的基础上，保证着人能够在更大范围内进行优化选择。以下方面将在这样的过程中发挥作用：第一，充分表现差异化构建的力量；第二，在充分表现的基础上再实施活性变换；第三，通过差异化的构建优化形成与当前稳定表现具有各种联系的其他模式，并将这种差异具体地表征出来；第四，通过自主涌现而在各个过程中表现其力量；第五，通过自反馈增强，使差异化构建的模式力量得到主动强化。

因此，在美的想象过程中，差异化的构建范围越大，基于优化而得到的结果的美的程度就会越高。

（四）想象中优化的指标可以更加随意变换

运用人的想象性自主，能够以比较优化模式为基础，基于具体性的信息和意义的控制指导，在生命的活性本征和典型的 M 力的作用下，通过按照某个方面的有意识构建而产生更美乃至最美（局部上）的意义。想象，以其自由性特征能够选择、变换各种形式意义的优化标准，并在想象中将这些不同的优化过程及结果联系在一起时，通过彼此的差异性力量而推动人在美的想象过程中构建更高层次上的汇集、概括、抽象，从而形成更加深刻的美的意义。

（五）想象中的综合性使人可以构建出更美的作品

在想象中可以依据某个指标，限制差异化构建的范围并进行优化构建，但更为经常的则是形成基于各种综合性指标的比较优化基础上的综合性构建，这种综合性构建成为引导人更全面系统地进入美的状态的基础性过程。显然，也只有在想象中，才能保证将不同的美的标准"堆集"性地综合一起，才能在不同的情况下形成不同的美的状态的彼此协调，更进一步地达到美的全面升华。

（六）在美的基础上追求更美

只有在想象的无限制过程中，才能更加自如地表达 M 力和优化的力量，形成对更美的进一步追求。在想象过程中，能够通过活性本征的具体表现和建立彼此之间更高综合程度的概括抽象，通过美的升华，尤其是通过剩余心理空间，基于美的优化与追求，将 M 的力量作用到与美相关的任何一个层次，甚至在各种活动中表达出彼此的共性相干。诸如与美的状态和谐共振、与各种活性本征模式和谐共振、与由不协调达到协调的模式和谐共振、与激发美的状态的客观事物和谐共振等，同时还以这些模式为基础而进一步地表达出 M 的力量。

正如罗丹所指出的："当大师们以活跃的生命赋予自然之时，他们很可能沉醉到自己的幻想中去。

"而且也可能是一种力，一种超乎智慧的意志在指挥他们。

"但，至少，一个艺人在表现他臆想中的自然的时光，把他个人的幻梦形成了。

于是，他使人类的心魂更增富丽。"①

七　美与想象

想象的力量同样在美的状态中占据关键位置。想象在审美过程中的关键的作用体现在，想象能够大量地运用局部特征而在生命活性本征作用下进行几乎可以称得上是无限的意义、形象构建，并在此多样并存的基础上通过优化而选择出少量的模式。想象不是无谓地展开各种差异化构建，而是围绕一定的目的和方向具体地展开。尤其是要展开优化等与

---

① ［法］奥古斯都·罗丹口述、［法］葛塞尔记录：《罗丹艺术论》，傅雷译，中国青年出版社 2016 年版，第 187—188 页。

生命的活性本征密切相关的重要活动。康德尤其强调想象的力量："为了判别某一对象美或不美，我们不是把［它的］表象凭借悟性连系于客体以求得知识，而是凭借想象力（或者想象力和悟性相结合）连系于主体和它的快感与不快感。"[1] 人们在根据客观事物的状态以及想要达到的效果，结合自身的状况来进行想象，并从中得出尽可能合乎逻辑、表达更美（诸如具有更大的发力、取得更强的力量、得到更加顺畅的流动、比例更加协调的色彩等）。

（一）在想象中完整地将由不协调到协调的过程表征出来

通过想象，能够更迅捷地建立起与活性本征模式的和谐共鸣，从而在想象中进入美的状态。尤其是在想象过程中，可以更加便利地表现出由不协调达到协调的过程，通过这种模式的完整表现而与美的状态建立起联系。尤其是在想象中还会自如地表达出 M 的力量，使得人对美追求的行为模式变得更为显著突出。

在想象过程中，通过想象性的认定，会使人更加明确、经常且具有差异性地体会到由不协调达到协调的完整过程，使人体会到活性本征的多样表征基础上的恰当构建与选择，也由此而体会到与环境相适应时的稳定协调状态的特殊意义，也就使人更加明确而典型地体会到美的意义。人在想象中表达这种过程时，更可以通过多种不同的方式之间的共性相干而使这种过程表现得更为突出。

（二）通过建立与其他信息的关系，想象将诸多环节突显出来

在想象中可以自如地将各个环节独立特化出来，通过重复表现、重复性地与通过其他信息建立关系所形成的共性相干等，通过寻找这些环节在其他过程中的独立作用，并通过与其他信息的关系而强化这种独立自主性。这些环节的独立意义同样会在其他的过程中表现，成为建立当前的想象与其他过程之间关系的基本环节，这种构建也为大脑展开复杂的自组织过程提供了更具扩展性意义的联系模式。

（三）想象在扩展着各个环节的意义与作用

以想象为基础的过程会在扩展性地构建各个环节更加广泛意义的基

---

[1]　北京大学哲学系美学教研室编：《西方美学家论美和美感》，商务印书馆 1980 年版，第151 页。

础上，反馈性地强化着某个环节并且能够在不考虑其他关系的情况下，最终将其固化出来。在想象中，过程会越来越复杂，意义的构建会更加多样，人们也会在此过程中体会到确定性越来越弱的特征。随着想象过程越来越多的表现，这种过程的表现会越来越频繁。在人也越来越愿意表达这种力量的同时，会更加有效地增强人构建差异化模式的能力，在与环境相"匹配"的模式选择中，表现出更强的适应性。

（四）想象更加自如地将不同的审美理念联系起来

既然在想象中能够更加自如地将各种不同的意义协调组织在一起，形成各种不同活性本征之间的稳定协调关系，只要彼此之间达成了稳定协调，其意义都会被人认可。人便会在想象中以信息的形式而形成多样性的相互作用关系，通过自组织自如地形成整体上的稳定协调，将不同的审美理念自组织成新的升华性的模式。

正如科林伍德指出的："美是想象中对象的统一或一致；丑缺乏统一，是不一致。这并不是新的原则。人们通常认识到，美是协调、多样性的统一、对称和适合。"[1] 也只有在想象中，才能更加自如地将不同的美的范畴协调统一在一起。

（五）想象使美的意义更加独立

通过想象，可以使美的意义与更多的具体事物建立起联系，能够在更高层次上形成美的综合性关系，通过联系而在更高层次形成最佳地反映各种具体情况的美的升华。伴随着这种过程的反复进行，美的力量更加强大，美的独立意义越来越突出，美的意义也就变得更加显著，人也就能够更加灵活自如地在各种活动中表现出美的意义与作用。

（六）将那些与当前艺术品有局部联系的信息激活

无论是艺术的创作还是艺术欣赏，都需要在众多可能性中选择构建出最恰当的（最美的），甚至在当前艺术品的作用下，依据某些局部特征、整体意义和欣赏者所能够提取、构建到的信息都激活，依据人的心智的自涌现性，将那些甚至与当前没有一点关系的信息都激活在大脑的工作空间。这种构建的前提首先是通过局部关系将更多可能的信息激活

---

[1]　[英] 科林伍德：《艺术哲学新论》，卢晓华译，工人出版社1988年版，第14页。

并有效地组织起来。显然，这种过程只有在想象中才能更加自如地进行。

（七）建立自组织过程与美的优化的关系

通过自组织过程能够建立信息之间更为复杂多样的关系，尤其是通过共性相干而形成概括抽象性信息，进一步地形成通过关系而将这个更大的想象性意义泛集缩小到一定程度的优化过程。虽然优化本身就是自组织的一种模式，但自组织却比优化具有更加广泛的意义。在坚持优化基础上，有效扩展自组织的意义，本身意味着将优化的意义赋予自组织。因此，应将注意力集中到建立优化过程与自组织过程的有机结合上，推动自组织在美中的地位与作用。

（八）在众多意义中通过比较、判断，选择一个欣赏者认为更为恰当的信息模式

在想象中，能够保证人可以基于生命活性中的收敛模式以及与发散模式的有机协调，使人在差异化构建所形成的多样并存的基础上，通过进行比较判断而将服从某个优化特征指标的优化的形式与意义表达出来，并将反映这种优化结果的具体形式构建出来，从而指导艺术作品的创作与构建。这个过程是艺术创作的核心过程。表征这种优化的本征性的过程模式，意味着与美的状态达成一定程度的和谐共振。

（九）基于人的能力的全部构建

艺术品为了得到这种更能反映人所得到的最美的模式（结构和意义），需要尽最大的力量去构建差异性的意义信息，这一过程的持续进行会进一步地强化着 M 力的作用，并使人产生足够的美的感受。高水平的艺术家在这个方面会表现得更加出色。能够更加充分地利用自己的经验，在差异化构建的基础上，通过比较判断，从中选择优化出更为恰当的模式。在此过程中，达到局部最美的前提是构建出所能构建出来的所有的模式。这种构建过程不是连续的，而是间断性的。是以类的典型性作为代表，由此而体现出足够的代表性、典型性、覆盖性，这就将典型性与人的抽象性本能有机地结合为一体。

（十）在将想象作为一种基本的模式时，会尽可能地扩展想象所表现出来的能力

人们将想象作为本能，会以其更高的兴奋程度更愿意表现这种能力，

通过与当前信息的差异而满足人在意识层面表达生命活性本征的追求本能。通过各种途径，人们已经认识到了想象在人类认识世界中的重要性，因此便将想象作为一种基本模式而进行主动强化，从而使想象力在人的各种行为尤其是在审美过程中发挥出更强的效果。但在实际生活和工作中，由于受到更多因素的限制，无论是人的想象力还是想象力的发挥，都将受到一定程度的束缚。这就需要我们在研究解决问题的过程中，保持使想象力扩展和使想象力自由的心态，在增强扩展想象力的过程中，更好地表现想象力。

人的意识是在想象中形成、稳定与强化的，增强了人的意识能力，同时，美与想象的紧密联系以及彼此的独立性、自主性会进一步地提升和扩展人的想象能力。尼采艺术观的抒情理论，就是充分地运用了想象的作用。而所有研究审美和艺术理论的体系，都将想象作为一个重要的部分来描述。无论是艺术家的想象和由此而生成的美感，还是激发欣赏者的审美情感，都会通过想象进一步地加以优化，通过想象从各种可能性中选择构建出最佳的表现形式。

（十一）以某个模式为基础（为背景、为基本的指导思想）的丰富想象

通过第五章的研究我们可以知道，围绕一个主题所展开的差异化构建的数量越多，则通过优化而做出选择的信息量就越大，优化后的效果也就越美。虽然想象以自由表现为基础，但要想在众多的表达模式中，选择出更恰当的模式，在更多情况下还是需要以稳定的模式为基础而展开想象。丰富的想象是与构建差异化信息模式同时并存的基本过程。人们会在这种丰富想象的基础上，运用美化的力量而将更美的模式展示出来。此时，人们可以固化一种基本的模式，诸如一个主题、一种指导思想等，并以这种模式为基础而展开丰富的想象。

赵无极在西方表现形式中就是以东方美学思想为基础，进而造就出意象新颖、风格卓异的艺术。他的绘画作品运用西方现代绘画的形式和技法，抒发了飘逸玄妙的东方心性，其独特的极具个性的绘画风格使之成为闻名当代世界画坛的抽象派绘画大师。赵无极说："人们都服从于一种传统，我却服从于两种传统。"他是以西方的表现形式发掘中国的艺术

传统和艺术精神，将西方的抽象融入了东方的意象之中。"我画油画时用笔的方式得益于中国的毛笔字，我的手指和手腕是自由灵活的，不像外国人那样握笔；而且我在画中力求自由的空间关系，我的视点是像国画中那样移动的多视点，我绝不在画中运用定点透视。我希望在画中表现虚空、宁静与和谐的气氛，表现一种气韵……我喜欢心手相应的那种自发效果。"①

（十二）进一步地增强想象的自主性

在人的主观意志作用下，人们会更加充分地利用审美想象的自主性，引导人在很少外界信息输入的情况下，通过内在的生命的活性和由此独立特化出来的更加宏观的自主涌现的想象性力量，不断地将差异性的心理模式构建出来，将基于差异化构建而比较判断优化选择的力量更加有力地表达出来。人能够在各种过程中有效地表达着审美想象的自主性力量，在与外界环境的相互作用过程中，始终保持足够高的竞争力。由此人会运用其特有的意识能力，通过反思，基于想象的效果而进一步地强化想象的作用、提升想象的自主性。科林伍德就认识到审美活动是思维在意识形式中将感觉经验通过想象转化出来的活动，强调指出了，人是通过想象，才能意识到自己本来没有意识到的情感，并把无意识的情感提升为自觉的情感，从而使情感获得表现。② 显然，科林伍德强调了想象中差异化构建的力量，强调了反思的力量，但更加强调想象在差异化构建和优化中的自主性的力量。科林伍德指出："艺术家总是要做两件事：想象和认识他在想象。他的心灵仿佛是一个双重的心灵，在它面前有一个双重的对象：作为想象，在他面前有一个想象的对象；作为思维，在他面前有他自己想象那个对象的活动。"③

移情也是通过想象来实现的。通过想象，将自己的感情转移到作品中，通过移情，更加充分地体验作品所描述、激励的情感。艺术品引导

---

① 赵无极：《5.1亿的赵无极，你应该了解更多》，知乎（https：//zhuanlan. zhihn. com/p/46254302）。

② ［英］罗宾·科林伍德：《艺术原理》，王至元等译，中国社会科学出版社1985年版，第128—227页。

③ ［英］科林伍德：《艺术哲学新论》，卢晓华译，工人出版社1988年版，第43页。

人构建更为恰当的完美想象，并以艺术家的情感而引导人在相关的领域构建相应的完美想象。从心理学的角度来看，无论是感觉、知觉、意象性信息表征形式，还是抽象符号，人对信息除了简单地接收以外，还具有主动加工的特点。艺术品只是一种激发人内心使相应的活性本征处于兴奋状态的客观事物。在激发出众多的信息以后，按照艺术品所展示的内在逻辑关系，人们会构建多个与之相关且又能不同的各种意义，然后再利用自己对这种意义的理解，来构建一种"更"为恰当的结构和关系。比如说场景更有意义，这种场景应该是"这些花要是这样画就好了"等。并且将这些由欣赏者自己所构建的"更"恰当的意义与创作者所表达出来的对美追求的力量建立起共振适应关系，使欣赏者能够体验到更加深刻的美的意义。"总之，艺术想象力不是单凭视觉、声音和外部特征来观察、判断和描绘对象，而是从对象的内部实质出发，对其进行论证、判断和描绘。"①

（十三）想象的美好性特征

在大脑中通过差异化构建与比较判断优化选择形成了比前面更美好的状态结果以后，从生物进化的角度来看，由于这种结果会有更大的可能性提高生命个体的竞争力量，因此，也就有更大的可能性被后继的过程所选择使用。其实，仅仅只需要重复进行几步这样的操作，生命个体，尤其是人便会将其在大脑神经系统中稳定地固化下来，成为一种自主涌现力量很强的稳定模式，尤其还会在人的意识中形成一种印象：经过想象以后的景象将会更美。甚至人们只是在内心产生一种这样的模式，具有一种"通过想象能够产生更美的结果"的模式，就能够使我们具有这种稳定的心态，潜在地认为通过想象能够产生更美的结果。

八　幻象与美

运用想象，将所表达的意义转化成为具体的形象。人会在外界环境的作用下联想、构建出更为随机性的意义，并且还充分认可这种随机性

---

① ［英］H. 里德：《艺术的真谛》，王柯平译，辽宁人民出版社1987年版，第131页。

意义的合理性。冈布里奇对艺术与幻觉的关系进行了详细的描述。[①] 这种描述就是构建于这样的基础：美是在多样并存的基础上，通过比较而寻找到恰当的模式的。但这种幻觉与想象相比更加"不靠谱"，但也表征了其差异化构建的范围更加广泛。

（一）幻觉是想象的一个过程

人在内心存在着想象，可以将更多的信息联系在一起，可以依据局部特征更加自由地组合成种种意义；更加随机地利用某一心理模式"套导"性地控制其他信息模式的变化；更加随意地涌现出种种与当前状态无关的局部信息；更加自如地任由大脑神经系统在某种自组织原则控制下，通过所形成的复杂性动力过程的稳定而产生某种意义，并且在不排除这种意义合理性的基础上，将其稳定地展示在大脑中。也就意味着人能够利用当前众多的局部信息构思着与当前的信息有很大不同的形象性信息。这种以多种差异的方式被构建出来的、与当前信息只存在很少局部联系的形象性信息，被人们称为幻想。幻觉是在仅受到很小当前外界信息的刺激而幻想性地生成完整视觉信息的过程。幻觉中混杂了信息、情感和人的行为模式，因此，将这各种信息模式混杂在一起并能够与生命活性相匹配时，将会产生更加强烈的审美享受。

幻想可以形成更多层次的模式构建。幻想在更大程度上是受到人的本能驱使并在本能的参与作用下而形成。我们所期望的是这种幻想与人的生命活性在更大的程度上相匹配（在更多的局部特征上形成共性相干）。这就使得幻想具有了美的导向性和目的性。人就是利用幻想，才形成了更大程度上的差异化构建，而人又在这种多样的探索模式中建立起信息之间更为广泛的局部联系，并依据这种局部联系而建立更为新颖的幻想形式。

为什么说只有在自由的幻觉状态下的意义、情感与形式，才能够与人的活性本征达到更大程度上的协调？此时幻想表现出了自由的一面，可以更加准确地反映出人在外界环境作用下所激发出来的本征性反应。没有了人类理性的制约，只是依据局部信息之间的联系，没有了人的主

---

① ［英］E. H. 冈布里奇：《艺术与幻觉》，卢晓华译，工人出版社 1988 年版。

动性构建，没有了毕加索所谓的"思考"的干扰与影响，没有了功利性，或者说没有了刻意地迎合人们特殊的审美趣味的心态和做法，排除了人的偏见和先入为主，人在此时只想单纯地体验生命活性的状态和变化趋势，只是在更大程度上依据生命的活性本征而优化，也就使得优化过程更加纯洁，因此，也就能够更加"贴近"美的本质。在没有办法控制这种状态的信息的展现时，可以通过大量同等地位地展现更加多样的幻想性信息，也就能够使与美相关的活性本征显现变得更加突出。显然，在后一种情况下，必须保持一种对美更强追求与表现的潜在性心理。

要更多地将注意力集中到尽最大可能表现生命活性本质上，表现生命活性在外界环境作用下的本征表现上。要想做到这一点，首先是让你体验到；其次是形成深刻的印象；再次是选择恰当的方式将这种感受表达出来；最后优化这种表达。

（二）幻觉表达人更强的发散性力量

显然，在艺术创作过程中，在没有将其作为赚钱供自己享受的"工具"，没有为了卖到更高的"价钱"的利益性追求，甚至不是为了创作"传世"之作的艺术品时，可以形成更加广泛而深刻的追求。我们能够在某种活性本征自主涌现的状态指导下产生某种确定性意义的行为，意味着我们已经受到某种规则的限制，在此过程中，就只能展示出与此相关的局部特征、局部关系和部分及整体的意义。如果我们在遵循生命活性本征约束基础上再实施任意的变换扩展，从而使与其仅仅具有很少关系的信息联系在一起，就是在实施幻觉构建。此时我们可以看到，在白日梦中，具有更大的自由性。但这种种的幻觉在一般情况下不是更美的结果，有很大可能性仅仅是运用变异而做的一种尝试性意义构建。在没有比较、选择的情况下，只是简单地认定单一的幻觉，并不是艺术创作的基础。但我们能够以自由状态下涌现出来的"白日梦"作为某种意义表达构建的基本方式，在没有任何前提条件、没有任何先入为主思想的基础上，引导心理自由地展开幻觉，并在大量幻觉的基础上，下意识、不自觉地利用 M 力和优化的力量，引导去构建与生命活性更加匹配的幻觉。在意识层面上讲，幻觉能够有效地表达好奇心与优化的有机结合，形成更广范围的优化构建。

这里的条件是：充分的自由；充分的幻想；M 力及优化不影响人的幻想；在充分幻想的基础上比较选择出更加优化的幻想形式，将这种幻觉确定下来，再运用恰当的手法表征出来。在人们没有进行这种幻想性的创作构建时，人们会简单地将得到的第一个幻觉固化下来，并且在固化的过程中不断地优化、完善化。自然，这个不断完善的过程也是在异变基础上的稳定性固化，但不能与更大范围的优化相比较。

通过基于局部特征而构建出更多异化性意义的幻象，能够引导人们在更大程度上形成更能表征生命活性的基本模式。人在幻象状态下，会在 M 力量的作用下，通过优化过程逐步地寻找更本质的生命意义。其实，生命的活性本征的基础性、高兴奋性与稳定性已经决定了其能够在幻觉中表现的可能性。在幻觉状态下，只是单纯地表达发散扩展的力量，人们将更多地利用信息之间的局部关系，并且以其差异化构建而距离实际过程或规律性的过程更远。

在幻觉、想象与思维的关系中，我们所强调的只是在一定程度上表现出了合理性。而所谓的合乎理性，或者说，只是人在认识客观事物的过程中所表现出来的可信度，度量的是人在知识特征与规律基础上的合乎规则（规律）的程度。当人们绝对地相信这种关系（包括由一种状态向另一种状态转换时必然的因果关系）时，它就被界定为规律。

（三）幻觉可以使人脱离世俗的影响

苏珊·朗格之所以特别重视幻象，就在于她已经认识到，人在幻象中可以通过自由地构建而形成更加多样、更加多变的、更具局部性的意义（并进一步地将其转化为更大整体的指导），以便人能够在此基础上，在更大的范围内构建模式之间的比较，也就是求得更大范围内的优化，从而自然地表现这种 M 模式。既要表现这种 M 模式，而同时又需要表现各种信息之间的相互关系与人的生命活性的共性协调。也就是说，要想在这种抽象的表现过程中使想象表现得更加充分，就需要加入一些更具体的、人们熟悉的、由确定的逻辑关系具体表征的信息元素。缺乏了这些由具体向抽象模式的变换模式及过程，人们往往不能得到更具联想性的心理过程，也就不能将这种 M 模式与人的审美享受建立起共性相干基础上的"模式锁定"的关系，从而影响审美效果。我们所依据的自由构建的范围、力度越大，在后面所展开的比较优化的过程中所消耗的资源就会越高，也就越不容易将其稳定下来，甚至有可能成为一个不可能完成的任务。这也就意味着，我们不能一味地构建幻象，需要在构建幻象的同时，强化构建另一种必然的过程：运用 M 力于优化的过程，达成更优化的结果。

艺术家在激发人构建幻象时，只是在一定范围内、一定程度上展开，这种"一定程度"便是由生命的活性来具体限定的。可以认为，人是一直按照自己的生命活性本征表现来展开想象：基于生命活性本征所给出的收敛与发散的比例关系、稳定性信息与变化性信息之间的比例关系、已知与新奇之间的比例关系表征人的幻象中与生命活性相协调的幻象模式——活性幻象模式——幻象活性模式。这种力量和表现在生命体的不同子系统中会有不同的表现。尤其是在人的意识中，可以得到更加充分的表现：发散程度更高、收敛力量更大、收敛与发散之间的相互作用更强。

基于幻想的自由构建特征，幻觉能够主动引导人的心智脱离世俗意识的影响：既有一定世俗的意义，但同时又有一定的与世俗有所不同的意义。其核心力量就在于人的好奇心充分表现，使追求表达发散性本征的力量和意愿得到空前强化。由于生命活性本身的固有限制，必然地带动收敛力量也变得更加强大。在容格想要表达的"集体无意识"中，既有群体的共性意义，也有独特的个性含义。个性表达着差异化的发散性力量，群体的共性则与收敛及稳定性力量相对应。

强化收敛与发散的协调一致在生命及审美中的意义，同样在宗教追求中有所表面。佛学禅宗的思想对这个方面的特点能够提供足够的说明。按照弗洛伊德的思想，艺术家更多地在于表现"本我"——表达纯洁心灵对意义的形成与感受的关系。这其间应该注意：人的意识是在外界环境的作用下非常复杂地表现出来的，但我们在审美过程中却需要脱离人在外界环境干扰和心灵不纯净时的表现，而"直指人心"，那么，这里的"人心"显然是领悟后的把握，具有更强的概括抽象性，能够更加充分地满足人对外界能够掌控的要求和更大掌控的期待。因此，那些领悟了"此岸"与"彼岸"之间关系者，因为在这个关系上与人生命的活性表征达到了足够的协调，便能够产生对美的状态的足够强的认识与理解。甚至，人会因为伟大的艺术家的成就而赋予相关艺术家以特有的称号"领悟者"。这些人能够主动剥离意识对生命活性的影响，或者说能够更准确地在相关信息表现层次描绘、表征人的生命活性本征，并在所构建出来的可能的模式中，通过优化的方式做出更为恰当的比较选择，以其所反映的更加本质性的特征、多样化的美的状态而激发人产生更为强烈的审美感受。

（四）主动剥离理性的幻象

行为的有效性和资源的有限性决定着人不能无限地展开自由幻想。人的存在是由一系列确定的行为意义所表征的。一方面人会依据发散扩展的作用，更加强调直觉、灵感，更能以幻象的形式而表达人的生命活性力量；另一方面，人则会在生命活性中收敛力量的作用下，尽可能地追求确定性的关系、模式和意义，从而将幻想中的意义转化到现实的逻辑关系中来。

我们认为，美的状态所表现出来的与生命活性的稳定协调，是人在各种复杂环境作用下所努力追求的目标。在追求发散与收敛的有机协调以达到与生命的活性本征更加协调的状态时，具有选择和构建能力的人，会在一方表现超出这种协调关系的力量和信息模式时，通过主动减少（相关的力量，比如将注意力从对这方面信息的关注中转移开来）或增加另一方的信息而使心智重新回复到这种活性协调关系的兴奋状态。

比如说，人们认识到环境的复杂作用及变化会影响着人进入美的状态，尤其是人认识到健康的人往往会更多地受到现实的"逻辑"制约而不能更加有效地表达其生命的活性本征时，会努力地排除干扰，追求这种"无功利性"的"无为"心态。在这里，人们会特别重视心智不健全者，尤其是自闭症患者的艺术作品。人们会简单地认为，在自闭症患者的作品中，更能表现他们内心独特而封闭的自我想象。世俗的人们往往认为他们能够在更大程度上不受世俗观念与各种习惯性模式的影响，只关注自我，只关注他们内心的表现，甚至将外界信息完全地排除在心智变换之外。因此，那些自闭症患者才有更大的可能带给我们准确表征其生命活性本征活动的艺术品。达罗德·A. 崔佛特（Darold A. Treffert）在很长时间专门研究这种情况。①

（五）美的真实与幻觉

但凡是艺术品，都是虚构的，以与现实的不同和比现实会更理想、更美而形成对现实的超越。与此同时，艺术品应该能够真实地反映现实。这里自然存在一种不言自明的"悖论"。无论是真实还是幻觉，都是在差异化构建的基础上的优化的结果。从本质上讲，这其实就是一个"度"的问题。此时，与活性本征的更加协调，作为优化的核心标准也同样会表达出一定的度。

1. 在意识中实施差异化构建会在更大程度上表达虚构

人在表现差异化的构建本能时，人们会将由此而形成的幻觉作为一种稳定的模式存在，即便是后来将这种模式"遗忘"，也会以足够长的时间稳定性而对相应的心理过程产生相应的影响。

2. 真实会以较高的可能度在人的大脑中显示

虽然外界刺激作用于人的大脑，外在刺激物，与从人的大脑内在地涌现的信息模式相比，具有"先天"的不足，但由于人是在外界信息的不断刺激与内在反思的共同作用下逐步进化而来的，因此，即使是人们非常关注自己的内心，也不会忘记真实环境对于人的正常心理的有益作用。

3. 人会基于真实而展开虚构

基于人的意识活性，任何外界真实信息在大脑中反映时，都会在活性力量的作用下不断地延伸扩展——虚构，从而将真实信息与虚构信息一同表征在大脑所形成的意义中。更何况在反映真实信息时，还会激发人的情感等，并将人的情感作为人的审美经验的重要成分。

虚构是在真实的基础上通过差异构建而形成的。在人真实地反映外界客观信息的过程中，无时不在人的大脑中进行着差异性构建，无论是信息在大脑中的联想性激活，还是信息在大脑中的自主涌现，都通过构建出与当前客观实际的差异而形成虚构。人的大脑又是在这种真实与虚

---

① ［美］达罗德·A. 崔佛特：《另类天才——走近天才症候群》，王凤鸣等译，世界图书出版公司 2006 年版。

构多样并存的过程中，进一步地将真实与虚构融合在一起而形成新的意义。更何况，人在观察客观的过程，也在运用其特有的美的经验去"观照"客观，这本身又强化了虚构的程度。既然联想、涌现与自组织以真实与虚构为基本元素而进一步地构建出整体性的意义，并将其稳定下来，那么，在人反映真实的美（能够引导人进入美的状态的客观事物）的过程中，必然地进行着虚构化构建。在人们强调虚构的力量和意义时，也就在强化着人们能够从更多的角度和方法去观照、欣赏艺术的不同层次的美的意义。

与此同时，既然虚构是以真实为基础的，人们在虚构时，只是在真实的基础上进行变异，只是在某些方面做出变异加工，因此，会在信息的各个层面都带有真实的印记。

4. 以真实为基础向更好的方向构建

真实虽然能够激发起人更多的联想、想象和情感，可以使人心潮澎湃，但这种状况却只有在人对美的追求及达到了更美的程度时才能产生更大的效果。真实有可能是最美的，但也有可能不是最美的。即使是当前的"真实"达到了"最美"的状态，人也会在 M 力量的驱动下仍感到不满足，仍然会进一步地通过差异化构建而试图寻找到更美的状态。更强地表现 M 力，这个后来的过程是在人的内心进行的，这本身就代表着虚构。意识中信息变换的自由性，构成了人们可以更加自由地在意识中"寻找更优"的虚构基础。人们认可追求更美的虚构，甚至将虚构的模式作为真实的模式来表征和固化。

5. 真实与虚构之间与活性的比例关系相对应

具体到在人的审美反映中，真实与虚构应该分别占据多大的比例会成为一个相对较为重要的问题。我们认为，这个比例关系应当与人的生命活性关系相对应，也就是说，以真实作为与收敛相对应的稳定性的基础力量，以虚构作为与发散相对应的扩展性操作及其结果，那么，当真实与虚构的比例与生命活性的收敛与发散的比例相似时，就会在人的内心产生更加强烈的审美感受。

从美学中的距离学说我们也可以看到，当艺术作品所表征的特征距离欣赏者太远，也就是对于欣赏者来说具有更多的新奇度时，会由于不能联想激活更多的共性信息模式而不能实施深度欣赏，也就不能发现艺术品中所表现、激发出来的更多的美的元素。当我们不关注真实，只是从虚构的角度来谈论这个问题，就会直接与人的好奇心相对应。当由虚构性变异所产生的结果满足人的好奇心时，本身就会产生足够强的快乐感。在好奇心作用下所形成的差异性构建，意味着人在差异化多样并存的基础上，实施更进一步地延伸扩展，表征着生命活性本征中的差异化构建。差异化构建的基础是当前真实的稳定性存在，以真实作为稳定收敛的基础。在这里，真实状态并不被我们的意识所知觉，而是潜在地发挥稳定性的作用。在想象中，我们会在部分真实的基础上，更加乐意地强调这种虚构性，但却是以足够稳定性的信息为基础的。虚构往往意味着人在生命活性的作用下，不断地实施差异化构建，并在多样并存的基础上进一步地优化选择，最终会将局部最美的结构固化下来。

6. 人基于真实而主动地在进一步美化的方向虚构

在审美过程中，人的虚构不是盲目的、随机的，而是具有一定方向性的。这种方向性已经具备了足够的收敛稳定性。在审美状态中，人会将那些具有某种特征的、一定程度上已经美化的模式显现出来。当人将对美的追求的模式稳定地固化下来后，便会以更大的主动性以真实作为稳定的基础，在随机虚构的基础上，运用 M 力进行选择，或者将已经被赋予美的特征作为选择的标准而进行偏化选择，重点强化人的 M 力和优化模式所起到的作用，并以此来指导人主动地美化虚构。

贝尼季托·克罗齐重视幻想在美中的地位与作用："我们的概念是：美学是表现（表象、幻想）活动的科学。所以，我们认为，只有当幻想、表象、表现的实质——当然，人们还可以用其他的名词称呼这种精神态度，它是认识的而不是知性的，是个别认识而不是普遍认识的制造者——被确认时，美学才会出现。对我们来说，离开这样的概念，就必然发生偏差和酿成错误。"[①] 这里将表象、幻想作为美学表达的基础，就是通过这些形式的心理变换，通过"更"的模式，将"更"的模式赋予

---

① ［意］贝尼季托·克罗齐：《作为表现的科学和一般语言学的美学的历史》，王大清译，中国社会科学出版社 1984 年版，第 1 页。

其中，将得出的"更美"的模式固化下来。固化出来的更美的艺术品，是人们已经作了差异化构建和比较优化选择的结果。即使是幻想，也不是说只要形成了幻想，便可以成为美的艺术品，而是说，人们在利用这种能力更强的幻想性变换，形成大量的更大程度的异变模式，尔后人们再在这种大量模式的基础上，进行比较、概括、综合，最后才形成稳定的最美（局部意义上）的结果。也就是说，虽然人们所关注的是幻想的形式，但实际上关注的是幻想的过程和由此所表现出来的"更"的模式。在实际中，人们只是将"更"的追求过程的结果以艺术品的形成表征了出来。

（六）后现代艺术通过具体强制性地填满了人的幻想空间

幻想是需要有足够的心理剩余空间的。但在后现代艺术中，有一种倾向是将创作者的幻想代替读者的幻象，通过大量的新奇性信息的无节制输入，通过占据读者所有心灵空间，使欣赏者没有了幻想的空间和时间，也没有自己的思考和选择，只剩下简单接收。因此，是否能够给"读者"带来美的享受已经不再重要，"只要我已经享受就行了！"这种通过剥夺他人幻想以代替"读者"审美享受的做法，自然失去了美的传播性本质。理解便能审美，不理解便不能审美。

有些艺术品仅在于表达某个主题，即便是表达，也没有经过 M 力和优化模式的追求变换，也就与美的艺术表达主题相差太远了。

九　诗性的力量与想象力

诸多感性中的差异化构建和由此而表现出来的发散性联想、高层次的类比以及由此而表现出来的优化过程和结果所对应的模式，被人们赋予"诗性"。在诗性状态下，人具有了独特的扩展性主动意识，会在想象的自由式扩展和构建的基础上，使人表现出更强的发散性力量。但我们不能忽视诗性中所包含的 M 力作用下的优化的力量。

（一）更强的发散力

从一定程度上讲，诗性所表达的就是创造性。谈及"诗性"，会驱使人将注意力集中到发散方面，以差异、变化、多样并存、复杂和不确定性为基础，使人更不易受到制约性的关系对差异化构建的影响，从而使人能够自由地构建出各种新的意义，使人的心灵也随之缥缈起来。

（二）更高的模糊度

处于诗性状态时，主要表现为局部上的相同或相似性联系，会在大量的多样并存的基础上，将那些逻辑性的关系淹没在大量的各种可能的关系中。受到大量的变化性信息的影响，人只能模模糊糊地"看到"这种稳定的逻辑关系的作用，多变性信息模式的不断变化，又会使人产生更强的朦胧的感受。

（三）信息之间更少的确定性关系

诗性状态下，确定的、规律性的关系所发挥的作用将远远低于那些局部的、暂时的、具体的甚至是模糊的、似是而非的关系的作用，这也将使所构建的意义具有更高层次的概括性或联系性，在使人产生更强的"出乎意料"的惊奇感受基础上，产生更强的"诗性"体验。甚至在那些完全无关的符号简单地堆砌在一起时，人也会由此而产生更加虚幻的诗性感受。

（四）更高的自由度

诗性力量的实质在于自由构建的想象性的力量，是更大的差异化构建的力量，是将 M 力与扩展相结合而实施差异化构建的力量，同时也是一种使自主涌现的力量得到扩展增强的力量，因此，诗性的力量具有更高的自由度。由于这种力量在较大程度上是以感觉的形式来为人们所认识的，即使其以符号的方式来表现人生命的活性本征，也是通过被人感知的方式来表现，因此，这种力量也就更多地具有了感性的特征。

各种可能的关系在诗性的幻觉状态下都具有了更大的可信度，使人能够在认可各种局部特征的意义的基础上，再进一步地认定彼此之间通过相互作用而生成的新的意义。或者说，人们会不假思索地利用这种关系构建起不同信息之间的稳定性相互激活关系，而且人还会从主观上主动地追求这种关系。

（五）更高的概括度

依靠信息之间所具有的局部联系，在更高层次表达出概括的过程，会形成具有更加抽象的信息模式——诗性在更大程度上基于更加局部的特征和关系而发散性地展开寻找更本质的关系。在更大程度上在意识中单纯地展示信息模式之间各种形式、内容、结构的可能性关系，并在与具体的相互转换过程中，不断地将其概括升华、推广抽象，并以此为基础而在众多的可能性中发现更加本质的特征、关系和规律。

十　艺术激发想象力

历史表明，科学和艺术在古代哲学中是统一在一起的，随着人类社会的进步与发展，在人们分别强化各自特点、突出与对方的差异性的过程中，科学与艺术的差异性越来越显著。由于科学和艺术都是通过人的意识而生成表现的过程，人们在重新认识两者之间的内在联系，或者说，试图通过一方而增强另一方时，才将注意力集中到两者的关联点——"想象力"这一心理的基本过程上。对这一统一的过程追求，曾经在二十世纪达到顶峰。[①] 由于人们已经认识到科技进步对于人类社会的积极意义，因此，人们便更加急迫地提升科技的想象力。由于在艺术创作过程中，人们会更为经常地运用到想象力，这就使人们认识到艺术能够专门地强化表现想象的各种过程，艺术能够有效提升想象力的结论就自然生成。

（一）在审美中体现出 M 力与优化模式

在审美过程中能够典型而充分体现出 M 力和优化的模式，要求人们在尽可能多地构建出差异性信息模式的基础上，通过彼此的比较判断，从中选择中更为恰当的模式。这种过程的进行是在 M 模式作用下内在地进行的。人的能力有限性保证着这一过程的持续进行。由于 M 力与优化是想象的基本要素，因此，强势地表达 M 力与优化的模式，也就使人的想象力得到有效增强。

（二）想象激发了人更大的扩展性

想象本身就是在充分地利用生命活性的扩展、发散性本能，在各种各样的差异化构建的基础上，将那些符合某种要求的信息有选择地突显出来。

将扩展性模式力量作为一种基本模式，想象还利用这种由局部共性

---

① ［英］马丁·约翰逊：《艺术与科学思维》，傅尚逵等译，工人出版社 1988 年版。

到外延具体的扩展过程，不断地表现使人能够在想象中通过其不断地重复运用而大强度地尽力扩展人所具有的扩展性能力。人在表现想象力的习惯性驱动下，即使在更加复杂的问题面前，也会表现出这种强势的能力，这无疑为想象力的提升带来更多的场合与机遇。

（三）想象使人的心智更加自由

在正常情况下，从来没有人能够限制、不允许他人的自由想象。因此，想象的限制在于人自己。既然人身在牢狱，也可以展开无所拘束的自由想象。人能够在一定程度上干扰他人的自由想象，诸如通过提供特定的信息而改变其想象的方向和模式，改变想象的基本出发点，干扰他人正在就某个领域而展开的想象，又可以通过想象在自由与想象之间建立起稳定的正相干联系，仅仅将其所表达的意义传递给正在想象的人，这种信息也有可能会作为新的信息而构成一种有效刺激。发散扩展力量的存在和自主表现，多样并存基础上的自主选择，无论是表达这些模式，还是表达这些模式的结果，都已经能够促使人产生足够强的自由感受。艺术创作的差异性和艺术家自由性的自主表现，更是将这种自由的态度传递得更为广泛。

（四）想象激发构建了人更大的心理空间

美与艺术在表达更多局部特征、更多自由地组合在一起、更多地通过自组织过程而形成各种新奇的意义等，尤其是通过创造性的构建而促进更多神经系统参与其中，通过这种兴奋性参与而构建出了更为宏大的心理空间，引导着这种扩展性构建基础上的比较优化，进而将最有效的应对模式构建出来。艺术常用于开拓人的视野，将不可能转化为形式上的可能存在，因此，艺术也就成为有效扩展人更大的心理空间的基本工具。

（五）想象使人在心智中的意义构建更加完善

想象追求更多不同意义的模式与在某个特征指标控制下的选择过程，保证着在想象中进行着更加广泛、覆盖面更广的比较优化过程。长时间地进行了这种探索构建，人们学会了如何才能更加有效地利用想象，迅速地在所激发出来的诸多局部特征中选择出关键的特征、核心的关系、主要的矛盾等，展开有针对性的信息组织和加工，并由此而形成直觉，从而使这种想象性优化构建变得更为直接。

艺术利用想象所形成的差异化构建与优化选择的固有模式，使人的探索性构建能够更有效率，更能抓住问题的本质。在所涉及的更多的局部特征、关系、结构的基础上，通过构建更加多样化的可能性，结合各种合理性的逻辑延伸，准确地洞察未来的发展，并优化选择出其中合理性更大、信息量也最大的典型模式。由此，人们将构建出所能想象到的最大范围内的各种情况，并在此基础上实施更加本质的概括抽象，能够涉及更多的因素、环节、过程和更多的事物，能够以所涉及的诸多特征为基础而展开任意构建，使所有的可能性都包容在人通过想象所构建出来的可能泛集中。

即便不能一下子洞察出未来的全部，也能够运用其超强的想象力，将未来各种可能的情况都想象出来，然后再针对每一种情况一步一步地展开洞察与构建。在考虑到众多可能因素、环节的情况下的洞察，将会更加准确。

（六）想象可以促使人持续性地心理构建

想象能够以其新颖性从内部激励促进着心智的持续性构建，使人的好奇心总是不断地得到满足，并沿着这个领域而长时间地进行。

康德认为：崇高是对想象力自身在实施"极度"扩展的愉悦，是想象的发散扩展过程和收敛性结果的有机统一并和愉悦形成一个统一体的综合表达。这是将诸多元素在美的状态中的作用揭示出来的结果。在崇高判断中，审美判断力把自己提升到与理性相匹配（但却无须一个确定的理性概念）的高度。这种反思性的选择构建，甚至只是凭借想象力在其最大扩展中形成的对理性（作为理念）在客观上的不相适合性，仍然会在想象中把对象表现为主观的"合目的"性的。这种认识观念不只是体现在崇高的审美范畴中，而是伴随所有的审美活动，使想象力在评价自然界时借助于差异化的构建和理性中优化的力量在人的内心中迸发、强化出来。带着优化的形式和目的，人会依据自己基于美的创造和构建，抵抗并战胜同样也表现出了一定的比较优化选择能力的自然界。因为大自然在利用信息展开比较优化选择能力上是远远不及人的，尤其是人还能够以自然界的伟大象征和加强理性的人格力量或道德精神，使得这种能力通过群体的放大而得到进一步增强。当人们运用扩展而达到一个足够大的程度时，彼此之间的差异使人产生了新的感受，由于差异过大而使人不能在两者之间恰当地顺利过渡，就会产生独特的情感模式。

（七）在想象中可以更加自如地表达由不协调达到协调的过程

在对"崇高的分析"中，康德从崇高对象是自然界的无形式出发，阐明了崇高是想象力与知性不能和谐（因而带来痛苦），却跳过了知性和理性达到和谐（因而带来更高层次的愉快）的核心力量，这已经显现出了想象与美的内在联系性。显然，通过想象的巨大空间和无限可扩展性，基于差异化构建的比较优化，使得由不协调达到协调的过程在想象过程中更加灵活，也更加完整、系统，也使这种过程更具自主性并能够达到一个足够高的程度。

王柯平写道："正是由于艺术作品脱离了经验现实，从而能够成为高级的存在，并可依自身的需要来调整其总体与部分之间的关系。艺术作品是经验生活的余象（after-images）或复制品，因为它们向后者提供其在外部世界中得不到的东西。"① 这里所谓的高级存在，即通过人的想象而构建出来比现实更美的意义（形象、词汇、关系和结构），而这里的自身的需要就是其本身的自律性特征。正是由于形成了比当前现实"更美"的意义，因此，其在当前现实中的确是不存在的，也是得不到的。的确只有在美的想象中才能确实地存在着。

十一　人、动物与美

在将人与动物相比较时，人在追求美、创造艺术的过程中所表现出来的特殊的优势就会更加充分地表达显现出来。这种优化在极大程度上取决于心智与美的相互作用。动物不具有像人一样的更强的信息加工能力、存在更多的剩余心理空间，也就是不能将美作为一个独立的因素，感知、变换、强化和探索构建，并与人的心智建立起稳定的相互作用的结果。

在其他动物身上，没有像人一样那么丰富的、多层次的、复杂的、

---

① ［德］阿多诺：《美学理论》，王柯平译，四川人民出版社1998年版，第7页。

不确定性的认知过程；没有像人一样程度那么高、那么稳定、持续时间那么长的心理信息加工过程，在心智上不能表现出强大的激励、引导和控制性的力量；不具有思维的自主性，认知不占据其行为的主导力量，不能经常地在其行为中表现出来等。心智的这种量的程度上而非质的区别，最终以非线性的方式形成了行为上的质的区别。

（一）美是人的本质性特征

人可以将美作为一种独立的力量专门进行强化，并作为主动强化和追求的力量、在更多事物信息中联系表现的机会、创造性地表现美的创造能力，并在美的创造中努力地追求更加完美。人可以主动地大量实施差异化构建；接连不断地在差异化构建的基础上比较优化；持续性地追求在更大程度和更高层次上的最优；不断地通过对未来的运演作出各种可能的预测等。这个过程的核心就是在差异化构建的基础上的比较判断优化选择。如果单纯地以某一个方向做出演化性的预测并坚持往前推演，往往会偏离实际；在各种可能的情况下，通过为人的能力所能接受的一段一段的优化过程，尤其是在一些关键点上实施优化的过程，通过比较才有可能优化出更为恰当的美的结果。

因此，如果我们把握了美的本质，那么，美育在很大程度上会提高人类对自身命运的预测力和自觉性。对于人类社会来讲，预测的结果在更大程度上取决于在某个方面的构建。预测取决于人们在满足美的要求、满足 M 力在相关特征中表现的要求。事物后来的优化选择取决于这种追求和构建。

（二）动物游戏与能力培养

动物学家发现，幼小动物在其成长过程中的一项重要的活动便是游戏。它们也正是通过相应的游戏而牢固地掌握成年以后所需要的生存技巧。但与人相比，却只能在很少几个环节表现出很少的优化选择和构建。虽然不具有将诸多不同的目标"联立求解"的综合能力，但也能像人一样，表现出了游戏中的差异化构建过程，并通过生命的优化本能而固化出最终的稳定行为。

（三）动物也会表现出一定的美的力量

达到与环境的稳定协调是生命的基本能力。这就意味着，所有的动物都具有进入美的状态的能力。美是生命的本质。幼年的生物体无论是通过观察学习，还是个体以差异化构建游戏的方式，不断地对其各种可能的行为加以优化，并对优化后的行为实施固化，以保障其在成年以后具有足够的生存能力。

（四）动物不会自主地表现美的力量

动物虽然也能表现美的力量，但不同的动物由于具有不同的意识能力，从而在主动地体验美、独立地表达美、间接地表现美的能力方面表现出了巨大的不同。与人相比，更多地体现在程度上，会从量的角度表现出了巨大的不同：

第一，因为没有足够的心智剩余空间，因此，与美相关的诸多环节都不能在心智中独立自由地进行，也就不能自主地表现出美的力量；

第二，由于不能经常性地使美的力量得以表现，因此，与美相关的模式仅仅在很少的活动中表现出来，美的模式也就不能有更强的独立表现的力度；

第三，一种行为表现只有超过一定阈值时，才能对其遗传行为产生足够的影响。由于与美相关的模式表现不能超过某个阈值，也就不能使美的模式在其各种行为中占据重要的地位。其独立性也就不能自由表现，也就不能有足够的心智空间供其自由地在各种行为中想象性地表现，不能从中加以优化，不能将优化的力量推广到各种活动中，基于心智的进化的力量也就不能更加有效地促进整个生命体的成长与发展了。

第四，美的独立强大会进一步地表现在能够赋予间接环境以美的意义的力量。如果不能强大到足够独立的程度，便不能借助其他外物（艺术品）将内心的美间接地表现出来。

第五节 美与自由

体会到更大的自由，就在于认识到人的自由发展与表现才是人生存与发展的基本条件。基于艺术与自由之间的本质性关系，人会为了追求自由而倾心于艺术创作与欣赏，或者说在艺术中寻找到自由的满足与奔放。"人们试图扩大他们的自由：他们寻求新的可能性。因此显然可以把竞争看作这样一个过程，这个过程有利于发现新的谋生方式并随之发现新的生活可能性，连同发现和构建新的生态学生态位，包括适合于如残废人这样的个别人的生态位。"①

人的自由性具有无限性的特征。也就是说，人在优化的构建过程中，往往是依据有限的区域、有限的个体之间的比较优化，而终极美则对应于无限的领域，是在"所有情况、所有区域"内的全局美。

一　自由

康德在《判断力批判》中，赋予自由以最高的作用。自由在席勒的美学思想中也占据重要地位。H. M. 卡伦在《艺术与自由》中更是以自由与艺术的关系作为研究的重点。② 的确，只有在自由的条件下，人才能将自己内心感受到的美完整地展示出来。自由地表达生命的活性意味着自由；不受束缚意味着自由。那么，美的状态便与自由建立起了确定性的联系。

美学与艺术重视强调人的自由性，认识到自由是人发展的根本性基础。H. M. 卡伦指出："自由不仅要战胜我们以动物本性为基础的持久生活目的，如食和爱以及衣着、居住和健康所形成的社团障碍，它还要战胜社团对精神——对它的勇气和好奇心，追求前所未有的创新和发明，追求富于想象力的冒险和内在的变化和改革的精神——的禁令。民主革命致力于冲破对创造性智力的抑制，废除对人的性格的限制和禁律，这种倾向使人们按照自己的信念，以自己的本领走自己的路……永远探索着自我表现却又抑制的这种个人极限，现在被解除枷锁并开拓自己的道路。"③

在美的构建与欣赏过程中，更是着重强化美在于自由地构建外界环境与人的活性本征之间的稳定协调关系，尤其强调突出人的自主、需要

---

① ［英］卡尔·波普尔：《通过知识获得解放》，范景中等译，中国美术学院出版社1998年版，第12—13页。

② ［美］H. M. 卡伦：《艺术与自由》，张超金等译，工人出版社1989年版，第9页。

③ 同上。

与追求，或者说在各种形式的对应关系中构建出最恰当的形式。各种各样的理解与构建都是有可能的而且是合理的，这种认可多种可能合理存在的基本心理，是人在自由表现美、体验美、追求美的基本心理背景。一旦指出了艺术品的创作哪些是不能的、不行的、不可为、"不可以"之后，人就会将这种"不"的力量进一步地扩展，并有可能会极大地限制人在其他方面的探索、构建的空间和自由，人也就不能自如地表达当前环境所能激发出来的最恰当的活性本征以及由此所建立起来的活性本征与外界环境之间稳定的协调关系了。但凡受到一点约束，即使是暗示，也将产生足够大的限制性作用。最起码，被限制的方面就不能被包括在所考虑的范围内。又如何才能说明所得到的美化已经涵盖了所有的情况？又如何说明先前的限制一定不能产生美的结果？越是自由，各种可能性出现的几率就越大，美化的范围就越广泛，得到更美的结果的可能性自然也就越大。

美的相对性告诉我们，美是在比较中形成的，这个过程是一种连续不断地进行的过程，我们甚至可以说，自由地表达美，就是其 M 模式及其力量的具体表现。之所以这么说，有以下原因：第一，当人处于自由表达状态时，人将更加突出地表现人的生命活性；第二，通过表达人的生命的活性本征，能够专注于表达活性本征，有效地摆脱外界环境的控制束缚；将人强势地从与外界环境的相互作用中解脱、隔离出来；第三，追求在各种外界环境影响下稳定的生命活性状态的心理表征，形成活性本征表现与当前环境稳定的相互作用环，不再受到扩展或抽象性的"物欲"对生命活性状态心理表征的所形成的"本征状态"的干扰。

显然，只有在自由的基础上，人们才能不受约束地在任何一个状态、任意一个区域内通过差异化构建的方式追求美。美的自由性本质反映了人不受限制地扩展的本能模式，这种本能在与其他个体之间的相互竞争中获得突出的地位，并在人的意识中独立特化表征出来时，又被赋予更加独特的地位。在自由的基础上，人们才能进行无限制的扩展和构建，非但变换区域的"位置"不受限制，而且变换区域的大小也不受限制，这样就可以保证获得更大范围内的美。由于在构建过程中不会受到束缚，从而保证了异变的自由性，这种自由就保证了人能够在更大的范围内去寻优、寻美，不至于落入"局部最美"，并将能够是否自如地表达自己的感受作为其中的一个标准，由此而获得更强的生存能力。在这种情况下，艺术的技巧论便具有了一定的地位——那些反映了足够技巧的作品具有更高的可欣赏价值。应当看到，这些结论只是揭示了人有表达任何艺术品的自由。而我们所揭示的美的自由性，则将重点放在基于 M 力量作用下人的自由构建性：表现 M 的力量时，具有优化选择方式的自由；M 可以与人所从事的所有活动有机地结合；自由地选择表达的模式方法和途径；在与其自身的生活密切相关的诸多活动、模式、器具中按照自己的意愿表达自己对美的追求与理解。具有选择追求方向的自由：只要表达出 M 的力量，朝哪个方向实施差异化构建都将由个人所决定等。这既使人在认识艺术的自由性时更加具体，也使在艺术中对艺术的追求具有可操作性。

在人们能够自由地表达 M 力和优化模式的过程中，会省略 M 力和优化表达的若干中间环节，直接将体现自由的状态结果与美建立起稳定的直接联系。与美相关的各个层面，都具有自由构建的意味，具有表达意义的自由，具有观照感知对象特征的自由等。无论是表征知觉、选择构建印象、概括抽象符号、选择某个行动、理念与信仰等，都可以随着人的自主性选择而确定下来。

我们将对美的追求在意识中独立出来，会赋予对美的追求模式以更加广阔的意义。我们能够以该独立的模式为基础，在意识表现中与更多的信息建立起联系；更加独立地发挥该模式的作用（自主地发挥作用）等。一旦建立起了美的理念与具体的艺术表达形式之间的稳定联系，艺术家就可以通过表现这种形成稳定联系的综合体，将美的意义传递给他人。因为这种综合体已经是运用 M 后的最终结果。不同的人必定会在这种力量的表征上形成共性相干。

在马克思看来，美是人的本质的对象化。在这里，我们就可以具体地解释对象化的意思是什么。我们说，那些对象化的本质，应该是在一定程度上表现了人在表达生命活性本征模式时的自由性的本质特征，自由地优化出生命活性表达的恰当比值结构。高尔泰从马克思的经济学哲学手稿出发强调了"美是自由的象征"的观点，并认为"美是人的本质的对象化；人的本质是自由；所以美是自由的象征。"① 从与生命的活性本征和谐共鸣的角度来看，这里的自由只是表征了与扩展相对应的自由。而其他方面的稳定协调的特征便属于后联想性激活特征意义了。

音乐审美与绘画艺术的审美过程是不同的。视、听、触、味、嗅等不同的信息表征形式，在人的审美享受中的作用是不同的，一方面是说这些角度无论在信息的何种层面加以表现，都能够引导人进入美的状态；另一方面则表明，在审美过程中的不同美的形象表现会有不同的固有表达模式和其内在逻辑性。生命活性本征表达的自由已经明确指出了扩展的自由必须以收敛的稳定作基础，自由必须以遵循规律为前提。彼此之间的不同会形成相应的刺激，在促使生命体形成更高层次的统一感受的基础上，分别形成各自特色的美的状态。

二　自主性赋予人以更大的自由

人的自主与自由形成正相关关系。自主性越强，人所感受到的自由度就越强。经过意识放大的自主与自由建立起了更加紧密的关系。历史上，人的解放与自由伴随着人的自主而逐步苏醒。

因此，人的自由性更多地与人的自主性有机结合，典型地突出了人的自主、与他人的差异以及每个人所表现出来的创造性。美的形态可以由每个人自由构建，可以自由构建与选择达到"完美"的方式和途径，表达追求 M 的模式和力量的具体结构将根据自己的内心来构建，由此更加突出强调了人内心的独特感受。社会也应该具有这种包容一切的态度和能力，保证人的充分的自由。艺术与美只是强调尊重人自身的生命活性，依据人自身的生命活性在心智中的反映而表征。

人的自主性所强调的是人能够不受外界因素的控制和束缚，更加突出地强化人的自由追求和自主选择的意义。表达人对自由的追求是艺术表现的一个主题，同时，将更加典型地促使人表现 M 的模式和优化的力量，表达对这种追求的态度和趋向，表达美的标准的选择自主，表达选择与生命的活性本征更加协调的过程及意义。这些模式的表达会在更大

---

① 高尔泰：《美是自由的象征》，《西北师范大学学报（社会科学版）》1982 年 01 期。

程度上与美的状态和谐共鸣，引导人从更多可能的角度、更加系统和完整地进入稳定协调状态——美的状态。艺术家所表现以及努力追求的就是这种涉及更多因素的稳定协调状态，显然，其中自然的美也应该是被建构和选择后的结果，通过选择和期望使之达到所能想到的最美的状态。既然是与艺术家自身有关的构建与选择，涉及艺术家沿着自己所选择的方向构建与发展，就必然是个性化的，是自由的，是创造性的，而这也是柏拉图时期的美学观念所强调指出的。

由于美是人自主地表达其生命的活性本征的状态，表达人由不协调而达到稳定协调时关于对稳定协调状态的美的感受，因此，在一定程度上，进入什么样的稳定协调状态的选择自由便成为其中关键性的力量。即便是在遭受到其他因素的干扰与影响，尤其是外界客观限制了生命的各种可能表现时，这种自由的力量仍然能够显得尤其突出。

三 美的自由性

（一）无功利性的自由

经过康德等的强调与揭示，美的无功利性成为美区别于其他状态和行为的最为重要的特征。其核心在于初始时认定各种信息处于同等重要的地位，没有先入为主，没有先天优势，没有任何的目的，随着外界环境的变化，在遵循规律的前提下自由地构建与涌现出生命的活性本征。只是单纯地表达所涌现出来的生命的活性本征。

（二）美的表达性自由

我们可以选择任何的方式、意义、情感来描述由于协调而激发、生成的美的状态。由于人在进化过程中生成了复杂的活性本征模式，表达任何一种活性本征，都可以成为进入美的状态的方法途径，成为艺术创作的基本出发点。每一种活性本征在与具体情景相结合时，都可以产生更加丰富多彩的活性本征表达系统，人也会通过其中所对应的一系列的汇集和抽象，优化性地形成更强的适应生存能力。更何况，艺术家可以运用自己所擅长的手法将自身对美的感受独立地表达出来，他们会更加强势地要求这种表现的自主性和自由性，促使人在面对各种环境及其变化时保持自由构建和自主选择，以及由此而表现出来的差异化构建基础上的优化选择。从进化的角度使人演化出了只有自由表达才能有更好的优化适应的力量，也由此而使自由表达成为艺术家的专利。

（三）美的批判性自由

人们可以基于任何一种特征实施不同程度的比较判断，通过建立优化的方向而形成判断选择，也可以基于自己的认知而对一件艺术品评头论足。

人人都可以在艺术品的审美过程中表现出与他人有所不同的审美偏向——选择不同的判别是否更美的标准。这种审美偏好是由人基于不同的特征向好的方向追求、期望决定的。不同地域所形成的审美偏好也构成了人所具有的不同的审美倾向，这种审美倾向的多元化现状鼓励着社会的多元化发展，促进着各种文化的交流，也在促进着文化的差异化建设。

人在美的批判过程中，可以表现出按照各自不同的审美判断标准展开批判。这种现状的存在，是人们认定自由与美之间具有稳定关系的基本出发点。共性地比较表达 M 力而构建比当前更美的艺术判断的一个方面，是美的超越性、批判性的核心。

（四）美的选择性自由

美可以选择任何艺术形式来表达美，尤其是在多种可以选择的情况下，能够依据艺术家自己的意愿和状况做出符合自己意愿的决策判断和选择。对于生物体来讲，只要选定了一种表达的形式，就能够运用 M 力而进一步地表达出优化的力量。艺术创作可以表达任何一种形式的活性本征、活性本征与环境所形成的稳定协调结构，艺术表达也必然地受到自然、社会环境和所受到的教育的影响。达到群体内的"最优"的要求也在驱使艺术家可以自由地表达自己的最大潜能，或者说，只有具有这个方面最大潜能表现，才能成为优秀的艺术家。

（五）美在表达生命活力的自由

因为表达处于稳定状态的生命的活性本征能够使人感受到美，因此，人在面对人所构建出来的、与束缚相矛盾的自由的多种多样的模式时，就会更加重视这种表达。同时，在人类的进步历史中，从各种束缚中解放出来，这种"解放"的模式本身已经变成一种更加美好的意义。获得解放已经足够美好。当人不受束缚，并且人不受外界的强烈刺激，允许人可以根据自己的自主涌现而展现其内在性的状态时，人便已经能够感受到无限的美好。没有任何的先入为主，没有任何的目的，没有任何外在的利益追求，也不是为了想获得什么就获得什么，此时表现的是人的自由状态，人会表现出差异化的多种多样的行为。人可以在这诸多可能的行为模式中根据自己的意愿恰当地做出选择。由此，人们可以根据自己在想象中所构建的美的理想而优化性地表达任何意义、选择任何形式（当然是自己所擅长的方式方法）。美总是以自由地表达生命的活性本征为基础，在这种自由表达被赋予美的意义时，同真与善结合在一起，成为人及人类的最高追求。

　　人的想象具有足够的自由。人在想象中追求自由，将能够更加充分地表现生命的力量。基于想象的自由性，人会使生命的力量变得更为强大，更强的发散扩展能力、更强的收敛稳定力量；基于更多的信息组成构建出更加多样的意义，并使这种过程更长时间、大强度地进行下去。人还会从意识中不断地强化这种能力，以使想象更大程度上在心智过程中加以表现。基于想象，生命的力量在意识中的表现将更加充分自由，人也将更容易地在想象中体验出这种表现，并通过体验而形成这种表现的稳定反馈环，使人受这种反馈环的稳定性力量驱使作用而持续地表达相关的特征模式。

　　通过美与艺术表现，更能体现人的自由精神，并通过与人的本性的有机结合，从而形成稳定的反馈环，使人在美、艺术与想象中，更能体会到自由的意义。这一定是通过自己在想象中，更为准确地说是在信息加工环节所主要表达出来的。显然，在这里有几个关键的环节我们可以看到：

　　1. 意义是在差异化构建的基础上，通过比较优化而选择的

　　人的生命活性成为生成这种比较优化的基础，最起码，会将与生命活性本征状态更大程度的协调，作为其中的一个指标，在两两不同的个体比较中，选择那个与生命活性本征状态具有更大契合程度的个体意义。H. M. 卡伦就强调："对于 J. 穆勒来说，自由就是那些维持并促进'个性的活力和多方面的差异'的各种选择的法则。'在这些自由权利得不到基

本尊重的社会中，没有哪一个社会是自由的；不管它统治方式可能是什么，也不会有一个社会是完全自由的；这些自由权利在其中根本不存在。'在获得自由和一定程度上获得自由的地方，自由便成为独具个性的。在他们受压制的地方，通往真理之路便被封锁，从而，一切其他本领和贡献就被迫缺如。"①

2. 这种差异化的构建是在想象中完成的

想象的巨大空间和可扩展的力量，保证着人在想象中可以自由地完成这种构建。人也可以通过游戏而构建差异化的多样并存，并由此而展开更大范围、程度上的优化选择。但在想象中可以使这一过程得到更加深入而广泛地进行。

3. 所表征的是具有一定意义的生命活性的本征状态

这种表达意味着人在外界环境的作用下，会使其生命活性的本征状态发生相应的改变。人们可以通过任何的意义与生命活性本征的稳定对应关系，将这种能够在最大程度上表征生命活性的本征状态的结构形式表现出来。

4. 本征状态表现时，具有足够的涌现性特征

这就意味着人要有足够强的自主意识、自由地表达各种活性本征模式的自主性的力量。在尊重一个人由自由的想象而生成的自主意识时，并不意味着不考虑自然规律、社会道德和法律，不考虑其他人的利益，而完全任由自己想干什么就干什么。

5. 美的标准始终存在着

因为美感是在自然与社会的双重因素作用下形成的。即使是在自由的氛围下，这种标准也固有地存在着，以此而优化束缚着人的各种行为。当我们构建出美与自由的内在本质联系以后，自然地，可以通过美育而提升人的自由性。想怎么创造、想创造什么都可以，只要把最美的模式构建出来。也就是说，在选择过程中，一定要将 M 力与优化的模式表现出来。忽略了这一点，美的意义也就不存在了。

---

① ［美］H. M. 卡伦：《艺术与自由》，张超金等译，工人出版社 1989 年版，第 9 页。

四　美的想象性自由

从美的诸多理论体系中，我们并没有发现其与每个社会的核心道德和价值观之间的矛盾之处。作为一个互助合作的群体，彼此之间的差异并不体现在相互冲突上，而是在不同方面的差异化以及优化的不同标准的基础上，形成促进群体发展的不同道德价值标准和力量的不同作用方向上。外界环境的变化可以促进群体的变化，但群体变化更为重要的力量则来自于群体内部，也就是内部由于个体彼此之间的不同而形成的相互作用和相互促进的力量。更为重要的是，作为一个由生命个体所组成的群体，也必然地表达出生命的力量。因此，凡是有利于该群体生命稳定与协调发展的作用模式，都会被充分地肯定和强化的。群体生命必然以群体中的大多数个体的共性相干所形成的合力而维持群体的稳定与发展，这种共性的力量在受到群体的强化以后，反作用到个体上，并随着进化过程而成为一种本能力量。由于环境与生命体复杂的相互作用，会将差异化构建的过程和结果明确地反映出来，这也就使得差异化构建基础上的优化选择成为进化的基本模式和力量。差异化构建以表达自由的力量成为美的自由化的基本标志。

亚里士多德在肯定了现实生活中美的客观存在的基础上，进一步地指出了艺术作品中所塑造的人物可以而且应该"比原来的人更美"[①]，这种"更美"在更大程度上是通过想象性的意识加工而实现的。在艺术创作过程中，既要基于现实，又要运用人的意识而对现实中美的对象在更大范围内、更高层次上运用意识的力量进一步地比较优化。

（一）在想象能够更加自由地进行信息的构建

意识与其他生命系统相比，尤其是在信息表达方面以其更加广阔的空间和更小的约束力而使人表现出更强的自由性、更强的联系性，更加自如地构建各种不同的意义，而且能够保证这些不同意义模式在多样并存的同时合理性存在。在人的意识中同样地会基于心理模式表达生命活性中扩展、发散的力量，在更大程度上表征着自由的构建。由于信息模

---

① ［古希腊］亚里士多德：《诗学》，罗念生译，人民文学出版社 1962 年版，第 101 页。

式在大脑神经系统中可以被自由地独立特化，但同时彼此之间又能够建立复杂的相互激活关系，在此过程中，意识中的那些涌现出来的主观性信息也会被作为事物的客观性信息参与到人对信息的加工过程中，因此，在意识中能够表达出更加自由的意义构建。一切意义在想象中都有存在的合理性，都能够作为一种独立的模式而进一步地与其他的心理模式发生相互作用。没有任何的限制，一切皆有可能。意志必然地成为人认识客观的基本特征。

（二）人在意识中能够自由地构建差异化的多样性个体

人会利用想象的无限扩展能力，在一个有限的想象过程中，更大程度地构建多种差异化的独立模式。人在构建这种差异的多样化存在中，表达了自由，表达出了自由的力量。利用更大的剩余心理空间，发挥生命中发散与收敛力量的恰当作用，人会在意识空间形成具有差异化特征的多样化的个体模式。不自由将限制在某些方面所做出的差异化构建，最起码，还有可能影响到通过人的意识而展开自由地比较、优化与选择时的标准选择，以及由此所表现出来的比较判断。人能够通过差异构建而表达出"冲破束缚的自由"的力量，因此，在生命体达到与自然环境的稳定协调时，生命体在自由状态下所表现出来的有更大的可能就是人的生命活性的本征状态。这也就意味着，在自由状态下，人能够更加容易地通过激发人的活性本征力量而进入美的状态。

大脑神经系统更强的包容能力，能够保证美的多样化的自由构建，并通过意识的反馈作用而促进这种能力的有效提升。通过差异化构建，无论这种构建是来源于外部环境的变化，还是由于内部的生命活力的表现所至，都会形成一系列有所不同的个体模式。在多样并存基础上的优化选择，同时又是生命体得以进化的基本过程。自由的意义就在于肯定这种多样化存在的进化意义，并有效地利用这种促进力量。

每个人都是独一无二的，都与他人存在诸多方面的不同。正是由于不同，才形成了彼此之间的相互作用，这才能够维持个体、群体、部分以及整体的变革与发展。通过意识中的这种规律性的构建，美能够表达出更强的差异化构建能力，并伴随着这种差异化的自由构建所形成的迅捷地应对更加多样的环境的能力，而使个体具有更强的生存能力和竞争遗传能力，而这也已经成为生命体的一种基本的活性本征。

（三）根据人的愿望进行恰当选择

面对客观世界，人可以基于不同的特征生成多种不同的期望。生命活性的本征力量可以自由地作用到任何一个模式上，只要这种模式受到环境的刺激影响而变得具有更高的兴奋度。而在想象中，通过构建多种可能的愿望，能够保证每一种愿望都可以成为追求的目标，还能够在此基础上通过自主选择的方式，将在特定环境下，基于某个特征比较、选择、优化的期望结果展示出来。

想象能够保证在充分认可这种构建的合理存在时，将人所构建出来的每一种期望作为稳定的心理模式当作真实的存在，在内心将其当作客观存在，从而参与到人对客观事物的信息加工过程中。

（四）根据自主表现实施更多构建

在人将其自主性的力量展示出来以后，人的内心众多模式的自主表现会形成一种自由表达的力量，在更多的特征上表达出这种力量，使他人也明确地感受到这种自主的力量。不受其他力量的影响与限制，只是稳定而自由地展示其确定性的意义，并在同其他信息的相互作用过程中发挥激励、自组织、指导控制模式等的作用。"使自由主义者对于作为目的和手段的自由陷入困惑的，乃是他自己同自由的难以驾驭的终极本性的关系，同相互差异的权利的关系，艺术家的意志自由最引人注目地说明存在着差异，民主的信念则将差异认作每个人生命的本质。"①

（五）表达人的自由的构建的本能

与生命的活性本征相结合的美的状态与艺术的形式表达中，突出地表达出了创造性的自由。人有运用创造力创造任何产品的自由。在符合美的标准时，这种创造性会得到充分肯定，也成为艺术家表达个人存在价值的基本方略。

在表达人自由地创造艺术品的过程中，表达出自由的力量，从而使人生成更强的自由的满足要求，也使追求自由成为人的存在的主要内在动力。人的意识力保证着人具有无限的扩展能力，保障着其更大差异构

① ［美］H. M. 卡伦：《艺术与自由》，张超金等译，工人出版社1989年版，第14页。

建的可能性。人的优化选择和创造能力驱动着其可以按照相应的愿意而创造。而自由则保证着这种过程的实现。

（六）美的说是一物即不中强化了这种自由

由于美的意义的不确定性，在人们没有寻找到统一的定义之前，只能就某种具体情况而构建出单一的描述。但人在运用"美"这一高度概括的词语时，却不知道其所真正指明的是哪种意义。其中的原因包括：其一，艺术家对美的理解不同，想要表达的意义不同，所产生的情感不同，所表达的能力不同，追求的方向也就不相同；其二，观众的美的理念不同、视角不同，期望不同、在艺术品作用下的反应不同，每个人所受到的教育不同，生长经历不同，在外界信息作用下生成的稳定性的心理模式就有所不同；其三，美是一种抽象的感受，是一种空泛的状态，是一种包罗万象的"完美"。在更多情况下即处于一种不可言说的状态，但人们总要将这种感受具体地表达出来，就只能表达其中的某个方面，但同时又表达了一种过程：不断地追求完美。

美在更大程度上表现的是人在意识中的生命的活性特征，这种生命活性的意识表现却是通过想象力来具体展示的。因为需要我们与人本征的生命意识在更大程度上达到协调，而人的意识又将这种生命活性进行了分解，那么，只要恰当地表现其中的一个方面，就能够通过该局部表现而联想性地使其他的方面也处于兴奋状态了。

在此过程中，抽象模式同样会作为人的一种活性本征，在引导人进入美的状态中发挥关键性的作用。表达这种模式和这种模式的结果，会生成将这种抽象的完美具体地用一个可以被他人认识到的模式来表征的过程和结果——抽象的艺术创作与艺术品。那么，在此过程中又如何才能做到更加准确？通过具体的模式又如何才能更准确地表达这种更高层次抽象性的"精神"和"追求"？在人的意识中，经过诸多的概括抽象，往往会形成更大的偏差，这也就使得我们从抽象的角度来认识艺术家所表现出来的美时，有可能会产生较大的偏差。这就需要我们采取更加全面系统的方法将艺术家处于当前生命原始的状态联系起来，形成更高层次的概括抽象。通过在更大范围内实施差异化构建，将艺术家所能想到的各种模式构建出来，再运用反思的力量而专门体验这种形式的美。在将这种模式固化下来以后，再将这种体验表现出来。此时，也能够引导欣赏者先行构建出种种可能的美的元素，在将其与艺术品所表达的美的信息相"匹配"的过程中，将最恰当准确的美的信息突显出来。

艺术家有选择表达不同主题的自由，也有选择不同表达方式的自由。但在每一件艺术作品中，都同样地反映着艺术家在选择一定的意义时表达在其内心更加完美感受的过程和力量。在此过程中，虽然人们看到了完美的结果，却不能忽略这种完美模式的构建过程。艺术家通过各种异变模式，与自己内心中的完美的感受相比较，最终将符合自己内心完美的具体模式固化下来，在最大程度上体验到生命活性在外界刺激作用下的本征表现，体验生命活性的本质。此时，为了更大信息量地表达艺术家内心的美，艺术家需要不断地选择局部特征、线条、色彩、背景（环境）、局部意义等，展开差异化构建基础上的比较优化，包括所有与当前意义相关的局部特征等。还需要不断地构图、不断地考量局部特征之间的各种可能的关系，并从中选择出与其内心相符的完美模式。

对美的认识与理解涉及多个维度的理解。在我们综合性地将这些维度结合在一起时，便可以根据彼此之间的相互联系和由此而生成的逻辑性形成一个完整的整体。具体来看，有如下维度决定着人对美的认识、理解与表现。

第一，艺术体裁：绘画、音乐、雕塑、建筑、书法、小说、诗歌、戏剧、舞蹈、影视作品等；

第二，艺术的表征形态：感知性信息、意象性信息、抽象性信息、符号性信息等；

第三，信息内容：意义、情感和期望等；

第四，状态关系和趋势：状态性、变化性、M 力、趋向性等；

第五，表达生命的活性：发散、收敛、收敛与发散的相互牵连力等。

人的创造性会使人的意愿得到构建性地满足。基于此，人们同样可以构建出更多的模式特征而加以表现。

（七）美的想象能动性

想象的自主性在意识中会更加自如地建立起来，由此而使想象自主地在人的各种行为中更为突出地表达出来，包括实施差异化构建，联系更多的局部信息，使局部信息更加自如地组织成各种各样的意义，尤其是人会在意识中更加自如地运用反馈的力量使得这一模式的自主涌现能力变得更强。

在美中更强地表达想象以后，与美相关的诸多环节的自如表现，会对想象形成强有力的促进，将使想象更为经常地、高强度、持续性地进行，美的想象性自由将使想象的力量得到进一步增强，使想象表达的范围得到扩展，在各种过程中的涌现性更加自如。也由此而使人们认识到，只有在美与艺术活动中，才能使想象得到充分表现，也由此而坚定了人们利用艺术培养人的想象力的决心和行动。

第六节　美的升华

实际上，罗马的普罗丁（Poltinus，205—270）就曾经明确地提出："至于最高的美就不是感官所能感觉到的，而是要靠心灵才能见出的。"①

美的升华是只发生在人类身上的事，或者说只有在人的身上美的升华才表现得更加充分，并由此而使美的升华成为人的核心品质，并足以对人类的遗传过程产生影响。"量变质变规律"提示我们，在其他的动物身上有可能也会表现出这种质的行为模式，但如果这种质的模式所发挥的作用强度并不大、发挥作用的机会并不多、作用的时间不长，那么就不能成为决定其生命体日常活动的有效控制和稳定性的模式。我们也不得不说，正是由于美的升华，才使人脱离了功利性的控制，并由此而形成了更高的追求及境界。在美学的发展早期，亚里士多德就强化通过净化产生升华的意义。因此，"净化的实质就在于，借助恐惧与怜悯使心灵摆脱兴奋与狂热从而得到升华。因此，人一方面要以顺从天意的平静莱挂靠命运的变幻无常，另一方面又能使人对那些陷于厄运的人产生同情与怜悯。"②

---

① 北京大学哲学系美学教研室编：《西方美学家论美和美感》，商务印书馆1980年版，第60页。

② ［苏］M. Φ. 奥夫相尼科夫：《美学思想史》，吴安迪译，陕西人民出版社1986年版，第37页。

一　表征生命活性的本征模式

（一）与生命活性本征模式相协调

"适应"作为生命个体被选择的基本判据而发挥作用。或者说，人们将那些在严酷的环境作用下表现出更强生命力的个体视为适应能力更强的个体，也就是将生命力的强弱界定为适应能力的强弱。这也就意味着，适应能力强的个体的生命力强，在更有效地表达生命力的状态下能够表现出更强的竞争力。

在表征生命活性基本力量的基础上，通过差异化构建与适应性选择，生命体会通过形成最佳的稳定适应状态，达到与外界环境的稳定协调。那么，处于这种稳定协调的环境作用下，就意味着生命体会迅速而强有力地表现活性本征的力量。如果生命体先前并不处于这种稳定协调状态，此时，在生命体内就会迅速地表达着由不协调达到协调的过程和结果，从而在协调状态下使活性本征的表达更加有力。

（二）活性本征是任何一个层面美的基础的活性本征

在生命体内的任何一个过程，都是生命的活性本征发挥作用的结果。因此，生命的活性本征成为引导人进入任何一个层次的美的状态的基本出发点。从另一个角度来讲，与生命的活性本征和谐共鸣，可以在任何一个意义层面使人体会到美的意义（进入美的状态并将其与其他不同的状态联系起来，通过差异而形成联系基础上的刺激，通过联系而将刺激作用到美的状态，使人产生感觉）。当我们已经建立起美的升华以后，表征生命的活性本征，也将成为表现美的升华和美的综合过程及结果的基本模式。

（三）将与之建立起稳定关系的外界客观表达出来

在生命体适应外界环境，并达成稳定协调的状态下，生命的活性本征也会发生相应的变化，形成与具体情景紧密联系的稳定状态。这就意味着生命体在新的活性本征表述之下，建立起了这种新的稳定表达与当前外界环境模式之间稳定的对应关系。随着心智的不断进化，这种对应关系会表现出更加广泛的意义。不同的活性本征会在这个过程中得以联系、汇总、升华，此时的外部环境与活性本征的激活也就建立起了更加复杂的关系。通过汇总概括抽象，生命体会将那些具有"更美"的特征的模式固化下来而成为稳定的应对模式。这种模式在一定程度上具有典型化的特征，同时又是比较优化选择的结果。

（四）表达在人的大脑中反映出来的与生命的活性本征稳定协调的外界事物信息

当出现与活性本征已经形成稳定协调关系的外界环境时，会使生命体在意识空间迅速地达到稳定协调状态而表征生命的活性本征，引导刺激生命体在多个层次由此而进入美的状态。当先激活了生命的活性本征，或者说在外界某个因素的作用下，将生命的活性本征完整激活时，人会利用其优异的建构性的力量，在想象中构建出与活性本征的激活相对应的外界环境，且在想象中通过差异化构建，将具有优化特征的想象性外界环境选择构建并运用艺术品的方式表达出来。

阿多诺将美的升华理解为"美的事物的不可抗拒性"，着重指出了意识在美的升华中的地位与作用。阿多诺指出："美的事物的不可抗拒性，源于性欲领域并通过升华进入艺术；它有赖于美的纯粹性，与物质性和效果相去甚远。"[①]

（五）活性本征的相互作用促进着美的升华

从美的状态来看，各种不同的活性本征之间会在生命体不断地适应外界环境的过程中，必然地建立起协调程度更高的关系。利用这种活性本征的相互激活关系，可以使人在进入美的状态时产生更加强烈的感受，也就是说，人会产生更美的感受。因此，这需要两个过程：一是激发更多进入美的状态的模式；二是使这些不同的活性本征模式达成更高程度的稳定协调。

二　美的升华

美感最初产生于快乐的感受；其次在于美的抽象性升华；再次在于美的境界性升华，由此人们赋予美学以越来越特殊的地位。天性的生物学特征推动着生命的进化与美的升华，但只有在意识高度发达的人的身

---

① ［德］阿多诺：《美学理论》，王柯平译，四川人民出版社1998年版，第93页。

上才表现得更加突出。正如黑格尔所言："爱情要达到完满境界，就必须联系到全部意识，联系到全部见解和旨趣的高贵性。"[①] 正如汪济生指出的："这里所说的协调感不能作简单的理解，如仅仅理解为口舌尝到了美味产生的快乐感，而且还可以理解为，当主体通过思维活动得到了克服周围不利因素中争取更多有利因素的方法时，产生的一种由对即将实现的满足协调的预感而带来的恬静或喜悦类的内心感觉体验。"[②]

升华在人的内心具有明确的意义：由具体到概括抽象，由个别到一般，由感性到理性，由局部到整体，由局部经验到系统理论，由具体的科学到规律的科学再到方法的科学，这都意味着升华。升华还意味着将审美作为提升人生境界的方法途径，由具体的审美到人性的感悟。从基本层面上讲，升华也意味着进化。升华意味着将不同的审美经验联系、汇集、概括、抽象成一个更大的整体动力学过程。先是将其独立特化，然后再将各种具体的情景联系在一起而产生升华。显然，那些被概括联系的诸多信息，可以是当前外界客观信息的直接感觉性信息、人通过联想回忆激活的以往的信息模式、通过想象自组织构建出来的完整模式、自主涌现在大脑中的信息。

在各种不同的活性本征模式形成稳定协调表现的过程中，会通过生命活性的共同表现，尤其是通过共同地表现 M 力而形成共性相同力量的内在联系结构，这种共性的模式会被人们看作随着事物的变化而不变的主要特征，从而通过构建彼此之间的不变性特征来与类事物构成稳定的对应关系。不同事物彼此的差异将稳定地存在并构成相应的刺激，由此，这种差异化的力量就会驱动人在更高的层次上，将这彼此之间的共性模式（稳定不变量）表达出来，从而完成升华。

只有在意识中才能建立起各种信息，甚至是相互矛盾信息的有机联系，并通过在更高意识层次构建更具概括性的抽象模式而将不同的模式统一协调起来。此过程可以描述在人身上所感受到的快乐。显然，只有在意识中才能将人的生理快感升华到心理快感，并进一步地上升到美的

① ［德］黑格尔：《美学》（第 1 卷），朱光潜译，商务印书馆 1979 年版，第 267 页。
② 汪济生：《系统进化论美学观》，北京大学出版社 1987 年版，第 3 页。

快感，再进一步地升华为美。

在美被独立特化以后，经历了自主性的构建，又被人的意识"无限放大"。这种无限放大的过程同样存在无意识的无限放大和有意识的主动的无限放大过程中。主动的无限放大，在于主动地将各种有关的、无关的信息都与美的状态、美的观念建立联系。与此同时，激发 M 模式，用 M 去引导相关信息模式的变化与发展，激发相似、相关性信息，也能够将更多表达 M 力的过程联系在一起，并进一步地形成基于其他特征的升华。在更大范围内建立各种信息与美的观念的有机联系，将相关的美的观念中的美的元素赋予到各种过程中，并促使其发挥应有的作用，会将那些与美有关的诸多模式都当作艺术表达的基础指导原则，用于指导艺术创作与艺术欣赏，并在这种原则的差异化构建基础上，运用优化的力量促进人的新的选择。当我们形成了关于诸多不同原则指导下的美与艺术的构建过程时，也意味着我们完成了美与艺术的升华。

与此同时，美的 M 力在各种活动中，与相关的特征一起达到"极致"的程度。诸如，当我们通过追求性的满足而获得快感，并籍以此而表达美的直接感受时，会将这种活动延伸扩展到所有的环节：任何环境，只要人能够获得暂时的生存，便会成为性活动的基本场所。而当人们认识到性对于美的低层性基础意义时，人们也不再遮遮掩掩地表达这种活动，相关的活动也在逐渐地揭开蒙在其上的遮羞布，并使一切都变得透明起来。

升华应该是来自于人的内心的自然表现，但教育却有可能会强制性地绑架这种升华。当前的不恰当可以认为是这种现象的具体表现，也可以看作使升华后的抽象与直接满足的感官美的脱节，使两者孤立化后强制结合的具体表现。那么，我们在美的强制性升华过程中，是否会因为过多地加入了限制性因素，从而使美的自由性特征被压制到极致？美的升华的概括性特征决定了美只有在自由地包容更多的因素、环节时，才能达到更高层次的稳定协调，也即进入更大范围的稳定协调。

与此同时，人在将自身的注意力更多地吸引到美的感官直接满足的同时，也在将其他的美的期望与满足挤出自己的视野，其他因素不再出现在人的视线以内，也就不再对人的行为产生任何的影响。

在好奇心的作用与影响下，那些并不反映美的本质，但却与美具有紧密联系的美学标准，有可能成为人们进行艺术构建的基本指导原则。为了得到更大范围、更多种类对象的、更具抽象性的概念，我们更需要不断地在更大范围内的抽象，这就需要在意识的作用下，控制更强的发散力量，表征更强的 M 力，表征更为基础的力量。尤其是在意识的作用下，从类的角度，通过人的灵活性和敏捷性加以差异化构建。在具体的构建过程中，我们应该将扩大视野、扩大研究范围作为美的观念中的一个基本元素。此时，表达这种模式本身也就具有了升华的意义。

马克思的"自然的人化"包含着美在人的身上独特地表现出升华的意义。在将美作为一个独立模式时，伴随着人类的进步，美在人的生活中所占的地位越来越突出，也在逐渐发挥着越来越大的作用。由生命体到人的美，显然是经过了几次升华。

（一）美感的四次升华

第一次升华：表达生命的活性本征模式的升华。使生命体获得更强的生存与发展的力量，也使生命体产生特殊的刺激感受。这是由无机物向有机物、向生命的升华。

第二次升华：由表达生命的活性本征模式向生理快感的升华。这种升华意味着由低级生命向高级生命的升华。美的状态开始具有了自主独立的快乐性意义。在此过程中，美以其独特的自主性在指导人的反馈环节及过程中开始发挥重要的作用，在人进化出来以后，美的自主性便成为指导人产生恰当行动的关键性因素。

第三次升华：由生理快感升华为抽象的美感。这个层次的升华只有在大脑神经系统发展到一定程度，尤其是具有了自主意识以后，才可以充分地显现出来。当人将快感与其他感受并列在一起时，人们会在固有的抽象能力作用下，将各种审美感受汇聚综合在一起，形成一个更加概括抽象化的认识与理解。生命体还能够对这种认识展开进一步的系统化构建，通过建立与其他各种心理模式的联系，更加主动地扩展这种升华的过程和意义。当人们再次地体验到这种经过抽象后的感受以后，已经将生理的快感转化成为对更高层次的美的追求。古希腊德谟克利特已经指出了美的快乐是高于身体生理上的快感的。"不应该追求一切种类的快乐，应该只追求高尚的快乐。"① 圣·托马斯·阿奎那强调美的核心就在于美的升华："人分配到感官，不只是为获得生活的必需品，像感官在其他动物身上那样，并且还为着知识本身。其他动物对感官对象不会引起快感，除非这些对象与食和交配有关，但是人却可以单从对象本身的美得到乐趣。"② 韦尔施更是坚定地将升华当作是人的基本需要。③

在此阶段，美从感性的愉悦上升到一般。正如康德指出的："心灵意识到某种崇高和升华，超越了通过感官体验的单纯愉悦感受，而对其他事物价值的评价也需要遵循它们的判断力的类似定理。"④ 美由愉悦开始，扩展到与愉悦具有一定联系性的其他的模式，再将这种稳定性的"共性美"扩展到更大范围的各种具体情况中，最后通过抽象概括，提炼升华为一般的美。虽然我们是通过具体的意义来表征人从感性层面对"完美"的认识、构建和感受的，但在具体的审美过程进行过后，必定会表达美的升华。美的过程性特征也自然地被固化为一种稳定的模式，从而将更加多样的不同情景、模式联系在一起。这是美的泛化过程，也是美由具体到抽象，再由抽象到具体的过程。"基督教对身体的态度可以用 17 世纪的一句忠告来概括：我们越是从身体中抽象出来，我们就越是适合看见神光。"⑤

从历史的角度来看，人们最早是从感觉的层面体验到愉悦的感受以后，随之就进一步地升华、概括抽象至更一般的美的层面。理论研究是促进升华的最好的方法。从美学创始人鲍姆嘉通对美的界定中，也已经可以看到人们最初是从感觉的角度体验到美，尔后才上升到理性的层面，在意识中基于各种层面的信息（感觉信息、知觉信息、意象信息、符号信息）尽可能地构建心智中的"完美"模式，并以此为基础而对客观的美进行评价（判断），并以此为基础而进行艺术品的创作的。

---

① 北京大学哲学系美学教研室编：《西方美学家论美和美感》，商务印书馆 1980 年版，第 18 页。

② 同上书，第 67 页。

③ ［德］沃尔夫冈·韦尔施：《重构美学》，陆扬等译，上海译文出版社 2002 年版，第 71 页。

④ ［德］康德：《判断力批判》，宗白华译，商务印书馆 1964 年版，第 201 页。

⑤ ［美］埃伦·迪萨纳亚克：《审美的人》，户晓辉译，商务印书馆 2005 年版，第 55 页。

　　这种升华是由人的意识空间基于其多层次的信息加工所决定的。自然，这种结构也是在人应对外部复杂多变的世界时，结合自身的生命的活性本征而逐步形成的。在其逐步进化过程中，当人意识到可以通过局部信息之间的联系而提前做出各种预警，并在受到预警的刺激而产生进一步的行动，能够保证其有效生存时，便由此而决定了进化的一个重要的发展道路——提高对各种信息之间关系的加工能力。而群体内个体之间的相互交往使得这一过程得到进一步强化。

　　这种升华的力量也就保证了，人在面对复杂多变的信息时，都会自然地将不同的信息联系在一起而形成一个新的稳定的动力学系统。这就意味着，在将美与各种具体的愉悦性感受相结合时，会通过彼此之间的相互关联而将共性信息构建出来，使之成为彼此之间联系的更为有力的桥梁。人会在联系的基础上，通过形成一个新的稳定的动力学系统而将优化的模式固化。随着意义模式中有些局部特征会在稳定时逐步降低其兴奋度，便会形成一个由少量的共性本质局部信息模式及彼此之间的关系所组成的网络框架结构来表征具体的连续信息的意义。在形成这种网络框架结构的过程中，那些被特化出来的局部特征往往具有以下特征：第一，高兴奋性；第二，不同过程的共性特征；第三，能够联系更多其他信息等。通过局部特征代替更多的信息，以稳定的时空结构模式代替变化的时间结构模式并形成一种固化的结构和联系，从而形成抽象。在这种性质的局部特征出现时，会以较高的兴奋度并在差异感知神经元的作用下，在其他的神经反应过程中表征出来，这就形成了在更高层次表现共性抽象模式的过程。大脑神经系统能够依据这种过程而不断地生成反映低层次神经系统的共性信息的高层次神经系统。正如神经心理学研究指出的，只有在人的大脑神经系统中，才能进化出具有概括抽象性的前额神经系统。[①] 人的前额神经系统起着对各种行为的汇集联系、协同参与、统筹规划的工作。也只有在高层次神经系统，尤其是人的前额神经系统中再一次地表达生命的活性本征，通过自主地表达发散的力量，才

---

　　① ［苏］A. P. 鲁利亚：《神经心理学原理》，汪青等译，科学出版社1983年版，第106—121页。

能形成规划与预测的力量。在高层次神经系统中表达这种共性的信息，也就相当于在各种具体模式的基础上展开了提炼、升华。

这个层次的升华还表现为由生理快感向心理快感的转化，形成自己的独特的心理感受，并利用意识的无限可扩展性而延伸扩展到更多的过程中。将这种心理感受与更多的心理信息建立起关系，将各种形式的生理快感联结为一个有机整体同样也表达着升华。其实，这是一种必然的过程。各种形式的生理快感会伴随着生物的进化而汇聚在同一个神经系统中，并通过复杂且大量的神经元组成一个稳定的神经系统而在另一个神经区域将其联结性、共同性模式反映出来。当这种生理快感在心理中独立表达出来时，就意味着升华到了心理美感的程度。心理层面的快感必然地与众多生理层面的快感对应起来。而该模式能够以其稳定性而自主地与更多的情景建立起联系时，便开始了将美感升华到更高层次的准备。显然，美与生理的快乐乃至人们通常所说的愉快，并不构成直接的对应关系，美是需要在意识的层面具体展开才可以形成的。正如库申（Victor Cousin，1792—1867，法国哲学家、美学家）所指出的："混淆理性与感觉，把美的概念说成愉快，那么，品尝美的趣味也就没有法则可循了。"①

根据马斯洛的人本主义理论，人们出于美的更高层次的要求，不再仅仅满足于同低层次的需要以及需要满足模式的协调，而是期望通过这种具体表征低层次"需要以及满足"的模式的提升，表达出人的更高层次的需要。显然，这种过程所对应的稳定的结构因素也成为美的升华的基本力量。

第四次升华：美感由个人的审美经验升华为社会的审美经验。由个人的基于生命活性本征的审美体验，推广为作为群体与社会相关联的审美经验。正如阿瑟·丹托强调指出的："重视审美经验的人具备一种道德完美，因为通过无利害性，他或她得到了精神升华。"② 第四次升华需要

---

① 北京大学哲学系美学教研室编：《西方美学家论美和美感》，商务印书馆 1980 年版，第229 页。

② ［美］阿瑟·丹托：《美的滥用——美学与艺术的概念》，王春辰译，江苏人民出版社2007 年版，第 31 页。

借助群体相互作用与信息交流的力量。在此过程中，共性的特征会被放大，而由个体通过相互作用所形成的组织结构，将起到筛选优化、强制特化和主动提升的反馈作用。在这里有可能存在个人的利益与群体利益之间的冲突与矛盾。当一个人更加自律，压抑自身的欲望与需求，抛弃自身的利益乃至生命，更多地考虑到群体利益，在更大程度上将保护他人或群体的利益放在首位时，将会产生更高程度的升华。在这里，政治和宗教在美中的地位就逐渐地显现出来。

宗教与艺术的紧密联系，已经表征了人们对宗教境界的追求向往，以及由此表现出来追求美及使当前的状态更美的力量。在宗教占据人的主要心灵的时期，人们沐浴在上帝的"荣耀"之下，艺术作品也由此而被深深地打上宗教升华的"烙印"。基于生命的活性本征以及人的意识对这种力量的极度（甚至可以称得上是无限）放大，驱使人总是能够形成期望，而构建各种期望之上的稳定的结构（不变量）——信仰，则稳定、永恒地保证着人的努力追求。

这也就明确地表明了，在美的升华过程中，政治与艺术并不是水火不相容的。社会以物质为基础，但却以意识为指导。作为社会，那些对社会的稳定、进步与发展有利的共性因素会受到人们的共同重视，并基于这种共性的力量形成共性相干，会使其得到有效的强化。这种由社会道德所表现出来的特征以人们彼此之间共同的利益作为基础。在这里应该注意到，虽然它通过多次的"再分配"，能够在一个更大的范围内和更长的时间段，使每个人的利益达到最大化满足，但却不能保证在当前每个人的利益得到保证。

简单地，我们可以从另一个角度来描述美的三个跨越。一是表达生命活性中的基本力量和努力追求更美的力量，并将这种追求更好的模式和力量突显出来，将优化的过程独立出来，使之成为进化、进步的关键性力量。二是构建这种表达的自主性，即使没有审美经验的关联性激发，也能通过这种模式表现出来更强的自主性，使之能够在人的任何活动中都发挥出关键性的作用。根据反思在人的自主力量形成中的重要作用，我们可以充分认识到，正是由于反思力量的存在，才促进了美的升华。正如汉斯·罗伯特·耀斯指出的："有许多人认为，只有当审美经验抛弃一切享受并上升到审美反思的高度，它才是货真价实的。"① 三是经过意识的无限放大，在更大范围内、更多因素影响时的更大差异化的多种模式同时并存的基础上，基于延伸、扩展与推广，概括升华为更具一般性的抽象的美。美由理性转向更加自由的具体是第四次升华后的具体表现。

升华的意义在于：由具体到抽象和由抽象到具体。我们能够基于具体的美的经验，通过抽象的方法，将反映具体中的共性特征概括出来，将概括性特征模式之间的本质性关系构建出来，从而形成抽象的基本原理和基本规律描述。然后，我们还需要由抽象到具体：将基本原理和规律与多样的具体情况相结合。此时可以认为，人已经准确而深刻地理解了美的本质性特征和变化性的规律，掌握了相应的方法，能够运用美的本质特征和基本规律来描述具体的审美实践，进而深刻地指导艺术创作与艺术欣赏。显然，在此过程中，那些不被关注的局部特征也就具有了任意的变化性。比如说，一幅画的大小。在一定范围内，一幅画的大小不是其关键性的特征。

库申指出："美的特点并非刺激欲望或把它点燃起来，而是使它纯洁化，高尚化。"② 显然，概括与抽象只是其中的一个过程，另一个过程则是使这种美纯洁化、高尚化。形成能够在抽象的基础上脱离人的基本生理欲望的一种体验。

（二）升华的结果

我们将美的升华作为人的美感的核心。这种升华具有多个不同层次的意义：第一，基于活性本征基础上的美，此时单一地表达生命的活性本征，并以这种起基础作用的活性本征为基础而建立与其他具体模式的关系，此过程表达了概括抽象，也由此表现而形成美的优化。第二，在众多具体美的基础上通过联系而形成概括升华，这是在高层次反映低层次神经子系统中反映出来的各个具体美的模式的共性相干特征。显然，在将升华过程模式作为一个独立的特征时，便形成了抽象派艺术。只有

---

① ［德］汉斯·罗伯特·耀斯：《审美经验与文学解释学》，顾建光等译，上海译文出版社1997年版，第39页。

② 北京大学哲学系美学教研室编：《西方美学家论美和美感》，商务印书馆1980年版，第231页。

在追求差异化艺术表现的过程中，表达抽象本能的抽象派艺术才能受到传播和重视。

1. 升华为美的理念

人会将这种达到美的状态的感受，运用人所特有的建立不同模式之间的关系，通过共性相干（即使因为表现生命的活性本征，也意味着在更加基础的层面上建立起了基于共性的放大与相互促进关系）和自组织过程，形成一个稳定的动力学过程，在其他神经系统中将这种模式稳定地表现出来等基本过程中进行，会进一步地将与具体情景相结合的美提炼升华（在生命活性与意识活性的有力促进下，在人的主观意愿的主动控制、扩展、联想、想象构建的基础上，将更多层次的美感模式激发，并由此而组成一个有机整体）为一个联系更广、更具概括性和抽象性的、具有更大程度的意识性特征的美。

在此过程中，人会通过联想、想象性的构建等过程，将"完形"（虚拟的存在）等诸多与美的状态相关的模式一同显现出来，并通过与情感系统建立联系，将信息、情感综合表现，构成一个复合的美的动力学整体。罗丹就指出："他们以用简洁的形式，创造抽象的美为口实，而改变自然。这抽象的美只与精神相通而与感官则绝不活动。"①

将这种美感表达出来（通过意识、情感和各种特征表征），在诸多表达模式中选择出最恰当的表达方式（小说、诗歌、绘画、音乐、雕塑等）。在他人的朦胧意识表达模式中构建出恰当的表达方式（此时人们会通过学习比较而确定是否是新颖的，在他人已经创作出相类似的作品时，进一步地比较自己想创作出来的作品的新颖程度，在不及他人已经创作出来的作品"美"时，会从主观上基于差异化构建而创作出与之有很大不同的艺术形式），就意味着展开了艺术品的创作。"当与肯定文化的所有联系被解除后，当在一个以知识为标志的生存环境中有可能具有真正的快乐而不需要付出任何理性化和任何清教的原罪感时，换言之，当感性完全被灵魂所解脱时，那么，一种崭新的文化的第一线曙光

---

① ［法］奥古斯都·罗丹口述、［法］葛塞尔记录：《罗丹艺术论》，傅雷译，中国青年出版社2016年版，第56页。

使会闪亮。"① 这里的美的升华，是从具体的束缚中解放出来时的升华，或者说具体的感性美升华到自由的理性美时，与美紧密相关的文化，或者主要表征美的核心品质的文化便由此而生。

在此升华的过程中，具有自主涌现性特征的好奇心会在其中起重要的作用。从意识层面来看，正是由于艺术家的好奇心不断地促进着艺术的创新。康定斯基尽可能地从其所熟悉的艺术作品中，体会到与众不同的抽象美，并尽可能地将这种美感以恰当的形式表达出来。② 通过形成新的流派、新的风格，将以其典型的大数量作品的涌现而表现更强的差异性、新奇性刺激，从而激发人生命活性中的发散性本能模式。具有固定的共性风格（或者说人们已经熟悉的风格）的作品的相互联系，会形成对传统风格的有效冲击，在两者的相互作用过程中，会与社会的生命活性本征达到一定程度的协调，从而在两者差异化的基础上，通过生命自主的活性力量而在发散扩展的基础上进行另一个层次的自组织协调构建。

2. 美感各种生理感受的概括抽象

基于具体生理快感的感受，会在大脑神经系统中汇集在一起，并通过彼此的共性相干，将不同生理模式中的共性模式独立特化，并将这种共性的模式在新的神经系统中表征出来。我们则需要在意识中主动地强化这种升华的力量。一种是基本的生理愉悦，而另一种则是基于基本的生理愉悦之上的更高层次的审美愉悦，虽然都具有美的意义，但请："不要只留意于基本的生理愉悦，也去体验一下那更高级的、由深思之乐带来的独特审美愉悦吧！"③

3. 在人意识中美能够发挥指导性的作用

在美被固化和升华以后，就能够在人的各种行为中发挥重要的作用。无论是在人的意识中已经表现出美的自主涌现性力量，还是在意识中更加突出地表现生命的活性本征（收敛、发散以及两者之间的相互牵制模

① ［德］马尔库塞：《审美之维》，张小兵译，生活·读书·新知三联书店 1989 年版，第28—29 页。

② ［俄］瓦·康定斯基：《论艺术的精神》，查立译，中国社会科学出版社 1983 年版，第91 页。

③ ［德］沃尔夫冈·韦尔施：《重构美学》，陆扬等译，上海译文出版社 2002 年版，第83 页。

式），这些方面的兴奋表现都会在形成稳定的美的状态时，本能性地表现出自己的力量，并通过自身模式的自主涌现性力量以及差异化比较基础上建立新的动力学系统，形成对美的状态的更强的反馈性作用。引导人在美的指导下表现出更多的与美相关的行为。这种反馈性刺激包括：激活使更多的活性本征模式处于兴奋状态，美的模式的自主涌现，以独立的美为基础再表现生命的活性本征，通过发散扩展的力量形成新的更强的期待性刺激，运用意识的自主力量而有意识地强化美的状态、美的表现和对美的追求。

4. 概括抽象与美的升华

在意义的表征中，人们也有并能够表达出生命体在表征生命活性本征以及由此而生成的 M 力和优化的模式，人们会在意识的支持下，期望能够构建更加深刻、准确地表达意义。在美的升华的基础上，一方面可以将这种美的作用进一步地延伸推广到更多的情景中；另一方面则引导人们追求更加深刻的美的表达。还包括更多具有矛盾性的信息模式："艺术传统的颠倒运用，一开始就指向文化中系统的反升华：审美的形式的取消。所谓'审美形式'是指和谐、节奏、对比诸性质的总体，它使得作品成为一个自足的整体，具有自身的结构和秩序风格。"[1] 这里的含义包括对于审美形式的界定和其所具有的逻辑性特征。根据由不协调达到协调从而进入美的状态的基本假设（结论），升华是一种必然，而"反升华"也同样作为美的元素固有地发挥作用。诸如创作出反映时代最根本的矛盾的艺术作品，这会驱使人们在各种具体的行为表现中寻找那些更能表现时代根本矛盾的现象，在诸多矛盾的比较中，寻找当代更为根本的矛盾。

马尔库塞指出："人在真、善、美中的哲学知识中能找到的快感，就是最高的快感，它具有与物质实然完全对立的性质：在变动中见永恒，在不纯洁见纯洁，在不自由中见自由。"[2] 显见，第一，人的审美快感是

---

① ［德］马尔库塞：《审美之维》，张小兵译，生活·读书·新知三联书店1989年版，第152页。

② 同上书，第9页。

最高的快感，但却又是建立在单纯的生理快感基础之上，是通过人的概括与抽象而形成的最高的快感。第二，这种升华后的美的快乐，还是由不协调达到协调的过程表现出来的：由变动见永恒，由不纯洁见纯洁，在不自由中见自由，更准确地讲，就是在不协调中见协调，或者说由不协调达到协调。虽然人们处于不协调状态，但却始终存在着向协调转化的基本力量。人们能够体验到这种向协调转化与追求的力量作用，便自然地将其转化成为引导人进入美的状态的基本元素。

对美追求的独立模式会在以下方面体现出来：恰当地协调表达一个意义和意义之间的关系；恰当地协调意义、情感之间的内在联系；协调人与社会、人与人之间、人与自然环境之间、人与时代之间的恰当关系等。显然，在建立起这种联系的基础上表达对美的追求模式，也就意味着一定程度的升华。

（三）美感升华的原因

其一，升华是生命的本能。在以生命的活性本征为基础而展开的适应各种刺激所形成的模式中，就是要具体地表征这种活性本征，生命的活性本征在生物体后继的各种活动中发挥着基础性的作用。后来生成的任何行为和模式无不表征着生命的活性。表征这种模式，就意味着与这种模式相协调，而表现这种协调的过程和结果，便在人的意识中生成了美。将这个过程反过来看，就是将各种具体的艺术形态与美的本质形成有机结合的过程。

其二，升华是生命进化的必然。生命由简单到复杂，由低级到高级，乃至进化出了高度发达的神经系统时，由无意识到有意识，表征着由简单的模式与诸多复杂多变的模式形成了稳定的对应关系。这种对应关系尤其可以在神经系统，乃至生成意识的过程中能够更加充分而恰当地表现出来。大脑神经系统的多层次性特征，是生物体对外界信息的加工不断复杂化的结果，也是信息在大脑神经系统中不断地在更高层次表征不变量——概括抽象、升华的基础。

其三，升华是生命活性的本征体现。表征生命的活性本征，意味着与生命的活性本征在某些模式上的"共性相干"，也相当于激发了一个复杂的活性本征模式中的某些环节，就意味着与某些生命的活性本征在一定程度上的协调，就从活性本征兴奋的角度表达着美的状态。尤其是在表征生命活力中的 M 力时，意味着在人的所有活动中会将这种模式表达出来。M 力的突出性特征，使人更能突出而典型地体会到人对美的追求的力量。只不过是在不同的活动中，这种力量的表现会由于其表现的程度不同而由不同的人、在不同的情况下产生不同的体验。

其四，升华是这种概括抽象进一步地促进了意识生成后的结果。在生成了意识以后，可以自主地发挥作用，自主地涌现出来。在自主基础上，我们能够以此结果为出发点展开新的生命的活性变换模式，建立当前信息与其他信息更加多样的联系等。在意识中建立起生命的活性本征与诸多信息之间的复杂关系时，也就意味着构建了升华的过程。显然，在诸多依据一定关系而将不同的信息意义与当前活性本征建立起各种可能关系的过程中，在表达生命的活性本征方面总会有所差异，那么，审美观照就在于将当前情景与人的某个生命的活性本征模式在最大程度上的和谐共振模式构建出来。在升华的基础上，人能够将美的模式独立特化出来并使其表现出自主性，可以不经受任何的信息关联而自主地涌现在某一个心理转换过程中，参与到同其他信息的相互作用过程中，并以该模式为基础而迭代性地表达生命的力量。

基于具体特征而表达使之更美的力量，必然地促使生命体在该具体特征上得以迅速发展，并由此而表现出更强的力量。该特征由此而成为指导美的进一步建设的判别标准。这种发展的结果是：促进地域文化的特色发展，形成其特有的文化偏好，就个体而言，则能够促进其个性化的最大潜能的有效发展。

其五，是生活的复杂性推动着升华的过程。人们常说，要"读万卷书，行千里路"，以增长知识、增长才干、增长阅历。行千里路的意思是：阅人间百态，了解掌握在人的日常生活中会遇到什么样的情景，学习他人应对各种情况和问题的方法，通过差异化构建与优化选择，提前构建形成自己在遇到这种情景时能够恰当应对的有效略，以供自己在遇到相关情况和问题时，能够迅速地激活这种最优的应对策略，从而有效地用于指导自己顺利地表达出这种优化性行为。与此同时，还能够促进人概括抽象能力的提升，引导人自主地增强反思，将优化的力量提升到更高水平，甚至仅仅用于强化使之更美的力量在更高层次上、更大范围内发挥其应有的作用。

通过读书，人们可以从知识的层面间接地学习其他人会遇到何种的情况和问题，他人在应对这些情况和问题时分别采取了何种的办法和策略，为自己的差异化探索与优化提出足够的参考。与此同时，通过学习，还能够从知识层面强化对心智结构和能力的改进与提升，促使人将对美的追求转化成为知识，从而更加体会到更加本质的美。

当人们构建出了应对复杂情况的恰当的优化模式，又通过反思而不断地概括总结时，就会得到更具一般性的优化模式，甚至会形成这种优化模式本身的升华，保证着人能够有意识地运用生命的活性本征展开更深一步的研究探索，能够将这种更具一般性的优化规则与各种具体情况相结合的特定优化方法相结合，从而使这种力量更能有效地发挥作用。

人们在日常生活中经常性地从事这种活动，总会遇到各种各样的情况和问题。人在其本能力量基础上特化出来的使之更美的力量作用下，不断地在诸多情况出现时，通过构建差异化的应对模式，并在诸多可能的应对模式中恰当选择，不断地形成针对各种具体情况的优化模式。人就会在诸多的具体优化过程中，使与各种具体情况相结合的美升华为更加深刻的美、与各种具体情况更加紧密结合的美。

其六，是升华的过程就是不断优化的过程。通过不断优化，在概括各种具体情况的基础上，形成更具抽象的符号性认识。自然，升华后的结果就是优化的结果。从这里我们可以看出美化与抽象之间还是具有一定程度的不同的。当人们将这种基于各种具体信息在更高层次求得其"不变量"的过程固化下来作为一个独立的心理模式，能够自主地依据在更加一般的范围内生成概括抽象性特征，并将这种模式转化成为人的本征模式。

我们认为，优化过程是概括抽象的一个基本过程，是后来所展开的各种过程的基石，任何的概括抽象过程都必然地为优化过程所"印刻"。我们应该认识到，在将以优化为基础扩展而来的概括抽象模式独立特化，将其具体地运用于各种问题的应对时，虽然人们在运用优化的原则和方法而生成更加一般的操作控制模式，但是这种模式更是会脱胎于生命活性中最原始的本征力量，通过升华形成新的意义。尤其是当我们以这种概括抽象模式为基础时，我们会自然地表达着生命的活性本征，通过表达其特殊的扩展性、变异性的力量，形成与优化必然不同的概括抽象性特征。

其七，是多层次神经系统的进化与意识的生成促进了反思的力量，由此而强化着升华。反思是一种在美的优化力量的作用下，在所有的活动中都能够发挥出反馈判断选择强化作用的、具有自主性的独立模式。在反思的作用下，人会依据这种反思所形成的差异化的表现并利用价值判断，形成更强的优化力量。正是由于人的大脑神经系统具有足够大的"剩余空间"、具有多层的行使不同功能的神经系统，才能够促进着大脑神经系统中反思的进步与发展。从本质上讲：第一，对差异化的感知与反思，增进了系统的复杂化程度；第二，通过对差异状态的觉查和表征，能够生成新的意义；第三，通过对差异化模式的联系所形成的反思，会形成概括抽象、优化选择等过程；第四，反思模式的独立与自主，促进着人对信息更加深入地加工。显然，持续性地对信息实施某个方面的加工，会形成强势兴奋区域，进而形成人特殊的强势智能领域。

（四）美感升华的过程

面对复杂的世界，每一种动物都将外界信息转化成为若干有效的局部信息特征和彼此之间的关系，以此而保证着其具有足够的信息加工能力、形成更加有效的生存与发展适应能力。显然，面对更加复杂的世界，只能是大脑神经系统更加复杂丰富的人才能更好地做到这一点。在应对复杂多变的世界的过程中，包含着美的力量。

更加复杂的人脑，可以针对更加多种的不同情况，通过优化提前形成稳定有效的应对模式，这些模式自然会在大脑中建立起种种联系。具有多层次神经系统大脑的人，更是可以在这种多样并存且又相互联系的过程中，通过美的标准的反馈判断和选择，优化形成以少量反应模式应对更加多样的情况的应对关系。

美的升华涉及由简单到复杂、由局部到系统、由具体到抽象、由个体到一般的过程。其中涉及三个不同的过程：一是，不断地将各种活动中美的共性模式提取放大出来；二是，不断地将美的理念推广到更加多样的具体审美情景中；三是，构建能够涵盖多样情景的统一的美的体系。显然，无论是概括抽象、经验总结，还是激发本能模式，都可以表征为审美的升华。

正如亚里士多德所指出的，动物只知道直接地表现出什么有用、什么有害，令其快乐还是痛苦已经足以成为其展开有用与否的判断选择标志，然而，人却知道诸如好与坏、合理与不合理、什么是更好以及如何才能达到更好这些更高层次的属性。这可以看作由于社会群体内个体之间通过相互作用而形成的伦理道德层面的问题。在更大程度上则可以归结为美的升华。

在将美扩展升华到伦理学的层面时，会通过社会性的共性相干而形成促使其进一步增强的力量。作为一种群居性动物，人与人之间的关系会随着人的进化而成为显著性的特征。利己主义、利他主义将会深深地根植于当今人的本质中，成为决定人的社会行为的重要控制因素。我们可以认识到，无论是利己还是利他，都只是作为一种可供关注的选项，组成人指导自己行为的控制元素，对它们的选择、组合甚至是概括抽象，都将依据不同的环境和目的而变化。这些因素自然也会在指向的选择上发挥一定的作用。价值判断一直在推动着优化选择。

（五）升华的方法

升华依赖于多样并存基础上的比较优化和发散扩展所形成的概括抽象，它们也促进人对更美境界的追求。在这个过程中，反映出了人对更加本质的美的规律的努力追求。越是本质的规律便越是真的规律。本质的规律才是真理。

1. 达到一种更加抽象的程度

由个体到一般，由具体到抽象，由局部到整体，由普通到典型，由表象到本质，由偶然到规律，由特殊规律到更加一般的普遍规律，都可以看作美的升华的标志。

2. 把握本质特征与本质联系

当我们把握了事物的真相，认识到诸多具体现象仅仅是真理的具体情景化时，我们可以在保持真相不变的前提下，以该真相为基础而不管其他的特征如何变化。把握了"真相"，就相当于把握了升华后的一般规律。

3. 把握了事物运动变化的基本规律

寻找到了更本质的结构模式，能够以此为基础而描述更加多样的客观世界，能够以这种稳定不变的认知结构，去解释所遇到的相关问题，并且寻找、构建出问题的解决之道，使人面对困境有章可循，有法可依（有办法可以依照），就达到了升华的境界。

4. 将人内心固有的升华的模式显现出来

升华的经常表现，会使人对升华过程有一种坚定的追求。虽然有可能随着美内在地隐含于人的内心，人还没有感受到美的升华，但将这种模式固化到人的心理中，便会形成一种独立追求的态度，这种追求促使人形成对美的升华的促进。

5. 激发共性

针对各种审美形态通过汇集并通过共性相干，形成以表达共性特征为主的概括抽象模式，这就包括将人的各种感性审美升华为理性审美的过程。我们可以将概括抽象模式作为独立的本能模式来表现，自主涌现地表现这种力量，从而在一定程度上表征着与生命活性本征的更加协调。此时，抽象作为一种专门的本能模式，可以被人所关注，这也就意味着，我们可以单纯地表现抽象出来的结果、表现抽象的过程本身（或者说将抽象的过程从各种信息的加工过程中剥离出来），并在各种范畴中通过表现抽象模式形成对美的追求。

6. 将各种具体情况统摄在一起

通过梳理彼此之间的关系，基于彼此之间的共性特征，组成一个具有以更多共性特征为基础，以差异化特征为补充的层次化的结构体系，通过这种层次性结构，反映各种具体情况的共性的多少与本质联系。

马尔库塞提出了"否定之合理性"。我们认为，不是合理性，而是必然性，否定的、异化的、差异的力量成为进入美的状态的基本模式和角度。当人们习惯于和谐而排斥对立、否定的力量模式时，表达这种模式却使我们与生命的活性本征达到更大程度上的和谐。这在一定程度上也就意味着超越和升华。正如马尔库塞所指出的："艺术的异在性即升华。"① 升华的意义还包含着由间接的满足代替直接的满足。这也是马尔库塞的潜在意义表达。

7. 在不同活性本征模式之间达到协调，成为美的状态升华的一个方面

现代艺术往往单一地表达某一活性本征，从单一的角度进入美的状态，产生单一美的感觉，但美驱动人成为一个各方面都要完美的人。生命的进化过程也在不同活性本征模式之间的差异而形成进化的内在力量，通过内部活性本征的不同而表现出内在差异，并由此而产生刺激，从内部形成促进生命体变化的力量，在使其达到一种新的自组织稳定状态时，成为各活性本征相互协调的统一的模式。可以认为，随着更多的活性本征模式达成新的协调稳定状态，表征着生命的美会逐渐地进入更高的层次。

而这一切都发生在其具有了独立模式的基础上。生命个体会以该具有独立性的组织器官为基础而展开同其他组织器官的相互作用，表征其独立的活性本征的意义。这从某种意义也就预示着，当我们与生命体内各种不同的组织器官形成共振相干的关系时，从这个角度进入生命体在更大范围和程度上的稳定协调状态。而这也就为人们进入美的状态，带来一种新的思路。

8. 由生命的活性本征的意识表现也是升华

生命体的各种活动都将通过神经元的感知而在大脑中表征出来。而且根据神经系统的广泛联系性，各种不同的模式在心智活动中会更加容易地自组织成为一个新的稳定协调模式。当生命进化出意识，并使意识活动成为人所关注的主要活动以后，进入美的状态的诸多模式在意识中的表征，会成为一种更具广泛联系性的意识模式。一种意识可以与多种组织器官的运动相应相联系，一种组织器官的运动也会与多种不同的意识信息相联系。这就意味着，人可以依据与意识中的心理信息模式的共

---

① ［德］马尔库塞：《审美之维》，张小兵译，生活·读书·新知三联书店1989年版，第79页。

振相干而进入美的状态。

9. 由单一的生理快感向更高层次的美的升华

单一的生理快感表达了美的基本状态。人的美虽然是以这种状态为基础，但人却不再将快乐的美局限于生理的快感，而是会在生理快感的基础上，通过建立不同性质的快感模式的相互作用，甚至建立快感模式、痛苦模式等，在将喜、怒、哀、怨、悲、恐、惊等更加复杂的情绪综合而生成更高层次的情感模式时，进一步地将其升华成为在意识中具有独立意义的更高层次的美的意义。

在后现代的艺术氛围中，人们专注于表达人单纯的活性本征。罗伯特·休斯（Robert Hughes）在"安边·沃霍尔的崛起"一文中写道："那些被其父母指责为太过疯狂的人，那些有着未满足的欲望和不切实际的雄心的人，以及那些对此感到内疚的人，就这样被吸引到沃霍尔那里。他赦免他们的罪，给予他们凝视拒绝一切审判的空镜子的权利。在这一点上，他的镜头（当他拍电影时）代表了他，一小时接一小时地采集怒气、痛苦、性高潮、同性恋的打情骂俏以及抠鼻子等琐屑小事。这也是权力的一种工具——不是针对通常觉得沃霍尔的电影乏味、有距离的观众，而是针对演员。在这方面工厂就像一个宗派，是对当时是或是天主教徒的人，如沃霍尔及杰拉德·马兰加（Gerard Malanga）之流，（并非偶然地）施行天主教教义的一种戏拟。在工厂里，丹蒂主义（Dandyism）的仪式可能加速变成无意义的声音，显露出他们已经成了什么样——渴望赞许和宽恕。这些都以一种熟悉的形式出现，也许是美国资本主义唯一知道如何提供的形式：宣传。"①

从美学理论体系的角度看，我们同样认为，这种表达是正常的，但不应成为艺术社会表达和追求的主流。

10. 由单一活动表现向所有活动都表现美也是升华

动物只是在求偶时，才能在更大程度上表现出对美的艺术形态的追求。这就意味着低层次的动物只能将美的意义体现在很少的活动中。而

---

① 　［美］布莱恩·沃利斯主编：《现代主义之后的艺术：对表现的反思》，宋晓霞等译，北京大学出版社 2012 年版，第 50 页。

人却可以在意识中将美的力量独立特化出来，并通过意识中的美的意义的发散、扩展与推广，并利用美的模式在各种活动中的迁移和贯通过程，从而在所有的活动中都表现出美的力量。这是人的升华，也是美的力量的升华。

苏珊·朗格就认为，当人"大冲量"地处于优秀文化的冲击时，就一定能够升华出更高层次的本质性的美。"提尔亚德说，阅读诗歌杰作最好的准备是大量阅读优秀的诗歌。同样，训练感知绘画杰作的最可靠的方法，是生活在赏心悦目的形式之中，如织物图案和家用器具的朴素平面，造型优美且带有装饰的水壶、坛子、花瓶，比例适宜的门窗，漂亮的雕刻和刺绣（而不是使罗杰·佛莱抱怨的'一切器物表面上的那种温疹'）以及书籍特别是儿童读物中的精彩插图。"①

11. 由活性本征向更高层次的模式升华

正如我们虽然建立起了分子的平均平动动能，而且也知道了该平动动能与温度的内在联系，但我们仍然要通过分子的宏观运动而表达、升华形成的温度。这是在更加宏观层次上表达事物的特征。比如说，我们可以基于生命的活性本征而表达出本能的力量，但当从单一生命体的角度来描述这个过程时，会基于生命的活性本征的力量而升华成为基于人所感知和认识到的美的基本模式和力量。

通过基本细胞而成为独立的组织器官时，器官便具有了独特的宏观意义，它将专门表现出特定的功能和结构。由此所表现出来的生命的活性特征也就具有了新的意义。基于这种新的意义，也相当于生命活性本征的升华与进步。这就相当于以低层次的基本单元为基础，在群体的宏观相互作用而形成了具有更高层次的新的模式时，使人能够在更加宏观的层次来表达这种模式同其他模式在相互作用过程中体现出来的特征和由此而汇总形成的意义。

（六）升华后的力量

升华后，人的视野更宽更深、层次更高。人们会进一步地以当前具

①　[美]苏珊·朗格：《情感与形式》，刘大基等译，中国社会科学出版社1986年版，第64页。

体的情况为基础而展开抽象，甚至只是为了建立更加广泛范围内不同事物之间的联系而去寻找、构建各种有差异的事物，并努力地寻找彼此不同基础上的本质性特征。

人们会形成对美的更进一步的追求，促使更多基于具体本征美的基础上的有机协调，力争达到"更好"的程度。而在掌控力量的固有表现作用下，人会强化规律的力量，甚至是美的规律性的力量，也会更加自如地运用所掌握的美的规律而具体化到各种情景中，从而更加深刻地体会到美的意义。

三 美的泛化

美的升华是一个方面。在这里，我们还需要强化另一个方面的工作：美的泛化——将美具体地应用到各种过程中。显然，一个抽象的概念只有与具体的模式建立起稳定的联系时，美的升华与美的泛化才能更加有机地结合在一起。单一的简单模式，可以作为更多具体情况在忽略次要因素、环节基础上的概括抽象，可以作为只考虑核心要素和主要因素的一般性的规律。我们可以在更加复杂一般的实际过程中，将注意力只关注到简单模式所对应的特征、关系和规律，从而形成更加抽象的认识和体验。无论是"由底向上"，还是"由顶向下"，只要完整地建立起相应的关系，就是在运用美的泛化而实现升华。

美的真谛

下册

徐春玉 著

中国社会科学出版社

总 目 录

上 册

下 册

目　录

（下册）

下　册

第 七 章

赋予相关特征以美的标准

事物的描述特征千千万万，但并不是所有的特征都可以成为美的表达、比较和优化的标准。不能进行量化，从而在数量上不具有可比性的特征不会成为美的标准。从目前我们在美学和艺术批评中所采取的标准来看，标准的选择已经表现出了很大的局限性。玛西娅·缪尔德·伊顿（Marcia Muelder Eaton）就指出："任何事物都能够被审美地看待，而其中只有某些事物才能被艺术地看待。"①

根据人与其自然社会环境的不可分割性可以知道，美的状态往往与具体的客观事物紧密地联系在一起。美的认识、体验、理念、情感等只有与具体的外界信息模式，尤其是客观事物相结合，才能形成对其他系统的有效作用，也才能成为被感受和表现的模式，成为传递、交流的基础。基于生命活性本征的宏观相互作用，生命体会进一步地在宏观层面构建出独立的模式，并成为生命在宏观层次与其他事物相互作用的基础。这些具有宏观意义的模式，也成为我们认识其他事物的基础性模式。

面对现代艺术定义的困境，哈贝马斯（Habermas）提出了"公共领域"理论，将美与艺术的界定置于出版社、杂志、剧院、博物馆等社会制度性因素之上。丹托（Danto）和贝克尔（Becker）的"艺术界"，以及迪基（Dickie）的"艺术惯例"理论认为美与艺术的本质与艺术家协会、专业艺术团体和学派等艺术界的内部组织密切相关，甚至不可分割。古德曼（Goodman）则重点关注受到时间变化影响的不变性特征。这里强

---

① ［美］彼德·基维：《美学指南》，彭锋等译，南京大学出版社 2008 年版，第 52 页。

调的是美的事物与人发生相互作用时所表现出来的时间和空间性因素的限定激活性力量。特指受到这些因素的激发而将相关的活性本征激活的基本过程。奇凯岑特米哈伊则从一般性复杂动力学的角度将其归结为三种因素复杂的相互作用。[①]

我们明确了诸多不同的活性本征模式，认识到独立地与这些活性本征模式达成共振协调，便都能够引导人进入不同的美的状态，那么，无论从艺术的形式上，还是从艺术表达的内容上，便都有可能转化成为伟大的作品。由此使艺术表现进入一种"百花齐放"的丰富状态。

但在美的特征的选择与构建过程中，伴随着人类社会的进步与发展，伴随着社会习俗的变迁，在不同的社会和自然环境作用下，会形成各具特色的指标体系。我们需要研究人是如何表现出美的特征的自然选择、美的特征的主动选择和美的特征的差异化构建（在好奇心的作用下，选择美的特征的选择范围，探索其他的美的特征的指标与构建）等的，在这些过程中又表达出了何种的特征，以及这些特征彼此之间的内在联系。尤其是人的期望等特征，在其中会起到关键性的作用，这些因素又是如何影响到美的特征标准的选择的。当人们没有树立美好的思想观念时，一般会引导自己的行动走向偏差，这也同时为其他不正确思想的浸入提供了机会。从这个角度讲，我们也需要深入地探讨如何才能避免这种情况的出现。

第一节　建立各个部分的有机联系

各种不同的信息会依据彼此之间的相互联系而在一种信息处于兴奋状态时，联想性地使另一种信息也处于兴奋状态。这种联想性的激活，从根本上说来源于事物之间相互作用与相互联系的普遍存在性的特征。

[①] ［美］米哈伊·奇凯岑特米哈伊：《创造性：发现和发明的心理学》，夏镇平译，上海译文出版社2001年版，第27—28页。

系统论更是强调相互作用的意义，甚至把系统直接界定为："要素通过相互作用而组成的一个整体。"把"相互作用"作为一个独立的特征，充分利用"相互作用"的作用，在一个更大的整体中研究要素所产生的特征与整体性特征的关系等。

"热衷优美的意象将招致对美的反感，这意味着对张力的需求和对张力释放的反对。"① 在人们已经习惯于表达稳定协调的状态性特征，而艺术家转而将注意力集中在表达动态的、过程性的本征力量时，人们反而会感到不解和愤怒。这虽然不是"范式"的转化，但却也是具有革命性的。而从更高层次的概念来看，则必须将各种美的元素同时包容进来，通过构建一个更加完善的、覆盖面更广的美的标准集合体，尤其要包含那种张力性的、过程性的、具有时间结构性意义的美的标准，使人能够在更大范围内、更多的形式中体验到艺术的美的表达。通过相互关系，将不同的美的理念联系在一起，将会构成在简单审美基础上更进一步的过程。各种心理模式都会在其中发挥相应的作用。这也就意味着，那些与认知相关的各种操作模式，在人的内心形成稳定的反应以后，都可以作为在艺术中被表征的对象而被人们所欣赏。什么都可以表征，只要它与生命活性具有更强的协调关系。

一 相互作用在系统中的地位和作用

在这里我们要强调，不同活性本征模式彼此之间的相互关系，将成为引导人在更大程度上进入美的状态或者达到与环境更大程度上的稳定协调的基本力量。因此，我们要在这里重点研究不同模式之间相互作用和相互关系的规律。

系统理论指出，世界是一个不可分割的整体，一个局部性整体通过相互作用生成了新的意义而标示着它的存在。这种论点从另一个方面也明确地指出，事物存在的前提是相互作用。没有了相互作用，就不会有如此丰富多彩的物质世界。正是由于相互作用才将不相关的事物联系起来，从而在更高整体上构建出新的特征。相互作用的重要性，使其成为

---

① ［德］阿多诺：《美学理论》，王柯平译，四川人民出版社1998年版，第94页。

一种被人们重点关注的独立特征，因此在研究问题时，就必须研究相互作用。

（一）系统的特征与相互作用的类型

系统的整体性原理告诉我们，系统的联系是有机的，在形成了稳定的系统后，系统中任何一个要素发生变化，都必然引起周围其他要素乃至整个系统的变化。系统整体的力量不等于各孤立部分的简单堆砌，因为组织起来后，会通过联系而产生出那些分散部分所不具有的特征、功能等，这些局部要素的相互作用，会使系统表现出新的特征和功能，因此，整体功能必然大于各部分功能之和。

系统具有动态性特征。意思是说，系统所涉及的各种因素和状态都在随时变化。在我们考察一个系统时，不仅要研究这个系统的静态结构，还要研究系统的历史演变；不仅要看到系统内部诸要素之间，以及与环境之间的相互联系、相互制约、相互作用的情况，更要注意到系统内部的情况变化，并根据这种变化采取相应的对策。

系统的有序性特征指出了系统内各组成要素之间、要素与系统之间的联系和相互作用的有规则性，或者说是它们排列、组合、运动变化的秩序性。系统的发展过程是系统的有序化过程，即从无序到达有序，这是进化过程。反之则是退化过程，系统从有序走向无序、走向混乱。

（二）人的能力有限性要求我们考虑复杂问题时，必须研究不同事物之间的相互作用

面对一个复杂信息，将一个完整的系统采取分割、简化、分类、典型化加工等方法分解成若干小的部分，是一种不得已而为之的方法，这种方式将具有连续性的整体人为地分割为不同的部分和具有不同意义的局部事物。在此过程中，人们往往会忽略对各局部之间相互关系的研究。人们不研究系统各部分之间相互作用的另一个重要原因是信息过多。人们往往被大量的信息所湮没。虽然为了更清楚地了解系统内部的真实本质需要掌握大量的信息，这也是复杂系统本身所固有的要求，但问题的关键则在于事物所展示的众多信息有哪些是我们需要的，哪些是我们不需要的，我们还需要进行具体判断。我们所面对的是一个完整的、具有千丝万缕联系的复杂系统，要形成高层次的准确把握，就必须研究低层

次要素之间的相互作用。

（三）生物体通过相互作用而形成、进化

在进化论的整个概念理论体系描述中没有任何经验可循，也没有任何的目标导向。一代代的物种通过突变和两性基因的随机重组，并在下一次的遗传过程中依据某种价值标准进行选择。简言之，生物的进化是通过不断的尝试和试错，在可能性的空间中探索。而且，这一代代的物种并不是采取一步一步串联的方式搜索于基因组合的可能性之中，而是采取齐头并进的搜索方式：物群中的每一个成员的分别采取不同的基因组合方式，只是组合方式略有不同，所搜索的空间也略有不同。当我们从动力学而不是目的论的角度研究问题时，就只能从一个基本情况出发，以等概率原则作为"起始点"。

一个特定生物体存活和繁衍的能力有赖于它跻身于什么样的生存空间（环境条件）、在这个空间内都有什么别的生物体、它们能够利用什么样的资源，甚至它有什么样的进化历史等等。生态系统中的生物体不只是个体的进化，更重要的是在相互作用过程中的共同演化。生物体不是通过攀登某种抽象的强制高点得以变迁进化。在现实中，生物体在共同演化的无限复杂之中，经常地循环往复、相互追逐。

（四）通过相互作用而研究系统的整体功能

1. 通过相互作用而将要素的潜在特质激发出来

相互作用可以将不同部分潜在的特征突出出来。一事物的特征可以通过与之产生相互作用的其他事物的表现而确定，并通过相互作用而加以放大。正是由于相互作用才将那些潜在的特征激发出来。比如说一把刀子放在地上如果没有被人拿在手里，它永远不能成为切菜的工具。正是由于人们将它用于切菜，它的新作用才表现出来。

人的能力的有限性将人的注意力局限于研究对象的某些局部特征上，而研究系统内部各要素之间的相互作用，则是在明确各要素基本特征的基础上，再进一步地研究由这些局部要素组成整体特征的关键步骤。研究局部特征之间的相互作用；研究由于相互作用而赋予局部要素以新的特征；研究由于相互作用而涌现出的新的结构、新的功能和新的问题；研究整体由于相互作用而有别于局部特征的简单堆积具有的功能，这些成为系统中"整体大于部分之和"的最核心的基础力量。

2. 通过相互作用而赋予要素以新的作用

在更多的情况下，要素的特征与功能也需要通过与其他事物的相互作用来具体确定。

从系统论的角度来看，研究局部要素与局部要素之间的相互作用，对于建立特征的新意义作用巨大。也就是说，通过相互作用能够诞生出原来局部要素所不具有的某些特征，或者它本身就具有的某种潜在的特征能够通过相互作用而得到激发和增强。

3. 通过相互作用来确定意义

事物的意义只有与其他事物发生相互作用时才能确定，而研究局部特征与局部特征之间的相互作用，可以形成原来局部要素所不具有的特征，或者它本身就具有这种潜在的特征，只有通过相互作用才能得到激发、增强和显现。

（五）通过相互作用研究复杂性

人们普遍认为，物质世界的任何现象都将遵从自然法则，只不过不同的层次（由不同的个体通过不同的相互作用而组成不同的层次）会表现出不同的现象和力量。而"每当你观察物理或生物方面非常复杂的系统时，你会发现它们的基本组成因素和基本法则非常简单。复杂的出现是因为这些简单的组成因素自动地在相互发生作用"。[①] 复杂性其实是存在于组织之中的，即一个系统的组成因素用无数可能的方式在相互作用。当人们进一步地研究时，就会发现不同系统之间表现出的共性：他们涉及的对象都是由无数的"作用者"所组成的系统。不管这些作用者是什么，它们都有可能在非线性力量作用下，通过相互适应和相互竞争而经常地自我组织和重新组织，以形成更大结构的东西。

相互作用导致相互激发的连锁反应过程。建立起一个稳定的关系网以后，一个环节发生了变化，将会引起一连串的问题。正是由于相互作用的存在，才导致了复杂现象的出现。比如说"技术 A、B 和 C 也会引发

---

① ［美］米歇尔·沃尔德罗普：《复杂——诞生于秩序与混沌边缘的科学》，陈玲译，生活·读书·新知三联书店 1997 年版，第 111—112 页。

技术 D 的可能性，并依此类推下去。这样就形成了可能性技术之网，多种技术在这张网中相互全面渗透，共同发展，产生出越来越多的技术上的可能性。就这样，经济变得越来越复杂"①。适应性复杂系统更是重点描述"事物的本质存在于这个自动催化组的整体动力上：它的集体行为"②。生命体就是一个具有更强适应性力量的复杂系统。

（六）相互作用导致秩序

复杂性动力学的研究表明，自然界中具有生命的"活性"体中出现了有序性增加的可能性。这种自组织的存在促使人们进一步地思考：在这个似乎是被偶然因素、杂乱无章和随机盲目的自然法则所支配的宇宙里，我们是如何进化成为有生命的、会思考的、具有"活性"的生物体的？有序性原理还告诉我们，人类确实是大自然的偶然产物，但又不仅仅只是偶然的产物。各种学术观点表明，秩序纯粹地产生于以相互作用为主要特征的网络结构中，而不是产生于细节。

二　将相互作用作为一个独立的特征

（一）充分认识联系的广泛性

所谓事物之间的关系是指：两个不同的信息模式之间表现出了以下几种关系中的任何一种，而且将两个不同的事物信息与关系信息在大脑神经系统中同时处于兴奋时的状态。不同的事物之间存在各种层次上的相互联系。此时，根据要素之间的关系，可以将相互作用分为几种不同的类型。

1. 不同的具体事物之间存在一种形式的相互作用（这种相互作用的形式可以是机械的、电的、磁的、化学的等），这种相互作用表现出一定的信息特征而在大脑中记忆下来，并能够对相应信息的输入形成反应。

2. 不同的信息模式在大脑中同时兴奋时，可以在某种特性上根据共性而建立起共性关系。这种共性关系可以是不同的信息模式之间有相同

---

① ［美］米歇尔·沃尔德罗普：《复杂——诞生于秩序与混沌边缘的科学》，陈玲译，生活·读书·新知三联书店 1997 年版，第 159 页。

② 同上书，第 166 页。

的局部特性、事物信息在结构形式上有局部或整体性的相同或相似特征、事物信息之间有相同的运动和变化过程、事物信息与别的事物信息之间有相同或相似的相互作用模式。

3. 不同的事物处于同一个大的整体性事物时，它们之间也就存在着整体性的关系。

4. 不同的信息模式之间存在相邻性关系时，这两个不同的事物信息将作为能被人们视觉观察到的空间关系而在大脑中形成记忆。

5. 不同信息模式之间在时间上表现出了先后的相互关系，当一个事物发生以后，另一个事物接着发生，而这种连续的过程又能够为大脑所接收并形成稳定记忆时，被记忆的模式便成为一种稳定的模式而表征两个不同事物信息之间的时间关系。

6. 不同信息之间存在矛盾性的相互关系。但这种矛盾关系是为了说明某个问题，也就是在一个更高层次上形成关系——为了表明某一个特定的功能，以矛盾关系来说明可以起到更明显的效果时，就与所要说明的目的一起构成关系模式。

7. 不同信息之间存在时间和空间上的对称性关系，两个不同的事物信息便由此而建立起关系。

8. 不同信息之间存在物质的传递关系，这种物质传递关系和过程在大脑中显示出来并形成记忆。

9. 不同信息之间存在能量的传递关系，这种能量传递关系和过程作为一个稳定的特征在大脑中形成反映。

10. 不同世界的因果联系性。正如人们习惯上所称的："真实的世界是由许多因果环组成的。"这种因果联系也将不同的事物联系在一起。

除了这种直接的相互关系以外，还存在间接的相互关系。当不同的信息在大脑中形成相互作用时，A 事物直接与 B 事物相联系，B 事物与 C 事物相联系，C 事物又与 D 事物相联系。那么，我们就可以通过这种关系的传递性、反身性，将 A 事物与 D 事物有机地联系起来。

正是因为事物之间复杂的相互联系，我们在研究问题时，必须通盘考虑与当前对象存在诸多关系的其他事物，而不能只是研究单一的事物对象。对于那些具有多重目标、不明确目标的问题，在明晰的基础上权衡利弊、综合考虑（要么是有重点地加以选择），或者将这些相互牵连的事物和问题协调性地加以解决，或者像人们所讲的，在改变研究对象自身结构、本质的基础上使问题得到解决。

（二）研究事物内部各要素之间的相互作用

将注意力放到要素与要素、要素与系统、系统与外界环境之间的相互作用上，以相互作用特征作为研究问题的出发点而建立各种特征之间的复杂的关系。

强调相互作用的重要性，就是为了更加强烈地引起人们的注意，不应再孤立地研究一个对象，而应该从联系的角度、从其与其他物体相互作用的角度来考虑问题；不应将相关的事物割裂开来孤立研究，而应该在孤立研究的基础上，将其作为一个更大系统中的一个小的部分，从大的角度将不同的事物联系起来，看其从整体上能够发挥出何种的作用。

事物的复杂性需要经过长时间的表现才能充分显示。如果我们只是关注很短时间内的几个典型特征，往往抓不住其整体特征，也就不可能认识与了解事态的发展趋势。而且由于时间有限，与其他事物的相互作用不充分，还不能表现出其全部的时间过程性特征。因此，只有经过长时间追踪，才可以更加全面而完整地把握事物的整体特征。

三　通过相互作用形成竞争与合作

弗兰兹·博厄斯明确指出，也许正是由于现代人可以很快将自己得出的知识，迅速地传递给他人，与之共享，才使我们人类的整体智力大大提高。人类进化到今天这样一个程度，由相互作用而形成的知识共享，以及由此而形成的对社会的促进力量是其中一个重要的因素，甚至可以说是其中决定性的因素。生存过程中的无情的竞争不但导致了进化的"军备竞赛"，也导致了共生现象和其他形式的合作。"活性"结构的易变性与生物个体之间的合作有关，通过合作会将那些共性的特征放大，并通过正反馈形成自适应过程，而合作也将使生命个体与环境构成一个整体。从生物体之间通过合作促进进化的角度来看，不同的物种之间会通过相互合作——"互适应"而取得最大的生存空间并获得最佳的生存效益。

（一）竞争与合作同个体差异性的关系

复杂自适应系统由多个相互作用的主体组成，通过研究，人们已经认识到，由个体所组成的群体的数量必须达到足够多的程度，个体之间必须保持足够大的差异性。在任何情况下，它们彼此的行为都将有所区别。一个系统若仅由一种个体组成，或者虽然有多个个体但其行为绝对相同，这样的系统将表现出确定性的行为模式，而不是复杂性行为。

虽然这些差异性非常大的个体能够表现出非常不同的行为，但在相互作用之下，却可以通过自适应相互作用形成一个协调统一的复杂性行为。自适应系统主要表现出复杂性行为，它是一种"足够有序并能够确保稳定的行为，同时，它又具备了充分的灵活性，时常制造一些小小的'意外'。复杂性行为也是自适应性的，它能够随着环境变革的发生而进行自身的调整。最后，复杂性行为也总是紧急性行为，它发生于系统内部而且只能够部分地被预测到"①。

（二）竞争与合作和个体的生存

单个病毒细胞不可能长时间地存活下去，它必须生存在病毒的集群之中，而且它必须生存在能够获取营养（能量）并能够将废能有效排除的条件之下。同样，单个蜜蜂、蚂蚁也不可能生存，它们的特点就是群居。低等动物如此，高等动物也必须在复杂的群体中才能有效地生存。没有一个人能离开他人的帮助而生存下来，没有一个人能够在缺少同他人交往的情况下生活得更好。因此，彼此的互补、相互的合作是生物个体生存的最基本的过程。这种相互合作不但体现在同一物种之间，还表现在生物链中的每个生物物种上。当然，伴随着合作与互补，当对相同的物质、能量和信息源有共同的需求时，将会产生适度的竞争。

相互作用不但产生竞争与合作，也会在竞争合作过程中形成共同进步的现象，通过相互作用而使对方的优点为自己所吸收，也就增加了个体生存的可能性。

在竞争过程中，出于不同角度和不同的研究出发点，在非线性因素

① ［美］肖纳 L. 布朗、凯瑟琳 M. 艾森哈特：《边缘竞争》，吴溪译，机械工业出版社2001年版，第29—30页。

的作用下，必然导致多样性。因此，在竞争中，不同的个体会因为其本能的不同表现而表现出不同的竞争能力，在促使其他个体发生变化的过程中，探索自身有效表达的恰当结构。会使某些个体在某些方面处于领先地位，在某些方面与其他个体处于同样的地位，而在某些方面必然落后于其他个体。而各个不同的个体，为了突出自己存在的价值，也在不断的生存与发展过程中尽可能地突出自己的特色，从与其他个体的不同之处体现自己的价值。

合作的基础是互补，如果不能做到互补，就不会形成真正意义上的合作。它需要的是在各自充分发挥自身优势的基础上，通过对方的工作来补充自己工作上的不足，或者说让对方做一些自己想做而又没有能力去做的事情。根据资源分布的不同，已经出现了能源共享、市场共享、资金共享、知识共享等情况。而共享的前提就是能够做到互补。

双方存在竞争时，能够通过合作、共生以形成相互协调的状态。竞争不是单一的"你死我活"，也不是只许我获得利润而使你没有一点营利的空间，竞争的最大可能性是取得"共生""共赢"。通过"共赢"取得互相制约的力量，通过"共赢"而有效促进双方的共同进步。

（三）竞争与合作会导致共同愿景

不同个体彼此之间的竞争与合作会放大彼此之间的共性力量。在此过程中，对未来更加美好的期盼成为一种核心特征。

（四）相互作用与互相适应

不同的个体、物种将通过相互作用而形成一个"互适应"的动力系统。[①] 相互适应的前提是有足够的相互作用，而且能够充分地认识到一个个体的存在会强烈地依赖于其他个体的存在，因此，群体中的每个个体都会根据其他个体的行为及时调整自己的反应。既要保持单个个体有别于其他个体的差异点，保持其足够的独立性，同时还要根据其他个体对其的有效刺激而调整自己的行为，以保持整个群体系统的生命"活性"。每个个体都通过这种相互适应的过程，对其他个体形成刺激，并在其他

---

① ［美］肖纳 L. 布朗、凯瑟琳 M. 艾森哈特：《边缘竞争》，吴溪译，机械工业出版社 2001 年版，第 92—140 页。

个体的作用下改变自身。每个个体都在外界环境的作用下探索构建表达自身力量的恰当结构。研究表明，同一物种内部不同个体之间可以更加有效地通过其他个体的行为来调整自身的行为。

"互适应"是共生与合作的一种重要结果。不同的个体表现出强烈的特征化、个性化、特异化，并在生存过程中尽可能地将这些差异点突出出来。随着遗传过程的进行，这种差异性将越来越突出。但非线性相互作用却使其不能离开对方而独立生存，对方的存在成为其生存的基本环境。那么，不同的个体首先尽可能地表现自己的特异性，而后又以自己的特异性形成对其他个体的刺激，彼此的相互作用成为具有独立个性的个体生存的自然环境，个体的"活性"又使其适应对方，就形成了"互适应"动力系统。依靠对方的存在而更好地生存，就会因共性相干而放大共性特征，"互适应"使共性特征更加突出，不同的个体也通过这种"互适应"，在相互作用中探索，在共同进步中求发展。

四　不同信息之间的相互激活关系

系统的基本特征从根本上决定了，不同信息之间的相互关系会成为相互激活的基本力量。只要不同的信息在人的大脑中建立起一定的关系，就有可能在一个信息模式处于兴奋状态时，使与之具有关系的其他信息也处于兴奋状态。

（一）不同信息模式因为关系而相互激活

强化不同特征之间的关系，本身就意味着建立不同信息之间的相互激活关系。这个关系结构稳定地建立起来以后，就可以通过其中一个局部特征的激活而使其他的局部特征也处于兴奋状态。

（二）依据关系而将不同的信息同显

不同的整体信息可能会因为其具有某些共性的局部特征而一并同时处于兴奋状态，一同显示在人的认知空间。同时显示，一方面满足了人的差异化构建和多样并存的基本要求，这意味着从这个角度可以有效地引导人进入美的状态；另一方面意味着人具有了概括抽象的基础。

（三）基于相互关系而将共性特征突显

基于相互作用特征，能够引导人通过同显而在不同的信息模式之间构建、寻找其他方面共性的局部特征。人是善于进行符号化操作的生命体，人能够将这些共性特征作为概括抽象的符号从而展开各种内容的表达。

我们在这里需要强调，诸多不同的模式即便达到了独立化的程度，彼此之间仍会受进入美的状态时建立起的确定性关系的影响，仅仅是这种关系，就足以在某一个模式处于兴奋状态时，以较大的可能性而使其他的模式也处于兴奋状态，从而引导人与美的状态达成更大程度的和谐共振。更何况，人能够通过这种关系，在一种特征置于标准"位置"时，将其他特征也转化成为美的判断标准。

第二节　"由不协调达到协调"的诸环节具有美的联系性

与生命的活性本征和谐共振而使其处于兴奋状态，是生命体达成与外界环境稳定协调的基本表现，也是引导人进入美的状态的基本力量。由于达成与外界环境的稳定协调，表征着由不协调达到协调的完整模式，因此，表达由不协调达到协调的完整模式也就成为引导人与更多美的状态中的美的元素和谐共鸣的基本力量。

生命体具有汇集与独立化的力量，这会将一个连续完整的"由不协调达到协调"的过程，离散而独立地分成若干环节，并通过各个环节与美的状态之间的有机联系，使诸多独立的环节具有自主而完整的美的意义。这一方面扩展了美的意义范畴，有效地扩展了人们表达美的角度和方法途径；另一方面为从系统的角度将各种艺术创作指导原则协调统一在一起提供了新的思路。

虽然不同的环境作用会使人形成不同的稳定适应状态，从而形成不同的美的状态，但由不协调达到协调的过程却是共同的，尤其当人在意识中完整地表达了这个模式，无论是以什么形式、基于什么特征、表达什么意义，所形成的完整表达，都会由于彼此之间的共性相干而使人们产生共同的美的感受。与此同时，人还能够通过更加多样的关系而赋予外界事物以美的意义——能够使我们产生艺术的美、体验具有美感的客观事物。

一 人善于将诸环节独立特化出来

由不协调达到协调，这里表现出了两个基本的过程，一个过程是：生命体形成与当前环境的稳定协调关系，达到了与当前环境作用的稳定性适应，引导人进入美的状态；第二个过程是通过建立不协调状态与协调状态之间的联系，可以对生命体产生足够的刺激，从而使生命体能够体会到在协调状态时的特殊意义。当人以这种模式而与客观世界、人的心理相互观照、相互作用的过程中，会进一步地运用其收敛与发散的力量，将这样一个连续的过程分割成若干个小的环节，将一个完整的整体分割成若干小的局部，再通过局部之间的相互关系将小的局部综合成一个系统化的整体。通过该稳定的局部特征与美的状态的有机联系和表征该局部模式所形成的与整体的差异，赋予局部模式及特征以美的意义。

（一）人的能力有限性对独立化过程的影响

将一个完整的过程分解为若干局部特征和彼此之间的相互关系的系统化思想，并基于此而形成更高层次的抽象，形成更大范围内更加广泛的联系，是人认识客观世界的一个基本能力，也是对人的一种基本限制。人的能力的有限性是我们在研究描述人与客观相互作用过程中的一个基本假设。人的能力的有限性是我们不得不做这样的局部化"操作"的基本前提。

（二）生命活性的本征力量直接决定着由不协调达到协调的过程

生命活性的本征力量保证着我们能够表达不同现象之间的差异，并在收敛与发散力量的作用下，选择出最恰当的模式。更直接地说，生命体是通过具体地表达发散与收敛的有机结合而选择出"最恰当"的模式，并以此形成对外界环境刺激的稳定适应。生命体一方面会持续性地将不同的模式通过新的关系而联系在一起；另一方面会将一个完整的整体分割成一个个更小的"单元"。这些不同的单元在人的意识中反映时，会通过短时间内的稳定不变与确定的状态相对应，并由一个一个状态之间的联系而形成一个连续不断的运动系统。这样，生命体通过一系列小的不断调整，迅速地适应着外界环境的变化，并由此形成了一个个小的稳定协调状态。

1. 发散的力量将一个完整的整体分解为若干局部特征

基于非线性的放大效应，人在其本质的发散性力量的作用下，会形成不同信息之间的更大差异，或者说联系具有更大差异性特征的不同模式，并使差异达到足够大的程度。如果收敛稳定性的力量不足以将其维持在一个统一体内，收敛性的力量只能在更小的区域发挥稳定性的作用，生命体便会在发散力量的基础上独立地生成各个不同部分。一个完整的图像信息在输入大脑的记忆过程中，那些信息量不大、刺激作用不强的部分就会在大脑神经系统的记忆—遗忘过程中被遗忘、忽略，那么，在大脑的记忆系统中就只留下由若干局部特征和特征之间的关系所组成的网络框架意义的信息模式。

与此同时，无论是表达发散的力量，还是表达发散的结果，这一过程所形成的稳定性模式，也将成为由不协调达到协调所必须考虑的基本因素。

2. 收敛的力量将不同的信息模式联系为一个整体

不同的信息在大脑中引起了不同神经系统不同程度的兴奋反应。在此兴奋过程中，会由于某些局部特征的兴奋而联想性地使其他的信息也处于兴奋状态。此时，不同事物信息之间的相邻性关系、相互作用关系、前后连续性关系、因果关系、矛盾与否定关系等，都会成为让不同信息处于兴奋状态的基本联系性信息。大脑的自组织过程主要在收敛稳定力量的驱动下自然地将其组合成一个新的动力学系统。在该动力学系统达到稳定时，便会将其所涉及的各个局部特征都有机地综合成一个具有相互激活性的稳定整体。

该过程的反过程就意味着将一个整体信息分解为若干局部特征之间相互作用的关系。

3. 生命的活性表现促使将一个完整的意义用若干局部特征来表征的基本结构的形成

在生命内在力量和外界环境的相互作用下，通过不断地达成与外界环境的稳定协调，生命的活性本征会不断地分化出具有不同意义的本征表达模式，通过形成不同的协调关系而构成不同的美的状态。随着环境的不断变化，生命体会形成一系列的与外界环境达成稳定协调的适应状态，形成了多种不同的活性本征模式。此时，有些活性本征代表着生命的基本变换；有些活性本征代表着机体内某些特定组织器官的运动与变化；有些活性本征则代表意识中特有的本征模式表现过程。虽然它们因表征不同的稳定协调状态而具有不同的意义，但它们之间并不是彼此孤立的，而是在以后的过程中，不断进行着相互作用，进一步形成新的稳定协调的动力学系统。此时，不同本征之间的差异就会形成一种刺激，内在地促进着这个动力学过程的持续进行。

生命活性持续不断地维持这种向其他信息延伸并形成新的稳定模式的动力学过程。每当形成一种稳定的模式，生命便会以这种稳定的模式为基础，同时表现出发散与收敛的有机统一，通过扩展性力量的作用而引入差异性（包括新颖与未知）的模式，通过生命体的整体协调而形成一个新的动力学稳定状态——形成一个新的应对反应模式。由不协调达到协调的过程就会在每一个层面和局部特征意义上有效地表达出来。这种过程模式将在人的心智过程中表现得更为经常、突出，从而使局部的模式具有稳定而自主的意义，并以此为基础而建立不同意义之间更加广泛的联系。苏格拉底（Sokrates，公元前469—公元前399年，古希腊哲学家）通过与画家巴拉苏斯（Barrasus）的对话，指出了完美的艺术品是通过各个完美（相对意义上的）的局部特征的有机协调而形成的。苏格拉底问画家巴拉苏斯道："如果你想画出美的形象，而又很难找到一个合体各部分都很完美，你是否从许多人中选择，把每个人最美的部分集中起来，使全体中每一部分都美呢？"苏回答："我们是这样办。"①

4. 意识及语言的发展更大力度地扩展着这种过程的进行

以心理过程为基础的意识活动，使人有足够的能力表达将完整的过程分解为若干不同环节和环节之间的相互关系的过程。在语言与意识双向作用、共同发展的过程中，同样表达着活性本征的力量，活性力量表

---

① 北京大学哲学系美学教研室编：《西方美学家论美和美感》，商务印书馆1980年版，第19页。

达的结果会在原来确定的对应关系中引入新的"变数",并由此形成更大的联系性信息空间。通过基于具体的语言与意识状态的关系而在概括抽象的基础上,再通过具体化过程,能够将更多的外延性信息纳入到两者之间的关系中。不同的过程也恰恰因为这种局部特征的共性相干而建立联系,并通过诸多不同的过程进一步地强化着局部特征的独立化。这种过程和结果也将对由不协调达到协调的过程产生足够的影响力。

无论是活性中的收敛力量,还是生命体通过迅速形成一个完整的应对模式而与之对应,在同时结合生命体适应外界刺激变化的能力有限性时,都推动着这一过程的不断进行。

总之,是生命的活性保证了在大脑中稳定地进行着将一个更大的整体分解为诸若干不同局部环节的过程,同时还将不同的局部特征自组织地组成一个完整的意义。在我们将这个模式用于解释将美赋予不同的特征时,同样的规律会自然地表现出来。这些被独立特化出来并能够建立起种种关系的模式,都将在由不协调达到协调的过程中发挥作用,成为引导人达到稳定协调状态时所必须考虑的基本因素,如果不能在这些方面达到和谐共振,就将对相应的过程产生干扰和影响,推动系统朝着协调稳定的方向进一步发展。

二 完整地表达由不协调达到协调的模式

由不协调而达到协调会形成一种结构状态。相对于其他的状态,或者说与其他状态建立起一定的联系,人处于稳定协调状态时会形成一种感受。考虑到艺术品的交流性特征,我们需要更多地表征那些为人们所共识的美的模式。

(一) 由不协调→协调

表达进入与外界环境的稳定协调过程中,生命体在表达出了"由不协调→协调"的完整模式时,诸多被独立特化出来的环节和要素就会组成一个稳定的关系结构,只要其中一个元素处于兴奋状态,就会通过各个元素在美的状态下所形成的确定性关系而引导生命体整体性地表现出"由不协调→协调"所达到的协调的稳定模式,表达更多的活性本征模式从而在更大程度上引导人进入美的状态。与"由不协调→协调"稳定结构中的某个环节形成稳定联系，便可以激活这种美的整体，由此引导人体会到美。实际上，在人"由不协调→协调"的过程中，会将协调作为一种稳定的状态。它已经表征了人是在多样并存的基础上逐步形成更加完美的稳定模式的。

（二）由不协调达到协调相当于完成了收敛变换

在生命体内进行了由不协调达到协调这一过程后，我们会因为达到了稳定协调状态，又是由不协调而达到协调的这种对比而产生更加强烈的美的感受。更为重要的还在于，这种模式的稳定存在本身会成为一种确定的"稳定吸引子"，只是表达由不协调达到协调的模式，就已经有足够的力量使生命体稳定在该稳定吸引子的吸引区域内。在此过程中，起重要作用的仍是生命活性本征中的收敛稳定性力量，而该力量模式也是引导人进入美的状态的核心元素。

因此，我们要重点指出，由"刺激→协调"，再由"协调→不协调→协调"，能够建立起更多环节、模式、特征等与美的稳定联系。通过这种模式的固化与独立化，使各个环节都与美的状态建立起稳定的联系，使各个环节都成为一种进入美的基本模式，使美的范畴得到进一步地扩展，也使艺术创作的基本出发点更加丰富。

生命活性的稳定性会形成一种强大的力量，使得生命体在受到外界刺激而偏离协调状态时，通过寻找各种方法途径，在新的状态下建立起与原来协调稳定状态之间更加紧密、更加多样的联系，并试图重新回复到原来的协调稳定状态。在外界环境的持续作用下，生命体的活性本征状态会发生相应的变化，但生命体的耗散结构性保证了这种协调是不与外界刺激同构、而一定存在差异的；新的稳定协调状态也必然以原来稳定的协调状态为基础，只是在表达生命的活性本征方面有所差异（兴奋度、活性比值）。更多地表征生命活性的基本模式能够增强与原来稳定状态的协调程度。与原来稳定的协调状态中更多元素的和谐共振，意味着使原来稳定协调状态的吸引力进一步增强。新的稳定协调状态会形成新的美的状态。新旧两种不同的稳定协调状态之间会因为共性地表达生命活性本征的力量而建立起有效的联系，这也为形成更高层次概括抽象基础上的稳定协调打下了基础。

（三）由不协调而达到协调与其他过程通过对比联系而形成一种体验

在先前所形成的稳定协调的基础上，当达到了不协调状态时，这种联系性的差异会以某种因素的特征表达出来，这种联系性差异就会对生命体由协调稳定状态达到新的偏差状态的模式产生一定的刺激作用，生命体会形成一种感受，在由偏差状态达到协调状态时，就会产生相关的感受——生命体快乐的审美感受。当这种联系性差异达到一定程度时，生命体会产生诸多不适，这可以被认为是对不协调状态的直接感受。从生命活性的耗散结构表征的角度来看，在一定程度上表现出不协调，是与生命活性相适应的状态，而这本身也就表达出了生命的耗散结构本质。只要与这种状态相协调，就可以使人体会到美感。这涉及如下过程：

1. 将由不协调达到协调的模式本身特化为一种稳定的模式，使其具有完整的独立性，并由此表现出足够的自主涌现性力量。与这种模式的和谐共振，能够在使这种模式处于兴奋状态时，通过与其他兴奋模式之间的差异性联系而使人体会到美。

2. 通过由不协调达到协调时所形成的对比而赋予协调状态和转化过程以美的感受，在此过程中，也自然地赋予了能使人进入协调状态的外界刺激以美的意义。

3. 通过对比使人更倾向于协调状态。与此同时，生命的活性本质也决定着其必然以稳定性的结构为基础而展开各种各样的活动。

（四）不协调通过对比强化着协调的体验

无论是由于外部世界的变化超出了人的生命协调状态对变化的限制，还是由于内部的"非线性涨落"形成超出了生命协调状态对变化的限制（我们将生命体在协调稳定状态下所表达出来的收敛性力量和这种状态自身的稳定吸引力，表达为对超出生命活性状态的限制），总之，超出协调所要求的收敛与发散的关系，会对生命活性体产生较强的刺激。

外界刺激作为一种边界条件，维持着生命体的"活性"状态。但当外界刺激作用到生命体上，使其动态运动超出了正常状态下的稳定区域和变化区域时，便意味着破坏了正常的生存与发展，会给人带来痛苦。在偏差超出一定范围时，促进生命体变化的刺激力量就会成为伤害性的力量。这会使生命体在原来协调稳定的基础上，不能形成恰当的变化

（生长、进化），也会使其失去稳定与发展的基础。随着环境的变化，在分别形成不同的稳定协调从而进入美的状态的基础上，依据生命的基本特征，能够将不同的活性本征组织起来，通过形成一个更加复杂的结构而达成与外界环境在更大范围内、更多情况下的有机协调，由此提高生命体有效适应各种环境的能力。

产生痛苦是一种感受，而痛苦的消失又会形成另一种感受。这就是说，我们将产生痛苦、痛苦状态和痛苦的消失都作为相应的基本模式。产生痛苦的过程与痛苦状态本身的感受是不同的。痛苦的消失会成为一个模式，也是一种稳定的刺激，使人产生特殊的感受。

与更大偏离状态的对比性联系，会由于偏差所形成的更大的刺激而产生更加强烈的美感，通过对比更强烈地体会到美的状态的特殊性。在我们将"由不协调达到协调"作为一个独立的模式时，"由协调达到不协调"就会被作为一种独立的模式。这两个过程所产生的影响是不同的。根据活性本征的意义我们可以知道，只有当我们处于不协调状态，并由不协调而重新回复到协调状态时，才能因受到刺激而体会到协调状态下的美妙。

在审美过程中，之所以要出于人的本能而构建相应的美的表达，就是因为人在这种本能状态下，能够被激发从而构建出更多的差异化信息——诸多的差异化信息就是以这些本征模式为基础的。诸如"痛苦的消失"模式本身也作为一种稳定的模式而产生足够的作用。通过由不协调到达协调的过程，和由此所形成的差异化刺激，激发了更多的美的元素的兴奋，这将使人产生更加强烈的审美感受。

三　诸多环节的独立特化与美建立直接关系

（一）诸多环节具有自主独立化意义

生命体内各组织器官中被独立特化的模式处于稳定状态时，都能够稳定自主地、涌现性并联系性地激活表达生命活性的力量，并基于生命活性本征的不同表现而形成结构和功能的特殊性意义。生命是一个有机整体，基于生命体的整体协调性关系，会进一步地促进有所差异的各组织器官都能够恰当地表现自己的功能。这种功能性的表达在生命体的活性本征中代表着一定的特殊的意义。由于其往往能够与某一类环境刺激形成稳定的对应关系，相应组织器官的表达也就具有了特殊的美感。

（二）诸多环节固有地联系在一起

无论是作为一个有机整体，还是作为一个从整体中分化出来的局部特征（因素、环节、结构等），或者是不同的信息模式，都能够同时促使生命体形成一个统一反应的整体化模式，生命体会形成将不同的信息模式联系在一起的力量，这些不同的模式会形成稳定的联系，当一种模式受到外界环境的作用而发生变化时，其他部分也会产生相应的协调性的变化。

由不协调达到整体的稳定协调——这一完整的模式与美的状态具有了稳定的对应关系。该整体中某个局部环节处于独立兴奋状态时，便会依据该动力学系统的整体关系而以较大的可能性使其他的局部模式也处于兴奋状态。这些局部模式的兴奋，表示我们能够从这些模式兴奋的角度引导人进入与环境所形成的稳定协调状态。当美与具体的外部事物形成稳定的联系，诸多突出的局部特征就能够通过这种稳定的协调关系有效地激活人的内在美的状态，也会由于这种激发作用而使人体会到美的意义。由此，这些不同的环节及其关系模式就在表征美的状态的过程中建立起了稳定的联系。此时，人们也就赋予外部客观事物以美的意味。

（三）利用不断弱化的过程而将局部特征突显出来

无论是人的能力有限性所致，还是由于这些局部环节会在各种不同过程的共性表现中得到独立强化；无论是人们为了更准确地说明问题而有意地将其独立特化出来，还是由于人已经习惯于将一个复杂的信息分解为由若干局部特征和特征之间的相互关系所组成的一个完整的信息整体，这些都使我们认识到，完整的美的状态是由若干不同的环节、模式的共同兴奋通过自组织组成的。这些环节彼此相连，共同组成了一个具有自适应功能的复杂的动力学系统。美则是这个动态系统稳定地适应外界环境作用时的一种状态。人们通过与其他的状态建立起差异性的联系，可以感受到这种状态对人所形成的差异性的作用，尤其反映出了与其他状态的不同之处，这会引导人对"处于美的状态"产生特殊的审美感受。

比如"色彩和乐音"①。显然，人在进化过程中，色彩和乐音已经作

---

① ［英］鲍桑葵：《美学史》，张今译，商务印书馆 1985 年版，第 48 页。

为基本的环境因素和表达因素汇入到生命体形成稳定协调的过程中。开始并不为人所意识，但随着艺术的进步与发展，艺术家将色彩和乐音作为表达美的基本元素，先前所建立起来的协调稳定性的关系便发挥着核心的作用：这些因素也成为引导人进入美的状态的基本因素和基本模式。

后现代的一种技法是不再将注意力集中到局部的最优化加工，而是运用"现成品"[1]。正如阿比格尔·所罗门－戈多（Abigail Soloman—Godeau）指出：　"连续与重复、搬用、文本间性、模仿或瓷仿（pastiche）：这里是后现代主义艺术家所运用的首要手段。不论是单独还是组合使用，在本文的语境中认为重要的是，每一种手段都可以被用来作为拒绝或颠覆现代主义美学中艺术作品假定的自主的方式。"[2]

四　由协调到不协调与美建立稳定关系

根据耗散结构理论可知，生命体与环境的不协调是促进生命体进化的外在力量，生命体正是在不协调状态中，通过探索生命活性本征的恰当表征方式达成与外界环境的适应关系，形成了与外界环境作用稳定协调的关系。

生命体会在变化的外界环境作用下，力争达到稳定状态，不断地表达由不协调状态向协调状态转化的过程模式，这种模式会成为与各种具体情景相结合的共性模式。因此，该模式表达着生命体处于稳定协调状态的相关信息模式，也表达着生命体由不稳定向稳定协调状态转化的诸多模式。即便与当前的环境仅仅存在很少的局部联系，也会运用在稳定协调状态下所形成的稳定性关系，包括已经在大脑中形成优化抽象的稳定模式的自主性，引导人们去运用这种模式"观照"、延伸扩展当前的环境，从而在更大程度上进入稳定协调状态。此时，具有优化抽象性的由不协调达到协调的完整模式，由于是在多样并存基础上形成的优化过程和结果，这种结果会受到更多信息的支持，所以，这种结果便会与优化抽象模式一起以更大的力量成为引导人进入美的状态的基本角度和力量。

---

[1]　[美]布莱恩·沃利斯主编：《现代主义之后的艺术：对表现的反思》，宋晓霞等译，北京大学出版社2012年版，第88页。

[2]　同上书，第92页。

在人适应外界环境作用、形成对外界环境的适应以形成稳定协调状态的过程中，人利用其生命的活性本能，将一个"由不协调达到协调"复杂的时空模式分解为若干突出的局部特征及彼此之间的相互作用模式，由不协调达到协调而将激发美的环节进行分解。这些模式会与人所达成的与外界环境的稳定协调的美的状态组成一个稳定的动力学系统。只要其中某些局部模式激活，便会利用神经系统的自组织稳定联系而将该动力学系统激活，使人体会到完整的美。根据由不协调达到协调的诸多环境彼此之间的稳定性整体联系，自然会将这种不协调模式状态也转化成为能够引导人进入美的状态的基本模式。单一地表征这种不协调的状态，已经足以使人产生恰当的美的感受。

总之，一方面是说生命的活性力量会使更多的局部环节独立特化出来并能够自如地表达其自主涌现的力量；另一方面是说，这些不同的环节、特征、目标等，都能够有机地结合在一起而成为表达美的状态的完整统一体。无论是独立地表达、协调性地部分表达，还是完整的系统表达，都能够从相关的模式出发引导人进入美的状态，并进一步地引导其依据彼此之间的美的完整逻辑关系而更深入地达到稳定协调状态，从而形成越来越深刻、强烈的审美感受。

收敛与发散、变化与稳定、和谐与不和谐的模式及关系同时影响到人的美的状态。这就需要更多地关注与恐怖相关的丑的元素，以及代表和谐的美的元素如何才能有机地协调在一起的问题。诸如达·芬奇的《最后的晚餐》中，那种与西方传统的社会道德不相符合的理念与做法显然被认为是丑的，但达·芬奇在表达这种丑时，却不只是从形式上丑化主要丑。显然，要想在和谐的美的元素与不和谐的美的元素之间达到有机统一，是一个具有相当难度的过程。我们必须从形式与内容的角度同时展开研究构建。①

是的，正是由于能力有限性的制约，我们有可能不得不简单地、孤立地、局部而专一地表征生理快感。与此同时，还会受到 M 力的和而将这种追求极致的状态进一步地转化，由此却失去了关联性、协调性和整

---

① ［德］阿多诺：《美学理论》，王柯平译，四川人民出版社 1998 年版，第 93 页。

体性，也失去了与其他方面的协调性和作为人的抽象性。在此过程中，也很容易产生审美标准选择的念头。动物性的审美感受、"娱乐致死"乃至吸毒便成为人们似乎应该接受的常态。

黑格尔认可由不协调达到协调的审美意义，却尽力地回避由协调到不协调所能够表现出来的独立的意义。阿多诺也强调各种美的元素同时存在，并对审美过程产生足够的影响。罗兰·巴特（Roland Barthes）更是强调艺术表达的多样化和随机性构建。而史蒂芬·贝利（Stephen Bayley）则引导人们要正确地看待这个问题："如果说和谐的概念对于美很重要，那么引申开来，不和谐、不协调对于丑这一理念而言必定就是至关重要的。"① 罗兰·巴特指出："现在我们知道，一个文本不是释放单一的'神学'意义（作者—上帝的'信息'）的一行单字，而是一个多维的空间，其中，各式各样的、无一是原创的写作，混杂并冲突。文本是一整套的引用语，采自文化难以计数的中心……在作者之后，书写人身上不再带有激情、幽默、感觉、印象，而是带有这本巨大的字典，他从中抽取一个永无止境的写作生活所做的永远只是模仿书本，而书本只是一整套的符号，是失落、无限延迟的模仿。"②

在这里，作为与"由不协调达到协调"相关的反过程模式："由协调达到不协调"，也就会作为形成美的一个衍生性的模式与美建立起稳定的关系。那么，"由协调达到不协调"甚至是简单地描述"不协调"也从某种角度上能够引导人进入美的状态。而这也正是阿多诺所强调的"不和谐"特征的基本出发点③，这也是人们将恶与丑的特征标准作为美学追求的生物学基础。正如阿比格尔·所罗门－戈多（Abigail Soloman-Godeau）写道："对立于任何认为艺术对象内在地和自动地被赋予了含义、意义或美的观念。"④

---

① ［英］史蒂芬·贝利：《审丑万物美学》，杨凌峰译，金城出版社 2014 年版，第 41 页。

② ［美］布莱恩·沃利斯主编：《现代主义之后的艺术：对表现的反思》，宋晓霞等译，北京大学出版社 2012 年版，第 92—93 页。

③ ［德］阿多诺：《美学理论》，王柯平译，四川人民出版社 1998 年版，第 26 页。

④ ［美］布莱恩·沃利斯主编：《现代主义之后的艺术：对表现的反思》，宋晓霞等译，北京大学出版社 2012 年版，第 87 页。

即便是在 19 世纪，我们也能看到以丑作为美和艺术表达的主题的过程。"因此，我们在巴洛克艺术中看到狂喜晕厥、姿态与表情都极为夸张的圣人形象，看到蜿蜒翻卷的建筑细节，看到对于表现情绪和审美极端状态的一种矢志追求，令人眼花缭乱的同时又觉得有点荒唐滑稽。"① 这种过程和趋势却在后现代艺术中表现得更为突出。后现代艺术不但将对立作为——无论是内容还是形式——美所表达的主题，更是将其作为表达社会正常状态的基本元素。此时，我们禁不住地要问：艺术与美带给社会的应该是什么？

"丑"的模式作为一种基本的美的元素，可以在艺术中得到一定的表现，但从美和艺术对人类社会的作用来看，决不能多。过多的丑陋信息会以更强的信息刺激形成一个稳定的外界环境，使人形成一种新的协调稳定的美的状态，这种状态将具有更多丑的模式。人是通过不断优化而向着更美的状态逐步转化的，更多的丑陋的信息却使人"倒退"，这与美的本质是背道而驰的。

五　表达"由不协调达到协调"的完整及部分模式

（一）稳定地固化由不协调达到协调而生成美的完整模式

"由不协调达到协调"过程是生命体与外部环境在相互作用过程中达成稳定适应的基本过程。活性生命体会由于适应于该过程模式的存在、使其不再产生促进生命体产生结构性变化的刺激而不被人知觉。但人却能够在意识中通过与其他模式的差异而将这种过程模式反映出来，并在各种各样的过程中通过共性相干而突显这种完整的过程模式，还会通过抽象概括将这种过程模式在高层次神经系统中更加明确地表征出来。

这是一个完整过程模式的兴奋，虽然其中的每个环节都可以成为独立的模式，都能够独立地与美的状态建立起稳定的关系。但当两者不能直接建立关系时，就应该从整体系统的角度来认识这个问题。这其中包含的系统化的结构问题不容忽视。比如说丑代表着生命活性中由发散模式以产生一定程度的不协调的状态。丑向美的转化，基于美而表达丑，

---

① ［英］史蒂芬·贝利：《审丑万物美学》，杨凌峰译，金城出版社 2014 年版，第 32 页。

利用丑形成与美的对比等等，这些过程模式都能够成为表达美的状态的基本元素。但当我们构建出了彼此之间的相互协调关系，使其组成一个完整的美的状态时，就能够体验到更大程度上的美的意义。而当我们孤立地单一地看待每个美的元素，不考虑彼此之间的协调性联系，并武断地将两者"并"在一起时，就有可能产生错误性的认识。

（二）体验稳定协调状态下的美感

要明确地体验到美，还需要进行如下过程：

第一，突显由不协调达到协调的完整过程，使之成为独立的模式，使其在人的复杂活动中占据更为核心和重要的位置，在相关的活动中成为突出的模式；

第二，建立与该模式的共性相干而使该模式处于兴奋状态，并根据该模式与其他美的状态特征的局部关系和整体性关系，快捷迅速、便利有效地进入美的状态；

第三，通过有差异的状态及建立这种有差异状态与美的状态之间的关系而体验这种美的刺激作用；通过差异刺激而体会到本征状态。根据生命体与外界环境所达成的稳定协调关系可以知道，由于已经适应，人一直处于本征状态时，人对本征状态是没有感觉的。我们可以假设一种理想状态：人一直处于美的状态。此时，因为没有差异性比较刺激，人自然不会体验到美感。只有当人从其他状态转化到本征状态并能够在两者之间建立起关系时，才能够感受到处于其他状态与处于本征状态时的不同的刺激。如果我们从好奇心的角度来描述这个现象，以及基于生命体是一个稳定的耗散结构，稳定的耗散结构需要与外界始终存在相互作用的角度来认识此现象，便能够很好地理解了。

与此相对应地，使生命体达成稳定的耗散结构状态时的外界客观，会因为与生命体的稳定状态这种确定性的协调关系而成为有效地使相关的美的元素处于兴奋状态的基本因素，也由此而具有了美的意义。在这种量值的因素的作用下，可以使生命体由当前状态转入到先前协调稳定的耗散结构状态——美的状态。此过程可以理解为使生命体进入美的状态的过程。此时的外界客观事物被称为是美的客观、美的事物等。

第四，通过与美的状态已经建立起和谐共鸣关系的外部客观事物同当前外界客观事物之间的差异，能够使人体会到这种差异所形成的刺激，使人体会到由不协调刺激而转化到协调刺激的基本过程，从而体会到处于美的状态时的奇妙的意味。

六 由不协调达到协调的整体模式的意识表现

建构于各个局部环节之上的、处于人的记忆能力之中的由不协调达到协调的整体模式，会以一种确定的模式结构在人的意识中反映出来。

第一，当这一过程在人的意识中形成稳定的模式以后，这种模式将会在意识中频繁地自主表现，并建立与更多其他信息的联系，使更多的信息参与到这一过程中。

第二，再现这种由不协调达到协调而生成美的过程，会形成对该模式的重复性刺激，并且还会在与其他信息建立起关系的过程中，通过与其他信息的差异而体验到该模式的独立性、自主性。

第三，将这一过程稳定地进行，保持该过程足够的稳定性，并使其表现出足够的自主涌现性力量，使这一过程模式能够不受到联系性的激发而主动地处于兴奋状态，并对相关的心理转换过程产生足够的影响力。既然该模式稳定地固化在人的意识中，我们便可以充分利用该模式的自主性而在各种活动中表现其固有的力量。尤其是在专门的艺术创作与欣赏过程中，人们会选择各种模式和特征，运用已经构建出来的基本关系形成不同的审美体验。

第四，在好奇心的作用下构建其他的表现模式。这就意味着在好奇心的作用下进一步地构建与美相关的、有所差异的其他模式，使由协调到不协调、由不协调达到协调的过程反复出现。人可以自主地构建该整体模式的各种新的对应关系，由此保持赋予相关特征以美的意义的开放、扩展性力量。当人们已经习惯了当前激发生命的活性本征而表现美的艺术形态时，就会在好奇心的作用下，通过选择其他的稳定协调状态，主动地探索新的艺术表现形态。艺术中各种流派的创立就是在这种力量的作用下逐步形成并强大的。更强的好奇心将会驱使这一过程更加突出地表现出来。

在好奇心的作用下，不同的主题、变异的材料、差异化的手法，在一切现有艺术表达基础上的变异，与 M 力和差异化构建基础上的比较优化选择相结合，不断地引导艺术家创作出一幅幅惊人的传世之作。

第五，由于这种模式能够引导人由不协调转化到稳定协调的美的状态，并能够给人带来快乐而使人乐于表现这种模式，从而形成对这种模式较高追求的基本模式表现。快乐的反馈作用会使这一表现更为突出，对快乐模式的强烈体验也使人产生对协调状态的独特认知。

七　由局部活性本征综合成活性本征整体

（一）由活性本征泛集综合形成本征有机整体

单从表现生命的活性本征，建立某个客观事物意义与某个活性本征之间稳定协调关系的角度来看，可能会表现出如下诸多过程，甚至通过综合表现形成一个综合体：

第一，以某一个本征模式的表现为主；

第二，将诸多活性本征模式松散地形成一个集合；

第三，根据平均分配的方法形成各个本征模式的兴奋度；

第四，通过自组织将活性本征综合成一个有机整体，此时可以将各种本征模式的兴奋度看作一个分布，并根据各个本征模式的兴奋度而发挥各个本征模式的作用。

（二）与更多的活性本征相协调会形成更强的审美感受

美的状态是若干活性本征模式在达成相互协调基础上的兴奋表征。通过与一个活性本征模式和谐共鸣，可以使人从这个角度体验到相应的美感。当与更多的活性本征模式相协调，尤其是促使不同活性本征达成彼此之间相互协调的稳定关系时，将会使人从多个角度进入美的状态，并由此产生更加强烈、深刻、全面而系统的审美感受。

1. 人的能力是有限的

在人们能够解决越来越多的问题时、在人将自己与其他动物相比而具有无限高的优越感时、在人们将自己的知识基础打得越来越牢固时、在人们对客观世界的认识越来越丰富时，在人的内心就会随之生成更为完整的整体性相干共鸣——人是万能的。但现实却是残酷的，人的能力是有限的：在有限的注意时间内我们可以在某一个原则的指导下建立不同信息之间的联系。人的注意力也是有限的，在当前状态下，人只能注意到有限的几个局部特征。虽然人有可能会选择其他的特征作为美的构建与判断的原则，但这个可供选择的范围也会很小。人的活动范围是有限的，人的视野也是有限的。因此，我们只能构建出一个有限个体的认知集合，随着两两比较过程对人认知空间的占据，所构建出来的集合的个体数将会进一步地缩小。

2. 审美对象是复杂的

面对一个作为结构连续性整体的审美对象，人们可以采取特征提取的方式构建出无限多可能的认知特征和关系，并在与其他信息联结在一起的过程中，对审美对象进行更加广泛的意义建构。在这个过程中，由于世界的复杂性和人的能力有限性的矛盾更显突出，在面对更加多样的复杂因素时就只能通过抽象形成一定程度的理解与认识。

3. 生命的复杂性表征了只能逐步达到更大程度的协调

生命活动会受到更多因素的干扰，这种影响将使生命体也变得越来越复杂。原来已经形成稳定协调适应状态的活性本征，将会随着环境的变化不断地发生较大的变化。虽然本征状态与外界环境刺激存在差异性关系，我们也依据这种差异性由一种状态为基础来体验另一种协调状态的本征特征，但在复杂性的外界环境作用下，将有更大的可能形成多种不同的应对关系，这种关系也造成了人的体验的千差万别，即便是形成一定程度的确定性的体验也将变得更加困难。在新的模式具有更强的自主性表现的情况下更是如此。

意识对信息加工过程的放大，会使人在表达生命的活性本征时产生更大的偏差和变异。这一方面为我们在更大范围内通过比较的方法求得更优奠定基础；另一方面会增加我们选择的难度，使人们在体验活性本征时受到更多的干扰，也使人在体验生命的活性本征时变得更具变化性、多样性，更加不确定。这种种的干扰，使人们体验原来协调时的活性本征的兴奋变得更加困难。这一过程对确定性信息提出了越来越高的要求。由此，虽然能够更加有力地扩展人的意识信息加工能力，但对人的意识能力的扩展也越来越高。随着社会的进步与发展、随着人类对意识的进一步重视，我们能够越来越明显地感知到，在复杂的外界环境作用下，能够真正进入美的本质状态将变得越来越困难。

4. 美的构建时间是有限的

人生的时间是有限的，人在建构任何意义时都需要花费一定的时间。即使我们是在利用生命的活性本征建构美、即使我们所得到的是局部的最美，也需要一定的时间。由于人的能力有限、时间有限，我们的考虑一定是不周全的，因此，我们不能考虑各个局部特征在所有方面的和谐，而只能考虑部分特征在某些方面的和谐。

局部的美在协调过程中往往会给不同子系统的协调带来更大的困难，需要协调的数量也会增加很多。简单的计算就能发现，即便只考虑两种局部特征之间的美的意义上的协调关系，就应考虑 $C_n^2 = n(n-1)$ 种需要协调的过程，更何况还涉及更多因素之间彼此协调的问题。由此，彼此之间的协调就变得更加烦琐和困难。在此过程中，如果考虑不当，还有可能"破坏"局部最美的结果。虽然从整体的角度来看，人们宁可"牺牲"局部的最美而力求达到整体的最"优化"，但对局部最美的破坏，还是会对整体美产生一定的影响。

5. 人所形成的审美经验体系是有限的

一方面我们只能从有限的角度，对事物的有限特征加以关注，建立起信息特征之间有限的关系，在得出有限的确定性关系结构、规律的基础上，构建出有限的、稳定的知识体系。当我们掌握了这些有限的审美经验以后，便可以用它来观照客观，指导我们的行动。

另一方面，我们则依据人的生命中的扩展性的力量，通过构建与当前审美经验体系的差异而形成新的模式，基于这种众多不同的新模式通过比较、优化、抽象、概括的方法形成更多的确定性的审美经验。这会有效地扩展现有的美学知识体系，也会使我们在此过程中通过积累的方法不断增加对美的认识。虽然扩展作为活性本征模式，在表现这种模式时，会增加人们对活性本征的关于美的状态的体验，但"基于新知的扩展"作为一种新的模式，还是会影响到人们对活性本征状态表现时的美的体验。不可否认的是，有限的知识限定了人的视野，形成了人的进一步抽象，但也为全面而深刻的美的体验带来了足够的影响。

6. 差异化的本质决定了彼此之间的不同

正是由于好奇心的表现，生成了差异化的构建过程，我们可以依据这种差异化的力量而不断地构建新的状态。我们就是在运用人特有的好奇心所表现出来的差异化的力量，不断地补充人类的审美经验。这种不断的构建过程会随着在意识中更为经常的表现，成为一种稳定的模式而独立特化。

在强化与生命活性本征中发散、扩张力量模式和谐共振的作用驱动下，古典艺术中那随处可见的平衡、对称、统一和圆满的形式，由于不再适应现代人追求变化、追求强刺激、追求非平衡的心理倾向，更不能像简单的信号那样展示出他们的思想观念和愿望追求，而不再受到重视。在人独特的好奇心作用下，驱使艺术风格在不断地发生变化。人们期望从根本的审美指标上更全面而深刻地反映能够满足人的好奇心本能的"更"好的艺术品——更好地与生命的活性相符合、和谐。罗丹（Rodin）的那些充满张力、运动、非平衡、丑陋的雕塑；毕加索（Picasso）绘画中那怪异的形体、不合常规的平面叠加；梵·高（Van Gogh）画中那放射着火一般情感的变形，都在为现代的人们提供更强的审美感受，成为人们的主题追求。艺术创作者提供均匀的基础性材料，伴随着参观者通过"走过"等方式留下的"痕迹"，表达着艺术家与欣赏者同时在自发的建构创作，表达着生长的本征性力量。

大脑的记忆能力是有限的，我们只能记住有限的、有差异的信息模式，即使我们永不停歇地构建，也会由于我们有限的记忆而忘却其他的信息。那些兴奋度较低的审美经验会首先被遗忘，留下的局部信息，会成为事物意义的代表，人也就利用这种局部特征展开复杂的信息联想过程。

在我们认识美的过程中，需要满足好奇心的要求、服从生命活性的基本模式，那么，根据好奇心的意义我们可以知道，必定要在大脑中先存在一定的已经被人所认知的信息元素，以便人们将其作为构建更加新奇的、复杂性事物和美的状态的基础。

7. 永远存在局部的、暂时的最美

以上诸多的有限性决定了我们所得到的美是局部的最美。即使我们健步如飞，我们也只能登上有限的几座高山，并由此眺望其他的高山。我们可以在我们目力所及的范围内寻找到最高的高山，但是在山的那边呢？在我们所看不到的地方，那里有什么？有多高的山？我们只能在我们所能穷举的有限个体的范围内，通过两两比较的方式求得这个有限集合中的"最美"，而在集合之外我们却不能展开比较，也无力展开比较，这就意味着我们将永远只能获得有限的认识——我们只能得到有限范围内的"局部最美"。持续地表达这种局部的美化模式，会使人从这种局部协调关系中更强地体会到稳定协调的特殊力量，使人更加坚信终极的最美状态的合理存在。

一切艺术的实践，尤其是后现代艺术已经表明，处于本质层面的生命的活性本征，成为引导人进入美的状态的基本力量。发散的、收敛的、发散与收敛有机牵制的、差异化构建基础上的优化选择、生长构建的等等，都成为艺术表达的基本目标追求。"给现在被认为是一种无意识的与无限制性行动，画中的形是无中生有地产生出来的，是在绘画'行动'中自由地创造出来的……人们认为，只有在艺术家把自己头脑中一切先入之见掏空，然后最无意识地使用颜料画出来的图象，才是他的本性的最高表现。"①

（三）美包含着与活性本征更加协调的意思

美在于在意识中表达与生命的活性本征的稳定协调，或者说通过心理信息模式的方式表现这种活性本征模式，甚至以这种活性本征模式为基础，在意识中进一步地展开生命活性本征的作用力量（收敛、发散、收敛与发散的协调统一）。人们所谓的审美意识，是人的审美主动性，或者说意向性特征，这已经成为人的意向性本能。与这种生命的活性本能构成和谐共振，逐步地通过局部特征模式基础上的和谐共振，会表达出对这种模式的追求（收敛）。表现这种模式的兴奋即从这个角度进入美的状态，表达追求的力量、追求的倾向，强化美的超越性，表达向更美（发散）的方向努力追求（收敛）的过程（发散与收敛的有机结合），就是在强调美与这种发散性力量模式更大程度上联系并形成协调的过程。

现象学理论将意向性作为其本质特征，这一方面抓住了美的重要特

---

① ［美］萨姆·亨特：《二十世纪西方绘画》，平野译，中国国际广播出版社1988年版，第7页。

征——对美追求的力量和方向性特征；另一方面，在将这种模式作为一种稳定的本能模式时，表征这种本能模式在各种具体情景中的具体表现，指出了这种美学理论追求的正是与生命的活性本征更加协调的感受。

在此过程中，由于是在具体情景中通过意识层面达到与生命的活性本征模式的和谐共鸣，而人的生命的活性本征状态又会在与外界环境的稳定协调过程中构建出恰当的表达模式，那么，这种与具体情景相结合的生命的活性本征将会在表达模式间共性相干的同时，表达出某个确定的个性特征——通过共性相干而显现出来的独具个性的共性模式。我们在具体表征这种能够联系概括更多具体情景的不变量时，尤其要考虑在与具体情景相结合的状况的基础上，进一步的概括抽象。

(四) 在更加协调的基础上追求更美

随着引导人进入稳定协调状态的因素的增多，人在意识中所产生的美感将会更加丰富、全面而深刻，人运用其特有的美的构建方法将这种差异化的多样并存进行联系组织，会引导人顺利地进入美的更高层次。

1. 活性中发散的力量促使人期待更美

在当前已经进入美的状态时，生命的发散性力量会驱动生命体追求其他的进入美的状态的角度和方法，并运用这种差异化的力量构建形成与当前有更大差异的期望性模式，不断地构建新的更美的期望，以此驱动人在涉及更多的影响时，还能够保持足够的美化的力量。

2. 活性中收敛的力量促使人追求更美

美的状态是生命体达到与环境稳定协调的状态。当存在一定程度的差异时，生命体会表现出收敛的力量，构建更多的局部特征与和谐共振状态的联系，引导更多由不协调状态进入协调状态的过程表现。

3. 收敛与发散力量的相互牵挂力

这种相互牵挂力，我们用相互影响来表征：由一种因素的变化而导致的另一种因素的变化。在一个动力学过程 $\dot{x} = f(x, t)$ 中，我们通过计算相关的李指数，得出了一个表征发散的指数：λ_u，我们用 u 来表示，同时得出了一个表征收敛的指数：λ_s，我们用 s 来表示。此时，我们就引出两个新的因素：(u, s)。此时我们考虑 u 与 s 的相关系数：在 u 变化时能够引起 s 多大的变化。如果我们能够直接导出 u 关于 s 的变化率，就可以将其作为其中的一个度量，并由此而建立起相互关联的力量，通过一方的强势放大，而形成对另一方的期望，并使之成为引导人进入美的状态的基本力量。人会在收敛力量的作用下，不断地构建不同元素之间的逻辑关系，即便只是局部的、暂时的关系。即使只是存在这种局部上、偶然的、暂时的相互关系，也会随着这些关系数量的增加而不断提升关系的可信度。

生命活性的收敛与发散组成了一个稳定的相互关系。人们在认识到这种关系的基础上，进一步地构建出了协调性的统一。中国古人用"易"来表征这种不断转化与辩证的关系，诸如乱与治形成的对应关系，人们可以在乱的基础上达到一定程度的治，从而表现出由不协调到达协调的过程。在人们忍受不了大乱时，必然会出现大治的情况。这就意味着，当乱的信息对人产生了足够的刺激后，会极大地激发人追求秩序、追求掌控的心理，从而最终形成一个有机的统一体。而这种有序的整体性又将进一步地利用两者的自主性涌现所形成的非线性涨落而产生新的不协调，推动对方产生变化以形成协调性的发展，并由此而生成新的生命活性状态。数学美就将其简单性、新奇性和协调性有机地结合为一体，以简单的抽象而描述更多具体情况下的本质关系，全面而深刻地诠释着生命的活性本征。①

（五）达成协调的不同程度

根据信息之间概括程度的不同，我们可以粗略地给出人与环境达成稳定协调时的不同程度。

1. 单一因素作用时的过程

初步的过程是，当一种新的环境因素作用到生命体上时，促使形成新的动态结构与超动态结构，这些新的动态结构与超动态结构有可能会促使生命体的静态结构发生变化。假设其静态结构与动态结构达到某个值，静态结构 G 能够支持的是动态结构 D 和超动态结构 C。比如说锻炼肌肉能够使其达到足够的力量，此时该结构的力量具有一定的数量（在人们眼中即达到了一定强壮的程度）：有足够数量的肌肉群。"锻炼冲量"

---

① 吴开朗：《数学美学》，北京教育出版社 1993 年版，第 20—32 页。

达到一定程度时，就可以形成一定程度的肌肉群，其所发出的力量也将达到一定的程度。当人们不再增加"锻炼冲量"，肌肉便不再增加。这本就是一个适应过程。

基本假设：

（1）生命体的静态结构与动态结构维持一个相对恰当的比例范围，我们将该比例值称为最优（恰当）比值。按照"用进废退"的原则，这种最优比值总是存在的。我们先行假设存在这个最优值，研究不同的环境刺激会使生命体形成不同的静态与动态之间的比例关系值，研究不同的组织器官会形成不同的静态与动态之间的比例关系值，并将其作为一个基本的判据。

（2）生命体是一个动态有序的结构，需要与外界环境之间保持一定的差异，由此形成对生命体的恰当刺激，或者说，表现出恰当的收敛与扩展的力量，并通过构建不同力量的个体，使外界对生命体的刺激减少，以使生命体达成与环境的稳定协调，并通过自然优胜劣汰的方式选择出生存适应能力更强的个体。

（3）不同的组织结构面对不同的环境作用时，会形成各自不同的恰当值，标示着不同的静态结构保证其表现出足够的运动状态能力的差异。这些值之间经过相互刺激，最终会出现一个最佳值，这个值就是生命的活性比值。不同的物种会表现出不同的生命活性比值。生命体会依据该活性比值（活性本征的力量最大和最有效），选择能够保证其在生存环境作用下获得最大竞争力的基本方式，保证其获得生存优势。

（4）生命体通过差异化构建的方式调整各种活性本征表达的力量而不断地逼近这个最佳值。在刺激作用下，超动态结构会越来越小，相对应的动态结构的变化会越来越小，静态结构的变化也会越来越小。

（5）各种过程在人的意识中明确地表征出来，并依据意识中丰富的信息而建立起更加广泛的联系。

我们应该认识到，任何一个特征都可以分为两个不同的方面。对于同一事物，也会由不同的因素发挥作用以形成两个方向不同的作用结果。对立矛盾性的关系成为我们研究问题时的一个基本哲学逻辑关系点。我们也习惯于构建矛盾范畴的两个方面的表现来体会这种矛盾关系。

2. 多因素作用时的过程

能力有限的生命体总是逐步地由少到多、由局部到系统、从适应外界新的环境作用的角度达成更大程度上与环境的稳定协调。在此过程中，我们可以先以某个关键因素为基础，研究相关的适应过程，然后，将其他的因素作为新的刺激因素以促进生命体发生新的变化，并最终达成与全部因素作用时的稳定协调状态。

3. 实际过程的综合化描述

诸多过程并不是单一地进行着，而是多种过程同时存在，通过彼此之间的相互作用，最终形成一个综合表现的"最优比值"。生命体所具有的自组织能力，保证着生命体能够在各自适应的基础上，建立各种稳定适应状态之间更高层次的升华性联系，通过形成更高层次的概括与抽象性联系，将诸多具体进入美的状态的方式和各自美的状态升华为更高层次的美的状态。在人的意识中，这种过程将更为便捷、经常。

4. 促进局部活性本征的相互协调

促进各局部的美的元素彼此之间的相互协调，既是进入美的状态的基本方式，也是促进美的升华、生成更高层次的美的核心方法。

（1）与局部的活性本征模式和谐共振，会有效地进入美的状态并生成美感。与局部的活性本征模式通过共振的方式形成稳定协调关系，会构成局部地进入美的状态的方法和过程。此时，该过程模式会与其他的结构模式通过表达出不协调的关系，本质性地使人产生足够的差异化刺激，从而使人体会到美的感受。

（2）不同活性本征之间的相互协调。随着外界环境的变化，生命体会通过构建活性本征的恰当表达而达到与环境的稳定协调状态。达成了稳定协调关系，不同活性本征的运动便成为引导人进入与特殊情景相结合的美的状态的基本元素。不同的环境会形成不同的稳定协调状态，在这种情况下，不同的活性本征之间的差异便内在地形成相互刺激，一方面成为维持生命结构各部分保持耗散结构的动态稳定的基本"外界环境"；另一方面则通过较大差异所形成的刺激，从内部的力量出发，推动人向形成新的适应体的复杂化结构进化。

建立某个客观事物与某个本征模式（或本征模式集合）的稳定协调

联系，意味着在一定程度上表达出了由不协调到协调的过程模式，也就意味着表达出了一定程度的美。由于与更加完整的稳定协调存在差异，这一过程模式会通过活性本征的相互协调而形成升华。此时就有可能会通过升华产生更加强烈而深刻的美感。

（3）自组织生成整体的美。生命体是一个完整的整体，不同的模式同时显示出来时，生命的自组织过程的力量便会自然地发挥作用，将与各种具体情景相对应的本征模式组织成为一个新的稳定的动力学系统，在分别与各种具体情景相对应的基础上，形成一个具有更高层次、涵盖各种具体情况的更具概括抽象性的稳定模式，从而形成美的升华。

（4）基于由不协调达到协调的模式而形成对协调的更大追求。在将由不协调达到协调作为一种基本模式时，人们会运用生命的力量实施发散扩展，从而达到更大程度稳定协调的期望，以及达到使期望得到满足的力量。这本身就表征着人固有地表现出对这种稳定协调状态的追求与强化。

从整体的角度来看，美一定是诸多活性本征模式相互协调的综合表现。在更多情况下，人们不能只是从单一指标的角度确定一个对象的美。史蒂芬·贝利就利用了不同的美的标准的单一表达而否定对象"致用为本"的美的状态和结果。①

第三节　优化抽象与符号

在将与外界环境稳定协调的状态转化为艺术品的过程中，任何元素、特征、环节都可以作为表达的主题，也就是说，以任何一个对象为基础都能够自如地实施 M 力作用，展开差异化构建基础上的优化选择。这也就意味着，我们没有必要寻找"有意味的形式"，即使只是形式，也能够被作为我们艺术追求的主题。这就是抽象。

杜威曾提到一个适合于艺术及艺术创作的"公式"，认为艺术品是将

---

① ［英］史蒂芬·贝利：《审丑万物美学》，杨凌峰译，金城出版社 2014 年版，第 36—54 页。

自然物收集起来，将其提纯、综合和利用，直到它们的新形式产生一种它们原形式所无法提供的满足，即艺术是对自然物的再加工，在改变自然物外表形态的同时，注入艺术家的情感和精神，从而形成艺术品。①

从某种角度讲，当人们进一步地从一件艺术作品中挖掘其所蕴含的各种各样的意义时，都是在试图由此意义出发而与美的本征状态建立起确定性的联系，包括生理的、心理意识的、社会道德的。从艺术创作的角度来看，也是在尽力地通过揭示各种意义与结构的美的对应关系，使人能够看到很少的结构所包含的更加多样意义基础上的抽象性意义，使人顺利地想到由此种结构所能激发出来的多个层次、多个角度所包含的意义，并由此而进入相关意义所对应的美的状态。在由具体到抽象的形成过程中，尤其涉及在抽象过程中表现出来的比较优化过程。

叔本华（A. Schopenhauer，1788—1860，德国哲学家）指出："一物所以比另一物更美，是因为它更便利于这种纯粹客观的静观，迎合人的观照，仿佛强迫人去欣赏，于是我们便称它为很美。这种情形有时是因为它，作为个别的事物，凭借它各部分极其清楚、完全明确、意味深长的关系，纯粹地表现出其种类的理式，而且由于其种类的一切可能的表征都完美地集中在它上面，它能够充分地揭露其理式，所以它使得欣赏者容易从个别事物过渡到理式，从而达到纯粹的观照态状；有时候，一个对象的特殊美的优点在于：这对象上感动我们的理式本身是高度的意志客观性，因而是意味深长和含义丰富。这本身就是在表达了种类的理式，在足够差异化基础上所求得共性。所以，人比一切其他事物更美，人性的揭露是艺术的最高目的，人的形体和表情是造型艺术的最主要对象，而人的行为则是诗的最主要对象。"② 叔本华所谓纯粹客观的静观指的就是在没有外界信息干扰的情况下，只是将已经经过了世间改造的生命的活性本征状态表征出来。这种意味深长的关系即指出了其能够构建出更加多样的、具有更多的潜在性含义的、可以引发欣赏者更多联想的

---

① ［美］李普曼：《当代美学》，邓鹏译，光明日报出版社 1986 年版，第 63 页。

② 北京大学哲学系美学教研室编：《西方美学家论美和美感》，商务印书馆 1980 年版，第 226 页。

信息模式。与"极其清楚""完全明确"结合在一起，表征了这种关系结构与人的意识活性状态的协调一致性。"能够充分"，指的就是与种类的典型的、共性特征的相协调。那么，理式即是在多样并存基础上的抽象性构建。这里的理式已经表明了它是人在主观上构建出来的，超出了生理性的快感而做出的进一步概括抽象，表现出了美的抽象性特征与具体特征的紧密联系性。抽象与具体的紧密结合，形成了与意识活性相协调的状态。强化了美是使人的生命活性更协调过程的表现。在提出了"意识活性"的概念以后，需要重点关注意识活性与人的生命活性的区别与联系。或者说，在意识活性中所表现出来的层次和特点。

一 抽象是人的一种本能

反映不同信息之间的联系（整体性联系）是一种认识世界的基本方法，通过局部的共性激活而将不同的信息联系在一起，也是一种有效的方法：第一，从抽象的过程，需要将更能联系诸多信息的本质性特征及关系提取出来；第二，在诸多可能的关系中，构建寻找能够描述事物之间更加本质联系的关系；第三，形成抽象模式的过程及结果本身就表征着不断的优化、美化，而将这种过程反复表达的结果，会有效地将这种优化的过程性特征模式突出独立地表现出来；第四，在概括抽象的过程中反映出了比较、判断和选择的过程，通过比较判断能够使人更为恰当地优化选择出"更美"的模式，这三个过程在优化过程中会被进一步地强化；第五，在抽象的层次，人会再一次地对相关的信息展开发散、扩展变换，在进行合逻辑性的信息加工过程中，在建立与其他信息更加广泛联系的基础上，形成其他方面的、更加稳定地更合乎生命活性的本质性优化特征；第六，越是具有内在稳定性的信息，在强化人的发散、延伸扩展性基本模式的表现力度方面越是有效，也就越容易被人所选定。在保证生命活性的基础上，选择表达这种内在稳定性的信息，将会更进一步地加强人对外界各种实际情况的认识与理解，从而以对外界更加多样的"发散"性认识形成与人对外部世界"掌控"心理的更强联系。

抽象概念的获得是在基本层面表达 M 力量的基础上构建事物之间本质联系的一种过程。通过实践，能够将有各种可能性的、有差异的特征和模式都构建出来，然后再通过比较、判断和优化选择，将那些反映事物之间本质联系的特征、关系和规律的模式突出出来。

从这种描述中我们可以看到，事物之间的本质性特征，是人在概括各种具体情况时构建出来的、是在能够反映其共性特征的抽象中形成的。这样一种将抽象出来的模式用一个稳定的模式来表征、用一个代表概念的稳定的神经子系统的兴奋来描述的过程，并不是自然发生的，而是人不断地汇集各种具体信息，再通过优化恰当地将表征事物之间的本质性联系通过共性相干的方式构建出来，并在更高层次的神经系统中反映出来的。杜威就曾指出："秩序……它逐渐地将多种多样的变化包容进其平衡的运动之中。"[①] 这种过程并不是一蹴而就的，而是各种信息同时在大脑表现时，抽象、具体化、求吻合等过程持续反复进行的结果。不同信息之间有多种多样的联系模式，在此过程中，我们需要运用 M 的力量，将更加本质地反映不同信息之间内在联系的"共性"模式构建出来，力图使所构建的模式的覆盖范围更大、概括程度更强、所能描述的事物运动与变化更多、种类更加多样。简单地说，就是构建更大范围内的不变量（不变性）。我们说，必须依靠人的意识才能将不同的信息激活在同一个心理空间，并基于此而建立关系。这种构建必须与人的生命活性相协调，协调适应的程度愈高，则构建美的状态的过程就愈顺利、快捷、直接。瓦·康定斯基（Wassily Kandinsky）明确地指出："经过抽象处理或本来就是抽象的形式（点、线、面等）本身并无多大意义，重要的是它们所具有的内在共鸣，它们的生命，正如在现实主义绘画中那样，这里对象本身或其外表并不重要，重要的则是它的内在共鸣和生命。"[②] 必须寻找出与哪一个层次的信息特征产生共鸣，当我们通过直觉体验到这种共鸣的状态时，就能够以彼此的"共鸣"形成共性相干，从而进一步地作用到创作者和欣赏者的内心。

从表现差异化特征的个体的角度看，研究所涉及的情况越多，所构

---

① ［美］杜威：《艺术即经验》，高建平译，商务印书馆 2005 年版，第 14 页。

② ［俄］瓦·康定斯基：《论艺术的精神》，查立译，中国社会科学出版社 1983 年版，第 83 页。

建出来的抽象性特征的概括性就越强，预示着代表这种抽象结果的概念的抽象程度就越高。因此，我们可以明确地说，抽象在一定程度上表征了 M 的力量——力图达到更高的抽象程度，构建出概括面更广的抽象概念。当我们表征这种抽象的模式和过程时，就意味着在抽象与美的状态之间建立起了更加紧密的联系，并通过这种紧密的联系将间接关系上升到直接关系的层面。那么，表达这种抽象的过程和形态，也就意味着更加直接地表达了艺术的美。在我们认可抽象已经被美赋予了足够强大的意味后，艺术品的抽象程度，就会成为判断其艺术作品好与坏（实际上说的是美与不美）的标准之一。印象派艺术画家就指出，其艺术作品所展示的印象并不是客观现实在人的大脑中的瞬间的感受，而是客观事物与人在一系列相互作用过程中所形成的稳定性的认识。[①]

比如说在紫砂壶艺术中，我们要具体评判一把好的喝茶用的壶，除了质料因素以外，我们可以单纯地从形的角度来看一把所谓的好壶所具有的内涵与意义。请想象一下，当说到一把"壶"的时候，在我们的大脑中所展示出来的最为典型的壶的形象是什么？我们所知道的茶壶式样有多种。"曼生十八式"样样各不同。我们并不因为知道中国所特有的茶壶知识而将各式茶壶都说出来，我们只是说，在人们已经知道具有各式各样的茶壶的时候，不以任何具体的茶壶为样本，仅仅是画出你内心所认定的经典的茶壶式样，你会将其画成什么样的壶形？

我们常说："最美的女人"（并不是在歧视妇女，而是妇女在更大程度上表现了人的优美形态，甚至还会涉及更加复杂的历史和社会问题）时，并没有在大脑中形成一个清晰明确的形象，反而是模糊的、变化不定的，有时甚至只能用虚幻的抽象概念来描述，通过一些抽象的符号和语言来界定其意义和同其他事物的联系，有时则用某些局部的具体形态来表征。中国的"四大美女"——羞花闭月、沉鱼落雁都会在不同人的内心掀起涟漪，但真正的形态有可能仅仅只是停留在人们的想象中。

从多样并存而形成美的角度似乎表征了这样一种过程：当同一类事

---

① ［西］毕加索等：《现代艺术大师论艺术》，常宁生编译，中国人民大学出版社 2003 年版，第7—10页。

物信息显示在大脑中时，基于优化基础上的汇总、概括、抽象，将其被优化的、共性的稳定性模式在更高的神经系统中表征出来，这种共性表征由于具有了优化性的意义而被赋予了美的意义。人的抽象过程典型地反映了这种过程。经过优化而形成的人的抽象已经转化为人的一种本能。即便是将艺术品与人的这种本能的某个方面建立起联系，或者通过局部的相同与相似而形成激活，并进一步地形成整体过程的激活，也能够形成足够的美感——美的体验与享受。

但是，在这里我们应当注意，随着人们将知识独立特化出来，并且尽可能地在知识层面展开延伸扩展、强化抽象性操作，艺术美的抽象与人们在意识空间构建的抽象的知识两者并不同等，但又具有更强的稳定性联系。在人的意识空间内通过汇总、概括、抽象，就可以形成基于意识的"美"的模式。

通过抽象，通过人们以往所建立起来的各种关系，能够形成更大程度、范围的联想、想象，将更多的相关性信息一同激活，形成对当前"美感"的有力支持。那么，艺术作品也就意味着激发更多的"美感支持"。这是一种抽象的展开过程，也是人们对抽象模式内涵认识基础上的发散与寻找外延来具体表征人的情感的过程。以情感为基础，仅仅是扩展了一种概括抽象的方式和指标，引导人们运用对美的追求的模式而进行抽象，将那些更能表征生命活性而且又经过意识扩展的本质性（更美）模式构建出来。

由于目的的不同，艺术的抽象与科学的抽象是不同的。这种不同体现在：一是在于所"变换"的"材料"不同；二是在于所采取的抽象的方法不同。科学抽象必然地遵循逻辑关系规律，而艺术抽象着重将进入美的状态的方式也作为一种抽象的方法；三是在理解内涵与外延之间的关系中，通过内涵与外延表征抽象模式的过程不同。在选择外延表达抽象模式的过程中，同样存在着众多能够激发外延表达模式的现象。此时人们不仅会选择，还会在众多的表达模式中构建出"最恰当"的模式。我们认为，优化的过程与人的理性的概括抽象过程还是有所不同的，虽然人们将这种过程也理解为抽象。这就意味着，人们在理性抽象中，可以将对美的追求与以美为标准的优化作为抽象的一个原则来具体执行。

在理性抽象过程中，同样可以选择其他的概括抽象标准。显然，在经过优化选择以后所形成的优化的模式具有符号的性质和意义，是因为它具有形式上的基本关系，或者描述了具体事物之间某些特征之间的关系。自然，美的优化的标准就是与生命活性是否能够在更大程度上达到契合。

审美中的概括抽象会被独立特化出来，进而被生命活性重新变换，从而将美的抽象过程进一步地推广到一般的理性抽象，并由于审美的独立特化模式的扩展而延伸扩展到人的所有意识过程中，由此开启丰富而强大的理性思维。从这里就可以看出，直觉地表征美及对美的追求，应该是一切理性构建的基石。人的认识及理性就是在对美的追求的基础上延伸、扩展来的。人们将对美的追求，转化为对必然逻辑关系的追求，由此进化出数学、物理学等自然科学。

（一）人的能力有限性决定了抽象

人的能力是有限的，这就意味着，人在认识客观世界的过程中，只能以很少的信息来代表复杂多样的世界。人们往往将这个过程实际上认定为抽象。

（二）生命个体以生命的活性应对世界

人以有限的生命面对无限的世界，代表着以有限的生命活性去应对复杂多变的世界。即便是通过发散与收敛的有机综合而生成活的有机体，也只能以很少的信息模式去与千变万化的客观世界建立复杂的关系。更何况，我们建立与环境的稳定协调关系，具体地说是通过单一地表达某个活性本征而从局部的角度进入美的状态中，通过与该活性本征建立起稳定关系的诸多客观事物的有机联系、通过赋予更多的客观事物以美的意义，使我们有能力通过创作这种有意义的艺术使人产生审美感受。这种过程本身更是通过单一的美与各种的可能性建立起联系。

（三）抽象过程表达了生命的活性本征

其中的原因包括：一，人们将这种过程固化成了美的模式；二，通过比较，人们体验到某一种模式比其他的模式更能带来美感，便以这种最美的模式代表具有此种特征的其他模式。各种美的模式会通过概括抽象，形成一般意义上的美的状态、抽象意义与符号意义上的美的状态。相关的模式也就成为美的基本元素。

　　一是，进一步的问题就是：抽象物就是美的。抽象的模式而与众多具体的信息模式对应起来，其本身就是在构建不变量，并以此形成稳定的力量模式。最初的抽象是通过比较优化过程形成的。在将这种模式固化出来以后，人会以此为基础做出进一步的发散扩展，将这种过程推广到其他的认识中，将这种过程模式通过一定程度的变异产生新的抽象过程，并最终将符合一定逻辑关系的抽象过程构建出来。这里所谓的一定程度的变异指的是，虽然发生了一定的变化，但却仍可以归纳到原来的范畴中。优化抽象的过程模式通过生命活性本征的兴奋与美的状态建立起了稳定的关系，优化、抽象也就成为美的状态的基本元素，甚至是更加深刻的美的元素。那么，以优化为基础的变异之后更具一般性的抽象（及其结果），也就具有了美的意义。

　　二是，人在意识中形成了抽象性的心态以后，会通过抽象与具体之间的关系，将抽象所表达的优化的力量转移到具体的形态上，在差异化的展开的基础上，从诸多可能的具体形态中比较优化出在某个特征上能够达到"更美"的具体模式。

　　三是，人这一层次，会在意识中表达出更进一步地追求和展示抽象模式的自主性，并将其扩展成为一种稳定的、基本的心理模式。人在意识中能够更加自如地表达这种模式的力量，使与之相关的诸多信息都能够成为人所要关注的主要主题，人也就更多地关注这个过程而将其他过程抛在脑后。

　　伴随着生命体的进化与成长，尤其是表现出人的自主意识时，抽象模式能够转化成人的本能，因此，无论是表征抽象的过程模式还是表征抽象的结果，这些模式都能够成为人进入与环境的稳定协调状态时参与兴奋的基本元素，都能够有效地引导人进入美的状态。

　　四是，人的各种情感会以其一定的本征性力量与美感建立起稳定的联系。除了情感所表达出来的生命的活性本征力量外，会依据情感与意义的抽象性对应关系（一种情感对应各种不同的意义、一种意义能够激发众多不同的情感）而表达出美的比较优化的力量，在多样化的对应关系的基础上，比较选择出更具美的意义的对应关系。

　　从美在人的生命活性状态中自然表征的意义可以看到，对美的追求所形成的抽象过程，以及由此所形成的进一步地抽象的 M 力的作用，对于人形成理性及形成本能的抽象过程都具有重要的作用。可以认为，正是由于人表现出了基本的对美追求的模式，人们才会在这种模式的基础上进一步地运用活性的力量，并由此扩展延伸，在差异化力量的作用下，驱动人构建基于其他特征的 M 力表现，形成了基于其他特征的概括抽象过程。对美的追求的抽象，成为人的理性形成的基础。这种力量表现在具体地表征抽象的概念（符号）与具体事物的对应关系中，以及在形成了抽象符号与具体事物形态的稳定性对应关系后，意味着能够通过这种关系来梳理混乱的客观世界。

正是这种对美的追求的基本力量——M 力在意识中的反应，驱动着人从诸多可能的模式中、从诸多差异化的模式中，进一步地构建能够代表这些个性化模式的优化模式，并最终将其作为抽象的模式固化下来。人在对美的追求过程中，形成了理想美的稳定存在，便会在这种模式的作用下，驱动人们自然地追求、创造一个更加完美的世界。

（四）哲学就是研究抽象的过程和规律的学问

哲学以研究抽象的特征、关系、过程和规律为己任，主要描述抽象概念（符号）彼此之间的本质性内在逻辑关系。这种逻辑关系，是以局部特征和关系为基础求得的，是在差异化基础上的高可能度选择。以被选定的高可能度模式代表（或忽略）低可能度的众多模式。人们会在意识中单纯地构建符号、语言之间的逻辑关系，因此，哲学的基础就是抽象。

（五）意识的生成就是抽象与具体对应关系的泛化

在意识中，人会将对客观世界的局部认识与具体的客观事物建立起关系，通过大脑多层次的结构，一步一步地抽象出概括能力更强的意识模式。人们会将这种"抽象——具体"的对应模式固化出来，并以此为基础表达活性的力量，形成新的结构。在此过程中，无论是概括抽象的模式，还是概括抽象的结果，在成为相关问题的关键性模式的同时，都会将抽象概念的外延与内涵稳定地联系在一起，并同时性地在构建新意义的过程中发挥作用。

无论是形式还是表现，都需要在多样并存的基础上进行比较优化选择，基于各种意义构建出最美的形式，基于各种意义比较优化选择出最能反映人的生命活性的意义。两者之间并不是截然分开的，而是相互交织在一起。只是强调一个方面，便不能将各种具体的艺术创作概括在内。

（六）信息输入大脑的过程表达了抽象

人的神经生理学的研究表明①，人能够运用其特有的"个人构念"提取客观世界的有限信息，在将感觉性信息传输到大脑中枢的过程中，通过汇总形成初步的概括，以相对较少的信息量输入到投射层。通过与更高层次神经系统中已经存储的信息之间的相互作用，将相对完整的信息在若干功能团中表征成由若干局部特征和相互关系所组成的网络框架结构在大脑的分析层反映出来。单从某个局部特征与众多信息相对应的角度看，这已经反映出了一定程度的概括抽象。大脑神经系统会将不同的信息进一步地传递汇集到大脑神经系统的综合层和前额神经系统，形成信息在更大范围内的相互联系。

（七）抽象模式的稳定与观照推动着这一过程的持续进行

抽象的核心在于将不同的信息概括出一个共性特征模式。用一个稳定的模式去观照一个客观存在，就是在运用抽象的反过程将不同的信息抽象性地统一在一起。通过由共性概括形成的抽象模式，可以更加简单地表达由不协调达到协调的过程。问题在于，由于意识的参与，单一地基于抽象模式表征这一过程往往会受到概念的内涵与外延的干扰，尤其是人在研究问题时，并不简单地只采取基于抽象概念的逻辑推理模式，而是会将抽象概念与具体事物结合在一起，根据现有的规律和客观事物的具体表征，运用一般规律的观照，通过研究描述具体事物的变化特征、关系和规律而形成抽象性认识。伴随着人的进化，会表现出越来越突出的抽象过程，抽象也就会成为将一个完整模式局部化的基本力量。人也越来越熟练地表达这种力量。当然，与此同时，从局部特征建立起更加广泛的信息联系，引导人从诸多可能关系中选择出具有美的状态的信息模式也就需要更长的时间。这也就意味着，人的心智越是发达，由不协调达到协调的过程就会越困难。

---

① ［苏］A. P. 鲁利亚等：《心理学的自然科学基础》，李翼鹏等译，科学出版社 1986 年版。

由遍布全身的感知神经元，向少量的神经元汇集，这本身就是在抽象：将典型的模式反映出来。这种逼近过程类似于在诸多可能性中选择一种最恰当的。通过人工神经网络理论我们知道，求平均是构建典型的一种有效方法。那种典型的共性模式（我们可以先期地假设存在这种模式）便会在这种持续的强化刺激中突显出来，成为一类事物对象的典型代表。

周宪在《美学是什么》一书中，详细介绍了美国心理学教授朗洛伊丝（Langlois）的研究方法与成果。朗洛伊丝自20世纪80年代以来一直探索这样的一个问题：什么样的人脸才是美的？朗洛伊丝与毕达哥拉斯学派的最大的不同是，她拥有高科技的电脑图像合成技术。她所采取的方法是：随机地选择96名男大学生和96名女大学生的照片，将这些照片各分成三组，每组32张。然后基于这些照片进行合成，即分别用2张、4张、8张、16张、32张照片合成一张人像照片。之后再从街上随机任意地找300人对这些合成照片的漂亮程度打分，结果显示出了惊人的相似：参与合成的照片数量越高的合成图像，越是被更多的人选择为更美。于是，朗洛伊丝得出这样的结论：具有吸引力（最美）的人脸是接近于群体人脸的平均状态——被称为是脸的"常模"。朗洛伊丝展开进一步地实验，她把经常在媒体上出现的模特儿的脸与经过合成的人脸进行比较，经过电脑分析也得出这样一个结论：习惯意义上认为的漂亮的脸，往往非常接近32张照片合成的人像。[①] 这种做法就很具有启发性。

通过求平均值得到的是关于具体对象变化时的不变性特征，是稳定的存在，该模式的兴奋代表着从共性收敛的角度引导人进入美的状态，由此可以更加有效地表达生命的活性本征，并得到更强的竞争力，在获得更多资源的基础上，使相应的优势基因得以遗传放大，并进一步地得到扩展。

其实，这种求平均的过程反映在日常生活中就是我们对所面临的各式各样的人脸的一种识别过程。在考虑到彼此的无关性时，人会自然地利用求平均的方法得到典型化的结果。不同的人脸相的平均值代表不同

---

① 周宪：《美学是什么》，北京大学出版社2002年版，第8页。

程度的美，就表达出了这种过程。因为整天看不同的人，那些具有美的典型性的共性模式便会通过简单的求平均的方式被强化。

而由好奇心所形成的差异的构建，以及由此形成的多样并存，将对平均的结果产生足够的影响。这种影响在于构建了哪个区域的多样并存，在哪个区域形成联想激活，并由此形成相应的稳定性模式。在平均（联想激活）的过程中，人的心态具有加权的意义和作用，也使人的审美具有了偏化性的选择力量。

人的主观意愿会联想激发出不同的信息，基于对这些信息联想激活所形成的对完美的追求及完美的状态——"格式塔"，自然会受到人的主观意愿的影响。即使采取平均的方式，平均的结果也将受到由此所联想激活的信息的影响。在将美的经验转化成现象学的美的体验时，除了反思，同样涉及抽象。我们扩展了视野，扩大了抽象的范围，在一个更大的范围内抽象到了本质性的特征，这个过程就表征着我们由更大的不协调达到了协调，体现出了更大的对立与转换，因此，人们便会更加强烈地体会到这种达到协调状态的美。

二　优化是抽象的一种重要的力量

（一）抽象的基础是优化

优化过程是一种古老的本能性过程模式。优化本质上就是一种抽象——以单一代表众多具体。抽象是在优化的过程中逐步突显孤立出来并进一步扩展变异而形成的一种稳定地建立信息之间本质关系的模式。人会在意识层面以优化模式为基础进一步地表现活性的力量；基于该优化模式诸多小的环节进一步地求新、求异、求变；基于差异化构建所形成的多样并存进一步地展开比较优化，从而在多样化的构建中，形成更加多样的优化过程。通过构成优化过程的变异，这些同时并存的优化的变异模式，会使得优化的意义变得越来越"淡"。这种新的模式与优化模式表现出的越来越大的差异化的变化过程，会使人们在意识中形成一种新的独立模式。

（二）在优化模式基础上的抽象

伴随着生命的进化，生命体会更加稳固地表达出多样并存上的优化。

当生命体面对众多客观环境需要做出选择时，会自然地将这种优化的构建模式运用到针对多种不同情况以形成综合反映的过程上。概括过程便自然形成了。

这种优化的过程性模式在意识中具体表征时，人在各种活动中都能够表达出优化的模式和力量，因此，优化的构建过程就会成为在各种活动中表达共性特征的关键模式。优化已经成为一种稳定的本能性模式，以及与各种具体情况有机结合的经验模式。单纯地以该优化模式为基础，自然可以根据以往所固化出来的经验使其他信息也处于兴奋状态。此时的状态即表现了抽象与具体稳定的对应关系。

（三）优化的扩展会形成一般意义上的概括

生命体基于活性所固化出来的优化性本能力量，无论是个体还是群体都将依据此种力量产生优化的模式，形成以优化后的单一模式代表、联系非优化的诸多模式的过程。当这种模式关系稳定地建立起来时，会具体形成确定的指代关系。生命的活性则会在意识中以该模式为基础表达出发散扩展、收敛稳定的力量，持续地建立其他信息与当前模式的联系，人又会在这种联系中依据不同的基础，并通过差异化构建进一步优化成独立的新的抽象模式。瓦·康定斯基指出："必须认识到：在抽象绘画中，减低到了最小限度的'客观因素'即是最有力、最有效的现实因素。"[①] 这种"减低"的过程就是在艺术品的创作过程中，使某一个指标达到最大（最小），而这种过程是通过先构建出不同的模式，然后再从中比较实现的。至于大脑为什么要这么做，为什么不是单纯地从抽象、计算的角度进行这种过程，并将计算、优化的结果直接表达出来，则是由大脑对外界信息的反应过程特征所决定的。这也就意味着，只有在大脑中形成一定数量的程度相对完整的信息模式以后，才可以通过比较将更恰当（更优、促使指标特征向目标方向转移）的状态模式记录下来，并作为下一步的基准比较模式。

在此过程中，人们往往会混淆抽象的结果与对美的追求的结果之间

①　［俄］瓦·康定斯基：《论艺术的精神》，查立译，中国社会科学出版社 1983 年版，第83 页。

的关系。虽然两者存在紧密的联系，但还是有着本质性区别的。当然，两者都是在各自特征目标上进一步追求的结果。抽象追求具有更大覆盖率的本质特征，而美则追求诸多差异化的个体能够在某个指标上达到局部最优的结果。此时，因为两者同时表征 M 力，所以，所得到的结果往往具有更大程度上的交叉共性。而在此过程中，也往往通过对美的追求而形成一个抽象的概念。从这个角度讲，两者之间具有很大程度上的交叉重叠性，因此，将两者区别开来就不容易了。概念之间的内在逻辑关系是在结合概念与具体之间的相互转换时，以具体为基础所形成的对于关系的抽象概括。人们能够以对美的追求作为其中的标准，也就是说，我们可以在概念之间的各种可能关系中，寻找到最恰当的形式（关系）作为概念之间的内在逻辑关系。

三　符号表征着稳定与变化的协调

生命体以优化抽象后的共性特征模式为基础形成固定的模式表达，能够表达出符号性特征的力量。符号所表征的是优化抽象的结果，但人在意识中并不只是简单地反映这种抽象的结果，有时会将符号所指代的具体事物尽可能地一一罗列、展示出来。人也会依据抽象与具体的关系展示出生命活性中的收敛与发展。

（一）符号的指代性意义

符号学诞生的重点，描述的就是这种以典型的符号来代表具有某种共性特征的一类具体事物。这在一定程度上表达出了抽象与具体同时存在的必然性的稳定结构关系。

（二）符号只能在一定程度上代表共性

人会以符号作为稳定不变的一方，将那些差异的、局部的、暂时的信息作为变化性的信息的一方，通过符号的能指与所指关系，同生命的活性本征和谐共振以进入美的状态。此时，表达具有稳定性作用的抽象符号，也就成为能够局部地进入美的状态的基本模式。

（三）共性特征少而差异性特征多并达到一定程度时，就需要构建新的符号

不变性信息与变化性信息之间的比例关系应该与生命活性中收敛与

发散力量之间的活性比值相适应，或者进入生命活性所要求的比值范围。当彼此之间的比例超出生命的活性比值范围时，就需要展开抽象与具体化的相互协调过程，通过形成新的"符号"而形成新的稳定协调。

四　典型化与审美

在艺术创作中，不懈地追求典型成为一种基本的模式。所谓典型是指种类中的某个个体最能表达种类中已经被优化的共性特征集合。典型通过优化的过程已经成为美的基本模式。因此，"典型的就是美的"观点的本质在于这种"典型具有优化的力量和优化的结果"。要形成典型，就需要通过比较优化的方式，将种类中反映其类的本质性的共性特征优化、选择、表达出来。这其中涉及典型的人物、典型的性格、典型的心理、典型的社会环境、典型的人物之间的关系、典型的……所有的环节都可以从典型的角度来考虑。

人通过各式不同的生活形成了差异化的审美。这些不同的审美模式会通过相互关系形成一个具有紧密联系的群体。生命中对美的追求的力量及优化的力量，会基于这个联系集合而实施优化。虽然伴随着生命的进化，我们不能全部把握控制生命体进行优化选择的标准特征，但我们可以明确地认识到，优化过程会伴随着生命的进化而持续表达。在此过程中，那些不同模式之间的共性模式就会得到非线性放大而成为典型性的特征。

典型是需要运用 M 的力量来构建的，从直观的意义上讲，就是以典型化模式为基本出发点，表达出"更加典型"的态势。由此，抽象与 M 就自然地建立起了关系——表达 M 力而得到更本质的抽象。在将典型模式作为独立的模式时，我们可以进一步地表达 M 的力量，促使这种能力变得更强。只有将人对美的"更"的追求固化在作品中时，它才真正地成为价值更高的艺术品。而这种选择和固化是不受人们事先所确定的规则所限制的。也就意味着，如何将"更"的特征与艺术品的表现形式相结合，完全是自由的，人们可以自由构建，只需要将这种"更"的模式表征出来即可。这一方面会进一步地扩展典型化的范围；另一方面则会推动典型化向更高层次转化。通过求得典型性的方式，我们可以从中看到，人们所谓的典型实质就是在一定程度上优化以后的结果。但当人们将求得典型这一过程独立特化以后，其便具有了更加广泛的意义，人们也由此赋予了典型以美的意义。正如蔡仪明确指出的："美的法则就是典型的法则"。[①]

典型性信息之所以能够引导人更容易地进入美的状态，并与更多美的模式建立起稳定的联系，使人在更加多样的情景中得到美的享受，就在于这种典型性是在差异化的多样并存群体中概括抽象出来的最恰当的模式。艺术的典型化已经表达出了足够的优化抽象力量。也正是这种优化抽象力量，在人们建立起众多具体的形象模式与抽象模式之间稳定的对应关系时，成为一种稳定的泛集而始终表达着。这就意味着，从该典型模式出发，能够适应更加多样情况下的美的享受，尤其是遇到新的情况时，基于典型而仅仅消费很小的资源，即可以顺利地进入美的状态，从而将美的状态与具体情况更加有机地结合起来。关注典型，成为人日常心理构建与审美的基本过程。艺术家也会在更大程度上利用典型而展开艺术创作。

诸多的典型在更大程度上表现了 M 模式的力量。形成典型的过程，就是比较、选择的过程，人们并不以现实中的表现作为框框，而是在这种思想的引导下不断地构建出"合乎逻辑"的扩展性特征，使其所表现的特征及由此而表征的意义更为突出。

典型集中表现了"类行为"中的突出模式，信息在大脑中的记忆与遗忘的关系就能更加明确地表达出这一特点。这将使典型模式的力量更强，"作用点"更准确，在排除其他干扰因素的基础上，联系更加广泛。尤其是在典型化的过程中，能够使人更为突出地表达发现、构建、建立联系的过程。

典型性的模式代表着节约（节省）。它以简洁的模式代表着更加多样、复杂、不确定、未知的状态。美的典型性观点指出了不同信息的可能度对美的模式所形成的过程性影响。显然，哪些典型信息的可能度较高，所形成的美的模式就会强化这个方面，美的典型模式的涌现性也就

[①]　中国社会科学院文学所：《美学论丛》（1），中国社会科学出版社 1979 年版，第 54 页。

越强。诸如均衡、对称等关系，都将对典型化的过程产生影响。

显然，这里的简化一方面意味着优化（共性表现、抽象概括）；另一方面，在简化的过程中自然存在着选择与构建，人们将注意力集中到若干核心特征上，通过彼此之间的关系而构建出更能反映事物主题的意义，从而以更小的形式表达最大的信息量。这也是人在进化过程中所形成的优化的基本模式。节省的前提是优化。与这种原则相符合时，自然也就反映出了基本的美的原则。这也就意味着，以更小的形式反映更加复杂的内容，使其具有更大的信息量、具有更大的复杂程度的艺术作品，将是更完美的。

这就是最小结构反映最大信息量的节省性原则，更能体现这种原则的作品，就是更好的艺术品。由此可以看出，当人们将这种表征与抽象建立起关系（抽象反映出了共性特征）、以抽象作为单独的模式时，就能够产生更加符合这种特征指标要求的艺术品——概括抽象程度越高，就会越美。在此过程中，需要构建最恰当的简化方式，以及使信息量得到最大化的激活。科学正是这种审美意识的反映，正如爱因斯坦（Einstein）等物理学家所强调的那样。

从对艺术创作的影响来看，可以分为"前典型"和"后典型"。所谓前典型，是指艺术家选择了诸多典型的状态、关系、结构、演变过程，也就是由"典型"的局部特征组成更为典型的意义。而所谓"后典型"，则是指由于艺术品成功地描述了一个人、事、物等，这些人、事、物便会因此而成为典型。在认识典型的过程中，除了典型表达不同具体情景的共性特征，还会基于逻辑关系而构成典型性意义，在使典型性具有足够夸张性特征的同时，保持其足够的合理性、稳定性。

一般情况下，形成典型的方式本身会成为概括抽象的一种方法，而"逐次逼近"也可以作为艺术创作的基本方法。诸如时下，一箱子猕猴桃24.78元。由于没有零钱，我拿了一张100元的整钱去买一箱猕猴桃，此时就出现了以下场景：对方先给我换现两张50元的钱，然后我拿出50元钱交给对方，他给我找了一张20元的人民币，由于对方没有其他零钱，此时只好从旁边卖水果的那里借了5元钱，又从自己口袋里拿出1元钱交给我，我也就只好再找出0.3元钱交给对方，此时我们双方都再没有办法了，因此他只好从旁边那里借了 0.02 元钱交给我。此时我们钱货两清。在这里，我买猕猴桃付钱的过程就是逐次逼近——不断地一步一步地向讲好的价钱逼近。

艺术创作同样存在着逐次逼近的过程。如达·芬奇创作任何一幅作品都会画出很多个草图；毕加索创作什么画画了许多草图；雕刻家会不断地调整修正；制壶家会结合实际效果不断地修正自己心目中的典型形象，这就是在通过典型模式与美之间内在的稳定性关系、通过典型的少量信息模式引导人构建出更加宏大、丰富的审美信息。

认知心理学中的典型模式的形成与意义的表达就突出地表现出了这种过程。有时，开始并没有形成一种美的模式，但在创作过程中我们可以不断地修正、不断地修改，最后成为典型的完美的艺术作品。创作者正是通过这种逐次逼近的过程将自己内心的美更加明确地表达出来。

（一）以符号表达生命活性的独立特化与自主

符号的"能指"与"所指"从符号诞生起就固有地存在着。只要与具体事物相结合，就使某一符号具有了指代性的意义。正如认知心理学所揭示的，人总在外界环境作用下，将客观信息表达为某种由心理模式来表征的抽象符号。不同信息会在大脑中通过共性相干的力量建立起相互关系。即使人们不知道其所指的是什么，但人们总在潜意识中假设其一定能够表达所指的本质特征和内在规律。这种关系被稳定地建立起来以后，便具有了足够的独立性特征，它可以通过自主涌现而在其他的过程中发挥作用。

（二）以符号的方式表达生命活性的相关特征

生命的力量已经揭示，以抽象出来的符号为载体，同样可以表达生命活性的本征力量，同样可以形成特殊的美的元素。

一是，以符号表达生命活性中的扩张力量：从符号所基于的更加基础的局部特征及其关系出发，构建与当前关系有差异的其他模式，从而将更多的信息联系在符号的周围，建立当前符号与其他信息模式复杂的网络关系。

二是，以符号表达生命活性中的收敛力量：以当前符号为基础，通过各种关系使其他心理信息模式处于兴奋和待兴奋状态，形成以其他信息的兴奋为基础而向当前符号汇聚的过程和结构。

三是，以符号表达生命活性中的协调力量：基于当前符号建立与其他心理信息模式之间关系的过程中，理性会更加关注其中所表现出来的协调性关系——能够使人具有更强的掌控性能力——表达收敛性力量。生命的活性本征则会驱动人在表达这种逻辑关系的同时，构建与符号的内涵及外延具有各种关系的大量信息的同时显示，甚至只是表达出这种显示的趋势。以生命的活性为力量的符号表达，会以更加突出而典型的力量引导与生命活性的和谐共振。

（三）表达人的更加抽象的本能力量

表达抽象的结果、表达抽象的模式和过程，同时在这个过程中表达M 的力量与优化的过程模式，便会形成更加概括抽象的结果。诸多模式都将在抽象与具体的优化协调统一中表达出来。单一的抽象符号不会在人的内心引发超出符号本身之外的更强的美感。只有建立起符号模式与其他更加丰富的信息的有机联系时，才能够使人更加强烈地体会到符号所反映的具体事物的本质性关系和由此而概括抽象出来的基本规律。

在"古朴典雅"的意义的形成过程中，即反映出了这种通过优化而抽象的本能性力量。人们根据老年人脸上的皱纹联想到了更多的磨难，人们又在其他方面展开联想，并将其他的意义赋予到该对象上，相关的语言描述便被赋予了符号的意味。比如"古"：代表着古代、老、时间长、饱经沧桑；而"朴"则代表着：原型、本质、没有经过粉饰的、没有经过遮掩的、反映事物的本来面目的；典的意义包括：经典、典型等等。

梅兰竹菊更受到中国人的喜爱。实际上，中国人将更多的含义赋予了梅兰竹菊。比如对于梅，一般的花在冬天是不开放的，唯有腊梅，能够不畏寒冬独自开放，从而形成"不畏寒冬独自香"的境界。而这些特征与人的有意识的追求、努力向上、不畏艰难困苦、努力进取形成共性相干，人们通过放大这种共性认识而赋予梅以特殊的意义。梅以曲为美往往具有如下内涵：意外使其折断，磨难越多，折断的次数就越多，但却能够做到百折而不屈，此处断了不要紧，就在另外的地方长出新的嫩芽，仍然能够顽强地与恶劣的外界环境相抗争，努力地适应新的环境、新的变化。梅的顽强生长形成了其复杂多变的结构。人们看多了直的树，因此，对于弯曲的树有新奇感，人性的活性多变与此相照应。

五　通过想象将抽象的观念形象化

（一）想象能够将抽象的观念形象化

想象在于利用大脑中展示出来的局部特征、相互关系与各种事物的相互作用，从而利用心智进化的形象性信息的基础性作用，持续不断地由当前共性优化的特征而联想构建出各种形式和内容的形象化信息模式，并利用符号的延伸扩展，通过自组织过程形成其他的形象性意义。人们在面对一个具有高度抽象性的符号时，也习惯利用其所代表的具体过程，从符号、关系和规律的角度向具体形象及其相关的具体特征模式转化。

（二）通过优化将最佳的形式构建出来

人的想象具有更强的自由的力量和更强的发散性的力量，促使人在更大的范围内构建出更具差异性的形象信息模式。与此同时，基于生命活性而表达出来的优化过程，会在想象过程中得到更加充分的表现，在各种的信息加工过程中表达出比较优化的力量。因此，人会更为常见、更为便利地运用想象、通过比较而优化选择，以更大的可能性将更大范围内的"最优"形象性结构选择出来。

（三）通过想象构建出观念的新的形象表达

想象不只是简单地在大脑中利用局部形象性信息构建出完整的、具有一定意义的形象性信息。它往往通过依赖于局部特征的差异化联想，在构建出多种可能的整体意义的基础上，优化构建选择出一个与当前条件能够更好吻合的整体形象性信息。

想象能够与好奇心紧密联系，在受到好奇心的作用而选择不经常看到的特征、出乎意料的关系和具有未知性的整体意义的同时，进一步地组织生成新的意义，给人带来惊奇。

六　符号与审美经验

符号的"能指"与"所指"，表达出更准确、覆盖面更广的本质性特征。

（一）将优化后的审美经验转化为符号

当人们在内心建立起稳定的审美经验时，便会出于抽象性本能，基于共性相干和优化的力量，通过构建出一个简单的模式，与一个具有稳定性意义的泛集形成确定性的对应关系。这是大脑中表现出来的多样化的低层次信息向高层次的抽象信息映射的基本过程。当人们能够娴熟地进行这种操作时，也能够成功地表达这个过程的逆过程。人们会以这种基本的对应关系，在其他场景中、在某个环节引入恰当的符号元素，并以此激发人相关的情感，依据该局部符号与其他符号之间的协调性关系，维持由该符号所激发的意义与其他意义之间稳定的对应。由于能够表达出这种稳定的对应关系，人们也就把艺术创造理解为是在创造符号。

语言的形成包含着优化的基本过程——通过优化，将具有差异的各种不同的形态统一在一起。人们就是在优化的过程中，逐步将更好地代表当前同一类具体形态的信息突显出来。而在此过程中，简单地求得算术平均值的方法也成为彼此无关性影响所形成的基本结果。这就意味着，在达成符号的过程中，彼此之间的逻辑关系具有足够的决定性力量。而符号实质上揭示的就是表达符号之间的逻辑关系。

（二）符号与意义恰当的对应关系

在人们认识客观事物的过程中，会形成一系列的多样性意义与单一的客观事物的对应关系，并随着人的认识过程的进一步进行，也会形成某个单一的稳定认识与多个客观事物的抽象性对应关系。意义和表达意义的形式之间会有多种不同的对应关系，基于当前，人们会在诸多表达意义的形式中，构建选择一个"局部最恰当"的方式。在该"恰当方式"的基础上，人们能够更为便捷地构建出与当前有所差异的其他的方式。这就相当于形成了抽象——以恰当与多样性稳定对应，以这种优化后的"恰当"符号代表众多可能性。

我们能够将抽象的过程表征出来，使人体会到更加强烈的抽象模式的作用，尤其是在意识中将人的抽象理念转化成具体的客观实在，或者运用某个稳定的意识模式而观照客观。在由某个确定性的抽象理念转化成为客观存在的过程中，也是先构建出众多可能性的具体形象，然后再从中选择出最恰当的形式客观化。更进一步地，人们就是按照这种模式来改变客观世界的。按照人们的理想，按照人的思想而改变客观世界，使之达到与人的想象相一致的状态。当人对"道法自然"和"天人合一"有一个明确的认识时，人会认识到，自然无思无欲，但却同人一样具有生命的自然成长过程和力量。带着这种认识而"观照"自然的过程中，人会从千奇百怪的自然表征中寻找、照应那种更符合人的认识的状态现象。所谓寄情于山水，是将自己的感情寄托于大自然，并从中寻找到与自己的感情相符的、能够表达自己内心感受的、典型的客观存在。

（三）在符号化的过程中，人在运用 M 的力量而不断优化

人能够利用符号（语言、绘画、音符等）恰当地表达意义（包括情感）。这里的关键就是由优化而形成的恰当。意义包括理念（理性认识，具有严密的结构和内在紧密的逻辑关系）、想象、理想、态度和期待等。作为人的生命活性本征的 M 力量，在优化与抽象的过程中，仍然能够发挥其应有的作用，通过对美的追求，将优化的模式和结果固化下来，从而使由符号到具体的意义表征之间的转换变得更为迅速，使由符号所代表的众多的意义在人的下意识空间中得到恰当显示，并可以随时进入人的意识空间对其他信息行使变换的力量。

在多样并存基础上的简化——概括抽象，是持续地表达 M 的力量的优化结果。人们会在这种简化的过程中，因为运用 M 的力量和优化的模式力量而体会到间接的美，并在意识中进一步地强化这种间接的美。艺术作品的简单化处理，代表着抽象。关注事物的主要特征而忽略其他的不重要的特征，也是抽象。抽象在更大程度上是简约——从诸多不同的信息形态中，构建出一个能够有效联系那些不同信息模式的、更大范围内保持不变的共性特征模式。我们必须在具体的形态、事物之上，根据不同信息之间的共性相干与联系，将其更加本质的模式构建、独立特化出来，使之成为建立不同信息之间联系的基础。

（四）使符号意义具有扩展性

人的生命活性，自然地使符号具有收敛与发散的力量。在人能够体会到符号所具有的发散性力量时，形成新的符号意义。

一是，既然该恰当模式是在众多差异性模式的基础上形成的，那么，从该模式出发，便能够迅速地构建出有差异的其他信息，人们也会依据

这种可迅速地进行差异化构建的过程和结果，体会到当前恰当模式所表达出来的优化的过程和力量。

二是，以该模式为基础，还能够构建出该恰当方式的有效扩展性特征。当这种扩展性的特征在符号中得到充分展现时，符号所具有的创造性和由此所体现出来的扩展的力量便会被人主动强化，成为创作新的美感的基本力量。

三是，在表现优化后的形式与意义对应关系的基础上呈现出多样同显。在人们构建出了形式与意义之间优化的对应关系以后，会结合外界环境的变化，略作调整，或者说重新构建一个完整的优化对应关系。这种"略作调整"的模式，虽然与优化后的稳定结构有所不同，但又不具有本质性的区别，人会将优化的模式与这种略微不同的模式一同显示。

四是，对优化力量的扩展。在以优化模式为基础时，进一步地实施 M 的力量，实施生命活性的扩展与收敛的力量，在使优化的力量不断增大的同时，与其他方式的优化的模式力量抽象性地联系在一起，在更高层次的意义表征中形成具有更高层次优化抽象的意义。

我们经常会思考，人所经历的经验（包括经验基础上的理性思考和想象性扩展）在什么情况下会转化成为美的模式，在什么情况下，我们能够提升这种经验中的美的含量？实际过程中，人是将两种不同的模式混合在一起考虑的。如果认可经验是通过优化而获得的，那么，所谓美的模式就是这种过程和结果的模式化表现。

在中国传统的绘画中，山水画发达，而人物画相对不多。山水画更多地以写意为主。重在表达古人所认为的人只有与环境协调在一起才能构成美感的基本思想。中国绘画没有产生西方讲究尺寸比例、明暗对比、色彩高下、立体透视等基于局部特征的绘画技法。按照这样的观念，人物之所以美丽或精彩，固然与人物本身的内质有密切的关系，更取决于人物在整个环境中所扮演的角色。这更大程度上反映了系统论的思想及基于系统思维的抽象优化性力量。这是以抽象性的关系，而不是追求真实地再现客观结构，在人与自然的相互作用过程中，寻找、构建能与人的生命活性在更大程度上和谐共鸣的结构模式。

显然，我们在这里需要指出的是，抽象可以发生在任何一个对象的信息形态上。可以以形状为基础、可以以线条为基础，同时也可以以颜色为基础而进行抽象。在艺术史上，只有梵·高才能以其崇高的境界对颜色展开抽象。正如 H. 里德分析指出的："梵·高发现，要想做到老实真诚，必须寻求一种自我表现的方式。而且，越是真心实意地寻求这种方式，就越有可能发挥形式的力量，利用色彩的纯度，恢复同现实的联系——这便是梵·高艺术的奇异性和生命力的全部特征。"①

七　表达概括与抽象

概括与抽象作为人的重要的生成性力量，在人类的进步与发展过程中发挥着核心的作用。既然作为人的核心本征，自然能够在美的状态显现中发挥关键性的作用。艺术史的研究表明，人类也总以恰当的形式表达抽象性本征的过程模式和结果模式。无论是基于哪个特征的抽象，都会与抽象的过程一起引导人进入美的状态。这正是抽象派艺术的理论基础。在人类的知识体系中，基于概括抽象所形成的以符号为核心的知识体系，突出地展示出了理性的光辉。但在人类追求逻辑性关系的过程中，也在一定程度上改变了人们研究思考问题的出发点，在一定范围内限制了人思考问题的空间。

通常的经验是已经做出了有效抽象的固化。生命的活性本征模式会在这个过程中固有地发挥作用。既然是保留下来的经验，就一定是做了相当优化后的结果，是在好奇心的视野内的差异化构建和多样并存基础上进一步地比较优化后的选择。这也就意味着，人内心所"积淀"下来的审美经验，已经是在做了优化的基础上的局部最美的模式，通过这种优化的结果，已经包含着美的 M 的力量与优化的力量，通过形成相对稳定的意义，表达了与生命的活性本征模式的共性相干，使得彼此之间不再因为差异而形成相互刺激，而是在各安其位的状态中，表征着彼此之间的共鸣协调，在稳定状态下表征这种协调的状态。

（一）概括与抽象是一种本能

由具体到抽象的过程会成为一种本能。我们总是在面对一个具体的

---

① ［英］H. 里德：《艺术的真谛》，王柯平译，辽宁人民出版社 1987 年版，第 155 页。

美时，运用这种本能模式而形成更具联系性、概括性的一般的美。这种能力在人的意识空间被进一步强化，成为一种具有更强自主性的独立模式，并在后续的过程中发挥相应的作用。当人们面对丰富多彩的具体事物信息时，只选择其中的一个特征加以表达，并且将这种表达推向基于该特征的更加纯粹的形式时，展示出来的就是抽象的过程。

之所以说概括与抽象是一种本能，可以从以下几个方面来说明：一是这种本能力量来源于生命活性中的收敛性本能；二是这种本能模式来源于优化本能，利用此本能，人会从众多的具体形态中比较选择出若干个概括性行为。在此过程中，遗忘也会成为以局部代表整体过程的基本力量——遗忘了大部分的信息，只留下很少量的信息，从而在某些很小的局部特征出现时，能够有效地激发人的完整性行为。

这个过程体现出了优化的美的过程，从中也能够寻找出 M 力量的表达——概括抽象出反映事物运动与变化更加本质的特征，并使其能够独立表现并在人的审美中发挥作用。

我们从人的大脑通过不同的层次反映不同信息之间关系的过程中也可以看出，众多低层次信息通过彼此之间的内在关系——不变量而与一个高层次稳定兴奋的模式对应起来。高层次的这个兴奋模式，是低层次不同信息之间的共性关系模式。先在低层次中形成这种共性关系模式，再进一步地向更高层次映射，就意味着在人的意识中，能够通过生成的抽象模式表征具体信息的关系模式。我们可以将高层次很少几个模式的兴奋，与客观世界中众多不同的现实情景通过信息模式的方式"应照"起来。只是在大脑中显现出高层次的信息，并在意识认识中寻找与客观世界情景的相对应关系，意味着将这种抽象的认识用于指导具体实际的运动与变化，或者说，采取"由上至下"的方法理解、引导客观世界的变化。显然，在人类的进化过程中，这种概括优化所形成的对高层次的冲击，在人的意识形成过程中发挥着足够的作用。

将这种抽象的关系直接地映像到反映客观世界具体信息的表征层次，就意味着我们抛弃了事物的具体意义（色彩、形状、情感、对人的作用等），只体会在诸多抽象结构基础上所构建出来的更美的模式和关系，舍弃其他无关的信息，只关注核心特征模式，在人们的内心生成强烈的审美感受。

　　抽象作为一种活性本征模式，是构建于基本的生命活性本征表现之上的生成性次级本能，能够在独立表达的基础上，与 M 力表现、差异构建与比较优化紧密地结合在一起。通过各个不同模式之间的共性相干和比较优化而形成的抽象模式，本身就以其稳定性的丰富刺激有效地扩展着人的意识空间，推动着人的意识中的信息加工能力的进一步增强。因此，必然与生命的活性本征表现形成不可分割的联系。这种过程稳定地进行，并经过意识的强势放大，尤其会在人的教育的主动引导下，最终成为一个为人所极度关注的活性本征。表达这种活性本征、表达能够在一定程度上与激发这种活性本征兴奋的客观事物建立起稳定的对应关系，或者建立外界客观与该活性本征的稳定协调关系并将相应的外界客观明确地表达出来。与自然的直接映射相比，人们更愿意在想象中展开此过程，也必然喜欢这种虚幻的、抽象的美。

　　除了上述说明，我们还可以从以下几点说明这个问题：

　　一是，人相信 M 的力量，而且认定这种过程的反复迭代。尤其是认为，可以进行无限次迭代，就一定能够形成自己所能达到的最美的形态；

　　二是，人构建出了强大的意识心灵，便能够以这种虚幻的状态作为稳定的模式，在由不协调而达到这种稳定状态所形成的协调关系时，使人感受到足够的美；

　　三是，人通过激发这种空洞的虚幻状态，能够在一定程度上体验到由好奇心所产生的新奇、多样并存和不确定的状态，并且与其他的美的状态表征联系在一起而形成刺激；

　　四是，在多样并存基础上的简化——概括抽象，也是在表达 M 的力量。因此，人们会在这种简化的过程中，运用 M 的力量体会到间接的美，并在意识中进一步地强化这种间接的美；

　　五是，抽象美以其简洁稳定性，与复杂变化的外界环境形成相互协调关系，分别构成生命活性的稳定与变化部分，从而在一定程度上与生命的状态更加协调；

　　六是，从创新的角度人们也在不断地探索那些能够从各个角度描述且他人还不曾涉足的领域。艺术家在努力地追求这种形式的美的艺术，并将其发扬光大。

（二）表达概括与抽象的过程

既然认识到了概括抽象的本征性意义，人们会将概括抽象过程作为一种稳定的模式固化下来，通过构建概括抽象过程所遵循的基本特征、核心关系和本质性规律，通过在更多的过程中表达抽象，更加自如地发挥概括抽象对于美的基础性意义、发挥概括抽象对于艺术创作的指导性意义。

由概括抽象到更抽象的过程表征着 M 力与抽象过程及趋向的有机结合。单单地表达 M 力，本身就是一种抽象。从多样并存中选择构建出（相对）最美模式的过程，表达了由个体代表一个"集合"的过程。在此过程中，更加突出地表现了人的本质性的 M 的力量，并且经过个人意识和社会意识的放大、变异而成为稳定的模式。但我们所强调的是在多样并存的基础上构建出能够将诸多模式更恰当地统一在一起的抽象模式，并将这种构建抽象结果的过程模式独立地突显出来。

通过抽象形成美，以及抽象美是一个高层次的美的元素。人只有在意识中表征了这种抽象的过程，才能体会到抽象的美。比如说，只有到了一定的知识水平和智能程度，才能发现并体会到抽象的美。

（三）表达概括与抽象的结果

当概括抽象过程完成以后，会在更高层次的大脑神经系统中形成一个稳定的模式。此时，抽象模式所表征的是低层次信息之间共性的、本质的信息，我们一方面可以从概括抽象所形成的符号出发，在与具体的有机结合中做出假设性的延伸推广，由此而形成一个完整严密的逻辑体系。此种以符号为基础反映客观模式之间更大程度上的逻辑联系的逻辑体系，就是我们习惯上所看到的知识体系。表达这种结果，就意味着在一定程度上与这种活性本征建立起稳定的协调关系，就会激发人内在的美，并通过差异而体会到美感。

依据优化在抽象过程中的作用，我们可以看到，抽象首先表现为优化的结果。它是将那些事物概括抽象，尤其是比较、优化、升华后的结果。升华的过程在一定程度上体现出了优化的过程和意义，这是以将不同的模式联系在一起作为前提的。人内心存在的审美经验，以及那些人们认为的能给人带来美感的事物，虽然被人赋予美，但也一定是经过优化的。在此过程中，我们需要把握以下观念：

某一特征被选择作为美的判断标准，一定是其与生命的活性本征达到更大程度的协调时可以发挥足够的作用。在人的生存发展过程中，类似的模式将反复出现。生命体即依据其生存发展所表达出来的竞争力进行选择，长期的进化，最终综合优化成美的升华。在多模式存在时，就一定存在通过竞争所形成的比较优化过程，因为资源的有限与扩张所形成的对资源的扩张性需求，所以就要在表现的过程中，将这种优化的结果选择表现出来。优化伴随着生命的存在而一直表现。通过差异化构建与收敛的共同作用而与生命活性相协调，从而持续表现 M 力与优化。

在以这种优化的模式为基础时，进一步地表达生命的活性，就会在这种优化模式的基础上延伸扩展出与此过程具有一定程度的相似性的其他模式。尤其是在将合乎逻辑性的要求考虑进去，或者将合乎逻辑性作为优化的标准时，这种模式也就自然地转化成为典型的抽象模式了。

（四）抽象表达升华后的生命本能

在进行了各种具体的审美过程后，人们建立起了具体的外界客观与人内心具体的美的状态之间的稳定性联系。但人却不以这种过程的结束为终结，而是在每个具体的过程完成以后，依据大脑的自组织过程，基于共性相干而将不依赖于具体情况的更加本质的特征、关系和规律突显出来。生命的本能能够在具体情景中反复升华。

（五）情感与抽象在其中发挥着何种作用

一是，当人们将众多不同的信息（局部特征及彼此之间的关系）与相关情感建立起关系时，该情感随即具有了抽象性模式。

二是，在建立起众多模式与某种情感表现的关系的基础上，人会依据这种众多的整体性信息模式，在多样并存的基础上求得最佳、最美的模式，也就意味着将抽象后的"美"与情感建立起了稳定的联系，表达这种美，就意味着以最恰当的方式表达情感。

三是，从某种情绪出发将众多与该情感有关的信息一同展示，并将其"有序"地、"最美"地组织起来表现时，该情感模式也就具有了抽象性的意义，只是将这种情感通过建立关系的方式表达出来，就能够表达抽象的力量。

四是，情感起着使当前与情感相结合的活性本征与当前环境有机结合的桥梁作用，通过情感的高"冲量"兴奋（兴奋值与兴奋时间的乘积），能够使这种稳定的关系更加突显出来。这相当于在诸多可能性中做出了选择，这种选择本身也就成为抽象的一种固有模式。

（六）抽象与符号

对美的每一次感知都是特殊的，都可以称得上独一无二。但我们却可以从这种独具个性的美的感知中体验到脱离了生理快感的更高层次的美，并将这种更高层次的、概括抽象的美与具体的生理快感有机结合，形成更加稳定的美感。

个体的不同使我们对是否存在这种共同的美产生疑虑。人们在想，彼此存在巨大差异的我们为什么非要专门强化那种基于生命体的活性本征，而不是突出显现人与人之间的不同！其实，在不同的生命体面对基本相似的客观世界，并运用生命的活性本征形成应对之策时，已经将这种共性表达得非常突出了。

既然抽象是一种本能模式，它也就会成为引导人进入美的状态、产生美感的基本模式。但显然，由于抽象模式的力量必须基于更加多样复杂的信息的相互作用才能表现，因此，在人们被各种鲜艳的信息所吸引的过程中，这种抽象性的模式和信息便不具有足够强的兴奋度，也就不容易被人所感知、认识和独立表现。最起码我们用统一的一个词——"美"来描述这个状态，就已经在表达其共性特征和心理趋向。

表征抽象的美已经能够在人的意识中有所反映。单纯地表现这种简单的抽象美，更多地利用这种简单的抽象所建立起来的与具体的有机联系而赋予抽象以更多美感的意义，同时也使抽象美能够通过各种具体的形态来加以表达。艺术史的研究表明，虽然理性思考或者称理论构建在康定斯基的艺术发展中占有相当重要的位置，但值得注意的是，启示康定斯基进行有关抽象绘画思考的并不完全是某一套先行的抽象理念，而是在具体实践当中通过某种反思形成的对抽象过程和结果的直觉。对此，康定斯基曾在他的自传中回忆过他的两次重要经历：

"一天，暮色降临，我画完一幅写生画后，带着画箱回到家里……突然，我看见房间里有一幅难以描述的美丽图画，这幅画充满着一种内在的光芒。初起我有些迟疑，随后，我疾速地朝这幅神秘的图画走去——除了形式和色彩之外，别的我什么也没有看见，而它的内容，则是无法理解的。但我还是立刻明白过来了，这是一幅我自己作的画，它歪斜地靠在墙边上。第二天我试着花了很多时间去辨认画中的内容，而那种朦胧的美丽之感却不复存在了。我豁然明白了：是客观物象损毁了我的绘画。"①

所谓"客观物象损毁了我的绘画"，这句话的意思是：由于画面上表现了现实的物象，这就势必使观众的注意力由绘画本身（抽象而纯粹的形式和色彩）转向了辨认具体事物、其所对应的意义，以及与其他事物的相互协调上，因此，绘画的审美目的就由形式下降到了功利实用。关于审美判断的非功利性，早在康定斯基之前就已经有人进行过论述，但是康定斯基的观点则更侧重于从抽象形式方面考虑抽象性的本征。单纯地从形式方面考虑美的意义，就是抽象。康定斯基想要表达的就是这种超脱于具体之上的、隐含于具体之中的抽象性的本能。而对这种抽象本能更准确的表达，就需要在各种具体之上通过抽象而得到，或者在排除各种凡俗的影响，"纯粹"地表征人的活性本征的状态中得到。在康定斯基正式学画之前，他已经对绘画艺术的非功利性（或者说非对象性）有过某些直观感受。随后则专注于探索这种抽象与具体之间稳定的对应关系。

抽象是一种过程性的模式。人们习惯于将抽象的模式与具体的事物联系在一起。即使我们习惯于反映这种由具体到抽象的关系，并从抽象的层次体会到诸多抽象结构之中的"最美"者；即使我们习惯于表征具有典型美的意象性信息，如果我们不把握这种过程性的特征，要想如康定斯基那样体会到抽象的美，也是很不容易的。

我们不能，并不代表不存在。我们可以更多地追求那种在人的心灵中形成一种美的虚幻性假设——真的存在这种最美的状态。

---

① ［俄］瓦·康定斯基：《论艺术的精神》，查立译，中国社会科学出版社 1983 年版，译者前言第 4 页。

别林斯基（Belinsky）提出了美的一些特征：普遍性、类属性、典型性、和谐整体性等。这些特征表征了艺术品的概括抽象特征和结果。[①] 应该看到，在近代，抽象艺术占据着更为重要的地位，这就充分显示出了知识及与此相对应的人的抽象思维在人的日常生活中的地位与作用。当然也反映了人们出于好奇性本能而进行了有别于当时艺术流派的艺术探索。在艺术家出于好奇心本能而探索各种与他人不同的进入美的状态的方式时，虽然固化出了"抽象派艺术"，但却不能或不容易为大众更好地理解。从这个角度来看，我们相信，最能理解抽象派艺术特征的应该是数学家和物理学家了。

抽象艺术的创作，会在更大程度上表达以简单代复杂、以个体代表全体、以局部代表整体、以精确代表模糊、以典型代表普通、以稳定代表变化、以少数代表多数的过程性模式。只要能够顺利实现，便将抽象的过程表现出来，也会将抽象的结果表达出来。

《易传》中有"形而上者谓之道""形而下者谓之器"。如果我们讲抽象的概念反映了事物的本质联系和运动变化的基本规律，那么在运用这种抽象的概念和规律描述具体事物和事物的运动变化时，自然就转化成了与具体事物相结合的特殊性的结构——器。在这里，"器"可以以合乎逻辑的方式理解为"道"的外延。

（七）抽象概念的展开过程体现出"最优"

作为人，在"美"的形成过程中，并不总是采取从具体模式向上抽象的方式，通过逐步抽象概括并与感性建立稳定的联系而构建出美的模式，在很大程度上也会体现抽象概念的具体展开过程。而且，这种展开过程本身就具有优化的意义：通过展开将具有优化特征的具体模式激活。人在成长过程中，抽象始终伴随着心智的成长与进步。人会带着美的意识主动地在所激发出的信息中选择最美的；在知识的构建过程中，人会盲目地沿着美的习惯性模式不断地构建；我们可以将美与好奇心建立起稳定的联系而构建美的模式；甚至只是保持那种构建美的信息的心理背

---

① 北京大学哲学系美学教研室编：《西方美学家论美和美感》，商务印书馆 1980 年版，第 221 页。

景。因此，当人构建出了先期的优化、美化思想后，就能够进一步得到更具美的特征的大量具体模式。

在人的意识中更多地体现出了抽象的概念及彼此之间的联结性关系。在理性思维中，更多地关注这种联结的必然性和逻辑限定性，甚至只将那些符合逻辑关系（必然性因果联系）的关系激活、显示在大脑的意识空间，就会使这种展开更具目的性。但不得不说，这样的展开会将更多的本质性特征排除在外。我们需要通过具体的事物更加准确本质地反映抽象理论所描述的事物之间的逻辑性关系，"一叶知秋""一滴水里见太阳"等，讲的是虽然人们不知道抽象概念如何与每个具体情况相对应，但只要我们掌握了相应的方法，就可以借鉴这其中的概念与某些具体的展开关系而经验性地构建出所有的对应关系。在此过程中，可行的方法之一便是在每一次展开过程中，先构建多种可能性，然后再通过优化的方法选择出最恰当的。

（八）基于知识的逻辑发展不断地扩展美

人为什么可以从少量的抽象与具体的美感联系扩展到一般的抽象与具体的美感联系？人在这个过程中表征了基于某个模式的扩展。只不过，在已经建立起抽象与具体的关系后，人会沿着这个已经建立起关系的结构，更加容易、更有针对性、更大程度地表现这种扩展。这种过程与人由知识向能力的转化过程具有一定程度的相关性。

这种扩展还可以在人的意识中表现出来。人会在意识中通过表现活性本征对知识进行加工，此时会单纯地依据概念之间的内在联系，基于知识而表征生命活性变换，并将表征的结果展示出来。这就直接意味着，扩展模式在意识中的表征，反映了扩展性本征与意识的有机结合，这也使得在意识中表现扩展的模式具有了本征性的意义。在其他的信息与这种本征模式建立起相互激活的关系时，就能够通过这种关系赋予其他信息以美的意义。具有了这种关系的其他信息处于兴奋状态时，可以依据这种关系模式使其在意识中的扩展模式处于兴奋状态，从而表达人在此时也处于美的意识表现状态。

一是，在知识的构建、扩展与完善过程中，会从知识的角度，单纯地依靠事先认定的合逻辑的逻辑关系或具有较大合理性的稳定关系而优化性地修补、完善。

二是，在人们切实掌握了扩展抽象模式后，就会在实际的构建过程中，自然地结合一个实际问题，通过该实际问题所涉及的局部特征之间关系的建立及扩展抽象，进一步地优化、完善和扩展相关的知识。甚至将这种抽象的属性自然地赋予该与具体问题相结合的模式，直接认定这种模式可以在其他事物的变化发展过程中得以观照。

三是，将其他领域的关系用于说明、解释该领域的问题，先形成一种稳定的知识关系模式，然后指导人们在新的领域构建新的关系。在物理学的发展过程中，就表现出了这种过程的相关特征。历史表明，古典力学在电磁学的发展历史中发挥着关键性的作用。人们运用古典力学的理论体系来"观照"性地描述电磁学的相关特征、关系和规律。但随着人们越来越深入地研究电场、磁场的特征，尤其是在麦克斯韦（Maxwell）提出经典电动力学的基本方程以后，"力"的地位就受到了极大的弱化。显然，古典力学所形成的确定性思维，也影响了爱因斯坦在遇到量子问题时的思维模式变革，由此产生了众多的误解。

印象派已经表征了一定程度的抽象的反映。印象派更加强调由于共性相干所形成的突出的色彩、局部事物特征和模式。在将注意力只是集中到核心局部特征上时，核心特征之间的相互联系就会以一种模糊不清的色彩、线条来表征，这种状况已经典型地表达了人的抽象性本能。传统意义上的协调性的美，指的只是外界事物之间的关系，而且只是一种状态，并没有表征外在刺激物与人形成美感的基本过程的稳定协调关系，也没有通过与人内在美的模式形成共振协调，从而将这种稳定的模式作为美的状态中的一种核心元素。

人们在与大自然的接触过程中，更多地采取由底向上的美感的形成过程，通过诸多的模式，在人的抽象概括过程中形成美的模式，并进一步地上升到在人的意识层面有效表达的美感模式。在由顶向下的美的转化过程中，可以通过教育引导人建立起抽象模式与具体模式之间的局部的美感联系，从而指导人更加一般地体会和表现抽象模式的美感。这一过程，是需要通过少量的抽象与具体的联系，使人体会到抽象与具体之间关系的美感，然后利用人的扩展能力，将这种抽象与具体的美感联系更进一步地泛化的过程。其中的关键在于引导人体在此过程中的美的力量——M和优化的力量。

在世俗的典型的抽象过程中，首先要激发情感，通过情感而赋予外界信息以美的意义；其次由普通模式向"格式塔"转化，引导人们构建出最能反映美感的恰当模式；最后利用视觉中的格式塔向一般的思维状态的转化，形成思维中的"圆"→形→意识中通过局部特征向意识完形（"格式塔"）转化的原则。在这个过程中，局部信息及彼此之间的关系，将起到一定的引导作用并进行差异化构建，人们会在这个过程中具体地选择、构建出所谓最恰当、最合适的模式。这种最恰当和最适合则是在求异的多样性构建过程中通过概括所形成的一种向美的模式的逼近。

（九）艺术的典型性

美与艺术要求按照形象信息的典型特征进行思维构建。这里我们只是把抽象符号当作典型的形象。由于典型形象是人们对外界信息进行反应时的基本信息反应模式，而且典型形象能极大地引发人们的审美享受，人们便将更多的注意力集中到表现典型意义的典型特征上。有时人们简称典型形象、典型特征为典型。

从定义上看，所谓典型是指在人们的思维过程中，根据某种要求而创造、重构、再现出来的具有鲜明独特个性、又深刻反映信息意义的某些本质方面的信息模式，它以引起神经系统的强烈反应为基本特征。典型性形象在艺术创作中居于重要地位，以至于人们一般认为：艺术创作主要就是建构、组织和选择典型人物、典型事例、典型环境的过程。通过典型信息，人们可以深刻而鲜明地表达一定的心理模式，表达潜在的情感反应模式或某种愿望。因此，对信息模式的典型性研究成为在艺术创作研究中极其重要的问题，在科学研究中也是如此。

从广义的角度来看，典型性的信息会成为思维及想象的主要元素，并以此构成稳定的意义。在具体的形象思维过程中，人们会依据典型形象来突出地表达人们的意愿、一定的情感享受、确定的心理模式（可以是潜在的，也可以是显意识的），以及与机体自身的运动和变化相关的基本反应模式。从动态的角度来看，可能会经历暂时的、局部的、变化的、多样化的信息的显示，也会对思维所形成的意义产生影响，但最终所形成的稳定性意义，必然以各种层次的经典信息模式为其核心元素。这是人的优化力量的本能所致。从自然和社会两个角度来看，人们会选择典型的环境、事件、行为（在满足某些限定条件之下的典型行为）、气质、情绪、性格、个性、语言、人的思维认识过程和下意识的心理状态等作为典型的信息元素。根据创造过程中表现出来的符号与形象信息的不可分割性，信息的典型性不仅存在于形象思维过程中，还存在于抽象思维过程中。人们常常通过一个典型的抽象模型、通过忽略对问题的实质没有影响或对问题实质影响很少的次要因素，形成对问题的抽象概括，从而更加突出地表现主要特征和主要过程。当对这种由主要特征和主要过程所反映的基本关系进行抽象，尤其是用数学符号表达出来以后，就成为抽象的关系规律了。

因此，艺术所表达的是在抽象过程中经过了比较判断、优化选择的信息。这种优化后的信息很大程度上具有典型性的意义。蔡仪曾明确地"认为美的东西就是典型的东西，就是个别之中显现着一般的东西；美的本质就是事物的典型性，就是个别之中显现着种类的一般。"[1]

当然，对于不同的应用领域，"典型"具有不同的意义，概括起来看有：一是，具有突出特征；二是，与情感系统有比较强的联系；三是，具有事物的本质属性；四是，反映了人的深层次心理模式；五是，具有高度的概括性；六是，包含突出矛盾的特征；七是，具有恰当的新奇性意义；八是，能引起美感；九是，是在更大范围内的平均值；十是，是在各种具体情景中的不变量；十一是，能够随着各种变化而保持足够的稳定性；十二是，具有广泛的联系性；十三是，具有更强烈的震撼效果；十四是，引起更多人的关注。

此时，诸多的因素能够在促进典型形成的过程中起到一定的作用。根据典型的意义，我们可以明显地看出，当以典型形象作为符号来进行推理时，相应的思维过程是根据该形象所对应的事物本身的特征和规律，先建立起与其他事物之间的各种关系，将其他事物在大脑中显示出来，再通过比较、求同、寻找不变量等思维过程将其优化协调统一在一起，

---

① 蔡仪：《新美学》，群益出版社1946年版，第43页。

由此形成新的意义。

引导人提升优化抽象能力的方法包括：一是，教育。二是，建立由具体到抽象、由底向上的概括抽象的实践过程（在这里体现出了相应的教育模式与效果，以及由此而形成的更加广泛的教育力度。也就是说，通过专门的教育，既能够让人更加习惯于关注具体实际上升到抽象概念的过程，又能让人更多地体会到美感的抽象意义，同时还能够习惯于创造性地研究问题）。三是，由抽象的符号性理论到具体的实践活动。四是，在好奇心的作用下不断扩展这种抽象的模式和方法。

八　艺术是理性的感性体现

理性，或者称为合（符合、遵循）规律性（合逻辑性）的特征，是在遵循逻辑规律的基础上由此及彼的过程。理性是人类所具有的、依据所掌握的知识和法则进行各种活动的意志和能力，从人类的认识思维和实践活动中发出来的，主宰人类认识、思维和实践活动的主体事物。

在百度百科中查询理性的意义，给出的解释是：理性是指人在正常思维状态下，为了获得预期结果，有自信与勇气冷静地面对现状，并快速、全面了解现实，分析出多种可能性方案，判断出最佳方案且对其有效执行的能力。理性能够基于现有的理论，通过合理的逻辑指导得到确定的结果。

"艺术是人本质力量的对象化"的观点，在一定程度上成为艺术创作的恰当指示。但这却是一种已经建立在概括抽象和具体化模式基础上的本质性体验。如果只是掌握了这种抽象层次上的基本规律，而不能将其真正地应用到各种具体情景中，这种抽象性的理解也仅仅只是一种心理模式。

1. 理性会成为一种本能模式

一是，以理性的方式表达生命的活力，使理性也由此具有了本能的意义；二是，将理性与 M 的力量结合在一起，能够构成新的特征；三是，在理性层面表达各种信息优化抽象的力量，着重将优化与理性的相关过程结合在一起，成为人对外界信息展开更加丰富的加工的基本力量。

2. 追求在理性基础上的活性本征

通过能够为人所感知的形式，表达出外界客观与人的活性本征所达到的稳定的协调关系，但却不是理性。我们需要在意识层面认定理性的基础上，通过与其他理性层面的各种信息模式建立关系而使这种认识更加独立明确。

3. 将抽象的模式与具体情景相结合

虽然我们不能将本质性的规律与所有具体的情景结合为一体（这取决于我们对本质性规律的理解和对具体过程的准确观照），但我们却可以通过若干有限的本质与具体联系在一起的具体过程形成一种假设：能够准确地将本质性的规律推广到所有具体的情景中。我们会依据这种具体化过程中所体现出来的可操作的模式，使这一过程变得更加顺利。

九　"入世"后的"出世"

意识的独立性使我们能够不依据具体的实际过程而只从抽象符号的层面学习掌握相关知识，并通过少量地将这种知识中的规律用于描述实际问题的具体案例，学会这种将本质性规律延伸扩展、推广到实际应用的思维过程中。当前教育主要就是以这种知识为基础而展开。但我们切不可忘记将这种抽象的知识与具体的实际过程进行有机结合。当我们能够熟练地将抽象的规律具体地应用于实际问题的解决时，我们对这种抽象知识的产生及作用会形成更加深刻的认识，在这个过程中，也会使我们的应用能力得到进一步的提升。只有当我们建立起抽象与具体的联系以后，才能通过优化的"反过程"形成美的体验，也才能更加深刻地体会到美的升华。具体基础上的抽象与抽象前提下的具体，将使我们对知识的理解更加深入。这相当于我们由"入世"而走到了"出世"。

十　简约与抽象

简约是中国传统美学中对形式美追求的最高境界。[①] 通过对比较美学的深入研究，人们已经发现，中国传统美学中的简约与当前倡导简约的北欧简约主义设计已经表现出了更多的相似之处，这说明追求抽象式的简约，本就是人的基本本能。这种简约的本能会与不同的环境因素和历

---

① 李瑛：《浅谈中国传统艺术中的简约美》，《四川戏剧》2008 年第 5 期。

史结合在一起，形成特有的表达形式。只不过在新的形式中，简约被赋予了新的含义，也由此深化到了一个新的层次。

将简约作为一个基本模式时，人们会在 M 力与优化力量的作用下，将简约推向极致，同时又使人能够构建出足够的信息。因此，简洁而明晰、纯净而精致、实用而纯朴的那近乎"修道士"式的清心寡欲、朴素无华的简约主义设计风格与中国"清水出芙蓉，天然去雕饰"所提倡的自然简约、反对过多花枝性的雕饰和纹饰、本性纯朴的自然表达的审美思想不谋而合。① 追求简约，也会成为对美追求的一个重要方面。之所以将形式上所表现出来的简约美作为美的一种最高境界，包括了如下几方面的原因：一是人们认识到，只有追求局部的美才能在有限的人生时间内达到最高的境界；二是只能通过局部的最高境界引导人借助那种类比和扩展的稳定性心理模式，基于局部的美进一步启发人在更大程度上达到整体的最高境界；三是"一滴水里见太阳"，人们可以借助对局部经典的特点、关系、规律的揭示，在求得其内在本质规律的基础上，将这种心理的过程模式固化出来，以此模式引导人由局部达到整体；四是简约是在局部上的简约，那么，就可以允许创作者运用其有限的对美追求的力量达到当前创作的"顶峰"。正如别林斯基指出的："绘画优于现实吗？是的……因为在画幅中，没有偶然和多余的东西，所有的部分都从属于一个整体，一切趋向一个目的，一切都有助于形成一个美丽的、完整的、独特的东西。"② 五是，人的能力有限性也决定了人只能追求局部的最美，人最好的方法是追求局部上的简约，把有限的精力集中到主要的特征及其之间的关系上，并使之达到考虑到了各种情况下的"极致美"。简约美也成为人将"天人合一"作为最高境界追求的一种关键性的说明。显然，那种华丽的装饰会因为干扰人的主要审美过程，而在不同人的理解过程中被消解掉。

---

① 刘正军、李娜：《"天人合一"视野下中国传统绘画的多元审美味象》，《湘潭大学学报》（哲学社会科学版）2015 年第 3 期。

② 北京大学哲学系美学教研室编：《西方美学家论美和美感》，商务印书馆 1980 年版，第 220 页。

第四节 将 M 与各种意义相结合

生命的活性特征决定了人能够以任何一个稳定模式为基础表现生命的力量。作为我们特化出来的 M 力，也必然在各种意义的构建与作用中发挥其应有的力量。

一 将 M 力赋予相关的特征和过程中

美是生成的，M 力量的表达则是生命的天性能力。在艺术创作过程中，艺术家会集中精力主要在某些特征所指定的方向上表现 M 力和优化的力量。在生命的活性本征力量作用下，人能够不自觉地表达出 M 的力量。这被当成那些具有表达 M 力天赋的艺术家的核心竞争力。将其明确地揭示出来并使之成为一种显性特征时，人们就可以采取措施更加有力地表达 M 与相关特征有机结合的力量，更加积极主动地、使 M 占据更大的分量地表达，同时，人们还应采取措施，有意识地促进 M 力量的增强。

在生物体的大脑中进行着若干复杂的过程，其中包括：一是，将 M 的力量强化、特化和孤立化；二是，使 M 具有自主性；三是，M 力在人的意识中得到强势增强；四是，M 力会通过社会意识的追求而得到增强；五是，在各种特征中，促使 M 以较高的可能度持续性地发挥作用。

生命体的进步与发展是受到各种因素影响的。相关的特征也会成为相应独立的模式而在人的进化过程中产生足够的影响。M 力会自然地与各种特征相结合成为伴随着生物的进化而不断发展的基本力量，会自然地在各种意义、意义之间的相互关系中发挥其内在的力量。

将 M 的力量集中到某一个特征上，集中表现即可以驱使人们在其各种行为中表现美的力量。其中涉及以下过程：

（一）突显某个特征的要求

在人们理解了所谓"更加"的意义以后，人们便可以朝着这个"更加"的方向做出更大的努力、夸张，或称强化。比如说在结构方面由整齐向更整齐、在色彩方面由鲜艳向更加鲜艳的状态转化等。我们可以

"使意象更加典型，更具概括性，更具联系性"，在我们掌握了相关的意义以后，可以在更多的情况下加以比较，并从中构建出更具概括抽象性的模式。比如说想要使结构及彼此之间的关系在表达意义上更加丰富、合理时，我们可以根据该结构与各种具体情况下的联系，在掌握核心稳定性、不变性、概括抽象性模式的基础上，将那些差异性的、能够引发人将诸多差异化的模式展示出来的小的局部特征，以相对合理的方式展现出来，从而形成与活性本征的恰当"同构"。

（二）在该特征上表现 M 的力量

当人们将注意力集中到某一个特征上时，能够将 M 力的表现与该特征模式结合在一起，选择与该特征在某个量的方向上的扩展性变化相对应的模式，或者说构建具有这种特征变化程度的模式。只要我们将 M 赋予某个特征，就意味着在构建关于不同模式在某个特征上量值变化的度量及描述比较，而人们也能够根据这种量值的变化对相关的事物模式加以比较选择。

一是，针对生命进化的过程性特征，人会自然地赋予某个特征以程度的变化，并在资源有限时，使之成为选择不同个体的基本判别标准；

二是，基于该特征的量的变化促使生命体在此特征表现上固化出更具优越性（竞争力）的力量；

三是，表现基于该特征的收敛与扩张的程度。诸如表现基于该特征的可以变化的范围，表现人在相关特征上变化的量值、变化的速度等特征，表现在相关特征上变化的时间和由此所形成的"扩张冲量"。

在具体表现过程中，可以直接表达特征及其变化。在相关特征上表现 M 的程度，是由日常生活行为所展示出来的 M 力转化到对艺术作品的改进中的。诸如，我们会在自身日常生活的各种动作中寻找构建能够使其发出最大力量的姿态。在绘画作品中，我们需要根据人的视觉中心点确定一个主要人物的位置，表现此人的身高与其他人身高的对比，并由此表现其他方面的意义。除了直接表达某个特征的变化，也可以通过与当前特征具有紧密关系的其他特征的变化间接地赋予该特征以变化的表现。在两个特征之间建立起关系时，可以通过两者之间在某个量的变化方向上的联系性，通过一种特征的变化带动相关特征也具有这种变化性的含义；还可以通过差异的比较表达变化。当人们构建出了差异化的个体后，秉持某一个标准，连续不断地在这些差异化的模式中加以比较，就可以选择出使某个标准（甚至是潜在的标准）达到"极值"的模式——由此得到最优的模式。人们可以通过站在一个非常险峻且高的山顶上表达克服困难最终达到顶峰。这个过程是一个自然的过程，当人们将自己的注意力集中到某个特征上时，就能够确定出在哪个方向增强，将其作为优化的标准，这就意味着，哪一个模式使标准向"极值"的方向"移动"，人们就会选择这种模式。

（三）以特征为标准加以判断和选择

赋予特征的变化以价值判断力量，比较不同的模式个体在相关特征上表现的程度和量值，以及在相关特征上变化时，判断这种变化量是否符合人的生命活性的表达要求等。判断所达到的程度与变化量是否会与一系列的模式状态组成一个连贯性的整体，需要通过不同的差异化个体在量上的表现，在探索如何才能得到"更好"的模式的过程中，基于更加符合某种标准的要求，力图在下一次的过程中表现得"更强"时，通过自然选择而维持物种在新的环境作用下的进化。

（四）促使人在相关特征上持续性地向某一方向转化

在人们建立起事物沿某个特征变化的方向后，可以引导能够表达该特征量的变化的具体事物沿着这个方向进一步地提升、增强。正如通过加热而提升温度一样，人们可以使构建的艺术品更加鲜艳、更加自然、更加纯真、更加清秀，使人的情感更加丰富、冲突更加剧烈、反差更大等。

在心理过程中，欲使反差更大，就需要在建立联系的基础上，使两方的相同性信息越来越少，差异性信息越来越多，人会在好奇心的作用下主动地追求构建这种差异性信息。这就意味着，人们需要先期构建一个度量特征的方法模式，给出所谓"沿着某个方向使量值变化"的标准或度量方法，再将其转化为若干离散化后的具体形态，并以各个离散化的局部特征为基础与其他信息展开自组织的相互作用过程。

二 将 M 与各种审美指标相结合

M 力作为生命的基本力量，必然在各种过程中发挥作用。在这里我们所强调的是，在意识中应该明确地将 M 力独立特化出来，进而研究该独立特征在各种过程中所发挥的独特作用，形成以 M 为核心特征、以对美的追求为基础的独特过程。

将 M 在各种意义的构建过程中加以表现的力量表达出来，引导 M 力与任何模式特征相结合，将可以形成在具体特征上的 M 力的表达，也会由此形成基于该特征的期望，表现出扩展该特征模式的力量，甚至是主动扩展该模式特征的愿望。活性本征中收敛与发散有机结合的力量，也会形成基于这种期望的满足过程。

（一）构建美是需要在一定指标下进行的

我们指出了与生命活性本征更大程度上的协调，会引导人在进入美的状态中变化，指出了由生命活性本征而生成的特殊的追求美的核心力量——M 力在人进入美的状态中具有重要的地位；同时也指出了在将 M 力与相关特征相结合时，能够使我们在美的标准的指导下通过比较而做出优化选择，表现出持续不断的对美的追求。由此，就会在意识层面建立起这种优化后的基本思想：任何美化的过程都是需要在一定指标的控制下具体展开的。

（二）M 赋予人们沿着相关特征向美追求

将 M 力与某个特征相结合时，能够直接引导人的行为在相关特征指标的某个方向更进一步。通过各种人们所建立起来的稳定性的联系，可以间接地将其在 M 力的作用下所形成的与当前有所差异、并且能够使某个"判断标准"达到更优的模式表达出来。此时也可以通过事物之间的联系，通过描述其他事物所对应的 M 的形态表达出当前事物随着 M 力变化的形态，更可以通过对直接或间接表达 M 力所形成的各种后果状态的优化判断来表达 M 的力量。

比如人们通常说一个人手上的老茧是长期劳动的结果。不说劳动的强度和时间，只是将这种老茧的厚度表达出来。只要人们认可了这种形态与想要表达的意义之间的稳定性联系，便可以运用其中所包含的内在联系，将其意义明确地表达出来。这就是人们在日常生活中通过符号表达意义的具体过程。M 力与某个特征相结合，内在本质性地驱动着人在相关特征上表现得更加"出色"，这种出色就是指在相关特征上达到人们所期望的更高的程度。我们所需要的是更美，因此，就要在诸多可能性中只选择与美相关的变化表现。

在特征中表现 M 力本就意味着基于相关特征的美的追求。表达 M 力，就是选择那些能够在相关特征上逐步增大（变小）的模式。以这种变化指导人们构建更美的艺术品。

（三）以 M 作为美的标准

对 M 力的表达可以作为美的标准，这就意味着，在我们欣赏不同的艺术作品时，哪件艺术品中表达出来的 M 力越明显、越多、越强，艺术家凝聚在该艺术品中的"劳动"就越多，那么，该艺术品的价值就越高，也就能够受到更多人更加强烈的喜爱。

在没有认识到 M 力在美的标准中的核心地位时，人们只是将对活性本征的表现和协调作为一个潜在的过程，甚至将 M 力的作用也隐藏起来，只是在意识中表达具有突出意义的、自主独立的美的标准的判断与选择过程，只是在该美的标准上做出步步美化的追求与描述。

将 M 作为美的最基本的模式，才能将人们探索客观事物的过程和力量固化到艺术品中。通过不断的异变试探性构建、通过比较与选择，将人们心目中认为的最美的信息模式固化下来，并简单地而稳定地坚持，这种"最美"的状态才是美的。在此过程中，人们往往只关注那种"最美"的状态性特征，却将构建"最美"的过程——M 的力量丢在一边。我们则需要通过专门的研究和训练，将这种模式固化下来，并引导其在艺术创作过程中更加自如地发挥作用。

M 的力量在人的日常生活中具有多种不同的描述，因此，表达人们对更美好生活的追求与向往，对打破枷锁、获得自由的向往，对获得更大生存空间和更多可能性的追求，都能够表达出 M 力的重要作用。

将那种满足了人对更美好状态的向往和能够满足人的愿望的事物具体地展示在人的面前时，既满足了人所构建出来的与当前有所差异的过程模式，又使人的期望、需要得到间接性地满足，相当于表现出了构建对未来的期望和使期望得到满足的稳定性的逻辑关系。这就表达出了由不协调达到协调的过程，由此使人从期望及期望满足的角度进入美的状态。人又会将这种美的状态与进入前的起始状态联系在一起，通过彼此之间的差异表达出刺激，使人体会到美感。

在此过程中，人们还需要从各种行为中，选择优化出最能代表 M 意义的模式。人们可以参照日常行为中已经展示出来的动作模式进行比较选择。人们可以运用想象，将在表达 M 力的方向上能够表现得更加突出、典型的行为模式通过恰当的形式表达出来，并由此展开优化选择。

艺术品的表现力与 M 力的强度在一定程度上具有更加紧密的关系。人们用"正能量"来描述这种出于生命本质的积极向上的竞争与拼搏之力——向更美的状态逼近转化。既然 M 作为一种人的内在的本质性力量，就必然会在人的各种行为中发挥出足够的作用。当代存在的"日常生活审美化"的过程，就是这种作用扩展性的表现。在人们没有认识到这种力量时，人的注意力会集中到其他方面，M 的力量只是潜在地、不为人知地表现着，而且它的作用效果也仅仅是人的诸多成果的一个很小的方面。这种作用不为人们所关注，也不会对效果产生足够大的影响。随着人的审美的意识的逐步增强，也伴随着人们对美的本质越来越深刻的认识，当人们开始关注到美的力量，或者说人们纯粹出于创新的需要而在相关的产品上附加美的意义，并在此基础上将"审美化"作为一个必须考虑的重要方面时，人们就将主动表达作为艺术创作中的重要特征的 M 力，创作者也将开始通过自觉地表达 M 力而构建更美的艺术作品。

显然，在大众化的审美普及过程中，会形成并表达出一种稳定的力量：更加及时有效地满足人的各个层次的需要，甚至只是单纯地为了使人感受到生理性的快乐。这既会影响人们向美的深度的转化，也会促使那些有深度、有远见的思考者越来越不受重视。这些表面的审美被足够表现以后，虽然会在一定程度上带给人们以表面的、肤浅的审美感受，但同样会引导人们在这个程度上尽可能地形成追求的氛围，甚至会达到"表面极致化"。当然，在此过程中，仍然会激发一些有深度思考能力的人自觉地展开深度思维，去思考、构建那些更加深刻和本质的领域。

（四）在特征中表现 M 力意味着特征成为标准

当我们将 M 赋予各种活动时，便可以生成各种活动的相关审美过程。尤其是各种活动中能够突出强调 M 在促进人的优化选择时的相干性力量。人们会在其所从事的各种活动中，展示竞争向上的力量，展示美的力量。

体育美学、力量美学、道德美学、日常生活美学等，都是这种对美追求力量的具体体现领域。

20世纪40年代毛泽东主席《在延安文艺座谈会上的讲话》，对这种状态就表现得更加明显和突出。我们能够充分地认识到：在向共产主义努力追求的阶段，尤其应该激发广大民众对更加美好的未来的强烈追求。从好奇心的角度来看，当这种理想距离人的当前相对更远时，是不能够激发人产生更大的行动热情的。在人们所熟悉的日常生活中形成具有满足好奇心要求的一定差异性的目标，将在更大程度上与人生命的活性本征达到更大程度的协调，从而带来更加强大的力量，促使人产生更为强烈的行动。

1. 通过 M 力赋予特征以相应的美的标准

当我们将 M 力赋予某个特征时，我们会选择该特征作为评价不同艺术品好与坏的标准，会在这个标准的指导下，去比较不同艺术品在相关特征上表现程度的高与低。我们自然会认定，那些在相关特征上表现得"更好（强）"的个体，会被选择并固化，那些在相关特征上表现得比"更好"的个体相对弱的，便会被抛弃。

通过第四章的研究可以看到，由于 M 力，美在对世界的认识中将发挥重要的作用。我们在这里仍要强调以下几点：M 力能够以高兴奋度稳定地表现其自主性，并成为指导人产生恰当行为的基本模式；M 力在任何一个特征下都能够发挥作用，指导人基于该特征而沿着某个方向表达出 M 力的作用方向；M 力可以与各种特征有机结合，这使得任何一个有意义的特征都具有了在量上的不断变化；M 力的迭代更加有力地强化了特征美的意义。因此，在 M 力与各种特征相结合时，也就随之赋予了该特征以美的标准。

在将 M 力与任一特征比如 A 相结合，并做出比较、判断、选择、优化时，表现着基于 A 模式的优化过程。这本身意味着将 A 作为优化、选择、判断的标准，通过度量具体模式在相关特征上的表现，以及由此所显示出来的 M 的变化趋势，将具有更强（或更弱）A 特征的具体模式选择出来。

人是社会性动物，社会性对人的进化起着重要的作用，社会的力量必然地在人的心智进化与发展过程中发挥着重要的影响。社会的力量会在人的意识中以活性本征的意义反映出来，这意味着，在社会因素的作用下，相应的模式会成为引导人进入美的状态的基本因素，这种反映也会成为对美追求的基本模式的出发点。因此，即使是社会性特征，最起码从人的量的角度也可以表达出 M 的意义（更多的人或更少的人赞同）。伴随着群体共性特征的相干性作用，群体中合作的力量会自然地放大生命的活性本征力量，因此，对生物进化起核心作用的 M 力也会成为群体中的关键力量，由这种 M 力的表现推动着社会的进步与发展，推动着文明的进化与成长。社会便由此将 M 力作为决定一个人在群体中获得地位高低的重要因素，并由此决定其意志在群体意志中的地位与作用。

因此，我们认为，一方面，群体在意识氛围的基础上，会想将 M 力表达得更为充分；另一方面则会不断地表达比较、判断、优化、选择出最佳结果的模式，并努力地将这种构建"局部最优"的模式固化并流传下来，由此生成和固化出对美的追求的模式和力量。不同的地理环境会推动人形成不同的理想和追求，这也使我们认识到：不同的地理环境会进化出不同的美学标准。此即审美人类学的核心内容之一。

由个体所组织的群体会因个人在表达 M 力的过程中在相关特征标准上产生对某个特征的放大效应：个人表现得越充分，就能够得到社会 M 力越强的共性放大与鼓励，促使个人将 M 力发挥得更加充分，甚至期望能够在下一步的过程中更强地表达 M 的力量。当社会的要求及主动性能够随着群体中的每个人的共识而得到默认时，群体的彼此合作就会将这种特征显化成为一种典型的群体特征，并因群体对这种特征的主动性追求、崇尚而放大。这也就揭示了为什么只有在人的意识作用下，这种力量才会变得突出，并成为人的主要活动模式。在群体中的某个人通过表征 M 力而获得超出他人的竞争力，并因此获得更多的资源的情况下，其下一步的发展就会变得更好。群体也就依据 M 力的表现进行奖励，促使每个人在表现 M 力上竭尽所能。

2. 促使人形成将特征量作为美的特征的过程

当我们认识到某些特征能够表现出量的变化性特性时，就会将注意力集中到构建出基于该特征的量或质的变化模式上，促使人运用 M 力的作用，基于该模式的指导而与具体的客观事物形态特征建立起对应关系，构建出在 M 力作用下、满足特征质的基础上的量的变化。通过状态的变化构建出 M 力表达的方式及状态性结果。在人们认识到这一系列的变化过程后，就会将 M 力与映射的过程性特征对应起来。当人们在更大范围内对所研究的问题运用异变的方式，进行比较、选择，得到优化结果时，所得到的就应该是对 M 力最为恰当的表达方式。

人们判断一件艺术品质量的高低，就看创作者能够在多大的异变范围内实施优化。这与创作者的天赋有关，但更与创作者凝聚在作品中的"劳动"有关。这里的劳动更加突出差异化构建基础上的优化的力量。具有特殊才华者，在相关领域只要受到信息的微小刺激，便能够产生巨大的反响。在每一次的创作过程中，首先会运用联想、扩展的方式在其头脑中激发出更多与此相关的信息。由于此时艺术家的最大潜能正是在其所从事的艺术创作领域，与常人相比，他们在这个方面会表现得更加突出。而且由于他们在长期的对美的追求过程中，已经将 M 力与优化模式的表达方式稳定地固化下来，能够善于就某些类型的美与艺术做出更加有力的追求和构建。尤其是他们能够运用 M 力的自主性将某种类型的美的适用范围构建出来，从而使其在差异化构建的过程中，做出恰当的筛选和定向构建，并在已经形成的强大的优化力量的作用下，推动艺术品的构建与选择。艺术家们已经习惯于此，不需要他们再在意识空间运用注意力而消耗更多的心理资源，因此他们可以节省人大量心理资源，从而直指人心。

随机的差异化构建是需要消耗大量心理资源的，但人类却可以在强势的意识力量作用下，有意识地激发、构建出具有更美意义的信息，将自己的注意力集中到相对较小的区域，使自己的优化构建更具针对性、更加有效，也更容易取得好的效果。即便是表达具有更强社会道德观的美的理念，也能够通过各种"社会逻辑"所形成的限制与联系，基于自己所熟悉的生活场景，结合平时的日常习惯，将具有差异化的各种信息联系起来，通过差异化的构建进一步地形成具有一定限制性的比较优化选择。

从其逻辑所表现的领域来看，可以将逻辑分为自然逻辑和社会逻辑两种。所谓自然逻辑，描述的是自然现象的特征之间遵循确定性和必然性的关系、遵循自然规律。而所谓社会逻辑，描述的则是社会现象之间的关系，社会习俗、社会道德等方面的意义与行为。差异化构建应该以稳定的逻辑结构为基础，通过稳定与变化之间符合生命活性比值的限制使人产生恰当的美感。美国喜剧大师查理·卓别林（Charlie Chaplin）使用其特有的动作语言，在表征相关的意义时，只是围绕与正常行为有一定差异的核心模式展开幽默构建，并运用逻辑的方式将其协调成为一个有意义的整体。

3. 表现 M 与特征的结合而形成对美的追求

世界是通过联系而组成一个有机整体的。既然存在这种稳定的联系，在当前信息处于高兴奋状态时，其他信息也就有较高的可能性与之同时兴奋，那么，就有可能通过这种美的关系的传递性而使其他的特征也具有美的意味。当美被独立特化出来以后，通过建立美与其他各式各样的信息之间的联系，使具有相关联系的其他信息也被赋予了美的意义。艺术家也会因为这种间接的联系而不断地去追求各种形式和意义的更美。当然，虽然其本意有可能是不美的，但由于其所对应的过程表现出了 M 的力量，其也由此具有了美的意味。

将某个特征作为目标表达 M 的力量。人们追求某个目标，便将该目标也当成艺术表现的主题。原因在于：一是，人所面临的问题更多地在意识的作用下被独立特化。以意识为基础的生命活性表现，更容易使所有心理模式被独立特化出来，都能既依赖于其他信息的支持，又能自如地摆脱其他信息意义的限制，从而自主地生成其他的新意义。只要是独立的，就能够作为美的判据。二是，追求任何特征目标时，都能够自觉地表现出 M 的力量。在生命活性中表现以发散力量为突出特征的 M 力无处不在。这使得 M 力成为构建各种信息模式、模式之间关系的固有力量。更为突出的是，这种力量会在各种过程中被共性相干，从而被强化到非常明确的程度，这种独立特化的结果便是在促使人形成对这种特征力量的更为强大的追求。这种被独立特化出来的力量是生命活性的综合表现。在此过程中，其具有独立性的同时，也具有了足够的自主涌现性力量，可以不依靠其他信息的联想性激励而处于兴奋状态；能够以较高的兴奋度引导控制心理及行为的变化；也能够作为一种稳定的心理模式参与到基于各种信息进行的心理自组织过程中。

（五）在意义表达中强化 M 的表达

当 M 被独立特化出来以后，尤其是在能够表现 M 力自主性的基础上，该力量会被意识强势增强，会作为一种稳定的力量模式而在人的心智构建各种相关意义的过程中不断地发挥作用。它便成为人的审美经验中的核心因素，也是人们在审美过程中需要强调和发现的关键因素。美的状态中的元素的多样性指导人们，将各种美的元素协调性地汇总在一起；在这种感受过程中，还会运用其中的一种元素典型地表现出特征化的联想，将与这种特征元素具有紧密关系的其他因素有效地激发出来。当我们内在地表现 M 力量时，是在"先验"地基于某个美的元素表达我们内心对美的追求。但这仅仅是生命力量在人的意识中的显现。人们会在这种模式的驱动下，通过艺术品表现 M 的力量，从作品中发现表现 M 的相关特征、特征之间的组成关系以表现 M 力量的方式。

1. M 力的自然展现

当我们将 M 模式固化独立出来以后，我们便会自然地表现其自主性，使其不受人有意识控制地在各种活动中涌现出来，让其在更多的心理活动中发挥作用，成为指导其他心理信息变化的控制模式，有效地表现其引导人在某个特征上追求量的方向，向极值逼近的变化；即使没有表现出这种力量，也会表现出发挥这种力量作用的趋势。

在动物的进化过程中，为了得到生存的保障，雌性动物往往会选择那些能给它们带来足够食物的雄性个体，而这些个体在平时的争斗过程中会有一些特殊的形态和表现，其中会展示一些典型的外在特征，雌性便会根据这些外在的特征进行选择。但最终结果则是通过搏斗的胜利来决定。由此，最终取得胜利者的相关特征就会被当作平时的观察性信息而固化。

2. 主动地表现 M 力

M 模式通过涌现而发挥作用，这是主动地表现 M 力的重要方面。但更为重要的是，人类会依据美的自主性主动地表达 M 力，从而产生更大的期望，以牵引人产生更多与期望的模式相同或相似的局部心理元素。

这种力量会在专门从事相关工作的从业人员那里得到进一步强化。

与此同时，我们还会在意识中积极主动地增强 M 的力量，强化 M 力与各种具体情况所建立起来的有机联系，通过生命的活性本征使这种联系得到进一步地扩展，使人在基于这种类型的 M 力的表达与结合中应对新的、未知状态的可能情况，并使这种联系得到进一步强化和升华。

3. 将一种模式中 M 力的表现模式固化

在一种模式中表现出了 M 力的作用时，生命的力量会使 M 力表现的模式独立化并固化，在突出该 M 力的过程中，会忽略其他的因素的影响，从而在整个过程中只留下 M 力的表现模式。人们会更进一步地以该模式为基础，主动地寻找在其他过程中 M 力的表现，或者说，在其他过程中去观照 M 力的表现，使 M 力的表现得到延伸扩展。

4. 通过差异化构建将与 M 力相关的局部特征泛化

在通过其他过程而构建、观照出了相关的模式和结构时，这些模式中 M 力的自然表现会使人认识到 M 力作用的特点，使人认识到相关模式与 M 力所建立起来的关系，从而更加有利于形成一个有机的统一整体。

5. M 力的直接表达

突出而典型的作品是《拓荒牛》，其所表现出来的正是"努力"奋进的追求的象征。在美国华尔街放置的"牛"的雕塑，表达着人们对股票"牛市"的期待。用尽全力的牛的最佳形态表达出人们的相关期许。这是更强力量的最直接的表达。作品《掷铁饼》也是在展示运动员以最大的力量力图达到最好的效果。

在《罗丹论艺术》一书中，有描述马的奔腾与其实际姿态的关系。但为什么画家要将马的奔跑画成如此的状态？此时我们再联想到奔跑速度最快的猎豹的姿态，就会理解为什么这样画了。但如果有各种准确的形态让我们选择，我们可以分析到，此时所表现出来的状态是猎豹在完全展开力量时的状态，其力量已经充分地发了出来，但却不是最有力的状态。我们可以从高速摄像机所拍摄的猎豹连续奔跑时的各种状态中，选择出哪些姿态更直接地表达最大的力量。人们会自然地选择力量发挥结束时的状态作为力量大小的度量。如中国画往往用马的奔跑体现最大速度的状态，此时往往会以马前蹄和马后蹄分别伸展到极致的状态作为力量得到最大程度表现的状态。而且潜在地认为，舒展得越开，表明马奔跑的力量越大，马奔跑的速度也就越快。[①]

中国的神话传说最大限度地表现了中国古人的努力拼搏，通过在大自然的灾难面前付出更大的竞争力量去积极抗争。努力地向更美的境界追求，在任何活动中都强化 M 力量和优化的力量作用，也已经成为中国人潜在的精度力量，甚至可以称为中国人的"潜在信仰"。

6. 通过相关特征的表达

M 力是"后继"性的特征，构建于各种具体事物的信息之上。人们须通过不同事物信息之间的关系在大脑中将其构建独立特化出来。人也更加容易从各种具体信息特征的角度，将其表达出来。

我们可以基于某个特征与 M 力的结合表达而沿着特征变化的方向达到极致，也可以基于众多特征的综合追求而形成一个模糊的"整体格式塔"——整体印象。而当我们认识到这一过程时，一方面我们能够认识到这种过程的复杂性；另一方面也会通过表达生命的活性本征而带来更大的不确定性。此时，一种恰当的描述方式是将其作为一个基本环节，先将各种方法同时并列，再分别考虑其在不同情况下所表现出来的不同的"加权值"，区分在不同情况下人们确定不同加权值的因素和环境影响，以加权值平均的方式将其综合在一起。当然，这仅仅是将不同的特征追求综合在一起的方法之一。同样可以采取其他的综合方法。具体要采取何种方法，一方面取决于人的习惯；另一方面则要求人通过优化进行选择。

7. 典型抽象表达

如果人们已经从多样并存中选择出了典型的模式，只需要具体而准确地表达这种模式即可。帆船和开关门对于力矩概念的运用非常典型。人们可以运用这些模式突出地将对力矩的理解表现出来。印象派画家则是将人们在很小的活动空间中典型的行为动作并列在一起，寻找到能够恰当表述这些"动作"的"稳定模式"（包括共性特征），使人在看到这

---

① ［法］奥古斯都·罗丹口述、［法］葛塞尔记录：《罗丹艺术论》，傅雷译，中国青年出版社 2016 年版，第 80—82 页。

个图像时，能够顺利地联想到相关的行为，并在各种情况都有可能出现时，通过优化概括的力量形成可能度最高的、典型的模式。

由此可以看出，无论是生活实践还是经验总结，无论是联想还是想象，都要在艺术品的启发之下，构建出能够表达 M 力量的多种模式，然后再基于此加以构建、优化选择，在 M 力量的作用下，构建出符合表达 M 力量标准的"更好"的模式。

在高更（Gauguin）所著的《札记》中，他自己曾明确地指出："不管我走到哪里，我都需要酝酿一段时间，这样，我才能悟出植物与树木的精华所在——即整个自然的精华。总之，自然往往不会被人轻易地理解，也永远不会被人轻易地征服。"[1] 这里所谓的酝酿，指的是在能够更强烈地反映自己所形成的美的感受的多样并存基础上的探索与构建。

在此过程中，人们会在某种局部意义的引导激励下，基于相关模式充分地表达想象力，在这种更加自由的想象性差异构建的基础上，再通过联系汇总的方式，选择出那种"最能"表达某项特征要求的最优的模式。

8. 在诸多可能出现的模式中优化出 M 的指导模式

有些特征可以与 M 建立起稳定的联系，而有些特征则不能通过"量化"的方式与 M 的力量建立起稳定的联系。此时，即便是在 M 力的作用下，人们也不能看到沿着该特征的 M 力变化方向形成确定的意义。在这种情况下，要么使相关特征量化并与 M 力相结合，要么改变相关特征或选择新的能够量化的且能够与 M 力建立起稳定联系的特征。

9. 通过具体的过程表达 M 的力量

伴随着生命的活动，人会基于某种状态表达出发散扩展的力量，通过具体的生活将人的理念、向往与追求具体地表达出来。在以人们所熟悉的日常生活为基础时，稳定的心理可以使人更强地表达发散扩展性的力量。此时，人们会运用 M 的力量构建出差异性更大的发散后的状态，并使之并列。

通过动态过程，将人们对美的追求明确地表达出来，然后再作价值

---

[1] ［英］H. 里德：《艺术的真谛》，王柯平译，辽宁人民出版社 1987 年版，第 156 页。

判断与优化选择。我们应该树立这样的观念：我要在日常生活中表达 M 的力量，不管是否有人在看，不管其是否永恒，不管其是否存在，不管你是否喜欢。孟子就尤其强调"慎独"的力量。我表达我对美的感受、表达 M 的力量，与你何干？只要我表达出来，这种独特的行为模式就已经包含了我对美的追求，在此过程中，我已经显著地表达出了我对美的极力追求——最大限度地表现了 M 的力量。

三　构建更能表达美的理念的艺术作品

（一）在诸多理念中构建选择美的理念

在艺术的创作过程中，有可能并没有事先构建出一种具体而稳定的美的理念，但却能够在潜在的美的理念驱动下，单纯地为了更好而不断地思考构建。生命体内存在着诸多活性本征模式。与这些活性本征模式相协调，就能够引导人进入美的状态，也能够使人产生美的感受。不同的艺术家会在当前环境的作用下，使不同的活性本征处于兴奋状态。艺术家也会出于好奇心的本能而更加主动地构建与他人有所不同的新的角度，这都使得人们所创作的艺术品在更大程度上表达不同的美的意义。这在更大程度上满足人的好奇心理而产生美的满足的同时，也为人们理解当代艺术带来了更大的困难。这是一个创新的时代，是一个更加复杂的时代，也是一个人人都愿意表达自己独特的创造力的时代。表达自身创造力的本能和由此所产生的期望，将使人更加强烈地追求基于不同活性本征的美的表达。人与人的差异化及对这种差异化的追求，还会为通过理解，乃至与他人产生共鸣而进入美的状态带来足够的阻碍和干扰性力量，从而影响人，使人在更大程度上不能顺利地进入美的状态。

从个性化的角度来看，好的艺术家并不是不了解民意的纯粹孤独者、"麦田守望者"，融于社会的他们能够与广大的民众产生更多的共鸣。也正因为如此，才使得其所创作的艺术作品能够更大范围地为广大民众所理解、接受，并最终成为传世之作。它表现出了两种基本的特征：一是与广大民众达成更大程度上的和谐共鸣；二是凝聚了足够的对美追求的力量。

（二）在诸多行为中选择典型的行为模式

典型的行为模式是在比较不同模式的基础上，概括抽象和判断、优化、选择的结果。尤其是人已经通过进化构建出了与人的某种活性本征稳定协调的典型性的行为，依据这种稳定的模式，人会进一步地展开两种过程：基于抽象模式的具体化再展开联系和基于各种具体信息模式基础上再优化抽象。无论是哪种过程，都将以优化抽象后稳定的典型模式为核心而与各种具体事物信息组成一个稳定的网络结构。显然，抽象派作品往往以"比原先更完美的事物的抽象概念"作为表达的主题。[①] 艺术家平时的思考和练习，主要就是为构建典型的优化局部特征做准备。或者说，他们平时就在探寻使自己感动的、富有个性特征的美的表达。

而这一点，在亨利·卢梭（Henri Rousseau）身上可能表现得更为突出。H. 里德在描绘亨利·卢梭时说："在墨西哥时，他积累了满脑子的鸟、兽、花的奇特意象。事隔 20 年后，当他开始作画时，可凭记忆描绘出热带森林的景象。在卢梭的记忆中，这些景象自行组成醒目的装饰性图案。他的潜意识好象一直在活动，在清理和筛选那些积累在记忆中的有意味的印象。在他的所有绘画创作活动中，他一直遵循着一种依靠经验与本能的方法。卢梭说过，自然是他唯一的老师。这确是事实，因为他从未有过专门的指导教师；他仅从自己的记忆中提取素材，他的构图全靠自己的想象力。在卢梭的画作中存在一种孩子般的天真，可那正是其艺术的精华所在。"[②] 基于现实观察而得到多样形态，再运用人特有的优化本能，就能够在意象中形成最美而典型的艺术表达。

（三）选择人物、时间、地点、行为、关系

作为艺术创作的基本元素，一是要更加强烈地与人的活性本征和谐共鸣。这是发散力量表现的需要；二是要构建更加合理的逻辑关系，这里主要体现出收敛稳定性的力量。在两者达到稳定协调的关系时，则能够更为恰当地激发人的活性本征，从而给人带来回味无穷的美的享受。这种特征在小说中表现得更加突出。以大仲马（Alexandre Dumas）的著

---

① ［英］H. 里德：《艺术的真谛》，王柯平译，辽宁人民出版社 1987 年版，第 168 页。
② 同上书，第 159 页。

名小说《基督山伯爵》为例，为了说明后继故事的合理性，大仲马在该部作品的前半部分，先是介绍了男主人公先天优异的天赋，而后描述了男主人公在特殊的环境下能够受到良好的教育，最后又自然（合乎逻辑）地赋予男主人公在经济社会中一种必不可少的天资性资源。于是，当主人翁受到莫须有的诬陷而被投入到监狱后，虽然遭受了足够的痛苦，但也通过这次偶然受到了良好的教育。能力、知识与财富的结合使其具有了非凡的竞争力，后继的故事发展更加明确地表达了作者想要表达的"善有善报，恶有恶报"的人生哲理。故事便由此而渐入高潮。小说《红楼梦》《傲慢与偏见》等伟大的作品，以及美国电影《音乐之声》《骇客帝国》等优秀作品也表达出了同样的模式结构。这种与人的生命活性本征在更大程度上达到和谐共振的过程模式，必然会使人产生更加强烈的审美感受。

（四）运用新媒体将复杂的动态过程表达出来

一部电影、一部电视连续剧可以将人的努力和 M 的力量一步一步地展示出来。通过完整地展示表达 M 力的动态性模式，使人产生更为鲜活而突出的美的感受，这就是影视作品独特的魅力。此时，可以利用人强大的记忆能力，将事物在不同时刻的各种具体形态联系起来组成一个整体，并从这种完整状态的变化中体会到剧中的人物、演员、剧作家、导演等对 M 力量的表达和对最恰当状态的追求。

四　构建准确表达意义的形式

形式与内容的非一一对应关系，决定了在选择准确表达意义的形式过程中存在着持续的优化过程。人表达 M 力的过程就是寻找能更准确、更有力地表达意义的形式的过程。

（一）在诸多意义中比较、优化、选择

在不断的进化成长过程中，人在内心构建出了诸多活性本征与客观事物信息的稳定协调关系。尤其需要强调的是，这种稳定协调关系并不只针对一种活性本征与一种客观对象。还需要我们在激发出某种活性本征以进入美的状态的前提下，在诸多可能的表达美的客观对象中，选择出最能表达美的意义的形式结构。当然，如果存在其他方面的优化选择，就需要在选择的过程首先对优化指标进行综合衡量了。

（二）在局部特征和诸多特征关系中比较、优化、选择

任何一个意义都稳定地对应于若干局部特征和特征之间各种可能的关系。为了更好地激发、构建、表达美，首先需要在诸多局部特征和特征之间的关系中进行差异化构建，然后再在多样并存的基础上通过比较进行优化选择。

（三）基于其他的特征表达 M 而比较优化选择

人们可能基于某个标准进行优化选择，但如果以激发人更强烈的审美感受为目的，则需要从更大程度上激发人的活性本征出发。这就需要对诸多美的标准进行综合衡量，甚至需要概括总结，通过彼此的自组织协调而达成更高层次的整体美，尤其需要针对美的判别标准而在差异化构建的基础上，通过优化而展开自组织。

五　M 的单一目标表达与多目标表达

面对事物的美，我们很少通过单一的特征来比较、选择、优化，更为经常的是在单个目标的基础上，进一步地形成多目标的整体优化。

（一）将 M 与特征结合在一起时的表达

我们可以将 M 与单一目标相结合，或者说，只表达具有 M 力量的一种意义。但作为一个整体，艺术品往往会涉及各个环节与各个因素。比如说，人们会有不同的愿望和要求，这就需要在构建出诸多期望和要求的基础上，基于更强、更准确的审美体验而将其组织成一个有序整体。尤其是在一开始，人们会首先赋予不同的特征以 M 的力量，由此形成多目标在表达 M 力中的协调与综合的过程。作为综合性的组织方法，还将存在以下可能：第一种方法是，在单独考虑各个局部特征判别标准的基础上，将其联系为一个整体；第二种方法是，以某一个核心特征判别标准为基础，适当地考虑其他特征的相关状态与变化的影响；第三种方法是：平均性地考虑各种因素，并由此组成一个完整的整体；第四种方法是：以这些特征判别标准为基础，运用大脑所特有的生命活性规律，形成新的自组织过程，并由此将其结果表达出来。这是大脑自组织的结果。这些方法都将在由局部的愿望组成一个整体性愿望的过程中发挥相应的作用。

（二）形成多目标的协调性优化

生命伴随着进化的复杂化，尤其是在表达生命活性过程中所形成的特有的 M 的力量，会不断地分化各种活性本征，在差异化达到足够高的程度时，能够通过收敛的力量形成不同的本征模式，以便生物体能够迅速应对外界环境的变化。生命体会在与外界环境的相互作用过程中，力所能及地调整活性本征的表达力量，力争达到最有效的表达："如果环境变化发生在一个较长时期内，则物种中因生存优势存活下来的成员就具有更多的适应属性，来适应环境变化，这就会带来物种的渐进变化，其结果就是产生新的物种。一般来说，比起其他竞争者，幸存者会具有更高的适应性。但是，如果从数学、结构或功能效率方面判断，幸存者的适应变化未必是所有可能的变化中最优的。完美的代价可能过于高昂，而且处在不断变化的环境中，生物体要达到完美也不大可能。"① 越复杂、活性本征模式越多，在达到彼此之间的稳定协调时的难度就越大。而这也已经成为艺术家所追求的重要目标。

在差异化的应对过程中，可以通过分别表达不同的活性本征而形成有效的应对之法。因此，在美的表达过程中，可以分别表达不同的活性本征，将基本的活性本征通过组合而形成一个本征群。由于信息会联系不同的活性本征群，在表达美时，本身就成为一个非常复杂的结构了。有些虽然不是决定生命体进化的核心力量，但却并不阻碍其成为艺术追求的标准目标。正如约翰·D. 巴罗（John D. Barrow）指出的："进化赋予了我们对周围事物的广泛的现实主义的观察，同时我们还要小心不要向进化索取过多。我们也已经看到，生物体的某些功能，实际上是作为针对其他目的所作的适应的无害的副产品而存在。"② 这就涉及两个方面的意义：一个方面是，在一件艺术品中激发出来的活性本征越多，则该艺术品带给人的艺术美的享受就越强烈；另一个方面是，不同的活性本征彼此之间的协调程度越高，或者说越是从整体上与生命的活性本征相协调，所产生的美的享受也就越强烈。

---

① ［英］约翰·D. 巴罗：《艺术宇宙》，徐彬译，湖南科学技术出版社 2010 年版，第 25 页。
② 同上书，第 36 页。

六 通过意识竞争将美的标准构建出来

生命体是在差异化构建的基础上，运用优胜劣汰的方法将那些竞争力强的个体优化出来，从而维持着生物群体的整体进化的。根据不同个体在美的标准上的差异化表现，使得美的标准成为指导人利用相关进化展开优化选择的主要控制指标。

（一）美的指标是在生物体的竞争过程中突显出来的

通过竞争而形成的优化选择，会将那些取胜者的优势基因遗传下来，并由此赋予该过程以独特的意义。显然，哪种特征有利于生命个体在竞争过程中胜出，哪种特征便更容易成为决定生物体生存与发展的竞争性指标。M力与该标准的有机结合的过程将显得更加突出。显然，不同的物种会选择不同的生存与竞争策略。也可以认为，正是由于选择了不同的生存与竞争策略，才进化成为不同的物种。

（二）在意识中赋予更多的指标以美的意义

通过前面的描述我们可以看到，美伴随着意识的进化而升华，并在意识的进化过程中发挥着关键的作用。由此，在意识层面对美的标准进行进一步地表达生命的活性变换，可以使我们在日常生活中表现出对美追求的更有效扩展，并将扩展的结果有机地统一起来。

在意识的作用下，在各种层面上通过联系的方式，可以将更多具有独立意义的模式作为美的标准。最典型的是人能够在意识的层面形成稳定时，赋予相关特征以美的标准意义。此时，人们不再需要每一次都联系到生命的活性本征，而是可以直接在更加宏观的层面，通过这种力量的潜在作用，直接使之成为美的选择和判断的基本标准。

（三）复杂环境使得某个特征成为美的构建的指导标准

随着外界环境越来越复杂地作用到人的心智，在意识中表达进入美的状态的过程中所受到的干扰会越来越多，所能联系到的信息越来越多，其他模式表现的可能性就越来越大，人能够完整、准确而深刻地表达即使是单一模式的美的意义也就越来越困难。由此，人也就只能更单纯地从某个指标出发，运用M的力量，更加典型而突出地表现出对更美的追求过程。

第五节　在特征中表达人的生命活性

苏珊·朗格（Susanne Langer）用"活着"——"就是说它表现了生命——情感、生长、运动、情绪和所有赋予生命存在特征的东西"强调生命的活力在艺术中的作用，指出只有那充满生机与活力的艺术品，才能真正地使人产生"心畅"的"高峰体验"。苏珊·朗格赞同麦克斯·雷勃曼（Max Reibman）的话说："艺术的形式即生命形式，很显然，这个形式是所有绘画艺术的基础。然而更重要的，它还是艺术的目的和顶峰。"[1] 对于艺术家来讲："一幅画必须具有一种展开的能力，它能使包围着它的空间获得生命。"（马蒂斯语）因此："画布的生气是绘画的一个最困难的问题。把生命赋予艺术品无疑是真正艺术家最为主要的任务。所有一切必须服务于这个目的：形式、颜色、外观。"（西斯莱语）[2]

一　在一切行动中表现出对美的追求

苏珊·朗格指出："由于人是个生命体，所以我们全部的活动都以一种有机的方式开展。我们的情感和我们生理的活动一样，都具有一种本质的新陈代谢的形式。收缩和扩张；形成和解体；渐强和渐弱，非无限延长的一定时间的持续；生与死等等。"[3] 因此，美的基础一定是对人的生命活性本征的表达。只不过这其中突出了独立与特化的过程，尤其是与此过程相对应的人的意识的独立与特化，使人的自我（通过自反馈和自催化）得到更加有效增强。

人的一切行动都是在外界刺激作用下，通过充分而有效地表现生命的活性形成与外界刺激的稳定对应关系的。当这种稳定的关系形成以后，

---

[1]　[美]苏珊·朗格：《情感与形式》，刘大基等译，中国社会科学出版社1986年版，第94页。

[2]　同上书，第95页。

[3]　同上书，第116—117页。

就意味着生命体适应了外界环境新的刺激。只要形成了稳定的对应关系，就意味着生命的活性本征已经发挥了更强、更有效的作用。

人的一切行为都是在表达生命活性的过程中形成、丰富与完善发展的。与生命的活性本征共鸣和谐，本就意味着从该活性本征的角度进入美的状态，因此，一切行为中都能够存在一定程度上的美的模式，一切行为都可以表现美的力量和特征。只不过由于受到众多信息的干扰和影响，这种美的意义会被越来越厚地"掩盖"起来。但只要有时间强化对美的专门化追求，就一定可以使美的状态达到足够显现的程度。显然，在人所进行的所有的活动中，都能且都在运用美的力量，寻找、探索构建各种意义上"最美"的"模式"。

不管是什么样的刺激，生命体适应性总是朝着使该刺激变小以达到与生命的活性本征稳定协调程度的方向变化。正如我们在第三章所指出的，如果将这种变化也理解为美的构建与指导的话，生命体形成了某个恰当的稳定状态，外界环境便不会再对生命体产生作用，此时生命体与外界环境就会一起达成一种稳定的相互作用状态——适应协调状态。形成了这种状态，也就意味着生命体在稳定状态下赋予了外界环境以美的意义。

具有自主涌现性的美能够在各种活动中发挥关键性的作用，人的生命意识活性的自主性力量会驱使人形成这种美的状态的主动涌现性，即使人不再有意识地主动表现它的力量，它也会以一定的强度不为人知地涌现出来，成为指导人联想、构建具有美的意义的方法模式。美的力量会引导人向更美做出更大的努力，通过差异化构建基础上的比较、优化、选择，协调各种活性本征与当前环境的关系以形成更大程度上进入美的状态的力量。与此同时，这种过程和力量会在人的意识中被进一步地放大、扩展。专门表达人对美的追求的各种艺术活动，也成为对美的主动追求与表达的主战场。由此，在绘画、音乐、小说、舞蹈、诗歌、雕塑、电影（电视）、建筑、新媒体、戏曲等领域努力专门独立特化出相关的对美追求的艺术家；在体育竞赛中，努力地争取比其他人表现得"更快、更高、更强"的运动员；在每一项具体的工作中，参与其中的工作者们，都在努力地表达 M 力而追求卓越，努力地做到精益求精，从而体现出

"工匠精神"……

生命活性中发散扩展的力量，会引导人形成基于当前模式的期望与使期望得到满足的力量，驱动着人们在意识和社会氛围的有效激励下，能够本能而自觉地表达美的力量。美的自主性的力量驱动艺术家在艺术创作中形成基于某个艺术表达形式的对更美的主动追求。这也为自媒体、互媒体树立了榜样——在人人都能够成为艺术家的时代，必须要求每个人以艺术家的努力追求（表达 M 力、在差异化构建基础上的比较优化选择）作为其最基本的"功底"，结合每个人的兴趣爱好、理想追求与最大潜能，创作出无愧于时代的艺术精品。由此就可以看出，正在建设中的中国，可以将人的生活、工作的方方面面都独立特化出来，运用对美的追求的力量，充分利用人口"红利"、充分利用人的创造性红利、充分利用中国人的复杂性思维能力，展开全面建设，大力促进创新，推动中国向着更加美好的方向不断前进。

无论是舞蹈、跳水、体操还是钓鱼，都存在美的动作问题。我们比较选择的是最美的动作，但强调的却是平时的探索与练习。在此过程中，我们需要将一个活动分解为若干必不可少的固定模式，由这些模式组成一个稳定的流程。然后我们针对每个固定模式加以优化提炼，形成最美的流程。比如说，最美的钓鱼动作显然不是以最终将鱼钓上来作为唯一的标准，而是要看其在与鱼的搏斗中，如何体现出智慧与勇气，如何体现出对钓竿的运用与掌控。由于这是一种综合性的反映，因此，我们可以将动作分为几个方面的指标进行比较、评比和优化。诸如对读鱼标动作的准确程度、获鱼的多少、提竿获鱼的比例（负的"空竿率"）、鱼的大小、将鱼钓上来所花费时间的长短、钓鱼竿的弯曲程度、人在溜鱼时的动作的优美程度等做出限制，从主观性和客观性的角度制订美的判别标准，并对实际动作做出判断。由此给出综合性的判断结果。相应地，无论是"拉丁舞""街舞"，还是"广场舞"，都可以进行类似的评比。在此过程中，存在一个由于喜欢而对其实施强化的过程，无论是社会的强化，还是自我感知性的强化，都会引导人利用意识的强化而将探索最美动作的比较与判断的过程进行得更为全面、深入。

在人探寻最美的味道的过程中，为了更多地符合人的口感，需要进行差异化探索，并通过比较判断，寻找优化出更为"恰当"的味觉体验。实际上，人与人的不同构建了多样并存的基础。而在诸多可能性中求得最优的结果，才能将众人不同的品味大致地协调统一起来。

二　"审美泛化"与 M 模式的表现

美的精神在艺术品中的消退，并不只是发生在当代。正如鲍桑葵所指出的，无论是艺术的世俗化，还是"不再是生气蓬勃的生活的表现"，总之，受到"中世纪的冲动"消退的影响，艺术不再将注意力集中在将艺术家体会到的更多的美凝聚在艺术作品中。失去了精雕细刻的精神追求，艺术在贴近大众的同时，却失去了对美的更高追求。当然，贴近大众与对美的更高追求两者会形成一种"二律背反"：对美的更高追求会使其距离大众越来越远。①

在大众化娱乐更加普及的今天，人们对能否更好地发挥美的指导作用的担心变得更加突出。传统美学基于传统的艺术领域，从中概括出针对性更强的美的特征和基于特殊领域的特殊性规律。但面对当前世界所生成的众多新的领域，人们需要得到新的美学理论的指导。显然，最基本的就是要在相关领域中，结合人们的习惯性追求和审美偏化，最大限度地表达 M 的力量，使所生成的"艺术作品"在相关特征上的优化达到极致。

在人们充分认识到 M 力的独立作用时，自然会将其作为一种稳定的潜在性力量。人们总是在快乐而且自觉地表达着这种力量。但为了应对更加复杂的世界，我们需要着重强化在日常生活中更加全面而深刻地体现出 M 的力量，并在此基础上具体实现 M 力的提升与升华。

（一）M 力与生命活性捆绑在一起发挥作用

人的一切活动均以生命活性为基础。在人的一切活动中都会表现出生命的活性本征。意识活动也应如此。没有超越自然的活动。这就意味着，人的意识也必然遵循自然规律，决不能违背自然规律。

虽然 M 力起源于生命活性，但当其具有了独立自主性以后，便能够

① ［英］鲍桑葵：《美学史》，张今译，商务印书馆 1985 年版，第 222 页。

以稳定的自我发挥独立的作用，人们也认可这种状况。与此同时，人们并没有割离两者之间的本质性联系，因此，便简单地将两者"捆绑"在一起共同发挥作用。由此，人们简单地认为，生命的活性本征在意识层面具体表达时，M力也同样会在意识层面发挥其独立的作用，从而引导人们的内心构建沿着某个特征变化的方向逐步推进。

（二）受到意识的扩展而表现出更加有力的作用

开始，我们可能还仅限于持续地表达M力，而当我们认识到这种力量与美的内在联系时，便不自觉地在各种心理过程中表现M力。

我们努力地将M力表现在意识中。这种表现也是进化到人这个程度时的必然，因为任何一种本能的模式都将在人的意识过程中表现出来并发挥作用，M力也会受到意识的放大而在各种心理过程中表现出来，这种对M力的放大会在更多的意识过程中因不断表现而得到增强。使该模式的"兴奋冲量"（兴奋度与兴奋时间的乘积）得到增强，会强化该模式在大脑中兴奋的可能度、稳定性和兴奋时间，从而提升该模式的自主性、涌现性；会与更多的心理信息建立更加广泛的关系，并能够通过彼此之间的相互作用而组成新的意义；会在更多的意识过程中以其M力的共性表现，在更高层次上建立起不同心理过程之间的关系，使M力成为构建不同心理过程之间关系的基本桥梁元素；会在更高的层次指导低层次心理信息的变化，引起更大范围内和更大程度上心理信息的变化，形成更大的心理转换过程。

（三）出于某种目的而将美附着于问题的表面

我们相信灵感，但这种灵感的取得是通过平时那种持续性的练习、反思、创造性探索和主动地追求这种领悟才能达到的。我们不能只看到创作者当时那种入迷的灵感状态，而忽略其能够长时间维持那种灵感状态在平时所做出的艰苦努力。

那种信手涂鸦的所谓"艺术品"与将平时的劳动凝聚在成果中的所谓"工艺品"之间的差异将会很大。显然，大众化的娱乐只能将与当前灵活多变的环境相对应的出众的"大众娱乐天才""脱品秀"式的即兴表现当娱乐，这种表现形式以其众多的不确定性带来刺激与挑战，使那些大众娱乐的创造者没有足够的时间和精力"精雕细刻"。

当人们出于某种目的，尤其是出于更强的功利性目的，将美的修辞作用同时表现在其行为和言语上时，能够在一定程度上而起到粉饰、美化的作用。尤其是在我们有意识地讨好某个人时，会将美的内涵"覆盖"到对对方的赞扬上。这样的美学，正在远离人们内心中的美学的本意。这也正是当前人们会认为"美学正在断送自己的生命"的基本原因。

（四）将美固化在人的日常生活中

在生产力水平发展到一定程度时，人的意识空间会得到进一步地增强，人也就有了足够的能力去解决除基本生理需要之外的其他方面的需要。基于各种具体情况而形成概括抽象，会对上述过程作出进一步的扩展。此时，人们更能自然地将审美作为一个重要因素来指导自己日常的行为了。

"日常生活审美化"是人在日常生活中表现 M 力的基本方式。将 M 的力量与日常生活有机结合，在以往人们的日常生活中已经突出地表现出来了，但人们并没有赋予其美学意义，这相当于"骑着毛驴找毛驴"。在当前，这种尚未为人所认识到的美的特征就需要得到更进一步地加强。

要善于挖掘生活中的美，将日常生活中人们所表达的 M 的力量更加突出地表现出来，同时运用社会的力量使其得到进一步地强化。

我们可以选择将某个物质的标准作为追求的目标。在此过程中，我们需要注意，在人们越来越多地满足自己的物质追求的过程中，基于意识状态的和谐与满足、符合意识生命状态特征的表现，将成为人的一种重要的表现。我们不能一味地否定由于物质需求而形成的一类特殊的美的享受，只不过，基于物质的审美与基于精神的审美的空间具有很大的不同，这将影响着美的包容性和对美的更进一步的追求。物质的满足只是当下，而意识（精神）的审美享受则因为意识的无限自由（可随意地扩展、延伸、变换，不受任何的限制）而更加深远，会更进一步地驱使人追求"更"美。

一是，美可以在人日常生活中的方方面面得到表现。在哪个层次、哪个领域表达美的力量，都不是坏事，这是应该大力倡导的。

二是，美的这种特征驱动着人类的进步。美及对美追求的持续性的力量，必然驱动着人不懈地向着更加"美好"的方向努力。

三是，美的这种力量存在着层次之分。人会出于文化和历史的影响，对美形成不同的价值认知和判断。但基于 M 力的对美的追求，并没有"高低贵贱"之分，我们所关注的只是所展示出来的 M 力量的不同大小，以及由此而达到的精美的程度。所谓的深刻程度，就是通过所表征的 M 力量的强度，以及在人们内心所形成的非线性感受来进行具体描述。

我们不能以领域的特性和艺术的不同形态来标榜艺术品价值的高低，进而把艺术品人为地划分出三六九等，而应该主要看"凝聚在艺术品中的 M 力"的多少。凝聚在艺术品中的 M 力越多，意味着创作者花费了更多的精力和美的力量、在创作该作品时付出了更多的劳动，那么，该作品的艺术价值自然就会更高，该作品的"败笔"也就越少，距离更多人内心共同的美的模式就越近。

这种情景同样可以"迁移"到其他领域。比如说，人们在看待羽毛球、足球等体育比赛时，也会产生震撼性的审美感受。娴熟的技巧、精准的落点、出人意料的心思和球落点、灵活多变的战术、快速的反应能力、看似不可能的节奏变化和发力、对力量的控制能力，以及在人们认为的不可能中表现出相关的精准又优美的动作等。从某种角度讲，当人们不再关注这些方面，或者说对这些方面根本不熟悉时，再精准优美的动作也不足以引起人们的相关感受。只有在熟悉并能够与人生命的活性本征相协调时，人们才能通过 M 力的表现更加清晰、明确、强烈地感受到相关的美。

（五）将 M 力表现与人的最大潜能有机结合

M 力与人的最大潜能有机结合，意味着可以使 M 力的发挥更加有力。显然，无论是哪个领域，只要作为该领域的顶尖者，都会表现出足够的智商和能力，而且人们会在相关的方面对此进行强化加工和主观提升，使其得到极致的增强。这样做，会进一步地推动 M 力与最大潜能的相互促进与相互结合。人们已经认识到，达到这种极致的程度，能够使其获得更高水平的竞争力，会给人们带来更多的利益等。这正是生物本能性地努力追求的结果，这种结果又反过来保证人有更强的心理资源支持 M 力发挥更大的作用。

（六）M 的表现与各种活动的共性相干

直接表达、与具体特征相结合的表达、与具体事物相结合的表达、表达 M 力的愿意与期待表达等，都可以作为 M 的力量表达的具体形式。对自身知识、能力和素质的强化与提升同样表达着 M 的力量——获得更多的知识、使能力和素质得到进一步地增强，甚至达到极致。

无论哪一种形式表现出了"更"的过程和结果，都会因此具有了美的特征和意义，使人产生美的效果。我们要强化各个环节的相互促进，共同表达出 M 的意义与作用的力量。"下里巴人"与"阳春白雪"都能够激发不同人的审美享受。当然，从人数的角度来看，前者将远远多于后者；从所形成的社会氛围的角度看，前者也将远远强于后者。如果后者的力量达不到一定的程度，那么，它的力量就很有可能湮灭在前者所形成的群体氛围中。

《清明上河图》中各种场景表达出了人们对生活共同的热爱与追求，表达出了一种欣欣向荣的景象。各个环节的相互联系、相互促进，使得这一特征表达得更加突出。这种以非单一的方式表达共性追求的手法，在小说、戏剧、电影等艺术形式中能够得到更加有效的表现。

三　任何意义都可以作为表现美的主题

在进化过程中，任何意义都可以成为刺激人成长与进步的力量。生命体会通过表达生命的活性本征构建出适应环境作用的稳定结构，并由此形成稳定的活性本征。这种稳定的活性本征在生物进化的选择过程中会被进一步地强化，成为获得更高竞争力的基本因素。这就意味着，任何意义都可以作为表现美的主题。显然，问题的关键在于意义是否能够在更多人的成长经历中固化成为促进其竞争力提升的稳定的活性本征。[①]在一般情况下，艺术家所关注的正是那些大部分人都能够表现出来的行为模式、期望，以及需要的满足。一是在可以展示优化的特征指标上尽可能大地表达 M 的力量；二是运用好奇心主动地探索构建新的特征指标；

①　［美］阿瑟·丹托：《美的滥用——美学与艺术的概念》，王春辰译，江苏人民出版社2007 年版。

三是在各种可能的特征指标上选择能够展开优化以提升其竞争力的特征指标。

在社会生活中，维持社会稳定与进步的力量（社会道德标准）会成为一种显性的特征，尤其是在 M 力的作用下，人们会为了维护整体社会的稳定与发展做出最大的努力。当然，从等概率可能的角度来看，基于 M 力而形成的多样并存，有时会造成一种分散和不可控的局面。多样化的艺术形态和流派在以其多样性带给人更强烈的新奇作用的同时，会让人目不暇接，带给人巨大的压力，甚至会给人带来伤害性的刺激，使人感到焦虑和不安。现代艺术的现状已经使人无所适从。① 如果我们能够把握美的艺术的本质，正确把握美在艺术中的地位与作用，通过这种规律性的把握形成更强的稳定结构，不再产生更大的恐慌，也就能够更加自如地欣赏现代艺术了。

（一）意义的层次与境界

美是在越来越广泛地建立不同具体美的艺术之间关系的过程中，不断地通过概括、抽象而升华，这就存在着不同层次的美的表征问题。无论是以明确的形式还是以隐晦的形式具体表征，都需要人们在表层意义的构建过程中，通过与人内在的活性本征建立种种可能的关系，从中将那些符合程度更高的对应关系优化确定下来。

那些层次更多的意义因其含义复杂，更善于隐藏于具体的形象之后，需要人们进一步地概括抽象与深度挖掘，需要通过建立不同信息之间更加间接的关系才能将其表征出来。当然，更可能的是，我们由此而构建出来的意义并不是创作者想要表达的意义，这种意义是欣赏者自己通过自己的审美经验构建出来的。

（二）个人与群体的利益

在涉及个人利益与群体利益之间的差异化时，以表征群体利益为核心的艺术品，能够获得更多人的肯定、追求与青睐，人们会由此受到更加美好的力量的更大鼓舞（能够得到群体中更多人的欣赏和追求），此时

---

① ［美］阿瑟·丹托：《美的滥用——美学与艺术的概念》，王春辰译，江苏人民出版社2007 年版。

艺术品被赋予的价值也就越高。在这个过程中，自然存在一种选择：是以个人的活性本征表现为主，还是以群体所形成的共同追求为主。两个方面缺一不可，还要强调应努力使两者保持在一个恰当的比例关系内，如果能够建立两者之间的相互促进关系，就能够更加有效地促进社会的进步与发展。

（三）美德的形成与追求

表征那些群体中的人们赋予"美德"的特征和行为时，将 M 力与之有机结合，会使群体中的个体在相关特征上表达得更为出色，也会在该群体内部形成对该共性特征的激励性追求，使这种特征表现更加出色的个体受到赞扬，并因为贡献而被该群体赋予相应的特殊荣誉。自然，受到追求模式的扩展性影响所产生的期望性的推动，作为该群体中的个体，为了获得更高的赞赏，也会尽可能地在这种特征上表现得更为突出。这种力量会伴随着人的进化而转化成为人的本征力量，自然也就会在人与外界环境（自然＋社会）的稳定适应中成为达到稳定协调的基本力量。通过某种固定的形式表达与这种活性本征达到稳定协调的外界事物，就意味着在进行艺术创作。于是，社会活动中各种被赋予"好"的特征和模式，在被人们意识到并加强追求的过程中，就会成为艺术家所努力表达的主题。

在后现代艺术中，人的任何活性本征都可以作为表现的主题，艺术家也更愿意从形式、内容等层面表达生命的活性本征。正如迈克尔·威尔逊（Michael Wilson）指出的："当代艺术作品的成功标准在本质上与其他时代是一致的：它是否提出或引发了有意思的问题？它的材料、形式与概念元素是否有效地相互配合？它是否与背景环境实现建设性的互动？它是否达到了预期目的？"[①] 显然，单一地表达某个活性本征模式已不再能表现出足够强的美的刺激，因此，在后现代艺术中，艺术家更愿意建立相互矛盾的主题。矛盾也恰恰能够与人的收敛与发散协调统一的本征模式和谐共振。因此，艺术家更多地利用各种信息元素构建相互矛盾的

---

① ［英］迈克尔·威尔逊：《如何读懂当代艺术——体验 21 世纪的艺术》，李爽译，中信出版集团 2017 年版，第 2 页。

完整体。他们尤其注重运用具有更多象征意义的元素构成越来越多的矛盾关系体，通过使彼此达到相互的协调，而形成更强的艺术冲击。

阿德尔·阿贝德赛梅（Adel Abdessemed）主观上强调："我利用公众的激情和愤怒。"① 在艾萨·根泽肯（Isa Genzken）的作品中"似乎组成了某种暴力混乱造成的场景，或是一场冲突，犯罪或灾难过后的残局"②。拉塞尔·克罗蒂（Russell Crotty）"作品中包含的详尽的描述文字一部分来自严谨的实际观测，一部分来自模糊的回忆"③。凯·阿尔特霍夫（Kai Althoff）是一个愿意脱离"'当代性'主流符号"的艺术家，他唱反调的癖好体现在"不协调的风格"之中，"他将现存的政治、宗教和民间图像或半虚构的角色和情景与想象相混合，创作出一个艰涩的丰富组合。然而，这起初看似即兴混合物的图景中，艺术家依据其繁杂的文化心理环境，提炼出大量高度自觉的叙述探索"④。迈克尔·阿舍（Michael Asher）重心在以"机制批判致力于解构有关艺术管理、诠释及展示的社会、政治以及经济机制"⑤。埃伦·加拉格尔（Ellen Gallagher）采取"重复强调了视觉及文字评议的特有性质，并挖掘埋藏于其中既奇幻又实在的叙事、身份与人物"⑥。

大卫·哈蒙斯（David Hammons）主动地"将一生活方式辛辣的幽默与达达（Dada）主义、城外艺术（Outsider Art）和贫穷艺术（Arte Povera）影响下的平易美学相结合，强调了城市中贫穷与非裔美国人的物品及材料中蕴含的交流及仪式的潜力"⑦。连比特利兹·米拉塞斯（Beatriz Milhazes）自己都承认："我对冲突很感兴趣，你增添一种颜色，便引发一场冲突。"⑧ 而对于瓦格希·穆图（Wangechi Mutu）来说，则"创造的

---

① ［英］迈克尔·威尔逊：《如何读懂当代艺术——体验21世纪的艺术》，李爽译，中信出版集团2017年版，第6页。

② 同上书，第154页。

③ 同上书，第98页。

④ 同上书，第30页。

⑤ 同上书，第40页。

⑥ 同上书，第146页。

⑦ 同上书，第168页。

⑧ 同上书，第254页。

图像、物件和环境表现了种族与性别固化印象对个人微分的塑造，既回溯了总体的殖民历史，又涉及非洲具体的政治局势"。因此，在人们的审美印象中，"穆图创作出既怪诞又富有诱惑的作品。她精细的人物即使扎根于熟悉的当代情境，也能够传达出一种强大的奇幻色彩，这些作品对神话的借鉴被材料的色盘所洗礼，除颜料和墨水外，艺术家还采用丝带和光片等素材"①。

随着视野的不断扩展，人们不但研究人们喜爱的美，也开始从联系性的角度扩展性地研究人们厌恶的美。与美相关的一切特征，都成为人们追求和表达的目标，并通过关联而与美联系成为一个整体。由此，恶的美学便自然地纳入到人们的研究中。

彼得—安德雷·阿尔特（Peter – Andre Alt）在《恶的美学》的最后写道："关于撒旦这一角色的后浪漫主义的神话学和恶的一种美学是密不可分的，是结合在一起的……把这种美学嵌入到自主美学结构中的做法以及由此而产生的审美观的扩展和补充——借助丑恶、厌恶以及震惊的范畴——使我感到有必要把魔鬼的现代历史放置到一种更为广阔的基础上。"由此，"恶的美学纲领的目的在于，在非道德的、怪癖的、令人恶心的、丑陋的、变态的和病态的空间里，确定迄今为止人们尚不熟悉的（或者可以给予高期望的）美的飞地"②。罗丹就直接地认定："自然中公认为丑的事物在艺术中可以成为至美。"③

四　在人最关心的活动中赋予美的意味

美并不以"不食人间烟火"的方式高高在上地存在着。它应该抛弃高傲的姿态，采取亲民的态度，尽可能地与广大的民众贴近。艺术品所表达的主题应该与广大人民群众的日常生活紧密相关，并在人的日常生

① ［英］迈克尔·威尔逊：《如何读懂当代艺术——体验21世纪的艺术》，李爽译，中信出版集团2017年版，第262页。

② ［德］彼得–安德雷·阿尔特：《恶的美学》，宁瑛等译，中央编译出版社2015年版，第2页。

③ ［法］奥古斯都·罗丹口述、［法］葛塞尔记录：《罗丹艺术论》，傅雷译，中国青年出版社2016年版，第43页。

活中发挥相应的作用。人们也需要不断地发现、构建生活中各种各样的美。

在我们将 M 作为一种稳定的心理模式时，它会与在大脑中兴奋度较高的信息产生相互作用，即使是单纯地表征 M 力，也会使人表达出审美的过程。这也就意味着，哪种活动在人们日常生活中占据重要地位、被人们所重点关注，哪种活动就会被当前的艺术家作为艺术意味的主要部分而加以表现，并由此延伸出更多的内在信息。

人不断地表现 M 的力量，从我们立意的角度来看，就是在表现、追求美。人生艺术化（宗白华，1920 年；朱光潜，1932 年），意味着人会以其更加熟悉的生活为基础展开对美的表现，以更大的比例程度去追求更加美好的生活，甚至在人的各种活动中，都表现出对美的追求，基于此构建更加美好的生活。我们已经看到，以生命活性表现为核心，在进化出了意识能力后，人便具备了强大的、典型的、以不懈地追求美为主要标志的特质。我们会在意识中更加突出地表现这种美的模式，或者说，将美的人生追求作为更加突出而典型的指导原则，这预示着我们能够以更大的精力努力地构建"美的人生"。

当然，由于人在生活过程中会受到各种因素的干扰与影响，在有些事情中我们可以发挥人的主观能动性，而在有些方面我们只能简单、被动地接收，只能因受到刺激而被动地展开相关的活动。人突出地强化了对美的追求，就能够保证人在更大范围和更高程度上表现人的自主性能力，以极大的可能性自如地表现对美的追求。

不同的生活形态虽然有不同的活动，但由于美是人的本能，因此，在这些丰富多彩的活动中，仍能够自然地表现出其特有的审美模式和"最美"的具体形态。人们依据当前的环境、当前的生活、当前的材料、当前的手法等，通过异变、比较和优化的"顺次程序"，将人对"最美"的追求、态度和意向信息在独立强化显示的基础上，通过对"最美"追求的想象性构建加以协调组织，将最美的模式固化下来。并不断地将人的日常生活中的美提炼、升华，将比之当前更"美好"的模式构建出来。同时，将对美的追求作为一种激励、引导的力量，更加有力地推动社会的进步与发展。正如前面所指出的，人的生活经验就是基于各种具体情况的优化概括的结果。人类就是在不断的优化概括中前进的。

五　致用为本

虽然人们能够更加便利地在形式上表达美，但美化不只是表面的、形式的，在事物的本质方面也有着更加深刻的表现。生物的进化重点选择了那些对提高生存与发展有直接作用的模式特征。所谓的"有用""有益"都直接建立在了更好地表达生命的活性本征上。正如丢番所指出的："'人类创造出的物品'的形式表征了创造者与该物品的关系，就像是自然物品的形态反映其功能一样，因为发挥功能的水平越高，形态发育也越美。因此，正确表现功能的建筑物一定是美的。"① 正是因为其功能性在更大程度上满足了人的需求，因此，人们便赋予具有这种功能的物品以美的意义。而从生命力表征的角度可以明确地认为："发挥功能的水平越高，则形态发育也就越美。"形态的最美在生命体与环境的相互作用过程中，能够运用其特有的追求美的力量达到最佳状态。

由于 M 力是生命的本征，只要从事某种活动，就存在一个通过表现生命体本质的 M 性的力量而达到极致的过程。当我们强化对产品的"用途性"构建时，会表现出对这种极致结果状态的追求——致用为本。

东汉思想家王符在其《潜夫论》中曰："百工者，以致用为本，以巧饰为末。"工具的重点在于"致用"，即达到最顺手、最好用的程度。从工具生产的角度来看，达到最好的应用乃是根本，也是最美，而这已经成为中国古代工匠所追求的至高目标。② 王符在开篇就说"天地之所贵者人也"（《潜夫论·赞学第一》），并曰："凡工妄匠，执规秉矩，错准引绳，则巧同于也。""故圣人之制经以遗后贤也，譬犹巧之为规矩准绳以遗后工也。"（《潜夫论·赞学第一》）。他指出："百工者，所使备器也。器以便事为善，以胶固为上。今工好造雕琢之器，巧伪饰之，以欺民取贿，虽于奸工有利，而国界愈病矣。"③

---

① ［英］特奥多·安德列·库克：《生命的曲线》，周秋麟等译，中国发展出版社 2009 年版，第 296 页。

② 潘天波、胡玉康：《"致用为本"发墨》，《史论空间》2011 年第 2 期。

③ （东汉）王符：《潜夫论校注》，张觉校注，岳麓书社 2008 年版。

《论衡·别通篇》中说："空器在厨，金银涂饰，其中无物益于饥，人不顾也。"王符于《潜夫论·务本》篇中，明确地提出了"为国者，以富民为本"的观点。当人们明确地洞察到何时需要"致用"，而何时又需要其他形式的装饰时，便能够创造出更为恰当、好用的器具。

第六节　活性本征表达的具体结构

"美的物体另一种主要性质就是各部分的排列连续不断地改变其方向，以一种几乎不可感知偏离实现变化，决不会变化太快而使人吃惊或以棱角尖锐而形起视神经的抽搐或痉挛。没有任何以相同方式长久连续的事物、没有任何突然变化的事物能是美的，因为两者都有悖于作为美的特征效果的令人惬意的松弛。"[①] 一些信息是为我们所熟悉的，而另一些信息则不为我们所熟悉。一些信息是确定的、有序的、完整的、稳定的，而另一些信息则是新颖的、变化的、暂时的、局部的、多样并存的。在美的表达中，一定要使表达发散与收敛的相关信息特征达成彼此之间的有机协调，以求在更大程度上与生命比值更好地和谐共振。

一　对称的意义

所谓对称，简单地讲，即物体相同部分有规律的重复。指物体或图形在某种变换作用（绕直线的旋转、对于平面的反映等）下，其相同部分间有规律地重复的现象，亦即在一定变换条件下的不变现象。对称又代表着某种平衡、比例和谐之意，而这又与优美、庄重等要领联系在一起。

简单的对称虽然能够以"完美的格式塔"使人产生完美的感受，但这只是人们对"终极美"的无限追求所达成的局部结果（简单）。我们发现和构建对称美，需要展开三个基本过程：一是以一个结构为基本单元；二是将另一个结构作为变化性特征；三是正确处理两者的关系，以与生

---

① ［美］伯克：《崇高与美》，李善庆译，上海三联书店1990年版，第184页。

命的活性本征和谐共振。我们认为，对称美在一定程度上表达了与生命活性中的收敛与发散有机统一关系的和谐共振。由此引导人进入美的状态，并产生更强烈的审美感受。

对称美作为一种典型的美学元素，很早就被人们所认定，并成为人们解释协调关系的一个基本词汇。与非对称相比，对称表达出了秩序、协调关系。但在与生命的活性本征和谐共振以进入美的状态时，对称就必须包含与秩序相对应的非秩序的元素。人们在欣赏对称美时，是以对称所含有的稳定性结构意义为基础，进一步地引导人恰当地关注变化性的特征的。实际上，人们在认识对称美时，已经做出了相应的规定。以对称的稳定重复为基础，必定引导出变化。诸如，对称不能只是由线条简单组成，要将若干复杂的结构放在对称的位置上；对称的建筑往往会以建筑材料的变化作为秩序的有效补充等。单一的对称往往会给人一种僵化的印象，而在对称的基础上出现恰当的变化，会给人以一种美的感受。

（一）对称这一传统美学特征表达了生命活性的本征状态

在美学历史上，对这些美学特征的重视曾被视为艺术创作的基本原则。这些美学特征至今仍在发挥着重要的作用。虽然是形式上的对称，但我们应该认识到，这种对称是人对信息形式上的一种把握。对称所形成的可把握特征，会与人所不能把握的其他特征一起，组成一个恰当的比例关系，由此引导着与生命活性本征的和谐共振。"在早期的西方艺术中，不论是在风景绘画还是在宗教象征绘画中艺术家的目标是表现事物组织的完整性和完美性。"①

问题是在美学中，为什么将"对称"这种形式上的特征作为美学的判别标准？我们认为，实际上，对称所表征的恰恰是生命活性中的对立与统一，是收敛与发散两个方面相互作用、有机统一的结果。"对称"强调的是变化过程中的稳定性的特征力量。在研究对称性特征时，必定会以某个方面的稳定性结构作为收敛的保证，在以此为基础而观察其他特征时，会通过其他特征模式的变化表达出发散性的力量因素，使生命活

---

① ［英］约翰·D. 巴罗：《艺术宇宙》，徐彬译，湖南科学技术出版社 2010 年版，第 11 页。

性中收敛与发散的力量保持在生命比值范围内，有效地促进生命的进步与成长。表达对称，也就是在表达与生命活性中收敛的力量的共性相干。此时，我们可以使用由对称演化而来的"黄金分割率"来推广表征这种关系。

（二）生命活性的本征状态表现了相互关系的协调统一

我们从不单一地研究描述一个模式，即使独立地描述一个模式，也必定要建立该模式与其他模式的相互关系。简单的对称、有序结构并不能引发人产生更强烈的美感。在这种有序结构基础上的恰当"变形"甚至形成幻觉，则往往能够使人产生差异性更大的丰富联想，使人在稳定地表达生命活性的过程中，认识到动态生命活性模式的美的意义和作用。

我们需要从对称与生命活性比值的内在联系中，描述其所具有的美学意义。那么，在一个完整的优秀艺术品中，新奇性的信息所占据的比例应该是多大？由于涉及复杂的信息加工，准确的过程将很难细致地做出描述。但我们可以根据局部特征的关系，根据所生成的意义、复杂程度，根据局部特征的地位等，总之，根据局部特征在人内心的"分量"，以对称结构为稳定性信息结构，以其他的特征为变化性特征，依据稳定与变化之间的关系模式，与生命的活性本征达成共性相干，以此引导人进入美的状态。

生命的意义要求，在收敛与发散、稳定与变化之间应保持与生命活性的更好协调。

（三）我们会根据彼此之间的关系而将其恰当的状态表达出来

对称：一是在观察其他信息特征时形成对称；二是对称状态不是绝对的几何对称，而是依据生命的活性关系，在绝对的几何对称基础上稍加偏离，通过表达这种稳定与变化的关系而与生命活性中发散与收敛的协调结构和谐共振。

协调：讲的是各客体部分之间的在相关特征上的协调，这本身也可以看作同收敛与发散之间达成恰当比例的协调。与此同时，协调也表明了各个局部特征之间合乎逻辑性的特征，也就是要遵循事物结构、关系本身所表征的关系和规律。

整齐：整齐是相对混乱而言的。没有混乱，就不会有整齐。根据整齐与混乱的有机协调性，我们可以知道，单一的整齐是不会产生美感的，人们必定要在整齐有序的模式中发现与之不同的变化性的特征。无论这种混乱性的信息是由艺术家所提供的，还是由欣赏者根据自己的理解所创造构建的。

这些模式所表达的都是通过与人的掌控心理模式的共性相干，达到与美的状态的协调稳定。因此，这种特征自然会成为人们表达的主要方式，也是最开始表达的主题。"中世纪艺术蕴含的宗教象征意味，而东方艺术则强调构图精致和谐，使其能有助于观赏者进行冥想。但到了近代，西方艺术开启了现实主义的潮流。现实主义之前的象征绘画，是把符号组合在画布上，只有深谙象征主义之道的人才能解读。西方的现实主义艺术家则是把完美表现眼睛所看到的景象作为自己的目标。"①

二　黄金分割的意义

所谓黄金分割是指将整体一分为二，较大部分与部分的比值等于较小部分与较大部分的比值，其比值约为 0.618。这个比例被公认为是最能引起美感的比例，因此被称为"黄金分割"。

黄金分割具有严格的比例性、艺术性、和谐性，蕴藏着丰富的美学价值，这一比值能够引起人们的美感，被认为是建筑和艺术中最理想的比例。

我们可以认为，黄金分割本质上体现出来的是生命活性的比例关系。我们还可以认为"黄金分割"在一定程度上表征了收敛与发散的协调比例关系。形成黄金分割比例关系，是以某一个方面为基础去考察另一个方面的特征。这是两个特征之间关系的一种衡量：在一种因素确定时，另一种因素作为变化性因素应该占据多大的"分量"。由于非线性典型地体现出了非对称性特征，与对称性关系相比较，黄金分割着重指出了人的创造力的作用与影响，体现出了变化性、新奇性、未知性信息在活性比值中占据更多分量的意义。因此，人的经常性的创作手法，是以满足与"对称"有一定差异性的"黄金分割关系"为协调稳定与变化结构的

---

① ［英］约翰·D. 巴罗：《艺术宇宙》，徐彬译，湖南科学技术出版社 2010 年版，第 11 页。

指导性模式的。

三　返璞归真与美

能够与生命活性状态相协调，并进一步地追求更大程度的协调，表征着美向更美层次的转化。但当前大量的娱乐作品，让人失去了精雕细刻的时间和精力，使人的注意力更加发散，人也就更愿意从事物的众多表面性局部特征中得到满足。

艺术想象力表达的是那种没有经过任何改变的、表征生命体内在本质的美的状态，它不是在受到外界因素刺激作用下形成的新的反应，而是在外界各种因素作用下与外界环境达成稳定协调时的状态，呈现的是生命体在各种刺激下反应的本来状态——本征状态；是排除了功利性的影响，排除了人经过各种信息联系与意识放大后的期盼和需求等的自主涌现状态；是在达成了稳定协调状态后，排除外界各种信息的影响，只是依据其稳定后的状态的"自性"显示而形成的状态。在这里，人的内心在外界信息（刺激）作用下已经形成了稳定状态，此时意味着人的内心已经与外界环境达成了适应性关系。而这里对环境的要求，就是不再出现新的刺激，能够让人自由而稳定地表征心理在当前刺激下自主涌现的模式意义。

在艺术创作中更大程度地表现生命的活力，其便成了具有更高价值的美的艺术品。在没有较高刺激的"淡雅"状态下，艺术会与生命活性状态达成更高程度的稳定协调，此时人会更加明确地体验到这是在排除功利性的影响，或者以一种"万物平等"的心态看待世间万物，同时人们会认识到，众多不同的模式都有可能出现在人们的面前，而具体会显现出哪一种模式，则要交给自然选择。

尤其是在人们将美、艺术与宗教联系在一起时，一是，作为一种境界；二是，作为一种境界去追求；三是，成为达到境界的一种方法，所具有的意义便在更大程度上具有了自主涌现性，这就要求我们主观上尽可能地远离功利，主动地追求非功利性力量；四是，追求自己的平心静心；五是，追求自己的无欲无求等，通过降低这些模式的兴奋影响使人的本心（活性本征的意识表达）能够更加突出地展示出来。

但实际上，这种追求的状态有时会成为人们的一种执念，直到连这种什么都不想的状态也不去想、不去追求，同时还能保持人稳定的心态。做到仅仅表达各种信息的自主涌现结果，不使各种自主涌现的信息之间产生进一步的相互作用，即使表达好奇心，也只是单纯地表达好奇心，不再以各种信息之间的差异性信息为基础展开进一步的信息加工，在各种外界刺激面前不受干扰和影响地保持这种心态的稳定性等，才能更加准确自如地表达人的活性本征状态。从某种角度讲，人所处的这种状态是单纯地依据各种相关模式自主涌现出来的状态，在保持此种状态足够稳定性的同时，人们将不再进一步地产生新的心理过程。

人的心智具有足够的灵活性，人还具有足够的好奇心，因此人们总是在不断地构建新的意义。在外界复杂的环境作用下，这种状态是很难寻得的。既然不能得到这种本征的自主涌现状态，那就直接寻找人受到外界刺激作用时的一瞬间在大脑中表现出来的状态、情感和形式，将这种状态认定为是人的生命活性本征的主要表达状态。将这一瞬间转化为永恒，不再进一步地寻找"更美"的结果。

我们认可人在面对外界刺激时，生命的活性本征会以更大的力量去发挥主要的作用，但却不能由此确定其他的信息不会产生足够的影响。一瞬间看起来很短，却足以在人的内心中产生复杂的心理过程。显然，表达生命活性力量能够发挥主要作用时的本征状态，和表达受到意识严重干扰下的本征状态相比，人们更愿意选择前者。

孟子在《尽心下》篇中直接界定了"天性"的内涵，他说："口之于味也，目之于色也，耳之于声也，鼻之于臭也，四肢之于安佚也，性也。仁之于父子也，义之于君臣也，礼之于宾主也，知之于贤者也，圣人之于天道也，命也，有性焉，君子不谓命也。"孟子所说"天性"就是指人生来就具有的生命活性的本征品质。而在人的意识层面，它包括两个方面的内容：一方面是生理层面的感官欲望。指生物层面的品质和心智层面的品质。第二个方面是精神层面的人性之善。仁义礼智是在人的精神层面的天性完善后，社会影响下的具体表现。人为满足自己正当的生理欲望，谋求物质之利，获得应得之利无可厚非，这也是人之本性，所以他不反对人们求利。"无财，不可以为悦"（《孟子·公孙丑下》）；

指出"周于利者，凶年不能杀"（《孟子·尽心下》），"仕而不受禄"不合乎"古之道"。孟子肯定了人们求利以满足自己生理欲望的合理性，同时也认为这些生理欲望基础上的人的美才是人异于禽兽的自然本能，因此，这些生理欲望便不能被视为人的本质的规定性。欲望过重，或者只追求生理欲望的满足，则会戕害人本有的善心，人"放其良心"的主要原因就是因为陷于物欲而不能自拔。为了更恰当地在意识层面表达人对生命活性状态的感悟，为了更强烈地突出社会性的意义，孟子提出了"寡欲"的方法，就是要排除更多其他方面的"物欲"对人的本心、本性的干扰与影响，以对生命"本征"状态的体验和感受作为"完美"的基本目标来追求。孟子的"顺乎天性"就是与人生命的活性本征相协调的过程，也是对这种协调程度的体验，并从由不协调向协调转化的过程中体验处于协调状态的特征和力量。既要关注人的生理本能，又需要上升到人的层面的本能的满足。他说："养心莫善于寡欲，其为人也寡欲，虽有不存焉者寡矣；其为人也多欲，虽有存焉者，寡矣。"（同上）只有淡薄寡欲，减少物欲，无物欲之蔽，无利益之争，人才能表现出基于活性本征的生物与社会诸方面的生命表现。人们才不至于沦为衣冠禽兽，才可能成为大人君子。

四　通过"拙"表达本心

按照这种思路，这里的"拙"所表征的就是人在没有受到更多的外界刺激而形成新的稳定状态时，所直观感受到的本征的心理表征。

"拙"是指还原了事物本来面目的存在。这与人们所讲的"原生态"具有一定的联系性。在鱼龙混杂的情况下，更需要从拙的角度将事物还原。这需要我们抓住事物运动与变化的实质。与经过深度加工的精细化的状态相比，在人的身上所表现出来的"拙"具有如下特征：

（一）不精确

行为动作不准确、认识不细致、对事物的描述不精确、内心所产生的诸多想法也不能精确地付诸行动。此种状态是未经雕琢、未经联系、未经优化的状态。是没有经过价值判断和利益取舍的状态。

（二）只反映主要特征

具有典型的抽象性特点，只反映鲜明生动的局部特征（与其活性本质具有更强的共性相干），只反映作用力较强的某些相干性特征，只反映与人的内心能够形成更多联系的特征。

（三）突出特征的鲜亮性色彩

鲜亮性色彩往往会在人的内心产生更强的兴奋反应，这就导致与鲜亮色彩相对应的特征更容易被人记住，从而形成稳定的局部特征。在此种情况下，由于人的心理刚建立起来，所以，基本的生命活力会在更大程度上与外界信息中具有此种性质的特征及其变化形成共性相干，那些更多地表现出生命中奋发向上的活力的特征便会成为人们所关注的主要特征。

（四）不能将看似不相关的事物联系在一起

处于拙的状态时，往往会根据不同事物之间很少的局部联系将两个事物"同一化"，尤其善于采用"相似即同一"的操作①，将不同事物的特征融合在一起，进而形成新的意义。因此具有更高层次的抽象性、联系性。

这种隐含于事物表面之上的本质性联系，是需要在学习了一定的科学文化知识的基础上才可以深化描述的。诸如，接受过大学教育以后，可以理解我们所面对的世界中更小的基本粒子的运动变化规律，并且能够超脱具体的事物而把握基本粒子的运动变化规律，将具体情况转化为特殊的特征量和特征值，然后结合具体的情况给出具体的基本规律，并通过该具体规律描述和研究基本粒子的运动。

（五）简单而不复杂

由于外界信息中大部分的信息都是新奇性信息，所以，受到生命活性的影响和好奇心的作用，在拙的状态下往往只能够对很少的特征进行加工。这就导致在这种状态下只能接收很少的信息；只考虑当前而不考虑以后的后果；不能描述多层次的复杂的相互联系和相互作用；不能在更大的整体中研究当前对象的运动与变化；不能将当前对象的时间性变

---

① ［美］S. 阿瑞提：《创造的秘密》，钱岗南译，辽宁人民出版社1987年版，第273页。

化特征、空间性变化特征，以及由此而表现出来的关于相关自变量因素变化、变化的变化量等特征建立起内在联系。

（六）表面而不深刻

在拙的状态下，只能简单接收而不能进行深度加工，只能接收一些粗浅的、表面的、鲜活性的信息，人的主动性的发挥能力更是表现不足。不能建立当前事物信息与其他事物信息之间的关系，不能通过这种联系把握不同事物变化时的不变性特征，也不能在更加抽象的层次对不同事物运动与变化的共性信息进行加工等。当我们将时间和空间状态中的诸坐标作为自变量时，我们可以研究某个特征如 E 关于时间和空间的变化、关于时间和空间变化的变化率时，相当于我们在诸多特征的状态量、关于时空的变化率、关于时空的变化率的变化率（关于时空特征的二阶导数）之间建立起相关关系。而这恰恰是大学教育中高等数学（数学分析）课程中所描述的主要过程性关系结构。但在拙的状态下，只能显示出感知器官所能直接感受到的状态性特征，不同状态之间的关系性特征或更高层次的关系性特征就不能构建出来了。至于那些隐含性信息、比喻性信息等与人的心智有关的信息不会在拙的状态下对人的心理产生足够的影响，也就不能得到足够的表现。

（七）更加直观

在拙的状态下反映的仅仅是人们眼前所见到的事物当前的具体状态、情况。

在我们将拙作为一种目标追求时，拙就具有了另外的一种意味。在此种状态下，"拙"不再意味着不娴熟，人们会在娴熟的基础上，基于拙的意义，储存构建大量的局部优化的模式，并按照"拙"的风格创作出具有浓厚"拙"的特点的艺术作品。这种状态不再是简单的、原始的、未开化的状况，而是形与神的有机结合。在"形"的方面，表现出了优化与娴熟；而在"神"的方面，则表现出了拙在技法方面的"不熟练"。从另一个角度来讲，如果将"拙"作为一个稳定的模式来追求，它便会通过与儿童时期的不自如的本征表征而体现出另类的美的意味。

人们以"拙"作为追求的目标特征时，会形成追求更"拙"的过程，或者说表现出程度更高、更加逼真的"拙"，尤其能够通过表征"拙"而给人带来更大程度的美感，或者说通过表现"拙"而表现出更美的状态。

罗莎琳德·克劳斯（Ro salind Krauss）认为："自我即源泉就可以不受传统的污染，因为它拥有一种原初的稚拙。所以就有了布朗库西（Brancusi）的格言：'一旦我们不再是儿童，我们就已经死了。'自我即源泉具有一种潜能，可以持续不断地再生，即永远的自我产生。所以就有了马列维奇（Malevich）的断言：'唯抛弃他昨日信念之人方是活的。'自我即源泉是一种方式，可以新鲜体验的现在与充满传统的过去之间做出绝对区分的方式。前卫艺术的主张正是这些关于原创性的主张。"① 美与艺术所要表达的就是没有受到污染的"自我"——人的活性本征。创造是生物的本能，因此美与艺术通过表达原始的创造性本能，就能够更好地表达活性本征。

"拙"在更大程度上体现出与人日常所熟悉的模式的有机联系，引导人基于生命的扩展性力量和意识中的好奇心表达更多的发散扩展性本能，使人产生更多的思考。

五　天真与稚

儿童的心智由于还没有记忆大量的信息，不能在有限的心智空间建立起更多因素之间的复杂性联系，也不能建立不同现象之间的内在性的本质联系，只能就单一现象展开记忆性学习和简单的探索研究。只能根据完整信息之间局部特征的肤浅性联系而将不同的表面性信息联结为一个形象性整体，并由此组成一个不明确的意义。

虽然儿童不能运用娴熟的手法表达他们内心的"原始状态"，但他们却能够更加突出地显示出他们的原始心理状态。成年人虽然掌握了娴熟的技能，但却会在表征他们心理的原始状态时受到更大的干扰与影响。成年人的这些特点与儿童的心理特点有很大程度上的相似性。当我们从儿童的心理状态去反推成人、优秀艺术家的心理活动特点时，便能够从中寻找出艺术家心理成熟的基本特点、关系和规律。

---

① ［美］布莱恩·沃利斯主编：《现代主义之后的艺术：对表现的反思》，宋晓霞等译，北京大学出版社 2012 年版，第 19 页。

（一）儿童自然地表达其对美的追求

表达的欲望和表达的工具，保证着任何人都可以表达。尤其对于心灵很少受到其他因素干扰的儿童，将有更大的可能性、更加准确地表达其生命的活性本征。对美的追求和表达，会成为儿童更为经常的活动。

（二）儿童在表达时的不准确是儿童艺术的关键性特征

一是，在童心状态下，可以直指人心，更加直接地表达人的生命活性；能够在各种意念稳定的基础上，单一地表达这种意念与生命活性的有机结合；或者说，只是独立地表达由这种意念所展示出来的生命活性，以这种意念为基础表现活性。

二是，在表达生命活性的基础上，与各种信息形成更加有力的结合。

三是，要求人处于童心状态，并不是真的儿童的童心，而是在人已经掌握了大量信息的基础上，构建出依据信息之间的各种联系而激活大量信息的稳定性结构，具有依据一定的逻辑关系推进意义变化的能力。无论是 M 的力量，还是优化的力量，已经建立起了与具体事物信息之间的更多的关系，具备了在相关情景中采取某种程度确定性行为的习惯性模式，也就意味着人的心智相对达到了一定程度的成熟。在这种情况下，表达从儿童的角度观察问题的方式和追求，就是在简单地表达生命的活性本征。然而，在这种状况下，想要表达童心，就相当困难了。

四是，没有了先入为主，没有了某种目的，尽可能地使各种信息同时处于相同的地位，同样地在心理转换过程中发挥作用。虽然没有先入为主的态度，但由于已经形成了某种稳定的认识结构，即使在随机激活的状态下，也将采取有限制的选择，将那些干扰和影响活性本征表现的因素排除在外。

五是，在童心的状态下，能够在各个层次上表现信息及信息彼此之间的相互激活关系。

六是，促进各个层次之间信息的相互转换。比如说在高层次信息向低层次信息转化后，可以作为活性展开的基础性模式。在低层次信息向高层次信息映射后，能够作为指导低层次信息变化的控制模式。

七是，没有了限制，就会表现出更高的随机激发性，引导更加多样、多类的信息在大脑中处于兴奋状态。以此为基础而构建出来的意义也就具有了更大的随机性。

八是，童心所表现出来的差异化构建的力量，保证着更强的发散性的作用，保证着更加灵活的多样性，保证着心智变化更高的灵活性。

九是，以童心所表现出来的新奇感，能够更容易地将新奇性的意义作为心智的核心关注点、更容易地发现他人没有注意到的新奇现象，也能够更容易地通过新的组合方式构建出新奇的观点。

（三）心智成熟后的童心

成年人处于童心状态是非常不容易的，但毕竟有可以参考的状态能够使人由相关状态达到"童心"状态，也会由此体会到处于"童心"状态下所具有的特殊意义。回归到童心状态，以童心的状态回复到原来稳定的心智状态，表现出在符号层面的由不协调向协调的转化。

李贽的审美哲学与此有紧密的联系（文献）。此时，我们再来看成年人的童心，便能够发现成年人的童心与儿童的童心两者具有更多不同的特点：成年人具有更多的逻辑性；成年人更加关注不同信息之间的逻辑关系，或者说更加关注具有逻辑关系的信息；有更多逻辑延伸性的意义，有更多的理性、更多的功利性，可以在更大程度上形成更加深入的深度思维；有更多确定性的限制。当然，由于成人的内心已经记忆了大量的信息，人们可以利用这些信息展开有目的的创造，并保证创造的成功。

成年人的心智具有足够的维持现有状态的稳定性的力量，在受到其他因素的影响时，仍能够回复到该状态的"稳定吸引域"，即从该区域内的任何一个点出发都能够表现出向稳定点逼近的趋势，或者说保持足够的收敛力量〔在动力系统中，它对应于负的李雅普诺夫（Lyapunov）指数〕，即使存在小的涨落，其涨落点也仍然落入该吸引域内。

这种影响因素涉及当前环境因素的激发性影响、当前人的内心所形成的其他的自主性涌现特征等。比如当一个人处于心理自闭状态时，会为艺术所吸引而进入注意力高度集中的癫狂状态，在这种状态下，其他的任何信息都不会被其注意。而一个健全的人，在其心灵处于自由状态时，各种信息都有一定的可能性处于兴奋状态，各种信息也就较大可能性形成对心智的影响。

第 八 章

期望以及对美的追求

1907 年阿德勒（Adler）发表了有关由身体缺陷引起的自卑感及其补偿的论文。他认为：由身体缺陷或其他原因所引起的自卑，不仅能摧毁一个人，使人自甘堕落或发生精神病，在另一方面，它还能使人发奋图强，力求振作，以补偿自己的弱点。[1]

其实，这是人的生命本能的自然表现：通过差异形成距离而产生期望，并在另一种力量的作用下追求更美的新的状态。单从生命的活性本征的角度来看，并不涉及向更美状态追求的力量，而是通过进化选择，被动地强化了这个方面的力量。

美是追求，是希望，是先扩张性地构建出有别于当前的状态，并且努力从比当前表现得更好的角度来构建一个新的模式，再通过相关的途径与方法顺利地实现这种期望。约翰·D. 巴罗指出了预想及期待的重要性："进化生物学就为关于世界的一个重要部分的现实主义的观点提供了支持：防患于未然可以带来生存优势。比起防患策略程度较低的物种，许多防患策略不仅带来生存优势，还是任何复杂生物保持存在的必要条件。自发产生的大脑，如果其中的图像与外界世界的现实不匹配，就无法生存。"[2] 而在原始艺术中，就典型地体现出了人们的期望与追求。"希望子孙繁衍，希望敌人消亡，希望死后复活，希望驱邪除魔，以及为罪恶灵魂赎罪等等，这些希望就是创作一种适宜的象征符号的动机。"[3]

---

[1] ［奥地利］阿弗雷德·阿德勒：《自卑与超越》，马晓娜译，吉林出版集团 2015 年版。
[2] ［英］约翰·D. 巴罗：《艺术宇宙》，徐彬译，湖南科学技术出版社 2010 年版，第 35 页。
[3] ［英］H. 里德：《艺术的真谛》，王柯平译，辽宁人民出版社 1987 年版，第 51 页。

人的本能需要得到满足，艺术品往往是满足这种需要的一种有效手段。无论是期望还是对期望满足的追求，都会成为艺术品所表现的主题，艺术进步的历史已经展示出这些特征往往会成为美的关键性要素。这些期望性特征本就是生命活性的固有表现，理应得到重视，表达期望和期望满足的特征也应在美的标准体系中占有一定的地位。只不过以往人们在美学研究中忽略了这种具有动态性特征的倾向力量，随着现代艺术的进一步发展，表达这些美的特征会成为更强的艺术表达主题。在实际生活中，艺术家经过意识的强化往往更能表征与生命的活性本征相协调的"产生需要"和"满足需要"的模式。由于这种模式会更为显著地在人的日常行为中表现出来，我们便自然地将"产生需要及满足需要"作为人的活性本征模式在意识中的表现，并使之成为美与艺术表现的重要方面。我们更为经常地将这种模式作为艺术品构建的一个基本标准。

在生命活性本征的表现过程中，以当前模式为基础，运用扩张性的本能力量，自然会形成有别于当前状态的差异化模式。"思维就意味着超越"①，这在意识中的表现就是期望。因此，期望是生命活性在意识中自然表现的结果，这也就意味着，生命体在与外界环境形成稳定协调关系时，期望同样在表现，因此，期望也成为美的状态的基本元素。作为一种独立的模式，期望也会成为事物的基本信息特征，对这种模式的表征，也就成为进入美的状态的基本力量。为建立差异而表达美感，期望模式便成为一种强有力的工具。在美育过程中，通过艺术欣赏展开美育，就是以最美的状态引导人产生向这种状态努力追求的期望。

人所期望的状态与当前是有差异的，而人也总在不断地表达着期望和与之相关的满足。原因在于：一是当前的现实状态与人的本能模式总存在着差异；二是经过人的生命活性变换，必然会放大与当前状态有局部关系的某个模式；三是人天性中的追求差异的模式，驱使人不断地关注差异、强化差异、构建差异；四是受到好奇心的影响，人会在心智中更多地关注差异而不是关注形成差异后消除差异的过程和趋势。期望便

---

① [德]恩斯特·布洛赫：《希望的原理》第一卷，梦海译，上海译文出版社 2012 年版，前言第 2 页。

明显地表达出了这种力量。这种满足形成了完整的"由不协调→协调"的过程。这种过程与生命活性特征有机地结合为一个整体，从而赋予与此相关的外界事物和相关环节以美的意义。

第一节　理想、期望、需要是生命活性的基本表现

康定斯基认为，"凡是由内在需要产生并来源于灵魂的东西就是美的"①，这明确指出了表达期望与美的对应关系。这里所谓的美，不是仅指当前那种外表形式的和所谓"内心的"道德层面的政治说教，还指那种与生命的活性本征和谐共鸣、表达了充实和陶冶人的心灵的信息模式，因此，它的价值是不可估量的。由于色彩在生命的进化过程中始终在促使其不断地形成稳定协调的过程，并在该过程中发挥着稳定环境因素的作用，因此，在绘画中任何色彩都会与生命的活性本征模式的表达具有稳定的联系，同时，也通过与生命体和外界环境达成的稳定协调而具有了确定性的对应关系。因此，每一种色彩都将引起精神上的一定模式的共鸣，每一次精神上的共鸣也会反过来有效地丰富人的灵魂。那么，从这个意义上来看，任何外表的丑陋也都包含着潜在的美。理想与期望应在美中占据一定的地位。从逻辑的角度来看，理想、期望，以及人们所关注的需要与生命的活性表达具有逻辑性的关系。揭示了这种关系，也就为期望、理想在美学中取得相应的地位奠定了基础。

一　期望、理想、需要

（一）期望、理想、需要的本质

在当代的语义学中，期望、理想、需要等词汇已经成为人们认识和理解其他词汇的基本元素，其意义往往被人们认为是不言而喻的。但当我们要构建其本质特征，寻找这些词汇的意义和表征这些词汇为什么会

---

① ［俄］瓦·康定斯基：《论艺术的精神》，查立译，中国社会科学出版社1983年版，第70页。

在美学和艺术领域受到特别的关注时，就需要对其本质展开更加深入的研究探讨了。

简单地说，期望是人在意识中基于当前状态产生差异化的预测性状态时，想要达到的趋向。期望所构成的与当前有所不同的状态往往比当前状态具有更好的特征表现。在一定意义上，期望也是指人们对于所关注对象的状态及其变化趋势，基于当前的状态而提前勾画出的一种向某个方向可能变化的标准，达到了这个标准，就在意识中达到了期望值。因此，在期望中包含着殷切的向往或对美好未来和前途的期待。

所谓理想，是构建出来的未来事物有可能达到的最美（局部意义上的）的状态，以及对这种状态在追求中所表现出来的 M 力的强度，也用于比喻对某事物臻于完善境界的观念。理想往往通过人的想象而构建，更大程度上反映了追求的过程，因此，理想往往是人们在实践过程中形成的有实现可能的对未来社会和自身发展的向往与追求，是人的世界观、人生观和其在奋斗目标的集中体现。

愿望是指主观心愿，希望事物的状态向某个"好的"方向发展变化，多用于对美好事物的向往。而需要则是指有机体感到某种缺乏而力求获得满足的心理倾向，它是有机体自身和外部生活条件基于当前状态所形成的差异在头脑中的反映，是人们与生俱来的基本力量。

（二）期望、理想、需要的内在联系

我们去掉程度大小的影响，可以看出，期望、理想、需要所表达出来的共同的模式和环节包括：一是，确立当前状态；二是，构成与当前有所差异的状态；三是，确定某种"价值"判断标准，形成更好的方向（美）上的差异构建；四是，表现出对这种差异化状态的追求和达到这种状态的心理趋向；五是，将诸模式在人的意识空间表达出来。从其内在联系的诸多环节就可以看出，它们是在人的意识状态下的生命活性力量的作用，尤其突出地表现为在 M 力的作用下，构建一个可以引导人追求的差异化状态。在充分而持续地表现 M 力时，会基于当前的状态不断地构建与之有更大差距的新的模式，由此成为人们所谓的期望（理想、需要等）。

当期望与更强的追求、满足的力量结合在一起时，就表现出了需要。

马斯洛（Maslow）以形成偏差及内在地消除偏差为基础，构建了由需要及需要的满足为基本语言的人本主义心理学理论，并且将人的需要划分为若干不同的层次。

因此，我们可以将其意义统一起来，根据不同的词汇理解和前后文联系具体选定某种表述。这里，为了方便，我们统一用"期望"来表达这种统一的意义关系结构。

通过人本主义心理学的揭示，人们已经认识到人的期望（需要）是动物进化到人这一层次的基础性力量。无论是在生理层面，还是在意识层面，期望（需要）模式都会在人的各种活动中发挥着基础性的作用。自然，其在美和艺术品中的地位也就不言而喻了。

（三）意向——是期望能够掌握的心理

现象学突出地将意向性特征作为其研究的一个基本的出发点。研究哲学的人对意向有自己的认识与理解，我们将以此为基础建立意向与美的关系。

生命的活性本征力量在意识中的反映已经揭示出，人的意向性模式作为一个基本特征始终在人的心理状态中发挥着一定的作用，自然，满足这种意向性表现的需要——使意向性模式处于兴奋状态，意味着在任何状态都能够表征生命的期望性活性本征，该模式成为生命体与外界达成稳定协调状态时的主要元素。因此，使这种模式处于兴奋状态，也就意味着从这个角度开始引导人进入美的状态。当将不同的模式信息与美的状态建立起固有的关系时，这种状态模式的兴奋也会有一定的可能性使其他的活性本征模式处于兴奋状态，与此相关的其他模式也就有很大的可能被赋予美的意义。

当我们详细地考察期望、期待、意向的本质性意义时，我们可以发现：期望、期待及意向彼此之间具有本质性联系：一是，分别是一个独立的核心特征；二是，在 M 力的作用下生成与当前有所差异的新的模式；三是，通过一定的价值标准确定出被选择的变化方向；四是，选择确定出满足美化方向的有差异的状态；五是，表达这种新的状态尽可能多的局部特征。因此，在本质上我们将意向归结到期望上。但与期望相比，意向具有更强的对变化过程的掌控性需求的力量，表达着更大程度上的向新状态转化的过程力量，它以更多的过程性和方向性特征使人得到更大程度上的满足（相同与相似），是以表达更多方向性和过程性的模式为基础的、期望能够更大程度掌握的心理。当我们具有了意向以后，相比我们在意识中没有任何信息的"先入为主"，这种意向性质的心理特征已经具有了一定的倾向性意义。尤其是当前信息激发了我们内心的意向时，这种意向会与当前信息具有更多的关系，也具有了指向意向变化的方向性特征模式。

意向在人的各种心理过程中都有所表现。意向及意向的独立与扩展，使意向具有独立性，由此，意向便可以独立自主地发挥作用。这就意味着意向将会稳定地在任何一个心理过程中发挥其应有的作用，或者说，意向成为任何一个心理模式中稳定的特征元素。意向的方向变化性特征在某种程度上可以归结为人的好奇心的作用，更可以解释为运用生命活性而使当前的意向模式产生新的发散与收敛，从而形成各式各样的意向。当然，在此过程中，我们会基于美的力量在诸多可能的意向方向变化中选择与当前情景能够更好结合的意向方向，并以此作为引导性的力量。

在我们讨论与人的意识相关的问题时，不可避免地要强化人的主观能动性。我们常讲，要表达人的意识中的积极主动性，这种积极主动性的力量即被表达为意向。人会稳定地按照其意向性的过程性力量和方向，构建出新的期望，并用于指导、控制人的行为产生更多与之相同的局部特征。

美感是在人的意识中基于多样并存而在更高层次概括抽象出优化模式的过程及结果在心理生理中的感受。在此过程中，人会基于美的相关特征形成关于美的意向，意向性模式的作用尤其突出。这些因素成为在人的意识空间形成、构建美感的生理学、心理学基础。在此，我们需要关注以下方面：

一是，人的大脑具有多层次的结构，这是伴随着人对外界信息形成更加丰富多彩的信息加工而生成的。基于相应的神经网络，可以形成并利用信息之间的广泛联系、信息的涌现性特征、对信息所形成的自组织过程表达心智中的发散与扩展及两者之间的相互牵连作用，通过差异化比较而自主地追求更加多样的信息同显等，并利用各种过程和模式之间的共性相干形成概括抽象和优化的过程和模式。

二是，利用活性本征中收敛与发散力量的有机结合，基于生命体的非线性特征，稳定地形成多样并存的模式，这是人认识客观事物、与外界事物信息相互作用的一种必然过程。人利用丰富的大脑神经系统中的联想功能构建出更多信息基于局部特征的关系，并通过这种关系激活更多局部特征的同时显示，进而在自组织力量的驱动下，将其组织在一起。

三是，不同信息模式之间的共性信息会在高层次中汇聚在一起，并进一步地通过概括抽象的方式表征出来。这种过程只有在具有多层次结构的人的大脑中才能更加有效地表现出来。人就是在通过高层次构建反映概括抽象模式信息的过程中，逐步地丰富了神经系统的结构，并充分利用更加多样的心理模式之间的相互作用，以概括抽象的方式形成更高层次的神经系统，从而促进着神经系统所表征的剩余意识空间的发展：不以协调生命体内各组织器官之间的相互协调为主，而是在这基础之上，形成更加庞大的联系性信息系统，并通过彼此之间的差异和信息模式的自主涌现形成进一步的自组织过程。形成高层次概括抽象模式的过程，意味着构建了众多不同模式之间稳定的关系模式。

当这种过程稳定地构建出来，意味着在人的心智空间完整地表征了生命活性本征在意识中表现的过程。建构性意味着，在人的美感形成过程中，也会随着多样并存基数的不断增加，使所形成的"美感"具有更高的层次（更大的覆盖面）。

无论是从过程的角度讲，还是从结果的角度讲，人所具有的抽象概括能力都表现出了典型的美的形成过程。我们可以明确地说，美感既是遗传的，又是生物构建的，同时具有更强的意识性特征。关于美感，我们还无法掌握它在人的遗传过程中表现出了哪个环节、哪个层次、哪种程度的遗传。或许其构建遗传了更高层次的稳定性模式，只有当各种具体的行为与这种稳定性的模式建立起联系时，才能够表现出美感。表达由不协调达到协调的模式本身也使人产生美感。

四是，生命体通过构建活性本征的恰当表现而表达出由不协调达到协调的基本过程。稳定协调状态的形成意味着与此相关的各种因素都将与美的状态及美感建立起稳定的联系。这包括：一是将该过程的诸多环节稳定地构建独立出来；二是建立起彼此之间更加稳固的关系；三是表现更加强大的作用意义。而随着这一过程的反复进行，力图更加便捷迅速地达成稳定协调关系，也会成为一种确定性的期望。

五是，只有当美的状态与某个状态建立起一定的联系并表现出足够的差异性特征时，才能将美感更加典型而突出地表现出来。这也就是说，只有在人的意识中才能将美的感受突出而典型地表现出来。那么，从形成美的更强体验的角度，也会生成相应的期望，并在生命体达成与外界环境的稳定协调过程中，表现出一定的力量。

六是，稳定的美感模式会表现出自主性、发散扩展性力量，能够与其他事物建立起稳定的联系，并由此赋予其他事物（意义）以美的意义，使之成为美的媒介。在形成美感以后，与美感相关的各种模式都可以有效地激发美感。将这些模式所对应的意义表达为交流的信息载体，就意味着在进行艺术创作。自主涌现并不是盲目的、随机的，它随着进化过程的进行而迅速形成了一定的关于美的期望，其他方面的自主涌现性的特征，由于与美的状态不具有更多的相关性，所以不会再具有更强的兴奋度。

七是，无论是收敛还是发散，都会表现出一种稳定的模式，激发这些模式时，便会由于其先前所形成的稳定性的整体关系而使人产生更大程度上的愉悦性审美感受。这涉及两种不同的过程：一个过程是，局部特征的分析与体验。从局部特征的角度体现出与美的模式的相关程度。第二个过程是，偏差所形成的共性相干的恢复力量的大小。这种力量是由生命活性中的收敛力量生成的。两个方面的因素可以单独地发挥作用，也可以同时通过一个稳定的动力学系统发挥作用。在独立地认识美的意义的基础上，我们认为，在人的内心形成美的过程也会作为一个稳定的美的模式的促进因素而对人的审美过程产生重要的影响。那么，无论是从使相关的本征力量增强的角度，还是从其在整个美的状态的表现过程中发挥更大的作用的角度，都将形成相应的期望，这些期望在与生命的活性本征构成稳定联系的过程中，也将表现出独立性的力量——能够自主地表达自身的力量。

二　期望的形成过程

生命是在表现其生命的活性本征力量的过程中不断进化的。在新的外界环境作用下，不断地寻找这种力量的恰当表达，在此过程中进一步地降低外界环境对生命体所产生的刺激作用，通过达到新的稳定协调状态而适应环境的作用。此过程的完整进行，可以表达为由不协调达到协调的过程；当生命体表现这种寻找活性本征力量的恰当表达的差异化构建模式时，会自然地生成期望；生成期望，这本身就表达了生命的活性本征的力量，这种表达又使期望成为生命体达成与环境稳定协调时的基本元素。

无论是生命活性的自主表现，还是在意识中的主动构建，只要形成了与当前状态的差异，就会在人的内心产生"期望"性的意义。相对于与当前有差异的状态，生命活性的力度和意识中主动构建的力度越大，产生的新的状态与当前状态之间的"距离"就会越大、其中的差异性的局部信息元素就会越多。这种特征在表达美的状态与外界客观所建立起来的稳定关系时，将会有更加别样的强势表现。这一特殊性被美学体系中的"移情"学说所关注并强化。①

可以认为，正是由于人对优化后结果的期待性心理的强势作用，促进了更加广泛意义上的美的特化。生命活性力量在意识中的表现所形成的期望模式，促进着人对心理模式更加广泛的自组织加工，通过好奇心而内在地表达着不同信息之间的差异，并通过差异所形成的刺激维持着心理活动的持续不断，甚至保证着意识活动的长时间进行。正是由于这种在意识中以表征生命的发散扩展力量为核心的基本模式，推动着生命活性本征力量的强势表现，并使之成为意识活动中突出而典型的力量，使其能够在人的各种活动中不自觉地发挥作用。也就由此使之成为激励联想的力量，成为美的状态中的基本美素。

（一）期望意味着缺失

1. 形成缺失

在生命活性扩展力量的作用下，自然会构建出与当前状态不同的各

---

① ［民主德国］W. 沃林格：《抽象与移情》，王才勇译，辽宁人民出版社 1987 年版，第 55 页。

种模式，形成与当前状态有所差异的新的状态。由于人们是以高于、优于、好于当前状态而构建期望的，当前相对于期望来讲就表现出了缺失与不足。期望在更大程度上就意味着缺失，是当前状态与某个未知状态相比的缺失。简单地讲，人可以基于某个美的标准想象出更好状态下的诸多局部特征；或者通过差异化构建出比当前状态"更好"的模式；但有时，这纯粹是形成了一种潜在性的假设：当前状态相对于"那个更好的状态"有很大的不足，至于那个更好的状态是什么则可以是不知道的。只要是构建出了与当前有所不同的状态，就有比当前状态更好的可能性。

2. 缺失作为一种差异而形成刺激

不同即形成刺激。这种刺激维持生命正常耗散结构状态的同时，又能够促进生命体的进化与发展，同时构成了生命体朝着所期望的状态转化的动力，构成了相对于完整模式的缺失。完整模式是如何形成的？这本身就是一个"鸡与蛋"的关系问题。它们是一个能够表征紧密联系的整体。只要形成了稳定的结构，形成了稳定的静态结构和多样化的动态结构，就意味着构成了一个完整的模式。在生命体进入稳定协调状态时，人是体会不到这种状态的特征和意义的，只有在存在缺失而形成刺激时，才会将这种差异感受出来。

期望是相对更好状态的缺失。无论是追求美的本能，还是人在内心已经构建出了更好的状态，总之，当我们形成了当前状态与某个稳定状态之间的差异并将其表现出来时，人们所体验到的这种模式，就意味着缺失，人也会由此体会到稳定协调状态时特殊的特征和意义。

持续性地表现 M 力就意味着不断地探索更好的状态，也就意味着必然形成缺失。我们可以将 M 力的表现与缺失划上"等号"。

期望是在好奇心作用下的不断表现。人会在好奇心的作用下，持续性地将未知的、新奇的、复杂的、变化的、区域性的信息在大脑中涌现，因此，人表现其固有的好奇心，就意味着有更大的可能性形成缺失。

将缺失作为一种独立而稳定的模式。形成需要状态，标志着由原来的协调状态达到了新的不协调状态，当由这种不协调状态回复到协调状态时，表征这种通过差异构建而形成期望的本能模式，意味着在一定程度上达到与活性本征的稳定协调，即会促使人在大脑中与美的状态在一定的元素特征上达成和谐共振关系。

在意识状态下使这种不协调状态回复到协调状态具有独特的意义：其一，是生理状态在人的意识中的反映；其二，是人在大脑中形成的一种需要——对偏差的意识表征，以及在人的大脑中所形成的潜在的心理意识状态；其三，是人的涌现性特征展现；其四，是正常状态的扩展与延伸；其五，意识中的自由表现使这一过程更进一步地强化。

在人的意识中建立起这种偏差模式以后，在其生命活性中收敛力量及大脑中生成的对信息完美加工的力量驱使下，会形成并突出地表现出回复到协调状态的模式和力量。或者说机体稳定状态所形成的对动态及偏离状态的力量、回复到协调状态的力量，以及达到协调的状态，都会形成共性相干而使人形成更加强烈的美的感受。

审美感受意味着在更大程度上通过相应的刺激使审美心理模式处于更高的兴奋状态，并由此促使心理生理过程的深入进行。在通过进入美的状态、建立非美状态与美的状态之间的关系而形成的美的生理体验的过程中，会生成与人的审美感受相关的生物化学物质，并由此使人体会到快乐。当艺术品所表征的意义在人的内心形成确定性认知时，形成这种状态相当于在各种不同的意义模式中优化选择出了最佳的模式，这种过程会与人回复到协调稳定状态的模式，以及其中所表现出来的优化模式形成共性相干，并通过这种模式的兴奋促使人体会到相应的情感。

3. 在稳定性力量的作用下回复到协调状态

只有形成缺失才能产生回复到稳定协调状态需要满足的动力。这既可以从收敛与发散相互协调的角度，通过差异而激发出收敛的力量，乃至驱动人产生满足需要的行为的层次来考虑；也能够依据差异化模式的稳定性，形成各种模式向当前模式"汇集"、联系——辐合的过程。这种辐合过程就是由现有的当前状态向人们自然地构建出来的需要状态转移的过程。

在这里，存在着向更好的方向变化的问题。这里所谓的"更好"，简单地讲就是指更有利于生命体的稳定与其在表达生命活力过程中的成长与发展。因此，这种"更好"就是符合生命体本征的恰当表现，也就是在更大程度上达到与外界环境的稳定协调。

4. 在两种因素的共同作用下通过表达期望而产生审美享受

形成期望和满足期望虽然是两种不同的活性本征表达的过程，但在生命体内却将二者紧密地结合在一起。依据生命的活性本征，在构建差异化的过程中，表现出了：一是扩展力量；二是在扩展的过程中由于共性相干而形成更大的差异化结果；三是差异化的力量发挥作用时驱动着人在差异化的方面做得更加强势——形成更多、更大的差异化；四是人的自主意识的强化会进一步增强这种力量。由于缺失而形成了向期望追求的基本力量，表达这种力量也就意味着在更大程度上的满足，将会激发人形成更加强烈的情感体验，并由此驱动人表现出"更"的基本模式。差异化的构建最终会汇聚到稳定协调状态，并因表达收敛的力量而使这种感受更加明显。

在此过程中，还会形成需要的升华过程。基于各种具体特征的发散扩张，会形成与具体特征相对应的期望。在人的各种过程中，同时表征了发散扩张和稳定收敛的力量，因此，彼此之间自然会通过共性相干而将这种共同的力量独立显现出来，并在大脑的更高层次形成一种确定的模式与之对应。基于更多低层次大脑神经系统中需要模式的兴奋而在高层次中表达出了共性模式时，即形成了基于各种具体需要的升华。每当一种稳定的模式处于兴奋状态时，都会通过高层次中代表低层次模式之间关系的模式兴奋而形成更加广泛的延伸扩展性关系，并通过好奇心使高层次模式的兴奋被人内在地感知，由此形成新的感受。

（二）将期望作为实在而表现

在将期望作为一个独立的特征模式时，形成期望、追求期望、使期望变大等模式，都将成为一个独立的模式，人们还会将期望当作现实的一个有机成分。期望本身就是人固有的心理状态，它必然在人的日常生活的各个方面体现出来。而我们这里所强调的则是：期望模式和结果的客观性。人们会将期望的结果作为现实中已经存在的状态去表现和追求。

显然，在不同的地域与民族习惯中，基于其生存与发展的环境性基础，会形成特有的期望与期望满足的模式。在《菊与刀》中鲁思·本尼迪克特（Ruth Benedict）写道："日本小说和戏剧中，很少见到'大团圆'的结局。美国的观众一般都渴望看到结局。他们希望剧中人以后永远幸福。他们想知道剧中人的美德会受到回报……观众更喜爱的是主角万事如意，一切圆满。日本的观众则含泪抽泣地嵌着命运如何使男主角走向悲剧的结局和美丽的女主角遭到杀害。只有这种情节才是整晚娱乐的高潮。人们去戏院就是为了欣赏这种情节。"① 人们是带着一定的期望去的，并在欣赏结束时，使这种期望得到了间接性的满足。

这就指出了几个方面的问题：一是"由不协调达到协调"是人类的共性，是进入美的状态的基础性力量；二是人们所看到的"由协调达到不协调"，其潜在过程则是"由不协调达到协调"，即使还没有表现出这种过程，人们也会在期望中表征着这种过程的完成；三是在看到他人的"由协调达到不协调"时，"不同性"心理会使人认识到，他人表现出的这种"由协调达到不协调"的整个模式，与我是不同的，我会表现出由"不协调达到协调"的过程。人们认识到这种"不同性"，将其固化突显，并使之成为一种稳定的心理模式，从而指导着人们的日常行为。这一过程与人的好奇心紧密相关，人们会由于好奇而在诸多表现中选择那些与他人有差异的行为模式。

（三）不断地表达扩展会产生期望

人的生命活性总在不断地驱使人在当前状态的基础上做出进一步的活性变化，由此形成发散与收敛的过程。人的差异化构建的本能，维持着这一过程的持续性进行。这个过程在人的心理层面表现为通过扩展而形成期望的持续进行。基于某一个确定的心理模式，就会通过表达发散扩展性力量而形成期望。

（四）要正确地对待期望

1. 将虚幻的美作为实在

在人认识客观、具体审美的过程中，需要维持期望的独立性，促使其在大脑中保持较高的兴奋度和兴奋时间。人会更加主动地提高对更美的期望与当前虚幻状态信息的关联程度，强化其兴奋的稳定性，促使其在其他过程中发挥相应的作用，使这种由人的内心所虚设出来的模式成为一种期望性模式：期望存在这种状态模式，也会给人带来更大的力量。

---

① ［美］鲁思·本尼迪克特：《菊与刀》，唐粱译，台湾出版社 2016 年版，第 172 页。

2. 将理想作为现实

生命体通过表达生命力形成了与当前有差异的状态，同时也在自然地表达生命力的过程中自然地形成进化的方向，并且通过表达生命力而朝着这个方向持续地进化。以任何一个模式为基础时，都存在扩展性模式及扩展的结果性模式，扩展模式对应追求，扩展结果模式作为构成差距的基础。这需要我们将理想当作现实中的客观存在。这样就会形成一种态势：将期望作为现实存在而与世界产生相互作用。这种过程对于人来讲则更加突出，因为人会运用其强大的意识加工能力，形成与当前差异更大的"未来"状态，通过选择而将某个"未来"状态当作稳定存在的现实，指导自己产生与期望相同（相似）的更多的局部特征。这就意味着，期望是人在认识客观的过程中始终存在的一种特征力量。我们甚至会将其作为客观事物的固有特征。

三 形成期望与生命的活性本征

（一）期望是 M 力的自然表达

人总是运用活性扩展的力量，构建一系列有别于当前环境，以及作用到人的大脑中的客观事物的结构、意义的新的模式。只有表达出生命的活性本能中 M 的力量，持续地形成与当前有所差异的状态，人才能够在各个方面的差异化构建中选择出"更"好的方向，并将其固化显现出来。生命的活性本征表现是一个自然的模式表现，而且能够以任何一个模式为基础来表现生命的活性本征，甚至可以以自身为基础进一步地表现生命的活性本征。

既然美主要表征了 M 的力量，在心理上，美就会固有地表现其突出的意向性：朝向人所选定的目标，表现出更强的 M 的力量，驱使人们朝着这个方向做出更大的努力以取得更大的"成效"。随着心智的更为有力，便可以在意识层面的更大范围内通过更大程度上的异变而得到对"更"的模式的强有力表现。基于这种异变所构建出来的对未来的"期望"会被人赋予"更"的意义。在相对于当前现实有差异的状况下，人们将会构建出比当前状态"更"进一步的模式和认识，也会在"更"的驱使下，将"更"的模式突显出来。在以"更"的模式为基础时，受到发散、延伸、扩张性模式的影响，人们又会不断地做出种种变异性构建，从而构建出对"更"模式更进一步的强化过程，由此形成对这种"更"模式的表征期望与需要，驱动人表现出"更"进一步的模式和过程。期望本身就是作为一种"更"的模式而存在的。

在人的意识中，可以自由地表现生命本能的发散、扩张与延伸，那么，基于美的状态，所得到的结果就是比当前现状更美的模式。生命活性在意识中固化出来的 M 力，保证着我们沿着美的方向运用 M 力而不断地实施意识性构建，能够在美的方向构建出更美的期望，我们内心也在期望，期望所构建的未来的美的模式会更美。以这种模式为基础，表达出了这种更美模式与当前现实的差距。人会在收敛、稳定、掌握的作用下，为实现这种"更美"的"理想"付出相应的行动，将符合未来"更美"的理想模式中越来越多的局部特征转化为当前的现实特征。这种过程，就是在局部上通过实现与理想越来越多的相同（相似），促使人产生相关的行为。

因此，美学在现象学中具有特殊的地位，M 与意向性也就建立起了更加稳固的关系。"审美唯一能够依靠的是人的主动性。而人归根到底只是因为自己的行动或至少用自己的目光对现实进行了人化才在现实中找到人性"。[①]

（二）形成期望是生命耗散结构的固有特征

生命体是一个动态的耗散结构，这种结构的变化本身就会不断地形成期望。即使是在协调状态下，生命的运动也会消耗相应的能量，并形成将低能量物质排泄出去的过程。高能量物质的减少，使得本来与生命运动相协调的足够的高能量物质变少，有可能不足以支持相关的活动，这将使生命体偏离原来稳定协调的状态——由美的状态转出，此时，生命体需要被赋予更大强度的生命的活性本征，进一步地寻找与新的环境相适应的状态。在与新的环境没有达成稳定协调时，生命体会因形成与稳定协调状态有所不同的状态而受到刺激。此时，出于对协调状态的回

---

① ［法］杜夫海纳：《审美经验现象学》，韩树站译，文化艺术出版社 1992 年版，第 588、590 页。

复，会针对当前的偏差状态而形成期望：期望其回复到协调状态时的程度——维持能量的恰当供给，维持生命体以最小的能量消耗正常稳定地发展。在此过程中，重新回复到原来的稳定协调状态，就会成为一种选择。

与此同时，将含有较低能量而不能再被利用的物质排泄出去也会成为一种基本的需要。随着生命体结构越来越复杂，这些低能量物质的存在会干扰现有生命活动的扩展增强运动，阻碍下一步生命活动中低能量物质的排泄，排泄物的集中也会造成一种足够的刺激作用，从而形成排泄的要求。

（三）期望的形成是生命活性在人的意识中的自然表现

在生命活性本征的作用下，形成与当前状态有所差异的新的状态，并依据某种标准判断而形成追求时，相关的过程会在人的意识中表征出来，这是人的期望形成的重要环节。

1. 对当下的不满足

人们在内心所形成的这种对当前状态的不满足，已经构成了与当前实际状况很大的不同。人们期望将当前不满意的状态变化为更好的、更满意的状态，这种期望就会与被改变的结果一起组成一种完整的理想。

2. 意识对某种因素的放大

意识放大生命的活性，即便只是简单地表达生命的活性，也足以产生更高的新奇性意义。因此，基于意识所形成的放大会使人构建出与当前状态有更大差异的新颖性状态。如果我们认可人类的意识能力最强，也就意味着人构建与当前有更大差距的理想的能力越强。

3. 生命的自然扩张

只要是生命，便会基于当前状态而不断地实施差异化构建，形成一系列的差异化构建过程和结果，人会将这种力量在意识中明确地表达出来。基于不同的特征，人们会在好奇心的作用下表现出不同的差异化构建过程，至于哪种差异化的构建会被认可，则需要运用收敛性的力量，看其是否能够与初衷建立起有效联系、是否有利于生命生存能力的提升、是否有利于提升其竞争力。从各种不同的信息模式出发向某一个信息模式汇聚的过程是收敛力量的自然表达。更一般地讲，如果能够形成稳定的心智变化结构，就意味着表达了收敛的力量。如果能够形成稳定的联系，那么，这种力度的扩展便是被认可的。这种力量的存在也固有的强化着生命的扩张力量。在生命活性的自然要求中，扩展的力度应该是能够保证与生命的活性本征所提供的要求相符的，这种要求同样会在人的意识中表现出来。在不能建立起有效联系时，就意味着大脑构建出了另外的过程。由此，前一个过程便宣告结束。

4. 生命进化的习惯性力量作用

人们通过不同的过程表现并体验这种力量的作用，保证生命在差异化的构建过程中不断地进化，在这种层面形成一种独立而稳定显现的力量，通过涌现而在不同的过程中起到习惯性的控制作用。这种过程及结果在大脑神经系统中的自然反应，在推动意识进一步复杂化的过程中，重复地表达着利用这种模式建立信息之间的对应关系。这将通过习惯性模式的反复进行而将更多不同的信息模式和心理过程联系在一起，从而有效地促进人的意识向更高层次升华。

5. 优化选择标准的存在

基于不同进化策略的持续选择，会使某些特征成为种群中一种特殊的优势判别标准，遗传选择的进化会依据这一特征在某个方向的值与当前状态值的差异而做出选择，并由此明确进化的方向。这种过程会在人的意识中得到更加强劲的表现。当人们已经认识到构建出来的新状态比当前状态更加具有优化的特征时，人们自然会在意识中产生趋向该状态的具体行为，通过逐步实现局部特征与这种状态的相同或相似，表现对这种期望状态的意识追求。

生物种群的进化可以选择各种特征作为优势选择的标准，但往往不是只选择一种标准，期望模式与不同的优化标准相结合时，人更是会形成基于不同优化标准的心理期望模式，也随之构成了向美的状态转化的基础性控制模式。

显然，生物种群中的个体是以获得交配权的方式将自己通过某种特征所取得的优势基因传递下去并使其后代在这个特征上的表现得到强化的。不同的特征会通过竞争优势的获得建立起稳定的联系。人在表达这种力量的同时，还会在意识中掌握并扩展这种模式的构建过程，形成更加广泛的优化选择，并基于该模式对生命活性的表达扩展期望模式的意义。

6. 抽象性的扩展

在由高层次向低层次转化并形成稳定的信息结构时，高层次的稍微变化，将在低层次的信息反映中引起较大的变化。因此，即便意识中的抽象概念只是做了很小的变化，也将会在具体的外延领域产生较大的变化性影响。基于当前抽象概念而做出的扩展，将保证与具体情况相结合的模式在较大变化的基础上还能够与原来稳定的模式建立起稳定的关系。

无论是不断地构建更美的期望，还是说实际的美与极限美之间仍然存在着各种各样的差异，通过对美追求的力量，人们会不断地构建出基于当前状态的美的期望。单单从每一个基本过程来看，基于当前状态，人们会运用发散构建的力量，不断地将与当前无逻辑联系的局部信息、新奇性信息、未知信息、期望性信息等作为新的信息元素而引入当前美的心理状态中，通过参与同其他信息的相互作用而组成新的意义，并进一步地引导人基于某个美的标准展开比较选择。

是什么因素决定着人所构建出来的这种距离的大小？显然，最直接的是与生命活性中的发散力量具有正相关的关系。生命活性中发散力量与"求新异变"的本质联系，使得差异性的信息越来越多。同时，在意识层面，人们已经认识到，这种差异与人宏观的好奇心、好奇心增量具有直接的关系。再者，在人的个性因素中主观地表现与他人不同的力量保证着其行为与其他行为表现的差异性。自然，群体通过某种共性相干而将某种因素突显出来，也成为群体差异化构建的基本力量。

7. 沿着标准特征的无限放大

生命体的长期选择，会使某一种群沿着某个特征的某个变化方向（增大、还是减小）做出比较判断，从而使生物个体沿着某个方向持续性地增长（缩小）。在数学中，有一条定理是说："单调递增有界，则有极限。"从理论上讲，持续性地做下去，生物群体就会在这个特征方面无限地增长下去，直至达到某个"极限"。这也就意味着，我们可以在意识中更加有力地通过具有"界限"性质的期望赋予某个特征（甚至是基于更多的美的标准）以美的标准的意义，从而无限地向美逼近。

8. 极限性特征的存在

在生物进化到某一层次，会因为模式中其他因素的限制而达到一种局部的"增长极限"。要想再进一步地取得竞争优势，就需要在其他因素特征的控制下通过优化而寻找到其他的进化模式。生物体往往不得不根据环境的变化而做出被动选择。但人则能够在意识中运用意识的自主性做出主动性的构建。尤其可以在认识到极限性特征的存在时，对进化的过程灵活地变化以形成新的美的选择过程。

9. 美的自主性的无限放大

当"我"形成了理想的美以后，与生命活性相对应的收敛的力量会自觉启动向美的追求。由此，就会建立起美与意向的更强的联系性力量。构建于生命的发散、扩展、延伸之上的"更"的模式，自主地引导人做出进一步的延伸扩展，并以这种扩展后的模式为基础，指导人产生心理行为上的进一步过程，这就表明了人的主观意向性特征——人的意向作为一种帮助人更多、更本质地认识世界的基本特征——时刻发挥着其应有的作用。

（四）活性的扩张形成了意向：过程与结果的有机结合

生命中的扩张性力量对产生期望起着关键性作用。生命活性本征中固有的发散性扩展，使得人在以任何模式为基础时，都能够在这种变换之下，产生超出当前稳定协调的新的状态。意识中的非线性形成了超出协调要求的动态的变化——非线性涨落——更有可能促使其偏离协调状态。以当前状态为基础表现生命活性中的发散力量，形成与当前有所差异的状态，这就是生命的本能。生命体还有可能通过非线性涨落形成与当前差异更大的状态。只要是形成了有差异的方向的状态，就都有其存在的合理性。

对此我们可以从以下几个方面来理解：

1. 在心理中不断实施扩张即形成期望

当我们在某个方面实施扩张，从而形成了一个稳定的模式以后，再以此模式为基础进一步地扩展，由此形成足以对人的心理产生强烈影响的期望。

人的扩展性力量，会在人的意识中得到进一步地强化。得益于神经系统与信息扩展能力之间所形成的"正反馈"，这种活动会以较高的兴奋可能度在人的心智活动中表现得更为强势——不断地通过扩展形成对"未来"（只是与当前状态有所差异）的预测性构想并形成努力追求。人也正是通过这种意识层面的超强活性维持其对外界事物信息超强的预测性加工。从教育的角度来看，人们期望能够形成对人的心智的更大的刺激，促使人的心智发生更大的变化。这里所强调的是人的意识对这种力量的生成、强化和运用。

2. 扩张中出现了非线性涨落

非线性动力学揭示出在一个热力学系统中，将有可能出现非线性涨落。这种基于动力学系统的非线性涨落将使与稳定状态相对应的动态复杂性自组织结构内在地生成新的、与当前状态差异更大的期望性模式，并由此本质性地表现出对当前心理状态的更大的刺激。在意识中，心智的非线性涨落会表现得非常明显。

3. 主动性地追求进一步地扩张

当人在意识中认识到这种发散扩张的力量会在人的生存中发挥关键的作用时，就会在意识层面产生增强发散力量的主动性，在主观上更加重视发散力量的地位和作用，并且采取相应的措施，努力使发散的力量强度得到进一步的强化。这种力量的意识表征会在更大程度上展示为基于心理信息的更加复杂而灵活的、不确定的想象过程。显然，想象是构建创造和逻辑性思维的基础。

这需要：一是，更多地表征差异、寻找差异；二是，不断地将这种差异、扩展的模式具体地运用到各种具体的过程中；三是，将差异化的模式独立特化出来并自主地发挥作用。人的生存策略已经在生命的进化过程中使这种力量得到了足够的强化。当然，对于个体来讲，这种差异化构建是基于生命活性中的非线性力量形成。在形成不同的个体后，通过组成一个群体，进一步地运用竞争而进行比较、优化、选择。

人会在意识中将构建差异化的模式独立特化出来，单独描述该模式在心理转换过程中的作用，并表现对更大差异化构建的期望，以及满足这种构建更大的差异化结果的期望，包括构建与当前有所不同的形象型、符号型和情感型信息；在一个抽象概念模式的基础上，以内涵展开的方式转化各个不同的具体性信息模式；依据已经形成的、局部的相同或相似的激励模式，将具有相同局部特征、关系的不同信息激活；在诸多有可能被激活的信息中选择与当前有所不同的信息；使之成为激励不同信息兴奋的中间环节和联系不同信息的基础性环节，使之自主地发挥作用，并成为表达与生命的活性本征相协调的基本环节。

4. 主动地固化 M 的力量

当人们将发散性力量进一步地与社会活动相结合，并由此特化出 M 力在各种群体活动中的作用，使 M 力作为一种稳定的模式而表现。在人的意识中，人们便再也看不到生命中发散的力量，而只能看到通过固化所表现出来的心理中的 M 力，通过表达出 M 力与相关心理信息的有机结合而促进心智的变化。

生命体中大脑神经系统的增长在于利用其对信息的充分加工能力，与大脑系统形成包括恰当正反馈的"稳定反馈环"，这使得以信息加工竞争优势的人才从动物界中脱颖而出。今天的人类，主要进行的便是基于心智的意识活动。人因此而更加关注意识的作用，甚至在一定程度上忽略了生命体的生理活动。人的意识活动吸引了人的全部的注意力，其他方面的活动及相关的极度性需求（达到功能"边界"的活动）已经很少能够在人的注意力系统中引起足够的反响，并引起人的恰当注意了。因此，人会更加充分地利用大脑的意识。

（五）当 M 力与所有的活性本征相结合时，将产生更强烈的期望

任何本征心理模式与 M 力的结合，都将引导人推动活性本征在相关特征表现上的进一步发展，这也就意味着会形成与活性本征模式相一致的、沿着 M 力变化方向的心理期望。诸如，对更大差异化构建的期望，对更大掌控的期望等。这种意识表现的建立，相当于在意识层面将 M 力表现与活性本征之间建立起共性相干的关系表征。对扩展力量形成正的非线性放大，也就是在稳定地建立起两者之间关系的基础上，更进一步地形成与当前状态具有更大差异性特征的新的信息。

（六）活性特征的迭代反复进行着扩展

生命的自相似性、结构层次性、生命活性的耗散结构所决定的差异

性、对这种差异性的感知与反映（与好奇心稳定地对应起来）、该模式的独立自主与涌现等，都保证着人可以基于独立模式而自主地表现生命的活性。在其他过程中表现出这种模式的力量、将这种稳定的模式泛化到其他的过程中，或者说与其他的过程结合在一起时，迭代性地表达这种性质的变换，会强化生命活性在意识中的表征，也会使迭代过程独立特化出来。

这种迭代是基于大脑多层独立的神经系统的。迭代过程的独立特化，尤其是使其能够表现出自主涌现性操作能力时，将使迭代过程得到非线性强化，也使生命的活性特征表现得更加充分。

在意识基础上表达生命的活性本征，保证着以任何一个心理模式为基础表达生命活性的本征力量，表达着收敛与发散，以及收敛发散有机统一的完整模式。虽然意识具有多种层次性特征，但以任何一个层次的信息为基础，都可以依据其联想性激活和自主性激活而使其处于兴奋状态，并在形成期望的基础上，引导其他信息模式的变化。也就是说，我们可以以任何一个具有活性的稳定模式为基础表达出活性的力量。

对差异的主动运用强化着这种模式的构建。生命的活性决定了人能够更强地表现出意识性质的扩张本能，以得到差异化程度更大的不同模式。基于生命活性的迭代，相当于在原来扩张模式的基础上进一步地实施扩张与收敛操作。以发散扩张模式为基础，形成扩张基础上的更强的发散扩张模式，此时，我们可以将其看作对扩张模式本身的扩张——扩张的迭代。在意识中将其独立特化，能够使其在人的意识空间展开极度的扩张，使人表现出更加强烈的扩张模式特征。

（七）与收敛力量的协调统一在一定程度上表达着意向

当以收敛与发散协调稳定模式结构为基础时，同样可以独立地表达发散的力量、收敛的力量和发散与收敛有机统一的稳定模式。当我们以这种稳定模式为基础表达发散的力量时，因为是在意识中表现出来的过程，是我们运用生命力量所做出的差异变化后的模式，所以当这种差异变化后的模式具有一定程度的美的意义时，便成为基于当前状态所构建出来的关于美的意向性的模式。

在机体状态偏离协调状态时，机体中不易变化的静态与动态性稳定结构的相互牵扯与有机结合，将会形成一种固有的回复到稳定状态的力量，这种力量将牵扯着偏离协调运动状态的机体重新回复到原来所形成的协调运动状态。当生命体受到更多的差异化刺激的作用时，能够突出地表现出收敛的力量，使偏离稳定协调的状态与达到稳定、达成掌控的模式建立起稳定关系，驱动人们在意识中尽可能地汇集当前模式所激发出来的与稳定协调泛集中相同或已知的信息，从而形成使期望得到满足的过程。表征活性中收敛的本征力量，代表着使生命体回复到本征协调状态的力量和程度，在这种力量的作用下向协调状态一步一步转化，并作为一种模式而发挥作用。这样，会促使生命体在达到协调状态时，通过相干而突显这种活性本征与外界环境所达成的稳定协调关系，并由此表现出更强"兴奋冲量"的美感。在这种收敛力量的作用下，会逐步增加共性特征的偏差从而在更大程度上强化回复到稳定协调状态的兴奋强度。甚至只是表现出这种向稳定状态回复的力量模式时，也会在一定程度上表达出本征中向美转化和追求的力量。

一是保持发散力量与收敛力量的相互制约、相互协调的作用模式的兴奋程度；二是促进表现发散扩展力量与收敛稳定力量共同发挥作用的整体模式，不再只是表现一种模式力量的兴奋；三是在发散力量过强时，有效地带动收敛力量的增强；四是保持两种力量模式都处于意识相互协调的表征状态；五是通过表达对发散力量较大的期望及期望的满足驱动，同步地带动对收敛性力量模式的期望及该期望的满足。

生命的固有力量强化着收敛与发散有机协调的更强的表现需要。"混沌边缘"中收敛与发散的有机协调，既保证着生命体经常性地形成超出协调状态的偏差状态，也保证着生命体偏离协调状态时，有足够的力量驱动其回复到协调状态。这些力量在意识中的表达，尤其是在意识中人的自我觉知模式能力的存在，将会推动着其在表现强度和表现范围上进一步地强势表现。

（八）欲望满足模式的转移

当采取直接的方式不能使欲望得到满足时，人便会利用相关联、自主涌现或概括抽象的方式，转移当前欲望的表达方式，采取其他的方式来使欲望得到满足。艺术便是人在意识层面使人的欲望得到间接满足的最便利的方式。

既然期望和期望的满足是两种不同的本能模式，那么艺术必然可以单独地表达期望和期望的满足。但期望和期望的满足本就是两个不可分割的基本特征，甚至说，表达期望本身就已经在一定程度上表达了期望的满足。因此，最好是能够同时表现两种基本模式。有些艺术作品以混乱作为基本特征，所表征的就是人在这种状态下的体验。

四　期望是人的特征的主要表达

（一）表现这种扩展的力量，意味着与人的本能相符

人会在各个层面表现这种扩展的力量，还会迭代性地利用这种力量，通过抽象与概括之间的相互转换而重复性地迭代，在人的意识中有效地表达出与生命的本能相符时的稳定协调状态。这种反映强化着表达生命的活性而形成的扩展模式及结果与生命本能的紧密联系，也会由此强化人对这种稳定协调状态的感知、意识自主涌现与反馈性强化力量。

无论是表达这种扩展的模式，还是基于任何一种模式而表达发散扩展的结果，都将在人与环境通过相互作用而达成稳定协调的过程中发挥更大的联想、自主涌现和将其他的心理模式组织起来的作用，并随着这些模式的独立特化、自主表现，将其转化为美的状态的基本元素。与这种模式相符合的关系结构，又会在意识中得到强化，通过更多地建立关系、形成更加复杂的意识动力学过程，在形成独立强化的基础上，形成更大的差异化构建和进一步的发散联系。

（二）期望是人的好奇心有效地发挥作用的结果

在我们将好奇心作为一种宏观心理本能特征时，发挥好奇心扩展性力量的作用：一是指好奇心所对应的扩展性力量；二是指好奇心对差异性信息的引入使心理产生相应的变化。人们往往将这种通过扩展而形成期望的功劳归结到好奇心的头上。这也表明了期望是人在意识层面所体验到的一种本能性特征。只要基于某个特征而表现好奇心，人们就会在意识的相应空间形成基于当前状态的期望性模式，以及对当前期望的追求与力求满足期望的本能。而关键则在于人会在意识中将这种发散扩展模式及发散扩展的结果也作为美的状态的基本元素。

（三）期望是人意识的放大与强化

期望是生命活力在意识中的反映与自然表现的必然结果。在意识层面表达生命的活性特征时，会更加自如地形成与当前有更大差异的、向着更好的方向变化的期望。人的意识所具有的更大的工作空间和剩余空间，在保证"更好"方向优化选择的同时，也对基于这种标准的期望形成选择，甚至会形成更具抽象概括性的表达。只有在人的意识中，才可以使之占据更大的"份额"，经常性地表现出这种构建与放大，能够自由地构建与选择，形成人丰富多彩的期望。这种期望在其他动物身上也应该有所表现，不过只有在人的身上，这种表现才成为其行为的主要控制力，甚至在所有的活动中都能够发现它的身影。

（四）期望是相关模式的独立与特化

基于某种特征和模式表现生命活力时，自然会产生基于该特征的变化。生物种群的形成就在于其不同的个体都采取相同的进化策略，也由此而形成了独具特色的物种种群。对于人来讲，这种选择与构建可以在人的意识中有效进行，并通过迅速构建与选择，将对人的进化与成长发展具有更好作用的特征选择出来。期望往往能够在差异化构建的基础上探索各种可能情况出现时可能采取的应对策略，因此，期望性模式会在人的进步与成长过程中发挥更大的作用，期望也就成为生命活性与优化特征在意识中有机结合的逻辑必然。

（五）人的意向性已经表明了人的寻优特征

意向的基础在于生物体活性中的发散与扩展，由发散而形成变异，由变异模式化而形成有差异的模式，并由此优化出更好的状态。这些不同的模式会形成彼此之间的相互联系及相互作用，最终将其中一个恰当、稳定、统一、行之有效的模式表达出来。这个过程本身就已经表明着优化。人的成长过程已经表明，人在面对多种信息时，会利用这种优化的本能模式，剔除不恰当的信息，将恰当的模式保留下来。

人的意识中存在的意义与局部特征之间的联系，以及建立这种联系的转换过程，促使人在意识空间建立更大程度上的差异化模式，当这种差异使人产生与之相向的行为时，即能够表现、构建出相应的期待。这种相向只在人的心理中反映时，就会形成期待心理。人们期待什么？人们先是生成了诸多不同的模式，然后再从中选择出相对当前更好的模式，并将该模式向其所描述的状态转化（包括构建更多与之相同的局部特征）。因此，意向和主动性固有地表现出了人对美的主动追求，使人不再被动地感受美的刺激作用。

在表征人的所有的基本模式时，就会通过人对外界事物赋予美这一行为产生美感。是否能够感受到美的作用的前提是在人的大脑中是否存在这种感受，或者说是否能够将以往过程中已经形成的这种形成美感的经验模式激活并使其处于兴奋状态。即便只是存在其他方面的审美感受，人只要能够将这种感受模式类比地推广到当前的过程，也能够产生相应的美感。

由此我们可以看出，当我们独立地表达"期望"时，将包含众多的信息，其中既有期望与当前状态有所不同的状态，也包括期望模式中一些确定性的局部信息，还包括构建期望的过程模式，以及以期望为基础表征生命的活性本征时所形成的进一步的结果和过程模式。

五　期望的方向与优化

从无差异性构建假设出发，我们认为，基于任何一个特征，都可以通过表达活性本征而形成被放大了的差异化的构建过程和结果。在任何一个方向上所形成的具有差异化的模式都有其存在的合理性。但随着生命体的优化选择，只会在诸多可能的方向上，使生命体向着更美、更好、更具竞争力的方向形成期望及进化。这是一种"直觉"性的选择，是在生物进化过程中经过自然淘汰的必然结果。过程的反复进行，将有效地提升生命个体的竞争能力、提升生物群体的适应能力和生存能力。"达尔文早就告诉我们，进化并不具有确定的方向。对达尔文来说，进化只意味着有变更的传代。对今天的生物学家来说，进化只意味着基因频率的改变。这种变更和改变主要的是在自然选择择优作用下对变化着的环境的适应。适应是有方向性的，但在环境的变化总体来说是无方向性的，生物的进化从长远来看也是无方向性的。"[1]

---

① 方舟子：《叩问生命：基因时代的争论》，天津教育出版社 2002 年版，第 58 页。

生命体所形成的任何适应性行为都将包含如下三种基本特征：

第一种特征是：不断地实施差异化的构建。无论是从动力学的角度表达非线性构建、非线性涨落的力量，表达生命本质中的收敛与发散及其有机结合，还是从人的意识层次表达好奇心的力量，都会在表达差异化构建力量的基础上，构建出一个个不同的个体。

第二种特征是：向更好、更具竞争力的方向变化，是自然的优胜劣汰所形成的生命的进化，它赋予具有平等性意义的各种特征以适应性地选择进化方向的意义。这里所谓的"好"，指的是保证生命体能够更好地适应环境的作用而获得更大程度的竞争优化能力。从生存与发展的角度来看，只有更能适应环境的生物群体，才能具有更高的竞争力、获得更多的竞争资源、更好地生存下来。一种特征能否被生物在进化过程中选择，要看其在具体的遗传过程中发挥何种作用。

第三种特征是：基于某种特征而表达 M 力，会形成两种不同的方向：增大和弱化。这要看哪种变化对于生命体的竞争与生存有利。对这种方向的强化与稳定，会使之成为一种持续表现的力量，随即会被 M 力赋予足够的适应选择性的意味。反复的遗传选择，就会使这种模式成为一种稳定的优势基因。

应该注意的是，这种选择虽然是在表达生命力的过程中被优化并固化的，但在达尔文的进化理论中将其归结为主要受到环境作用的自然选择。这种自然选择构成了优化的力量。将不同的物种放在一起比较，能够使我们更加突出地认识到不同生命体的活性本征力量所形成的不同的生命竞争策略，这种富有特色的竞争力会使不同的物种处于不同的"生态位"，使相关的物种在生态进化链中处于不同的位置。

六　期望的独立、特化与自主

生命的力量会自然地将期望、理想、需要模式固化下来，并使之成为美的状态的基本元素。

（一）期望是一种稳定的模式

构建于生命活性基本力量基础上、在意识中得到明确表征的期望模式，伴随着人的各种活动，总在持续地发挥作用，随之成为人认识客观世界的基本特征模式，并成为指导人产生进一步行动的基本控制力量。

在形成期望以后，认识到期望对于有效生存的有利作用，人们便会将"形成期望"的模式固化。无论是基于该期望模式而将其他的信息模式激活，还是在该模式的指导下控制心理过程发生相应的变化，甚至对大脑的自组织过程产生控制性的影响，都意味着将其作为一个独立的模式而在各种意义的构建过程中发挥作用。在其他的各种过程中发现该模式的作用并由此形成共性放大，尤其是以抽象的形式在高层次神经系统中表达出来，再基于该模式进一步地表达生命的活性本征，形成更具一般意义上的概括抽象，从而使期望模式被更有意义地独立特化出来。

（二）期望具有自主性

在期望成为一种稳定模式时，基于生命活性的自然表现，会持续性地展现发散与收敛的力量，由此建立起更多信息与当前模式的关系。尤其是依据该模式的自主涌现性特征，使期望模式在某一个心理过程中处于兴奋状态，从而不受控制（只是展示生命的本质）地在各种活动中发挥作用。

通过表达生命中的发散性力量使人固有地产生期望，固有地表达收敛的力量，形成向这种期望不断地"求同"演化的过程，驱动人向着这个更好的模式状态一步一步（表现在局部特征的一个一个实现上）地靠近，使人产生对更好的模式的追求。稳定地涌现出期望的过程和结果，会使人认识到，并不是只有在外界环境的作用下才能形成期望，在任何状态下都能够自主地形成对完美（更加完美）的期望，这种期望模式的形成是表达生命的活性本征、"追求完美模式"自主涌现的结果。生命的活性本征力量（收敛与发散力量同时发挥作用）已经表明了不可能与"完美"状态绝对"吻合"。即使其全部的确定性特征与"完美"状态相吻合，在生命活性本征力量的作用下，也会进一步地"制造"出新的期望元素、变化性元素等，形成与这种"完美"状态有机联系的差异化状态，推动着进一步的优化过程。当然，随着这些元素的加入，"完美"的意义也就变得不完美了。从这个意义上讲，我们只能表现出对"完美"持续追求的过程和力量。人总会从局部特征的角度，通过一系列对完美的局部上的逼近而在整体上形成对美的不断追求，并通过协调各种对美的追求的过程，最终形成一个"存在完美"的虚设性或期望性的整体结果。

（三）使人在任何情景下都能产生更好的模式

"向着更好状态转化"的期望和追求，会将这种模式作为一种本能指导模式控制任何心理模式的变化。基于任何一种特征标准，人们都会尽可能地去寻找能够使人感受到更美的新的状态。人即使寻找不到某个特征的可比性的特征，也会通过一个确定事物中其他特征的变化来使当前事物能够在其他方面符合人的美感的变化要求，从而使人在整体上形成更美的感受。这种意义也就从根本上表明，在人所从事的任何活动中，都具有形式和内在意义上的对美的追求。将这种认识与社会的进步发展结合在一起考虑时，就能够认识到这种美的观念的局限性，或称为"小美"。我们将能够有机协调个人与社会的美的观念称为"大美"。显然，无论是小美还是大美，都可以成为人的局部追求。但想要在更大程度上追求大美，则需要在更多小美的基础上进行升华。

（四）运用意识主动地增强期望

在人的意识中，以期望为基本模式，通过好奇心和反思性强化，能够使期望模式得到进一步地增强（同时也表现出差异化的意义），使期望的"跨度"（与当前状态的距离，或者说与当前状态的差异）更大（具有更少的相同或相似的局部特征）。这种差异指的是那些能够被人意识到，以及意识不到但却一直在起作用的特征方面的差异。依据人的自主意识，能够顺利地构建主体需求、激励主体需求和促进主体需求的有效"堆集"。

当人的某种需要受到压抑时，它有可能成为突出的、急迫需要得到满足的差异性弥合心理，此种需要有可能会完全占据人在当前的心理状态。当人们从理论上揭示这种现象，也就是将其作为一个独立的客体来看待时，将驱使人在更大程度上表现这种需要，意味着人能够在大脑中运用"第三方"——高层次神经系统自主地表达活性变换——的活性力量促进当前状态的增强与扩展。但当这种需要被更长时间地关注，有可能会失去其新奇感，人的注意力便有可能发生变化。

弗洛伊德揭示了人的潜意识在其行为中的稳定性控制作用，界定了人的行为的基本动机和需要来源于"力比多"的满足，由此，与"性"相关的艺术品就在当时呈现出增长漫延的态势。随着人们对这种理念认知的熟悉，人的新奇感随即消失，艺术创作的注意力也随之发生改变。这也就意味着，与人的某一类的生命活性本征力量的契合，就是艺术发展及流派形成的基础性力量。单一地表达生命的活性本征而否定、排斥其他方面，显然不能成为美与艺术表达的主流，维系的时间也就不会太长。

任何一个独立的模式在心理反应上一般都具有三个层次的意义：一是状态模式信息；二是关系（包括过程）模式信息；三是与期望相关的倾向性模式信息，也称为意向模式。以任何一个本能模式为基础，表达本能模式、对更强本能模式的期望，以及对这种期望的满足，都会成为其稳定的内在特征模式。这也就意味着，构建期望模式与其他活性本征模式一样，已经成为人的活性本征的基本元素。虽然期望是人在认识客观事物的过程中形成的一种信息，但形成期望已经成为一种与状态、关系（过程）性信息同时存在的事物的客观性信息。

在期望的自主表达过程中，人会在更高层次表达形成期望和追求更高期望的过程——M力，从而使期望得到自主性增强。我们仍会在形成期望的过程中有所变异，包括形成与当前有所不同的期望、形成与当前期望的兴奋状态有所不同的期望模式兴奋状态等。比如说饥饿后我们想获得食物。食物是一个相当宽泛的概念，它对应诸多具体食物。我们能够基于某个特征构建出某种期望，也会在其他指标的控制作用下，在食物中做出新的选择。同时还可以基于不同的特征而展开层层的选择过程。同时，人们还会在期望所对应的差异化程度上有所思考。此时的考量就是如何与生命的活性本征表现的力度对应起来。

（五）表达期望的结果

既然人们习惯于表达事物的状态性信息，那么，对于期望也是运用M力，在差异化构建的基础上，基于某个指标控制进行比较优化选择，并将期望后的状态性的结果表达出来。无论是期望、需要还是理想，都可以转化为一种状态性的信息、当成一种与当前时刻相对应的状态性特征。

人们需要不断构建包括更多相同（相似）的局部特征（第二步所得到的相同的局部特征比第一步的要多）。这种期待模式在人的意识空间顺利形成，并成为指导人产生相关行动的基本模式：

一是会取决于该模式的稳定性。它是人在内心构建出来的，在其达到足够稳定状态时，转化到具体的行动中，以期待稳定地形成对当前世界的改造。该模式越稳定，其所发挥作用的时间就越长，所产生的心理变异结果的变异程度就会越大。

二是取决于人对追求美好的基本心理的满足。生命体运用期望在众多可能性中选择出对提高竞争力、生存和发展能力有利的发散、延伸、扩展的方向，表明了期望模式能够有效地提升生命体的适应能力，使其在严酷的环境面前有效生存。在期望模式稳定表现的状态下，会通过在众多假设出来的可能的外界环境中表达生命的活性而达到一定程度上的稳定协调，由此形成进入更加多样的美的状态的可能性。此时，能够在未来出现种种可能情况时，迅速地形成维持此种稳定状态并使所消耗的能量相对达到极小的应对模式，从而在未来不确定的环境中更有效地生存下来。我们已经指出，在生命体达成与外界环境的稳定协调状态中，生命活性本征的表现最为有效，那么，在偏离此种状态时所消耗的能量自然就会增大。在未受到外界环境的刺激作用下，生命体只会在稳定状态区域以生命所固有的特征运动。在受到较大刺激时，生命体则会消耗更多的资源以使其偏离该稳定区域。重新回复到该稳定区域，即意味着重新达到了与环境的稳定协调。此时，如果在人的内心将偏离协调状态与回复到协调状态建立起关系，就会形成由不协调达到协调的感受，人也就能够体会到足够的美感。生命体以一个个稳定的状态适应着变化的外界环境的作用，因此，生命体就会表现出总是在追求更加美好状态的过程。

三是取决于是否对该模式给予足够的肯定。人们通过效果而反馈性地认定这种美好，肯定这种模式的合理性，就会将其作为驱动人产生相关行为的指导模式，并在具体的行动中使其得到进一步的强化。

（六）形成表达期望的习惯

当形成了一种稳定的模式，尤其是其具有了自主性的力量以后，无论是通过联想性激活，还是通过其自主涌现性激活，都有可能使其在任何一个过程中发挥作用。而这个过程在具有了意识能力的人的身上，会通过人的意识的加工和放大，使其得到进一步地增强，最终使人养成习惯。人甚至还会主动地扩展这种习惯性模式，促使其力量变得更强。

这就意味着，人们在各种各样的活动中，都会按照习惯构建期望，将期望当作现实中的客观存在，并且按照期望的要求产生相关的活动，使行为的结果更多地符合期望的要求（具有更多与期望相符的局部特征）。

七　表达期望被赋予美的特征

通过满足愿望（使需要得到满足）能够达到先前所形成的稳定协调状态。"艺术与宗教、科学、道德，同属于文化的广大领域，但艺术又不同于宗教等，一方面，是因为它是一种创造性的理解，把创作活动的成果表现在某种确定的永恒的作品中；另方面，则因为它满足了对于和谐的自然愿望，包括人格内部的和谐及其与外在世界之间的和谐。这种和谐是随着整个人的满足自然而然地得来的。"①

期望模式总是引导生命体朝着"完美"的方向展示出一系列的局部特征。人们在描述理想时，也总是在其前面加上修饰词："美好的"。在我们基于当前状态表现扩展构建差异时，所构建出来的新的状态会存在多种可能性，有些是不美的，有些则是美的，但人的期望总是向着"更美"甚至是"完美"的方面持续构建。理想美学的内在性特征与在理想的前面赋予"美好"的修辞，其意义是不同的。而从相反的过程来看，表达期望也已经意味着在表达着向好的状态的不断追求。

当我们针对这一对象而展开独立、客观研究时，我们可以自然地将理想分为：美好的理想和不美好的理想，而且在一开始就认为，无论是美好的理想，还是不美好的理想，其所表现出来的概率都是相同的。那么，在人们更多地通过期望形成选择和构建的过程中，是如何偏化性地选择构建出美好的理想的？我们应该从动力学的角度，而不应该从目的

----

① ［英］李斯托威尔：《近代美学史评述》，蒋孔阳译，上海译文出版社1980年版，第96页。

论的角度对此做出解释。

在将美作为一种独立的模式而具体地反映在生理、心理（意识）和社会群体中时，它所具有的趋向性的力量将有效地促进人类文明的进步与发展。

简单地讲，一是，基于当前现实的刺激而形成稳定的适应状态时，会使生命体进入美的状态；二是，在现实基础上通过表达生命活性中的发散与扩张，能够形成与当前有所差异的状态；三是，对通过当前状态的发散扩展，会形成一种具有一定吸引力的稳定状态，并使生命体围绕该状态展开各种活动；四是，在诸多有差异的状态中，会选择出向稳定状态"更好"协调适应的状态；五是，在生命活性的意识表征作用下，会通过选择美好的状态形成典型的基于信息的构建与追求；六是，在收敛所形成的掌控心理模式作用下，达成对与当前有差异的美的状态，以及对美进行升华后的状态的追求。

（一）把形成期望作为一个固有的模式

由于可以从生命体本征及人的意识的层面同时描述期望与生命本征的内在联系，因此，我们自然地将期望看作人的生命活性在意识中的基本表现。在此种本征力量的作用下，只要在意识中生成一种模式，就会利用生命的活性本征产生与此相关的期望。更何况，在期望与生命的活性本征更加稳定地结合在一起时，在人由不协调达到稳定协调的过程中，期望会与生命的活性本征一起发挥相应的作用，成为人在美的状态时的基本元素，通过美的状态的协调表征力量，使之成为引导人进入美的状态的基本力量。此时，期望与 M 力的有机结合，会使追求美成为一种更加强势的基本活动。随着这一模式的一再表现，它的兴奋度会越来越高，强化这种构建的涌现性力量的自主性会越来越强，所形成的与当前状态不同期望的"跨度"也会越来越大，在不能为人所忽略时，我们自然也就能够将其作为美的一个具有足够冲击力的基本元素。

人从期望中获得了相应的利益，利益的获得会通过反馈而强化与此有关的、被其所注意到的所有特征，此时期望模式也会被关注，人会在接下来的活动中，进一步地构建期望，甚至将这个构建期望的过程固化下来作为一个稳定的模式。

（二）在期望的形成过程中，基于生命本能的力量将更加突出

因为生命活性的本征表达是基础性的力量，后继的模式都是基于基础性模式的作用而生成的，那么，在基础模式兴奋时，根据底层与基础之间的内在联系，会将更多的高层信息激活，由此所激发出来的后继性模式也就会越多。这意味着，所激活模式的层次越低，激活的高层次模式的数量就越多。

同时，在生命体达到与外界环境的稳定协调时，各种本征模式的表达都是在最有效地促进着生命体的生存与发展。因此，在保证生命体有效生存的前提下，表达期望的力量，也将是行之有效的。

因为是基础，也会在心理过程的各个层面发挥作用，这种独特的独立性模式就能够在高层次中作为一种独立的模式而受到关注。由于可以同时联系更多层次的信息变换，所产生的激活性泛集元素会更多，也就能够引导人在更大范围内展开联想并构建各种新的意义。因为是基础，只要涉及相关的活动，就会将这种模式有效激活，得到重复的过程会越来越多，使其得到强化的可能性会越来越高，其稳定性也会越来越强。与此同时，与更多其他信息的联系会越来越广，在其他过程中发挥作用的可能性也会进一步增强。因为是基础，人便可以以该基础作为基础而实施基础性变换，从而对基础模式形成突出而典型的"正反馈"相加。

（三）在意识中固化出对美的更大满足的需要

在将期望作为一个独立的模式表达生命的活性力量时，同样会在意识中形成基于期望的扩展性构建与收敛性需求。当期望形成以后，人们还会基于此而产生"形成更大期望"的力量。会将已经形成的期望作为稳定的模式，作为下一步展开扩展的基础，并在更高的意识层面上产生促使其扩展、放大的变换。这种力量将进一步地放大人的期望，使进一步生成的期望模式与当前模式产生更大的距离。

美的高层次性特征会因为不断地表现 M 的基础性力量而备受关注。即使这种力量不被人们所重视，也会在人的行为中因为意识的影响而不自觉地发挥核心的作用。随着人对美的追求与期望进一步的强化和升华，它所起到的作用也会越来越强。我们会因此不断地形成对美的期望，以及使该期望得到满足的过程，这种过程同样会在美的升华中得到强化，

并在生命活力的作用下，通过形成更大的期望和使期望得到满足的更强的力量，使人形成对美更强的体验。

（四）通过美树立更高的人生境界

人不只是单一地在某个特征指标的引导控制下展开其全部人生。随着社会的进步与发展，精细化会成为一种趋势，人的期望也会表现出精细化的特征。人会不断地依据若干局部特征指标的自组织，使控制人全部注意力的社会存在具有足够强的生命力。但在更多的情况下，人会在恰当的时间综合性地关注人所遇到的各种重要的问题。在此过程中，诸多问题在人内心形成的抽象概括性的联系，会使人形成一种整体的、人生境界的意义，并单一地引导着社会的变革。人生境界的提升力量会与社会的进步与发展过程形成稳定的"反馈环"。偏化性的发展会在一定时期内极大地促进系统在某个特征上的极度增长，原因在于此方向上集合了更多的资源，但这种增长会随之形成与其他方面的不协调，这种不协调的力量会内在地成为促进其他方面协调发展的内在动力，驱动生命体向着更多特征指导下的综合、协调、美化的方向发展。

我们可以在美学基本理论的指导下，构建更加完美的人生。树立理想，强调的是对理想的追求过程，是将 M 的力量在对理想的努力追求过程中充分表现出来。这已经表明了由不协调达到协调的基本过程。或者说，充分发挥人的活性本征的力量，通过与某个由不协调达到协调模式的部分相同（相似）而进一步地达到更大程度（范围）的协调。显然，在我们没有把握（不管是有意忽略还是无意忽略）美的本质特征之前，要想达到这样的目的是有很大困难的，即使从教育的角度来讲，也很难做到这一点。

（五）利用理想与期望驱使人构建更美的模式

在此过程中，人会先期形成一种意向、模式，以此模式为基础展开联想，或者说将具有此种意向的信息在大脑中展现出来。人会依据当前的环境、当前的生活、当前的材料、当前的手法等，通过异变、比较和优化等方法，将人对"最美"的追求、态度、意向信息与"最美"的想象性构建模式加以协调，最终将最美（局部意义上的）的模式固化下来。

在美的力量的牵引下，或者说单纯地在 M 力的作用下，人也会持续性地进行着差异化构建与比较中的优化选择。基于生物学的成果，人类学家相信，在生物进化的自然选择过程中，会突显出优化的力量，经过人的意识的主观强化，能够通过交流与合作将其展示在群体的相互作用过程中，由此进一步地优化选择出与社会道德相适应的道德价值标准体系。受到道德价值观的驱使与选择，稳定地维持社会的进步与发展。在一定程度上讲，艺术品也只有达到了这一层次，才可以称艺术具有了生存的基础、生命，而从艺术史的角度来看，人类也才具有了典型的美的意义，此时的美学才有了其存在的价值。

生命体的适应性力量来源于生物体受到刺激时的结构性变化，以及由此形成的对环境的稳定适应。期望所形成的一定大小的驱动力量（这种力量将取决于发散与收敛两种力量相互牵制力的大小，以及由此所表现出来的收敛力量的大小），推动着人将对美的期盼作为实际存在而追求。在某种程度上，生命体的适应能力及其对应的所有的方面，都具有了美的意义。

想要整体性地进入与环境的稳定协调——美的状态，会涉及更多的活性本征的恰当兴奋，以及由此而表现出来的协调性本征。只要形成了进入美的状态的模式，使相关的活性本征模式兴奋，形成稳定协调关系时的客观环境就会与美的状态建立起稳定的联系，并由此赋予其美的意义。由于人的不断适应，以及环境的不断变化，生命体内已经存在了诸多与外界环境变化相对应的新的组织结构，再想回复到原来整体的美的状态已经不可能了。只能通过某些局部特征对美的部分的完整体现，在具体与抽象的不断转换过程中，进一步的扩展、延伸，试图联系更多的局部特征、意义，并形成更高层次的概括抽象和深刻性理解，以及构建更多反映抽象概念的具体性形象信息。

（六）通过表达期望赋予相关信息以美的意义

1. 差异体现美

与表现出了扩展性模式的人的生命活性相协调，导致形成了差异的基本模式，与这种模式相协调，也就形成了基本的表征活性本征模式的过程。

从另一个层次来看，并不是只能单一地通过差异而体现出生命的活性本质，从而使人产生美的感受。更进一步地，在具有差异性的不同信息同时显示时，人们从中做出符合某种标准的选择，由于这种选择会促使某种标准向着"更"加美好的方向转化，这样，人们也会由此赋予差异化以美的特征。只不过，在这种状态下，期望的意义已经包含在其中，这就意味着，当人们更多地表现差异化的期望性信息模式时，就会赋予相应的过程模式以更加美的追求和体验。

由于期望的存在，人对现状总是感到不满意，也就总想改进。当我们采取某种活动填补了缺点，就会达到无缺点状态，也就意味着突破了当前意义和形式的限制与束缚，使人形成了解放和自由的感受，人们也会因此而产生一种新的感受，这使得人在某个方向的扩展由被束缚而成为可能。如果被约束，那么，就会在扩展性的本能要求和受到约束的期望性扩展之间产生矛盾，克服当前缺点的过程就会形成一种稳定的模式和一种美的元素。

2. 人们将美好的模式加入到对未来的理想中去努力追求

任何模式只要经过生命的活性扩展，就会形成与当前有所差异的模式。自然的进化选择会驱动人在诸多模式中选择那些表达"更好"的方向、具有更多的局部特征支持的更好的模式，作为努力追求的模式。在否定了诸多缺点、不足模式特征的基础上，形成美好的理想状态，使之成为人努力追求的目标。

人会利用直觉期望自由地构建出美所向往的新奇的状态。当人们形成了对这种美的状态的感悟以后，便会进一步地表达对这种状态更强的差异化构建。通过将这种向往明确地描述出来，表达出人的这种基于美的目的的追求性构建。这种状态包含着对美追求的期望模式，自然也就表现出了美的特征。尤其是有意识地将这种向往的模式独立与强化性地表达出来，将其作为美的固有特征元素，会激发人产生更多的审美感悟。

通过将希望的牵引作用更强地发挥出来促进期望的进一步增强。这其中，生命活性中收敛的力量便会在期望的生成过程中起到应有的作用：通过有益的结果而强化期望的增长。

3. 在诸多可能性中，通过概括汇总而形成一种美的模式

将与生命活性相协调和对美的追求内在地联系在一起。M 的力量模

式作为对最美的感受的基本心理、生理基础，会在各种过程中发挥作用。但这种状态与人在心智中所构建出来的对"最美"的追求显然是不同的。生命的活性本征虽然体现出了追求的过程和意义，但两者并不是一回事。我们应该从以下几个方面来看：一是，M 的力量是驱动人向最美转化的核心元素；二是，当人们将 M 独立特化出来以后，进一步地表达 M 向极致状态的转化；三是，会在意识的基础上，构建出在意识空间表达 M 的"终极状态"的模式；四是，这其中的根源在于，生命活性能够在意识空间被无限地迭代。这种无限迭代的极限，就是人们会在大脑中构建出完美无缺的状态，而这就是人所虚构出来的完美的美。

4. 有方向性的扩展提高了生命进化的竞争力

人的进化本能通过选择而形成更符合其竞争力提升的新的状态。当生命个体在进化中做出了选择时，与此相关的特征就会得到加强。尤其是这种增强能够在人的意识中加以表现时，人们会认识到某个方向具有美的特征，这种新的状态与以往的状态相比，最起码在人主动追求的特征方面表现出了更加强势的力量和趋势。当这个过程完成以后，过程的结果就会与当前状态建立起稳定的联系，也就成为以后指导人展开各种具有美的意义的行动的控制模式。

提高了遗传能力，也就意味着与此相对应的扩展的力量——M 力具有了优化的力量作用。虽然人的能力的提升与增强并不能直接通过遗传来达到，但却可以通过优势基因遗传并在后代表达生命活性本征形成放大的过程中，有效地提升相关的潜质，从而引导人在相应环境的作用下，通过环境的影响而将这种潜能激发出来，并进一步地转化为人的显能。

期望的某个方向构建时，在自然选择的作用下，会使生命体获得更大的竞争力。当人们潜在地判断出这个方向的扩展性构建能够有效地增加其生命活性本能时，便会强化这个方向的构建。此时，由于增加了生命的活性，这个方向的扩展性构建也就被赋予了美的意义，当然，这其中所包含的本质性的 M 力量也会发挥关键的作用。

在生命进化的开始是不存在好与坏的区分的，生命体是在发散力量的作用下，通过差异化构建，形成了诸多与当前有所不同的模式。然后，生命群体在资源有限的控制作用下，通过群体内不同个体之间的相互作用，在取得竞争优势而获得遗传机会的过程中，不断地将某个方面的优化特征固化、突显出来。

在沿美的方向构建时，由于可以获得更多的资源，或者说，正是因为在这个方向扩展时，可以使人获得更多的生存优势，因此会对这个方向（特征）进行强化，强化后的力量又促使生命体在相关方面的构建获得更多的资源，那么，与其强化的结果一起，在某个（美的）方向的扩展也因此被人们赋予了美的意义，人们也就更加愿意在美的期望上付出更大的精力和主动性。

（七）在期望中，通过 M 构建更高程度的美

当人们按照 M 的力量来构建期望时，人会将与生命活性相关的特征都与 M 建立起关系，由于 M 力指向更美的方向，按照这个模式构建出来的新的模式，本身就比原来的模式具有更多的美化性特征。因此，在人们构建期望的过程中，表现 M 力时，所构建出来的期望性的结果自然会具有更多美的意义，将 M 和与当前有所不同的心理过程建立联系，自然会在更多的方面表现出通过竞争而形成的对美的追求与优化。

自主化的 M 力将会通过涌现而在任何一个过程中体现出其应有的力量。M 力的稳定激活，保证人将 M 力与各种特征建立起有机联系而形成相应的期望，人们并不只是在表征相关特征时体现 M 力，而是分别将相关特征与 M 力作为两个不同的模式而建立关系。我们不再考虑与生命活性本征状态的绝对协调，或者说不再追求在外界环境作用下人所形成的生命活性本征模式，也不再单纯地以激发这种模式作为美的标准，而是在复杂地面对客观事物的过程中，重复那种我们更为常见的、更加稳定的模式：在两个模式中，通过比较与生命活性本征状态的协调程度而实施优化选择。也就是说，我们重视的是这种两两比较的优化选择模式，并将其作为美的核心模式。

我们这么做，也是与生命活性中的发散模式相一致，而表现这种模式，也就意味着在一定程度上与生命活性模式更加协调。应该认识到，表现 M 力，并不只是独立地表现生命的活性本征中的发散以形成期望，对这种力量和所形成的期望的追求，表征的是生命的活性本征中的收敛的力量——是对这种力量的追求。随着 M 力的独立特化，M 力模式的自

主性便自然地展现出来。我们总是说："人有向好的一面"，指的就是人会在 M 力的作用下，在任何活动中去追求更美的状态，将结果推向最美（局部最优）。

表征生命活性中的发散的力量，并在与生命活性更加协调的过程中形成选择优化过程，并将这种模式独立特化出来，也会成为我们建立审美经验的一个重要的指导原则。由于艺术家是按照在其思想中所形成的最美的理想与期望来创造艺术品的，因此，每位艺术家所创作的艺术品，天生地带上了"更"的意义——想将 M 的力量运用得更加充分，从而持续性地表现对更美的期望性构建。在对审美享受的研究中，会将那些能够专门给人带来快乐的艺术体裁界定为艺术品，而人们也会更多地表现这种模式，以获得更加强大的冲击与刺激。

差异化构建并不都会带来美的结果。生命体只是将能够带来美的期望和美的结果的差异归并到一起，通过表达 M 力及由此而形成的竞争优化选择，在不同的过程之间形成共性相干。在具有更强能力的神经系统作用下，这种力量便成为联系不同过程的中间环节，这种模式也会随着在不同过程中的共性相干而逐步地突显出来，并由此成为独立的特征模式。

表现 M 的程度，就是美的程度，也是在表达对美的期望。这可以驱使人们从一堆垃圾中将艺术精品选出来。在审美标准上表现出 M 的力量，也就是通过 M 使其达到更大的程度、更高的境界。因此，我们可以更加直接地说，表达基于某个特征的 M 力，就是在表达对美的期望。

通过前面的研究我们已经看到，表达期望，以及使期望在意识中得到满足，本就是一种稳定的活性本征。期望因此而具有了美的意义。在任何一个稳定的协调状态下，都会表达出与之相协调的期望状态。基于此的表达驱动着人向美的状态渐渐逼近。也就是说，只要表达了人对更加美好生活的向往，就是在一定程度上表达了美。

一是，该美感模式会以整体的形式存在于人的内心。

二是，当与美感模式相关的诸多环节兴奋时，会以其彼此之间整体性的相互作用而保证整体模式处于兴奋状态。此时，那些与美感建立起稳定关系的环节、因素也就具有了美的意义。

　　三是，保证诸多局部的活性本征模式处于兴奋状态，与此相关的外界因素也因此而与人的美感有机地结合在一起。

　　四是，将"对美追求"的期望作为一种稳定的模式。它会兴奋、运动，会在稳定模式的状态下，以较高的兴奋度作用于其他系统。在此过程中，我们能够从以下方面激发人的美感。第一，即使是在协调状态下，也是以该协调性的模式的稳定兴奋而与其他的模式相互作用。第二，所谓的协调，也是在一定差异基础上的协调，并不是保持一致。即使同步，也需要其他因素所形成的力量的控制；不同频率系统的同步运动，这本身就是一种差异，这种差异必然以一种作用力的形式维持这种非同频系统的同步运动，从而对人的美感产生持续性的作用。第三，毕竟该模式的涨落是与该模式稳定地联系在一起的，这就意味着该模式的涨落也会以差异性表现作用到其他的模式中，并成为一种稳定的模式。第四，在其兴奋度由于受到外在因素的作用而提高时，也会形成对其他系统的协调作用力，并因此而强化美感物质的增量生成。第五，非协调的涨落是与生命活性状态相一致的基本特征，这种涨落也可以看成是协调模式状态下的一种正常状态。存在协调的涨落，必然也存在着不协调的涨落。

　　经过前期的不协调状态感受之间的相互比较（在不协调状态下，人会有一种特殊的感受），人在内心将这种感受与协调状态相比较时，会通过对比而体会到协调状态的美的感受。将人的"活性"表现作用在需要模式上时，我们就可以发现，人们满足一种"需要"时，并不是只满足该"需要"模式的静态模式，还会进一步地在满足当前静态的"需要"模式的基础上通过扩展而形成其他方面期望性的需要。这些不同的需要会结合在一起共同地起到牵引的作用。只要满足其中的一个方面，就可以使人体会到美感。而同时满足人的诸多方面时，使人体会到的美感的程度将会更强。在这个过程中，由于人的能力有限，在其认识不足时，有可能体会不到其中的美感，或者说不能在更大程度上体会到更加强烈的美感。

　　可以认为，社会中竞争拼搏的力量，自然受到群体中每个成员的强化表现和追求，因此，会成为一种促进人进步与成长的重要力量。基于此种基本力量，生存于其中的每个人都会表现出对这种基本力量获得和使其增强的期望性的"需要"。有些期望在促进人类社会的进步与发展过程中起到好的作用，便会为社会所推崇，受到社会中每个人的追求与向往；而有些期望仅仅在于满足个人的期望，如果只是间接地对社会产生促进作用，而会直接对他人造成危害，往往会受到社会力量的限制。在人类社会中，作为一个社会的人还必然受到社会因素的制约，比如此时"性"的需要满足的力量会与社会的各种因素产生相互作用；此时，作为一个有意识的人，与"性"不同的各种因素同样会在其意识空间发生复杂的相互作用，促使人在这种相互作用过程中生成更具概括抽象性的高层次意义。当满足"性"的需要存在对他人意愿的违背时，便会在一定程度上被阻挡，从而受到限制，使人不能想什么时候进行这种活动就可以什么时候进行这种活动。

根据弗洛伊德的理论，需要的基础起源于对"性"的期望和满足"性"的需要两种力量的共同作用。但由于人的性成熟及性需要起源于动物的基本遗传本能，因此，以"性"为基础的艺术作品往往更能吸引人的注意力，也更容易因此而给人带来较大的快乐。当然，由于受到社会道德的影响，人们还不能明目张胆地说这些事情，只能间接地表达甚至进一步地促进其升华。此时，自然就会存在一个恰当性的问题——合适即好。

有些信息会激发人的强烈感受，而有些信息则只是激发人产生一种很小的情绪波动。由于作品所引起的情感模式的数量及情感反应的强烈程度不同，带给人的情感感受的程度自然也是不同的。当然，人是社会性动物，当社会道德与人的本能模式相冲突时，人们并不是一味地从满足人的本能需要的角度考虑问题，这种心态在人的意识层面得到稳定与放大以后，就具有了更加典型性的特征。这也就导致人们在评价一部艺术作品时，那些能够潜在地（通过相应的创作手法）弘扬社会美德的作品，往往更容易受到好评。

当人们对此作了进一步的扩展延伸时，会在意识层面上主动地制订相关的行为准则、道德标准和行为规范，强制性地通过法律的形式赋予其美的标准和美的期望。在这种情况下，人在意识层面也就对此展开了进一步的扩展，并由此形成社会期望：在一个群体中生活时，满足这个群体共同遵守的行为规范的行为、思想被认为是美的。我们说，人的意识会自然地表现出社会生命的基本特征。"活性"中所对应的变换都会在人的意识反应中表现出来。即便人已经形成了稳定的美感模式，也会对该美感模式同时做出收敛与发散的变换，将与美感模式有所差异的模式也转化为美感模式。这就意味着，在人的意识状态中所形成的美感模式不是唯一的一个，由一个区域所覆盖的所有的模式都具有美的特征。

从另一个角度来看，也正是由于美感的这种特征，使人在感受到一定新奇性的信息时，自然地生成美的感受。此时，我们并没有明确地规定这种新奇度一定要达到多高的程度。根据独立性的转化，在人们将好奇心与美感分别作为两种不同的模式时，可以通过美的享受而在好奇心与美感之间建立起稳定的关系，这样，人也就直接赋予了一定程度的好奇心以美感，由此，能够满足人的好奇心的外界刺激就是美的。

比较动物学的研究表明，大多数动物的基本行为主要表现为：吃、睡眠、性交（通过性而达到遗传的目的）。也就是说，动物通过表达生命的活性本征形成相应模式的需求，而需求得到满足时，这些动物的身上自然会产生满足的感受，身体也会表现出相应的享受的状态。

作为现代人，虽然这是人的本能，但它的满足是需要与另一方通过相互作用来完成的，因此也就具有了社会和道德的含义。与其通过有可能给自己造成伤害的冲突去满足人的本能要求，还不如在心理空间产生间接性的、信息性的满足，并通过神经系统产生相应的兴奋过程而将其生成的快乐物质传递给其他的组织器官。

当人形成了强大的意识反应后，就能够不依靠外界的刺激，只是单纯地依靠人的自主性，便可以形成对快乐感受的主观能动性追求。在存在诸多影响因素时，人会从意识状态出发，对性的需要与满足过程做出进一步的延伸扩展，寻找相关需要的间接性满足。因此，在当前的人类社会中就出现了占较大比例的"黄色段子"。那么，在这个过程中，人们是如何从群体的角度来制订约束个体行为的规范的？我们说，正是由于群体内不同个体之间的相互作用，通过竞争与合作而生成了特殊的美感，从个体生存与发展的角度，对无限制的竞争扩张、对人的贪婪的欲望做出的相应的限制，维持着群体能够在复杂的外部环境面前获得更大的生成与发展的保证和条件，而这种限制也就成为群体稳定的力量。

（八）理想的美好性特征

人们总是习惯于说："美好的理想"，这就意味着"理想"与"美好的"不是同一回事。既然有美好的理想，也就有不美好的理想。鲍桑葵问道："怎样才可以把感官世界和理想世界调和起来？"[①] 这样的问题，就已经将人们的思想引向了另一种状态。这种理想的世界是一个与我们实际意义有所不同的美的世界。因此，这样虚幻的完美的世界只是人们受到 M 力的作用而不断取得更好结果的无限延伸后的推理。实际上，这个美的世界就是在达到与生命的活性本征充分协调与充分升华后的完美世界。

一是，人的理想或目标往往以与当前有所差异的方式表现出来，并运用某种标准的比较而进行优化选择，是以优于当前状态的形式来表征的，因此，人们就是通过这种优化赋予理想以美好的意义的。在实际过程中，人们会同时构建出不同方向（甚至是相反方向）的变化，然后在这种变化结束以后加以比较，从中选择出"更好"的模式。在固化出这种更好模式时，也将这种变化的方向确定下来，将这种变化方向的模式进一步地泛化：只要朝着这个方面变化，就会产生更好的结果。于是人便会形成一种认识：特征（包括相关特征）朝向这个方向变化时，将会得出更好的结果。

二是，理想有时是由于弥补、克服了相应的缺点而形成的。人们认识到了当前的不足，希望这些不足被克服掉，比如说，人们看到重复性劳动所带来的劳累，希望能够有一个节省体力，或者说将人从繁重的劳动中解脱出来的办法，比如说，我们希望获得更大的力量等。通过某种方法将缺点和不足消除掉，解决了相关的问题，理想也就具有了更美的性质。

三是，按照优化的原则在内心构建出更好的理想模式。这样，由于已经表达出了优化的力量模式，优化的结果本身也就具有了足够的比较、判断、优化、选择的意义。仅仅只是表达了优化的模式，这种模式赋予

① ［英］鲍桑葵：《美学史》，张今译，商务印书馆 1985 年版，第 238 页。

理想以更加美好的特征意义，而这种美好的意义在优化力量的作用下自然能够被人轻易地认识到。即使只是在此过程中表达了优化的力量，也已经足以使人感受到更美的意义了。

四是，理想的构建表征了 M 力的结果。当人们习惯于表达 M 的力量时，便会就某个特征进行持续性地增强。人基于当前条件，在 M 力量的作用下取得了一定的效果，人们对这种效果加以比较判断，看在运用 M 的力量使其达到的新的状态，是否比原来的好。如果是比原来的好，人们便肯定了运用 M 的力量向某个方向变化的不断优化。当 M 的力量表达产生了相应的更好的结果时，也就自然地赋予了理想以美好的意味。

五是，更美的理想是人的扩展性本能的具体表现。人们总会利用意识的强势信息加工能力展开无限扩展，并在每一步中体现出"更好"的意义，当持续性的延伸扩展达到一定程度时，人们便会终止这种过程，并将扩展后更好的状态表达出来。人在一个具体步骤中做出方向性的判断以后，就会沿着这个方向实施泛化，促使人沿着这个方向一直变化下去，而不会在下一个步骤中做出反方向的试探。反方向变化，意味着退回到原来的状态。既然新的状态已经比原来的状态要"更好"，后退就没有意义了。构建更好的状态的过程的终止，就意味着已经达到了最美的理想状态。

八　艺术更多地表现期望

当人们从理论上揭示出期望作为人生命的活性本征能够促进生命体与外界环境达成稳定协调的关系时，将驱使人更多地（通过直接和间接的方式）表现这种需要，从而形成形式多样的艺术表现主题。

当我们具体地研究这一过程时，会涉及主体需求的构建、主体需求的形成、主体需求的激励、主体需求的堆集等过程。当人的某种需要受到压抑时，它就会成为突出的、要求满足的差异性心理，此种需要将会占据人的心理空间。弗洛伊德揭示了与"性"相关的艺术品呈现出的增长的态势，这也是艺术流派形成的基础性力量。

（一）艺术家将期望作为一种核心模式

艺术家经常表达与性有关的艺术主题，这是因为，这一时期的艺术家往往具有旺盛的精力，同时具有强烈的性的要求和欲望。受到这种基本本能欲望的驱动，艺术家会将注意力更多地集中在这个方面，并进一步地寻找其需要的间接满足方式。而艺术教育中画模特裸体习作的训练方法，也在进一步地强化着这种期望的间接性满足。

艺术家不只是单纯地表达基本的生理需要，还会表达其他方面的期望需要，更能在基本生理需要的基础上，升华形成更高层次的美的期望。

（二）绘画艺术品中动作倾向的表达

动作倾向——动作期望在人的意识中已经成为一种典型的行为模式特征了。它表现在：一是，动作倾向是日常我们所见的动作的反映，它使人们将状态性信息转化成了过程性信息，使人们通过状态性特征看到了事物的运动与变化性特征；二是，根据动作之间的前后联系促使我们形成联想，从而将不同的动作联系在一起；三是，表达这种倾向成为艺术表达的重要方面。

第二节　期望的满足

通过某种特征使由期望所构成的状态中越来越多的局部特征达到彼此的协调共振时，便相当于通过外界因素和内在模式的相互作用，达到了期望的状态，使我们在大脑中形成了期望的实现过程。

一　期望的实现与需要的满足

生命活性中的收敛性力量，构成了弥补期望所形成的差异（指的是超出维持正常耗散结构所需要的刺激），使期望的状态得以实现（与期望所表达的状态在更多局部特征上达成和谐共振），使期望得到满足，使生命体当前的状态向着目标状态转移，甚至是使生命状态回复到"稳定吸引域"的过程。

（一）期望的实现

在使期望得到满足的过程中，状态转换的每一步，都在不断地增加与所期待的目标状态相同（相似）或满足目标要求的局部特征的数量。

在此过程中，表现出了更强的向目标转换的心理"势能"——心理趋向，表现为人们从当前状态出发，通过激发更多的当前局部特征与目标特征之间的可能性关系而努力地形成向目标辐合、与目标趋同的力量。

1. 期望是人生命本能的活性收敛力量的自然展现

生命活性会表现出以期望的状态为指向的收敛力量。而在心理转换过程中，这种力量便转化成为"心理势能"，引导生命意识向某个状态转化，在诸多可能的关系中，尽可能地寻找与之相同的局部特征的关系结构。当我们将这种模式用于解释期望的满足过程时，就能够发现收敛性力量在其中所起到的作用。

2. 期望是人生存利益的基本判据

根据达尔文（Darwin）的进化理论，生命体在与环境的相互作用中，通过不同个体之间的合作与竞争，会将更具竞争优势的基因通过交配遗传而不断地强化。生物群体在某些特征方面的力量就会越来越强。这种优化选择的过程导致优势基因不断强化，生命的活力也会在优势基因方面表现得更加突出。这种基于生存利益的判断选择，从形式上看，意味着对生物体的差异化构建的优化选择，也可以看作在形成期望基础上满足需要的过程。这也就从根本上说明，满足生命具有优化意义的期望，是提升生命体生存能力的基本方略。

3. 人意识的放大与强化

形成期望（包括需要、理想、追求等）以后，必然会在内心形成期望的满足过程。这就相当于建立起了一个稳定的心理模式。经过意识的放大与强化，受到生命活性收敛与发散的有机结合的牵制，在表现出更加广泛的对达到稳定扩展的增强作用的同时，使需要得到满足的力量会变得越来越强大。由于意识的稳定性存在会自然地在意识中构成使期望得到满足的基本模式，人们会在意识中构建出虚拟满足的假设和模式，并在意识中不断地构建与目标相同（相似）的局部特征（使相关的局部信息模式处于兴奋状态），并一步一步地逼近整体的"完美"。

4. 相关模式的自主表现

正如我们在第三章中重点指出的，相关模式的稳定表现会形成独立与特化的过程，那么，就会使满足期望（需要）的过程突显出来，并通过建立与其他信息模式的各种联系使人更强烈地体会到这种力量的有效作用。基于某个特征表达生命活性的扩展性力量会必然地形成期望，那么，基于某个期望而表达生命活性的收敛性力量就会表达出对期望的追求，或者努力地使期望得到满足。形成期望与使期望得到满足是人经常进行的基本过程。

在将追求期望的实现作为一个独立模式时，由于该模式的稳定性和涌现性，人会表现出追求期望实现的自主性力量。即使不存在其他的因素刺激，该模式也会由于其涌现性而在生命的各种活动中发挥一定的作用。

5. 利用生命的扩张力量进一步增强满足期望的力量

显然，从形成需要到需要的满足，都表征了生命所特有的扩张与竞争的模式。也就是说，在表征人的需要形成与使需要得到满足的过程中，就已经形成了对 M 模式的共性相干与差异性刺激，也就促使人体会到美的力量。两者构成了生命的活性协调，通过表现活性而构成了相互牵制的力量。

"没有条件，创造条件也要上"，表达了人们会为了一个坚定的理想目标，在一个更加广泛的范围内实现对期望的追求。从现在开始解决影响工作的环境因素和工作条件，一步一步地去追求理想。在将那些直接相关、间接相关，以及背景性的因素都考虑进来时，将通过更多局部特征的求同（和谐共振）而使人的间接性满足变得更具灵活性。扩展追求期望满足的更多因素的方法，是保证满足得以实现的有效途径。当追求期望满足的力量在各种活动中持续性地表现，并由于这种表现而形成较高的兴奋度时，该力量便会形成习惯性表现。

（二）期望的实现——激发由不协调达成协调的完整过程

通过前面的分析，我们可以得到期望满足的基本方式和基本类型：

1. 期望的直接满足

人们在某个特征上产生期望，直接表达期望所构建出来的完整模式——局部特征和特征之间的关系，以及在此基础上的诸多相关信息，可以使期望得到直接满足。需要的满足过程意味着由相对于协调状态的不协调，回复到由期望所形成的新的协调状态。通过表达期望所对应的生理、心理活动，可以使生命体更直接地满足期望。

人在饥饿后会产生饱餐的期望，让其吃饱饭就可以直接达成这种期望的满足，并由此产生满足后的快乐。根据弗洛伊德的理论，当人内在的"力比多"过强而需要发泄时，通过直接发泄出来的方式可以使相应的期望得到满足，并对机体产生更加强烈的刺激。

2. 期望的间接满足

人能够依据已经建立起来的与期望状态具有紧密关系的模式的兴奋（包括局部特征、关系和结构等信息模式的兴奋）与期望模式的紧密关系构成期望状态的间接兴奋，并由此实现期望的满足。伴随着人的意识的有效增长，更多形式的信息能够与期望建立起更加紧密的关系，因此，期望的间接满足的过程就会经常出现，在这种过程力量的驱动下，人也会在更大程度上依赖于期望的间接满足过程。

3. 期望的替代性满足

人的期望在某些情况下会因为其他方面的满足而转移，这一方面取决于心理模式的变换所引起的人的注意力的变化；另一方面则会由于其他方面与期望状态的紧密关系而在满足其他方面的期望时，通过关系预示引导出当前期望的满足。替代性满足也是间接满足的一种方式。

从生物进化的角度来讲，这种需要开始表现为生理方面，然后再在意识中得到反映，当进化到人的意识层面时，也就具有了独立的意义。诸如生理的期望与满足，需要形成生理偏差，并通过与之相关的神经系统，将这种偏差在人的意识中表现出来。根据基本的生物生理过程，这种过程会激发大脑生成使人感受到快乐的化学物质，通过将这种物质传递到人的全身而使人产生快乐的感受。

任何生理活动模式都将在大脑中表现出来。而期望的心理满足表明了在大脑中所形成的虚设性满足。在人的意识作用下，意识中的替代性满足将更容易实现。人可以纯粹地从意识层面上，构成形成需要、需要的满足，以及产生快乐的感受这一复杂的动力学过程，通过在意识中完整地表现这一过程，并运用活性的力量使这一过程得到进一步地强化，形成纯粹意识上的美感享受。

人具有对未来成就的期望和满足，从成功与满足的关系角度来看，则能够在更大程度上通过这种虚设性成功强化这种满足的取得。

4. 当期望不能得到完整满足时，会驱动人一直追求

因为没有得到实现，差异没有消除，这种差异便会作为刺激而一直存在，从而内在地促进人不断地向着期望的目标持续转化。

二　期望的满足是生命的基本特征

满足意味着与向期望逼近的力量达到了稳定协调的关系，与之共振是其中的一种方式，还有更大的可能性是通过某些局部特征的共振而形成更多部分乃至整个系统的共性相干，并由此放大期望和对期望的追求。

（一）稳定性的力量对回复到协调状态的作用

稳定性的结构具有使系统回复到协调状态的足够强的吸引力，即使是在外界环境作用下表达出了差异性更大的状态，只要保持静态结构的稳定性，稳定结构所对应的稳定协调运动状态也会具有更大程度的兴奋的可能性，因此，这种稳定的结构会将生命的运动状态由不协调重新拉向稳定协调状态，或者在保持系统静态结构稳定的同时，将系统的运动维持在其所形成的稳定域内。

1. 在期望与满足之间建立起稳定的逻辑联系

满足期望的一种力量在于建立当前状态与期望满足后的状态之间的联系，并试图在两者之间激活性地建立更多相同（相似）的局部特征的兴奋，使两者之间的和谐共振力量更多、两者之间过渡时的逻辑关系的强度更高、由期望到期望的满足状态之间的合理性更强。

2. 驱使系统由偏离状态回复到协调稳定状态

稳定性的力量会使动力系统围绕稳定状态不断地运动，保持着从其他状态向稳定状态不断转化的基本力量。基于稳定状态的特征，建立其他变化性特征与稳定状态特征的各种形式的关系，也会使系统由变化运动状态回复到稳定运动状态的力量得到强化。

3. 越来越多地展示协调状态后的局部特征

通过与稳定状态的联想性激活，会在众多被激活而处于兴奋状态的相关信息中，选择能够将两者更为恰当地联系在一起的关系模式，或者提升能够将两者联系在一起的、具有更强逻辑性、规律性、整体性关系

的可能度（兴奋度），使人在两者同显时，能够更加自如地认识到两者之间"必然联系"的高可能性。表达出向稳定协调状态转化的力量，在于强化人在意识中向稳定协调转化的兴奋度和联系的质的肯定性，尤其在于强化表现 M 力使之作用于向稳定协调状态逼近的过程强度。

（二）两种因素共同作用，形成对需要满足的审美享受

先期人们已经形成了稳定的美感模式，形成了期望及期望满足的需要，这相当于构成了一个完整的"由不协调到协调"的过程。表现出与这种模式在更多局部环节上的和谐共振，使其能够作为一个整体完整地表达出来，就在于从这个模式的角度引导人进入美的状态。美感便伴随着这种模式的激活和系统达到稳定协调状态而形成。

从生命活性状态的意义来看，维持正常活性时虽然存在外界的刺激作用，但这种刺激仅仅在于维持活性本征表现时的耗散结构，对于这种程度和性质的刺激作用，生命体自然不会将其在大脑神经系统中表现出来而使人产生相应的感受。在人已经适应了环境的作用时，人对处于稳定协调状态是没有感知的。

从另一个角度来看，先期不存在与某个局部模式通过共振协调的方式使其兴奋的过程。当基于求同的过程而通过共振协调的方式使某个局部模式处于兴奋状态时，即由先期的不协调而达成了基于该局部特征的共振协调。这就相当于先期已经存在美感模式，然后与之共振协调，表达出由不协调达到协调的过程；同时，也意味着在美的状态与非美的状态之间建立起了稳定联系，使人通过差异而感知到了刺激，人会通过该刺激而体会到美感。

审美感受意味着通过相应的刺激激发心理审美模式，并由此促使心理生理过程在差异化基础上向协调状态转化。在这种生理过程进行中，会生成与人的审美感受相关的生物化学物质，对生命体产生相应的刺激，并由此使人通过神经系统的兴奋和兴奋状态的变化而体会到美的意义。当艺术品所表征的意义在人的内心形成认知时，这种状态与能够使人回复到协调状态的意义模式形成共性相干，通过使这种模式处于兴奋状态而促使人体会到相应的美的情感、美的意义和美的状态，进而形成美的感受。

三　期望的满足是一种本能的力量

马克思曾有"劳动是人的第一需要"的论断。我们则说，生命的本质决定了，人可以不为取得劳动成果而不断地劳动。生命是活的，活动就是生命的基础。生命体活着，就是在表达其生命的活性本征。以期望和期望的满足为出发点所表达出来的发散扩展力量，会形成更大程度的期望和满足期望的需要，促使人为了满足这种需要而展开各种具体的活动——探索各种能够满足这种状态要求的最恰当的状态，这其中便包括劳动。

无论是表达生命活性本征中收敛与发散的协调整体，还是由于相应的缺失（诸如由于机体的运动而形成了对能量的缺失，这就会导致对相关食物的需求）而激发向更大满足追求的基本力量，都在一定程度上表达着与活性本征在相关模式（局部的、部分的、系统的、整体的）基础上的和谐共振。在更大程度上的满足，意味着形成更多局部特征的和谐共振，这将会给人带来更强烈的情感体验，并因此使人在这个特征模式上表现追求"更"的基本力量，从而引导人在更深程度上进入美的状态。

产生期望标志着由原来的协调状态达到了新的不协调状态，这种新的不协调状态会与生命体中的收敛性力量结合在一起而形成向原来稳定协调状态转化的力量，这种力量在一定程度上包含着使期望得到满足的成分，表达这种模式，即会促使生命体在大脑中产生美感。在意识中使这种不协调状态回复到协调状态意味着：其一，是生理运动状态在人的意识中的反映；其二，是人在大脑中形成的一种需要——对偏差的意识表征，以及在人的大脑中所形成的潜在的心理意识状态；其三，是人所形成的协调稳定模式的涌现性特征展现；其四，是正常状态的扩展与延伸。在人的意识中建立起这种偏差模式以后，在其生命活性中收敛力量及大脑中生成的对信息完美加工的力量的驱使下，形成回复到协调状态的模式和力量。

期望及其满足之间的关系，系统地揭示了偏离协调状态以后，形成向协调状态转化的力量的表现、过程和结果。这种力量表现即人们习惯上称谓的人的需要。而在期望满足以后，也就意味着重新达到了稳定协调状态——人由此而进入美的状态。

这种过程在人的意识中会得到更多的表现。经过人的意识的强势扩展，使人的需要、满足的状态及过程特征转化为可以独立于生理活动的活动，形成更为强大、范围更大的意识活动，才使人的意识活动成为人典型的、突出的、先行的活动（只要信息输入到人的大脑）。

生命活性的延伸扩展性构建和由此而构建出来的期望性模式，在美的力量作用下，会以其高兴奋度成为主导其他生理活动的基本控制模式，会对其他生理组织的正常活动产生重要的影响。表达需要及其满足的本征即与生命的需要本征相协调，也就是与美的状态和力量相协调。基于生命活性本征的表现，生命体在遇到更加复杂的情况时，会形成更加复杂的活性本征表现模式，这些性质的活性本征模式又会由此而联系在一起。这些过程在大脑神经系统中表现出来时，会由于活性本征力量在意识中的表现而生成更加复杂的活性本征的意识表现。更多相关的过程会由此而联系在一起，基于抽象符号的活性本征表达，使人即使不受到外界信息的刺激也能够产生大量的心理变换过程。由此我们可以明确地得出以下结论：生理性快感是达到最高美的境界的基础；基于生理快感而高于生理快感，具有比生理快感更本质、更一般的快乐感受。比如说，人会在状态与外界环境所提供的特征之间的差异达到一定程度时感受到一定的刺激作用。当超出一定范围时，人会产生紧张、焦虑甚至恐惧的反应，适当的刺激成为维持生命体正常活性状态——耗散结构——的基本条件。从一个"超刺激"状态或"欠刺激"状态而达到这种刺激作用下的协调适应状态，都将表达人达到了与环境的稳定协调状态，此时人就会产生审美享受。

在生理快感的基础上，伴随着人的意识的进一步强化而生成了相应的过程，从而使其独立性得到进一步地增强，美在人的身上也就体现得更加充分。

第一，满足需要的过程表达了向更加协调状态的转化，相对于所期望的状态而言，当前状态表达出了"更"加地不协调，而表达与期望相关联的生命的活性本征，就意味着从满足需要的角度通过共振达成新的稳定协调，形成向"更"协调的方向进化、转化。

第二，由形成需要到满足需要，表达了由不协调向协调的转化过程；当满足了人对恰当刺激的要求，满足了表达收敛的力量而达成稳定协调状态时，审美过程自然形成。

第三，形成需要，意味着构成了与当前状态的差异、不同，意味着与以往稳定的状态形成了不协调，而当需要逐步得到满足时，首先表达了这种逐步满足的过程，其次表达重新回复到原来稳定的状态。

第四，产生需要是人自然地表达生命活性本征中的 M 力的固有结果。在满足需要的收敛性动力作用下，会形成促使其得到更大程度满足的力量，也就是将 M 的力量进一步地作用到使收敛性力量变强的方向上。向着人们所选定的目标，表现出 M 的力量，驱使人们朝着这个方向做出更大的努力。M 与意向也就建立起了更加稳固的关系。

第五，与这种状态相协调，满足人的需要，是与人的生命活性状态在一定程度上相协调的表现，而使"需要"达到满足的过程，自然是通过表达 M 力而构建更多相同（相似）局部特征，以形成更大程度上的共振协调的过程。

第六，以由不协调达到协调的整体过程形成足够的进入美的状态的刺激作用，从而更加顺利地引导人进入美的状态。与此同时，还会根据由不协调达到协调的完整过程，使人体会到更具联系性的刺激。

第七，作为人的稳定的过程而在意识中完整独立地表现出来。当这种过程作为本能模式而表现、在人的行为指导和控制过程中发挥作用时，它会随之成为稳定的本能性力量，会作为一种稳定的本能模式而在人的各种行为中起到控制作用。

第八，人的本能模式需要得到激发和表现，在以这种本能模式为基础时，人会自然地表征活性的力量，由此在各种活动中更加自然突出地表现出发散与收敛。在发散所形成的扩张力量作用下，会形成有别于当前状态的新的模式——基于相应本能的期望；而在收敛力量的作用下，会形成向此状态演化的过程和力量，驱使人们达到通过扩展而形成的新的状态。相应地，便会形成一种基于此模式的期望需要得到满足的状态，也会由此表达出使期望得到满足的转化过程。

这是人经过意识强势增强后的扩展性模式。它以独立特化与自主涌现为基础，成为人时刻关注的模式。我们表现这种稳定且独立的模式，也就意味着其可以为人独立表现，可以从意识的角度通过与之和谐共振而成为进入美的状态的基本力量。

我们可以将期望及期望的满足作为一种积极向上的力量：追求完美的力量。这种力量在当代中国，是中国共产党所极力追求的力量。大家知道，"中国梦"是中国共产党第十八次全国代表大会召开以来，习近平总书记所提出的重要指导思想和重要执政理念。2012 年 11 月 29 日习近平在参观"复兴之路"展览时首先提出了"中国梦"。习近平把"中国梦"定义为"实现中华民族伟大复兴，就是中华民族近代以来最伟大的梦想"。习近平提出的中国梦，是美好的期望与未来，突出强调的是有一个"更"好的生活。习近平指出："每个人都有理想和追求，都有自己的梦想……我认为实现中国民族伟大复兴，就是中华民族近代以来最伟大的梦想。这个梦想，凝聚了几代中国人的夙愿，体现了中华民族和中国人民的整体利益，是每一个中华儿女共同的期盼。"可以认为，中华民族正以伟大的梦想去激发广大的人民群众更强的追求的力量。习近平在中国共产党的第十九次全国代表大会上指出："不忘初心，方得始终。中国共产党人的初心和使命，就是为中国人民谋幸福，为中华民族谋复兴。这个初心和使命是激励中国共产党人不断前进的根本动力。全党同志一定要永远与人民同呼吸、共命运、心连心，永远把人民对美好生活的向往作为奋斗目标，以永不懈怠的精神状态和一往无前的奋斗姿态，继续朝着实现中华民族伟大复兴的宏伟目标奋勇前进。"显然，对美好生活的向往与追求并不只是表达在中华民族身上。各国也都有自己的建设目标和发展方向，这就是人对美好生活向往转化而来的国家意志。

当人形成了期望以后，期望并不会必然地驱使人使期望得到满足。我们认为，形成期望与使期望得到满足虽然紧密相关，但却是两个不同的过程。使期望得到满足的力量主要来源于生命中收敛的力量。消除差异的力量来源于生命中收敛的力量，这种力量与发散力量紧密结合，保证着生命活性体在差异化构建的基础上，表现出收敛、稳定性的力量，使人们表达出对消除差距的力量表现和状态追求。表达趋向（指向）协调稳定的力量，意味着表现出与稳定状态更多局部特征的相同（相似），甚至形成"指向"协调稳定状态的趋向性特征；与协调稳定建立更多的确定性关系，会与持续地表达生命的非线性特征有机结合而表现出满足期望的过程。与此相关的过程包括以下几个方面：

1. 形成差异与消除差异是生命的两种过程

当我们从期望及其满足的角度来看时，生命的活性力量已经完整地表现出了形成期望及满足期望的综合过程。最起码表达出了对这种状态的追求。与生命的本质相协调，也只有在建立起足够差异的基础上，才能够更强地表达出通过消除差异而满足期望的过程。

2. 是人在意识中形成了使期望性差异变小的主动性

当消除差异——满足期望成为一种稳定的模式以后，该模式便随之具有了自主性，它便可以在任何一个心理变换过程中涌现出来而发挥应有的作用，从而驱动人不断地在大脑中形成通过各种局部模式的求同以使差异变小的过程，那么，人就会在诸多可能使差异变小的过程中，比较优化出效率最高、与具体情形更加协调的满足期望的模式力量。

3. 差异化的消除与满足的过程被固化及扩展推广

通过建立差异和消除差异而使期望得到满足，都会被固化成为独立的模式。这些模式会因为共同地表现出了消除差异以达到稳定协调的力量，从而与美的状态建立起确定性的联系，进一步成为引导人进入美的状态的基本模式。

4. 这种差异来源于人的内在性，人会对其内在地感知并加以强化

无论是形成期望，还是满足期望，都是人在内心生成的。在复杂的多层次神经系统中，它可以像外界刺激一样，被人的好奇心作为一种独立的模式而感知，并被好奇心的各种内涵表达而加以扩展、强化。在此过程中，还会通过好奇心所形成的对差异的感知而形成反馈，通过意识的自主强化使其成为独特的力量。人会更加灵活自如地表达这种模式的作用，也同样会形成关于此过程的各种形式的变异和优化。

5. 在期望的满足与外界刺激建立起联系时，形成追求外界刺激作用的力量

当人处于饥饿状态，通过吃饭满足了人对食物的期望（要求）时，满足人的这种期望的力量会被有效地转移到食物及与该食物送达有关的

诸多特征上。在忽略了诸多中间环节过程以后，两者之间的内在联系便被强化成为一种稳定的模式。人的期望的满足便直接转化为间接满足。人会在更大程度上将回复到稳定协调状态的意识表达作为满足期望的基本方式。

6. 人的期望可以分成若干成分和层次

人的期望将会随着心理的复杂化而呈现出不同的层次和类型，也因此而具有了不同的意义。不同的意义在生命活性本征的作用下赋予人以不同的期望。这些不同的期望随着历史和外界刺激作用强度的不同，形成不同的兴奋值，这些不同期望的兴奋值所组成的"分布"就构成了当前人在一般情况下的"期望分布"。

应该注意的是，在一个过程中，人们并不是一味地关注一种核心期望。各种期望都有可能成为当前的指导目标。人的期望分布将随着环境及人的心理的变化而不断地发生变化。这一方面造成了人的心理的复杂多变，给人以一种不好把握的印象；另一方面，因为这种期望得到满足的过程充满了变数，人们不知道应该选择何种模式满足人的核心期望。

四　期望的心理实现与美感

表达需要及需要的满足，是艺术表达的主要方面。沃林格（Worringer）就将艺术意志归结为"需要的满足"[①]。我们应该看到，基于身体的基本欲望所建构的美，应是美的状态的核心和基础。按照马斯洛的理论，只有在低层次的美得到满足以后，才能上升到更高层次的美。但实际过程可能更为复杂。梵·高窘迫的生活与其为全人类创造出的伟大的作品相比，就呈现出了令人不可思议的矛盾性的关系。因此，在美的力量的作用下，人的意识性能够跨越马斯洛所揭示的需要及其满足的严格的"层次递推"关系，有时，即使在基本的生理需要还不能得到满足的情况下，人们也能够自如地追求"自我实现"。人在将自己的境界升华到"自我实现"的层次以后，会将"自我实现"模式以更加强大的兴奋度占据

---

① ［民主德国］W. 沃林格：《抽象与移情》，王才勇译，辽宁人民出版社 1987 年版，第13 页。

人的所有的注意力，此时人便将其作为主要的、关键的期望，从而驱动人们围绕该主要期望而构建相关的行为。

在人们将美独立特化出来以后，以稳定的美的状态为基础，人们会进一步迭代性地表达生命的活性本征，从而形成基于美的期望。这也就意味着，通过发散扩展的力量，能够固有地形成美的状态的变异；通过收敛稳定的力量，会重新回复到原来的稳定协调状态。这相应地构建出了基于美的期望和使美的期望得到满足的过程。

（一）需要的满足——激发了由不协调达到协调的完整过程

需要的满足由于表达了由不协调达到协调的状态，因而会使人产生美感。只不过在此过程中，人们仍然理不清生理快感与美感的本质性联系，或者说出于对人在生物界超然地位的肯定，不愿意将人贬低到与动物的认识在一个层次上，人们总是期望人能够绝对地超越动物而超然地存在着。事实上，这里要经过两个超越：一是由生理快感向意识快乐的超越；二是由快乐意识向审美的超越。这时，美感就不只是快乐感受，而是在各种具体的审美情感的基础上，进一步地概括抽象出更本质的，更具一般性、概括抽象性、意识性、完美性的美感。

（二）形成期望与满足期望的相互作用

当我们建立两种力量的分解作用时，就必须要考虑两者之间的相互作用。

1. 生命的活性本质要求两者必须保持在一定的范围内

形成期望与满足期望，会通过相互作用及其作为一个整体而表现出相互牵制的力量。生命体会自然地维护这种协调稳定关系。当一方增加时，必然增加另一方的力量。如果一方增加过多、过快，两者之间的相互作用不足以保持协调，便会使得两者的协调性增长关系撕裂，对其整体造成破坏性作用。

2. 在形成期望的过程中，形成更大的满足期望的力量

期望越大，形成的当前状态与协调稳定状态之间的差异就越大，那么，将这种差异转化成为回复协调稳定状态的力量时，满足期望的力量就会越大，驱动人构建更多局部特征的和谐共振的力量也就越大。这就意味着，人会从不同的事物中通过寻找构建更多相同（相似）的局部特

征而"填补"这种差异空间、建立两者之间更强逻辑性、更多逻辑关系的局部结构。

形成期望只是表达出了期望后的状态与当前状态之间的差异。而追求期望，或者说满足期望、满足要求的力量则更加直接地取决于生命活性中收敛力量的大小。从另一个方面来看，生命活性中收敛发散力量的有机协调，从两种力量相互牵连的角度也构建成了这种满足期望力量的决定因素。

3. 在期望需要得到满足的过程中，形成更大满足需要的期望

在以期望及期望的满足作为基本模式时，生命活性的力量会发挥相应的作用，从而形成期望的扩展、期望满足的扩展。总是期望人的需要更好地得到满足，这在满足人的需要的过程中会形成一种更高层次的期望——使期望得到更大程度、更加迅捷地满足的力量模式。

4. 重视需要与满足两者的辩证性增长关系

生命活性中形成需要扩展的力量与满足需要的收敛力量可以分别发挥作用，也可以紧密地结合在一起，形成更为突出的牵制性力量。由于在不同的过程中，不同的力量会起到不同的主导作用，两者的成长与进步将有可能呈现出螺旋式增长发展的趋势性特征。在这里，我们需要强调两者通过生命的基本力量、通过相互牵制所形成的相互促进的力量在美的状态中的作用与意义。两者通过各自表现而形成了更加协调的关系时（与生命的活性本征在更大程度上和谐共鸣），得到的美感就会更加强烈。

（三）与期望模式的和谐共振

无论是表达形成期望、使期望得到满足的过程性模式，还是表达期望的结果、使期望得到满足的结果，只要我们在表达相应的过程，就意味着使这些模式处于兴奋状态，从局部的角度形成与期望（及期望的满足）模式的和谐共振。当我们不断地从更多局部特征的角度与期望建立起种种关系，并依据这种关系而使相关的特征处于兴奋状态时，将会使和谐共振的程度变得更高。即使我们通过表现与这种模式的和谐共振关系，在当前模式的基础上不断地构建与之有差异的模式，也会成为与期望模式达成更多局部特征基础上的和谐共振的基本过程。

（四）通过构建诸多"填补"差异的局部元素使差异变小

这些局部元素越多，通过相互作用而使共性元素突显的可能性就越大。这既表达出了差异化的构建过程，也表达出了通过比较优化，选择出更加协调的模式的基本过程。在这个过程中，我们首先应该明确哪些局部元素（模式、物质、信息）的兴奋会使差异变小，哪些局部元素的兴奋反而会使差异变大。然后再构建优化如何才能在更大程度上使让差异变小的力量变强，并在诸多可能的关系信息中，尽可能地选择具有此种性质的信息。

（五）将期望转化为具体行动

人们会将大脑意识中的期望性观念转化为具体的行动、具体的物质、具体的信息，一方面建立起期望与当前状态更多的、具有更强可能性、规律性的联系，尤其是构建起能够反映彼此之间规律性的逻辑联系；另一方面则构建出能够满足需要活动的相应局部特征模式〔信息（时间的和空间的）的、物质的、能量的〕，通过一连串的局部的相同或相似逐步地达成期望，进而在消除差异的过程中，表现生命中收敛的力量模式，在消除差异的过程中，使人体会到表现收敛模式的共鸣性协调关系，与这种过程中更多的本能模式共振激活，使人在更大程度上体会到回复到生命活性本征兴奋状态时的协调的意义，并由此使人体会到美的快乐。

音乐以其时间模式及其所对应的频率波动激发人在生命进化过程中形成稳定性的模式。绘画因为能够最恰当地表达某种意义而使人的诸多本能模式得到激发，从而在人专注于当前绘画艺术的过程中，通过局部特征的共鸣达到相关特征作用时的和谐共振。这其中包括激发扩展性本能模式、激发收敛性本能模式、激发与本能模式相对应的期望模式、激发与期望得以实现的模式、激发与此过程相对应的人们已经赋予其美的意义的模式，激发与诸多美的模式具有紧密联系的模式（这将反过来激发人对美的模式更强的感受）等。通过艺术品这一间接的方式可以有效地满足人的期望（需要）。最起码，这些因素会在艺术品所提供的外界环境整体因素中占据一定的地位、发挥一定的作用，或者说，成为人们考虑问题时必不可少的因素，这些因素会与其他因素形成综合性整体，从而共同地发挥作用。

（六）期望的满足是一种追求完美的力量

我们可以将需要及需要的满足作为一种积极向上的力量：追求更加完美的力量。但如果仅仅将这种对欲望的追求局限于身体的简单的欲望，便人为地降低了这种特征的美学意义。人们基于需要及需要的满足而提出了"欲望美学"的概念和体系。这是期望、追求的一种状态和过程，也是人们通过努力而达到期望（使期望得到满足）的过程。在此过程中，既表达了 M 的力量，也表达了期望的满足所形成的协调的过程。

当人试图克服当前的不足而建立比当前更好的新模式时，意味着人们建立起了更美的理想。具有相同特征的其他差异性模式的兴奋，因为与美的模式建立起了关系，也就被赋予了美的意义。

五　表达人的期望及其满足的艺术

满足人的愿望与需要的艺术品，表征了人基本的 M 的力量。我们知道，形成需要并通过艺术品来表达，是一个差异性的构建过程，是在多种可能的结构中优化选择出一个比当时更符合生命活性的作用构建。人通过艺术品（欣赏）表达人的追求，将追求的过程与结果表达固化下来，已经形成了明确的审美意向。作为一种意向，它应该得到一定程度的满足，并在满足的过程中进一步地受到关注，以正反馈的形式促进着其进一步的发展，形成向更美的方向逼近的愿望和要求。在经过群体的合作与竞争后，更有可能放大这种特征增强的状态和趋势，在其大脑神经系统中进一步地运用意识放大这种趋势，形成特有的意向性心理。

在稳定基础上的进一步增长，代表着生命体进化的基本趋势与力量，有利于这种进化的因素会被赋予一种"更好"的意义，这就意味着使生命体获得更加强大的生存能力和竞争能力，由此也就有了将其更加优秀的基因遗传下去的更大的可能性。在心智的扩大作用下，基于进一步的概括抽象，形成更具概括性的心理模式时，这种由生命的收敛所生成的得到满足的感受，会对人的这种意向进行扩展和放大，形成与当前状态有很大差异的需要性意向，驱使人通过各种角度和方法不断地使这种被放大的意向得到满足。

有些因素的出现及强大会降低我们的竞争力，不能保证我们向更加强大的方向进步。正如我们在距离构建的过程中，当距离过于宏大时，追不到，就会产生"习得无助性"心理，会因为无能为力而直接放弃努力。生命的持续建构（消解）过程，会不断地将有些信息特征"遗忘"，同时强化记忆其中的某些特征。在将这些局部特征与其整体意义建立起稳定的对应关系时，这些被突显出来的局部特征便会固有地建立起某些关系。

这种思维模式会引导人从提取出相关的特征、关系和整体性意义的角度形成这种稳定的心理模式，并用于指导其他信息模式的建立，形成新的关系。

审美是一项特殊的行为，一开始人们就形成了一种态度和意向，即看其在多大程度上表现出"更"的特征。而此时，对 M 的表达也会形成一种期望。当审美作为一种稳定的模式时，它会表现出静态结构和动态特征，也会表现出变化与发展的趋势，人们将其称为意向。人们总是以最完美的描述，引导着人们不断追求。在这里，我们也像达尔文那样，将其归结为无所不在的"自然选择"。自然，它还同时具有自主性，而且会经过人的意识的放大，形成更为复杂的景象，想象力可以自由地在其中自如地表现，并引导人展开更大范围的优化过程。

从欣赏的一开始，人们就具有了这样的心理背景——我是来欣赏艺术品的。这先天地使我们用"更"的模式从诸多艺术品中发现 M 力量的踪迹。我们去看艺术展览，或者说去博物馆等等，都意味着我们是去寻找、欣赏"更好"的艺术品。目的到达之前就已经具备了较强的心态。在审美心态的驱动下，我们会在先行构建出的"完美"理念的指导下，从所欣赏的对象中提取出相关的特征、关系和整体性意义，并按照判断标准，具体而模糊地衡量其属于美的程度。我们带着这种期望去看艺术展览、去到博物馆等，当我们所看到的艺术品满足了我们的这种期望，我们就会产生美的感受。

因此，只有在审美意向的驱使下，人们才能将一个小便器当作一件艺术品，也才能理解、延伸扩展和"观照"杜尚（Duchamp）的"泉"

的艺术含义。观照在一定程度上具有期望的意义，我们用美的观照，就是期望能够从当前的感觉对象中提取出一定的美的元素。能够提取出来，就能够从中发现某些美的元素的存在，人就能够通过与这些美的元素的和谐共振而进入美的状态，从而产生相应的美感。弗洛伊德的需要、满足，以及对艺术创作的作用，揭示出了人的潜意识特征，并将人的成长归结为"力比多"及其满足。容格"集体无意识"理论的提出强化了人对共性模式的表达及传递，由此对艺术交流产生了足够的影响。马斯洛将弗洛伊德的理论作了进一步的扩展，将决定人的基本行为的内在动机分得更细致、更系统。马斯洛激发了艺术与人本主义心理学的内在联系，强化了人在意识层面满足需要的间接方式的合理性与必然性联系。突出了人对需要的意识满足的经常性和自主性，表明了人们通过间接的艺术方式表达这种期望的满足的必然性要求。

在日常生活中，人们一般将只是表征生理快感的行为视为"兽行"，但在审美过程中，人的生理快感却与更高尚、更纯洁的快乐感受结合在一起。诸如，看到一幅裸体画，有些人会自然地产生相应的生理反应，想要完成人的性欲的满足过程。但有些人也会产生基于人体美的、脱离了性欲的审美感受，此时，人就由生理审美上升到意识审美；并进一步地从意识审美升华为更高层次，我们将其称之为"理想审美"。从这里也可以看出，脱离具体的艺术品，由人在内心构建出理想的审美状态时，意识审美会在独立表达的基础上与其他的审美层次建立起更加紧密的联系。

人的意识审美可以脱离生理审美而独立存在，但在更多情况下往往会伴随生理审美而表现并强化。生理审美的确会为意识审美提供足够的支持，即便仅仅作为其中的一个联系信息的方式和"通道"，也能够在其自主兴奋的过程中，将更多与此有关系的其他方面的信息有效激活成兴奋状态，从而参与到心智的变换过程中。

当意识审美具有了独立性以后，单凭该模式的扩展与自然延伸，会形成一种稳定的模式，促使人表达出对这种扩展性构建与协调状态有所差异的转化与追求。

第三节　美与目的

在美学理论中，往往将美的目的性作为一个核心特征；如尤西林等就指出："就根源言，审美的本质是规律与目的相统一活动所产生的自由形式；就功能言，审美的本质是能动协调规律与目的的自由活动方式；就价值言，审美的本质是人的自由本质的对象化理想。"[①] 目的，只是我们看待事物的一个角度，目的不能先于事物的运动变化过程而存在，它只是人们运用规律所做出的推测。因此，我们不能从目的论的角度来描述美的规律与人对美的追求，而应该从动力学的角度、从生物进化的角度来描述这个问题。

但由于目的突出强调了某个方面的特征，因此，美的目的性也就有了一定的地位。康德就特别强调美的合目的性特征。康德指出："美是一对象的合目的性的形式，在它不具有一个目的的表象而在对象身上被知觉时。"[②] 显然，美的这种合目的性被赋予到美的作品上且能够被人知觉。目的是人在意识中构建出来的、与当前有差异的信息集合（或意义）。而在人天性的 M 的力量作用下，必然会在某个特征上与当前状态相比具有更好的"量值"。虽然每个人对目的的看法不一样，但对于构建出目的者来讲，他一定会表现出他所特有的向"更好"追求的力量。而每个人对目的的看法不一致，则主要表现为每个人所认定的"更好"的特征和方向不同。这也就意味着，当人们试图运用自己的意识扩展性地构建出一个与当前有差异的模式时，会自然地运用 M 的力量，以构建一个比当前更加美好的状态（世界）。

人具有迅捷的、足够的建构多种多样意义的意识能力，这种能力使得人在遇到外界客观事物（在一定程度上也会通过人的"意识涌现"而

[①]　尤西林主编：《美学原理》，高等教育出版社 2015 年版，第 39 页。
[②]　北京大学哲学系美学教研室编：《西方美学家论美和美感》，商务印书馆 1980 年版，第162 页。

将具有某种特征、符合某种条件的信息在大脑中激活）的一瞬间，便能够完整地构建出一定的意义。这种意义可能只是人们对外界事物中很少局部典型特征的简单认识，也可能是人在作了一定的分析研究之后形成的较为全面的认识。不管是哪个层次的认识，人的意识能力都能够在一个意义的基础上不断地构建与之有差异的其他意义，并通过形成一个意义泛集加深对客观事物的认识与理解。

一 目的

目的是一种后生性的模式意义。当人们看到当前的实际状态时，便认定这种自然选择的结果是"最优"的，由此论证其他方面的"不好"，论证自然的发展必然向着美的方向进步，并在排除了那些"不好"的情景模式后，认为系统是朝着一定的好的目的的方向转化的。但我们应该看到，这不是自然演化的必然结果，只是人将那种生命力量中向美的方向前进的模式进一步地固化和突出，使之在人的意识中占据核心地位的结果。

目的性是在人形成了期望、达到了相应的目标后所产生的感受性的特征，仿佛客观应该朝着这个方向变化一样，这种状态又是人的一种期望。客观应朝着目的的方向变化也是一种期望，但真正使我们信服的则是自然发生的动力学规律。当然，从哲学史的角度，我们仍可以利用目的（期望）来为朝着这个目的的方向变换寻找借口。人们将期望的结果与当前的状态建立起直接的联系，而且建立起这样的信念：人们必定向着目的前进。但从复杂性动力学的角度来看，我们只是在众多可能性中加以选择。至于为什么选择了当前这种状况，只能说是环境因素、自组织过程等共同作用的结果。

目的是人们试图达到的状态。人们可以在为了达到相应的目的的引导下产生持续性的工作。目的作为一种明确的特征是相对稳定的，它作为与当前状态有差异的刺激因素，激发人从局部特征出发，尽可能地构建出与目的要求相符合的抽象的、具体的信息模式。

亚里士多德从"四因"的角度来描述人产生行为的动机，将"目的因"作为人的行为的基本驱动力，指出人会以美的目的的方式表现对美的追求。但我们已经认识到，目的是人基于当前状态、运用差异化操作构建出来的一种状况，这种状态是在美的力量驱动下形成并与当前状态有所差异的状态，甚至只是一种期望的状态。但人却把这种期望当作一定意义上的客观存在。人固然会以对美期望的方式形成对美的追求，人们会以美的目的的方式表达对美的追求，它引导着人们努力地达到目的所指示的状态。

人可以在意识中单纯地为了满足相应的目的而采取相关的行动，尤其会在生命的活性本征力量的发散力的作用下，在当前的基础上自动地构建出与之存在差异的各式各样的模式。这些具有一定随机意义的差异化构建与目的不同，但却包含着目的。在形成了各式各样有差异的模式的基础上，人们进化的方式会本能地对这些模式进行美化性的、基于自然淘汰意义上的选择，通过形成稳定性的"吸引域"和意识的强势作用，形成指导人产生符合目的要求的行动和"产品"。可以看出，在这个过程中，存在着自动表现差异化构建的发散力，也存在着表达优化力量的收敛力。因此，目的与 M 力量存在着内在的本质性关系。人们在这种稳定的目的吸引下，基于活性中收敛的本征力量，为达到目的而做出不懈的努力，努力解决达到目的过程中的诸多困难。

在美所对应的心理模式中，我们能够以在一定程度上表达出的某些类的共性特征作为展开对美逐渐追求的一种力量。通过前面的研究描述，我们已经认识到，美具有这样一种明确的态度：存在一种最美的模式。虽然我们还不能明确地将其构建出来，但我们已经潜在地假设它是存在的。这种最美的模式具体是什么，我还说不清楚。此时，人们会在自己由生命活性本能而构建出来的、由对更好状态追求（期望、需要）与完成（满足）所特化出来的 M 模式和力量的作用下，形成一种趋向性心理：这种过程的反复迭代，就会形成最好的模式。由此我们会自然地推理：以当前状态 A 为基础，通过表达 M 的力量而达到了 B，那么，B 就应该比 A 更美。……几个过程的成功进行，就会在人们的内心形成这种一般性的认识：由当前状态经过一定的步骤，就一定（其实是应该，或者说以更大的可能性）能够得到"完美"的结果。以最美的结果为目的，将使人对美的构建更具方向性。

稳定性的目的模式往往具有更强的指导性的牵引力量。当目的成为一种稳定的心理模式时，人们会为了达到相关的目的而主要地从事某种与目的相关的活动，会受到目的的制约而仅仅在很小的范围内表达差异化构建，促使人能够更加有效地将这种整体性心理模式具体地转化为可以达到相关效果的行为动作。在形成了与当前状态有差异的新的整体性心理模式，人又在这种多种可能的整体性心理模式中做出了恰当的选择以后，生命活性中的收敛性的力量（趋于稳定，引导其进入稳定区域、协调区域）会驱使人产生相关的行为，达成更多符合目的要求。人们会在这种力量的驱动下，产生更多符合目的局部要求的产品。

二　M 的力量与目的

目的是人构建、表征了 M 的力量作用的、符合美的要求的、比之当前相对完美的状态。具有某种目的，本身就包含着驱使人们为了相应的目的而采取相应行动的力量。人们设定了相应的目的状态，也就意味着已经做了一定程度的美化处理。目的意味着在一定区域范围内所能够达到的"最美（好）"的期限状态。

取时刻 t 的当前状态为 A_t，经过 M 变换以后，转化成为 A_{t+1}，此过程可以简单地记为：$A_t \xrightarrow{M} A_{t+1}$。此时，由于 M 在于促使生命体达到"更好"的变换，那么，所得到的新的状态 A_{t+1}，就应该是比 A_t 更好的状态。说这是人的一种理想假定也好，或者说这是人的一种期盼也好，的确，这仅仅只是人的一种潜在性假设。但正是由于存在这种 M 的稳定性力量，并且经过 M 的作用人能够得到更好的模式，在以这种结果为基础时，人们能够再一次地表现 M 的力量，以便得到"好上加好"的结果。随着人们对 M 力量的独立与特化，人们赋予了 M 以更多的行为模式的意义。M 的表现就会更加普遍。

在我们直接表达这种起共性力量的 M 力时，人们已经认识到，与追求有关的模式与特征都具有了"更加美好"的目的意味。将 M 独立特化出来，我们就能够在更大程度上表达对美的努力追求的力量。M 作为一种过程性特征，在将其独立特化出来时，更是具有了状态性的模式特征。

与人的追求有关的 M 的力量展示，在状态上使对美的追求也成为一种独立的模式。把表征 M 的力量作为对目的追求的一个重要方面，使人们认识到，真正地由一个状态向另一个状态变换，使与 M 力的作用相关的另一个状态比前一个状态更能够给人们带来"更好的生活"。虽然有可能人们还不知道这种"更好"所具有的准确性意义，但人们却总是按照这种"更好"的标准来判定事物意义。

第一，会选择构建一个可以优（美）化的特征指标，在该指标的指导下，通过差异构建的方式不断地选择，从而将特征指标变化的某个状态作为一定的行动方向的目的。

第二，基于某个标准，运用 M 力而构建一个变化的方向。这个方向往往会被生命的进化选择，并在被选择的基础上，通过进一步地表达生命的力量而进行强化。但在人的意识作用下，则会形成优化方向的变异与发散扩展，通过与进化方向构建紧密的联系，而使其具有进化目的方向的控制性意义。

第三，在变化方向上运用 M 构建形成有别于当前的状态。差异化构建取决于生命活性的自然表达，在此过程中，会由于非线性涨落而在一定程度上超出稳定协调的区域，从而形成具有足够大的变异性的"步伐"跨度并以此形成新的目的。与此同时，人会在意识的强势作用下，使这一过程更加顺畅自如地表达出来，同时还会表达出出人意料的跨度。

第四，新的状态与原来稳定协调状态之间会通过差异而满足生命活性对差异作用的要求。表达这种差异，足以通过该活性本征而引导人进入美的状态，人便会将目的作为美的追求方向和目标。

第五，明确目的所标定的局部特征，明确目的状态与先前状态之间存在哪些相同（相似的）局部特征、存在哪些不同的局部特征，在哪些局部特征上表现为质的不同，在哪些局部特征上又表现为量的不同。意味着会使我们明确哪些方面是已知的、哪些方面是未知的、哪些是我们有兴趣的模式，或者说引导我们明确在哪些方面做出追求的努力。

第六，持续性地在更多局部特征上寻找、构建更多与目的相同（相似）的局部特征；建立当前状态与目的状态之间在局部特征上具有更高可信度的局部特征的关系；或者通过概括抽象在更高层次建立一个抽象程度更强的概念，将当前状态与目的状态"有效覆盖"其中等，将使我们有更强的掌控的感受和把握的力度。

将 M 力量与某种因素有机结合，会引起心理在这个因素上的变化与扩展。通过选择某一个扩展的方向而做出符合人的好奇心要求的适当扩展，能够构建出具有该特征因素的目的。当然，当我们有意识地做出基于某种因素的极度扩展的心理时，能够有效地突破好奇心的限制，形成基于该因素的整体性的目的意义。尤其会以美的特征为基础而形成向更美的整体性转化的目的心理。

人们在没有认识到目的是人在内心运用扩展性的力量主动构建出来的过程特征时，往往把它作为一种客观的存在。由于表现出了 M 的力量，目的就具有了更强的美的成分的意义，人们也因此认为目的状态是比当前状态"更好"的状态，或者说只要处于目的所描述的状态，就会比当前状态更好。

目的在一定程度上反映了人的期望、需要等特征。目的与当前状态的差距处于适当"区间"时，便可以产生更大的驱动性力量。将目的作为一个因素来考虑，能够使我们研究问题的因素、角度和方法更加完善，使我们所考虑的情况更多，使方法的确定性更强，因此，也就更容易得到更好的结果。

三 美的合目的性

除开道德价值判断，人们所构建的所有目的都具有美的特征，都是按照美的期望而构建出来的期待与追求有机结合的统一体。在经过其目的、结果，以及达到目的的手段对于社会（他人）的影响评价后，一般情况下，人们会赋予目的以相应的道德价值判断，并对目的的道德观做出评价。目的虽然是人主观构建的，但对于当前者来讲，如果目的可能已经由他人提出来了，那么人们就会认为其已经是客观存在，人们当前所考虑的仅仅是通过何种方法、手段、采取最优的方法达到目的。

在人们带着美的心态去认识客观事物的过程中，存在着为了美而研究事物的运动变化特征与动力的情况，也就是将达到美作为一个基本的目的因素。与此同时，还存在着在以某个特征为基础而形成某个目标的情况，人会将这个目标作为一项活动的目的，为了达成这个目的，将达到该特征的新的情况作为一种基本的动力或促使事物运动与变化的基本因素。前一种被称为直接目的，而后一种则可以被称为间接目的。由间接目的向直接目的转化，是需要一定的中间步骤的。

构建目的的过程已经表征了美的力量，通过发散、扩张，并在诸多可能性中加以选择，有可能会形成由直接目的向间接目的的转化的延伸扩展过程。只要完成了扩展，就会将这种间接目的直接转化为直接目的并使之成为人们所追求的目标。当人们构建出了目标以后，便可以向着目标前进。而在向目标"转换（化）"的过程中，也会表现出典型的美的力量。"目标是对于你努力想在世界上做出的贡献的确切描述"[1]。

从本质上讲，是通过生命的意识扩张而形成了合目的。它表征了生命活性的有机协调：先是发散、扩张构建，然后表征收敛、稳定，向这种状态步步逼近。形成目的是扩张的力量在起作用，而"合目的"就是以目的为稳定状态向目的转化（移）。在将目的独立特化出来以后，又会依据生命活性的发散性力量，对目的进行独立特化基础上的进一步扩张。从本质上讲，这就是人的活性中收敛、掌控的因素在起作用。通过活性扩张，一般会形成超出协调需要的新的状态，这种新的状态与当前稳定的状态联系在一起，会以很大的差异性关系对生命状态形成刺激。出于生命活性的收敛性力量，必然进化出对掌控的认识并表达掌控所展现出来的力量，也就是在人的意识中面对超出了协调性关系的差异性刺激，形成能够掌控（能够有效地达到稳定区域）的力量，甚至更进一步地，在人仅仅看到具有达到稳定区域的趋势和某些力量时，就会认识到对这种差异性的状态已经形成了一定程度的掌控。

人们试图将目的作为一种客观的存在（这种认识是不恰当的，但当他人已经构建出了），将人的相关活动归结为"合目的性"，将理性凌驾于客观实际之上，并没有真正地认识到目的的形成及其意义。

之所以说这样的目标（具有美的意义的目标）是人们愿意达到、愿意追求的目标，从根本上讲，是因为这样的目标与目的的美的特征相一

---

[1]　［美］史班斯：《那些有理想的人》，申志兵译，中信出版社2009年版，第20页。

致。人就是按照美的目标、具体表达 M 的力量等构建目的的。所谓的合目的性，就是在假设：美的目的已经客观地存在，人们按照目的所标注的特征去改造我们的世界。而在目标的构建过程中，就已经明确地表征着美的力量，内在地，人会依据美的力量——M 力量而不断地构建比当前状态更加美好的新的状态。将目的独立特化出来，作为一个稳定而独特的特征来构建和追求。在人们认识到目的所具有的客观性特征时，便会将目的当作一种客观存在。由于目的天性地具有优化、美化的意义，表征对目的的追求，就意味着不断地表征 M 的力量。既然表征了 M 的力量，就意味着在某一个过程中表现出了美的相关特征，此时的活动便因此而与美建立起了稳定联系。

四　意识对合目的的放大与选择

那么，在其他动物身上是否会表现出这种具有目的性的特征？虽然其他动物表现出了典型的心智活动，但在其他动物身上却不能表现出典型的合目的性的行为。从这个角度来讲，也就意味着虽然动物能够表达出生命本能的 M 的力量，却不能成为指导其产生相关活动的突出的活动。因此，目的的形成与其所形成的牵引性的力量是与人强大的意识分离不开的。具有强大信息加工、联想能力且具有灵活性更强的大脑，在面对客观事物时，总是积极主动地运用其能够大量加工信息的能力，运用意识的力量展开下列工作：

一是通过局部特征激发大量的相关性信息；

二是将各种局部特征汇聚在一起自行组织一定的意义；

三是在诸多可能的意义中剔除与当前事物只有很少联系的意义，留下很少几个具有更多相关性的意义；

四是激发 M 的力量（也可能 M 的力量在构建意义的过程中同时发挥作用），形成能够满足一定要求的、更多地表征 M 力量的新的意义；

五是结合自身的情况构建基本上能够达到的目标；

六是指导各效应器官准备及形成相应的动作。

与其他动物相比，人的意识会对美的合目的性产生更大的作用。在此过程中，我们特别强调意识的力量。人的意识天然地以其特有的模式形成对相关过程足够大的目的性影响。目的会作为一种限制的因素赋予大脑所展开的各种想象过程以一定的确定性：与目的相关。与非意识性状态相比，在意识中尤其是能够在不受外界信息作用时，即可以进行长时间的信息转换和信息加工，不断地将差异性信息表征展示出来，并通过这种差异内在地刺激大脑进行新的信息加工。在此过程中，如果表现出目的的意义，就是在引导人在意识中只是使与目的相关的信息处于兴奋状态。这也就意味着，表征不同信息之间的差异只是其中的一个方面，更为重要的在于，将这种差异通过大脑内部神经系统的反馈作用刺激人的意识空间产生新的变换。从其本质上来看，这就表现出了"自我"对"自我"的作用，并促使自我在变革的过程中，不断地更新和优化。

（一）通过意识将诸多特征转化成为对美追求的核心特征

诸如收敛、发散等诸多模式虽然可以自主性地表现，但通过意识中基于目的的反思（反馈）强化，通过差异化的比较与联系，人会将通过活性本征表现而得到的各种目的性意义的稳定性联系更加突出地表现出来。

（二）将其他的特征作为与"追求"相一致的特征

在意识中，可以更加自如地将相关的特征都作为美的目标来追求，通过表现 M 的力量，形成美的判断指标。还能够围绕进入与环境的稳定协调状态——美的状态，将各种信息与这种美的状态建立起稳定的联系，将更美作为各种行为所要达到的一种目的。

（三）通过意识将诸多特征与美的状态等建立联系

在意识中，只要使与美相关的模式处于兴奋状态，大脑神经系统就可以利用其独特的兴奋传递性，使与之存在局部联系的信息模式也处于兴奋状态，并进一步地通过自组织形成相互稳定的意义整体。在此过程中，目的信息能够成为一种使其他的信息处于兴奋状态的激励性信息，也可以在众多不同的信息激活中发挥选择性的作用：将与目的相关的信息保留下来，将与目的无关的信息剔除掉。

（四）使诸多美的指标成为具有自主性的控制指标，使其可以独立地发挥作用

诸多与美相关的模式的稳定性，保证了众多美的元素在意识中的目

的力量的作用下，能够以较大的可能性将与目的性相关联的美的元素自主地涌现在任何一个心智活动中。意识中在目的控制下的信息的易兴奋、自主、广泛联系、自组织，会使得与美的目的相关的诸多模式能够更加便利地成为具有自主性的控制性指标。

（五）通过意识放大了成为美的指标的相关特征

运用与美的状态相关模式的自主性，尤其使人们能够自然地发挥 M 的力量，使某个目的特征能够转化成为美的价值的判断指标。随着这种特征的进一步强化，以及在各种美的活动中发挥作用，这种特征会成为一种艺术创作的追求目标。

在人意识中的目的引导下，能够更加突出而集中地表现生命的活性力量：更加稳定、联系更广；能够激发人更多的目的意向性心理（具有更强的扩展性心理），能够基于目的使迭代过程反复进行。因为差异的存在，这种迭代过程的反复进行，保证着人的大脑始终会围绕目的而处于兴奋状态。在这里，所谓能够"带来更大美感"的意义就是：激发出更强的审美感受。此时的审美感受由共振兴奋、联想激活、想象过程构成，在心智层面形成更加广泛而自由的差异化过程的同时，使生命体展开比较、判断及优化选择的过程模式表现得更为突出，并通过由联想和想象所构建出来的意义与人的情感反应系统建立起更多、更加稳定的联系。同时，这种意义上的更强的美感还在于促使人的好奇心发挥作用，以维持与此相关的心理过程更长时间的进行。

在意识中，为什么要强调自组织与美的这种相关性？机体内的诸多不适，就是不协调状态的直接感受。促使机体由不协调到协调，意味着达到了美的状态。当我们将目的性信息赋予其中时，由于总是在不断地表达这种目的性的特征，也就更容易引导人进入美的状态之中。当相关的过程与目的性特征建立起关系时，这种美的状态也就具有了目的性的意味。从生命活性的角度来看，在一定程度上表现出不协调，也是生命活性自然表达的状态，这本身就因表达生命活性本征中的发散性力量而表达出了生命的意义。只要与这种状态相协调，就可以促使人从局部模式的角度进入美的状态，也能够使人通过建立与各种信息的关系，更加恰当而准确地将这种美的感受表达出来，在各种表达模式中选择最恰当的表达模式并加以练习，就能够准确地表达想要表达的。

在此过程中，各个要素之间内在的逻辑关系可以作为引导其构建完整模式的指导模式，也就能够起到足够的协调性的力量。而在人们有意识地改变这种关系时，将会出现艺术风格的创新与变革。在美的状态与模式中，必须存在一定量的稳定性模式，并以这些稳定的模式为基础展开变异、延伸和扩展。这种稳定的心理模式，或者说那些在人的内心具有一定熟悉程度的关系模式、稳定意义，就成为流派的标志。而目的也一定是这众多指导模式中的一个。当人们习惯于娴熟地运用一种方法将自己的感受表达出来时，便可以创造出世界级的著名作品。

先是使自己进入美的状态，将美的状态构建出来、将与美的状态相关的活性本征模式稳定地构建出来，通过升华将其概括抽象为美感（通过联想、想象性的构建而将"完形"显现出来，并反过来通过与情感系统建立联系，将信息、情感综合表现，构成一个复合的反应整体），将这种感受进一步地提炼（在生命活性与意识活性的有力促进下，在人的主观意愿的主动控制、扩展、联想、想象构建的基础上，将更多层次的美感模式激发，组成一个有机整体）、固化，使之成为可以被人独立认可的表达美的外在形式。建立其内心生成的美的感受与某种客观意义的对应关系，在诸多可能的对应结构中优化选择出最佳的对应关系，就可以将这种美通过某种方式表达出来（通过意识表征，通过情感表征，通过各种特征表征），这便是审美经验。在诸多表达模式中选择最恰当的表达方式（文字、语言、绘画、音乐、雕塑等），娴熟而准确地将这种对应关系表达出来。

人们还会通过学习、比较确定艺术作品是否是新颖的，在他人已经创作出相类似的作品时，进一步地比较自己想创作出来的作品的新颖程度。在不及他人已经创作出来的作品"美"时，会从主观上基于差异化构建而创作出与之有很大不同的艺术形式。新的流派、新的风格将表现更强的差异性、新奇性以激发人生命活性中的发散性本能模式。因此，在具有固定风格（或者说人们已经熟悉的风格）的基础上，构建新奇的表达模式，并基于新颖而构建最优的表达模式，成为艺术家努力追求的方向。康定斯基尽可能地从其所熟悉的艺术作品中，体会到与众不同的美的模式，并尽可能地表达这种美感。①

第四节 追求与美

动机是将生命活性中发散性力量独立特化，使其具有自主意识，并产生某种差异化状态的习惯性描述。期望使人产生趋向性的行为，因此，期望便成为使人产生相关行为的基本动机。动机驱动着人运用生命的活性恰当表达并产生相应的行动。生命的活性本征表达出了对美追求的力量。美也以这种追求的力量作为其关键性特征。

对美追求的过程，就是向美逐次逼近的过程。我们所述的"先通过异变构建得出一个新的模式，然后再完美"，或者先选定某个模式为基础，再运用差异构建的方法构建出基于当前模式的众多具有差异化的模式，然后通过比较的方式从中选择出满足某项指标判断的最优的个体模式。

追求是在大脑中首先构建出一种目标模式，以这种目标模式所指明的局部特征为指导促使人越来越多地表现出与心理模式相同（相似）的行为、达到与目标相一致的状态和过程。在这个过程进行中，要把"追求"作为一个独立的心理模式单独地发挥作用。以自己的行为在更大程度上、更多的局部环节中达到其要求为目标，一步一步地使人们的行为表现出这种程度更高的相同与相似性特征。

当人们构建出了一定的目的后，为了达成相应的目的，便会采取一种行动。人们会为了某种目的而产生符合目的要求的恰当行为，力图在更大程度上"合目的"。达到目的的过程会明确地表现出由不协调达到协调的过程，并由此而使人感受到美。人追求稳定、追求掌控的力量越大，追求合目的的行为就会表现得愈强烈。从选择对生物个体有利有害的角度，已经在促使人向目的性不断地前进。

---

① ［俄］瓦·康定斯基：《论艺术的精神》，查立译，中国社会科学出版社 1983 年版，第 20 页。

　　如果人们认识到达到目的状态能够使人处于更加有利的地位，使人少受到伤害性作用，就能够更大限度地表现自己的能力去创造一个更加美好的世界，人们对目的的追求力量将更加强大。在这个过程中，人会在一个更大的范围内构建对人有利有害的价值判断，并以此为基础建立更加广泛的联系，基于优化形成更高层次的概括抽象。自然，在这种力量组成中，占重要地位的自然是 M 的力量作用与优化选择。M 既形成了表达人对美的追求的目的，同时又表征了人达到目的的力量。

　　构建境界更高的目的。这是以更高的境界来表征 M 力量作用结果的具体过程。通过这一系列的变换，人们会关注形成两种状态之间转换的过程与模式，并将这种过程独立固化出来，使之成为一个稳定的模式特征。人会表达 M 而更好地（快捷、效率更高、更节约资源等）达到目的。即便是保证结果不变，但却使达到这种结果的时间变短，也就意味着更强地表达了 M 的力量，沿着某个方向形成了更加迅捷的变换的过程模式。持续性地表现 M 的力量，就会形成与当前差距越来越大的新的状态，有可能基于当前的目的而达到更高（与当前状态距离更大的）的目的。目的能够引导人为了达到这种目的而表现出更大的 M 的力量、付出更多的努力。有些目的的表征主要表现在启发表达 M 的力量上，而且直接隐含美的意义。在形成目的的前提下直接表达人稳定、收敛的本能力量，因此，向着目标进发，也就意味着在人追求稳定、追求掌控的力量作用下，更多地表达 M 的力量，在所构建的与目的相符的诸多信息模式中，构建选择出能够与目的状态存在更多的局部特征的相同与相似的模式。

　　保持目的的稳定性，意味着在人的生命基础上的活性构建，使人能够在更多的稳定性特征的基础上，构建与之相协调的扩张性、未知性、多样性和新奇性特征，在表达人的创造力的基础上，形成更高层次的概括与抽象。这就意味着，人会将那未知的美的模式也试图概括进来，形成具有求知性目的特征的美的意味。这是在更高层次上的概括抽象和目的性追求。此时，会将那些仅与目的具有某种更小的局部联系、抽象意义上的局部联系的信息一同置于概括抽象的基础集合中，形成基于创造力而追求未知目的的足够的掌控。

　　稳定地表达目的，就会在生命活性协调的基础上激发出向目的转化的力量，驱使人形成一种稳定的力量模式，并将这种力量具体地表达出来。或者说，将其作为建立不同信息之间关系的中间联系模式，将那些与该模式有关的信息激活，促使人根据这些被激活的信息与目的状态之间的联系，将那些能够更多、更强地与目的建立起联系的信息、意义突显出来；并使人进一步地扩展这种联系的视野，使人能够在更大的范围内，联想激活更多的信息，以便保证人能够在更加多样的选择中探索构建更大程度、更加本质地合目的性。这种力量取决于人的掌控欲望（更深入地讲是生命活性中的收敛的力量），取决于目的状态与当前状态之间的距离（距离越大，则刺激越大。而收敛力量越强，掌控欲望就越强。两者共同作用，形成了一个复杂的动力学过程），也取决于目的所包含的信息的性质和意义。

目的具有类的扩展性。也就是说，从概念的角度直接扩展，促使人从更抽象的角度来描述这个方面的意义和特征，并将这种扩展性作为一个稳定的特征，同时赋予其新的目的，使人认识到这种与目的的扩展同时表现的过程特征与结果性状态特征。

"追求美"、表征美，这本身就是一种目的。人是通过表达美而表现出对美的目的性追求，以及表现人的生命活性的。通过表达人的生命活性的力量，将美的特征突显出来，将对美的追求的力量模式突显出来，将人所形成的期望性特征突显出来等。

一　从本能理解对美的追求

（一）资源有限性的限制

第一，这里的资源有限是指即使人有着更为强大的意识，可以构建出近乎无限大的自由空间，它毕竟还是在有限的神经系统的基础上展开各种活动的，其形成的意义及对这些意义形成的有效表征也必然是有限的。

第二，在心理进行的、可以是无限的活动中，总会形成一种稳定的模式，作用于生命体内的其他效应器官，这也就意味着多种心理模式只对应于很少的几种效应模式。这种稳定的对应关系作为一种稳定的模式再次作用到人的大脑中时，就会形成一种稳定的指导模式，而人在这种稳定的指导模式的作用下，自然会形成相应的过程。

资源的有限性限制了人们不能够达到"最美"，而只能通过有限的资源而一次次地表达更美，向着最美不断地转化。

（二）收敛性力量的作用

第一，生命本能中的收敛性的变换，持续地驱动着人对不同模式展开判断与选择，要么保留，要么抛弃。哪些模式被舍弃，除了自然地根据模式兴奋度的高低来选择以外，在某些特征控制下的 M 力量的判断，也是其中的一个重要过程。这将必然地形成优化的力量模式。而表达优化模式，本身就是在表达对美的追求。

第二，随着记忆与遗忘过程的持续进行，那些可能度低的模式会被遗忘，或者说再次被激活的可能性会较低。自然，该模式与其他模式相互关联的可能度较低，受到自然选择的特征控制下的 M 力的作用也就变得较低。

（三）竞争对追求美的模式的强化

生物的长期进化已经形成了彼此竞争的模式，尤其是在表达由此种模式力量使生物个体具有较高的竞争优势时，随着该个体优势基因的不断被遗传，该模式的力量将会随着这种竞争胜利所得到的收获性奖励而逐步加强。虽然每一次加强的幅度并不是特别明显，但在千百万年的进化过程中，经过遗传性的选择强化，其力量的强度还是不可忽视的。

注意，我们这里所研究的是人在多种模式并存时，在表现优化性选择的过程中，收敛性的力量所发挥的作用。在进化、优化、选择力量的作用下，那些强的方面会被加强，弱的方面自然会遭到淘汰。随着进化的长时间进行，这种稳定地反映优势模式的基因会被传递、保留下来，并通过后代进一步的活性本征表现而得到强化，从而成为决定其竞争力不断提升的优势基因。

生物进化论对此的解释是"优胜劣汰"。霍兰德将达尔文的生物进化论简化、抽象为三个基本的变换：交叉、变异、比较判断。强化依据标准、通过比较判断过程进行优化选择。在遗传算法中，可以选择任何的标准进行判断选择，也由此赋予任何特征以进化标准的意义。只要这些特征对于个体优势的选择具有作用，就会被进化过程所选择并强化。而在人的意识抽象扩展中，可以赋予任何抽象性特征以标准性意义，以这些特征作为判别选择的标准，即可以取得不同的信息加工优势。但是否为广大群众所接受，就需要经过民众在具体的判断过程中的具体选择了。

（四）依据情感表现对美的更加强大的追求

我们需要解释：生物体在复杂的环境作用下，不只选择追求快乐，而是以众多情感作为追求的基本载体，使人能够体会到足够的处于情感表现的美的状态之中的特殊感受。生命体在与环境达成稳定协调之前的状态和过程中，都将利用情感模式的表现而对稳定协调状态的形成与维持产生足够的影响力。

其一，"由不协调达到协调"作为一种稳定的模式，表现在生命的每一步进化过程中，这种模式能够表现出较高的可能度和稳定性，因此，便会在生命进化的诸多过程中稳定地表现出来。

其二，人是需要通过不断的外界刺激的作用而保持生命活性的，此时，情感模式会得到自然表达。表现人的差异化的模式，接受差异性信息的刺激（无论是内外），是一种维持并表现生命活性的基本模式。基于此而更进一步地表现生命活性的结果，有可能会形成对该差异作用更大的差异化、更大差异化的需要，以及由此所表现出来的对接受这种差异化作用的满足。表现"活性"中发散的力量模式，意味着在相关特征上与生命的活性本征相协调。如果在某一个过程中，该协调的力量通过美的状态中的情感模式加以表达，足以使人体会到由不协调达到协调的过程，就有可能通过该模式的稳定性激发而将其他的活性本征模式有效地激活，使人明确地产生更加强烈的美的感受。

其三，人会通过表达生命活性中掌控的力量而获得美感。在众多的活动中，更多地体现出由不协调到协调、由不稳定到稳定、由不知到已知，这些过程都可以被认为是表达出了由不掌控到掌控的过程。从一定意义上讲，只有稳定的生命体，才能将其活性本征的力量表达出来。那么，通过追求更高的掌控力量而达到稳定协调，就成为生命体潜在的努力追求的目标。这种模式作为生命活性的本征力量，与之相协调就意味着达成了共振相干。在稳定协调状态下的愉悦性情感，也就成为必不可少的中间刺激性桥梁。这种过程的经常性进行（几乎与整体活动相伴随，或者说过程进行的结果总是体现了这种过程），就会对相关的由"不协调达到协调"产生有效作用，也就会通过对快乐的追求而不断地强化这种过程，激发与该过程相关的模式产生（由此而形成间接审美）。

表现扩展、发散的基本模式引导掌控能力不断地得到扩展增强，这是生命的本能。表现这种本能，或者使这种本能得到进一步地增强，表现出对这种力量表现和增强的期望，以及满足这种期望的需要，便成为表现生命本能的基本过程。

其四，由于竞争所形成的生物性本能，促使其在相应的方向上不断地强化。生物群体的扩张选择性，通过形成稳定的反馈过程，进一步地强化这种竞争与扩张，再进一步地通过效果的反馈而加以选择。在此过程中，由于情感模式的差异兴奋作用而使这种强化过程得以稳定地进行。

在人的进化发展历史上，当认识到由不协调到协调可以形成一种力量的作用时，便会进一步地将其独立特化，通过构建各种过程表现该模式的具体例证，在其他过程中表现出该模式的引导控制作用。一方面使其在社会层面得到扩展增强；另一方面会运用社会对所表征的生命活性进行发散、延伸、扩展的价值判断与选择，使其表现具有更强的力量和更大的范围。与此相对应地，相反的过程模式也就具有了美的意义。这也就意味着，在可以选择任何活性本征作为艺术表达主题的后现代艺术中，选择由协调达到不协调的模式，表达与之紧密联系的情感，基于此而构建出表层的意义关系，也是一种创新的基本途径。

其五，不断地增加与快乐模式相关的环节，是维持审美更加精细化的一种必然，或者说能够进一步地强化审美的完整性、精细化。由差异化更大的不协调状态向协调状态转化时，可以产生更加强烈的快乐感受。由于快乐起着对这种模式的强化作用，无论是以发散模式为基础而展开更强的收敛，还是基于活性本征而展开发散，都将在收敛与发散有机协调的基础上，通过与外界环境作用时的生存选择，使其表现出更强的竞争力。由不协调达到协调会产生快乐，那么，在协调基础上不断的扩展性增强，就与人们更强地追求快乐建立起了有机联系。在这里，"美"的模式可以表达出很多情感，但幽默与喜剧则更加强调表达快乐的情感，因此，人们更愿意与追求快乐的本能相联系而追求幽默、体验快乐。

其六，当美感被生命基质激活以后，大脑皮层中广泛活跃的联想、想象与美感相伴并成为美感深化、延续的一个重要原因。人的生命意识越往深越复杂，美——生命之活力的表达——也越往深越激烈、越丰富、越神秘，对它的反向压力造成的心理张力也越紧张、越沉重、越强烈。这时的主体与审美对象在活性本征兴奋状态上达成和谐共舞，达到人的本心与宇宙本源的相通，这才是"与天和者，谓之天乐"（《庄子·天道第十三》）之大道。人可以没有一切，但绝不能没有生命活力的表达——美的招引。生命体就是在恰当地表达生命活性本征的过程和优化构建中得以进化和生存的。没有了这种稳定协调的美的状态，便没有了生命的生机和动力。

二　对期望与满足的追求

追求是一种过程，追求体现着人的生命本能中收敛与发散的有机结合。因此，追求会在更高的层面转化为生命活性本征的自然表现。虽然我们会在一定目标的指引下，表达出确定性的"有目标的追求"，但生命活性的无意识表现，会使我们表达出："无目标的追求"——只是表达追求，但至于追求什么，通过追求期望达到一个什么程度则是不确定的。

追求包含着建立不同信息状态之间必然的逻辑关系的意义过程。当两个信息模式之间建立起这种确定性的逻辑关系以后，就意味着我们必然能够由一个信息的兴奋使另一个信息也处于兴奋状态，这就相当于我们在一个信息模式兴奋时，能够以较大的可能性把握另一个信息的兴奋。那么，追求的过程便是：在众多可能的关系中，优化、选择、构建信息之间的确定性的逻辑关系。

追求是建立期望并使期望得到满足的综合表现。期望的存在吸引着人产生持续性地追求，涉及追求，自然会表现出 M 的力量。此时，期望与 M 就直接建立起稳定的对应关系。这也就意味着，基于某个当前状态而表达 M 力时，自然会形成差异。这种差异在人的心智反映时，即表达为期望。与此同时，当人们表达期望时，就已经表达出了 M 的力量，故此时表达了期望的艺术品也就表达了美。

所谓追求，是指减少不同、并使共性局部特征越来越多、不同特征之间逻辑性的表达越来越强的行为模式。追求意味着从不确定性出发向更高的确定性转换的过程；追求还意味着由较低的美的程度向较高的美的程度转化的过程。追求的三个方面的意义：

第一，在通过联想所激发的诸多信息中，只选择与期望所对应的局部特征相符、能够建立起更多确定性（逻辑性）关系的诸多模式；

第二，在构建中，先构建诸多可能模式，再选择与之具有更多相同或相似的局部特征的完整模式；

第三，在行动上，构建出越来越多的与期望所对应的局部特征（环节、关系、局部模式）相同（相似）的行为。我们需要表达人追求的态度（趋势）、展示追求的过程、达到追求的程度，由此而表达出人对更强（更快、更有效……）追求的心理倾向。

三　追求与求同

（一）共性因素是满足人的生命本性中的收敛与扩张之间的关系特征

当我们从心理表征的角度来描述这个问题时，可以更加便利自如地表现出这种追求的期望、过程和结果。艺术品则在更大程度上使这些得到更加充分地展示。

1. 从艺术品与理想之间的距离看

具体的艺术品总是以有限的艺术元素表达理想中对"完美"的无限逼近。这其中就包含着人们恰当地表达生命活性中发散、扩展的力量模式。对完美的无限追求，将使这种力量表现得更加强大。但由于人的能力是有限的，这将使无限的美转化成为若干有限的美的元素的兴奋并通过相互作用而组成有限的意义。

2. 从艺术家的作品与自己的作品之间的距离看

在欣赏者认识到自己与艺术家的种种差异时，人们会在自己某种愿望的驱使下，不断地从各个方面拉近与他们的距离，从创作主题，到创作手法；从基本技能，到思维模式等，无一不在学习，无一不在跟随，因此，无时不在趋同。由于不同的个体存在更多的差异，因此，此时的重点就在于追求更多局部特征上的相同与相似，并由此形成更大程度上的和谐共振。但这决不意味着完全的同一。因为生命活性本征中还需要表达差异化构建的模式。表达这种模式，就必然会构建出种种的差异。而这又会进一步地促进对相同性特征的追求。

3. 从形成共性相干的程度看

从较少的局部特征的相同（相似），到达成和谐共振，再到更多局部特征上的和谐共振，表达着追求的过程。在同一个状态中排除差异性模式，而使相同性模式的兴奋程度更高、地位更加重要，也意味着追求。即使不从局部特征相同（相似）的角度，只是从建立起局部特征之间可信度更高、确定程度更高的关系的角度来看，也可以通过两者所建立起来的局部特征中包含更多更可靠的关系而表达出追求的力量。

4. 从满足人的生命本性的程度看

通过信息的结构，可以构成意义与人的生命活性在各个层面的有机协调。也就是说，通过人的意识层面的展现，能够在更大程度上表现出与人的本心的和谐共鸣。这其中包括由意识所直接表达出来的生命的活性本征，还包括生命本能直接映射到信息层面所展现生成（稳定的与变化的、收敛的与发散的等）的意识层面的独立本能模式。克罗齐之所以强调直觉，更大程度上就是为了描述这种与生命的本能同构（相符合）的意识表征状态。使这种层面的意识模式处于兴奋状态，能够与人的活性本征在各个层次同时得到和谐共鸣。

5. 从表征人的期望的角度看

在有效地使人的期望模式、使期望得到满足的模式、形成更大期望的基本模式处于足够的兴奋状态，恰当地与人的期望形成共性相干的同时，通过期望模式所能联系的局部特征的角度达成和谐共振，建立两者之间具有更强逻辑性的关系，将会使人更强地体会到追求期望的过程和力量。即使是从这个角度表达出追求的力量，也足以使人通过追求共性的力量而使其他的具体模式也处于高兴奋状态。

6. 表征艺术家的心理构建

艺术家创作追求的是其内心所思所想、所感受的情感，与诸多心理元素更紧密地结合在一起的期望作为其中美的状态的核心元素，成为艺术家所表达的重要内容。期望会更多地驱动效果的判断与选择，因此，基于效果的判断往往会被生命的活性尤其是人的意识放大，从而与更多的功利性要求相伴。但艺术家在进行艺术创作时，需要花费更大的精力避免受到功利性影响，在不带功利性地表达基于生命的活性本征的美的状态，不考虑其他因素影响的意义的情况下，纯粹而独立地表达生命体与环境达成稳定协调时的生命的活性本征。

7. 表征欣赏者的心理构建

在表达对期望的追求过程中，还涉及欣赏者对艺术家所表达的美的状态的体验与追求。生活于意义的世界中，保证着欣赏者在观看艺术品时，也总是要将其所表达的意义构建出来。欣赏者在这些艺术符号的指引下，构建出了相应的意义、情感和感受，当欣赏者能够在相关的方面达成与创作者的和谐共振时，就能够基于创作者内心稳定的美的状态，通过具体的艺术表态将其欣赏性地表达出来。艺术品如何与欣赏者内心美的状态相符合，涉及欣赏者平时的审美习惯、在欣赏者中能激发出来的美的状态、欣赏者在受到艺术作品刺激时的心理构建等。欣赏者与艺术家在这些方面是否和谐共振，将直接影响到欣赏者对艺术家所表达的美的追求效果。

（二）追求与 M 力

追求的过程与模式表现出了生命的态度、成长的力量、优化的力量和美化的力量。向往、追求，由于与 M 建立起了更加稳固的关系，从而成为一个被人独立追求的主题，被当作具有确定意义的目标来追求。

M 力直接表达着生命活性的力量。在各种信息的影响下，在人形成的越来越复杂的反应中，会使其他模式以较高的程度兴奋，因此，作为人的生命本能的 M 力量就被放到了不重要的从属性地位，由于受到各种当前信息的干扰与影响，犹如被放到充满杂物的角落。这需要人们具有足够的定力和明亮的慧眼，更加主动地将其表达出来。越是表达 M 的力量，就越能够使人更加明确地认识到追求的过程和力量。在这里，我们需要突出由 M 力形成追求的过程特征。在追求过程中，M 具有以下意义：

第一，通过表现过程代替状态性结果。

第二，通过差异化构建，表达并存比较的状态。

第三，表现出异变寻优。在差异化构建的基础上，构建出一个在量值上比较大小的标准，根据不同的差异化模式在该标准度量下的量值，持续性地选择使该标准增大（减小）的模式。

第四，以期望代替现实。将人们基于现实、运用扩展所得到的想象性信息当作实际存在，并将其转化成为具体的活动和实际的客观事物。

第五，以追求的过程代替追求极限所达到的状态。

第六，引导人持续性地追求相对最完美的形态，并维持这种过程的不断进行。

第七，在追求中表达 M 力，代表着一种虚幻的意义、意向，只是人们在潜意识中假设一定会存在这种终极状态。

由此，表达 M 力意味着在一定程度上寻找与期望（需要）和期望（需要）更多相同（相似）的局部特征，以使期望得到满足。"只要想成为艺术家的人所努力追求的美的理想存在，有无成就是无关紧要的"。这就指出，艺术家只要在内心存在并表现出对美追求的 M 的力量，就有更大的可能性创造出美的艺术品。即使没有在创作艺术品，也会在其他的领域有所表现。[①]

在表达 M 力的过程中，虽然人们不知道在表达了 M 力后将要达到一种什么状态，但人们却知道或者相信它一定是一种比当前"更好"的进一步的状态，这种状态意味着能够不断地排除缺点和不足，不断地将"更好"的局部信息加入进来，通过在各个局部特征之间不断形成更加协调的状态得以实现，努力使距离当下更远、更不容易达到的"更美"的状态。人们对此所做的未知性扩展会越来越大（更大程度上发挥 M 的力量），会使人在单独看待这种状态时，能够发现其中所包含的现实中的元素越来越少，越来越不被人们所理解；未知性和新奇性的特征越来越多，信息量越来越大，复杂程度越来越高，变化性的信息越来越多；人们对其理解越来越肤浅，同时也越来越困难。由此而构建出来的意义，更加具有多样性，人们会由此而增加对每一种意义存在的合理性和可能性的认识。但显然，这种状况将会与美的状态中的美的元素的相关越来越

---

① ［美］弗朗兹·博厄斯：《原始艺术》，金辉译，贵州人民出版社 2004 年版，第 2 页。

大，会使人越来越偏离美的状态。而这又是需要在表达 M 力的过程中优化把握的。

基于 M 力在美（美学）中的地位与作用，美实质上是人在改造世界、创造生活的实践中所取得的自由的感性的具体表现。人是一个完整的人，人有各个层次的需要满足的期望和对期望的追求，我们不能只关注其中一个方面、一个层次的需要而否定、排斥其他方面、层次的需要。也不能要求一件艺术品能够满足人的所有要求和满足所有人的要求。这一方面表明了艺术必须实施差异化构建，需要从整体上依据这种局部的（相对）最美而向极限的最美持续追求。我们能够将"日常生活审美化"作为人的审美需要的一个方面、一个层次，并在"日常生活审美化"的过程中，达到日常生活审美的极致化建设，并与其他方面、其他层次形成协调的整体审美。

四　追求与信仰

罗丹强调："假使没有宗教，我将感到发明宗教的需要。""真正的艺人其实是世间最有信仰的人。"[1] 虽然虚幻，但由于寄托了人的向往与本质性地表达了 M 的力量和优化的力量，人们也将这种虚幻作为真实性的存在而努力地坚持着，在充分肯定其意义的基础上，赋予其更加稳定的地位，保证着其在各种活动中能够有效地发挥作用，甚至将其作为一种信仰。

（一）信仰的意义

信仰："信"是相信，"仰"是仰望、崇尚、追求，是力图实现和达到那种境界的趋向。信仰的核心一方面是形成差异所表现的期望；另一方面是努力地去实现这个期望的目标。信仰是一种肯定的态度、意愿和心理倾向，信仰是一种基本的心理背景，信仰也是一种"观照"。

（二）信仰与期望

人们往往只将信仰看作"信"而忽略了其仰望的意义，由此便自然

---

[1]　［法］奥古斯都·罗丹口述、［法］葛塞尔记录：《罗丹艺术论》，傅雷译，中国青年出版社 2016 年版，第 192 页。

地将通过过程所达到的状态简单地理解为达到状态，那种达到状态的过程因为是变化的、模糊的、过程性的、麻烦的、不明确的，所以往往被人们自然地丢弃。

信仰是一种心理差异的具体表现，是当前与比当前更加美好的状态之间差异的体现。这种更加美好的期待要求人们努力地表现出这种期待所要求的行为模式，因此，信仰也就顺利地转化成为人遵守的基本规则和行为规范，信仰成为潜在地引导人朝着更加美好的方向前进的"明灯"。

（三）信仰与生命的活性本征

信仰在一定程度上被视为与生命活性中稳定性力量相对应的模式。表达生命活性的过程，就是在表达追求的过程。因此，追求信仰的过程，就是将信仰作为目标而表现 M 力的过程。但信仰的基础是差异化的构建。这种差异可以来源于外部（比如由他人已经构建出了相应的差异信仰），也可以来源于内部——自身表达生命活性本征中的差异化构建的力量而形成信仰。因此，信仰必定与生命的活性本征在更大程度上达成和谐共振。

（四）把追求与信仰作为独立的模式来强化

第一，把追求与信仰分别作为一个独立的模式；

第二，将 M 力作用到追求与信仰上，扩展追求与信仰；

第三，在表现 M 力的过程中强化生命的力量。

五　对美的追求

对美的追求就是使美的程度不断提升、使之更美，或者不断地增加美的局部特征、使美得到逐步完善的过程。在更大程度上可以看作向美的方向不断地表现 M 力和优化模式的过程。表达 M 力和优化，或者说在艺术品的创作过程中不断地追求 M 力及优化（更美、更恰当、更完善等），从表面上看似乎与我们习惯中已经在大脑中存在的"期盼"状态存在的"最美模式"的状态不相符合，但当人们持续不断地表达 M 的意义时，虽然人们看不到这种无限追求的结果，但人们却由此判定：存在这种极限状态，而且一定能够达到这种状态。

（一）追求与差异

形成差异是比较优化从而形成追求的前提。只有差异才能形成对另一种状态转化的力量——力图达到另一种状态的力量、趋势。只有差异，才能通过局部上的相同（相似）形成对追求的目标与方向的逐步求同。

（二）收敛的力量决定"追求力"的大小

生命活性中收敛的力量决定"追求力"的大小。根据发散与收敛的牵制性关系，在我们能够决定出发散力量大小的同时，根据这种牵制性联系，决定出收敛力的大小，并由此对发散扩展的力量提出限制。而在意识层面，我们则用另一套语言来描述：通过与目标所对应的局部泛集相同（相似）的程度（数量、比例）来探索构建收敛力量的大小。

（三）追求是生命活性在意识中的独立表现

生命体中收敛与发散两种模式有机结合，便会形成追求的过程。而当这种过程成为一种独立的心理模式时，便会在意识层面形成更加广泛的意义。这是一种构建出了与当前有所差异的模式时的态度、意向和趋势。是人联系其他过程时表现出来的一种趋势，也是人在构建出了与当前存在巨大差异和未知时，力图把握未知的一种趋势。虽然它以收敛的力量为核心，试图缩小当前与所构建出来的差异状态之间的距离，但却是在运用扩展的力量构建出了与当前有所差异的状态以后的后继过程。是人基于当前现状尽可能扩展后又经过强势收敛所形成的。

（四）自然界中的优胜劣汰在意识中的强化即形成对美的追求

生命进化的优化基本力量通过优胜劣汰而强化。在自然界中以优胜劣汰作为对美的追求的生物力量。此种力量模式也会通过竞争而得到进一步的强化。个体在相关特征方面表现出更强的力量，就是通过竞争而取得优势，也就会被选择成为下一步得到遗传的个体，其相关的优势基因就因为被选择，会在进一步地表达生命活性的过程中被不断强化。通过自然的方式选择某个竞争力强的指标，并对其后代加以选择，这个过程就是在不断地强化、优化，通过构建各种可能性，将最终能够达成目的的算法、模式、结果表征出来。这就相当于经过某些改进，进一步地促进这种选择与强化，提高竞争力量。这种通过某个特征标准的判断而做出的选择，本身即表现出了竞争的过程，包括了优化选择的基本过程。

生命体通过反复的迭代，通过活性表征和选择的增强作用，不断地强化着优势竞争力；通过交叉，检验着优势遗传基因在更大范围内的适应力、竞争力。在此过程中，生物的进化还会通过不同的生存与竞争选择赋予其他特征以获取相关竞争优势的意义。各种竞争优势综合在一起，促进了生命体的复杂性稳定与进步。此时所表现出来的既是一种状态，也是一种过程。尤其是一种需要长期进行的过程。

（五）将对美的追求作为一种独立的模式特化出来

人们在意识中可以顺利地将这种对美的追求的模式独立特化出来，在各种活动中通过自主涌现更加突出而强烈地表达对美的追求的力量。尤其是根据共性心理模式能够脱离开具体情景和具体心理模式的限制的特征，这种美及对美追求的力量在心理信息的任何一个层面的表现，将会形成更大范围、更大差异基础上的优化概括与抽象升华。

（六）追求成为人的主动性行为

在美及对美追求的模式具有自主性时，人便能够主动地展开对美的追求行为。人可以基于任何一种模式和特征，在差异化构建的前提下，通过自主性地比较，选择出更能接近美的目标的模式和状态，或者有意识地构建、激发与美的目标状态要求相符的局部特征和意义。甚至会在生命活性的变换之下，形成主动追求美的状态的差异化扩展，形成有别于当前追求的新的追求力量。

（七）经过意识放大强化这种模式

各种信息会在意识对信息的加工过程中起到足够大的作用，通过这种广泛的相关性，意识会将美的特征赋予其他信息（形态及意义），一切与艺术品有关的特征也随之具有了美的意味（包括宗教、意境、道、寄托等）。

意识中审美的异变与偏离同向美的追求具有内在联系，只要保证达到比当前特征在意识程度上的"更"，美在意识中被扩展到极致时就能够将其作为一个稳定的模式。但由于诸多变异性的追求都共同表达出了 M 的力量，因此，诸多不同也会在 M 力上形成共性相干，并由此建立起稳定联系。

追求的本质力量——第一，生命体在生命活性的作用下，基于外界环境的刺激形成了适应环境作用的过程；第二，追求与稳定性力量的关系，以表达生命活性中收敛、稳定的力量为核心，形成稳定的追求过程；第三，追求以差异为指向。追求在于表现 M 的力量，而 M 又是美的核心特征，自然、追求在美的元素中也就具有了重要作用。追求过程以偏差为出发点，在活性本征力量的作用下，通过求得局部特征上的相同（相似）关系，达到更大程度上的协调。人的理想、人的追求、人的需要因为表征了人的 M（变革向上）的力量，成为赋予艺术品美的意味的方式并赋予艺术品美的意味的主要内容。在意识中，当我们以 M 指导下的某个特征作为艺术创作的指导原则时，与 M 和优化有关的人的追求自然就会成为艺术品表达的主题行为模式。而追求更意味着在意识层面，从局部模式的相同、相似入手，优化构建相关的目标（理想、追求、愿望、期待等），基于局部特征而展开广泛性联想，并从中优化选择出更多支持追求过程和力量的、为追求过程提供更多逻辑更多可信度支持和更多确定性关系支持的恰当关系模式。此时，我们在意识层面通过表现 M 而达到 M 的更高境界，这种过程本身就是在建立对 M 的"正反馈"——M 力表现得越强，取得的效果越"好"，人们也就更愿意表现 M 力、增强 M 力。这也就突出地表现出了在美的领域能够有效地促进人类的进步与发展，能够更好地激发人进取向上的力量，能够更加典型而突出地固化、突出、激励人对更加美好状态的努力追求。只有在意识中才能将对美的追求表达得独立而突出。

一是强化追求美的稳定模式。追求美是一种过程、一种稳定的模式。以美为基础，表达生命活性中发散性的力量，以形成对美的发散、扩展；在达到新的状态以后，再运用收敛的力量形成对美的收敛性，达成对美的追求。

无论是恰当地表现人的情感，还是不断地在多样并存中求得恰当的表征、建立与其他信息的各种各样的关系，都会在各种可能性中寻找（构建）优化的模式（达到某种指标的"极值"），即使是表达情感，也是在构建表达情感的最恰当的模式。当人"陷入"这种稳定的"吸引域"以后，受到这种模式高兴奋度显示的制约，就会形成一种习惯：凡事都去追求更美：更快、更高、更强、更具竞争力。

二是形成追求美的态度与趋势。这其中包括以下几点。一是，M 模式作为一种稳定的模式，在将生命活性特征作为一种变换作用到该模式上时，其本身还存在扩展、发散的特征，以及两者彼此协调生成活性基本结构的牵连性力量和模式。二是，受到 M 力的作用形成意向、态度。人们会不断地基于当前的局部特征和局部关系，在某些特征方面扩展、构建出"更美好"的模式，从而形成基于当前现状的对未来的期待，甚至会将期待未来美好也作为一种模式稳定地发挥作用。与此同时，还会通过这种环节的建立与该模式本身形成共性相干，将其力量更加典型地以高兴奋度突显出来，使之成为进一步构建其他意义的主要模式特征。这一方面会有效地激发该模式以较高的兴奋度兴奋；另一方面会激发基于该模式的生命活性，进一步地促使人生成更进一步的期望，表达使期望得以满足的过程力量。三是，生命活性力量中的发散性模式使我们总是处于不满足状态，总是通过差异化构建追求更美的未来。将"不满足"作为一种独立的模式，对任何现状都形成"不满足"的心理。这是一种抽象化的模式，与具体的艺术形态没有关系。什么叫"不满足"？就是主动地追求表达出与当前有所差异的新的状态的具体表现，这其中既包含着总想构建更好的环境、状态等心态，也存在消极的心态——总是抱怨。在积极心态的作用下，能够在差异化构建的基础上，通过比较，将满足人的某种更强要求的模式选择出来。这就是优化（寻优、寻美）的力量在起作用。

三是生命的活性本征内在地表达出对美的追求。在意识中表达出对美追求的特殊性：依据心理模式不断地表征生命的力量，表达更大的追求的力量，与生命的活性更加协调。

对美的追求，这本身已经包含着 M 的基本模式力量，表征着人们在意识中期望得到更加美好的结果的愿望和表达这种愿望满足的过程。对美的追求，就是在意识中具体展示 M 的过程。只是单一地在意识中表达 M 的力量，就已经代表了对美的更加强烈的追求，但这只是其中的一个方面，还需要从 M 作用的方向来具体地表征对美的追求。

对美好生活的向往，是 M 模式与人具体的生活模式结合在一起时的基本体现。当这种 M 模式与梦想结合在一起时，我们就是在追求更好的梦。我们现在常讲的"中国梦"，就是一种以国家意志来表征的强大而典型的意愿。突出地表现出了受到 M 力的作用、对美好生活努力追求的基本力量。我们能够用它来规划指导我们当前的作为，以便在未来某个时刻全面达到我们所描述的状态。实际上是以国家意志为基础表征 M 的力量模式。反映的就是基于生命本能的扩张与竞争。我们可以将这种 M 模式在做出恰当的扩展推演后所形成的与当前现状的差异看作梦想，在生命本质力量的驱动下，我们则会花更大的力量去追求更好的梦想。

我们这里提出了所谓恰当的扩展，指的是两个方面的内容。一是指其所具有的优化的、美好的特征。这种差异化的模式一定是比现在更加美好的差异化状态，是一种比当前减少了更多缺点和不足的差异化的状态。二是这种差异也是有一定限度的，我们所期望的状态是在花费了极大的努力之后，一定能够达到的状态。这个过程具有更强的可实现性（可达性）。最起码，我们依据逻辑性发展，已经在某些局部特征上建立起了两者之间可信度较高的逻辑关系。如果说，即使我们花费再大的力量，也是不可达的，那这种梦想就只能称为幻想了。

基于美学中应该存在的对美的追求的 M 力模式，我们总是强调，美是绝对的美，虽然我们不能绝对地达到，但我们可以通过持续性地表现 M 力的努力不断地逼近。这种绝对的美是我们的期望，而每一步运用 M 的力量能够达到更好的结果，就为实现这种最美的结果提供了足够可信的支持。可以讲，人类就是在这种 M 模式的驱使下，不断地构建比当前更加美好的生活的。

我们以美作为基础时，迭代性地运用生命的活性本征力量，本质性地表现发散与收敛，在人的意识中，基于发散与收敛的有机结合构建一个新的与外界环境相适应的期望性稳定结构，就会以对美寄予更强大的期望的方式形成更大的追求。

四是作为人，会不断地追求更美。在人生物活性的基础上，通过不断的扩展而生成的对更加美好人生的执着追求，受到意识作为基础的支持和强势放大，会成为人不断展开的过程。尤其是将"追求"模式独立特化，从而在某个意识层面作为一个独立模式，进一步地在各个层次自主涌现，在各种过程中发挥足够的指导控制作用时，向着更好的状态不断地转化，就能够更加充分地表达追求美的力量。

这里有两个概念需要解释：一是"不断地"；二是追求"更美"——从多种模式中基于某种特征的判断进行选择优化。保证第一种活动的是如下的因素：第一，生命的活性。作为一种内在的力量，保证着人的心智过程连续不断地进行。第二，人的好奇心持续性地发挥作用。好奇心本身就在于促使人构建连续的变换过程，不断地将各种差异性信息引入人的心智中，通过差异而维持心理变换过程的持续进行。第三，不断变化的外界环境的差异及由此所形成的刺激。无论是环境的不断变化，还是由于生命体内活性的非线性涨落所形成的超出协调状态的变化，都会形成促使生命状态不断变化的差异性刺激。第四，耗散结构状态的内在发展。此时我们相信，在美的模式还没有形成，或者说原来美的模式与当前的意义之间还存在较大的距离时，我们需要通过更多的异变多样化基础，基于比较优化标准而形成"更"的过程力量，再将那种附加了"更"的模式、反映了"更"的精神的意识模式表现出来。将这种追求与向往作为一种稳定的模式会更加突显与美的状态的联系，通过独立地表达追求而表现、实现、满足这种期望的要求等模式就是与这些模式和谐共振，也就是从这些模式的角度与期望状态形成局部特征上的同构关系，在更大程度上达到与期望状态相符的状态，不断地由不协调向稳定协调转化，越来越多地与美的状态稳定协调。而通过艺术品与人内心的"更"的模式形成共性相干，即能够将这种内在的模式稳定地激活，意味着使人在更大程度上回复到原来稳定的协调状态，通过这种过程，使人体会到由不协调回复到协调的完整模式，因此，便会表现出相关的过程、产生相应的物质，从而使人体会到达到协调的愉悦性模式。

比如说你买了一件漂亮的大衣，穿在身上时，会感觉到应买一件装饰品，因此你便去商店转转。结合你的喜好、当时商店里的装饰品的大小、式样、材料、色彩，以及与你所买的大衣是否相匹配等挑选一件。而当你将这件装饰品别在大衣上时，就有可能犯难。如果你习惯于将其"别"到自己的左边衣服上，那么你就要考虑：是往上别，还是往下一点别。你站在穿衣镜前不停地试，将其放在不同的位置去看效果。最终你选择了一个位置，并且摆放了一个恰当的角度。

　　你试探性地寻找摆放这件装饰品的位置，就是在以美的眼光通过效果而具体地优化确定其位置。这就是说，你将这件装饰品与你穿上大衣时的其他因素相比较，通过比较而权衡美的感受。如果这件装饰品摆放过低，上面就显得太空荡，而如果这件装饰品摆放得过高，下面又显得空无一物。放得过于靠近颈部，会对颈项产生一种压迫感，而太靠边缘时，又感觉没有起到应有的装饰作用。

　　在这里，这件装饰品的状态及其所带来的审美效果还体现在其所展示的角度上。你会体会到，垂直与水平都显得过于呆板，因此人们会将其摆放成不同的角度，看其是否与人已经生成的审美经验和谐共振，通过比较寻找到一个能够使你产生审美感受的角度。有时，你还会根据这件装饰品的角度所带来的影响而变化装饰品的位置。

　　与此同时，一方面这件装饰品本身会成为他人注意力的焦点；另一方面，它又与大衣一起成为把人打扮得更漂亮的一件恰当的"工具"。那么，是什么因素决定了你将这件装饰品摆放在这个位置、这个状态呢？实际上，正是你的综合性的审美观——审美价值判断体系，或者更本质地说，是你的生命活性在意识中的反映特点、关系和规律，决定了你将这件装饰品摆放成这个状态——最恰当的位置。

六　将美的期望作为稳定的状态

　　人们习惯于将美好的未来固化下来，追求一种当前状态的稳定，而不考虑如何向着这个最美好的状态逼近。在这个过程中，将涉及这样的过程：形成对这种美好状态的追求和向往；形成对这种状态的美的享受；建立该状态与其他信息的有效联系；在当前，通过将具有这一类特征的其他模式激活、联系而形成一类信息泛集，促使人进一步地概括抽象；或者说将美好的东西布置成"博物馆"，使人以特殊的心态进入其中、沉醉于此。而当人从这种美的状态中出来时，无论是美的境界，还是客观现实都在提醒人要将两种状态分离开来，形成美好理想与现实的分离。使人认识到还可能存在一个比当前更美好的状态，而当这种更美好的状态留沉于人的潜意识中后，说不定会在某个时刻、某个过程发挥作用，引导人去构建一个与当前状态相适应的美好的状态。

人们往往会利用这种稳定的美好的理想、向往，构成摆脱烦恼、远离世俗、逃避现实的一种方法。人在这种状态下会产生一种麻痹的心理，也容易陷入这种"自醉"状态。在这种状态的驱使下，人们会借助意识活性进行无本质地扩张，将与此仅存在表面的、暂时的、局部的、片面的联系的各种意义汇聚起来，并以这种新的状态来满足人对真实美好状态更加完善的追求。阿诺德不再以美的理想美化粉饰当前的状态，也不再愿意看到人以鸵鸟的状态，将自己的头埋到"美好状态的沙子"里。他要求基于当前现实，通过美所构建出来的、有差异的、更美的状态，促进人向更美好状态进步的改革。呼吁人们不应只是感叹、醉心于这种虚幻的最美状态，而是要切实地行动起来，通过一步一步地努力、一点点实现向这种美好状态的逼迫。

理想唤醒了人们，使人们不再满足于享受，不再仅仅满足于以一个看客的身份置身事外，而是身体力行，真正地参与建构、创造与实践。理想使人既看到现实与美好的差距，又看到现实与美好的联系，在这种联系的基础上通过表达美的力量和对美的追求去创造。

美的模式进一步地促进着人在内心产生"更"的意义、表达"更"的力量，并将这种"更"的意义与其他的模式一起，作为指导人产生不只是向美追求的具体的行为。诸如提升性能、突破限制、探索新的规律、认识到更加本质的特征、更加系统性地考虑各种因素的影响等。由此促使人在"更"的模式的指导下，扩展人的视野和生存空间，在突破各种潜在的不可能的基础上，将这种"更"推向更加广阔的范围领域，向其他更加多样的状态扩展。人们会在这种"更"美的模式作用下，不再仅仅局限于自身的"更"，而是将这种"更"扩展到他人；不再为了自己获得更大的利益而损害他人生存与发展的空间，并进一步地爱护环境；人们会更加愿意自己做得更好，从而避免那种畸形的"不吃自己做的东西的行为"。

人们往往会因为美好状态与现实状态的差异而将两者相分离，而美好状态则会激发人表现生命的意识活性而驱使人将扩展与收敛的力量表现出来，先是在意识中扩展，变异性地构建一个更美好的状态，再促使人表现收敛的力量，探索各种方法与之形成"共性相干"。

从另一个角度看，只有表现出差异性，才能形成足够的刺激与作用，但人却可以通过自身的涌现性体会到处于协调状态的"美感"——一种宗教式的"悟"的感受。生命以其活性中所展示出来的变异性，使人体会到与美的状态之间的差距，并由此形成对美的状态的作用，维持人协调状态的稳定性，并使人不断地体会到外界环境作用到人身上时，由不协调向协调状态的转化、转化的力量和方法，以及由此所表现出来的人对这种转化的期望和追求。

当人们对最美好的追求与向往达到信念的程度时，会与蔡元培的"以美育代宗教"的对美的无限追求的思想与认识达成一定程度上的相符。重要的是，要将美作为我们各项工作的指导思想，作为我们行动的指南，凡事要符合美的规范与要求，体现美的精神。要时刻体现出美的力量：表现 M 模式，表现 M 的力量。

七　批评与否定体现对美的追求

否定是一种本能。对美的追求与否定的力量具有内在的本质性联系。这是从 M 中延伸、特化出来的一种审美模式。要想追求更美的，就意味着要否定当前已经存在的。而将这种模式作为一个稳定的、可以指导人产生恰当的行为的模式，它也就成为一种指导人实施相关行动的控制模式。以这种方式表达追求，自然也会成为一种独立的关键性模式。阿多诺强调否定的辩证法[①]，就是潜在地假设人会固有地突显、表现自身本能的扩展力量和由此而延伸出来的竞争的力量，并意识化地将其转化为 M 的力量，有力地推动这个艺术的世界乃至这个自然的世界。

艺术在追求自由性的同时，必然遵循着自然的规律，并通过意识的固化和延伸扩展成一个具有内在联系性的逻辑体系。艺术的自由性与社会的规范性（秩序性）并不构成非此即彼的关系。虽然自由与限制存在紧密的联系，但它们既不构成一对矛盾关系，也没有通过彼此的内涵而将这个世界截然地划分为两个领域。社会要求人们遵循其在进化过程中

---

① ［德］马克斯·霍克海默、西奥多·阿多诺：《启蒙辩证法》，渠敬东等译，上海人民出版社 2006 年版。

形成并显化出来的道德规范，这将成为艺术探索所遵循的基本模式。这是社会中的人与人之间相互交往的基础。如果连这种要求都当作是束缚，如何才能维持社会的正常稳定并在稳定的基础上有所发展？突破当前道德的限制，在于寻找新的环境中道德的新的内容和形式，但为一行为却是以形成稳定的群体为基础的。我们所讲的是，我们可以将注意力集中到这些方面，运用否定的力量，打破这个旧的约束。但否定之后必然要重新构建，运用 M 的力量重新建设一个新的世界是在"否定"与"打破"之后进行的一项工作；人只要是在自由地表现，那么，就一定不会无所事事，就一定能够在现实的基础上进行再创造；我们还可以将注意力集中到其他的方面，通过其他方面美的创造，在否定的基础上改造这个世界。这也就意味着，在我们自觉遵守这些道德规范的基础上，将会拥有其无穷的"想象空间"供我们去发挥我们的想象构建与优化选择的创造力，以创造出更加美好的世界。诸如，人们会自然地将在现实社会中的社会道德移植到"赛博空间"，从而使虚拟地处于"赛博空间"中的人们也服从社会道德的制约。

稳定地表现人所固有的内在美的本质，这本身就是在表现人所特有的稳定性模式，表现这种稳定性模式的力量越大，增强这种稳定性的力量，以及使这种模式得到进一步强化的力量也就越大，这就意味着人可以有更加自由的空间。而这是需要充分表现人的意识活性的。

除了上述自然规律、社会规律的限制之外，还存在特有的美的基本规律的限制。

要将美树立起来，基本上有两种方法：一种方法是不断地完善美学理论；另一种方法则是否定其中不好的，将好的"东西"保留下来。在强化美学对于社会的价值和意义时，我们能够突出美所具有的天性的促进、激励、引导功能，甚至激发人天性中不断追求更美好的力量；但也可以通过美所表现出来的差异性、超越性形成对当前的批判。

八　人工智能的追求

科技主义的不断进步使人们根本不需要考虑人在哪里。这种进步，尤其是人工智能带来的进步一方面使我们欣欣鼓舞；另一方面则使我们沉默了。如何才能更加有效地推动人的发展？按照人们一贯的延伸推理方式，既然人可以无限地提升机器的功能（能力）、提升机器的记忆存储能力、提升机器的逻辑推理能力、提升机器的求异创新能力，那么有一天这种提升也许会在智能方面得以实现。目前人工智能还不具有足够的自主意识，但当人们持续不断地做出努力时，我们会不可避免地相信，人工智能可以依据其自身的主观意愿而选择符合自身稳定与发展的价值标准，并由此决定其存在与进步的一切因素。人工智能最基本也应该表达出 M 和优化的进步力量。在这种情况下，以智能而取胜的人类将如何与之协调并存？

正如塞缪尔·亨廷顿（Samuel Huntington）在《文明的冲突出世界秩序的重建》一书中指出的，不同的文明由于其价值追求不同必然会产生冲突。人与具有自主意识的人工智能的冲突最终也会体现在价值追求的不同上。

如何才能有效地协调处理彼此之间的矛盾？无论是人还是人工智能，都会将对"最美"的追求作为其最终目的。智能必定有所追求。人工智能必定会选择在某个指标的控制下向（由指标所控制的）某个更美的状态不断追求。虽然这种指标可能与人类社会经过长期的进化所形成的价值追求有所不同，但在指标的指导下努力向"更好"追求的模式是相同的。看来，使人工智能也具有本质上的对美的追求，并影响其将更美作为终极目标。这才是人与具有自主意识的人工智能达成相互协调的基本出路。

九　化的美学意义

化意味着转化、变化、趋向、生成、化成、追求等，因此，这里就突出了对美的追求，以及在诸多标准之下的美的艺术品创作，核心就是表达 M 的力量。美的状态除了表征差异的多样化构建、促使人在其中加以选择以外，更为重要的是，利用其激活的局部特征进行巧妙构思，运用 M 的力量，主动地构建出更加符合美的标准的形式与"意味"。[①]

---

① 孙琪：《从"化"到"化境"通向现代的中国古典美学范畴》，《深圳大学学报》（人文社会科学版）第 32 卷，2015 年第 3 期。

一是表达转化的过程，尤其是代表向更高境界转化的追求和实现。

二是表现转化的结果。我们当谈论"美化"时，讲的却是审美观照和审美态度。艺术家将自己对美的认识和理解转化为具体的客观形态，将自己对美的理念转化成为具体的艺术作品。这也意味着艺术家在用自己的审美理念去"观照"客观，驱动人在将期望模式构建出来以后，与当前的具体情景相结合而使与之达到共振的局部模式处于兴奋状态，甚至依据抽象与具体的内在联系，使其中的某些局部特征也处于兴奋状态。

三是表现化的程度。美的巧妙构思与构建更美的模式被称为"巧妙构思""文心雕龙"。比较的范围越广、优化的精度越高，则"化"的程度就越高。

十 追求的异化

一百多年前的悲剧在提醒我们：西方也存在鸦片，但为什么鸦片在西方没有产生相应的影响，却在中国产生了那么大的灾害？从某种角度讲，除了极少数情况以外，吸食鸦片完全是个人的主观行为。人不只是生物性的人，还是社会性的人。两者的有机结合才形成完整的人。人可以在一定程度上单纯地追求生理性快感，但却一定要将追求更高层次的社会性快感放到一个与追求生理性快感同等重要的地位。

在人的进化与发展过程中，随着人的意识能力的逐步增强，能够作为人的目标追求的特征会越来越多。很有可能，那些不利于社会稳定、进步与发展的特征也会成为人所追求的目标，在这种情况下，人的追求就有可能出现不良的"异化"。人的大脑意识能力越强，就越容易产生追求的异化。

第五节 意向与心理背景

在表征人的主观能动性时，审美态度会被摆在前头。人们往往会因为以下因素而说一幅作品具有更高的美学价值：首先，价格昂贵；其次，出于名家之手；再次，很多人都说好；最后，被放在展览厅或博物院里。

有了这些基本条件，我们也就在内心事先假设其具有更高的审美价值。于是，我们便将注意力集中到该作品上，甚至付出全部的精力，努力地去挖掘其中的美学元素——能够使我们在一定程度上进入美的状态。甚至不断地唤醒我们内心与美的状态能够共鸣的模式，使其在更大程度上处于待激活状态。

一 审美态度

万物皆为艺术品，看你怎么看，风动、旗动与心动，到底是客观的美还是主观的美？这涉及你以什么样的态度去审美——你是以肯定的趋向还是以否定的趋向去认识当前的作品。至于你从中发现了多少美的要素，则取决于你的能力和经验。不同的时代、不同的地域环境会生成各具特色的审美经验和审美态度。艺术家甚至会单纯地受到好奇心的作用而去探索新的艺术表达方式。无论是创作者的主动性，还是欣赏者的主动性，只要是美相关的主动性，便都具有了审美的态度。

（一）审美态度就是运用美的标准来判定当前的外界事物符合美的标准的程度

1915 年，达达主义运动的代表性人物杜尚把现实生活中的小便器命名为《泉》，并把它提交到艺术博物馆去展出。这一举动极大地冲击了传统的艺术概念，使得艺术的疆界变得更为模糊。如果是随便的哪个人将这个小便器拿到那里，也不会被展出。此时的展出是有一定前提的：杜尚已经是一位成名的艺术家，既然是杜尚拿来的，一定是具有一定艺术价值的作品；当这件小便器被命名为"泉"时，通过其命名，可以激发起人的众多联想与想象，并由此给人带来某种美的享受。这实际上就在于人们是否具有审美态度、审美心理背景。正如阿瑟·丹托一再描述的《布里洛盒子》的美及艺术性问题，这实际上是由人所赋予的，更为直接地反映了人的态度和心理倾向。[①] 这一方面点明了人的审美意向和审美经

---

① ［美］阿瑟·丹托：《美的滥用——美学与艺术的概念》，王春辰译，江苏人民出版社 2007 年版，第 2 页。

验在审美中的地位与作用；另一方面直接指出了美是主客体相互作用的反映的本质。

（二）激发审美意向和倾向

"美"表达了人的更加积极的意义，美也使人积极主动，使人具有了足够的心理背景、态度和倾向。这将促使人养成稳定的习惯，在任何活动中都自然地、不自觉地表现 M 力。美还以 M 为基本对象，对 M 模式本身实施了叠加性、反复性的操作。我们可以从以下原因中寻找到支持上述说法的论据：

第一，"美"与艺术突出地展示出了"更"的意义，无论是结果性模式，还是过程性特征，无论是人的外在表现，还是由此而体现出的人的生命本能，都体现出了人在受到刺激和没有刺激的作用时内在地生成相关活动的过程。无论是单一地考虑事物的运动与变化，还是对将不同的事物联系在一起而比较建构都将如此。

第二，即使我们以当前已经是美好的模式为基础，M 的作用也使我们不断地在心智中通过构建与当前有所不同的模式，通过与当前状态的比较而选择更好的。

第三，"美"更多地强调对未来的构建。基于当前现实而表现出 M 的力量。美在突出对未来构建的过程中，强化未来对人的引导作用。这种引导，不是人在变化的外界环境作用下的被动适应，而是人按照自己的期望、理想与追求，按照美的意味所展开的主动构建。

第四，"美"是人主动构建出来的。无论是人的好奇心，还是人在好奇心作用下的想象力，都在依据其生命的活性，利用其对 M 模式的运用而构建出与当前有所不同的模式，进而牵引人按照这些美的模式从局部特征出发而进行具体的构建。

第五，"美"使我们更加坚定而突出地，持续不断地表现 M 的力量，追求 M 的终极结果。当我们从主观的角度运用 M 的力量扩展、美化而形成一个超越当前现实的更加美好的模式时，意味着我们已经构建出了一个基于主观的理想。这种主观的美是基于当前的现实情况而具体展开的，这便是美的客观性。由于我们的构建往往直接用于克服当前的缺点和不足，在使某个方面的特征得到增强的想象性改进，或者是将比当前更好的状态虚构出来时，它便具有了主观性。但只要其已经在大脑中作为一种稳定的心理模式被构建出来，它就是一种客观存在。可以将这种存在称为意识客观性存在。虽然每个人对这种意识客观存在的表述各不相同，甚至我们还找不到恰当的语言表述它，但它却已经被我们感知、体验到了。

美作为一种超越当前、比现实更美好的意识客观存在物，会指导人努力地达成其所对应的全部特征。虽然我们在一段时间内通过努力只能实现其中很少的程度，或者说只能构建出完美中很小的一个局部特征，但它却是首先在我们的意识中通过扩展构建出来的，绝不是客观世界的被动反应。而且这种变化是我们运用生命的本能在意识中主动扩展构建出来的，不是外界环境变化对我们产生刺激从而驱动我们被动构建的。

（三）观众与艺术品

1. 审美主动性

人们会使在自己内心已经形成的美的稳定模式处于兴奋状态，运用美的观照、对美的期待、对美的追求，展示 M 力，使美的相关特征、关系和规律模式等都处于高兴奋状态。一方面指导人开展美的构建；另一方面从相关外界信息中提取和构建出相关的符合美的特征要求的具体表现。这样做，将使人运用美的观照来认识客观的心理及其期待进一步增强。

2. 审美态度

人的审美态度对于审美具有重要的启发性、背景性的作用。无意识的审美激发时常存在，但我们却需要专门强化构建人的审美态度，促使人以更大的可能性主动地表达美，通过与自身的活性本征达到更大程度上的协调，使人在意识的作用下，更加明确地通过差异而体会艺术品所能够引导人进入美的状态的本质与程度，用美指导自己的行动。

3. 审美的自主性

无论是进入美的状态、形成美感还是展开审美，当其作为一种稳定的模式固化下来时，都能够表现出足够的自主性，即使是当前过程与审美没有关系，人们也会在美的自主性的作用下自动地将美涌现出来，使之成为一种控制人的心理转换、激发人产生更多的联想、促进相关信息发生新的相互作用，引导人展开审美观照。我们不是被动地表达这种自主性，而是通过有效的方法和手段，不断地强化这种审美自主性。

（四）先具有一种态度：构建完美艺术品的态度

不记得是谁在哪里说过，要将一件好的艺术品从一堆艺术品中挑选出来很容易，但要将一件好的艺术品从一堆物品中挑选出来则比较困难。问题的关键在于，人们是否从审美态度来看待一件艺术品的。当我们用美的眼光去观万世万物时，我们首先已经将美的意义赋予他物，这些事物本身就已经被赋予了美的意义。万物皆有美，看你是否能发现。

（五）构建一种心理背景：用美的眼光看待艺术品，甚至只是在其中发现 M 的力量

当我们独立地研究心理背景的意义时，我们发现，心理背景具有活的意义，心理背景是心理过程进行的预备性、初始性状态。生命的活性可以在人的心理背景中得到具体体现，在生命活性的作用下，它形成了人的意向性趋向，促使人保持与心理背景相关的倾向性趋势。

第一，占据并维持一定大小的心理空间，保持对与当前信息相关的某种信息较高的唤醒水平，并随时期待与当前信息相关的新奇性信息的出现，这种预先联系的激活关系使那些具有此种意义、具有某些相同（相似）局部特征的信息更易被激活。

第二，干扰其他无关信息的出现。人的心理空间的有限性决定了心理背景能够以与某种信息较高关系的形式，排斥其他无关信息的出现，干扰与当前信息无关的其他信息的激活，使当前相关的信息顺利地汇聚在一起。

第三，成为联想的出发点。心理背景提供了相关的信息支撑，甚至由于其本身具有了与当前信息相关并有差异的信息而成为人们展开联想的又一个出发点。心理背景是人们展开各种联想的出发点，从这些心理背景出发，人们将那些与心理背景有关的信息激活（或者只是处于等待激活状态），从而参与到心理转换的过程中。

第四，相关心理背景成为人们所构建出来的新奇意义的判断选择的基本依据。在构建出了众多的意义以后，人们会利用这些心理背景而对相关信息进行选择，一般是将那些与心理背景具有更多联系的信息凸显出来。

第五，成为在意识中表现活性扩张、发散力量的限定选择特征。在此心理背景中展示发散性联系，并在此心理背景中基于该心理背景进行选择，基于此而展开发散扩展，将更多的其他信息向当前心理背景信息汇聚。

第六，心理背景成为人展开想象的基础，人们就是从这些心理背景出发，有意识地联想、构建与心理背景有所不同的新奇性信息，运用想象力构建具有这些局部信息的新的、大量的形象性意义。甚至按照心理背景的指导，激发出了若干审美抽象特征、关系和规律，引导人运用审美的模式去评价一件艺术品距离完美的距离（与由当前意义所构建的完美艺术的吻合程度——美的程度）。在审美态度达到一定程度时，就会形成特有的"社会域"，也就是在这个群体中，在这个氛围中形成对美的欣赏与追求的模式。在这个"社会域"中，会因比他人有更强的表现而快乐，因在某个"域"所显示的方面比其他个体有更强的表现而获得更多的竞争资源，从而使其某种模式得到更多的遗传机会。

（六）构建一种"更"美的指导性模式

稳定的心理背景，与自主涌现具有量的限定性，并成为激发自主涌现的联想激发力量。在此过程中，根据生命活性中稳定与变化的协调性要求，能够在多大程度上涌现出与当前无关的信息，或者说涌现出多大信息量的新奇性信息，将由稳定的心理背景所决定。在实际过程中，当涌现出的新奇性信息量大时，受到好奇心的控制，人们便会将注意力转向已知的心理背景。当涌现出的新奇性信息量小，不足以与确定性信息形成在活性区域的协调关系时，人们便会更进一步地激发自主涌现的力量，或者将注意力转向外界的环境特征。这种与生命的活性比值同构的过程模式，成为美的稳定性的力量。

在审美的开始，即形成了相应的心理背景。比如说我们到美术馆去参观，也会下意识地将我们与审美有关的心理模式、心理意向激活，使自己处于一种发现美的"敏感状态"。这就潜在地告诉我们，我们所看到的是艺术家创作的艺术品，艺术家已经将自己所体验到的 M 的力量，贯穿到了艺术作品中，我们应该好好地去体验。甚至下意识地告诉我们，这些展出的作品，往往是众多艺术家创作出来的众多作品中的优秀者，人们会先入为主地认为，他们先前已经创作出了优秀的作品，因此，再次创作出优秀作品的可能性会更强。

（七）人们运用这种经验去引导外界客观事物的变化

当你将相关的美的特征模式激活，并由此观照一件艺术品时，所表征的就是美的经验。欣赏者根据艺术品的意义（局部的、整体的），通过自动的异变，进一步地构建出符合自己审美价值模式的美的模式、对美的追求（态度以及心理趋势）。而在这个过程中，需要关注以下更为精细的过程：

第一，激发审美意向和倾向；

第二，以内心所存在的美的模式作为基本的判别标准；

第三，构建抽象的美的模式；

第四，用这个美的模式去指导人实际的审美过程，构建美的特征、建立美的关系、创造美的意义等；

第五，构建一种"更"美的指导性模式；

第六，根据具体的艺术品而形成与具体艺术有机结合的表达形式；

第七，激发出欣赏者更强的 M 的力量；

第八，扩展性地构建相关的特征、关系和规律；

第九，将对美的追求的过程及模式进一步地扩展、强化、自主和意识化；人们在这种不断的构建过程中，将美的标准确立下来，并通过这种标准具体地判定艺术品的美的价值。由于欣赏者具有更强的主观能动性，这种欣赏过程也是欣赏者的自主构建过程；

第十，人按照自己"完美"的理想去创造一个新的世界。这种创造性必然在心理背景中表现出来，与马克思指出的"人再生产整个自然界"的概念相一致。人按照自己对自然界的理解，按照内心的"存在完美"的信念，甚至把那个还不存在的"完美"的虚无假设作为当前的目标状态，去引导人们构建新的模式，并在先构建出的众多模式的基础上，通过比较，将更符合"完美"标准的模式突显出来，作为下一步的基础。

二 心理偏好

不同的群体会由于其环境、教育、历史、习俗、日常活动等因素的影响，对某些典型的审美特征具有较高的认知程度和新奇程度，这相当于构建出了具有某种特性的稳定的心理背景。这种与其生命活性有机结合的美的意义，使得人们能够从诸多种类的艺术品中选择那些与其生命活性本征有机结合的艺术品，并能够从这些艺术品中产生更强的审美感受。

一是，人与人的差异是审美偏好的物质基础；

二是，生活的支持形成了人不同的喜好、期望与追求；

三是，不同的地域特点促进了不同的审美偏好；

四是，不同的流派反映着不同的审美偏好。任何一个流派都能够运用其特有的方式，在表征共性的过程中，充分地表达生命的活性本征。这包括两个方面的思考：一是体现出某些更高层次的共性抽象特征的作品大量涌现；二是体现出这种共性特征被人们明确地认识到，并成为一种突出的感受。在一看到类似的作品，就会形成那种共同的感受时，流派的标志便明确地显示出来。具有这些共性特征的作品涌现出的数量越多，流派的特征就越显著，力量就越强大。在带给人更强的审美偏好和审美享受的同时，也更容易使人因为新奇性刺激不能得到有效满足而产生审美疲劳。

由此可以看出，流派具有人们特有的审美观照的意味，当人们运用流派所表现出来的共性特征组成审美模式，去观照自己所看到的作品时，如果能够从中寻找、构建出某个流派的共性特征，就自然会将该作品归纳到某个流派之中。具有这些共性特征的作品涌现出的数量越多，流派的特征就越显著。

心理偏好与人的强势智能具有内在联系性，能够更多地激发相关的信息，使人更善于从事与心理偏好相关的活动。由于激发了更多的熟悉性信息，便会由此而激发更强的好奇心，并推动新信息的持续生成。

第 九 章

用其他特征指导美的追求

　　诞生并表达着生命活性本征的美的力量，必然在生命的每一项活动中发挥作用，并展现出对美的追求。生命的活性本征能够在任何一个特征的变化过程中发挥作用，促使生命体形成基于该特征的美的追求。尤其在与对美追求中 M 力量形成共性相干时，会进一步地放大这种模式所发挥的力量，该特征便能够顺利地转化为突出的美的标准。伴随着人的成长、智能的进化，人不再只是单纯地表达生命的活性本征，不再单一地表达同环境因素有机结合的简单而直观的本征模式。无论是将生命的活性本征在其他行为中典型地表现出来，还是引导人构建出追求的过程和力量，在生命体自主涌现的力量作用下，在意识中通过局部信息特征的共性相干而兴奋联系的力量作用下，更多的特征因素也都有可能成为指导对美的追求的基本特征。可以认为，不同流派、风格的更替，并不是因为人对美的追求发生了变化，而是由于美的价值判断标准的变化引起了"范式"的变化。①

　　此时，与人类社会紧密相关的宗教，因其表现出了强烈的信仰、追求与期盼等特征，便顺理成章地成为美与艺术层次高低的判别标准，人们自然会在宗教等相关活动中将对美追求的力量进一步地放大。美学与艺术的历史充分证明了，宗教信仰已经成为指导人实施艺术创作的基本指导思想。

　　符号是抽象化后的典型代表。伴随着符号的优化概括性特征，人会

---

① ［美］托马斯·库恩：《科学革命的结构》，李宝恒等译，上海科学技术出版社 1980 年版。

在表达符号的过程中自然地表达出美的意义，表现出更强烈地进入美的状态、表达生命的活性本征、激发人对更美的追求、体验优化选择等过程力量。而在形成符号的过程中，"美化"更是在其中发挥着关键性的力量作用。因此，符号化的美学力量必定会受到人们的重视。

不同的国家、地域决定着人日常的不同行为，并由此形成不同的审美标准，艺术家都能够运用这些美的标准判断展开对更美的追求和构建。我们需要在一个系统化的结构体系中，将不同地域、民族、国家、流派的艺术表现通过更加本质的特征和关系有机地联系在一起。

正如丹托指出的："所以，从一种角度讲，当代是信息混乱的时期，是一种绝对的美学熵状态（美学扩散及消失后的状态）。但它也是一个绝对自由的时期。今天，不再有任何历史的界限。什么东西都允许。"[1]

第一节　基于联系性的美的泛化

客观世界是一个彼此相关联的、不可分割的整体。在认识客观世界的过程中，由于受到人的能力有限性的制约，人只能无奈地将复杂的客观世界分化成为由若干特征所描述独立的特征集群。在此过程中，固有地表现出了独立特化的力量。这种孤立与差异化的力量，一是生命活性中发散力量的基本表现，二是通过与各种过程建立起稳定的关系，固有地表征生命的收敛与发散，综合性地表现生命的活性本征。这也就使得与生命活性相关和基于生命活性构建出来的诸多特征，都有可能成为指导美的相对优化构建的基本标准，也都有可能成为艺术表达的主题。"第二次世界大战后的一批美国画家，在波洛克与德·库宁的领导下，利用他们作画时动作的速度与粉碎的形体，使他们自己与观众都得到强烈的感受。"因此，"在每一种情况下，他们的画的效果都是令人吓一跳的，

使人心神不安的，永远忘记不了的。"① 要想对这一过程有一个清晰的认识，就需要更加具体地研究这个过程。

一　世界的复杂多变性是美泛化的基础

复杂多变的世界刺激，使人优化形成了不同的心理模式和各色差异的恰当的行为模式。在人们认识并明确美的独立意义以后，这种分化刺激也就成为美的泛化的客观作用基础。

（一）复杂的多因素、变化和不确定性

面对客观外界对生命的有效刺激，生命体构建出了描述世界状态、过程和变化趋势的若干特征。这些特征具有一定独立性的同时，由于生命的能力有限性，使得生命体只能描述有限的几个局部状态、局部特征之间有限的几个关系和有限的几个不同的意义，然后，通过建立适应性关系，将这些有限的几个局部的认识综合起来形成有限的几个更大局部意义上的（相对）完整化的认知。

生命的有限发展，以及生命中收敛力量和发散与收敛有机结合的力量，使生命体形成了总是以稳定的状态模式来表达确定性意义的过程。长期地进行这种过程，就会使生命体形成将一个时间空间发展过程分解为若干时段区域、不同的时段区域表达不同的局部意义的过程和习惯。人也在积极但却无可奈何地运用这种力量，将一个复杂的时间空间变化过程结构分解为多个环节，并建立每个环节的状态描述，再将每个相邻环节的特征之间的关系描述成动力学的转化模式、关系和规律，以稳定的动力学结构灵活地应对复杂客观世界的刺激作用。

我们所处的世界是一个充满生机与活力的世界。复杂性科学的本质在于不断地揭示，使其能够持续性地涌现出各种新奇的"东西"。这种新奇的涌现会给人带来不确定和未知。世界始终处于动态的变化过程中，谁也不知道其中哪个变化性模式和力量会在人的内心及生命体中产生足够的作用效果——使人的心智产生足够大（可以被人认识和感知到的）

---

① ［美］萨姆·亨特：《二十世纪西方绘画》，平野译，中国国际广播出版社1988年版，第3页。

的变化。这种不明确的复杂性，在使生命体感到困惑的同时，也形成了生命体的正常状态——"混沌边缘"。

（二）环境决定了人的生活模式和劳作方式

环境对一个群体的意向与追求会产生重要的影响，会在很大程度上决定他们日常的活动，决定他们的生存方式，决定他们获得的食物和获得食物的方式，决定他们获得其他日常生活资料的方式。这些现有的东西和由此所表现出来的信息，构成了生活在这片土地上的人们日常思维的基础和进一步展开想象的基本出发点，也决定了在人将注意力集中到这些方面而表现生命的活性本征时，会形成对哪些方面特定特征目标的期望与追求。

（三）环境影响人的思维、想象及期望

自然，在人的意识中表现活性的力量，必然会以相关的环境信息作为其中基本的"泛集元素"，"横断"性的活性本征表现与这些方面特征的有机结合，使相关的活动也具有了典型的环境性信息。在以相关心理模式为基础表现出建立关系和自组织的过程中，也都必然地受到环境信息的作用与影响。人们可以以环境信息为基础而展开联想，可以以环境信息为基础而展开自组织过程，可以以环境信息作为建立不同信息之间联系的通道，也可以以环境信息模式为指导，引导心理过程的变化等等。思维、想象及幻想无不被打上环境的"烙印"。

在人的大脑中充分表现生命的活性本征模式并使其具有一定意义的同时，与环境信息建立起稳定联系的活性力量将会发挥强大的作用，并由此形成具有环境因素的丰富想象。环境因素同样会影响到意识中所表现出来的各个方面的活性力量特征，基于当前的环境特征而形成向某个方向的差异化构建和发散性延伸扩展——期望及期望的满足也就由此而具有了环境信息特征。各种因素的综合作用、基于此而生成的多样并存基础上的优化选择，以及在此基础上生成的语言、符号和系统化的知识结构，都会在更大程度上促进文化在相关环境因素基础上的"烙印"性偏化发展，促进信息在大脑中更为烦琐的相互作用和自组织，促进人的好奇心对各种差异性环境信息的感知。这种差异将有效地促进其他心理模式的生成和扩展，促进基于环境因素的个体意识的生成、强化、固化，进而占据人的日常行为的核心，使之具有更强的环境地域性特征。

二　人与世界的作用生成了复杂的文化

（一）有人参与的系统是复杂的系统

1. 人是具有生命活性的自适应复杂系统

生命的自适应性特征成为人及人类社会的核心特征。这种因素的存在，使得凡是有人参与的系统，都能够以较大的可能性典型地表现出自适应性的力量；由此突显的非线性力量，使得即便在生命系统的运动过程中只存在微小的差异，也能够在进一步的过程中生成具有巨大不同的后继结果。这些差异巨大的不同是在环境因素的作用下与生命的活性本征表现的自然结合，或者说是对环境因素的差异化构建，因此，基于发散性本征的差异化便会构建出具有典型特征的地域性。

2. 差异化决定着群体的差异复杂性

生命的本质就在于不断地在差异化构建力量与地域特色有机结合的基础上建立起相互作用关系。由此而形成的特殊的生命物质基础又成为指导不同人展开不同组织结构和行为模式构建的基本出发点。即使基于同样的美的本质，也会以这种差异构建模式为基础，形成新的模式。此时，通过差异化构建而生成的新的模式意义，会由于与生命的活性本征具有紧密的联系，也随之成为美的指导标准，成为引导人进入美的状态的基本元素。随着生命的进化以及人的意识的有效发展，会使得进入美的状态的元素越来越丰富。

3. 联系性的作用与影响

不同的信息模式会因为时空相关、局部特征相同及相似，以及同处于一个整体中而建立起相互关系。这种关系在人的内心反映时，便成为彼此能够相互激活的基础。联系具有传递性特征，通过联系，会将更多的特征转化成为引导美的状态变化的基本因素。

4. 人按照自己的认识观照、改造着世界

生命的涌现力量与组织力量一起，不断地延伸扩展着当前的状态。人的大脑特殊而丰富的神经系统，在对信息的加工过程中保障着其具有足够的自由度，使这种延伸扩展保持更大的跨度与更加自由的方向选择。

由此所形成的自主及与当前有所差异的期望（和使期望得到满足的力量——受到收敛力量的有力作用而驱动人去努力地达到期望所对应的局部特征），会与人的自主选择形成较高兴奋度的有机结合，对人的心理转换与行为产生足够的控制力量。成为人进入与环境稳定协调时的基本力量，这种力量自然就会转化成为生命的活性本征，能够在差异化构建和比较、优化、选择的过程中发挥核心作用，以其自主表现引导人自主地进入稳定协调的美的状态。

5. 一切的行为都在人的心智中固化、自主

无论是行为模式、生理组织的活动，还是单纯在大脑中表现出来的稳定的心理模式，都能够以其在稳定基础上的活性表现而具有差异化构建和涌现性的力量，并在人的大脑中稳定地固化、表现自主。具有广泛联系的大脑神经系统，能够以其广泛自由的可扩展联系性的方式将诸多模式联系在一起，构成在大脑神经系统中展开更大范围优化的心理基础。

6. 交流与语言传递强化着共性信息特征

交流促进着人心智的进化，语言也在这一过程中随之被独立强化。强化后的语言能够在促进人心智进一步的进化过程中发挥更为强大的作用。卡西尔（Cassirer）就明确地指出：人是创造符号的动物。[①] 随着交流的深入进行，人会创造出越来越多的符号，更多的符号模式也随之与人的活性本征建立起紧密联系，更多的符号也会因为这种稳定联系而成为引导人进入美的状态的基本因素。当然，随着符号越来越多的建设，人在表达活性本征时的兴奋程度会越来越小，受到各种稳定符号的自主涌现的影响，进入与环境稳定协调的过程也越来越困难。这也就为美和艺术的"人的本质表现"带来了更大的困难。

7. 人的能力有限性强化了复杂性、差异化特征

人的能力有限性促使我们只能从局部的角度研究事物运动与变化的状态，从表面上看，这能够在一定程度上提高我们准确认识、把握复杂世界的能力，可以使我们最起码从局部上、在短时内形成一个明确的确定性的意义。但这只是从人掌握世界的角度来表述的。从另一个角度来

----

① ［德］恩斯特·卡西尔：《人论》，甘阳译，上海译文出版社 2004 年版。

看，将完整世界割裂的过程，只是从各个局部模式的角度进入了美的状态，想要达到更高的美的境界也就变得越来越困难了。

（二）知识自然地表征着生命的活性本征

这里所描述的是：经过意识的生成与放大，人将更加突出地表现与生命活性本征在协调过程的差异化构建与探索。基于人的抽象而形成的知识体系，自然地表征着生命的活性本征。但以符号为核心的知识体系，会在符号所表现出来的扩展、联想的基础上（使更多的信息处于兴奋状态），将生命的活性本征表现得更为隐秘。

1. 生命的各种活动都在大脑神经系统中反映着

由生命自由进化而来的神经系统，准确地表征着机体内部各组织器官的运动状态，协调着各组织器官之间的相互作用，同时不断地生成各种各样的新的稳定的模式。生命体内所有的组织器官的活动模式，都将有效地在大脑神经系统中表征出来。这种兴奋性表征表现出一定的结构，也代表着一定的意义。尤其是当神经系统中的神经元数量达到一定程度而形成大脑神经系统的集约化时，大脑神经系统就更能够以其表现生命活性中发散与收敛的有机结合而形成更大量的、有别于当前状态的、与当前外界刺激无关的新的信息模式。大脑神经系统与其他组织器官有所不同的是，神经系统内的不同神经元之间不同的兴奋组合，将对应于不同的信息意义，这种意义既包括局部模式所对应的意义，也包括局部模式之间通过相互作用而形成的新的意义。这种对应组织关系更加自由和广泛，在生成各种意义时也就更为强大和自由。

2. 对意识的迭代可以使活性表征更加强大

生命的活性在以神经系统的运动为基础的心智空间可以表现得更为突出，以意识层面的信息模式为基础，可以使差异扩展的幅度更大、涉及的信息数量更多，能够构成稳定的模式与更多的具体情况相对应的情况，涉及范围会更广，涉及的信息因素会更多，概括抽象程度会更加高深，稳定表现的时间会更长、更持久，会形成超出当前刺激更多的意义，或者说，能够以更大的可能性在更加多样的不同现象中寻找到更加深刻的不变性特征和模式结构。尤其是在多层神经结构能够稳定地固化出一种确定模式的基础上，以该模式为基础展开生命活性的独立表现。任何的心理模式，只要其保持足够的稳定性，便能够以该模式为基础展开活性变换（作用），持续性地形成新的神经兴奋过程。这种逐次迭代的过程在大脑神经系统中可以持续较长时间，更何况，人还能够以该模式为基础展开新的"循环"反思过程。

3. 意识的自主性强化着活性力量的表征

自主的意识作为一个独立的模式可以进一步地表达出活性变换，使意识模式的自主意识更强、活力更强，与此同时，自主意识还会使生命活性中的发散与收敛力量的有机结合变得更为紧密，展示出更强的实施差异化构建、比较优化选择等不为外界环境所控制的内在作用。具有较高可能性的自主性，使人更加愿意表达自主的力量，使人更强地表达内心生成的生命的活性本征。

4. 意识的反思（反馈）性强化着活性力量的展现

当人们认识到意识与其他生理过程的不同之处，认识到意识的独特力量时，便会依据意识的自组织和自反馈过程，以更大的可能将活性的扩展性力量进一步地延伸作用到其他意识模式上，在不同心理模式的表现与其增强的过程建立起稳定的"正反馈"，从而在活性力量的迭代作用下，进一步地强化意识。

5. 知识可以使生命的活性表现更加常见

这些心理模式在成为指导人从内心展开心理变换的控制模式的过程中，会运用这种模式与表现这种模式之间形成的共性相干，促使其在众多模式中突显出来。将这种模式作为控制模式，相当于完整激发了相关的模式去引导、联想具有某种性质的信息的激活和新的组织。控制模式作为高层次模式，在下传同构映射的过程中，必然与处于低层次的模式形成共性相干，并会因为有反映控制模式的高层次神经系统的参与（和自主涌现）而放大这种力量。两种力量会在同一个过程中相互影响，再通过其他神经系统的有效参与，形成放大过程。

这些力量的存在和作用也就明确地指出：一方面，美的状态中的诸多元素可以与人生命的所有环节可以建立起关系；另一方面，这些环节和特征也都可以因为与生命的活性本征联系在一起而成为表征美的程度的基本指标。

（三）以某个特征为基础表征生命活性

以任何一个特征为载体，都可以将生命的活性本征表达出来。"从历史的负担下获得解放的艺术家用他们希望的任何方式、为任何他们希望的目的，或者不为任何目的，可以自由地去创作艺术。"①

1. 生命体内的任何模式都表现生命活性

在当前，人的日常生活审美化，其核心在于指出人的所有的活动、活动的所有方面都能够作为载体表现美的状态、美的期望、美的追求、美的满足和美的事物。在此过程中，各种模式会与某一个活性本征模式建立起有效联系，但通过这些模式的兴奋而促进活性本征的兴奋时，会形成不同的意义。这就进一步意味着，我们能够以与生命活性本征的更加协调作为比较优化的标准，通过选择恰当的模式表达，更强烈地表达生命的活性本征。基于生活，人们有更多的意义特征可以描述，也可以使得这种描述更加丰富，更具吸引力；基于人们熟悉的生活，创作者在构建更加稳定的本征基础时，能够产生更多的发散性联想，以生成更多有差异的不同意义，促使创作者更加广泛地通过比较、选择、优化出最恰当的模式。基于生活中更多的细节，人们可以更加自如地表现自己的想象性构建；基于当前的局部特征，在任意组合过程中形成更加多样的可能性意义；基于生活，人们可以更加突出地表现自己在生活中所表现出来的生命活性，更加有力地表现自己的扩张性力量。生活就像是一个可以任意扩张表现的基础性模式和力量，基于生活，人们可以更加典型地表现扩张与收敛的有机统一，使人更加充分地认识到扩张、收敛，以及两者之间恰当协调的力量和意义；基于生活，人们能够基于更多的局部环节展开更加详细的描述，使人基于恰当的关系转换而形成一个能够被迅速理解的"故事流"。

2. 以活性本征为基础的差异化构建也会成为新的本征

表征生命的活性本征就是与生命的活性本征达到共振协调的过程。生命活性固有地表现出发散、扩展的力量，驱动着人的行为基于以往的

---

① ［美］阿瑟·C. 丹托：《艺术的终结之后》，王春辰译，江苏人民出版社 2007 年版，第18 页。

已知模式而产生变化，通过形成新的模式，并将该新的模式与以往的模式、当前的客观世界信息建立起稳定的联系而做出恰当优化。与这种过程相结合的优化，也就具有了进入稳定协调状态的力量。

基于生命活性本征所形成的新的本征状态，作为与稳定协调状态共振相干的一个有机成分，也会成为下一步展开各种协调构建的基本出发点。最起码，前面所形成的稳定性协调意义，会作为一种稳定的意义而延伸到所生成的模式上，使其具有标准性的意义。

3. 持续地表达生命活性中与 M 力量相结合的美的特征

美化不只是单纯地表现在外形上，更多情况下是真正地表现着美的力量——表征 M 的力量，追求卓越、好上加好。诸如在构建事物的适用性功能时，要做到真正地好用，使功能达到"最佳"的程度，就需要在主要结构、主要功能上下功夫，不能脱离事物的本质性内涵而只是简单地美化事物的外形。尤其不能偏离事物的主题，应该在强化其主要方面的同时，兼顾事物外形的美。在艺术家精力充足的情况下，如果时间和资源允许，便可以有所选择。要注意区分主次，问题的解决应抓住重点，区分主次，要真正地解决主要矛盾和关键问题，运用人的本能尽可能地变异扩展、在更大范围内尽可能地构建各种差异化的模式，充足而全方位地进行比较、优选，在不满意、已经发现缺点和不足时，更要想尽各种办法加以克服解决。而运用 M 的力量在问题解决的过程中也存在这种要求。要在主要方面运用 M 的力量强力推进，不能转换事物的主次之分，要强化重点，紧紧抓住事物的核心功能，不能使其偏离核心，不能为了华丽的表面而失去其真正的使用价值；在有足够的精力与人力、物力时，可以酌情在其外形的各个方面展开优化。不能哗众取宠地将人的注意力从其功能转向其表面的美。对内容美的追求不能妨碍对其外形的美的追求。内容通过一定的形式来表达。人们对这种表面美的追求是合理而恰当的。这种追求也恰好是人类社会进步的一个基本阶梯。后来者可以在这种表面形式美的基础上，在其他方面形成更进一步的美的构建过程。尤其需要提醒注意的是，不应该只追求形式的、表面的美化，而是应在所有的方面，尤其是对人具有重要作用的方面表现出对美追求的力量——M 力，引导人们向着更美的方向不断地付出努力。

4. 将彼此的表现共性相干地突显出来

人生艺术化的意义，可以表现在人生的每一步，使每个方面都能够体现出积极的不懈努力，追求卓越。在工作上能够勤奋努力，精益求精，而不是随遇而安、不思进取；不再仅仅满足于现状，而是在好奇心的驱使下不断地探索创新，并从主动的角度来构建、优化，谋划后继的各项工作。

面对人们对日常生活审美化的疑问，我们的结论是，生活中的每一件事、每一个过程都能够进行审美化加工和处理。这涉及美的主次之分，以及美化外形还是内涵的问题。最需要反思的就是，应该如何借助 M 的力量，更加有效地促进生活向着更加美好的方向迈出更大的步伐。我们应该将审美与日常生活有机结合，或者说用美的思维去面对日常生活的方方面面，避免表面化、肤浅化、形式化。

要将对美的追求具体地体现在对 M 力量的运用上，努力提升 M 的力量、发挥更大的 M 的力量。不能实施碎片化的解决方案，要对问题展开系统研究，力图取得整体突破。应重点关注美的系统整体协调关系，关注美的"多元辩证"关系①，从更高的层次、更加本质地理解美的意义，而不是坚持一种而否定其他。

要强化美的个性特征。我们不能以单一的标准创造一个复杂的世界。在不同的理想与追求、不同的背景与历史、不同的场合与环境等的共同作用下，会有不同的标准和要求，就应该在把握美的一般规律的基础上，构建出与具体情景相结合的美的特殊规律。从美学的角度，则应理解这种个性化状况存在的合理性，并从彼此之间的不同中，梳理出彼此之间的内在关系。

与此同时，我们还要认识到，运用 M 力量解决问题的过程，本身就是在消耗能量。这一过程的具体进行，将会在大的系统中形成向更加混乱的方向（系统熵变得更大）的转化。因此，就更需要我们运用自己的审美思维，恰当而创造性地构建问题的解决之道。但这并不意味着我们

---

① ［德］沃尔夫冈·韦尔施：《重构美学》，陆扬等译，上海译文出版社 2002 年版，第113、114 页。

在限制、阻止创新。面对社会发展中的诸多问题，需要我们运用自己的好奇心，灵活改变问题的解决方法、解决方向，在创造力的表现上运用M的力量，为创新付出更大的努力。

虽然说生活一直在发展，但只要保持人们对"更美"的追求，即使美的观念不断地发生变化，也不会脱离追求与表现美的本质，也能引导人创造更加美好的未来。"最美"的未来的吸引与牵引，以及"对美的追求"是人们摆脱各种"物欲"干扰与影响、控制与摆布的最有力的"工具"。无论是"审美的日常生活化"，还是"日常生活的审美化"，依据美的基本规律，在人生活的各个活动中探索美、表现美、创造美，其本质就在于通过人的各种活动，表达生命的活性本征，尤其表现M与优化的力量，表现出人对"更快、更高、更强"、更美的强烈追求。

三　好奇心驱动其他特征成为美的标准

以差异感知神经元为基础的好奇心，在人的心理过程中具有独立的特征，人们也将其视为描述其他心理过程的基础性"砖块"。我们所强调的是，正是由于好奇心，将各种特征联系在一起的整体美分离为由若干局部美的元素及相互作用所组成的美的网络扩展成为基于各个不同标准的局部美，并引导人根据各个不同的美的标准形成进入美的角度和方法，只是沿着某个（些）美的标准而构建美，不再从整体协调的角度研究构建完整的整体美，由此而形成各个独立而不同的进入美的状态的模式。在此过程中，还将"赋予美的标准"的模式过程作为一个独立的特征模式推广应用到其他特征上，通过表现其自主性和人的意识的有效扩展，使其变得更为独立，使人的研究能够从自主的角度，在单独强化其力量表现的过程中，强化着这一过程。

在此过程中，我们还会清醒地看到，好奇心已经作为一个基本的模块而被人视为生命的本能。根据前面的论述，表现并满足好奇心已经成为人的意识宏观层面的本能模式，表现和满足好奇心本身就足以给人带来更强的美的感受，因此，我们会为了追求好奇心的满足、追求更大好奇心的满足而构建新的艺术品。

在人通过与外界环境达成稳定协调而进入了美的状态，并赋予表现生命的活性本征以美的标准以后，我们可以运用差异化的力量，将综合化的整体美分解为由各个不同的美的模式独立表现，在独立表达基于单一特征的对美追求的基础上，协调综合各种不同的美的标准，使之成为统一的整体美。在形成单独追求某个特征的美的基础上，用各种表征生命活性的本征标准指导美的追求，并通过概括、抽象和固化赋予生命的活性本征以美的标准，基于生命中的收敛性的力量，不断地将其由具体到抽象、由单一到联系再到综合统一，从而形成美的升华。

四　对美的追求包含在对自然的认识中

无论是对宗教的认识与追求、对政治的认识与追求、对社会道德的认识与追求，还是对人生观的认识与追求等，诸多环节都可以因为生命活性的基础性表现而建立起有机联系，并由此成为可以指导美的构建（优化选择）的基本标准。对美的追求必然作为一种稳定的模式自然地进入人对客观的认识过程中。人对自然的认识会因为认识过程的不同而有所差异。当然，这只是在没有认识到绝对真理之前所必然经历的主观的过程。随着对绝对真理的逼近，这些蒙在客观真理之上的主观朦胧，将会被真理之间的共性相干所"消除"。

第二节　通过关联赋予其他特征以美

基于生命活性之上的宏观层面有独立表现的特征，会使相关的宏观特征成为指导人进入美的状态的基本角度和方法。由于美的因素的关联性力量，在人们以其为基础构成一个综合化的动力学过程时，自然会将对美的状态和对美的感受附加到对其他特征的追求上，通过赋予相关因素以美的独立性标准，将对其他特征的追求作为艺术的相关标准，再依据此特征指导意义信息向"更美"的整体转化。诸如整齐、对称、黄金分割、比例匀称等会成为基本特征用于指导其他与艺术建立关系的事物的状态。趣味表征了人的审美主动性，因为与兴趣、好奇心有关系，趣味也成为美的表达的基本标准。美的表达的基本标准显然不止这些。如现代美国著名经济学家凡勃伦（Veblen）在《有闲阶级论》中，对所有制产生的动机展开了泛美学意义的阐发，认为这应当归根于人的竞争动机，尤其是期望博得高于简单生理满足的荣誉的动机。生命体在扩展力量的作用下会自然地产生出超出直接生产劳动的"有闲和炫耀式消费"①。由于炫耀在更大程度上都是超出自己直接需要和直接享用的、在更大程度上纯粹是心理过程的体验，因此就具有了马克思所说的超趣粗陋的、直接的生理感觉的新的意义。此时，具有这种间接满足人的需要的"商品"不再是简单的使用物与交换物，它会被重新"附魅"，由此而具有美学的灵光。人们便可以此为标准而展开艺术创作。

一　认知的差异形成对世界的不同认识

（一）差异化是人对世界认识的基本特征

对一个统一世界的不同认识，形成了人类复杂的知识体系。无论是个体之间的不同认识，还是对不同现象之间的认识，这些不同的认识联系起来，会成为人类认识世界的复杂的知识体系。人类也正是从认识与当前知识体系的差异入手，不断地扩展着人类的知识体系。

（二）生命的活性本征是形成差异化认识的基础

不同的环境促使生命的活性本征产生不同的表达。不同的认识是生命活性本征不同表现的结果。尤其是人类生命中的活性扩展，保证着基于当前认识的差异化构建，这将永远地促进着人类对自然界认识的差异化进程。当这种差异化的构建通过生命的非线性放大达到足够大的程度时，就会形成各种独立不同的认识体系。

（三）人之间的不同表征着对世界认识的个性化

组成生命个体的物质的不同，生命的活性即使以共性为基础，也会保证生命个体活动方式的不同。不同的生命物质基础，以及由此而形成的个体的整个成长过程，都会使人对自然的认识产生巨大的不同。

（四）不同的观察角度和方法形成不同的认知

不同的遗传基础与个体成长经历更是升华着不同的认识。心智的进

---

① ［美］凡勃伦：《有闲阶级论》，蔡受百译，商务印书馆 2004 年版，第 67 页。

化所形成的不同意识会使不同的个体能够生成并保持自己独特的观察事物的角度和方法，固化形成不同的建立事物信息之间关系规律的过程，构建不同的特征、关系并由此生成相应的期望。

（五）不同的期望、要求和观照形成不同的认知

生命的活性驱动着个体同时进行求同与求异操作。无论是形成期望，还是期望的满足，都会基于不同的个体而形成彼此的差异，在将相关的信息作用到人对自然的认知过程时，认识体系的不同会表现得更加充分。基于当前状态而表现出来的生命的迭代，使得生命体能够构建出与当前状态有更大不同的模式，并在收敛性力量的作用下，驱动着当前状态向两者相同（相似）乃至统一的方向努力——期望。

（六）对个性的追求更加强调自我的独特力量

人在意识中认识自我，以及认识到这种自我的本质在于独特的个性时，会为了提升自我而不断地强化与他人的差异，并依据这种差异维持和促进社会的稳定、进步与发展。社会作为一种稳定的耗散结构，需要这种差异所形成的刺激的作用。在人认识到生命的活性本征在于发散与收敛的有机协调时，也会进一步地强化这种力量，这在一定程度上又会进一步地突出个人与他人的不同之处。

（七）群体的活性在融合中强调着差异化的力量

群体之间的相互作用会进一步地强化生命活性中收敛与发散的力量。对发散模式表现出足够的强化与追求的态度。或者说，群体中的个体在认识到了彼此之间的不同才是促进群体内在发展的基本力量时，便会在维持群体整体稳定与发展的基础上，通过群体相互作用的比较竞争，进一步地提升"求异"的力量。这种状态的表现也就意味着与生命活性中收敛与发散有机协调的基本力量形成了共性相干。

二　不同心理信息之间存在关联性

生命活性本征中发散的力量促进了差异化个体的生成，由此形成了多样并存的状态。而收敛的力量又将其稳定地联系在一起。发散与收敛的有机协调性，保证着生命体在差异化构建的基础上，将这些差异化的个体联系、统一在一起。生命的这些力量必然在人的意识中充分表现，

并由此生成更加复杂的意识系统。

（一）信息之间存在各种联系的可能性

前面涉及的所有的不同，都构建于个体生命活性的本征表现。从根本上讲，这些不同表现建立在共同的生命活性表现的基础上。因此，这些不同的表现会固有地以生命的活性为联结点而建立起种种关系。即使是差异化的表现，也会在不同的层面上表现出某些层次中相同（相似）的局部特征，并由此建立起共性相干的关系。生命体在差异的基础上必然会追求关联。心智能够表征生命活性本征中收敛与扩展的有机统一，通过意识不断地从一种信息向其他信息延伸。总之，在生命活性表征期间，所有的不同，都以生命为基础，这些不同由此而具有了内在联系，并有机地统一在一起。

在从心理层面建立信息之间关系的过程中，无论是不同心理信息之间的同显，还是由不同信息在某些局部特征上的相同（相似）而形成的不同信息之间的相互激励，都表征着关系的建立。

（二）生命以基本的活性本征表现为基础

意识是大量神经系统高度汇集，使其自主性占据更强地位、发挥更大作用的必然结果。再往前溯推，我们就可以看出，高度发达的意识系统，从根本上来源于生命体内各种不同组织器官的活性表现。在人所划分的各个层面（次）的进化结构中，都是以生命的活性为基础而展开，并形成具有独立性的结构、组织和器官的。因此，这些不同的层面会自然地表现出生命的活性本征。不同的系统、层次之间就能够通过这种共性表现而形成非线性相干，使其成为典型而突出的基本力量。越是更强表现这种力量的生命体，越是能够得到更大程度上的进化。

局部化虽然减少了相应的信息量，但却成为建立不同信息之间相互激励的基础。这也是生命体不得不如此的结果。不同的信息会在局部化的过程中，将其典型而突出的结构突显出来，并在若干不同信息的相似性局部信息的基础上，最终以优化的方式将其概括抽象为典型的模式，使某些局部特征成为联系不同信息的中枢。概括抽象过程使不同信息之间的共性特征成为关键，人们也就更加乐于表现概括抽象的模式，并使之成为指导美的构建的基本标准。

（三）信息的多层次意义促使其通过更多的方式建立关系

当差异化的力量作用到建立不同信息之间关系的过程模式上时，会基于当前所建立的关系模式，寻找建立其他关系的模式和结构，并在这种力量的持续作用下，不断地寻找彼此之间其他的关系，基于其他的关系使不同的信息同时兴奋。

（四）即使是否定性同显也是建立关系的一种方式

建立相互激活能力的一切关系模式都会成为一种独立的力量，即使是不同信息之间的否定性的力量——矛盾，也会成为建立不同信息之间相互激活关系的联想性基本模式。这就意味着，即使是相互矛盾的美的指标，也会因为这种矛盾关系而呈现出相互激励的力量。

三　通过关联赋予其他特征以美

美是一个综合化的状态。在以某个特征作为美化标准的同时，与之能够建立起稳定联系的其他特征也会与美建立起关系，通过独立表现而成为美的意义的标准。

（一）生命的活性扩展会使其他特征成为美的标准

由发散、扩展所进一步生成的分解性的力量，使得美的综合表现能够转化成为基于若干不同美的标准的优化过程。这些被分解出来的独立特征，会分别具有美的意义与力量，自然也会成为一种美的标准。

（二）通过关联使其他特征成为美的标准

在形成了美的意义以后，如果存在某个能够与美的状态，以及其中的某个标准建立起直接而稳定关系的独立模式，根据美的关系的传递性，这些独立的特征模式就会被作为美的标准。其展示的强度及指导人构建美的力量将随着这种关联性的强弱、人使用这种模式指导构建美的次数而发生相应的变化。这样做能够有效地引申扩展美的标准，但同时也容易将人的追求"异化"。诸如，在凡勃伦论述的工业社会中，就是以"钱"为核心的"利"的力量占据着统治地位："在任何高度组织起来的工业社会，荣誉最后依据的总是金钱力量；而表现金钱力量从而获得或保持荣誉的手段是有闲和对财物的明显消费。"① 显然，这就是通过关联而使其他特征成为美的追求标准，并成为人类社会正常的进步与发展中的"异化"。"有闲"便可自由"游戏"，从而成为可以且能够审美的人；当然，"消费"却并不意味着一定"奢侈"。当人们摆脱功利而趋向"唯美"的"为艺术而艺术"的桥梁时，金钱也就具有成了正常的美学的意义。这是通过延伸关联而赋予金钱以美学意义而不至于使之"异化"的过程。

（三）赋予直接提升竞争力的相关特征以美的标准

表征生命竞争力强弱的力量，会成为一种独立的模式，在具有生命本征意义的基础上，成为指导人意义、情感表征过程的基本力量和核心要素。当这种竞争力直接表达在人的各种活动中、表达在人的各种间接地获得竞争优势的活动中时，表现这些力量的结构、形式，就会在表现美的意义上贡献出更大的力量。人们也会赋予促进直接提升竞争力增强的相关特征的增强因素以美的标准的地位与作用，在经过人的意识的强化与放大以后，会将相应力量变得更为强大、更为多样和丰富。

（四）赋予间接提升竞争力的相关特征以美的标准

直接表现竞争力的特征模式具有美的意义，而那些因与这些特征模式具有稳定联系、能够在更大程度上与直接竞争力相关的模式，也会成为决定竞争力高低的关键性因素。根据关联性特征，虽然其他的特征不足以起到决定其竞争力高低的作用，但这些特征也会成为在美化的过程中所必须考虑的特征，它们也随之成为美的标准。当然，由于间接的因素很多，哪些因素会成为美的标准，则需要一个重新构建与优化的过程。

四　独立特化相关特征对美的追求

通过关联赋予不同的特征以美的标准，作为一个稳定的模式可以被人专门关注，成为从这个层面追求美的创造和新奇表现的一个基本出发点。从进化的角度，只要能够成为人们共同追求的美化的标准，只要是

---

① ［美］凡勃伦：《有闲阶级论》，蔡受百译，商务印书馆 2004 年版，第 67 页。

前人已经在这个标准上做出了相应的探索，这些美的标准便都可以被用于当前美的具体构建。

（一）将美的标准独立特化出来

既然人们会将对美的综合化追求，转化成为以某个特征为基础而更有效地展示生命活性力量的过程，同时，根据不同美的标准的相关性而赋予其他特征以美的标准的意义，生命的活性力量也在以美的标准为基础的过程中，不断地分解、扩展着美的特征和标准，那么，这种将美的标准独立特化出来的模式就会在人的各种活动中被反复地强化，这就意味着在各种活动中，这种模式都能够被有效地独立特化出来。

（二）以美的标准构建选择优化的具体方法

我们可以在美与客观表现的相互作用中，通过"互适应"的自组织方式，从两个不同的出发点，采取相向而行的办法，在各自的构建过程中、在构建出更多相同的局部特征的基础上、在诸多可能的标准中，比较选择出最能表现当前情景的美的标准。美的判断是以一定美的标准为基础的。在选定某个特征作为美的标准以后，基于相互关联性，同时进一步地运用生命活性的力量，通过构建差异化的多样并存，就可以从中比较、判断、优化、选择出最恰当的优化方案（仍然是局部最优）。

五　美的系统性特征被赋予不同意义

（一）美的整体性

这里所讲的问题是：形成美涉及诸多环节，包括局部性特征、局部特征之间的关系性特征、结构性特征、时间性特征、过程性（时空性）特征、环境性特征等等。这些要素将在同时表达各局部特征意义的基础上，通过相互作用组成一个有机整体。无论是局部意义、子系统的意义，还是整体性意义，都会在美的整体意义形成中发挥相应的作用。人的能力的有限性使我们只能在一定时间内关注少量的美的元素，通过一步一步的转化，研究彼此之间的相互作用，逐步使其完善。

（二）美的标准的局部性特征

这里所强调的是，作为美的集合体 $\{m_1, m_2, \cdots m_r\}$，当形成了稳定的美的整体以后，我们可以将其中任何一个美的元素作为美的基本标准，基于此而形成的优化选择将会成为构建美的进一步过程的出发点，根据各个美的元素之间的相互作用引导人向整体而全面的美的状态深入。比如说，在我们给出的定义中，无论是表达 M 的力量，还是表达协调的程度等，这些美的元素都将在美的创造、审美体验、审美判断等过程中发挥关键的作用。

各种标准会在自组织作用下，共同组成美的综合性的理念。此时美的理念是以一个泛集的形式来表征的：诸多美的标准和理念分别作为独立的心理模式组成一个稳定的泛集。人是以该泛集的稳定状态而与美的理念相对应的。其中该泛集的每个元素都有可能发挥作用，有可能以某一个元素为核心而形成美的理念。在欣赏艺术的过程中，当人们将某一种美学标准激活，并赋予其审美活动时，它就成了美的重要指标。比如说，人们经常会将对爱情的追求与向往赋予艺术作品，或者赋予欣赏者自身，从而以一种追求的、向往的方式体验这种感受。

我们可以构建出基于单一美的标准的更美（乃至局部最美）的艺术品，也可以逐一地在单个美的标准构建的基础上，将其综合在一起，或者说选定若干美的标准作为一个稳定的指导集合，引导人从更美的角度进入美的状态。由单一地进入美的状态到综合性地进入美的状态，是人能够更加深刻而系统地进入美的状态的过程，由此会使人形成更加深刻和全面的审美感受。

美学家和艺术家有可能会以少量的几个美的元素为核心，仅直接地以该泛集元素的"算术平均"或"算术加权平均"而求得美的理念，也有可能基于当前美的标准泛集，只是激发出每个元素有限的美的理念的相关信息，再通过每个元素所激发出来的信息，以及彼此之间的相互作用综合性地形成一个统一的美的理念。

（三）将一个美的元素作为独立标准时，还存在基于该标准的延伸扩展

我们将一个美的标准独立特化出来以后，就会以该标准为基础，通过表达生命的活性，尤其是通过变异与表达 M 力，将与此相关的、变异后的其他模式一同展示出来，并对进一步的过程产生足够的激发、控制性作用，从而展开比较优化的过程。

（四）将优化后的特征作为美的判别标准

这样做的原因，不外乎以下几种情况：

第一，美的标准具有一定程度的虚无性特征。人们期望选择一个能够进行及时（相对）、准确判断的具体标准。这些标准易于判定、为人们所熟悉，因此，人们便会自然地选择这些易于被判定的期望性特征作为美的优化判别标准。

第二，那些与美的状态具有紧密联系的特征，尤其这些特征也能够通过量化而形成变化性度量，可以成为比较差异的标准时，人们也愿意根据这种紧密联系并可以作为优化判别的标准的特征，直接基于该标准表达出对更美的追求。

第三，这些特征同样表达了 M 的力量。人们会通过这些标准判定一件艺术品的好与坏而并以此代替对美的判定。

（五）注意这些过程的独立化、自主化和意识强化特征及过程

人们会将依据某个标准而构建出的更美的模式独立特化出来，通过在其他过程中寻找其重复表现而强化其独立性力量，通过形成对该模式的独立反馈作用，在稳定兴奋的基础上，充分地表达出其自主的力量，基于涌现而将其展现在其他的过程中，以发挥其应有的作用。只要人们选择了将一个特征作为比较优化的标准，就会形成这种过程。

（六）把美的结果作为标准

人们已经从最美的艺术品中获得了美的感受，对美的结果的认可会引导人将其强化成为独立的模式，使之成为一种典型的优化力量。人们会将美的结果作为形而上的标准，一方面进一步地强化这种模式的稳定性；另一方面将其作为一个独立的模式而推广到更多的过程中，指导基于其他特征的美的标准构建。

（七）内容美与形式美

人们在欣赏一件艺术品时，往往只是直观地展示其在看到该艺术品时一瞬间的感受和由此所激发出来的内心的美。从艺术创作者的角度来看，它包含着两种不同的艺术创作过程：第一种是直观地表达出艺术家在内心的美与某个（最佳的）外在客观最佳的稳定对应；第二种是通过当前的描述更进一步地表达出更深层次的意义。当然，一件艺术品也并

不是总要表达某种意义。浙江 2017 年高考语文中的一个考试题："发出幽光"问作者想要表达什么？这种感受可能仅仅只是作者在当时的感受，而作者也只是将这种感受直接地表达出来。作者并没有什么更深层次的想法。我们应该认可艺术家在符号表达时的直观感受。

从某种角度讲，当人们进一步地从一件作品中挖掘其中所包含的各种各样更加深刻的意义时，都是试图由此意义出发而与美的本征建立起稳定的联系，包括生理层面、心理意识层面、社会道德层面等。而从艺术创作的角度来看，也是通过尽力地揭示各种意义与结构的对应关系，使人们能够看到很少的结构所包含的更加多样的意义的抽象关系，使人顺利地想到由此种结构所能激发出来的多个层次、多个角度所包含的意义，在诸多可能表征这种内在含义的形式中，选择出最能够有效完整表达的结构，并由此进入相关意义所对应的美的状态。

从基本元素的角度来看，既可以是潜在内容（"深层结构"）与活性本征的有机联系，也可以是作品的直观意义（"表层结构"）与活性本征的和谐共振，还可以是各种层次的意义与表达这种意义的形式之间的恰当关系。

形式的美直接作用于感官，而内涵的美则需要人们借助其他的信息进行新的意义构建与补充。具有个性化的丰富多样的艺术的确不能为人的行为制订规则、法律，但对艺术的追求同样成为人的核心规范。艺术在强化这种规范的同时，也在表达着自身的意义。

六　扩展本能将其他特征作为美的指标

生命的活性本征，会不断地在意识中表达发散扩展与收敛辐合的力量，将其他的特征也通过与美的联系转化为美的指标。

（一）人在表征生命活性本征的过程中，必然运用发散扩展的力量

在人的本能力量体系中，扩张性的本能始终是一种重要的力量。在美的标准的构建过程中，这种力量会驱动人在追求某种特征的过程中，转而追求其他的特征，将其他特征作为美的判断的关注点。基于构建标准的发散性操作，会从判定其是否作为美的优化标准的角度进行比较选择。

（二）以这些模式为基础表达生命活性本征中的扩展性力量

一是人会将其他特征稳定地展现在人的差异化构建基础上的优化意识中。心智具有足够的心理空间，也能够将诸多不同的信息一同展示出来，并进一步地展开优化过程。二是这种模式将能够稳定自主地在信息变换中起到控制性的作用。具体地讲，就是先是在各种变换中，提取具有某种特征的模式，构建具有一定差异性的其他信息模式，最后明确地追求这种控制模式更强大的力量表现，将这种增强态势转化成为度量其他模式比较优化的基础。

（三）运用人所特有的好奇心，将注意力转移到对其他特征的追求上

人尤其能够在其独特好奇心的作用下，基于追求目标的层次特征，不断地选择其他的追求目标。而表达满足好奇心作用下的差异化构建模式本身，就能够带给人足够的审美感受。立体派不如说是仅仅在技法上做了创新。"立体派使人明白，绘画是一种自主的审美实体——不是打开的窗子，而是平面，它本身就是客观世界中的一种物体，它是真实的结构，但不曾装配出相等的真实。"① 我们强调通过艺术作品的新颖性来满足人的好奇心，但决不意味着艺术创作只关注差异化构建，更为重要的是要体现美的本质：对更美的追求和差异化构建基础上的比较、判断、优化、选择。如果只是为了标新立异而创作，其艺术价值就要再思量了。②

充分发挥好奇心的力量，基于构建新的优化特征的模式，会使得人对美追求的判别标准越来越丰富。生命的优化本能会自然地驱动着人运用活性本征的力量从中选择。

七　美学的 M 标准：M—标准

我们能够在对美的标准独立特化的过程中表现 M 力的指导力量。此时，如果我们基于各种特征而构建进入美的状态、表达对美的追求，就

---

① ［美］萨姆·亨特：《二十世纪西方绘画》，平野译，中国国际广播出版社 1988 年版，第4 页。

② ［英］迈克尔·威尔逊：《如何读懂当代艺术——体验 21 世纪的艺术》，李爽译，中信出版集团 2017 年版。

会发挥出其作为一种独立模式的作用。人会进一步地扩展其在各种过程中应用的力量，会基于此而表现生命的活性，进一步地增强这种模式的稳定性和与其他各种活动建立关系的可能度，依据美的标准在对更美的追求中更加强势地表现生命的活性本征。人们更会自然地表现 M 的力量，将独立特化后的美的标准与 M 力建立起稳定的联系，以保证这种模式得到更大程度地增强。只是表现这种模式和力量所形成的艺术品，往往需要人们在构建过程中展开进一步的思考。如果不能明确界定、深度思考，便不容易寻找到创作者创作艺术品的"初衷"，也就不容易理解艺术品美在哪里。

（一）将"特征 + M"模式推广、迁移到其他特征中

既然我们建立起了一种模式与 M 力的稳定性联系，我们便会利用这一过程模式及其扩展，在其他的模式中试图建立起 M 力量表现的自然性结果，从而将这一稳定性的力量在其他过程中发挥出应有的作用。在我们形成了该模式的稳定与固化以后，就可以将 M 力与可以量化的特征相结合指导事物按照该特征进行优化，将其作为一种独立的模式被强化稳定。我们可以在其他事物的运动变化过程中，发现该模式的表现；以该模式为基础"观照"其他事物的运动变化过程；以该模式的自主涌现为核心指导下一步的心理转换过程，可以将该模式作为一个稳定的心理元素并使之处于兴奋状态，在新的心理动力过程中发挥其相应的作用。

在文艺复兴时期，每一部伟大的作品都是经过长时间的创作才形成的，人们既急切地盼望着完美的作品能够迅速地被展现出来，也乐于知道艺术家"几易其稿"，人们能够充分地在艺术家的创作过程中体会到对美无限追求的热情和努力追求的工作。

（二）通过特征之间的关联赋予其他特征以 M 力

一方面人们会在某一个特征的诸多表现中寻找 M 力可以表现的方面；另一方面，人也会主动地"界定"某一个变化方向，从而使某一过程沿着该方向表现出"梯度"性的特征。虽然不同的特征与 M 力没有直接关系，但由于这些特征之间存在某种稳定的变化性联系，而且其中的某些特征可以且已经与 M 建立起了稳定的联系，那么，我们就可以利用这种联系而使其中的任何一个特征表现出 M 力的作用。

比如说，人们发现在人的身上根本性地存在着互助的本能，这起源于生命体在彼此的相互作用过程中表现出来的本质性特征和规律。人具有通过合作而形成相应美德的本能。复杂性理论已经揭示，相互作用是一种本源，彼此之间的"互适应"也是一种本源。将不同个体之间的相互作用作为一种基本模式，就会在众多的相互作用过程中，形成一种影响彼此之间相互作用、共同生存的美的作用模式。这种作用模式只有在生命体上才能表现出来。此时，在多种模式同时并存时，在生命体自组织力量的作用下，自组织地构建更高层次的，联系性、概括性更强的稳定性的模式，这种稳定性的模式就会给人带来更高层次的审美美感。人们不只是赋予这种性质的相互作用以美德，还追求在更大程度上表现美德。

（三）构建量化度量过程

第一，没有明确量化方法时。通过将不同的个体放在一起加以比较，模糊性地从中判断与选择、优化。比如说漂亮是一种特征，当人们讲"更"漂亮时，便是通过该标准对艺术品加以判断。此时人们并没有一个明确差异度量和度量方法的客观性度量标准，所存在的仅仅是一种模糊的印象。即便如此，我们将不同的人放在一起加以比较，以选出自己认为其中"最漂亮"的那个人，仍是根据我们自己已经形成的审美观而做出选择的。虽然不同的人有不同的选择结果，但在有限的集合中，每一个人肯定都能选出自己认为"最漂亮"的那个人。

第二，存在关于特征的量化方法时，可以运用 M 的力量，在所选定的方向做出最大变异的努力。在人们所习惯的特征方面没有方法比较优劣时，可以先通过某个具有较大差异性特征的具体界定，形成作为优化判断标准的基本特征。比如说，我们以身高作为选择一个人好与坏的标准（虽然在一些群体中，人们往往会在其他特征相差不多的情况下，将一个人的身高作为其选择的关键标准）。

奥林匹克精神中所提倡的："更快、更高、更强"，促使人们有针对性地强化人的生命活性本征中的 M 力量，并在相关的项目中，将这种力量表现得更加强大。

第三，构建特征的量化方法。人们会不断地选择某一个特征，在表现典型的美的特征："更"时，也就意味着赋予了该特征以相应的标准，从而驱使人们朝着"更"的方向不断地变换追求下去。诸如，当人们选择了以温度越低则越好作为标准时，人们会想尽办法地追求如何达到更低的温度。在人们进行比较时，也是基于这种"特征＋'更'模式"所形成的标准而做出"更"的选择性追求：在相关特征方面表现得更加出色。

第四，运用相对比较法。去华山观景，能够认识到华山以其险峻给人带来的强烈的危机感，此时，人们的害怕心理便成为其基本的心理背景。显然，并不存在对"多么害怕"或"更害怕"基本的量度方法，但却可以通过具体的两两比较的方法，一步一步地选择出使人害怕程度更高的具体模式。而在害怕的心理背景中，我们再去发现其他方面的美的特征，就会与该特征指导下的模式一起形成对比。当我们理解了险峻的意义，认识到了大自然天工造化的力量，便会在大自然的景象中加以比较，从中选择出能够进行"更险峻"比较的特征，我们会展开想象，再结合更多的因素，做出最终的选择。诸如要攀登珠穆朗玛峰，由于其更高、空气稀薄和长年被冰雪覆盖而具有了其他方面的意义。在克服了这些巨大的困难以后，更能体会到征服的快乐。

我们可以认识一个人的伟大，虽然只是一个模糊的印象，也会生成对"更伟大"的追求。这种追求不但表现在对外在结构——外形的追求上，也表现在对内涵品格的追求上，尤其是对人类社会的稳定与发展有意义的特征。个体会因为获得群体中更多的竞争资源而表现出比他人更强的 M 力。他人能够做出来，而我有可能做不出来；他人可以毫无顾虑地迅速做出反应，而我则需要思前想后地做出价值衡量，并可能因此错失良机。从语义学的角度来看，需要寻找到恰当的语言对这种美的状态加以描述。或者说，在语言的综合构建过程中，将那些真正的、能够迅速引起群体中尽可能多的人的认知的模式作为艺术构建的基本出发点。

像人们习惯中常讲的"生动""栩栩如生"，在将其作为比较判断的标准时，这些特征所讲的就是对生命活力的直接表现，也是生命活性的力量——M 力在相关特征中的作用。不明确这其中 M 的意义，所谓"更生动"也就没有意义了。这里的"生"指的是生命的变化、运动，更多指生命的扩张、创造，而优秀的艺术作品所表现的一定是扩张与收敛的有机统一。每一部艺术作品并不只是单纯地表达一个生命的活性本征的一个方面，而是将收敛与发散力量综合性地表现展示出来，从而与创作者所体会到的自身的生命活性本征模式相协调。与此同时，生命体的本质力量也使得同一类群中的每个个体，都能够通过共振有效地认识到这种本征力量表现所带来的美的感受。

早期艺术家采取实际操作的方式教导徒弟，将构建最美的艺术品的美学品质体现在日常的艺术创作过程中，人们自然地赋予艺术品艰难的创作工作。而当人们习惯于从事相关的工作时，这在他人看来非常烦琐的工作，在这些熟练者那里，却成为日常性的习惯行为。但艺术总是要创新的，这就必然地与好奇心建立起更加深刻的联系。人能够在好奇心的作用下，不断地构建与他人不同的艺术品。尤其是构建出与他人不同的流派，以形成更高程度的创新。对未知留出足够的心理空间，以应对越来越不确定的信息。

如同真实的情景展现在人的面前，是指能够更大程度地在人的内心引起更大的反响——激发更多的信息、组成更多的意义、形成更高层次的创新等。但在人们没有认识到美的本质时，会将注意力集中到艺术品所要表达的意义上。或者说不愿意看到在形式上对美的追求，而是一味地将美的意义向神秘化的方向进一步转化。更明显不是更好吗？为何要故弄玄虚？那是一种过程。而相反的过程也同样可以出现。艺术品在这样无限朦胧化的过程中，将"缪斯的面纱"越盖越厚。

从艺术品所表达的意义来看，将更加复杂，因此，也就更能吸引人的注意力。但这的确仅仅只是美的一个方面。它所表达的意义，将以与生命的活性本征更加协调为基本出发点。当然，越复杂，人们所能提炼、构建出来的模式点就会越多，会有更多的美的元素成为引导人进入美的状态的基本出发点，也就越有可能引导人进入美的状态。但同时，越复杂，能力不足的人也就越不容易展开美的不同标准彼此之间的协调性构建，也就越不容易更加深刻全面地体验到艺术品中的美。如何从更加抽象的角度描述这种对美的追求（模式、过程、趋势等）会成为一个难题。这样做，会将艺术创作与艺术品对立起来，将美与对美的追求对立起来。

但这本来就是一体的，是一个事物诸多不同特征在不同情景中的不同体现。

第五，激发出更强的心理意向。比如说，在当前，人们已经具备了一切能够欣赏一场精彩的音乐会的手段，但当倾听了由高保真音响设备所提供的音乐以后，再比较去现场听音乐会，人们同样会有不同的感受。这种区别就在于，我们会真正地感受到如何通过音乐家的演奏而将音乐引入我们内心，尤其是当我们构建了不同的期望，甚至受到其他人的影响时。那么，这是否也意味着：当我们去观看画家具体地创作一幅伟大的作品时，同样会感受到更加伟大的艺术？风动？旗动？与我何干？

第六，以恰当的情感表达为标准。优秀的艺术品要更加恰当地表现人的情感。所谓更加恰当，就是指与人的生命活性更加有机地结合。因为人的情感是人的生命活性在"生理＋心理"上的综合表现。更加恰当地表达情感，也就是不能使相关的情感太过强烈，但也不能太小，要表达情感恰当的兴奋度，表达情感恰当的稳定性，表达当前稳定的情感表现（其他情感作为变化性的信息作用，其他信息作为变化性的信息作用）。在此过程中，从情感与意义内在逻辑性限制的角度，还需要表达与意义相协调的情感模式，表达与情感相协调的意义模式，并且当各种情感有机地结合为一个整体时，会将人的感情体验表现得更加丰富。

越是与生命活性状态相协调，越是能够使情感表现得更为恰当。由于不同的人在受到当前环境的影响时会使不同的生命活性本征处于兴奋状态，因此，恰当地表达情感所对应的"艺术品的状态"也是不同的。可以看出，所谓能够引起越来越多人欣赏的情感，一方面是在更大程度上表达了生命的本质共性特征；另一方面则是经过社会的共性相干而形成对这种共同情感的共性放大。

在这里，艺术的审美情感与一般的情绪反应之间的核心区别在于是否表现出了美的享受。艺术的审美情感只是一个抽象典型的说法，是能够联系更多情感表现模式的概括性模式，它所表达的是诸多过程中的共性情感，或者说是更多地抽去了生理反应，只留下共性心理反应的特征。这种情况只能是在意识层面可以更加充分地表现出来时，通过意识层面的丰富的异变模式基础上的 M 和优化，最后再通过概括抽象而形成处于优化的"联系中心"的模式。由此贝尔（Bell）才指出，这是审美情感与一般情绪反应具有很大不同的地方：既是情感模式，又是更多地抽去了生理反应的优化后的抽象模式。①

当我们选择了不同的标准时，有些标准对于生命进化的意义是直接的，将能够直接提升生命个体的竞争力；而有些特征却不能直接地表达生命个体竞争力的提升，或者说，这些特征所起的作用不被（有时也是不能被认识到）个体所重视，或者说不知道如何才能使其得到有效增强，而只能依靠自然的选择维持生物通过遗传而进行的优化选择。也正是这种不直接的进化意义，导致了生命体能够在更大范围内、面对更加多样的情况时，具有足够的生存优势。比如说，具有了生命特征的企业，在生存过程中表达出了这种优化适应的特征。都说一家公司应该以追求更大的利润作为其扩大再生产的基础，管理理论中的早期观点认为企业就是为追求利润而独立特化出来的。福特、IBM、微软等企业早期采取的就是这种简单扩大再生产的策略。有更多的企业为了更好地生存采取了其他的策略，并且在这些策略中运用 M 的力量，尽可能地表现得更好。中国华为强化对科研的投入；海尔以追求质量为基本。越来越多的企业认识到创新的力量、创新在竞争力中的作用以后，开始实施差异化竞争策略，通过构建与他人不同的产品取得自己应得的市场份额。

人在进化中，并不以直接追求某种更加强大的体力作为取得竞争优势的方法，而是通过增强对信息的加工能力，构建越来越多的联系间接信息之间关系的能力，在构建出诸多差异化模式的基础上做出恰当选择的想象预测和创造。这样的间接性进化策略使得人在动物界中异军突起。尤其是在这种生物适应能力的基础上，人类固化突显出了创造性的力量，人类可以根据自己的愿望、需求，甚至纯粹为了创新而创新。基于意识的迅捷而巨大的创造能力，足以使人类站在进化生命链的顶端。

大自然的美景，不具有人所具有的主观能动性，也不能在人对美的追求力量的控制下，运用 M 力使其更加险峻、更加宏伟。但人却可以在人的主观能动性的控制下，基于对更美的追求，通过表达 M 力的作用，

---

① ［英］克莱夫·贝尔：《艺术》，马钟元等译，中国文联出版社 1984 年版。

构建出更美的艺术品。此时，自然界所展示的图景，仅仅作为人创造艺术品的过程中的一个可供进一步比较优化的样本，人还可以在 M 力的作用下，甚至基于自然界的图景而实施差异化构建，并在这种多样并存的基础上再进一步地比较优化，从而扩大比较优化的范围。

当然，大自然的千奇百怪是谁都不能穷举的。而且，即使是微小的结构也会被放大成为可以为我们所有效感知的一定大小的新的图景。大自然中丰富多彩的生命个体会以其独特的形态，在差异化的构建过程中，表现出自身对世界环境的适应，并在生命活性本征力量的作用下，通过长时间的进化，达到最美（相对）的状态。经过长达几百万年的进化，丰富的生命体差异化构建的方式及数量是我们无法想象的。虽然生命体并不能像人一样从主动性的角度强化对美的方面的追求，但是，在它们所选定的生存竞争策略的控制下，在表达 M 力而获得更强的竞争优势方面，却能够表现出与人主动追求的力量相同的特征。从这个角度来看，艺术家对个体的探索与自然界所形成的最美的事物相比，还是存在巨大差异的。

"这美本身把它的特质传给一件东西，才使那件东西成其为美。"[①] 柏拉图（Plato）早就指出了美的观念被赋予到具体事物上的基本思想，由此，人们便通过构建出与人内心生成的美的状态和谐共鸣的"艺术品"而展开艺术创作。由于活性本征状态的复杂性，尤其是在强调个性化的今天，艺术美的意义往往更难理解。但当我们解决了个性美构建的基本原则后，就能够构建出从属于新的美学体系的、个性化的美的表现，从而表现出足够的掌控力。

九　象征

象征是具体的事物信息与某种特殊的意义建立起稳定性确定关系的过程。这种具体信息往往被人们认为是符号。鲁道夫・阿恩海姆（Rudolf Arnheim）重视象征在艺术中的地位与作用。在《艺术与视知觉》一书

---

① ［古希腊］柏拉图：《柏拉图文艺对话集》，朱光潜译，人民文学出版社 1997 年版，第 184 页。

中，他就强调一个结论，认为所有的艺术都是象征的。他写道："在一件艺术品中，每一个组成部分都是为表现主题思想服务的，因为存在的本质最终还是由主题体现出来的。即使作品看上去似乎完全是由中性的物体排列起来的，我们也能从中发现象征性。"① 象征符号所表达的丰富的意义，带给审美以更加丰富的内涵。

（一）象征

当某种符号被确定性地赋予某种意义时，就构成了象征。这种确定性的关系一旦建立，就意味着完成了象征。这种象征符号与意义集合之间确定性的对应结构，被视为稳定的象征结构。

之所以构成象征，同样可以看作由人的能力有限性与外部世界的复杂性之间的矛盾所引起。人们需要用有限的认知能力和知识结构在更大程度上掌控复杂的客观世界。在这种意义上讲，有限的象征符号却能够在更大程度上代表着最为复杂烦琐的客观信息。

人们在不合理的压力下能够坚定不移、勇敢抗争、宁折不弯。在中国的古代绘画艺术中，"梅兰竹菊"被人们称为"四君子"，成为一定社会阶层的人所主要表达的主题。

（二）象征具有确定性的对应关系

由于意义具有扩展性的力量，符号象征往往代表具有某种局部共性特征的同一类意义。诸如"母亲"，就具有足够的象征性意义。这种确定性的对应关系在长期的历史进化过程中，已经转化成为一种相当稳定的结构，在遇到新的情况时，人们会在非线性特征的基础上，构成"同化"与"顺应"的过程：在情况差异不大时，同化到已经形成的确定性对应关系中；在情况差异较大时，形成新的稳定对应关系，并形成新的象征结构。

当人们进一步地寻找某种结果的原因、当前过程所表达的更深层次的意义、反映更加本质的关系时，通过当前局部特征及彼此之间的关系，会进一步地构成一种更高层次的结构，并通过这种结构反映更加本质的

---

① ［德］鲁道夫·阿恩海姆：《艺术与视知觉》，滕守尧等译，中国社会科学出版社1984年版，第637页。

意义。

米兰达·布鲁斯－米特福德（Miranda Bruce－mitford）在描述太阳的象征意义时，指出了人们习惯意义上的象征："太阳——许多文化都曾有一段崇拜太阳的时期，并视之为最高宇宙的能量——生命的力量，使得万物茁壮生长。作为热量之源，太阳象征着活力、激情、年轻；作为光芒之源，太阳又象征着启迪、教化。太阳还是王权的象征。在一些传统文化里，太阳被奉为'宇宙之父'。日出与日落象征着出生、死亡及重生。"[1]

（三）生命活性决定着象征具有变化性因素

即便是经过严格的教育训练，在人的内心形成了稳定的象征，也会由于活性的发散扩展性力量和人突出的好奇心而将其他的信息元素引入当前的心理空间，并有效地参与到同其他信息自组织的相互作用过程中。正是生命的力量，才使其表现出了变化性的特征。

（四）象征表征着优化的力量

象征的构建过程，反映了抽象概括与优化的过程。人们会在众多不同的可能的符号与意义的对应关系中选择出最准确、最恰当的对应关系。但这种关系却并不是唯一的、它会随着不同人的建构历史过程而呈现出很大的不同。这种不同反映了不同人在不同的时期、面对不同的对象采取的不同的优化标准和优化方法。

对于整个群体来讲，基于环境的基础稳定性及相互交流而产生的作用与影响，有可能会对其概括优化抽象的过程和倾向产生足够的控制力，也总会在个人的差异化构建的基础上，形成一个与群体相对应的共性特征集合，这种共性特征集合也就成为艺术家与观众、不同地域的人彼此之间交流的基础。诸如，描述同一事物采取的不同的语言（汉语、英语、法语等），就会通过这一共同被描述的对象而建立起确定性的关系。

比如说，米兰达·布鲁斯－米特福德分析了黄金所具有的象征性意义："黄金被誉为完美的金属：它不仅光芒四射，而且具有耐久性及延展

---

[1] ［英］米兰达·布鲁斯－米特福德、菲利普·威尔金森：《符号与象征》，周继岚译，生活·读书·新知三联书店 2010 年版，第 16 页。

性，永不生锈。它金灿灿的颜色常与代表阳性的太阳、完美与心脏联系起来。同时，它还象征对于精神境界、高尚情操与纯度的最高追求。"①马克思也曾分析了金银的美学属性"使它们成为满足奢侈、装饰、华丽、炫耀等需要的天然材料，总之，成为剩余和财富的积极形式。它们可以说表现为从地下世界发掘出来的天然的光芒，银反射出一切光线的自然的混合，金则专门反射出最强的色彩——红色。而色彩的感觉是一般美感中最大众化的形式"②，并将金银制成的商品叫作"美的贮藏形式"③。正如马克思所说："它们的美学属性使它们成为显示奢侈、装饰、华丽的材料，成为剩余的积极形式，或者说成为满足日常生活和单纯自然需要范围之外的那些需要的手段。"④

（五）象征代表着人们的追求

在将生命的活性本征力量作用到象征的符号结构上时，自然会表达出差异化构建的力量，由此形成期望，以及使需要得以满足的追求力量。又在人的意识作用下，使这一过程变得更为突出。这些特征作为象征的基本因素始终存在着，成为象征的核心特征。在生命活性的发散与收敛力量的作用下，将人们对由符号所代表的更加美好的状态表达出来。

米兰达·布鲁斯－米特福德在分析"龙"所具有的意义时指出："东方人认为龙是吉祥、传递、贤明的化身。龙象征强大的力量、精神与世间万物，龙经常与智慧，以及自然的创造力联系在一起……在东方文化中，龙的形态千变万化，每一种形态都被赋予一种象征意义。例如，当龙与凤在神话中一起出现时，它们分别象征着天与地。在龙的所有形态中，最重要的便是住在云端的五爪金龙，它是独享的标志。同时，还象征着太阳、繁荣、愉悦、气魄与永存。在它之下四爪金龙则代表大地的

---

①　［英］米兰达·布鲁斯－米特福德、菲利普·威尔金森：《符号与象征》，周继岚译，生活·读书·新知三联书店 2010 年版，第 45 页。

②　［德］马克思：《政治经济学批判》，载《马克思恩格斯全集》（第 13 卷），人民出版社 1962 年版，第 144、145 页。

③　［德］马克思：《资本论》第一卷，载《马克思恩格斯全集》（第 23 卷），人民出版社 1972 年版，第 154 页。

④　［德］马克思：《经济学手稿 1857—1858》，载《马克思恩格斯全集》（第 46 卷下），人民出版社 1980 年版，第 459 页。

力量，而三爪金龙则象征雨水。"①

（六）审美过程中的象征作用

需要人们掌握这种习惯性约定、规定，并通过研究彼此之间的相互关系，而将这种深层次的象征意义揭示出来。从心理感知的过程来看，需要人们基于局部特征的象征意义及彼此之间的相互关系，在先期构建出众多可能的象征意义的基础上，再结合完整的具体情况确定性地选择某种符号及意义的逻辑性对应关系。

无论是优化性本能模式、M 的基本力量，还是其他方面具有自主性的本征模式，都将在象征的形成与确定性结构中占据重要的地位，发挥关键性的作用。也就意味着，象征在很大程度上能够表征先前所形成的人与环境的稳定协调，因此，象征也会成为引导人进入美的状态的基本角度和力量。

艺术家应该对这些象征的意义非常熟悉，并擅长利用这些确定的象征意义结构。能够自如地保证这些象征成为其基本的心理背景，不需要专门的思考，能够灵活地按照其象征固有的逻辑结构一一展示，使之成为引导人将注意力集中到其他方面的稳定性结构，甚至成为保证艺术家展开艺术创作的基本稳定信息结构。

十　追求标准的异化

生物进化到人这一层次，会将选择某个标准而优化的过程作为一种基本的模式，在所有的过程中将其自然地表现出来。尤其是人们以这种模式为基础时，生命体本身会将其作为一种基本模式而进一步地表达出发散扩展的力量，从而构建出有别于生物进化的核心力量的其他方面的美的标准。当人将外在特征作为目标来追求时，有时会偏离人的美的本性，也就会造成人性的歪曲。这需要更加深刻地分析这个问题。

（一）恰当地表达生命的活性本征是自然进化的结果

我们强调，人在表达自己生命的活性本征时，基本上是恰当的、有

---

① ［英］米兰达·布鲁斯－米特福德、菲利普·威尔金森：《符号与象征》，周继岚译，生活·读书·新知三联书店 2010 年版，第 79 页。

效的，是与自然、社会相协调的。突兀的外界目标追求则不受这种进化规律和自然选择的制约和影响。这种极端化的外在目标虽然也能够在一定程度上由人的内心生成并对美的过程产生影响，但却是在扩展发散力量的合规律的基础上变异生成的。因此，它可以在美的状态中作为扩展的结果而存在，却不能作为控制人美化的基本指标。即使在某种形态上表达出了对这种特征的追求，也一定是在以此为基础转向真正的美的本质目标。

（二）美始终伴随着生命的活性本征作用，并由不协调达到协调

生命体与外界环境达成稳定协调，是生命活性本征作用的结果。即使在美的状态中，也意味着生命的活性本征一直在发挥着关键的作用。扩张和收敛的有机协调、人与自然的协调等，都将受到美的状态或者说人性的制约。

当相反的过程表达出来，尤其是不能使人的愿望得到满足时，意味着形成了更加强烈的不协调的感受。生命的稳定协调性会要求其进一步地表达活性本征的差异化构建，通过构建新的相互作用关系，构建新的活性本征模式力量，在达到更加有效地表达生命活性本征的力量时，形成对外界环境的有效适应。当这种适应状态稳定下来时，意味着生命体形成了新的协调稳定状态，进入了新的美的状态。因此，这种过程会因为已经与稳定协调状态建立起了稳定性的关系而能够引导人进入这种稳定协调状态之中。

（三）生命的活性本征可以无限地强化作用到外界特征上

在保证有足够的资源支持时，使生命的活性本征表现可以达到无限增长的程度而不受约束。但我们应该认识到，这种无限增长的过程，是以稳定的结构为基础的。没有了稳定的结构，扩展的基础也就不存在了。此时，便会失去当前新奇状态与原来稳定状态之间的联系，新奇状态的"合法性"基础便不存在了。

这种稳定性基础，在保证扩张力量存在并发挥作用的同时，也会形成限制性的力量。

（四）人们所关心的是量的大小的变化

我们可以只关注在某个特征上的量的变化。通过基于某个特征的无

限叠加，可以造成量的无限增长，由此形成新的稳定协调关系。显然，也只有在其形成量的较大变化时，才能由此而形成突出的刺激，进一步地促进生命体形成新的美的状态。

（五）要关注期望的正效果，也要关注期望的反作用

在当前的基础上，人们会形成更高的期望和使期望得到满足的力量，在其得不到满足时，便有很大的可能性产生相反的心理，诸如由感恩变成仇恨。

（六）由美所构成的互助友爱的力量使人远离自私的"漩涡"

美在相互作用的过程中，会促进人类社会形成互助友爱的力量，引导人在表达竞争的同时，强化合作，从而使群体获得更大的生存能力。因此，对美的追求才是促进社会文明进步的核心力量，这也预示着美学应在文化中发挥关键性的作用。但我们也不否认会由此而生成不利于群体稳定与发展的作用因素。

第三节　求道、领悟与天人合一

一　天人合一

（一）天人合一的意义

1. 天人合一

"天人合一"是我国古代劳动人民在认识自然的过程总结出来的一条原则，也成为人的行为的基本原则。天人合一，基本的意义之一就是人要与自然和谐一致，达到和谐共振、同步共鸣。合一，表达着协调的意味。天人合一意味着对与自然状态协调的追求。人与天毕竟是不同的，但人却可以通过在诸多方面达成与人们所认识到的"天"的特征的相同一致，而逐步达到对天人合一的追求。

天人合一主要在于追求人在外界环境作用下的生命活性的本征表达。在于驱动生命状态发生优化性调整，以更大程度地适应外部环境。不断变化的是外界环境，因此，生命体只能被动地适应外部环境的变化。天人合一作为一种理想，会成为被人努力追求的目标，人们会在一定程度

上主动地达到与这种状态所表达的某些局部特征相同的状态，最大程度地达到天人合一。能够在更大程度上达到与"天"的合一、合拍、协调、共振，也就能够在更大程度上表达出与生命的活性本征的稳定协调。正如里德指出的："有史以来，中国艺术便是凭借一种内在的力量来表现有生命的自然，艺术家的目的在于使自己同这种力量融会贯通，然后再将其特征传达给观众。"①

在中国哲学史上，首先明确提出"天人合一"四字的是张载，他说："儒者则因明致诚，因诚致明．故天人合一，致学而可以成圣，得天而未始遗人。"《正蒙·乾称》中国天人观念源于中国原始先民的宗教意识，在这种意识中，自然作为一种神秘的异己力量，所有自然现象都会受到神灵的支配。进入文明时代，尤其是西周灭亡后，早先的天人观念瓦解，新的天人理论随之形成。最有影响的是儒、道的天人学说。儒家孔子学说的核心是"仁"，而"仁"是天赋予人的。孔子贡献之一就是将"天"解释为自然界，"天何言哉？四时行焉，百物生焉，天何言哉？"（《论语·阳货篇》）。孟子将"天"进一步自然化，他提出"尽心知性之天""存心养性事天"及"仁民爱物"（《孟子·尽心上》），实现人与自然的和谐相处，达到人与天地间同质、同形、同构的精神境界。在《庄子》中，"天"有两个意义：一个是客观的自然界；一个是使人处于自然的活性本征表现状态而不加任何的意识干扰。"不以人助天"（《大宗师》）里的"天"是前者，"牛马四足是谓天"（《秋水》）里的"天"便是后者。前者是"万物之总名"（郭象注《庄子·齐物论》语），后者是万物之本来的性质状态。在前者的意义层面上，既指出了天人对立的一面，又强调了天人的和谐一致；在后者的意义层面上，庄子独尊崇自然，反对人为意识中的差异化构建和无限的延伸扩展，尤其反对人在意识状态中所表现出来的主观能动性。

2. 天人合一即是人进入美的状态的具体表现

在天人合一的情况下，形成了人与自然的稳定和谐关系，引导人进入与环境的稳定协调所表达出来的美的状态，并由此赋予客观事物以美

---

① ［英］H. 里德：《艺术的真谛》，王柯平译，辽宁人民出版社1987年版，第75页。

的意义，使人形成并体验到美的意义。可以更加直接地讲，中国古人追求天人合一，这本身就是在引导人进入美的状态。

中国传统哲学中的"天人合一"更多地强调人的被动，主要讲的是人被动适应自然的过程和目标，在这里，人的主动性不被重视，人的生命力量不被重视，没有了人在达到"天人合一"时的特殊意义，因此便偏离了美的本质。中国人将"大美"作为极致美的存在假设，将天人合一作为一种理想在追求，展开了不懈追求"大美"的基本过程。但天人合一也指出了人只有达到与天的协调合一，才能体会到人在适应自然的过程中，通过有效地激发环境烙印到生命中所形成的生命活性与环境的稳定协调关系，而形成的与环境在更高境界上的协调统一。这其中所隐含的原则是：由天人不合一，通过更多局部因素上的合一而达到更大整体上的合一，通过这种由不合一而达到合一的程度，使人进入美的状态，并体会到美感。它是以自然的"天"为基础，引导"人"与"天"达成稳定协调。其中包含着对先前所形成的稳定协调状态的再"回归"。或者说将已经形成的人与自然的稳定协调状态认为是"天"。这种认识虽然也能引导人进入美的状态，却不能有效地指导艺术的构建与发展。或者说只是在追求人的外在形式的与天合一，不能通过关注生命的活性而创造生命的美的表达。

天人合一可以认为是认知状态的人与自然天性的人的协调一致，是理性的人与感性的人的协调统一。天与人的合一，指的就是艺术品要与人所构建出来的"完美"的模式相协调，将其作为对"天人合一"的追求过程。在《庄子·山木》和《庄子·知北游》中，既有"恶者贵而美者贱""其美者自美，吾不知其美也"等对"美"的否定，又有"天地有大美而不言"等对"美"的赞扬。这是老子所说的"大音希声""大象无形"的"道"在某种美的意义程度上的显现。这种"美"真正所指的其实是一种超越的生命境界。如《论语·先进》中的"吾与点也"，所描述的就是这种超越的生命境界。冯友兰将此称之为"天地境界"。而这种"天人合一"的"天地境界"其实也就是"审美境界"[①]，它所呈现的

---

① 张世英：《天人之际——中西哲学的困惑与选择》，人民出版社 1995 年版，第 232 页。

是一种"见山还是山，见水还是水"的"本然的人生境界"①。追求天人合一的协调程度越高，这种协调状态在人内心生成的美感就愈强烈。

3. 对天人合一审美意义的扩展

道家哲学是中国人文美学艺术中重要的思想源泉之一。经过长期的优化选择，中国视觉艺术与设计艺术的基本形态特征大致表现为："布局上求疏简、色彩上求素淡、技法上求生拙、表现上求含蓄、趣味上求天然"等等。中国艺术的几个重要范畴包括：天真、自然、平淡、质朴等，这些都可以认为是在天人合一基础上的简约之美的具体表现。

老子说；"信言不美，美言不信"，又说；"五色令人目盲，五音令人耳聋，五味令人口爽，驰骋畋猎令人心发狂，难得之货令人行妨"。主张回归无音、无色、无味的淡然状态，努力表达着人与环境相互作用过程中的活性本征。

(二) 表达生命的活性意味着天人合一

"天人合一"是指人心可以澄怀天地之心——生命活性本征的恰当构建与外界的客观协调对应。在生命体达成与外界环境稳定协调的过程中，只需要寻找构建生命活性本征的恰当表达即可。中国传统绘画美学的最高境界体现着人与自然、主观表现与客观再现的对立统一，也体现着自然物象和人的审美精神的相争相融。从《周易》开始，中国美学就注重强调人与社会、人与自然的和谐关系，将自然作为追求的目标。生命必须达到与自然的稳定协调，自然也就成为表达美的追求力量的目标所在。儒家经典把自然看作社会道德精神的象征，道家则认为自然是人的自由之所，借助对自然的恰当表达，构建出通过表达自然而潜在地表达生命活性本征的状态。画论中的"山性即我性，山情即我情"，充分肯定和表达了人与自然的和谐统一。

庄子把天地、自然本身归为大美，认为只有达到与生命活性本征自然而然的和谐共鸣时的乐才是真乐，只有自然而然的美乐才是真的美乐。自然的反面、超出协调稳定状态的某种力量的极度扩张，就是虚假造作、奢靡铺张。道家贵真也贵淡，这里的"真"指的是生命的活性本征，而

---

① 彭锋：《美学的意蕴》，中国人民大学出版社 2000 年版，第 53 页。

"淡"则是指尽可能少地受到环境的作用与影响，或者更主动地努力弱化外界环境的干扰与影响。在减少了外界环境的干扰与影响，只是真正地表征人与环境所达成的稳定协调关系时，环境就不再对人产生刺激，人便会更加自然、更加主要地表达其生命的活性本征。庄子就说："淡然无极而众美从之"。与此同时，"淡"可以有效地降低彼此之间相互不协调的力量，当"淡"达到最低程度时，就会使彼此的协调变得更加容易、自然。人在受到更强的差异化刺激，尤其是受到冲突表现时，会给稳定协调带来更大的困难，人也就会产生更多的其他方面的思想而不再"淡定"，人的活性本征表现的力度就会降低。以绘画为例，我国传统的赋色方法至唐代开始式微，代之而起的是唐宋的新的水墨画方法。水墨画以墨为彩，是通过墨色浓、淡、深、浅、干、湿等方面的变化来更加深刻而主要地表现丰富的光与色的韵律和画者的思想情感的。其中，更是以平淡、朴素、幽远而含蓄的弱化方式表现一种高雅脱俗的"本我"追求。考虑到画家与欣赏者需要在更多局部特征上形成共性相干，作画要求笔简意赅，要以最简练的笔墨塑造出更加生动而准确的形象，表达更加丰富的内容。

"疏简"在表达核心特征和谐共振的基础上，会使追求彼此之间的协调变得更加容易便利，但其却最终演化成为道家所倡导的一种审美意境，也最终成为人们判断画品高低的一种标准。墨色是最平淡朴素的颜色，可以看作庄子所谓纯素之道在绘画中的具体体现。以墨色表达出丰富的内容，恰恰是做了极度的优化抽象的结果。庄子说："能体纯素，谓之真人。"其渊源最早可以追溯至老子的"少则得，多则惑"。这与简约主义所提倡的"少就是多"的抽象与具体的关系上下贯通，形象以其极丰富的信息量而形成高度的简约概括，所留的"空白"就多。在中国的水墨画中，绝大部分不用色彩，只用"纯一"的墨色表达丰富多彩的思想意义，极少用到其他颜色，若用到其他颜色也仅仅是一个点缀。在此过程中，中国山水画特别重视疏朗和空白，有人甚至认为一幅优秀绘画的最好之处全在空白。空白并不是虚无，正是画面的大片空白之处赋予画以无限的生命力、赋予欣赏者以无限的想象力。画家梁楷是中国画领域画风简洁的代表。梁楷，居钱塘（今浙江杭州），贾师古高足，工画人物、佛道、鬼神，兼擅山水、花鸟，有出蓝之誉，幸而豪放不羁，画分二体，一曰细笔，一曰减笔，继承五代石恪，寥寥数笔，概括飘逸。其传世作品《李白行吟图》，舍弃一切背景，简单数笔，勾勒出李白游吟时飘然潇洒的神情，以少胜多，寓意深远，令人寻味。后人称其作为"减笔画"①。在这种情况下，善于抓住核心特征并能够准确地表达出最优的概括抽象结果，就成为画家最为关键的能力了。

二　中国文人以道法自然而追求天人合一

（一）人法地，地法天，天法道，道法自然

在人们将最高准则界定为由天所控制时，就会直接引导人去努力地追求最高境界。一步一步地追求将会因为多步骤带来更大的不确定性。直接追求最高，虽然也存在不确定性，而且不确定性可能更高，但与多步骤相比，还是会相对地失去很多的美的意义。

（二）将天人合一作为最高追求

在人们对繁杂世界更高程度的追求过程中，针对由文人总结出来的对客观世界的解释，自然地将"天人合一"的理论推广延伸到更多的方面。由此，"天人合一"便具有了宗教追求的境界意味。在与具体的艺术创作活动相结合的过程中，"天人合一"在艺术美学中提出了"忘境"要求：艺术家追求主客体的和谐统一，通过达到种物两忘的境界而更加准确地反映生命的活性本征；国画创作更是要求既要从感性上升到理性，还要超越理性，达到直觉性地、非功利性地、纯洁地表达"本我"的状态。从思维方式上看，"天人合一"的观念注重万物的本质性联系和感性直觉的心理体验。"天人合一"的绘画美学乃是人的情感、意志等多种心理的感性体验和直觉妙悟，也是对自然进行的一种本征性的审美观照。

在体会到健康对于人生命的意义的同时，"天人合一"思想的独立性和自主性便会有效地发挥作用。此时，人们也会自然地将这种思想推广到其他的方面，诸如在对美的构建和追求中发挥作用。

---

① 郑惠敏：《"天人合一"审美境界探析》，《学术交流》2007 年第 6 期。

（三）排除功利，追求更高境界

中国古人已经认识到，人的私心、功利心将是影响其向着"更高目标"追求的巨大障碍，因此，那些追求更高境界者，往往远离尘世，避免受到世俗的影响与侵害。《六祖檀经》中曾有"风动、旗动，还是心动"的说法，表达了外界因素对人内心的干扰与影响，以及由此而生成的对人的本心的追求。弗洛伊德将人分为"本我""自我"和"超我"，将不受环境影响和受到环境影响时人的状态做出了区分，更进一步地引导艺术家在最大程度地表达"本我"上下功夫。

只有保持一个人的内心在把握事物运动与变化的本质性特征和规律的基础上，不受其他信息的干扰与影响，才能达到"本我"——表达人的活性本征的自然状态。在中国古代文人那里，最高的美正是自然朴素之美、规律之美。最高境界的美，所谓的真正的美应该是"敛其芳姿，止其铺丽，而葆其朴素平淡"而达到纯真状态。无论是创作者还是欣赏者，都通过由开始"入世"到最终的"出世"，"由喜浓丽到尚简朴，由绚烂之极而归于平淡"，以达到简洁实用的"最高境界"。即便是"入世"，也是在受到世界的干扰与影响时，在更大程度上表达生命的活性本征。这种"平淡自然、返璞归真"的美学理想和美学追求延续多年。李白所崇尚的"清水出芙蓉，天然去雕饰"。宋代秉承理学所提倡的"存天理，灭人欲"，所表达就是努力地排除外界环境的干扰与影响，在更大程度上纯粹地表达生命的活性本征的过程。宋代的人文艺术和设计艺术整体上突出地表现出了典型的非功利思想。

三　中国文人以山水为主题表达天人合一

中国文人更是通过追求清雅、表达自然以示自己达到了天人合一的程度，并努力地追求更高程度的天人合一。

首先，一般的中国文人都喜欢在山水画优雅宁静的自然景色中，表达自己已经成为超凡脱俗、不食人间烟火的高士。因此，他们或听泉观竹，或谈经论道，表达着自己无思无欲、把一切都看淡的精神境界。画家在自然山川中寄托文人雅士纯粹本质的生活理想和审美情趣，抒发自己的心境、思绪境界、对外界事物规律的把握——万变不离其宗，以及由此而达到的"心畅"的境界。中国古代优秀的画家用差异化构建基础的多样并存和优化选择的心境来直接地观照自然，在表达自然中与自己生命的活性本征达成协调一致。他们能够在山水中观照地发现宇宙无限的本质，并且把永久的"最美"从自然中挖掘表达出来，在绘画中加以表现——"一滴水中见太阳"。画家在构思过程中，让心灵沉浸到山水具体而多样的底蕴之中，让自己的心灵与宇宙的节奏达成和谐统一，达到物我两忘，从而能够更加准确地把握其中的主要特征模式和特征之间的规律性联系。中国山水画以极其简约的形式内容展现了大自然的美丽风光，人展现了与大自然在主要局部特征上融为一体的"无差别"共振，并赋予绘画以更加丰富的象征性内涵。由天人合一而生成的"赋予"的根基与过程，使人们更多地看到了寓意过程的重要意义。中国的艺术家更多地采取这种方式，以点代面、以局部代整体、以抽象代具体，具体而抽象地通过一个很小的实际过程反映更具抽象性的一般规律，再以一种固定的思维模式引导他人得到由个体到全面的真理。这种模式就是由M力所延伸而来的基本模式。中国人已经认识到了资源和能力的有限性，也就只能在详细地描述一种具体的情况下，引导他人运用这种寓意象征的"潜台词"，在认定他人已经掌握了由局部到整体的推广模式的基础上，构建出富有个性特色的完美的理解。显然，这里的关键就是假设人已经具有了从局部到抽象、从表象到本质的思维模式。这要么是在引导人们学会掌握这种思维模式，要么就是在通过表达这种模式而使人体会到对本质性规律的掌控以达到更高境界的感受。

中国画的这种以具体引导人认识把握抽象规律、以"稳定代变化"的创作方法，强调用假设性的诗意情怀去体悟、观照自然，并在具体的观照过程中达到"天人合一"的心物感应之境。国画家紧紧抓住反映本质内容的核心特征，在非关键特征上采取"以实化虚"甚至以实化无的手法，将自然山水转化为画家胸中变化万千的意象山水。清代方士庶认为："山川草木，造化自然，乃实景也。画家因心造境，以手运心，乃虚境也。"① 宋范晞文在《对窗夜话》中也说："不以虚为虚，而以实为虚，

---

① （清）方士庶：《天慵庵随笔》，商务印书馆1936年版，第1页。

化景物为情思。"① 自然世界是人类观照自我的审美对象，画者寄情于山水，在同一与分离之中，实现着物我交流。

（一）达到更高的天人合一

将追求天人合一作为一种理想信念。实质上是以稳定的生命活性本征去应对这个变化多端的外部世界。在这里可以看出一个潜在性的假设：生命体具有无限的应对客观世界变化的能力。中国人主张天人合一、顺应自然，崇尚淡泊宁静、闲雅恬静、无私无欲的审美情趣，有着尚清、尚和的精神追求，认为朴质无华而天下莫能与之争美，即所谓的"大音稀声、大象无形、大巧若拙"，进而达到"道，可道，非常道。名，可名，非常名"的境地。由于文人特有的文化追求、人格特质、思维模式和艺术实践，使得他们的艺术逐渐形成一种独特的艺术风格和审美倾向：以质朴简单为主要表达形式，追求平淡自然、波澜不惊的构建方法，实现着返璞归真、心静止水的人生表达，以及简洁朴实、抱朴归一的风格理念。

（二）在诸多表达中选择最优的表达方式

"天人合一""道性相通"作为一种人生理想在先秦就已成熟，魏晋以后则开始具体地在艺术中得以实现，成为绘画艺术中努力追求的审美境界。中国的山水画最讲究意境，并将意境虚化为反映本质规律的本征境界。希望通过对各种各样自然山川的具体描绘而更加本质地传递出生命的体验和美学追求，驱动人们达到禅"悟"的境界。宗炳主张："身所盘桓，目所绸缪。以形写形，以色貌色。"他认为只有通过亲身游历各式各样的自然山川，在更大程度上扩展差异化的构建范围，在比较优化中概括积蓄出更具深刻意义的审美感受，才能画出感人至深的"天人合一"的自然山水意境。人们在差异化的构建过程，优化选择出局部最美，并通过这种完整的过程，将那些能够代表自己对"天道"追求的境界表达出来。

（三）由天人合一延伸出其他审美标准

《画山水序》是中国艺术史上最早关于山水画的专论，对中国整个绘

---

① （宋）范晞文：《对窗夜话》，中华书局1985年版，第14页。

画的历史产生了非常巨大的影响。宗炳所处的时期具有典型的特征。由于当时存在着的政治混乱与人的知识已经达到足够丰富的程度之间的矛盾，这时期具有较高审美的追求的人，在政治上抱负无望时，便会自然地将自己内心对美的追求寄情于自然山水，通过建立与自然更加广泛的联系，促进心灵的逐步升华，使其脱离各种具体的生理感觉所形成的美感，在深刻的哲学思考的基础上，引导对美的认识与理解达到一种更高的程度。因此，魏晋六朝时期的美学思维主要表现在山水美的发现及其对时人艺术心灵的焕发与培养、超凡脱俗的哲学的美。

宗炳正是顺应了这样一种历史趋势，以自己的理想追求为根基，以自己的旅游、绘画等审美实践为基础，进而领悟、概括总结出画山水画的理论法则。《画山水序》也成为中国最早关于山水画的画论，这是山水画开始走向实践自觉、走向理论自我、走向境界自为的重要标志。宗炳将其对宗教的理想追求转化为对山水画的美的追求，通过对宗教的追求来隐喻、象征、具体化对更高境界的美的追求。以在追求宗教的过程中所达到的境界来代替艺术作品的境界与追求。

宗炳主张的"澄怀味象"，陆机倡导的"情景交融"，宋代的"心物感应"，这些都在追求人与自然、心与物的和谐统一，体现着中国传统绘画美学的价值追求和本质特点。

1. 天人合一与心物感应

画论家郭熙在《林泉高致》中认为，观察自然山水要在不受外界其他认知影响的情况下，以与林泉相同的心来观之："以林泉之心临之"，不要用"骄侈之目相待"。"以林泉之心临之"就是要求画者不带任何的自我偏见，不存任何的先入为主，以追求物与我的相互感应、协调共振为核心，通过寻找更多局部特征上的共性相干，最终达到"天人合一""物我两忘"的境界。宋人邵雍也有这种畅想："以物观物，性也；以我观物，情也。性公而明，情偏而暗。"① 这说明艺术家在观察自然山川的时候，需要将自我主动地融入具体物中，从心态上假设自己与物同一，能够与物处于相同的环境，像物那样受到其他环境的作用而表达出相应

———————————

① 俞剑华：《中国古代画论类编》，人民美术出版社 2000 年版，第 631 页。

的特征和过程，通过在两者之间建立起共振协调关系，从自我的角度把握体验物的本质。钱锺书先生认为："'有来斯应'，'往通吐纳'盖谓物来而我亦去，物施而我亦报，如主之与客；初非物动吾情，即吾心，来斯受之，至不反之，如主之与奴也。不言我遇物，而言物迎我，不言物感我，而言我赠物……"① 石涛追求的"天人合一"认为："山川脱胎于予也，予脱胎于山川也。搜尽奇峰打草稿也。山川与予神遇而迹化也，所以终归之于大涤也。"② 无论是考虑人与物同，还是追求物与人同，首先都将自己置于了与物相同的状况下，具体考察各奇异山川，不断通过更大程度上的差异化构建（"搜尽奇峰打草稿"），在比较判断中优化选择出能够与"我"达到更大程度"天人合一"的艺术作品。

中国传统绘画理论提倡"外师造化，中得心源"③，通过外界客观更加丰富的差异化构建，引导内心更加丰富地进入优化后稳定协调的"最美"的状态。郭熙《林泉高致·山水训》说："春山烟云连绵，人欣欣；夏山嘉木繁阴，人坦坦；秋山明净摇落，人萧萧；冬山昏霾翳塞，人寂寂。"④ 通过对于这种景象的表达，包括从各种具体景象的描写，映照出其中所包含的生机盎然。自然四季之景，与人的身心相互联系，又通过相互否定、排斥，形成更大程度上的差异与刺激，引导着人与自然景象之间形成差异性刺激和共鸣协调性联系。中国传统绘画"天人合一"的美学追求就是通过"心"与"物"、"我"和"它"的相互交融，表达着更大程度的由不协调达到协调的有效刺激，把欣赏者带进一个典型地可以自由想象的审美空间，在优化的基础上概括领悟出深远的艺术境界。在人与自然的相互作用过程中，体验着协调所带来的愉悦性审美感受。

2. 天人合一与情景交融

陆机在《文赋》中最先谈到"情"与"景"的交融协调，表示已经认识到了与生命的活性本征更为接近的情感，能够使人更加明确地感知

---

① 钱锺书：《管锥编》，中华书局 1979 年版，第 1182 页。

② （清）石涛：《石涛画语录》，江苏美术出版社 2007 年版，第 6、7 页。

③ （唐）张彦远：《历代名画记》，人民美术出版社 1963 年版，第 90、91 页。

④ （宋）郭熙：《林泉高致·山水训》，转引自俞剑华《中国古代画论类编》，人民美术出版社 1964 年版，第 497 页。

景所激发出来的美的意义。王昌龄认为"物境、情境、意境"是人在具体的审视具体对象的美的过程中所表现出来的情与景的融合与统一、区别与差异的不同境界；王国维也倡导情景交融，认为对情景交融的追求是中国传统绘画美学处理主客体之间、心与物之间关系的基础。

情与景的交融本质上指的就是表达人活性本征的情感与环境的自然景色所达到的稳定协调关系。人的情感作为在外界环境作用下生成的意义的一个部分，作为主观性信息中反映活性本征重要成分的情感模式，会与其他的主观性信息一起参与到同客观性信息的相互作用过程中，通过达成动力系统的稳定性，表达更为恰当的稳定协调关系。

自然万物是一种客观存在，只有当诗画者达到"感时花溅泪，恨别鸟惊心"的程度，才能够更好地促进物与我的差异化刺激基础上的优化选择，促进人更加自由地展开想象的翅膀，使更多的信息模式在大脑中处于兴奋状态，通过各种形式的自组织动力学过程形成各种可能性的意义。由于达成了稳定协调，此时作为具有一定程度活性本征意义的情感模式，会达到一种恰当的表达，通过对情感的有效体验和感知，使人能够更加强烈地体验到稳定协调状态时的美的特殊意义。

3. 天人合一与传神写照

画者寄情于山水，在对本我本心的追求中、在简约清淡的形式中，表达着不受任何干扰的生命的活性本征的自然状态，以自然的内在追求观照人的本征，表达形与神的"天人合一"。在中国美学史上，魏晋顾恺之提出的"迁想妙得"，就是指画者在观照差异万千的自然万物的过程中，应该更加有力地推动艺术家发挥自身的想象力，通过大量的联想、类比等形式的激励、启发，通过生命活性中发散力量的驱动而扩展，利用优化构成的最美的"形"，更加突出而实在地表现对象的内在气质和神韵，协调性地表达各个层次活性本征的内在协调性，表达客观的外在形态与更进一步内涵表达的协调同构，在各个层次展现优化的力量，使艺术家自身的活性本征表达与客观山水所表现出来的意义达成共鸣协调。"妙"本身就具有优化的意义。绘画要实现的"传神写照"，既包括了山水所代表的自然的形、概括抽象的意义和规律，也代表着艺术创作者的理想与追求，尤其是达到了现实与追求、客观与精神之间的有机统一。

这种以准确而优化的具体代表本质关系规律的描绘方式，使得绘画不再否定形似，而是在形似的基础上在更大程度地以形写神，以形似达到神似，以形似、神似的共性和谐达成正反馈的稳定作用。

4. 天人合一与气韵生动

中国人在以"精气神"作为对生命活性特征认识的基础上，在认识各自独立的活性本征模式自然表达的基础上，力求达到彼此之间的协调统一，这已经成为人们的更高追求。南齐谢赫提出的绘画六法是相互联系的，而"气韵生动"则是中国绘画审美取向中"天人合一"更加直观的要求。张彦远在《历代名画记》中提出："以气韵求画则形似在其间矣。""若气韵不周，空陈形似，笔力未遒，空赋善彩，谓非妙也。"① 显然，以具体的绘画表达一定的意义、气韵时，只有通过差异化基础上的比较优化，才能选择出使人感到"生动"的气韵表达。宋人郭若虚云："凡画，气韵本乎游心，神采生于用笔。"② 所谓气韵，就是画面形象所体现出来的内在精神和神韵。如果只是追求外形的形似，则达不到"气韵生动"的程度。只有在形似与神似同时达到的天人合一的状态下，才能更加有力地表达出"气韵生动"来。"气韵生动"是指内在的神韵在各个层次相互和谐的基础上，将生命的活性本征、将生命对美的追求更加直观而显著地表现出来，要求以当前具体而生动的形象去描绘外界自然万物的内在精神。郭若虚主张以气韵的本源表达画者心灵中展现出来的生命的活性本征，强调的仍是内心与外物在"天人合一"中所达成的稳定协调，故优秀的中国山水画作品必定是自然与画者自然心性（活性本征）的有机统一，画者运用"以笔补造化"，将其气韵所构成的心灵结晶表达出来。"气韵生动"和"传神写照"都要求画家把对象的"精气神"协调统一地表达出来。

5. 天人合一与澄怀味象

宗炳在《画山水序》中叙述道："圣人含道暎物，贤者澄怀味象……

---

① （唐）张彦远：《历代名画记》，转引自俞剑华《中国画论类编》，人民美术出版社 1956 年版，第 27—40 页

② 同上书，第 52 页。

夫圣人以神发道，而贤者通。山水以形媚道，而仁者乐。"① 画家通过具体而有限的形象传递出无限的山水神韵规律，由当前具体的物象状态联想到万世万物，由具体而优化性地升华出抽象的一般，由自然山水上升到玄理的体悟，并使之成为画家努力追求和表达的目标。

澄怀味象即是达到澄澈的空明的心境来看待物象，潜心创作，移情于纯净创作中的一种悠然人生。澄怀味象在一定层次上也是指只有怀着虚静的心，才能在包容万物、肯定万物的基础上，以美的理念实施观照，更好地体会审美对象。是对审美主体澄清胸怀，涤除俗念，陶冶出纯净无瑕的审美心胸，排除自己的杂念干扰，以自身无私无欲的心态，无物无念的情怀，在非功利、超理智的审美心态中，品味、体验、感悟、构建、观照审美对象内部深层的情趣意蕴、生命精神。

第四节　无为作为一种境界

一　无为

(一) 无为的意义

无为，可以简单地认为是无所作为，无任何追求。无为的进一步解释则是：无我、无他、无所差异。按叔本华的理论观点，"无我之境"可以界定为：诗人用一种纯客观的高度和谐的审美心境，观照外物（审美和创作对象）时的一种最纯粹的美的形式。其本质在于表达这种与外界客观已经形成稳定协调的人在处于美的状态时的基本心境感受。在这一过程中，仿佛是两个独立的"自然体"通过表达各自的本征状态而静静地互相映照，通过相互适应、互相契合、彼此同构，达到两者单纯的相互和谐，由此凝结成一种属于优美范畴的艺术意境——表达不受任何干扰和影响的生命的活性本征。

(二) 无为是生命活性本征的自然表达状态和方式

人的进化不只是在外界环境的作用下简单的被动选择，尤其是在

---

① （南朝）宗炳、王微：《画山水序》，人民美术出版社1985年版，第1页。

意识形成以后，它会在更大程度上依据自己内心强大的自我感悟，突出强调人的内心对自己当前所处状态的感受，以及对其作用效果的反馈选择。从哲学的角度来看，与外界环境之间存在信息的交流是维持和生成当前"本心"活性的基本条件，去掉外界环境的影响，动态的本心运动会发生相应的变化，但先前所形成的"本心"仍会在一个相当长的时间内保持足够的稳定性，并表达出其应有的特征。而人们追求本心的过程就是在表达不需要这种环境影响时的稳定性本心。人所追求的就是表达这种排除了外界环境影响时的活性本征的共性模式，以及对这种模式的体验。

（三）在佛学的影响下，通过对无为的追求达到有所作为的结果

处于禅宗所追求的无为状态，表达对这种无欲状态的追求，采取的方法是：追求不以形成任何思想为基础，甚至达到连"不产生任何想法"的想法也不产生的境界。此时，我们想要追求达到的状态是"无为"的状态，这种状态是在现实世界现有的基础上，通过追求"无为"而形成的。通过"有为"而追求"无为"，将具体情景中的"有为"转化成为所有情景中的共性的"无为"。实际上，"追求无为"本身就是一种确定性的想法，因此，在对"无为"状态的追求过程中，如果更进一步地连这种"追求无为"的想法也不产生，完全地以人稳定本心的自然体现为其主要表现，通过差异化感知所形成的自反馈对自己的状态不产生任何主动的干扰与影响，只是通过共性相干而放大这种表现，只是被动地接受其所表现出来的本来的"我"，我们才能达到真正的"本我"——那种不受任何干扰与影响的原来的我。将"无为"作为一种状态时，在人面对客观世界时所形成的各种心态中，这种"无为"其实就是一种共性的、基础性的模式。将诸心态联系在一起，并有意识地追求这种"无为"的状态，就会基于"无为"而形成共性相干，由此形成通过表达诸心态共性的"无为"而将众心态联系在一起的结构。实际上，通过自身的"无为"体验，已经干扰了自身本征状态的表现，但当人们尽可能地降低该体验的强度，使之虽然存在能够为人感知到其差异刺激的存在但又不对相关的稳定本心（稳定协调状态）产生影响时，就可以保证生命体即使存在其他干扰的情况下，也能够稳定地保持其表达"无为"中的稳定本

心的状态。

在宗教思想的推波助澜之下，在掌控心理的追求驱动之下，"无为"以其表达诸多过程的共性模式而达到了至高的地位：成为人追求领悟、达到彼岸的基本特征和基本方法途径。道教与佛教的相互印证，又为这种模式构建了更为坚实的基础。

（四）是由入世达到出世的感悟状态

在这里，宗教将人的理想寄托其上，意味着将人的追求寄托其上。这里需要着重指出的就是：这种对于"道"（或称对道的境界）的追求（对规律的把握和运用规律解决实际问题的能力），作为人的一种理想，也作为一种具体表现达到"道"、实现"道"的过程模式，不断地追求道、悟，不断地由"此岸"尽可能地达到"彼岸"，不断地通过共性相干的方式将各种不同过程中的共性模式突显出来。在这种情况下，相应的共性模式，诸如：对美的追求，或者说表达 M 力量的过程、优化的过程（包括美的观照等），也就转化为宗教中不断地追求解脱、认识自我、把握真理的关键性过程模式。这种表征，自然地反映着与美的本意之间的内在联系性。除了种种可能的理性联系之外，这种联系也是内在的、必须的。

二 对无为、无欲、无求的追求

如何才能在物欲横流的当今世界做到无为？在将"无为"独立特化出来，与各种具体的实际情景联系在一起时，无为便具有了新的独特的意义。那么，在当前存在与外界有着更加多样的信息交流的情况下，如何才能保持我们的本心？如何才能从有为到无为？

（一）直接体验这种无为状态

人在没有建立起各种刺激作用下的状态与无为状态之间的差异和关系时，是不能体会到无为状态的特征的。最起码，人在无知状态下不能体验并记忆这种无为状态的特征。

（二）通过向无为状态的追求而体验无为

人在认识到无为状态正是其生命活性本征的自然表现状态，而由不自然状态向这种自然状态转化可以体验到美时，人们便开始了对这种无为状态的有意识追求。通过与其中某些局部特征的相同（相似）而向无为状态逼近、转化，尤其是通过这种完整过程的进行而体会到无为。既主动地追求这种无思无念状态与当前的意识状态之间的关系（区别与联系），又追求连这种无思无念的状态也不追求，甚至连这种思想都不存在的表现。

（三）通过各种具体情况而达到对其共性特征的把握

无为是我们建立各种思想的基本出发点，也是各种"有为"思想的共性基础。我们想追求无为，又似乎想在各种具体的情况下建立起各种心智状态与无为状态之间的联系，或者说，甚至只是怀着对这种无思无念的无为状态的期待和追求的态度，就有可能在其广泛的联系中，基于各种具体情况，通过内在的共性相干将无为状态突显出来，使人处于无思无念的无为兴奋状态。

（四）把握事物的运动变化规律而从具体形态中解放出来

在人们把握了客观事物运动变化的规律，而且能够自如地将其用于描述解决各种具体事物的运动变化中的相关问题，通过该本质性的规律描述与具体事物相结合的特征规律，并由此而研究事物的运动与变化时，从某种角度上讲，我们也就处于一种与具体事物无关的无为状态，甚至是处于对这种无为状态的努力追求过程中。

（五）表达人在外界环境作用下的瞬间状态——直觉

人的思想是在世间与自然、社会的相互作用过程中逐步成熟的。在精神分析心理学中，人们用"积淀"来描述这种过程。① 在通过优化模式的"积淀"而形成的稳定的内知识结构中，这种稳定的内知识结构表达着人与自然、社会相互作用的结果，与此有着紧密关系的自然与社会优化后的局部特征与这种稳定的内知识结构会建立起更加稳定的联系。这就意味着，只要外界环境与这种稳定的内知识结构存在局部上的相似或相同，便会通过相干而形成和谐共振，由此使相关的心理模式处于兴奋状态。更何况在人的内心还存在自涌现兴奋行为。而在人们不能通过排除各种环境的影响而得到稳定本心的表达时，人们认为，受到外界环境

---

① 李泽厚：《历史本体论》，生活·读书·新知三联书店 2002 年版，第 37—38 页。

影响的一瞬间进行的人的活性本征表达就是人的稳定本心表达。这是通过直觉而达到稳定本心的基本方法。

境界是人们需要追求的状态，人们也许永远达不到某种状态，但人们可以将其作为一种过程的目标而不断地追求，并努力地达到这种目标状态。在对这种状态的追求过程中，人们至少形成了两种基本的假设：一是，这种状态是可以达到的；二是，一定要保持我们不断的持续追求构建过程。表征这种追求的过程和相应的结果，最终就会形成艺术品。与长时间地努力追求稳定本心相比，表达受到刺激的瞬间所展现出来的心态，人们会潜在地假设，最先兴奋的一定是人的生命活性本征，因此，所形成的认知反应会更加接近稳定本心的状态，在这种情况下，人与外界环境的稳定协调的状态也更容易达到。美学家也往往将这种瞬间本心当作是稳定本心。最起码两者具有足够的接近程度。

三 无为与"文从道出"

反映事物运动变化本质的"道"是在我们不断地认识具体事物的运动变化过程中，通过各种事物的差异化比较和建立共性关系的过程而逐步形成的。应该说，这种"道"（规律的力量）在生命体达到与环境稳定协调的过程中的作用最大，因此，这种过程就会与人们对美的追求过程具有更大程度上的相干性。人们认为，艺术品就应该在更大程度上表现这种"道"，也应该在更大程度上表现对这种道的追求。

（一）先体验"道"再表达"道"

体验和表达这两个过程是不可分割的，也会在相互增强的过程中逐次进化。而这两个过程都是在追求"道"的方向上持续性地表现生命活性力量的过程。生命活性中发散的力量所形成的差异化构建，通过生命活性中收敛的力量而优化着这种构建追求，使人能够不断地达到更加本质的"道"。如果我们将"道"等同于事物运动变化的本质规律，用现代的话讲就是：我们在把握基本规律的基础上，构建出与具体问题相结合的"定解规律"，在把握基本规律的基础上，通过差异化构建选择出最优的"道"的表达结构。

（二）不受世间干扰而追求更高层次的"道"

《道德经》中云："道，可道，非常道，名，可名，非常名。"真正的道是完全的大道、事物的本质性规律，而不是若干特征指导下的"小道"。人们在虚拟中构建出了所谓的"大道"，并将对达到这种"道"的追求作为人们修行的主要行为模式。实质上这是人内心假设的一种信念。人们在追求道时甚至说不出"道"是什么："说是一物即不中"，但人们却坚定地认为的确存在这种表征万物运动与变化的本质性的基本规律，而且这种基本规律也能够为人们所认识、把握与遵循。我们必须把这种"高高在上"的道，采取人们所熟悉的模式、行为、语言将其具体地表达出来，成为一种可以为人们所认识、理解、接受的模式，并能够有效地指导人产生具体的行动。

（三）通过艺术的形式表达出比其他人"更加清静无为"的状态

在将"无为"划分成不同的程度和境界时，对美的追求与对无为更高境界的追求就建立起了共性相干的联系。无功利的艺术追求在一定程度上与"无为"具有更加紧密的联系。人们努力地通过追求"无为"，达到更大程度上的"无功利"性的艺术表达。并且，在以"无为"作为表达的目标时，能够通过人的能力的有限性而自然地构建出 M 力与对"无为"追求的有机结合，追求更加无为的过程。通过功利而形成的美的标准却引导人表现出了无功利性的追求，这种"二律背反"推动着人们的不断思考。在一个完整的美因人的能力有限而被其生命活性分割成若干美的标准以后，这种"二律背反"就固有地存在了。

（四）清静无为会成为人的追求目标

在我们学会、理解和掌握了艺术的规律以后，应该有效地指导具体的艺术创作过程，以便创作出符合某个标准要求的更美的艺术品。"文"只是艺术家表达其对生命活性表征的感受时的"表面语言"。出于工具和手段的不同，出于不同时代背景的影响，绘画、诗歌、雕塑、戏剧等，都只是艺术家表达某种深层意义的"表层语言结构"（N. Chomsky 语），人们要用这种表面语言表达潜在性的意义，这种表达的过程又须遵循美学所揭示"道"的规律。

当我们建立了一种虚幻的理想以后，如何采取恰当的方法将这种虚幻的理想具体化为一部作品？人们不是生硬地套用这些原则、原理、规则创作艺术作品，而是在众多可能遵循这些规律的表面语言中，选择能够恰当而准确地表达其潜在意义的具体的行为特征模式，然后一点一点地通过优化求同的方式向最为恰当的状态逼近。要将"道"作为不言自明的稳定性法则，指导人们运用表象的语言表达这种内在的规则，或者说，使表象的语言符合这种潜在的原则。要发挥这种抽象的"道"在恰当地指导人在具有个性化的表象语言的选择方面的控制作用，要在这种规律的基础上，将与具体情景相结合的诸多美学元素以更加丰富、鲜明、生动、自然、现实的方式涌现出来，通过概括抽象与具体现实的有机联系，促使欣赏者能够处于这种"背景场"中，激发欣赏者内在的情感与思维习惯。人们必须学会将这种抽象的规则转化成为具体而生动的美学元素，通过具有差异性的局部美学元素的选择，组成（包括对综合的模式和对彼此之间关系的选择）一个更加完美的艺术品。

　　每个人都存在追求最理想状态的心理，因此，也就存在不断地追求理想的过程，人们不断地通过局部小的步骤、环节来表征自己对这种理想逐步追求的共性过程，并从中体现出 M 与优化的力量。与此同时，人们还可以反过来，通过具体地创作优美的艺术作品，概括总结出一般的美的规律，再来指导人创作出更加优美的作品。

四　天人合一与清静无为

　　清静无为的思想与人的本性状态具有内在联系。人们通过追求清静无为，使人在外界环境作用下将其活性本征更加明确地表达出来：

　　一是，这本身就意味着，人的清静无为状态，就是人在外界环境作用下的生命活性本征状态；

　　二是，人们追求这种状态，就是追求如何在更大程度上达到这种本征表现，并使其处于更高表达的兴奋状态；

　　三是，在诸多人的本征状态中，当表现由发散所形成的对美的追求模式时，将使人产生更加强烈的感受；

　　四是，清静无为会成为人所追求的目标。人们可以追求更大程度上的清静无为。

人能够在清静无为的意识状态下更加显著而突出地表征与生命活性的有机协调。只有在清静无为状态下，才能更加有效地排除其他因素的干扰，使自己处于稳定本心的表达状态。也只有处于稳定且高兴奋的本心状态，才能使其他的意识模式处于低兴奋状态，也才能有效地排除其他意识的干扰。但这里存在一种两难状态。人的稳定本心是在外界因素的干扰之下形成的，而在形成了人的稳定性的心理以后，却要求人们的表征不受外界因素干扰。这其中的核心就是：在各种具体的情景中，最大程度地表达人的稳定本心。排除干扰是一种方法，追求清静无为也是一种方法。要通过艺术的表现形式表达出比其他人"更加清静无为"的状态。其中清静无为的程度越高，越是"不食人间烟火"，被人们认可其达到更高境界的程度就越高。这种清静无为是在"入世"以后的"出世"，是在把握了事物之间本质性联系基础上的清静无为，不是无为，而是大有作为，虽然达到目的的过程会受到世间各种信息的影响，但清静无为却能够做到不被世间的烦琐小事所干扰，而将注意力集中到更加本质的问题上；不被事物具体的情况所限定，而追求更多不同事物之间内在的本质性联系。时刻使自己处于对事物本质的把握理解的层次，并且能够结合具体情况，将抽象的概念性认识转化为具体的规律性描述。

第五节　神话与美

宗教、神话、神学在人类的文明进步尤其是美的进化过程中，占据着重要的地位。人们有可能会想：为什么表达生命活性本征的力量会在神学美学中发挥关键的作用？或者说，人们是如何从对人的活性本征的美的表达而转向对上帝之美的表达和追求的？

"人类因为恐惧未知的事物，于是创造了宗教信仰以及那些引领人生旅程及来生的居于宇宙的诸神。"① 既然人们通过创造宗教与神话，表达

---

① ［英］米兰达·布鲁斯－米特福德、菲利普·威尔金森：《符号与象征》，周继岚译，生活·读书·新知三联书店2010年版，第136页。

了其对自然能够具有足够的掌控能力，那么，就会自然地赋予"上帝"以至高无上的地位，将内心虚设的"完美"与其等同起来，然后人会将一切交给诸神。将这种表达生命活性本征的力量应用到各种具体的行动中时，则需要尽可能地追求这种具有完美概括程度的绝对的美，尤其是在将完美与具体的人相比较时，会从人的具体表现中发现人的缺点和不足，从而使这种对比更加突出。这种变换或者说明确地界定出"神"的客观意义，也将人对美的虚幻的追求转化为似乎是具体的实体性的行动了。

一　美在上帝

鲍桑葵写道："在七五四年举行的君士坦丁堡宗教会议上，得出了这样的会议决定：'具有光荣的人性的基督，虽然不是无形体的，却崇高到超越于感官性自然的一切局限和缺点之上，所以他是太崇高了，绝不可能通过人类的艺术，比照任何别的人体，以一种尘世的材料绘为图像。'"① 这包括对基督的无限崇高的认可，指出了用世俗的手段不可能准确表达神的基本认知。鲍桑葵继续写道："因为只有取到完美的时候，人性才能和上帝合为一体，从而和上帝讨论可见事物的意蕴。"②

（一）世上完美统一者即上帝

奥古斯丁作为基督教美学的奠基人，将美分为物质美、精神美和上帝之美三个层次。③ 在奥古斯丁看来，艺术创造之美是源于至高之美的，一切尘世之美都从神圣的至美中获得具体的审美法则。于是，美从根本上被奥古斯丁分为神圣美与世俗美两个基本维度，并以神圣美为高层次的美，涵盖统摄世俗美这种低层次的具体的美。其实指的就是神圣美与世俗美之间存在内在纵向二元结构。神圣美是绝对的美，而世俗美则是相对的美。尘世之美与神圣荣耀间的密切关联和（更大的）差异都是非常明显的："被称为造物的'美'东西，与被当作'荣耀'的神圣存在

---

① ［英］鲍桑葵：《美学史》，张今译，商务印书馆1985年版，第182页。

② 同上书，第187页。

③ ［罗马］奥古斯丁：《忏悔录》，周士良译，商务印书馆1963年版，第218—219页。

的崇高属性是一致的";"尘世之美总是在有限存在物或者通过有限实体的和谐一致中呈现为有限的,而被看作绝对存在和无限本体——唯一永恒生命的两个方面——的神,则将超越一切和遍及一切的不可分割的荣耀,照进他者。"① 在基督教神学语境中,至美是专属于上帝的美,只有上帝才能达到至美的境界,至美更是上帝荣耀的显现。对美的追求因享有上帝的光辉而显现出了至美的力量。"主、万有最完备最美善的创造者和主持者"②,"万能的上帝"意味着"万美"的上帝,也就意味着"完美"的上帝、"全能"的上帝。奥古斯丁认为,上帝是"至高、至美、至能,无所不能,至仁、至义、至隐,无往而不在"的。上帝是"完美之美""万美之美",而上帝就是美的本体。上帝把他的美体现在创世活动中,并按照美的原则指导万物的创造,因此世界上的一切事物无不体现着上帝的美的光辉。他认为是上帝使"数"发生作用,从"无"中生"有",创造了美的世界。奥古斯丁认为一是美的,整一、相等、相似、秩序、和谐都会在美的原则之下合而为一,因而都是美的。

上帝是一切创造之美的根本源泉:"我们的眼睛喜爱美丽而变化无穷的形体、璀璨而给人快感的色彩……但这些事物并不能主宰我的心灵,能主宰它的只有上帝,上帝的确使这一切成为富有价值的美好之物,但我的美好之物只有上帝……"③ 以至美为指导控制模式,上帝通过造物以与具体事物的有机结合而赋予其美的价值。世间万物都是由上帝创造的,因此,万物之美——无论物质美还是精神美——都是对上帝至美的具体显现。

基于具体物的"美"是表象,而上帝的"至美"则是本源、共性、本体。美是具体的、实在的、过程性的,而"至美"则是绝对的、抽象的、虚无的。人们通过艺术所表现出来的具体现象之美去分享生命活性本征的本体之美。在神学美学中,物质美和精神美都来自于上帝的创造,虽然绚丽但却是有限的、局部的"创造美";而上帝之美作为原初之美、

---

① 张俊:《神圣超越维度之重建》,《陕西师范大学学报》(哲学社会科学版),2013年第2期。

② [罗马]奥古斯丁:《忏悔录》,周士良译,商务印书馆1963年版,第23页。

③ 同上书,第78页。

本源之美，是自有永有、无始无终、不生不灭、无穷无尽、已经先天存在的"非创造美"。这种认识也成为排除了认知与理性的客观区分的基本依据。基于现世的感性之美，始终是衍生的、局部的、暂时的、构建性、表现性的美，而它的一切的价值源泉归根到底皆可以追溯到原初的、无限的、超越的神圣美。如果认为世俗美是一种客观的具体表达，那么，神圣美一定是一种深层的稳定不变的结构。所以，这种美不会停留在外在感性的层次，其宗趣一定是趋向终极之美的。

（二）表达上帝即表达这种完美

美的形式原则就是"寓多于一"。因此与上帝有关的诸多信息、行为、表现，乃至万世万物，也都具有了美的意味。自然，表达上帝，也就直接表达了美。表达上帝的荣耀，表达上帝无所不能的力量，表达上帝的追求与理想等，都成为与完美有机联系的基本媒介，自然地，也成为人们联想出完美的基本环节。

（三）俗人只能对完美努力追求却不能达到上帝的境界

在奥古斯丁看来，世间万事万物都为上帝的局部所造，都打上了上帝的烙印，因而任何具体的美都只是上帝的某个方面的象征。世界的美是具体的、个性的美，而上帝则是凌驾于世界美之上的至高无上的完美，世界美的价值就在于它是神性美的具体象征。他说："太阳、月亮、海洋、大地、鸟、鱼、水、谷物、葡萄和橄榄树……这一切都在帮助虔诚的灵魂颂扬信仰的奇迹。"物质美是短暂的、相对的、单一的、具体的，而神性美则是永恒的、绝对的、全面的、领悟的。人是在努力地向着更美不断追求的，因此，人不能只关注现实世界的美，而应当透过它去追求美本身，即上帝。但上帝的美不能以表面的感觉来体验，必须用心灵来观照；在观照它的过程中，必须保持纯真的心灵，必须使灵魂的羽翼飞向上帝，在充分肯定、认可、追崇、遵循上帝的基础上，使纯洁的灵魂接近上帝，使灵魂中"万美"的上帝表现得更为突出、占据更为重要的地位，并得到上帝光辉的照耀，这样灵魂才能借助上帝的完美理性清除具体感觉和认知的纠缠，从个别上升到整体、从具体的美上升到概括全体的完美，从可变上升到不变，从而接近完美本身的美，即上帝的完美。因此，奥古斯丁认为，要想认识美本身，必须对上帝崇尚热爱。只有将心灵依附于上帝，通过与上帝的协调共振，上帝才能来抚爱心灵。上帝体现在所有的活动模式中，因此，上帝必然体现在感情中，爱上帝才会受到上帝的抚爱，也才能通过这种共振而认识到上帝的美。

奥古斯丁曾反思并严厉批评自己早年如何为具体的美的形式所困惑，"曾爱上了多种多样的形式美"，反而忘记了这些东西都是为上帝所造的，因此，也就失去了对本质的、完美的美的更美的感受。要使人们在"信"的力量驱动下，在各个方面达成与上帝的和谐共振，从而通过事物本身的形式美认识体悟到上帝的无限"灵光"，就需要正确的榜样引导，上帝做什么，你就做什么，上帝怎样做，你就怎样做，上帝让你做什么你就做什么，上帝要求你怎样做，你就怎样做（无论是具体的概括抽象，还是被人们努力追求的升华的"悟"）。

（四）上帝的美通过具体的美让人逐步地领悟到神的无限的美

我们总是基于具体而认识具体，再利用无限的意识能力而形成概括抽象基础上的本质性的认识。因此，真正的佛、上帝是不可言说的，是基于具体之上的无限的抽象。但人却能够通过具体的美而逐步地升华、扩展，通过向美的逼近追求，去领悟那些无限的美。

人们用"彼岸"表达这种虚幻的存在。无论是艺术品的状态性、意义的确定性，还是心理稳定的兴奋状态所对应的意义都是与当前有着巨大不同的差异性存在。比如说，人们追求那种终极的真，寻找那种体验。而这种体验及对这种体验的追求本身就是一种美的感受，人们通过与"彼岸"中更多局部特征的相似或相近，而去寻找那包容一切的"彼岸"，力图通过和谐共振的方式达到"彼岸"。人们知道此岸，但彼岸是什么、具有什么特征，人们则不了解，于是人们便用这种模糊的、未知的"彼岸"来表达这种虚幻的存在。总是认为其与当前的"此岸"有所不同，至于不同在哪里，便成为不可言说的存在。

体验到同一件作品的差异，形成了美的差异性特征，在一定程度上就已经达到了美的境界。但人们总在追求终极的美，这就是在寻找对美的悟。正如格式塔心理学（gestaltpsychology）中对"圆"的认定一样，中文将其翻译成"完形"——完美无缺的构形，也是非常恰当的。彼此的具体总是不同的，而只有在联系和优化概括的基础上，才能将那种共性的上帝之美展示出来。正如巴尔塔萨（Balthasar）认为的，"一切尘世之美都是神圣荣耀的显现"。巴尔塔萨指出："上帝被称为美和绝对美，不仅是因为他是一切尘世之美的实际基础，还因为（如吉尔贝特、格罗斯泰斯特所讲到的）他'通过他的本性创造'，而且作为动力因，他当下就是模型和（准）形式因。"①

（五）上帝的美以其完整的一生让人体会到无限神的美的全部

在巴尔塔萨看来，绝对的神与具体的神之间存在着一定局部特征意义上的"类比"关系，这样做能够引导世人通过具体的活动更准确具体地理解把握全能的、万美的上帝。对于绝对的神，俗人是不能理解的，只能通过具体的神的表现使俗人形成局部的、具体的理解、共振基础上的反思体验，通过一点一点地增加这种性质局部特征的相同或相似，在众多具体理解的基础上升华、领悟，成为绝对的神、上帝的意义。

耶稣基督的道成肉身在巴尔塔萨看来，本身就是一种沟通神圣存在与具体造物的美学行为："上帝的道成肉身完善了整个本体论和造物的美学。道成肉身在一个新的深度将造物作为一种神圣存在和本质的语言及表达方式"。② 正如佛学经典《妙法莲花经》中有云："佛因一大因缘而现于世。"这是一种什么样的因缘？是通过自身在各种具体活动中修身成佛的具体表现而教化众生。地藏菩萨秉执"我不入地狱谁入地狱！"的追求，通过表达自身因作恶而被打入十八层地狱、受尽折磨的事实教化世人要多多行善，决不要做恶。这就是在通过具体行动而构建出足够强的榜样，从而引导世人多做善行。

基督以其具体的行为表现，使俗人通过众多的具体认识而综合形成一个整体，并通过领悟完美地表现上帝的荣耀。③ 作为天父上帝的完美形象，耶稣基督即是"上帝的理式（eidos）或形式"④，因此，无论是其具体形象还是其一言一行，都成为一切美的原型，照此表现，就可以通过

---

①　Hans Urs Von Balthasar，*The Glory of the Lord：ATheological Aesthetics*，转引自张俊《美的神圣超越维度之重建》，《陕西师范大学学报》（哲学社会科学版）2013 年第 2 期。

②　同上。

③　同上。

④　同上。

达到美的境界，也就是达到与美的状态在相关模式特征上的和谐共振，从而进入美的状态。在基督教美学中，作为人类实体，耶稣基督也是真正唯一的一个确定无疑的、可见可触的、可感可知的、可遵可循的美的形象，是一个拥有绝对美、无限美的形象，是上帝通过自身的榜样表达启示出来的一个永恒的奇迹，虽然上帝的表现是具体的，但是上帝是无限的，这个"'奇迹'的领域超越于一切尘世之美的领域"①。

（六）上帝以众多具体的美而使人领悟到神的美

美在人的进步与发展中的地位与作用，在很大程度上取决于美的升华所带来的对人意识的全方位的作用与冲击。在神学美学中，也一直将对神的追求作为推动人的升华的基本力量，人在向神的层次修行与转化的过程中，通过局部特征上的求同追求（在局部特征上达成和谐共振），促进着认知的提升与升华，也反过来通过其自主性推动美的概括升华和延伸扩展。那么这种对上帝的追随与共振的力量，同样在对美追求的过程中更加充分而典型地表达出来。两者之间通过这里的共性联系，使美学与宗教有机地统一在一起。

（七）信仰具有无限的力量

信代表着确信、信念，仰代表着仰望、追求。以终极的美的存在代替对神的存在的信仰，以人们所能认识到的特征展示超越一切的力量、速度、视距、听力等等，乃至改变世界的能力［改变的范围、程度和时间长短（一瞬间）］，并藉此表达人们对信仰的无限追求。即使你已经表现出了巨大的追求的力量，但人的这种能力有限性却在告诉你：你也应该在达成局部和谐共振的基础上，用无限的时间来追求更多局部特征上的和谐共振，向着更大程度上的美的状态一步一步地逼近。

（八）信仰代表着人对未知的掌控

1. 能够解释更多的问题

解释是为了释惑，是为了依据此规律而准确地做出预测，是为了形成"一切皆在掌控之中"的认知思想。大自然的复杂性和未知神秘性，

---

① Hans Urs Von Balthasar, *The Glory of the Lord: ATheological Aesthetics*, 转引自张俊《美的神圣超越维度之重建》，《陕西师范大学学报》（哲学社会科学版）2013 年第 2 期。

驱动人在面对未知的问题时，往往会求助于宗教，希望得到神的启示。而这实际上就是为了满足人随着意识的增强而表现出来的越来越显著的心理上的掌控的心理。或者说，就是为了表达人在更高的意识层面生成的能够把握、掌控的强烈愿望。构建出了神，并赋予神相关的能力，而"我"与神也在某些方面具有一定程度的相似性，"我"也可以通过某种修行转化成为神，由此，也就形成了对大自然一定程度上的掌控与把握，最起码我能够"修行"表达出对这种足够掌控能力的追求。

2. 能够对心智实施更强的控制

人坚定了这种理念，便会在这种理念稳定显示的基础上，将其作为具体的和抽象的控制模式，引导人去发现、构建具有相关局部特征的新的意义。凡是与神相关的特征模式都能够得到加强，凡是与神无关的信息，则都会遭到抛弃。

3. 宗教能引导人相信一个更加美好的世界

宗教要求人们应坚定地肯定宗教的正确性、不能存在一丝一毫的怀疑。由于宗教对许多遇到的问题，给出了"事后诸葛亮"的验证性说法，会使人更加坚定地相信宗教，这种事后验证的模式、过程及结果的自主性涌现在达到一定程度时，便会形成前期的力量，使人从主观上就肯定它的存在，并相信它已经具备了足够的力量。与此同时，宗教的虚幻性、抽象性，促使人们在抽象的层次维持其更加广泛的指导性、控制性意义。它仅仅表现在人的意识中，但却可以成为指导人产生相关活动的基本控制模式。

（九）宗教信仰代表着未知和不可控

宗教信仰的完美性表达着有限的人所不能企及的无限的能力和层次。你所说所见的都是具体的、有限的，而无限的、绝对的、极致的美也的确存在着，只不过对于当前的你来讲，由于你的能力有限，你还感知不到。你知道这些，但你却不知道那些。既然有我所不知道的，即使我不知道，也的确存在着的，那么神的力量便是超越我的认知而存在着，能够以我所不知道的方式、力量改变着这个真实的客观世界。

正是在这种已知和未知的相互转换过程中，引导着生命的活性本征寻找收敛与发散的恰当生命比值，达成与生命活性本征的稳定协调，从而成为引导人进入美的状态的基本模式。

1. 虚幻地假设至高无上地存在的神圣性

神的至高无上、神的完美无缺存在于人的内心，并作为一种虚设而稳定地存在着。是人坚定地相信神是的确存在着的。它具有使眼前所见到的一切都真实存在的力量。

宗教信仰表达着你总是不如他。你是具体的，你是有限的，你是有缺点和不足的，甚至在所有的方面将你同他人进行比较时，你也总有比不上的情况。你是真实的客观存在，因此，便总可以存在高于你的现状存在的情况。人们在内心所构建出来的信仰，便是在内心中假设存在这种状况，借于此而形成人们的期望，带动人的努力追求。

2. 宗教的至高无上与有限性的关系

人的能力的有限性保证着宗教神话总是将自己以具体而融入无限中。它潜在地假设，我们能够将 M 的力量由此及彼地推广至一般、全体。

回溯思想渊源，古希腊时代苏格拉底（Socrates）、柏拉图曾对这种美的内在纵向层次结构提出过自己的观点。如在《会饮篇》（Symposium，210A—211C）中，借助第俄提玛（Diotema）之口，柏拉图表明，美可以通过爱（eros）从最低等级上升到最高等级的美：形体和感官之美→心灵与道德之美→行为和制度之美→知识和理性之美，最后达到自为的美本身。[1] 只有美本身或美自在自为的理念才是原初之美、绝对之美："这种美是永恒的，无始无终，不生不灭，不增不减的"；"一切美的事物都以它为泉源，有了它那一切美的事物才成其为美，但是那些美的事物时而生，时而灭，而它却毫不因之有所增，有所减"[2]。正是由于爱才能够做到由特殊到一般、由具体到抽象、由世俗美达到神圣美。

二　宗教信仰与对美的追求

（一）宗教信仰坚信这种状态的存在

理想中的美是一种确定性的状态，但现实中的美则具有更强的美的

---

[1] ［古希腊］柏拉图：《会饮篇》，王太庆译，商务印书馆 2013 年版，第 214—216 页。

[2] 同上书，第 215 页。

过程性特征和力量。在具体的现实中，更美会成为一种意向、趋势和过程，我们会不断地努力在更大程度上达到这种更美的极限状态。而心理的收敛性则能够保证我们对这种状态的努力追求。

（二）宗教坚信这种对美的追求一定能够达到终极美

存在上帝是对存在终极美的一种坚定信仰。只有上帝才是美的，而所有的人则是存在缺陷、不足和问题的，因此在一定程度上是不美的。语言的有限性使得我们在描述美、交流美时总会存在不能言尽的地方。人们只能通过一个具体的模式，以偏概全地引导人们受到启发和激励，并在此基础上自己展开概括与抽象。我们只能用极限的方式或者用不等式来描述它：你说此物美，我总可以寻找到比你说的更美的存在状态。

（三）宗教信仰坚定人们对这种状态追求的力量

这种信仰也在坚定着人们对终极美的追求。神话正像科学理论一样，在人的生命活性的力量作用下，人们总是希望这种体系能够具有更强的概括性，尤其是能够解释人们目前还没有解释的现象和问题。而神是无所不能的。由于能力的有限性，在人们将不可解的现象归结为"万能的神"以后，便不再进一步地思考：为什么万能的神能够具有这种万能的本领。在众多解释中，构建出了更能解释这些现象的所谓理论，这就是神话。"万能的上帝"，即以一个完美的、无缺的、至高无上的、全知全能的上帝，来代替那个人们内心所存在的"完美无缺"。神的这种完美无缺会从能力的无限性自然地升华、迁移到各个方面，其中就包括美。

世俗之人可以通过不断地修习而向更高的境界转化，并（假设）通过极限的方式最终达到这种境界。最终每个人都会达到那种境界，由此而形成一个"大同"的世界。

（四）宗教在一定程度上表征着这种终极美的实现

人们创造的神话，也是一种抽象与概括，用于解释人们所解释不了的现象，引导人们理解以往所不能理解的现象，用它们来解释某一类新奇的现象，并将其用于解释各种问题的变异。将一个人们所习惯的关系规则延伸扩展升华到"神"的身上，使其在具有更高的概括能力的基础上，更多地与我们所熟悉的模式联系在一起，形成可以为我们所认知和运用的基本知识体系。

宗教的不可侵犯性、不可嬉戏性、玩笑性、不可玷污、不可赎渎性带给其至高无上的地位，由此，人们便固有地认为上帝是完美而没有任何缺点的。将宗教作为一种境界，表达对宗教的敬奉，不断地在局部特征上满足其各种各样的要求，追求（试图具有）宗教所表达出来的能力，就会受到它的绝对控制而只能处于消极被动状态，根本不能表达人的意志与主观能动性。

（五）通过具体的形态表达这种理念与追求

千手观音，代表了人们对观音具有千种力量（其实质在于表达"无穷多"的本领）的期盼，人们也愿意赋予观音以更多的能力，各种功能都统一于一个相貌下的整体与协调，是能力无限的具体表现。这具有很大相似性的相貌则构成了人与神和谐共振的基础。当人们遇到了各种各样的情况和问题而不能解释时，人们就会在生命活性本征中收敛力量所显现出来的掌控能力和欲望控制下，从具体现象的比较中创造出一个能够掌控万事万物的至高无上的"神灵"。此时，对该神灵的好、尊敬、供奉、祭祀等活动，便是在用人世间的相关行为来感动神灵，以达到自己所期望的目标。

在《金枝》《金枝精要》等其他的神话书籍中对其有更加详细的研究与描述。

三　宗教、神话美

（一）神话表达着人们期望具有更强的能力——M 力

在神话的构建过程中，我们在不断地构建表达 M 模式：更能解释自己所不了解的现象的原因。人们在为自己所不了解的现象寻找解释。一种现象在构建解释时，所选择的特征、关系和规律，应该保持足够的稳定性和概括性，同时，这种稳定的认知结构可以通过具体化的方式而解释其他更多的现象和问题。

形成神话的过程就是 M 模式起作用的过程。如果没有 M 模式的作用，人们在得到一种解释后，便不会再寻找其他的解释，不需要建立各种解释的关系，不需要进一步地概括抽象出更具一般性的解释。显然，不同的解释会形成不同的认识，包括其概括的程度也不相同，也就是说，人们所构建出来的模型在解释他们解释不了的现象时，有些会存在很大的不足，那么，就只能作为局部的神话。而当人们构建出了一个相对完整的体系时，便可以解释更多当时人们认识不到的现象。

从另一个角度来看，即便是人们在想象中构建出来的神，也是在能力有限的前提下构建出的威力有限的"局部完美"。无论是中国的神话传说，还是古希腊的神话传说，都是如此。而只有通过概括抽象的无限延伸扩展，才使上帝具有了"绝对的完美"。

（二）表达神话代表着在一定程度上表达这种信与追的状态

宗教理论中的信仰，突出地体现出了对某种境界的追求。人们更多地从事宗教活动时，便会将 M 力显现出来，并在宗教活动中力图创作出能够更加吸引人的优美的活动。在我们这里，信仰之间与人的内心都存在对美的追求，在提倡信仰之心时，则一定要将对美的追求——M 的力量充分地表现出来。

（三）神话占据人的意识主体时，人会更多地表达这种追求

在神的意旨占据主导地位时，人的一言一行都将在这种思想的控制作用下，以这种心理信息为背景，指导并控制心理模式的变化，将其作为引导其他事物运动与变化的力量，将其作为基本的心理背景等。将具有更多的上帝特征作为基本目标努力追求时，这种期望性状态的存在，还会在人意识活性的作用下通过进一步的发散性增强，使得人能够更进一步地强化这种追求。

（四）世俗地表达宗教追求时，存在着对最美模式的构建

世俗总是具体的、为人们所熟悉的，无论是神话还是宗教，都总是在虚幻与具体的有机结合中，表达着 M 的力量：你说有多大，我都可以构建一个比你说的还大的神的力量；你说出来的特征的最大值是多少，我都可以设想出一个更伟大的神，其表现出来的特征总是你说的特征的多少倍，以便应对更多的情况。

马丁·约翰逊（Martin Johnson）指出："各种宗教的区别，主要是在于各种独立的特征都在寻找一种或另外一种更利于保留神所具有的那种敏感的，难以确切表达的意识的精神化身。"[①] 从这个意义上来看，

---

① ［英］马丁·约翰逊：《艺术与科学思维》，傅尚逵等译，工人出版社 1988 年版，第 32 页。

宗教从本质上体现出了差异化构建基础上的优化选择。除了实施从基础上展开差异化的构建以外，还会在新的形象上赋予更多人们期望的功能。

四　以美学代宗教

（一）王国维提出要以美育取代宗教的缺位

1906 年，王国维在中国首倡美育，并且提出在中国要以美育取代宗教的缺位，所谓"美术者，上流社会之宗教"[1]。九年（1915 年）后，蔡元培开始正面回应，提出"以文学美术之涵养，代旧教之祈祷"[2]；在这种观点提出的十一年（1917 年）后，蔡元培以更大的声音疾呼，"以美育代宗教"[3]。正是这种以对宗教追求的形式表达出美中追求、向往的力量的模式，成为将"完美"作为一种"终极境界"来追求、体现的最为直接的表达。由于没有认识到美的本质特征，没有将相关的力量模式固化突出成为一种独立的美的模式特征，没有揭示出美与宗教的更为本质的关系，这种活动最后也就不了了之。

（二）蔡元培提出"以文学美术之涵养，代旧教之祈祷"

1915 年，蔡元培提出的"以美育代宗教"，正是强调了无论是宗教还是美，都着力于"追求"的力量，也就是表现出 M 的力量，两者的不同之处就在于目标的不同。我们可以通过对宗教的追求而强化对美的追求的力量，或者通过对美的追求的力量反过来强化对宗教的追求。以美育代宗教：一是在引导人应正确地建立所追求的目标；二是强化宗教中追求的力量，向着更加美好的方向去努力追求。

（三）通过对美的追求代替对宗教的追求

生命的扩展性往往会引导我们通过关联性而赋予其他特征以美的标准，与美的标准相对应的外界事物也由此被人们看作美。人会利用这种模式的自主性展开主动构建，并保持一种审美的态度和主动扩展性，从

---

[1]　蔡元培：《蔡元培全集》（第 6 卷），浙江教育出版社 1997 年版，第 586 页。
[2]　蔡元培：《蔡元培全集》（第 3 卷），浙江教育出版社 1997 年版，第 60 页。
[3]　同上书，第 60、58 页。

其中更多地构建出美的元素。人以美的本质为基础，运用活性力量进一步地叠加出各种具体的美的表达。

第六节　美与社会道德

随着人越来越丰富地参与到社会生活中，社会生活的方方面面都将在人对美的追求中发挥关键的基础性支撑作用。复杂的社会生活能够将更加不同的现象联系为一个有机整体，促使人在联系的过程中升华对美的努力追求。同社会发展紧密联系的美与善的结合与升华成为必然。真、善、美、诚也就成为人的日常生活中经常并列在一起的高频词汇。除了彼此之间的差异，其内在的本质性联系在更大程度上保证着其在不同的过程中显示出共性的基本力量。

一　美与真

（一）真即真相、真理、本质、规律

我们这里所讲的真是在人的意识中反映出来的真。在人的意识中所反映的真与现实的真实存在着诸多的差异。我们这里所讲的"真"是：在人的意识中反映出来的"真理""真相""真实"。

绝对的真是一种理想的状态，但我们可以通过不断努力，一步一步地去追求更加完整的真，争取每做一步，都在强化表达 M 力量的同时，努力地达到比以往更真的状态。诺贝尔奖获得者钱德拉塞卡（Chandrasekhar）曾经引用说："科学家之所以研究自然，不是因为这样做很有用。他们研究自然是因为他们从中得到了乐趣，而他们得到乐趣是因为它美。如果自然不美，它就不值得去探求，生命也不值得存在……我指的是本质上的美，它根源于自然各部分和谐的秩序，并且纯理智能够领悟。"①

---

① ［美］S. 钱德拉塞卡：《莎士比亚、牛顿和贝多芬——不同的创造模式》，杨建邺等译，湖南科学技术出版社 1996 年版，第 68 页。

罗杰·弗莱（Roger Fry）在比较艺术家和科学家之间的创作冲动的关系时指出："从最单纯的感觉到最高的设计，艺术过程的每一步都必将伴随着欢快，没有欢快就没有艺术……同样，在思索中对必然性的认识通常也伴随有欢快的情绪，而且，对这种欢快欲望的追求，也的确是推动科学理论前进的动力。在科学中，不论是否有情感伴随它，关系的必然性依然同样地确定和可以阐明；而在艺术中，没有感情的激动，美学的和谐根本不会存在。没有激情，艺术中的和谐是不真实的……在艺术中，对关系的认识是直接的、有感情的——或许我们应该认为，它与数学天才的认识有惊奇的相似之处：数学天才们对数学关系具有直接的直觉，但要证明这些关系又超出了他们的能力。"① 创造产生快乐，人也为追求美的快乐而创造。创造是人的本能。因此，创造会成为美的核心元素，能够有效地引导人进入美的状态。但这种力量往往会被人忽略，人们在更多的情况下往往只关注创造的结果。强调艺术与科学共同的创造性的力量，将会在这个方面引起更广范围的和谐共鸣，从而推动艺术与科学向更深的层次发展。

科学研究的目的在于发现自然中的美，并将它用适当的方式表达出来。这已经成为科学家进行研究的重要动机之一。钱德拉塞卡引用沙利文（Sullivan）的话说："由于科学理论的首要宗旨是发现自然中的和谐，所以我们能够一眼看出这些理论必定具有美学上的价值。一个科学理论成就的大小，事实上就在于它的美学价值。因为，给原本是混乱的东西带来多少和谐，是衡量一个科学理论成就的手段之一。我们要想为科学理论和科学方法的正确与否进行辩护，必须从美学价值方面着手。没有理论的规律充其量只具有实用的意义，所以我们可以发现，科学家的动机从一开始就显示出是一种美学的冲动……科学在艺术上不足的程度，恰好是科学上不完善的程度。"②

海森堡（Heisenberg）对此有自己的看法。他结合自然规律的自洽性

---

① ［美］S. 钱德拉塞卡：《莎士比亚、牛顿和贝多芬——不同的创造模式》，杨建邺等译，湖南科学技术出版社 1996 年版，第 69—70 页。

② 同上书，第 69 页。

的要求，指出了自己的看法："当大自然把我们引向一个前所未见的和异常美丽的数学形式时，我们将不得不相信它们是真的，它们揭示了大自然的奥秘。我这儿提到的形式，是指由假说、公理等构成的统一体系……你一定会同意：大自然突然将各种关系之间几乎令人敬畏的简单性和完备性展示在我们面前时，我们都会感到毫无准备。"① 因此，魏尔（Weill）曾经明确地提出："我的工作总是尽力把真和美统一起来；但当我必须在两者挑一个时，我通常选择美。"② 由此钱德拉塞卡总结道："一个具有极强美敏感性的科学家，他所提出的理论即使开始不那么真，但最终可能是真的。正如济慈很久前所说的那样：'想象力认为是美的东西必定是真的，不论它原先是否存在。'确实，人类心灵最深处感到美的东西能在自然界得以成为现实，这是一个不可思议的事实。"③

（二）人们需要持续不断地追求真

我们强调真善美，其实强调的是对真善美的追求，就是强调将 M 的力量与真善美更加有机地结合起来。美所反映的是诸多真实世界中"更美"的模式。鲍姆嘉通在界定了美的定义以后，便通过真与美的这种内在的本质性联系，通过"真"来间接类比性地说明美中 M 力量的具体表达。

哲学上存在着的对真理认识的差异，使人们不再重视对真理的追求。其实人们已经认识到，在认识一个结论是否正确的同时，应该认识其研究方法是否也正确。即使人们在当时已经对"真"（真理）的认识在哲学上给予了足够多的讨论，人们对"真"的理解也是浅显的、片面的、局部的。那么，鲍姆嘉通在运用哲学上的真来对照说明美的过程中，就存在很多的不足了。这种欠缺已经在鲍姆嘉通的《美学》著作中反映出来了。

（三）表达对真的追求的力量——M 力

鲍姆嘉通在给出美的界定以后，便根据美与真之间的内在的本质性

---

① ［美］S. 钱德拉塞卡：《莎士比亚、牛顿和贝多芬——不同的创造模式》，杨建邺等译，湖南科学技术出版社 1996 年版，第 61 页。

② 同上书，第 61 页。

③ 同上书，第 75 页。

联系，由真来说明美。这确实是一种"行而上"的描述方式，是在以绝对的"真"的虚设存在来类比地说明能够或者已经达到极致的"完美"——既然存在绝对的真，也就一定存在极致的美。其实，真与美之间只有在共性地表现 M 的力量时，才具有真正本质意义上的相关性。在将 M 与真相结合时，所表述的是如何才能更接近于真，接近于真理。在模仿、类比占主流地位的情况下，真实地模仿自然便成为判断美的基本标准。

（四）表达生命的活性本征——美的真

我们在谈论"美在真实"的问题时，其实是在说两件事：一是我们虽然对虚构出来的艺术品做了一定程度的夸张、变形处理，但这种夸张与变形应该是具有一定"度"的，尤其是在人的意识好奇范围内应该是合适的，不能无限制地夸张，不能超出人的好奇心太多。第二件事，我们是在说，要尽可能地向"真理"靠拢、向"完美"靠近。

第一件事的内在含义也包括在各种客观形态的"真实"的基础上，将符合"更美"标准的模式选择构建出来。一般意义上的真有两种意义：一种意义是真实的客观世界；另一种意义是对真实客观世界真正的本质性、规律性的认识。我们这里所讲的真，不是原汁原味的真相，不是真实的客观世界，而是人们在认识中所形成的对客观世界本质性特征和特征之间规律性关系认识的真理，是人认识客观世界运动与变化的本质规律。从认识能力有限性的角度来看，没有绝对的真，只有我们向"真"的逐次逼近，或者通过一步一步的努力无限地向"真"接近。在有限时间内，我们所寻找的"真"是在各种客观表象之下的更加本质的内在联系，是事物运动和变化更加本质性的特征，是在更大范围内不随具体事物而变化的更大程度上的"不变量"。

当比较真的花与假的花谁在某个特征方面表现得更强，也就是更能引导人产生更美的感受时，应该保持比较标准的不变性。人们在谈论真实美与人造美时，往往把其他因素加入进来。这就容易使判断产生偏差。物理学中的简洁美是以稳定的、准确无误的基本规律作为一方，与能够具体描述各种情况下事物运动与变化的另一方通过相互作用与人生命活性本征所表现出来的关系在更大程度上达到足够的吻合为具体标志的。

人们可以基于真而体验美，也可以因为美而确定真。正如爱因斯坦对广义相对论基本方程的认识与描述："为什么我会相信它？因为它是美的"。当我们学习了 $F = ma$，并用它来描述一个具体物质的运动时，我们感到非常的高兴，我们只需要分析一个质点（我们把一个物体简化为一个质点而不影响我们对该物体总体情况的把握）所受到的所有的外力，准确地把握该物体的质量，选择出该质点的运动描述方式，也就是说确定了是用自然坐标法、直角坐标法还是极坐标法来描述物体的运动（它取决于我们在感觉上的习惯与方便，诸如我们已经知道了一个物体沿着一条固定的曲线——如圆周运动时，用自然坐标法会让人感到自然），便可以将其与经典力学中的经典方程结合在一起，具体地求得质点（或物质体的质心）在外界因素作用下的特殊运动。

我们寻找到了反映事物发展变化的本质性的规律，在将这种稳定的规律性模式与各种具体情况相结合时，能够以该稳定不变的规律（可以对具体事物的运动变化准确掌控）作为稳定的一方，将各种具体情况作为变化、发散的一方，通过规律的可解释性将其协调在一起，引导人们在各种变化的现实状态中寻找更大范围内的"不变量"——关于规律的不变量，这个过程本身就是在表征生命活性中收敛与发散协调统一的基本模式，人们会因此而快乐无比，人们也会在这种研究探索过程中，体会到无穷的乐趣。

我们认识到了量子力学中"薛定谔方程"的意义，也认识到了其在各种具体问题中对相关问题的分析与解释，体会到了各种更高深的理论以该基本方程为基础时的可描述性，于是我们会不自觉地产生一种美感，也会产生一种向往，或者说希望自己也能够提出一种包罗万象的理论，能够描述在各种具体情况下物质运动的变化规律，能够做出各种预测与科学的推断。诸如门捷列夫（Mendeleev）构建的化学元素周期表，以电子、质子和中子作为其中的基本元素，通过罗列出变化的趋势与关系，以及对未发现、未认识的化学元素的正确预测，展示出了元素周期表的美。

狄拉克（Dirac）对于正电子的预测是从服从相对论的量子力学方程出发所得到的解的自然推断。而当人们在自然界中证实存在这种"正电子"时，一方面证明了其推断的正确预测性；另一方面则证明了其所采用的基本方程的正确性——在更大程度上反映了事物运动与变化的更加本质的规律。

当人们揭示出一种以往未被认识的现象时，同样会感受到美的愉悦。这种感受与人的好奇性本能有机地结合在一起，是对"新奇→掌控"过程完整表现的具体体现。爱因斯坦对光线路径的认识，就体现出了这一特征：在诸多人们所能想到的可能性中，只有真实的路径才是最优的路径、才是信息量最大的路径。

在人认识客观真理的过程中，会受到各种因素的影响，诸如：人在对客观事物反映过程中会受到各种各样的外界信息的干扰，人对信息的提取只能采取截断的方式，人的主观性会通过自主涌现的方式对其意义产生影响，信息在大脑中形成的意义，会在更大程度上通过与其他信息在相互作用过程中所产生的影响来确定，人会有先入为主的态度和心理倾向，人会将自己内心所形成的信息作为外界客观事物的客观信息，人的生命活性所形成的信息涌现性，会干扰信息在大脑中的形成过程，人甚至会在直接感知客观事物的过程中产生幻觉等。[1]

这些幻觉会对人们认识真理产生干扰，但并不意味着人们不能够依据幻觉而产生更美的状态。通过前面的描述我们已经看到，人正是利用意识中可以自由地产生幻觉的基础性力量，构建出了众多差异化的不同模式，人再在此基础上展开比较判断，从而优化、选择、表现出对最美（局部意义上的）的追求。从另一个角度来看，新奇模式的构建也往往在幻觉状态下才能更好地实现，并通过优化后的模式与各种模式之间的关系，使人体会到美与生命活性本征共性相干的内在本质。

但这并不意味着一定要在幻觉状态下才能更好地去创作。虽然有不少艺术家为了达到幻觉状态而专门喝酒、吸食毒品，以使自己进入迷乱幻觉的状态，有一些天才的艺术家往往处于精神不能正常工作的状态，有很多艺术家也的确在创作生涯的巅峰时期产生了精神错乱，但我们要

---

① ［英］科林伍德：《艺术哲学新论》，卢晓华译，工人出版社 1988 年版。

真正地体会到，其中的本质在于自由地实施差异化的构建，将更多不同的信息模式引入大脑的认知心理空间。

人们之所以强调神经质在艺术创作中的地位，分析其原因包括：第一，能够更加容易地突破其他的生活逻辑对真实状态的限制与影响；第二，将隐藏于表象之下的本质更突出地表现出来；第三，通过幻觉形成一种新的状态，引导人在"完形"期待的作用下追求更美。因此，真正的原因在于应该利用不受限制的差异化构建，在更大范围内形成各式各样的不同模式，然后通过比较的方式选择出最优的结构，并更加有效地体验这种构建优化的过程，以形成对最美（"局部最优"）的更强烈的体验。

二 美与善

（一）人们将促进社会积极向上的力量称为善

人是社会性动物。也正是由于社会中以交流为基础，才促进了人的智力的飞速发展，从而在促进想象力持续增强的基础上，有效地提升人的意识水平。社会生活的各种模式都将对人的意识产生足够的影响力，人也自然地将对美的追求在其社会生活的方方面面充分地表现出来。人的社会道德价值标准在被 M 赋予一定的意义以后，便与美建立起了更加直接的关系，人们也就更加重视这种稳定关系赋予道德的美的意义。

李泽厚对美的本质作出的颇为周详具体的定义是："美正是包含社会发展的本质、规律和理想而有着具体可感形态的现实生活现象，美是蕴藏着真正的社会深度和人生真理的生活形象（包括社会形象和自然形象）。"[①] 人们会将人类社会中善的力量作为追求的目标。人们可以将其转化成为道德标准，描述人在相关特征上表现的"程度"，体验由社会特征——道德所表现出来的 M 力，并由此赋予其美的意义。

（二）将人类社会中善的力量作为追求的目标

所谓社会美就是表达具有高尚道德情操的社会性行为，更直接地讲就是：社会中被赋予美的行为，是被人们称为符合高尚道德标准的行为，

---

① 李泽厚：《美学论集》，上海文艺出版社 1980 年版，第 30 页。

或者说是符合社会道德要求的行为。其一是对人类有利，有利于人类社会的稳定、进步与发展；其二是对人类社会"更"加有利，引导人们向着由这些特征所指向的更加美好的社会状态进一步地发展；其三是表达出了个人能够在最大程度上展示自己才华的自主与自由。表现个人与社会在相互协调的基础上，尤其是在自己面临更大的困难时，能够及时得到他人的帮助，从而使得自己得到有效生存与发展。这本身可以看作一个"储备能量"的过程。即使每个人都要依靠他人的帮助，一个人也不可能只考虑他人而不考虑自己。无论是说"主观为自己，客观为他人"，还是说"主观为他人，客观为自己"，其核心的要义都在于既为自己，也为他人。

（三）将社会道德作为追求的目标来表达

毛泽东主席在庆祝吴玉章六十寿辰的时候说："一个人做点好事并不难，难的是一辈子做好事，不做坏事，一贯地有益于广大群众，一贯地有益于青年，一贯地有益于革命，艰苦奋斗几十年如一日，这才是最难最难的啊！"道金斯（Dawkins）在《自私的基因》一书中揭示了生命体出于自私的本能而生存、发展，但在组成社会时，人们却形成了一种道德价值标准对人的行为做出限制与鼓励。这种美德的形成与表现取决于：第一，人们选择出对于整个群体的稳定与发展有益、保证他人能够获得生存与发展资源的特征，作为社会的道德标准。第二，形成度量人所构建出来的高尚道德内涵的表现程度的度量方法，或者说在多大程度上表现更加抽象的、达到极致的高尚的内涵性特征，以及外延性行为表现。对社会美的认识是抽象与具体的有机统一，并不是单一地表现抽象的或具体的高尚性的行为；第三，人的行为与这种标准相符的程度，可以表现为在多大程度上与之相同（相似）；第四，人们在行为上表现出了多大程度的 M 的力量，表达了人们对高尚道德追求的程度、具有多少追求的态势、表现出了多大的追求意愿等。这其中包括：其一，是否具有这种追求；其二，在其内心是否构建出了这种高尚道德的"极致"状态；其三，是否习惯于用高尚的道德来指导自己的行动，或者说在多大程度上表现出了用高尚道德指导自己行动的几率。如果说从来没有指导自己的行为，具有再崇高的追求，也不会自然地展现出这种力量。

在一个人表达出了某种向着好的方向的高尚道德行为时，人们对这种高尚行为的认识取决于其与人的日常行为的差异性，显然，与人的日常性行为的差距越大，在人的内心所形成的行为的高尚评价程度就会越高。这种差距的存在，引导人构建出了"极致"的抽象模式和具体的高尚模式之间的内在联系，引导人准确把握概括抽象意义上的高尚与局部高尚的关系，使人认识到当前的状态与"极致"高尚之间的距离有多大，激发人通过形成多大的力量努力向高尚的模式"靠近"。显然，榜样的力量是无穷的。此过程还将取决于人有多大的可能性去模仿、学习。当距离过小时，人们不需要付出努力就能够达到，有时人们也就不作为了，这就远离了刘备所讲的："勿以善小而不为，勿以恶小而为之"的基本原则。而当距离过大，人们即便付出再多的努力也不能达到时，就会在人的内心形成一个巨大的压力，使人产生"习得无助性"而放弃对这种高尚行为的追求。

狄德罗（Diderot）指出："除去真理和美德，我们还能为什么而感动呢？"其实说的就是社会美的存在意义。虽然没有表现成为一个可以随时展示的"艺术品"，但人的社会行为表现却足以被人们明确地追求。这种社会美是通过具有某种特征的具体的行为来加以表现的。

群体中个体彼此之间的互助，推动了社会美的形成与强化。人的记忆及对后面安全的期望要求个体帮助他人，社会具有的记忆性特征，促进了美德的形成。人们通过对各种模式的判断，保证了生命进化的偏化性选择。对安全的扩展性追求，以及对后面可能遇到危险的想象，促使我在帮助你解脱了危险后，你也能够做出回报。我给他人帮助，他人也会回报我，并由社会的共性放大而形成稳定的模式。机会都是均等的。这次你遇到了危机，有可能下一次我也会遇到。因此，为了下一次我遇到危险时能够得到你的帮助，在当前你有危险时，我就会来帮助你。

单从个体生存的角度来看，自私的力量可能会占据主导，但经过长期进化所形成的彼此之间的相互帮助的潜在力量，会作为一个有利于群体生存的进化力量而持续性地发挥作用。公而忘私、先公后私、先人后己等诸多善的社会性本能特征，在人的意识中得到了"放大"，并在人的意识层面广泛地加以扩展。这些特征放大以后被社会选择，或者说，被社会放大。人在强于他人的竞争结果中存在着给他人带来快乐的结果，并通过他人的感激进一步地强化了这种过程，从而使其成为众人的共同追求。

在帮助他人时会失去自己的利益，这在某种程度上会阻碍美德的形成。但人能够认识到后继的问题，便能够克服当前的这种自私阻碍，主动地帮助他人，助人者也会因克服个人的自私而获得更大的快乐。

（四）表达对社会道德追求的力量

人在生活和工作的各种活动中，都会不自觉地表现 M 的力量，促使人形成更进一步的追求。人也会将与当前有差异的理想状态构建出来，指导人形成具有这种特征的行为，使其成为引导人进步的核心力量。通过这些模式的具体表现，人们又会将其独立地表现出来，成为自主性的力量，并通过个人的意识强化，形成社会意识，成为群体追求的关键性特征。

个体表现出来的对这种共性特征的追求，还会通过社会的交往，进一步地促进彼此之间紧密的关系，进一步地发挥相互作用的力量。通过这种相互作用，个体会从具体活动与意识模式的角度，以各自非线性涨落的力量，由这种动态的不协调而促进对方的发展。在这个过程中，与社会相关的诸多范畴的道德价值判断的存在及作用，便因此具有了美的意义，人在各种活动中的表现，以及由此而赋予 M 的力量也就具有了社会性的美学意味。

在将道德作为美的追求标准的过程中，存在表征道德与 M 力有机结合的稳定模式。康德的："美作为德性的象征"的观点，既指出了美与道德之间稳定的对应关系，也指出了只有人的良好的道德才能与美建立起直接的对应关系。言下之意是，只有良好的德性才能作为美的象征，才能作为美的社会表现和社会意义的判别标准。这就意味着人们通过 M 的力量赋予社会道德行为以一定的选择判别标准，并通过 M 的力量促使这一道德品德得到更强的发展。当 M 与人的社会行为相结合时，会对其行为的道德价值标准方面的表现做出比较与判断，人在社会所赞许的行为方面会有更加突出的表现，这种结合会更加稳定地展示在人的内心，并突出地表现在人的相关的行为上。在这种情况下，表现这种具有高尚道德行为的艺术作品，会直接将这种对高尚道德的追求的模式和力量表现出来，自然会因为与人的追求力量达成和谐共振而受到人们的重视与喜爱。而当人在社会交往过程中，表现出了符合高尚道德标准的行为，表达出了对高尚道德的行为的追求时，也就促使了自己的行为在更多的局部特征表现上与高尚行为相符，人们会自然地赞美它、重视它、追求它。

（五）善与美的关系

善，简单地讲就是社会美德。由于人是社会性地动物，人的自我是在社会力量的作用下不断形成的，竞争与拼搏是社会形成与稳定的基础，相应地，有利于社会的稳定、进步与发展的稳定性模式就必然在人的内心生成稳定的反应，还会进一步地转化成人的本能模式，使之成为引导人进入美的状态的基本力量。

虽然理查德·道金斯深刻地描述了人的自私性本能，但在社会化的过程中，新的区别于自私的本能——善的本能则会通过社会的交往而自然地进化出来。从发展的角度来看，个体一定要比其他个体具有更强的竞争力、获得更多的生存资源；从获得更多资源的角度来看，帮助他人的模式又将从这种"自私"的过程中自然地进化而来。

在这里，我们应该看到，在将美德作为一个独立的模式时，人们会为了这样一个与其他方面有区别的美德而形成更强的放大过程，使之成为一个有更强表现的社会美德行为。与社会紧密联系的"善"会受到社会的放大，由此成为一种典型的行为模式。人们会更多地期望得到他人的帮助，并在帮助他人的过程中，体会到更大的满足。人的自我无一不受社会环境的作用与影响，社会中的善也成为人的自我形成过程中自我状态的一种理想化的兴奋模式。人追求卓越的基本模式自然会转化为人对善的追求。艺术作品在更恰当地表达人的善和对善的追求的模式中，自然会激发人的这种美的本质。

"人之初，性本善"，直接将人的本性归结为善。生物的共性遗传模式已经决定了彼此存在合作的基础。优势的交叉与选择只有通过与其他个体的合作才能完成。个体更多地体现在同其他个体相互作用、相互竞争的过程中。动物之间在合作时可以取得更大的收益，最起码可以避免受到其他更大物种的攻击，可以寻求其他个体的庇护，可以与其他个体分担危险，还可以获得更多的食物，而有些危险则需要通过合作而形成强大的群体才能有效地避开。生命体正是将这种力量固化出来，并加以放大，从而使这种行为成为人的意识中的核心力量，也成为每个个人在与环境达成稳定协调时的基本表现。

期待由他人承担危险，也就意味着其他个体帮助了我。大仲马在《三个火枪手》提出了这样的口号："我为人人，人人为我"，在很大程度上推动了社会文明的进步与发展。有这样一则故事：天堂和地狱同样有一口装满食物的大锅和一个长于人手的非常烫的勺子，而且勺子只有把手不烫。天堂中的每个人都拿勺子舀起食物给他人愉快地喂食，而地狱中的每一个人则拼命地去抢勺子，舀起食物往自己嘴里喂，但总也吃不着。这是从宗教的角度教导人们要在帮助他人的过程中取得生存优势的。

给予他人帮助已经转化成了人的本能。研究者已经从婴儿的行为中发现了这种本能。这种本能是在社会的发展过程中逐步形成的。爱孩子就是在帮助他人的基本本能驱使下，结合自身利益而生成的行为。生了孩子就会自动地生成乳汁，这使得对幼子的养育延续到脱离母体之后。

符合社会道德规范的行为，被人们赋予善的特征。在意识层面，将其独立特化出来，并加以扩展，便具有了新的意义。社会发展到今天，弱势群体的意见与看法会得到更多的重视，因为他们代表着大多数人的状态，从人数平均的角度，自然拉大、增加他们的分量。在群体的相互交流过程中，这些符合社会道德规范的行为会得到进一步的放大，促使其成为典型的社会行为。

在漫长的历史进化过程中，中国人对善的认识有其特殊性，这种特殊性又使中国美学具有了相应的特殊意义。

（六）在表达共同追求的模式上两者具有共性

在人的潜意识中，真善美都是一个绝对的概念。它预示着与此有关的行为中的各个方面、各种模式都存在符合真善美标准要求的局部特征。因此，当我们将真善美与人的具体行为模式相结合，判断一个人当前的行为甚至整个人生是否符合真善美的标准要求时，就会出现"程度"（或几率）度量的观点说：其行为符合真善美标准的程度——在多大程度上符合绝对的"真善美"的标准。由此，对一个人行为的真善美的判定是从两个方面同时进行的：内涵方面——行为与内涵模式中诸多局部特征共性相干的程度；外延方面——可以归结到真善美的诸多行为表现中，与其具有相同或相似性的局部模式的比例。

由于时代的特征不同，真善美的标准会有所差异，人们对真善美的理解也会各不相同。对真善美的认识存在着阶段性的特征。但人们总是在潜意识中将绝对的真善美作为一个共性标准而不断地努力追求。这种对绝对真善美的追求，或者说在更大程度上使自己的行为符合真善美的标准的做法和由此所体现出来的追求的模式及力量——M 及力量，成为真善美的行为表达中的不可忽视的共同的模式特征。

（七）通过 M 的力量赋予真与善以美的价值标准

在人们的心理反应中，美与真、善都是具有不同意义的独立的心理模式，但在彼此之间建立起紧密的联系以后，或者说当它们都能够强势地表达出 M 与优化的力量，并因此而建立起直接关系时，真与善也就具有了美的意味。此时，人们会自然地将真与善作为美（表达 M 力与优化）的判别标准用于判别一件艺术品的好与坏，以及好与坏的程度。

当一种因素与美建立起紧密的关系时，人们就会将 M 的力量和优化的过程转移到该因素上，并将该因素作为美的判别标准。人们将注意力集中到任何一个特征上时，都会产生以该特征的标准作为美的标准的判别过程。

三　美与诚

（一）诚的意义

"诚"可以具有如下几个方面的意义：

第一，人在心诚时，会更尊重事物的原貌；第二，能够更大程度上保持自己的内心本征；第三，只显现自己的内心世界不受外界因素刺激时产生更多的想象，也就不会因外界刺激而产生更多的思想。只有反映真心、诚心的协调状态，才是最好、程度最高的协调状态。在诚心状态（以自己的本心与外界相互作用）下的反思才能促进和得到生命本征状态的主题表达。在这种状态下所体会到的人的本心与外界环境的相互作用，将是一种表征本心相互作用状态的反应。

将诚作为道德标准的重要方面，成为人们所努力追求的目标。在追求诚的过程中，自然地体现出了 M 的力量：力图达到最诚。

（二）将人类社会中诚的力量作为追求的目标

人的社会交往过程，是以诚为基础的。复杂多变的社会和人更加多样的追求干扰了人在诚的方面的行为表现，这就一再地表明，诚必然是影响社会结构稳定与进步的基本力量。诚能够推动社会向更好的方向进步，认识到这一点的人们，就更有可能努力地追求诚，试图比他人表现得更加诚实。

（三）将诚信作为追求的目标来表达

诚信——诚实可信——是对一个人符合"诚"的相关要求的判断与度量。诚信，表明了一个人真实且可以信赖。它是在一定的诚的行为模式的基础上，由人运用生命的活性本征进一步地延伸扩展而形成更高诚信的期望性状态。我们可以将诚信作为一种人们想努力追求的目标状态特征来表达，可以将其作为抽象的"概念诚"与具体的"行为诚"组成的有机整体中的一个元素来表达。

（四）表达对诚信追求的力量

"绝对的诚"的虚设性存在，会成为一种稳定的期望，也会随着人的具体诚的行为表现而展现出对"诚"努力追求、尽可能地使自己的行为符合"诚"的要求的举动。当人们体现出了对更高诚信的努力追求的行为和期望，就已经表达出了"诚"的特征。

（五）在对诚信的追求过程中表达出 M 的力量

虽然人受到复杂社会的影响，不可能在其行为中百分百地表现出"诚"；会在意识的影响下形成对"诚"的不同认识和理解；会将"绝对"诚的抽象转化为具体的符合诚的标准的行为，并在具体的判断中产生偏差；会由于社会道德的不同而以不同的标准判定诚的质和量的不同，但只要表现出基于某个特征的诚的追求，在这种状态下所体会到的人的本心与外界环境的相互作用，就会是一种表征本心相互作用状态的反应。

四　美与政治

美与政治的关系由于社会道德的力量而始终存在着。洛特曼（Lotman）指出："正是基于艺术在社会生活中所具有的独特作用，将审美模式与伦理的、哲学的、政治的和宗教的等诸多模式联系起来的努力，才一直没有停止过。"[①]

（一）社会的力量会成为个体的本能

艺术作品作为社会的选择性力量，已经从根本上决定了政治同样会成为美的表现领域与舞台。阿多诺与行政管理（政治）相脱节的理想，直接限制了人在社会性本能方面的表现，也就自然地将人性割裂为自然人性和社会人性两种。但艺术创作的去政治化的观点是根本站不住脚的，我们不需要假设康德、黑格尔为纯美学的非功利性假设辩护，而是需要研究在政治中如何才能更好地发挥引导、教化作用，如何才能更加有效地以符合人性的方式推动社会的进步与发展。带着美的心态，我们可以发现，中国共产党的十九大报告，就是一篇宏大的美学宣言。它以有力的方式促进和引领有着十三亿多人口的伟大国家努力地走向更加美好的生活。美与政治的本质性关系，是艺术家展开艺术创作最基本的心理背景。

在人的政治性活动中，心灵美作为道德美的一个核心部分，体现出了人的内心向更加美好状态追求的力量。通过自我而给他人带来利益，体现出人格进步的力量，体现出一般人与心灵美者之间的差距，体现出对社会进步的巨大的意义与作用，体现出社会对道德的追求与向往，体现出社会对这种最美状态的追求与肯定，体现出社会群体中的每个人都会因为在相关特征上的美好表现而受到人们赞扬的社会氛围。人的美德的形成离不开政治的驱动与影响。

第一，这种特征的行为能够给他人带来利益。此时，人们会根据给他人带来利益的程度的大小，决定这种行为的高尚程度。与此同时，这种行为还以牺牲自己的利益作为对照。

社会是复杂的。有毫不利己的高尚行为，也有损人利己的自私表现。损人不利己的行为并不是只在古龙的小说《绝代双娇》中才有，在社会

---

① ［苏］IO. M. 洛特曼：《艺术文本的结构》，王坤译，中山大学出版社 2003 年版，第98 页。

中也经常出现。这种以损害更大范围内大多数人的利益只为少数人收益的行为（诸如毒馒头、"三聚氰胺奶"、电信诈骗），毕竟是为更大的社会群体所不齿的，因此，不会得到社会的赞赏，也必定不会形成积极有效的社会氛围。只有在畸形的社会追求中，才会在局部上有这种行为及标准的存在，但这一定会遭受更大社会群体的排斥与反对。

第二，这种行为被他人赞许，成为一个社会中人们获得更多的"资源"，或者按照马斯洛的需要理论，成为人们期望获得更多尊重的基本驱动力，可以被视作是使"更大"的需要得到满足的一种追求。

第三，这种行为模式会在人的意识中被独立强化，并通过相应的社会交往，使之成为群体中每个人都会在有意无意之中具体表达的基本模式。

第四，通过社会交往，这种特征的行为成为群体所追求目标。当人单纯地表现某个方面的行为，并将这种追求通过非线性放大使之成为突出的特征时，即使表现出了 M 的力量，也不能保证其是美的。而被人们称为美德的行为，则一定是在这个群体中被认为是美的行为。

第五，这种行为往往在特殊的场合可以突出地表现出来。《美学百科全书》在"社会美"的条目写道："在人类征服自然、改造自然和变革社会的伟大实践中，集中地体现了人的本质力量，'社会美'也就首先体现在人的劳动过程中。"所举例子包括有"神话传说中的夸父追日、大禹治水、愚公移山、女娲补天"，这样做"便是对人类征服自然的意志和力量的赞美与讴歌"。

第六，平凡的日常生活和工作，是需要一点一滴地积累，最终通过其突出的成绩而表现出来的。《美学百科全书》写到，"那些代表社会发展趋势、符合历史发展规律和大多数人利益的杰出人物和正义力量同落后、反动的腐朽势力的斗争，谱写了一曲曲可歌可泣的正气歌，这是社会美中最壮丽、崇高的美"。例如，文天祥、岳飞，以及"历史上无数次的农民起义、解放战争中百万雄师过大江……"所谓"正气"就是被人类社会所赋予的有利于社会进步与发展的表现了人类社会意识对更加美好状态追求的基本品质。

美学发展到一定程度，必然与社会建立起密切的关系，因为美与社会都发展到了足够的程度。因此，在对方的相关活动中，都必然会（通过自主、意识强化）将对方的力量表现出来，成为各自领域心理转换的基本因素和促进力量。

正如马尔库塞（Marcnse）指出的："艺术，作为这种激进主义的特征，其政治潜能首先表现为一种需要。"① 艺术基于现实而努力地追求更美的状态，因此，成为一种超越现实的激进主义。这也表明了人基于当前现实和对美好状态的期待（以及由此而形成的满足这种期望的需要和由此所表现出来的力量），成为美的艺术表达的重要方面。

（二）社会氛围

人的社会是复杂的。在一个群体中，彼此之间的相互交往会形成不同的侧重点。在一个群体中，人们通过比较而获得更强竞争力的特征，会成为这个群体对美的追求的重要特征。

不同的历史文化，成为促使人达成与社会稳定协调的基本因素，这也成为使人进入美的状态的重要特征。每个社会，都在不自觉地表达着自己的文化。经过历史的差异化构建、比较淘汰而留传下来的文化"经典"，在历史的比较选择过程中，本身就经历了优化的过程，已经表达出了更强的美的力量。这也就成为人们应该着重表达的核心特征，也是人们努力追求的更高目标的基本出发点。在遵循这些习俗和传统时，人们一方面表现出了稳定性的特征，这种稳定性的力量成为使人们进一步地表达生命中发散与扩展力量的基础；另一方面，也由此而进入了稳定协调的美的状态之中，或者说表达出了一定程度的美感。比如说要表达出"和谐"这一主题，有各种具体的形式，诸如表达共生的、相互促进的相互激励的主题等。

在漫长的中世纪，西方诸多方面始终处于神权的统治之下，人们的所思所想均处于神学思想的控制下。这些思想理念在人的大脑中处于较高的层次，具有更高的兴奋度，也具有更强的自主性，能够对人的思想与行动产生足够的限制力，人的追求也就只能在这样的框架下，按照这

① ［美］马尔库塞：《审美之维》，张小兵译，生活·读书·新知三联书店1989年版，第150页。

种模式的要求具体展开。由于人的知识还没有达到足够的丰富程度，人的自主还没有达到足够自由的程度，因此，人的被动性就显得尤其突出。即使是艺术家出于个性中 M 的力量而进行的艺术表达，也更多地以人们日常占统治地位的思想和追求为重点。人们无限地歌颂上帝及其力量，将其当作完美无缺的存在，只有上帝才是真正的完美者。

再比如说，在一所大学里，如果人们总是在努力地表现能够比其他人创造出对人类有更大促进作用的产品（思想、科学理论和技术），这就意味着引导着这个群体的每个人都能够在相关特征上表现得更加充分（在这个特征上表达 M 力更加强势）。人们会为了得到他人的肯定、赞赏与追求，为了使自己获得更多的竞争优势，也为了得到更多的资源而努力表现。这就会形成一种浓厚的氛围，表达着人们对某个目标的努力追求、崇尚。尤其是人们在谈论相关话题时表现出的足够的羡慕之情，对相关特征上表现出来的 M 力的溢于言表，这种口气与表情足以强化人在某个方面的向往与追求，如有机会人们也想在相关的特征方面有更强的表现，虽然这种追求有可能对于人类社会来讲并没有明确的要求，但却表达着人们内心的潜在期望，也由此而驱动人在这个方面提出更高的要求、构建与之相适应的心理模式、表达出同样的行为。

（三）社会的力量在促进生理快感中的作用

生物由个体组织为群体时，在资源的有限性、个体内在的发散扩展力量（M 力）的共同作用下，促进了群体内的优化选择——达尔文的自然进化。群体的存在激发（强化）这种发散、竞争、优化选择的过程。而这种被专门强化的社会进化的力量，也会在个体的生理与心理过程中得到反映。以群体为基础的生物进化规则与力量也会在个体身上表现出来，尤其会与个体身上进化的力量形成共性相干。我们强调：第一，在个体身上形成突出表现。第二，个体与社会群体在相关特征上的共性相干。第三，强化美德的形成与特殊化，群体在发展过程中，受到群体活性的作用，会将那些有利于群体与社会发展的因素突出强化出来，并进一步地降低那些不利于群体与社会发展的因素的影响力。群体中所应该遵从的美德便会形成，并在群体活动中发挥作用。第四，突出社会贤达的超越性思维，及时对其总结、推广。这就涉及：一是，充分利用社会贤达个人生命的力量；二是，通过个人有意无意地概括总结而升华为更高境界的美；三是，主动地强化 M 的力量，进而采取主动培养的方式，在提升专业美育的基础上，强化一般民众的审美意识；四是，强化社会性活性本征的协调表现，形成基本的社会氛围，并使之达到足够高的程度，强化其在社会稳定与发展过程中的重要作用。

第七节 不同地域的美与艺术追求

通过前面的研究，我们应该明确以下基本观点：第一，生命的活性本征是生命一切活动的基础；第二，一切活动都内在地表征着生命的活性；第三，在生命活性模式的指导下构建人的行为；第四，人在意识的作用下能够更加主动地表达生命的活性本征。

一 地域决定着人的日常生活

地域是生活在这块土地上的人们的基本生存环境。地域和地域所提供的食物、水等，决定了人日常主要的行为活动模式。猎人与渔民具有很多不同的行为模式。基于一定生活模式而形成的人的期望和追求，在很大程度上取决于地域条件。地域条件决定了他们思考的主要问题；地域条件决定了他们意识中的重要信息和认知构念；地域条件与其生命活性的本征模式的有机结合，形成了他们对外界客观事物认知与观照的基本模式和变换方法，由此促使他们生成了独特的认知思维模式。地域条件由此而决定了人们建立起相关局部信息之间对应关系的方法，决定了人的生命活力表现的结果、方法和标准，也决定了人们对美的追求标准的泛化。

环境所致，不同国度、地域形成了不同的活性本征表现，这种本征表现不但与他们的思维习惯有关，还与他们的民族文化有机地结合在一起。这就形成了各具特色的民族美学体系。但由于共同表征人的生命活性的基本力量，使得各国、各民族的美学探索能够建构在一个更加深刻本质的基础之上。

（一）高兴奋度

受到地域条件的影响与刺激，人会保持与地域相关信息的高兴奋度。尤其是在形成习惯以后，就会将这种模式转化为下意识的持续性涌现活动，使之成为研究、思考任何问题的基本指导模式和基本出发点。

（二）日常所想

生存环境固化着人们的日常行为和习惯，生存环境及其相关特征决定了他们的心理意向与追求，"我只能利用当前的工具取得食物，甚至可以取得更多的食物"，这决定了他们在闲暇时通过想象所生成的期望与由此而带来的追求应该具有地域性的特征；在进化出不同的符号体系及其关系，将其在大脑中反复地自由组合、构建，运用想象而不断组合并由此而进行优化选择的过程中，也会形成特有的通过语言来表述、传达、交流的文化系统。

（三）表达生命活性固化出来的 M 力

生命的活性已经决定了其活性的力量不会随地域的变化而变化，会形成活性力量与地域特色相结合时特有的表达形式。包括在哪些方面表现时会更加顺畅自由、能够联系更多的相关信息、形成与地域特色相结合的指导性模式等，相关的 M 力与优化模式也都会基于具体的地域特色文化。

（四）期望与追求

生命的活性表现都要基于一定的基础。人的兴趣与爱好也随着地域的不同而有所不同。以生命的活性为基本力量，由此而生成的期望与追求也就具有了地域性特征。生命的力量以及由此而固化出来的 M 力的自然表现，会形成与地域特色有机结合的期望与追求。人们也会基于相关的地域性特征做出更大的努力。

二　地域决定着群体文化特色

（一）不同的地域形成不同的文化

在与地域特色紧密结合的日常活动基础上所形成的语言、行为习惯、期望需要，以及基于此而形成的创造，包括科学技术等，必然地具有地域属性，会形成各具特色的地域文化，人们也由此而构建出了表达美的感受的特有方式。

（二）在文化中表征生命的力量

生命的任何活动都是在表征生命的本征活力的基础上具体地进化，并形成与环境的协调适应的。基于此而形成的文化，必然表现出与环境有机结合的特有的生命活力模式，会根据生命活力的控制而生成文化系统和文化的进步与发展，会形成独特的文化系统，表达出文化系统与其他系统特有的相互作用方式。

（三）这些不同的追求在更高层次达到共性抽象

基于不同特征的追求能够表达出共同的对美追求的共性特征，意味着不同的过程将在人的大脑神经系统的高层次展示出共性相干的过程，并由此而形成表达 M 力的"模式锁定"。人会在其他的活动中，也能够更加自如和强大地表现这种力量。

（四）不同的文化形成不同的审美标准

将这种共性的普适性追求的力量与具体的民族文化、民族的审美过程相结合，在基于具体的地域生存与发展所构建出来的抽象特征相互交织的过程中，构成了民族美学的核心特征。

与美相关的特征往往会作为副词赋予到相关的特征模式上，使之成为美的标准。这里所描述的是将与美相关的特征作为修辞词，使所构建出来的新的意义更多地或者在更大程度上具有这个方面的特征。人们在相关特征的指导下，会激发与之存在关系的诸多信息，还会将以往所形成的稳定"优化"后的局部特征展现出来，并由此而形成稳定的审美意识形态。这是不同地域形成的不同的价值标准和目标追求的不同选择的结果。

不同的社会在其发展过程中，自然形成了各自独特的优化后的进步方法。经过长期的社会选择和优化，形成了符合本社会实际的恰当的方法，并在这些方法的指导下，结合当地的生存环境，引导人们所思所想，引导人们产生相关的期望与追求……在环境因素的影响下激发、构建出众多模式时，人们就会依据美而做出恰当的选择，会将那些与生命的活性本征更加协调的、与环境因素相关的模式选择出来，通过记忆而使其成为人稳定的"心智构念"中的基本元素。这也就意味着任何一个国家的文化与历史都将必然地构建于生命的活性本征特征之上，而任何一个人的生命的活性本征又必然地具有地域性特征。

三　M 力与地域文化有机结合

不同国家的历史文化形成了不同的追求与理想。不同群体、不同年龄的人有不同的追求、兴趣（情趣），因此就有了不同的审美标准，此即群体决定审美特征的重要因素与影响力。人类学家将这种模式描述为"审美偏好"①。建构于地区特征之上的"审美偏好"是由诸多与地域相关的追求等综合形成的视觉偏好通过进一步升华而形成的稳定"构念"。一旦形成了这种稳定的视觉偏好，人就会运用这种"视觉偏好"去观照客观世界、观照人类社会。基于这种抽象构念的 M 力作用，会从知识体系的角度形成逻辑性延伸，构建出更合逻辑性的新的理论体系，并依此具体地指导艺术创作实践。人类也是在这种观照过程中，反馈性地将更多的信息引入当前过程中，进一步地促进意识的成长与发展，并在这种发展过程中，提升着进化与发展的力量。因为进步与发展的力量一再地重复表现，使其具有了足够的稳定性，也在这种稳定发展的过程中，奠定了生命体更加强势地表现生命活性本征的基础，使生命体能够在此基础上形成进一步的发展过程。

在将 M 力与具体的地域文化有机结合的过程中，需要将 M 升华成为更高层次的修辞词，从而更加有力地突出地域文化中美的因素。当我们有意识地将注意力集中到基于某些特征而表达的 M 力时，就会形成基于相关地域文化特征的美的追求。将不同的特征与 M 力相结合而作为美的标准后，就会赋予美以不同的地域文化的意味：更好地达到标准、达到更高的标准，形成不同的艺术表达形式，使之更具地域特色。选择了不同的标准，自然会将"更"的模式体现在对标准的美学构建过程中。比如说，当我们将崇高作为美的标准时，会在更大程度上表达出与相关的崇高标准更加协调、有更多相同（相似）的局部特征的行为。在与情感有机结合时，就需要考虑：既要更恰当地表达情感，又要构建出能够使

① ［荷兰］范丹姆：《审美人类学：视野与方法》，李修建等译，中国文联出版社 2015 年版。

人感到更加愉悦的情感；既要形成与协调状态具有恰当差距的情感，又要形成更加确定的与快乐模式相协调的审美情感。描述与意义有机结合时，就需要考虑：一是要表达更深刻的意义；二是要更恰当地表达意义；三是要使形式与内容达到更高程度的协调。在将不同的工艺品放在一起说明时，可以看到更多的不同和联系，这也将引导我们可以在更加本质的关系上将其统一起来。

生命的扩展性力量驱动着人由表征生命的活性本征转移到将其他特征作为指导美的追求的基本模式和力量。因此，在将 M 力与地域文化有机结合的过程中，需要运用 M 追求标准特征所描述的虚幻状态。在差异化构建的基础上比较优化，成为在意识中表达对美追求的基本模式。欲表达一个人狂逸的天性，就要看谁通过一定的意义模式表达得更加狂逸。中国传统画家也在努力地表达自己对"至理"的更高境界的追求。而儒释道则以自己的理解和评议描述这种说不清、道不明的最高境界的追求，但也仅仅是通过比较的方式，通过表达"更"的力量而达到一个新的境界。

四 美学民族化的规律性意义

（一）共同地表现出对美的追求

不同的地域促进了不同民族、不同国家的生成。但人类却在表达生命的活性以形成与外界环境（自然与社会）的稳定协调过程中，共同进化出了基于发散与扩展性力量的 M 力和优化的力量，表达着所有人都有可能以不同的力量在任何活动中必然地表达 M 力和优化模式。这本就是生命的活性本征的自然表达，是所有人在所有活动中的共性表达。

（二）由于历史的原因而将不同的标准作为美学标准

概括地讲，在美学体系中，存在着不同的国家、不同的民族和不同的生存环境，由于历史、文化、社会等因素的不同，形成了不同国家和地区对不同特征的美的追求，形成了不同的美的标准，并由此形成了不同的美和艺术。由于其生活环境的影响，使其选择了不同的表达美的方式。在长期的历史进程中，不同的标准赋予美以不同的意味，并由此优化形成了富有特色的民族生活场景。

（三）探索美学民族化的规律性意义

各种追求的不同，促使人们形成了不同的宗教信仰、不同的生活习惯与世俗习惯。要在基本的美学规律的基础上，给出与本地区、本民族特征有机结合的美学特征，构建该特征与一般美学理论中所构建的特征之间的抽象与具体的关系指导下的具体规律。

在具体的描述过程中，当其不能归结到某个特征、关系和领域时，要么通过这种差异性的力量，促进一般美学理论的进一步发展；要么构建一个抽象概括性更强的概念，将现有的美学理论和本民族特殊的美学概念作为其中的一个外延性特例，将美学中所揭示的更具本质性的关系与本民族的思维特点有机结合。在前两个过程进行以后，就需要概括总结与当前社会紧密结合的、富有民族特色的、在美学一般规律指导下的特殊规律形式。结合本民族历史的对美的探索，从本民族关于美和艺术的具体成果出发，不断地凝聚美学特征，构建各种形式和程度的美学关系，探索美学的基本规律，这便是"由底向上"的研究方法。

而由顶向下的研究方法是指，采取主体论的研究方法，借鉴其他学科的研究思维模式，从所得出的一般美学规律出发，基于美的一般规律所对应的特征、基于具体的民族性特征，构建出基于本民族特色的美学的特殊规律，在本民族美学理论发展的初始条件和环境条件的影响下，针对本民族美的历史、美学的理论发展提出具有指导意义的研究体系。这相当于将某一个民族的美学历史作为一个一般美学理论的特例来加以研究的过程。

从某一个被普遍认同的科学体系出发，根据该学科所揭示的特征、关系和规律，基于该学科的思维模式和研究问题的方法（运用该学科的思维模式），将美作为一个问题和研究对象而展开研究。

五　不同审美标准的矛盾与选择

不同的地域所形成的文化习惯和审美倾向，决定着人们选择不同的审美标准和艺术表达形式，也表达着人们不同的追求。人们必然会将具有一定审美偏好的审美标准赋予客观艺术品，从而给予其美的程度的判断，基于此而做出优化选择。当人们在内心已经构建出了不同的标准，意识到不同的审美标准会给出不同的判断结果，而人又会对艺术品有不同的理解时，就涉及选择哪种标准来对艺术品进行判断了。当艺术家的创作意图与欣赏者的判断标准不同时，就会在艺术品的审美与鉴赏过程中表现出差异，并刺激审美标准的优化选择过程的有序进行。在意识的作用下，会因为选择不同的审美标准而产生新的心理过程，并在构建选择出更为恰当的标准的过程中，将这一过程突显出来。

人在意识中，能够对美感展开更大程度的扩展、发散与深化，将更多的意义与美感建立起稳定的联系。在这个过程中，体现出了人们已经建立起来的关于审美经验的主观扩展与强化，并通过与其他民族、地域、国家的艺术与审美经验的交流，促进本民族艺术的进步与发展，同时在各种有差异的审美经验的基础上通过自组织而形成新的概括与升华。不同特色的地域审美文化，引导人主动地体验、感受具有地域特色的美，主动地在地域文化的基础上，将美的感受与信息、客观事物建立起种种的联系，并扩展和强化这种对美的体验。

人在主观意识中利用其特有的强大功能，建立更多的信息与这种美的体验模式的关系，通过这种多层次的关系，赋予具有地域特色的外界信息以更强大、多样、精细的美的意义，并由此赋予艺术以更高的地域文化价值。而在我们掌握了这些特征和规律以后，便可以在专门的审美教育过程中有针对性地提升相关模式的可能性、强化相关模式扩展的力度、引导人用某一种完整的模式去指导其产生恰当的行为。

人们以美的眼光看待自然，就是要发现、提取甚至构建自然界中美的东西。这种过程不是空泛的，而是建立在具体的地域文化基础上的。人真的会运用自己的想象力构建一个更美的境界，并将其赋予到自然景观中，认为这种想象后的结果本就是自然表达的结果。宗炳是带着佛学的思想而观照自然的。通过自然现象与自己内心对佛学追求的相互照应，赋予自然山水以"佛"和"道"的更高境界，从而赋予山水以不同境界的意义。在两者形成了紧密的联系以后，再依据佛学思想的强化与选择绘成的山水画，自然也就成为与佛道的最高境界具有更强联系性的艺术品。这也就是说，人们在内心生成的以某种特征为标准的美的追求，会自然而然地通过这种转化而成为可以表达人的追求境界和思想的山水画。

我们所依据的无论是活性本征的自主涌现，还是外界客观与某个活性本征的共振协调，甚至是不断达成的更多活性本征的共振协调，在不同的环境影响下，不同的人即便是面对同一个审美对象，也会由此而使不同的活性本征处于兴奋状态，这就意味着会构建出不同的审美经验模式。我们不能以自身的审美体验的特殊存在而否认其他审美体验存在的合理性，而是应该在包容心理的基础上，更加愉悦地设想到其他审美情况的出现，并由此促进自身审美体验、审美经验的升华。

第八节　美与美的其他范畴

如果说美是在由不协调达到协调的过程形成的，那么，其他的美学范畴便会通过各种关系而与这种模式建立起效联系，我们在研究美与其他美学范畴的关系时，需要关注以下几个方面：第一，美的状态是一切美学范围的核心；第二，不同的美学范畴与由不协调达到协调状态的完整模式具有某种联系，分别表达着达到美的状态的不同过程和不同特征；第三，在由这些美学的范畴向美的状态转换时，都有可能会形成更加强烈的由不协调达到协调的感受；第四，这些美学范畴能够衬托美的意义，相关的特征和规律同样能够在这些美学范畴内有效运用；第五，这些美学范畴与美的状态的协调性特征是有很大的差异的；第六，不同的美学范畴都采取恰当的、富有特色的方式通过由不协调达到协调而表达稳定协调的美的状态。

一　美与丑

正如史蒂芬·贝利（Stephen Bayley）指出的："可以肯定的是，困苦和畸形固然可能是丑的构成要素，但同时也是启迪和激发伟大艺术的灵感来源。"[1] 人从关联的角度，将与达到稳定协调的美的状态的诸多活性

---

① ［英］史蒂芬·贝利：《审丑万物美学》，杨凌峰译，金城出版社2014年版，第33页。

本征和诸多环节联系在一起，通过组成一个有机整体而形成美的综合反应。因此，在人的认知能力充分发达的今天，丑也会成为人的艺术表达的主题。艺术史也一再表明丑在美中的价值和地位："这就论证了一个奇妙的、令人费解的定律：丑并不一定是令人厌憎或排斥的。"①

（一）丑所表征的是人由"协调达到不协调"的感受

鲍桑葵对"丑"的定义是："一个和美矛盾的东西，产生一种和美的效果相反的效果——即我们叫做的丑……"奥古斯丁从三个方面来论证丑与美的相互关系②。一是，美与丑看似是相对的，实际上，"丑并非美的对立面，而是美的一个方面"③。当我们独立地看待有些事物时可能就是"丑"的；但把它放到一个整体中时，从不同事物相互作用的角度来看时，它又是美的。达到协调就是美的，不协调时就是丑的。二是，"丑"作为美在某种意义上的对立面，可以使美的意义更加鲜明突出地表现出来。三是，美存在于对丑的排除之中。作为与美紧密联系的丑，当人们否定、排除、克服了丑时，就会直接由丑向美转化，将丑转化成了美。

人们在一开始建立矛盾性的美的概念时，是将丑作为美的对立面的。人们在讲美与丑的关系时，往往会犯一个逻辑性的错误：把不同指标下的美与不美的问题放在一起讨论。从更高的概括抽象的层次来看，显然，美与丑并不构成一对矛盾的审美范畴。"丑不是缺乏想象，也不是当完美意义上的想象存在时某种可能发生的东西；它是混乱的想象，是对从一种想象到另一种想象的过程漫不经心和没有自始至终地仔细想象任何一个东西的想象。"④基于丑的标准，我们可以运用 M 力进一步地构建出更丑的状态，也可以在诸多关于丑的表达形式结构中，优化选择出更丑的形式。

生物活性的协调状态是一个区域，当超出该区域从而使得不协调的

---

①　［英］史蒂芬·贝利：《审丑万物美学》，杨凌峰译，金城出版社 2014 年版，第 64 页。

②　何亦邨：《"本土丑"与"西洋丑"的隔空对话——论中西方"丑的艺术"的契合之处》，《艺术百家》2012 年第 8 期。

③　［英］史蒂芬·贝利：《审丑万物美学》，杨凌峰译，金城出版社 2014 年版，第 8 页。

④　［美］科林伍德：《艺术哲学新论》，卢晓华译，工人出版社 1988 年版，第 15 页。

相互作用达到一定程度时，便会形成促使生命正常状态发生改变的力量。这种力量会使生物机体产生痛苦的感受，使人在感受到不利于生物体的稳定、进化与发展，甚至仅仅表现出这种发展趋势时，就会产生丑的感受。"古希腊人对畸形怪物和罪孽错误非常重视，认为正是这些因素才产生了丑。对他们而言，美自然地有着一种道德的特质和光辉，善的灵魂只会寓居于美的躯体。"① 由此史蒂芬·贝利更进一步地指出："在邪恶与丑陋这两个概念之间，人们自然而然地就会设想出一种关联。类似地，在我们的想象中，正义与美也有着这样一种对称关系，真与美也被结合在一起。"②

丑的显现对比性地表现出了美的优化特征。人们在潜意识中认识到，能够通过丑而达到美。在这种假设之下，越是丑的，在达到美时，人们所体会到的美的刺激性感受就会越强烈。但这并不意味着丑就是美的。

（二）为了给漂亮（美）一个陪衬，而创造出了一个对立的词：丑

当人们体会到对立，以及由矛盾对立而达到稳定协调的状态，尤其是表达出了完整的过程时，能够更加强烈地体会到进入美的稳定协调状态时所表现出来的更美的程度，人们会基于美而创造出美的某些特征的对立面：丑。人们审丑意味着通过对丑的认识而对比性地强化对美的认识，力图使人产生更加强烈的美。"按照这种阐释，美是自然的、本能天生的，而丑则是人工的、做作的。只要你从自然出走，移入现代建筑，那丑陋就会被释放显形。"③

1. 将丑与美联系在一起

正如我们在前面指出的，不同的美的元素通过经验而形成一个有机统一体，即使是表达不同的美的元素，也都会使人产生相应的美感。人也正是利用这种关联性，将不同的美的范畴结合为一体。"政治宣传利用了人们原始心智中就存在的这样一种认知：常规的丑的理念与传统公认的坏或恶的理念有着天然的关联。"④

---

① ［英］史蒂芬·贝利：《审丑万物美学》，杨凌峰译，金城出版社 2014 年版，第 78 页。
② 同上书，第 78 页。
③ 同上书，第 192 页。
④ 同上书，第 215 页。

2. 否定了丑，就可以达到美——达到美的一种方法途径

在表达向美的追求的过程中，不断地排除缺点和不足，虽然不会更美，但却影响着人们对美的认可程度。人们会有意识地通过美与丑的联系和对立形成幽默（喜剧），完整地表达这种模式，会形成对另一种美的形态的表达。而当人们体会到了由幽默所形成的快乐，基于快乐与美的内在联系性，自然会赋予与快乐有关的诸多因素以美的特征。在这种状况下，丑也就成为被人们所认可的美了。在这里，丑体现出了两种力量的作用：对比性和转化性的力量。也就是说，说丑是美的，一定要维持足够的对比性力量和转化性力量的作用。没有了这两种力量，或者说人们认识不到两种力量的作用，丑也就不能成为美了。

3. 丑的力量放大着达到协调的不协调状态，从而使丑得到重视

从对美的界定中可以看到，我们可以独立地对丑赋予一定的意义：只要超出了外界刺激，使生命体的活动超出了生命活性所限定的当前的稳定状态；使生命体感受到强烈的不协调的刺激作用；使生命体感受到威胁和较强的压力（超过一定的阈值）；使机体产生紧张、不安、焦虑、恐惧等心理，机体就会产生主动的回避反应，并由此赋予相关刺激以丑的意义。

从此种意义延伸开来，就会对丑赋予新的意义："我害怕丑的东西"，因此，其他人、妖魔鬼怪也害怕丑的东西，为了保护"我"的平安，我就用"更丑"的模式将其驱离，并由此而有效地解除人的压力、不安和焦虑。

4. 以丑为基础向美转化

丑表达了不协调的较高的程度和由协调到不协调的过程模式。其潜在意义在于：第一，人们认识到可以通过这种对比实现由不协调达到协调的完整模式；第二，以丑为基础可以向美转化；第三，通过由丑到美具体且更加强烈地表现由不协调达到协调的完整过程，从而使人间接却更加完整地进入美的状态。

5. 通过丑而对比美，可以使人体会到更大程度的美

通过丑的对比，可以使人在达到稳定协调状态时的感受更加美好。人们在潜意识中将这种不同认定为美与丑的对立性，并且能够更加强烈地体会到这种对立性关系，那么，越是在艺术创作中更加强烈地描述丑，

便越是能够在实际生活中更加强烈地体会到系统而深刻的美。人们自然地将艺术创作中的丑与生活实际中的美有机地联系在一起，通过直接地否定艺术创作中的丑而肯定实际生活中的美。

6. 通过其他人的丑而反衬出自己的美

在一些艺术品中，出现了以表达恶作为艺术创新的一个有效手段。这其实也是对立的转化心理在起作用：我们用他人的丑而反衬出自己的美。我与他是不同的，因此他的丑恶，也就预示着我的美好。他越丑恶，我也就越美好。通过美的状态的对立和转化，恶的心理学已经成为美学的研究对象。

阿多诺强调："应当追究那些被打上丑的烙印的东西的起因。在这方面，艺术不应借助幽默的手法来消解丑，也不应调节丑与丑的存在，因为这会比所有的丑更令人反感。"应正视丑的存在、丑在美学中的地位与作用、丑对美的反衬，以使人产生更强烈的审美感受的力量与刺激。当超越过多而形成更加强烈的刺激时，也会认为是不和谐的，从而认为是丑的。这就是说，丑与美的区分仍然只是不和谐程度的不同。而且美学应该正视这种丑的地位，不能回避。①

7. 排除丑而留下美

美与丑往往作为紧密联系的美的元素而同时出现在一个具体的审美对象中。当我们排除了丑的因素时，就只留下了能够引导人进入美的状态的基本元素，那么，此时人们的感受就是美的。即便不能将所有丑的因素都排除出去，但只要使美的元素所引起的美感占据更大的比例，使人的美感大大地超过丑感，就已经达到目的了。

（三）可以表达丑，但需要把握程度

丑以其新奇性而给人带来一定的审美感受。我们在这里尤其要提醒，无论是丑还是恶，它们都是因为美而存在的。我们可以引导人进入美的状态中的任何一个特征、任何一个环节，这些环节也都有可能转化成为活性本征，表征这种模式环节，都将有可能使人顺利地进入美的稳定协调状态。但是，我们需要注意另一种倾向：当表达丑与恶的艺术品的数

---

① ［德］阿多诺：《美学理论》，王柯平译，四川人民出版社 1998 年版，第 87 页。

量达到一定程度时，人会对此形成更加强烈的记忆，具有足够的独立自主性，使之成为典型而突出的活性本征模式。无论是该模式通过其足够稳定兴奋的自主性，还是在众多的过程中表达恶的观照，人都有可能以丑恶的模式，以及由此而形成的期望来表达、控制自己的行为，由于丑代表着由协调向不协调的转化过程模式，因此，就有更大的可能不利于社会的进步与发展。社会中并没有太多具有较高辨别能力和美的构建能力的"高手"。我们可以体会到通过丑恶来反衬美的意义与作用，但一定要强调突出这种反衬对立、转化的意义作用，突出转化的过程，强调突出的结果。因此，我们可以表达丑恶，但却一定要将表达美作为主流，以足够的"正能量"来激发更多人对美的追求。

1. 丑的程度

丑是以不协调为核心的。因此，丑意味着与美的稳定协调状态存在差异。而且只有在这种差异达到一定程度时，才能使人感受到丑的存在和意义。

典型的是人们所熟悉的"长得难看"，这意味着不协调、不对称、不合常理、与人们见到的大多数情况相差甚远，或者说在更大程度上超出了人们习惯上的由所看到的不同而组成的区域。在这里，我们如果构建出了基于某种人类种群更多人的相貌平均值模型，包括脸部各器官的位置与大小，那么，我们就可以基于该美的平均值状态而具体地度量一个人在与该平均值有多大不同时，会在人们内心引起丑的感受。

2. 丑的量

研究了美的平均值，掌握了人长得是否"好看"的平均值算法，理顺了诸如"合理""不合理"的概念及彼此之间的关系，这将使我们认识到，事物的实在表现并没有绝对的合理与不合理。这只是一个价值的相对性判断与选择，合理的与不合理的将同时存在。多元价值观的存在为这种方式的合理性提供了现实基础。我们只能基于某个群体而谈论其合理与不合理的程度，并由此决定其丑的程度。

由于人的心理过程的非线性，这里自然存在一个阈值：当差异达到足够大的程度时，才会使人明确地产生丑的感受。这使我们能够更加明确地认识到，世上没有绝对的美，也没有绝对的丑。只是表现美、丑的程度有所不同，尤其是这种不同还在人的意识中以非线性的方式表达出来。人们不会由于差异程度的变大而线性化地感受到丑，也不会因为美素的增加而线性化地感受到美。

美是如此，相貌是如此，对人各种行为的判定也是如此。

（四）认为丑与滑稽有联系

亚里士多德将滑稽作为"丑"的一种表现形式："滑稽的事物是某种错误或丑陋"。这只是看到了滑稽中不协调的、矛盾的、不合理的一面，只是达到了滑稽的前一个阶段。当滑稽表达其完整的结构时，就会直接通过否定丑而实现由丑向美的转化。

（五）将丑与荒诞相联系

在西方现代派艺术的影响下，荒诞已经上升为一个重要的流派。我们认为，当赋予了由不协调达到协调的过程以美的意义后，那种由协调达到不协调的模式被独立特化出来，便具有了与美相对立的意义。认识到由不协调达到协调模式中诸多环节模式的独立意义，可以使人体会到美的意义。那么，与由协调达到不协调过程中的诸多环节的联系，就会使人产生新的意义。

阿多诺分析指出："原始崇拜的对象的面具与画脸所体现出来的古代丑，是对恐怖的实体性模仿，一般散布在忏悔的形式之中。随着神秘的恐怖性逐渐淡化与主观性相应增强，古代艺术中丑的特征变为禁忌的目标（尽管这些特征原本作为强化禁忌的载体）。"[①] 从本能的角度来看，这些情感与模式会作为人的本能一直存在着，因此，与这些模式的恰当和谐共鸣，也应当是引导人进入美的状态的基础。但在一幅作品中，如何协调处理愉悦与恐怖之间的联系，则是一个需要恰当处理的关键。阿多诺通过"主观的理性"的概念，描述了人们对美的主要描述和对丑的抛弃的意识来源。

二　恶与美

在人们的习惯认识中，恶是与善相对立的美学范畴。恶表达出了与

---

① ［德］阿多诺：《美学理论》，王柯平译，四川人民出版社1998年版，第84、85页。

善的差异，尤其表达出了与善的矛盾对立。恶在很大程度上表达着相关行为对他人所造成的伤害。伤害越大，其所产生的恶行强度就越高。受到危害的人越多，恶行便越严重。

（一）由恶而美

1. 恶的直接表现是"由协调达到不协调"

恶是更高程度的不协调，是与社会的稳定协调状态存在更大差异的不协调状态。从恶与美的有效联系的角度来看，表征恶与善形成了差异性的稳定对立关系，通过表现出由恶向善的转化，表现恶也成为进入美的状态的一个重要环节。

2. 间接地表现"由不协调达到协调"

恶的根源在于与生命、与人、与人类社会的稳定协调状态的差异，这种差异甚至会对生命、人，以及人类社会造成严重的伤害。但当人认识到其有能力通过某种方式实现由不协调达到协调的过程时，诸如通过直接否定恶、排除的存在与表现，或者说在描述中对恶的行为不加关注，表达一定程度的恶，也就间接地表达了由不协调达到协调的过程。

3. 他人的恶而不是自己的恶

在认识到人与人不同的基础上，通过认识他人的恶行，衬托出自己的"不恶"，能够使人由此而产生自己的善，以及由他人的恶的不协调而进入自我的善的协调状态。

4. 可以由恶向善转化

通过更加明确的方式表达出由恶向善的转化，甚至仅仅表现出由恶向善转化的趋势和过程时，人会认识到这一转化过程的进行和表现，并能够由此而体会通过恶所产生的善的对比与转化性的意义。或者说用其他更多人由恶向善的转化来说明当前的恶行所产生的强烈的对比。

5. 通过恶与善的对比，使人更强烈地体会到善

善是稳定协调，恶则是不协调，因此，即便恶对善并不形成真正的对立矛盾关系，两者之间存在的诸多局部上相互矛盾的内涵与外延，在建立起两者之间的对应关系时，也会使人对美的体验更加强烈。

6. 通过这种转化更强烈地体验到 M 的力量

在恶的过程中，也能表达 M 的力量：一是更恶；二是由恶体会到更

善。这是以恶作为比较的"起点"时所形成的心理对比突变。恶与善矛盾对立的因素越多，由恶到善时所形成的心理体验就越大。

（二）基于丑恶而构建美

1. 明确认识丑恶与美的对立关系

中西方学者都承认丑（恶）与美的对立。例如：道家崇尚本真，主张师法自然。庄子认为，天然即美，矫揉造作就是与本真相违背的一种丑。柏拉图认为，必须将"丑恶"视为"非存在"。丑恶与美的对立矛盾关系虽然只在某些局部特征上才能准确地显示出来，但我们却需要真正地明确这种基于某些局部特征的差异性对立关系。

2. 充分肯定丑恶的美学意义

中外学者虽然认为丑恶是对美的否定，但是他们都不否定丑恶本身，即肯定丑恶的存在有其特定价值。中国古代的文学家和艺术家对"丑恶"的表现，往往寄托着对社会现实的不满、批判，比如八大山人绘画中的"青眼向天"，已经上升为一种另类的美。审丑（恶）会通过对比及由丑恶向美的转化，帮助人们认清美丑（恶），反省自身，认识不足、正视缺点、改正错误，追求进步，净化社会，在更大程度上有效传递"正能量"。

3. 中西方美学家都承认丑的相对性

在美学中，人们会潜在地认可丑在一定情况下可以向美转化，通过肯定丑而对比性地衬托出更美的意义。在生命个体的进化过程中，与环境的稳定协调会成为新的环境作用下的不协调因素，而形成新的环境作用下的稳定协调，即相当于由不协调达到了稳定协调的状态。因此，协调、不协调在生命的进化过程中不断地发生着转换。不协调达到足够的刺激程度时，会驱动生命体产生适应性活动，从而达成协调状态。孔子曾提出"美色过犹不及"的思想，老子也有过"五色令人盲目，五音令人耳聋"的论述。到了清代，刘熙载在《艺概》中谈论怪石："丑到极处，便是美到极处。"蔡仪提出，现实中的丑能够通过艺术手段改造成美。西方美学家由论述丑的相对性，发展为论述丑与美的辩证关系。法国雕塑家罗丹则论述了丑在艺术中可以转化为美："因为艺术所诱供为美的，只是有特性的事物。特性是任何自然景色中之最强烈的'起真实性'：美的或丑的，也即所谓'两重真'。因为外表的真，传达内心的真……可是在世人的眼中，一切都是露着特性，因为在他中正坦白的视察之下，一切隐秘，无从逃遁。且在自然中被认为丑的事物，较为之被认为美的事物，呈露着更多的特性……既然只有性格的力量能成就艺术之美，故我们常见愈是在自然中丑的东西，在艺术上愈是美。艺术上所认为丑的，只是绝无品格的事物，就是既无外表真，更无内心真的东西……"①

4. 充分利用恶与道德的密切关系

中国自从先秦诸子开始，就认为外在的丑恶并不等同于内心的丑恶，相反，外形丑恶的人内心可能反而是美好、善良的。《左传》中论述了外形的丑恶与品德美的内在联系。西方最早论述"丑"时，大多是将其与道德上的"恶"行等同起来，尤其是在绘画作品中刻画了许多外在和内在都丑陋不堪的形象。出于对排除丑恶而表达美的冀求，古希腊甚至形成了"不准表现丑"的规定。普罗提诺（Plotinus）在论述"丑"的概念时，就谈到了美就是善，心灵的丑恶是对理性的违背。

5. 将恶与崇高、恐惧相联系

西方基督教文化中经常利用恐怖来营造崇高感。尼采在《悲剧的诞生》中指出，崇高将恐怖附着于艺术手段，从而形成更为复杂的审美表现。博克（Bock）也曾指出："我想丑同样可以完全和一个崇高的观念相协调。但是，我并不暗示丑本身是一个崇高的观念，除非它和激起强烈恐怖的一些品质结合在一起。"② 从完整的美的状态结构来看，各种因素、环节必然通过一种整体性而联系在一起。崇高与丑恶之间存在一定的亲缘关系，崇高可以是美丑（恶）基于某些局部特征表现出的严重冲突的产物，它能够同时包含着美与丑恶的因素；且只有丑恶的东西显得可怕、使人产生恐惧时，才能对比性地成为崇高的构成因素。

6. "残缺美"

通过美的整体性使各个环节都具有美的意义，这其中即包括由协调

---

① ［法］奥古斯都·罗丹口述、［法］葛塞尔记录：《罗丹艺术论》，傅雷译，中国青年出版社 2016 年版，第 46 页。

② ［英］博克：《论崇高与美》，朱光潜译，载古典文艺理论译丛编辑委员会编《古典文艺理论译丛（第五期）》人民文学出版社 1961 年版。

达到不协调的过程所对应的诸多具体的美的意义。心理学认为，残缺是心理完形的解体或秩序的颠倒。残缺而来的美与"完整的美"相对。格式塔心理学认为：在生命活性中收敛力量的驱动下，受到完美的协调状态的吸引，人会表现出本能的"完形倾向"，表现出想将残缺的物体形式完整化的心理倾向。这是由于期望所形成的美的感受：期望会有更美的"完形"。当人们看到一个不规则、不完整的形体时，会因受到差异化的刺激而产生一种内在的紧张力，迫使大脑皮层展开各种兴奋性活动，通过构建相关的信息模式，以填补"缺陷"，使之成为"完形"。在由缺陷达到完形状态时，愉悦感会由此产生，并在这种填补"缺陷"的过程中获得更强烈的愉悦情感。从当前状态和下一步必然展开的过程来看，残缺包含着转化和对立，也包含着人们在内心所构建出来的对更美的期望。

"残缺美"是一个基本的美学概念——不协调状态。在中国先秦诸子时期，就有通过对比联系而体会"残缺"现象的审美论述。老子言："大成若缺。"（四十五章）即使是完美的"大成"，也需要"缺"作为补充。"大成"是美的，但又必然地包含着缺点和不足。"大成"是以"缺"为基础而进一步形成的。又说："道冲，而用之或不盈"（第四章），"洼则盈"（二十二章），认为"知其雄，守其雌，为天下谿"（二十八章）。[1]

一句"书不尽言，言不尽意"，表达了完整的"道"是不可以言说的。它是一个抽象的、虚无的整体协调的概念，概括描述着事物运动与变化的本质性规律，而不能只用抽象概括后的符号简单地描述。但人们只能通过有限的具体再概括、抽象、推广而形成对其真实的局部的理解与把握。这其中自然地表达出了不协调、协调、由不协调达到协调等诸多特征。

在西方，"残缺之美"同样为人们所津津乐道。著名古希腊诗人萨福（Sappho）留下的二百多篇残诗残句，为欧洲历代具有贵族倾向的诗人所推崇，留给人们以更多遐想的空间。德国艺术史家温克尔曼（Winckelmann）曾对罗马"观景殿"保存的一尊残存的赫克勒斯的雕像赞誉有

---

[1] （春秋）老子：《道德经》，苏南评注，江苏古籍出版社2001年版，第11、62、125页。

加。1820 年，爱神维纳斯雕像惊现希腊米洛岛，其线条优美、仪态典雅，但人们在狂赞之余不免为其失去双臂而深感遗憾。但经过多方努力，人们也不得不承认，残缺维纳斯的美远远超越了"完整"的维纳斯，能够使人在内心表达出"还有比这更美的形态"的美的特征倾向。

《道德经》指出，"故有无相生，难易相成，长短相形，高下相倾，音声相和，前后相随"（第二章），指出了由不协调达到协调模式的完整统一性，成为后来的中国古典美学关于美的形成的重要哲学出发点。

"似残非残、有残至美"反映了人类在对"美感"的体验、追求和探索过程中，形成并被认知的与"完美"相对立的"不完美"这一另外的审美范畴。当人们表达这种由残缺向完美过渡的模式时，通过完美与缺的恰当比例关系，即便是在内心所形成的过程，人们也会将"由不协调达到协调"的模式完整地表现出来，并由此而体会到美。[①]

三　美与崇高

当一事物在某个美的标准上表现出了与人们习惯认为的寻常稳定协调状态的巨大的差异，该差异的方向又与美的追求的方向相一致时，人们就认为其达到了崇高的程度。

这里存在几个条件：第一，基于某个美的特征指标；第二，形成了使其更美的基本方向；第三，形成了较大的变异，与人们所习惯的状态相比达到了足够大的差异程度；第四，已经超出了一定阈值，通过表达这种巨大的差异而使人体会到更加强烈的美的感受。

（一）在美的程度表现上超出一般理解的高度——雄伟

虽然雄伟，但却可及。虽然有前人在此居住，并安全渡过，我却胆战心惊。他人可以，我也可以，但我却由此而体会到了心惊胆战的感觉。华山的险峻，已经达到了足够强的程度。"回心岩"等著名景点，其危险程度已经远远超出人们所能认识到的可以安全观赏的范围。华山以其险峻、惊奇和出人意料，使人感受到了天然的雄伟。

---

① 孔明：《"似残非残、有残至美"——论建水紫陶装饰艺术"残帖"美》，《装饰》2009 年第 3 期。

（二）在美的品德方面赋予了超乎寻常的差异

为人类所赞颂的高尚品德，往往是超出了常人许多的差异化的表现。这就意味着，并不是说一般人根本就不能做到，而是说，一般人也可以做到，但却很少能够做到，也很难做到。比如说雷锋，其平凡的人生，在其力所能及的范围内，尽可能地表达出了对祖国、对人民的爱，表现出了超出常人很多的为他人着想的伟大品质。

从宗教的角度来看，在人类的文化历史上也更加突出地强调了这一点。在佛学的描述中，地藏菩萨以"我不入地狱谁入地狱？"的气概，通过种种具体的行动和自己的受难教化众人努力向善。按基督教的说法：上帝代替世人承受苦难，将苦难集于一身，因此是崇高与伟大的。辛德勒（Schindler）在第二次世界大战的初期，也是一个唯利是图的商人。通过榨取犹太人的血汗而大量地雇佣犹太人为其干活。但他在这项活动中却使自己的灵魂得到了升华——主动地保护犹太人免遭纳粹的迫害，因此表现出了崇高伟大的力量。

（三）表现出更强烈的 M 力

崇高是对这样一种处于质的稳定协调状态之上量的不协调的反思。它在更大程度上超越了平庸的日常生活，是对生命体与外界环境达成稳定协调的价值肯定，体现了尊贵的审美理想追求，也在更大程度上单纯地表达着人们的追求、表达着 M 力的强度和作用时间。以崇高的审美理想为追求，拯救和提升人的精神境界的过程就变得尤为重要。崇高作为一种社会理想，如果不能充分表现和形成对崇高的努力追求，世俗的生活就会造成人的精神沦落，特别是现代社会的异化更容易使人的生存平庸化。崇高审美范畴的原型是原始崇拜，原始人对强大的自然界充满着崇拜与向往之情。在其对崇拜的表现与形成过程中，包含着强烈追求的力量，基于生命活性中的收敛本征而表达出了一定的掌控能力。在审美理想的表达状态中，积聚了无意识中的原始崇拜向审美状态的转化，使崇高具有了巨大追求的精神力量。崇高揭示了人的最高价值在于超越平庸，通过对更高理想的追求和表现，获得道德的升华。崇高作为一种美的形态，具有巨大的形式和力量，给人以心灵的震撼，引起人强烈的景仰、追求与崇敬的意识。

四 美与悲剧

我们认为，悲剧的基础仍然是差异化构建基础上的优化构建。通过其中的诸多模式，与生命的活性本征达成更高程度的和谐共振。"如果没有对公民和政治的关注，观赏悲剧并不能算作'美学体验'。"①

（一）悲剧的直接表现是由"协调达到不协调"

悲剧是使人产生更多悲痛情感的美学范畴。通过悲剧的不协调而达到稳定性的美的协调状态，从而使人体会到足够的美感。与此相反的过程则会使人从美的状态中转化出来，并由于与美的状态有更大的不同而产生另一种感受：悲剧。在这里，丑、恶、悲同样地表达出了由协调达到不协调的过程，但悲与丑、恶相比较，则在更大程度上包含着美的力量，或者说这种对美的期望一直存在着。本来是可以达到稳定协调的，可现实却表现出了不协调。这种不协调与协调的力量模式一同表现时，通过现实中的不协调，反衬出想象中的协调，由此而使人产生悲的感受。

（二）悲剧可以引导人间接地表现出"由不协调达到协调"

对生命体的刺激在使生命体由稳定的协调状态达到新的稳定状态时，新的状态相对于原来稳定协调的状态而言，成为不协调的状态。这种状态将使生命体产生悲痛的情感反应模式。我们就称此时生命体进入了悲剧状态。能够使人产生悲痛情感的外界环境，也因此而表达出了悲剧的美学特征。在生命本质上对稳定协调状态追求力量的作用下，会赋予悲剧以更强烈的审美意义。

悲剧需要与相关的活性本征和谐共振，从而能够在想象中引导人进入美的状态。"悲剧越接近现实，使我们离开杜撰观念越远，那么它的力量就越完美"②。因为悲剧的现实能够带给我们更多惊奇性信息的冲击，会使我们禁不住地想："为什么会这样？"这同时也带给我们更多的相似性信息，使我们产生足够的与生命活性本征更大程度上的和谐共鸣。

---

① ［美］玛莎·纳斯鲍姆：《培养人性：从古典学角度为教育改革辩护》，李艳译，上海三联书店2013年版，第78页。

② ［英］伯克：《崇高与美》，李善庆译，上海三联书店1990年版，第47页。

我们能够更强烈地体会到差异化构建所形成的多样并存和收敛稳定的力量，以及彼此之间达成有机协调的关系。"悲剧要求观众跨越文化差异和国界。另一方面，悲剧强调普遍性和抽象性，省略了日常公民生活的细节，而对阶层、权力、财富以及相关的思考和讲话方式进行明确的区分。"①

（三）他人的悲剧不是自己的悲剧

之所以将悲剧也划归到美学的范畴，除了历史研究的原因，我们也可以从当前心理状态的变化和关系来认识这一点。在欣赏悲剧时，人们会明确地认识到，我们所看到的悲剧是发生在他人身上的，我不是他人，因此，是他人有了悲剧而我没有。他人通过表达由协调达到不协调而产生了悲剧，而我与他不同，因此就会潜在性地假设：我会由不协调达到协调。那么，我就可以自然地建立起悲与美的稳定对应关系，并将它们作为一个更高层次的有机整体。人们就会基于这个有机整体由悲体验到美。

（四）可以由悲剧向喜剧转化

已经是悲剧了，已经达到"最低点"了，那么，根据社会一定会向好的方向发展的基本的美的力量作用，下一步就必然会向更加美好的方向和状态转化。即便只是表达出了由悲剧向美的状态转化的趋势和部分过程。悲剧已经达到了最低点，由悲剧向任何状态的转化都是高于最低点的新的状态，因此会必然地表现出向更美追求的力量。悲剧已经过去，我们一定会看到一个更加美好的未来。

（五）通过悲与喜的对比，使人更强烈地体会到喜

通过悲与喜的对比，使人能够基于悲而达到喜，或者基于喜而达到悲。使人感受到悲与心理起始点两者之间的距离更大，在由不协调达到过程的完整模式表现中，由此感受到的刺激就更强烈，从而使人对美的体验更加强烈。

（六）通过这种转化更强烈地体验到 M 的力量

无论是使悲剧更向前一步，还是由悲剧向喜剧转化，都能够使人体

---

① ［美］玛莎·纳斯鲍姆：《培养人性：从古典学角度为教育改革辩护》，李艳译，上海三联书店 2013 年版，第 79—80 页。

会出 M 的力量，并通过悲剧所带来的情感的剧烈变化和反映，更加强烈地体会到 M 的作用。与生命的活性本征尤其是 M 的力量达成更大程度上的协调共振，能够使人从更多的角度、以更强的力量、更容易地进入美的状态，使人逐步体会到程度更高的美感。

五　美与喜剧

根据生命适应环境的法则，我们知道，当我们处于与环境的协调状态时，幽默（喜剧）能够更加完美地体现生命的活性本征，并通过对比放大，使人更加强烈地体验到美。显然，在构建喜剧这种美的表现范畴时，同样会表达出如前所述的诸多特征。

（一）喜剧与快乐

现实情况是，喜剧在更大程度上给人带来了强烈的快乐情感。出于追求快乐感受的本能，在诸多选择中，人们往往会选择喜剧。喜剧给人带来快乐，人们也喜欢喜剧。但在历史上却曾出现过忽略喜剧、否定喜剧的现象。对于喜剧基本特点和规律的把握，尤其是在多大程度上进行对比、如何对比，还存在诸多的疑问，因此便阻碍了喜剧的正常发展。尤其是不能正确而恰当地把握喜剧与美的本质性联系，不能正确梳理喜剧在美学范畴中的地位，给喜剧的地位带来了一定的冲击，而这也正是当前喜剧在社会主义精神文明建设中想要更好地发挥作用所需要解决的关键性问题。

生命体会由协调而快乐。在此过程中，表现一定程度的差异与人的生命活性状态相一致，建立起差异化的状态与美的状态之间的稳定联系，就意味着在一定程度上将差异模式与快乐反应建立起了稳定的联系。当表征这个稳定结构中的某个环节时，自然会使与此有紧密关系的整体结构处于兴奋状态，并由此而使人感受到快乐。

（二）喜剧与差异

幽默（喜剧）中最核心的特征就是差异。不同的外界刺激形成不同的反应模式，不同的刺激促使机体形成不同的反应。生命体所形成的应对反应是由若干局部特征通过某种关系来具体表征的。在局部特征激活的基础上，会通过关系而将其他的信息都激活，由此形成神经系统对信息的大量联想与加工。

幽默喜剧是基于差异而形成并达到稳定协调以给人带来快乐的美的范畴。表征信息差异性特征及其满足，是由大脑神经系统中独立特化出来的、具有自主性的好奇心来驱动的。伴随着人的意识的形成，幽默喜剧的意识自然会被构建出来。基于同一个对象，人会在意识中形成不同的认知，这种差异性模式的形成、强化，在差异模式的基础上进一步地达到了稳定、协调、统一，完整地表达出了美的全部环节和过程，更是以差异化的表征对人的意识产生了具有足够的刺激性力量，成为人们乐于追求的、与美具有更紧密关系的美学范畴。

1. 表征差异

大脑将表征差异作为一种稳定的模式，凡是与这种模式相同的行为，都将进一步地强化这种模式。那么，与这种模式相一致时，自然也会产生快乐的感受。

第一，正是差异维持着大脑的动态耗散结构的稳定性，而大脑对内部状态的感受也取决于这种差异。活的生物体的大脑兴奋状态的维持需要各个层次的差异性状态，以及由此而提供的相互作用。

第二，差异促进了大脑内部彼此之间的相互作用，同时又在具有联结性作用的神经系统的基础上，形成了层次不同的神经子系统。

第三，在面对同一个对象，由相关局部特征的激活而构建不同的反应模式时，会形成不同的认识，在将这些不同展示出来时，即表达出了差异。在局部特征激活时，这些局部特征会以不同的兴奋分布代表着不同的整体性意义。

第四，差异表征着大脑神经系统活性的稳定与扩张。局部的关系，整体上的扩张、延伸、发散，以及使不同的信息模式处于兴奋状态，都会将这种差异以稳定的形式表征出来。

第五，差异的特化与独立形成了好奇心。反应表征差异的特定神经元稳定地发挥作用，会不断地通过表达共性的差异性特征而联系在一起，形成具有足够独立性、稳定性的好奇心。好奇心是促成大脑稳定地、自主地构建差异性信息的基本模式。

第六，表征信息差异性特征的是大脑神经系统中独立特化出来的好奇心，好奇心自主促进了内在新信息的涌现，这种涌现进一步地推动着心智的变换与创造，引导着人主动地在更大范围内追求差异的、变化的、多样并存的、复杂的和未知的信息表征。

第七，内在地通过差异而体验到这种不同的状态和意义，表征着人的意识的形成、强化、自主，以及对自身的有意识增强。人会在好奇心的作用下，不断地表征这种差异，不断地将与当前状态不同的信息展示在大脑的活动空间，不断地将新奇性的信息引入心理空间并参与到人的心智的变换过程中，通过差异性信息的作用而持续性地形成系列的心理过程，推动和扩展人的心理意识空间。

第八，这种差异在人的意识的强势发展中具有基础性的刺激作用。所谓自主性地维持，是指人可以没有外界的刺激作用，持续性地进行着信息的加工与变换，在这种情况下，外界环境及由此而提供的信息的输入就成为可有可无的了。

所谓强势发展，意思是要在更大程度上体现出这种能力和行为。意识的强势发展可以使人的大脑内在活动成为其活动的主体，人可以自由地利用大脑内部所记忆的信息之间的关系持续性地展开心智过程。通过形成一系列不同的意义，通过表征这种内在的差异性刺激，维持着心智过程的持续进行。

在幽默中，突出地表达构建差异的力量模式，通过差异认识而形成意义的不协调关系，对后继的协调形成更强的刺激。在幽默喜剧中，看到其中一则意义的不合理性符合人的好奇心理，甚至只是体现出彼此之间的不同，使人认识到由某一个基本出发点可以形成多种不同的认识的过程时，人们便会由此而体验到喜剧效果。距离产生美的原因在于：第一，通过差异满足人的好奇心；第二，通过不同形成刺激从而激发相应的美；第三，表征生命本征中的差异化模式本身就意味着与生命本征在这个元素上的协调，并由此而联想构建出完整的美。[①]

（1）体现差异的本能

当喜剧以多种不同的意义同时面对、描述一个对象、一个事物时，

---

① 徐春玉：《幽默审美心理学》，陕西人民出版社 1999 年版，第 174—231 页。

能够通过这种差异形成对人的心智的有效刺激，使人的心智处于不协调状态，这种状态本身就在于有效地激发和表现人的活性本征。

（2）追求差异

表现差异是人的本能，而体现人表现差异的本能模式，也能够激发人的审美体验。喜剧的核心就是面对同一个对象时基于差异化的构建而形成不同的认识。艺术风格只是一定程度上的相似性，或者说是人们根据相关艺术作品与艺术家自身的感受、创作体会，从中认定某些核心的特征，并因为这些核心特征的相似性而将它们归到一个类别中，从而形成一定的流派。

（3）扩展差异

当我们将差异模式作为一个基本模式时，基于差异化而进一步地实施生命的活性变换，会在更大程度上表达出构建差异的力量，形成与当前状态有更大不同的新的状态。在差异化构建结果的基础上，再一次地运用生命活性中收敛与发散的力量，包括运用联想而将与之不同的信息在大脑中激活，会构建出更多不同的局部特征，将彼此之间的差异尽可能地扩大；通过主动的差异化构建而将与之不同的信息处于高兴奋状态。

生命体的迭代性力量，会使追求差异的力量扩大化。最大程度地表现发散、扩展的力量，构建差异程度更大的不同模式，并在差异化个体多样并存的基础上，构建差异的最佳化；人可以在类属的基础上，首先将抽象的概念展开为具体的个体，再在这种具体的展开过程中，将最恰当的具体模式选择出来。

2. 形成"表征差异"的自主意识

人会不断地涌现出表征差异的过程，将那些与当前有所差异、同时又具有某种特征的信息涌现、选择出来，这种整体结构的经常性表现，会使这种模式具有更强的稳定性，并由于与各种过程建立起稳定的联系而表现出足够强的自主涌现性的力量。

3. 基于新奇性的信息展开进一步地延伸扩展

通过前面的描述我们可以看到，表征差异是一种基本模式，它会随着生命活性本征的表现而构建出相应的期望。在将这种延伸扩展后的模式作为稳定模式时，其便会成为引导人产生进一步行动的引导模式——期望，人们会将这种关于未来的设想作为控制模式指引人产生行动。由差异而达到的稳定协调作为一种稳定的模式，也会强化表达差异的模式和期望，人会因此表现出对差异的主动性追求。这就涉及：第一，将"表征差异"作为一种稳定的模式；第二，在各种行为中使这种"表征差异"的模式处于激活状态；第三，形成与当前不同的"表征差异"的心理；第四，驱使人形成追求表征差异的稳定性模式。

将未来作为引导性的模式本身即具有选择性的因素影响：一是，未来与当前存在差异，人会在好奇心的作用下将其可能度增高；二是，人运用生命活性的扩展性力量而不断地构建差异化的模式；三是，在构建未来的过程中，通过差异化构建形成了众多的模式，并在众多模式的基础上，概括抽象出了相对具有更强汇总力量的"美"的模式，因此，该模式的可能度会相对较高，并具有更强的稳定性，具有联系众多差异性模式的可能性，各种差异性模式会围绕该模式而具体表现；四是，在生命活性的选择作用下，只要是与当前不同的模式，都有很大的可能成为指导人产生恰当行为的力量。

4. 新颖的出乎意料

（1）出乎意料的喜悦

出乎意料，是人们所认为的喜剧的核心品质。人总是存在这种基本心理——在寻找的心理转换过程中，突然发现新的信息模式。从活性本征的角度来看，这是在人的心理意识空间形成了发散与收敛有机结合的状态。正因如此，凡是那些能够给人带来新奇感的信息，也总能够使人产生美的感受。

（2）由新颖而满足好奇心

好奇心的核心特征是构建并反映差异。在这种模式的作用下，形成了人关注未知（新奇）、关注变化、关注复杂和关注多样并存的基本模式。出现了恰当的新奇性信息，就会使人在当前状态中受到新颖性信息的新奇性刺激，从而使人的心理状态与活性本征状态相符。这些好奇心的内涵表现，都会成为与出乎意料相关的重要品质而在喜剧中加以表现。

（三）喜剧表达着由不协调达到协调的基本过程

1. 喜剧的直接表现是由"不协调达到协调"

由不协调达到协调是美的一个重要的环节，是形成和进入美的状态的基本过程。这种过程被反复地运用。喜剧则完整地表达了由不协调达到协调的整体结构，因此，喜剧在更大程度上表达了美的意义。

在喜剧中，最主要地是在差异化构建的基础上，表达出由不协调达到协调的过程，并通过达到协调状态表达出生命活性中的收敛性本征，基于此引导人进入美的状态，通过美的稳定协调状态与不协调时的差异化状态的联系，使人体会到在稳定协调状态时特殊的愉悦性快乐。

2. 由差异而协调

不断地表征这种由差异到协调的过程，会不断地强化这一过程的完整性。我们知道，时间的发展使生命体的各种行为模式、组织器官与外界环境事物之间具有了不同时的对应关系，这种不同时会驱使生命体内所进行的过程偏离等概率性。但有机体为什么要选择、重复这种过程？无论是由协调到不协调，还是由不协调到协调，表征的概率都应该随着时间箭头而具有一定程度的差异性。进化的过程驱使生命体对"由不协调到协调"的选择能够以更高的概率表现。

形成差异、表达矛盾，只是幽默喜剧的外在形式。幽默（喜剧）的本质还在于在矛盾的基础上将矛盾转移出去而达到稳定协调的状态。将矛盾转移出去的方式和结果，在一定程度上表达着不协调的转移、矛盾的消除，能够使人感受到由不协调达到稳定协调的过程。矛盾在于存在有差异的双方。否定矛盾的存在，否定矛盾本身的不合理，甚至否定按照新的逻辑而得出新的意义的不合理性，都将直接引导人重新进入原来所习惯的、正确的思维过程中。

喜剧能够在差异化构建的基础上，沿着人所不熟悉的方向道路直接构建，乃至形成一种与人们所习惯的意义有很大差异的新奇性意义。当我们合理地否定这种新奇意义的逻辑"合法"性时，即通过达到无差异的状态的方式表达了这种过程，从而进入美的状态并产生快乐的感受。

克罗齐（Groce）在评论英国的洛克（Locke）时指出："他认为巧智以产生快感的多样性来撮合观念，只要这些观念有些类似或关系时，它就能在变成或打动想象时把这些观念形成一些美的图景；判断力或理性则见于以真理来寻求这些观念的差别。"① 从中可以看出，即使巧智，也是人们在不断的探索过程中形成的更为恰当的模式。与此同时，巧智也表现出了人的好奇心的追求与满足的过程。

3. 通过这种转化引导人更强烈地体验到 M 的力量

幽默喜剧通过构建不同的意义放大矛盾对立的力量，通过矛盾使这种求异变得更加突出。或者说，人们只是为了求得最恰当的幽默效果而不断地求新、求异、求变，使人能够更加突出地体验到在求新、求异、求变的过程中的 M 的力量。实际上幽默就是通过对这种求异模式的推动与强化，使这种对美的追求的模式与过程得到进一步地强化。

4. 满足人的掌控心理

生命活性中的收敛与发散决定着人在意识中对自身行为的掌控。由收敛而形成的掌控模式，是人的核心意识本征。受到这种力量的作用，人在各种活动中都在寻找一定程度上的掌控与把握。这种一定程度上的掌控与好奇心一起，在意识中表征着活性本征，并与意识的各种形态结合在一起形成了丰富多彩的心理意识。

（1）人体会到自己比剧中的人物更聪明

认识到剧中人物的想法与做法的愚蠢之处，看到喜剧中人物因自己的不合理行为而受到他人的嘲笑，而自己则能够按照正确、合乎逻辑的模式来认识事物、把握自己的行为时，人会从自身与他人的这种差异性行为关系中体验到这种矛盾，以及矛盾的排除过程，从而形成强烈的审美体验。

（2）认识到矛盾所在

掌握了引起歧义的关键环节；知道了一个对象在哪个点上可以形成不同的认识，以及如何形成不同的认识；认识到形成歧义的理由所在，或者说认识到了不合理之处的原因；认识到了在哪些方面表达出了不合理，又从局部上体验到了导致这种不合理结论的局部逻辑关系，人们就

---

① ［意］贝尼季托·克罗齐：《作为表现的科学和一般语言学的美学的历史》，王大清译，中国社会科学出版社 1984 年版，第 50 页。

在这种体验中与生命的掌控力量本征达成和谐共振。

（3）能够认识到一种意义的不合理之处

在喜剧中达成认识的稳定协调，在于能够顺利地将多种意义中的某种不合理的意义排除在外，重新将人的认识拉回到正常的思维模式中，进而按照逻辑思维模式展开恰当推理。将矛盾排除，从而顺利地转化到协调状态，并通过意义的协调而达到心理的协调，通过在心理上由不协调达到协调的强有力的转换过程，更加有效地引导人进入美的协调状态。

（4）发现新奇性意义的局部合理性

合理性的意义本身就是局部的。合理性，在人们的认识中意味着绝对性——绝对真理。尤其是那种更高层次的抽象物，其本身就是在各种具体情况下忽略掉次要因素以后的"不变量"。无论是其所表现出来的结构，还是关系，都只是一定程度上的不变量。在对事物的合理性的认识过程中，一般随着人们对新奇事物认识的逐步加深，随着对客观事物认识规律性关系的逐步增多，随着人们运用规律的熟练程度和准确性的大大提升，人们对该新奇事物的掌控能力会不断增长，对该事物认识的合理性也会越来越高。人们就是通过这种局部的合理性认识而对事物产生一定的掌控感的。

（5）完整表现喜剧整体

喜剧能够通过这种由不协调达到协调的完整结构体现，引导人突出地强化出对美的状态的更加强烈的追求。这种力量是人们在生活过程中逐步形成，并通过意识而更加突出地表达出来的。会使人们更加乐意通过喜剧的形式表达一定的意义。

人的抽象性本能，强化着人的喜剧本能。这种天性促使人在面对任何意义时，都能够在差异化意义构建的基础上，比较选择出最恰当的表现模式。而艺术家也是在尽可能地表现这种"最恰当"的模式。人们都有"最恰当地表现某种意义的模式"的认识和追求。

人们又是在抽象的概念、表现的具体模式、升华到最恰当的模式的反复过程中，逐步概括出喜剧的本质表达形式的。在表达差异化本能的基础上，人们会进一步地强调通过概括而建立联系的过程。也是在表现这种模式的过程中，通过生命活性的全面表达而形成美的。喜剧是对这样一种生存体验的反思，它以欢乐肯定存在的意义，通过差异化的构建消解日常生活的压抑。在表达稳定协调状态的快乐感受时，喜剧表达出了对生活的乐观精神，是善战胜恶的理想及对理性压抑的解除。古典喜剧通过表达正义战胜邪恶而展示人的乐观精神，表达出由不协调达到协调的过程。讽刺性喜剧通过对现实恶势力的嘲弄、批判和否定，体现出一种自信、超越和乐观的精神。在喜剧的具体表达方式中，也可以通过对人的缺点、不足和荒诞的揶揄，体现出对人的包容、宽容和自信，同时也体现了达到稳定协调状态的乐观精神，是另一种通过否定和讽刺而形成的自我肯定。

喜剧作为一种美的形态，其基本特征是笑，而笑是一种欢乐的情绪，表现了一种优越感，解构了日常生活的压抑，使生存得到解放。

喜剧是随着差异的形成而表达出来的，尤其是意识在形成过程中与差异的形成与表达构成了不可分割的关系。在意识的形成过程中，有三个因素相当重要：第一个是表征差异；第二个是表达具有自主性；第三个是自主地维持这种过程的进行。可以认为，形成差异、表现差异并强化差异，在意识的形成过程中，发挥着重要的作用。而其在形成幽默（喜剧）意识的过程中则会起到更为重要的作用。原因就在于喜剧能够稳定而完整地表现这一过程。

①构建整体

掌握局部的逻辑关系，认可局部逻辑的合理性，并依据这种逻辑关系构成一个完整的艺术品，使人完整地体验到喜剧审美的全部过程，在诸多环节的选择与构建协调中组成一个整体，产生更大的喜剧效果。或通过众多局部的喜剧效果之间的相互结合，形成喜剧的逐步强化与积累。

②体现审美全过程

喜剧完整地表达着由不协调到协调的过程。喜剧能够典型而突出地表现人通过"形成差异"，再"形成协调"，从而将各个环节联系为一个整体，完整地赋予外界事物以美感的过程。

喜剧以一种整体的形式和过程，有效地完成了一个"由不协调到协调"的认识上的循环与重复，在有效地引导人进入美的状态的同时，激发人形成了完整的美感模式。在此过程中，表达出了多样并存基础上的新奇满足的过程，表现出了达到稳定协调的美的状态，这些美的状态的基本元素会与其所表现出来的不协调达到协调的力量一起，形成美感模式的构建与激发。

（四）通过对比更加强烈

强化对比，通过差异放大对美的追求。差异会形成更强的刺激，这种刺激又通过由不协调达到协调状态的完整过程而被着力强化。差异更大时，由不协调达到协调的过程会形成更强的刺激。因此，在喜剧中人们会更加强烈地体会到稳定协调时特殊的快乐意义。

同时把握两种差异性更大的意义，并在两者之间建立起某种转化性的关系时，人从一种意义出发而"跳转"到另一种意义的过程，会产生巨大的心理变化，并由此种心理的变化而产生更加强烈的刺激。尤其是人明确地体会到其中一种意义的不合理之处时，人们会将这种产生两种意义的过程否定，使人从不协调状态顺利过渡到协调状态。

1. 通过对比使冲突更加强烈

既保持一定的差异，又能够对人的心理产生强烈的冲击，并使这种作用达到一个最能引起人的反应的状态。

2. 通过对比增加具体与美的距离

美的理念虚无地存在于人的内心，人们因此也就很难明确地认识到当前状态与美的理念之间的不同。一是通过共振促使其以更高的兴奋状态表达时，就会形成与其他状态之间较大的不同。二是通过差异而直接刺激会使差异性信息得到进一步地放大，而且在好奇心的作用下，人会更加主动地构建新奇和与当前的不同。这就进一步地增加着所构建出来的状态与当前状态的不同。

3. 通过对比更加具体

抽象的对比可以产生一定美的享受。虽然人有抽象化的本能，但在直接体验抽象艺术作品时，像俄国抽象艺术先驱康定斯基一样只是通过色彩本身就能体会到强烈的美感的抽象艺术家还不多。很少有人能够像康定斯基那样，体会到纯粹抽象的美，并能够顺利地将抽象物从具体物中剥离出来。但人总是在抽象的线条、色彩、结构中通过具体事物，以及所对应的意义反过来赋予线条、色彩、结构以一定的意义。

4. 通过对比更加鲜明

人们就是通过对比而强化了两者之间的不同，又在好奇心的影响下，使人对这种差异更加关注。喜剧所对应的差异性特征会更加突出地表达出来，人又会在关注它的过程中表现出更多的联想和新奇性构建，由此使对比更加鲜明。

5. 通过对比与生命的活性本征更加协调

表达发散、收敛，以及两者之间的相互协调，都能够与生命的活性本征更加协调。在这里，我们强调的是收敛与发散两者之间的协调关系对于这种生命活性本征的直接作用。对比放大了发散的力量，因此通过两者之间的相互牵制力所形成的对收敛力量的需求，以及在完成这个过程以后所产生的由不协调到协调的作用力，都将更强烈地表达出来。

(五) 喜剧的责任

喜剧是能够给人带来更强快乐的一种艺术形式。喜剧的责任最终表现在美的责任上，喜剧能够以其特殊的形式而使人更加强烈地体会到喜剧的作用效果。但在当前，人们对小品、相声、脱口秀的大量涌现，却表现出了担忧的一面。这些喜剧作品仅仅满足了单一方面的心理需要，却没有形成对社会更大范围内的良性作用。

1. 在美的力量作用下，进一步地促进人主动追求喜剧

由此而表现出形成意识的典型过程：第一，追求不同的喜剧（具有差异性的喜剧模式）；第二，在没有外界环境的作用时，人会主动地表现这种追求喜剧的意向，并一再地表现这种涌现性。这两者的有机结合，对于形成喜剧意识具有决定性的作用；第三，在形成自主的过程中，会进一步地强化这种自主和由此所表现出来的追求喜剧的更强的力量。

2. 体现人追求自由

喜剧表达了人能够构建多种可能性的自由，无论剧中人采取哪一种方式体现其独立的判断与选择，都能够完整地表达出按照剧中人的独立思想而自由地决定自己行为的意思。既然相矛盾的模式和行为都有其存在的合理性，还有什么是不可以存在和表现的？由此，一切存在的合理性也就有了一定的心理基础。

3. 促进喜剧美的升华

喜剧往往以低俗的表面矛盾表达着差异化构建和由不协调达到协调的完整过程。在此过程中，更会由于能够与人低层次的审美快乐更容易地建立联系而使人得到表面的满足。这需要我们做出深刻的改进：一是要考虑到更多的层面和因素，尤其要重点考虑到从社会层面的角度所产生的更加深刻的审美效果；二是要能够通过单一的过程激发人在美的方面的升华。这其中就包括与美学的其他范畴展开深入的协调。即使是在表达喜剧所具有的讽刺性的作用，也是为了通过讽刺使那些具有这种不良行为的人及时改进，从而引导社会向更好的方面发展。

我们需要更加有效地在使人快乐的过程中发挥出喜剧的积极意义。喜剧（幽默）能够通过直接揭示社会中那些不良行为，形成讽刺、否定的鞭挞，从而有效地促进社会的进步与发展。这里对负面问题和现象的揭示存在一个度的问题：使人认识不到社会进步的积极力量，而只能看到消极腐败的一面。长此以往，会使人产生不良的稳定心理，并认为其是正常的状态。因此，一定要做到正确的引导和转化。

我们在这里需要进一步地强调，无论何种艺术表达形式，都需要在恰当地表达上下功夫。需要更加深刻地表达出对更美追求的力量——M力，需要在更大的范围内，在差异化构建的基础上，通过比较判断而优化选择出最好的方式（当然是局部意义上的最优）。

第十章

美的经验

美与美感是不同的。当美被人们感知、体验、领悟到时，便产生了美感。虽然美的状态是与生命活性本征稳定协调的状态，在更大程度上起源于人的生物学本能，但当进入了美的状态、将各种生命的活性本征与客观事物建立起稳定联系（用艺术品来表达美），各种形态的美的元素建立内在联系并汇聚在一起形成美的升华以后，便形成了稳定的审美经验。人会在这种表述过程中，与生命活性中的收敛与发散之间关系所形成的结构和谐共鸣，产生更加强烈与突出的美感。生命体达到了与环境的稳定协调，就相当于构建起了确定的审美经验。无论是将人的活性本征模式逐一地固化出来，还是通过与其他过程的联系而将外界环境模式独立固化出来，都意味着固化出了确定而独立的美的模式。表达这些模式，意即与这些模式和谐共振，也就意味着与美的状态（生命体与环境达成稳定协调关系结构）从相关局部模式的角度形成了共振协调，从而可以引导生命体通过生命体内各系统、结构的稳定性联系而将其他的美的元素激活。这就意味着人能够依据这个稳定模式中的某些局部特征的兴奋而更加全面系统地进入美的状态之中。

"如果一个人看到耍球者紧张而优美的表演是怎样影响观众，看到家庭主妇照看室内植物时的兴奋，以及她的先生照看屋前的绿地的专注，炉边的人看着炉里的木柴燃烧和火焰腾起和煤炭坍塌时的情趣，他就会了解到，艺术是怎样以人的经验为源泉的。"[1] 艺术的经验性，已经准确

---

① ［美］杜威：《艺术即经验》，高建平译，商务印书馆2005年版，第3页。

地揭示了美是在多样并存的基础上构建出来的，反映了人不断地追求更美的状态的基本过程。只不过杜威用"经验"来代表这种过程的结果，原因在于这种状态更多的是从经验中表现出来、突显出来的，正如马克思的劳动创造了美：美在劳动中突出而典型地表现出来，成为促使人的心智产生较大变化的一个有力的刺激。人获得的经验越多，在此基础上优化构建出来的美就具有越大范围内的普适性。

在此过程中，需要注意的一个重要的环节，就是将这种审美经验激活，或者说"唤醒"，也就是明确地使人体会到美的感受、将这种审美经验表达出来、建立起客观事物模式与美的状态之间的确定性关系，使美的模式处于显性状态，成为能够引导人产生相关行为的指导控制模式。当艺术品与人的审美经验达成和谐共振时，将引发人产生更强烈的审美感受。

第一节　美与审美

一　审美的意义

审美就是通过人与外界客观事物的相互作用而使若干美的元素处于兴奋状态，并进一步地形成新的稳定状态的过程。审美在于进入美的状态——使某些已经与环境达成稳定协调的活性本征模式处于协调的兴奋状态，从而进一步地引导人感悟美、发现美、创造美、传递美，用对美的努力追求的力量更加有效地促进人类社会的进步与发展。

康德将其归结为人类在审美时所表现出来的"共通感"，这种共通感："它是一理想的规范，在它的前提下人们就能够把一个与它协合的判断和在这判断里表示出对一对象的愉快颇有理由地对每个人构成法则：因为那原理固然是主观的，却仍然被设想为主观而普遍的（对每个人必然的观念），它涉及不同的诸判断者的一致性，就象对于一客观的判断一样，能够要求普遍赞同；只要人确信它是正确地包含在那原理之下。"①
这是一种假设，而这种假设构建于生物的普遍性特征——生命的活性特
征的基础上，是基于生命活性本征的共性相干。只要是生物个体，都具
有这种特征，个体的不同只表现在相关特征上的程度不同。在我们将人
类通过意识突显和强化出来的美进一步地归为生物个体的竞争性本能时，
我们就会必然地假定，每个生物个体无时无刻不在表现着自己的生命活
力，因此，对于人来讲，也就必然地以"共通感"的方式表达着对美追
求的力量。

在审美过程中，一是有其他信息的存在，二是生命的活性扩展力量
在不断地发挥作用，三是生命的自主涌现力量也在将那些具有较高可能
度的信息自涌现成为兴奋模式，这些信息的相互作用即作为一个新的动
力学系统而形成的新的稳定状态。因此，在审美过程中，我们需要考虑
使何种活性本征兴奋，有多少活性本征兴奋，活性本征兴奋的强度有多
高，彼此之间达到多高的稳定协调程度等问题。

审美意味着在客观与人内心建立起相互作用关系时，通过激发人的
活性本征，表现由不协调达到协调的过程，引导人进入美的状态。通过
差异而体验这种美的状态，强化生命体对其特有的美的状态的体验和感
悟，并以美的力量促使人不断地完善自我。重复地表达美的状态，增强
进入美的状态的力量，会激励人强化对更加美好的状态努力追求的力量。
"用更重实用的观点来看，'审美'可以指设计，特别是好的设计，'形式
优美'的设计。升华的、形式的与成比例的、美的以及与协调相关联的
语义因素在此同样参与其中。除此之外，审美的某种装饰的意义也移向
前台：形式结构唯有在其结果的表征完成之时，方才到来，如此不是通
过内容的改变，而是通过材料和对象的高超安排和引人入胜的组构，来
给人以愉悦。"②

审美需要激活审美经验，甚至使人的审美经验处于待兴奋状态，同

_____

①　北京大学哲学系美学教研室编：《西方美学家论美和美感》，商务印书馆1980年版，第
164页。

②　[德] 沃尔夫冈·韦尔施：《重构美学》，陆扬等译，上海译文出版社2002年版，第22页。

时构建主动的审美态度。在审美过程中，我们还需要强化审美观照的稳定意义，充分认识到审美关注人的自身、审美强化着 M 力的作用、审美强化着优化的模式力量、审美强化着人的活性本征，提高人的生存竞争力。

生命的活动是由生命的本征力量的有效表现构成的。在其他的非审美过程中，虽然也表达了生命活性本征的力量，但生命的活性本征力量表达会相对较弱，人的活动也是非最优化的。审美会强化与生存相关的本质力量，通过不断重复形成反馈稳定环，将美的状态与当前环境建立起稳定的联系。我们能够运用人的审美观照，显示出两个主要的过程，一是激活某个活性本征与当前环境的反馈作用环；二是在表达模式中选择最优。

当人从具体的激发活性本征而形成专门表达美的状态的客观物——艺术作品，并由此而得到审美享受时，这种与外界各种具体情景相结合的稳定性模式便会在人的内心形成稳定的记忆，丰富的大脑神经系统会将其联系、组织在一起，并展开发散、延伸、扩展，在建立起广泛联系的基础上，通过使潜在的活性本征处于兴奋状态而反映更加本质的共性相干，通过形成更大范围的本质性联系，达到美的升华。此时，我们会看到，当由具体的美升华到概括抽象程度更高的美的过程形成以后，该过程便具有了独立而特殊的意义。一是人们会一再地表现这种模式的指导作用，使之在各种场合发挥其应有的力量。二是使人体会到更具一般性的美，通过抽象与具体的联系而使人的审美境界得以提升。

审美意味着增强构建更加美好生活的能力和力量，引导人由少到多、由局部到整体，通过与更多的生命活性本征模式达成协调，在更大程度上体验到美的稳定协调状态的特殊意义，促使人能够最有效率地利用资源。显然，能够激发更多人的审美感受的艺术作品，在人的内心会被认为具有较高的艺术价值。对于具有这种特质的艺术品，人们也就愿意花高价将其买下。

通过持续不断的审美活动，能够增强人的生命的活性本征兴奋的易激活性，使这种审美经验能够维持更长时间的更高兴奋度，并通过与其他状态之间更加突出的差异而产生更加强烈的审美感受。通过审美活动强化环境与人的活性本征形成的和谐共振关系，形成更强的"模式锁定"，使人更加乐于和习惯于从事与美相关的活动。

通过经常性地展开审美过程，引导人在诸多形式中表现出对最佳结构、意义的最优化选择和追求的过程。在面对外界刺激时，人们可以有多种不同的应对策略，但在这个过程中，人们将会选择更能表现 M 力的模式和基于某项指标的优化模式，这样做，一方面促使人们取得了竞争优势的必然；另一方面通过 M 力的表现而使其具有了新的意义。

通过经常性审美，将使人更自如地建立客观事物及其意义与人的某种活性本征的协调稳定关系，维持美的状态与各种活动的密切关联，稳定地表达出人的意义和作用，在强化人的自主与自信的基础上，保持与自然的良性互动；将引导人更为经常地发现美、体验美，推动人类社会的和谐发展。

达到稳定协调状态、进入美的状态和进入美的模式等，这些说法都意味着使人在当前状态下体会到美的状态的特殊意义，也是审美的重要内容。将更多的因素与美的状态中的某些局部模式建立新的稳定性关系，会使人更容易地进入更加广泛的美的状态，从而指导人产生更美的行为，维持美的活性的变异与扩张，促进对更美的状态的持续追求。这种在稳定模式基础上的变异与扩张，本身就表征着生命的活性本征状态，表征这种本能状态，就意味着在该模式上达到了与生命活性本征的协调，也就能够顺利地通过这种本能进入美的状态，由此激发出生命的本征美。在促进生命体更加本质的力量的表现，激发更加丰富的意义创造与审美构建，驱动人在表达其生命的活性本征力量时，内在地（而不是因受到外界环境因素的刺激的被动应激反应）表达出创新的力量，人类社会也就会在这种差异化的创新构建过程中，努力地通过比较而选择构建出更加美好的未来。"我们的审美偏好由直觉和经验事例在一起形成。可以想见，如果没有经验和特殊的影响，我们内在的对于能够支撑生命形式存在的特殊敏感性会延续下来。事实上，那些对艺术没有特别喜好的人，往往喜欢简单的环境和一成不变的景色。对先锋派或抽象艺术的品味，则是经验超越了直觉的结果。即便这样，人造艺术的吸引力也来自象征手法的运用或反运用，这东西所象征的对象，是长期以来充斥传统艺术画面的适应性特征。"①

二　审美是人与客观的相互作用

对美的反应及感受是通过形成一个动力学系统而完成的，其涉及意识、生理与外在客观事物这三个不同的系统。这三个不同的系统通过彼此之间的相互作用，形成了稳定的状态，再将最终稳定的结果以确定的"艺术品"的形式表达出来。对于主体的人来讲，首先要具有审美的态度和对美的主动追求的意愿；其次要具有足够的审美经验，并用审美经验去观照客观；最后需要用足够娴熟的技巧、技能将其准确地表达、再现出来。

对于客观来讲，首先要表现出与人心理状态和生理状态的差异性，通过刺激有效地激发人的好奇心；其次在好奇心的作用下，通过激发生命的活性本征，在表征差异性特征的基础上，构建激发人发散与收敛有机结合的本能；最后表达向美追求与优化的力量。此时，无论是受到发散力量的作用还是基于客观的复杂多变，所形成的与本征状态有所差异的状态始终存在着，当前状态与美的状态的差异性关系，就意味着对人产生了美的刺激，形成审美过程，带给人以审美享受。

主客体两个系统发生相互作用，可以促进两者在自主涌现基础上的分别变化，当通过相互作用组成一个新的动力学系统而达到稳定状态时，一方面，表征人在此种状态下生命活性的本征模式，意味着在某种程度上进入美的状态；另一方面，两个系统的相互作用会使人体会到美的状态前后的差异，并由此种差异而使人感受到美的状态的特殊性。无论是美的形成、美的感受、美的创造，还是美的欣赏，都表现出了主客体相互作用过程的整体性模式，也由此而完整地表达出由不协调达到协调的整体过程。

美的艺术是主体与客体所形成的协调统一体。因此，艺术"再现"的是那些能够使人进入稳定协调状态的客观事物信息，而"表现"则是

① ［英］约翰·D. 巴罗：《艺术宇宙》，徐彬译，湖南科学技术出版社 2010 年版，第 132、133 页。

将所建立的稳定协调关系的心理模式客观对象化的过程。它们的不同在于"起始点"的不同。艺术构建的不是人在美的状态下的任何心理模式，而是能够引导人进入美的状态的客观化环境。

三　审美是一种特殊的心理过程

人类的各种活动无一例外地表征着人的生命的活性本征。这就意味着，任何活动都可以看作具有美的因素存在的过程，人的各种活动都可以被人"观照"出美的意义。

审美表现出了典型的心理学特征，但却不仅仅是心理上的更加强烈的反应。审美又是一种特殊的状态，从所激发出来的信息的形态、性质等体现出生命体与外界环境达成稳定协调关系的高兴奋状态。由于与生命的活性本征和谐共振，此种性质的信息被选择的可能性会进一步地增加，成为下一步激发其他信息兴奋的基础性信息。

表现特有的审美心态，表现特有的与美相关模式的主动性，能够使具有某些性质的信息、生理状态处于易激活状态。在人与外界客观发生相互作用时，这些信息更能自主地发挥作用，并对结果产生足够的影响。

表现出了美的心理模式，也就组成了人的审美基本心理背景。心理背景在一定程度上表现出了足够的激活能力和联想能力。相关的过程包括：第一，从这种模式出发，联想出其他的信息；第二，在众多被激活的信息中，只选择具有此种性质的信息；第三，以特有的组织方式形成新的自组织；第四，在信息的自涌现中加以选择；第五，使其得到进一步地扩展、增强；第六，在扩展过程中，具有选择的针对性，即在诸多可能的扩展中，选择出具有相关特征的"恰当"的扩展模式；（7）在诸多自组织所形成的意义中，使具有该性质的模式达到足够高的可能度、能够被人们感知或者可以成为指导人产生恰当行为的控制模式。

（一）有更多的情感参与其中

这种情感表现既包括生理性反应模式，又反映了典型的心理性特征。人们也往往将与生理、心理相联系所组成的丰富、复杂的心理模式，组成更加复杂的认知心理。这种心理表达出了一定的美的模式，但在更大程度上却是通过信息之间更加广泛的联系所组成的。

（二）在意识中表现出特有的独立性

通过人的主观强化，使其具有了审美意识的独立性特征，通过"审美"，将这种状态与其他心理过程区分开来，直接赋予其以审美的意义。

（三）人处于一种独特的美的稳定协调状态，并由此而激发出相关的信息，或者引发人的审美观照

比如说看电影，能够更多地激发人的审美情感。人会将自己的情感转移到电影所设定的情景中，一是按照自己的经历、情感和愿望来理解电影中的人与事。二是伴随着电影中人物的情感与故事的发展而体会其中的意味和由此所反映出来的更加深刻的社会意义。在此过程中，欣赏者的审美模式与电影所表现出来的艺术之间的差异，构成了更加多样的差异化模式，包括引导欣赏者将自己所经历与设想到的差异化的模式想象构建出来，促使人在这种差异的多样化模式作用下，形成更大程度上、更广范围内的优化构建。

（四）具有特殊的、向更好的状态转化的审美意向性特征

与自然生活中的其他活动相比较，在欣赏艺术作品的过程中，会将与艺术有关的美的模式激活，或者使其处于待激活状态，供人们在下一步的过程中将其顺利激发。还会使其成为备选的对象，成为激发其他信息的基础性信息。

（五）激发人更多的内在的美的模式

促进生理快乐与审美意识的独特的有机联系，保证这种联系更加广泛，更具概括性，能够在"由底向上"的抽象过程中形成审美的升华，并在抽象概念的基础上，经由"由顶向下"的具体化过程，在更具概括抽象的基础上，描述更加多样的基于具体情景所形成的特殊的美的状态。在更加自如地通过比较而求得"最优"模式的同时，通过由最优而到各种具体的非优的稳定对应，使人从信息量的角度体会到美的冲击。

（六）激发人产生强烈的愉悦性感受

将与人的愉悦性情感反应结合在一起的外界模式有效地激发出来，基于愉悦性的情感模式的强烈表达所形成的较强的感受而将相关的信息有效激活，并通过具体与概括抽象地有机结合，形成反复转化的对信息的激活过程。

（七）使人的想象力得到更加充分的表现

艺术与想象的紧密联系能够更加充分地激发人的想象力，使人展开更加自由、更加宽泛的想象，并长时间地维持这种想象状态的持续进行，更加有效地维持在想象过程中的差异化构建与比较优化的选择。并且在人的心智过程中，可以使这种想象过程被明确地认为是真实客观存在的过程，人可以在这种想象状态和过程的指导下构建出符合这种特征的具体事物。

（八）更能反映人在审美过程中的生命活性

以审美为基础，表现生命活性的发散与收敛、彼此相互协调的特征、与当前环境稳定协调状态下的本征运动，以及由此而展现出来的相关的环境模式特征。我们可以通过各个层次共性表现的相关性，构建出更为基础的相互联系。当我们逐步向更加概括抽象的层次提升时，就可以使其功能变得更加强大，联系更加广泛，甚至成为使这种联系模式更加广泛的主动强化和扩展的基本力量。

在审美活动的表达规模达到一定程度时，彼此之间内部的相互作用便会在某一个阈值表现出正反馈的效果，从而以其稳定的自反馈过程持续性地表现下去。在一般情况下：第一，自反馈力量的影响很少，不足以对其整体运动产生足够的作用力；第二，在其达到一定程度时，自反馈过程可以持续性地表现下去，并对其整体过程产生更强的作用，单单只是自反馈所形成的刺激，已经足以使大脑围绕相关问题长时间地进行心理模式的变换，并成为一种典型的模式，使其不至于湮灭在其他模式的兴奋中；第三，表达自主能力，不受限制地通过涌现在其他的心智过程中发挥其应有的作用。

（九）审美状态对于人意识的形成具有重要影响

这里描述的是审美状态对人的意识形成具有更强的促进作用。具体地表现在以下方面：

1. 使审美活性具有独立的意义

人的审美意识建立在生命活性的意识表征基础上，但却可以通过生命活性的强大表现而使审美表现出更多的活性特征，也可以使美的状态具有更强的稳定性——更强的发散性和更强的收敛性，促进两者之间更加紧密的联系，使人在审美过程中更好地发挥作用。

2. 使人更加强烈地追求美

存在完美的假设和追求这种完美的愿望，使在人的意识中表现出来的更加复杂的对美的追求过程（更长时间、更多因素、更复杂的关系、更多的未知和不确定性等）等被人类赋予了美的意义，而处于这种状态下，人会在意识中形成美的状态（模式）的更为强烈的表现，表达出对美的追求，尽可能地引导自己的行为符合美的含义（使自己的言行中包含更多的与美的状态、含义相同或相似的局部特征），这能够更容易地将与审美有关的诸多信息活动激发出来，或者使人处于易激发状态。

3. 与人的生命活性更加协调

一是通过协调稳定，形成共振状态；二是通过差异形成刺激激活。美是对这种与生命的活性本征状态相协调的描述，更大程度、更多机会地表现美，也就意味着人们在努力地追求各种情况下与生命的活性本征在更大程度上的协调，从而更大力度地表现生命的活性本征。

四　美感的生成与特化

在美感的生成与特化的过程中，涉及的环节包括：一是使人体会到美感；二是看到美感在各种活动中的作用；三是将美感从各种过程中剥离出来，使其具有独立化模式；四是使美感模式具有自主性；五是能够以美感为基础迭代性地实施活性变换；六是在各种活动中发挥美感的力量。

艺术家与一般人一样，但却能够更多地在感觉层面上构建出反映生命的活性本征与外界环境达成稳定协调时的美的作品。人们最先是从感觉的角度认识到美的客观事物在人的内心所形成的愉悦性美感的，也能够体会到经过艰苦锻炼形成娴熟技巧的基础上的自如运用而构建出来的、具有其他意义的创作对人的冲击（但这决不意味着美学会退化成像有些人主张的所谓感觉学）；人们也更能典型地体验、感受到人在审美过程中所体会到的情感及其变化。如果说外界事物的刺激与作用更能引起人心智的变化，这种状况将引导人更加习惯地关注外界环境的变化对人的作用与影响。人们更容易通过在感觉美的客观事物与人在 M 力模式及优化模式基础上的共性相干，通过激发人产生众多的心理模式，产生差异化的不同模式在人的大脑中的同时显现；通过与人的好奇心的稳定协调，使人的好奇心得到满足。

由于美在很大程度上具有人的主观性特征，它是美的客观事物与人相互作用的主观体验和表达，认识这一点并不意味着"唯心"。单一地从唯心的角度对美展开研究，会使人对美的研究产生偏差，从而忽略美的客观动态性特征，尤其是忽略 M 的力量，也会由此而忽视人本身的力量。由于不重视自我、不重视自己的内心，往往会忽略人的内在需要性特征，单纯地从外界事物对人的作用与影响中寻找美的模式。

真正的艺术创造很少单一地表达摹仿或再现。自然美都将在一定程度上体现出艺术创作中的模仿与再现。但这种模仿与再现决不意味着简单摹仿，也不意味着没有对美的追求。即便是摹仿自然，人也会在其中做出选择。而这种选择过程已经表达了人对审美经验的再现和观照。人会在各种客观信息输入人的大脑时，将那些符合"完美"特征的信息模式固化突显出来；在可以表达同样意义的众多模式中，运用比较的方式将更美的模式表达出来；在欣赏自然美的过程中，有可能会先期地在内心将固有的审美模式浮现出来，也有可能会在自然美的激发下，促使人构建出与此相适应的审美模式，并以此为基础选择出与这些审美模式相符共振的外界客观。

鲍姆嘉通在构建美学体系时，首先关注的就是在感觉层面上所表现出来的对 M 的表达——追求完美。阿恩海姆着重以感觉层面上所体现出来的完美指导一般的美，或者说，指导在各个层面上所能表达出来的完美。[①] 客观与主观之间联系的多样性、复杂性、不确定性、未知性特征，影响着人在相关层次的"完美"的构建。

五 美感的延伸与推广

一种模式的稳定可以表现出自主性，可以在其他过程中自主地涌现

---

① [德] 鲁道夫·阿恩海姆：《艺术与视知觉》，滕守尧等译，中国社会科学出版社 1984 年版。

出来，成为决定其意义的泛集中的核心信息元素。与此同时，任何一种模式都可以作为控制模式而指导其他心理过程的变化，这就意味着，具有独立自主性的美感，能够起到对任何一个客体的审美观照的作用。我们能够以稳定的美感模式为基础进一步地表达生命的活性力量，通过扩展延伸和差异化构建，建立更多其他信息同当前模式的联系，将美感延伸到其他的信息模式上，使其他模式也"沾染"上美的意义。

与此同时，意识的松散的强大力量又保证着这种过程具有足够高的包容性和开放性。在意识中，人们甚至可以随机地将不同的信息特征组合成一个稳定的泛集，并通过组成一个元素更多的整体意义泛集，依据其中的泛集元素所导出的逻辑关系进一步地延伸演化。

一是，形成专门的审美活动，以此专门强化人的本质力量表现和对美的持续性追求；

二是，将美的范畴细化，推广到悲、丑恶、喜剧等其他美学范畴中；

三是，将抽象的美及美感延伸、附着到各种具体的事物上。将抽象的美感转化为具体的事物、具体的感性表现、具体的形象过程时，相当于做出了观照和选择，是在众多可能模式中优化出了美的模式；

四是，将美的模式推广到其他特征的指导上。

第二节　美与审美经验

当美的状态与日常信息、知识、活动建立起稳定的协调联系，并成为一个稳定的独立模式时，美的状态、表征美的状态的活性本征、表征与生命达成稳定协调的外界环境等即建立起了稳定的联系，此时即意味着形成了审美经验。审美经验中的诸多因素又会通过自组织进一步地发生相互作用，并由此而生成新的审美感受。各种不同的审美经验的信息层次，也会通过相互作用而组成新的稳定性模式。

一　审美经验

依据美的状态建立起来的人的内心与客观事物的稳定性关系，就是审美经验。审美经验也是反映我们用习惯性的美的模式去提炼、构建，以及评价与美相干程度的基本模式，或者说是描述当前信息能够激发人产生多大程度的审美活动的基本模式。当前信息能够在人的内心产生多大的兴奋度、激发出多少美的元素，反映了审美经验在审美过程中所具有的"分量"。

当人们已经具备了一定的审美心理模式以后，人们便会运用这种模式去观照美。在人与自然环境的不断适应过程中，不断地构建出一系列的审美经验。但我们不可忽略审美经验的建构性特征，这就意味着，人是在对其他事物的审美观照过程中，进一步地修正、丰富着审美心理模式。"人像以及宗教绘画作品的背景中的图像，经常结合了带有安全、危险或开阔空间的形象。这三种因素所达到的平衡状态，可以引起模糊而相互矛盾的情感。"①

审美经验可以表征为稳定的部分和变异的部分。两者之间的比例在与生命的活性比值相协调时，便处于较高的稳定兴奋状态。

审美经验是在众多日常生活经验之中，运用 M 的力量所构建出来的、被赋予了美的意义的信息集合。既然是审美经验，就一定是一个人在其成长过程中，通过不断地积累而生成的稳定的内知识结构。但这其中必定包含着稳定地追求美的力量，或者说，通过持续性地表达 M 的力量，促使人们生成一种期望（审美需要），并将这种期待当作现实存在而努力地追求。其实，人们在表达 M 力量的过程中，就已经表征着对美的期望的追求了。当人的能力达不到一定的程度时，是很难根据其特征、关系和意义来对其展开描述的。随着生物由低级向高级进化，审美经验便会自然地产生，并经过意识的升华而突显出来。根据意识对信息能够进行无限加工的特征，显然，事物信息在意识中的反映，不只是直接映照那么简单，而是在大脑中建立起了更加广泛的联系和更加深入的加工。这就意味着事物信息在大脑中反映的同时，已经受到了好奇心的作用而不断地进行着差异化的模式构建，并在这种构建的基础上，自然地运用着 M 的力量。人的心理、人的审美心理和审美经验也是在这种进化过程中

---

① ［英］约翰·D. 巴罗：《艺术宇宙》，徐彬译，湖南科学技术出版社 2010 年版，第 137 页。

逐步地由低向高演化的。

二　审美心理模式

美及美感的心理展示及反映，表达为所谓的审美心理模式。人在更大程度上表现人所特有的、丰富的信息加工能力时，会在意识中表现出特有的审美心理模式。通过前面的研究我们看到，美感是对生命活性本征与外界环境达成稳定协调时的感受，表现生命的活性本征意味着在一定程度上表征这种稳定协调的程度。根据活性本征与美的相关性（对等性）特征，表现活性本征，就是在进入美的状态和展示美。随着将美的状态与各种具体客观事物紧密地联系在一起，人们会使生命体与外界环境的稳定协调状态——美的状态在更大程度上得到延伸扩展（有更加丰富的外界客观与生命的活性本征建立起稳定协调关系），美在人的日常生活中的作用也就越来越频繁和突出。甚至，依据生命的自组织力量，人的生命活性本征会在这种表现中，进一步地延伸扩展、升华特化出新的美的元素。当我们所讨论的各个方面的特征都在人的意识中反映出来（无论是感觉表现、知觉表现，还是更进一步的思维过程），并对人的下一步的心理过程产生控制性影响时，它便会以稳定的审美心理模式引导人产生符合美的抽象模式要求的具体行为。

（一）存在 M 的力量

正如前面一再指出的，这是一种属于生物本能的、一生下来就可以表现出来的模式特征。当这种模式在人的意识（心理）中表现出来时，便可以成为一种能够被人明确感知的独立的心理模式；M 作用到任何一个信息模式上都会使人形成期望；M 力也会驱动人在某个特征上表现出与当前的差异并在相关特征的基础上加以比较，进而展开优化。当这种 M 力与各种特征相结合时，相关特征也就具有了美的判断标准的意义。

（二）表征着生命活性的协调

外界事物在输入到人的内心时，越是与人的生命活性本征模式相协调，在人的内心所形成的美的体验就越强烈，协调的程度越高，人在意识中所形成的对该事物的审美价值判断也就越高。

各个方面的美的特征的简单叠加，能够通过总体性的影响而促进美的心理感受和心理体验的变化。这里存在一种程度性的衡量。由于存在非线性的影响，人在受到美的特征数量的变化所形成的审美感受时，会表现出一定心理反应的"S"形规则。在这里表现出几种不同的情况：一种情况是，在一开始，外界信息与人内心的审美心理模式具有较高的协调程度（或者说其中具有相同或相似性的局部特征的数量达到足够高的程度）时，人会一下子就完整地体会到其中所表现出来的足够的美。这种过程可以与皮亚杰（Piaget）的"顺应"过程达成一致。第二种情况是，在美的元素的数量达到一定程度时，美的元素的数量即使只增加了很少，也会在人的内心产生足够大的美感的变化。第三种情况是，在达到另一种阈值时，即使再增加美的元素的数量，在人的内心生成的美感也不会有大的变化。

（三）由不协调达到协调的过程

正如前面研究所指出的，这是一种过程性的特征，这种过程性模式只有在生物体内长期地反复进行，才能成为一种确定而完整的模式，才能在能够表现出足够力量的过程中、在遗传的过程中产生足够的影响力。在生物个体的幼小成长期，都会通过各种方式表达这种过程，通过进行各种各样的练习，以优化出最节省资源和能够达到最佳效果的稳定性行为。当其在人的意识中得到足够强化，尤其是通过各种具体模式的相互作用，在更高的概括抽象层次上形成更具一般性的抽象模式时，便会由此而形成更加突出自如的表现。人会以此为基础更加经常地表达这种生命的活性本征，使之在相关的活动中表现得更加充分。

（四）受到生命活性的驱使而形成对美的追求

当美（美的状态、美的感受、美的外界客观事物）在人的意识中深深地扎下根，形成一个突出的心理模式，并具有足够的自主性时，人会迭代性地表达生命的活性本征，并为了更强地、有差异地表现这种本能模式而将其与期望建立起稳定的联系，形成对美的追求。此时，对美追求的模式便会成为人的审美心理模式中的核心部分。

（五）经历人们已经建立起来的审美经验

这是人们研究讨论最多、最不统一、也最"纠结"的方面。表达不同的活性本征同外界环境的不同联系，本身就会形成不同的审美经验，而不同活性本征的相互协调又会促成更高层次审美经验的形成。当然，这其中包括在审美经验的基础上各种特征之间的稳定性联系，也包括与美的联系而赋予经验以各式各样的美的意义。从本质上看，这是基于生命的活性本征，在进化过程中通过与外界客观的非一对一的关系而形成的复杂多变的、动态的审美经验。对此，我们同样可以构建出相关特征的生物进化论基础："选择安全而且视野开阔的环境，外加上一些神秘之处供我们探索，很明显具有适应性优势——这样可以保证我们看到其他动物，而又不被看到。这些因素合在一起，成了一种内在的偏好：它们所具有的吸引力激活了我们诸如从风景建筑到绘画的许多审美偏好。"①

三　审美经验的形成

（一）审美经验是优化的结果

审美经验一定是具有相应美的特质的稳定结构。它是通过抽象所形成的遗传与记忆综合的结果。那些与生命的活性本征能够达成更大程度协调的局部模式、在各种活动中通过共性相干被强化的模式等，会以较高的兴奋度被记忆成为审美经验的基本特征元素，而那些兴奋度不高、与美无关的局部模式则会因为记忆过程中的消解而被遗忘。

审美经验是一个稳定的模式，是主客体之间在达成稳定协调后的整体化的动力学模式。这种稳定的模式会受到各种差异化刺激的作用，并通过与生命的活性本征中的收敛与发散的有机结合，由此形成了差异化个体的同时并存；在人们事先确定了优化标准后，接下来进行的过程就是通过优化标准而度量不同模式在相关特征上的表达程度，由此可以通过不同模式在优化标准上的不同量值而选择出"更好"的结果。

基本的构建过程包括：第一，在由不协调达到协调的过程中形成完整的模式；第二，形成稳定的生命活性本征模式；第三，建立起活性本征与各种具体情景的有机联系；第四，利用生命的活性本征不断地异化出新模式；第五，依据优化标准而比较、判断、选择出更美的模式；第六，通过表征 M 的力量，以及与 M 力有机结合促进向更美的程度转化。

---

① ［英］约翰·D. 巴罗：《艺术宇宙》，徐彬译，湖南科学技术出版社 2010 年版，第 129 页。

　　审美经验是在长期的有差异的信息多样并存的作用下，通过相互作用而最终形成一个联系性更强、稳定性更强的简化模式的过程。这个过程表征的就是通过概括与抽象而形成更高层次联系的过程，自然会形成符合某种标准的抽象的概念体系。这是在长期的进化过程中逐步淘汰与当前不相符合的模式、强化与当前生存（最终反映在竞争力上）和竞争相符合、有利于生存与竞争的模式后，逐步优化构建的结果。

　　这种建构显然不是自然沉积的结果，而是在各个时期利用生命个体的生存与竞争力的自然选择，是一种综合性判断、优化选择、反馈强化的结果。是各个不同时期对于生命体的生存与竞争有利模式有效利用的综合反映。这种有利于生命体的生存与竞争力提升的优化性策略，在其具有了自主意识并被人的意识强势强化以后，便具有了更加一般的意义。

　　信息在大脑中被记忆，是不同信息在大脑神经系统中的自组织相互作用的结果，是人的生命活性在信息构建过程中发挥其应有的作用，并与外界环境在相互作用过程中所形成的综合性的构建，通过优胜劣汰而表达出了优化的意义。当这种构建达到一定程度时，自然也会在生物的选择与遗传过程中发挥相应的作用。这种影响通过长期的优化选择会将优势基因强化出来，并成为一个人突出的天赋品质。

　　比如说，在人的日常成长与生活中能够发挥出长时间的作用，足以使太阳这个事物及相关信息在人的内心产生强烈的感受。足以使人形成以太阳为主题的、强烈的"集体无意识"。因此，太阳便成为能够引发人内心活性本征以较高兴奋度运动与变化的重要模式。太阳在各种活动中的稳定存在又使其具有了足够高的共性力量，促进人生成对太阳认识的升华。显然，没有受到这种强烈的自然因素作用的个体，再如何也不会形成这种脱离具体生存环境，脱离民族、地域性的所谓"集体无意识"。

　　如果将不同模式通过相互作用而使共性特征"沉积"下来的过程独立出来，我们就可以看到，这种所谓"积淀"的过程必然是共性相干与优化共同作用的结果。审美经验的形成反映出了突出而典型的优化性特征力量。在长期的历史积淀中，通过不断地记忆，会突出地强化出"更"的模式。当这种"更"的力量成为一种稳定的模式以后，便具有了可遗传的特征，具有了独立性和涌现性的力量，可以单独地展开同其他信息模式各式各样的相互作用，就能够促进优化过程的强势表现。

审美经验的"积淀"与人类社会的历史文化有关。不同的信仰——会成为不同人的不同理念、信念与追求；这种信仰与不同的历史、不同的文化结合在一起，会形成不同的道德价值标准体系，促使人形成不同的追求与向往，构成不同的理想和信念，从而形成不同的人生观、价值观和世界观。审美经验的这种"积淀"，与人类所处的自然环境、社会环境具有密切的关系，主要体现在自然环境、社会环境对这种模式构建的影响上。基于相关信息的反复刺激和此时的生命活性力量的综合表现，会促使人形成不同的看待问题的基本出发点和看待问题的角度，形成建立事物之间关系的不同的模式，形成不同的期望和追求，形成不同的思维方法、创新方法等。这些方面会固化成为人的活性本征模式，这些模式的激活，也会成为引导人进入美的状态的基本模式。

审美经验的"积淀"还与人所受到的教育有关，与人类社会的知识体系有关，与知识对人的思想状态及其变化的指导有关，与知识对人的行为模式的指导有关。虽然知识在更加抽象的层面上表达着符号之间的稳定联系，但通过少量的抽象与丰富的具体的内在联系，会使人构建出一种具体化的模式，引导人在将抽象的美的符号转化成为具体的审美过程中，形成更加丰富的审美体验。当人们形成了某个特定学科的思维习惯，习惯于在各种客观活动中挖掘、构建抽象特征的具体表现模式，习惯于建立各种模式特征之间的关系，习惯于遵循相关的规律，并由此而形成逻辑的基本模式时，相关知识也就会随即转化成为人的内在的构建性活性本征，成为人在与环境达成稳定协调时的基本模式。

（二）审美模式的独立特化与扩展

在人将一种审美模式独立特化出来时，会将其作为一种具有普遍性特征的信息模式，以便能够引导其在其他的心理过程中发挥作用。该模式的自主涌现性已经表征了这个现象的存在及其合理性。在这种心理模式的作用下，我们会将美的状态、美的感受、美的客观事物扩展性地与各种具体情景建立起稳定的联系，进一步将其延伸扩展性地应用于各种不同的场合；与此同时，人会将审美经验作为一种独立的模式，与生命的活性本征相结合，进一步地在扩展与收敛的作用下，在已经形成的美的模式的基础上，形成美的模式的延伸扩展；在将其与 M 力相结合时，赋予其以新的美的意义。

四 审美经验的特征

（一）审美经验的状态性特征

1. 审美经验的稳定性特征

审美经验特征能够在审美时保持足够的稳定性，成为决定审美过程特殊性的核心特征，稳定地在审美过程中发挥作用，激发人的审美感受、审美情绪和审美态度，并由此指导人的心理产生相应的变化，以此形成审美观照。即便是受到其他因素的干扰与影响，人仍然能够稳定地表现出在审美经验指导下的审美活动。

2. 审美经验的变化性特征

根据信息在大脑中显示、发挥作用的时间变化性特征，我们知道，并不是所有的美的元素都以一定的兴奋度在人的意识中表现出来，而是根据需要、期望和其兴奋可能度在大脑中变化性的自主显示，尤其是在与其他的信息相互作用的过程中，根据这种特征在组成更大的动力系统中的作用而引导其发生相应的变化：如果某个模式的作用大，就使其保持较高的可能度，使其一直兴奋；如果某个模式的作用较小，就先降低该模式的兴奋程度，以便节省出相应的心理空间，让其他信息有机会和可能进入意识空间。

（二）审美经验的建构性特征

审美经验本质上以表征生命的活性本征为核心，但也是在与外界环境不断的相互作用过程中逐步形成的。

1. 建构性特征

审美经验是构建出来的，是随着外界环境的变化而被不断地构建出来的，是在新的外界环境作用下，生命体适应了这种新的环境作用时所形成的稳定的整体结构。同时，人的自主性也在其中发挥着核心的作用。一方面是说人的生命活性本征的运动已经决定了这种构建性的持续进行；另一方面是说人的构建不是凭空的构建，而是以当前外界信息为刺激基础时的构建。比如说，在一般情况下，人们参观绘画艺术作品展时，会更多地构建出与绘画相关的美的元素；听音乐会时，会有意识地激发与声音相关的美的信息。

2. 进入审美态度时的建构

一旦人在主观上认识到自己已经进入了审美状态，比如去参观艺术作品展览，进入博物馆，展开艺术与美的研讨活动，人便会形成一种稳定的主观心态，在将已有的审美经验有选择地处于待激活状态并使相关信息处于兴奋状态的同时，会在构建更美的主观追求的驱动下，将与更美有可能相关的模式激活，在比较选择的基础上，形成与当前信息更加丰富多彩的结合。

当我们已经形成了稳定的审美态度，使审美在我们的内心形成兴奋度较高的模式时，我们就会在激活的状态中形成一定的思维模式。这样模式首先可以作为参与信息加工的一个信息元素；其次可以用于指导其他信息的变化；最后还有可能会引发新的心理动力学过程。至于最终会形成什么，则要根据心理中差异化构建所形成的比较优化构建的过程，一步一步地通过反馈"修正"达到自己满意的效果。

3. 审美过程的修正性建构

人以遗传性的审美模式为基础，随着人对艺术欣赏过程的持续进行，人获取的关于艺术品的信息会越来越多，艺术品与人的相互作用也会越来越强，同时还会在 M 力量的作用下，基于艺术品的相关特征而逐步地构建出更美的特征模式，并稳定地形成美的基本元素。其结果就是：联系性越来越广，本质性越来越强，自主性越来越活跃，抽象程度越来越高。这就意味着人会将内心的"完美"（局部特征、完美的状态特征、对完美的认识、对完美的期望等）与各种具体的特殊美相联系、结合为一体，并进一步地在概括抽象的过程中寻找、构建出更多美的元素，在汇集更多美的元素的基础上，通过自组织过程形成更美的感受，同时强化着对美追求的力量。

4. 审美经验的自主建构

当美在人的内心形成稳定的模式时，无论是通过多样的差异化构建，还是通过在此基础上的比较优化，只要形成一种稳定的心理模式，就会在被重复激活的同时，尽可能地在其他的过程中兴奋表现，并发挥其应有的力量。在达到足够的稳定性时，该模式便会形成一种自主性的行为，即使没有外界的任何刺激，人也会在这种审美经验模式的驱使下，持续性地产生对美的追求的过程。

弗洛伊德揭示出了在人的潜意识心理中，稳定的潜意识模式会成为一种稳定的控制力量而起作用。这种作用包括：一是使其他的信息兴奋；二是将其作为更多激活信息的判断选择性信息；三是以此作为组织其他信息的方式；四是以该模式为基础表现出自组织、自涌现特征，从而在各种活动中发挥作用。人会将审美经验作为一个独立的模式而展开扩展性构建，运用生命的力量和后来延伸扩展出来的力量对审美经验进行反思、总结、升华。

5. 审美经验的扩展性特征

当我们以审美经验为基础迭代性地表现生命的活性本征时，就表达了基于当前审美经验的扩展模式、展示了审美经验经过扩展以后的状态、表现了由当前状态向扩展后的状态的转化，以及由生命活性所表现出来的驱动其协调一致的力量。

6. "更美"的审美经验

基于生命活性本征的"更美"的概念，是人逐步形成和独立强化出来的审美经验和意味：

第一，激发出了 M 的力量。审美经验将对 M 的表征、追求及"完美"的状态与具体的审美活动相结合时，会固化出来一些习惯性的模式：标准、特点、关系和结构、趋向、过程等。这也就是说，人们可以从这些角度揭示出艺术品在表征相关特征时的吻合的程度（具有多少的相同或相似的局部特征）（或者称共性相干的程度）；

第二，促使人构建出了虚幻的"最美"的状态，或者说，使人具有了这种心态，或者说激发出了人所具有的审美态度、形成了对极致的审美经验存在的虚幻性的认可；

第三，使人认识、体会到欣赏者与艺术家的不同与差距，引导人在关键环节加强练习，使其达到熟能生巧的地步；

第四，体会到艺术家表现 M 力量时的"当下极限"性的追求，努力增强向着"更好"转化的力量，并将其有效地"迁移"扩展到其他的领域。

审美经验有时会作为审美标准，也会作为人自身所构建的道德价值标准。不论这种标准是有形的还是无形的，是被人们明确提出来的，还是隐含于内心之中的，人都会运用这种标准具体地判断一件艺术作品与这种标准的符合程度。

7. 意识对意识构建的强势放大

审美过程可以纯粹地发生在意识空间，依据信息之间的局部联系，将不同的信息激活，并由此而在 M 力量的作用下，构建出更多差异化的模式，在优化力量的驱动下，在比较中求得"最优"。

审美经验具有足够的想象性特征。每个人都会依据自己所形成的"知识构念"，表达对艺术品的认识与理解，依据自己所形成的思维模式去观照一个客观对象，依据自己的活性本征模式发展出特有的知识体系，依据自己的想象力对艺术品展开个性差异化的自由构建，同时人会依据其内心所构建出来的逻辑结构，将内心所形成的美的观念的感受自然地延伸到更加多样的情景中。

8. 审美心理模式的差异化构建

无论是表现生命活性的发散性本征力量，表现由此而特化出来的 M 力，还是表现在意识中生成并特化出来的好奇心，一种最基本的过程表现就是，在人的审美心理模式中不断地进行差异化构建，以寻找与当前有所不同的心理模式，在某个优化特征的控制下，对这种多样的差异化模式加以比较判断，从而形成优化选择的过程。可以看出，仅仅将单纯的差异化的构建与 M 力所形成的优化选择的力量结合在一起，就足以使人表达出审美构建的力量，这两种模式即成为审美心理的核心模式。

可以认为，以往我们所讨论的关于美的各种模式、过程、特征等，都会在审美心理模式中得到表征和反映，而且这些模式都能够作为一种"元模式"而控制其他心理的变化。

（三）审美经验的抽象性特征

我们这里就需要解释，为什么美的结构能够：第一，具有更强的概括性；第二，具有更强的联系性；第三，具有更强的扩展性空间；第四，更准确地激发相关的情感；第五，使人产生更具强烈震撼力的反应。人们甚至会将其作为判断一件艺术品水平高低的基本指标。

首先，艺术创作者在比较过程中构建出了自认为最美的模式，这种最美的模式与其他模式相比较，同样会对他人的内心产生足够的影响。这是因为在一定程度上每个人的内心基于生命活性所存在的追求"更"的模式与优化的模式力量是相同的。虽然具体的内容不同，但却存在更高层次上的相同模式——不变量。第一个层次是追求更美的"意味"；第二个层次是追求更恰当的表达；第三个层次是构建更优的意义。通过诸多特征，表征着人通过竞争而形成的追求在某个方面"更加……"的基本模式。艺术品则是这三个层次的有机统一。这种有机统一同样会在欣赏者那里综合性地得到一系列"更……"的表征。因此，艺术品将艺术家的 M 力与优化相结合的模式，同欣赏者内心的 M 力与优化相结合的模式形成和谐共鸣关系，从而使这种模式处于激活兴奋状态。人们会在这种稳定模式的基础上，促使欣赏者在求异的过程中进一步地构建出"相逆的过程"：由最美的作品，激发出更多的想象、认识。当人们形成了这种"最……"的模式时，就能成功地将其通过恰当的方式表达出来，也就使之转化成为艺术品的核心特征。

符号以其概括性的力量而内在地赋予其优化的意义。这种美的特征也必然成为艺术所表达的主题。但由于符号意义的丰富性和与具体元素之间复杂的关系，人们在理解抽象派艺术的过程中，往往需要有更多的审美背景。这便为抽象艺术作品的欣赏与理解带来了足够的困难。但显然，即使是不以人的意志为转移的外界客观，也在利用优化的力量做出选择性构建。

（四）审美经验的联想性

当美感被生命基质激活以后，会在大脑皮层形成广泛活跃的联想，想象也成为美感深化并延续的一个重要原因。人的生命意识越往深越复杂，因而美——生命之活力——也越深刻、越丰富、越神秘，对它的反向压力造成的心理张力也就越紧张、越沉重、越强烈。这时的主体与审美对象在活性本征的状态上相融为一，使人能够体会到仿佛处于自身的意识与宇宙心心相通的状态，这自然会被人们认为已经达到了"与天和者，谓之天乐"（《庄子·天道第十三》）之大道。人可以没有一切，但绝不能没有生命活性本征的稳定表达。没有了美便没有了生命的生机和活力。

五　审美经验的激发

审美经验存在几个过程：进入美的状态、建立美的状态与外界客观之间的稳定性协调、通过差异形成美感、表达与美的状态中的某些局部模式建立稳定关系的客观对象的过程。

（一）审美经验的自主性涌现激发

依据稳定的生命活性模式的自主涌现性力量，内在自主地使美的状态中的若干局部模式处于兴奋状态，表征着从这些模式的角度自主涌现性地进入美的状态。通过长期的审美，可以使美的状态中的某些局部特征被独立特化出来，成为具有高兴奋度的稳定模式，并由此而表现出较强的自主涌现能力。该模式便自然地成为处于兴奋的美的状态的核心特征。

（二）与审美经验的共振激发

在通过共性相干的共振方式使美的状态中的某些局部特征处于兴奋状态时，就意味着从这些模式和角度激发出了相关的审美经验，人会依据局部的美的元素之间的稳定协调关系而联想组织出更为完整的审美经验。从共振表现的过程来看，所谓形成共振刺激，就是要在意识中表达出同样的特征，使相同的特征处于相应的兴奋状态。我们便可以通过激发更多的与审美经验相同（相似）的局部特征的兴奋而与整体的美的状态达成共振激发。

艺术品通过共性相干的方式逐步地使人形成完整的审美体验。格式塔心理学家用"同构"来表达这种感受，并通过形成整体上的直觉反应而在间接的层面上形成共性相干，再将与此相关的某个模式突出地显示出来。这种同构所表达的仅仅是美的整体中的结构性元素。

当我们以大脑中稳定模式为基础表达生命活性的延伸扩展过程和结果模式时，从本质上讲，它属于与生命活性本征中发散扩展模式通过共振而使美的模式处于兴奋状态的过程，此时，就会通过与其他状态之间的差异性关系使人产生美感。

（三）通过差异性刺激促进审美经验的激发

生命体会因为受到外界较强的刺激作用而发生改变，并由此形成与外界环境相协调的新的稳定状态。从美的界定来看，形成了稳定协调状态时，意味着在生命活性本征表现的基础上，又重新生成了新的协调性本征。此时，一旦形成了新的美的状态，就会使新的美的状态与外界客观对象建立起新的稳定性联系，外界客观也就可以由此关系引导人进入美的状态，赋予外界客观以美的新的意义。完整地表达、实现这种过程，就会对稳定协调状态产生足够的刺激，并由此而使其处于兴奋状态。

这个过程相当于由不协调达到协调状态和由协调达到不协调状态。这种过程会促进生命体状态的变化，此时所依据的就是差异性激发。无论是进入美的状态，还是从美的状态中转化出来，都会由于差异而使人产生美感，但同样可以通过这种差异性的激发，由美感而使美的元素也处于兴奋状态。以生命活性本征中的差异化模式为基础，使差异性刺激与人的好奇心相对应，就属于美的差异性激发。

（四）通过相同的局部特征之间的关系联想性地激发审美经验

根据当前环境中的局部信息与美的状态特征的关系和美的状态下的美的局部特征元素之间的关系而使其他的美的局部特征也处于兴奋状态，从而形成更大程度、范围内的美的状态的激活。这是在局部特征上通过不同信息之间的相互关系，通过局部特征的共性相干，通过联想而将更多的美的元素特征显示在心理空间，通过使共性局部特征的兴奋程度增加而加大不同信息共性相干的力量，由少到多、由低到高、由具体到概括抽象、由表面到深刻地激发审美经验。

由在协调稳定状态下赋予客观事物以美的意义，到与审美的某个环节、某个特征要素建立关系，再到通过这种关系激发人进入美的状态，都属于联想性激发。由于信息在心智空间总是在利用局部特征的各种关系而使其他信息在大脑中处于兴奋状态，即便是与美的理念没有直接的关系，也会因为这种关系的传递而使某些美的局部特征处于兴奋状态，并依据该兴奋的美的特征与其他美素的关系引发人产生整体的审美享受。

（五）观照性激发

在人形成了稳定的审美观念，能够自如地将 M 力和优化的力量与以往美的状态中诸多活性本征模式达成和谐共振使自己产生审美享受以后，便能够运用由此而稳定下来的世界观、审美观去认识客观、认识美、发掘美、表现美。由于美的元素的复杂多样性，在正常情况下，当某个事物激发出人内在的审美经验时，即使只是激发了其中的一个环节，审美经验也能够根据美的元素之间的稳定性联系而以更大的可能性实现整体的激活兴奋，将其完整的审美经验激发出来，并以其所指明的特征的质性去观照客观事物在量的程度上的不同。

审美激发的过程就是：通过共性相干使越来越多的审美元素处于兴奋状态，引导不同的活性本征模式通过以往所形成的相互协调而激发出更加协调的美的状态，直到形成完整的审美体验。通过由量变到质变，使人能够更加明确而深刻地体会到美及美的意义的提升。在此过程中，基于人的能力的有限性，人可以将审美过程分解成若干艺术元素（在系统论中的所有艺术元素），使信息在大脑中以基本元素的形式表征出来，然后再研究美的元素之间的相互作用及由此所形成的整体，促进美的升华。

六　审美经验的多样性

艺术的首创性和差异性首先在于满足人构建差异化基础上的多样并存的意识本能。大脑神经系统的无限容量，以及差异化构建和差异化的本能性力量，能够保证多种不同的模式同时在意识中处于兴奋状态。这成为一种常态，没有表现这种力量时，大脑会在生命活性扩展性力量的作用下，形成差异化构建，从而形成对这种模式的期望，以及形成使这种模式满足的过程。两种过程的有机结合，会使这种模式变得更为强大。

在欣赏艺术作品的过程中，同样存在着多样构建后的比较优化过程。这其中包括：体现出了艺术家与欣赏者之间的差异，并通过差异而激发出人的进一步发展的审美态度；欣赏者在艺术品的刺激作用下，不断地根据自己内心中所构建的图形（音符）的经验而再现具体的意义，并通过这种已经优化的、具有更多期望性特征的美的元素的兴奋而使人产生特殊的美感；每个人利用自己特有的好奇心而不断地构建差异，通过差异性体验和与差异性本征的和谐共振而进入美的状态；人更为明确地在多样并存的过程中，利用自己的优化本能而构建恰当的模式，一方面使人感受到优化的前提：多样并存所带来的美的元素的兴奋；另一方面使人体会到优化模式本身所产生的美，体会到美中的 M 力的作用，使人体会到优化后的效果。我们还需要考虑不同的审美经验在人的更高层次意识中产生相互作用，引导人通过概括抽象的方式将其协调统一起来，由此而形成更高层次的、使人感受到越来越抽象的虚幻性的美。艺术品相对于欣赏者来讲，就是一种激发欣赏者进入美的状态的刺激物。每当创作者的审美经验与欣赏者通过艺术而产生共鸣时，就会形成以此为契机而激发人产生相应的审美享受的过程。这也是在多样化构建基础上所进行的优化的过程。在此过程中，群体中的每个个体，都会在充分表达了自己富有特色的审美观念后，通过彼此之间的交流，最终形成一个稳定而复杂的状态。这种状态的存在，也会以足够强的作用在每个个体的内心产生足够的比较判断、优化选择的力量，甚至会与个人内心已经存在的多样并存的基本模式一起，推动着进一步优化基础上的概括抽象和美的升华。

第三节　审美观照

"艺术的最大力量之一在于它能够引导我们从一个陌生的或奇特的观点去观看事物一在别的场合，我们会认为这种观点（视点）十分别扭或虚假，因而予以抛弃。"[①] 艺术品引导我们用一种不同寻常的视点观察事物，或者说，从艺术品的基本特征来讲，它希望引导人们用艺术的眼光来看待每一个客观事物。只要能够激发起人的这种心理模式，就相当于成功了很大部分。这就是审美观照。

审美经验相当于在人已经形成了习惯性的审美思维模式，具有了稳定地进入美的状态的方法和选择的判别标准，也具有了从外界事物中寻

---

① ［美］H. G. 布洛克：《美学新解——现代艺术哲学》，滕守尧译，辽宁人民出版社 1987年版，第 310 页。

找和构建美的特征、建立这些美的相关特征之间关系的基本模式后，使人保持在客观事物中寻找美的特征、关系和变化模式的态度和意向——力图从美的角度，去度量某一个图景在某个特征标准上达到"完美"的程度。我们便可以运用这些特征对各种事物展开求同基础上的审美观照。

一　审美观照的意义

审美观照是提取相关的美的特征（符合特征的程度），对符合标准的程度进行激发、判断、选择的过程。"画家要追求作品的极致美感、统合感和编排巧思的首要步骤就是，学会以画面的观点去看待每件事。"①

艺术家在掌握了美的状态、对美的感知、对美的追求，以及差异化构建基础上的优化选择等诸多美的理念（力量）以后，便会将相关的行为模式技巧转化成为潜意识的指导控制模式，在有力地指导艺术家持续、顺利而稳定地展开诸多程序性工作的基础上，使其不再干扰艺术家的思考，使艺术家能够有充足的精力考虑各个要素之间的相互协调等需要心智参与才能得到思考和解决的更加复杂的问题。这是审美观照在艺术家的艺术创作中的具体指导，其中涉及熟能生巧的过程。他们掌握了，便能够灵活运用，通过与各种具体情景相结合而创造出符合与活性本征和谐共鸣的外界表达形式。

审美观照即是对激发生命的活性本征模式的期待，不断地通过差异化练习，探索要素之间的各种可能关系基础上的最为合理的关系，也是在诸多可能关系中通过比较而寻找更优的关系结构。

人具有认知事物的意义的基本心理，这就预示着人在面对杂乱无章的信息模式时，总会试图从中构建出具有一定意义的信息。这种信息在一定意义上是他们能够部分已知的，这种信息能够与人们以往的知识、经验建立起联系，并基于这种稳定的、已知的模式实施展开、扩展，在差异化构建的基础上，形成与生命活性本征的有机协调——使稳定性与变化性信息的比值与生命的活性本征状态更加协调。更为重要的是，人

---

① ［美］安德鲁·路米斯：《画家之眼》，陈琇玲译，北京联合出版公司 2016 年版，第 22 页。

会保持这种稳定的优化抽象性认知结构不变，尽可能地从外界环境中提取构建出与这种优化抽象认识结构"相符"（局部特征上相同）的观照性的质的结果。

人具有将不完整的图像完整化的基本格式塔心理。这种心理模式也是一种稳定的心理模式，或者说是人习惯于运用稳定的心理模式去完整地观照一个客观的过程。在由简单到复杂的转换过程中，人们又会潜在地假设：更为复杂的高层次的整体，是由低层次简单的"单元"通过相互作用而构建出来的。而这同样是观照。观照受到传统美学家们的重视，表明了人在与客观的相互作用过程中，并不是简单地接收外界客观信息，而是更加有力地将其主观能动性引入其中，使其有效地参与到信息意义的构建过程中。无论是在选择还是在意义的构建过程中，观照都具有重要的地位。

（一）保持审美的心理趋向

审美仅仅需要一种态度，需要一种具有、应该具有，以及能够具有的态度。人们就是将这种虚无存在的态度、假设，期望存在的心态，甚至所构建出来的"完美"作为稳定的心理背景。

由此，艺术品在多大程度上共振激发反映人的这种心态，就很重要了。比如说，我们要去参观巴黎艺术馆，我们会先入为主地认为我们能够看到更多精美的艺术品。剩下的就是我们在所欣赏的艺术品中提取、构建精品，思考当前这件艺术品在哪些方面表现出了精品的特征，其所表达的意义是什么，与我的生活具有何种关系等方面的信息内容了。甚至在我们的内心还会产生出完美的幻想，甚至仅仅只是保持这种稳定的、具有完美属性的泛泛的美的期望，并将这种完美的幻想赋予当前我们所看到的艺术品上。无论是否真正如此，反正我们会安慰自己说：此件艺术品已经达到极致了。

（二）激发提取和构建美的特征的心理模式

人们在多大程度上激发出了提取和构建与美相关的局部特征，就有多大的可能性从当前所欣赏的"作品"（包括大自然的创作）中发现美的成分。这其中包括从相关的特征角度提取客观信息、使客观具有更多美的期望性特征、具有更多与美的元素和谐共鸣的局部的美的元素、具有更多将不同的美的元素协调统一在一起的确定性模式，以及与其他美的范畴（尤其是将相互矛盾的范畴的具体美感汇集、概括抽象成为一个新的模式）在相互作用基础上所形成的更高层次的综合性的美。

（三）发现在多大程度上表达了 M 的力量，发现 M 力表现的力度

可以说我们是在以完美的模式为基础，通过一种心态、意向、期待从而表达出对美的无限追求的强大力量，并从其所观察到的"艺术品"（可能是一个自然物）中提取出与自己的完美观念相符（共振和谐）的相关特征、表达 M 力量的程度、与完美观念具有相同（相似）的局部特征的过程。M 力越显著，兴奋程度越高，所产生的主要作用力便越明显，引导人进入美的状态的整体合力也就越强。尤其是通过若干具体步骤的表达，使人产生了的确可以达到更美的变换认识以后，人的这种虚幻性的期望和具体的 M 力的表达会更加具体、丰富。

（四）对当前与美的状态相符的程度展开比较

通过比较做出在一定程度上相符的判断，通过表征两者之间的差距，依据生命活性中收敛与发散的相互牵制力量而求得优化的范围、优化的过程和优化的结果，并基于这种范围、过程和结果所对应的美的信息量而感悟到美的状态的特殊意义。

（五）利用 M 的力量表达出优化的力量

在更高的层次上形成"更优"的心理模式，并引导人在这种抽象概括的层次上形成具体的模式，人在已经达到"最优"（局部意义上的）的基础上，产生不满足的心理时，意味着 M 力与优化模式的有机结合，这种综合性的力量将引导人通过差异化构建比较、选择、优化出比当前更美的结果。这种永不满足、永远追求更优的心态，以及阶段性地持续得出更美的模式，才是美的状态中的核心力量。

审美观照更是一个主动化的过程。要在审美的过程中，主动地追求更美，通过主动地表达 M 力，展示出对更美的积极追求。这涉及：一要表现 M 的自主性；二要主动地强化 M 的作用；三要有意识地强化 M 力与优化力量的有机结合等过程。尤其需要将人的主动性与审美过程更加有机地结合在一起，将更大范围内不同的主动化模式结合在一起，形成这种结合模式的有效扩展和期待。

二 用美的构念发现美、欣赏美

在我们将美的状态及其所形成的与客体稳定协调关系自发地涌现出来时，就能够以该模式为基础，在其他的客体中突显、构建相应的美的特征。这相当于将一个抽象的美的意义具体化为艺术客体的过程。这是一种典型的"按（美的）模式而变"的过程。[①] 这种过程可以针对心理，也可以针对被赋予美的意义的客观信息。

第一，在意识中构建出由当前的抽象性信息提示所能构建的完美（局部最优）的抽象化的心理模式，将这种抽象模式所对应的内涵性局部特征集合构建、显示出来，同时，利用其充分的剩余空间，将具有这种局部特征的各种可能的整体性意义表达出来；

第二，通过局部的求同表达出共振激活关系，考察在具体事物的想象性信息中表达出了多大程度上的和谐共鸣［有多少的局部特征相同（和谐共振），协调模式的兴奋程度有多高等］；

第三，基于美的模式构建客体的相关特征及其关系结构，并由此赋予客体以美的意义。

在一个具体模式形成以后，可以按照它所展开的特征泛集而与其他事物进行求同或要求其具有相同的思维过程，使它与此模式具有相应的性质特征（若干相同的局部特征），或者说直接将这种模式意义赋予客观信息上。从意象的角度来看，这是一个用另一个事物的局部形象来置换该事物局部形象并保持其整体意义不变的过程，置换以后再构建此局部特征与其他局部特征在空间、时间及功能上的协调关系，从而满足新的要求。

以稳定的整体结构为基础的局部特征的置换过程，以具有独立意义的局部特征为其基本点，在某个信息模式所显示的稳定关系结构的基础上建立起局部信息之间的关系，在不考虑其整体性及彼此协调性关系时，就会形成一个相对松散的整体。如果我们将注意力集中到局部特征之间的关系上，就会以局部特征和彼此之间的关系作为进一步思考的基础，

---

① 徐春玉等编著：《创造工程学》，兵器工业出版社 2004 年版，第 387—399 页。

那么以后的变化及操作也会是以这些特征为基础的。

此过程还与通过局部信息得到整体信息的过程相联系。其中涉及的整体的重构与整体模式的激活都将存在由松散的整体到协调整体的转化过程。

意象图形变换的思维过程是：对于图形，先对其进行意象化，然后对其进行图形化、局部化。此时将产生两个基本过程：一个是对信息进行变换，即以局部信息为基本特征而与别的信息建立关系，或以某一基本模式为指导性模式而建立起信息之间的各种联系；另一个是对局部化信息进行固化和推广，得到以局部特征为核心的抽象概念，以此概念为基础进行概念的发散扩展性变换，在得到新的概念的基础上，对抽象的概念再进行内涵的意象化、具体化、协同化处理，最后得到具体的协调性整体图形——完整而稳定的意象。

因此，从模仿的角度来看，是选择模仿最美的客观；从表现的角度来看，则是表达最美的心理状态形象。在此过程中，无论是形式、意义还是抽象的符号都一定是优化的结果。

三 美与思维

（一）美的思维模式

美的状态及相关信息具有足够的独立性、变化性、扩展性。当我们不考虑美的状态与信息的完整性，只考虑美的状态时，人们会以此为基础而尽可能地追求美、欣赏美、比较美、选择美、构建美、创造美。尤其是在我们将实施差异化构建，以及通过比较从中选出更美的模式——这两个过程都作为美的基本元素时，美的思维模式也就具有了更强的独立性。更何况，当我们将思维模式作为一个稳定的模式时，在将生命的活性本征力量赋予该模式的同时，必然对其实施活性变换，先对思维模式实施变异操作，并由此而优化选择出最为恰当的思维模式。

（二）美对思维模式的改造

通过前面的研究我们能够认识到，美的优化的力量会在人形成并固化出抽象模式的过程中发挥基础性的作用，人会以这种模式为基础表达生命的活性，从而形成具有更强逻辑性意义的抽象。以抽象的符号为基础，推动着人的意识的强化与扩展。在我们强化美的力量时，以任何一个模式为基础，都能够产生进一步优化的力量，从而形成对相关思维模式的优化改造。这种改造可以是无意识的，也可以是有意识地主动展开的。通过不断的效率、效果的积累而优化选择出更为恰当的思维模式，与此同时，美的力量（M 力）也会在其中发挥重要的主动作用。当人们将思维模式作为一个独立的研究对象时，人们便会运用对美追求的力量优化思维、强化思维模式，还会由于其固有地包含着美中 M 的力量而确保其思维模式的灵活性、开放性、适应性、创新性。

（三）美在思维中发挥重要的作用

在对美的追求的过程中，思维模式一直发挥着关键的作用，并会进一步地促进思维模式中追求向上、追求卓越、追求好上加好的过程。这不仅仅是将完成一种过程或者达到一种目标作为结束，而是在 M 力的作用下，使人进一步地构建出效率更高、功能更强、更节省资源、适应面更广，甚至能够带来更加强烈的审美愉悦的状态。当我们将这个模式固化出来，并且将其应用到其他的过程中时，将引导我们在某个特征目标的追求上，达到更高的"量值"状态。即便只是单一地表征美的力量，也能够更加有效地促进思维向更进一步的方向持续进行。

因此，对美追求、表现 M 的过程，就是其在人的思维中不断地发挥作用的过程。在此过程中，要注意把握特殊的美学思维：第一，表征 M 和优化的力量，在思维过程中意在表达 M 和优化的力量。构建更符合这种力量的模式，选择更符合这种力量的模式等；第二，赋予特征以美的优化力量。一是要选择某个特征；二是要选择某个方向；三是要通过差异化构建形成不同的个体；四是要在所选定的方向上选择增大（变小）的模式。

（四）思维中的完美与对美的追求

具体包括：第一，与一般的思维相比，美的思维始终包含着用"完美"的抽象态度和"更加完美"的趋向对所构建的元素进行判断选择，要在强化美的判断标准模式的同时，构建利用美的标准加以判断选择的过程；第二，将对完美的追求作为一个基本模式，使之成为引导、激发其他信息模式兴奋的重要模式；第三，激发构建更加完美模式的自主性、涌现性力量；第四，把与 M 相关的思维模式独立特化出来；第五，将与 M 相关的思维模式在意识中得到强势增强，驱动人实施更大、更多的差异化构建，驱动人实施跨度更大的新异构建；用这种模式判断在多大程度上更美；使美的涉及面更广、因素更多、环节更多、意义的层次更多、结构更复杂。当形成了稳定的审美经验时，诸多美的元素便会在人对美的观察、体验、追求和创作中表现出来。更为重要的是，这种审美经验还会以其独立自主性，参与到所有的行为活动中，指导人用这种模式提取与具体情况相结合的美的元素特征，用这种模式激发自己内心生成的美，并将其作为客观（大自然、艺术品、社会美）的固有的美的元素。这虽然是一种自发的过程，但这的确是人用这种模式观照出来的。

康德指出："鉴赏是关联着想象力的自由的合规律性的对于对象的判定能力。"[1] 这就意味着，人们在鉴赏的过程中，必然运用想象力进行差异性构建与扩展，并在多样的差异性构建过程中，体会、惊叹艺术家在创作艺术品时所表现出来的对最美的状态、结构和功能的选择。显然，自然界中，生物体在进化过程中，会面临更多的可能性，从而构建出具有固定模式的美的结构，必然带给人以惊叹感。并且，运用想象力所形成的差异化构建本身，就通过差异化状态形成了对人的好奇心的基本满足，由此而使人产生乐趣。

（五）美与深度思维

观照（包括移情）更加抽象的意义，也使观照更具一般性。我们可以根据其他学科的结构，用"观照"的方式研究美学，我们也可以用传统美学的学科结构，引导人们补充其他未被研究的方面和问题。在美的构建过程中，无论是在对问题展开更加详细的分析时、在提高美的可信度的过程中、在增加理性的概括抽象程度时、在审美达到一定程度而需要进一步挖掘时，还是在需要系统而全面地审美时，都需要美的思维的观照性的力量。

从具体的心理过程来看，是先是构建出诸多与之在各个信息层面上

---

[1]　北京大学哲学系美学教研室编：《西方美学家论美和美感》，商务印书馆 1980 年版，第 166 页。

相同（相似）的局部特征，再在差异化构建与扩展性联想的基础上，通过比较其异同程度加以选择。也可以在没有与当前信息存在作用联想激活的情况下，单纯地由人的内心涌现出相关信息，并由此而展开审美思维。

我们这里强化的是审美思维模式。按照逻辑的要求，根据一定的思维习惯，对审美过程展开定义、推理、判断、论证等的过程，表明了可以在概念的基础上，引导人建立概念之间的内在联系（因果性、相互激活性、整体局部性、矛盾对立性等方面的联系）过程。

在 M 力的作用下，人会在思维的方向与层次上不断地深入下去，向着更加美好的方向不断进步；在创新的方向上不断地构建更具新颖性的思想，使新奇性特征变得更加多样。观照是激发人稳定的审美心理模式，从外界对象中提取与之内涵相同的局部特征、关系和基本规律，激发与此有关的联想性信息，并依据生命活性的涌现性特征而进一步地形成新的意识的过程。也可以认为是人激发自己已经习惯的思维模式，在当前客观事物信息的刺激作用下，构建与当前信息相结合的美的意义、产生审美的过程及表达审美的结果。

在思维方式中体现出来的 M 力，是我们构建新美学的基础性特征，也由此表达出了深度思维的力量。在生命活性基本力量和资源有限的限制作用下，我们的思维表现为典型的渐近式思维。事物的复杂性和人的能力的有限性，要求我们只能从局部上一点一点地把握客观对象。认识的偏颇与不足，会使我们考虑任何问题时，都不能严格地采取 0 或 1 的状态，只能无奈地表现出一种渐近性的状态和过程。更何况我们在将一个事物的美用"程度"来度量，将这些表征 M 的词——"更"——加在其前面时，更能反映我们认识客观事物时实际的思维过程。我们始终处于对真理的不断追求过程中。我们是在力图更好地表征我们所能达到的更好的层次和境界。人类生存的意义就在于不断地向着更加完善、完美的方向努力追求。我们要表达这种追求的模式和追求的结果，使之成为一种稳定的模式，并在生命活性的力量作用下得以进一步地强化。

思维深度与思考的时间具有一定程度的相关性。越思考某个问题，越是能够厘清已知与未知之间的关系，在更大程度上将已知与未知确定下来，通过由不协调状态转化为协调状态的过程和联系，赋予外界信息以美的感受。各种模式会因为局部特征的共性相干而具有美的意义，由此被赋予美感。

保持这种在 M 力作用下的美的观照模式，可以更加有效地促进深度思维的持续进行。对于一种新的现象，会通过自组织而形成经典——最恰当的表现方式。因为激发这些模式，能够形成更多的联想。当人不断地由不协调到达协调状态时，会不断地体验快乐，那么此时的快乐强度是否达到了足够的作用值（强度）？在这个过程中，我们可以更典型地发现幽默喜剧的意义。幽默以其更强的对比而产生更大的不协调，人就能够根据这种更大的不协调达到协调时所产生的更加强烈的刺激，更多地表现出多样并存及彼此之间的相互矛盾，并由其完整地与由不协调达到协调所构成的过程的共振相干，在联系与刺激的综合作用下产生更大的快乐审美享受。在此过程中，也可能存在悲剧意义的审美享受，但实际上在人的内心是以达到稳定协调为基础的，也就是说以快乐的审美享受作为基础。在以戏剧、影视等艺术体裁表达美时，人们会认识到，在人的内心往往会产生这样的感受："这种情况只是在舞台上产生的"、是发生在他人身上的、是剧作家创作出来的、是与真实的人的生活不相符的、是已经做出典型化艺术加工后的结果，是正常的逻辑所不允许的。由于存在这种心态，这也就潜在地存在着一种基本心理：在实际中是不存在的，人会依据此而产生差异和局部求同的整体活性，并通过这种心理模式的形成表达出由不协调达到协调的完整过程。

（六）美的思维定势

观察一个具体对象时，不同的观察者可能会对同一对象做出完全不同的描述，而同一个判断者又常常按照几个相同的特征来描述众多不同的对象或按照几个不同的特征描述同一个对象。一种可能的解释就是，我们在判断推理的时候都在应用着自己头脑中特有的关于对象的知识——认知经验。换言之，我们依据自己在认知过程的实践中积累、组织起来的关于外界对象的特征、经验和观念，其中包括典型模式、共有的特征、不同事物之间的不同特征的相互对应，以及将这种特征对应起来的思维方式。在此过程中，我们必须把握的基本的心理背景包括：第一，人的能力的有限性；第二，客观世界的无限复杂性；第三，我们只能不断地追求客观真理；第四，我们认识客观世界的方式是"形而上 + 系统"；第五，人的意识在对真实的客观世界不断地变幻、干扰；第六，认识客观世界的过程是一个不断存真的过程。

对理想的构建是一个由局部到整体的过程。人的理想也是在逐步的构建过程中形成的。即使按照马斯洛的理论，也是由需要、理想及其不断地满足来逐步提升的。在长期的生活、工作学习中，在长期的思维过程中，每个人都形成了自己所惯用的、结构化的思考模式，当面临外界事物或现实问题时，我们能够不假思索地把这些模式在大脑中激活，从而使思维过程沿着特定的思维路径对外界信息进行加工处理，这就是思维定势。

当一种思维方法被成功使用以后，人们欣赏这种方法给我们带来的成功，并且会由于成功所带来的快乐而强化这种方法在大脑中显示的可能度。这种方法会在大脑中以很高的强度被记忆下来，如果接着出现在某个相同（在更大程度上相似）的情景中，这种方法被再次激活的可能性就会很大，因此，这种确定的思维形式也就自然形成了。

1. 发挥作用

经过一定的学习、训练和积累，人在面对一类问题时，会保持相对稳定的思维模式。人的生命活性的力量与这类问题时刻保持接触，在每一步中都能发挥控制性的作用，在形成一定稳定的思维模式时，因为有效，人们便会迅速地将这种模式激发、独立、固化出来，使其成为指导人当前行为的稳定性控制模式。只有当人们认识到用以往的方法、经验不能解决相关的问题，有相当程度的新奇性特征不能被归纳和解释时，人们才会动用内在的发散、扩展性力量，通过构建新的应对模式而重新做出优化选择。

2. 人形成思维定势（经验模式）的过程是优化

根据经验，当人们发现这种做法可以很好地应对当前的困难时，为了节省资源，更加迅速地解决问题，人们便不再启动相当耗费能力的发散和扩展性的力量，不再将这种应对模式与诸多不同的具体情况有机地结合在一起而消耗更多的资源，而只是将这种已经优化的模式主要地显示出来。这种过程本身就是在抽象，同时也表征着优化。

3. 在一定的思维定势之下，包含着有限的发散、扩展性力量

在思维定势下，生命的能力发展存在有限性的限制，最终将使相应的发展过程达到一个"增长的极限"。越是发展，要求发展的力量就越大，在不能主动地追求创新、努力发展的情况下，在有限的自然资源限制下，这种增长便会达到一种"极限"。但人出于本能的好奇心，会在其发展达到一定程度时，必然地发挥作用，通过选择一个新的出发点、一种新的体裁、一种新的意义等展开新一轮的差异发散性创新构建。

四　看景不如听景

听景与看景相比，所涉及的过程更加复杂。"月是故乡明"是通过回忆的方式更好地进入美的状态，从而形成更加丰富和完整的美的感受。

（一）描述最美的

当你在描述美景时，会有所取舍。人会更容易地将那些因为表征美的状态而具有较高兴奋度的信息展示出来，并传递给他人。

（二）观照最美的

就像佩戴了有色眼镜一样，基于美的模式，在一个完整的客体信息中提取出符合当前美的状态的美的意味。而且只关注这种表征美的状态的局部特征。

（三）期待最美的

"看景不如听景"，无论是描述者，还是听者，都是将更美好的期望加入其中，并对某些信息加以优化加工，同时展开审美观照的。

第四节　审美经验中的情感

人们会在不断地观察不同的事物而获得审美享受的过程中求得更美的模式，并将其作为抽象模式存储在心理空间，由此形成基本的审美经验。在这种过程持续进行时，面对此种特殊的审美活动，人们会更加熟练地处理相关的任务、迅捷地应对出现的问题，由此而自然地形成一种

直觉，或者说形成一种基本模式，并在这种基本模式的指导下，快速地将与此有关的各种大量信息激活，通过对当前的模式做出美的价值的判断而形成一种更加有效的应对模式。在此审美过程中，情感性因素会受到特别的关注，这使得情感在审美经验中处于非常重要的地位。我们不能只认定结果，而抛弃掉重要的过程性的力量。即使想要表达某种情感，也必须在这种态度的驱动下，激活更多的心理信息，并引导人在诸多可能的表达方式中，选择最恰当的情感表达方式。

当艺术成为符合某种情感的美的状态表达的形式，激发出了某种情感，依据情感的表达而形成更强的审美感受，并与具体的表达形式建立起一定的关系时，人们便会在众多可能的表达形式中，通过抽象的方式优化建构出最能表达感情的模式——最美模式，将情感与美的形式对应起来。"如同我们自己一样，这些纯粹的艺术家在他们作品中所追求的仅仅是表达内在和本质的感情，在这一过程中，他们自然而然地忽略了各种偶然因素。"[①]

一 美的情感性特征

（一）情感的意义

情感是人的机体内其他组织与神经系统共同作用时的基本反应。从大脑神经生理学的角度来看，情感更多地表现为大脑古皮质区的运动。人又在情感的基础上进化出了大脑的新皮质区，人的思想通过情感模式的活动影响着生命机体内其他组织器官的运动。

艺术家善于表达自己内心的感受。只有表达自己内心的感受，才能带来更加丰富的想象，并引导人在极力地扩展这种想象力量的同时，使相关的情感也处于较高的兴奋状态。内心感受的表达可以从表达人的本能模式开始，由此可以生成更多的思想和情感。一切的心理模式都建构于本能模式的基础上。本能模式会在人的各种行为（包括心理）模式中发挥作用，会带来更多的联想性加工，由此带来更加深刻的感受。艺术

---

① ［俄］瓦·康定斯基：《论艺术的精神》，查立译，中国社会科学出版社 1983 年版，第 12 页。

家想要表达的意义正是与生命活性相对应、相协调的意义。在此过程中，艺术会激发人在审美心理模式中加强被激发出来的情感、对情感的期望，包括期望的质和期望的量（程度）。当艺术家能够与这种质和量的要求相协调时，就意味着取得了巨大的成功。

既然艺术创作是与艺术家自身有关的选择与建构，涉及艺术家沿着自己所选择的方向构建与发展的过程，那么其必然是个性化的、自由的，这就是柏拉图时期的美学观念所强调的。而在此联想扩展过程中，个性化的情感就发挥着其特有的作用。

库申指出："美的情感和欲望相去甚远，甚至于相互排斥。"[1] 但美的确又是以人的具体的情感反应为基础进化出来的，它必定是在情感反应的基础上概括抽象的结果。人的具体情感也作为艺术品表征的主要内容，这是因为，在各种意义层面上，各个层次信息之间存在着复杂的相互作用，它们必然形成一个整体。情感的表现应该服从生命活性的基本法则，而当一定的形式、内容展示出来时，也会有效地激发出相应的情感要求，这种被激发出来的情感在欣赏者那里成为一种要求。

情感是生命活性的一部分，也是人的意识中意义的有机部分，美所表达的是生命与环境达成稳定协调时的状态，情感因为是机体组织器官与大脑神经系统组成一个新的动力系统的稳定状态，也成为表征生命活性进入与环境稳定协调时的基本模式，成为该稳定协调状态中的基本元素表现。借助情感，可以更加有效地表征展现出来的生命活性与环境的稳定协调状态。通过情感能够被人更加强烈地体验到与此相关的基本特征，也可以使人产生更加强烈的审美体验。这使得情感成为美的状态的一个基本元素、成为在美学中被人重视的关键问题。

我们在描述这个问题时，的确需要从两个角度——创作者的角度和欣赏者的角度——做出区分。因为这是情感在审美中不同地位的具体体现。在艺术作品的信息表述中，表达相关的情感，并与其他的意义综合在一起组成人世间鲜明、丰富的行动画卷，这本身就需要有情感的参与，

---

[1]   北京大学哲学系美学教研室编：《西方美学家论美和美感》，商务印书馆 1980 年版，第 230 页。

并使情感的作用与意义得到进一步的提升。更有甚者，会将情感表现与美的表现等同起来。

（二）美的情感性特征

艺术可以用于抒发情感，情感也将更加有效地提升艺术的表现力。因此，情感在审美经验中具有重要地位。艺术不只是简单地表达情感，或者说将诸多情感不分先后轻重地展示在人们的面前，而是要通过情感的"恰当表现"激发他人与其生命的活性本征达到更高的协调程度。所谓恰当地表达情感，即表达生命本征的情感模式。美所表征的就是与情感模式相对应的活性本征。在美中，情感具有多重意义：

1. 情感是一种本能模式

情感是人生命活性本征中的一个层次的表现。情感在更加本质的层面上能够反映生命的活性本征状态。因此，表达情感，在某种程度上就是追求与生命的活性本征在更大程度上的稳定协调，并且使人能够更加强烈地体会到这种模式的兴奋和意义。由于情感在大脑神经系统中具有中间结构的特点，基于情感模式与组织器官的运动模式在长期进化过程中所形成的非一一对应关系，在情感激发时，将会以灵活多变的形式与众多的不同信息基于局部模式对应起来，由此，人们就可以借助情感的表达而产生新的审美享受。

从"本我"的角度来看，我们要表达的是人的那种不受外界干扰和激发的情感表现模式。这种模式是以往人在与外界环境发生相互作用时所形成的稳定协调的状态模式特征，这种模式会与认知性的心理模式一起构成一个有机整体，但却不同于在当前外界环境的刺激作用下的情感反应模式［情感的种类＋情感的兴奋程度＋不同情感的组合；形成其中还应该表现着人的情感的自主涌现性特征，和受到人的意识强势增强的基本特征；包括情感的稳定性模式，也包括情感的发展变化性模式特征（它在更大程度上是人的生命活性在情感层面上的自主表现）］＋认知反应模式。

2. 情感可以激发更多的信息

情感模式只是人进化过程中的一个中间环节。随着生命体的持续进化，会在情感模式丰富发展的基础上，联系构建出更多的高层次神经系统的兴奋模式，并建立起这些不同兴奋模式之间更加复杂的关系。这些不同的兴奋模式分别成为意识中不同的信息表征。根据大脑神经系统兴奋模式的多样性特征，处于兴奋状态的每一个情感模式，都可以与更多的心理信息模式建立起关系，那么，一种情感模式的兴奋，也就可以激发更多信息模式的兴奋。

产生于情感之上的人的意识活动，自然会与情感建立起稳定的反应关系，或者说，当相关情感激发时，自然会有效地激发与此有密切关系的意识模式，并由此建立起复杂的认知过程。人还会进一步地根据意识模式与情感模式之间的关系，在认知模式激活兴奋时，有效地使与此有联系的情感模式也处于兴奋状态。情感可以与众多的认知模式建立起联系，认知模式也可以与众多不同的情感模式建立起联系。这种非一一对应关系，在基于意识的生命活性的变换模式之下，会形成对表征生命活性状态的变异性扩展，以此形成更加丰富多样的反应。

我们需要借助情感表达一定的意义。这里强调的是将情感作为意义表达的一种有效元素，研究情感表现与意义相互促进、相互关联的一致关系。情感作为意义的一个元素，更要与其他元素之间相互协调，与其他元素一起组成一个更大的意义整体。情感模式与符号意义中的其他元素之间的相互作用，会使某一情感模式表现出不同的意义。同样是微笑，在不同的情景和"上下文联系"中，就具有不同的意义。

处于兴奋状态的情感模式总能够被人体验到。因此，即便是作为美的状态中的重要特征元素，表达情感——使情感模式处于兴奋状态，也能够使人产生更加强烈的审美感受。人们之所以要追求这种更加强烈的感受，其实质就是要通过与生命活性的有机协调而得到情感体验。由此突出了快乐的情感反应在我们所构建的美的情感模式中的地位与作用。可以认为，情感模式更准确地反映了生命活性的本征状态在大脑神经系统中的反应。因此，人们在美的状态中花更大的力气描述情感在美中的地位与作用，就是潜在地描述人的生命活性本征的意义。

在艺术创作过程中，表达情感，并不是要无限制地增强情感模式的兴奋表达程度。要在保证情感的表达与生命的活性本征和谐共鸣的基础上，达到与其他方面信息的有机协调。所对应的审美模式的数量更多，兴奋的时间更长，美的情感反应的稳定性更强，就会更加吸引人的注意力，此时情感在审美反应中的地位也就越发突出。

根据意识与情感的有机联系，尤其是情感模式在意识模式构建中的基础性作用，我们可以知道，兴奋的情感模式作为一定层面的基础性模式，可以使更多的意识信息处于兴奋状态。在通过情感模式的兴奋而表现美的状态时，能够保持较长时间的稳定性和高强度的兴奋性，人也就会由于情感模式的兴奋而以更大的"冲量"体验到美的状态的特殊意义。由此，对美及美感的表现之所以更多地体现在情感上，就在于它可以增强我们的美感，通过情感所对应的心理、生理反应，强化这种感受。在这种情况下，人们将情感等同于美（的状态），也就成为不言而喻的了。

3. 情感在更大程度上表征着生命活性的本征

情感是在人的生物性本能基础上最早发展出来的神经系统与生理系统混合反应的综合系统，因此，情感表达能够在更大程度上反映人的本征模式的兴奋。从生物进化的角度看，情感是人的大脑古皮质区的活动表现，能够更加有效地表征人的生理基本模式。情感又能够以更大的可能性在意识层面表达人的生命活性本征。情感与人的基本本能反应的不可分割性意味着，表达与生命状态更协调的情感模式，就是在表达向更加美好的情感状态追求的转化模式，表达这种状态，将使人的审美感受更加符合美的意味，也就更能全面激发人内在的美。

我们说，在美的层次追求快乐，与在生理层次追求快乐是不一样的。以低层次的生理快乐为基础，通过一系列的概括抽象，将诸多不同的美的模式中共性的情感模式突出地显示出来，能够使之成为联系更多美的范畴的关键性环节。在将这种基本力量作为美的核心元素时，便会以意识为基础，更加丰富地表现美——与人的更多的生命活性本征在更大程度上达成稳定协调关系和突出体验，便会内在地在意识中形成强化情感的力量，这种力量会进一步地与人的意识中的情感模式形成共性相干和发散扩展，从而更加有效地发挥情感在美的状态及美的体验中的作用。

情感能够在更大程度上自主涌现地表现人在当前状态下的生命活性本征。通过情感模式的兴奋，将有效地扩展强化发散与收敛的力量，使生命活性本征的力量表现得更为突出。因此，表现情感是不需要有意识的扩展性加工的，在情感状态下，人所体验到的就是脱离了外界客观事物的意义在人的意识中产生影响时的反应状态的本征模式。这就是表现情感的"非推论形式符号"的原因。苏珊·朗格描述生理性情感，而排除意识性情感，就是为了单纯地表征没有意识作用影响的、从情感层面表征的生命活性状态。①

　　人的意识可以在这种本征状态的基础上做出各种各样的变化，形成对生命活性本征表现的更多"曲解"。但这却并不意味着美只能通过情感来表现，或者说只与人的愉悦性情感反应建立稳定的联系。能够在一定程度上反映生命的活性本征的情感表现就是在利用情感与活性本征表达的紧密联系而一定程度地表征人生命的活性本能。情感与生理反应的联结更加直接，能够在更大程度上表征人的无思维状态，能够在情感参与人对外界的信息加工过程中，在更基本的层次上表征人心智的本征模式，因此，美的状态及相关意义将能够更直接地体现在情感模式的兴奋中。在人追求与生命活性更大程度地协调的形象、意义、情感的过程中，形成了最能与生命活性相协调的意义、情感、形式，此时所表征的只是在诸多模式中选择了最能反映优化结果的模式，并没有进一步地升华成为抽象性的模式。因此，包含情感的追求美的优化性抽象，与理性的概括抽象有很大的不同。

　　艺术符号的意义取决于其独立性，也取决于其同其他局部特征之间的相互作用。当人们建立起了艺术的局部模式与某种情感稳定的对应关系后，会在欣赏艺术品的过程中，自然地从局部特征的角度将这种情感激发出来，并以此为基础建立这种情感同其他意义的相互作用。但人们总能够在情感与情感、情感与意义等诸多可能的相互作用过程中，通过对美的追求——比较优化而构建恰当的对应关系。表达由情感所突显出来的活性本征，将会使活性本征的表达更加突出。情感在引发出更多模式的基础上，通过比较优化，能够使人更明确地体会到由情感所表达出来的对美追求的力量、将对某个活性本征模式的协调更加突出地表现出

---

① ［美］苏珊·朗格：《情感与形式》，刘大基等译，中国社会科学出版社 1986 年版。

来，驱动人排除其他因素的干扰，使得基于某个本征的美更加典型、突出、独立地表达出来，使之成为主要的过程。人会围绕该情感形成更加热烈而持久的活动，更长时间地体会到美。此时，情感便因此而被人们赋予与美具有更强联系的意义。

艺术中突出强化的是没有经过意识加工、变异、扩展、延伸的情感，是能够表征生命活性在外界刺激作用下的情感性本征状态。要真正地认识到情感已经具有了足够的活性本征的意义。情感的恰当表达，也已经成为引导人进入美的状态的基本元素。由于在外界环境作用下形成了一种综合性的反应，在这种状态时，人们很难将生命活性的本征状态独立特化出来，也不能够感知这种状态的特征和表现，因此，人们便转而寻找在形成了这种稳定的反应以后，通过回忆的方式将其再现出来，并进行主观体验。人们主动地追求这种没有外界环境作用时的情感反应，在艺术发展的后期，人们认为只有这种状态才能更好地与生命活性相协调，这才是真正的艺术。只不过，需要人们更准确地构建情感与其他活性本征之间的相互协调。

4. 情感与人的认知过程有机地结合在一起，共同承担着对外界刺激的整体反应

由于对认知与情感的有机关系不了解，或者说有意识地将认知与情感两者割裂开来，或者说更加看重由于情感反应所表现出来的生命的本征状态，康德在《判断力批判》的一开始就指出："为了分辨某物是美的还是不美的，我们不是把表象通过知性联系着客体来认识，而是通过想象力（也许是与知性结合着的）而与主体及其愉快或不愉快的情感相联系。所以鉴赏判断并不是知识判断，因而不是逻辑上的，而是感性的（审美的）。"①

人的情感与信息模式，以及由此而形成的意义伴随着生命的进化构成了稳定的联系。对于欣赏者来讲，美感所形成的刺激会在很大程度上表现能够有效激发欣赏者的情感系统中与生命活性相协调的情感反应。人更加关注表达情感时与意义的相互协调性，通过表达情感促使人们产

---

① ［德］康德：《判断力批判》，宗白华译，商务印书馆1964年版，第37、38页。

生更多的思想、认识，原因就在于人的情感模式处于人的古皮质区，在这种模式通过某种渠道以某种方式激发欣赏者的相关情感时，可以在欣赏者的内心产生更多的心理反应，使情感模式在美的符号描述中占据恰当的地位。这相当于构建了众多不同的认知模式，留待人展开进一步的优化过程。因此，在审美经验中，就需要构建与各种意义相协调适应的情感反应，从中优化出与意义更加协调的情感模式（情感期望、期望性情感）。

直接表达情感，也代表着一定意义的表达。有些艺术品直白地表达情感，有些艺术品隐晦地表达情感，有些艺术品则以否定、矛盾、对立的方式表达某种情感。欲褒却贬的喜剧手法，人经常采取的"说反话"的方式，通过矛盾性刺激而产生更多的联系，由此激发人产生更多的审美情感。

当我们将"对美的追求"在意识中独立出来时，就会将其作为一个独立的模式特征而进一步地实施活性变换，进一步地发展出"对美追求"的更加强烈的期望，并在意识的特殊状态下，赋予其更加广泛的意义。人可以在此基础上与更多的信息建立起联系，可以独立地发挥作用（自主地发挥作用），自主涌现在不同事物信息的组织构建过程中以发挥不同的作用（具有不同的意义等）。在此过程中，会伴随着生物的进化而与情感建立起更多的深层次关系，因此，期待、理想等美的基本元素会与情感更加紧密地结合在一起，也会使情感在更大程度上与"对美的追求"有机地结合在一起。

在基本生理运动基础上进化生成的情感本身就具有一定的符号性意义——以某一个具体的情感表达对应，诸多生理的活动模式，通过符号所代表的意义优化性地表达人在某种特殊环境下的特殊感情，也是艺术品所要表达的重要内容。[①] 情感要在而且能够在艺术家表达恰当的意义的过程中发挥相应的作用。艺术家总是以表达自身的情感模式为核心，然后兼顾性地考虑在他人的内心所引发的情感和认识感受，并且在两者之间寻找到一个恰当的平衡点。艺术家的情感、普遍情感和欣赏者的情

---

① ［美］苏珊·朗格：《艺术问题》，滕守尧译，南京出版社 2006 年版。

感存在着相互影响与相互作用。当艺术家表达出对美的更强烈的追求、表达出与 M 有机结合的情感性特征、表达出通过比较优化的方式选择恰当的情感表达、表达与生命的活性本征更加协调地结合在一起的情感时，就能够更有效地将共性特征置于审美情感的核心地位。人经过比较优化选择以后，突显出了能够代表更多情感模式的恰当意义模式，这种模式会因为与生命活性具有更多元素的和谐共振而被人选择。

对美的追求的比较优化过程已经表明了符号与情感的指代关系。艺术品与那种能够恰当表征意义的情感模式相对应，艺术品表征的就是比较优化后的恰当情感，基于此，艺术品本身就已经具有了突出的符号的性质。艺术品能够激发人产生更多的情感，就在于，这种具有符号性质的艺术品是从众多情感模式中优化选择出来的最恰当的情感模式，同时，也会由于在此过程中表达出了优化的模式而更容易引导不同的人欣赏到不同的情感模式，因为每个人都会表达优化和情感。这种艺术品在人的内心引发大量的不同情感的过程，将这些人的情感综合起来而与这部艺术品相对应，也就表征了抽象符号的特征。

虽然不同的地区、不同的民族在采用某种方式建立情感与意义对应关系的方式上有所不同，但必定会随着社会的发展而形成富有特色的稳定的结构，会将这种对应关系限定在某个范围内、某个程度内。在与这种对应关系相协调，或者说遵循某个群体所形成的"习俗"时，由于这种关系，就会在更大程度上与该群体内每个个体所表现出来的活性本征相协调，那么，表达相关的信息模式，便能够激发这一特殊的人群产生更加强烈的审美享受。艺术家要体会本民族的人在表达情感时的特点和规律，理解情感在人们认识世界的过程中、在社会生活中的地位与作用，把握本民族的情感的恰当表达程度和方式，把握时代的艺术在表达人的情感时的方式和程度，建立情感与意义的最为恰当的联系方式，在相互作用中形成更高层次的审美感受。

5. 情感将更利于审美经验的传递

交流的核心在于存在共性相干，不同的人描述同一个事物时，应有更多相同的局部特征。这就意味着，当我们运用艺术符号来表达内心的美时，也能够在他人的内心产生同样（相似）的感受。将情感作为一个中介环节，通过相似情感的共鸣式激活，引发不同人（尤其是创作者与欣赏者）之间更进一步的审美。

人处于与环境稳定协调的美的状态时，人对这种状态是没有感知的。但当我们将这种状态与情感模式表现建立起稳定的联系时，情感模式的高体验性特征将使美的状态的兴奋度更高、更易为人所体验，对他人所形成的刺激也就更强烈。这就明确地意味着，我们能够通过美的状态下的情感体验更加真切地体会到美的状态的本质性特征。而以情感为基础时，将更易于引发人交流、体验美，将维持审美反应在更长时间的兴奋和更大范围的表现。这也在一定程度上驱使欣赏者先是构建各种可能的对应关系，然后通过比较、选择、构建的方式，在诸多情感模式中构建、选择、优化出最佳的情感模式。

人所固化出来的各种行为，已经在一定程度上表现出了是在 M 力的作用下的优化的结果。比如说一个人走路的姿态，在他人的眼中可能很别扭，但对于行走者来讲，这也是在其长期的生活习惯的作用下固化出来的、对于他来讲最恰当的行走姿态。在其他人认为其走路姿态难看的情况下，行走者则认为其走路姿态是最恰当、便利和有效的。而意义与情感的关系也会出现这种情况。

由于情感既作为更能反映人的活性本征的桥梁性特征，同时又是人在长期的进化过程中已经优化出来的与外界能够稳定协调的模式，所以，情感便成为人们重点表达的方面，有时也会引导人产生简单性的认知：表达情感就是表达美，并由此得出艺术就是情感的表达的结论。

苏珊·朗格在符号学理论中更加充分地表达了艺术与情感的关系。从朗格对艺术门类的论述中我们可以发现，第一，苏珊·朗格以幻象作为总的基础，再在各门艺术中具体地区分出幻象上的二级乃至三级的差异性表现。可以认为，苏珊·朗格已经认识到了美与艺术的前一个核心步骤就是实施差异化构建。只不过，苏珊·朗格是用幻象作为差异化构建的表达与描述的。从这里也可以看出，艺术的自主性和审美的独立性，成为苏珊·朗格构建艺术哲学的一大主旨，并进一步地说明了美是在生命的活性本征中协调性的感受表征的意义。第二，在对每门艺术的不同幻象的论述中，苏珊·朗格始终把基本幻象、艺术形式、艺术形式中内蕴的情感形式突出地表达出来，充分重视幻象与情感的联系，以及幻象在情感表达中的作用，把握人在意识和情感的相互作用中所构建出来的多样性的差异化构建与探索，和基于此而形成的进一步优美化的过程。

6. 情感是易于被感知的

情感虽然是生命体在与外界环境达成稳定协调状态时的固有模式，但却是可以被感知和易于被感知的。尤其是对于人来讲，更是可以将情感作为一种独立的模式。人能以情感模式为基础而进一步地表达出活性的本征力量。

二　表达与 M 有机结合的情感

通过恰当情感模式的构建表达出对美的追求，表达出美的力量——M 力。

（一）表达由 M 所产生的情感

与人的转化本能有着紧密联系的 M 模式，在生物进化的每一个环节都必然地表现出来，并形成足够的作用力。这就意味着，与人的古老皮质层有着紧密联系的情感系统，也会固有地表现出与 M 相对应的情感模式。将 M 力作为独立模式与情感建立起稳定的联系，表达 M 力的情感，所讲的就是在表达情感时，始终体现着"更"的模式。

（二）表达 M 与情绪结合的模式

M 模式会与各种有差异的情感模式相区别，并在各自独立表达的过程中形成有机结合，推动情感以更高的水平兴奋，在形成新的复合型情感的基础上，使人体会到美中新的情感表现。

人在表达运用内在本质的力量对达到稳定协调状态中的快乐的追求，表达人的积极向上的力量和追求时，会与欣赏者的这种潜在性的活性本征心理模式形成共性相干。而在利用情感模式作为载体时，会使这种过程变得更为突出和更易被感知。

在艺术作品的信息表述中，表达相关的情感，并与其他的意义组成人世间鲜明、丰富的行动画卷，这本身就需要有情感的参与，随着越来越多的艺术活动的深入进行，会使情感的作用得到进一步的提升。即使想要表达某种情感，也必须在这种状态下，激活更多的心理信息，并引导人在诸多可能的表达方式中，选择最恰当的表达方式。

人们可以体会到单纯的"抽象"美（简洁美），但由于它是人后来所进化出来的认知性本能模式，其在意识中独立地表征以后，它所激发出来的信息也会相对较少，不会引起人更多的思想，自然也不会与人的情感系统建立起更加丰富的联系。但抽象美本身就起源于人的抽象性本能，这种抽象性本能也是人在生命体与外界环境达成稳定协调的状态中的基本元素。经过人的长期成长而突显出来的抽象性本能会被强化，尤其是在那些能够建立起稳定联系而形成"偏执"的人那里，或者是在有意识地专门描述这种联系的人那里，这种本能模式与诸多情感建立起的更加直接的关系会以较大的可能性成为主要信息。基于情感的兴奋而产生强烈的审美感受就成为必然。

人们眼中的"格式塔"（或称"完形"），就是经过诸多具体表征以后所形成的"局部最美"。因此，认定并不断地构建这种局部最美的人，会将其作为创作更加复杂的艺术品的基本元素。[①] 自然，基于情感认知的复杂化，这种局部形式结构上的最美也会与优化了了的情感建立起更多的联系，同时引导人在更多的情感、意义和符号表达之间产生丰富的联想，并基于这种联想，在优化力量模式的作用下，将意义与情感模式之间最恰当的关系结构构建出来。

（三）在情感中表现更强的 M 力

在进化意识层次时，经历了生物本能、情感本能和意识本能等逐次进化的过程。在情感状态下，更突出地描述了组织器官的生理性活动与神经系统之间所建立起来的、与意识活动无关的、基于生理结构的生物的活性本征运动，因此，我们可以在众多情感模式中，体会到在外界信息作用下生命活性的表征。我们说，情感是在外界环境作用下形成的。显然我们可以在外界环境作用下激发更多的情感，但在诸多对应关系中，我们仍然想构建出当前环境能够激发出来的与人的生命活性相协调的，特别是能引起人快乐的情感反应模式，并在美的力量的作用下，构建出更为恰当的对应关系。

---

① 钟和晏：《利广场的神秘与忧郁》，《生活周刊》2017 年第 35 期。

如果说人们从艺术品中解读出了某种情感，就意味着艺术品表达出了相关的情感模式，这种被激发出来的情感模式会与人的期望性情感模式形成共性相干，从而引导人优化构建出更恰当的情感体验。人会基于情感而表现 M 力，形成一种与当前有更大差异性的快乐的情感性期望——获得更大的快乐，也希望这种期望能够在一定程度上得到满足。

在 M 力的作用下，还能使人更加有力地掌控情感的强度与变化。当人表现出了掌控的力量，能够有效掌控、把握当前外部环境、局势时，人的这种模式及其期望（具有更强大的掌控力量，能够在更大程度上掌控局势的变化与发展），将会促进掌控与情感的有机结合；由此形成的这种更大整体的特征性模式，通过在更大范围内追求更多的局部特征、特征之间的关系、各个子系统通过相互作用而形成更多的意义等，引导人从局部特征入手逐步地掌控和优化情感的变化。

单纯地表达情感，能够使人体会到美的意义，构建情感与各种美的元素之间的协调关系，将会从另一个角度强化美的意义。而情感与意义的对应关系也不是随机的、无规律的。在情感模式被固化下来的过程中，根据生命活性本征在生命体形成对外界刺激的应对反应时的优化力量，必然使情感表达具有优化后的成果性质。

即使人们认识不到情感本能模式的意义，也会通过反向联系激活的方法，将生命基础性结构中的活性本征有效地激发出来，形成生命体中各个层次系统结构的整体活动与生命的活性本征模式相协调的结构。这种以情感模式的兴奋为基础而使相关的活性本征处于兴奋状态的过程，将会对后继的意识活动产生更强的发散性促进作用。

（四）比较判断情感表达

不得不说，在研究新美学的过程中，我受到了我爱人的很大启发。当时我正在研究描述生命活性本征中的这种力量是如何在艺术创作中发挥作用的。在此期间，我同我爱人去钓鱼。边钓鱼，边将我的思考与结论讲给我爱人听。不知是受到我哪一句话的启发，我爱人便开始讲她毕业时，面临与同学离别的感受，并由此产生了诸多想法、思路与泉涌，一气呵成、非常顺利地写完了一篇情真意切、荡气回肠的短文。她在其中写道："两年的生活就这样轻轻走过。今天，我们竟面临着别离。多少的依依，多少的回味，多少的无奈，多少的遗憾，不过，朋友，明天我们还会相遇，就把这份思、这份念留在心中，留待再次重逢时再细细述说吧。我期待着……"

这篇表达离别之情的小短文虽然看起来可能显得幼稚，但她却从亲身实践的角度将我的思考与更高明的艺术创作过程联系为一体。我们可以设想，其他同学也想写一篇抒发离别之情的感言，他们可能会费尽心思地斟字酌句，想写出一篇能够令人、最起码能够令自己感动的离别感言，但却总也达不到自己所期望的程度。其实是离别的情感激发她产生了更多的思想，离别的伤感使她产生了丰富的联想，并在这丰富语言的基础上，运用其内在的对美的追求的优化性力量，迅速地将恰当的语言组织成一篇感人的"离别赠言"。

在这篇短文中，几处用到了描写相似意义的词句，诸如"今朝我们相聚在一起，明朝我们就要各奔东西。请留下你真诚的话语，留下你潇洒的笔迹，留下你的美梦，也留下你的欢影，多年后让我还能在此看见一个活泼的你，一个顽皮的你，一个美丽的你，一个潇洒的你，一个深沉的你，一个可爱的你，全都是一个个难忘的你！"这是人在想到在今天离别后不知何时才能再次相见的情感刺激下，合理地根据情感模式的兴奋和变化将不同的情感、语言、意义等有效地组织起来。这种由感情激发出来的众多心智的兴奋状态，会引导人产生更加广泛的差异化构建，表现出更加强烈的发散思维能力，引导人"心潮起伏"、汹涌澎湃，尤其重要的在于基于此而形成的优化的过程：选择出更为恰当的表述方式和表述语言。

从这里，我们可以看到一个优秀的艺术家与一般创作者的区别。从创作者的角度来看，重要的在于某种情感模式能够激发创作者更多的思考、思想、更多的联想。对一位优秀的创作者的要求就是要在某种情感的驱动下，激活更多与此有关系的信息，激发人产生更加强烈的想象，并更加自如地在这些更多信息的基础上加以"斟酌"、优化。而在没有激发更多信息的创作者那里，只能对在大脑中显示出来的很少的信息进行组织和选择。

（五）强化情感的优化构建

在新的美学描述体系中，我们是要强化情感的表达，但这里存在诸多新的思考：

1. 表达与生命活性更加协调的情感与意义

尤其是受到个体意识与社会意识的放大、变形，人们会在内心产生更多的变异化的幻觉，这些心理模式的存在会严重干扰和影响人的心理的进一步展开，与此同时，人们还会基于当前的模式而实施活性延伸扩展，激发更多不同的情感模式，引导当前美的模式与更多的意义建立起关系。因为这些模式并不是在生命体与外界环境达成稳定协调时的兴奋结构，所以这些模式的形成与兴奋，使人们不能更加准确地激发与美的状态稳定对应的情感与意义。

2. 更恰当地表达相关的情感与意义

在各种形式、结构中，通过各种差异化的构建，人们会发现有些方面形式的表达与内容"不好"，而另一些形式则能够更好地表达美的意义和情感。在"入世"以后的成熟心理中，会有更多现实性的干扰和影响，我们需要在众多可能的表达形式的结构中，将那些与美的状态建立起稳定联系的情感与意义重点突出地显示出来，使之成为人在面对当前环境时的核心模式，成为所构建的意义表达中的主题元素。

艺术要求以最恰当的方式表现情感和传达认识。而这里所谓的最恰当，则是人们在实施多样构建的基础上加以选择的结果。而多样性构建的基础就是在好奇心的作用下，不断地构建具有差异性的模式。

表征情感，使人体验到更加强烈的情感意义，并由此形成审美感受，也是人的本质模式的基本表征。在这里需要注意的是，要使情感表现与人的生命活性达到更高的协调程度，并不意味着使情感的表现强度越来越高，而是要将情感控制在一定范围内，恰当地表现人的情感，使人的情感保持在一个恰当的兴奋程度，从而更好地与机体内其他组织器官的功能相适应，包括通过其他情感变化所生成的情感变化模式。当这种结论在一定程度上与艺术品满足了人的某种需要，或者说艺术品实现了人在当前条件下不能实现的某种需要时，当不协调状态（形成期望、需要）达到了协调状态（愿望的实现、期望和需要的满足）时，人便会产生伴随这一过程的感受——美感。

3. 表达生命中的活性本质的力量

无论是动力学层面所表达出来的收敛、发散，以及收敛与发散相互协调的力量；基于生命体任何一个子系统、器官所表达出来的独特的生命力量，还是各种层次的生命本征在意识、情感中的意识和情感的表达和固化，都会受到各种信息模式的干扰和影响。尤其是在将这些模式独立特化出来以后，人能够运用发散扩展的力量和稳定收敛的力量，更为丰富地建立起各种知识、情感、心理信息模式与美的状态的稳定联系。这需要我们更加有效地突显生命活性的本征力量，又需要我们通过差异化构建基础上的优化体现出信息与情感在相互作用过程中所带来的美的作用。

4. 能够兼顾艺术家与欣赏者共同的情感与意义

艺术品主要表达艺术家所体现出来的美的理念，但艺术品是要为他人所接受、欣赏的。失去了这种传递性的意义，艺术也就失去了生存的基础，失去了更大的生存空间。那么，在这里就需要强调，艺术创作本身就不是封闭的，无论是艺术家的美的心灵，还是其服务社会的意向；无论是其表达美的方式，还是其作品为社会大众接受的程度，都是外界环境与个人相互作用的结果。因此，表达欣赏者与艺术家内心共同的活性本征和后继生成的情感本征模式，将成为表达这种信息（包括艺术）成功传递的重要方面。

三 情感在差异化模式构建中的作用

人能够对情感表现出非常敏感的体验，能够体验到细微的情感及其变化。利用情感能够被人强烈感受的特征，通过表达具有生命活性本征的情感模式，在将美的状态中的情感模式激活而使之处于兴奋状态，或者与情感建立起稳定的联系时，就可以形成更强烈的审美体验。

在情感激发状态下，基于独立的情感模式，利用生命的活性可以形成更好地扩展。在具体的变化过程中，可以将情感作为联系信息的一个独立的环节，建立该情感与其他模式（情感、意义）的相互作用以形成一个新的稳定的动力过程，表达出情感模式与更多其他信息的相互作用，通过激发而形成更加丰富广阔的信息加工空间；也可以以情感作为共性基本环节，将具有某种共同情感模式意义的信息一同激发出来，由此而建立起广泛的信息联系，通过同一情感在不同过程、意义中的表现，通过这些过程的表达，使相关情感通过共性相干而进一步地放大、强化。

（一）利用情感作为联系不同信息的桥梁

要根据人的日常行为中各种生活场景的内在联系性，将特定情景中的情感自然地表现出来；基于情感模式在不同的场景中的兴奋建立起情感与各种不同信息之间的关系，激发相应的情感模式，也就意味着能够使更多的信息模式处于兴奋状态。这些信息便会成为下一步心理转换过程的基础。

这需要依据人在行为中建立起来的情感与场景和行为表现的稳定性联系，通过独立化和专门构建的方式将其显现出来，再通过夸张处理而形成典型表现，将特定的表情形成与特定情感的稳定性联系，特化出表达特定情感的专门的行为模式，并将人的特定行为特征进行夸张、典型化处理。

（二）情感能够激发更多的相关信息

情感放大了不同信息之间的联系。人们会构建出一种相对不变的模式，将各种具体情况协调统一起来，或者说，能够以此为基础而将各种具体情况概括统一在一起。在将某一种情感作为一个不变量时，将各种具体情况仅仅作为其中的某些特征发生变化以后的特殊状态，这种特殊的状态仍然会与"不变量"所构建的基本关系结构建立起稳定的联系。在此过程中，情感模式就发挥着这种联系中介、联系桥梁的作用，当其处于兴奋状态时，自然会使更多的相关信息处于兴奋状态。

（三）在相同情感的支持下，会形成信息的有效组织

一种情感模式可以将相关的信息联系在一起，伴随着信息的自组织过程，从一个复杂的情感模式出发便可以形成一个基于生命活性本征的复杂的心理结构。被优化的情感模式表达，能够在联系更多的情感模式处于恰当的兴奋状态时，将其优化的力量用于建立不同信息之间的关系，以及将诸多信息联系为一个有序的整体，并使之与活性本征达成协调基础上的稳定表现。

这就需要利用各种意义对同一情感的稳定联系，通过意义的表达而形成对情感的相干刺激，促使人体验到更为强烈的情感。

（四）在情感的激发下，促进人的思维的更加活跃

不从根本上运用美的力量对信息组织加工，自然不会有好的作品，任何好的作品都必须运用美的力量进行更加广泛的加工。

长时间的情感模式的基础性兴奋，会在人的好奇心的驱动下不断地发挥作用，激发联想各种各样信息的兴奋。并且，在情感的引导下还会更容易地引导人将好奇心与相关的情感模式有机地结合在一起，从而发散性地激发出更多不同的思想、认识，促进围绕相关的状态（意义、情感）性信息能够更加广泛、自由地将思维铺展开来。

（五）在情感状态下更容易使人进入沉迷状态

伴随着情感模式的兴奋，相应的过程会以较高的兴奋度吸引人的全部注意力，使相应的情感成为美的状态中的核心因素。虽然它仅仅是美的状态中的一个重要特征，但其稳定性是其他模式所不具有的。情感占据着更加深刻的地位，所有的过程都将与此建立起稳定联系，因此，情感的兴奋会有较大的可能占有人的心理资源，人会因此而维持与情感模式稳定对应的认知过程的持续进行。

由于基础性和典型性特征，情感表现能够表现出更强的稳定性，虽然会出现各种干扰，但也不足以使人脱离当前情感所表现出来的"吸引域"的沉醉性影响。我们习惯上所认识的沉迷状态与情感模式的稳定兴奋有很大的联系。在这里，情感将作为一个稳定性的力量，持续性地使与此相关的信息在大脑中处于兴奋状态，并参与到同其他信息的相互作用过程中，使人围绕这种状态并深陷其中。即便情感本身并不表达其具体的意义、不会使人忘却情感的具体内容，情感也能够起到对相关信息的激励刺激作用，受此情感的稳定性吸引力的控制，保证人能够更加稳定地沉浸在这种状态之中。

情感更容易使人陶醉。艺术家陶醉于某种状态，是因为艺术家内心的美与外界事物建立起了相互启发、相互激励的关系，结合人的情感模式，人由此而在外界事物、情感、认知三者之间建立起了具有"正反馈"的相互促进结构，这种模式的内在稳定性，促使人在内心形成了一个能

够得到迅速增长的"正反馈闭环"，并使这种"闭环"成为一个相当稳定的"吸引域"。这种稳定且强大的吸引域，会促使人在产生各种不同意义模式的基础上，同时表现出由收敛而形成的"更"的力量。受到这种稳定模式的有力"吸引"，会使人主要的活动都围绕这个"稳定的吸引域"而展开。这种使人沉迷的状态在更大程度上代表着一种"吸引人的空泛"，此时，人可以在理智中处于可知觉的状态，但知觉的信息模式具体是什么则是不确定、不可知的，人们不能用一种确定性的意义将其表达出来，这就是那种"说是一物即不中"的状态。是不能用一个具体的形态来代表人的顿悟的，而是需要在各种具体形态的基础上，由人自己通过对"更美"的追求而形成一种新的联系方式。与此同时，在认识到这一关键性特征时，人们就可以具体地通过一事一物来感受到对世间的真实的认识与理解。

这种状态代表着一种抽象的模式，但却因为信息量巨大而不能被表达，同时有大量的具体性信息在潜意识中涌动性地支撑着这种抽象。人们会通过"修炼"的方法使自己达到这种状态，并与具体的事物相结合。在达到稳定性的认知以后，再将自己从这种状态中解脱出来，并以一种客观冷静的观察者的角度来描述这种状态。

从艺术品创作的角度来看，会呈现出另一种过程：艺术家先是因受到外界因素的刺激而使某个情感模式处于兴奋状态，引导人陶醉、沉迷在某一种状态（情感、顿悟）之中，然后出乎意料地从这种状态中摆脱、清醒出来，形成没有身陷其中的心态，最后形成对这两种状态的独立感受。此时，艺术家便可以自如地运用具有理性特征的状态，将另一种状态的感受具体地表征出来。

既然艺术品是艺术家在沉迷状态下，在广泛激发的基础上追求美的力量的具体构建，那么，艺术品就更能唤起人的热情与陶醉，更容易使创作者将自身的情感转移到作品中，使欣赏者能够随着艺术品中"角色"情感的变化而变化，随着作品中所描述的时代的起伏而跳动，也就能够使人感受到巨大的美的吸引力。在此过程中，欣赏者还能够充分地体验到创作者那无与伦比的才华，以及由于欣赏者自己所不能而产生的巨大的差距。

人们总是在追求达到这种陶醉状态，但要达到这种陶醉状态，则需要经过长时间的思考、与情感展开复杂的混合。只要养成与情感不可分割的习惯性思维，就能够以这种习惯性的情感混合模式作为稳定的基础，引导人迅速地进入这种陶醉状态，就有可能进一步地形成对此类问题的直觉洞察本能。即便如此，最基本的过程仍是以大量的差异化构建（其中存在着情感因素的参与）与优化作为其中的核心。这里所讲的本质是：只有经过大量的有情感参与的思考，才能达到那种洞察一切的顿悟状态。顿悟就与大量的思考必然地联系在一起。

在情感状态下更容易引发人的顿悟。这是由于情感长时间的兴奋所导致的某个可能的结果。人在情感模式兴奋的支持下，通过长时间各种方法的试探，有可能会突然在某一时刻抓住问题的本质，产生一瞬间的顿悟状况。显然，没有以前那种情感模式兴奋所支持的长时间的差异化的思考，没有那种多样性的试探，也不可能将这其中已经想到的关键性的认识突显出来，也就不能以其更加准确的关系和规律表征和解决本质性的问题。

（六）在情感的沉迷状态下，可以更加有效地激发对美追求的力量

要通过情感与意义的关系，在各种可能关系的基础上，构建出更为恰当的情感与意义的对应关系。此时，没有了外界因素的干扰与影响，没有了主观意志的控制，没有了人对功利性的追求，就可以将生命本能所展示出来的活性本征与情感本征结合在一起的力量更加有效地表达出来。此时，情感的本征性意义便能够充分地体现出来。被情感有效表征的美也成为当前过程所表达的主题，情感也因此在美的状态中占据了更为重要的地位。

这种模式会占据人所有的心智，占有人全部的心理资源，吸引人全部的注意力，使人陷入癫狂状态，甚至连人的行为都会受到其严重影响甚至控制，这就能够更容易地将人内心的美展现出来。此时，各种信息会有更大的可能在心智中处于同等重要的地位，出于人的生命本能的 M 力便能够更加突出地表现出来。这种表现自然会在人的活性本征及好奇心的影响下驱动人在心智空间构建出众多与此相关的信息模式，在更大程度上表达优化的力量，在更大范围内体现出优化模式的覆盖范围、表达强度和力量等。

（七）剧烈的情感的恰当表达

即便是表达更强烈的情感，也可以将其划分为：表达本征意义上的情感和与发散扩展性意义相对应的情感。也就是说，可以通过更加强烈的情感表达而形成与更多活性本征意义上的和谐共振。但这里就需要着重强调情感表达的度的限制。当情感的激烈表达超出一定的程度时，会超出与生命活性本征中发散模式和谐共振的意义，就会对生命体内的其他系统造成一定的伤害。

四 情感激发更多的想象

根据情感与美的内在的本质性联系，艺术创作需要在某种情感兴奋的基础上，激发出更强的创作期待与追求，并在这种热情的支持下，更加充分地展开深层想象，由此而创作出通过表现情感而给人带来更强审美感受的作品。

第一，这种过程与情感系统同认知系统之间的内在联系有关联，表明两者之间具有共同的基础性模式，通过这些共性模式的兴奋可以在保持这种稳定激活的基础上，更强地表达生命的活性本征，从而形成更加丰富的美的联想过程、联想结果。

第二，在情感状态下，会使所展示的信息能够表达同样的情感，那么，具有此种情感的信息会因一同显示而形成进一步的自组织过程，这些不同信息的兴奋会因其表达相同的情感产生共性相干，进一步地使更多具有相关情感的活性本征处于兴奋状态，从而引导人更加顺利和深入地进入美的状态。

人们会构建一种相对不变的模式，将各种具体情况协调统一起来，或者以此为基础而将各种具体情况概括统一在一起。将其作为一个不变量，各种具体情况仅仅是其中的某些特征发生变化以后的特殊状态，而这种特殊的状态仍然遵循不变量所构建的基本关系结构。此时，情感就能够以其基础性的作用而表现出这种对应关系。

各种认知过程会在某些情感模式的基础上形成共性相干。当具有这种稳定关系的某些情感模式处于兴奋状态时，在相同情感的支持下，在心理中就会形成进一步的信息的有效组织。可以认为，人的认知系统是基于情感而进一步地扩展升华形成的。基于情感系统处于人的大脑中的古皮质区的结构性特点，我们可以认识到：任何的理性行为都必然存在着情感模式的表现。无情感的理性是不存在的。此时，情感及其所对应的情感意义模式也就成为将不同的信息组织起来的稳定性结构。最起码，那些与当前情感无关的信息会被排除在外，从而使得人对信息的加工更加顺利与有效。

第三，基于局部情感和局部信息特征的非一一对应关系，优化便有了充分表现的"舞台"和机会。更加多层的生理、情感与认知系统的复杂作用，将使这种非一一对应关系表现得更加丰富，面对如此复杂的状态，优化过程便会经常性地展开。

在艺术创作过程中，人们会更多地运用这种情感引导展开深入思考的方法，或者说在其他的过程中体会达到这种状态的某些特征，然后根据完整模式中局部模式之间稳定的对应关系而向着这个方向的方法模式逼近。注意，这其中体现出了另一种独特的联想式心理模式：假定一定存在这种模式，而且通过体现某一个环节的兴奋及其与其他部分的整体联系性，达成整体模式的激活与表现。

有差异的信息模式越多，基于此 M 力量的优化活动表现得就会越充分，由此所生成的模式就会更美。最起码，人在看到这种模式时，会自然地展开自己在好奇心作用下的充分想象，并且能够在其所能想到的所有模式的基础上，顺利地"认识到"艺术家在如此构建时所构建出来的最美的模式（通过差异化的比较而选择出最恰当的色彩、最佳的结构、最美的线条、最合适的情感、最优美的旋律、最生动的节奏等），并在当前意义的吸引下，真正地体现出多一分嫌多，少一分不足的恰如其分的状态。要想达到艺术家所体验到的美的状态，欣赏者同样需要构建一个差异化基础上的优化过程。此时的优化指标则是与艺术家所体验到的美的状态达到更大程度上的协调。好在，艺术家的情感模式能够为我们所清醒地认识到，这就已经给我们带来了更大的线索。

五　构建情感的恰当表征模式

情感是人的意识中关于意义的有机部分，应该加以恰当表现；借助情感，可以更加有效地表现那作为生命活性有机成分的情感模式。问题在于，意义、情感、生命活性之间并不构成一对一的关系，这就意味着与意义、与生命活性相对应的情感将存在多种模式，而在诸多可能被激发的情感中，能够表达生命活性的情感，或者说，与生命活性更加协调乃至最协调的情感只是诸多情感中的一种，这种情感就是艺术家所极力追求的情感，也是艺术家基于此情感而构建出最恰当的表达形式的基本出发点。艺术家就是通过比较判断、优化选择构建出与生命活性本征相协调的情感的。

情感能够形成人的内心更强的体验。但我们却需要运用艺术的手段将其表达传递出来。表达情感涉及四个方面的内容：第一，在艺术品中将情感表达出来；第二，在诸多情感中选择恰当的情感；第三，恰当地表达出相应的情感；第四，表达与意义有机结合的情感。在使情感表达与生命的活性本征更加协调的过程中，存在着优化情感的构建过程，这是我们不能忽略的重要的美的力量。

艺术能够根据意义、生活场景、语言、人物、活动引导人激发相应的情感，甚至在艺术品中采取直接描述情感的方式使人产生相关的情感，再通过情感模式的兴奋表述，联系性地激发出其他的情感模式。当人们谈到艺术来源于情感、表达情感，但又高于情感时，就是在基于具体的情景而激发出人的情感，并使其上升到一个特殊的层面：审美情感，从而建立起美与情感的有机联系。人们认可"艺术在于表达情感"，但人们在美表达什么情感内容上，却有不同的认识。我们认为，美（通过艺术的手段）表达情感时，应集中在如下方面：

（一）艺术品是艺术家情感的恰当表达

人的意识是在情感的丰富与发展的基础上扩展形成的，人的各种有意识、无意识心理和行为都与情感有着不可分割的联系。情感会赋予美以相应的意味。情感会因为在一定程度上表征生命的活性本征，或者说，情感因为与活性本征建立起更加紧密的关系而能够有效地激发活性本征，从而在一定程度上表现出美感。

当人追求更具震撼力的作品时，便与情感建立起了稳定的联系，由此而赋予情感以美的意味。情感以其自身的本征性特征而赋予美的形式和内容以情感性特征，多种情感的描述可以产生不同的审美效果，人们便由此而加以优化选择，形成最恰当的模式。构建出能够给人带来更大震撼力的作品——激发更加强烈的情感。

1. 要表达恰当的情感

情感作为人对外界刺激的一种反应模式，表达着一定的意义。作为整体意义的一个有机成分，情感质的特征和量的特征都要与其他的意义达到相互协调的程度。"笑"是人快乐的情感模式表现。当我们将这个词写出来时，虽然只是表达出了这样一种符号，但人们会根据以往所形成的符号与具体行为的对应关系，将与此相关的心理和生理模式一同激活。我们能够以恰当的力度表达这种直接的快乐，但更为经常的是人们在其他模式的作用下导出性地体验到快乐。因此，在一部小说作品中，随着故事情节的变化与发展，采取何种方式使人更为恰当地体验到快乐的感受，是艺术家需要重点考虑的内容之一。此时人的快乐模式作为整个事件中的一个环节，还要与其他的信息相互促进与制约。

在人受到各种世俗影响的情况下，会受到社会习俗的不自觉的影响而形成对情感与意义之间在形式上的协调约束。那些伟大的艺术家则会在这种社会习俗和艺术规律的制约下，以更恰当的方式表达意义与情感，直接表达情感的音乐作品就是一种更好的选择。

人们也许会问，作为在一定程度上表达活性本征的情感，为什么会出现不恰当地表现的情况？意识与情感表现不具有一一对应性。意识中信息联系过程的无限放大，促使信息与情感模式反应之间的联系越来越小、越来越基于局部特征和关系。在信息的层面上，基于大脑神经系统的特点，仅仅存在小的局部联系，就可以产生将众多不同的整体性信息联系在一起的过程、自主性、涌现性等行为。意识的无限放大会形成越来越复杂的情感反应，如果要求以情感恰当地表达生命的活性本征时，这种差距会越来越大。

2. 恰当地表达情感

美中的情感表现要恰当。这里所谓恰当的情感，指的是与人的生命活性相协调的情感模式和情感转化。情感的表达与生命的活性相联系时，不能太强烈也不能太弱，这需要将其限定在一个恰当的兴奋度范围内。

对美的追求就是构建恰当比例的过程。按照苏珊·朗格的说法，"艺术，是人类情感的符号形式的创造"。这一定是将情感与美建立起稳定的联系，或者说通过美使情感升华以后的感受。包括通过对比而使人所体会到的快乐情感更加强烈。但这并不是要一味地增强情感的表达，而是要使情感达到恰当的程度。

表达恰当的情感意味着已经进行了优化，同时具有了符号的特征。人们通过艺术品所表达的具有美的情感不仅仅是快乐，也不能无限地拔高这种由快乐在意识层面生成的概括抽象性认识和领悟，但人们的确应该认识到艺术品在表达情感时，与一般的情感表达存在着很大的不同。这种不同主要表现在以下方面：第一，是情感模式的恰当的兴奋程度；第二，组合成更为恰当的情感综合模式。

这就需要我们选择优化一定的形式将情感恰当地表达出来。应以情感的表达为核心，选择、构建、优化恰当的表达形式。由于情感具有活性本征的力量，同时，处于美的状态时，情感也具有特殊的地位，结合活性本征、情感、认知之间基于局部关系的非一一对应性特征，情感会自然地被赋予美的意义。由此，会在一定程度上将体验情感作为审美的一个阶段和程度。结合情感的易表现和易体验性特征，人们往往也会简单地认为艺术品在于唤醒人的情感。只要能够唤醒人的相关情感，就意味着已经达到了审美的程度。

表达情感作为生命活性本征的基本表现，是需要与其他方面的信息组成恰当表达的关系的。不恰当的情感表现会使人表现出偏离当前美的本质的力量，人们会因与当前环境不协调的情感的高兴奋度而在更大程度上体会到由情感所造成的不协调。但当人们由偏离所形成的不协调状态达到稳定协调状态时，便能够完整地体现出构成美的力量，从而使人更加确定地进入美的状态。那么，在这种情况下，情感反而成为使人表达由不协调达到协调的基本出发点了。

建立当前艺术形态与情感的关系，是要建立与复合生命活性本征群模式更加协调的复合情感模式（与之相对应的是单一的情感模式），使情感模式保持一个恰当的兴奋度，使情感模式与事物变化发展的基本信息建立恰当的关系。生活在一个复杂多变的世界中的我们，以多种模式和形态，将情感模式的兴奋表现维持在一个恰当的范围内，并形成限制，使其不能过强，也不能过弱。过强会喧宾夺主，过弱则会显得乏味无趣。因此，即便是表达笑，也应恰当地区分微笑、开怀大笑和狂笑等不同形态，它们所形成的对整体美的状态作用会有所不同，由此所形成的审美效果也就会有很大的不同。

3. 表达情感所包含的活性本征

意识的自由性可以使人们纯粹出于意识和理性而任意地组合、变换情感，在保证情感的自主涌现、期望满足的同时，总是想无限地放大某一情感的表现与体验。吸毒就是一种典型的只满足于追求极致快感的行为。这种经过意识放大后的情感表现，与生命的活性本征模式会产生越来越多的不协调。

人们通过表达情感而使人产生更多的信息加工（联想、自组织信息加工），可以使人物鲜活生动、有血有肉、历历在目，也会使人产生身临其境的感受，使人能够更加深刻地体会到更加强烈的情感体验。情感与符号、意义的恰当联系和组织，能够通过情感与人的各种生活情境的有机结合，使人在内心构建出生动鲜活的景象，通过激发人构建出更大的审美心理空间，表达与人的生活更大程度上的相似，并因艺术品的固有特征而与人保持足够的距离。这样就会更加符合人的活性所生成的收敛与发散的比例关系，并因这种外在的比例结构，形成与人内心生命活性的共性相干。

在这里，我们需要特别提及，应该基于这种稳定的联系而通过其他的信息，引导人的生命的活性本征、具有本征意义的情感模式处于恰当的兴奋状态。由于情感是一种综合性的反应模式，因此，各子系统之间的相互协调关系，就成为情感在恰当表达时与优化的力量模式密不可分的基本特征。

此时艺术家应该将表达的重点集中到选择与生命的活性本征相协调的情感模式上。那些高明的艺术家，一定是养成了这样的习惯：面对任何一个创作主题，总是首先运用差异化构建的力量——好奇心，将在大脑中记忆的、自主涌现的、主动地运用差异化的力量而构建的多种模式一同显示出来，每一次总是先形成一个更为复杂的情感群，然后再从中比较、选择，将自我感觉到的最美的模式固化下来。由于已经养成了一种习惯，他们会自然而然地表现这种本能模式，按照一定程序逐次展开各个环节，这不会使他们感到费心费力，也不会影响他们在更大的范围内研究事物之间复杂的关系。尤其是在他们养成这种习惯以后，会更加自如地表现这种模式：丰富的差异化信息＋通过比较而寻优。艺术家在将重心集中到选择能够与生命活性本征达到更大程度的协调的意义与情感时，就会使人产生更强的美感。

4. 利用意识充分地放大情感

人对一种情感模式的享受会通过意识的无限放大，再反馈到情感模式中。由于意识参与的反馈会使更多的意识信息加入其中，其便具有了与生命的情感表现紧密联系的综合性结果。生命活性的情感模式是生命活性本征的重要成分。情感模式作为美的基本元素，能够在人的意识控制下得到主动加强。

各种艺术体裁总是通过表达情感表现美。情感模式作为意义的一个重要方面，作为与人的内心有更深、更强联系的渠道，作为人的日常生活的重要表现，必然在美中得到重视和强化。正是通过情感表现而使美变得丰富多彩。情感在意义的变化过程中起到推波助澜的作用，强化着人们对事物意义的理解和认识。艺术品通过直接表达情感而表现出一定美的意义，通过情感的描写可以反映其对世界的认识和看法。

5. 利用情感更强烈地表达生命的活性本征

单一地表达情感本征模式，同样能够给人带来足够的审美享受。但人却需要通过其他更多的局部特征的和谐共振，产生更大程度上的审美享受。构建与情感本征相协调的、关于人的日常生活的意义表达，就成为艺术创作的主体。

在以情感为主体的心智活动中，情感会在一定程度上表达出生命的活性本征的意义，并使人产生与情感体验相适应的美的感受。这也就意味着，不受理性控制的感性的艺术家，在运用情感表达生命的本质性体验方面，会表现得更加出色。当然，情感的这一特征往往会干扰人们向更深入的与活性本征相协调的层次深化。

更直接地联系生命活性的情感模式，在同时经过情感模式、意识模式等生命的活性本征模式的活性强化、扩展后，会与生命活性本征的表现形成更加稳定的联系。构建于情感基础上的意识活动（有时也被称为理性活动，但我们认为称为意识活动更好，因为它使意识独立特化、自主，并使人可以依据信息之间很少的局部关系而将不同的信息联系为一个整体，要比理性所形成的意义更加广泛。理性在人们的一般认识中，更多地遵循确定性的关系、因果性的联系、本质性的转换等意义），会很自然地产生这样的一种观点：艺术家是非理性的，只会跟着其感受、情感、直觉、体验走，也只需要将其表达出来即可。苏珊·郎格强调情感，虽然没有抓住这种生命活性重要成分的"活性本征的情感模式"，却也在努力地追求从活性情感模式的角度使人便捷地进入美的状态的因素。

激发情感，以形成更强烈的美的体验。虽然人可以通过反馈性感知对自身状态加以体验，但人在与环境相协调的美的状态中，不会为人的神经系统所感知。但当我们以情感模式表达美的状态时，就会以人对情感的特有体验而使人更加明确地感受到奇妙的美的状态。

（二）艺术表达的情感是众多情感中的典型

当前的环境、一定的事件、相关的人物往往会激发出艺术家更多的情感，但在艺术作品中，总是以情感本征模式为核心通过优化概括形成某种突出而典型的情感表达。或者说艺术家总是在表达由诸多情感模式的变化与发展结合而成的、与其本能体系协调程度最高的综合性的优化模式。

我们不可能单调而孤立地表达某一种情感本征。需要在人与人的相互关系中、在人的日常生活活动中、在人与自然的相互作用中、在社会的各项活动中，建立起与情感的有机联系，将各种情景模式综合在一起而形成一个优化的稳定协调状态。这其中不能忽略的过程力量模式就是优化。优化是必须要进行的过程。艺术家体会到了特殊的情感，寻找到了这种情感在恰当的生活场景中的恰当表现，建立起了典型的艺术形象与美的紧密联系，于是艺术家便将这种稳定的艺术形象固化表现出来。

激发欣赏者更加强烈的审美享受，就需要有情感本征模式的有效参与。欣赏者在内心存在相似的场景与情感稳定地联系在一起的模式。当然，通过激发欣赏者在更高层次上具有这种关系的模式，诸如人的好奇心、M 的力量，以及表达出对情感的期望等，也可以使人的审美情感达到更高的审美体验的层次。

（三）引导欣赏者在艺术信息作用下构建最恰当的情感

能够激发欣赏者产生最恰当的情感的，并不一定是与艺术家同样的情感，但却一定是最能引起欣赏者最佳情感体验的作品。那些能够激发欣赏者表达与其生命活性具有更高的稳定适应、稳定协调的情感本征模式，被认为是最恰当的情感表达。在所激发的众多模式中，欣赏者有可能会再构建一个概括性、抽象性更强的、更具"格式塔"特征的完整模式。

要想理解艺术家所表达的与其活性本征相协调的情感和所构建的意义，在更多情况下，需要观者的"移情"——处于与艺术家同样的地位、与书中人物处于同样的情景中而体会到跌宕起伏的情节变化。这种通过更多其他方面的局部特征的相同（相似）而形成的和谐共振结构，将引导人通过该共振模式与其他模式建立起稳定的联系，通过联想形成更加全面的和谐共振。此时，也可以使人在处于共振状态下，通过自反馈而更加准确地体验到更多美的状态。情感作为一种具有自主性的独立模式，其自主性表现可以为我们所体验感受。它所具有的符号性特征，也使其具有了更具一般性的联系、扩展和变异性特征。我们自然可以充分地利用这种力量，使人享受到更加广泛的美。

（四）在诸多模式中选择、构建、优化出恰当的表达形式

情绪具有激发、联想、选择的作用，同时，只有当人们已经建立起词汇与情感的诸多联系，而且已经在大脑中存储了诸多的词汇后，人们才可能在相关情感的作用下，激发更多的词汇，并由此而供人们在优化过程中做出选择。

在这里，我们构建出了两个基本模式：一是运用差异化的力量构建诸多不同的信息模式，并使其一同显示出来；二是运用人天性中对美追求的优化力量，在诸多模式中将最美的模式恰当地选择出来。这实际上就是生命活性的综合协调表现：在分别展示发散与收敛力量的基础上，将其协调地统一在一起。通过发散和收敛有机统一所形成的 M 力量，驱动情感表现得更加强烈和恰当。这种综合性的模式可以表达在任何一个

过程中，而优化后的情感的恰当表达也由此构建。

在现有模式的基础上通过比较判断而做出选择是很容易的，但要将情感与各种意义在相互作用过程中实施恰当的构建，就需要遵循某些原则和固有的过程：第一，在将信息局部化的基础上，通过局部的选择组合成一个新的相对最美的模式；第二，求得诸多不同之间的不变性特征；第三，求得诸多不同的"平均值"模式；第四，求得诸多不同之间更高层次的概括性模式；第五，将代表对美的追求的力量模式展现出来，甚至将那些与该模式具有更强联系性的信息作为更美的信息而选择；第六，利用信息之间的自组织相互作用形成一个新的稳定的动力学系统。

更为重要的是，在人们认识到这种优化的基本力量模式以后，会将其独立特化出来，在有意识地主动培养的基础上，更强地表达这种力量，使其在艺术品的创作过程中发挥更大的作用。在丰富的联想与构建过程中，人们能够以某一个稳定的思想为基本主线，通过丰富的联想、想象，将与此有关的诸多信息元素更多地展示出来，使其充斥人的心理空间，从而形成对这个问题的更进一步的发散性扩展。在差异化构建过程中，一方面是观察客观世界中的形形色色；另一方面是要运用人所特有的好奇心而不断地实施差异化构建，尤其是人们通常习惯于观察不同的客观对象，强化感觉在构建差异化的过程中的地位与作用。

经验促使人从体验的角度，从客观事物在人的内心反映，以及人在各种不同情景中的行为的角度，构建不同的稳定模式，有时将会引导人对美的本质产生偏见。以人稳定的经验模式为基础，会产生暂时的、表面的美的状态。这种情况，在意识高度发达的人的身上会经常性地表现出来，并由此而形成"虚假性审美"。

在意识中表征人的本能模式，能够更加有效地增加更多的信息，使人进入美的状态而体会到本质的美。根本原因就在于，人以人的本能为基础，在升华出意识且能够进行大量的信息加工过程以后，不同的信息能够通过意识而与本能模式建立起更加复杂而紧密的联系。当某个本征模式处于兴奋状态时，自然会激发基于此模式而生成、联想出来的众多的行为模式、心理模式等。在此过程中，基于人的生物学本能，优化便成了其中最基本的力量。

艺术创作中，大量地进行着这种综合化的模式，从更加完整地表达这种模式的角度，构建艺术与美的本质性联系。这其实已经充分地表现在了艺术家大量地构建草图的行为上。草图意味着大量的差异化构建，这就表达了艺术创作的一个基本过程。在此基础上通过比较优化而将最终的构图确定下来。达·芬奇有大量的草图，表征着长时间的构思，通过创作之前的充分酝酿，以期获得洞察、直觉和顿悟。在人的最大潜能领域，人们更容易将相关的信息激活，形成更大范围内的差异化构建与优化选择。

在平时，艺术家通过"采风"，将经过美化以后的线条、结构、色彩与所表达的情感、意义等局部信息固化下来，作为以后进行某种艺术创作时稳定的局部特征模式。人们可以在这些基本模式上适当地"变形"，但仍以维持其所形成的这种局部最优结构的稳定性为核心。在这样的过程中，体现着两个过程的同步进行：一是，在差异化多样并存基础上的寻优；二是，在稳定模式的基础上，通过维持变化和差异化构建而与人的这种活性本征模式在更大程度上相协调。人们会不断地观察不同的事物、从中求得更多美的因素的表达，并将其作为抽象模式存储在心理空间，由此而形成基本的审美经验。

（五）构建表达情感的方式

一是通过共性相干的方式，即使人体验共同的情感而激发人的审美情感，其中还包括通过联想将相关的情感激活；二是通过差异而形成刺激，以激发人的审美情感。在表达相同情感模式的过程中，涉及对情感的变异、扩张、联系，这些经过活性扩展所形成的过程和结果，同样是人生命活性本征的基础元素成分，即使我们单一地从这些模式的角度和谐共振，也可以局部地进入美的状态。

六　情与景的和谐统一

（一）情景合一

所谓情景合一，指的就是当前环境与人内在的情感形成稳定协调的状态——美的状态。这其中包括了人与环境之间达成与人生命的活性本征相匹配的关系状态，也包括了基于局部特征的共性相干而形成的恰当表达情感本征的情况。前一种的情景合一的状态，主要描述人既处于有足够熟悉程度的环境中，同时又能体验到环境给予人的足够的新奇性刺激，能够从信息的角度与生命的活性本征相协调。而在后一种情景中，主要表达的则是，基于情感本征的恰当表达，将与情感相符的外部信息，以及与外部信息相对应的情感模式在分离、独立的基础上，通过共性相干而将共同相关的信息采取非线性放大的方式加以强化，使之成为决定心理过程的核心要素。第一，情与景在某些方面的和谐共振，会形成共性相干；第二，充分利用情与景的相互补充；第三，充分考虑情与景的相互支持。事物需要恰当的环境，而此时的情感便成为产生某种意义的外部环境。因此，情景交融是激发人的活性本征的一种方式。当人达到了内心生成的情与外界环境的景的稳定协调时，就相当于形成了两者在进入美的状态过程中的相互促进关系，自然会使人产生相应的审美享受。

（二）决定情景合一的基本因素

第一，局部上的相同（相似）关系。人的情感是在外部环境的作用下形成的生理、心理综合反应模式。在以往的经历中，已经大致形成了情感与相关环境特征稳定协调的情感——环境模式。我们可以完整地重复这种模式，但也需要依据其中的局部对应模式的激活，最终形成一个综合性的情景合一模式。

第二，直接与环境因素达成和谐共鸣，通过皮亚杰所谓的"顺应"过程，通过形成一个新的动力学过程而建立起一个新的稳定协调关系，并由此产生更加强烈的情感本征表现。外部信息与人的情感模式会形成一系列的联系，当处于这种稳定协调的美的状态时，会将情感模式与外界信息模式之间的内在联系更加有效地激发出来，通过情感模式的高兴奋性特征，促使人展开更加深刻的思维，激活更多的情感、激发更多的外部信息等。

第三，强烈的情感反应激发人向其他信息探寻更多的相关性信息。我们以强烈的内在情感的反应为基础，通过对外部信息产生差异性的期望需求，驱使人将注意力集中到外部的变化性、不确定性、新奇性的信息上，由此形成收敛与发散协调统一的生命本征表达。

第四，相关信息与情景的和谐共振。那些具有自主性的信息会以更大的可能性在大脑中涌现，在更多自主涌现出来的信息中选择与当前情景有着更大关联度的信息。虽然这一过程是无意识进行的，但当人们将其主动地特化出来以后，便可以通过这种过程所形成的共振机制，将其顺利地一一展示出来。

（三）情景合一的程度

相关模式中所包含的情感与环境相符合的模式数量及其所占的比例，反映着情景合一的程度。这些相关的数据表征着对这种情景合一程度的感受与体验。情景合一的程度越高，所产生的共振的力量就越强，基于更强的稳定性力量和更强的发散扩展性力量，就会促进更多局部特征的和谐共振，由此所产生的美感就会越强。

既然存在情景合一的程度，那么，当我们将情景合一作为一种审美表现时，一方面能够表现 M 力，这会驱使我们构建更高程度的情景合一，也就是在当前环境下，寻找与之相适应的情感及其模式；另一方面，在当前情感模式下，能够构建与其更加协调的环境因素。

在这里，我们知道，《乡愁》是现代诗人余光中漂泊异乡，游弋于海外后回归中国所作的一首现代诗。诗中表达出对母亲、对故乡、对祖国恋恋不舍的情怀，诗歌中更体现出了诗人余光中期待中华民族早日统一的美好愿望。

音乐、舞蹈、小说等非直观的艺术表达形式，会在更大程度上将表达情感作为其艺术感染力的首要任务。但通过前面的描述我们可以看到，这仅仅是艺术表达的一个初步的层次。无论是音乐还是舞蹈、小说，都能够以适当的刺激，使相关的情感模式处于恰当的兴奋状态并引导人体会到情感本征模式，尤其是人的愉悦性情感。这里所谓的适当具有两种特征：一是形成了刺激；二是强度超过了一定的阈值，但又不非常强烈，能够让人在一种轻松的状态下受到刺激、激发联想、感受情绪、展开想象。即使是悲伤的情感，也能够让人看到在悲伤过后向着更加积极向上、有着更加美好未来的状态转化的力量和态势。甚至是直接通过这种悲伤的对比，使人体会到未来与当前生活相比表现出来的优越和美好，这可以使人的心灵回复到具有生理遗传特征的协调状态，也是通过与当前状态相比较而产生的特有的感受。

第五节　审美经验中的快感因素

王朝闻提出了美就是具有稳定的美学基础的"喜闻乐见"的观点。而我们所强调的则是在人与环境由不协调达成稳定协调的状态下，人所产生的快乐性情感反应。"无论是作为仪式还是娱乐，艺术都责成人们参与，加入其洪流，进入最佳状态，感觉良好。"① 快乐的感受，是审美经验中的一个重要因素。

一　快感是美感的基础因素

（一）人们因为快感而关注到美

当生命体由与外界环境的不协调达到协调，并使生命体长时间处于这种协调状态时，生命体内各系统便会充分表达其相应的生命活力，并能够使彼此之间达到最大程度的"和谐"，从而保证生命能够最大效率地利用资源。"感觉良好的东西通常也是对我们需要的东西的一个暗示。"② 在将不协调达到协调的过程表达出来以后，这种模式便会使生命体产生快乐的感受，这使得快乐的情感模式与进入美的状态建立起了牢不可破的稳定关系，甚至成为不可分割的统一体。在美学的历史中，"美"会频繁地被用来指称让人感到愉快的事物或对象，也就不足为奇了。人们将能够给人带来快乐的事物认为是美的就成为必然。

（二）快乐是审美经验的核心因素

只要一个对象的某个特征使人产生了美感，就可以成为美的对象，而不必同其他事物的美的标准相比较。虽然在由不协调达到协调状态的过程中，我们能够同时产生很多不同的体验，但快乐一定是其中最主要的成分。审美的快乐感受也成为促进美学发展的最核心因素。③ 从另一个

---

① ［美］埃伦·迪萨纳亚克：《审美的人》，户晓辉译，商务印书馆 2005 年版，第 50 页。

② 同上书，第 61 页。

③ 祁志祥：《"美"的原始语义考察：美是"愉快的对象"或"客观化的愉快"》，《广东社会科学》2013 年第 5 期。

角度讲，正是由于生命体在与环境的稳定协调状态下能够更加有力和有效地表达生命的基本活性本征，从而使生命体获得更强的竞争力，才使得这种状态成为人所追求的基本模式。在这种状态下所表现出来的快乐反应，因为更易为人所感知体验而成为显著特征。

（三）快感是最早为人们所关注的情感特征

美学的研究历史表明，快乐情感是最早为人们所关注的美的核心情感体验。东西方同时都将快乐作为美的研究的基本出发点。

从词源的角度看，东汉许慎《说文解字》释"美"为"甘"，又释"甘"为"美"，释"甜"为"美"。王弼《老子道德经注》云："美者，人心之所进乐也；恶者，人心之所恶疾也。美恶犹喜怒也，善不善犹是非也。"王弼所谓的"进乐"中展示的是对快乐的追求，是将对快乐的追求模式和快乐的状态反应有机结合的综合表现，这已经说明了我们的先前哲人已经认识到了美的快乐性本质。"人心永远有形而上的追求"。我们不是在寻找、构建它的规定性，而是揭示它所包含的特征、特征之间的内在联系、特征所对应的状态之间的可以掌控的规律：下一步向那个能带来更大快乐的方向变化、变化的幅度有多大等。

从历史的角度来看，现代研究指出，中国古代认为"美"是像甘味一样令人感到快乐的对象。日本学者笠原仲二就总结说：古代中国人关于"美"的意识是"从与肉体的感觉有直接关系的对象中触发产生出来的"，"与肉体的官能性悦乐感有着深深的关系"。笠原仲二指出："通过这些我们知道，能够给予人以种种美感的那些对象，美味、芳香、美色等，总之，都是伴随着古代中国人的生活，尤其是生命的保持、永续，或者充实和增进其精力（气力）的丰富的官能性快乐和深刻的愉悦的、在最根源方面直接的官能性对象。因此，在这里发现的约束中国古代人们的美的体验，是魅惑灵魂、摇动人心那样的一个深刻激烈的感受，而且在最原始性上，主要是所谓'食'，其次是'色'，即意味着对于满足人最重要的本能的自然性欲求的官能性的感受。换句话说，这种美的体验，一般是使人'真正从心理深感生存的意义、生命的象征''激励或安慰人生存''生活得真正愉悦和快乐'，对于一般在官能性方面充分使人体验、给人以生的充实感之物的感觉性、官能性感受。详言之，这种感受可以看作'人本能的怀有想把它据为己有的强烈的憧憬、欲求','把它变成自己的，或者和自身成为一体，自己的生命力便可活跃、旺盛'，或者'从象征着充实和旺盛的生命力的事、物的姿貌、状态或者性质等等中得到的激烈的悦乐感受。'"①

18 世纪上叶德国美学家沃尔夫指出"美"在于事物的"完善"，衡量事物"完善"的标志就是"快感"："美在于一件事物的完善，只要那件事物易于凭它的完善来引起我们的快感。"② 正是由于完善才引起我们的快感。而这恰好就表征了人在运用 M 的力量追求达到更加完善的程度。美的完善性就在于不断地表现 M 的力量所表现出来的结果，显然不是以是否引起快感为标准。

在艺术品中，表达激发人快乐情感模式的方式包括以下几种情况：第一，在艺术品中直接地表达快乐模式；第二，在间接符号表达中隐含快乐模式；第三，达到与人的期望相符的情感变化态势；第四，表达出向着更加美好方向作用的 M 的力量；第五，表达出现的更美好的结果。诸如正义得以伸张，英雄得以凯旋，邪恶得以消除，理想得以实现等，诸多意义成为表征生命的活性本征的经常性意义，由此而体现出来的快乐性情感也成为美的表达的基本模式。艺术家会由此而激发出完整的美，并因此展开艺术创作。

二　由达到稳定协调而产生快乐

我们一方面认可快乐在美的理念中的重要性，甚至将其置于核心地位，同时也认可人不能只生活在快乐之中。生成快乐是由不协调达到协调过程表现的结果。这就意味着，要想表现出这种过程，首先就需要构建出由不协调达到协调的过程模式，并通过不协调状态与协调状态之间的关系体会到协调状态时的快乐感受。环境在不断地发生着变化，虽然人在极力地适应环境的变化，但环境仍以自身的变化性而给人带来刺激，

---

① ［日］笠原仲二：《古代中国人的美意识》，杨若薇译，生活·读书·新知三联书店 1988 年版，第 37 页。

② 北京大学哲学系美学教研室编：《西方美学家论美和美感》，商务印书馆 1980 年版，第 88 页。

使人能够更为经常地感受到不协调。而生命体也就以生命的活性本征更为经常地表达协调性状态的特征和意义，表达生命体对稳定协调状态的追求——对快乐的追求。

（一）快乐模式的独立与特化

既然快乐如此重要，而且被人首先重视，那么，在人类的进化过程中，快乐就自然地被特化成为一种独立的情感模式。一是在各种相关的过程中都可以寻找到快乐的作用；二是人们将更强的快乐作为一种追求目标，努力地使自己快乐并且更加快乐；三是以快乐为基础，通过表现快乐的自主涌现能力，发挥快乐在各种活动中的激励引导作用；四是通过将相关过程由不协调转化为协调而产生快乐，从而赋予快乐以更加广泛的意义与作用；五是将快乐与其他情感相协调，形成恰当的情感表达模式；六是将快乐与各种意义相结合形成一个完整的意义表达。

从进化的角度来看，是通过由不协调到协调形成了一种循环：开始保持协调状态，由于外界环境的变化而使机体发生了变化，变成了不协调，然后机体又通过表达生命的活性本征达到了与外界环境的协调，生命体便通过形成一个新的动力学过程而由不协调重新回到了协调状态，或者说在外界环境的长期刺激作用下形成了一个新的稳定协调状态，只要其成为一种稳定的模式，成为一种稳定的神经系统反应的模式，便具有了下一个循环过程的基础性力量。生命体不断被动地受到环境的刺激作用由不协调达到协调状态，在进化到人这一层次时，则会将通过意识在更大程度上形成的主动地由不协调达到稳定协调而适应环境变化的模式作为其核心力量。

这种由不协调达到协调的完整过程，在神经系统中以兴奋模式来反映时，该模式的维持与放大就可以不再需要有更强大的外界刺激的作用，而只通过人的意识中的信息之间的差异及人的好奇心而内在地形成。这也就说明了为什么只有在人的大脑中才能更加突出地将美表现出来。

生物的进化一再地表明，当某种组织的功能独立强大到一定程度时，便会在生命体内特化出专门的静态稳定结构，诸如，专门的物质传输通道（对于人来讲，就是血管）。而在独立特化时，彼此之间相互联结的状态表征除了对能力、物质的直接分配以外，还表现出了对在相互作用与传递过程中生存的其他生物化学物质"不多不少"的供需作用的信息。长时间与外界环境保持稳定协调状态，会使生命体依据其生命活性的自然表达而形成新的稳定协调状态。这也就意味着，我们可以基于各种具体情况下的美的状态达成彼此的自组织协调，从而形成涵盖更多具体情况的美的状态的概括与升华。在相关过程中，快乐始终是一个与之紧密相伴的情感模式。

（二）将快乐模式扩展到其他活动中

由不协调达到协调而生成快乐的物质，只在具有复杂大脑的动物中才能更加明确地表现出来。与此相关地，这些动物身上表现出了更高的智慧，尤其表现出了独立自主的心理活动。快乐从某些刺激——反应模式中形成，生命体会在这种稳定模式的构建过程中，固化出稳定的结构，并由此赋予外界刺激以快乐的意味——该外界刺激能够给生命体带来快乐，生命体就认为该刺激与快乐是等同的，受到这种刺激，随即产生快乐。与此同时，由于生命体维持在一个很小的"混沌边缘"，在自然界的一个很小的"狭缝"中生存，可以在物理规律限定的一个很小区间内保持动态和静态相协调的稳定，所以便使这种稳定的模式能够与更多不同的外界客观事物形成确定的对应关系。在人的意识中，却并不以此为结束，而是运用大脑的自组织过程，根据信息之间更加广泛的局部相关性，将不同的信息联系组织成为一个更具变化性的有机整体，然后再利用美的传递性将美的意味赋予该整体中的每一个环节、每一个过程。显然，只要表达出了与这种模式的共性相干，也就能够促进快乐物质的生成，从而使人有更多的舞台和机会体验到快乐。

（三）为快乐而死

一种模式如果已经具有了相应的意义，人便会将与此有关的相关模式激活，并通过生命活性的稳定与发散的模式，延伸扩展到其他的方面。这既会形成对当前模式的干扰和影响，也会使其沿着相关的方向做出进一步的演化。即使只是适度的快乐，在表达生命活性本征的过程中表现出对稳定状态的追求，也会使人努力地追求这种状态的快乐。

尤其是当快乐占据人全部的注意力时，人会为了寻找更大的快乐，以及使更大的快乐得到满足而无休止地重复相关的刺激活动、提升相关的刺激。在当前的社会生活和娱乐活动中，人更大的成分在于满足无止境的对更强快乐的期望。人们甚至会单纯地追求"娱乐至死"①。

三 人对快乐的本能追求与表达

（一）人有众多的模式，但人为什么会追求快乐模式？

现实生活表明，人在追求快乐模式的同时，还能够在快乐的基础上通过建立快乐与其他情感模式之间的种种联系，运用概括与抽象的方式，进一步地将快乐升华为更高层次的审美模式。如果同时存在快乐与不快乐的模式，人们还是更愿意追求快乐模式的。快乐作为生命体应对外界刺激所形成的反应的一个必然环节，表征了由不协调到协调的完整过程，表达着生命体在表达生命活性本征的收敛性力量的同时向稳定状态的努力转化——使人快乐。当然，那些能够表征不协调的因素，也会因为与此相关而具有了间接快乐的成分。

这就意味着，痛苦是由协调到不协调的过程造成的，而且表征的仅仅是在当前因素作用下的与生命状态的不协调。当进化出人的意识时，人可以自如地利用神经系统所表现出来的对信息的足够的包容性力量特征，通过不同神经元之间的相互联结所形成的更加强大的信息储存和变换能力，将由协调到不协调作为一种基本过程，并以此为基础与更多的环节、更多的因素建立起更加广泛的联系：将诸多的痛苦模式联系在一起。

人们愿意将各种促进快乐的因素汇总起来形成更大的快乐，却不愿意将各种促进痛苦的因素汇总起来形成更大的痛苦。其实，人在某个时刻也会将这种痛苦罗列、汇总起来形成更加痛苦的心理。当一个人失去了亲人时，便会不断地回忆，这种回忆将会使人更加痛苦。为什么非要回忆？从生命活性本征的角度来看，痛苦也是一种稳定的模式，人会利用生命活性本征的发散扩展性力量，将与之有关的信息尽可能地展示出来。

---

① ［美］尼尔·波兹曼：《娱乐至死·童年的消失》，章艳等译，广西师范大学出版社2009年版。

(二) 现实生活的复杂性使人不只追求快乐

现实生活是复杂的，各种因素的共同作用促使人不能只为快乐而活，还会同时表现出各种各样的适应性行为、追求与满足。生命体的活性本征的表现也是如此。艺术也在表现这种不同的行为模式。但艺术为什么会在更大程度上选择使人感受快乐的基本模式表现？或者从根本上说，人为什么要追求快乐？这个问题能够归结为生命体为什么要追求与环境稳定协调的过程。对此，我们已经在前面作了详细的论述。因此，简单地说，由不协调达到协调即会使人产生快乐。

在人类的生活中，同样存在各种各样的探索性行为，通过间接表达，或者以绘画等艺术的形式将其记忆下来，仅仅是其所展示出来的各种行为中的一种。在人们后来认识到这种方式能够一而再、再而三地激发相关的情感，并不再需要有新的外界刺激时，这种模式就可以直接作用于人的意识从而形成反复的快乐刺激，它可以依据其稳定的存在而一再地激发人的各种心理活动，并维持这种心理活动达到足够强大的程度；它可以将更多的信息汇集在一起而形成强大的力量，人便会更加积极主动地以追求快乐为主题，从而使人在不消耗新的资源的前提下得到一次又一次的快乐享受。

人们已经掌握了由不快乐而最终达到快乐的稳定联系过程，虽然当前人们感受不到快乐，但人们已经从内心认识到了总是可以达到快乐的状态，甚至人们会在潜意识中构建出对这种过程的形成的期望，即便只是一种期待，也足以使人通过这种局部的模式而感受到快乐的情感反应了。

(三) 现实生活不能保证人时刻快乐

当快乐成为一种稳定的常态时，意味着人已经达到了对环境的适应状态。因为这种状态下没有了差异，所以人便不再能体会到快乐了。

第一，现实生活中存在多种刺激。各具差异的多种不同的刺激并不都能够使人产生快乐。通过由不协调达到协调而产生快乐的基本过程和稳定性模式，驱动着人通过适应性地表达生命的活性本征而追求这种稳定协调。这也意味着，从各种刺激的角度出发，都可以通过达到稳定协调状态而使人产生快乐的感受。

　　第二，人内在地存在着"活性"状态，表征着各种模式可以同时存在，构成了正常的活性状态。处于不断地变化之中的生命活性，会不断地从稳定协调的快乐模式状态"离开"，达到不协调状态，并不断地从其他模式向快乐模式"汇聚"。人会通过这种过程而使相关过程变得更加复杂，并通过更加多样的活动而进入快乐的状态之中。

　　第三，即使人能够处于快乐之中，但由于生命过程中非线性涨落的存在，即使是生物复杂性更强的人，也只能保证其运用生命的活性本能而不断地从快乐状态"跃迁"到其他稳定的状态中，这种非线性涨落虽然使人从快乐状态中变化出去，但却可以通过这种变化而使人经常地体会到重新达到协调时的快乐，或者说体会到先前协调状态时的快乐。这种过程将影响生命体达到"最优"的力量、维持时间，也会建立更多客观事物信息与快乐反应的有机联系。

　　第四，多样并存的存在，会形成正常的作用。通过关系将不同的事物联系在一起的过程，有效地促进了不同事物之间相互作用的存在。保证着生命以耗散结构状态维持活性。非线性的本质性力量会使生命体以足够强的跃迁跨度，形成对稳定协调状态的偏差，也使得从多种不同的模式出发，通过表达由不协调状态达到协调状态而将快乐与相应的模式特征联系在一起。

　　第五，人会在快乐模式的基础上表现生命的活性，基于此的好奇心的作用使人即使处于快乐之中，也会更加主动地通过差异化构建寻找其他的模式，并与快乐反应建立起联系。

　　第六，人对其他物质的感受有别于产生快乐的物质的感受。各种模式的同时并存影响着快乐模式的作用，这也使得人不能始终处于快乐模式中。

　　第七，快乐是通过差异化表现出来的。人的快乐是在由不协调达到协调的过程中综合表现出来的。生命体通过更为恰当地表达生命的活性本征而形成对外界刺激的有效适应。达到适应，也就意味着达到了稳定协调，没有了差异化的对比刺激，只是维持生命的耗散结构正常稳定的环境作用。人处于快乐之中时，快乐便不再能够被人感知并体验，因此也就没有了快乐的意义了。

（四）快乐模式的表达

人处于快乐状态下，会有各种外在的表现：笑脸，笑时身体的放松与颤抖等等。

1. 直接表达快乐模式

快乐是一种情感反应，人们对此已有众多的描述和表达。无论是通过约定俗成的方式，还是直接界定，或者通过权威的典型描述，快乐都会在人的意识空间通过某个特定的符号来表现。因此，用相关的符号（语言符号）、约定成俗的意义和人们的界定来表达和传递快乐的意义。"笑"和"哭"代表着不同的模式。我们在看到"笑"这个符号词时，便会产生相关的表现。与此相关的一些词，诸如快乐、愉快、心情舒畅、喜悦、高兴等，都能使人生成与此相关的各种外在模式的典型性形态表达，这也就成为舞蹈、影视、戏剧等艺术形态的基本元素。

2. 追求简单的生理性快感

人像其他动物一样，有着追求生理快乐的本能。正常人只是通过由不协调达到协调而得到快乐的满足，虽然有时会通过由更强的不协调转化为协调而体会到更强的快乐——生理需要的满足，但人却可以自由地将注意力从这种活动中解脱出来。行为主义心理学家通过动物小鼠压杆的实验，揭示了人具有追求更大快乐的本能，但吸毒却会成为一种毁灭性的力量，毕竟快乐只是人日常生活中的一种达到稳定协调的正常状态。而且人是需要先进入不协调状态再进入协调状态才能体验到快乐，并将快乐限定在一定程度内的。吸毒等会成为单纯追求快乐的无节制行为，更为关键的是，它已经完全地占据了吸毒者所有的注意力，此时，吸毒者便只是单纯地为了追求生理快乐的满足而活着。

（1）追求快乐的本性

基于快乐物质，或者说人们为了追求快乐物质，而不断地从事着与快乐感受相关的行为。在神经系统不发达的动物身上，也会表现与快乐刺激形成直接相关的行为。

（2）生活的紧张性压力

生命的活性本征必然性地要求人应该受到一定强度的外界刺激，在诸多刺激中，就包含着有一定的紧张性压力的作用。通过释放紧张性压力，人会由不协调的紧张状态达到没有紧张压力的协调状态，在人能够建立两种之间的关系时，便会通过紧张性压力而感受到向协调状态转化（无压力状态）的美的快乐。生命体总是通过探索构建生命活性本征的恰当表达方式达成与环境的稳定协调，因此，生命体总是在追求快乐。从这个角度讲，当人建立起由释放紧张的压力而感受到快乐的稳定模式时，只是单纯地表达压力，也能够在一定程度上使人体会到恰当的快乐。

（3）将快乐与其他模式结合

与产生快乐物质直接相关的行为模式得到一定程度的强化时，会通过彼此之间的相互联结而将其他的环节有效激活，并驱动生命体顺利地产生更多的快乐物质。以快乐为核心，通过表现与快乐相关的各种环节，有可能会促成快乐物质更大量的生成，也提高了与快乐物质形成相关的各种活动力度和相关的结构量。当生物体以快乐的形成作为关键点时，表达生命的活性本征，就会形成对追求快乐的放大反应。以快乐模式为基础、发散开来建立与其他模式的关系，或者说直接使快乐模式在各种活动中自主地发挥作用，将其作用在一个更大动力学系统的各个环节中时，将会促成快乐模式的进一步泛化。

（4）形成对快乐的期望

在将快乐作为一个独立模式时，作为生命体内的稳定模式，自然可以迭代性地表现生命的活性模式，就会在快乐模式的基础上进一步地表达发散、延伸、扩展的过程和结果；并且能够同时表现出收敛、稳定和固化的过程及结果。在由生命进化而特化出的 M 力的作用下，人会形成追求更大快乐的期望和使其得到满足的过程。在这种力量的作用下，人会产生进一步的行动，诸如，通过直接激发更大、生成更大快乐的模式；通过构建与更大快乐相关的物质、信息和能力而促进快乐的更强表现等。

通过第八章的描述我们已经认识到，形成期望及使期望得到满足，完整地表达出了生命体由不协调达到协调的过程。这种模式的重复进行将进一步地强化人获得快乐的力量，并进一步地在使美的状态与快乐情感明确分离的基础上，深化美的状态与快乐情感的稳定性联系。在这种力量模式的作用下，快乐的力量会成为重要的模式，驱使人不断地追求快乐、追求更大的快乐并使更大的快乐得到满足。也就是说，在人形成期望——满足期望的过程中不断地强化着这种模式，而不是强化其他的模式（问题在于，在生命体不断地由"协调到不协调"，这是一种动态的变化过程，生命体一直在重复着这种过程，但人为什么要强化"由不协调到协调"，而不是强化"由协调到不协调"？），原因就在于生命体通过表达生命的活性本征而不断地形成与外界环境的稳定协调。反过程虽然也成为一种可能的过程，但却由于对生物体的生存与竞争产生不利的影响而被抛弃，或使其可能度降低到足够小的程度。

基于快乐期望的满足，会作为一种达到协调的基本因素使人感受更加强烈的快乐。通过前面的研究我们看到，生命的活性本征使人可以基于任何一个模式而产生差异性扩展构建，并因为与生命中收敛力量的整体牵连而产生向期望转化的追求性的力量。当人所感受到的刺激激发了相关的模式时，意味着这些模式的兴奋能够与美的状态达成一定程度的稳定和谐，并由此以更大的力量推动外界环境与生命体在更大程度上的稳定协调。参与稳定协调的美的元素越多，越能够使人在更大程度上进入美的状态，越容易使人产生更加强烈的审美感受。

（5）追求快乐中的 M 力

M 作为生命活性的基本力量，在形成与环境的协调适应过程中发挥着关键性的作用。其在人的意识中被反复强化后，便成为人的意识中不可缺少的中间模式。激发 M 力与快乐模式的有机结合，也成为使人达成协调、进入美的状态的基础性力量。与生命的活性本征相协调，会带来快乐，而激发 M 力本身就意味着基于 M 力而形成了与生命的活性本征的协调，自然会使人产生基于 M 力表现的快乐。

在 M 力与快乐模式的相互作用中，一方面可以使人体会到 M 力所表现出来的快乐力量的作用；另一方面人们会受到 M 力的作用而产生更强烈的快乐期望，取得更大的快乐，并为此而乐此不疲。

四　以愉悦为基础向美的升华

快乐仅仅是情感表现中的一个因素。虽然快乐是人建立美学基本和最原始的因素（这是众多美学家将快乐作为美的唯一因素的关键所在），但人却可以在单纯生理快感的基础上，在通过意识的强化，以及与更多的快乐模式所建立起来的稳定性关系的基础上，利用比较优化形成更高层次的概括与抽象，得到反映其本质的、覆盖面更广、联系面更广的规律性模式。形成更具广泛、抽象、本质意义上的美好，并且在人的意识层面，形成对这种心理信息模式的强势增强，促使人更加强调表现升华后的美。虽然人对美的理解有可能不相同，每个人也都会在具体的生活中表现出不同的美的追求，但美的方向却与更本质地人的生命活性状态达成稳定协调的方向相一致。因此，简单地来看，这种升华一是能够联系更多的意义；二是能够形成概括抽象过程；三是能够保证持续性地优化。

（一）快乐具有更强的发散性

快乐会将与之有关的各种信息、行为模式联系起来，使人体会到程度更高、时间更长、形式更加多样的快乐。我们应该明确地认识到，在我们大脑中构建出来的任何构建和知识体系，都是生命活性本征力量表现的结果。在由不协调达到协调状态而形成快乐时，在更大程度上激活并有效地表达着生命活性本征的力量的同时，会促进生命活性本征力量更有效、更恰当地表达。由此，会基于局部特征上的共性相干以及这种本质性的力量而建立起更多信息之间的关系。也就是说，人在快乐状态下，会更加自如地使各种彼此之间只存在很少（小）局部联系的信息也处于兴奋或待兴奋状态。在快乐状态下，更多的模式会由于更加本质模式的激活和共性相干而处于易激发兴奋状态，从而使我们能够在意识层面更加明确地认识到，在快乐状态下，可以更大程度、更广范围地建立信息之间的各种可能性的联系。这种本能性的力量，已经从根本上决定了快乐具有概括抽象、升华性的力量。

（二）概括愉悦与美的其他范畴的共性力量，促进快感的升华

无论是取得成功而快乐，还是直接激发人的快乐模式，这些不同的模式都会因为同时产生快乐而更加有机地结合在一起。比如说，人在快乐状态下具有更强的包容性，人们会更加容易地看到美好的快乐性的特征。同时，由于生命体中积极向上的本征力量在生命体达到稳定协调的过程中会发挥相应的作用而与快乐模式建立起更加显著而直接的关系，人在快乐状态下会将积极向上的力量态势表现得更加充分。这种高层次

模式向下指导，将使更加多样的信息一同显示，并依据大脑的自组织而形成一个更加完整、丰富、多样的美的兴奋模式。诸多生命的活性本征模式在不断地发挥作用，在资源有限的约束下，就会基于这种多样并存的同显而形成优化性的概括抽象。人所具有的这种优化性的汇总力量，促进着概括抽象的进行和扩展，使优化成为突出的活性本征力量，强化着优化抽象后模式的兴奋度，建立起与快乐模式更加广泛的联系，由此使快感形成向更高层次的美感的升华。

人对美的快乐体验有着其自身的稳定性追求和感受。当这种追求的力量确定下来并加以强化时，会与相应的情感反应结合在一起，共同发挥作用。笑是很容易得到体验的情感，在将人与其他动物区别开来的特征描述上就已经显示出了人的独特性。更为重要的是，人不只是有效地激发快乐的情感，而是在快乐感受的基础上，更进一步地将这种情感与其他的情感模式通过自组织形成更高层次概括抽象，并由此而形成升华后的美的体验。为了提升人在动物界中的独特地位，人们选择了在其他动物身上表现不明显的情感特征来加以强化，笑便成为一种最为常见的情感表达。

受到外界环境变化的影响，生命体所处的与外界环境稳定协调的美的状态是变化的，但同时又是稳定的。在生命的进化过程中，会不断地由一种稳定协调状态变化到另一种稳定协调状态。在复杂的外界环境作用下，生命体不只是单一地向一种稳定协调转化，还会在多种稳定协调模式多样并存的基础上，通过自组织过程而形成更高层次的美。这其中就有稳定性力量的有效作用。对稳定性力量的放大，则会将这种概括抽象的模式力量更为突出地表达出来。人也会利用生命本征中概括优化的力量，持续性地表达出升华的力量。

即便只是将快乐与其他情感联系在一起，也已经表明了情感乃至美的升华——诸多情感模式与快乐有机地联系在一起。人的意识加工能力也会在这种联系、同显、优化的过程中不断地强化、丰富和完善。这也就预示着，人必须不断地展开美的刺激，不断地进行表达与教育。

（三）诸多情感中，因为美而选择笑

人在内心更多地体验到的是由不协调而达到协调时的快乐的感受，

人们也已经认识到美的这种快乐属性。美的这种快乐感受伴随具体的生理过程。伴随着意识的生成，会使这种模式在独立特化、自主涌现、联系强化的基础上，通过优化、概括、升华，进一步地将升华后的完整模式与更多的具体事物信息联系起来，从而使美的范畴进一步扩展。

认为美的本质在于快乐的观点在西方也是贯穿古今的一种理论。希腊时期的伊壁鸠鲁学派（Epicureanism）就表述过这种看法。现代最为明确地提出快乐论的是美国学者乔治·桑塔亚那。他在《美感》一书中就制定了如下的美的定义："美是在快感的客观化中形成的，美是客观化了的快感。"①

在人类认识自然的过程中，本来会有更多的选择，但历史上的人们却更愿意选择悲的表现，而不愿意表达快乐。似乎笑的力量仍不足以提醒和强化人对美的努力追求。这其实包含着更为深刻的隐忧。在没有强化出以生命中更加本质的力量作为基础所形成的对美的追求的力量模式时，不能构建出专门的培养机构和专门的行为模式，就只能借助自然的、现有的力量：关注悲剧，运用悲剧与喜剧对比的力量，使人更加强烈地体验到喜的意义。在人类历史的进化过程中，人类更多地选择悲剧，简单的原因可能有以下几种：第一，人们看到更多的悲剧，因此悲剧占据了生命活动的更多的注意力；第二，人们喜欢喜剧，但当人们排除了悲后，便能够更多地体会到喜；第三，通过舞台上的悲剧会反衬出生活中的喜剧；第四，通过他人的悲剧能够衬托出自己的喜剧；第五，通过悲剧向喜剧的转化，固化出喜剧更强的效果。在诸多因素的影响下，表达"悲"便成为艺术表现的主流了。

更何况还存在着宗教的影响。事实上，基督教的基本出发点就是从悲剧而起。在举办与宗教相关的活动时，对人会有各种各样的要求，这些要求中，有很多模式与美的感受具有一定程度的相关性，比如说要求人们体会到神的伟大，体会到神的无所不能，要对神有尊敬、敬仰、敬畏的态度和情感，要体会到神的慈悲为怀，要体会到"上帝"为了民众承担世间万千磨难的做法、态度和勇气。"既然上帝都这样为你做了这

---

① ［美］桑塔亚那：《美感》，缪灵珠译，中国社会科学出版社1982年版，第35页。

些，难道你还不应该……吗？"可以认为，正是宗教体验中的诸多感受影响着人对艺术形态与艺术表达主题的选择。

这其中内在地表现出西方宗教的影响。在当时的自然社会环境下，人对自然现象和规律的了解和掌握程度很低，人们只能将对自然的理解和掌握寄希望于内心虚构出来的万能的"上帝"。在人与神的关系中，人首先就将自己置于最低的位置，强化性地关注高高在上的神的主导地位，只是关注神的力量，赋予神伟大和完美，与神相比，人样样不足，浑身上下都是缺点。人只是处于从属性的地位，没有自主，不能自己决定自己，人们看到，在人与自然的相互作用过程中，人所起到的作用很小，或者说，在涉及人的生命攸关的活动中，人的力量太小，而大自然的力量又太过强大，人在这种活动中根本起不到任何的作用。此时，人们便将大自然的力量赋予神，并期望神会主导、控制这种力量。这是人主观造神的过程，也由此使人表现出与生命的活性本征相符的收敛、稳定与掌控模式的实现和愿望满足的过程。

在诸多艺术形态中，人们更多地选择悲剧，而不是喜剧，还有其他的原因，其中就包括喜剧的本质不好把握。这需要人在更高层次上通过建立过程性的特征模式而将喜剧的本质构建出来。人们在欣赏喜剧的过程中，能够更多地体现自己的情怀，更加强大地表现自己的追求，更加忘我地笑。对笑的稳定性追求，以及给人带来愉悦性的情感也强烈地驱使人更加执着地追求笑。笑是一种无忧无虑，是一种轻松自在，是一种自由，也是一种鼓励。自然，这种直接的生理快感满足影响了人对喜剧本质的真正探索，在表面满足之后的深度缺乏，则影响着人对喜剧的选择。

（四）是笑将人类从神的普照下解放出来

在人类的文化历史长河中，笑本来就占据着一方领地，人会因为专注于体验感悟自己的乐趣而忘却了对神的敬仰。因此，喜剧便成为人性解放的一种重要途径。文艺的复兴为人性的解放带来了巨大的动力，真正地使人开始认识自己，认识人在艺术审美中的主体地位，认识到是我需要艺术，是我在创造艺术，是我的快乐，是我在欣赏，是我生成了对美的追求等，从而引导人从神的阴影中走出来，开始建构自身并搭建自身活动的舞台。

人在笑的过程中，更加强调自我感受，而且只是自己的感受，在强化人的审美过程中，强化了人自身对美的状态的特殊感受和认识，通过人的快乐情感反应更加突出了人的自主性，将人从神的附庸地位中隔离出来，将人独立出来，使人有了自己独立的快乐的心态，有了对快乐的更加强烈的追求，使自己的自主性、涌现和个性化都有了立足之地。人会在这种快乐的笑的过程中，将各种相关的模式独立强化，并通过快乐将人的各种感受汇聚在一起。人会因为处于快乐状态而只关注自己的状态，并乐此不疲，尤其是在笑占据一个人的全部心理，吸引其全部的注意力时。对于笑，人还会形成更强烈的期望，与笑有关的各种模式都会更加稳定，而生命活性的表现就会有更加坚固的基础，人就会依据其生命活性而做出更加强烈的发散、扩展和延伸。这样一种分离的状态和过程对人的独立具有重要的促进作用。

但人们为什么没有对此过程给予重点的关注，或者说在有意与无意之间否认、忽略了此种作用？艺术是因为人的审美感受而展示的，一开始便重视人的感受，重视人的想法，重视人在审美中的地位，强化人对美的选择性、构建性和优化的力量。人会在这一表现过程中，运用意识的力量，通过其他模式的自主涌现而形成对生命活性本征活动的共性放大，使之在人的身上表现得更为突出。但在以神为主题的时期，这种状态是不允许存在的。不容许人们笑，甚至连人们追求笑的权利也要剥夺。笑在当时的时代背景下是受到人和神的共同压制的。一定程度上看，虽然文艺复兴着力于人的解放，但这种过程毕竟是在无意识中进行的，只有在其达到一定程度时，才使人猛然惊醒，其基本心态仍然是以神为基础，只是稍微做了一些变革。这些持续性的变革在达到一定程度时才引起了人类社会对自身的反省。而笑在这个过程的一开始就体现出了其强大的作用力。

受到笑的力量的冲击，人所具有的自主性感受也开始出现在人的视野和神的视野中，并处于人表现自身力量的反馈过程中。通过笑而展示人的独特意义，这是一个将人独立出来的过程，此时建立起了艺术作品与独立的人的关系。在生命活性扩张的基础上所形成的人的诸多本征模式表现，也就同时具有了与艺术作品建立更多稳定性关系的可能。当建立起这种稳定的关系时，人们便可以沿着这种关系而将美的感受与人建立起某种体现美的意味的模式的稳定联系。这就意味着，在文艺复兴时期就已经开始了在表现人的过程中体现人的反馈性特征，并进一步地促进人的进步与发展。

中国的道教在其主动追求更高境界的体验中有相关的感受，包括形成那种"超自然"的感受和追求。佛学中既不追求快乐，也不以追求痛苦为主旨，同样没有苦中作乐的思想，而是为了追求生命的平静，在和谐稳定中追求生命的体验和真谛，不再受到各种因素的干扰而偏离本心。人的社会性本质决定着人必须"入世"地进入人类社会，才能在此基础上通过追求"出世"而达到更高的境界。但"入世"的观念却是在保证着人的本心的基础上，在各种生活中构建出来的，在入世中，既保证"本心"的成长变化受到环境的影响作用，又保持"本心"在各种外界因素的作用下的协调稳定性。因此，达到"出世"的境界就是在达成稳定协调关系以后，在各种繁杂的世俗作用下，还能够保持这种稳定协调状态的明确而独立的表达。

生命中各种各样的发散力量模式只有在同稳定、收敛结合在一起时，才能通过与生命活性比值的恰当同构而使人稳定、较长时间地体会到快乐的作用。人们为了更长时间地体会快乐，就会体会并追求由不协调到协调所带来的稳定性的力量。在此过程中，与快乐模式建立起稳定联系的各种模式，都因为能够有效地激发人产生快乐而被赋予了美的意义。

人在快乐状态下，能够保证在诸多不协调因素作用下形成稳定性的力量，从而在保证生命活性特征彼此协调的基础上，表现得更具生命活力：更强的稳定性、更强的变异性和更高的效率。在此过程中，人的价值判断标准便在将相关特征与 M 力有机结合的过程中，成为指导人在诸多行为中加以选择的基本指标。人的价值观便在这种 M 力的极致性表现及所达到的结果中，以状态的形式被构建出来。

在印象派艺术开始兴起时，存在着固有的争执。也许正是那些已经成名的艺术家不能创作出具有新的特点的艺术作品，害怕失去其应有的地位，才一再地阻挠新型艺术形式的创新。而新的艺术形式之所以在一定程度上受到人们的追求，是因为其在一定程度上满足了人的求新、求异、求变的变异性模式和满足这种模式的需求愿望，同时又由于其经过长时间的展览而使人越来越熟悉、越来越习惯。

五　对快乐的选择性强化

（一）意识对快乐的选择强化作用

在意识层面，将快乐模式独立强化出来时，能够与快乐模式在信息的层面建立起种种的关系，在更多的过程之中通过相互作用而形成基于快乐模式的共性相干，并有可能通过优化、抽象而形成美的升华。在此优化的过程中，由于抽象过程能够带来更强的联系性，美的模式的激活便可以因为快乐而激发人产生更多的想象、联想与思维，也就更容易使人产生浮想联翩的心理过程，人也会在审美过程中产生更多的设想。人的变异与选择的适应性模式特征会驱动人在多样并存的基础上构建出最恰当的模式，人在稳定基础上的变异也因此而与美的模式联系在一起。也就是说，人会为了表现其固有的变异性特征而展现出与以往、与他人有所不同的行为艺术风格，并以此作为满足活性本征力量的方式。

（二）社会对快乐的选择强化作用

第一，活性社会表现出了生命活性的本征性力量，这种共性的力量在社会中被放大，并因此而反作用于个体的人，并将更多的社会性因素转化成为人的基本的本征力量。

第二，人是在社会因素与自然因素的共同作用下进化成长的，因此，社会的力量必然会在人的身上充分而典型地表达出来，这就意味着社会性的力量模式也会成为人的核心模式。

第三，通过社会成员之间的相互作用，使共性的力量得以非线性放大而成为一种突出的模式，并在社会中追求力量的作用下，形成对这种力量的努力追求。

第四，社会力量的选择放大作用，使得那些对社会的稳定、进步与发展（对其他个体的生存与发展）有利的因素——道德被独立特化、突显出来，并受到群体个体的努力追求，这将使道德力量成为维持社会稳定与发展的重要力量，表征和反映这种力量，也成为美的关键因素。

在此过程中，由于人与人之间的相互作用，对某些行为做出了恰当性的评价和选择所产生的对他人好的效果，一方面会不断地强化人的本能表现与需求；另一方面，从群体的角度来看，会将那些对群体的稳定有"伤害"作用的行为回避、压制、忽略掉，从而形成符合社会共同利益的"美德"。人类社会也会规定赋予什么样的行为以"美德"的特征。之所以要将这些行为赋予为"美德"，则是在社会中不断地通过构建、比较、优化，通过求"优化点"的方式而得到的。任何一个阶级都只能代表一部分人的利益，利益（个人的和社会的）是社会道德的基础。由于社会、历史、生存环境的不同，形成了人特有的基本心理、生理特点。这就已经表明了不同"阶级"之间的差异。群体构建美的过程在一定程度上表征着美的汇总、概括和抽象，必然地具有了群体的共生性利益特征。在通过社会相互交流与共性相干的概括以后，将具有更强代表性的稳定性模式固化下来，成为各种不同信息模式的联结中枢，也成为艺术表达的核心特征。

六　表现喜剧

生命有以模式为基础表征活性特征的本质。在表达情感的过程中，有两种过程是我们需要专门讨论的：

（一）表达人的快乐情感

快乐情感作为美的情感中的核心内容，无论是直接表达快乐模式，还是在艺术中表达由其他情感向快乐转化的模式，都会通过由不协调而达到协调所形成的差异化刺激，使人产生更加强烈的快乐感受。

虽然将由不协调达到协调模式作为引导人进入美的状态的基本模式，但美却与人的快乐情感表达有所不同，美还存在着更为复杂的心理活动。我们需要进一步强调，美基于快乐，但却是在生理快乐的基础上，通过概括抽象形成更高层次的对美的升华领悟。美一定要基于快乐并高于快乐，快乐仅仅（甚至是生理快乐）在美中占据一定的地位，但却一定不是全部。

（二）表达由其他情感向快乐的转化模式

在表达情感所形成的审美感受的过程中，必然存在一种潜在的趋势：

在由其他情感向快乐情感转化的过程中，能够使人体会到更大的快乐。这是一种潜在性的情感模式，正是由于这种模式的存在，人们才会从另一个方面赋予其他情感以美的意义。

比如说人们在欣赏悲剧的过程中，虽然会产生移情而与剧中的人物同喜同乐，但戏剧与观众之间固有的客观分离性，必然使观众产生与剧中人物的距离感，观众会注意到自己的生活与剧中人物的不同，甚至人们还会产生"幸灾乐祸"的心理：幸亏这事没有发生在我身上。在人们产生莫名快乐的同时，能够体会到这种戏剧中的悲剧向自己实际正常生活的转化，而这种转化形成了一种更高层次的作用模式：表现出了由不协调向协调状态转化的完整过程。这种差异性感受可以使人必然地产生由"剧中人物的不幸"向"自己有幸"的状态的转化。

由于彼此的不同，我们可以从多样并存的程度，以及彼此之间相比较时的差异程度所表征出来的信息的新奇度，具体地度量喜剧作品所形成的关于美的模式的激励程度的大小。作品的创新性（新颖性）与生命活性中的发散性力量模式相对应。因此，新颖性的特征也就成为引导人进入美的状态的重要特征。康德就特别重视新颖性信息的作用，对那些能够带来新奇感受的美的事物特别推崇："一切僵硬的和规则性（接近数学的合规则性）本身就含有那违反趣味的成分；它不能给予观照它时持久的乐趣……与此相反的是，那能使想象力自在地和有目的地活动的东西，它对我们是时时新颖的，人们不会疲于欣赏它。""野生的、在现象上看是不规则的美"，"对于看饱了合规则性的美的人以其变化而引起愉快感。""那富于多样性到了奢豪程度的大自然，它不服从于任何人为的规则，却能对他的鉴赏不断地提供粮食。——甚至于我们不能纳入进任何音乐规则的鸟鸣，好像含有更多的自由，并因此比起人类的歌声来是更加有趣，而歌声是按照音乐艺术的一切规则来演唱的。因为这后者，如果多次并长时间重复着，早就会令人深深厌倦。"[①]

而在喜剧中，由于：第一，喜剧的激发因素更多，但以快乐本身为

_____

[①]　[法] 库申：《论美》，《古典文艺理论译丛》第八期，人民文学出版社 1964 年版，第72 页。

核心，也是稳定的最强大的力量；第二，喜剧的激发因素对比使人能够更加强烈地体会到快乐所带来的美感；第三，诸多环节的有机结合更系统、完整地体现了整个过程，也使人的审美体验更加深刻和全面；第四，使人体会到更加复杂的情感，尤其是会与快乐审美一起形成共同作用，使以快乐为基础的审美体验更加强烈。

多样性的情感与喜剧的快乐美感结合在一起，在人的意识中形成与愉悦情感的有机结合，会将人的各种本能模式及与美有关的各种模式独立特化出来，使之在意识中得到充分表现，并进一步地强化，与其他信息建立起种种联系，使各种模式及对各种模式表现的期望也成为一种突出的模式，使期望独立特化出来，并成为一种稳定的模式。

喜剧将这种对比进一步地放大，从而提升了人的审美享受效果。喜剧以其多样性的矛盾构建带给人更多的感受，增强激发的力度，形成了独特的喜剧意识。在喜剧的表现中，其中就包括：无视权威、试图变革，还总是以变革而促进人的思想变化的因素。当人处于稳定的审美状态时，它却引起了人的思想的变化；不严肃、不确定、不稳定、具有意义的多样性等，给人带来惊奇的感受。

但是否存在一个"轻浮"的概念和感受？喜剧需要得到提升，美更需要得到升华。这种认识导致人在审美过程中以其特有的新奇、变化性作用到人的内心，使人产生更进一步的效果：更对称，更有序，更完整，更鲜艳，更加妩媚，更有情调，更具女人味……

第六节　美的特征

自然的客观存在决定了自然美的客观存在。源于"功利"力量的美，被人为地划分为可追求的和不可追求的力量，美的价值发挥着进一步的作用。显然，不考虑美的价值时，即使是自然美，也会失去其应有的意义。自然美的客观存在，影响并改变着人们对于美的本质的研究。

一　自然美的欣赏与观照

从简单的角度来看，自然美的欣赏过程中，体现出如下特征：第一，自然美的拟人化审美观照；第二，以美的模式选择自然美的特征；第三，以美的模式期待及满足构建自然美的特征；第四，以美的模式构建自然美的意义。

根据第三章所界定的美的事物的意义，我们能够知道，无论是促使生命体与外界环境达成稳定协调的色彩，还是声音等，都将具有美的意义。

（一）大自然中的美

具体来讲，有以下几个方面：

1. 自然界因是人的生存与发展的基本支撑而被赋予了美的意义

没有了大自然的环境支撑，没有了生存的基础，人根本就不能存活。因此，人往往能够更为经常地在其所熟悉的自然界中发现更多的美的元素，并由此而与稳定协调状态下的美的状态建立起确定性的关系。

人在与大自然的稳定协调关系中，已经将外界环境作为自己生存的必须，成为自身生命活性生存与发展的最佳作用。即使在诸多特征上存在最小的差异，由于已经达成了生命体与环境的恰当协调，这些环境与生命体状态的差异化刺激，也会成为生命体稳定与发展的最佳因素。人在表达这种环境与生命活性的最佳协调关系时，会因在具有这种关系的外部环境作用下进入美的状态而产生美的感受。

2. 大自然的多样化给人带来新奇性刺激

自然会以其多样性而给人带来不同的感受。彼得·基维（Peter Kivy）指出："自然的庞大与多样意味着它是作为所有源初的想象愉悦之源泉而胜过艺术的。"[①] 这便是自然美的核心所在。"世界上没有两个相同的树叶"，世界上也不可能有相同的自然景观。尤其是，任何一个自然景观都是由众多不同的小的局部景观所组成的一个千奇百怪的整体景观。人在与大自然的协调适应过程中，适应了这种多样并存的环境作用，将其当

---

① 　[美] 彼德·基维主编：《美学指南》，彭锋等译，南京大学出版社 2008 年版，第 28 页。

作维持自己的生存与发展的"最佳环境"。当人们从钢筋混凝土所组成的、所谓"有秩序"的简单的世界重新回复到人们先前所熟悉的"最佳环境"中，就会想起在以往长期生存已经固化在意识中但却被遗忘的青山绿水，由自然的风声轻拂，由潮湿而多负氧离子围绕自身，联想到那受到种种偏差所表现出来的刺激，人们便会感到轻松自在、愉悦快乐。

大自然又会以另一种出乎人的意料的方式作用于人的大脑，通过自然生成的景观带给人以更强的新奇性冲击，又在带给人惊奇感受的同时，被人的好奇心赋予其美的意义。大自然更加强大的出人意料，使人产生惊叹的感受。人在惊叹大自然的鬼斧神工所带给人的巨大的刺激。这是将大自然的奇异构建与人的艺术创作相比较时产生的更大的不同的结果。人们从中体会到了大自然的力量，认识到了大自然的奇异构建，由此而使人的好奇心得到满足，甚至使人对好奇心所形成的扩展结果得到满足。

康德指出："那富于多样性到了豪奢程度的大自然，它不服从于任何人为的规则，却能对他的鉴赏不断地提供粮食。"[1] 由此而使人体会到大自然的美。这里提出的就是要与人生命的活性相协调，表达出收敛与发散的协调统一和由此而整体性地表达出来的生命的活性。康德在更大程度上表达了运用想象力所形成的差异性构建，并由此而表达出来了 M 的力量和对美的追求的过程。

在诸多可能性中，大自然为什么会形成这种状态？其实人们不需要为此而苦恼，大自然的自然变化往往是出乎意料的。大自然展现给我们以更多的可能性，但它的确是不以我们的意志为转移的，不以规则性形状为基础的，不以我们所构建的局部规律为基本约束的。如果我们以不规则作为基础，那种连续的、光滑的、可微的曲线只是其中的极小概率的特例。反而是那些不规则的、变化多端的、未知的信息模式才是最为经常的，其与已经形成的稳定协调状态相共鸣，从而带给人足够的美感。

我们在众多可能性中，惊叹于大自然的变化超出人类的想象，这也就意味着人类的想象的范围更小、差异性程度更小、模式更加局限。但

---

[1] 　北京大学哲学系美学教研室编：《西方美学家论美和美感》，商务印书馆 1980 年版，第 167 页。

人们仍会在自己所熟悉的模式中展开想象，这是人心智变化的基本规律。大自然的差异性力量则有效地激励促进了人的想象在更大范围内的扩展性展开。

3. 通过对大自然的观察，将某个更美的模式突显出来

我们不排斥自然美，而是将自然作为我们内心所构建出来的诸多差异化模式中的一种，在主要地表现人与自然典型而突出的相互作用过程中，在人的自主性力量的作用下，通过"互适应"的逐次逼近而将自然中的美的模式突显出来。一是人将自己内心的审美经验与大自然相比照，通过同构共振而激发强化人内在的审美经验，并将其作为自然美的基本元素；二是通过差异化而给人带来更大的新奇感受，体验大自然的出神入化、出乎意料，体验大自然中的未知力量和由此而生成的奇妙的形状；三是在自然中发现生命的力量，使之与人的生命活性本征模式在更大抽象程度上和谐共振，引导人全面进入美的状态；四是单纯地依据自然的美，而不加入人的意识因素，使这种共振协调更加"单纯"清洁，也更容易在美的状态下促进活性本征彼此之间的相互协调，从而形成更加全面而系统的高层次审美。

4. 并不是所有的风景都是美的

人在观看欣赏自然界风景的过程中，并不认为所有的自然风景都是美的。人们选择那些美的风景，其实已经做了判断：这些是美的，人们是将那些能够给人带来美感的景象选择下来。诸如，人们常常用"大自然的神工鬼斧"、大自然的天工造化等词来描述山水的壮美、奇异、出人意料。

人们为什么要寄情于山水？山水的美，以及山水在人进化过程中的环境的力量，成为维持其心智协调的一个基准性特征。在本能的激发下，人的情感也会产生足够多的变化。此时，人会在众多的情感中，选择能够与自然风景恰当对应的心情。此时，人们不再寄情于山水，而是通过山水的相关信息在人的大脑中激发出恰当的情感，通过这种反馈性的反思强化，形成人在山水中的美学观照与人的情感之间的和谐共鸣，使人以情感为基础的活性本征得到更恰当的激发。从艺术家创作的角度来看，能够在寄情山水时，不加入任何意识的干扰，单纯地表达自然与人内心

在相互作用过程中所形成的美的模式，再经过恰当选择，将那些与人的内心模式形成更强烈相互作用的模式选择出来，使那些与人的本心建立起直接关系的模式处于兴奋状态。因此，在人寄情于山水时，降低了各种主观意识尤其是经过更大程度变异的意识信息对人心理的干扰，专注于山水，专注于在山水的信息中观照美，这也是将由更多世俗的"规则"约束的、所谓成熟的心智由"入世"更好地转化到"出世"，从而将外界与人的生命活性更好协调的基本方法。

（二）对大自然的审美观照

在将这些人与大自然的美的关系模式以一定的艺术形式表征下来时，是将外界信息、人的自主涌现、主观意志，以及相互作用模式进行综合的结果，绝不是对外界客观环境的直接接收和简单模仿。群星灿烂的夜空、黎明时分的朝霞、雨后的彩虹、"飞流直下三千尺"的瀑布、物象万千的地下溶洞、展示亮丽的尾翅的孔雀等等，这些都是审美观照，都是外界事物作用到人内心所激发、构建出来的美感。即便是有些自然物、自然现象，也被人的主观审美赋予了某种象征性的意义，如红玫瑰象征爱情、菊花象征高洁的人品。这样做并没有改变客观物的自然属性，它们之所以美，是因为其花朵质感的娇柔、颜色的艳丽或淡雅，却是在一定的角度和方面，这是被人主观赋予一定美的意义和象征的结果。

人们不只是简单地去看、去接受大自然的美，更重要的是用美的模式"观照"自然，用美的思维模式提取自然中的美，将人内心的美的元素、对美的期望和追求期望的模式赋予自然，并由此通过反思的方式欣赏这种意义的自然的美。这可以被看作美的思维的具体体现。

1. 自然美表征了生命的活性

自然景观中体现出了 M 的力量。诸多生物体（种类与个体）的存在体现出了生机与活力。大自然的天工造化，被人们赋予了生命的力量，从而成为激发人产生更多联想与想象的基本力量。

大自然的鬼斧神工，给人带来新奇性刺激，使人感受到了出乎意料的惊奇感。与此同时，在人们拟人化地认识自然的过程中，必然放大生命活性特征在其中的表现。人会自然地将人的生命力量赋予到自然的形成过程中。

　　生命在长期进化过程中通过与环境因素的相互作用，不断地构成美的状态，并由此而进化着。虽然环境在变，但在某一个相当长的时间内，环境仍会保持足够的稳定性。这种稳定的环境提供着保障生命进化的基本支持。当前人们所熟悉的自然色彩，都会成为人在进化过程中所形成的人与环境足够协调的基本特征因素。人在习惯了这种环境因素的协调作用时，对这种环境因素的存在作用是没有感知的。只有当外界环境脱离了原来的协调状态，与这种状态的差异而形成对人的刺激，并将这种不协调状态与原来稳定的协调状态联系在一起，通过由协调状态转化到不协调状态，人才能更加深刻地体会到外界环境引导人进入美的状态的和谐共鸣的力量。

　　2. 将某种意义赋予自然景观上

　　人是在选择、以自己的观念来观照自然的过程中，构建对大自然美的体验和感受的。在此种情况下，人是在用美的力量"套导"自然美：将诸多特征赋予自然景观上，激发与一般的审美观念相符的特征，引导人用"美的眼睛"去观照、发现、构建自然中的美。这就相当于将人内心的美的理念、模式赋予到外界客观。

　　人是在自然环境的支持作用下不断进化的。大自然的因素，会在更大程度上成为人的内心表征着的与环境形成稳定协调时的本能模式。与自然和谐的力量使得外界环境成为人有效生存的基本力量支持，并使生命体在与复杂环境一次次的适应协调过程中，生成并固化出一系列的生命的活性本征。随着生物的持续性进化，生命的活性本征会得到进一步扩展，并依据人在进化中所建立起来的与环境的稳定关系，赋予自然环境以更多美的意义。

　　人对适应自然时的状态的体验，在偏差、差异状态下会显得更加突出。人能够体会到这种先前所形成的协调状态，即便是这种协调状态仅仅以遗传的方式记忆在人的生物学深处；又能够通过将先前的协调稳定状态与当前的状态之间建立起有效的联系，在意识和下意识中，将彼此之间的不同表现出来，并通过彼此的不同而放大这种刺激性的力量，更加强烈地体验到由不协调达到协调的完整模式的作用力量。

　　通过由不协调达到协调的完整过程，建立起了外界环境与人内心稳定协调状态之间的关系，此时的外界环境，能够引导人有效地进入这种稳定协调状态。因此，此时的外界环境，就成为美的外界环境。构成外界环境的某个客观事物，也就成为美的事物。

3. 对大自然的审美是人的审美经验与大自然相互作用的结果

中国古人对于自然万物的态度来自于生命共同体内部的沟通乐趣——达到稳定和谐共振时的快乐体验。这种沟通体现在对"鸢飞鱼跃"的意象世界的欣赏，这是发自心灵深处的精神体验。强调心，并不意味着只强调人的心理状态，而是强调人在内心激活的活性本征；不是强调在我们内心已经存在的内知识结构，而是强调这种动态的变化过程、构建过程，以及由此所表现出来的意向、期望、倾向、趋势、态度、理想等。

自然美美在其自然性，在于其客观而自在地存在着。无论人是否注意到它，无论人们是否观察、认识、体会到它的美，它都在那儿。

每一个物种都有其特有的生长方式，都是没有受到人的主动安排而自由地生长的。因此，大自然总能够给人带来新奇的感受，通过与人内心所形成的差异而对人的心智产生一定的刺激。自然提供了促进人进化成长的基本环境。人就是在环境的支持作用下进化的，环境也以其与生命体状态之间的差异而形成刺激。差异的程度越高，所形成的刺激的力量就越大。与这种刺激形成稳定协调关系，与这种量值的刺激同构共振，意味着该刺激能够引导人进入稳定协调的美的状态，该刺激的美的意义也就非常明确了。

人不断地适应新的环境的作用，并在这种适应过程中不断进化。人适应环境的过程可以看作人在外界刺激的作用下不断发生状态、结构变化的过程。这种变化过程意味着，通过不断地形成新的静态结构，维持表现恰当的动态结构的运动强度。生命体通过改变自身静态结构的方式，促使其动态结构发生变化。达到稳定性，外部环境会形成"最佳环境"，这就意味着，当由于环境的变化、人的自主变异形成新的不协调时，人会视这种不协调程度的大小而产生不同的感受——快乐、正常，促使机体结构变革，并由此而形成新的稳定协调状态。

这种稳定性刺激具有时间性效应。机体内部不停地发生着各个层次的变革，刺激力量小、作用时间短时，变革的程度不大。而当一种达到一定程度的刺激作用时间达到足够长的时候，机体内部的变革也会达到足够大的程度。此时，外界刺激才能说在生命体内产生了足够强的作用。

我们将刺激的力量与作用时间一同考量，借用经典力学中"冲量"的概念：对力的作用时间效应的度量，简单地表示为作用力与作用时间的乘积，界定"刺激冲量"：刺激与其作用时间。"刺激冲量"越大，则促使有机体产生变革的程度就越大。考虑到生命体的变化，以及在人内心所存在的对这种变化的感知，我们认为，刺激冲量存在一个阈值。超过了该阈值，刺激冲量所产生的效果才能突出地体现出来。

人就是通过这种方式在适应环境后赋予了环境以美的意义。人在运用自己的审美经验观照自然时，会在自然环境的作用下形成一个新的相互作用系统，该系统达成稳定时，就形成了人与环境的适应性协调。

4. 对自然的审美是人选择和构建的结果

人在欣赏自然美的过程中，不只是简单地接收，所接收到的信息并不是由感觉神经系统直接地传达到人认知的最高层，也并不是直接地将自然中的相关模式与人的生命活性联系起来。在由感觉神经元通过感知信息向人的大脑传递的过程中，会经历众多的信息加工环节。这种逐步地由细致到局部化、由具体到抽象的过程中，表征着人的构建与选择，更为重要的在于，人内心的认知与审美结构，会在其中发挥重要的作用。

（1）人会有意识地选择

自然美并不一定能够在我们的内心产生美的感受。在这个过程中，会受到人的审美态度、审美思维的控制和影响。我们用摄像（影）机拍摄一个景观时，要"取景"，从中选择出我们认为是美的景象。一旦认为此处美的人数达到或超过一定的阈值，此地就会成为一个公认的"旅游"胜地。我们会用我们已经形成的特有的审美的角度和模式（这种特有的审美角度和模式称为审美构念），有选择地观看、欣赏那些自然"美景"。即使是同一个地点的自然景观，我们也会以自己特有的"审美构念"对所形成的恰当视角加以选择。我们会按照自己的美感观照性地体会自然美。

（2）人会用习惯的审美模式观察自然

人会运用其习惯性的思维模式和"审美构念"去具体地审美，并在观察中欣赏、体会、激发更多的联想，通过局部美的元素而联想出更多的具有整体性联系的其他局部、部分和整体的美的元素，并基于各种关系而联想激发更多其他的美的元素。这其中就包括人可以运用具体美与抽象。在实际审美过程中，这种基于关系而构建出更为恰当关系的优化过程，会被当作一种稳定的美的元素在人的审美过程中发挥作用。

（3）人会运用想象力激发美的元素

人会利用自身所形成的对美的构建与追求的心理，激发人内心稳定的 M 的力量而构建更多差异化的不同模式。无论是差异化模式的多样并存，还是在此过程中稳定地表达 M 力，都会表现出固有的生命活性本征的力量。这种过程在想象中会得到经常性的高强度表现，也会由此而更加有效地使美的诸多元素得以表达和强化。人会运用想象力激发更多美的元素，在更大范围内展开更加自由的意义构建，并在想象过程中尽可能大地表现美的力量。因此，想象会成为一种基本的美的元素。通过与之同构共振而使其处于兴奋状态，就是在表明使其兴奋的基础上，依据联想而将更多的美的元素也处于兴奋状态。

（4）人会运用想象力组织构建美的模式

不同的局部美的元素汇总在一起，能够依据彼此之间的相互作用方式而组成不同的意义，人能够利用在生命进化过程中固化出来的优化模式，将其有效地联系起来，并依据自组织，通过形成一个新的动力学系统而将不同的美的模式协调统一在一起。由于在想象过程中能够更加突出自如地将差异化构建和通过比较优化选择的过程表达出来，因此，在想象中将会更加突出地遵循、表达、运用美的这种规律模式，这种美的力量也就会表现得更加充分。

（5）人会运用想象力创造美的模式

在这种状态下，自然美仅仅成为人运用想象力构建、创造美的形式的诱发力量。由于在想象过程中能够更为自如地表达创造的力量，人也会在想象中体会到更大程度上的美的构建，与此同时，这种美的创造模式处于人的智力的更高层次，因为消耗更多的资源、形成更长时间的稳定、更为恰当地建立起应对当前新的具体的有效模式等，就会在这个过程中使创造美的模式得到进一步地强化。

二　人的美的欣赏与观照

"完美的人体形态相当于生物学上的发育完满和充分健康。"① 作为人，能够更加便利地欣赏人自身的美。

人自身的美可以细分为许多特征和各个不同的层次。人的美可以具体地分为思想、形体、行为诸多方面。我们有时只能单一地表达其中的一个方面。能够综合表达的方面越多，难度越大，所产生的美感也就越强烈。完美无缺是只属于上帝的荣耀。正如我们在第七章中讨论的，任何特征都可以作为比较判断的标准，诸如身高、皮肤的细腻光滑程度及"三围"等。对于人的美，在秉承不同的标准时，会形成不同的喜爱和选择。

（一）人自身必然成为美所关注的核心

人自身必然成为美所描述的关键。这其中的因素有些是不言自明的，而有些则需要做出提醒和解释。具体包括：一是，人是一个个体的人，在其出生以后，是最为经常直接面对的客观对象，同时又是与自身有着紧密联系的外界客体。人本身的存在成为人成长与进化的主要刺激因素和保障因素，也成为人维系其生命的基本环境。人表征自身内部不同部分之间的差异性（对不同状态差异的感知性）和共性的力量、人自身内部的多层反馈性和由此而生成的自主性（涌现性）。这种表征自然会成为人在与环境的稳定协调过程中的基本模式。人的社会性又会成为人进化的核心促进力量——在社会中信息的交流与生成会更加丰富。人与人之间通过语言的交流进一步地丰富、完善、有效提升人的信息加工能力，促使人生成更加强大的、关于信息加工的"剩余能力"。彼此之间的社会交往，又会成为维持群体稳定、促进群体稳定、进步与发展的基本促进力量。正是相互交往所形成的个体彼此之间的相互作用，才形成并维持

---

① ［英］李斯托威尔：《近代美学史评述》，蒋孔阳译，上海译文出版社 1980 年版，第112 页。

着群体社会的生命活性。与此同时，也正是由于群体相互交流所形成的刺激（相互作用）的存在，才将其他个体身上通过意识所构建出来的与他人不同的差异性思想迅速地作用到不同的个体上，促进其大脑神经系统生成进一步的信息加工过程，使其生命的活性本征表现得更加突出。在此过程中，群体之间所形成的共性相干，会得到进一步强化，这会将由群体所形成的大量共性模式作用到个体身上，社会性的要求（以社会道德的名义）就会在个体身上得到更进一步反映，这样，群体稳定与发展的共同的力量，便以这种力量的增强型作用稳定地固化下来。

二是，表现人体的美是最为方便的过程，人对自身最为熟悉、最为常见，也会经常地作用到人的意识中，由此而导致其以较高的兴奋度占据指导人构建美、体验美的核心地位。在后现代艺术中，人们不再关注人的传统意义上的美的身体的特征和意义，而是将注意力集中到身体所表达出来的更多的、其他方面的美的意义上。在不同的艺术流派中，表达了人的不同的关注点，并通过人体形成不同的符号与具体意义的对应关系。

三是，表达自身的美是人最愿意表现的，人可以从这种表达中，将自身的体验和认识表现出来，并通过这种完整表现而形成更加强烈的刺激，激发人对基于人的美的突出追求。

四是，人的社会性发展，进一步地强化着个体的人对这种力量的追求，这种力量和追求便会在美中占据更为重要的地位。

五是，从历史发展的角度，人们也更多地关注人的美。表达人的美，或者通过人来表达美的艺术品，在历史上占据着较大的分量。也直接地激励刺激着后来者，以尽可能地表现人自身的美（身体美）为重点。至于说，艺术家在创作以人为主题的艺术品时，是否只具有"纯真"的美的感受，真的是仁者见仁，智者见智了。

六是，在表达各种行为中，人的 M 的力量会更多地与人的行为结合在一起，并以这种具有差异性的结合而促进、引导人在这个方面进一步地构建，以此形成更加强大的领域。

七是，人们在日常生活中所看到的人的行为的差异性，会形成更加直接的重复性刺激，激励着人在更大程度上更多地关注人类自身。

八是，哲学中关于人的认识的问题的存在，尤其是关于人的自身性、自反性本质的特征存在，激发人对人类自身的深度反思，在人中具有核心地位的人的美，自然也成为其关注的核心。"你是谁？""你从哪里来？""你要到哪里去？"的思考时常困惑着人。人尤其不能"在线"地对人的思维过程本身产生足够的"状态性影响"，而只能在其过程结束、完成以后，再独立而客观地对其加以反思、选择和重新组合。

（二）从个体人的诸多特征中发现、提取、构建美的特征

人的美是需要我们去发现、构建、扩展提升的。与自然美最大的不同是，我们会在面对人的美时，更便利、更多地提取和构建其美的特征，依据彼此之间的关系形成更加多样的整体性意义。

人的美具体体现在心灵美和形体美上。一个人的心灵美主要体现在其在遵循社会道德标准上的行为表现程度。一个人的行为对群体的稳定与发展越有利，其行为就越美；行为的利益普惠到的群体越大，美（甚至是崇高）的程度就越高。在此过程中，还涉及个人利益与群体利益之间的矛盾的处理。其中既涉及个人利益的强度，也涉及个人利益与群体利益之间的比例。一个人在社会道德标准上的表现越出色、将个人的利益降得越低，一个人的心灵就显得越美。显然，在社会道德的形成过程中，涉及各种具体的行为表现对一个群体作用的比较与优化。在略去这种优化的力量和过程以后，就会直接地认定社会道德与一个人心灵美的内在联系。

从形态的角度讲，中国的四大美女标准显著地表现出了人在面对同一个对象时，会有不同的审美感受的基础性意义。这就说明了美的相对性、个性化的本质特征，也说明了人与人之间生命活性的本质性及其表现的区别。同时我们也可以看出，既然只有"四大美女"，就说明了在一个群体中，我们还是能够将注意力集中到具有更美的模式上，通过概括抽象而形成典型性的代表的。显然，每个人的审美标准都具有独特性质。

一个人的身上表现出来的美的特征元素越多，特征之间的正相关性越强，这些特征与我们所构建出来的美的标准越符合（意味着能够在更大程度上与我们的生命活性本质表现有更多的契合），则在人的内心形成的对美的高层次的综合作用和概括抽象作用的力量就会越大，此时人的

美就会体现得越充分。心灵美与外在的形态美做到"相辅相成"时，在人的内心生成的美感就会愈加强烈。

（三）通过个体特征之间的比较而求得人的美

不同的状态会表达不同的信息特征和意义，便会在人的内心产生不同的感受，这就意味着，人们可以从人的各种状态中提取、构建出结构不同的美的结构性元素、赋予其不同的意义。在此过程中，我们会在人的诸多形态中，以分类为基础，选择出当前类别中最符合人的美的标准的行为模式。人们可以基于某一个特征，构建出美的个体，我们可以从一个人的形体、相貌的角度来界定一个群体中"最美"的那个人，但真正地落实到一个人身上时，往往是从综合性的角度来考量的。比如说人们在认识美女时，将包括：第一，多个人的平均状态；第二，具有生理方面的其他意义，比如便于生育等；第三，与人的性欲望具有一定的关系等。无论是形体与相貌，还是其内在的个性品质特征，都会在形成美好的认识的过程中发挥一定的作用。但更为重要的是，人会在各个特征指标展示的基础上，综合考虑各种因素的同时作用，形成一个综合性的评价，通过具体的比较过程，将"最美"的个体模式选择出来。在很多情况下，人们甚至还不能明确地指出比较、优化、选择的标准特征，以及量值的差异是什么、有多少，只能够通过基于某个综合指标的模糊性比较，从中选择出最佳。

（四）表达人追求美的模式与倾向

在人们通过比较而求得人的美的状态时，结合人内在的"最美"的模糊性想象而表现出向这种"最美"的状态逼近的趋向、过程和力量。此时，会结合人的生命活性本征的力量将相关的特征模式表达在更加本质的层面上。在人的意识空间，又会将这种力量进一步地意识化，成为人追求更美的倾向性的基本模式。

与此同时，人会在好奇心的作用下，将关于人的形态模式信息中的彼此之间的差异化特征表现得更加突出，从而进一步地推动并强化这种向更美追求的力量。美感通过其差异性所形成的刺激而表现出来，并在与人的相互影响的过程中依据人的自主涌现的力量加以强化。因此，人在欣赏自身的美时，总是会表达出不同的形态。美的状态表现与这种状态在他人的内心引起的感受所表现出来的差异性特征，促进着人与人的交流，通过交流，在群体范围内促进人们选择美的不同形态，并通过高层次系统的自组织过程，使更高层次、更深刻本质上的美的元素处于兴奋状态，从而引导人有效地进入美的元素所对应的更高境界的美的状态。这有两个方面的意义：一是人们会在内心生成的关于人的身体的"最美"认识的基础上，基于差异化构建，进一步构建比当前的"最美"还要美的新的理想；二是人们会不断地从当前客观事物中提取出新的美的元素，以形成更加强烈的美的感受。

人对生命的追求会在人的行为中突出地表现出来，人们会基于某些特征和标准选择出表达生命意义的美的恰当判据和局部最美（恰当）的模式。每个人所表现出来的美，相对于群体来讲都是通过个体的差异化构建而形成的多种不同的模式。当存在最美的选择判断标准时，会促使每个人结合自身生命活性本征中的差异化模式表现，通过交流与合作，基于群体的自组织过程而形成一个新的综合动力学系统。

（五）综合性地从其他行为特征中构建出美的模式

人可以根据某一个特征对个体的美的程度加以比较，对不同个体之间的美的程度进行判断与选择，但由于人具有足够的记忆能力和将不同的信息联系在一起的能力，能够将不同的美的信息综合在一个稳定的认识泛集中，人也会从不同的审美标准、范畴和形式中，进一步地构建出具有更高层次的美的选择控制标准。自组织的过程在存在差异特征时，总会发生。一个重要的问题就是，人在欣赏自身美的同时，往往会将若干指标综合在一起，尤其还会将其他的追求加入到对美的判断过程中。正如达尼埃尔·阿拉斯（Daniel Arasse）所描述的，有谁能够真正地排除关于"性"的非分之想？① 在一般情况下，人们往往采取综合性的方法评价一个具体的人。人们从一个集合的角度来界定一个事物的意义和过程中的任何一个可能性的意义。我们欣赏、构建一个客观对象的美的过程，也总是按照先构建各种不同意义，然后再比较优化出一个最恰当的方式

---

① ［法］达尼埃尔·阿拉斯：《我们什么也没看见》，何蓓译，北京大学出版社2016年版，第15—22页。

进行。只不过在这里，在意识的主导下，我们可以只专注于美，而将其他的意义排除在外。这样，也可以使我们的目标更加集中，审美更加高效。

依据人的整体相关性，我们总是从一个整体集合的角度来界定人的美。而我们也基于人的能力的有限性，基于人对信息各种各样的加工特点，在面对一个整体性信息加工时，将其转化成为由若干美的特征所组成的具有一定关系性的集合。根据人的主观性特征，不同的人在构建一个客观对象特征描述集合的过程中，存在着差异化的本质过程，但通过群体的汇集与综合，会形成基于各种具体审美判断的、具有系统性的统一的美。

人会根据自身所形成的审美经验和对美的不同方面的追求，形成差异化的美的模式，也会习惯于从诸多不同的形式中，选择出自认为是当前已经优化出的最美的模式。基于人的复杂性特征，人由这些不同的集合元素组成一个有机的整体性意义时，会表现出突出的非一一对应性。这就意味着，即使基于某一个稳定的审美元素集合，人们也会由此而构建出不同的审美意义。因此，我们在说一个人"很漂亮"时，也意味着我们是在同时从多个角度对此人进行描述。直观地可能只关注其形体与相貌，更进一步地，则会关注其内在的个性品质，尤其需要在更长的时间内、描述其在各种事件中的行为表现，并对这种表现赋予人的意识性评价——人们赋予相关行为以个性品质特征和评价，诸如善良、礼貌、乐于助人等。

（六）表达 M 的力量

我们已经认识到，美的状态中主要包含着 M 的力量，以及由此而特化出来的对美的追求和形成的对更美的期望。只要在人的正常状态中更多地表现出对美好的、理想的、期望的追求，便能够体现出人的美。人类社会也往往在有形的和无形的评价过程中，对人们表现 M 的能力给予恰当的物质和精神的奖励，推动着人在 M 力量、在 M 力量与相关特征的结合、在相关特征的追求中更大程度地表现 M 的力量等方面，表现得更加出色。人类社会对 M 力量的评价与奖励，将会更加有效地促进人在日常行为中更强、更突出、更有效地表达 M 的力量。

"功崇惟志，业广惟勤"（《尚书·周书》）。只要我们从一个人的日常行为中能够看到其精益求精及追求卓越的行为表现，比如说，在已经完成的作品中，能够再一次地去做到更好，我们就能够体会到其行为的美的力量，并从内心认可这种行为表现，赋予其以美的意义。而我们的这种赞扬，也成为我们自身追求美的基本力量的有意识的强化。在体育竞赛，尤其是奥林匹克运动会中就明确提出了"更快、更高、更强"的口号，直接将生命活性中 M 的力量体现在人们所设立的专门用于比较其强大、快捷的体育竞争项目中。如果我们就此展开进一步的推测和扩展，就能够认识到：知道自己的无知并不可耻，难得的是能够"知耻而后勇"。

美在更大程度上会作为一种理想，而人的美也会表现出人对美的理想的不断追求。或者说，以美的理想为指导来优化人的各种行为。包括美化人的形体、行为、思想、语言等。虽然每个人都会坚持自己的审美标准，这会表现出美的没有统一标准的特征，而且不同的美的理念（美的优化判断标准、道德价值标准），制约着一定的群体对美的不同追求，但在对美的追求，或者以美优化人、观照人的过程中，都会表现出相同的 M 力和优化的力量。

（七）性在人的美中的地位与作用

我们将性的话题归结到生理快感的满足中，可以避免由此而生成的不当的描述。虽然人们极力地否定性的生理快感在美感中的地位与作用，但不可否认的是，美感仍是在生理快感的基础上发展而来的。人们会在诸多生理快感模式的基础上，进一步地概括抽象出更具一般性的美感，从而将这种美的本质从具体的生理快感中突显出来、升华出来。

人的生理快感尤其是对更强的生理快感的期望，将与直接的生理快感一起而成为美的状态的基本元素。在某些过程中，"性"——弗洛伊德理论的核心特征——可能会起到核心的作用，而在其他的过程中，性则有可能起不到任何作用，但我们切不可忽略这种性质的生理快感在美的状态中的潜在性作用。这种情况在人体美中是否有性的作用？有的。人们对性需要的满足与期待、对性的追求和向往，自然是美的状态中的重要因素。由于在审美过程中，各种美的元素都以一定的可能度兴奋并发挥相应的作用，因此，即使是最高尚的美，也可能存在着这种因素的影响。特别指出的是，处于青春期的少男少女们，他们的性渴望处于相对旺盛期而更加吸引异性，由此会赋予这种特征标准以更大程度的美的特征影响力。

自然，在人对基本生理层次的需要与满足追求的同时，会与 M 力量的表达形成更加稳定而突出的非线性相互作用，更容易表现出正反馈和由此而形成的稳定的"反馈环"，以使其持续性地发挥作用。人们对性满足的需求表现出了 M 的力量，并由此赋予其以美的特殊意义。但这决不意味着将美降低到单纯的性满足的层次。我们期望与追求性的需要与满足，但却不能深陷入单纯地追求性满足的状态中。我们要表达这种追求性满足的 M 的力量，并通过与其他对美的追求的联系，基于性的美感反应，通过概括抽象的方式更强地表达 M 的力量，形成更具概括抽象性的美的状态元素。

性的另一个潜在扩展意义是对生命体的延续。事实上，每一个生物个体都会将选择能够保证后代具有更强生存能力的异性作为优化竞争遗传选择的重要指标。这其是生物竞争与选择的结果，表现出了生物个体的选择具有被动性特征，也是生物个体主动追求选择的结果。尤其是当个体具有足够的主动选择的能力时，更是如此。这也意味着"性"的需要与满足的追求作为一种稳定的模式被固化下来而成为一种本能时，便会具有一定程度的自主性，从而能够在恰当的时期自主涌现，并以恰当的力量参与到当前状态与其他事物相互作用的过程中。无论是主动，还是被动，性都将作为一个重要的促进和选择因素维持人对美的认识、感受，并将美推向一个更高的层次。

在人对美追求及独立化的过程中，对性的追求的选择能力会在其中占据更重要的地位。随着人类的进步与成长，性对人体美的作用表现在几个方面：促进作用、削弱作用、歧变作用。

促进作用：更加有效地促进人对美的感受和追求。我们可以发现，人会在性的因素作用下，激发更多的信息模式，促进多种信息的多样并存，促进人在多种模式并存的基础上，基于某个特征标准比较出更美的模式并使之成为主要模式，将对性的追求与对美的追求联结成相辅相成的关系，在两者之间通过表现局部相同的共性模式而形成共性相干，促进人对美的更加深入地追求、感受和体会。从另一个角度来看，人对性的追求会将对美的追求向更加本能的层次转化；人会在此基础上激发更多的信息（有效地扩展美的范围），并在向更美的状态的建构过程中，更大程度地表达美的感受和体验。通过第五章的研究我们能够认识到，人对美感受的程度，受到多样并存的有差异性个体的数量的影响，数量越大，在完成了美的构建过程以后，人对通过选择和构建而得到的相对最美的模式的美的感受的程度就会越高。人会因为得到性的满足而体验到美，这是由于在审美经验中已经建立起了与性欲及其需要得到满足的要求的关系，人们会依据这种关系而自然地赋予能够带来性要求满足的客体（包括艺术品）以美的享受。基于联想性法则，那些与该过程建立起稳定联系的诸多独立的环节，也就具有了美的意义。人在面对这种经常出现的人体时，自然会在内心形成相应的感受，其中就包括性的期待和满足，也会将其与 M 的力量建立起更加稳定的关系，并在看到这种经常见到的人体时，在大脑中构建出性的期望和满足的稳定协调状态。当然，由于事物之间存在着局部特征的相关性，通过一个局部特征的兴奋可以使更多的局部特征处于兴奋状态，而人总是依据其优化的本能从中选择出最恰当的模式。

基于性的期望和满足成为我们在欣赏人体美时的一种重要的美的元素[①]，我们相信，在人类社会中所构建出来的美女标准，虽然性的因素是其中重要的原因，但更多的是各种因素综合起来的结果。罗素指出："性与人类生活中最大的快事是密切相连的。所谓最大的快事有三件：奔放的爱情、幸福的婚姻和艺术。"[②] 他认为："不言而喻，任何一种艺术创造在心理上都是与求爱有联系的，这种联系不一定很直接或很明显，但却是很深切的。"[③]

性的期望与满足会产生一定的削弱作用：削弱人对美的感受和追求，虽然表现出了 M 的力量，但人在性因素的作用下通过转移人的注意力、形成多因素的同时兴奋而造成资源分散等，会自然地削弱 M 的力量强度，

---

① ［法］达尼埃尔·阿拉斯：《我们什么也没看见》，何蓓译，北京大学出版社 2016 年版，第 22 页。

② ［英］罗素：《婚姻革命》，勒建国译，东方出版社 1988 年版，第 191 页。

③ 同上书，第 191—193 页。

进而弱化人在表现生命的活性本征模式时的兴奋强度，在 M 力得到弱化的情况下，会进一步地形成"恶性正反馈"，从而使人类对更高层次的美追求的力量变得更加弱小。

性的满足还会产生歧变的作用：使人对更高层次的美的追求歧变为单纯地追求性刺激和满足。在某些情况下，这将会占据人绝大多数的注意力，从而使人对美的追求与欣赏被强烈的性欲所控制，人便由此而失去了向更高层次的美追求的力量。但由于对美的追求和对性的追求是两个不同的模式，因此，具有足够意识能力的人，就能够有效地剥离或弱化两者之间的这种内在的紧密联系，基于概括与抽象，促进人对美的更高层次的主题性感受。

人的相貌与形体、肤色与光洁、身高与体重、举止与言谈，以及由此所表现出来的思维的敏捷性、灵活性、深刻度、系统性、广泛度、好奇心、洞察力、想象力等，这诸多的特征都将在人体美中发挥重要的作用。人们在谈论一个人是否有风度，是否有君子之风，是否有修养（涵养、素质），是否愿意为他人、为群体而牺牲个人的利益，是否有能力带领一个群体"走出困境"时，同时也就意味着诸多相关特征会在评价一个具体的人是否是美的过程中，产生重要的影响。

对于男性来讲，身体匀称、行为灵活、具有协调的肌肉群，能够产生足够的持久力和爆发力，尤其是具有"君子风度"，是其取得与体力相对应的竞争力的外在特征。当然，这是需要经过艰苦的锻炼才能形成的。当人们想由此而获得更大的成果和更强的竞争力时，便需要将这种力量进一步地增强。人会基于力量赋予其他欲望以相应的期望，并基于欲望而产生新的追求。人的复杂性并不简单地以此为结束，会由其他的 M 型体验而赋予身体美以更多的意义。身体美还会与其他更多的形态相互作用。同时，大众的选择、期望与追求也会在其形体优化特征的选择中具有重要的作用。此时，还会受到教育、历史等一般审美观教育与引导的影响。而在这里，人们不能回避的一个日常生活中常见的问题是："你能帮助我挑选一件合适（美）的衣服吗"？显然，除去衣服的质料和做工，人们所考虑的核心问题就是"这件衣服与我是否匹配"？或者说，"当我穿上这件衣服时，能否使我变得更好看、更有气质"？一般的做法是在众多可以比较的范围内，优化选择出综合性评价最高的那件衣服。都不满意时，就再等待。

对于人来讲，要在单纯生理美的追求中，构建出更加抽象和高尚的美，从单纯的对性的追求中，综合概括出更具抽象性的美，形成更高层次的美，并不以单纯地追求生理需要为终极目标，促进着人的美的升华。

三　线条、结构与意义

线条及其所对应的美学意义，以其符号性特征更为突出地反映了人们在审美过程中所形成优化后固定的审美经验。人们在表达某种意义时，往往已经固化出了最美的线条、结构，它们会作为一个典型的符号、已经被优化了的典型局部特征而与各种具体的整体意义建立起稳定的联系。这就意味着，当这些信息模式展示出来时，便会有效地激发出完整的审美过程，这些被优化固化出来的美的元素，就成为艺术家灵活地表达自己内心的美的稳定性元素。这种固化其实就是人们比较、判断、优化、选择后的结果。在艺术创作过程中，人们也就会在更大程度上选择这种典型的线条与结构，从而更美地表达确定的意义。

如果人们已经构建出了诸多的已经经过优化的局部美素，在将诸多美的元素更多地固化到艺术作品中时，相应的艺术品在人的内心生成的美的感受就会越强烈。尤其是在这些美的元素能够协调地结合为一个整体时，便会在更大程度上形成更高层次的美的意义。而在这个过程中，人们所熟练掌握的技巧便会在其中发挥关键的作用。

四　平衡、节奏、色彩

（一）平衡

平衡来源于静力学。虽然我们没有必要将静力学相关的原理在这里描述，但我们的生活经验已经赋予平衡以足够强的美学意义。孟子曰："莫非命也，顺受其正，是故知命者不立乎岩墙之下。"（《孟子·尽心》）岩墙，意思是就要倾塌的墙。阿恩海姆在强调圆、正多边形的规则和由此所带来的完美意义的同时，也提出了垂直、对称、平衡等特征的美学意义。显然，倾斜的墙与垂直的墙相比，具有更强的危险性，更容易使人产生不安全感，也因此不具有美的意义。

平衡，代表着足够的稳定性，代表着确定性的因素力量，也表达着稳定性模式在美的状态中具有的较高的兴奋度。其所对应的确定性信息可以引导人保持足够的心理空间来表达生命扩展性力量的发散性联系模式，从而以其足够的稳定性而使人保持在生命活性的比值范围内。

在艺术创作过程中，人们还将平衡的概念做了进一步的延伸扩展：以某个特征 A 作为基本特征，将其他的特征 {E、F、G……} 作为权重，根据这些特征在人内心所形成的不同分量，根据特征 A 的意义而构成一个平衡的整体。

比如说一把紫砂壶简单地由壶体和壶盖组成。单说壶体，可以分为三个部分：主体、壶把和壶嘴。我买壶时，经常把一把壶的手把和壶嘴之间是否平衡作为其中一个基本的标准。此时，壶把与壶嘴的形状本就不同，如何才能构建这种平衡关系？在这里，我们需要考虑壶把与壶嘴的形状、大小、在壶体中的位置，以及由此所体现出来的美的元素的"重量"意义。一个特征所激活兴奋的信息模式越多，其重量就越大。将其局部的意义和作用转化为相关特征的权重，再综合考虑各种因素的基础上选择壶把与壶嘴能够平衡的紫砂壶。

（二）节奏

节奏以其重复性强化着共性的、稳定性的力量，增强了稳定性元素在生命活性表征中的力量，与生命的稳定性活性本征达成了共振兴奋，并能够赋予变化性活性本征以更多的可能性，由此而提升了其生存竞争力。在我们表征生命的活性本征，使生命的活性本征处于高兴奋状态时，会有更大的可能将人的本质力量模式转化为确定的艺术形象，这种高兴奋状态本身就会形成一种力量。或者说，通过活性本征的高兴奋状态，将我们对美的理念的认知转化成为可以描述出来的客观对象——艺术品。自然，我们认可，艺术品与人的生命活性模式稳定协调的外界环境中的某些模式达成共振兴奋时，艺术品也就成了表征人的本质力量的客观化实在。

运动是生命的基本特征，而运动又是存在一定节律的。从功率谱的角度与这种节律达成同构，标示着人能够在更大程度上达到美的状态——与外界环境稳定的协调作用[①]，表达了这种模式的力量在美的状态中的作用。人在欣赏绘画艺术品时，视觉关注点也会表现出一定的节律性特征。与这种节律相匹配时，可以使人产生足够强的审美效果。我们可以通过这种规律的转换，从中构建绘画在人的内心所形成的"功率谱"的结构，以寻找发现那种潜在的对于人的审美产生影响的力量。

（三）不同色彩之间更合乎规律的协调

我们这里要问：为什么画家认为那样的色彩对比是美的？什么是不同色彩之间更合乎规律的协调？伴随着生命的进化，不同色温之间通过形式、结构、意义等信息而赋予其不同的"重量"，从而保证着人在内心适应着这种信息的作用。为什么这样的色彩比例是恰当的？或者说在人的内心会不会形成更加强烈的刺激，从而使人感受到安静祥和？是早期人类长期生活的环境中色彩对人的作用的结果。一切以稳定协调为"基准"。这是生命活动及进化将色彩作为主要特征力量而在信息表征中发挥重要作用的结果。

生命活动与自然界中的色彩分布建立起来的稳定性关系，说明了在生命的进化过程中已经形成的稳定协调关系使大自然的色彩分布成为美的状态的基本元素。看到这样的色彩搭配，我们会由衷地感叹：真美！或者说，大自然的色彩已经作为一种独立的特征而在生命体达成与外界环境的稳定协调状态中发挥出了足够的力量。有什么样的环境的长时间作用，什么样的色彩结构便会成为生命进化中的基本因素，这种结构的色彩就会在人的内心产生美的感受。一幅图画中显现出来的色彩分布如果与这种分布相符合，就必然以与这种活性本征的和谐共振在人的内心产生美的感受。艺术家在原来已经形成的稳定协调的基础上，通过构建当前的与原来稳定协调有所差异的状态，探索如何才能更好地符合人的这种同构分布的要求。所谓比例恰当，指的应当是与人的生命活性状态的恰当协调，尤其是在人的长期进化过程中固化下来的收敛与发散、稳定与变化等各种矛盾关系的活性比值，

①　［波］伯努瓦·B. 曼德布罗特：《大自然的分形几何学》，陈守吉等译，上海远东出版社 1998 年版，第 312 页。

是客观的外界环境长期作用到进化中的人的内心所形成的稳定的
模式。

第七节　审美经验的表达

美有各种形态的表现，包括感情表现、意象表现、抽象符号表现等。

一　审美经验的感性表达

美感首先表现在感知上。从感觉的形式表达美的状态，是艺术表现
的基础。无论是对处于美的状态的感受，还是通过对客体的感受而引导
人处于美的状态，首先进行的就是感知。与此同时，还会在信息的感知
层面表达出外界客体内在结构与功能的完善、主客体之间所达成的稳定
性协调，并以此表达出对外界环境的有效适应。

直接感知到美及美的表达是艺术表达中占据更大成分的一种表现形
态。由于通过人的感知神经系统直接感知，能够更加直接地通过外界刺
激的方式在人的内心引发相应的感受。美感就是对美的状态的感知。当
与信息感知形式相对应时，单从感觉的形式看，就存在着美的视觉表达、
听觉表达、触觉表达、味觉表达、嗅觉表达，以及美的感觉的综合表达，
由此而形成了不同的艺术领域。我们要具体地探索各种感觉类型所表现
出来的对生命活性表达的协调程度的认知，基于美的基本规律，通过选
择构建最优的结构将其表达出来。[①]

二　审美经验的意象表达

（一）知觉性的美

依据知觉性信息表达特征，此种形态的美便具有了一定程度的概括
抽象性信息特征，既没有与抽象截然分开，又在更大程度上将这种抽象

---

① ［德］沃尔夫冈·韦尔施：《重构美学》，陆扬等译，上海译文出版社 2002 年版，第
118 页。

性特征以具体的艺术形象来表征；既表达出了抽象与具体更加紧密的结合，又表达出了抽象程度较低的知觉性的美。在已经能够体会到由此所表现出来的概括抽象过程所具有的美学意义时，人们就会有更大的可能体会到知觉层面的美的意义。

（二）审美经验的意象表达

在美的状态的意识表达结构中，意象与其他的信息一起占据了足够的"份额"。印象派在表征这种感受和信息表达形态时，更大程度地表明了对这种美的信息表征模式的体验。毕加索的立体主义，干脆称为魔幻主义，实际上就是利用意象在各种具体形态基础上的比较优化，通过将外界客观与人内心所生成的意象性特征结合在一起，在进一步概括抽象的基础上，甚至是在人们基于此而比较、优化、构建出更美的意象的基础上，使意象具有美的优化抽象性意义。由于抽象具有不同的方法，由抽象到具体也会形成不同的结构，这众多的差异性体现在不同人的内心，必然会形成不同的感受。意象可以作为表达美、说明美的本质性特征的基本形式。这种描述将外界客观与人内心生成的美的具体形象、抽象性形象结合在一起的综合性结果，一方面反映了形象、形态方面的美，通过确定的模糊性方式反映了动态的、变化的、扩展的美的特征；另一方面则表达了为了达到美而表现出来的对美追求的力量，其中也包含着与更加深刻的生命的活性本征的稳定协调。

（三）意象具有的抽象意义

在信息传送到大脑神经系统的过程中，即进行着各种具体信息的汇总、优化、抽象的过程，通过高层次抽象模式和低层次具体模式之间的广泛联系而形成进一步的概括优化，使高层次的抽象模式具有与低层次具体模式之间更为有效的"准确覆盖性""便捷联系性"的作用。

基于感知觉形式得到的不同信息，在汇总到大脑神经系统中时，也会通过彼此之间在局部特征上的共性相干、比较优化，将最能反映该类信息的最少量的信息特征构建出来。生命体能够以此优化特征作为标准进行比较，将更具概括优化抽象性的模式选择、构建出来。经过知觉的简单抽象以后，外界信息会进一步地向大脑的更高层次映射，并与更加多样的内在心理意象一起，通过优化抽象的力量和优化抽象的结果，而以更具概括抽象性的力量表达优化收敛的过程。此时，已经被记忆的各种信息，尤其是具有美的特征的信息会自主涌现，参与到信息的组织加工而自组织生成新意义的动力学过程中。那么，意象作为一种具有自主性的独立模式，其自主性表现自然可以为我们所体验感受。它所具有的符号性特征，也使其具有了更具一般性的联系、扩展和变异性特征。这些美的元素都会参与到大脑的自组织加工过程中，对美的感受和表达产生足够的影响力。

"艺术作品的目的在于表现出可视景物的幻象，且能通过一种富有音乐感的色彩和形式分布来取得一种令人赏心悦目的艺术效果。"① 外界那令画家赏心悦目的作品引起了画家的感受，而画家又将其通过艺术品的方式固化下来。这里的赏心悦目能够更加准确地反映印象派画作的特点。就在于：它既不需要人深入地思考，也不是客观事物在人的直接感觉中瞬间地产生的震撼性的感受；既引进了人的思考，又不深入；在一定程度上实际化了抽象，以其典型性而代表一定区域内的笼统化抽象（粗略化加工），又在一定程度上精细地反映着客观世界。色彩斑斓而又不失其概括抽象性。使人能够在轻松状态下，完成更具深度（足够的联想、足够的想象）的思维。

无论是在进入美的状态时采取意象的方式表达，还是对美的感觉通过意象的方式表达，都是以一定的抽象性的特征为基础的，其本身就是在内外信息综合、同时显示基础上优化的结果。这种优化的特征作为抽象的基础反映在抽象的过程中，使人们认为具有抽象性的意象干脆就是基于具体感知性信息的比较优化后的结果。

通过意象的优化抽象，使其具有了概括性特征，可以在更大程度上通过抽象与具体的稳定联系表达更加多样的事物的更多的主要信息，甚至具体的事物只能表现出一个特定的名词，其规律和主要特征则由该优化后的意象来表达。的确，我们可以广义地认为，在中国传统的审美观念中，以其抽象性和延伸扩展性，更大程度上会在意象的层面表达出优化抽象的过程和优化抽象的结果。

---

① ［英］H. 里德：《艺术的真谛》，王柯平译，辽宁人民出版社 1987 年版，第 145 页。

意象的抽象性特征，使其具有了更强的符号性能指意味。由于与具体的形象性信息更加紧密地结合在一起，一方面它能够使人更加迅捷地转化为具体的模式；另一方面能够与人所形成的美的状态建立起联系。显然，这种意象所表达的联系更强地体现出了优化的过程以及优化后的结果。"美在意象"①，就是强调意象的抽象性特征与更加多样的具体信息有机结合的基本特征，表征着差异性信息的多样并存，以及在此基础上构建出的"更美"（更恰当的模式）。

印象派的混杂性往往会给人以一种不和谐的印象。但它却是人的印象实际状态的真实表达。在此过程中，人们往往只顾及反映基于形象局部特征的抽象，而不再顾及优化。人们没有机会展开优化，或者说将这种优化的特征和力量掩盖在鲜明的艺术表达元素之下。相比于美的形式主义，其重点在于描述通过差异化构建而形成的优化结果，主要表现在诸多内容与形式的关系中，在差异化构建基础上重点实施内容的优化。

（四）选择与美的状态更加协调的意象

在我们构建与美的状态更加协调，或者在更大程度上表征美的状态特征，将那种具有美的意味的元素更加突出地表达出来，或者说更多地表达美的模式元素时，就能够以意象为核心展开表达方式的多样化构建，并比较选择出能够在更大程度上与美的元素和谐共鸣的意象模式。

三　审美经验的符号表达

如果我们能够厘清美与"感性的完善"之间的本质性关系，同时引导人们将注意力集中到其他信息的感知形式上，就会形成"知觉的完善""意象的完善""抽象的完善"，以及其他特征表现的完善性的认识和艺术创作实践。也会由此而诞生随着时代变迁而生成的不同流派的艺术作品。我们才可以从中概括抽象出一般性的原则和彼此之间共性的特征、关系和规律，并引导人们在关注这些主要特征的基础上，通过概括抽象而形成具有更强联系性、覆盖性的符号，激发人表达自己对美的独特理解，在其不被限定的特征方向，表达其作品的"神韵"——可以传神的特征、

---

① 叶朗：《美在意象》，北京大学出版社2010年版。

关系和意义。

当符号能够代表某一类信息，或者在人们看到相关符号，能够构建出一个完整的意义（包括能够形成完整的行为模式）时，就表达出了符号具有"指代"一定数量信息和事物的能力。表达这种符号所代表的美的意义，与符号所表达的抽象过程及能力有关。

（一）符号能指的优化抽象

能指的符号一定是做了基于某类具体形象特征的比较、判断、优化、抽象的结果，它通过与人的美的状态更加协调而获得较高的兴奋度，并在与各种具体情况的相互联结过程中得到突出和强化。形成符号是优化抽象的结果。这种关系只有在人们明确地建立起来以后，才能为人们所体验并有效表达。只是单纯地从符号到符号，不能体验到由符号到具体的（即便是局部上的）对应关系，也就不能真正地体验符号所带来的美。但的确是既反映了脱离了具体的事物信息，又反映了事物之间本质关系和优化意义的抽象美。

（二）与各种意义更加稳定的对应关系

优化抽象后所形成的符号，能够通过"反身"过程激发人产生更多的联想，将更多的信息结合在一起，并由此带动美的模式的汇总与自组织，形成更多的美的状态与具体客观事物的和谐共鸣。与此同时，符号与局部美的模式将会表现出稳定的对应关系。色彩、线条、关系、结构、节奏、旋律、音色等，都会在人们的日常生活中先是形成多样并存，再通过优化抽象而形成局部最优，在形成符号的基础上与意义稳定地对应关联起来。这种局部的稳定关系便成为平时我们利用人的美化本能而形成的恰当的经验模式——局部审美经验，并随之而成为以后进行更大规模艺术创作的基本元素。

（三）与生命的活性本征一致的符号

当生命的活性本征作为一种可以被固化出来的模式，诸如发散与收敛、变化与稳定、基于特征的 M 力、比较优化等，以及基于社会性交往而被群体选择、固化出来的社会性特征，这些模式便因为能够与更加多样的具体行动模式相对应而具有了符号和符号扩展的力量意义。这些本征模式在生命体适应外界环境变化的过程中持续性地发挥作用，本就已经成为美的状态的基本表达，本身就具有了符号性的意义。诸如奋力的姿态、费力地拉一件重物、紧张的肌肉、奔跑时处于腾空飞行的状态、夸张的扭动和身体的弯曲等，本身就具有典型的优化符号意义。又会被人经过具体化的过程形成共性放大，促使其成为美的核心元素。

四　审美经验的动作表达

表演艺术中很重要的就是通过动作表情来表达一定的情感和意义，形成使人在更大程度上通过体验进入美的状态的情感表达，尤其包括通过有效地表达 M 力量的情感，而使人产生更加强烈的美的感受。

动作所具有的直观意义，使人忘却了它所具有的符号性的指代性意义。人们习惯于通过视觉图像和听觉语言来表达信息、构成意义。在通过舞蹈表达进入美的状态的程度，尤其是当人们运用典型的舞蹈动作来表达一定的意义，诸如准确地表达情感，或者表达与意义相符的情感时，往往会由于动作与人在美的状态时的微弱的局部关系，使人不能更加全面而深刻地激发与当前情感相对应的美的状态中更多的美的元素，这种情感的表达就不容易被人所理解。由于不能表达出意义本身所要求的情感，就不能构建出恰当的情感结构，自然也不能达到创作者所要求的意义表征，不能给人带来更准确而强烈的审美冲击了。

动作所表达出来的专门化的舞台效果，会给人带来与动作相关的生命活性本征表达的特殊的审美感受。舞蹈以其典型而抽象的模式具有了美的意义。以非鲜明的形式结构激发人产生了更加深刻的审美体验。那么，舞蹈的创作核心在哪里？

（一）激发美感是基础

在舞蹈艺术家受到外界客观的刺激而进入美的状态，并将这种美的状态通过与外界客观的相互作用而表达成一定的意义时，其潜在的假设就是：表达这种意义，是使人进入美的状态的基本方法，于是，便可以通过这种意义与美感之间的稳定性联系而寻找有意义的舞蹈表达。

抽象美的舞蹈表达只是其中的一个方面。除此之外，舞蹈艺术家还需要根据动作与美的状态及过程元素之间的关系，优化构建出更为恰当的动作；舞蹈艺术创作者则需要根据动作所表达出来的活性的本征模式，突出地显化活性本征模式，使人直接感受体验到通过生命的活性本征而表达出来的美的状态。

（二）表达意义是前提

美的状态会被经常性地转化成为具有一定相互作用的意义来表达（建立稳定联系），无论这种相互作用来源于自然、社会还是来源于生命体本身。这也就明确地指出，美感是通过美的状态与外界客观事物在相互作用过程中形成一定的意义而表达出来的。每一次的表达，都是人的美的状态的一次激活兴奋。

（三）表达情感是手段

表达情感不是目的，更多的是促进人准确地把握美的意义、顺利地进入美的状态，使人产生更加强烈的美感体验的工具。根据情感在美的状态及美感中的作用，借助情感所表达的活性本征，能够引导我们进入美的状态；根据人对情感表现所具有的强烈的体验性特征，我们可以更加强烈地体验到美的意义，根据情感与意义的有机联系，可以使我们内心生成的审美体验更为恰当。

斯坦尼斯拉夫斯基（Stanislavski）在《演员自我修养》一书中要求通过进入与戏中人相对应的美的行为、情感和由此而产生的意义，达到美的状态的共鸣与和谐，由此而达成美的传递。[1]

（四）恰当表达是关键

为了达到恰当表达的程度，需要舞蹈家事先经过差异化构建、选择与练习，将那些更容易引导人进入美的状态的意义行为模式构建出来，作为舞蹈的基本动作；将那些能够构成意义的典型元素构建出来成为优化的美的舞蹈动作模式；将那些更能促进意义与美的状态之间联系的情感模式构建出来，通过比较优化，并通过练习将这种模式固化下来。即便是表达通过优化而形成的典型化的舞蹈动作，也足以引导人强势地进入美的状态、产生美的感受。苏珊·朗格的符号理论代表着审美经验优化抽象的过程和结果。[2]

---

① ［俄］斯坦尼斯拉夫斯基：《演员自我修养》，刘杰译，华中科技大学出版社 2017 年版。

② ［美］苏珊·朗格：《情感与形式》，刘大基等译，中国社会科学出版社 1986 年版。

第十一章

美与艺术的价值

风格各异的艺术品给人带来巨大的冲击，使人不能在一定合理的程度上有效地掌控艺术中的确定性因素，"那么，是什么令人感到它具有美学价值呢？当工艺达到一定卓越的程度，经过加工过程能够产生某种特定的形式时，我们把这种工艺制作过程称之为艺术"①。

我们知道人能够从局部认识世界的复杂性意义，理解人认识美的心理过程，掌握美的特征分析的结构模式与意义，理解美的境界与层次，理解好奇心与美的内在关系，但我们如何理解人对艺术品的评价？如何通过价格表达艺术作品所包含的巨大的艺术价值？

从大的角度讲，美的价值在于对人生的积极意义，在于对人类进步（化）的作用。"社会的进步是人类对美的追求的结晶。"② 通过研究各个地区人的审美行为，可以指出审美是人的必需、不可或缺，绝不只是可有可无的。美的价值尤其会通过美在人类进化中的地位与作用，通过美在人类日常生活中的地位与作用，美所表征的生命活性的本征，以及在人类活动中所发挥的作用来具体表现。"承认审美现象和艺术现象的复杂性、多样性和多维性，促使采用系统方法的原则对它们进行研究。在这种科学定向中所追求的目标是，把人的艺术活动看作系统的客体，即完整的构成物，而不是各种属性、方面和功用的简单总和；这样就克服了许多现代西方美学家所固有的、艺术解释中的多元论，他们懂得对艺术活动的任何版面的评定的不足；并力图从多方面说明它的特征，但是他

---

① ［美］弗朗兹·博厄斯：《原始艺术》，金辉译，贵州人民出版社2004年版，第1页。

② 马克思：《句子百科》（http://www.jiyita.cn/zuowen/50795.html）。

们不能克服把艺术各种特征结合起来的机械性。"①

单纯地对艺术品进行分类，就可以看到存在着美的本质尺度、美的个性尺度和美的社会尺度。正如史蒂芬·贝利指出的："说某物丑，这就意味着或暗示着你已经建立起一个参照系，有多个偏好参数。"② 说美显然也是如此。马克思在《1844 年经济学哲学手稿》中有这样一段话："通过实践创造对象世界，改造无机界，人证明自己是有意识的类存在物，就是说是这样一种存在物，它把类看作自己的本质，或者说把自身看作类存在物……动物只是按照它所属的那个种的尺度和需要来建造，而人懂得按照任何一个种的尺度来进行生产，并且懂得处处都把内在的尺度运用于对象；因此，人也按照美的规律来构造。"③ 显然，泛泛地提及规律，而不能明确地指出这种规律是什么、如何将这种规律用于指导美和艺术实践，是没有意义的。在这里，我们尤其想知道这种规律在艺术品的评价过程中以何种形式在发挥作用，更现实一些的是，我们想知道决定一件艺术品价格高低的因素到底是什么，而美在其中发挥着何种作用。

参与信息加工的神经系统越庞大，由此所形成的美感就越强烈。这一方面是指会有更多可能的活性本征处于待激活状态；另一方面则为更准确地使某个活性本征真正地处于兴奋状态而与表达生命体与环境达成稳定协调关系，带来了更大的困难。此时，尤其是人会受到越来越多的其他信息的干扰，比如说，会有更多的神经系统参与到人的创造过程中，这就使得人在取得创造性的成功以后，所得到的快乐强度往往会超过其他。这是否就意味着能够激发人更多神经系统的兴奋、使人产生更加强烈的美感的艺术品就是更好（更美的、同时也是更贵的）艺术品？更直接地说，艺术品的价值（价格）将由谁来确定？如何确定？也许人们会简单地说，越好的艺术品，价值（价格）就越大，因此，也就更值钱。那么，什么是"好"？要想回答这些问题，就必须考虑到艺术评价（有时

---

① ［苏］莫伊谢依·萨莫伊洛维奇·卡冈：《美学和系统方法》，凌继尧译，中国文联出版公司 1985 年版，第 7—8 页。

② ［英］史蒂芬·贝利：《审丑万物美学》，杨凌峰译，金城出版社 2014 年版，第 204 页。

③ 《马克思恩格斯选集》（第 1 卷），中央编译局 1995 年第 2 版，第 46 页。

也称艺术批评）。

分析美学的一位代表人物古德曼曾经指出，当下艺术与非艺术的区分不应局限于艺术的定义，而应转变研究的思路，将对艺术的定义转变为对艺术的提问。古德曼写道："真正的问题不是'什么对象是（永恒的）艺术作品'，而是'一个对象何时才是艺术作品'，或更为简单一些，如我所采用的题目那样，'何时是艺术'。"① 在当下艺术界，一件作品要想成为艺术品，所涉及的除了作品本身的内容或形式以外，还有其他方面的影响因素，诸如作品所处的艺术情境、艺术家（尤其是其在当下的声望）、人们的审美偏好和审美习惯等。在进行具体的艺术欣赏与评价时，人们会提取影响众多的相关美的元素，作者也仅仅是其中的一个影响因素，那么，将杜尚的《泉》作为一件艺术品，显然，其审美价值就是由艺术家自身所赋予的。最起码在当时，杜尚已经是一位著名的艺术家了。人们也潜在地假设，在当时的展览会上，艺术家所提供的作品也一定是具有较高的艺术价值的。古德曼的观点恰恰为现代艺术大有作为提供了基础，并对美育提出了更高的要求。

基于美的基本力量所形成的优化而表现出来的生活经验，能够将众多的因素与美的状态紧密地联系在一起，并赋予当前作品以艺术的意味。但这绝不意味着人们一定会喜欢。这些与美的状态建立起稳定关系的诸多因素、模式特征、意义，会成为具有美的意义的特征（简称为美的特征），但众多美的因素却并不一定在某一个艺术创作及审美过程中展现出来，对美的特征的认可是需要恰当的初始条件和边界条件激发、联想和自组织构建的。这里的"边界条件"即人们所认为的"艺术语境"、心理背景与氛围。艺术批评绝不意味着讲一些背景、谈一些艺术家的成长，以及当时的一些花边新闻，似乎不这样就不能够将欣赏者顺利地拉入到与艺术家同样的社会背景和创作环境中，从而也就达不到更高的审美效果似的。但显然，这些信息的存在将能够引导人通过这些局部特征的相同或相似形成共性相干，能够使欣赏者更加容易地理解艺术家的创作意图及其所表达的确定性意义。因此，在此相关的过程中，这些"边角料"

①　［美］尼尔森·古德曼：《艺术语言》，诸朔维译，光明日报出版社1990年版，第244页。

所产生的干扰性影响可能会严重地影响对艺术品的正确评价。

要充分考虑到艺术评价的背景在评价中所产生的足够强大的影响力。审美的开始就是判断是否具有相应的审美心理背景。只有在人已经掌握了相应的审美理念，具有了足够的相关知识，对某一艺术流派的创作元素达到足够熟悉的程度时，才能更加全面而深刻地理解相应的艺术创作与美。当人们对某一地区、民族的艺术品缺乏足够的认识时，是无权对其艺术价值评头论足的。这就已经决定了人们对艺术评价的基本出发点。这种情况正如奇凯岑特米哈依建立的系统创造理论所指出的情景。① 奇凯岑特米哈依在系统创造理论中指出：存在一件作品、一个氛围或场，存在能够认识、理解和描述它的一群专家。这些因素共同支持着创新的表现和创新成果的认定。显然，也只有在这样的场景中，《布里洛的盒子》的意义才有可能被人所接受和理解。它也才能由此而成为一件伟大的艺术品。

基于审美初始条件的艺术品能够在多大程度上激发人的审美，其中应该涉及更多的何种因素和环节，在当下成为审美研究的一个重点。我们不能再局限于自康德以来的审美式追问，而应当在一定的语境中去描述艺术。这应该只是其中的一个方面。而这已经充分表现出了美是主体与客体通过相互作用形成的一个完整动力系统的具体表现的结论。有一种更大的可能性是，我们目前不被看好的艺术有可能被后人极力推崇。印象派艺术的遭遇就是一个鲜明的例证。能够想象到，这种情况以后可能还会出现。

人基于其生命活性本征的审美自然要得到重视、激励和保护，因为这是艺术与美的基础，但更为重要的原因则是美的升华和由此而生成的与社会道德紧密相连的更高层次的审美体验。无论是基于人的生命活性本征的个性表现，还是与社会道德力量的和谐共振，这两种模式力量都将在艺术审美的教育中得到间接强化和提升。更为直接的增强还在于直接揭示这些模式的特点、变化规律和其所发挥的重要作用，并在将其独

---

① ［美］米哈伊·奇凯岑特米哈伊：《创造性：发现和发明的心理学》，夏镇平译，上海译文出版社 2001 年版，第 36—44 页。

立特化的基础上，运用孤立而主动强化的力量，通过揭示在其他众多过程中的地位和作用，使其同时得到抽象与具体化的有效作用。

康德意义上的自主性艺术在这种不断解构的过程中被慢慢瓦解，而处于特定语境中的"惯例艺术"以其足够的熟悉性成为人们展开审美的坚实基础。以此稳定的认知结构为基础，在将其与其他地域的艺术相比较时，会将这种存在的差异认为是"审美偏好"。这种先期性审美态度，会在具体的审美过程中，仅仅以其中的一种美的元素而存在。

以表达生命的活性本征而进入美的状态的艺术表现，在人们对自身的活性本征及其表达有了更加明确的认识，能够形成诸多可以表现的美的状态和意义后，也就有了更加复杂的含义。因此，在艺术中并不存在丹托所谓的"艺术的终结"①。其命题可以认为是直接指向康德以来对艺术的本质主义界定的思维模式。在丹托看来，"艺术真正是什么以及本质上是什么的问题（相对于艺术表面上是什么或非本质上是什么）是哲学问题提出的错误形式……就我所见，问题的形式是：当艺术品与非艺术品之间不存在看得见的异的时候，什么造成了它们之间的差异？"

这里还存在一个关键的问题：是否有足够的人认可某一对象是艺术品。而且，审美者从该对象中提取的美的元素的数量是否达到了足够的程度。显然，这里的程度与人们认可该事物为艺术品的相关特征阈值紧密地关联在一起。

第一节　美的特征价值模型

我们认为，美的价值的基本假设是：万物皆有美；人人皆可见美；世界的复杂性和人的能力有限性使我们只能认识到局部美；局部美与终极美之间的差距促使人们形成追求美的力量。艾伦·卡尔松（Allen Carlson）赞同"兹夫的万物皆可观赏说（Ziff's Anything Viewed Doctrine）"，

---

① ［美］阿瑟·C. 丹托：《艺术的终结之后》，王春辰译，江苏人民出版社 2007 年版。

并将其作为研究自然美学的基本出发点。[1] 但这种假设往往会遭到现代美学家的抗拒。[2] 因为目前还缺少一种将其统一协调在一起的更加深刻的理论。

一　美的特征模型假设

人认识客观世界采取的是特征网络框架模型，在我们认识美的过程中同样也表现出了这种模型的作用。

（一）美的对象是一个具有系统性的美的结构

无论是从复杂事物之间相互作用的角度，还是从人与客观在相互作用过程中所形成的复杂性的动力学系统的角度，都在引导着我们将一个美的对象看作一个具有自反馈功能的复杂的活性系统。

（二）人具有复杂的审美经验

诸多不同的美的状态、美的元素，如被赋予美的意义的外界客观、人的期望、人对美的追求和特有的优化的力量，以及通过平时的生活和劳动已经在这些美的特征与具体情景之间建立起稳定关系的诸多复合性模式，都将成为意识中确定的审美"定式"。更详细地说，这种对生命活性的协调表征，"自然与我们相响应的微妙而又不为人们所察觉的那种联盟；是表示人的心灵与内容无限丰富的自然似乎均相吻合"[3]。

（三）美的价值由其所对应的局部特征、特征之间的关系在系统结构的基础上协调表征

美的价值可以由单一地处于美的状态时的特征（活性本征的兴奋、活性本征之间的关系模式、活性本征与外界环境所建立起来的稳定关系，以及能够引导人进入美的状态的外界客观环境）来决定，但也可以由这些模式的自组织兴奋动力学系统来决定。莱布尼兹（Gottfried Wilhelm

---

① ［加］艾伦·卡尔松：《自然与景观》，陈李波译，湖南科学技术出版社 2006 年版，第40 页。

② ［美］阿瑟·丹托：《美的滥用——美学与艺术的概念》，王春辰译，江苏人民出版社2007 年版。

③ ［美］埃·凯·吉尔伯特、［德］赫·库恩：《美学史》（上），夏乾丰译，上海译文出版社 1989 年版，第 382 页。

Leibniz，1646—1716 年，德国哲学家、数学家）就明确地指出："美感是一种混乱的朦胧的感觉，是无数微小感觉的结合体。"① 任何一个完美的对象，都是由有限个美的特征所组成的。运用我们有限的能力，在有限的时间内，我们可以在某些局部特征上实施 M 的力量，从而达到一个更美的境界。艺术史家希尔特（Luigi Hirt）于 1794 年就提出了"特征说"。希尔特认为特征就是："形式、运动、姿态、仪容、表现、地方色彩、光和影，浓淡对照、及体态所由分辨的那种确定的个性，这样的分辨当然要按照所选事物的具体条件。"②

当然，在生命体达到与外界环境的协调状态时，外界环境会成为与美的状态相一致的"最佳外界环境"来表征、比较、选择和判断。在更多情况下，诸多不同的美的模式往往会在一个审美过程中同时发挥作用，虽然随着其发挥作用的强度不同，会形成不同的审美意义，但却不能忽视这些模式独立而潜在性的影响。这就需要恰当地将彼此之间的作用当作问题加以研究，在研究彼此之间相互作用的基础上，协调性地处理彼此之间的关系。

在美育中，就涉及如何将不同的"美素"协调统一在一起，从而形成一个更具系统性的审美经验，并且让这些模式在人的生活工作中发挥足够作用的教育训练过程。

（四）受好奇心的作用，美的特征会发生相应的变化

无论是从生命活性表征的层面，还是从生命活性在人的意识中独立表达出来的更高层次的"相特征"——好奇心的层面，我们都应该关注到将其他的特征纳入人认识客观的过程。这就意味着，虽然我们关注的是当前的审美过程，但还应该充分认识到，这种过程本身就是开放的，甚至可以明确地认识到，这种开放模式本身就是一种稳定的模式，应该将其作为一个独立的模式给予足够的重视。我们应当期待其他的特征指标作为美的程度的判别标准的过程出现。

---

① 北京大学哲学系美学教研室编：《西方美学家论美和美感》，商务印书馆 1980 年版，第 84—85 页。

② ［意］贝尼季托·克罗齐：《作为表现的科学和一般语言学的美学的历史》，王大清译，中国社会科学出版社 1984 年版，第 113 页。

二　美的评价特征

美的价值在于判断与选择。要想判断，必须先建立判断的标准。

（一）基于标准的判断

1. 基于完全协调的美的判断

后现代环境中的新的艺术流派，虽然表达出了差异化构建基础上的比较优化，也包含着对更美形式的构建和追求，但这些艺术流派在一定程度上更多地从单一的角度进入美的状态，单一地表达某个方面的美感，单一地表达对美的追求。尤其是在艺术家面临更多的意义与表达形式之间多种可供选择的关系时，这为艺术家的创造性构建带来更大的困难。由此，后现代艺术作品的精美程度与古代的艺术品相比较就存在很大的差异了。

当人们选择了某个核心特征，会只单一地围绕该特征，把握不同模式在该标准度量之下所展示出来的程度。虽然我们目前还没有制定出关于美的绝对"测量工具"，但我们却可以运用两两比较的方法基于美的评价标准做出相对性的判断与选择。即便没有相应的标准，我们也可以通过内在地存在的美的理念的相对比较而做出判断，在一个有限集合中选出最美的个体。我们也相信："如果一切有意义的东西都可以是美的，那么，就没有什么东西我们不可恰好地其中找到美的要素。"①

2. 基于主要特征的美的判断

选择人们所习惯的评判标准作为美的判断标准。此时，我们会依据不同标准之间的相互交流与合作，通过"和而不同"的历史性构建，在不断的比较优化选择过程中，大致形成相对一致的标准，并将很少几个特征作为一般情况下的美的判定标准的子集合。

3. 基于松散集合的美的判断

由于不同的人总是从各自个性的角度认识美，基于此而形成对当代艺术品的褒贬不一也就在所难免。但如果我们将个人对美的判断放到一个群、阶层、社会范围内来考虑，这就需要将群体内每个人所能考虑到的所有特征罗列在一起，然后针对一个具体的个人，描述其在具体的审

---

① ［英］鲍桑葵：《美学史》，张今译，商务印书馆 1985 年版，第 189 页。

美过程中、在这个特征集合中每个集合元素上兴奋的可能度。每个特征都将对应一个兴奋的可能度，在将这些可能度统一考虑时，就会形成一种关于集合元素兴奋可能度的稳定分布，这就意味着，每个人会形成不同的活性特征兴奋分布。人的个性就体现在不同的活性特征兴奋分布上。

康德分析指出："花是自由的自然美……这个判断的根据就不是任何一个种的完满性，不是内在的多样之总和的合目的性……这美绝不属于依照着概念按照它的目的而规定的对象，而是自由地自身给人以愉快的。"[①] 这就意味着：一个种的完满性、内在多样之总和的合目的性等，都应该作为美的判断标准。而这种判断则是在差异化的多样构建基础上的后续性结果。与此同时，能够自觉地表达人的 M 力量而形成的直觉性美感，由于与人的生命活性表现出了更大程度上的协调性（因为少了更多的理性思考、新的目的和观念的影响等），将会自然地给人以审美享受。

（二）人的活性本征可以自由表现

只要这个活动需要生命的参与，只要与生命建立起一定的关系，生命的活性本征就会必然地在生命体所参与的任何一个过程中发挥足够的、基础性的作用。这就意味着，任何对人来讲有意义的活动，都能够充分地表现人的各种活性本征。在人与外界环境达成稳定协调关系时，人的活性本征也就通过不同的兴奋分布与外界环境形成了稳定协调的关系。

三　美的特征选择

认知心理学揭示了人在认识复杂的客观世界的过程中，更多采取的是特征分析理论模型。面对复杂的审美模式，我们只能把握其中的重要特征、关键环节和核心矛盾。

（一）影响美的标准的因素

1. 随着生命体的进化而不断地特化出稳定的活性本征模式

在不断变化的环境面前，通过众多不同的活性本征模式的固有表现，

---

① 北京大学哲学系美学教研室编：《西方美学家论美和美感》，商务印书馆 1980 年版，第 164—165 页。

会随之固化出与各种具体环境相对应并有机结合在一起的确定的活性本征模式。在生命不断进化的过程中，会不断地通过稳定适应而形成功能不同的结构和本能模式。通过一系列与外界环境达到有机协调的过程，在生命体内构建出一系列具有特殊意义的活性本征，也随之赋予当前的外界事物以更加复杂的美的意义。此时，通过这种系列化的美的意义能够将不同的客观世界联系在一起。

2. 随着人的意识的生成而不断地固化出具有稳定心理模式的本能模式

诸多活性本征模式的综合，以分布的方式处于各自不同的兴奋激活状态，从而表现出不同的本能的意义和作用。意识的生成以及意识的进化，会将生命的活性本征突出地表征在意识空间，并通过意识的放大而使其表现得更为显著，从而在对信息的加工组织过程中体现其固有的价值。生命体也在这种放大过程中，形成了特有的、具有更高层次意识特征的新的本征模式，或者在意识空间通过与更加多样的事物的联系反应，赋予了这种本征模式以新的意义。

3. 当前环境特征通过激发人已经稳定形成的本征模式而产生美

当前的人与环境所组成的结构同以往所形成的稳定协调的"人——环境"总是有所不同。从某些情景出发使我们的心灵又重新回复到先前的那种稳定协调状态时，无论是从差异刺激的角度，还是从在局部上处于与这种稳定协调状态共鸣相干的角度，都会使我们体会到由不协调达到协调的过程，也就是说，使我们从与这个模式共振协调的角度进入美的状态之中。此时的外界环境就成为引导人进入美的状态，或者成为人们习惯上所讲的使人产生美的感受的"艺术品"（包括自然的和人为创作的）。

4. 诸多模式都有被激活的可能性

每个模式都有一定的可能性被激活而处于兴奋状态，这将取决于受到初始条件和当前边界条件的影响而使哪些活性本征处于兴奋状态的限制。在这种情况下，我们只能运用概率分布的方式，描述这些不同模式在心理转换过程中所表现出来的控制性的力量。在假设各种模式以平均概率的方式显现出来时，我们需要研究人们为什么要选择这种体裁、情感、意义来表现。简单地来看，与下述因素有关：第一，人的相关特征会首先被关注；第二，与人活动相关的特征会被重点关注；第三，与人相关的客观环境会被重点关注；第四，那些已经被赋予美的特征的客观事物会被关注；第五，通过其他关联模式将事物联系为一体的事物特征会被关注；第六，好奇心引导人的注意力不断地由已知向未知、由当前向其他过渡时，那些能够与人的好奇心有机协调的信息，因为能够同时表达出一定的确定性和不确定性的信息，就能够更加有效地吸引人的注意力。这就意味着，当人将注意力长时间地集中到某个特征上时，与该特征有关系的信息会越来越多，人们对于该特征的认识也就会越来越明确。虽然中间会产生一些变化，但总体趋势会是如此。由于确定性知识的增加和不确定性知识的减少，该特征被人注意的可能性会越来越小，会使人的好奇心不能得到有效满足，人对此就不再有兴趣，该特征也就不再被重点关注，意味着该特征在人的内心构建意义时的作用减小，新的意义构建过程也就随即展开。通过这种过程不断地将其他的特征转化为核心特征，使新的特征成为人关注的重点，并在该特征与 M 力有机结合时，在审美中发挥新的作用。

　　"审美感知是分析的结果。"[①] 在人的实际审美表征中，往往是以若干美的局部元素的松散性集合来与美相对应的。在分别考虑单个美的元素的基础上，再进一步地研究美的元素之间的相互作用与相互协调关系，暨此而组成一个有机整体。美的元素以一定的概率值时隐时现地在大脑中不断变化，分别在对不同信息的加工过程中发挥不同的作用。这是一个由局部到整体、由少到多、由分散到组织成有序整体的过程。从系统的角度，从认识的角度来看，我们则需要将完整的美分解为若干局部特征、局部特征之间的相互关系、在相互关系基础上涌现出来的新的特征、系统的涌现特征，以及由此而表现出来的层次性、结构性和功能性特征，同时利用优化所形成的抽象概括而形成的符号性信息，在符号层面研究彼此之间的相互作用特征，并通过研究相互作用所涌现出来的新的特征的基础上，更全面地研究整体性的美。

---

　　① ［德］阿多诺：《美学理论》，王柯平译，四川人民出版社 1998 年版，第 123 页。

黑格尔指出："无论就美的客观存在，还是就主体欣赏来说，美的概念都带有这种自由和无限；正是由于这种自由和无限，美的领域才解脱了有限的事物的相对性，上升到理念和真实的绝对境界。"[①] 由此可以看出，终极的美、绝对的美是需要通过不断地运用 M 的力量才能逐步逼近的，美的无限性是由有限的局部追求而逐渐逼近的，这种逼近具体地表现在由一个一个小的特征在具体和理念的关系中，在一定程度上与黑格尔所讲的终极的美形成内在联系。但黑格尔却只认可这种终极美的状态性结果，不认可通过具体的审美构建过程而最终达到一个人所能达到的"最高艺术成就"。

5. 诸多美的模式形成了一个有机整体

诸多美的元素会基于彼此之间的稳定性逻辑关系而组成美的整体，即便只是体现一种特征，我们也能体验到整体的美感。当然，一部分作品只需体现其中一种美的特质即可。在此过程中，存在这样一种假设：其他方面的特征处于何种状态都是可行的。那么，在一幅作品中，所能构建的美的元素越多，能够激发出的人的本征模式的数量越多，使人产生的美的感受就越强烈。当一个艺术品能够表达更多的意味——更多的本征模式时，人们往往会赋予该艺术品以更加美的意义。荷兰人黑姆斯泰尔许伊（Fran. Hemsterhuis）就认为（1769 年），美可能就是"在较短时间内能提供最多数量的观念的那个东西"[②]。

各种标准也会通过相互作用共同组成一个更加完整协调的美的理念标准集合。人们可以选择诸多本征模式中的某个活性本征，通过表达该本征模式而表达与人的完整本征的协调的程度，并以其作为对美的追求的基本力量和过程的出发点。在具体地构建每一个本征模式完整的意义表征时，有更大的可能会形成彼此之间表征的不协调性，那么，想要表达出数量更多的本征模式，彼此之间相互协调的难度就越大。这也就意味着，在人们从多种角度来观察如何更好地表现 M 的力量时，所涉及的

---

　　① ［德］黑格尔：《美学》第一卷，朱光潜译，商务印书馆 1979 年版，第 148 页。

　　② ［意］贝尼季托·克罗齐：《作为表现的科学和一般语言学的美学的历史》，王大清译，中国社会科学出版社 1984 年版，第 105 页。

角度越多，则表征 M 与特征相协调时的矛盾就会越多，形成一个"完善"整体的难度就会越大，而通过努力解决了诸多的问题以后，所产生的价值就越大，艺术价值就越高。

这里所包含的意义是信息之间联系性的具体表现。如果各种不同的美的元素，彼此之间能够形成相互促进的关系，那么在形成一个整体时，便具有多种角度、多个层次的协调，也有更大的可能会形成一个有机的整体美。比如说诸多局部的美在与生命活性变化和发展具有更多共性相干时，便能够形成更加强烈、更加丰富、更加综合协调一致的审美刺激。

任何一种模式都将在大脑神经系统中形成一种确定的模式。有些模式由于没有再一次地激活而被遗忘，有些模式则会由于反复表现、在不同的过程中发挥作用而被强化。优化模式能够在人的意识中更加顺利地被构建出来，能够在众多不同的过程中得以表达，能够与生命的活性本征形成共性相干基础上的"模式锁定"，将那些与人的活性本征能够更好结合的模式固化下来，因此，也就自然地成为美的核心。

6. 美的特征的数量与阈值的对应关系

杜威尤其强调由非艺术到艺术、由不美到美的变换的"连续性"。[①]我们说，人对美的感知与美的元素的增长并不呈现出线性相关。人的心智变化与对这种变化的感知会表现出典型的非线性特征。如果我们从局部美的元素的数量角度入手，可以发现，一开始，随着美的元素的增加，会近乎线性地表现出美感的增长现象；而在达到某个值时，即便是美的元素增加很少，美感也会有一个较大的变化；接下来的过程就有可能表现出一个短暂的线性变化区域，但在达到另一个值时，即便是美的元素有更大程度的增加，所形成的美感也不会有大的变化。这就是人的心理变化的典型的"S"形特征。这里存在相关的阈值问题：假设局部美的元素都以同样（几乎）的程度使人进入美的状态，只有局部美的元素的数量达到一定程度时，才能使人产生审美。自然，人与人的不同反映在阈值标准的不同上。我们认为，这种认识和理解将推动美的模糊化数学的研究。

---

① ［美］杜威：《艺术即经验》，高建平译，商务印书馆 2005 年版，前言。

（二）确定美的标准

1. 人的理想追求

人们运用自己的扩展性力量，在美的本能力量指导、控制作用下，基于当前现状而构建出了具有较大差异性的理想时，由于这种理想是自己通过表达生命的活性而构建出来的、具有期望性的特征，同时又能够与其基本的生命活性相对应，因此，能够更加有效地吸引人的注意力，理想也会持续性地发挥潜在的作用，引导人们将理想集中到某个特征上。基于此，人们便会有效地运用发散性的力量，以理想模式为基础，将注意力集中到与理想有关的方面，在收敛所形成的掌控力量的作用下，采取发散、延伸扩展和差异化构建的方式形成各种各样的模式，从局部特征的角度，逐步地形成更多与理想相同或相似的关系。

2. 通过与以前稳定协调模式的相关特征和谐共鸣而感动

成长与发育心理学的研究表明，在人的幼儿时期，会因为某种特征的影响而使人体会到感动，这种感动随之成为稳定的心理模式。在以后的岁月中，人们会更加有意识地主动关注某种特征及其对自身的作用，以寻找进一步的感动，或者使自己经常性地处于感动状态。在可以自由选择的情况下，人会更加主动地选择能够受到更少因素干扰的情景，在更大程度上表达人的生命活性本征。

3. 满足人的好奇心

人的好奇心在能够稳定地集中在某个方面时，与相关特征有机结合的好奇心会驱使人在相关特征上联系更多的信息，形成对相关特征的重复性、联系性刺激。该特征与好奇心建立起关系，就已经意味着该特征具有更强的发展性，而与好奇心的有机结合，更能引发人的广泛的兴趣，使人更多地将具有此种特征的信息在大脑中激活并由此而建立起各种意义。

4. 强势智能

当人在某些方面具有强势智能时，会在不知不觉中表现与强势智能相关的行为。在认识到从事与强势智能相关的活动可以更容易地取得他人所不能得到的成果时，人们也会更加主动地选择从事与相关特征有关的活动。那么，人们也就会更多地选择表现与强势智能相关的行为模式。

一是取决于人在相关方面具有较高的兴奋度、具有较强的关联性、具有以此为基础而建立更加广泛联系的能力和在这个方面表达生命活性的创造力，或者说在相关方面的构建能够做到更加有效，在相关方面的构建具有更大的敏感度和灵活性，即使不用多大的刺激，也会产生较强的、更大范围的反应。

二是取决于环境的影响：在相关特征上有更好表现时，可以获得更多资源，在更加有效地利用这些资源进行相关智能的构建时，就可以使相关的智能得到进一步地增强，长时间地进行相关的过程，便会固化形成强势智能。外界环境充分资源的支持也会在一定程度上引导强势智能的形成。

三是取决于教育的激发作用：教育本身就具有选择性。教育可以运用其特殊的教育职能实施专门强化。当选择了相关特征方面进行集中教育时，可以有效增加相关的系统知识，可以将更多的抽象性知识与更多的实际问题相联系，可以更加有效地提升人们的相关能力等。

四是取决于自身的反思（馈）性提升：在强势智能的构建过程中，人们会在利用价值判断标准而进行选择的过程中，通过反思而强化性地选择某个特征作为表现 M 力的基础领域，人的强势智能会在这种主动反思的过程中得到进一步增强，尤其会进一步地决定人们对美的判断标准的选择。通过某种行为模式特征在提升竞争力方面的效果判断，由此所形成的反思性正反馈将以更大的可能性决定着美的标准的选择。

5. 环境，尤其是家庭的影响

人在成长的初期，家庭尤为重要。随着个体与外界交往的进一步增加，社会环境就居于主体性地位了。社会氛围将使生存于其中的每个人，通过社会氛围的选择而影响人的价值判断标准。在某个特征上形成强势追求的环境，会以群体的关注而更多地提升相关特征使之成为审美标准，并在构建过程中，将这种审美标准作为重点考虑的方面。

在相应的环境中，人们会崇尚这种特征的更好表现，那些在这些方面表现突出者会受到他人的崇敬而居于较高的境界，会受到他人的赞扬而想要做得更好，想要比同伴表现得更加出色而具有更强的竞争力（只是想表现比他人强），因此，他们会扩展性地在相关方面表现得更好。

在日常生活中，人们会经常性地谈论相关话题，从事相关活动。这种活动的选择已经提供了足够多的信息刺激，这会形成一种很强的社会氛围，使人长期处于相关特征的作用和对更高目标的追求之下而不断地建构。人们在这种特殊环境的作用下有更大的可能性会选择与这种特征和追求相关的美的标准。

如果一个群体形成了对相关特征追求的力量，人们便会体验、感悟到基于相关特征而向某个方向的不断追求，这种追求的模式也就会被固化成为具有稳定性的独立模式，能够独立地发挥相关的作用。尤其是具有较强的自主性时，将更加有力地表现基于这种特征追求的力量。相应的环境也会更加关注个人在这个方面的表现，专门形成对相关特征的正向激励：表现得越出色，得到的赞扬、敬慕越多，人就会更愿意在这个方面表现得更加努力、表现出更大能量的追求、更强地表现 M 力，那么，自然也会取得更好的成果……

出生于音乐世家，以后往往会有更大的可能在音乐领域从事相关工作。且不论是否有更多的"人脉"可以利用，单就其成长来讲，相关方面的作用因素也会更多。我们批判天生论，但却不能否认环境所产生的潜移默化的影响。

四　美的概率描述

在对美的本质性研究中，人们一开始研究"美是什么？"，在百思不得其解之后，人们会将思维转向"什么是美的？""什么时候是美？""在什么地方才是美的？"的问题。而在解答这些问题的过程中，人们仍回避不了"美是什么？"的本质性问题。依据我们对美的界定，在这里可以更加明确我们所提出第三种思维方式："这个东西具有美的成分有多少？""是否超过了一定的阈值？"

根据第四章的基本假设和相关描述，我们认为，不存在绝对的美，只能表现出对美的追求，只能表现出这种追求的局部美。在将注意力转移集中到构建艺术品与其所能表现出来的生命的活性本征模式的数量与程度时，我们的注意力必须做出恰当的转移：去研究判断当前的艺术品能够在多大程度上归属于美的范畴，或者说，此"东西"属于美的程度有多大——能够被称为美的程度有多大。我们不考虑一个客体是不是美的，我们只考虑其属于美的程度，描述其在多大程度上是美的，其中所包含的表征活性本征模式的数量是多少，表现的程度如何等问题。

因此，我们不再绝对地讲一件艺术品是美或不美，而是要讲一件艺术品具有美的程度有多高。我们不说是否是美的，而是要说美的程度，或者说，其在多大程度上是美的。当然，我们也可以说其在多大程度上是不美的。这一方面取决于绝对的局部的美的元素的数量，从特征分析的角度来看，对美的程度的判断，将决定于已经被优化的局部美的元素的数量、彼此之间相互协调的程度等；另一方面则取决于局部的美的元素在其整体意义中所占的比例。在此过程中，外界信息在人的内心所产生的美的感受，表现出一种非线性特征：并不是说，只有全部达到才是美的，而是说，在其达到足够高的程度，超过了人对美的感受的阈值时，人们就会认为其是美的。这也同时意味着，我们不再说一个人是否具有审美能力，而是说他能够在一件艺术品中提炼构建出来的美的元素的数量和质量有多少。

这正是如前所述的人的心理变化过程表现出来的典型的"S"形非线性特征。我们会发现，在我们认识外界客观事物的过程中，一开始，会随着美的局部元素的数量的增加而线性地感知到该对象的美的程度的增加。当这种美的局部特征的数量的增加达到一定程度时，美的局部特征数量即使只有一个小的增加，也会使我们所产生的整体美感有一个较大的增加。而在达到另一个值时，我们则会发现，随着美的局部特征的数量的不断增加，在我们的内心所产生的美感的程度却不再有较大的增加。这就是具有美的局部特征的增加与我们内心生成美感之间关系的非线性规律。

这就意味着，我们必须站在一个新的高度来认识和描述这个问题。我们需要考虑当前这件艺术品表现了多少的美的元素。将这种思维模式进一步地抽象、推广，就涉及"美的概率性规律"探索的问题。

第一，只要表征了任何一个美的特征，就意味着人与这种美的模式达成了共振协调，意味着基于这种模式能够引导人进入美的状态。此时的客观事物信息也被称为具有了一定程度的美。

第二，任何审美特征（包括活性本征模式）都会以一定的概率的形式在大脑中出现。在审美过程中，并不单一地表现某个美的特征，更多情况是，分别以一定的分量（可能度）同时从若干美的元素的角度进入美的状态，或者与生命的活性本征只存在一定概率的相关性激活关系。在不同的环境及人不同的心态作用下，会有不同的美的元素以一定的兴奋度而发挥不同的作用，由此也就会形成不同的审美判断。在后现代艺术作品中，就有许多作品纯粹是为了表达人的差异化构建的力量，并以此而满足人的好奇性本能的。[①]

第三，在谈论美时，说的是一个事物中所能够表征的美的特征的数量是否达到足够的程度，是否发挥出了足够的影响力，能否成为直接决定事物意义的关键性信息模式。

第四，表征的美的特征的数量越多、比例越大，尤其是超过某个阈值时，便会使人形成美的感受。只有超过或达到一定值的美的特征元素，才能引起人足够强的心理变换，才能在心理的下一意义生成过程中起到直接的影响作用。

美的元素数量与美的程度具有直接关系。我们通过美的元素在其特征元素中所占比例的数量来判断，并由此而确定形成美感的相应阈值。

这就意味着，我们可以这样描述由于心理变化的非线性所造成的多样并存和不可确定性：先是汇集人们在面对此类对象时所能想到的所有的认识，然后再描述基于当前环境，这些认识被人们所能想到的可能性。那么，研究由多个模式在当前条件下的兴奋可能性分布，就成为重要的问题了。

（一）概率论与美学

从主体的角度，我们不考虑每个人是否具有审美能力，而是首先假设每个人都具有潜在的审美能力（都能够从某个角度体验进入美的状态、都能够依据某个稳定的模式而在实际过程中提炼和构建）。实际情况有更大的可能性是，由于受到各种因素的影响，导致每个人会表现出不同角

---

① ［英］迈克尔·威尔逊：《如何读懂当代艺术——体验 21 世纪的艺术》，李爽译，中信出版集团 2017 年版。

度、方法和程度的审美能力，面对同样的美的刺激，有些人会激发出更多的稳定协调关系，有些人则只能激发少量的美的状态中的美的元素。从能力的角度来看，我们能够有效地讨论构建美的能力有多强：这就意味着我们有多大的可能性构建出美的作品。这种能力显然与美的程度具有一定的相关性。

第一，从美是主体与客体复杂的相互作用所形成的动力学过程的结论出发，我们还需要考虑我们能够在当前作品中发现美的元素的数量和程度的问题。

第二，我们还需要考虑这种美的元素的数量是否达到了人们认为的美的程度的阈值。为了从数学的角度描述这个问题，我们试图构建决定美感度量的心理几率法。

一般来看，美感度量的度量方法包含三个方面：

一是是否具有这种模式。无论是心理模式，还是行为模式，这种模式应该是明确的。审美涉及诸多活性本征心理模式与机体行为模式的有机结合，是心理与生理的综合反应。在这个方面，将涉及：该模式是否完整、系统；创新品质是否包含在该模式中。

二是美感程度的相对值。我们用表现一件艺术中美的元素与其他元素相比较所占的几率来度量该模件艺术品所对应的美感的大小。记在一件艺术中，从中构建出了 m 个基本信息元素，其中有 n 个美的元素，那么，表现这件艺术所形成的美感程度的高低（也称为可能度）就用 n/m 来度量。即

$$n_l = \frac{n}{m} \qquad\qquad (11-1)$$

三是模式表现超过人们内心存在的阈值：美的心理几率阈值。任何一个群体对于任何一种行为模式表现的程度的高低都有一个判别阈值，称为"美的心理几率阈值"（简称"美阈值"），该"美阈值"度量的是人们看待作品美的价值高低的判别标准：一幅作品在某种标准下的美的元素表现的可能度超过该阈值时，就会被人们认为是具有高审美价值的，而如果低于该阈值，就不能被认为具有高审美价值。记该"美的阈值"为 n_c，此时，所谓美的程度高，是指人所感受到的美的元素的程度大于

某个心理几率阈值，即 $n_l \geqslant n_c$ ，如果 $n_l < n_c$ ，就指美的程度低，甚至不具有美感。当对两幅作品进行比较时，哪幅作品的 n_l 高，哪幅作品的美的程度就高。大众内心存在的心理几率阈值应该由具体的问卷调查得到。

不同的艺术作品在人内心的看法是不同的。因此，不同的艺术作品应有不同的所谓"较高"的标准。由于这是一个群体对某一类艺术作品所具有的美的价值的判别阈值，一项美的标准下的"美阈值"，应通过问卷调查研究方式来具体求得。所设定的询问问题是：在面对同一种艺术作品时，你从中发现多大比例的美的元素，就可以认为该作品是美的？简单起见，可以采取加权平均值的方法求得结果。

第三，要关注艺术流派与审美偏好的关系。人的探索能力越强，就意味着能够有更大的可能性产生各种形式、角度的美的成果。从优化的角度来看，在多样并存的基础上，要进行选择，会涉及复杂性问题，尤其会涉及美的比较的范围。范围越大，人的比较优化选择的范围就越大，构建出更美的产品的可能性就越大，在人们认识到这种美的程度是与较大的范围相对应时，所感受到的美的程度就越高，当然所需要的工作量也会越大。艺术家在其创作高峰时已经构建出了所有人所能想象到的"区域边界"，就意味着其构建出了人类当前群体的"最美"。若是达到了"前无古人、后无来者"的程度，也就意味着达到了人类的"艺术最高峰"。根据我们对美的界定可以看出，这取决于以下因素：

对美的元素的提取与构建，受到人的生命活性显现习惯的影响、受到地域文化的传统习惯的影响、受到艺术家的注意力和好奇心的影响、受到艺术家的创造力的影响、受到当前艺术兴盛流派的影响等。人们会对这一显现反思、感受与体验，同时将这种体验所得的感受表达出来，这些方面的思考又在促进着艺术家的思考与审美偏好的选择。在这个过程中，又进一步地涉及表达能力和主动增强这种能力的问题。

显然，技巧能够在美学与艺术领域占据重要的地位。实际上技巧一词表征了人们在熟练掌握以后所形成的优化性的技巧。这种技巧则表征了艺术家在创作时更加准确、恰当、美的状态。这自然是人不断地追求更美，或者说更恰当地达到更美的状态的结果。是艺术家创作达到"流畅"时动作的状态表示。而对于儿童来讲，由于他们根本没有娴熟的技巧与方法，即便他们有了美的感受，也不能准确而恰当地将其表达出来。这就意味着，他们没有更强的能力、也不会在更大程度上进一步地寻找、构建、优化出更美的东西。他们也不能成系统地体现出这种追求，并将其准确而熟练地表现出来。

从逻辑的角度讲，所谓概率最大也并不意味着其必然发生，只是其发生或者说被选择的概率较大。我们知道，事物之间的相互作用是复杂的，影响选择的因素也是较为复杂的。选择了某一种模式的概率最大，并不意味着其"更"美，或者说与特征标准更加符合、使标准特征更高。在美的构建过程中，应是在现有的构建出来的各种可能模式的基础上，先构建出新的模式，而这种模式可能表现出更美的特征，也有可能不具有更美的意义，这是需要下一步通过比较判断从而展开优化选择的。从主观上，我们研究的是运用 M 的力量，依据"更"符合相关特征标准的意义构建新的模式，这也就表明，在通过研究概率来表达我们的选择时，需要将"更"的模式用于指导我们的具体选择和构建，或者说将其作为综合判断时的一个基本因素。

概率优化的意义是什么？在研究回答这个问题的过程中，涉及：美是主观与客观相互作用的产物这一基本出发点。这里涉及人的审美态度、审美经验——人在多大程度上能够形成审美态度，而从当前的事物中提取、构建出相关的美的特征、关系、模式和规律将会有效地提升服从相关规律的模式的可能性。我们需要研究在各种因素的影响下，优化所表现出来的概率的变化特点与规律。

我们所具有的先天审美经验，对人的生命活性本质力量在各个层面表现时的感知程度有较大的影响。先天的审美经验会成为激活生命活性本征的背景力量和基础性力量，成为展开审美优化构建的联想性基础。这将直接决定人能够在多大程度上构建出新的相关联的审美模式，以与当前的艺术品中所表现出来的美的元素在更大程度上相吻合。其中，还包括美的元素的创造扩展能力。当人们熟练掌握了相关的模式，能够与若干具体情景有机结合时，便能够表现出足够的扩展能力，能够在新的环境中有效地构建出恰当的应对模式，从而形成新的艺术主题及艺术创作。

　　人的生命活性的本质力量可以在生理、情感、思维、知觉、感觉等层面得到表征，并为人们所知觉。每一种本征兴奋状态都是与外界环境已经形成稳定协调状态时的本征态表现，与当前的外界刺激无关。然后再通过计量这种局部美的元素的吻合数量，形成对该艺术品在多大程度上属于美的艺术品的综合判断，从而形成美感。

　　（二）信息模式在大脑涌现的过程及规律

　　从概率发生的角度，不问其存在依据与合理性，我们研究的是它有可能存在及表现的可能性。在构建出所有可能的情况以后，不是去研究哪一种情况会必然地发生，而是研究每一种情况发生的概率，然后再从概率大小的角度判断哪种情况发生的概率最大，并依据当前的各种具体情况加以选择。

　　因此，我们可以不问存在不存在，只要将其构建出来就可以。我们的基本假设是：在一个过程中，存在诸多不同的情况；从心理认知的角度来看，首先应该构建出各种有可能发生的情况；从心态上要认识到，这些情况都有可能在实际过程中表现出来。人们是通过赋予任何一个情况发生的概率来研究其在实际过程中表现的可能性的。所谓一件事是不可能发生的，是指该事件发生的概率是 0；所谓一件事是绝对会发生的，是指该事件发生的概率是 1。

　　一般情况下，在没有其他因素影响、诸多模式都有可能发生时，人们往往会选择概率最大的那种情况。但这也并不否定、排除存在其他因素影响时，人们会选择概率较小的某个模式。因为当前概率最大，指的是在当前人们所认识到的现有的条件下"某一事件"发生的概率变得最大。当存在不为我们所关注的因素影响着各种可能情况的发生选择概率值时，那些概率较小的情况也就有可能以其所对应的概率而被选择。

　　将局部美的元素 A 在大脑中表现出来的兴奋度记为 $q(t)$，将其根本不可能在大脑中显示的可能度记为 0，成为主要特征而必然表现的可能度记为 1，则美的元素 A 显示的可能度随时间变化的规律可简单地描述为

$$\dot{q} = -\alpha q + K(q,t) \qquad (11-2)$$

　　式中 α 称为"阻尼系数"，$K(q,t)$ 则是与生命活性中的扩张模式有关的涨落力。在一个心理时相，我们认为，一个美的元素显示的兴奋度会

呈现出概然性特征。

我们可以按照概率论和协同学的研究方法和模式，在研究时间变化过程中，将在 $q-t$ 平面寻找到美的元素 A 的可能度为 $q(t)$ 的概率记为 $P(q,t)$ [①]。

一般地，对于美素 i 的兴奋度 q_i，得到其兴奋度为 q_i 的概率分布可以写为 δ 函数的形式：

$$P_i(q,t) = \delta(q - q_i(t)), i = 1,2,\cdots \qquad (11-3)$$

这里 q 是基本变量，是诸多美素可能兴奋的时间变化轨道。通过这种方式，将对 A 的单独描述转化为对所有的美素的描述。对这些可能度轨道取平均，并引进函数

$$f(q,t) = \langle P(q,t) \rangle \qquad (11-4)$$

如果美素 i 出现的概率是 p_i，按照概率论的规律，就会有

$$f(q,t) = \sum_i p_i \delta(q - q_i(t)) \qquad (11-5)$$

应用（11-3）即有

$$f(q,t) = \sum_i \delta(q - q(t)) \qquad (11-6)$$

fdq 给出时刻 t 在位置 q 和 $q+dq$ 之间找到特定的美素的概率。

假设随机涨落 K 的平均为零，ΔK 的平均也为零，经过一定的延伸扩展，即可得到

$$\frac{df}{dt} = \frac{d}{dq}(\alpha q f) + \frac{1}{2}Q\frac{d^2}{dq^2}f \qquad (11-7)$$

此即所谓的描述美的元素变化的 Fokker-Planck 方程。它描述在审美过程中美素概率分布的变化规律。式中 $-\alpha q$ 称为漂移系数，而 Q 则称为扩散系数。对于多个信息模式，取

$$\vec{q_i} = W_i(\vec{q}) + K_i(t) \qquad (11-8)$$

此时可以假定涨落力 K 具有如下关系：

$$\langle K_i(t)K_j(t') \rangle = K_{ij}\delta(t - t') \qquad (11-9)$$

而对于 $\vec{q}$ 的分布函数 f

---

① ［西德］H. 哈肯：《协同学引论》，徐锡申等译，原子能出版社 1984 年版，第 202 页。

$$f(q_1, q_2, \cdots q_n; t) = f(\vec{q}, t) \tag{11-10}$$

可以导出：

$$\frac{\partial f}{\partial t} = - \nabla_{\vec{q}} \cdot \{\vec{W}f\} + \frac{1}{2} \sum_{ij} K_{ij} \frac{\partial^2}{\partial q_i \partial q_j} f \tag{11-11}$$

此即为对于多种美的元素变化时的 Fokker-Planck 方程。

在 K 为美素兴奋度函数的情况下，一般的 Fokker-Planck 方程可以写为

$$\frac{\partial f(q,t)}{\partial t} = - \frac{\partial}{\partial q} [W(q)f(q;t)] + \frac{\varepsilon}{2} \frac{\partial^2}{\partial x^2} [K(q)f(q,t)] \tag{11-12}$$

也可以将其写为连续性方程的形式：

$$\frac{\partial f(q,t)}{\partial t} = - \frac{\partial}{\partial q} I(q,t) \tag{11-13}$$

式中

$$I(q,t) = W(q)f(q,t) - \frac{\varepsilon}{2} \frac{\partial}{\partial q} [K(q)f(q,t)] \tag{11-14}$$

进一步地，可以将美素的可能度（兴奋度）的一般形式写为

$$\dot{q} = w(q) + k(q)\xi(t) \tag{11-15}$$

这里 $\xi(t)$ 为高斯 δ 关联随机力。通过计算即有：

$$k(q) = \varepsilon^{\frac{1}{2}} K^{\frac{1}{2}}(q) \tag{11-16}$$

$$w(q) = W(q) - \frac{1}{2} k(q) \frac{\partial k(q)}{\partial q} \tag{11-17}$$

$$= W(q) - \frac{\varepsilon}{4} \frac{\partial K(q)}{\partial q}$$

关于上述方程的定态解和含时解的形式，可参照有关书籍。如哈肯已经给出[①]，在 $W(q) = \gamma(q_0 - q) = - \frac{\partial V}{\partial q}$，当 $\gamma > 0$ 时，$V(q) = \frac{\gamma}{2}$ $(q_0 - q)^2$，$K(q) = K = \text{Const} > 0$ 时，有解

$$\langle q \rangle_t = \langle q \rangle_0 e^{-\gamma t} + q_0 (1 - e^{-\gamma t}) \tag{11-18}$$

---

① ［西德］H. 哈肯：《协同学引论》，徐锡申等译，原子能出版社 1984 年版，第 209—212 页。

$$\sigma(t) = \sigma(0)e^{-2\gamma t} + \frac{\varepsilon K}{2\gamma}(1 - e^{-2\gamma t}) \qquad (11-19)$$

$$f(q,t) = \frac{1}{\sqrt{2\pi\sigma(t)}}\exp\left[\frac{(q-q_0)^2}{2\sigma(t)}\right] \qquad (11-20)$$

上式描述了在具体地进入美的状态的过程中，在大脑形成稳定反应以后，各种美素处于"活性"状态所表现的概率演化值。从定解（11-20）可以看到，在一个稳定的审美状态中，各"美的元素"在大脑中显示时的兴奋度服从正态分布规律。

在此过程中，重要的是求得不同模式综合反应时的具体表现。基于此，我们可以明确地认识到，出于美的思想的传递，此过程表达出了美的信息的制约性力量。"你要欣赏我的作品，就必须按照我所说的去做！"或者说，要想更全面地欣赏一幅作品的美，的确需要考虑到创作者的时代背景、风俗习惯、所受的教育、创作习惯和所关注的焦点等。但我可以欣赏你的作品的其他方面的美的特征。我可以按照我的角度和方式去欣赏。美的欣赏真正地是一个动态的过程。"在我的审美能力范围内，当前的欣赏已经足够了，超出了这个范围内，我就只能被动接受了。那么，还不如仅让我知道这一点。"下面，就留待我们以后慢慢深入地欣赏吧！

第二节　美的标准与价值

在任何事物都具有美的价值，"做你想做的事情"，而每个人都具有潜在的审美能力的假设之下，会不会使"艺术终结"[①]？我们认为，即便是任何意义都能够成为艺术表达的主题，这也是艺术的内容追求所展示出来的基本特征，只要在作品中凝聚了足够多的艺术家的"劳动"，都能够持续地推动艺术的无限创造。任何艺术都要体验美的精神——与某个活性本征达成和谐共振（包括表达 M 力和差异化构建基础上的优化选

---

① ［美］阿瑟·C. 丹托：《艺术的终结之后》，王春辰译，江苏人民出版社2007年版，第134—138页。

择），从而引导人越来越多地进入美的状态之中。

要判断一件艺术品水平的高低，涉及人们在内心中想要表达的这件艺术品所反映的美的元素有多少。这其中自然就关联到在某一个标准之下是否最美的问题。

对美的判断是在审美标准基础上所展开的活动。当人们选择了相应的标准，就能够以此为指导标准，引导人在各种事物中增强能够与该特征表现和谐共鸣的程度和兴奋程度，促使人在相关特征上力图达到更广范围、更高程度的稳定协调并维持其足够的兴奋度。创作者则会更加努力地体会相关特征在外界环境与生命体达成稳定协调时的不同地位与作用，认识相关特征与具体事物形态相联系的特征和意义，从而为在多样化的形式与内容表现中构建"最恰当"（局部意义上的最）的关系提供表现共振、表达活性本征的基础。

由于人的个性化，不同的人在选择美的标准时，会有很大的不同。艺术家选择了某个特征，就会在这个特征上将其作为更美的判别标准并展开不懈追求，尽可能地运用发散性的力量寻找、构建客观事物在审美标准上的差异化表现，通过比较选择，将最符合自己生命活性的模式固化下来。

康定斯基体会到了色彩在其内心所引起的感动，便会在以后的生活和艺术创作中，尽可能地追求纯粹色彩的抽象化意义，将色彩从各种具体事物意义中解放出来，寻找单纯的各种大自然的色彩组合在其内心所产生的作用，以及由此而表现出来的感受、思想，然后将其作为基本元素而创作出相关的艺术品。

一　凝聚在艺术中的劳动——M 力的大小

（一）艺术品的价值由艺术家凝聚在艺术品中的劳动（M 力的大小）所决定

人们在判断一部作品与另一部作品哪个更美时，往往会自然地转换到对其价值的考量，甚至是对其价格的讨论、思考、选择中。这种趋势在当今社会的艺术评价中已经得到了更加充分的表现。

努力与取得成果具有紧密的关系，我们可以参照发生在科技创新领域的事。在世人感叹比尔·盖茨（Bill Cates）的财富如此巨大时，比尔·盖茨却深有感触地说，任何一项成果都需要付出艰辛的努力。比尔·盖茨在其自传体著作中谈道："编好软件需要精力高度集中，为牛郎星编写 BASIC 真是令人精疲力竭。当我思考的时候，我时常前后摇摆或踱步，因为这样可以有助于我把精力集中在一个想法上，排除干扰。1975 年的冬天，我在我的宿舍里做了大量的摇摆和踱步。我和保罗睡得很少，可谓夜以继日。当我睡着的时候，常常是睡在我的书桌旁或睡在地板上。好些日子我既不吃东西也不会见任何人。但一星期以后，我们的 BASIC 语言写成了——世界上第一个微型计算机软件公司诞生了。"①

俄国化学家门捷列夫发明了元素周期表后，有人问他："你怎么做梦就能梦出一张元素周期表来？"门捷列夫听后哈哈大笑，反问那个人："你以为做一个梦就能梦出一张元素周期表来吗？你可知道我研究这个问题已经 20 年了！"20 年的潜心研究和学习，他不知要翻阅多少书籍，进行多少实验，才能够产生创新突破。机遇总是垂青那些有准备的头脑，而人们往往不会想到，要想成为有准备的头脑，需要付出多么艰辛的努力和工作。

我们可以这样非常明确地说：如果一个人对某个对象能长时间研究达到 10 年以上，不是这一方面的天才，也一定会成为这一领域的专家。这难能可贵的 10 年坚持呀！这种结论自然可以延伸到美与艺术中。运用 10 年的时间将 M 力凝聚在作品中，将是何种的优化劳动的凝聚！

写出了长篇小说《包法利夫人》的著名作家福楼拜（Flaubert）说过一句话：天才就是一个长长的耐心。他自认为他的天分不是很高，关键在于他比别人更加专注、更加努力。据说，有一个周末，朋友们约他出去玩，他不去。朋友们回来说那地方真好玩，玩得很开心。福楼拜说："我也很开心，我做了件很重要的事情：星期六把一个分号放进文章里，星期天又把它从文章里拿了出来。"

1919 年，马克斯·韦伯（Max Weber）在"以学术为业"的演说词

---

① ［美］比尔·盖茨：《未来之路》，辜正坤主译，北京大学出版社 1996 年版，第 23 页。

中就谈到艰苦劳动对科学发现的重要性。他说，科学的想法有时会不期而至，但"如果我们不曾绞尽脑汁，热切地渴望答案，想法也不会来到脑子里"。高尔基（Gorky）曾经说过："让整个一生都在追求中度过，那么在这一生里必定会有许许多多美好的时刻。""献身科学就没有权利再像普通人那样活法，必然会失掉常人所能享受的不少乐趣。"科学成就是智慧和勤奋的结晶，没有持之以恒的努力很难有大的作为。获得 2000 年中国国家最高科技奖的吴文俊的"数学定理的机器证明"和袁隆平的"水稻杂交"都是 30 多年艰苦奋斗的产物。成功是辉煌的，但创业和探索往往十分艰难，需要付出长时间坚持不懈的努力。

科学发展到今天，使得任何重大科学研究工作都不可能一下子得到解决，一般都需要很多人经过很长时间共同努力的积淀。而这，少不了美的力量在其中所发挥的作用。自然，研究的人越多，所取得的领先程度就越高。在研究过程中往往会遇到各种各样的困难，大部分人退却了，转而寻找那些容易的问题，而成功总是留给那些坚持不懈的人。坚忍精神时常被认为是意志坚强的代名词。一个人有天才的潜力非常重要，而被别人发现，被环境所支持也是十分重要的，更为重要的是一个人的顽强坚持精神。俄罗斯著名的遗传学家弗拉基米尔·帕夫洛维奇·埃夫罗伊姆松（Vladimir Pavlovich Evroimsson）曾经说过，天才应该有"坚定的目的性"。没有意志是成不了天才的。天才做他应该做的事情，有天赋的人做他能够做的事情。

从哲学价值的角度看，一般都会认为："艺术品的价值（价格）由艺术家凝聚在艺术品中的劳动（M 力的大小）决定。"我们却要指出，对一部作品的美的价值的衡量，是人基于某一标准判断体系而做出的判断和优化选择。虽然这种判断将会直接地影响到一部作品的价格，但其实质上则是在衡量艺术家凝聚在作品中的 M 的力量（包括比较判断基础上的优化选择），这自然意味着要通过凝聚在作品中的"劳动"——价值来决定艺术品的价格。这应该成为一种铁律。正如鲍姆嘉通指出的，无论是理论美学，还是实践美学都会服从这种铁律："谁要是仔细地选材，他就能文词流畅，条理分明。"首先是所写的事物，再是将其条理分明地排列出现，最后才是在诸多可能性中寻求恰当的表达。① 在这种情况下，政治经济学中的相关特征便都有了在艺术作品的价值（价格）判断中的地位与作用。

以经济学为基础加以考量时，可以认为，美的价值在于艺术家凝聚在产品中的劳动。无论是创作过程，还是创作结果，都需要表达创作者对更美的追求——更加有力地表达 M 及由此而形成的优化的力量，甚至人在独立地构建出 M 力的单独表达以后，也会再次以 M 作为基本模式而进一步地运用生命的活性做出判断，进一步地与生命的基本力量相协调而做出新的努力。从这个角度看，也就是艺术作品的价值表征了凝聚在其中的 M 的力量的多少（更一般地讲是 M 冲量——M 力与作用时间的"乘积"）。价值越大，意味着艺术家表现出来的 M 的力量就会越强，自然，价值越大，该艺术品的价格就会越高。

抛开天赋等因素的影响，艺术创作过程中表现 M 力的强度越大，艺术品的价值就越高；凝聚在创作中的劳动越多，包括专门练习时间越长，局部优化的数量就会越多，这就相当于人所构建的"优化官子"就越多；考虑的优化范围越大，涉及的因素和环节越多，就能够在更大的范围内实施差异化构建，并通过比较优化加以选择，由此生成的作品的美的程度就越高。

在将对美追求的 M 力凝聚在艺术作品的过程中，一方面表达了艺术创作者对更美的追求；另一方面表达了艺术家能够在差异化构建的基础上形成多大范围的比较优化。这种变异（或称差异化构建）的幅度与人的好奇心，尤其是好奇心增量具有更加紧密的关系。从信息量的角度可以看到，创作者所构建异变的范围与差异所覆盖的范围大小有关，这将取决于创作者运用生命活性本征中的发散扩展力量所形成的异变的幅度。即使是这种差异化所构成的范围，也将使人能够有效地体会到优化的力量。由于人的注意力、好奇心，以及生命的活性本征力量的表现程度有所不同，无论是构建的角度、方式，还是得出的差异化的异变幅度，都会在人的内心产生不同的感受。

---

① ［德］鲍姆嘉通：《美学》，简明等译，文化艺术出版社 1987 年版，第 17 页。

利用新媒体，可以更加直观地表征这种过程特征，或者说通过整个时间过程才能够体现出来的过程性特征，可以更好地表达 M 的力量。比如说，电影一次又一次地重复拍摄一个场景，而且有很多场景在拍摄以后并不使用，但人们可以将这种过程明确地表现出来，使他人明确地看到是如何通过差异化探索形成优化的稳定性模式，并最终形成整体优化的完整艺术作品的。这也是人们更喜欢新媒体的一个重要原因。

（二）马克思主义美学的劳动观

马克思的劳动观中包含着人特有的 M 的力量，以及在劳动中的表现。虽然在当时马克思没能明确而系统地构建出美的价值的理论体系，但我们却能够从其相对完整的理论体系中认识到这一点，并将其理论进一步地深化、系统化。首先，人能够按照人的生命本质来构建美、追求美。这其中包括这样几个意义：

第一，人是按照美的规律来构建——这种美的规律一方面来源于人自身的表现，另一方面来源于人内心追求美的力量及其表现；

第二，人被证明自己是有自我感知意识的类存在物，而且只有在人的身上，这种意识化的特征才表现得更为突出；

第三，人的生产是全面的——这说明了人的意识具有无限扩展性，超出了人的本身，并使其可以完成其他动物的创造与日常行为，甚至能够完成其他动物所不能完成的行动；

第四，人懂得按照任何一个种属的尺度来进行生产。通过从局部到部分，再到更大的部分，由少到多地实现着其他物种在其主要行为特征上由"形似"到"神似"的过程；

第五，人会首先在意识中形成新的期望和构建，并以极大的控制反作用力量再生产整个自然界。这自然包括人可以按照美的尺度来构建，使美的产品逐步地向美的标准靠近；

第六，这种"类生产"所强调的就是生命体的概括抽象能力和具体推广应用能力。这是基于人所特有的强大的意识能力而将不同的美的过程和范畴联系在一起，尤其是将美的理念延伸扩展到其他方面、基于其他特征指导概括升华的过程。虽然都以人的生命活性作为最终的判断选择标准，但其却能够脱离物质的需要，从信息的角度关联、涉及更多的信息、以更加多样的方式将不同的信息联系在一起，甚至更加充分地表达独立信息模式的自主涌现能力，并且有足够的"剩余空间"提供"场所"，在信息自由变换的基础上，通过大脑所表征的差异化构建与比较优化，将具有更加广阔的范围，也将从信息优化的角度使人产生更加深刻的审美感受。

（三）M 力表现得越充分，美的价值就越高

将 M 力表现得越是充分，由此所生成的艺术品的水平和价值就越高。这本身就意味着艺术家更多地将"当量劳动"凝聚在作品中。表现 M 力体现在两个方面：一是在更大范围内构建更多数量的差异化个体；二是通过比较而将更优化的模式选择出来。运用 M 力不断地实施差异化构建后的优化选择，这个过程进行得越深入、重复的次数越多，得到的结果就越美。

二　美与生命活性本征的协调程度

（一）与生命本征的协调程度越高就越美——价值越高

美是人与所有自然物的生命活力最精彩相融的那一刻，是生命最神往活跃的那个方向。正是这个原因，才能产生如潘知常所言的"生命中的最为辉煌的瞬间"[1]，那个瞬间就是更加有力且有效地表达生命的活性本征的瞬间，与之相协调的外界环境，也随之被赋予了"天地之灵"的意义，这就是在与外界环境达成稳定协调时生命活力充分表现的状态。这个辉煌的瞬间绝不意味着单一的浅层次生理需求及满足，而是一种能够激活全部生命认知能力、使所有心智能力有机地结合为一个更大整体的高层次的感悟实践。人得不到食物的痛苦仅仅是生理机体上的痛苦，而人失掉理想追求的痛苦却是在一个人的意识层面表达出来的内心的痛苦，这将更加深刻，也会涉及更加广泛的层面，因为美是一种能扯动人的全部身心本能的生命活性之本，由此所产生的影响也就更加深刻。机体需要只能产生占有需求，而当一种美感生成时，不管是愉悦还是痛苦，目标的距离作用都增强了主体追求的内在动力，也生成了主体向美的方

---

[1]　潘知常：《生命美学论稿》，郑州大学出版社 2002 年版，第 35 页。

向的转移、扩展和升华发展的空间。瓦·康定斯基指出："只有当一幅画淋漓尽致地表现出精神价值时，才能称得上作品佳作。一幅好画应该是这样的，对它的任何改动都会有损于它的内在价值，即使这种改动从解剖学、植物学或其他科学的角度来看是正确的。"[①] 也就是说一幅画达到了最优的程度，对其所做的任何变异性加工，都将破坏"最优"。那么，从一般的情况来看，如何才能做到这一点？作为一名画家（有名和无名），他应该做些什么？而专家所具有的经验在这里会起到何种作用？显然，他会明确：首先，哪些通常的做法会带来越来越好的效果；其次，要想得到更好的，仍需要不断地进行哪些变异性的创新；再次，一些著名画家通过采取何种形式而取得了更好的效果；最后，在这些经验的基础上，仍需要通过哪些变异创新和判断选择才能取得更好。

因此，与人的生命活性本征相符的程度越高，活性本征模式被激活的兴奋程度越高，共性相干所激发的"完美"模式中的局部特征越多，所形成的"完美"模式的吸引力就越大，人对这种"完美"所产生的感受也就愈加强烈。在度量这个完美的协调程度时，我们仍然可以采取两种不同的方式：格式塔法和特征分析法。我们此时应思考：与最完美结构达到了多大程度的共性相干，以及激发出了多少数量的相同性特征？

由于人的个性使然，艺术品可以激发人不同的审美体验，但这绝不意味着艺术品可以不美，或者如人所说：此艺术品在某些人看来是美的，其他人则不一定认为是美的。你可以从这件艺术品中得不到美的享受，我也可以从这件艺术品中得不到美的享受，但一定有人能够得到美的享受，此时它就一定是一件艺术品。也许当前被人认为"垃圾"的作品，几万年以后才能得到那时的人的喜爱。在当代，它能够得到有效保存的可能性就会大大降低。突出强化艺术可以不被人认识到其中的美，但却一定要表达人的生命活性本征，这是造成美学与艺术哲学形式上而非本质上分野的基本力量。

艺术品能够在一种活动中将生命的活性本征力量表达得更加充分，

---

① ［俄］瓦·康定斯基：《论艺术的精神》，查立译，中国社会科学出版社1983年版，第68页。

意味着它能够在更大程度上引导人进入美的状态，同时可以更加有效地维持并充分表现生命的活性，由此而给人带来更加本质的审美享受。

（二）表现出来的活性本征模式越多就越美

能够表达生命活性的图形，往往被人用"传神"来描述——在各个层面上与诸多活性本征达成"同构"。包括使人感受到生动活泼，栩栩如生等，既能够激发人形成更加强烈的信息，也能够恰当地表达人的生命活力，或者说，尤其是其形成了与人生命活性本征的更加协调并在一瞬间能够为人体验感知到时，会给人带来瞬间惊喜式的直接的审美感受。

人就是在其生命的时间内不断地追求至善至美。艺术在于表达人生命活性中本质的力量，艺术品的创作就应该以在日常生活中所感悟到的生命的活性本征为契机，更为准确而恰当地构建生命体中积极向上的期盼与追求，表达人们对更强的努力追求和对更美的力量的渴望，反映人向着更美的状态尽力逼近的力量。正如美国的埃伦·迪萨纳亚克所描述的："艺术是人性中的生物学进化因素，它是正常的、自然的和必需的。"① 当人们选择了一定的构图、布局和结构，能够使人在局部特征、相互关系、整体意义，以及与其他事物的相互作用过程中，产生、体会到这种积极向上力量的神韵时，便能够在一定程度上达到传神的程度。

在这里，我们可以再一次地将艺术善于表达的人的本能做一简单梳理：

（1）人的主动性是一种本能；

（2）发散扩展是一种本能；

（3）收敛稳定是一种本能；

（4）发散与收敛的协调统一是一种本能（生命活性的基本特征）；

（5）构建差异是一种本能；

（6）表现 M 力是一种本能。M 力是发散力与比较优化选择的固有表现；

（7）表现好奇心是一种本能；

---

① ［美］埃伦·迪萨纳亚克：《审美的人》，户晓辉译，商务印书馆 2005 年版，英文 1995 年版前言。

（8）构建期望与理想是一种本能；

（9）满足需要是一种本能；

（10）由不协调到协调是一种本能；

（11）由协调到不协调也是一种本能；

（11）多样并存是一种本能；

（12）寻找新奇是一种本能；

（13）抽象是一种本能；

（14）由抽象到具体是一种本能……

特别说明的是，正是我们在第三章所强调指出的，由不协调达到协调在人的意识中会转化成为一种具有独立性的本能模式。根据稳定模式之间的关联性特征，我们同样可以看出，由协调到不协调也会成为一种本能。这种本能可以形成几种不同的反应：一是通过两种状态的对比而强化由不协调向协调过程实现以后的美的感受；二是通过关联性激活，将两个环节与美联结起来；三是将与由不协调向协调转化模式相反的模式与美的模式建立起联系，由此而使由协调到不协调也成为一种具有审美意义的本能模式。由于这是一种过程性特征，不容易为人所认识，我们将其作为新美学的重要特征之一，就是为了突出这种特征的作用。

陆游有诗云："衣上征尘杂酒痕，远游无处不消魂。此身合是诗人未？细雨骑驴入剑门。"（《剑南道中遇微雨》）陆游将所期望达到的诗人之境界，寄寓于这次"消魂的远游"。唐宋以来，许多诗人在出川或入川之后，诗风大变，诗歌境界往往能够得到很大的提升。后人也特别重视这种境界提升。"宋代也都认为杜甫和黄庭坚入蜀以后，诗歌就登峰造极"（钱锺书在《宋诗选注》中对此作如此的评价，达到一种很高的层次）。当我们进一步地提出，是什么促成了"诗歌境界得到很大的提升"的问题时，详细分析，可以看出其不外乎能够在概括各种具体情景感悟基础上形成更大范围的优化抽象，能够形成更大宏观独立分系统的独立意义，促使人在当前具体的基础上，依据延伸扩展的力量，由此而促进生成境界概括抽象性的提升。由此，陆游此行在剑门道中，在烟雨朦胧的情境里，看到了剑门背后的层峦叠嶂。他虽不能确切地知道其所能达到的"远游境界"是一个什么样的具体的境界，但他却坚信在蜀中叠嶂山峦的远处，一定是自己所追求和向往的、达到"消魂"的理想的模糊性的境界。由此，"细雨骑驴入剑门"的具体行为也就成了诗人追求诗歌意境的提升、追求人生精神的提升的表层显性的明确表达。

人的本能模式是具有层次性的系统性结构。我们可以简单地将其写为：

$$A \Rightarrow \{abc \cdots n\} \Rightarrow \{F_a F_b F_c \cdots F_n\} \Rightarrow \cdots$$

我们这里将其简化为只有三个层次，实际上可以用相应的方法考虑更多的层次。在这里，我们将第三层的元素，比如说第二层元素 e 所对应的泛集元素 F_e 中每个元素的激活都看作以 0 与 1 的方式激活的，也就是说，要么激活，要么不激活。那么对于元素 e 来讲，它所对应的激活的程度，就由所激活的泛集 F_e 的数量以及 F_e 中激活的元素所占的比例来确定。我们内在地认为，以任何一个模式为基础，都可以反复地迭代进行这种结构。

通过和谐共振激发某种本能模式，是一种质性的激活，在这里并不描述其在量的程度上激活，只是可以设定一个阈值，考虑其可能度达到或超过某一个值时，就认为已经被完全激活而处于兴奋状态。如果没有达到足够的程度时，就认为其不能被激活，也就意味着该模式不能表现出其应有的作用，不能在对其他信息模式的变换过程中发挥激活、联想、迭代、控制变换的作用。在此过程中，表达美的感受与所激发的美的局部特征在数量上的非线性关系，会表现出突变的过程特征：当所激发的局部特征的数量达到一定程度时，会让人突然形成最"完美"的感受，虽然此时并没有激发出全部的"完美"泛集中的所有元素，但仍以其一定美素的兴奋而组成了一个稳定的美的兴奋泛集。

（三）能够激发人产生更丰富联想的作品更美

美的价值更高的艺术品往往能够引发人产生更加强烈的和谐共鸣，引发人产生更多的联想，引发人产生更多的情感，促进人构建出更多的意义，引导人在更多层次上建构与联想等，能让人看到更多的美的特征和表现出来的更美的程度，最终能够引导人从更多的角度、模式进入更全面的美的状态。

从特征分析模型的角度来看，激发的美的元素越多，被人们普遍认定的美的可能性（超过一定阈值）就会越高，激发出来的美的模式越多，共振相干地进入美的状态的程度就越高，人们所体会到的美的确定程度就会越高、美的感受也就越强烈。虽然这取决于欣赏者的知识、能力和素养，但当欣赏者从多个不同的角度、层面来理解相关的艺术品时，应该能够从中构建出更多的意义，而不只是看到作品当前的感觉图像所直指的意义。

这第一个方面取决于人对艺术品的熟悉的程度，第二个方面取决于艺术品所形成的新颖性刺激的强度，第三个方面则取决于两者之间所形成的恰当的对比与比例。显然，艺术品所表征的信息的熟悉程度、新颖程度，以及两者之间的比例与生命的活性状态能够更好地吻合，或者说正好落入到其活性区域的中间值区域时，就能够带来更加强烈的审美感受。

这里还包括是否能够引导欣赏者真正地身处其位。情感、语言、行为、整个大的场景，以及由此而形成的更高层次的热闹场面扑面而来，使人身临其境，并能够设身处地地考虑相关问题。由此稳定性信息出发，能够促使人产生更强的发散性扩展力量，激发人产生与此虚拟的环境相关的更多信息和思想，吸引人更大部分的注意力，通过相似而形成更加广泛的联想，通过新颖刺激而形成更加深入的新奇构建和体验，引导欣赏者将更多自身的审美经验并入到当前的审美体验中。

（四）表征更强优化抽象能力的作品更美

人会在众多的模式中，通过差异化构建主动求异的方式，在众多可能的模式中，将恰当［自认为的（局部）"最美"］的模式构建选择出来。最美的程度主要取决于创作者以多大的力量去"寻优"，尤其是是否能够将 M 凝聚在艺术品的创作过程中，包括寻优的力量、趋势与期望，他们是否从内心想（有多么地"想"和期望，也就是说，其中表现出了多大的 M 的力量）创作出最美的作品。

当以更多的局部特征、更加多样的情景为基础，由此而构建出更多的意义时，人们会基于生命的活性，依据这些意义的多样并存，在其自身构建所能激发美的状态的基础上，通过表现生命活性中收敛与发散之间的相互协调性关系，在收敛性的力量而表达出的优化抽象力量的作用下，在 M 力的促进作用下形成更高层次的升华性的美。

我们在这里要进一步地强调，虽然这种优化抽象能力是人的本能性能力，但仍然需要专门强化和提升，使其达到足够发挥其应有作用的"阈值"，从而变得更加突出。这一方面是由于客观世界变得越来越复杂；另一方面是人内在地受到各种因素的干扰和影响，阻碍了美的能力的发挥。从这里，我们也就能够更加清晰地认识到美学、美育在人文社会学科中的关键与核心地位：如果只有艺术形式上的美育，却不能对人的思想产生足够的影响力，这种程度的"有"还不如"无"。

（五）反映创作者最大潜能与乐趣有机结合的作品更美

艺术品的价值还与是否能够建立起与创作者的最大潜能之间的有机结合密切相关。价值更高的艺术品能够激发出更多与最大潜能相关的局部特征和意义，使他人更习惯于在差异化构建的基础上形成更大程度上的多样并存，能够更加娴熟地选择优化出诸多元素中更美的局部结构，更加自如地协调各个局部元素美之间的关系。

艺术家在创作艺术品的过程中，涉及是否处于"最佳创作癫狂"状态。这种"最佳创作癫狂"意思就是一个人处于其一生中的创作巅峰。一个人处于"最佳创作癫狂"的灵感状态的时间是有限的。那么，在此种状态下，针对一件作品的激情创作的时间越长，创作出来的艺术品的价值就会越高，也就有更大的可能会成为"传世佳作"。在这种"流畅"的"最佳创作癫狂"状态下，一是人能够迅捷有效地将各种差异化的模式构建出来并迅速地加以优化判断；二是人能够有意识地在某些指标的控制下进行优化构建，将更符合优化指标、在优化指标方面表现得"更"好的模式构建出来，供创作者选择；三是能够拓展、构建、激活更大的心理空间（尤其是剩余心理空间），使人形成并保持更强的包容能力，容忍更具差异化的信息模式的同时并存，并保证人能够在同时并存的基础上，通过相互作用形成更美的模式；四是形成对差异化构建程度的进一步强化，促使人在这个特征上有更强的建树；五是能够更加有效地协调局部特征之间的联系，形成相互补充、相互支持、平衡有序的"完美"整体。中国传统书法艺术在创作时讲究一气呵成，追求的是创作者在平时练习中已经寻找到了的、符合自身个性特征和所追求的理想的、代表着其所理解的最美的结构的字体，在创作时能够将这种对美的认识与理解凝聚在作品中，并最终形成一幅完整的作品。

三　完美的程度与美

（一）符合更多人的审美经验

价值更高的艺术品激发更多的人的认识、感受、体验与领悟，得到更多人的赞赏与肯定。得到欣赏与肯定的人数越多，该艺术品的价值就越高。比如说，在拍卖会上，举牌（参与竞标）的人越多，意味着欣赏、喜欢该艺术品的人就越多，反映了该作品能够更高地使人得到艺术审美的提升，该拍卖品的艺术价值、美的价值也就越高。

对美的价值判断，自然涉及欣赏者的主观性、意向与所具有的知识和所形成的审美观照。这是运用人的审美心理模式而将创作者与欣赏者结合在一起的必然结果。所谓的欣赏过程，就是将艺术信息与人内心的美的模式相吻合、相协调的比较判断过程。在此过程中涉及人在当前信息作用下的美的模式的构建与重新"观照"的过程。审美过程既可以表现在艺术创作的过程中，也可以表现在人欣赏艺术的过程中。人在艺术欣赏过程中，并不是一下子将内心所形成的完美的意义完整铺开，而是通过局部"阅读"的方式，按照书的方式，"一页一页地逐步展开"，从局部一点一点地领悟艺术品所构建局部美的特征，将其上升到概念的基础上，再与人内心美的整体模式相协调，并通过共性相干而进一步地激发这种完整的美的模式，甚至只是向更美的状态逐步转化。如果不能完整地体悟到一幅作品的各个层次的美及整体上的完美，就只能采取特征分析的方法一步一步地从局部展开优化性的欣赏。这将取决于人所能够认识到的完美的处于兴奋状态的美的元素的数量和彼此之间的协调（完美）程度。

一是，"完美"的模式的系统性表征。

二是，"完美"模式的局部构建。

三是，具体艺术品局部特征的概括与抽象，将其具体表现概括抽象为若干局部特征。这其中，局部特征之间的相互作用关系，都将作为其中的局部特征而纳入到作品的完整意义中。

四是，将这些局部特征所组织的艺术品的局部特征集合与"完美"模式泛集相比较。

五是，通过比较异同和程度在相关方向上的变化，给出具体判断。局部完美与以局部特征为"基点"所形成的整体结构的完美，从某种角度讲，也是更加抽象概括的完美。那么，在具体地表现出了由底向上和由顶向下的过程以后，对于这种概括抽象的完美的理解将会更加深刻、丰富和具体。

（二）符合更多的逻辑制约

各个审美因素和特征彼此之间的状态和变化应该符合：第一，客观规律；第二，社会习俗；第三，习惯性行为；第四，约定成俗的规则；第五，概念的内涵与外延的逻辑限制；第六，人为界定的某种规则。无论是意义，还是情感、形式，都应遵循一定的规律和社会的习惯性模式所形成的规律性逻辑和社会习俗性逻辑的限制。当相关的过程表现出这种符合逻辑的行为，而且人们已经认定了这种逻辑关系规则时，就被认为是恰当的。而违反这种逻辑，就会给人造成不合理的认识和感受。这其中还包括一些通过扩展、变异而形成的只在一定程度上符合上述逻辑关系的整体性关系。

更直接地看，局部特征之间不应出现相互矛盾、相互否定、相互排斥的现象，应做到彼此之间的相互补充、相互说明、相互照应，通过自洽在内容与形式、各个局部与部分、部分与整体之间呈现出的相互支持，形成符合规律、符合审美经验、符合逻辑的一个完整体。

研究判断逻辑性限制，存在所谓的合理性的程度度量，既存在对判断合理性的程度的问题，也存在选择何种特征作为合理性判断标准的质性基础。尤其是涉及了各个环节之间的过渡转化时，处理得越协调，在共同力量的作用下，越是能够保证其中所涉及的相关因素和环节都是合乎逻辑规则的，其合理性也就会以较高的程度被认可。在通过相关信息，引导他人产生更多与此相关的合理性关系时，该意义的合理性就会得到提升。

在作品的内外因素上，我们更加关注内在因素的影响。一般认为，内在协调性越高就越美。不同的活性本征使人从不同的角度进入稳定协调的美的状态。同处于生命的活性状态时，不同的活性本征本就由于差异而处于不断的相互作用过程中，这种作用也将进一步地促进着生命结构的不断变化。从艺术品的角度引导人将不同的活性本征有机地协调为一个统一整体，将是艺术追求的重要方面。

在这里尤其应该注意，艺术作品中所体现的已知与未知特征的比例应该与生命的活性比值相同构。而且能够为人所感悟到的差异应该有可能表现在更多的方面和层次。这就意味着，创作者一方面应更加详细而准确地描述人在熟悉的生活情境中的审美感受，力图与人所熟悉的状态形成更大程度上的和谐共鸣，使各种局部信息之间在更大程度上具有服从更多局部逻辑的局部关系（尤其是超过出相应的阈值）；另一方面则尽可能地引入新奇的、变化的、未知的、复杂的美的元素，通过与人们熟悉的元素集合一起构建出恰当的比值关系，达到与人的生命活性比值相适应。

（三）具有足够的综合完整性

艺术创作者会努力使各局部美素之间的相互关系在更大程度上满足人们所习惯的各种逻辑关系，保证彼此之间在相互补充又相互制约的基础上，形成一个完整的整体。这种相互作用的力量会在其形成整体意义的过程中为人们所识别，由此而组成的整体意义与局部美素之间相辅相成的促进作用，最起码不会有相互矛盾和相互否定之处，也不会存在明确的缺陷。在此过程中，符合更多逻辑制约、达到不同活性本征模式之间相互协调的状态时，人就会在这种由不协调而达到协调的过程中，体会到更加强烈的美感。这也就潜在地要求，一是作品应该是完整的，这包括形式上的完整性、意义上的完整和逻辑上的内在完整性。当然，所谓的"残缺美"的存在会干扰人们的判断与思考。德沃夏克（Dvorák）的《未完成交响曲》再伟大，也总会在人的内心留下遗憾，却也因此给人带来了另一种特征的审美——引导人通过探索而构建完美，或者说留下更强烈的期望。同样，"断臂的维纳斯"再美也不完整，人们也许会认为，这恰好可以引起人们更强烈的共鸣与遐想，但这种想象仅仅是在残缺的基础上的扩展性想象，这本身仍然是人们力求其达到完整程度时的联想。或者说，人们可以依据自己的想象努力地构建出更美的完整作品，甚至只是带着这种一定能够构建或存在完整而更美的期望，只是将这个期望模式稳定地显示出来。优秀作品能够使人产生更多想象，并引导其在想象的基础上展开优化构建；二是能够综合概括更多的意义。如果人们在展示感性欣赏的同时，还能够以此稳定的模式引导人延伸扩展地欣赏到其他潜在的、隐喻的、在直接意义之上存在的另一种意义所激发出来的美感，将已经说出和未说出、表面的与隐含的达到更大程度的协调，它所具有的美的价值就会更高。

在此，所考虑的因素越多，我们所看到的局部特征越多，需要协调的程度就越高，所形成的综合完整性也就越高。

（四）具有娴熟技巧与更多已经优化的美素

艺术品价值的高低，取决艺术家是否已经掌握了足够多的局部的美的元素，他们在以往是否能够准确地把握相关艺术领域的基本技能，是否能够娴熟地运用这些美的元素及其恰当的变形而构建出基于主题意义表达的更加宏观的美的状态。

马尔库塞认为："和谐性的幻象、理想性的造型以及与这些相伴随的将艺术抽离出现实，这些东西就是审美形式的特质。"或者说已经达到和谐要求的优化后的幻象，具有理想性特征的造型等将艺术抽离出现实，成为被人们单独关注、把玩和表达的客观对象。[①]

在其技法达到足够娴熟的程度，能够习惯于运用 M 的力量构建更多局部优化的结构，在有效而迅捷地协调各个局部特征之间关系的基础上选择、构建出最美的结构和构形，能够使人直觉地朝着构建完善结构的方向持续性地付出努力并将其构建出来。自然，还取决于创作者在创作艺术品时表现出来的所谓"才气"，就是在相关领域能够迅速地构建比他人更好、更美的成果。这种能力表现得越强、超出他人越多，越是被人认为其能够表现出更大的"才气"。毕加索在很小的时候就能够表现出绘画才气、莫扎特（Mozart）也在很小的时候就表现出了音乐才气。但这是天才，而我们更加关注平常人。

---

① ［美］马尔库塞：《审美之维》，张小兵译，生活·读书·新知三联书店 1989 年版，第153 页。

四　复杂程度与美

在美的模式中，人们假定或者先期认定存在一定程度的美的稳定性模式，并以这些稳定的模式为基础而展开变异、延伸和扩展。一旦人们习惯于、娴熟地运用一种方法将自己的感受准确地表达出来，就有更大的可能性创作出世界级的著名作品。

要将 M 的力量通过艺术家所熟悉的方法创作成一部复杂的作品，想来也不是一件容易的事情。既要表达出这种美的元素，又要考虑与其他元素之间的相互协调，同时还要更加有效地促进整体意义的进一步提升。这尤其需要足够的时间保障。虽然这种表现要借助具体的事件、环境、意义来表达，我们也能够看到这种 M 力量的大小，甚至已经表现出了想要表达 M 力的强烈愿望，但要创作出完整而复杂的艺术品，则需要付出更大的努力。任何一件作品，都应该是艺术家因不断地表现 M 的力量而最终创作出了在某个特征表现上"最美"的作品。累计的 M 力越多，作品的价值就越高。

（一）艺术品的复杂性由等效创作时间来度量

艺术品的复杂性和创作者处理复杂问题的娴熟程度，在批评家对艺术作品的评价中具有重要的地位。专业化的发展、技能的不断提升，使人在展开艺术创作时，会考虑到更多的影响因素。艺术品创作会涉及各种艺术元素的数量、种类，以及彼此之间的关系和各个层次的意义等，涉及人的情感、意义、道德价值观和人生追求等。而在不同的艺术表达形式中，也会与特殊的艺术表达形式相结合而形成不同的重要环节。如在绘画艺术中，涉及画面的大小、色彩的多少、人物的多少及分布、线条与结构的布局等诸因素。对于音乐作品，涉及音乐作品的长短、音乐结构的复杂度等。对于小说来讲，涉及人物的特征及数量、场景种类的数量、彼此之间相互关系的复杂性，彼此之间相互协调关系的数量，行为与心理的差异性，以及对整个艺术作品的影响等。我们如何才能综合性地考察这些局部特征在整个艺术品中的价值与地位？

在复杂性理论中，常用时间的长短来具体度量一个对象的复杂度，由此，我们可以简单地用艺术家创作一件艺术品时的时间长短来决定其复杂程度。当然，我们这里应该首先界定与不同艺术体裁相关的"当量"的创作时间，再通过艺术家在创作艺术品时所表现出来的当量的创作时间的数量来确定其复杂程度。

通过前面的研究我们已经看到，专门的艺术创作活动的结果表达着M力量在较长时间内持续表现的结果。由于艺术品的复杂性，我们可以从艺术家创作艺术品的过程开始研究。我们假定，一件艺术品涉及 n 个因素，在对每一个因素进行寻优优化时，将优化（美化）单个因素的寻优时间记为 T_i（ $i = 1$, 2, n），在不考虑因素之间的相互协调的复杂性时，可以将其平均创作时间记为

$$T = \sum_i T_i \qquad (11-21)$$

当然，我们可以认为，艺术家不需要也不能在所有的方面都优化。优化的元素越多，艺术家凝聚在作品中的美的劳动就越多，该作品的价值自然就越高。

局部特征之间的相互协调，是组成完整艺术品的基本因素，艺术家在创作过程中需要考虑如何协调彼此之间的关系，考虑是否遵循世俗法则和事物的运动变化规律。如果我们只研究在众多因素中，只有 p 个核心因素需要考虑彼此之间的协调关系，而且只考虑两两之间的相互关系，此时，则需要考虑 $C_p^2 = p(p-1)/2$ 个协调关系，考虑每一个协调关系，并将其达到最恰当、最优的时间记为 T_p ，那么，对于这件艺术品的平均优化时间将为

$$T = \sum_i T_i + \sum_p T_p \approx nT_i + p(p-1)T_p \qquad (11-22)$$

此时

$$nT_{imin} + p(p-1)T_{pmin} \leq T \leq nT_{imax} + p(p-1)T_{pmax} \qquad (11-23)$$

如果一位艺术家在艺术品的创作过程中没有达到其"平均复杂程度"，那么艺术家在此件艺术品中所"凝练"的美的价值就存在很大的不足。注意，这里涉及平时通过练习所形成的局部艺术元素的优化时间和平时的思考。

（二）过程化的艺术表现

当前人们视野中的电影、电视、网络、手机、"自媒体""抖音"等，

以在一段时间内完整地记录整个事物变化发展过程的方式，使人能够更加清楚明确地看到在整个过程中 M 力量的具体表现，使人能够更加清楚地看到事情在哪个特征上尽可能地向着最优化（局部上的）的方向一步步地逼近。因此，这种形式的艺术表达，将更加有效、直观地保证人对这种潜在的力量有效地感知、构建和提炼，使之成为指导人进步的显著性的媒体力量。

无论是表征形式上的美，还是表征意义内容上的美，甚至是以各种具体意义为基础所组成的更高层次的意义上的美，都具体地表达了以下的过程：

1. 表现出了优化过程

这其中自然涉及基于当前模式的差异化构建和将众多不同的模式向某一个稳定模式的辐合式联系，通过这样两种不同过程的进行，促使人在局部的差异化构建与比较判断的过程中，选择构建出局部的优化模式，并将优化的过程、对优化的追求，以及优化的结果一起，作为对美追求的核心特征。

2. 表现 M 力

过程化的艺术更加注重通过具体的过程和细节表达其中诸多对美追求的力量。更能自如而有力地表达出对美努力追求的力量，也由此而更加突出地表达出 M 的力量，还会由此而表达出基于 M 力的更进一步的过程，促使人在当前模式的基础上，构建更多的差异化的模式；基于对当前状态的认识，构建出满足某种指标要求的更进一步的向"更好"转化的过程。

3. 表达以生命的活性本征为基础的人的生存能力

无论是生命的活性本征，还是进化到人的层次以后受到意识的强化而形成的更加宏观的人的本能模式，都是基于时间变量的过程性特征模式。这一模式需要在由一个状态向另一个状态的转化过程中被人所认识、固化，因此，只有在以过程为基础的艺术展示中才能更加有效地表达。绘画、雕塑等艺术手段只能表达出某一时刻的状态和向另一时刻的状态转化趋向的力量。因此，在艺术表达中就存在一些固有的缺陷。如何在传统艺术表达手法中更加有效地表达出人的生存能力，还存在更多需要考虑并加以解决的问题。

（三）局部特征的优化与美的价值

一部完整艺术作品的美的程度，与其复杂程度具有紧密的关系。其中，其与局部优化的数量的关系尤为紧密。

1. 局部特征优化的程度

基于意义的特征化模型，我们首先将一种完整的意义分割成若干不同的局部特征、环节和层次，然后将优化的力量与 M 力相结合，将注意力集中到局部模式上，对相关的局部模式展开优化。局部最优是构建整体最优的基础。

2. 被优化的局部特征的数量

被优化的局部特征的数量越多，艺术品的价值就越大。比如，最简单地，我们在评价一幅书法作品时，往往会看其有多少"败笔"，但当我们从另一个角度欣赏作品时，也会对该部作品中令人产生美的感受的"笔锋"大加赞赏。人们总是津津乐道于王羲之的四十个"之"字的不同写法，这些富有特色的众多的局部优化结果，会以其差异化的最优结果而强化艺术品的整体品格。

3. 被优化的局部特征之间的协调程度

已经被优化的局部特征彼此之间并不构成必然的优化协调关系。正如系统论中指出的，局部优化并不意味着整体优化。这是一个复杂的自组织动力学过程，即使是已经被优化的局部结构，还有可能在从更大程度上构建彼此的相互协调的过程中发生变化。在这里，我们一般会更加关注全局最优、整体最优，因此，局部的优化应服从全局优化指标、方案和结果。即使是已经达到了最优化的局部模式，也需要根据全局优化的需要进行相应调整和变革。这其中应该注意，局部的优化仅仅是基于局部视野下的优化，基本没有考虑到更多的影响因素和影响环节，当我们从整体的角度来考虑优化问题时，会引入更多的因素和更多的环节，需要考虑的范围也会进一步地增大。

这需要我们反复地进行这一过程，在局部优化的基础上，展开彼此之间的相互协调，依据相互协调的需要而调整局部的结构，并在调整需要的基础上，进一步地协调局部特征之间的关系，从而通过局部优化的相互促进与补充达到整体最优化的结果。与整体相协调的局部最优化结果，将对整体的最优化起到足够的促进提升作用，而这种作用取决于彼此之间是否是相互促进、相辅相成的。

（四）复杂性由局部创作的等效时间和彼此之间关系的协调难度来度量

通过第五章的研究我们可以看到，当我们采取"由底向上"的优化方式，在某个特征标准的控制下，通过比较而优化出使标准达到极值的模式时，再回头反思该优化后的模式与其他模式的关系，能够获得更大的美感。这也就意味着，美感的程度与信息模式所能对应的信息量具有某种确定性的对应关系。

当我们从整体的角度来构建局部特征之间的协调关系时，一方面要涉及能够被人所认识到的相互促进、相互补充和相互支撑的意义；另一方面还涉及能够表达在更大程度、多个层次上达成彼此之间相互协调的关系。从系统论的角度来看，一个局部特征不只是在同一个层次通过与其他局部的相互作用而形成一个整体意义以后就"截止""淹没"了，而是会在更高的层次发挥作用。此时，如果能够同时从更大的整体上认识到局部的优化，也就能够从整体优化的角度充分考虑局部的优化。

当然，这里涉及人是否有充足的能力展开各种局部优化基础上的整体关联以形成整体的优化。同时从整体的角度考虑各个局部特征的优化问题，因涉及更多的问题，将给优化带来更大的困难。尤其其中还有可能会涉及整体的优化与局部优化之间的综合评判。我们可以以局部优化为基础，在整体优化的过程中，不断地实施局部优化，从局部优化与整体优化的角度同时出发，相向而行，采取"两边夹"的方法，最终使局部与整体都能够达到最优的结果。当然，在不能协调时，就只能舍弃局部最优而保证整体最优了。

其实，越是复杂的艺术作品，能够被欣赏者激发出来的、被关注的局部特征越多，意味着当前通过优化被选择特征的信息量就越大，相对应地，艺术家在创作时，涉及需要优化的局部特征就越多、优化的难度就越高。已经优化的局部特征越多，则该艺术品的价值就越高。当然，也就为艺术品的欣赏带来了更大的难度。当人们面对越来越多的局部特征而不知其意义，不能便捷地知道该艺术作品美在哪里，甚至还存在更多的未知因素影响其与生命的活性相协调，对艺术品的赞同性欣赏就会变得越来越困难。要么需要在具体的创作过程中进行优化，要么需要通过平时的练习而提前优化，需要将这种局部优化的结果牢牢地记忆下来，以便在需要时能够顺利地将其表达出来。

因此，在构建出了诸多优化的局部模式以后，就必然涉及各个局部优化模式之间相互协调的问题，彼此之间多种多样可能关系的存在也会因为整体复杂性而使协调过程变得更加困难。越复杂，需要考虑的各种因素之间相互协调的层次就越多，各个局部特征之间相互协调的难度就越大；各局部特征彼此之间的冲突也有可能进一步增多，形成的意义就会更加多样，在优化决策时就会产生足够大的不确定性和困难，为选择决策带来足够大的困难，由此所产生的不确定的影响就有可能严重地影响当前的判断选择。从另一个角度来看，越复杂就越有可能激发出不同的美的理念，这一是会对当前的美的理念表达产生干扰，二是有可能会引导艺术家由当前的美的表达转移到另外的美的表达过程中，三是多种不同的美的理念会让艺术家不好决策，也有可能因此而放弃基于当前美的理念的艺术创作，四是会增加艺术家在优化选择时决策的难度，并由此而影响艺术家的深度创作。

（五）艺术品的复杂性会成为其价格度量的重要因素

1. 对复杂的艺术作品的评判

艺术品的价值一定程度上体现在它创作的难易程度上。人们为那些恢宏的作品所震撼。越是复杂的作品，在考虑局部信息之间越来越多的复杂性关系时所花费的心思就越多，人们所产生的感触就越多，联想出来的其他信息就越多，引起的美感也就越丰满、宏大和深沉。

2. 对包含了更多艺术元素的作品的评判

通过艺术成果，能够让欣赏者看到艺术家本人平时艰苦训练的成效，平时经验与"积攒"下来的优化后的经验，以及在应对各种情况下人们通过差异化构建所形成的多样模式基础上的比较优化的结果，由此而体现出艺术家的劳动，那么，该艺术品的价值也就会越高。这里就体现出了艺术品的价值与价格的相关问题，也可以认为是艺术家将自己的"当量劳动"凝聚在了艺术品中。

最起码人们具有这种基本的心态、观照模式，引导着人从哪些方面入手展开研究与讨论、练习与创作，导致其在创作作品时能够浮想联翩，尽可能地展示 M 的力量，并在比较优化力量的有力控制作用下，做到灵活自如和得心应手。这些方向在很大程度上反映出相对比较优化的方向，虽然没有直说其是优化得到的，但其潜在意义已经非常明显。

"庖丁解牛"的技能是"庖丁"在长期的劳动实践中熟练并优化出来的，是其达到领悟的程度。那些经过长期探索优化的高水平的工匠们，也能够随心所欲地展开各式各样的行动，并由此而构建、选择出最美（最省体力、最短时间、最快捷、最有效率）的动作。高水平的艺术家们能够他们能够自如地将那些原理、规则、关系和优化的行为模式浑然一体地融入整个作品的创作过程中。在书法作品中，在字的规则约束下，他们能够自如地表达力、关系与美。在书法作品中，能够达到的最美的字的多少也反映着作品的价格。这种随时间而具体展开的动作，更加贴切地表达了 M 的力量和比较优化的力量，无一不体现着艺术的光辉。

在中国传统的诗词作品中我们可以更多地看到创作者在相关特征上所作的更大程度的探索历程。优秀的诗词作者，能够更多地通过异变基础上的多样化并存，选择出更为恰当的表达和意义："推敲"——在差异化构建的基础上比较优化，选择出更美的形式结构。在中国特有的对联中，更能反映创作者的独具匠心和为此所做出的不懈的努力。白居易在《忆江南》一诗中写道："日出江花红胜火，春来洪水绿如蓝，能不忆江南。"李清照在《蝶恋花》中写道："独抱浓愁无好梦，夜阑犹剪灯花弄。"再比如，宋人宋祁在《玉楼春》里写道："绿杨烟外歇斯底里寒轻，红杏枝头春意闹。"看到这些堪称"绝句"的诗词描写，人们往往会不自觉地想："真是令人感到惊奇呀！""他是怎么想出来的，我为什么想不到？"

在工艺美术创作中，同样能够看到这种差异化构建基础上的比较判断优化的努力。这里的"工"并不代表着"工厂"，而是为求得美所形成的艰苦的劳动、探索与制作。正如创作一把精美的茶壶，是通过艺术创作者的艰苦劳动，将自己对茶壶的理解与认识、将自己在内心所构建出来的对于"最美的茶壶"的认识具体地表现出来。无论是茶壶的功能和使用，还是茶水出口的形状、顺畅圆润程度都将体现出优化的过程。诸如手把与壶嘴之间的比例关系（是否协调，包括把、嘴与盖是否在一条直线上），壶嘴是否与壶体处于垂直的位置方向等。人们还会考虑到倒出的水流的形态。有时，会考虑在茶壶中装满茶水，人们手把茶壶而将水倒出来时的用力（费力或便利）程度，壶盖与壶体之间的紧密程度，壶体表面及内部的光滑程度，装饰、图案，以及字的精美程度等。当然，壶的用料也是非常重要的。人们在使用精美的茶壶泡茶时，心情会变得不一般。根据壶体的大小及人们装茶的多少，在不同的水的温度和冲泡的时间长短下，结合茶叶的品质，得到的茶水的品质也是不一样的。这些因素的综合考量，最终决定了人们对某一件茶壶的美的判断。

人们对复杂性的感知和认识，会对美的差距的感受产生足够的影响力。从而对人们形成美感产生足够的影响力。

（六）美的层次越高，涉及的信息量越大，美的程度就越高

从艺术创作者的角度看，引导人体会到由不协调达到协调时所付出的心血越多，在作品完成时，带给人的艺术震撼冲击力就越大。从信息量的角度来看，复杂度越高，带给人的新奇性冲击就越大，由不协调达到协调的难度就越大，需要人付出的努力就越大，自然，对人所形成的刺激就越大；越复杂，满足人的好奇心的难度相对就越小，意味着在满足好奇心方面能够给人带来更加强烈的愉悦性感受，能够使人更容易地体会到这个方面信息作用所带来的快感。这里有一个简单而直观的结论：在其他因素相对不变的前提下，画幅越大，其价格就会越高。在评判过程中，人们有时会将画幅的大小作为综合考量的一个因素。经常以一定的"分量"而对其实施加权平均。有时，在其他因素相对不变的前提下，这个方面就成为人们需要重点考虑的因素了。

基于艺术作品的复杂性特征，达到整体协调的难度会以复杂度的高低而在人的内心产生"更"难的感受。这就意味着，艺术品所表征的美的因素越多、越复杂，M 的难度就越大，艺术作品完成时所包含的"劳动"就越多，其价格就越高。同样是达·芬奇的名作，《蒙娜丽莎》相对于《最后的晚餐》创作难度会小很多。

这里还存在一个不可忽视的因素：艺术作品的复杂性还体现在艺术

家与欣赏者之间距离的大小上——欣赏者不能给出如此完美的作品（无论是欣赏者不能受到环境的影响而激发出如此美的状态，还是欣赏者不具有娴熟的技能而不能将其准确、恰当而优化地表达出来，其中也包括欣赏者不能忍受长时间的艰苦劳动，不能忍受各种局部上的优化和由此所带来的不确定性）中具有符号性意义的优化的局部、部分，以及整体的意义时，诸多艺术元素都将不能有效地反映出足够的美的意义。这些局部艺术元素就不能在更大整体上通过相互协调而形成新的意义，也不能通过和谐共鸣的方式激发人进入美的状态。当人们认识到作为欣赏者的自己与艺术家之间诸多的差异时，在欣赏者的内心也会提升艺术作品的复杂程度。

作为一般人，也有可能想要表达与艺术家相同的想法，却因技能达不到要求做不到局部优化、完美，尤其是不能在这种表达和构建过程中养成探索构建的习惯，不能顺利地构建出更加多样的差异化模式，不能从中加以优化选择，最终不能取得相应的艺术成就。

（七）美的层次与本征表现难度的关系

美的层次越高，涉及的信息之间的关系就越多，创作出来的作品的复杂程度也就越高，表现人更多的活性本征模式，并与之达到更高程度协调的难度就会越大。高层次的美的表达经常是：第一，有了其他的需要；第二，建立在低层次需要满足的基础上、包含着低层次的需要；第三，建立了更加广泛的联系过程；第四，经过了概括抽象的过程；第五，形成了美的理念、抽象的概念、具体的形象、客观的实际之间更加紧密的联系［存在多样并存基础上的优化选择，或者所对应的泛集中有更多相同（相似）的局部特征。］在这里我们应该能够看到，激发出来或者想表征的生命的活性本征模式越多，彼此之间相互协调的难度就越大。真正地达到了彼此协调时所产生的稳定状态时，就能够引导人更加全面地进入美的状态。

五　美与缺点的消除

在我们不掌握其他因素，从另一个角度来思考"完美"的程度时，可以通过"败笔"的数量与阈值来判断艺术的价值。

（一）错误越少在一定程度上意味着越完善

人们对自己所创作出来的作品展开评价时一般有两种不同的方法：一是发现美的要素的方法；二是发现缺点和不足的方法。人们潜在地假设：在一部作品中，反映美的要素越多（使人能够让更多的活性本征处于兴奋状态并相互协调），该对象就越美、艺术价值就越高；与此同时，该对象的不足与缺点越多，则该对象就越差、艺术价值就越低。基于此的综合性的方法则是时而看其美素的多少，时而看其缺点、不足的多少。最终会形成一个综合性的判定。

以艺术品中被人看到的错误、败笔的数量和典型性来决定艺术品的完善程度的方法，与鲍姆嘉通对美的定义存在内在的联系性：越完善就越美——缺点越少，就越完美。

（二）克服缺点和不合理之处是提高美的程度的基本方法

诚然，没有缺点就不能更强地体验到美，但当我们将注意力集中到缺点上时，显然，缺点越少者，距离完美就越近。不断地使美的元素越来越多、越来越稳定、作用越来越大，是构建美的一种方式。而人们看到当前的不足和欠缺，并努力克服、改进，使缺点和不足之处越来越少，也是一种达到"更好""更美"的有效方法。在此过程中，应努力地将自己从不足之中摆脱出来，运用 M 力，在最大程度上克服缺点和不足。人们会在这个过程中，进一步地形成：改掉缺点向更美好的状态进步的稳定性模式，将"克服缺点和不足"，作为一种独立的模式，就意味着与对美的追求建立起了直接的对应关系。

（三）运用 M 力追求更加完美

在对美的不懈追求的过程中，人们会牢固树立起"克服缺点和不足"的意向与态度性心理，并将这种模式独立特化出来，在保证其具有足够的自主性的基础上，在意识层面通过建立与各种信息之间的关系，促使人在联系各种具体情况的过程中，通过使更多的优点信息处于高兴奋状态而占据更为重要的地位，有效增强更加完美信息的可信度。

从某种角度讲，当人们看到由缺点多的状态向缺点少的状态转化的过程，并将这种消除缺点的过程也作为一种模式独立特化出来时，所克服的缺点越大，克服缺点以后，在人的内心产生的美感就越强烈。

六　众人选出好作品

人们往往习惯判断一件作品是否是美的。但众人口中的是否是美的，是需要进一步研究的。这需要具体确定个人与群体对该件作品是否是美的判断的阈值。

（一）符合更多人的审美经验的

美的价值有几个方面的意义：

一是美（艺术品）在人的各种活动中所能发挥出来作用。美在人类社会中的地位越重要，则人类社会赋予艺术品的价值就越高；

二是艺术品作为商品时的价值——价格——由市场因素决定。价格越高，人就潜在地认为其艺术价值越大。当然，这两者之间往往不具有严格的对应关系；

三是作为一件艺术品所能达到的美的标准的程度，或者说，度量一件艺术品达到"完美"状态的距离——与完美差异的程度。由于完美状态并不存在，那么，这个方面的判定就存在一定程度的假设和相对性了。

从一般逻辑的角度来看，一件艺术品与"完美"的程度越接近，其市场价格就应该越高。但这种完美，是在当前具体形态下的"完美"，与人在内心所构建出来的期望性的抽象"完美"状态，还是有很大的差距的。在当前状态下由人们内心所构建出来的"完美"同样地受到生命活性本征的限制，最起码，与当前状态的不同不会对人正常的心理状态产生伤害性刺激作用。有时，人们会通过一些更加虚幻的符号描述中的确定性因素，更加灵活地表达这种"完美"。抽象的完美也是一种概括性的完美、升华性的完美，有时甚至只是存在一种对完美的期望，这一方面表征了不同个体之间的局部共性特征；另一方面表征了不断地在更大范围内向美逼近的过程、模式和力量。共性的力量发挥着稳定吸引的作用，与此同时，变化的成分仅仅反映出了人们的一种期望——期待它能够达到完美的程度。

不同的社会群体具有不同的审美价值判断标准，不同的社会群体也会形成判定不同的艺术品优劣的选择方法。我们可以采取群性思维的方法形成群体评价美的具体方法。

（二）人对美的熟悉程度

生命活性本征的收敛与稳定性的力量模式，要求任何一件艺术品都必须在一定程度上为人们所熟悉。我们在这里尤其强调通过为人们所熟知而生成的稳定性力量的意义。当一件艺术品不为人们所熟悉时，人们不能顺利地欣赏该艺术品，也就不能确定该艺术品的价值。这种情况经常出现在其他民族、地区、国家的人不能欣赏本民族、地域和国家的艺术作品美在何处的情境中。不同民族的艺术品会因为关注不同的特征、构建起不同特征模式之间的不同关系，形成不同的意义，并由此而形成不同的追求、不同的优化角度和方法，采取不同的艺术手法表现出艺术品的不同的"妙处"，尤其会形成特有的"审美偏好"。当人们把握了某个群体的思维方式、观察问题的角度和方法，正确地把握了本民族艺术欣赏的角度和相关特征，掌握了优化的角度后，便对该群体的艺术品有了一个更加深刻的认识与了解的基础，便能够"衡量"艺术家将自己的艺术感召力凝聚在作品中的程度，能够基于此而形成社会习俗与生命活性本征更加稳定的联系，能够更好地欣赏某个群体的艺术表现。显然，当人们对某部作品相当不熟悉时，就会存在因其对欣赏者的新奇性刺激过高而得不到欣赏的问题。"阳春白雪"的看法在某种程度上就由此产生了。

从一个国家宣传和引导的层面讲，就是要求文艺要能够激发更多的民众对美的追求力量，促使他们表现出与当前状态有更大差异的构建过程，在激发每个人的个性、创造力的基础上，形成更大范围的探索与构建，通过人本能的美的共性相干形成激励引导、努力追求的力量。为了更加有效地激发人的活性本征，激发人内心稳定的审美经验，就应该在更大程度上描述他们所习惯的场景、人物、事件等。根据相关的"场域"理论①，将这种"场域"做得更大，就会形成更加稳定的追求。国家现在实施的一系列的措施便是在着重强调中华民族的优秀文化传统。

在这里，往往存在隐含于日常活动中的潜在性假设。其基本假设

①　[法] 皮埃尔·布迪厄：《艺术的法则》，刘晖译，中央编译出版社2001年版。

包括：

第一，人人都有追求美好的心理。这是人生命活性本征的基本体现，是生命体在进化过程中独立特化出来的根本性力量。

第二，人是社会性动物，社会以人作为基本单元，社会便成为具有生命的复杂系统，由社会所表征出来的特征必然对个体的成长与发展产生重要的影响。这些基于生命的共同的力量，成为由群体判断一部作品好与坏的客观基础。

第三，群体生态上的结构，表征着对美追求力量的大小特征。通过群体的共性相干，会使个体对基于这种特征的追求变得更为强大。

第四，一部作品达到好的程度的一个标志是更多的人说它好。美的程度会随着欣赏者的赞同率的增加而增加。说她好的人越多，该作品就越经典。认为是好的作品的人数和比例在达到一定程度时，才能得到公认的好。

第五，众人投票是消除个人影响、偏见的基本方法。在此过程中，会表现出如奇凯岑特米哈依所指出的：一部作品需要被一个群体的认识并接受①。

这其中就涉及美的社会性问题。众人投票是消除个人影响、突出共性相干的基本方法。"大众化的审美"有两个方面的意义。一是，有越来越多的人开始重视审美的意义与作用，将审美逐渐放到一个越来越重要的位置。而在没有认识到美及对美的追求是人的本能时，人们往往将美的创造寄希望于他人，不愿意在日常生活和工作中更加有力地表现美的进取的积极力量，即使有所表现，也不愿意将其归到美的"功劳簿"上。二是这种判定将受到人的好奇心的固有影响。在人的好奇心的作用下，人的心理过程具有易变性特征，人们开始追求另一种好奇心满足的形式，由于信息的新奇度较高，人们会从中不断地构建已知性信息。而随着该信息的局部特征越来越多地被人认知、记忆，该信息的新奇度会随之降低。在新奇度降低到一定程度时，人便会展开好奇心而实施新奇性、差

---

① ［美］米哈伊·奇凯岑特米哈伊：《创造性：发现和发明的心理学》，夏镇平译，上海译文出版社2001年版，第7页。

异性信息构建，引入更多的变化性信息、差异性信息、复杂性信息、未知性信息、局部相关性信息等，在满足人的好奇心的基础上，推进心理过程的持续进行。因此，要保持已知与未知的恰当关系，恰当地与生命的活性比值要求相符。那么，好奇心越大，所形成的判断就越分散，形成统一的判定的难度自然也就越大。当我们认定美与艺术中更加强调 M 的力量时，这种共性模式就将随着更多样化模式的大量出现而成为突出的特征。

在美学中尤其应该突出"更"的意义，使之成为美的核心特征。从美的判断和选择过程就可以看出，这其中体现出了 M 力的核心特征：越多的人说它美，它就显得越美；越是多种多样，通过简单的算术平均所形成的"概括"就越是经典。正如朗洛伊丝（Langlois）研究指出的，人们通过选择人脸合成一个面部时，参与合成的相片越多，就会有越多的人认为它是美的。①

在不同的族群中，美的局部特征在人进行审美判断时的审美偏好的影响下会具有不同的意义。在一个群体中，人们往往采取特有的审美偏好构建自己的审美观照。我们可以选择若干局部特征，在具体衡量其所表现出来的美的程度的基础上，通过加权的方式，赋予其不同的偏爱程度，将这种审美偏爱的程度与局部特征所表现出来的美的程度值相乘，从而组成整体上的加权平均值。这样，我们便可以根据该加权平均值来判定一件艺术品的价值。在这种情况下，不同国家、民族的审美偏好便可以通过不同的加权平均值来具体描述了。

此时，不同特征的组合方法将影响到相关族群的审美特征。我们可以根据每个人赋予该局部特征在审美中的不同地位，采取赋予权重的方式给出不同的标准，通过某种方法将若干指标组合在一起，形成一个综合统一的判定标准。运用这个标准来具体地衡量、判定一个事物对象具有美的程度的大小，进而将现实的美的存在与人内心的完美相比较，通过判定其属于这种完美的差距而判定其距离完美的程度有多大。我们不掌握完美，也就不能判断当前状态距离完美的差距是多

① 周宪：《美学是什么》，北京大学出版社 2002 年版，第 8 页。

少。但我们可以根据现有结构之间的比较和期望，从中选择出相对更美的结构。

（三）美的社会性意义

1. 美的价值可以通过社会价值判断来赋予

社会的群体意识形态赋予了当前的艺术创作以足够的美的标准意义。社会将那些有利于群体稳定、进步与发展的品质凸显出来，独立特化成专门的社会道德，并在社会道德的引导下激发艺术家的创作激情，引导、驱使艺术家更好地向着该标准的更美的方向不断地改进，更准确地说是创作出能够更好地表达优秀社会道德的作品。此时的社会道德价值标准就成为美的基本标准。那些能够引导人们在道德价值上有更好表现的艺术品，就会被人们认为是更好的作品。

2. 美服务于社会

美作为社会道德的关键因素，更要有力地激发人在社会美德的指引下，展示出更美的品德，引导群体在相关的道德品质上表现得更为突出，从而更加有效地促进社会的进步与发展。在任何一个社会中，那些能够激发民众向着更加文明的社会努力进取的作品，更加恰当地表现出了更大的激励力量的作品，自然都会被评为是好的作品。

3. 美的社会性是通过群体中不同个体审美意识基础上的概括抽象

这是容格所描述的关于美的"集体无意识"立论的基础。这种隐藏于人的内心的审美经验，是不同人通过相互交流、遗传加以概括抽象的结果，也是一个社会中人与人交往的基本共性出发点。表达社会道德的力量应是一种无意识的行为。因为此时的社会道德已经内在地固化成了人的活性本征，其不为人知地在人的各种行为中发挥关键性的作用。这种表现已经成为一个人正常行为的基本元素。在人的各种行为中，表达具有这种特征的行为模式，才被人看作正常的。

4. 作品的好坏是社会共同选择的结果

在社会生活中，凡是能够激发人积极向上、向善的力量，在给人树立一个可以学习的榜样时，都将有利于社会的进步与发展。当然，由于角度和观念的不同，对于是否有利于社会的进步与发展的看法也会有所不同。一般的准则是与一般意义上的伦理道德标准相符合。

第三节　审美体验的强度

我们日常所明确感知的对生命体的刺激可以分为物质刺激与信息刺激。在审美过程中，主要强调的是信息刺激。

一　刺激对审美体验的影响

生命具有耗散结构特征。外界通过差异形成刺激，促进生命体本身发生结构性变化。因此，正是信息所形成的差异，构成了与美的状态之间的不同，又通过彼此之间的关系而将其联系起来，由此而形成刺激。生命体就会基于美的状态，通过刺激而感受到美的意义。

不同的心理操作，会在保持生命活性本征比值的基础上，主动地引导生命体进一步地激发不同特征的信息。心理状态要与生命的活性本征比值相协调，要及时地在相同特征多时启动差异化构建，以追求更多变化性、差异性、新异性、复杂性、未知性等特征的信息；而当相异元素多时，则要通过启动构建求同操作，将那些已经为人们所掌控的、已知的、确定的信息元素引入人的信息加工空间。

我们可以通过信息差异的方式表征不同的信息模式对生命体产生刺激的大小。差异性（新奇性）刺激会使生命体形成稳定协调状态的特征，是生命体不断地与外界环境达成稳定协调，从而有效地适应外界环境作用的结果。最重要的还是要看生命活性本征力量的表达。这就意味着，由外界环境的变化（所形成的差异）而构成的刺激量值的大小，以及对于生命体作用的效果取决于生命的活性本征区域。

不同程度的刺激在生命体内产生的感受是不同的。此时存在着一个区间问题，更存在一个恰当性的问题。具体的审美实践使我们认识到，只有恰当的刺激才是更加有效的。

根据生命体与外界环境形成稳定协调的状态和过程来看，相对于某个值（可以称为中位值）有较小差异的刺激，由于引起生命体反应的程度很小，只能被称为微小"涟漪"，虽然形成了与稳定协调状态的某些模式的共振，但由于生命体此时处于稳定协调状态，如果不与其他的状态建立起某种关系，也是不能为生命体的差异感知系统所感知从而引起较大反应的。在差异所形成的刺激较小时，刺激引起的反应不强烈，会使人产生疲劳感，并因为缺乏新奇性刺激的作用而无趣。但刺激过大时，则会引起人的紧张感受，甚至会对生命体造成伤害。在使差异程度进一步增加时，生命体会表现出一定的发散性模式的共振，而此时，能够促进较小新奇性意义的产生，但由于收敛模式的力量也较小，故而不会引起更强的审美感受。在使发散性模式力量得到充分表现时，也使收敛性模式力量得到有效表现，双方的表现能够保证相关的意义构成与"生命比值"和谐共振，从而形成更加强烈的意义表征，表征着在稳定基础上的更强的发散性扩展，即使是从这个模式表现的角度，也能使人产生更加强烈的审美体验。在使差异性模式进一步地增加的情况下，要形成对生命体有意义的信息作用，就需要表达出更强的收敛性模式力量，因此会消耗更多的资源，由此而形成新的耗散结构状态。通过这种牵制性力量而内在地使得发散性模式力量变小，所引起的审美感受也就会内在地降低了。

总而言之，那些能够引发人产生更强烈的审美感受的艺术品，能够与生命的活性比值达到和谐共振。这就意味着，其中所包含的新奇的、未知的、复杂的信息与已知的、确定的、被掌控的信息之间的比值在生命比值的有效范围内。当这种比值小于或大小一定程度时，都不能引起强烈的审美感受。

从非线性的角度来看，当我们以某个点为基础展开讨论时，依据突变论的解释，其中会出现"滞后"性的现象。也就意味着，通过不同的路径变化，即使达到同一点时，也有可能产生不同的感受。尤其是出现感受状态的突变时，突变的临界状态和突变点也会有所不同。

由此可以看出，简单地讲，我们可以依据相同与相异的信息模式的数量和比值，构建能够产生最恰当美感的最佳刺激区。

注意，这种美感与进入美的状态既存在不同，又存在紧密的联系。能够使生命个体体会到协调状态的感受，是通过由先前的不协调而形成的差异来具体表征的。

也许人们会问：在形成与活性本征状态更大程度上的协调时，能够带来更多的模式的兴奋，因此形成更大的兴奋性刺激，但与此同时，通过前面的研究我们可以看到，在生命体达到与环境的稳定协调时，虽然生命体表达出了活性本征状态，生命的活性本征表达也处于最佳（最有力和最有效）的状态，但是生命体处于与环境的稳定协调状态时，生命体是不会对此种状态有所感知的，那么，如何才能形成对处于这种状态的生命活性本征的强兴奋表现的感知和认识？

一方面，因处于协调状态，所以，各种模式的发挥是恰当的，不会生成更为强大的差异刺激，当处于这种状态时，人是无知无觉的。但人们能够通过从不协调状态向协调状态的转化而将这种差异表达出来，能够通过被人所认知的稳定的不协调状态向协调状态的转化而建立起稳定的关系，同时将这个转换过程中所表达出来的稳定而突出的差异化的刺激模式固化出来，通过形成独立的模式而建立起与稳定协调关系之间的确定性联系（具有更高相互激活程度的关系模式），使人体会到由受到刺激到刺激消失的过程。

从生命活性比值的角度来看，处于生命的活性状态时，其本身能够恰当地表现发散与收敛的有机结合。达成与生命活性本征的有机协调，这本身就会更加有力地表达出生命中稳定性的力量，也会必然地驱动生命体将与发散相关的模式当作下一步重点表征的模式。当生命活性中存在发散的力量，并且存在与发散的力量和谐共振的收敛性力量，从而保证着生命体正常的"活性比值"时，就能够驱动生命体不断地构建表现出由不协调达到协调的过程。这里所描述的应该是维持生命的活性耗散结构时，能够最大程度地表达生命活性的本质性力量。

无论是先使局部特征和谐共振，然后再根据不同局部特征之间固有的协调关系而使更多的局部特征处于兴奋状态，从而通过与其他状态之间的差异关系使人能够感知而形成美感，还是一下子从整体（实际上是更大的部分）上达成原来已经形成的稳定协调状态，通过与之前的状态建立关系，而将这种建立关系的模式表达出来，都能够促使人产生足够的美感。但显然，使人产生美感的强度的过程是有所不同的。

人与人生命活力的不同，使得构建每个人特有的活性比值变得非常困难。但我们却可以通过问卷调查的方式，通过选择复杂图形的关系来具体度量一个群体的活性比值，并由此而构建刺激大小的相对度量。在这里，可以首先由专家对图形的复杂度给出界定，然后再由具体的人对其所喜爱的图形进行选择。由此，我们便能够根据图形的复杂程度确定已知性信息与未知性信息之间的比例关系，确定出一个群体最佳的活性比值状态。

二 通过差异表达"不协调"与"协调"的转换

（一）由不协调达到协调

通过前面的研究我们已经看到，由不协调状态达到稳定协调状态，意味着在先前的不协调状态与稳定协调状态之间建立起了某种关系，这种关系的存在，会使人体会到由差异化而形成的刺激的存在。此时，人们基于稳定协调状态，就会对由不协调达到稳定协调的模式产生更加强烈的审美反应。即使是通过共振的方式激活生命的活性本征模式，也是将原来没有激活时的状态，通过建立起相应的关系而使人体会到差异，并由此而表达出处于美的状态时的特殊感受。

（二）最大差异化程度

实施差异化变换，会与原来稳定协调的心理空间的距离越来越远，而与新形成的心理空间的距离则会越来越近。此时，在两个心理空间之间会形成一个可以对应两种情况的共性的"临界空间"。当人的意识形成并处于这种空间时，能够以临界状态的"身份"体会到这种空间同时对应不同意义的突变性的力量。这个心理突变的过程揭示了通过差异而形成最大不协调的限度：在保证某种意义理解时，使局部的差异化元素变形程度达到最大。也就是说，此时如果再增加新的差异化元素或者使元素的差异化变形再进一步加大时，就会形成另一种全新的意义，甚至只要在该空间保持足够长的时间，即便不再引入新的信息元素，人也有很大的可能会很快地形成新的意义。这是基于人的好奇心的存在而表现出来的固有特征。我们的目的就是首先构建出这种"临界空间"，然后通过引导将人从这种临界空间转移到一种具有确定性意义的稳定协调空间而形成对稳定协调状态的体验。

由于这是一个复杂的心理转换过程，我们只能在构建最大差异化特征的基础上，通过社会实践而具体地体验这种最大差异化程度的多少。

（三）由协调转到不协调

在人们建立起由不协调达到协调的诸多环节与稳定协调的美的状态之间的稳定关系时，由协调达到不协调的过程模式也会与稳定协调时的美的状态建立起稳定的联系。当建立起了这种关系，能够体会到由协调达到不协调后对处于协调状态的美的感受时，也就赋予了由协调达到不协调状态的过程模式以引导人进入美的状态的力量，此时，人便能够基于这种确定性的关系而体会到美的意义。

无论是由不协调达到协调，还是由协调达到不协调，我们都将其作为一个确定的心理模式，都将其作为引导人进入美的状态和引导人产生与美的状态之间的差异所形成的刺激的基本元素。那么，这种元素的确定意义和兴奋程度，将在一定程度上反映出其所产生的刺激的力量和作用方向。

三　通过差异对比更强地体验美感

人处于与外界环境的稳定协调状态时，人是无知无觉的。因此，要想产生美感，就需要存在差异，就需要先处于非协调状态，然后再转化到协调状态。生命体使其结构和功能保持稳定的能力是有限的。生命本身的活性还指征了其特有的进化与成长的稳定性结构和力量。这都需要一定强度的外界环境。达到与活性本征相协调时的状态，通过与先前的不协调状态之间的关系而形成的感受应该是最强烈的。

（一）达到协调状态时的差距

1. 表达生命活性的力量

即便是构成了与生命体的稳定协调，外界环境也必须对生命体形成恰当的刺激，以维持生命体的耗散结构特征。自然，生命体也会内在地通过不断地表达发散性的力量，在达成与环境稳定协调的状态中，不断地构建差异，以这种形式和程度的"不协调"表达生命活性的力量。

2. 激发更强程度的协调状态

在此过程中，涉及基于从更多因素的角度引导人进入稳定协调状态的过程，涉及各种美的状态中的相关因素彼此之间的协调程度，还涉及从更大整体上形成与环境的稳定协调问题。这需要构建更多已知的、确定的和稳定性的因素，引导人在更加稳定的基础上，与不协调的状态建立起关系，从而形成具有确定性意义的刺激。

如果说一种艺术流派的新奇度过高，超过了人们欣赏所习惯的审美模式，不能被理解、接收是最初的表现，它所带来的巨大的冲击将会使人本能地厌恶、恐惧、害怕它，并由此而否定它。康德对中国艺术的否定仅仅是因为中国绘画不具有"透视"性特征。当他人看不惯某个民族的装饰图案的意义时，便会直接地将这个民族界定为原始性的人类。而现在为我们所津津乐道的印象派艺术、前卫艺术等，在当时也被人们骂为是离经叛道的。

（二）差异与审美强度

简单地说，不同模式之间的差异化局部信息的数量越多，不同模式之间的距离越大，对人形成的刺激就越大，在促使人由不协调达到协调状态时，形成的愉悦性强度就会越大。但从生命本质的角度来看，差异所形成的刺激与生命所形成的反应并不呈现出这种简单的线性变化关系。

第一，通过差异更明确地形成由不协调到协调的过程；

第二，表现差异，则能够更加有力地表现人的扩张性天性；

第三，通过表达更多的差异化的信息模式，形成更大的反差性刺激；

第四，通过差异可以加大两种不同心理认知的距离；

第五，表达快乐情感，通过对比、差异及由差异而达到的协调，将形成强烈的快乐感受；

第六，这种差异是生命活性的本质。这种不同是以相同或相关为基础而建立起来的。相同与不同的相关关系，可以表征为"相乘"性关系：两者相乘而给出定性地表达生命活性的力量。这也就意味着，在形成对比时，一定要构建出足够兴奋强度的相同（相似）性特征才可以推动差异化的信息发挥作用。与生命的活性在更大程度上的协调会更加容易地引人进入美的状态，并由此带来更加强烈的审美感受。显然，这种感受只能在人的意识层面突出而独立地表征出来。由此而形成的不同的艺术形式会更加强调人的愉悦性的情感反应。人们会对基于此的艺术形式寄予更高的期望，并以该稳定的期望模式为基础进一步地展开活性变换，形成更高的期望，形成追求期望满足的过程。

四 基于好奇心的差异化刺激

在对好奇心的研究中，我们通过界定心理转换过程中的信息损失率，具体地度量人的好奇心，并由此建立起与新奇性信息的关系。此时，我们可以根据满足人的好奇心与信息变化之间的关系而具体确定信息刺激的变化率。

（一）信息损失[①]

在明确地认识到心理转换过程是典型的存在奇异吸引子的动力系统时，我们以不同信息模式的兴奋所组成的心理的时相空间为基础构建具有相空间维数取为 d 的运动轨道：$X = (x_1(t), \cdots, x_d(t))$。为研究在不同时间间隔 τ 心理转换动力系统所处的状态，将"心理时相"空间划分成尺度 l 的小区域。初始时系统所处的区域记为 i_0。基于复杂性动力学的方法研究系统的行为 $X(0)$ 在区域 i_0、$X(\tau)$ 在区域 i_1、$X(2\tau)$ 在区域 i_2、$\cdots$、$X(n\tau)$ 在区域 i_n 中的联合概率 $p_{i_0 \cdots i_n}$。根据 Shannon 熵的定义，该复杂系统所对应的 Kolmogorov 信息熵可以描述为

$$S_n = \sum_{i_0 \cdots i_n} p_{i_0 \cdots i_n} \ln p_{i_0 \cdots i_n} \qquad (11-24)$$

该信息熵为与联合概率 $p_{i_0 \cdots i_n}$ 相对应的认识程度，在复杂性动力学中，$S_{n+1} - S_n$ 所度量的是已知系统开始处于 $i_0 \cdots i_n$ 状态、接下来在区域内 i_{n+1} 存在的附加信息量。也就是说，$S_{n+1} - S_n$ 度量了从时间 $n\tau$ 到 $(n+1)\tau$ 的信息变化特征。此时，可以将定义信息的平均损失率写为

$$S = \lim_{\tau \to 0} \lim_{l \to 0} \lim_{n \to \infty} \frac{1}{n\tau} \sum_{i_0 \cdots i_{n-1}}^{n-1} (S_{i+1} - S_i)$$

$$= \lim_{\tau \to 0} \lim_{l \to 0} \lim_{n \to \infty} \frac{1}{n\tau} \sum_{i_0 \cdots i_{n-1}}^{n-1} p_{i_0 \cdots i_{n-1}} \ln p_{i_0 \cdots i_{n-1}} \qquad (11-25)$$

---

① 徐春玉：《好奇心理学》，浙江教育出版社 2008 年版，第 17 页。

（二）信息损失与好奇心

在一个心理过程中，好奇心的存在与作用意味着引起了心理状态变换过程中的信息量的变化。在不考虑由于好奇心而引起的相关的心理现象而只是给好奇心以抽象意义上的定义时，可以有这样的界定：好奇心是喜好新奇性信息的可能性，是使新奇性信息在心理空间增大的可能度。[①]

我们从复杂性动力学的角度，认为 S 度量的是动力系统从一个状态向另一个状态转化时的信息损失率。在心理转换过程中，当从一个稳定的思维时相向另一个稳定的思维时相转换，从而形成可以为我们所知觉的心理过程时，同样会产生信息损失，我们就认为这种信息损失是由好奇心引起的。也就是说，正是由于好奇心的作用而在心理变换过程中产生了不确定性——产生信息损失，因此，可以用动力学过程中的信息平均损失率来度量好奇心。[②] 将好奇心简单地记为：

$$S = H \equiv 好奇心 \tag{11-26}$$

（三）好奇心与新奇度

如果用泛集来表示，信息在大脑中反映时的新奇度，度量的是所形成的新的泛集在与已知泛集比较时，由差异信息模式所组成的泛集的大小。此时，可以用泛集元素的个数作为泛集大小的度量。在将新奇度记为 u，而将信息之间的相似度记为 y 时，则有

$$u + y = 1 \ , \ y = \frac{z(F_a \cap F_b)}{z(F_a \cup F_b)} \tag{11-27}$$

心理过程中泛集的变化率，是新奇性泛集关于时间的变化率。由信息熵 S 的物理意义就可以有如下结论：信息在大脑中的新奇度与信息反应过程中信息损失所表征的混沌特征相对应，具有如下关系

$$\frac{\mathrm{d}u}{\mathrm{d}t} \propto H = S \tag{11-28}$$

式中 t 为时间。将上式写成等式即

$$\frac{\mathrm{d}u}{\mathrm{d}t} = mS \tag{11-29}$$

---

① 徐春玉：《好奇心理学》，浙江教育出版社 2008 年版，第 17 页。
② 同上书，第 18 页。

式中 m 为比例系数。此即单位时间新奇性信息的变化率与信息熵成正比，与人的好奇心成正比。

考虑到引起信息新奇度变化的原因还包括外界新奇性信息的输入，一般可写为

$$\frac{\mathrm{d}u}{\mathrm{d}t} = f(S, I, t) \tag{11-30}$$

式中 I 为外界的信息输入量（对外界的信息与输出量）。由于信息在大脑中被认知，存在一定的稳定时间，可根据神经系统的稳定时间对上述方程进行离散。记神经系统的稳定时间为 τ。经过稳定时间后，将产生确定的意义。一旦意义确定下来，信息的新奇度就又要发生变化。这样，就可以依据该稳定时间对信息加工过程进行划分，并对信息的新奇度和好奇心之间的关系进行离散。此时有

$$\frac{u(t+\tau) - u(t)}{\tau} = QS(t) \tag{11-31}$$

式中 Q 为比例系数。一个人的好奇心促进心理状态的变化，包括促使注意力在稳定信息特征和变化信息特征之间进行变换。

这就意味着，在保证好奇心的基础上，人在恰当时间所接受到的新奇性信息的程度和人所感受到的愉悦性美感便由式（11-31）来决定。

五　从复杂性的角度看对比的强度

不同信息模式之间既存在局部特征上的相同（相似）性，也存在某些局部特征上的差异性。在生命体中，局部特征之间复杂的相互作用，会形成系统的复杂性特征，并从中"自涌现"出某些新奇性特征，在使系统变得更为复杂的同时，也使系统本身表达出新奇性的构建。

在保证稳定协调状态发挥最大扩展力量时，自然稳定协调状态的收敛力也联动性地达到了最大值，或者说达到了一种临界状态，在此时，即便是不再增加新奇性的信息，也会由于系统内部的非线性涨落而使系统偏离当前状态，从而形成新的意义。

第一，任何一个完整的信息模式都是由若干局部特征通过关系特征而组成一定的意义的。在组成意义的下一级的局部特征和彼此之间的关

系中，有些局部信息（状态和关系）被当作独立对象时的意义已经为人们所认可，或者在其他事物信息中出现过，人们可以依此明确这些局部特征的意义；而有些意义则不为人们所认可，甚至由于结构的复杂性，会形成更具不确定的结构，通过彼此之间的非线性相互作用，形成具有"自催化"功能的复杂系统，由此而使不同特征之间的对应关系更加多样化、差异化。

第二，两个不同信息的不同程度，由彼此之间不同的局部信息特征个数来表征，或者说通过两个不同信息之间在某些局部特征上的相同（相似）的数量来表征。

所谓外界信息输入大脑，对大脑产生刺激，是在一定意义上以差异性的刺激来激活收敛与发散的有机结合，在激发更多已知性心理信息模式的基础上，这些信息又以差异而表征着新意的构建过程，通过形成各种不同的意义，再从中加以优化选择，形成与当前环境更为协调的恰当意义。外界信息模式与大脑内的兴奋模式、大脑的对外输入反应模式之间形成稳定的对应关系时，即意味着在大脑中形成了对相应外界刺激的确定性模式。

六　M 模式体现出了最基本的差异对比

（一）M 模式表现出了对比性的力量

因为"更"的原意就是比其他的状态在某些指标特征上通过指标判断而表现出相应的差异。展示 M 模式，其重要的一面就是突出刺激，构建差异，强调在现有模式的基础上构建出有差异化的新的模式。强调基于当前而进行新模式的构建。考虑到 M 力的时间积累效应时，显然，M 力冲量越大，构建出来的差异化程度更高的差异化个体的数量就会越多，基于此而形成的审美刺激就会越强。

而 M 与对比的不同在于，在具体展示 M 模式时，可能会与一个虚无的存在相比较，或者说只是表现出了向着某一个可以明确、也可以不明确的指标特征所指示的方向变化。

（二）展示 M 本身的力量，就是在强化对比

M 模式作为一种稳定的模式，既可以表现该模式所展示的向善、向

美的过程、趋势、意向和力量（当然，另一个方向的变化也是有可能的，由于社会的进步与选择，往往使人忽略或者更不愿意表达这个方向的变化。但这绝不意味着有些人不表达这种变化），也可以表征着对比，包括将对比独立特化出来，将对比与其他的过程建立起有机的联系，包含着构建更大程度上的差异的心理趋势和追求。由此，人会将对比作为建立不同信息之间关系的一个基本模式，从而进一步地表现出状态性信息、关系性信息和通过期望而表征生命的活性期望。

（三）在好奇心的作用下表现 M 力

根据好奇心的意义可以看到，好奇心越强，喜好未知、复杂、多样并存、新奇性信息的可能度就越高，会驱使人们在将新奇的、未知的信息"同化"到现有结构的基础上，会运用好奇心构建新的"同化"过程，并使这一过程持续地进行相当长的一段时间。

七　喜剧的意义体现

在美的各种具体范畴中，喜剧能够更加突出地表达以上诸多特征和过程。

（一）建立了人们所熟悉的形式

喜剧更善于通过这种熟悉的关系而使更多的信息模式处于兴奋状态，使之成为进一步信息加工的基本出发点。喜剧中的逻辑关系，成为被人们所认可的确定性关系，成为稳定心理的确定性元素。这也进一步地要求要尽可能地基于人们所熟悉的场景、关系、人物、事件、行为、描述（语言）等诸特征，表达具有特殊逻辑关系和优化结构的稳定性"事件"。

（二）通过差异化构建，形成与习惯不同的确定性意义

在喜剧中，往往会依据信息之间的差异化局部关系，形成一种与习惯性的意义有很大不同的新奇性意义，通过意义的新奇性和得到新奇性意义的过程使审美过程产生初步的愉悦审美感受。

显然，此过程的基础是具有生命活性的人对复杂的外界环境认识所表现出来的非一一对应性特征。在人们出于能力有限性而对复杂的客观世界描述的过程中，只能用有限的特征、特征之间的关系结构和功能来描述这种丰富多彩的世界。具有较高兴奋度的局部信息模式，会依据信

息之间复杂的相互激活关系，通过多层次的局部特征关系组成意义的过程，形成一个客观事物的局部特征能够在诸多不同的心理意义中发挥相应作用、一个局部心理信息特征可以在多种不同客观事物的认知中有所表现的基本过程。以此为基础而形成的心理转换过程、事物的认知描述过程等，都会表现出一个特征在转换过程的前后与所形成的意义具有的非一一对应现象。因此，即便我们总是从局部特征出发，也总能够给事物以不同的描述，并以描述中的局部元素为基础，进一步地形成多种不同的解释。

这种原因无论是来自客观世界的复杂性、生命体对这种复杂性反应的非线性作用，还是所形成的局部性认识与关系（生命体只能从局部的角度认识这个无限复杂的世界，并由此建立起不同认识模式的局部关系。众多局部关系的同时并列，将使这种过程变得更加复杂）；无论是通过具体事物的差异化描述，构成的具体事物与语言的差异化对应，还是不同的语言描述之间的多样对应关系基础上的差异化对应，我们在抽象与具体的关系转换过程，或者从一个稳定泛集到另一个稳定泛集的转换过程的非一一对应关系的描述中，都能够得到多种不同的描述，由此产生了面对一个客观事物从而形成多种不同描述的稳定且复杂的心理局面。当然，依据我们前面提出的基于某个指标的比较选择优化过程，我们能够由此而构建出"最恰当"的对应关系，但在这里，我们则以合理地形成差异程度更高的不同意义作为先期考虑的基本出发点。

（三）将人从这种差异化认识中解脱出来

幽默喜剧的审美过程，从本质上讲是使人体会到由不协调达到协调的完整过程。无论这种过程是由艺术直接表达，还是通过艺术的引导，激发欣赏者自身在其内心构建出这种稳定协调的过程，总之，就是通过由不协调状态与协调状态之间的联系而对人产生足够的刺激。

认识到那种局部逻辑的不合理之处，与人们所习惯的知识之间的关系有相当大的差异，违反了逻辑规律和自然规律，甚至认识到了其中的错误的根源，此时，人们会因消除了矛盾（认识到其不合理）对立，通过将矛盾排除而使人从不协调状态转化到协调状态。

此时，排除矛盾的方式可以是直接揭示，可以通过艺术的方式直接表达，也可以通过艺术家暗示的方式而为欣赏者在心理层面所认识，甚至由欣赏者自己在内心将这种矛盾排除出去。排除了矛盾，人们便能够更加完整地体会到由不协调达到协调的过程，从而将这种动态的模式以刺激的方式与美的稳定协调状态对应起来。显然，欣赏者所认识到的喜剧的幽默差异与生命的活性本征中差异化的要求相符时，基于差异而转化到稳定协调的过程越顺利，所产生的喜剧冲击就会越强烈。

第四节　美在于激发更多人、更深层的审美

美在不同人的内心有不同的体现。美学理论要解释美在不同人的内心有不同体现的原因所在，也就是要解释是什么因素导致了不同的人对美有不同的体现。在这里，罗丹认识到，"唯一的美，即蕴藏的真。当一件艺术品或一部文学作品映现出真，表达深刻的思想，激起强烈的情绪时，它的风格或色彩与素描显然是美的了。但这'美'只在作品反映出来的'真'上。"①

一　人与人的不同展现出美的不同

即使是想要表达同样的思想，不同的艺术家表达这一思想的方法手段和所体验到的美的结构也会有所不同。

（一）美学理论，要准确地揭示出在以下人群中对美的体验的不同所在：

第一，艺术家与欣赏者；

第二，成人与未成年人；

第三，不同领域的艺术家；

第四，艺术家与科学家；

第五，从事相关领域中水平高者与水平低者；

第六，专家与一般民众；

---

① ［法］奥古斯都·罗丹口述、［法］葛塞尔记录：《罗丹艺术论》，傅雷译，中国青年出版社2016年版，第99页。

第七，不同领域的工作者；

第八，人与其他动物，等等。

通过比较不同人群审美的相同性与差异性，可以将彼此之间的共性特征揭示出来，由此建立起更具一般性的规律。

（二）导致形成这种差异的因素分析

由于人与人是不同的，即使是面对同一个客观对象，每个人的感受也都是不相同的。不同的局部特征在欣赏者内心会形成不同的反映，以形成各种有差异的信息为基础，通过分别构建出具有差异性的不同意义，尤其是构建出不同的意义和形式之间的内在关系，最终形成不同的审美经验。由于存在不同的视角和方法，关注艺术信息的不同特征、不同关系、不同结构和所组成的不同意义，使欣赏者形成特定的思维、独具个性的探索模式，在欣赏者不同兴趣点的作用下，构成不同的意义组块，尤其是生命活性在与不同领域相结合时，分别构成不同的审美特征。

因此，选择不同的审美标准对同一件艺术作品展开评价是不恰当的，必须以众人共性的感受为基础。一是在诸多价值标准的基础上做出恰当的判断和选择。虽然这种选择并不作为美的标准，但却有可能与人们所习惯的审美标准直接相关而影响到美的判断。有些影响因素是直接影响到生物体个体的生存的，有些影响因素则是间接地表征着对生物个体的生存与发展作用力的大小的。生命的活性本征会在不同活动领域表现出不同的优化选择标准，但它们彼此之间所具有的共同特性就是能够有效地表现出追求向上、追求卓越、追求最美的力量，并由此表现出主观能动性，表现出在某个方面的有意识构建与追求。由此我们认为，美的标准是："特征因素 + M"的具体结合体。此时，表征这种因素和反映 M 的力量模式，都能够使人体会到美感。在此过程中，审美标准的选择方式会受到价值标准的控制作用而表现出独特的结果。

当我们分别构建出不同领域的不同审美追求之后，可以采取由抽象到具体的形式，也可以采取由具体到抽象再到具体的形式，自由而强有力地构建出升华后的审美追求，以及基于此的推广和与具体的有机联系。诸多方面的有机结合，使这一过程变得更有概括能力。概括抽象能力自然会在这个过程的不断进行中得到强化。

二　由形式优化形成形式美

即使艺术在更大程度上表征着个人对活性本征的表征，而且从逻辑上也存在着人们认为的："你非我，你又如何得知我在想什么？"的逻辑点。通过第五章的描述我们已经看到，在生物的长期进化过程中，逐步形成并在人的身上独立特化出了典型的优化的模式力量，使得人在从事任何的重复性工作时，都能够将这种优化的力量突出并更加有效地表达出来，从而形成优化的结果。

艺术创作伴随着文明的进程，在优化力量的作用下逐渐地由不确定性向确定性转化。在此过程中，人们所能把握的外界因素，如对称、平衡、光滑、柔顺等概念受到足够的重视。在这些已经内含着优化力量的特征指导下，人们运用优化和 M 的力量进一步地将其推向极致，并将这种力量表现在各个方面。在以绘画为核心的艺术表征形式的作用下，形成了从形式上追求优化的核心过程。以某种形式性特征为指导，自然会形成形式上的优化。从优化理论的角度，将其概括为数学上的优化过程，从而形成优化的数学描述时，也就使优化具有了更强的形式化意义。

三　由内涵优化形成意义美

（一）人的生物本能赋予审美价值

从美的本质上讲，生命体是在形成与外界环境的稳定协调，从而形成稳定的本能模式以后，又受到各种因素的影响而使生命体偏离本能模式状态，在生命活性中回复到协调状态的强大力量作用下，通过建立与原来稳定协调状态更多局部模式的共振兴奋关系，重新回复到原来稳定协调状态下的共振兴奋状态。此时，那些能够引导人进入这种稳定共振兴奋状态的外界环境（客观事物）自然就被赋予美的意义。这就是说，那些与生命的活性本征稳定兴奋具有稳定联系的客观事物，也就具有了美的意义。

（二）符合本能模式

1. 本能的模式

在当前状态下，某种模式会使处于沉寂状态的本能模式兴奋激活，能够带动机体产生更全面、系统的整体性的协调运动，使人产生美的感受。在长期成长与进化的历史中，已经在机体内部形成了"由协调到不协调"，再"由不协调到协调"的种种稳定的模式。尤其是当马斯洛揭示了人的需要——满足基本过程以后，我们认识到，无论是稳定的本能模式、变化的本能模式，还是由此表现生命的活性而形成的期望性本能模式，针对每一个层面的本能模式，在对其形成差异性刺激和共振性刺激时，都可以有效地引导人在诸多层次的本能模式中处于共振激发的兴奋状态。

2. 本能模式在意识中的反映

进化到人这一层次以后，生命体内所进行的各种过程都将在意识层面得到更加突出的表现。各种本能模式与外界事物信息所建立起来的共振激活关系和通过形成最佳协调关系而表征的美的状态，都会以信息的方式在人的意识中表征出来。那么，在人的意识层面，除了稳定地表征这种协调关系以外，生命的活性还会以该稳定的模式为基础而展开进一步的差异化构建和在此基础上的优化选择，其中就包括形成期望和在联系其他模式基础上的概括与抽象。此时，人的本能在意识中的反映特征，也会成为一种显现的美的价值判断标准。

3. 本能模式在意识中的扩展

生命活性的收敛与发散固有的发挥着作用，并保持足够的稳定性。我们可以在意识中顺利地建立起基于本能模式的变异与扩展，从而更加广泛地建立不同信息之间的关系。与此同时，这种扩展的模式本身也具有足够的稳定性和确定性意义，这种模式也会有效地指导人激发相关的心理变换，用于建立信息之间的某种性质的关系。基于此的生命活性的本征表达，也会给意识带来较强的刺激性影响。

在将与本能模式相关的信息联合起来时，会形成与美的状态相关的更加丰富的信息特征群集，多层次信息的联合组织，将会形成更为宏大的美的核心元素。一方面会给具体的审美过程带来更多的角度、模式和方法；另一方面随着各种不同美的状态的出现，有可能会为更加深刻的审美带来更大的困难。显然，克服这些困难，也会将美的价值不断地赋予到作品中。

（三）符号情感模式

情感是神经系统与其他组织器官综合反应的生理——心理描述，由于情感模式本身具有本能性特征，能够更强烈地反映出人生命活性本征模式的兴奋，而且由于人对这种状态的强烈情感感受性特征，人们更愿意直接地通过情感的表达和感受产生相应的审美享受。此时，通过与各种意义的协调而更强烈地表达情感，就成为美的价值的标准之一。

（四）符合社会道德模式

各种行为与人们已经稳定下来的社会道德指标形成复杂的非一对一的联系性关系。这也就意味着，一种行为模式可以对应几种不同的道德标准，而在一种道德标准的指导下，可以表现出复杂多样的行为模式。

艺术家会将社会道德在本能中的反应作为一种优化的标准而在人的各种相关行为中比较、选择、优化出最恰当的模式。

四　无标准化状态

虽然人们会基于某种明确的美的特征标准而展开艺术创作，并基于某个明确的特征标准而展开评价，但有时也会处于一种模模糊糊的、似是而非的、不能言说的状态之中。这就是无标准化状态，或者说存在一种笼统的状态，人们没有将其明说、有时也没有能力将其明说。此时将存在两种可能性：一种是虽然存在，但却不为我们的意识所知觉；另一种则是根本就不存在一种明确的指标。这需要我们厘清具体情况而分别采取有针对性的办法来处理。在通过主观印象加以判断时，不可回避地会出现对于同一件艺术品有不同判断的结果的情况。

在人的意识中，如果没有一个明确的标准，或者说标准呈现出模糊不清和不断变动的状态时，就需要通过广泛的交流和深入思考，厘清一些似是而非的影响因素，将这种标准尽可能地明晰化、精确化，或者引导人们能够基于同样的出发点和大致相同的判据来讨论问题。

对于标准处于经常的变化过程中的情况下，需要严格地按照形式逻辑规律展开研究，或者通过同时并列的方式，将其作为一个稳定的集合，认为只要符合其中的一种情况，就能够形成把握。

在经验成分占据更大分量时，要在概括抽象的基础上，通过不同情况的共性相干而将其共同的本质性的标准揭示出来，或者构建更高层次的抽象性特征而涵盖到各种具体情况中。

将美的标准赋予任何活动，都会形成基于具体情况的"完美"的理念，通过表达更强的优化和 M 的力量，强化人对美的追求，有效地提升艺术的价值。比如说通过绘画表达某个主题时，是在借助表达这个主题，或者说表达人们所熟知的意义，构建人们对美的向往与追求，表达在人的内心，通过具体的元素所构建出来的"完美"意识。

当然，艺术品的内在价值与其价格并不一一对应，我们同时也知道，影响市场对艺术品定价的因素中，除了艺术品所具有的美的因素以外，还有其他方面的影响，诸如创作者在当时的"名气"等。艺术家可以迎合大众对艺术品的需求"格调"，而这也应是艺术创作与发展的基本动力之一，即便是以满足人的好奇心为基础的科学，也会随着经济市场的变化而转换方向，更何况是生活在社会中的艺术家？艺术家的生活需求和对金钱的追求，自然地反映在其对体裁、内容的选择上。即使其单纯地表现 M 的力量，也仅仅是尽最大可能表现对美追求的强烈愿望和由此而付出的实际行动。当然，艺术创作者的创造性思考也总是需要一定时间的，需要在一定的时间内将完整的作品"拿出来"，一个人可以穷其一生地追求一件最美（从个人的角度来追求其所达到的最美）的作品，但此时人们经常思考的却是，我拿什么养活我和我的家人？我靠什么去挣钱来买我的日常生活用品？艺术家就只能靠他人的"施舍"吗？当艺术家将注意力集中到这个方面，而不再去思考如何才能在更大程度上追求"最美"的艺术品时，通过追求他人认为是美的艺术品，或者通过猜测他人的审美追求而指导自己的艺术创作，会形成艺术追求的"异化"，往往不会取得更好的成绩。当然，如果将这种需求转化为艺术创作过程中基本的心理背景，不再有意识地关注，而是根据其潜意识地发挥作用，并与其他美的元素有机结合，便有可能会形成新的"过程"了。

艺术作品的好与坏主要体现在其凝聚在创作中的劳动，也就是表现在其内在的价值上。在我们对美的界定中，一件艺术品中包含的美的成分越多，其艺术价值就越高。诸多特征同时被欣赏者所认识、揭示，并成为其判断一件艺术品好与坏的特征集合元素时，便会在相互协调的基础上通过形成一个新的标准而成为判断艺术品价值高低的固有标准。此时，在人们所习惯的美的特征中，诸如，美的对称性、美的奇异性，美的节奏性，美的和谐性，美的整体性，美的简洁性等诸多特征都将占据一定的"分量"。其他的一些相关特征，由于在人的生命活动中通过其他特征表现而赋予了其 M 力及美的特征，也就具有了美的意义，诸如光滑程度、柔软程度等。

在一个群体中，人们普遍喜好在某个特征方面表现出更具 M 的力量意义时，认识到事物模式在该特征程度表现中的变化，也由此而具有了美的意义。如果一群人普遍喜好肤色白细嫩，认为越是白细嫩便越是美，"一白遮百丑"，显然，这个特征仅仅只是表征了一个人的一个方面的特征，而且在关于色泽和光滑程度方面只是赋予了相对高的"权值"，人们便会以这种状态值而反映出潜在的比较性过程，以及由此所展示出来的 M 力。人们也就将基于这种特征的 M 力隐含下来，使其潜在地发挥作用，由此而赋予"肤色白细嫩"以更美的意味。

因此，如果在创作过程中，能够基于某个特征更强烈地表达 M 力，尤其是能够在作品中协调性地将这种力量在一定的意义中表达出来，人们就会赋予其更高的美的价值。

第五节　美的层次与境界

境界是什么？它就像是一个"无穷大"一样——你说多大，我都能说出一个比你说的还要大的数。因此，境界是虚无的，是递进的，是划分层次的，是在比较过程中才表现出来的。但境界却可以在我们内心客观地存在着，我们需要将这种虚无的感受明确化。康德对真善美作了区分：哲学的目的是求真，道德的目的是求善，而艺术的目的是求美。这种区分已经具有了不同层次的意义了。

在中文里，"境"最初通行的意义是边界、边境，它既可指划分的界限，又可指由这个边界所包围的一个独立的领域或世界。正是它的这种意义，使得将审美的独立性作为自己逻辑起点的德国美学在中文里获得了安身立命之所。王国维使用"境界"一词，最早出现在对席勒一段话的翻译中，"故美术者，科学与道德之生产地也。又谓审美之境界，乃不关利害之境界。故气质之欲灭，而道德之欲得由之以生，故审美之境界，乃物质之境界与道德之境界之津梁也。"

一　境界及其意义

（一）境界的由来

《周易》"立象以尽意，设卦以尽情伪"，被认为是后世诗学"意象说"和"意境说"的萌芽。王弼解释说："言生于象，故可寻言以观象；象生于意，故可寻象以观意。意以象尽，象以言著。"他把《庄子》"得意而忘言"的论点作了进一步发挥。他在《周易略例·明象》中说："夫象者，出意者也。尽意莫若象，尽象莫若言。言出于象，故可循言以观象；象生于意，故可循象以观意。意以象尽，象以言著。故言者所以明象，得象而忘言；象者所以存意，得意而忘象……"[1] 我们需要认定，这种类似"界定"的说法，是在稳定理念的作用下、在具体展开基础上的稳定形式表征。我们对某种具体的事物赋予一定的抽象性含义，或者说，我们已经建立起了这种相关的状态与人的某种理念（抽象性概念）的内在联系，我们已经具有了采用某个具体的形态来表征我们内心体验的方式，那么，将其表征出来，就成了这里所谓的"心象"。那种人们内心所表现出来的追求、情感、感受等是需要与外界的事物相对应的。但由于人的内心体验的涌现性，即使不与某个具体的事物相对应，人们也会在内心形成一种认识、一种理念。此时，建立这种内心感受与具体形象的内在联系，就是"心象"。显然，从一般意义上看，这种心象就是在我们的内心由若干心理模式所形成的兴奋集合。

当进行历史考证时，可以发现，独立的"意境"一词，最早见于唐代王昌龄的《诗格》。《诗格》载："诗有三境，一曰物境，二曰情境，三曰意境。亦张之于意而思之于心，则得其真矣。"[2] 王昌龄将"物境"

---

[1] （明）王弼：《王弼集校释》，中华书局1982年版，第607页。

[2] 郭绍虞：《中国历代文论选》（第二册），古籍出版社1979年版，第88页。

"情境""意境"三者并举，就可以知道在唐人眼中，"意境"这一对范畴完全是客观与人的内心达到稳定协调时的状态，是外界客观作用于心的具体感受。前者说的是美的状态，而后者指的是美感。按照《诗格》所说，所谓"意"者，非"物"，非"情"，而是审美主体在遐思与联想基础上所形成的主客体之间的稳定协调。这里的"张"具有扩展、发散的意义。在此隐含着人所具有的强大的优化本能力量，因此，在"张"的基础上，必然会形成"真"的结果。①

王国维《人间词话》中将"意境"进一步地称为"境界"，具有将意境分为不同层次等级的意思。境界有高有低，有俗有雅，王国维则明确认为"词以境界为最上。有境界则自成高格，自成名句"。王国维论道："古今之成大事业、大学问者，必经过三种之境界。'昨夜西风凋树，独上高楼，望尽天涯路'，此第一也；'衣带渐宽终不悔，为伊消得人憔悴'，此第二境也；'众里寻他千百度，蓦然回首，那人却在灯火阑珊处'此第三境也。此等语皆非大词人不能道。"在王国维看来，境界并非单纯地写景，还包括人的内心世界中对世间万物运动变化规律的认识与把握，包含着通过具体而局部的单一过程逻辑性地扩展到更加抽象基础上的理解与领悟，包含着主客体在各个角度、各个层面的稳定协调。故他又说："何以谓之有意境？曰：写情则沁人心脾，写景则在人耳目，述事则如其口出是也。"② 然而，在更多人的心目中，意境被赋予更加繁杂的、模糊的意义。

在对人不能准确把握的环境影响下，魏晋时期，稳定的山水自然代替了人物，成为人们的重要审美对象，也成为人们表达自己理想追求的一种基本手段。

人们追求的是"万变不离其宗"的那个宗。显然，这个"宗"就是事物发展变化的本质性规律，是人们在众多可能性中优化出来的最美的模式。自然山水以其很小的变化性，使人充分地认识到，不变的是本质

---

① 苏勇强：《意境与中国古代文人审美取向》，《内蒙古社会科学》（汉文版）2005 年第 26 卷第 1 期。

② 王国维：《王国维文学论著三种》，转引自《宋元戏曲考》，商务印书馆 2001 年版，第 121 页。

性的"道",变化的则是"象"。生命是"道"与"象"的协调统一。以众多具体的"象"而达到稳定不变的"道"。①

以宗炳之见,"道"、象、山水与圣人、贤人之间存在着复杂而密切的关系,而通过对这些关系的论述,宗炳所要表达的是山水自然的审美本质问题。圣人、贤人作为审美主体,其独有的审美心理结构根本上是以"道"为核心而建构起来的。因此,在其进行审美观照时,事实上是在以"道"的标准来审视这些对象。而"象"则是"道"之所显,是"道"的具象化,山水以其稳定不变成为"道"的进一步具体化的形式。"山水,质有而灵趣",即是说明:山水在形质上是"有",与"道"的"无"表面上形成了对立,但是,这种"有"却是直接通向"无"而切近于"道"的。"与道相通之谓灵",因此,对山水自然的审美观照在本质上就是通过山水的千变万化而体悟其中稳定不变的"道",达到收敛与发散、稳定与变化的协调统一,与此种美的状态元素的和谐共振,便可以引导人在进入美的状态的同时,体会到美的意蕴,"在山川的形质上能看出它是趣灵,看出它有其由有限以通向无限之性格,可以作人所追求的道的供养,亦即是可以满足精神上的自由解放的要求,山水才能成为美的对象,才能成为绘画的对象"②。

正如人们所认识和理解的,山水自然没有任何的思维性变异,山水自然以其客观本征性表面直接呈现出"道"的意蕴。人们在对山水自然进行审美时,是带着从山水中体悟道的心理倾向具体展开的。根本上就是通过具体的共性本质而切近"道",领悟"道"的真谛,进而从中体会到审美愉悦。这些稳定对应性描述,在本质上,都是要求审美主体排除一切杂念,处于绝对的虚静之中,心游物外,与物同契,最直接地通过活性本征的兴奋而与活性本征达到和谐共振,形成主体的美的感受与客体的美的形式的直接对话——用客体的美恰当而有效地表达主体的美,在表达的过程中,使主体中的活性本征处于足够的兴奋状态。人处于活性本征的表征状态时,只是单纯地表达在这种稳定协调状态基础上的美

---

① 王宗峰:《〈画山水序〉审美思想探微》,《小说评论》2010年第4期。

② 徐复观:《中国艺术精神》,广西师范大学出版社2007年版,第142页。

感。人也只有处于这样的审美心理、态度之下，才能不受其他因素的诱惑、跳出功利之外，单纯而自然地体会到审美的愉悦，享受到与物同游、与道共存的崇高境界。

（二）境界的意义

1. 意境是艺术活动中情景交融的体现

正因为如此，艺术作品通过境界的营造，一方面能够给欣赏者提供想象的信息基础；另一方面留下了足够想象的空间，同时主动地引导欣赏者去展开更加广泛的想象。运用想象而把优化抽象的结果转化为具体的形态和真实的事物，运用差异化构建的方式尽可能地将各种具体通过"神游八表"的方式表达出来，这种"神游八表"不同于从虚无中来的认识，是以境界中的实在性信息模式为基础展开一定程度的变异而得到的，它要到何处去，则是谁也无法控制或把握的，但其基本要旨是依据人强大的想象力而实施差异化的构建，并通过最终的优化而达到一个美的结果。要把握古代文人审美趣味，关键是看意境本身是否能够引导欣赏者在精神上超越作品本身，是否能够引导其达到思绪万千的"神游"地展开充分想象（差异化构建基础上的优化）的理想境界。既然外界客观与心灵的契合（达到稳定协调的美的状态，此时生命的活性本征处于最有力和最有效率的表达的状态）是文人神游的关键，那么文人审美趣味就在于排除日间更多信息对单纯表达生命的活性本征的干扰性影响，以增强对无功利的"清风明月"的认同，也有因排除世间各种与美的状态有极大差异的欲望的追求与满足，而形成的对人类在长期进化中受到的"深谷鸣蝉"习惯环境作用的喜爱，还有对"牛衣古柳"、"水廓村舍"中排除更多是非纷扰的、以"拙"为基础的自然纯"真"的赞美，更有在入世以后对出世状态的领悟。在此过程中，既涉及表达生命活性本征的发散与收敛的有机结合，又涉及抽象与具体的有机结合。

2. 意境作为对事物本质把握的表现

意境意味着将事物的本质性特征用具体的意象形式表达出来的同时，引导人在抽象与具体的相互转换中，以抽象为根本将其灵活地扩展到各种具体的情景之中。中国文人在审美取向上确有其共性特点。中国人要表达什么是美的，不是直接地表白这种优化抽象的过程和升华后的结果，而是在抽象模式的基础上，以具体为表达的形态，在具体的基础上，引导人将其升华到抽象的层面，再具体化地采取"比喻""比兴"之类的意象性的语言来进行具体表述，以具体形态的方式表达生命动态演化的力量，以及由此所形成的有机统一，形成特有的中国文人的美的追求。外在物与人内心相互作用的协调统一，形成古代文人与生命活性本征的协调统一，在人们看来，表现出了典型的含蓄、朦胧或虚化的特点。即使是在传统书画艺术中，采取"计白当黑"的基本方式，也是在黑与白的相互关系中与生命活性本征的活性比值达到同构，从中表现出阴与阳的相互转换、阴与阳动态协调成有机统一体的基本关系，表现出虚中有实、实中有虚、虚实相生、空灵剔透，以虚白呈万象，反映了生命与外界环境之间的协调统一关系。

3. 意境与理想

由此看来，意境在一定程度上就被赋予了一定的"完美"或美的极限的意义。意境的存在始终以一种理想而激发人对"完美"的体验，隐含地表达出对美追求的 M 的力量，是在将这种想象性的虚无模式作为美的特征中的一个稳定的"美元素"。由于创作者和欣赏者都能够以意境为基础，或者说都以"意境"性的体验作为审美体验的基本模式，就在"意境"这个简单地特征元素上更容易地表现出共性相干。由于中国人善于从相互关系的角度来考虑问题①，不再是将任何一个对象作为一个独立特征展开深入研究，而是在深入地进行形而上研究的基础上，通过研究彼此之间的相互作用，从更高层次来研究其功能和意义，这种思维方式本应该能够在更大程度上构建出对美追求的过程性特征，但由于没有掌握相关的工具，不得不重复着以下方面的不足：一是忽略了意境的过程性特征；二是将过程的终结状态作为对意境的追求；三是以状态代过程；四是将意境与对意境的追求混为一体。

这种混乱，使我们对意境的理解产生了更加朦胧化的感受，也使意境变得更加神秘起来。而在厘清意境本质意义的基础上，对"意境"的欣赏，将能够使人超越具体的、有限的物象、事件、场景，进入可无限

---

① ［美］尼斯贝特：《思维版图》，李秀霞译，中信出版社 2010 年版，第 38 页。

延伸扩展的时间和空间过程中，通过划分出不同的层次和阶段，使人对整个人生、历史、宇宙获得一种哲理性的感受和领悟①。

4. 意境与追求

意境的观点在中国人的审美态度中占据重要的地位，这种心态主要表现的就是一种心理意向，是在引导人不断地构建差异化的信息，再引导人们加以比较，优化出更美的模式和向更美升华的力量。意境在更大程度上表达的是一种追求，表达了追求过程的一定程度的"极限"状态，意味着具有更高的意识、意义、状态的境界。由于意境的极限性特征，在实际过程中，我们只能一步一步地去努力靠近这种理想的状态。但同时，意境又具有世俗性特征，有诸多的世俗性元素在其中发挥着作用。我们可以简单地将意境写为："意境 = 意象 + 境界"。

（1）意境有一种"最高""极限""最优"的意味

人们习惯中的意境在更大程度上具有状态性的特征意义。这是人以某个特征为标准最大限度地表达 M 力，并尽可能地追求更美以后的心理形象的结果。虽然是以结果的状态形式表达意境，但却能够使人在看到意境的阶段性程度时，认识到以对美的达到极致的追求而表现出来的过程性特征。

（2）意境具有一定的阶段性特征

在当前"增长的极限"限制下，只会达到当前意境的最高境界，但当人们变换新的模式和表征 M 的构建方法时，则会寻找新的模式和新的出发点及达到新的境界。这就意味着，在当前的方法、模式、理念的基础上，即便人们最大限度地发挥了 M 的力量，也只能达到一定的高度。诸如一个流派的兴起与衰败反映了这种意境的阶段性特征。在此过程中，随着越来越多的人参与其中，而且越来越多地将所运用的方法手段娴熟化，艺术品的创造表现力也会越来越弱。在程度上的稳定性优化带来更大的差异化构建的力量。达到巅峰的艺术流派，随着巅峰期的到来，也开始了必然的变革。

（3）意境是一种追求的反应

---

① 叶朗：《美学原理》，北京大学出版社 2009 年版。

　　意境代表着人们的扩展和追求，表现出向最美的极限状态的转化。当该过程被具体地转化成为一种具有时间和空间特征的模式时，即成为一种独立的模式，进一步地表现出自主涌现和被意识的强化加工，甚至人们会将其作为一个"元模式"，引导人进一步地实施反思、探索性增强的过程。不同的意境指出了彼此之间的差异，指出了处于某个意境时的特征，自然使人基于当前的意境而构建出与之有差异的新的意境，由此在人的活性本征中收敛稳定性力量的作用下形成达到新的意境的追求的力量。意境及对意境的追求中主要表达出了 M 的模式和力量，在求同的过程中将更多的信息引入进来。比如说，将比较选择的过程表达出来、将优化的过程表达出来、将道德判断的力量表达出来、将优胜劣汰的过程表达出来等。境界与具体的感知性信息相结合，会表现出更加广泛的联想性信息和想象性信息。人们即使在描述意境的过程中，也是在通过持续性地优化，而将最终的结果表达出来的。

　　人们可以通过悟而达到一种境界，形成一种特殊的稳定的心理状态，这种心理状态会成为认识其他事物时的稳定的心理背景，或者套用引导着对事物的认识与理解。即使追求"天人合一"，也是将抽象的"天人合一"的概念具体化为真实的模式，然后驱使人们的行为符合这种标准。在这种过程中，存在着抽象与具体不停转换的过程。人在这种抽象与具体的转换过程中，会有歧义的生成，但这种歧义将会为进一步的优化提供"素材"。无论是生命本身的非线性特征、表征生命的发散扩展性力量，还是在意识层面基于好奇心而主动地实施差异化构建，都将进一步地促进比较优化与概括抽象。

　　中国的传统美学理论，在更大程度上表现出通过对意境的追求而达到某种意境的思想，但却将这种认识融入对这种极致的意境状态的具体描述中。如在描述意境具有更强的扩展性和差异化的构建力量模式及作用时，苏东坡就有《鲁直次韵》诗云："翠屏临研滴，明窗寸阴。意境可千里，摇落江水林。"[1] 宋人史容对"意境可千里"的注释是："意境，如刘梦得诗'腰斧上高山，意行无旧路'也。"原意是说通过差异化的构

---

　　① （宋）邵浩：《坡门酬唱集》卷9。

建，而走出一条与前人有所不同的道路。故祝穆说："此借用其字，谓神游八表，非楫棹所及。"① 我们永远可以在当前意境的基础上，构建出境界更高的意境。如果忽略了对更高意境的追求，丢弃了意境之中的核心的力量，意境是什么便存在更多的不可知了。

（4）意境具有生命活性特征

意境在更大程度上表征着生命的活力。人会在现有意境的基础上不断地扩张，以达到更高的意境境界，并将这种扩张作为进一步追求的目标。意境作为一种需要达到的某种"意义的境界"，更是需要人的不断追求。这种最高的境界，也可以称为终极境界——即便付出再多的努力，其也不会产生较大的变化。

彭大翼解释刘禹锡所云的"意行"时，也说："管夷吾曰：恣意之所欲行。"② 这一方面达到了随心所欲的状态，能够灵活地将规律运用于具体的实践活动的状态；另一方面表达出了意境的差异化构建的实质。人在美的状态时能够更加有力地表达生命的活性变换，就为这种状态及其体验奠定了基础。

（5）意境与过程

意境虽以状态性表现为主，但却主要反映出了过程性的特征，通过表达人们的某种期望，表达出了 M 力的作用过程和作用结果。意境是一种以形象性意义来表示所达到的境界、以意象来表达境界、以意义中的情感来表达境界的过程。它要求人以对这种状态的追求和努力达到这种意境状态为目标。这其中涉及：第一，每个人在当下，受到外界因素的作用所形成的境界自然都与最高境界有相当大的差距；第二，每个人的能力（包括理解力）都是有限的，存在在当前能力状况下的"增长的极限"。因此，即便是一个伟大的艺术家，也只能在当前的环境作用下，构建出相对最美的境界；第三，当前的最高境界也只是表达了当下艺术家自己对境界的理解与认识的高度；第四，表征出由当下向终极境界逐步前进的欲望、追求；第五，境界随着特征的不同而具有不同的意义，虽

---

① （宋）祝穆：《古今事文类聚》卷6。
② 彭大翼《山堂肆考》，卷231。

然由于社会生成与发展的环境不同，必然会产生境界判断特征的不同，但其会通过生命活性本征表现而对应地表达活性本征，因此，意境会体现出美的根本性意义。

由境界所指出的整体性特征，通过小的局部特征上的吻合能够逐步地向部分乃至整体转化；在由抽象性的境界具体地展开为外延性模式时，通过与相应的外延模式相比较，在激发更多信息模式兴奋的基础上，会缩小外延范围，使升华后的抽象模式占据更为重要的地位，并由此而使境界得以提升；通过具体行为上升为抽象概括，能够将其归并到境界所指出的内涵性特征中，从而以抽象性意义涵盖更多的具体情况；由绝对化的吻合向不同程度的吻合过程转化，只要保持一定程度的相似性，即从境界的角度建立起了一定的关系。

（6）意境与体验

从意境的角度看，也正是由于建立起两种意境之间的关系，才能由两种意境的不同而体会到高层次意境更美的含义。只有从其他状态向意境转化、逼近，人从内心建立起这种关系模式的具体表征时，才能够通过相关心理模式的兴奋而体验到意境所表达的对更的追求和所达到的更美的境界。

正因为科学分析过于准确详细，使审美对象本身失去了必要的朦胧和虚幻，只坚持了与生命活性本征的收敛、稳定和确定的模式和谐共振，从而容易导致更高层次上的"美感"的丧失。将中国古代文论与西方的文学理论比较，人们多认为其缺乏科学性。这恰恰是与中国"意境""情理""形神""言意"等美学所表征的与生命的活性本征在更多元素上的和谐共振，也恰恰是中国传统美学范畴的长处。《诗经》在表现"硕人"的美丽时，是用"手如柔荑，肤如凝脂，领如蝤蛴，齿如瓠犀，螓首娥眉"（《诗经·硕人》）这样的诗句来比喻形容的，即具体感性，又缥缈抽象；既体现了一定程度的可把握性，又让人不能更为确定地把握、掌控。

（7）意境表达了一种程度

境界是一种程度的度量，表达了所要追求的境界和程度。在人形成了相关的理念以后，通过艺术表达比较判断所能够达到的相关的程度。

这种程度将通过其中所包含的局部美的元素特征的多少、美的元素在反映美的特征时所占据的地位，以及由此而生成的模糊判断体系来具体表征。意境所对应的优化构建方面表现出了突出的特征。

局部信息的差异化构建基础上的抽象优化，推动着人们在众多可能描述中不断地寻找在更大程度上激发人的审美享受的形式描述。通过特征之间关系的抽象优化、所形成的整体意义的抽象优化，尤其是描述一个对象在更大程度中的最佳的作用和功能，最终形成更高的境界。由此过程我们可以更加明确地看到，优化过程即表达了足够的意境的程度。

意境中有我和忘我会有机地结合在一起，通过由此岸向彼岸转化与追求的模式，通过有我到忘我而形成对美追求的升华。同时，通过自然与"我"的本质性区别，再把"我"的追求转化到自然山水中，由山水体现出"我"的忘我和向更高境界的追求、达到更高的境界。譬如，人们看某些影视作品，被某位演员"美"的形象所感动，这种美感的来源既与该演员本身有关，又与该演员所扮演的角色有关；既是该演员在影视作品中所扮演的角色，而这个角色光彩的形成，又来源于剧中环境的构造，如要有好的环境背景、服装、道具、剧本、导演、配角等。此外，所拍摄作品还需要符合时下观众的"审美期待"。由此，人们从剧中的意境中除了获得美感以外，又开辟出了通向人的情感的另一个渠道，通过情感的表达使人能够顺利地体验到足够的美感。人们喜爱某个演员，更多的是源于演员在剧中"意境"所透出的美感。英国美学家博克对此分析说，人类关于美的观念是根源于人类的基本情欲。他认为人类的自身保存的本能是崇高感的根源，而社会生活（群居）由此而生成的社会交往本能是美感的根源。①

以具体而表达共性抽象的本质，更能典型而突出地表达出事物及与其他事物的本质性的相互关系。由于美主要在于表达外界客观所激发的心境与其活性本征达到更高稳定协调的程度，表达人积极向上的神韵，在将美作为一个独立模式时，表达出了典型的对美的选择与追求的过

---

① ［英］博克：《崇高与美——博克美学论文选》，李善庆译，生活·读书·新知三联书店1990年版，第37页。

程。因此，在某种程度上，以意境为基础的美的表达，将更易于引导欣赏者真正地身临其境，通过对意境的表达与追求达到美的更高境界的传神。

（8）意境与差异

意境具有个性理解的特征，在意境中存在着不同和差异，也就是说，存在着意境的高低。在以一定的原则作指导时，人们所构建出来的境界是经过极度扩张后的"极限"状态，而不同的人对于这种境界的理解不同，也就形成了不同的认知。在将这种境界用恰当的词语描述出来时，在他人看来就存在一种境界高与不高的问题。

意境表征的是在差异化基础上的本质的、优化的美。那么，意境中的"随心所欲"讲的是什么意思？是不是想怎么表达就怎么表达？也就是说，怎么表达就都能够达到最美的层次？我们认为，通过表象的意义而表达出更加深刻的含义，当达到了随心所欲的状态时，一方面是说其已经穷举了当前所有可能的情况，并从中比较出了最美；另一方面是说已经把握了事物的运动变化与发展的规律，能够将其本质性的规律与当前的具体情况相结合。所进行的工作便自然地遵循着规律的要求，从而达到了基于各种具体情况下的最佳模式，表现出了最大的信息量，一举一动皆服从规律，这种工作便都能够自如地做到了。

《四库提要》评（宋）姜特立《梅山续稿》时说："然论其诗格，则意境特为超旷，往往自然流露，不事雕琢。"（清）毛奇龄《孙肖夫诗序》亦云："肖夫诗质本大雅，不屑俚谚而意境空阔，所至无局步且复浸淫于黄钟大吕之音，未尝嘁嘁与瓦釜争响。"[1] 显然，此时的人们所追求的"自然流露，不事雕琢"，应该是在达到了真正把握规律的基础上的完美协调。具有了娴熟的技能，能够保持足够高的优化能力，能够准确地构建出恰当的模式。把握了规律，就是形成了本质上的掌控，使各种具体情况协调地联系在一起，基于各种具体情况所表征的都能够是其共性的本质规律。因此，无论是从局部的角度还是从彼此之间相互关系的角度，都达到了完美的协调。也意味着不去考虑其他的相关因素，尤其是

---

[1]　（清）毛奇龄：《西河集》卷56。

那些涉及功利性的考虑。

从文献看，古人对于"诗人之境"有一些共通的认识。这些共通的东西就是：第一，"诗人之境"所传达的美感能够使人"神游八表"，就是能够在表达生命活性中发散力量的基础上，将更多的情况"涵盖"到掌控规律的有效描述范畴内；第二，"诗人之境"的"意境"特征包括超旷、空阔、清远，能够引导人在排除其他无关信息的基础上，尽可能地表达差异化构建和发散扩展的力量；第三，保持足够的"覆盖有效性"，将更多不同的情况覆盖到理论体系的范畴之内。宗白华曾说："艺术的意境有它的深度、高度、阔度。杜甫诗的高、大、深，俱不可及。"刘熙载在评杜诗时也说道："吐弃到人所不能吐弃为高，含茹到人所不能含茹为大，曲折到人所不能曲折为深。"[①] 指的就是其所具有的覆盖面比较广，能够更大限度地包含更加多样的复杂情况，或者说已经建立起了抽象程度更高的稳定模式，可以更加准确地描述各种具体的情况。

二　以意境作为心理背景

人们往往通过意境来描述所看到的作品达到相应境界的程度，以及达到什么程度的境界。由于境界的虚无性，达到什么程度，就因人而异了。

人的境界的高低，反映了人的不同追求。要有效提升人的境界，提升人对理想的追求，不再满足于一日三餐，不再满足于简单的生理甚至是追求低层次需要的满足，不再满足于利益追求，而是通过树立、构建能够对社会、对人类做出更大贡献的理想，驱动人表达出对这种理想的努力追求，这将是树立更高境界的基本方法。应该在更准确地把握自然变化规律的基础上，更高的理想、更高的追求。这就涉及其行为是对哪一些人、多少人有利的问题。诸如，对自己有利、对自己的亲人有利、对自己的族群有利、对自己的国家有利、对全人类有利、对全世界有利等。受益群体的范围越大，体现出来的境界就越高。

一般情况下，认为中国传统的"意境"说，因为较少受自然科学

① 宗白华：《美学与意境》，人民出版社 1987 年版，第 214 页。

影响的缘故，导致了它具有主观性、混沌性和模糊性的特征。但实质上，却是通过这种变化的、模糊的、朦胧的信息的存在，与生命的活性本征达到了更大程度上的和谐共振。规律的美是在各种具体的变换之中体现出来的。单纯的 $F = ma$ 仅仅是几个符号并列在一起，但当我们赋予各个符号以一定的物理意义，并用它来描述一个宏观物体的运动规律时，我们便能够体会到它抽象概括的美。我们知道美学上有"距离产生美"的说法，正是因为距离，使审美主客体之间始终隔了一层，以此来描述所看到的作品达到相应境界的程度，由于境界的虚无性，达到一种什么程度，就因人而异了。"概括且朦胧"才产生了真正意义上的美。

马斯洛提出了人的需要理论与境界的关系，提出了人的自我实现的地位与作用；奇凯岑特米哈依等依据这个理论提出了"心畅"的概念，提出了思如泉涌的原因就在于人的自我实现状态。

（一）境界是一种与美同样处于最理想状态的描述

境界作为一种与美同样处于最理想状态的描述，是作为一种极限状态被人们所努力追求的。人也会在现实状态下，通过表达生命的活性本征，基于某种特征而展开发散性差异化构建，通过形成与当前有所差异的、更加美好的状态，使人在形成期望的基础上，产生对这种状态的追求。因此，高层次境界往往成为人所努力追求的理想。

（二）当境界与具体的事物相结合时，总有不同的表现

在不同的文化中境界可以表征为不同的形式，也具有不同的重点。中国的儒释道对境界有各种自己的解释。历朝历代都有各自个性鲜明的艺术风格，而这些不同的风格大都建立在批判与继承的基础之上，有一条可以触摸的鲜活脉络。受传统文化思想的影响，美术批评始终伴随着绘画历史的发展，中国传统绘画逐步建立起了评判作品风格与品第的标准，它主要以"品位""境界"为核心，以哲学和文化价值取向来界定画家作品的高下。在南齐，画论家谢赫在其《古画品录》中把三国到南齐的二十七位画家分为六品并加以评说，开评画之先河。唐代朱景玄在他的《唐朝名画录》中提出"神""妙""能""逸"四品标准。晚唐张彦远则在前人的基础上把绘画分为"自然""神""妙""精""细"五品。

五代时期，荆浩把绘画列分为"神""妙""奇""巧"四品。[①]

同品评绘画作品一样，古人会将对绘画作品的评价直接转化到画家人格境界的评说上，以有效地扩展对绘画作品的评价范围。早在《汉书》中，班固就将古代人物分品列表，区别等第，其具体方式是先列出上、中、下三品，在每一品中又具体地再细分上、中、下三品，如上上品列尧、舜、禹、孔子等为圣人，而下下品则为愚人，如此等等。"三教九流"的说法影响至深。此外，还有表明地位等级的"品第""品级"和表明道德水准的"品德""品性""品行"与"品格"之说，"画品如人品""见画如见人"等提法建立了绘画品位与人格境界之间密不可分的关系，体现出了通过这种间接的价值判断代表艺术作品的美的境界的价值判断方法。清代画家沈宗容就说："笔呈之高下，亦如人品。"心中所想、所行，便是其以较高的兴奋度发挥作用的模式在起控制作用。专注于此，便处于排除其他干扰的过程中，就有："笔里出于手，实根于心。"这里的"人品"和"心"其实是指画家的修养、境界与道德水准，此论较为深刻地阐明了"人画合一"的道理。画家凭借娴熟的艺术技巧绘画的同时，也在作品中融入了他们对时代的认识与理解，并将之外化为有别于他人的创作样式。同时，古人又将反映画家的精神追求和个性特征的"气韵生动"作为艺术表现的重要标志。[②] 在人的自然表现的基础上，我们能够在很大程度上以"文如其人"为基础，以对人的评价代替对绘画作品的评价。人品与作品的确存在更多的本质性联系，但也绝不能在人品与作品之间画等号。

（三）立意与追求

随着认识的变化、时代的变迁，画家对思想信仰的崇尚由单一逐步走向多元，由外界自然转向内在自我，对"天人合一"的理解也随之加深，形成了与时代同步的境界判断标准。比较唐宋画风与明清文人画风，我们更能看到不同时代的画家的思想文化伴随着时代的变迁而表现出来

---

① 陈克：《"品位"与"境界"——试论传统中国画的文化意蕴》，《美术观察》2005年第10期。

② 同上。

的追求的演变。

如唐代张彦远在《历代名画记》说："夫画者：成教化，助人伦，穷神变，侧幽微，与六籍同功，四时并运，发于天然，非繇述作。"这里的"穷神变"，"穷"即穷举，意思是通过有如神助的机巧，构建出全部有差异的各种可能的状态，然后从中比较优化出最美的状态。"穷"——穷究，具有"全部"列举的意义。"侧幽微"——洞察幽微，意思是构建出与此相关的有差异的其他方面的信息，即使是细微的差异，也应该将其明确地表达出来。通过这种追求，达到"与六籍同功，四时并运，发于天然"的与环境的稳定协调状态。唐宋画家崇尚福学，绘画风格肃穆、崇高、雄浑、博大。这一时期的回家以"应物象形、天机遇高、思与神合"为最高境界追求，以法度为至高技法堆则，创作出了大批"法理周致、刻划精严、精谨隽秀、恢宏博大"的艺术精品。[①]

人们这里指的道，应是求道，但也只是指出了一种境界所描述的局部的状态和景象，而且更为重要的是指出了人应该向着这个境界尽可能地努力追求，将追求的理想状态与之相结合，尽可能地表达人由竞争所表达、固化形成的追求向上的本性。这种境界包含了更多的其他意义，既然将其作为追求的目标，自然能够将其他的特征引入其中。

对人的本性的各个方面实施展开和表征，而不再只是将人局限于很小的领域，由此而对人的本质形成一个更加全面、系统、深刻的认识体系和表现体系，这是提升境界品格层次的关键过程。境界的表征是一个综合性的动力学系统。当人们构建了一个更高的境界，并以各种具体的形态尽可能地表达这种境界时，能够以某个方面的特征为主加以表达，也可以将其综合在一起，形成各种特征形式都发挥作用的协调统一性的表达，同时表达出境界的感觉性、知觉性、情感性、抽象性特征，既表达客观信息地"映射性表达"（包括在映射过程中所形成的概括与抽象），还包括境界的想象性差异构建和优化模式的同时表达，既包括人们所掌握的信息，还包括未知性的特征（也称境界的虚无性：虽然不知道它具

---

① 陈克：《"品位"与"境界"——试论传统中国画的文化意蕴》，《美术观察》2005 年第 10 期。

体是什么，但在潜意识中却认为它的确存在着，人们只是形成了一个模糊性的模式，甚至只是形成了一个稳定的假设性的存在），并由此而引导着人们的追求；既包括与当前信息具有客观关系的信息，还包括与当前信息没有任何关系，仅凭借其信息模式本身的自主和涌现而表达出来的特征信息。当以具体的形态将这种稳定协调状态表达出来时，不同领域对境界追求的方法和途径是不同的，所形成的艺术品也会有所不同，但基本的方法都是由当前没有达到的境界而向境界所指出的方向尽可能地"靠近"。

受到思维方式的影响，中国古代缺乏意境的孤立化的本体性研究，没有研究意境独立的特征、内涵，没有探讨意境对艺术创作的指导作用，只是采取类比、联系的方式，只是讲意境的作用，或者说只是研究没有意境时的不足与危害，却没有单独地研究意境是什么，以及为什么要研究意境。人们期望通过这种类比性的引导，促使他人从中构建出本质性的概念、关系和规律，并用于具体的实践过程。

要揭示意境的本质性特征，需要描述意境的相关特征与中国古代文人的追求的内在联系，具体分析意境的具体性、抽象性、情感性模式表征，先展开形而上学式的研究，然后通过系统的方式展开整体性研究。如果总是将该对象放置在具体的情景中，离不开与其他事物的相互作用，会将这种模糊性的研究继续下去，不可能真正地探索构建出该特征在各种过程中所发挥的作用，不能构建出该特征在同其他事物的相互作用过程中所表现出来的本质性的特征，或者说依据这种本质性的特征构建出在同其他事物具体的相互作用过程中的作用特点。只有把握了人的本质，才能充分地认识和预测到人在其他情景中将会表现出何种行为。

（四）稳定与发散

中国人有运用阴阳关系来认识客观事物的复杂性思维模式。这种思维模式在更大程度上描述了生命的活性本征。

第一，中国人以其特有的辩证认知构建，表达出了复杂性思维的特征。认识到了阴与阳、阴阳之间的相互作用、阴阳之间的相互转换。人们坚持这种动态性信息的协调共现，并与人生命的活性本征相协调，从而通过协调而进入美的状态。

柳宗元《江雪》一诗极具意境。诗曰："千山鸟飞绝，万径人踪灭。孤舟蓑笠翁，独钓寒江雪。"此诗所营造的境界是人与环境融为一体。垂钓的老翁没有突兀地出现在环境当中，而是将自己融合成环境的一个部分。在白雪茫茫中，孤舟、寒江等意象构成了境界的美，全身覆盖着白雪的老翁只是整个境界中的一部分。人们会从这些简单的信息中联想构建出更多的信息，从而生成更深层次的审美享受。在此过程中，人更是其中稳定不变的核心，人处于各种情景中，会有各种不同的表现。此时处于这种具体的情景中，就会在其本质性结构的基础上，表现出恰当的模式。动与静、春天与冬天、平时众多的鸟与此时无一只、寂静的山与此时的群山的环抱，形成鲜明的联系与对比。生命活性中固有地表达着发散与收敛的有机结合，通过用活性本征观照客观，引导人研究相关的特征、关系和规律，并由此构建出相应的意义；

第二，事物本身的孤立化意义固然重要，但其意义更需要通过对象与其他事物的相互作用，由系统的动态演化关系和规律来具体确定。因此，人们往往更加关注环境性特征，关注更大整体性的意义。但实际上，是需要通过同时关注人自身和环境因素，才能达到最后的统一的。

按照中国传统，美的东西所要传达的"美意"，一定是在其所处的"境"中体现出来的。这"境"就不单单是一个两个物件的简单相加，而是"境界"中所有人或物在相互作用过程中的和谐映衬，是境界中诸多意象在相互联结基础上的和谐统一。人们通过"意象"所要体味和把握的是整个境界所构造出来的意味和美感。宗白华将之总结为三层，是从"直观感相的摹写，活跃生命的传达，到最高灵境的启示"所历经的三个境界层次。江顺贻评之曰："始境，情胜也。又境，气胜也。终境，格胜也。"①

第三，一个事物在同其他不同事物的相互作用过程中有不同的意义，人们正是通过具体事物的运动与变化而扩展性地领悟到事物的本质变化规律的。在这个过程中，需要三个方面的模式和过程：一是通过具体过程而构建出符号化的稳定模式；二是将这种符号化的关系结构扩展、抽象、展

---

① 宗白华：《美学与意境》，人民出版社1987年版，第124页。

开到更多的具体情况。人们习惯于通过具体结构表达具体的美，但我们却要强调将这种具体的美通过优化概括抽象的方式扩展升华到更加抽象一般的层次的力量；三是建立抽象与更多具体之间的稳定性关系。建立起了这种稳定的联系时，才可以与前一个变换有机结合而形成对美的更加深刻的理解。正是基于这种不同的表现从中构建出了本质性的特征——美的结构。

这种过程以意象形式来表达时，即表现为人们所习惯的意象性模式。从关系的角度来看，中国人认为美的东西之所以是"美"的，不仅在于事物本身，还在于它周围所构成的环境和氛围，以及在同周围环境的相互作用中表现出来的更多的确定性含义。中国传统审美观念更加注重通过作品所引发生成的境界中透出的美。诸如一幅水墨山水画的美，不在于一山一石一人，而在于整个画面烘托出的环境和氛围，人们不再简单地欣赏山水画，而是力图构建设想出画家还在表达什么更深层次的含义。中国人向来强调天人合一、阴阳平衡、内心与外物达成和谐一致。所谓有"境界"的美，需要符合三点要求：一是，境界里的物和物之间要构成和谐；二是，境界里的人和物之间要构成和谐；三是，欣赏者与被欣赏对象之间在心理上要达成契合，心灵与外物的共振律动共同完成审美的愉悦。如果只看到艺术品的美，而不重视欣赏者的主体性地位，这种认识就是不全面的。

三 美的三层次说

（一）美的三层次划分

历史上有多种不同的境界说，对境界的划分及对境界的追求产生了足够的影响。我们简略地将其展列出来，通过对各种说法的比较概括，使人在具体的比较过程中，抽象出关于美的不同层次、境界，以及概括性的本质认识。

1. 师者，所以传道授业解惑也

师者，所以传道授业解惑也。因此，单从教育的角度来看，就表现出了三种不同的层次：传道、授业、解惑。传道层次最高，解惑则最低。

2. 学习中的了解、理解和熟练运用

我们再来看人们习惯中所描述的对一个知识点认识的程度：了解、

理解、深刻理解。在这里的意义分别是什么？或者说，当我们学习一则原理时，用：知道是什么，知道为什么和知道怎么样，即区分出了三种不同的层次。

当我们能够运用具体、抽象再向具体的过程转化，灵活地运用一种理论所对应的方法去分析研究具体事物中的某个特征、关系和规律，并且在这种规律的指导下构建出具体的特殊的规律时，就意味着我们得出了在具体情况下具体事物的基本定解方程，便达到了更高的境界。

3. 禅宗的山水观

在佛教哲学认识论中，认为眼、耳、鼻、舌、身只能认识相对应的某个"个别境"，"眼缘色境，耳缘声境，鼻缘香境，舌缘味境，身缘触境，意缘法境"；但意境则不受什么局限，可以认识"一切境"。所谓"一切境"即是"法境"，泛指一切事物和现象。"法境"属于"意"的境界，亦可称为"意境"。

从人们的描述中可以看到，这种从无到有，再到本质的认识过程，表达着抽象的真理符号与具体事物的有机结合。正如人们所界定的：禅意的第一境被看作"落叶满空山，何处寻行迹"，第二境被看作"空山无人，水流花开"，第三境则被看作"万古长空，一朝风月"。

此时，我们想说的是，对于一个人来讲，当将其放到一个社会中来看时，便能够与社会道德结合在一起，根据其行为对他人所产生的益处的多少来界定其境界的高低。一个人所从事的活动可以简单地分为二个不同的层次：关注自身和关注他人。我们说，虽然从一个群体的角度来考虑问题，相比于只考虑个人，已经升华到了第二个层次，但仍然存在比之更高的层次——第三个层次。当其所考虑的出发点是整个人类社会，而不再是从某一个群体、民族、国家的角度考虑问题，尤其是能够舍弃自身时，便升华到了最高的层次。这便是人类社会文化的力量所致。

那么，我们如何从生理、到心理、再到抽象的角度描述这个境界？基于简单的生命活性本征反映的，叫第一个层次；只是在一个美的类中所对应的基本境界，叫第二个层次；当形成了更大范围内的概括抽象，甚至是在考虑了所有的审美范畴以后所生成的美，便达到了第三个层次。这里，我们是从其抽象概括程度的角度来描述这个问题的，用是否领悟的概念和方式来描述这个问题，可能更为恰当。

4. 郑板桥的"眼中之竹""手中之竹""胸中之竹"

郑板桥所画的竹子别具一格。这是一种由具体到抽象、由客观事物到人内心的美的反映过程。在达到"胸中之竹"的程度时，已经突出地体现出了优化抽象的力量，达到了优化至美的程度。

蔡宗茂的"始读之则万萼春深，百色妖露，积雪缟地，余霞绮天，一境也。再读之则烟涛泓洞，霜飙飞摇，骏马下坡，泳鳞出水，又一境也。卒读之而皎皎明月，仙仙白云，鸿雁高翔，坠叶如雨，不知其何以冲然而淡，萧然而远也。"（《拜石山房词》）

李日华在《紫桃轩杂缀》中一段有关于中国山水画境层深的论述："凡画有三次第：一曰身之所容。二曰目之所瞩。三曰意之所游。目力虽穷，而情脉不断处是也。"同样表达了这种"眼中之竹""手中之竹""胸中之竹"的具体区分。

5. 智、仁、勇三个境界——梁启超的观点

艺术作品以其独特性对人的本能模式产生作用。这种作用既包括和谐共振，又包括以一定的差距而形成刺激作用，从而促使其以更大的兴奋度兴奋的过程。在作用过程中，具有一定程度的相关性，这本身就是生命活性中发散与收敛、更直接地说是新颖度与相关度所形成的比例与生命活性比值协调程度的具体表现。

6. 波普尔的三个世界的划分

提出证伪主义的哲学家波普尔在 1972 年出版的《客观知识》一书中，系统地提出了人的"三个世界"的理论。所谓"三个世界"的划分有明确的界限。波普尔把物理世界称为"世界 1"，它包括物理的对象和状态——物理世界；把精神世界称作"世界 2"，它包括心理素质、意识状态、主观经验等——精神世界；把"世界 3"用来指人类精神活动的产物——客观知识界。即思想内容的世界或客观意义上的观念的世界，或可能的思想客体的世界，它包括客观的知识和客观的艺术作品。构成这个世界的要素很广泛，有科学问题、理论、理论的逻辑关系、自在的论据、自在的问题情景、批判性讨论、故事、解释性神话、工具等。

波普尔认为他划分出的这"三个世界"都是实在的，三个世界彼此

之间直接或间接地发生作用。首先"世界1"和"世界2"是相互作用的。如衣食能给人以温饱和充沛的精力，这是"世界1"作用于"世界2"。人的坚强意志能够克服种种外部世界带来的困难，这是"世界2"作用于"世界1"。其次，世界2与世界3也是相互作用的。如音乐家因受炽热情感的影响而写出优美动听的乐章，这是世界2作用于世界3；反过来优美的音乐能激发起听众内心的感慨或热情，这是世界3作用于世界2。波普尔认为肯定世界3对世界2的反馈作用是十分重要的，因为一般人认为科学家可以根据本人的主观意愿任意创作出世界3的对象——科学理论，因此，在研究科学的认识论和方法论时，总是只注重研究科学的世界2，即他们的心理活动或认识活动，而忽视对世界3，即科学知识的自身发展的"自主性"。

7. 美的表现的三个层次：

第一个层次：反映当前的生命活性的本征模式；

第二个层次：由诸多模式通过概括而形成了抽象程度更高的模式；

第三个层次：能够在具体与抽象模式之间灵活变换，或者说能够完成整个过程的顺利进行的全面模式。此境界达到了将基本规律灵活运用的程度。

笠原仲二将古代中国人的美意识划分为三个不同的阶段，形成了由美的简单生理感官快乐反应为基础的"原始美意识"、以"善"为核心的具有社会伦理意义的"美的人"、以"真"为基础的"宗教的境界"三个不同的层次的升华与转化关系。①

笠原仲二首先认定中国人的美意识起源于与维持生命活性紧密相关的感官性的愉悦。笠原仲二说，"总之，中国古代人们获得美感的对象——美的对象，初期主要是在感觉性、官能性的生活方面，使他们感到生存的意义、具有使其日常生活'生气勃勃'那种效力的事物。从而，形成'美'的本质：在心理方面，意味着官能性快感——悦乐性。"② 更

---

① ［日］笠原仲二：《古代中国人的美意识》，杨若薇译，生活·读书·新知三联书店1988年版，前言第5—6页。

② 同上书，第2页。

进一步地说，凡是与生命的稳定、正常生长和自然进化相协调的外界环境，就都成为了美的对象、具有了美的意义。因此，这就从更加本质的层面上认识到，美就是生命体与外界环境达成稳定协调时的状态。这就是美的本质。这种有利于生命表达其生命活性的、有利于生命的稳定与正常发展、进化的外界客观，能使人产生恰当的愉悦性的审美感受，也就都具有了"美好"的意义。

在古代，中国人的美的意识从有利于生命的、愉悦官能的对象中诞生之后，随着生活日益的丰富多样、活动的日益扩展，伴随着这种愉悦性审美感受的独立与特化，形成了延伸扩展过程，进而超越了生理的"官能性美感"的局限，向着更为广大的领域扩展，通过建立更加广泛的联系，尤其是与人的社会性联系在一起，具有了广泛的社会意义和伦理意义。美的对象扩展到"给人的精神及物质的经济生活方面带来美的效果的所有对象"，于是古代中国人的美的意识进入其发展的第二阶段。①

在通过更加广泛的联系而形成更高层次概括抽象的这个阶段，原始时期那种单纯基于感官本能方面的美的状态便被彻底超越和突破。"美的对象"概括了众多"单纯的官能快适感"，具体的"官能快适感"仅仅是抽象的美的对象中的局部特征，伴随着其独立特化，从而能够与更多的过程建立起了有机联系。以此种模式为基础，通过联系性汇聚，能够构建出完全不同的"官能快适感"的共性特征。这些对象给人的审美感受已不再是那些直接作用于肉体感官的事物所给予人的那种生理感受，它不再是瞬时的、生理的、个人的、具体的，而是以抽象的知识形成了对主观、对个人的超越，基于这种抽象的概念的具体化，再与具体事件相结合，能够使人联想到更多的美的特征，并由此而形成更多的对更美的追求。这些标准指标有别于生理的"快适感"，使人感受到另类的审美体验。诸如，浑朴笨拙的对象、可歌可泣的对象，都与人的官能性悦乐有所不同，但在意识层面的联想建构中，它们在这一时期都进入了人对

---

① ［日］笠原仲二：《古代中国人的美意识》，杨若薇译，生活·读书·新知三联书店1988年版，第5页。

美的追求的视野、进入了美的领域，成为艺术创作的基本标准。此时的人们由于认识到了这种概括层次的美比之具体的美感具有更高超越、更概括抽象的意味，由此而带来的超越与更高程度掌控的感受成为人们美的艺术表达的核心，并影响到人们对低层次生理美感的充分肯定。这时的中国人已经自觉到，一般单纯官能的原始的美感，容易使人萎靡并堕落于其中，容易毁伤人的性情。人们需要的是美的升华。正如笠原仲二研究指出的，此时民歌中淫靡的"郑卫"遭到具有更高地位的士大夫们的贬责，艺术中过分虚华的雕饰也开始遭到文人的排斥。将美、艺术同社会中的各种行为的有机结合而表现出来的人的社会性特征，尤其是作为抽象意义上的人的特征和力量得到了重视，因此，诸如"能够深深浸透、沉潜于人的内部，使其感情娴静柔和，使其情操博雅丰富，使其尘俗之心得以净化，使其人格得以提高的对象，则成为受到普遍推崇的美的对象"①。在这种大环境氛围的影响下，人们的注意力也开始发生转移，由与美的直接关系集中到与美呈现间接性关系的事物特征和关系结构上，将注意力由自然的美转移到社会的美上。开始以更高境界的美作为艺术表达的主题。比如，孔子赞扬仁者乐山、智者乐水；孟子把仁义之行作为美；荀子则赞赏人情之美，等等，都是在强调作为社会的、抽象的、升华的人的身上所独立表现出来的美的特质。艺术，例如绘画，所要表现的核心内容转化到为社会道德所着重强调的"善"上。由于美与艺术同社会道德紧密地结合在一起，借助于美中的本征性的促进激励力量，美与艺术也随之成为"存借鉴""成教化""助人伦"的基本方法和重要工具。自觉升华后的美也开始能够独立地意识到这种变化，"意味着从把只满足人性地生理的、自然的，即本能或感觉的欲求、冲动的对象当作美的人——自然的人，向着把在自己支配下，合理地控制着那些本能或者感觉的理性和意志作为美的人——文化的人进化"②。这是以感性模式为基础向理性的延伸扩展，是从局部到整体、从孤立到联系、从个别到

---

① ［日］笠原仲二：《古代中国人的美意识》，杨若薇译，生活·读书·新知三联书店1988年版，第5—6页。

② 同上书，第6页。

一般、从具体到抽象的升华，也是从原始状态走向文明状态的基本标志。美的升华涉及由感性到理性，由生理快感上升到美的感受，由单一到整体，由具体到抽象等，也使人从生理的被动反应上升到主观意志发挥作用的主动表达。

笠原仲二高度评价了从魏晋开始，古代中国人的审美意识进入了更高的阶段，从而达到了一个有别于以往的新的境界的过程。这种过程的标志就是把更加抽象、虚无的"真"与"道"纳入到美的意识之中。这种"真"被认为是终极的、绝对的、生命本源的"真"，是"道""神""灵""一""始""天""造化""玄牝"等意义上的绝对的真（真理），甚至是被称为"无极"的真，或者与上述概念等同。此真乃为"在产生、变化或消灭着的一切事物的各种现象中，起主宰和神意支配作用的那个唯一绝对的无形的实在，即意味着是最终的、根源的生命本身"，是"在一切事物自身中，或内在于这些关系中，在种种姿态上把万物变为美，使之成为现象的那宇宙根源的、创造性的生命，或生命本身的秘密，亦即不可言传的神秘的实体。"这种"蕴藏在事物深奥之根底的真，是只能由人的体验直观才能把握的。它具有着即使人在自己心里明白地知道，也不能将其用语言文字完全表尽说明的，即所谓不可言传的本质"。笠原仲二甚至将这种艺术境界拔高到了"宗教的境界"[1]。

在这种"美意识"的驱动下，古代中国的"绘画本身逐渐从对以往的伦理世界的隶属性限制中解放出来，作为一种具有自身目的和价值的艺术而独立，并作为纯粹审美的鉴赏对象而被赋予了力量"。运用这种在绘画中展现出来自主涌现的力量，艺术能够依据其自身的逻辑独立地发展，表达出足够自主性的约束力量。不再是单纯地满足官能生理被动愉悦的美的形象化，也不再满足于成为"伦理性鉴戒"的工具，而是从世俗的一切束缚中解放出来，单纯而独立地表达着对绝对的美的努力追求，中国人也在与这种"道"的相互渗透过程中，在追求中表达着自我，在自我中表达着追求，开始向自身更高层次的自由王国攀登。

---

① ［日］笠原仲二：《古代中国人的美意识》，杨若薇译，生活・读书・新知三联书店1988年版，第8页。

（二）在艺术品中单纯地表达 M 的力量

1. 将 M 力作为一个独立特征表达出来

表征 M 力的直接作用。艺术家在艺术品中直接表达出来的 M 力的力度越大，则其所创造的艺术品中所包含的美的元素就越多、与美的状态的协调程度越高，人们就越能够感知到艺术品中所包含的美的观念。显然，从一般的角度来看，肌肉群越是明确，就表示一个人越强壮。如果我们欣赏罗丹的雕刻艺术，即能够明显地注意到这一点。"健美"尤其突出了这一点。

人对美追求的力量更直接地表现在艺术家进行艺术创作时所表现出来的对美的追求，以及由此所表现出来的那种执念与更高的标准。其所创作的作品已经足够令其他人感受到惊叹，认为已经达到完美的程度了，而艺术家本人仍感到不满意，认为其作品中仍有诸多没有得到优化的环节，还存在诸多环节中的错误与不足之处，仍需要不断地改进，直到他们满意为止。由于受到各种因素的影响，人们只能达到当前这种局部最优化的程度。

2. 将 M 力与审美特征有机结合

任何说辞、解释都没有更强地表达 M 的力量有作用。发挥 M 力是体验美的核心特征模式。在 M 与其他信息模式建立起稳定联系时，其他相关的模式也就具有了美的意义，并由此成为判别哪个个体更美的优化选择标准。此时，相关模式与 M 的有机结合，将生成具有强烈自主意识的独立模式，由此通过 M 力直接表现而形成审美标准的升华。

（1）与各种特征有机结合而赋予相关特征以审美标准

当生命建立起 M 与生命体内各种模式，尤其是在人的意识中的各种信息模式与 M 的稳定联系时，能够在各种信息模式的表征过程中更加有效地发挥出 M 的力量。在前面所形成的稳定协调的基础上，人能够不断地增强与 M 有机结合的信息模式的可能度——兴奋度，并在长时间兴奋的基础上，形成一个稳定的兴奋模式，由此使其具有足够的自主性。

（2）促进着审美标准的形成

自主模式会展示出其足够的独立性，也会表现出与其他模式的差异性特征。那么，这些被赋予 M 力的特征，就会以一个"独立者"的身份出现，同时在相应的心理变化过程中发挥作用，成为生物体进化所追求的美的特征。

（3）推动着审美标准的进化

若干不同的审美标准彼此之间在生物体的进化过程中发挥不同的作用，会在彼此之间由于对生物体所形成的竞争力的不同而有所差异，在资源有限的情况下，那些不能更好地发挥作用的标准就会被"淡化"，从而不再起重要作用。那些对生物竞争力的形成具有重要作用的模式，就会被逐步地突显出来，并在人的意识中发挥重要的作用。

（4）探索新的审美标准

这些独立模式的自主涌现，意味着形成了新的美的判别标准。随着生命进化到人这一层次而形成更强的意识表征，随着人的能力不断增强，原来维持生命获得竞争力的特征仍会发挥作用，而新的作为获得竞争优势的特征则会在意识中因受到好奇心的驱动而不断地涌现出来，使人能够通过意识的主观能动性不断地在探索新的审美判别标准上发挥出关键性的指导力量。

（5）将相关的审美标准综合为一体

不同的取得竞争优势的特征会在其独具特色的活动中发挥不同的作用。但这些不同的审美标准最终会在一个人的意识中综合性地表现出来。这种综合会进一步地促进不同审美判断选择标准的汇集、概括与抽象，促进美的提高和升华。

（三）悟、境界与追求

具有中国特色的佛学分支——禅学，将人们对领悟的直觉特征表现得更为突出。

1. 悟是人们对人生的一种追求

悟作为一种状态，表达了想要达到的境界；悟又作为一种追求，表达着对悟追求的过程；我们认为，还应该把悟作为一种方法，一种对某个境界的追求。

2. 悟是在具体生活中的一种解脱

顿悟状态表达出了人处于沉迷状态的情况。这是在对问题的深入思考过程中，通过长时间的各种方法的试探，突然在某一时刻抓住了问题的本质以后所产生的状态。显然，没有以前那种长时间的差异化思考，没有那种多样性的试探，也不可能将其中已经想到的关键性的认识突出出来，从而以其更加准确的关系和结构将本质的问题表征出来并解决。

3. 悟是把握了事物的运动与变化本质规律的体验

悟是抽象基础上的灵活运用。人们不断地追求这种"陶醉"的、"沉迷"的状态，但要达到这种陶醉状态，就需要经过大量的思考。在养成习惯、把握本质，能够迅速地进入这种陶醉状态以后，人们会形成一种直觉洞察本能。即便如此，最基本的过程仍是以大量的差异化构建与思考作为其中的基础的。这里所讲的本质是：经过大量的思考，能够达到的那种洞察一切的顿悟状态。显然，顿悟与大量的思考必然地联系在一起。而且在掌握了一定的方法时，能够主动地、经常性地使自己处于这种状态。人们认识到了这种状态可以给人带来巨大的美感，便将这种状态独立特化出来。有时人们也会单纯地为了追求达到这种状态而采取其他的方法。人们寄希望于通过其他的方法手段，先达到这种状态，再将对美的领悟"移植"到这种状态之中，或者说，以这种稳定的状态去"观照美"，从而能够更加顺利地揭示美、表达美。酗酒、吸毒、使自己处于癫狂状态等，都是人们的一种尝试，但却在立足点上产生了"异化"。

4. 悟是使掌控力量得以全部实现后的感受

人们常说要用某种情感激发出创作热情，并在这种热情的支持下，更加充分地展开深层的想象。显然，我们可以从高水平的创作者与低水平的创作者那里更加有效地看到这种"陶醉""沉迷"和顿悟状态中体会到对作品美的差异化构建的程度大小的，以及由此形成的优化过程的区别。

5. 悟是指人们达到了一种境界

在这里我们需要强调的是运用对美的不懈追求而形成对美的"心畅"感受。奇凯岑特米哈依用"心畅"来表达这种感受和状态，表明了人通过更加丰富的思考所达到的对某种规律的"通灵"性的认知。一方面表征人能够顺利地激活相关的信息；另一方面表征人能够激发出大量的与此有关的最美的信息，并通过提供更大的心理空间，更强的运演能力、更强的扩展心理剩余空间的能力等，形成更加深入的信息加工。在这种状态下，各种信息的激活与联系，典型地表现出了"心畅"性的特征。在把握了本质性的特征、关系和规律的基础上，能够灵活地将其运用于具体问题的分析与解决，这些不同的信息能够迅速、自如地展现出来，并不因相互矛盾而"非此即彼"。

6. 通过差异化构建产生领悟

怎样才能达到那种思路如泉涌的状态？我们可以从另一个角度学会达到这种状态的方法，先行达到这种状态，然后表征对这种状态追求的模式，从而使人在另一个层次上体会对这种状态的构建与扩展。我们可以选择先达到这种状态，然后将相关的问题"移入"这个状态之中。从两者独立并建立关系的角度，我们可以这样想。但我们所建立的是对科学问题、以科学问题为基础的顿悟，是对科学问题大量思考基础上的"深陷"状态，而不是那种更加空泛意义上的顿悟，因此，两者是有所不同的。

我们可以不懈地通过努力思考、关注某一个问题的方式，使自己的注意力全部地集中到当前的主题上，并努力且无意识地追求使自己处于这种沉迷的"心畅"顿悟状态。这个过程反映出了科学抽象的本质特点，这也是在众多可能的解释、关系中寻找出了更具概括抽象性、更具本质特征关系的规律以后产生的感受。这种状态不只是在艺术创作中经常表现，人们在进行科学研究时也会由于被问题所吸引而进入顿悟状态——经过长时间的思考后所达到的、迅速地将相关信息一同展示的状态。在这种状态下，意味着研究者领悟了基本规律，把握了诸多不同现象之间内在的本质性的联系，把握了事物描述的关键性特征，同时掌握了由一般规律向特殊规律转化的基本原则和方法，能够准确地预测事物的运动变化趋势和状态，形成由抽象向具体转化的基本方法，诸如我们想了解一个小的物体在空间中受到力的作用时的运动轨迹，我们只需要分析这个小的物体的质量和所受到的所有的外力，并将其"代入"牛顿动力学方程进一步地求解即可，不需要更多地考虑其他的因素。

7. 关注顿悟

中国古代强调对悟的境界的不断追求，通过"渐悟"逐步向更高的境界转化。人们强调惠能的顿悟，这是典型的以结果状态代替过程模式特征的现象。既然惠能听到"应无是住而生其心"产生了顿悟，意味着一下子就开悟了，由此领悟到世间的一切特点、关系和规律，看穿了世态炎凉，也就意味着把握着了事物（"自然物"和"社会物"）运动变化的描述和规律，人能够根据当前的状态和过程进一步合乎逻辑地推演出下一步在任何一个时刻的状态、变化趋势等。也就意味着，人对这种过程的本质及未来的变化具有了足够的能够把握的力量，这种力量的存在会促使人将目光转向那些能够在更大程度上未知的东西，此时，人们会像"造神"一样，用一个不可知的模式将其固化下来，或者说，将更多未知的东西固化到一个环节，而将其他已知的东西划归到另一类中。

人们总在期望自己具有顿悟的力量。即使是刚入行的年轻绘画学习者，也寄期望于能够在瞬间产生一个巨大的灵感，并在这个灵感的指引下，创作出当代的经典。于是，他们就身背画笔，像一个幽灵一般地行走于山水之间，终日不落一笔。当然，想不再依靠非凡的努力而一举成名者不在少数。这种情况尤其发生在年轻人身上。对美的敏感性和足够的精力也保证着他们有较大的可能性在一瞬间建立当前环境事物与其生命的活性本征在最大程度上的协调。人们用灵感来描述艺术家所激发出来的美。灵光一现展示的是在外界客观作用到艺术家的内心时以较高的兴奋度表现的内在意义。如果我们强化这种人与外部环境通过适应所达到的协调状态，在人与环境达成稳定性协调时，所涉及的各个环节、模式自然都会被赋予美的意义。一种模式在大脑中可以通过联想的方式使其兴奋度达到一定程度而被人们所体会，而通过其自主涌现性稳定地展示在人的意识中，也就会成为艺术表达、审美体验的重要方面。这些与审美体验相关的诸多方面一同兴奋，就会形成一种综合性的审美体验，艺术家能够更强烈地体会到这种美的存在，产生将其表达出来的冲动与行为。在这种情况下，人们才更加相信由直觉构建出来的"第一个美"。但在一般情况下，这种情景发生的可能性较小。

创造学中四个阶段的划分，强化了人们对这种可以把握的能力的渐进性期盼。因此，我们推崇禅宗神秀的"渐悟"在美学中的基础性地位。美国心理学家格鲁伯（Gruber）在研究创造过程时，重点强调了创造是一个渐进的过程，这个过程依赖于人的大量思考：差异化构建、优化选择和判断各种局部特征的想象性组合的合理性等，人在更大程度上并不能表现出对创造性地解决一个问题的直接领悟。[①]

第六节　规范文艺批评

"今天，批评家的任务是阐释、解释作品，帮助观众理解作品所试图表达的东西。阐释包括将作品的意义与传达意义的对象联系起来。……艺术世界的全球化意味着艺术向我们表达的是我们的人性。"[②] 由于艺术表现的丰富多样性，当前美学与艺术批评的重点已经放在具体说明作品所表达的直观意义，以及艺术家想要表达的深层次的意义上。千奇百怪的艺术表达使民众不知所云，也不能使民众正确地理解艺术家的美的企图。民众了解艺术家想表达什么、在表达什么变得越来越困难。不能使民众迅速地理解作品所表达的"表层意义"，便很难引导民众基于表层意义而激发美的元素，并迅速地进入美的状态而形成审美体验。审美享受也就无从谈起。

马西娅·塔克（Marcia Tucker）在《现代主义之后的艺术：对表现的反思》一书的序言中写道："颇具讽刺意味的是，在当代艺术风头日健的今天，艺术批评反而越来截止成为众矢之的。我们一再听到的指责，诸如无法从占主导地位的评论中获得任何美学启迪；'多元化'不仅意味着艺术品质的缺失，也意味着批评主导方向的缺失；更糟糕的是，艺术批评已经陷入更深的自我封闭中无法自拔，隐蔽在浮华的术语后面。"[③]

但这却仅仅是文艺批评的最基本的层次。能够以最美的形式表达某种意义，已经表达出了美的意义。我们需要依据美的规律更准确地展开

---

① ［美］罗伯特·J. 斯腾博格主编：《创造力手册》，施建农等译，北京理工大学出版社2005年版，第69页。

② ［美］阿瑟·丹托：《美的滥用——美学与艺术的概念》，王春辰译，江苏人民出版社2007年版，第8页。

③ ［美］布莱恩·沃利斯主编：《现代主义之后的艺术：对表现的反思》，宋晓霞等译，北京大学出版社2012年版，序言第1页。

艺术评价。康德重视艺术批评（批判），但由于其深邃的哲学思想，越是批判，越是让人不知所云。

与此同时，美学批评中的语言也出现了不规范、不合理、不遵循规律的一面。既然已经带上了"科学"的帽子，就要受到"科学"这顶帽子"紧箍咒"的制约。这就要求我们，应该从美学批评的角度入手，强化对美的规律的研究。在当前的环境中，我们还能够发现，应该正确地用艺术的词汇来描述、评价一件艺术品。词义的确要明确。不能把一些虚幻的、不着边际的、似是而非的、模糊的描述纳入文艺批评中。

一　美学批评的基本出发点

（一）为了揭示真正的美

美是人与外界客观达成稳定协调时的状态描述，在更大程度上表达出了与人的活性本征更协调的状态，表征人的活性本征［将人的本质力量对象化（马克思主义的观点）］，或者表达与人的活性本征建立起稳定联系的外界客观。单纯的艺术批评能够使人更加明确美的意义，引导人注重强化美的模式，增强 M 的力量、提升优化的作用，通过梳理艺术与美的关系，激发人形成更强的美的艺术创造力。

在社会的进步与发展过程中，会更加明确地表达出价值判断与选择的力量：有利于生命体的稳定与发展的力量都将被强化与选择。人既有自然性的本质特征，也有社会性的本质特征。人类学的研究已经明确地表明，正是由于人的社会性，才使人从动物界中脱颖而出。在将个体组织成一个稳定的社会群体时，群体稳定与发展的维持性力量模式也就能够决定哪些美的促进力量模式会成为美与艺术所要表达的关键性的模式特征。因为，当我们用艺术品来表达美时，就已经在运用 M 力对其进行了扩展性地宣扬。当宣扬不利于社会的稳定、进步与发展时，便是在做着推动历史倒退的工作。而这恰恰同美与艺术的根本相矛盾。

在单独表达人的活性本征时，有可能会对人类社会的稳定、进步与发展产生不利的后果。这决定了艺术品在何种程度上会被认定为美的基础。只有表征人的活性本征，并能够给更大的群体带来有利促进作用的艺术表达，才会被认为是达到了更高程度和境界的美。

虽然我们运用悲剧来表达美，但却潜在地假设存在有一个与悲剧相对立的更加美好的状态。我们可以表达丑恶，但同时一定要表达出丑恶被消解、排除的一面，尤其要表达丑恶是作为美好的对立面而存在的，使人能够顺利地构建出由丑恶向美好转化的过程和结果，以保证我们能够顺利地将丑与恶排除出去，留下更加美好的作用力与未来的吸引力。即便没有做出直接的描述，也应该引导欣赏者自如地构建出这种转化的过程。

（二）为了寻找更美的艺术品

艺术品表达美，但不同的艺术品表达美的程度会有所不同。展开评价，就是要通过独立化和典型化行为更好地表现美；通过经常性的活动以及在其他活动中显化美的意义而突出地固化出美的表现；将美与各种活动建立起种种联系，增强美的自主性，形成美的稳定性特征和结构，从而引导人们在更大范围内展开更加广泛的美的探索与艺术表现。

（三）避免缺点和不足

作为局中人的美学家和艺术家，即使是受到其自身好奇心的作用，也往往更多地陷入对美的发现与构建中而不容易解脱出来，沉醉于对美的当前体验而不可自拔。自然也就不能发现其中的缺点和不足。艺术评论的重要方面就是独立地指出美的追求与艺术表现的不足之处，引导美学家和艺术家改进缺陷，以便在未来创作出更美的作品，将人类社会引导向更加美好的未来。达·芬奇就着重指出："画家应该注意的是，在自己的判断力或者别人的警告之下，自己作品中的毛病必现，画家应当立刻改正过程，以免到展出时贻笑大方。"①

（四）引导美学家和艺术家发现新的表现形式

对美和艺术的评论往往是评论者作为一个局外人站在一个独立的立场上具体实施的。在其认识到当前的状况以后，能够运用其独立的好奇心指导性地探索构建其他的美的表现形式，引导美学家和艺术家去探索其他的美的表现。

通过评论，能够将艺术品作为一个独立的"单元"而形成对美的强

---

① ［意］达·芬奇：《达·芬奇讲绘画》，刘祥英等编译，九州出版社 2005 年版，第 20 页。

化性刺激、激励，使人体会到更加深刻的美，并通过他人的多样性理解和扩展，有效地促进美的升华。

二 美的价值与批评

展开艺术批评，是更加明确地探索构建美的价值的重要方式。在展开艺术评价的过程中，尤其需要注意避免受到功利性的干扰与影响。

阿多诺特别强调批评。[①] 显然，构建差异不是否定，也不是批评，批评实际上是利用社会意识的放大作用，通过交流、合作与促进的过程，将那些真正具有美的价值的特征构建出来，将艺术品在这些相关特征上的差异化的表现化为可以度量的程度，从而形成真正的艺术价值判断，将更高水平的艺术品推举出来，引导人根据艺术价值的高低去创作出艺术真品。

在此过程中，我们强调的是在社会中通过差异化的构建，在形成更加多样的差异化个体同时并存的基础上，再去运用社会意识所形成的特有的优化的力量，通过比较而最终选择出符合社会意识的"局部最美"。

美的标准与利害关系存在稳定的内在联系。在人的进化过程中，对人的利与害的价值判断，就是人们习惯上称谓的利害关系——对人有利与有害的关系判断，成为美的判断与美的构建的基本标准。这种关系在康德的美学体系中具有重要的地位。康德在《判断力批判》中指出，美的判断不是认知判断，而是趣味判断，趣味判断的特性，乃是"纯粹无关心的满足"。

在展开艺术批评时，要注意：第一，掌握标准；第二，注重方法；第三，遵循逻辑规律；第四，树立更好的未来。

三 把握美的本质展开评价

（一）明确美与艺术评价的基本指标

在艺术评价时，要遵循基本的形式逻辑规律，说 A 时就是基于 A 在进行比较选择，而不能在说 A 的过程中，又将 B 纳入论题中。不能偷换

---

① ［德］阿多诺：《美学理论》，王柯平译，四川人民出版社 1998 年版。

概念，不能违反形式逻辑规律而"胡搅蛮缠、无理搅三分"。也不能出现一个人从 A 的角度展开评价，另一个人从 B 的角度展开评价时，将两者放在一起比较艺术品价值的高低的现象。本来说的就不是一回事，如何才能比较？又如何才能指出谁说的正确？这与美和艺术的个性化无关。

（二）保持前后评价的一致性

随着对艺术作品认识的逐步深入，我们会对艺术作品做出系统全面且公平公正的评价。由于人的能力的有限性，对艺术品的评价只会逐步地完善和深入。

（三）注意评价的综合性

要考虑到人们在进行评价时会不断地变换评价标准的情况。此时，应该认识到由于评价标准的变化而对美及艺术评价所产生的影响。将所有的评价标准看作一个集合，实际的评价往往是将诸多标准在兴奋度基础上通过综合构建展开度量。特征标准的兴奋程度代表着该特征标准在评价中的地位与作用。

四　公正客观地评价艺术品

能够使评论更加客观公正，抛开个人成见、"光环效应"、先入为主等期望性信息，尽可能地不受其他非美与艺术因素的影响，以客观描述为主，不带有"先天"性的偏见而展开评价，更不能从功利性的角度展开评价。至于其引发出来的个性化情感、意义等则不应在其列。这些方面的信息，真正与个人的认识直接相关了。瓦·康定斯基批评指出："那些根据对业已存在的形式的分析来评判一件作品的好坏的理论家，是最为有害的引人误入歧途的人。他们在作品与天真无邪的观众之间筑起了一堵高墙。"[1] 那种局部的批评只是评论者自己的理解，是他们根据他们的理论对作品的一种评价和认识。这种评价可能过于评价作品所具有的意义，但也有可能在构建作品的意义方面有所欠缺，甚至有可能歪曲创作者的本意。但有一点应该是毋庸置疑的，那就是无论是理论家、创作

---

① ［俄］瓦·康定斯基：《论艺术的精神》，查立译，中国社会科学出版社 1983 年版，第 87 页。

者还是欣赏者，都应该看到作品中的"更"的意义和力量，都应该看到艺术家是经过了比较、选择以后，将"更能表征意味"的形式固化下来这一相关特征的。

虽然有此要求，但在具体实施过程中却很难达到。评价是一个高层次的审美观照。需要在一个更高的概括抽象层面，在把握美的本质的基础上，根据艺术品所展示出来的美的元素数量及其品质来评价。此时，与评价者的审美素养紧密相关。作品中所表达出来的美为评价者所认识时，可以做出评价，而不被评价者所认识时，便无法做出评价了。

五　用清晰的语言展开评价

（一）明确基本词汇

明确符号性基本词汇的"能指"与"所指"。根据哥德尔的逻辑理论[1]，这些基本词汇是我们讨论问题的基本出发点，是不言自明的基本词汇。它是我们描述其他概念、关系和规律的基本语言"砖块"。因此，所用词的内涵与外延，要与语言学所规定的相一致。这就意味着要与人们在日常生活中所形成的约定俗成、明确界定、逻辑的规定性等方面相一致。尤其是不应使用本身就很模糊、说不清楚的语言去描述一件本就具有很强不确定性的艺术品。

（二）准确界定意义

定义与所描述的对象之间应遵循充分必要条件的约束。美与艺术评价所采用的描述词不能再含糊闪烁，其"能指"与"所指"的对应关系是明确而稳定的。就像人在对美界定时，已经包括了确定的意义，虽然组成意义的局部特征多种多样，但美与这个由诸多不同的美的局部特征元素所组成的兴奋性集合形成了确定的对应关系。至于是哪些元素处于兴奋状态而组成美的状态，则需要由人的态度、习惯、社会环境、自然环境等因素决定。也就是说，这个稳定兴奋的内涵性集合，就是美的客

---

① ［美］侯世达：《哥德尔、艾舍尔、巴赫——集异壁之大成》，郭维德等译，商务印书馆1997年版，第17—35页。

体。内涵与外延要明确，要在做出具体限定的基础上，依据彼此之间各种可能的关系而将其本质的逻辑关系突显出来。作为抽象的符号，其内涵应该是明确的、基础性的，外延是具体而有针对性的。不能含糊其辞，尤其不能顾左右而言他。作为我们构建其他解释的基本词汇，其基本意义是大多数人都能够明白，都能够确定它所指的是哪些事物的哪些方面特征、表现和现象的。

要用人们共性的语言表述共同的内容，把握本质，反映规律，而不至于引发人的误解；也不能故弄玄虚，不能只是用一些华丽的辞藻在炫人感官的过程中，使人云里雾里不知所终，使人只是有点感觉，但又不能明白而又准确地将其表达出来，说不清楚，讲不明白。不能使人们在浮想联翩之后却一无所获、不知所云。

（三）完善基本词汇

词汇体系要完整，能够描述艺术所涉及的各个方面。尤其需要展开高层次的概括抽象，形成一个完善的概念体系、关系体系，通过形成一个完整的逻辑体系，将各种可能情况都有效地"覆盖"在内。不应漏缺，也应尽可能地避免重复。要使人更加明确其表述所依据的概念都是什么，有哪些方面是概念之间的固有关系（诸如，当我们从纯几何的角度来描述运动特征之间的关系时，物质的运动状态、运动速度和运动加速度之间会存在一些单纯依据几何学知识就可以明确的关系），有哪些方面是运用美的规律而导出来的规律性关系。要明确我们的研究对象是什么，解决的主要问题是什么等。

要以具有严密逻辑关系的语法表达丰富多彩的语言表述。无论是基于逻辑规律而构建出的具体的表达形式，还是与具体情景相结合的艺术描述体系，都要在遵循严密的形式逻辑规律的基础上，通过美的规律而构建出特有的艺术批评语言体系。

要构建恰当有效的语言体系，要以明白无误的语言体系将人们想说而说不清楚的东西明确地展示出来。要有严格界定的基本概念，尽可能选择人们习惯上、公认的明确的概念。在不存在明确标示时，需要从更小的层次中寻找构建那些具有严密的逻辑关系、科学的基本规律、表明了准确的思维模式的语言体系，并给出具体界定。要求语言简洁而富有层次性，语言表述要具有表达 M 力的结构和层次，或者通过界定而区分不同美的层次，并将其规范下来。

要揭示艺术家在创作过程中，对哪些局部特征进行了更大范围的差异构建上的比较优化，明确这种优化对于整体作用所产生的正面意义与负面影响，在众多可能性中比较艺术家在美的表达过程中体现出来的优与劣。

（四）明确逻辑关系

艺术评价要符合逻辑规律，能够使我们依靠形式逻辑规律而进行具体的推演。在艺术与美的表现的相关特征所激发出来的诸多可能描述中，选择人们想要表达的意义。在这里应该注意，所谓符合逻辑规律，都具有一定程度的"合理性"，需要在具体情景的多种可能性的基础上，将那种可能性更高的推演关系提取、构建出来。

根据逻辑规律，我们所给出的定义从其他的出发点来看应该是充分必要条件。既要满足充分条件，也要满足必要条件。意思是：如果能从命题 P 推出命题 Q，而且也能从命题 Q 推出命题 P，则称 P 是 Q 的充分必要条件，且 Q 也是 P 的充分必要条件。如果有事物情况 A，则必然有事物情况 B；如果有事物情况 B，则必然有事物情况 A，那么，B 就是 A 的充分必要条件。也就是说，如果由 A 能推出 B，A 就是 B 的充分条件。其中 A 为 B 的子集，即属于 A 的一定属于 B。如果没有 A，则必然没有 B；且如果有 A 而未必有 B，则 A 就是 B 的必要条件。

要明确变化规律，通过艺术评论，能够站在一个综合性的立场上，对美的规律展开更高层次的概括与抽象，将美的本质性的规律构建出来。

（五）明确变与不变

在把握核心内涵的基础上，所涉及的其他特征都是可以变化的。我们不能准确地描述出其是好或者是不好，但我们却可以通过其他的特征指标比较选择出优劣好坏。这属于间接比较美的程度。

要通过差异化构建而表达优化选择。不先入为主地仅仅在已经认定作品好与坏的基础上再展开评价，不只是单纯地依据现有的作品而具体评价其好与坏，更主要的是要将其放置在一个更大的背景中，通过构建更加多样的不同个体，通过与其他因素环节的相互作用，研究在众多可能性的前提下，研究当前作品存在的更大可能性的影响因素和影响规律，依据创作者的习惯、历史和其关注点而确定作品的必然性意义。

这就要求，在具体评价时，要尽可能地不受到作品以外的其他因素的干扰与影响。尤其不要受到诸如名人效应的影响，不要受到广告、其他人为了卖出个"好价"而作出的提前暗示等因素的影响，不受目的性的影响。要从动力学的角度，由局部到整体、由此及彼、由表及里地展开评价。

六　运用有效方法展开评价

我们可以运用各种方法展开评价，并在持续不断的学习、差异化探索和比较优化中，构建出富有自身特色的评价体系。

（一）掌握评价方法

优点提取法：这是通过揭示艺术作品的优点而比较优劣的方法。哪部作品的优点越多，哪部作品的审美价值就越高。

缺点发现法：通过揭示艺术品具有多少的缺点和不足，相应的缺点和不足是否表征了艺术品本质的质性程度来展开评价。与此同时，还需要比较在哪些方面没有进行局部优化，哪些局部特征之间的关系没有得到恰当的协调处理等。

差异点构建法：通过描述当前艺术品与其他艺术品的不同，并对不同之处加以比较，指出其优点、缺点和兴趣点，比较其是否在更大程度上与人的活性本征达到了稳定协调。

理想差异法：欣赏评价者会就此体裁而构建出最理想的艺术品。在将当前的艺术品与自己内心理想中最美的艺术品相比较时，通过差异而展开艺术评价。

单一特征法：好与坏比较首要的就是要选择一个标准，然后根据不同个体在相关特征数量程度上的表现而将不同的对象在该特征上的不同表现构建出来，由此将比较结果的好坏与比较标准放在一起考虑。我们需要明确指导评价的标准。

比较评价法：美是在比较中选出来的。因此，将不同的艺术品放在一起加以比较时，即便没有明确的评价标准，我们也能够将其中更好的艺术品选择出来。事实上，即使只有当前一件艺术品，人们也往往会在内心激活通过经验所形成的最大优化程度下的局部特征所组成的完整的美的理想结构和意义。

综合评判法：我们总可以在不明确依据哪个标准的前提下，通过一种总体性的模糊印象而给出一个"差不多"的评价结果。

（二）把握评价内涵

我们需要通过具体的内涵评价，明确优点是什么，缺点是什么，哪些方面存在不足应当增强，要明确理论的构建、概括与抽象具有什么升华意义，对于其他方面的艺术创作具有什么借鉴意义。

借助大众所明确的语言，对艺术作品展开新的解读，挖掘艺术作品所要表达的潜在性意义，在引导欣赏者更好地理解作品意义的基础上，指出与哪种活性本征相协调，在哪些指标方面展开对美的追求与优化，指出在优化力量表达上达到何种程度，表达出来的 M 力的程度达到了多少，优化出来的局部美的元素的数量有多少、比例有多大等；明确各局部特征之间的协调程度，分析所激发的情感是否恰当，所激发的意义是否合适。

这些方面的特征，要求我们一一地加以考虑、辨别，并进一步地判断其是否达到了多样差异化构建基础上的比较优化、优化的范围是否达到了当前人类社会的极致，还需要考虑艺术品当前表层的表达与深层次的表现分别是什么，人们是否能够顺利地构建出那些没有明言的潜在性艺术元素等。比如，虾是在水中自由生活的，只是画虾而不画出水面，就是认定人们已经非常清楚这一事实。但作品是否提供了足够的信息从而能够引发人们顺利地展开确定性联想？

（三）充分展开想象

要将创作者的审美感受有效地传递给更多的欣赏者，以其足够的刺激的力量，激发欣赏者更多的审美模式，以外界的力量引发欣赏者更加强烈的审美感受。由于创作者的美来源于其内心，内心的美又通过差异化刺激而与外界客观刺激形成有机联系，人的内心的美所产生的美感往往会更加强烈。但这种强烈的美却经过三种过程而被弱化：一是创作者在将强烈的内心美转化为美感时；二是将美感转化为客观对象时；三是作为外界刺激而引发欣赏者的美感时。艺术创作者通过恰当地构建具体艺术作品形式中的局部特征、特征之间的相互关系，以及由此而表达出来的意义而进一步地构建出各种可能的深层次意义，再结合当前的环境，从中做出优化选择。在其意义表达中，既有人们通过习惯而表达某一类意义的习惯性"约定"成俗，也有创作者的"硬性界定"，还可以通过各种新情况的自组织形成一个新的动力学系统，形成一种综合性表达。

从美的信息的角度来看，能使人产生无限想象的艺术品，往往能够给人带来更加强烈的审美感受。人们总在不断地询问：为什么要将这种特征作为美的基本特征？原因在于这样的作品能使人体会到更加深刻的美，以及由此而生成的美的升华，建立更加广泛的美的联想、想象和自组织。形成更长时间的美的体验，能够使人体会到艺术作品具体形态与内容之外的创作者更进一步的思想和美的感受。能够被独立特化出更多的艺术元素，并由此而使人产生更多的基于局部特征的优化过程和结果。

第一，艺术家要依据其内心被激活构建的活性本征，对所表达的题材，做到胸有成竹，还要充分具备"安排道具和调动演员"及把握整体艺术效果的才能。在这幅艺术作品中，观众不仅可以感受到画家作画时利用其娴熟的技巧展现出来的雄浑博大的气势，还能够从每个局部的精微之处体会到画家缜密精巧的构思。要能够欣赏到艺术家本身所做的对美追求的力量，以及持续性地优化局部特征和优化局部特征之间相互关系的诸多努力。

第二，完美（局部性质上）的艺术品往往是各个方面表征生命的活性本征的有机协调：动与静、流与稳、舒与弛、收与发、简与繁、正与反、多与少、实与虚、明与暗、冷与暖、同与异、高与低、远与近、新与旧、白与黑（墨）、有限与无限，以及由此而表现出来的相互矛盾体的"合活性"的有机统一。艺术家通过优化过程，甚至使这种表达达到了完美的程度。

第三，无限的想象还在于进行更多的差异化构建、由此而形成的优化过程，以及对美的更强烈的追求：更强烈地表达 M 的力量，形成更大范围的美的追求。

在绘画艺术表达中，经常犯的一个错误或者说一个不足就是，其中的人物无论是脸盘、眼睛、鼻子、嘴巴，还是整个脸的五官布局，往往有着很大程度上的相似性——基本上是一个模样。种群的差异性决定了艺术作品中的人物应该是在大致相似基础上略有差异的。不同人物所表达的意义应该有所不同，这种不同应该体现在各个方面。可以认为，凡是作为艺术表达的元素，都应该体现出不同。这些不同组合在一起，便会形成更高层次的新的意义。

第四，引发人形成更高层次的美的升华。更多情况下是将各种矛盾因素有机地综合在一起，并通过这种矛盾形成的刺激，推动着人的进一步思考。

情景交融所表达的是多种不同的含义，一是指，情与景两者的共鸣协调，我们能够通过已经建立起共振关系的一方而体会感悟到另一方的运动和变化；二是指，相互作用的协调关系，形成了两者之间的稳定性协调刺激，通过一方而有效地使另一方也处于高兴奋状态；三是指，情感系统参与到这种和谐共振过程中。不但各种不同的情感模式之间达到了相互协调，而且情感与意义之间也达成了相互协调。

诸如人们在展开评价时，会有"线条强劲、空灵，给人以充满弹性和张力的感觉"的描述。这里指的是，人根据其中的局部特征能够联想出更多的差异化的信息。那种具有"张力"性的信息也会以较大的兴奋度在大脑中展现出来。因此，这里的特征就表现出了更大程度上的概括抽象性，而且能够激发人从这个"典型"的局部信息出发延伸扩展出更多的具体性信息。是"典型"与普通、抽象与具体有机协调的具体表现，因此，能够与生命的活性本征在更大程度上达到协调。

这对艺术评论者提出了更高的要求。正如别林斯基（Belinsky）指出的："的确！敏锐的诗意感觉，对美文学印象的强大的感受力——这才应该是从事批评的首要条件，通过这些，才能够一眼就分清虚假的灵感和真实的灵感，雕琢的堆砌和真实情感的流露，墨守成规的形式之作和充满美学生命的美学之作，也只有在这样的条件下，强大的才智，渊博的学问，高度的教养才具有意义和重要性。"① 要具有敏锐诗意的感觉；展开批判和差异化构建，才能促使人在不断的多样化构建过程中，得到更美的成果。

---

① 北京大学哲学系美学教研室编：《西方美学家论美和美感》，商务印书馆 1980 年版，第223—224 页。

第十二章

美与艺术的创作

能够激发、引导人进入美的状态的人的创造物，被称为艺术品。艺术家通过构建那些能使人处于或进入美的状态的客观事物表达美感，欣赏者则通过接受艺术品的意义而在某种角度和程度上与自己的某个活性本征模式和谐共振，通过将美的状态与当前某个状态的差异化比较和一定程度上的关联而产生美感。能够引导人进入美的状态的关系和规律，以及反映美感的特征、关系和规律的，一般就被称为美的规律。

在生命体表达活性的本质模式力量的过程中，会在自然选择力量的作用下，固化出对美追求的模式和力量。对美追求的模式的独立特化，会与各种具体的意义相结合、与各种不同的行业相结合，采取不同的质料展开美的专门表达，也就由此而产生了丰富多彩的艺术品。这里所谓的"相应"，是指通过某种艺术形态来表征的艺术品——绘画、音乐、雕塑、建筑、诗歌、戏剧等。

与此同时，这种基于生命活性本质的力量虽然在不同的过程中会形成不同的表达力量模式，但其质性的特征并不随人的活动类型的变化而变化。因此，人的一切生命活动都是以基本的生命活性本征与环境刺激的协调性表达为基础的，人只要在精神的时空里或以精神的方式表达相关的活动，就能体验到美感，此时的客观对象也就具有了美的品质。因此，决定这个对象之所以是美的那个"美的本质"就是"人的生命本征力量的精神表达"。

弗朗兹·博厄斯指出："形式和思想之间的联系越紧密，艺术的表现性质就越突出。"① 阿洛伊斯·里格尔（Alois Riegl）表述了与之相同的观点："艺术创作的精神实质是希图达到美学的效果。"毫无疑问，很多人努力想要表现某种美学的冲动，但却不能实现这种理想。他们所追求的东西是一种设想的完美形式，但由于他们缺乏相应的肌肉训练，不能准确且充分地将其内心的想法表达出来。阿洛伊斯·里格尔（Alois Riegl）指出的"艺术的精神实质"，就已经表明了美中所包含的 M 的力量。美是人们在不懈的追求过程中形成的一种"极限"，人们会为了这个极限而不懈地努力。②

第一节 艺术家的个性

艺术品是按照美的规律创作的、具有一定形式和内容的、能够被人普遍接受的作品。当一个人创作出来的某一件作品被更多的人认定为具有较高的艺术价值时，他（或她）便在一定程度上被人们认为是艺术家。自此以后，此人创作出来的作品，也往往会有较大的可能性被人们认为是艺术品。

通过前面的研究，我们可以明确地认识到艺术品一般具有如下的作用：第一，与生命的某个活性本征模式共振兴奋，促使生命体依据各活性本征之间的关系而向更多活性本征兴奋的状态转化；第二，同与稳定协调状态具有紧密关系的环境模式构成和谐共振关系，外界环境因素成为促使生命体回复到稳定协调状态的最佳外界环境因素；第三，同与活性本征具有紧密联系的局部模式形成共性相干，促使生命体依据这种紧密的联系而使更多的活性本征模式处于兴奋状态。

一 高创造者的个性品质

人们不解于为什么会出现与众不同的高创造者，他们创作的作品为

---

① ［美］弗朗兹·博厄斯：《原始艺术》，金辉译，贵州人民出版社 2004 年版，第 239 页。
② 同上书，第 2 页。

什么在给我们带来巨大的心灵震撼的同时，还能够带给我们巨大的审美享受。专门的研究者将不同领域的高创造者放在一起进行统一讨论，试图将其共性特征揭示出来。千差万别的结论往往会使我们眼花缭乱。我们更关注与我们的研究主题相关的研究结论。

J. P. 吉尔福特（J. P. Guilford）通过分析认为，具有极高创造力的人在以下方面表现突出：A. 有高度的自主性和独立性，不愿雷同；B. 有旺盛的求知欲，刻苦的钻研精神；C. 有强烈的好奇心，对事物运转的原理与原因勤于探索；D. 知识广，善于观察，一般有较强的记忆力，唯独对日常琐事不经心；E. 工作中追求条理性，准确性，严格性；F. 有丰富的想象力，喜好抽象思维，对智力活动与游戏有广泛兴趣；G. 富有幽默感，多数爱好文艺；H. 面对疑难问题，能轻松自若，能摆脱环节中的外来干扰，全神贯注于感兴趣的某个问题。

巴伦（Barron）认为，有创造性的人：A. 喜欢复杂的和某种程度上显得不均衡的现象；B. 在做出判断方面有着更大的独立性；C. 有着更为复杂的心理动力和更广阔的个人视野；D. 更坚持己见，更具有支配权；E. 拒绝把抑制作为一种控制冲动的机制。更具体地说，他们 A. 更善于观察；B. 认为仅仅表达了部分真理；C. 除了看到别人也看到的事物，还看到别人没有看到的事物；D. 具有独立的认识能力，并对此给予很高的评价；E. 受自身才能和自身评价的激励；F. 能够很快就把握住许多思想并且对更多的思想加以对照比较，从而形成更丰富的综合；G. 从体格上看，他们具有更多的性驱力，更健壮，并且更敏感；H. 有着更为复杂的生活，能看到更复杂的普遍性；I. 更加能够意识到无意识的动机与幻想；J. 有着更强的自我，从而能使他们回归倒退，也能使他们恢复正常；K. 能在一定时间使主客观的判别消失，就像处在恋爱状态与神秘的状态中；L. 机体处于最大限度的客观自由状态，他们的创造力就是这种客观自由的功能。①

鲍姆嘉通通过研究指出了要想创作出传世之作，往往要依赖于创作者的"体质、天性、良好的禀赋、天生的特性"。任何人（不只是艺术创

---

① ［美］S. 阿瑞提：《创造的秘密》，钱岗南译，辽宁人民出版社 1987 年版，第 445 页。

作者）想要以美的方式展开艺术创作，都需要有较高的、天赋的审美能力，包括：第一，天生的美的精神及广义的天赋；第二，情感能力。天生的美的精神即天生的审美素养，这些能力包括：A. 敏锐的感受力，由此即可以凭内在的感官和最为深层的意识去测定其他精神能力的变化和作用；B. 想象力，这能力赋予美的精神以幻想的才能；C. 审视力，通过这种审视力，感官和想象力传递给人们的一切就都可以在敏锐的感觉力和精神的作用下被净化；D. 记忆力，记忆力是重新认识事物的自然禀赋；E. 创作的天赋，正是它造就了伟大的作家；F. 高雅的趣味，这种趣味同审视力一起成为感性知觉、想象力和艺术创造的低级法官；G. 预见力，只要认识的生动性和灵活性面临困难，就需要这种能力；H. 表达力，即将所感受到的美传达出来的能力。鲍姆嘉通认为，人的"情感的能力"，能够"使主体能够更容易地导向对美的认识，是一种天赋的审美气质。"①

马斯洛依据其对人的需要所作的区分性研究，指出人的最高需要是对"自我实现"的需要，他对自我实现者如爱因斯坦、贝多芬（Beethoven）、歌德、弗洛伊德等著名人物进行分析，认为这些"自我实现者"身上具有以下特征：A. 他们能准确充分地认识所处的现实；B. 他们表现出对自己、对别人以及对整个自然的最大的认可，更能忍受一些消极的现状；C. 他们以表现自己的真实感受，表现出自然、朴实和纯真的美德（与自我意识有关）；D. 常常关注各种社会疑难问题，而不是关注自己；E. 喜欢独处和隐静（与独立性有关，敢于坚持自己的观点，发表自己的意见）；F. 独立自主，不受文化和环境的约束（强烈的自主意识，独创性）；G. 以敬畏的、惊奇的和愉快的心情体验所遇到的各种问题；H. 体会到神秘和高峰体验；I. 具有一种帮助全人类的同一性；J. 与少数人建立起深厚的人际关系；K. 易于接受民主的价值观；L. 具有很强的伦理观念；M. 具有发展完善的、非敌意的幽默感；N. 具有创造性；O. 不墨守成规，以自己的内心体验为主，抵制文化适应等。②

苏联的创造理论研究专家 A. H. 鲁克（A. H. Rupke）认为，创造性

---

① ［德］鲍姆嘉通：《美学》，简明等译，文化艺术出版社1987年版，第22—25页。
② ［美］S. 阿瑞提：《创造的秘密》，钱岗南译，辽宁人民出版社1987年版，第434页。

个性是指以下特征：A. 通常具有高度的智力，尤其是天才人物；B. 准备冒险，敢于大胆提出、发表自己的思想和看法；C. 具有易冲动性、阵发性和意见及评价的独立性；D. 爱好"游戏"，珍视幽默，对滑稽富有敏感性；E. 有逾越思维的习惯范围和有限视野的能力；F. 思维的广阔性、联想的敏捷性、"思想游戏"的大胆性；G. 企图模仿那种随便的和内心自由的作风；H. 有独创性，善于集中注意，并且长期地把注意力集中到某一个问题上；I. 对各方面有严格的要求；J. 善于在对别人来说都很清楚的地方找出、提出问题；K. 具有自我确定的高度追求性；L. 高度的抽象性与可观察性的有机结合。①

二　高水平的艺术家

（一）艺术家的天赋

通过他人的研究，我们可以发现某一领域的艺术家与一般人在处理相关问题时的区别。这种区别主要表现在以下方面：

一是艺术家在自己所熟悉的领域，已经优化出了某些稳定的结构：已经优化的"定势"，按照这些定势的"下法"，可以获得更大的"利益"。而当人们没有掌握这些已经被优化了的、利益最佳分配的"官子"方式时，会失去很多的利益，也会失去更多的"势"。因此，那些高水平的艺术家在需要表达构建与优化的局部模式相关的局部结构时，会表现得更加自如，自然，也会更加得心应手。中国清代陈曼生通过总结，形成了稳定的"曼生十八式"紫砂壶的制作结构，每一种结构都有其典型的个性化特点，而且就这其中的每一个样式结构而言，都是具有最美形态的紫砂壶样式。显然，这都是陈曼生在长期的紫砂壶制作过程中，不断地比较优化而得到的。

二是专家在优化他们所熟悉的模式结构时，往往处于潜意识状态，能够不假思索地完整、系统而自然地构建已经优化了的局部模式。这与

① ［苏］H. 鲁克：《创造心理学概论》，周义澄等译，黑龙江人民出版社 1985 年版，第 50—51 页。

人们所研究的其他方面的专家所表现出来的行为特征相一致。[①]

郑板桥画竹，齐白石画虾，徐悲鸿画马都别具一格。他们通过对实物进行详细观察，比他人更能抓住对象的核心特征和彼此之间的逻辑性关系，通过差异构建后的优化，构建出了在各种状态下恰当表现 M 力的具体形态，能够在各种状态下构建出最能反映相关意义的美的艺术形态。因此，他们能更准确地描绘出他们想要表达的意义，并选择出更恰当的方法。在表达龙马精神时，徐悲鸿更多地画那种以极高速度奔跑的马，通过构建、优化在高速奔跑状态下马的瞬间极具张力的姿态，表达出万马奔腾的气势和力量。而且在画这种马的力量时，会将其马的其他各种形态也典型而突出地表现出来，使其成为各具形态的同时运动的完整状态，使人能够通过对比而更加强烈地体会到其中想要表达的意义。

牛在很多的社会文化中被赋予了更多默默无闻、埋头苦干的印象符号，因此，"拓荒牛"的形象会在人们的内心引起更多确定的方向性联想，人们会激发更多的相关意义，并在表现共性特征时，形成突出表现某种思想的基本载体，人们也会借此典型的美的形态而赋予更多新的联想和想象性构建。

三是艺术家比一般人更能够表现出强烈的 M 的力量。他们会将追求美的优化力量——M 力表现得更加充分。与一般人相比，他们更能积极主动地表现 M 力，更能主动地增强 M 力，更能恰当地在作品中表现出 M 力，从而在他们的作品中更能使人看到积极向上的、追求美的力量。"追求艺术完善的普遍欲求"是艺术家的普遍心理。[②] 他们会在 M 力的作用下，通过差异化而构建更加多样的局部特征、部分结构和整体构形，并通过比较优化而选择出关键性的特征；通过事物在关键性特征上不同的差异化形态表现，比较优化出更能代表其意义的更为恰当的结构模式。

四是艺术家能够稳定地维持这些优化模式的激活兴奋状态。而且他们能够更加自如地将这种模式不受干扰地、稳定地展示在大脑中，并使

---

① ［美］罗伯特·J. 斯腾博格主编：《创造力手册》，施建农等译，北京理工大学出版社2005 年版，第 138 页。

② ［英］H. 里德：《艺术的真谛》，王柯平译，辽宁人民出版社 1987 年版，第 182 页。

之成为指导人产生相关行动的控制模式。由于能够保持足够的稳定性，他们可以自如地画出客观对象的主要结构，诸如他们能够准确地掌握人的头部、身躯与腿部的比例结构，并能够在二维画纸上画出在各种姿态下三维意义的各主要部分之间的比例协调关系，使欣赏者能够更娴熟地获得三维性信息意义。如果人们还不知道如何去画一朵牡丹花，更不用说用它来画由诸多牡丹花所组成的具有一定含义的美的艺术品。

五是他们能够在局部优化的稳定结构的基础上，进行更大程度上的灵活变革。艺术家可以在那些已经优化的基本结构的基础上实施更大程度的差异化构建，从而画出不同角度、不同生长时刻的状态，他们可以在此稳定状态的基础上不断地做出调整，从而画出各种环境下已经发生了变化的基本结构，也能够以局部的优化信息作为稳定性基础而展开更大程度上的意义创新。当我们在诸多可能性中进行了恰当的选择，就意味着我们所构建的艺术品能够最恰当地满足人的愿望和要求，能够激发人更大的情感表现、能够促使人形成更多的联想，使人产生更强烈的审美享受。

六是艺术家可以熟练地将他们的习惯固化在艺术品中。能够在艺术作品中体现出艺术家所激活的独特的活性本征，也就是人们习惯上常讲的品位、个性、情感和追求。艺术家独出心裁的作品在相关体裁领域能够达到足够高的程度。音乐家习惯性地运用某些音乐元素、节奏和结构；书法家的书法作品亦善于将书法家自己的心理背景、理想追求等体现在作品中，表现出典型的个人特色。更进一步地，这些个人特色也必然与当时的社会背景紧密相联，或者说受到当时社会环境的巨大影响。宋代画家李成因生活于五代宋初政局动荡之际，虽胸怀抱负却未能施展，遂醉心于诗画。他多才多艺，善诗文、能绘画，所作山水画在师承古法的基础上，善用淡墨表现丰富的层次和虚旷的空间，以活脱的笔致画出寒林"气象萧疏、烟林清旷"的情态，达到了"寒林平远"的境界，在北宋被誉为"古今第一"[1]。画家、雕塑家习惯于运用某种手法表达某一类

---

[1]　陈克：《"品位"与"境界"——试论传统中国画的文化意蕴》，《美术观察》2005年第10期。

主题，舞蹈家更经常地运用自己已经固化出的优美动作表达相关的情感和某种深刻的意义。这是他们所熟悉的领域，自然也是他们经过详细的模仿研究、大量的差异化构建和精细的比较优化后的结果。显然，没有经过详细观察、差异化构建基础上的优化选择，便不能准确把握其"神态""神韵"，自然也就不能产生优美的结果。

七是要求人们将注意力在好奇心的指导下不断更新。优秀的艺术家更善于在研究了当前流派新奇性特征的基础上、在将其转化为已知的稳定性认识以后，通过好奇心而进一步地形成变革，构建出有别于当前的新奇的、未知的、复杂的、不确定的艺术信息表达，进一步地探索和构建更为新颖的艺术作品。

正如我们在第三章中所指出的，艺术家的核心在于建立能够与人的活性本征和谐共振的客观事物。只不过，先前的艺术家更侧重于表达人与人之间共性的活性本征，而现代艺术家则在这种共性的活性本征的基础上，主动地运用好奇心实施差异化构建，从而形成个性化的活性本征表达。自然，与个性化的活性本征建立起和谐共振关系的可能性就相对小很多了。

（二）审美个性

一个人的个性既来源于遗传结构，又来源于不同的成长历史，来源于生存环境，来源于教育影响，来源于人与社会和自然的相互作用，更来源于自主性选择。当人们选择了不同的控制模式，激发出了不同的信息，选择了不同的激发联想模式时，再进一步地依据这些信息之间新的自组织模式，便会形成独具特色的美的艺术表达。

遗传性特征是生命体的优势力量存在、生成与保持稳定的基础。遗传本身表明了偏化性选择的特征，能够使某些特征具有某个方向变化的特殊的选择性"爱好"，具有足够的易激发（活）性的力量，极易使人在相关意义特征上处于兴奋状态，能够通过大量相关性信息的兴奋，引起人更加强烈的意识体验。

不同的创作者会形成自己独特的美的理念和美的艺术表达方式，每一件艺术品也都将表现出艺术家独特的个性和与其他作品的差异性。每个人在其独特的遗传与生长环境（包括教育）的作用下，形成了不同的爱好倾向、不同的思维习惯、不同的强势智能、不同的自主涌现性能力，表现出了不同的本征模式。这就意味着艺术家在外界信息作用下会激发出不同的美的意义。这自然表征了艺术美的人的个性，表现了艺术作品所要表达的美的模式的差异性。艺术创作与欣赏过程的确是一种个人存在，但却是在创作者与欣赏者之间通过交流而形成一个复杂的动力学过程时，由这个动力学过程所形成的一系列复杂的相互作用所表达出来的稳定的状态。

各种美的元素都在这个基于相互作用的自组织过程中发挥出了一定的影响。欣赏者以自身的心态为背景欣赏一部艺术作品时，所形成的思想、认识与感受会在其中发挥重要的作用。在这种相互作用的过程中，能够体现出欣赏者"移情"的作用，这其中还涉及欣赏者对美的再创造，通过在更大程度上将个人的认识、理解与美激发出来，从而与艺术品产生和谐共鸣。此时的艺术品仅仅作为一种激发性因素而存在，或者说以其特有的形态，在一开始就促使人生成了对美的意向性的认识和态度。一开始就将其作为一件艺术品来认识、欣赏，此时，当这种模式表现出了足够的独立性时，便会促使人不考虑其他因素而仅将艺术品所涉及的诸多因素都构建、联想出来。

1. 个性、自信与美

任何艺术创作者都是从模仿开始，艺术创作者一般是先模仿他人，再模仿自然，然后会在对自我肯定、自信的过程中将自己内心的生命活性更准确地表达出来（模仿自己内心所产生的美的状态）。人会在这种模仿过程中，准确掌握意义表达的技巧与方法，建立艺术表达与意义之间最恰当的稳定性联系。促使人能够在产生某种美的观念时，运用恰当的模式（最美的模式）将其表达出来，也在意义的内容表达与形式表达之间构建出了最恰当的关系。人也是在这种不断地模仿他人与自我构建中，固化自己的力量，固化突显出自己在这个世界中的地位和作用。在这个过程中，人会不停地思考自己是否是在表达进入美的状态时的诸元素，是否是按照自己内心由期望所生成的美的理想指导自己产生下一步的行动。自信的创作者能够坚持自己的个性。不自信的创作者则会淹没在他人的"口水"中。更为显著的区别体现在以下诸方面。

一是，自信者能够按照自己的认识、理解与领悟，准确地表达自己内心所产生的美的涌动，不会更多地考虑外界环境、因素的诱惑及影响。自信者更多地将自己对美的期望性认识、美的状态、自己的理想与追求转化成艺术品的基本元素，而不是"额外"地追求更多其他的"东西"。

自信者更多地专注自己内心世界的理念、观念，能够认定自己内心的想法，甚至将当其当作一种客观存在，并将这种理念通过艺术品而创造性地表达出来，因此，自信者所创作的作品更能深刻地表达其对生命活性本征的认识与理解，在欣赏者那里，也更能体会到这种深刻的力量所带来的巨大的冲击。他们能够以更大的注意力内在地、稳定地表现生命的力量。他们可以紧紧围绕生命的活性本征表达，在更大范围内、更深层次中挖掘与之相关的不同信息之间的相互作用。人的意识是人内在地形成的，尤其是在心理信息模式活性涌现所表现出来的基本力量、在不同信息之间差异化表征所形成自反馈作用，以及在神经系统中依据局部信息的共性相干而形成的联想基础上的自组织过程，促进了人在内部发现、强化彼此内在的不同，以及由此所形成的内在刺激的力量，促使人在这种内在刺激的作用下不断地创新发展。这种创新性的构建在自信者那里，会表现出更强的自我构建性特征。

自信者更愿意相信自我。这就意味着，在人的意识空间，通过对这种认识的自反馈，形成了对自我的肯定与放大，这也促使人反馈性地增强内在生命活性本征的力量。相信自我，意味着人们在意识层面建立起了对自我的生命活性本征的更强刺激，而这种刺激作用实际上就在自信者的内心形成了明确的正反馈：促使人形成更加强烈地相信自我的信念，促使人在好奇心、想象力的作用下，不断地向未知探索，并进一步地将这种力量表达为外在的能够促进社会进步的力量。不自信者往往会因为观望而浪费自己前进的力量。

自信者更加相信自我所形成的观念。他们会在充分认定、肯定自己所形成的观念时，进一步地完善这种自我生成的观念的合理性，持续性地研究该观念在其他各种情况下的表现与意义（因为事物的意义在一定程度上受到该事物与其他事物相互作用所表现出来的特征的影响），从而能够更加独立地将这种模式明确地表达出来。我们往往会依据人的"互适应"本能在其他人的影响下改变自身的行为，并留下一个具有稳定表现的持续的变化过程。如果不能将某种模式在一定程度上固化下来，就只能表现为一个动态变化的过程，人们也就不能看到由一个一个固化下来的"确定物"所组成的留下痕迹的可回忆过程。如果总是处于动态的构建过程中，而不能将那局部的成果固化下来，人类的文化何以成形？

也许有人会说，我们会在这种正反馈的作用下，使自信心达到了"爆棚"的程度。由于人会受到其他因素的影响，一些因素还会伴随着这种过程的深入发展而涌现出新的作用，这些影响将会限制正反馈的持续进行，并达到"增长的极限"。

二是，自信者会围绕自己生命活性而构建更加多样的形式，并在生命活性力量的作用下，引导人从中持续性地比较选择，构建出与生命的活性本征更加协调的、更为恰当的艺术表达形式。

自信者在于表达自己生命活性的意识展现。他们更会在这种活性意识展现中体现自我、发现自我和增强自我。这种状态为人的意识状态所体现时，将会依据其特有的强大作用，形成更长时间的加工、建立更多信息与自我的更加广泛的联系、强化自我的活性力量（收敛、发散、收敛与发散有机协调的力量）。与此相对应地，不自信者则是在揣测他人思想的过程中寻找自我。不自信者往往会思考："其他人是不是喜欢我的作品？""我的作品是否能够以一定的价格卖出？当代艺术收藏家是从哪个角度来考虑一件艺术品的好与坏的？我应该创作什么作品以及如何创作才能获得大众的喜爱？"

由此看来，不自信者更在乎他人的看法，在意他人的嗜好和品位。实际上，这样的艺术家不是在表达他内心涌现出来的美，而是在揣测他人的审美喜好。他们在作如此观望时，会浪费大量的时间和精力，浪费自己的注意力。当艺术创作者在意大众的艺术品位和追求时，这种外在的力量往往会限制其将艺术创作推向"极致"的力量强度和所能达到的艺术的高度。他们愿意跟随观众的喜好而改变自己的创作风格和题材，但有些方面是创作者不擅长的，有些方式也不是创作者的最大潜能所在，他们勉为其难，也只能做到应付了事。成功在于发挥了其长处，而失败则由其短处所致。

大众"平均品位"的美与"极致"的美相比，相差甚远。人们有时会用："艺术家也是人"这个说辞来推托性地表达对艺术创作者所创作出来的平庸作品的评价，也由此而肯定他们对满足大众化需求的意愿。但我们应该认识到，"艺术是为广大民众服务的"观念与将美推向极致的理念并不矛盾，我们期望这种将美推向极致的理念，带给广大民众以更加强烈的审美刺激，从而驱动广大民众形成对美追求的更为强大的力量。在此过程中，只有基于表达自我生命活性的力量，努力追求能够带来更大程度上的"最美"（美的极限）的感受，才能在更接近于这种极限的美的状态时，在这种力量的作用下，在将艺术品推向社会时，通过与社会的交流，产生更大的推动力量，也会由于表现出更加突出的 M 力，形成对美追求的榜样性的示范力量，从而激励他人形成对更加美好生活的向往和追求。

不自信者更多地将那些被他人所赞扬的有可能也是美的元素（美素）的模式固化下来，作为其进一步创作的基本元素。但这已经脱离了他们自己。他们也能够在一定程度上体验、感悟到美，通过艺术教育过程固化出促进优化的力量，在艺术创作过程中，寻找表现 M 力量，并且能够将 M 力推向一个更高的程度。这就意味着，在他们构建出了追求美的 M 力量以后，艺术创作者也可以创作出相对优秀的作品。自然，与优秀的、自然的、单纯地以表达自己内在感受为全部的艺术家相比，这类艺术家因为会从理性的角度考虑问题，所以其所能够构建出来的美的元素就会少很多。

问题在于，这种以他人的喜好为标准的艺术创作，会在更大程度上受到更多其他外在因素的影响和干扰，诸如受到更多人的不同要求的影响而不能稳定地进行艺术创作，"这山望着那山高"的现象会不时出现，艺术创作者有时会由于自身和外界环境的价值判断选择而变得迷茫和不知所措，导致艺术创作者不能持续性地按照对更加完美的极致性追求而完成一件艺术作品。与此同时，艺术家总处于揣摩他人喜好与心思的过程中，会严重地干扰对自己内心美的体验，也就不能与自己内心的活性本征达到更高层次的协调，体会不到美，也就不能运用 M 力形成对美的追求，并通过自反馈而有效地增强这种力量。

三是，自信者将自己不断追求"更美"的 M 力量表现得更加充分，他们的确已经认识到这种模式的独立性和重要性，建立起了 M 力与众多客观事物之间的内在联系，也更愿意表达这种内在模式。因为自信，他们能够在认可自己所形成的意义的基础上，围绕该意义形成长时间的加工，通过表达 M 力所形成的追求卓越的力量，表达在差异化基础上的优化选择的过程能力，使对"最美"的追求达到极致。这种极致由于没有迎合他人的口味，因此，在艺术品创作完成以后，自然会展示出这种极致的状态与广大民众口味之间的巨大差距。当然，这一方面有可能会造成不被他人理解的局面；但另一方面，也将通过差异而形成更强烈的刺激。

因此，自信者会将 M 力推向极致。稳定地形成自我认识、主动强化，以及成功快乐所形成的正向激励。人的自信会强化所有的内在力量、强化自我意识和自我涌现的可能性。从生命活性中特化出来的 M 力，也会成为在自信状态下被强化的力量。M 力是人内在自我的力量，在强化人的自信时，自然会使 M 力得到强化。自信者也会因为更多地表达相信自我而在一个新奇的观念上继续地深入下去，将其做大、做强，并使其成为开展其他方面构建的稳定性基础。这是我们需要尽力增强的一种特性。有时，我们在看到他人有好的创作时会说："我以前也这样想过"，但我们仅仅止步于"想过"，而没能够在此思想的基础上深入地进行下去，没有将其完整而系统地构建出来，没有将其特化并表达成为一个显现独立的思想体系，自然也就错失了"奠定基础"的良好时机。

四是，自信者不受其他因素的干扰和影响，只专注于自己内心的生命活性涌动，并围绕该认识进行艺术表达。由于不会受到其他因素的干扰和影响而不断变化，因此，便可以针对当前所要表达的意义长时间地持续优化，从而更加准确地表达自己内心的本征、原始状态。

人对自我的认识是建构于生命的活性本征表现基础上的，当人们固化出了自信的模式以后，当人主动地在自信与生命活性表现之间建立起共性相干时，就会在自信意识和生命活性作为自我的基础模式之间，因表达共性模式而形成稳定的非线性相互作用，并突出地表现出对更强烈地表达自我生命活性本征的正反馈。人在意识的形成与稳定过程中进一步地强化着对自我的认识。自信者能够持续地依靠内在系统的"共性相干"，认识自我，稳定自我，并在意识中进一步地肯定自我。

自信者可以在其所关注的意义上进行"极致化"的对美的追求；并在这种持续追求的过程中，将表达生命活性的追求尽最大力量地达到极致，也因此而与人类的生命活性状态更加接近，使人所生成、激发的信息量更大、种类更多，激活的信息结构也更加复杂。

五是，自信者能够利用自身的力量放大自我与外界意义的相互耦合，利用这种力量，促进自我与客观事物的相互作用，并在相互作用过程中，自组织构建形成更加新颖的意义。

通过形成稳定的相互作用"反馈环"，保持足够的兴奋程度，通过构成相关模式的长时间持续性加工，自信者会在意识中形成一种独立的模式，通过这种模式的自主兴奋，以及与其他模式之间的稳定性关系而增强其力量的发挥。

当人们在意识中形成主动追求的过程时，意识中更强的联系尤其是对这种模式的反思性自主强化，会使主动追求性的增强与表达 M 之间的共性相干的力量变得更加强大。

六是，成功的快乐将激励自信者更加自信。人们会因为追求快乐而不由自主，并且还会"娱乐至死"。但更多的人则会因为有更多的、更高尚的追求而避免使自己陷入为快乐而不顾一切的地步。追求快乐是人的本能，人也以快乐的独立模式为基础形成了对生命活性本征模式表达的强化激励。这种激励也会与对自我的激励一起形成共性相干，从而形成更加强大的刺激性力量。

自信者的优点，指出了不自信者的不足。这表现出了不同水平的艺术创作者在追求美的程度上的差异，而没有对与错。

虽然使更多的活性本征处于兴奋状态能够在更大程度上促使人生成与美的状态更为协调的关系过程，但从另一个角度来看，如果主题过多，则不便于艺术家将注意力集中到某些关键的方面，因此主题的分散和作品的多样化，会在人们的眼中形成"缺乏一贯性"的倾向。[①] 过于分散的

---

① ［德］阿多诺：《美学理论》，王柯平译，四川人民出版社 1998 年版，第 61 页。

艺术表达，不便于形成具有典型特征的流派，不能保证其得到更大程度上的"极致化"构建，不能保证其具有足够的自主性，也不会对社会的其他环节产生足够的作用力，不能被人们充分熟悉，有时也会因为其新颖性过大而不为人们所重视；作品不能基于现有模式结构而展开进一步的优化探索，并使其保持足够的新颖生命力，有可能会逐渐地失去其内在美的逻辑性；也不利于艺术家表达其生命活性本征中的发散扩展的力量。这往往意味着需要围绕某个主题、流派，通过足够多的艺术创作者、足够多的作品等的比较优化，通过彼此的相互交流与合作而使某一流派变得更为丰富；内外的相互作用与冲击都对其产生了更强烈的刺激。这种刺激一方面会形成有效的推动力量，促进其壮大成长；另一方面也会加快其消亡的步伐。

（三）艺术品的特殊性对艺术创作的影响

美国心理学家加德纳（Gardner）认识到包容的意义和力量[1]，体悟到"和而不同"和生命体在差异基础上的合作进化对于生物进化的核心作用，指出了不同的人会由于生物遗传性和社会影响的共同作用，使其在某些领域具有高度的敏感性和自组织构建能力，能够构建出伴随着教育和成长形成的不同的强势智能，并由此而提出了多元智能理论。显然，美学没有忽略人的本性在其对美追求中的核心作用，反而能够有意识地重点强化其在艺术实践中的作用。艺术家的个性会促使其形成偏化性发展，并进一步地提升其天赋的发展。

艺术实践表明，在艺术创作过程中，除了卓越的天资和良好的机遇，更有赖于其顽强的努力和不懈的追求。赵无极在过去的40多个寒暑里，几乎每天天一亮，就来到他的画室作画，一直工作到天黑。赵无极总是在不断地扬弃曾经成功的自我，在对自己作品的不断批判中追求完美，这显然需要有对自己已有的成功形成颠覆的气魄。[2]

1. 创作艺术品的复杂性

人可以通过感性的力量体现艺术作品中所激活的美，但却需要在理

---

①　［美］H. 加德纳：《智能的结构》，兰金仁译，光明日报出版社1990年版。

②　赵无极：《赵无极自述》，http://m.sohu.com/a/36515542_189893。

性的作用下完整地将其表现出来。在此过程中，艺术品的复杂性将体现在三个方面：一是局部特征优化的复杂性；二是局部特征之间相互协调的复杂性；三是作为整体时艺术品同其他事物（主要为艺术流派）相互作用的复杂性。艺术家需要考虑的重点集中在前两个方面。无论是贝多芬的创作、达·芬奇的画蛋，还是毕加索的练习与构思，都一再地表明了长时间地将自己的感情稳定而恰当地表现出来的稳定与优化的能力。尤其是在直觉的驱使下能够形成与某种活性本征的稳定性联系，通过彼此之间的相互作用而形成强烈的美感，并能够稳定地一笔一画、一个音符一个音符地将其完整地展示出来。

在将其构成一个整体时，需要将各个部分完整地表达出来，尤其是需要构建彼此之间的恰当联系。虽然作品本身的复杂性和难度会给艺术家的艺术创作带来一定的问题，但由于其已经充分考虑到了各个局部特征在差异化构建后的比较、优化、构建和选择，因此，艺术作品的复杂性在更大程度上就转化到了彼此之间的相互协调关系上。

2. 创作艺术品的选择性

人们期望的是，通过具体的事件，基于某个典型的活动，创作出能够给人带来巨大震撼力的经典作品。比如说在我们描绘"祖国的大好河山""人民的幸福安康""中国人民聪明善良""中国人民勤劳勇敢""中国人民善于创造""中国人民积极向上"等等认识、理念与追求时，需要把这些抽象的理念用具体的事件（事物）表达出来。在音乐创作过程中，艺术家也是这样做的，只不过其采取的艺术元素与绘画有所不同而已。

而在具体的创作过程中，往往需要通过构思大量不同的草图，在各种表达方式多样并存的基础上，从中选择出最恰当的结构。这是艺术家在创作过程中最为常见也最为关键的创作行为。在创作一部作品之前，达·芬奇往往会构思出大量的草图，无论是从整体、局部还是彼此之间的相互联系的角度，都要在构思出大量草图的基础上，基于其对观念的理解，选择出恰当的形式、意义。比如说，应某人的要求，达·芬奇在创作一部描述母爱的作品时，达·芬奇会围绕这个理念，构思相关的活动、人物、行为、动作、环境、背景，以及彼此之间的关系等。同时还要在人物中具体地划分出主要人物、次要人物，以及通过何种关系表达出最为恰当的关系等。

3. 创作艺术品的组织性

对于美和艺术来讲，这其中涉及如下环节：第一，选择人们所熟悉的背景、事件等能够激发人产生丰富的联系、能够激发更多相关信息模式的意义，激发更多对组织意义有关系的相关信息；第二，更加敏锐地体验到受环境因素的影响所能激活的人内心的活性本征；第三，通过差异化构建而形成更大的心理空间；第四，通过比较与其生命的活性本征相协调的程度，选择优化出恰当的局部特征，将最优的局部特征的形式与其稳定的意义对应起来；第五，在意识状态下组织协调各个要素之间的关系，组成一个各个局部特征之间相互补充而不是相互矛盾的完整艺术品；第六，依据某项美的标准，通过比较判断做出优化选择。这是从事艺术创作的基础和前提。

这种过程中的局部优化能力和局部优化结果，往往需要在平时通过优化练习与选择来得到。在此过程中，还涉及能够准确表达的技巧的高低问题。虽然没有具体地优化出若干与此相关的局部特征，但如果具有较强的技巧，也能够保证创作出优秀的作品。前人对于这种技巧的高低是非常重视的。"习"在先秦美学视野中就具有足够的基础性的地位，而这种地位便是以由此过程所展示出来的对终极性"美"的追求的稳定性模式和结果为基础，并在创作者努力追求以达到极致的过程中逐步形成的。人们所知道的娴熟的技巧，以及在达到这种程度时的进一步表现，仅仅是基于当前状态所能达到的"增长的极限"。当然，人们可以通过各种差异性目标的新的选择，而不断地构建新的扩张和新的"增长的极限"。

三　追求更美的力量

艺术家进行艺术创作的动机可能是非常复杂的，也许是出于生活所迫，也许是为了取悦他人等。而在诸多可能的动机中，理想和追求：愿意为人类和他人创造出更加美好的生活的追求，往往会更加深刻地隐藏于他们的内心。"文出其人"的意思是，只有伟大的人格才能造就伟大的作品，这首先表现为想去努力地追求更好。而这与其他平时的所思所想具有更强的相关性。

（一）具有表达生命活性本征的能力和愿望

有些人与他人相比能够更加显著地体验到自身生命的活性本征，并在这种体验过程中，突出地体验并表达出由不协调达到协调的美的感受，在更大程度上能够体会到与某个活性本征和谐共鸣而进入美的状态的意义和方法。由此，与其他人相比，他们更愿意追求这种人的本质性表达所体现出来的美，而且，无论是出于先天的遗传还是受到后天环境的影响，尤其是受到教育的主动引导、表现和正向激励，这些人将有更大的可能性将自己丰富的生命活性本征精致地表达出来，能够运用客观事物将艺术家所体验到的活性本征间接而准确地表达出来，从而组成一个复杂的审美表达体系。

（二）有着对美强烈的追求

对美的追求本是人的本性，正是由于受到各种因素的干扰和影响，阻碍了美在人的内心的地位，人的生命活性本征表现中的 M 力才被人在无意中抛弃，也由此而失去了对美追求的根本性的力量。虽然我们不能确定人们的选择，但先天的遗传因素和后天的环境影响，以及两者之间的相互作用，都会对人的选择产生重要的影响。总有那么一部分人，顽固地执着于这种感受，在这种执着过程中形成相应的强势智能，并在这种感受中执着地表现与生命的活性本征的更加协调，通过表现生命的活性本征完成由不协调达到协调的过程，从而由某一种状态向协调状态过渡（转换），使人体会到美。艺术家就具有对美追求的更强的力量，并能够且善于将其表达出来。

在人的诸多行为中，无论是外界环境的刺激性影响，还是人内在的扩展与发散过程的自主性涌现，都能够对人内在的本质性的快乐模式与外界环境模式之间的关系产生偏化性构建的影响，都能够给人带来愉悦性的快乐感受。其潜在的意义就是能够促使人由不协调达到协调，并完整地表达这个具有过程性特征的时间模式。在外部环境有意识地强化突出了某些方面的特征时，会在这些特征方面建立起与人的快乐模式之间稳定的联系，也因此使人更乐于追求这些被赋予了美的意义的外在信息模式。

（三）主动地使自己站在推动人类进步的"制高点"上

这些艺术家从一开始就高度地自信，认为自己已经获得了比其他人更高的竞争力，他们一开始就认为自己的职业具有更加高尚的性质一开始就愿意从事相关的工作，并将其视为实现其人生的最佳途径，一开始就以全人类所尊崇的道德构建作为自己进行艺术品创作的基本标准，并由此表现出更加强烈的 M 力。

（四）具有更强的内省能力

生命的活性本征是每个人都能够表现出来的。不断地构建与环境相对应的、稳定的生命的活性本征，并通过由不协调达到协调而赋予与稳定相对应的活性本征以进入美的状态、形成美感，并赋予其美的意义的力量。强化生命的活性本征在人的日常活动中的地位与作用，也是每个人体验到美的基本过程。艺术家在这个方面的表现就比其他人更为突出。由于这种过程在于表现人的内心，不会对人的正常心理产生更大的刺激，也就往往会被人所忽略。想要通过自己内心对美的感受，敏锐地觉察到处于激活状态的本征模式的美的意义，需要艺术家运用其特有的才华、专门的天赋来体验和表达。

（五）相信自己能够创造出更美作品的自信心

艺术家更能看到自己在这些方面有领先于他人的才华，能够在相关力量特征上表现得更加得心应手，比之其他人能够更加迅捷地取得成果，因此，他们也会更加愿意表达这种力量，从而在取得更多的创造性的成功中使自己得到更大的快乐。

有时人们会将自己的这种"超能力"归结为其所熟悉的、习惯性的能力，认为其不能更加有效地满足其天性强大的好奇心，不再愿意在这些方面作出进一步的增强扩展，但却愿意将自己的注意力转移到自己不熟悉的领域。但也总会有一些人认识到自己在这些方面具有较强的能力，具有较高的能够达到其他人所不能取得的美的层次的创造能力，也相信自己能够推动美学与艺术的进一步发展，他们便具有更高的自信心，相信自己的能力，相信自己独特的创造等，也更愿意并坚持创作出符合自己特点要求的经典艺术品。这样的艺术家往往能够取得更大的成功。

（六）愿意更加强烈地表达追求的力量——M 力

M 力是人的本能，对此有些人能够意识到，有些人却意识不到；在一些情况下能够体会到，而在其他的一些情况下则体会不到；有些人会将其独立特化出来作为其日常行为的重要控制力量，有些人则会对此不加重视，对其视而不见，甚至熟视无睹；有些人会认识到它的重要性而更愿意主动地强化它的力量，有些人则处于盲目的乐观自信中，认为其自身的 M 力已经强大到能够保证其有效应对所遇到的各种环境和问题的程度；有些人更愿意表达这种力量，更愿意在这种更加复杂的追求中使自己强烈的具有探索意义的好奇心得到满足，而有些人则不愿意表现自己的这种强势智能，更愿意在好奇心的作用下追求那些更难、更复杂、自己却不擅长的事物。有些人会认为，这既然是人的本性，我们便可以在任何行为中有效地将其表现出来，为什么还要专门研究和专门强化？而另一些人则能够认识到，正是因为它重要，以后仍将发挥更为重要的作用，并且随着时代的发展有可能不再受到人们的重视，就更需要专门对其进行强化研究和着力提升。

能够认识到自己较强的追求更美的力量，尤其是在表现对美的追求的 M 力方面有自己独到的认识和较强的领悟能力和优势，能够习惯性地表达出自己的这种力量，有效地促进其在工作中追求"更好""更美"的努力，应是艺术家的核心特征。正如人们所看到的，这种品质不只表现在传统的艺术领域：绘画、音乐、文学作品（小说、诗歌、散文）、雕塑、戏剧、舞蹈、建筑等，还表现在人所从事的任何工作领域：体育竞赛、日常工作等。只要我们在工作甚至生活中表现出了 M 的力量，我们就可以自信地认为自己是在从事与艺术家一样高尚的艺术创作。正如埃伦·迪萨纳亚克指出的："但是，和其他动物不同，人类能够对这些塑造和苦心经营施加经过反复思考的控制和深思熟虑。"[1]

（七）愿意为此付出艰苦的努力和工作

即便是通过表达人的活性本征而实现由不协调达到协调，从而使人进入美的状态中，也会受到各种因素的干扰和影响，使人更容易地偏离

---

[1] ［美］埃伦·迪萨纳亚克：《审美的人》，户晓辉译，商务印书馆 2005 年版，第 143 页。

这个领域的创造性工作，人也就会更加困难地表征通过稳定协调而体验到的美。更何况，人在创作过程中，将会消耗更多的能量。生命的生存法则决定了，除非万不得已，人会更经常地采取以往能够迅速取得结果的"经验性"对策，而不愿意表达自己的创造力。而且，人们在面对同样的问题时，也会在已经形成有效应对经验的基础上进一步地"稍作调整"而不断优化。这促使人更习惯运用这些不断得到优化（而且以后仍将进一步优化）的已有的有效经验。但更大程度上的创造将会给人带来更加强烈的快乐体验，这种快乐的程度还将随着人们从事当前"这种创作活动"的难度和得到完整结果的时间的增长而增长。

无论是心智的成长已经使人不再满足于简单的创造过程，还是问题的复杂性已经逼迫人不得不养成复杂而创造性地研究解决问题的习惯，一些人有可能善于围绕如何进入美的状态而展开更大范围的探索与构建，但更多的人则会受到诸多因素的干扰与影响而不再擅长于进入与环境的稳定协调的美的状态中。显然，美育将面临更大的问题。

（八）具有此方面的最大潜能和乐趣

艺术的核心在于创造。与其他活动相比较，在艺术创作的过程中，创造性的力量会达成与生命活性本征在更大程度上的协调，这就直接表明，通过表征生命的活性本征，能够带来更大创造性的产品。创造性的艺术劳动成果往往能够给人带来更加强烈的快乐感受。艺术创作能够更为经常性地取得创造性的劳动成果，因此，艺术家能够比一般人在艺术创作中获得更大的快乐，这也驱使他们更愿意从事相关的艺术创作活动。这种过程的反复进行，会有效地促进艺术家在相关领域的潜能得到更大程度上的建设。他们在相关领域表现生命的活性本征力量时，又会与创造力的表现形成更加稳定的正反馈作用环，能够迅速使其达到"增长的极限"，从而达到自己的创作巅峰。

艺术创造以其有力地表现生命活性本征的力量而内在地给人带来更大的激励，人们会将这种力量扩展性地用于推动社会的进步与发展，通过给人类社会带来巨大的作用，进一步地增强这种力量。"我们喜爱那些由创造性的思想产生的作品，而且我们从中发现的创造性越独特越丰富，我们就越喜爱它们。"① 社会中的人也会赞扬这种力量、肯定这种力量、想方设法地增强这种力量，并在好奇心的作用下，从整个社会氛围的角度构建新的增长模式，促进人的最大潜能的新的构建与发展，促进最大潜能与这种力量的有机的结合。

在人的最大潜能领域，人能够使更多的信息模式处于兴奋状态；能够保持更长时间的兴奋，使人体会到更大"刺激冲量"的作用。尤其是能够更大强度地激发人的创造性本能，构建更加新奇的信息，利用活性中的发散性本征引导人构建出更多的期望，并通过反馈激励的方式使期望得到满足的力量变得更强；因为能够在更大程度上表征生命的活性本征，激发出更多与最大潜能相关的活性本征模式，便更加容易激发人进入美的状态，同时使人体会到多种层次的美；更为敏感地建立起美与客观事物之间的紧密联系，能够在更大程度上通过客观事物达到与某些生命活性本征的稳定协调，激发更多的协调模式，使人产生更加强烈的审美体验，使人能够更加充分地体验到"一举一动的美"。艺术家是那些最善于将外界客观事物通过与其活性本征达到共性相干与更大程度稳定协调的美的状态建立起联系，并通过表征与人的活性本征有差异的外界客观而使人体会到美的。

李斯托威尔将"艺术的价值，当它们普遍地出现在艺术作品之中的时候，分为三种情况：为形式主义派所特别强调的形式价值；作为摹仿论的基础的摹仿价值；以及在排除其他一切价值之后，为注意内容的美学所着重强调的来自生命内容或精神内容的积极价值。"② 形式价值由 M 力和优化的结果来对应度量，与信息量的大小有关。在作品中需要更为直接地表达出生命的力量尤其是 M 力。

（九）愿意付出实际行动

有些人愿意运用想象不断地实施创造性构想，并为此乐此不疲。有些人善于将某一个新奇的思想付诸行动，以得到一个确定性的事物（东

---

① ［波］奥索夫斯基：《美学基础》，于传勤译，中国文联出版公司 1986 年版，第 325 页。
② ［英］李斯托威尔：《近代美学史评述》，蒋孔阳译，上海译文出版社 1980 年版，第 70 页。

西)。从一个正常人的正常心理来看，空想是一个经常进行而且占据着人心智的绝大部分活动空间的重要内容，但更为重要的则是采取实际行动。他人也总是愿意看到一个确定性的结果。方便自如的、随手可得的工具使艺术家在习惯性地采取行动的力量的作用下，将自己内心的美的状态和美的感受表达出来。

（十）认为自己能够以此为工具而获得比其他人更多的资源

被人们称为未来艺术家的那些人，能够更加明确地认识到，自己可以，而且一定能够以艺术创作为工具获得比其他人更多的资源，也能够借此而过上更好的生活。他们具有足够的自信心，他们相信自己的能力，也愿意为此付出更大的努力。他们已经认识到自己具有有别于他人的特长，也因此认为，既然擅长于此，而且凭借此种才华能够使他们获得众人的欣赏和肯定，受到他人的"另眼观看"，并由此而获得更多的竞争资源，他们就更应该从事而且更加重视自己在这个方面的表现。既然这是一种稀缺资源（俗语讲：既然"物以稀为贵"），那就做吧！

（十一）更善于表达自己内心的体验

随着教育与成长的影响，尤其是自身个性发展的历史，有些人更加关注外部世界，而另一些人则更加重视自己的内心。可以认为，更加关注内心者，有更大的可能准确地表达出自己内心的活性本征，也就能够在更大程度上、更多地体验和表达内心在受到外界作用时进入美的状态的感受。由此带给他人的快乐也更容易使他们乐此不疲。

康定斯基将"表现'客观'的不可抑制的愿望就是被称为'内在需要'的那种冲动"[1]。显然，康定斯基所描述的只是艺术家想要表达出来的愿望和冲动：完善地将自己内心所形成的完美的意义表达出来。而这只是想要表达的意向和愿望。在这里，一个潜在性的假设就是：当艺术家形成了自认为高于他人的完美性的认识以后，便会强烈地想要表达出来，以取得高于他人的成就，通过这种差异性的竞争优势的获得（被他

---

① ［俄］瓦·康定斯基：《论艺术的精神》，查立译，中国社会科学出版社1983年版，第44页。

人所认可，也让他人看到与艺术家的差距），而得到对竞争优势的掌控感，从而得到一种满足、达到与生命活性状态的协调统一，由此表达艺术的美。

1. 强化自我和自信心

具有更强的自信心，能够以自我感受为核心，在与客观世界的相互作用过程中，更多地表现用自我去观照客观世界，让外界客观信息围绕自我感受而进一步地铺展开来。

2. 更擅长自我体验

更加稳定地坚持自我，即使受到外界强烈的刺激性干扰，他们也能够坚持自己内心的体验和感受。他们往往沉浸于自己内心所构建的世界中，仅将外部世界当作自己的一个附属品、"卫星"，而且能够顺利地从这种丰富的"自闭"状态中走出来。有些人更善于从与外部世界的相互作用过程中，不断地促进心智的进化，而有些人则更善于通过自己的感悟提升自己。艺术家有更多、更强的自我体验。

3. 更善于内省

他们更善于体验内心的本征模式，在更大程度上表现对自己内心不同状态之间差异的感知和表现。他们更容易通过反思的方式"自娱自乐"于自己内心丰富的自我世界，在内心持续性地对信息实施各式各样的变换，一方面可以稳定地使自己顺利而自如地摆脱这种"自闭"状态的控制与影响；另一方面则在这种"自闭"的状态下，运用自己丰富的想象力，专注于在差异化构建中优化选择，在有限的时间、精力和努力之下，构建出基于当前条件的"终极美"——局部最优。

他们的理想、需要的满足、技能等都能够在这种持续的追求中达到最佳，他们也能够在其最大潜能领域进行全面表现，运用他们特有的创造力达到构建相应体裁、流派的"极大值"，这就意味着，在这个方面的艺术品的构建中，他们已经达到了"顶峰"或"最高峰"。后人在模仿、学习他们的过程中，将不会再超越这个"顶峰"。

（十二）美与艺术家的神经质

诸如梵·高等表现出了典型的神经质特征。人们以往经常研究那些具有神经质的艺术家，看到他们往往能够以更大的可能性、更多地带来新奇度更大的艺术品，往往能够出乎人们的意料，带给人以强烈的冲击和力量。人们在猜想：是那种神经质的特征才使艺术家带给人以强烈的艺术冲击吗？难道正常人不能做到这一点吗？这种神经质是天才艺术家的本质特征吗？要想创作出惊人的艺术品，就非得进入神经质的状态中？如何才能使一个伟大的艺术家脱离开神经质的影响迅速地回归到正常社会中，在社会生活中过上正常人的生活？

信息的冲击就在于差异，差异越大，所形成的冲击力（作用力）便越大。当然，这种新奇度大的艺术品在给人可能带来巨大冲击的同时，也有很大的可能因为其新奇度过高而不被人们所理解，从而导致具有这种特征的艺术品陷入不被当时的人所欣赏的窘境。那些表现出典型神经质特征的艺术家，具有在不同的信息之间即便存在很小的联系也能够将其联系在一起的力量；能够随意地将一个基础性的信息模式提升为指导人建立信息之间更加广泛关系的控制模式。他们可以更加自主地显现即使与当前心理状态没有一点联系的新奇性意义，他们会有别于我们的观察和思考，以其独特的视角，给我们带来另类的观察与思考，寻找并发现与我们的认识有所不同的特征和意义；他们会以独特的个性表现自己的创造力，构建出意义不同的艺术作品。这些神经质的艺术家往往能够将注意力全部集中到艺术创作中，因此，能够集中力量实施差异化构建而形成多样并存，将众多的信息与当前的创作建立起联系，在某种对美的认识的理念支配下，在某一个主题上构建出更加多样的差异化模式，并从中"寻优"。

1. 他们更多地将自己的心智封闭在艺术品的创作中

由于能够或多或少地认识到他们自己的心智与常人具有足够大的差异性，因此，他们会在常人所组成的群体中处于不被认可、不被肯定的忽视状态，他们便因此尽可能地从艺术品中寻找心灵的慰藉，也更为喜欢将自己的创造力集中在艺术品的创作上。成功的艺术会形成自反馈的强化，一方面会使他们创作出更能表征他们所体验到的生命活性本征的艺术品；另一方面往往会使他们更加沉溺于他们内心的美的世界。在这个过程中，当世俗世界（包括诸多信息和习惯性要求）轰然作用到他们的身心时，有可能会因为信息量过大而使他们"当机"。

2. 他们往往走极端、"认死理"

在单纯地认识到某种模式能够使其艺术创作达到更加强烈的程度时，由于杜绝了外部环境，他们便能够在内心更加自如地追求增强 M 的力量和表现 M 的力量，并在这种创作中，将其对美的认识、表现达到超乎常人认识的极致的程度。因为他们可以专门于内表现自己内心的 M 力和自己所体验到的与当前情景有机结合的生命的活性本征。

由于不容易受到外界因素的干扰和控制，能够表达自己独到的对艺术美的理解，从某种角度讲，这将使他们具有足够的自主性、自信心，他们也因此能够长时间地围绕该主题进行创作，只专注于表现自己的生命活性和自己在与外界客观事物相互作用过程中所表现出来的独特的感受，也更能将自己对美的认识与理解固化到艺术品中，将更多的美的元素整合到一件作品中。

3. 更多地将某种理念推到极致，使人能够在单纯的艺术欣赏中更加强烈地体会到 M 的力量

虽然人们认可 M 的力量与好奇心的内在联系，人们也认识到了这一切的因素都起源于生命的活性本征，但当这些模式被独立特化出来时，其便具有了独立的力量，具有了更加广泛的作用与意义。这就意味着，M 力与好奇心能够与人的生命活性一同发挥出独立的、协同性的力量，从而能够通过共性相干而表现出更强的力量。这说明了新奇度、好奇心在人的审美中的地位与作用，也突出地反映出了扩展性的力量，以及由此所固化出来的 M 的力量在美中的地位与作用。

在所谓的"淡雅"状态下，会因减少其他方面的干扰与影响而与生命活性状态达到更高的协调程度，此时人的体验会更加明确。尤其是在人们将其与宗教联系在一起时，更有可能将其转化为宗教信仰：一是，作为一种境界；二是，作为一种境界去追求；三是，成为达到境界的一种方法。

4. 美的个性与社会性的有机统一

艺术品的欣赏只是美与艺术价值一个方面的体现，更为重要的体现则是其对人、对人类社会的进步与发展的有益作用。这可能是"日常生活审美化"需要重点表现的内容。在贝尔所谓的"有意味的形式"中，如果我们将这种"有意味"理解为人的"更"的模式在艺术品中的反映

（直接和隐含的、或者说是由欣赏者自己构建出来的），无论是其所表达的意义，还是其所反映的情感，便都具有了"更"特征。也就是说，能够以更小的形式反映更大信息量的意义、能够更恰当地激发人的情感等，就能够被人称为艺术品。

重复的生活场景，引导着人构建出具有更多共性局部特征的美的基本模式，与其他的概括抽象模式一起，形成复杂而多样的基于具体情景的稳定构念。与此同时，共同的社会生活会使不同的人形成更强相似性的稳定的"个人—社会构念"，这种稳定的个人—社会构念以众多相同或相似的局部特征为核心，构成了人们展开交流与合作的共性基础。这种稳定的个人—社会构念在面对更多共同的自然环境与社会环境的问题上，能够在不同因素模式的基础上展开优化选择，表现出更强的美的意味。与此同时，艺术家创作出来的艺术品是需要得到欣赏者的评价与鼓励的。而作为生活在一个共同环境中的艺术家，也会基于这种稳定的个人—社会构念表达美的理念的基本意义和形式，也就更容易得到这个社会群体的共识性欣赏和认知。即使是波普艺术，也是如此："我认为波普艺术也把人人知道的东西转化为艺术：共同文化经验的对象和图像、在当前历史时刻的群体思想和共同表现。"①

人们希望自己为美所环绕，更愿意不断地购买能够给自己带来更多审美享受的艺术品，并将自己对美的认知体现在其所购买的艺术品上，自己对该艺术品"升值"的期望也随之而固化在了艺术品中。这种力量也会将我们带入到一个更加广泛的艺术空间。

四　艺术家与科学家

通过人们的研究，我们可以明确地看到艺术家与科学家既有相同点，也有不可调和的深刻矛盾。"艺术家本身总是比科学家本身更具有天真烂漫和原始的精神。"② 鲍姆嘉通更是专门对此进行了研究。规律性的研究

---

① ［美］阿瑟·C. 丹托：《艺术的终结之后》，王春辰译，江苏人民出版社 2007 年版，第142 页。

② ［英］科林伍德：《艺术哲学新论》，卢晓华译，工人出版社 1988 年版，第 12 页。

驱动着人在更大程度上关注共性的力量。虽然在某个时期存在一定的流派，但艺术家差异化的个性，会使美学理论尽可能地回避关于艺术家个性品质特征的研究。创造与发明的心理学，会将高创造者（无论是科学家还是艺术家）的个性品质作为其中的重要方面。通过研究，人们可以明确地看到一个显著性的特征：这些高创造者比之他人往往会更加勤奋努力。"最高水平的艺术技巧并不仅仅模仿心目中认为美丽的自然物品。最高水平的艺术技巧是研究自然物品，从中发现其之所以美的奥秘。我们赞赏艺术大师的作品，并不因为他们专心致志于探索美本身，而是因为他们具有厚积薄发的美感，在奥妙的美感激发下，对美的物品的诠释，因为他们有感而发的情感（用油漆或大理石来表达）在我们的心目中激起了美的回声、美的反光。"① 他们必须运用敏锐的观察力，去寻找、发现大自然中那些千差万别的形态，并在自组织心态的作用下，选择、构建出最美（"局部最优"）的艺术品。

根据能力与表现之间内在关系的理论②，可以看出，高创造者就是在不断努力地表现自己的创造力的过程中，在努力地构建差异化的不同信息模式的过程中，运用其强势的 M 力量进行比较判断、作出选择，并在已经表现出强势的 M 力量的作用以后，将表现这种力量潜在地固化到差异化的构建过程中，以驱动其迅速地构建出比现有的模式"更美"的新模式。

在这里，我们想问的是，人们为什么更愿意相信艺术家的直觉，而不相信这种对美追求的 M 力量是从不断地表现追求美的过程中逐渐地特化出来的？这实际上是两种不同的过程。从表达人生命活性的本征的角度来看，人们更加关注直觉，但如果要从众多可能的模式中优化比较出更具优化特征的结构，就更需要基于 M 力而进行烦琐的比较判断优化选择了。

体验直觉是体验生命体在与外界环境已经形成稳定协调关系以后，

①　［英］特奥多·安德列·库克：《生命的曲线》，周秋麟等译，中国发展出版社 2009 年版，第 294 页。

②　张军、徐春玉主编：《创新教育能力论》，解放军出版社 2010 年版，第 213—214 页。

没有外界环境因素作用时的生命的活性本征状态。由于不存在（也不能存在）意识的干扰与影响，因此，往往会被人看作非理性的活动。但其实这种状况却内在地表征了人的生命活性本征的运动状态。将这种模式描述出来，便成为艺术家所追求的主要目标。与此同时，我们不能脱离世界，却要表现在客观世界作用下的生命的活性本征活动。在外界刺激作用的过程中，人们不容易体验到这种生命的活性本征活动，因为只有通过差异才能体验到活动，或者说只有通过共振才能将这种状态描述出来。而在外界作用时，人是不容易通过共振而"干净"地体验到这种相互作用的，也就难于体验到这种状态的美的意义。在外界环境的作用下达成适应性协调，相当于佛学中所讲的"入世"，而在排除外界环境作用时准确地（相对准确）反映生命活性的本征状态，则相当于"入世"后再"出世"了。

我们体验到的直觉，是客观事物作用到人的身上，通过形成稳定反应以后的生命活性的本征表现。这种表现必然地与客观事物联系在一起。在不同的客观事物作用下会形成不同的生命活性的表征模式。从这个角度讲，直觉是不可能与客观事物相脱离的。但苏珊·朗格对于直觉的理解却没有达到这个程度，她只是看到了直觉与客观事物之间存在某种关系，却没有理清两者之间内在的本质性的联系。

所谓的想象参与下的直觉，意思就是先通过差异化构建出多样并存的状态，然后人在生命本能力量——M力的作用下进行比较优化的选择。这里多出来的过程就是通过想象的差异化构建，促使人形成多样并存上的比较优化选择。直觉得来的状态是不是真正的美的状态——与生命活性最协调的状态，还需要进一步地考虑。这一方面依赖于人所构建起来的"洞察力"；另一方面需要依于主动地追求与有目的的强化构建；第三个方面则是运用人们所熟知的直觉来表征这种状态了。

洞察产生于对事物经过详细研究以后的本质性把握。尤其是建立在差异化构建基础上多样并存后的概括与抽象。正如佛学中所讲的，没有入世，就没有出世。因此，直觉不能脱离具体事物而存在，直觉表现出了抽象与具体之间的对应关系。当我们把握了事物的运动与变化的本质性规律，我们就可以形成洞察，就可以根据当前局部的具体表现特征而构建出事物运动与变化的基本规律，并由此基本规律出发描述具体事物的运动与变化，构建出当前事物与其他事物相互作用时的特点和基本关系，能够对事物的运动与变化做出规律性的预测。

根据第九章的描述我们看到，社会的选择性使艺术家在表达艺术意义主题时具有了一定的确定性。明确地讲，任何主题都可以作为被表现的主题，在主题的选择上没有任何的高低贵贱之分，以任何一个意义为主题，都可以创作出最美的艺术品。与个人相关的活性本征应该被描述，与社会道德相关的本能也应该成为一定艺术品所表达的主题。在不同的时代、不同的环境，只要有能够充分表达 M 力量的艺术家，便可以产生出举世无双的艺术品。但社会的氛围的选择力量将会在此过程中起到足够的促进作用。所谓雅与俗，只是被其他的因素赋予了一定的道德含义的结果。梅兰竹菊会因为某种特殊的个性特征而被人用于表达一定潜在意义的创作主题。很多客观事物会由于其中某些因素的特殊性，而被人们有意识地赋予其以某种特殊的含义。在这里，我们也就容易理解为什么中国文人更多地以山水画作为其表达意境的方法手段。清高、不为世俗所影响、出淤泥而不染，不为眼前蝇头小利所动，努力地追求更大的"道"；不畏强权而努力地争取自由，排除（避免）干扰、坚定地保持自己内心的理想、信念和追求；不为物欲所控制，只是跟随自己的本心而努力追求。

"我作风景画往往是先有形式，先发现具形象特色的对象，再考虑奉承在特定环境中的意境。有一回在海滨，徘徊多天不成构思，虽是白浪滔天，也引不起我的兴趣。转过一个山坡，在坡阴处发现一丛矮矮的小松树，远远望去也貌不惊人，但走近细看，密密麻麻的松花如雨后春笋，无穷的生命在勃发，真是于无声处听惊雷！于是我立即设想这矮松长在半山石缝里，松针松花的错综直线直点与宁静浩渺的海面横线成对照。"①

回忆中的形象往往是最具典型特征的形象（因为人们对此已经作了足够的优化和抽象），梦中的情景更多情况下是生活情景的升华，有时也

---

① 吴冠中：《风景写生回忆》，载吴冠中（1919—2010 年）自传《我负丹青》，《光明日报》2017 年 2 月 12 日第 8 版。

仅仅因为与此相关的关系模式而处于自主涌现的高兴奋状态。实质上在一定程度上都是生活中具体形象的高度提炼、概括与夸张。这里指的就是在梦中反映出来的信息的典型性和抽象性意义。它既包含着期望，也表达着基于以往经验的比较优化。要想获得更大范围内的优化成果，就必须在扩展差异化构建范围的基础上通过大量的比较而进行优化。优秀的艺术家也总在这个方面表现得更为出色和自如，苑如其天生就会一样。"搜尽奇峰打草稿"（清初画家石涛题画句）。吴冠中则"总想在'奇峰'中抽出构成其美感之精灵，你说是大写意，他说是抽象，抽象与大写意之间，默契存焉！如作品中绝无抽象，不写意，那便成了放上天空的风筝。但当作品完全断绝了物象与人情的联系，风筝便断了线。我探求不断线的风筝！"①

虽然一个艺术家的一生不可能始终处于创作的顶巅峰状态，但一个不可忽视的特征是，在艺术家创作的每一幅作品中，都更大程度地凝聚了创作者的大量的"心血"。这种"心血"具体地体现在这样几个方面：第一，通过差异化而形成多样并存的构建；第二，在比较中判断出更能与人的本征状态相协调方面，表现出更高的程度，选择出表征意义最协调的"意境"；第三，通过比较优化，将自己认为的最美的模式固化下来；第四，准确地协调各个部分之间的关系，使败笔最少，使彼此的相互促进力量更强。

第二节　艺术创作的基本过程

一　美的基本规律

关于美的规律，我们期望能够构建出像牛顿、麦克斯韦、爱因斯坦等所构建出来的自然界的基本规律一样的美学规律。但最起码，我们还需要付出更大的努力。

---

① 吴冠中：《风景写生回忆》，载吴冠中（1919—2010 年）自传《我负丹青》，《光明日报》2017 年 2 月 12 日第 8 版。

（一）基本规律与原则

规律 1：与生命活性本征状态的协调程度越高，美的程度就越高。

这其中的一个推论就是：

推论 1—1：在与生命的活性本征相协调的过程中，被激活的处于兴奋状态的活性本征越基础，产生的审美效果就越强。

推论 1—2：与活性本征模式的协调，或者说表征活性本征模式，是引导人进入美的状态的基本方法和手段。

推论 1—3：节省性原则——局部特征能够表征的意义越多，美的程度就越高。

规律 2：表现 M 的力量越强，美的程度就越高。

推论 2—1：花费思考的工夫越大，作品美的程度就越高。

规律 3：基于差异化构建的优化选择的程度越高，美的程度就越高。

推论 3—1：在其他特征不变的前提下，作品的复杂程度越高，就越美。

推论 3—2：比较优化的范围越高，指导优化的局部特征越多，美的价值就越高。

推论 3—3：构建的差异化的个体越多，美的程度就越高。

推论 3—4：在更加广泛的范围内实施构建与选择时，美的程度越高、距离人理想中的"完美"就越近。

丢番（Diophantus）指出："任何人除非进行过大量的研究，全面充实自己的头脑，否则他注定不可能根据自己的想象，制作出美丽的图形。因此，美丽的图形就不能算是他自己创造的，艺术是后天的，是学而知之的，艺术要播种、栽培，然后才能收获艺术的果实。于是，心灵中收集、储存的秘密瑰宝才能以作品的形式公开展示，心灵中的新颖创造就以物体的形式出现。"这就非常突出地说明了我们所构建的是在差异化多样并存基础上进一步优化所形成的美的艺术品的内在规律。如果不去充分地理解自己进行大量研究的基础，不在这种差异化多样并存的基础上进一步地优化，只是一味地追求、设想自己要创造出最美的艺术品，就不能算是在现实中进行艺术创作。①

（二）影响追求美的因素

1. 主动追求美的心理及强度

当人选择了这个职业，或者立志为艺术而献身时，就已经形成了更强的主动追求美的态度和意向，甚至他们日常思维主要的关注点就在于不断地去寻找那些能够与其生命的活性本征建立起稳定协调关系的客观事物。其具有足够的准备心态，一旦进入美的状态，即便出现很少的美的刺激和微弱的感受，或出现一点能够有效地激发人的审美经验的客观事物，都会迅速地将其完整而稳定地展现在他们的大脑中，并在做出更大延伸扩展的基础上，将其转化为某种可以表现出来的具体形式。

2. 处于不受任何束缚的自由心态

艺术工作者在更大程度上能够不受任何限制地自由表达任何由内心激活兴奋的活性本征与某种客观事物的有机结合。他们在努力而自由地追求这种协调表现，而社会也给予了他们足够的包容性。艺术创作本就在于运用相关的艺术手段表达自己内心的美的理念。我们手中所用的任何工具都可以表达美的理念。技术员、工程师可以把他们对进入美的状态的理念、认识、体悟和理想，固化在他们的创作设计过程中。乔布斯（Jobs）以其特有的美学观念，将其先进的技术与美的理念结合在一起，有效地推动了"苹果"平板电脑的迅速普及。而实际上，人们所涉及的各个层面的日常生活用品，只要是人造而非自然生成的，本身就都是一个优化的设计，在这些设计过程中，每一步都表现出了优化的过程，每个时刻都体现出人们对美的追求——表征 M 的力量。人们研究原始艺术发现，在原始艺术作品中，往往是通过对大量的生活用品中人们经常涉及的工具展开美化加工，特化出专门地表达在人的内心生成的美的理念的艺术品的，艺术品更是在社会发展到一定程度后才形成的。

在看到"即兴演奏"能够带来巨大的创造成果，能够以其自由的即兴创作而引导他人形成满足好奇心的快乐感受后，任谁都想即兴地创作

---

① ［英］特奥多·安德列·库克：《生命的曲线》，周秋麟等译，中国发展出版社2009年版，第288页。

一把。① 真正的艺术家在于使当前环境（情景）与其生命的活性本征达到更大程度上的和谐共振，形成在深刻理解事物意义基础上对各种材料运用的"随心所欲"——也总能达到最优的结果。当前的环境和诸多材料仅仅是能够让其本征性的思想充分表现的工具和舞台，而丝毫不会将其所对应的本身的含义显现出来并对艺术创作产生相关的束缚与限制，也不会对其产生丝毫的干扰和影响。即使是显现出材料本身的意义，也会对美的表达产生正相关作用。他们能够自如地利用当前的工具而表达他们内心的美的状态。

那些大艺术家，能够在不危害他人、不违反社会道德标准的情况下采取各种可能的方法，从中选择出使资源消耗更少、更加有效的基本模式。

3. 具有相关体验美、表征美的能力

美的状态作为一种生命的活性本征的自然表征状态，为人们所感知体验时，能够通过建立当前状态与某个与之有差异的状态之间的联系和距离，并基于这种差异而完成由不协调达到协调的整个过程。人们会在这种刺激的作用下体验到稳定协调状态的美，并将这种美的感受赋予与此有关系的诸多客观环境（事物）。此时，外界客观事物以其作用于大脑神经系统引发本征模式的兴奋而表征着上述诸多过程、环节。在形成稳定的联系以后，外界事物与人的活性本征的差异，就会使人产生由不协调达到协调的完整过程，因此，通过外界事物（艺术品）表达人在稳定协调时的美的感受就成为最为普遍的方式。安德鲁·路米斯（Andrew Loomis）在回答"如何画好一幅好画？"的问题时，就明确地指出："用取悦自己的方式去画，就能画出一幅好画。别管其他人怎么说和怎么做，除非你认为那个人的作品最能启发你。不要因为别人的说理、含糊不清的解释和推销辞令，就照着别人的方式去做。你从'实做'中感受的喜悦，才是你培养任何个人技法的重要基础。"②

① ［美］约翰·高：《创造力管理——即兴演奏》，陈秀君译，海南出版社2000年版。

② ［美］安德鲁·路米斯：《画家之眼》，陈琇玲译，北京联合出版公司2016年版，第5页。

4. 具有针对美的敏感性、灵活性

只要人们达到了这种与外界环境的稳定协调状态，通过与这种状态的和谐共振，并在人所固有的感知差异——好奇心的作用下，就能够在具有更高层次反馈能力的人的身上，更强地体验到这种美的状态的奇妙。同时，通过建立与之有差异的状态之间的关系而形成对这种状态的感知，需要我们对美的这种状态保持足够高的敏感性，灵活地构建当前环境与人的活性本征稳定协调的对应关系。

5. 能够敏感地感知美并具有将其独立特化出来的能力

有别于高明艺术家的一般人，基于审美经验，对美的稳定适应的表达存在于人的内心，对自己内心的差异过程习以为常而熟视无睹（对自己内心的差异化过程不敏感），更会因受到其他因素的干扰影响而忽略这种差异，或者说人会习惯于将注意力集中到外界事物上而忽略对自己内心活性本征状态的表现和对相应心理变化的感知，或者说不能在自己的内心有效地建立起由不协调达到协调的完整过程，如此等等，都会影响到对当前与生命的活性本征达到稳定协调的感知，不容易进入美的状态、不能感知到这种状态的美妙，也就不容易体验到美。高明的艺术家则善于敏感地感知到是否处于与外界环境的稳定协调状态，并能够将这种模式固化出来。

6. 具有迅速固化美并保持其足够稳定性的能力

我们需要的是将人体验到的与生命的活性本征稳定协调而形成的美的状态通过差异方式的感知到，并表达出由不协调达到协调的完整过程模式，使之成为一种稳定的模式，保持足够的独立性、显示足够长的时间，通过基于此种模式的差异化发散构建，通过优化比较选择形成最优的稳定结构。表现并体验这种力量，将使相关的过程特征表现得更为突出。

7. 具有美的逻辑化和完善的能力

美的状态是通过人与环境达到稳定协调时的外界客观事物来表达的。与活性本征状态的自然表现相协调的外界客观事物，由于其特有的"最佳外界环境"作用特征，成为能够使人感知和体验刺激的差异化存在，并由于这种差异而使人产生美感。在通过与美的状态具有确定性联系的外界信息引导进入美的状态时，有可能主要由若干核心特征和相互关系所组成的"框架式结构"而实现，但完整而复杂的审美会涉及更多的因素、更多的环节、更多的过程，涉及彼此之间的合理性关系与相互作用。人的能力的有限性只能引导人们关注有限的核心特征和主要关系，但艺术家则会持续地由局部到整体而实施全面建设。在相应的建设过程中，会更多地利用那些符合自然规律、社会道德和群体的习惯性行为规则，更多地利用能够引发更多人审美体验的、更为典型的特征，尤其是人经过差异化构建后的比较优化选择的结果。艺术家与常人相比，具有更高的关于美的逻辑化和完善的能力。

8. 具有专对美的直觉和洞察力

生命的进化会使生命体在某个方面形成直觉能力。而人的意识则进一步地放大了这种直觉。具有对当前环境与活性本征达到稳定协调而进入的美的状态的敏感性，并能够根据当前环境所展示出来的很少的局部特征，使艺术家灵活而迅速地构建出强烈的反映美感的艺术品。吴冠中反思自己的艺术创作时写道："面对太湖鹅群，生命的白块在水上活蹦乱跳，我自己在荡漾的渔舟中写生，摇摇晃晃，湖山均在血路中狂歌。心情激动，手心脚乱，我竭力追捕白色的变幻，又须勾勒出鹅之神态，虽顾不得细节，却须上牢牢把握银亮湖面上白块的聚散、碰撞、其间的抽象韵致。乌黑的渔舟压住了画面的平衡；红点更是点白成鹅的关键之笔，虽时时匆匆，实落笔千钧。"①

9. 表现出对更美不懈追求的 M 力

艺术家表现出了典型的对美的追求。每一件艺术品都是创造，人的内心中的美是创造出来的，它不是外界信息（即使是人们认为美的"风景"，也不是在人的内心以照片的形式直接反映的）的直接"映照"。人们在欣赏美的自然风景时，也是外界信息与人的内心在生命活性基础上相互作用的结果——这种相互作用是以人的生命活性为基础的。"摹仿"即便是"跟真的一样"，也仅仅是具有一定水平和技能的简单劳动。人们

① 吴冠中：《风景写生回忆》，载吴冠中（1919—2010 年）自传《我负丹青》，《光明日报》2017 年 2 月 12 日第 8 版。

虽然一再研究仿真的"摹本"如何与真品相似①，但摹本即使比原创品更加精美，也不为人们所接受，甚至会在某种程度上被人鄙视。艺术品既基于当前艺术家所看到的客观，又通过表达 M 的力量而比现实更美，内涵美的特质的艺术品，必然通过比之当前更美的想象构建而摆脱现实的束缚，并以其差异性通过人而与现实产生相互作用。克莱夫·贝尔分析指出："后期印象派画家采用的是经过充分变换（对再现形象），从而足以遏制人们的好奇心、然而又有足以引起人们注意的再现性成分的形式。运用这种形式，后期印象派画家就找到了通往审美情感的捷径。"② 这种"充分变换"的手法，就是通过各种形式的、更大程度上、更广泛意义上的差异化构建，最终选择优化出与生命的活性本征更为和谐、恰当的表达模式。

艺术家就是专门在追求更美的领域表现 M 力的独特群体。或者说，在艺术家的身上，更加典型和突出地表现出了 M 力的强大作用。他们会比一般人表现出对"最美"的更为持久的追求，更加相信最美的存在，认定并坚信能够向终极的最美不断"逼近"。从表达 M 力的角度来看，艺术家是不分职业和工作领域的。人们所从事的任何工作，都会成为表达他们对美追求的载体和平台。这些基于不同平台的不同的活动，因为共同地表达着对更美努力追求的力量，会形成共性相干，从而促进这种力量在更大程度上的有效提升。因此，"在我想象中，在美学系里应该教授上面提到的所有分支，美学家们自身应该对这些分支相当博学，并且至少自己就能教授其中的一些课程，就是说，不是只讲艺术本质论或艺术鉴赏论"③。

10. 功利性影响和他人的影响

当艺术家考虑创作出让其他人更加喜爱的艺术品，尤其是卖出更高的价钱时，艺术品便不再能够更加准确地反映艺术家内心在稳定协调状

---

① ［美］尼尔森·古德曼：《艺术语言》，诸朔维译，光明日报出版社 1990 年版，第 103—121 页。

② ［英］克莱夫·贝尔：《艺术》，马钟元等译，中国文联出版社 1984 年版，第 154 页。

③ ［德］沃尔夫冈·韦尔施：《重构美学》，陆扬等译，上海译文出版社 2002 年版，第 114 页。

态下的活性本征，不再能够更为恰当地反映艺术家内心的美，而是在猜测他人心思的过程中不可避免地产生了美的弱化。猜测他人的喜好而去迎合他人是相当不靠谱的艺术创作心态；基于此，艺术创作者们在追求更美的过程中往往会有更大的可能性偏离真正美的方向。艺术家通过猜测他人的美感、追求他人的喜爱，是否能够准确把握他人的心思？这本身就与真实的审美存在很大的距离。再次，从信息传输的角度来看，即使是高明的艺术家也不能准确把握所有人的追求与想法，他们所能准确把握的仅仅是他们自己的内心。面对同样的客观事物，人与人的不同就在于其激发出了各自不同的活性本征，能够进入不同的美的状态，形成不同的审美感受。因此，为了照顾大多数人的"共同美"，而采取求取"平均值"的做法，就只能流于平庸。在当代艺术创作中，跟随社会成为一种时尚。如何将社会追求转化为艺术家自身的内心追求，也是需要做出更多努力的。

11. 对美特殊而突出的感悟

"一滴水中见太阳"，描述的是对美的洞察和感悟。在具有将此种情景的美推广延伸、扩散迁移到其他情景，甚至能够在更高层次把握美的本质，并顺利地由抽象到具体，由抽象的美的理念到具体的审美过程时，便会形成这种感受。

艺术家对其生命的活性本征有专门而特殊的感受能力，依据此种能力，能够将当前环境与其建立起稳定的联系，并通过只显示当前的活性本征达到先前所形成的更大的稳定协调状态。"'艺术修养'的主要表征之一是要认识到，美与生命和生长一样，并不主要取决于准确的模仿，而是主要取决于创作方案的微妙变化，正如我们所知道的，美与遵循着物种起源和适者生存的自然大法则。"① 这就要求艺术家在平时除了要多观察以外，还要多思考、多体验、多领悟、多优化，在诸多的环境与其活性本征之间多种多样的可能的关系中，构建、选择出更为恰当的关系。安德鲁·路米斯的忠告更具有针对性。安德鲁·路米斯指出："我能给年

_____

① ［英］特奥多·安德列·库克：《生命的曲线》，周秋麟等译，中国发展出版社 2009 年版，第 295 页。

轻画家的最稳当忠告就是：先把绘画技法学好，持续不断地探索美，并研究表现美的新方法，强化本身的内在信念，让个人风格逐渐形成，而且不受任何先入为主的成见影响（例如：别人认为你该怎么画），也不被画评家可能做出的评价所阻碍。"[1]

二　创造的基本过程

（一）创造是人的本能

创造是一种依赖于"活性"结构的自组织过程。

首先，"活性"状态本身具有无限的创造力。混沌和混沌边缘处在系统的稳定空间和不稳定空间之间的某个区域，从某种意义上说，处于系统崩溃的边界——一种特殊的临界状态，只要稍微有所不同，就会迅速形成完全不同的状态结果。混沌及混沌边缘所表现出来的这种有界的不稳定性就是新行为模式突现的理论基础。

创造过程是具有"活性"生物体的人最为重要的表现。复杂性动力学中对自适应系统的研究表明，当它们处在混沌边缘的时候，系统具有足够的创新能力。这样的自适应系统时刻都有可能表现出其创新性，其"创新空间"就是位于"混沌边缘"的相变状态空间。神经生理学揭示，在人的身上，有几百亿根神经纤维负责把感觉神经元的信息传送给大脑，另有几百亿根的神经纤维负责把运动指令传达到身体的其他组织器官。几千个大脑神经细胞中只有一个直接与外部世界产生联系，其余的脑神经元只在彼此之间进行联结"沟通"。大脑会依据其生命的活性自行地构建出各种各样的与外部世界的活动景象有所差异的新的心理景象，尤其能够在有目的和预期的意识模式同外界信息的相互冲突之下，构成一个复杂的内部"活性"状态。人的大脑会依据生命的活性只需要很少量的信息更新来保持这种内部模式的持续运作。具有更强逻辑意义的思维过程以及更多新奇性构建的创造过程，都具有耗散结构的特征和形式，当其表现出创新行为时，一些限制因素会使控制参数维持在临界值，新的稳定的耗散结构将会突然出现。为了破坏现存的行为形式、打破现有的

---

[1]　[美] 安德鲁·路米斯：《画家之眼》，陈琇玲译，北京联合出版公司 2016 年版，第 14 页。

对称性结构和创造时空差异，这些耗散结构能够充分利用正反馈来放大环境的波动。结果，系统产生了可能包括确定性"低维"混沌在内的不规则的、分化的或者"分形"的行为形式。这种打破对称性的差异会以较大的可能性而导致新的化学和物理反应的出现。它突出地表现出对立统一性的特征，即在这个空间中，具有稳定意义的"原型行为"会通过一个创新破坏过程实现，当系统的控制参数处在关键水平时，这个过程就会发生。我们把这个空间中的每一个新出现的元素都视作是新奇性的信息模式。

在前面我们描述生命活性的扩展性本征模式时，指的就是在一个稳定的思维时相不断引入新的信息元素以形成新结构的自组织的过程。基于任何一种稳定的模式，生命体都会同时表达出发散与收敛的有机结合。对于人来讲，更是能够表达出在好奇心的控制下关注局部特征、弱化特征之间关系的过程。因此，生命体就是在通过创造而不断地构建恰当的结构而达成对外界环境的稳定适应。

（二）创造是美的核心模式

人的创造力突出地表现了人所特有的生命活性本征的协调与统一：在异变基础上获得一个完整的新奇性产品。任何一件艺术品，都是创造性的成果，都是艺术家表现其创造力的结果。

创造性作为后现代主义的核心特征，在一定程度上受到了人们的忽视和误解。我们认为，建构主义的基础是美，也就是说，人是按照美的结构来构建一切的——人们向着某个目标不断地追求，使之在某个美的指标的控制下不断地向着使其更美的方向演化。

美是构建的，美是创造的，而创造是在超越的基础上完成的。创造意味着否定现有的存在，并构建一个比当前存在更美的存在。实质上，人们是以"寻找更加本质的特征和规律"，形成对这个世界更准确的认识和掌控的基础的。

1. 生命活性的表征

韦尔施不无向往地说："在我想象中，美学应该是这样一种研究领域，它综合了与'感知'相关的所有问题，吸纳着哲学、社会学、艺术史、心理学、人类学、精神科学等等的成果。它们应该在机制结构上整合起来。"① 如果从艺术与生命的活性本征更加协调的角度来看，其开放性、对更加完善的追求的力量恰恰应是创造的核心品质，这也正是生命活性重点表达的基本模式。

2. 表达 M 意味着创造

M 力所生成的差异化构建，以及在竞争中所形成的与优化的紧密联系，保证着人在创造过程中，将创造的结果推向极致。

3. 对向上力量的感悟

使人充分地感受到 M 力的作用，感受到专门的出于进化本能的核心力量，感受到由于竞争优化选择而对生命活性本征的强化。

（三）人们更加强调后来的构建与先前存在的有机协调

一方面要形成与原来的稳定协调状态在更大程度上的和谐，包括含有更多的相互的共性元素，维持彼此共性相干的力量，在形成积极向上的力量上共性相干等；另一方面更是以其独特的意义而使人们重新诠释原来的存在，赋予原来的"建筑"以新的意义。此时，原来的"建筑"结构便成了被解释的对象。

美的距离说意味着让美的状态部分地与人的正常知识有所差异，通过给人带来一定的未知感、神秘感、惊奇感而使人形成与当前状态的一定的差距，并通过这种差异而与生命的活性本征同构。当我们以美作为主题来关注任何对象时，新奇性信息与已知性信息之间的比率应该与人的生命活性本征同构，此时，具有新颖性的艺术品不至于使人过于熟悉，但也不能过于生疏，或者说要能够满足人的好奇心表现的程度。自然，当我们的注意力不集中到这些方面，或者环境中有足够的变化性因素、有足够的复杂程度时，美的因素也会作为其中的一个因素而展现其应有的活力和作用力。

更为经常的是通过长时间的艺术探索——构建当前的某个情景与某个活性本征达到更大程度上的和谐共振，足以使其产生巨量的美感而将其独立地表达出来。在正常的情况下，需要在掌握好基本功的基础上，

---

① ［德］沃尔夫冈·韦尔施：《重构美学》，陆扬等译，上海译文出版社 2002 年版，第113 页。

一步一步地不断探索，通过差异化构建，形成多样并存的集合体，再在M 力的作用下形成更大程度上的优化选择，将某个外部情景中能够与人的某种活性本征达到最大程度的和谐共振的外部情景确定下来，使其成为一个反映美的独立的稳定的模式，使艺术家有足够的时间用艺术的手段将其完整地表达出来。

（四）美的表达

有了进入美的状态的认识、理念和感受，又是什么因素驱使一个人将自己所感受到的美通过恰当的方式表达出来，以引导他人也能够有相应的审美体验的？我们相信，有些人能够将内心生成的美的感受以恰当的方式表达出来，他们因此而最终成为艺术家，而大部分人则不擅长这种表达，其所生成的美的体验只能在其内心有所表现——壶里的饺子倒不出来。自然，你所体验到的美感再美妙，你不说出来，也与我无关。那些愿意表达并最终成为艺术家的人，之所以表达，大概有以下几个方面的原因：

1. 表达的力量促进

人类是在相互交流中促进意识的形成与心智的进化的。当人们产生了美的理念，便会自然地想要将其表达出来。当然，也正是由于交流，促成人构成了表达的欲望和表达的本能。这种本能的长期展现，会使某些人善于从事这种相关的工作，这也随之而成为他们的特长。

2. 相互交流的意识化

社会生活以交流为基础，并由此促进人的意识与社会活动的激励式增强。交流与心智成熟在这种相互作用的过程中构成了相互促进的关系，语言也随着交流的广泛持续进行而迅速地丰富完善，并对交流产生了质的决定性影响。交流是以表达自己与他人不同的认识而形成的过程。因此，可以明确地认为，交流更加有力地推动着艺术家对自己内心美的表现。

3. 分享的本能

竞争与合作促进生命体生成了分享的本能力量，这种本能随着生命体向越来越高的层次进化，其力量会越来越突出地表现出来。当我有一个新奇且美的体验时，我就愿意将我的美的感受表达给你。你的欣赏将使我感到更加高兴。

4. 由差异化生成竞争优势因素，驱使人表达

差异化模式会成为一种推动生命体发生变化的内在性刺激，生命的自主涌现又使差异化构建成为受到生命活性正反馈增强的生命力量。差异化构建、表现就会成为人的一种本能模式。而成为美的状态的核心元素的差异化构建模式，也成为人乐意表达的一种本能力量。人们认识到，当形成了差异化的感受时，为了更加有效地推动他人的感受、使他人体会到美感，就需要通过交流而将自己有别于他人的观点表达出来，通过差异而维持人类社会的整体美感。"经验是有机体与环境相互作用的结果、符号与回报，当这种相互作用达到极致时，就转化为参与和交流。"①

当通过表现差异而取得竞争优势时，便会在生命体内形成对其实施强化的积极主动的过程。在此过程中，艺术家会体会到其个性的特征和其所生成的与他人不同的美，这种有别于他人的美能够使其感受到高于他人的竞争力，因此，他们就更愿意积极主动地将其表达出来。

5. 不平则鸣

韩愈提出"不平则鸣"，指的就是在彼此之间存在差异，并使这种差异达到足够高的程度时，能够被人体验，并将其独立而明确地表达出来的情况。李贽说《西厢记》是在"诉心中不平，感数奇于千载"；而"《水浒传》者，发愤之所作也"。黄宗羲进一步地发挥升华了"不平则鸣"的思想，并将其上升到了更加基础的层面："文章，天地之元气也。""阳气在下，重阴锢之，则击而为雷；阴气在下，重阳包之，则搏而为风。"我们一再说明的是，人对处于美的状态是无感知的。通过建立美的状态与其他状态的关系，并由此而形成相应的差异，才使人感知到美的状态的特征和意义。因此，"不平则鸣"指的就是这种由差异形成的刺激和由此而产生美感的具体表达。

当人心感受不平（刺激）时，便能够更多地激发人的思想认识的变化，也就是说，差异会更加有效地激发人的新思想的形成与发展。按照

---

① ［美］杜威：《艺术即经验》，高建平译，商务印书馆2005年版，第22页。

耗散结构理论，在将人的思想看作一个稳定的耗散结构时，这种结构的稳定、运动与变化需要受到一定程度的外界的刺激，那么，为了维持美的稳定的耗散结构状态，我们就需要强调通过交流所形成的差异性认识，驱动人在这种差异所形成的刺激作用下，基于多样并存而形成优化性的判断选择，或者实施有目的地沿着某个优化方向的主动构建，以求得更美的作品。

6. 自己体会到他人没有体会到的感受，通过形成优势心理驱动表达

我能够体会到，而你没有，那我就在这个方面比你强。通过显性表达将这种压力表达出来并与你交流时，我就会通过你的不足表现而产生更加强烈的优势性感受，通过咱们彼此之间的不同，可以使我因具有更加优异的表现而获得更大的优势心理。推演下去，就是说我会比你强，我能够获得更多的生存优势（甚至获得更多交配遗传的机会）。

7. 引导他人体会到美感而促进表达

按照马斯洛的"自我实现"理论，我更愿意以我对美的体会和感悟带动你也产生美的感受。这既是一种超越的具体表现：我比你在这个方面表现出了更强的竞争力；也是一种帮助他人后的喜悦和由此而获得的反馈性增强的方式，并由此而使人对自我产生了进一步的升华。

8. 因互助而表达

帮助他人的心理是人的本能。我想帮助他人，想激发他人不懈努力的力量，使他人获得幸福，因此，我会将我的研究结果告诉他人，指导他人应该如何去做、达到何种程度等。这种帮助不是抽象的、虚无的，而是通过具体的语言、榜样、行动和结果，给他人带来实际的指导和"示范"，通过建立起相关的具体行为模式而使他人更易模仿。

9. 为了生存而表达

艺术家也是需要生存的，而生存的基础便是保证有足够的经济收入。这也算是艺术与经济具有内在联系的一个方面。通过将艺术品以一定的价格卖出去，从而使艺术家获得使自己更好生存的物质基础，这已经成为艺术家创作的一种基本的动机。只有将艺术家自己内心美的意识有效地转化为艺术品，才能卖出好的价格，艺术品与生活必需品、生活用品的交换才能形成。

10. 表达出来会取得更大的竞争优势

艺术家们就是专门通过艺术品来表现其生命的活性本征，恰当地表现客观事物与其活性本征达到稳定协调，并由此而带来美的感受的群体。他们能够在表达人对美更加强烈的追求过程中表现得更加出色，这就意味着，他们会在相关的方面表现出更大的竞争优势。当群体与社会认识到这种力量的作用时，这种能力的表现将会使其得到更强的竞争力、获得更多的竞争资源，并促使其有一个更好的发展。

11. 表达也是获得竞争力的方法

信息促进了社会的进步与发展，人也在这种社会信息的交流过程中进化生成了强有力的意识，能够基于生命活性在信息中的表达而对外界形成更有力的作用，促进竞争力的有效提升。作为社会中的一员，表达是提升竞争能力的基础。你创作出了一幅作品，那我也能够创作出一幅作品，而且力争比你的作品更好。艺术品也正是在这种交流比较过程中不断地变得更美的。

12. 形成期望以后将其表达出来也是激发完整模式构成满足的一种方法

虽然我已经创作出了美的艺术品，但我仍要构建比当前更美的模式，我要将更美的模式表达出来。既然要拿出来，就一定要拿出最美的成品。这种内在地对更美的期望成为美的整体状态中的一个基本元素，已经本质性地与整体状态的美建立起了稳定的联系。使该期望具有较高的兴奋度，甚至只是激发更高层次的抽象期望，就能够顺利地通过抽象期望与具体期望之间的稳定联系而使与当前情景相关的期望处于激活状态并保持较高的兴奋度，尔后，便可以根据该期望元素在整体美中的有机联系而使美的状态中的诸多元素处于更高的兴奋状态。

13. 表达是 M 力量的具体展现

自己获得了美的体验，相当于构建出了超出他人的竞争力，将这种竞争力以成果的方式明确地表现出来，也就意味着将这种内在的力量直接转化为获得资源的竞争力。表达得越恰当、越充分，所表现出来的竞争力就越强。在表达过程中主动地追求更加恰当的状态，在不断地追求更加恰当表达的过程中，自然地将 M 力展示出来，就能够由此而与美的表达形成相辅相成的关系，并由此推动美的进一步升华。

14. 表达模式的固化、泛化与扩展

有了典型的美的意识表现，就能够顺利地将这种理念与具体的客观事物建立起稳定的对应关系，也能够与诸多协调稳定状态下的活性本征建立起更加协调的关系，或者说更加准确地表征生命体在与外界环境形成稳定协调时的外界刺激；能够将这种美的表达推广到更加一般的活性表征模式中。在认识到这种过程会给人的稳定生存与顺利发展带来更大的力量时，人们会更加有力地促进这种模式及力量的成长壮大，也会在各种行为中，更加便利地将其表达出来。

"如果我们自己是能力无限的数学家，能够用人类尚未发明出来的极其复杂的数学公式准确地描述其特征，那么我们才能想象生命或美是'绝对数学式'的。所以，我已经强调趋异或不一致，因为它迫使我们追寻踪至今尚未为人们注意或知道的事件的次序，而且因为它必定造成这样的事实，即自然生物的发育程度越高（或者创作出杰作的天才的感觉越微妙），其原因则越难以解释，必须符合的法则也就越复杂。"① 正是因为我们的能力有限，我们就只能在追求美的过程中采取逐次逼近的方法，在一定时间内通过有限的步骤达到"局部最优"。这就意味着，某一个时代某一个天才的艺术家，即使极致地发挥出了其追求美的力量，也只是创造出了他那个时代、他所关心的主题的最美的艺术品。

（五）表达本征与艺术创作

艺术家善于将美的观念、理念表达为美的形式——艺术品。这会引导艺术家将美的状态和美的感受的表达作为生活意义表达的一种有效手段。我们也会自然地表现出反向推断的方法。生活的构建与概括抽象的过程相反，它会激发以往已经形成的基于生命活性本征所表现出来的审美经验。这里涉及诸多环节和方面：第一，表达与生命活性更协调的意义：将生命活性本征状态与客观意义建立起稳定联系；第二，表达与生命活性更协调的情感；第三，在具体生活中将 M 的力量和优化的力量表

---

① ［英］特奥多·安德列·库克：《生命的曲线》，周秋麟等译，中国发展出版社 2009 年版，第 318 页。

现出来；第四，在诸多可能的对应关系中构建典型关系（包括构建典型
关系的过程）；第五，依据彼此之间的逻辑关系构建整体。

1. 本性与本征的关系

第一，我们认为，人的本性与活性本征两者是一致的。活性本征在
意识中的表现就是人的本能模式。只不过，在不同的过程中出于习惯而
选择不同的表述方式。有时人们只是在其所能感知到的层面谈论人的本
能，有时人们会将本能与各种具体的活动相结合来描述揭示本能在不同
方面的表现。对此仍需要真正地从生物化学的角度、从比较生物学的角
度、从人的类的角度揭示这种特征的意义。

第二，表现生命的活性本征意味着在一定程度上完成了由不协调到
协调的过程。在美中，我们所能体验到的是人们通过表达与活性本征模
式更大程度上的协调所带来的感受。

为什么说我们在意识中强化感知到的是与本能模式相协调的过程，
而不再回归"由不协调到协调"而赋予外界事物以美的含义的基本过程？
这可以在一定程度上归结为如下原因：一是人的本能模式具有更高的独
立性、稳定性和兴奋的可能度，能够吸引人更多的注意力，尤其是本能
模式所对应的扩张和期望，以及由此而形成的需要，能够以更强的刺激
吸引人的注意力，由此使人更加关注由于需要（期望）及需要的满足所
形成的"由不协调达到协调"的基本过程。二是在人的意识中能够明确
反映出来的就是人的本能模式，以及由此而涉及的相关过程，这些独立
的模式会在心智的稳定与变化过程中稳定而经常地发挥作用，从而成为
人在意识中能够明确感知的突出的模式。三是生长的模式作为生命的基
本特征，只是以很小的力量对人由不协调达到协调的过程产生影响，这
种力量不足以在人的意识中有效地反映出来，因此，便不会对人的心智
的变化产生足够的影响力。四是外界客观事物作为对人的有效刺激会占
据人心智变化的重要位置，因此人们会在美的意识中更多地将注意力集
中到外界事物上。此时意识中会以一种稳定的模式与外界客观形成对应
关系，关注外界客观，就是引导人只关注这种意识中稳定的模式。五是
客观事物的复杂多变性使得美的因素在促进生命体的心智进化过程中并
不占据核心地位，只有在进化到足够强大的大脑神经系统，尤其是形成

了多层神经系统之间复杂的相互作用时，才会将其升华和突显出来，也就意味着，只有在人的意识中突显出来的美的模式才能对人的心智的变化过程产生相应的影响。六是"由不协调到协调"是一个完整的复杂过程，涉及各个环节彼此之间稳定的相互作用，涉及各个环节的兴奋度和稳定性，因此，由于其自身的复杂性使其成为一个独立模式的可能性相对较小，那么，它能够稳定地表现其自主性的力度就很小，也就不容易被人从生理层面上关注。只有在意识的主动关注下，才能成为稳定、核心的基本模式。七是出自内在的兴奋和作用，生命的本征表现由于受到生命活性本征活动力度的固有限制不能得到更强的表现，与外界客观事物对心智的作用相比，其强度要小得多，因此，便不会在人的内心形成更强的"印记"，也就更容易为人所忽略。八是在人的心智过程中，当我们通过 B 建立了 A 与 C 之间的关系时，随着时间的推移，A 与 C 之间会由于 A 与 C 的高兴奋度而形成高兴奋度的联系，那么，我们就只考虑 A 与 C 之间的关系，而不再考虑 B 的存在了。我们经常使用的就是 A 与 C 的关系，这样，每一次就没有必要将 B 牵扯进来。在平面几何中，我们根据平面几何的"公理"和形式逻辑规则，证明了"等腰三角形的两个底角相等"这样的结论，在以后的几何证明中运用这个结论便可，不必每一次从基本公理证明开始。这种情况同样在美与客观事物信息之间的审美关系上表现出来。九是因为虽然生命的活性本征在意识的每一个过程中发挥重要的作用，但却是一种适应性的表现，故生命体是不会对这种适应性的自然表现有所感知的。这种力量不再被人的意识所感知，也就不容易在生命体与外界环境的稳定协调中被感知、体验和表现了。

　　注意，从与生命的活性本征相协调的角度来看，某个模式的兴奋度并不是越强烈越好，而是要保持在一定的区间范围内兴奋，但人的扩张性会使人努力地追求极致，并由此而保持稳定协调的状态。由协调到不协调，再由不协调到协调，在人的记忆能力范围内将其作为一个整体时，可以完整地体现审美的过程。这是其基本特征，而这种基本特征在生命活性的收敛与发散的协调统一中也一定程度地表征着。没有达到足够高的引起人的重视的极致程度时，不被人感知也就是必然了。

2. 在生命的各项活动中得到表现

第一，生命的本能力量是促使生命体形成与外界环境达成适应的基本力量。这种力量也是生命体在与外界环境达成稳定协调的过程中形成的。生命体就是在表现优化选择生命活性中收敛与发散力量的恰当表现过程中，持续性地进行着差异化构建，在多样并存的基础上，通过竞争而将最佳适应——取得最大竞争力的个体选择出来，并通过这种竞争选择而在遗传过程中进一步地放大了优势基因，从而形成了生命体的进化。

第二，正是由于生命体不断地进行着差异化构建，通过比较而将最美的模式固化出来，并进化出了意识的力量，进化出了被意识放大的美的优化的力量，才使其成为一种显现的活性本征表现，指导人从这个角度有效地进入美的状态。

第三，与生命活性本征有机结合的模式被赋予美的意义。那些典型的意义能够突出地表达出优化扩展所形成的抽象的过程和结果，这种典型又具有在诸多与活性本征模式相对应的各种可能关系中最美的模式意义，因此，典型本身就已经表现出了美的意义。

3. 建立活性本征与客观事物的稳定协调关系

第一，艺术在于通过构建人们所熟悉的外界客观而激发人的活性本征。这就意味着将客观对象与人的活性本征建立起稳定的协调关系以后，独立地表达这种客观事物，自然可以激发人的审美享受。

第二，当人适应了外界环境，意味着与外界环境之间达到了最佳协调关系。通过艺术品构建出具有这种意义的环境，能够自然地引导人进入这种稳定协调时的美的状态。也就会与未进入这种状态时的状况建立联系而使人产生美感。

第三，人们会进一步地在意识中扩展这种模式。生命活性在意识中的表现，会激发人运用生命的活性本征对意识中的活性模式进一步地展开发散与收敛有机结合的操作模式，并将这种操作结果与美的状态建立起稳定联系，使其也具有足够的美的意义。

人在意识中，也可以利用信息模式之间各种各样的局部联系，从当前美的状态中的特征描述联想开来，通过与其他的信息之间的有机联系，赋予其他特征以美的意义。当然，被联想出来的特征如果具有可度量特征，该特征就会有较大的可能性成为美的标准。

（六）通过艺术创作表达生命的创造性本能

阿瑟·C. 丹托写道："艺术的制作材料有普通的荧光灯，安装在墙上；有耐火砖，排成一条张；有建筑上用的预制墙体。它也发生在前卫舞蹈中，开始表演一种在外表上与简单的身体动作无法分辨的舞蹈动作。行走与表演一段只有行走的舞蹈运动之间有什么不同呢？坐在椅子上与舞蹈表演中的同样一个动作之间有什么不同？作曲家约翰·凯奇早在1952 年就谱写了一个曲子，包括一位钢琴家合上琴盖后重新打开它这个持续 4 分 33 秒间隔当中所有的声音。曲子标题叫作《4 分 33 秒》。凯奇感兴趣的是把音乐声音的范围扩大，将普通生活的声音也包括起来。"①在这里，如果不体现出艺术家凝聚在作品中的价值，也就没有什么价值了。那么，艺术家为什么要选择在剧场中将这种情况表达出来？为什么不是选择人的日常生活中的某个场景加以描写？这些生活场景还同时表达出了什么更高层次的意义？什么意义都可以表达。"无声"也是一种声音，因此，也是可以表达意义的。显然，丹托所谓的"艺术终结"所描写的是受到当前时代的诸多影响，而将那种"将更多的美的价值凝聚在作品中"的、以更加深刻地"表达 M 力冲量"的基本思想抛弃在脑后，只是急迫地将肤浅地浮现在自己内心局部的美表达出来。艺术作品不再着力表达宏大的意义，不考虑更多局部特征之间的相互协调，只是单一而简单地表达着具有更强个性的主题思想。因此，由于思想的复杂性，会形成更多的美的状态，而随着人的好奇心的增强，也会使更多的局部特征和环节被独立特化出来，成为艺术表达的主题。

1. 表达这种创造性的，就是美的

人的创造性体现出了人的本质。美的创造性是美的核心品质特征。艺术创作就是人的创造力的创作，艺术创作又强化着人的创造性本能。之所以这样说，是因为人的创造力在审美判断中处于核心地位。没有一件相同的艺术品，就是对这一结论最好的解释。

---

① ［美］阿瑟·C. 丹托：《艺术的终结之后》，王春辰译，江苏人民出版社 2007 年版，第2—3 页。

2. 在表达创造性时，体现出了 M 力

克莱夫·贝尔研究指出："当一个艺术家的头脑被一个真实感受到的情感意象所占有，它就会创造出一个好的构图……在艺术家有机会得到某种情感意象之前，他是不可能创造出真正象样的艺术品来的……绝大多数构图之所以失败，就在于它们不能与艺术家头脑中的情感意象相对应或相一致……我想，每一种优秀的构图的出现，都必定是由某种绝对的需要来决定的……这就是艺术家想要准确地表现他们感受到的东西的需要。"① 贝尔实际上是讲，艺术品的创作必然反映出"更"的基本模式。因为要想达到最好、最美、最恰当、最合适，就必须在构建的过程中，逐步选择，在选择的过程中，通过异变的构建，而探索出更美的模式。贝尔把这种"更"的追求，当作人内在的需要。

美的创造性与 M 的力量具有更加直接的对应关系。表现创造力即表征人的 M 的力量。但在对美的研究中，由于将艺术品的创作与美的创造性相混淆，往往更容易出现忽略美的创造性（差异性、新奇性）的奇怪现象。正如我们在第二章中指出的，人们更愿意面对状态性信息，而不愿意（在一定程度上也不能）面对过程性信息一样，人们更愿意将注意力集中到创造性结果，或已经产生了创造性成果的人的身上，而不愿意看到这种在具体的创作过程中所表现出来的美的创造性。但这种状况正在被更多的、愿意表达创造力的人打破。

创造意味着构建更加新颖，甚至具有足够新颖性的完整意义的作品。当人们追求更大的新颖性时，就意味着在表现更加突出的 M 力及更高程度的美。没有重复的艺术品，无论是形式还是意义，无论是风格还是技法重复就意味着没有艺术生命力。为此，艺术家一生都在追求不断创新。

3. 艺术品总以其新颖性而产生美

人们最先欣赏和认识到的是作品的新颖性特征。一幅名画，即使再完美，也必须是与其他艺术品有所不同的。一件复制品，即使完美无缺地复制了一幅艺术品，人们也不会给予其更高的艺术价值评价。原因就

---

① ［英］克莱夫·贝尔：《艺术》，马钟元等译，中国文联出版社 1984 年版，第 166 页。

在于一幅名作的创造力凝聚在艺术品中，而复制品则没有创造力的体现。人们总是对首次出现的原创性作品充满敬畏，而对于模仿而形成的赝品嗤之以鼻。与此同时，艺术品水平的高低反映着艺术家创作水平的高低，也必然要求艺术家表现出较高的创造力。

即使所表达的主题意义是相同的，艺术家也必须结合自己的认识与理解在形式上有所创新。这就意味着复制品不能像原创作品那样，被创作者赋予足够的创造力。创作者在创作一幅原创性作品时，通过不断地实施差异化构建，并在多样并存的基础上充分运用美的标准而加以比较判断和优化选择，更多地表现出了 M 的力量。

4. 不同艺术品之间的个性差异，是其存在的基础

人们总在不断地创造出独一无二的艺术品。即使是同一流派的作品，人们也总在所表达的意义、背景、人物、结构方面尽可能地通过差异性构建和进一步地比较判断选择其中最好的方面。与众不同——表达由创造所形成的更大的异变，这种创造性正是通过人独特的生命活性力量而不断地构建出来的。

5. 艺术从简单地模仿自然中解放出来，所强调的就是创造

与此同时，还需要使欣赏者能够看到艺术家卓越的创造力，并通过欣赏者与艺术家的联系与差距，引导欣赏者更加充分地体会到艺术家的创造力，从创造力体验的角度认识艺术家对于其所体会和表现出来的生命的活性本征的力量。在这里所表征的就是艺术家通过创造而给人带来的新奇的美。创造力给人类社会带来了巨大的新奇性成果，使人看到了生命的本性，看到了主动地追求异变的意向与力量，由此能够与欣赏者的创造性本能达成和谐共振，从而有效地引导欣赏者进入美的状态中。

美的意味具有多种不同的形式，也有着丰富的内涵。这就将艺术与美建立起了更直接的关系，也将美学与艺术哲学区分开来。一般来说，美包括自然美、现实美和艺术美，但在人们的眼中，艺术美更受青睐，原因在于艺术美在更大程度上体现出了艺术品创作者的创造力，展示出了人的差异性与异变的力量，也直接表现了人的生命活性中的发散性力量和由此而表现出来的较大差异的异变性结果。

人的创造力，可以通过艺术品表现的新颖性的程度来具体表征。人

在表现其自身的创造力时，创造力的表现程度越强，生成的产品的新颖度就越高。这也为通过艺术提高人的创造力的教育提供了理论基础。

6. 通过艺术表达人的创造性本能

人们更关注取得与他人不同的新的思想观念，而这种创造性的成功取得在更大程度上取决于人的生命活性中的"发散"性力量。这种发散性的力量又在更大程度上与 M 建立起联系。正如我们在第三章中所描述的，人的发散性的活性力量会经过竞争、自主与意识的强化，成为一个独立的模式，并能够自主地发挥作用，在人的意识中占据独立的位置，成为人的心智的核心模式。

人类进步的历史表明，人的生命活性和由此所表现出来的创造性，是人作为一个类存在而区别于其他动物种类的最为典型的特征。或者说，人的创造性在经过意识的突出放大以后，成了人的最典型的特征。描述这种状态关系与意向，将是美的特征的核心品质。虽然创造没有程度之分，但却固有地始终表现着 M 的力量，一是表现生命活性（与生命活性相协调状态的感受）就是在表征人的创造性；二是生命活性中的发散扩展和差异化构建的力量是创造力的核心；三是表达 M 力意味着在创造的基础上进一步地创造；四是个性化的作品表征着人的差异化——表达 M 的力量，而这种力量本身就能够满足人的好奇心，是人生命活性的基本因素；五是指艺术品的创作就是在发挥创造力。

M. Ф. 奥夫相尼科夫引用狄德罗的思想，指出："演员必须是头脑清醒的、冷静的，但绝不是毫无感情的观察家。'恁感情驱遣'的演员总是表演得忽好忽坏，缺乏完整性。他的表演忽冷忽热，忽而平淡，忽而气宇轩昂。真正的演员是凭理智、凭对人性的研究、凭不断模仿理想的范本，凭想象的记忆虾米表演的。他的一举一动、一言一笑都在他的头脑中衡量过、估计过、安排过。所以，这种演员总是演得始终完美。"①

因此，通过艺术创作与欣赏，能够有效地强化激励人的创造性本能，促进人由美而创造。尤其是在对美的追求的过程中，能够引导人发现其

---

① ［苏］M. Ф. 奥夫相尼科夫：《美学思想史》，吴安迪译，陕西人民出版社 1986 年版，第194 页。

中众多的不足和缺点，也会由此而形成新的期望和对期望的追求。这些方面都会作为一种促进性的力量，引导与增强着人在更大范围内、更高程度上表达差异性构建，尤其是人可以运用意识中特有的想象性力量使这种差异化构建与优化的过程表现得更加充分和有力，形成以"美促进创造"的反馈稳定和环。

7. 使艺术表现与人的活性比值同构

即便创造力是人的本能，我们也应该在尽可能地表现人的创造力的过程中，使创造力得到进一步地增强。在艺术品的新颖程度上，还需要基于人的生命活性与人类社会所形成的社会结构达成协调关系。一件艺术品除了创作者要在表达其生命活性特征时付出努力，并由此而体现出其价值的融入以外，社会环境出于其特定的生命社会活性也会通过相应的判断标准给出限制。作品的新颖性是需要保持在一定范围内的，由此才能与大众内心中基于生命活性的已知与未知保持在一个恰当范围内的特征相符。人的审美习惯与作品的新颖性程度如果处于能够满足社会活性的协调区域内，该作品被该社会所接受的程度就会更高，即使是单纯地考虑这个方面的影响，该艺术作品的价值也会被大众以较高的认可度认可。这就意味着，只有在人们所熟悉的一定的艺术背景、社会环境、流派，以及创作风格的前提下，人们才会不断地去创造出艺术品的新的意义和形态。从人们对一个艺术家的评价来看，也要求其不断地创作出不同形式和体裁的更美的艺术品。

艺术家善于将当前体现出来的外界客观环境（自然的与社会的）、人的生命活性本征，以及在大脑中展示出来的理性美的模式三者有机协调。每一件表达美的艺术品所表达的意义是不同的。而贝尔所讲的"艺术是有意味的形式"，所谓的有意味，就是"有美的意味"。如果将其扩展成："艺术是表达美的意味的形式"，或者更直接地说"艺术是在一定程度上表达生命的活性本征的形式"，就具有了更大程度的合理性。至于说在多大程度上表达了人的哪些活性本征，就需要艺术家的创造性感悟和表达了。这也直接体现在人欣赏、认识具有更大不确定性的艺术品时，增加已知的、稳定性信息的砝码，促使人的心智变化更好地维持在生命活性的范围内。

8. 表达人的建构性创造

按照创造性的思路，我们不问美是什么，不问我们能否创作出最美的艺术品，而是要问，可以在多大程度上创造出能够引导人进入美的状态的艺术品，或者说我们所创造出来的艺术品距离完美的程度有多大；我们要做出何种的努力，才能使创作出来的艺术品达到更美（相对意义上）的程度，或者说向着"完美"尽可能地靠近。我们就是要创造某种意义上最恰当、最美的表达形式。正如博厄斯指出的："当然，在说一句话或制作一件物品时，人的头脑中有时可能存在某种艺术观念，但是只有在作品达到技术完善的程度或作品本身表明作者在追求某种形式特色时，作品才成其为艺术品。有节奏的手势、有韵律的或声调和谐的语言都可以算作艺术，美是存在于完善的形式中的，如绘画或雕刻的表现手法，只有在作者熟练掌握了表现技巧以后，才具有美的价值。"① 这就直接指出了美与完美无缺是相对应的，人也只有在对美的无限的追求的过程中，才能体现出美的意味。

艺术家所表现出来的，包括自然的美，应该是被比较、选择、判断、优化后的，已经达到了所能想到的最美。我们如何才能通过具体的形态表达出终极的美？比如单世联在《西方美学初步》一书中，引用美国诗人爱伦·坡（Allan Poe）歌颂海伦的诗《颂海伦》，诗中写道：

> 海伦，我视你的美貌
> 如昔日尼西的小船，
> 于芬芳的海上轻轻飘泛，
> 疲乏劳累的游子
> 转舵驶向故乡的岸。
> 久经海上风浪惯于浪迹天涯，
> 海伦，你的艳丽面容，你那紫蓝的秀发，
> 你那仙女般的丰采令我深信
> 光荣属于希腊，

---

① ［美］弗朗兹·博厄斯：《原始艺术》，金辉译，贵州人民出版社 2004 年版，第 41 页。

伟大属于罗马。①

我们显然要用语言极致而间接地表达一个人的美，而且这种美的描述能够给人带来同样的感受，也使他人体会到这种美，我们应该如何加以描述？尤其是我们需要考虑：如何才能在他人的内心激发出与其生命的活性本征更加协调的状态？从这首诗中，我们能够得到相应的审美感受吗？显然，如果不将这种对个人的美的表达与对国家的情怀结合在一起，恐怕还要欠缺很多。

（七）美的传递与艺术欣赏

艺术表现的一定是艺术家自身所体验到的生命的活性本征，并能够通过恰当的方式激发更多人的审美享受。通过差异化而激发人由活性本征、意义和环境情景所组成的稳定协调关系，从而表达体验出深刻、协调、完整而具体的美。这其中有两个关键：一是通过差异而形成刺激；二是表达由不协调到协调的完整结构。能够在创作者与欣赏者之间共振性地激发这个完整的结构，再通过与其他模式建立关系，在人内在好奇心的作用下将这种差异表达突显出来，成为引导人建立、传递美感的基本力量。

1. 美的同构传递

当艺术家与欣赏者能够激发共同的活性本征、意义与外界环境的稳定关系时，通过这个关系中的任何一个局部模式，都能够有效地将美的完整过程展示出来，人便处于美的兴奋表现状态。无论是结合好奇心的作用，还是结合当前情景的差异化状态；无论是通过共振基础上的差异性认识，还是先前所处状态与当前美的状态之间的差异化联系，这些元素都会作为一个美的状态中的基本元素，引导人体会到美。

根据美的特征模型，我们需要考虑的是在活性本征激活、意义的构建与外界环境之间的诸多关系中，能够激发多少种关系、使多少活性本征处于兴奋状态，这种关系在所有激发出来的关系中占据多大的分量，是否超出了某个典型而突出地被人感知到的"阈值"等。需要考虑的过

---

① 单世联：《西方美学初步》，广东人民出版社1999年版，第1页。

程具体包括：第一，通过相同或相似的生命力达到同构传递；第二，通过表达追求更美的 M 力达到同构传递；第三，强烈地表达出竞争愿望时的同构传递；第四，更多相同（相似）认知结构基础上的美的传递；第五，具有共同的更美的愿望和信念的美的传递。

总之，只要形成了与美的状态中局部上的某种特征的相同（相似）关系，便会通过这种联系而形成针对该特征的相干共振，就有可能根据该特征与其他局部特征的关系而联想性地使其他的信息也处于兴奋状态，并受到人内在差异感知器的作用而产生因为当前状态与协调状态不同所形成的美感。

2. 美的刺激传递

美感的基础是形成感受。通过刺激会引导生命体由不协调状态进入稳定协调状态。感受的基础则是差异。当前，艺术家与欣赏者之间的不同是这种差异感知的客观基础。由于人和人的不同、人与人之间的巨大的差异，在审美过程中能否建立起共性相干关系，便成为艺术欣赏的关键。当欣赏者沉浸于艺术家所构建的活性本征、意义与环境情景稳定的关系结构时，这种区分便变得非常渺小。但越是这样，欣赏者对美的感受就越深。

我们知道，在差异化信息与关系性信息的同时作用下，会形成新的构建，差异化刺激同样会激发人的好奇心并使人形成更加强烈的反应，此时，会因刺激的作用而使以往相同或相似的局部特征处于兴奋状态。而所谓形成刺激，指的是在具有一定关系的基础上，当前环境与以往所形成的美的稳定协调结构的不同。在审美过程中，会以某些共性的力量为基础表达差异，由此而形成刺激。第一，基于相同或相似的生命力的差异刺激传递；第二，基于表达追求 M 力的差异刺激传递；第三，基于表达竞争愿望时的差异刺激传递；第四，基于相似认知结构的差异刺激传递；第五，基于具有共同美的愿望和信念的差异刺激传递。

三　激发与表达内心的美

艺术家创作的基本出发点就是表达他们内心体会到的美。艺术创作可以通过几种方式形成直觉创作：

（一）激发本能模式

追求本心。人的本心是在外界因素的作用下通过达成稳定协调固化出来的。前面我们已经研究，激发人的本心、与人生命的活性本征相协调，或者说表征人的本心的方法有两种：一是与本心形成共性相干基础上的共鸣；二是通过形成与本心的差异状态之间的稳定联系，通过与之有所差异的状态向稳定协调状态转化。这其中就包括在达到人的本心状态下，各种信息模式所形成的稳定性联系和对这种稳定联系的揭示（表现）。从另一个层面来讲，这涉及如下过程：第一，尽可能地远离功利，不受其他因素的影响，坚定而单纯地为美而美；第二，在不合理的压力下能够坚定不移、勇敢抗争、宁折不弯。在中国的古代绘画艺术中，"梅兰竹菊"被人们称为"四君子"，这是由于被人根据其他的特征（清新脱俗）而赋予其超然的内在含义；第三，追求自己的平心静心，把握在无欲望状态下被其他因素所触动的美；第四，追求自己的无欲无求。

（二）激发与本能模式紧密联系的其他模式

1. 表达能够与生命的活性本征更加协调的事物

显然，在人与外部世界达成稳定协调以后，生命的活性本征会在人认识客观世界的过程中发挥作用，通过艺术家的选择、关注而与人的活性本征自身形成"自反馈"，在保证其达到足够强的兴奋度的情况下，以更大的可能性成为为人们所感知到的意义模式，从而成为艺术家愿意快乐地表征和与他人交流、述说的信息。

生命的活性本征模式是生命体与外界环境达到稳定协调以后形成的稳定性的运动模式。对其感知仍像人们对外界刺激的感知一样，要么处于差异状态下，这一方面需要模式处于兴奋状态；另一方面需要稳定地处于其他的状态诸如无念的状态下，通过在两者之间建立起一定的关系而感知到这种状态；要么与之达成和谐共鸣关系，通过在共振基础上内在地感知与非共振状态下运动幅度的差异，通过差异感知神经元的兴奋而将其表达出来。与一般人相比，艺术家能够更加主动地追求将与其自身的生命活性本征更加协调的外部事物表达出来，产生因受到激发而兴奋的生命活性本征的更加强烈的感受，并能够采取恰当的方法和手段，恰当地表达出与其生命的活性本征更加协调的事物、意义。

2. 主动地寻找使自己感动的事物

正如尼季伏洛娃所强调的，积极主动地追求更美乃至追求达到最美的程度的力量，驱动着艺术家展开对更美的强烈追求。他们似乎有着天然的本性：启发人类不断地进取。是的，艺术家正是通过主动地寻找使自己感动、能够感动自己、使自己的心灵在当前环境中受到"触动"，以及激发艺术家关于创造的本能，不断地形成基于新的事物刺激的、稳定的、由不协调达到协调的、赋予美的模式。[①]

更为显著的是，正如科学家更愿意寻找、发现事物运动与变化的本质性特征、关系和规律一样，艺术家比之他人更愿意在更大程度上这样主动地激发美、发现美、构建美，并将美的感受独立客观地表达出来。在这种力量的作用下，会将这种激发、发现、构建的过程模式也作为引导人进入美的状态的基本模式。这虽然在一定程度上取决于人所形成的经验，但更重要的是取决于人的主观能动性。也就是说，艺术家在生活的各种磨砺中，通过大量的由不协调达到协调的完整过程，已经建立起了相应稳定的模式，在诸多可能的对应关系中构建出了更美模式的稳定结构，甚至为了得到更大范围内的局部最美而有意识地在想象过程中构建种种的差异化的模式，并进一步地有意识地主动展开比较判断和优化选择。这就表明人们已经构建出了若干与外部环境有机结合的"经验"。

要么将已经形成稳定的"由不协调达到协调"的模式重新显示、激活，依据艺术作品内部所展示的局部特征之间稳定的关系结构，引发人将美的整体激发出来，从而构成完整美的体验；要么实施发散、扩展、延伸与推广操作，将那些已经形成稳定结构的美的模式进一步地展开、推广到更加多样化的具体情况中，并依据人们所形成的关于知识的概括抽象逻辑结构，协调彼此之间的关系，使之形成一个建立在抽象与具体关系之上的、更具一般性的"知识体系"。

（三）表达完整的意义

美在于完整地表达人在内心所构建出来的与外界环境达成稳定协调

---

① ［苏］O. N. 尼季伏洛娃：《文艺创作心理学》，魏庆安译，甘肃人民出版社1984年版，第145—180页。

时的状态。在这个过程中，一方面重新激活赋予美的意义的由不协调达到协调的完整模式；另一方面运用人特有的构建由不协调达到协调的模式而形成新的美的模式，不断地引导人构建适应于新的环境和刺激的新的美的元素。从某种角度讲，这会在更大程度上取决于人在内心所形成的对意义的整体性构建。同时，我们还应该认识到，在此过程中会存在着直觉反应的过程。即使是再复杂的问题，如果一个人已经形成了完整而稳定的反应，只要其中一个局部特征被激活，便可以顺利地将其完整地展示出来，此时，就表现出了人的直觉反应。在人认识外界客观世界的过程中，存在着将一个完整的信息分解成由若干局部特征及其相互关系所组成的意义框架网络的过程。也就是说，从信息意义在人心理的表征过程可以看出，人存在着由一个局部特征而迅速地构建出一个复杂的完整意义的可能性。虽然由一个小的局部模式的兴奋可以使更多的整体意义也处于兴奋状态，但人往往能够将更符合环境要求、符合人的潜在心理背景的完整意义直觉地展现出来。显然，在此过程的长期进行中，会使人养成一种洞察的能力，能够将那些符合事物发展的更大可能性的完整意义构建出来，从而指导人以后的创造。显然，那些符合更多人在当前的活性本征的洞察，将具有被兴奋表达的更大的可能性。在人的生活和进化过程中，如果已经形成了与本能模式有机联系的整体，在表征这种模式时，即可以顺利地形成直觉模式，与生命的活性本征达成和谐共振。

（四）在一个完整形象的指导下构建完整的有意味的形式

通过本能模式的激活赋予外界信息以美的感受，是不需要思考和想象就能够直接展开的稳定模式。在面对更加复杂的环境时，人们不愿意形成更大的不确定性，因此便愿意在更大程度上直观地将大脑中显现出来的第一印象作为艺术创作的"原型"，通过对其不断地"更"美化，将最美的结果表达出来。这是运用直觉加以选择的过程。但显然，这种直觉只是表达了由直接刺激而形成的片面反应，这在更大程度上表现为初步的反映。

活性中的收敛与稳定的力量，会在意识中转化为人能够掌控一切的基本力量元素。想要掌控更加新奇、未知事物的力量与趋势构成了人的基本需要。在这种力量的作用下，人由不能掌控到部分掌控，部分达到了人们的期望，使掌控力量的表达与生命的活性本征和谐共鸣，引导人从期望满足的角度进入美的状态，并进一步地使人产生美感。

（五）完整意义的整体稳定性指导

由于人的本能的复杂性，即使表现这些表面的、直接性的反应，已经足以使人创造出无限的艺术品。这种本能模式可以直接表现，也能够在人的进化过程中，通过与自然界的相互作用而形成独特的感受。人们将这种感受在欣赏、观察自然的过程中激发出来，并由此而形成自然审美。自然形状，能够给他人带来较强的艺术享受，因为它直接揭示了人在与自然的相互作用过程中所体验到的新的稳定性感受。更准确地表达这些方面已经足够，但更深刻的艺术家会在这种表面反映的基础上向表达更加本质而全面的活性本征的层次深入下去。

我们可以在形成一个相对完整模式的基础上，通过价值判断所对应的直觉，将这种完整的模式瞬间展示出来，并以较高的可能度在组成意义的泛集中通过表达其相应的意义而与其他的整体模式相互作用。但同时，我们应该认识到，在直觉的形成过程中，面对复杂的问题时，往往需要经过人在潜意识中的大量思考，由此人们不再轻易地相信直觉，而是在大量的长时间的差异化构建与比较判断优化选择以后，才形成了对这一问题的突然领悟。在差异化构建的基础上，通过彼此之间的异同，能够把握其中关键的环节，沟通客观事物与人的心理的直接的主要联系，也就使得美的表达变得更加突出和显著。

（六）直觉地表达生命的活性本征模式——基本力量

我们总是在寻找灵感和美的直觉表达，想一下子将最美的审美心理完整地构建出来，并迅速地将其表达出来。这是审美经验激发与表达的"顿悟"方式。当一个问题相对于人建立关系的能力较为简单时，人能够在很短时间内考虑到所有的因素和环节并形成一个完整的模式，人会经常地做出"顿悟"式完整构建。如果一个问题相对于人建立关系的能力较为复杂，涉及多个不同的层次、多种因素和多个环节时，人对该问题的思考会有一个较长时间的稳定期，形成的稳定动力学过程也更为复杂，人会逐渐地思考所有的相关特征，也就只能采取"渐悟"的方式了。

　　当人们选择、秉持了某种价值判断标准，并运用这种标准来判定作品表现美的程度时，便可以在诸多同类作品中比较判断出好与坏。比如说，我们选择和构建最能弘扬社会主义核心价值观的作品是以"越明确、针对性越强、能够引发人产生更多的联想与思考"作为标准的。由于存在好奇心的控制，可以看出，人们越是熟悉的话题，在艺术创作过程中越是难以推陈出新地构建出新的引导人进入美的状态的基本模式。但显然，在创作者强大的好奇心作用下，会以此为基础而展开更广范围的差异化构建，在对美的追求力量的作用下，就能够得到更具美的意义的作品。

　　人的能力有限性特征，决定着人都只是在一定程度上表现 M 的力量，无论是创作美还是欣赏美，一开始都只能抓住其中的若干主要特征、基本关系和基本模式，然后再一步一步地展开更全面的系统构建。因此，我们想要描述的是：面对假设中虚假存在的"完美"，或者说我们假设真的存在完美的结构（终极美），我们能够在多大程度上表现这种终极的美？与终极美相符合的程度有多大？基于我们所构建的美的网络框架模型，我们不能再武断地说一个事物是不是美，而是说这个事物能够在多大程度上表现若干符合抽象美的标准的局部特征（多少局部的美的特征，以及局部的美的特征的兴奋程度）。

　　既然不存在绝对的美或不美，那就只能认为美是相对的。从意义组成的角度看，高层次的整体意义是由低层次局部特征的意义和局部特征之间通过相互作用而组成的。根据计算机科学中的哥德尔定理，我们只能在认定某个低层次局部特征美或不美的基础上，将低层次局部特征的美或不美作为构建高层次意义美或不美的基本"砖块"，通过这些美或不美的局部特征的相互作用，基于这些美的局部特征的数量，或美的局部砖块在其整体局部特征中所占的比例，以及彼此之间的协调程度，来确定高层次意义和结构的美的程度。从逻辑的角度讲，我们是通过局部的美或不美来确定更高层次或更大整体上的美或不美的。无论是整体的美或不美，还是局部的美或不美，都将直接地通过与某个生命的活性本征是否相同（相似）来判定。

　　所谓直觉地表达，就是为了表达那不受人后继更多意识加工影响的直接感官体验，这些后继的意识加工包括：通过联想将更多的其他信息引入当前心理状态、基于好奇心主动地将更多差异化的信息引入心理空间、通过信息的自主涌现在人的意识空间兴奋、基于当前信息而展开自组织过程以形成新的意义等。尤其是排除了理性的逻辑限制，这种直接的感官体验将有更大的可能在更大程度上表征人生命的活性本征，或者说与人的生命活性本征在更大程度上达成稳定协调。

当我们直接表达生命的活性本征模式时，或者在描述各种具体事物的过程中，突显着生命的活性本征，就能够将这种力量更加典型地表达出来。从艺术家的角度来看，能够自由地将这种力量作为其意义表达中典型的潜在性含义，从欣赏者的角度来看，也更容易通过艺术品的典型表达和生命的活性本征之间更加突出的关系，构建出推动人积极向上、努力进取的力量和期望。

因此，无论是创作者，还是欣赏者，都在与外界环境众多的相互作用过程中，更加强烈地表达这种稳定协调的感受，通过突显这种关系，通过艺术创作的方式将这种关系独立特化出来。人类社会就是由此而发展出一个具有独特性质、任务和行为的行业——艺术界。

（七）将 M 的力量表达出来

我们在艺术品中，能够看到更多直接反映人的向上的力量、给人带来积极向上的激励与追求的艺术品体裁。

我们一再强调，M 力是人生命的活性本征模式。这是我们构建新的美学的核心。艺术家在具体的创作实践中已经非常明确地体会到，这种力量已经成为保证其创作成功的核心因素，也成为促进生命体进化的基础性力量，仅仅表达这种力量就能够给我们带来较大的快乐，在我们活着的时间内就会而且应该不断地发挥其重要作用。通过前面的研究我们已经看到，当 M 力与任何一个特征相结合时，该特征都会随之被赋予美的意义，相应的特征也会随之而成为美的标准。我们可以依据 M 力与某个特征所形成的结合性特征力量，不断地构建能够将 M 力有效表达出来的美的判别标准。

由于 M 力是生命的基本力量，表征这种力量，就能够在群体中成为激发他人产生同样审美体验的基础的共性模式，人们可以在该模式激活的情况下，以此模式为基础通过和谐共鸣、整体关系联想的方式激活其他的审美模式。甚至仅仅通过这种力量的共性相干，就可以顺利地将美的状态中的诸多含义通过艺术品传递给欣赏者，使欣赏者能够基于此进一步地构建出新的、具有欣赏者个性的审美经验。

欣赏者对"更"模式的力量会有自身特有的体会。欣赏者在欣赏艺术品时，往往不能直接体会到艺术家在追求更为恰当的表达方式、意义时所做出的"更"的努力。这就需要具有一定的知识背景，具有一定的水平和技巧，掌握和了解艺术家在创作这些作品时的难度，理解创作者平时的练习，也能够认识到创作者在具体的创作过程中所具有的灵性与领悟，体验到戏剧和舞蹈艺术家在平时的练习中所做的探索与优化。正如我们欣赏书法艺术品一样，在一般情况下，人们之所以对书法艺术品没有一个恰当的认识，只能在看到他人优美的书法时发出感叹，但又不知道这些书法作品美在何处，就是因为没有看到艺术家书写任何书法作品的娴熟的技巧，没有看到他们运用平时练习所达到的熟练程度，没有看到他们对字、意义的深刻的理解与把握时的体会的缘故。正是由于他们平时的练习，才使他们能够正确地协调每个字的间架结构，协调处理字的笔画之间的关系，使每一个字看起来都是那么协调。

(八) 表达那些已经被赋予美的事物

在艺术创作中，我们可以以任何事物的主题作为美的具体表征主题。正如前面指出的，任何事物都可以表现出美的意义，任何事物都可以作为艺术家表征其审美经验的载体。那些已经被审美经验所强调的、为人们所熟知的事物，往往会成为创作者的"首选"。比如，在诸多可能的"话题"中，我们更为经常地选择宗教和道德作为基本的出发点。

1. 宗教话题

宗教在更大程度上表达着人们的信仰与信念，表达着人在精神意识领域的追求与向往，宗教也是人们日常的精神寄托和对不变的稳定性信息的把握（及期望）。人们渴望能够完全地与宗教所表征的所有的局部信息都相同（相似），即使不能全部达到，也希望能够在某些局部特征上达到，并随着相同（相似）的局部特征数量的逐步增加而最终实现宗教所描绘的理想境界。

在人们的认识中，往往会将神（上帝）视为无所不能的、完美无缺的，即使人们对此真的一无所知，也如此坚定地相信、期望、肯定这种结果。从心理学的角度来看，由于这种认识牢牢地占据着人的心灵，相关的信息会在大脑中一直处于较高的兴奋状态，人们便能够以此为基础激活更多与该信息具有种种关系的其他信息，也会以更高的可能度使之通过涌现而成为稳定的控制模式，因此，该模式便成为引导人按照该模式所指导的方向不断地构建新的信息模式的控制模式。在以此为基础而表现出来的认知过程中，将更能激发人的情感和认知、使人更加持久地处于浮想联翩的状态。

2. 被人们赋予道德含义的事件

虽然道德经常被赋予政治意义，但不可否认，在人类的诸多行为中，那些被众人所赞颂的"美德"能够有效地促进群体中个体之间彼此的互助、合作与交流，保证群体所认知、肯定与追求的公平和正义，并以此为基础促进人类社会的进步与完善。但人们在表达这个主题时，往往在更多情况下采取隐含其意义的方式，将其潜藏于表面之下，这样做，与人表达生命的活性本征的要求是相符的。虽然道德因素起着主导性的作用，却隐藏于表面之下，此时经过欣赏者的进一步思考、挖掘和建构，能够在激发出更大量的信息的基础上，通过表层与深层意义的对比，或者以稳定的深层意义为基础而在表层展开差异化的意义构建，通过这种模式的相互作用，引导人产生更加深刻而强烈的审美体验。可以更加明确地强调指出，建立艺术与道德的稳定性联系，与政治无关，却可以受到政治的强大影响。我们不能因此而否定艺术在道德建设中的重要作用。反而需要大力提倡和鼓励艺术中的美在道德建设中的积极性的力量。正如前面指出的，不同的地域使生存于这片土地的人们形成了特有的美的追求，这将准确地反映在生长于此环境的群体、阶级、国家的文化指向上。我们应该将美与国家的核心价值观有机结合，创造出人民喜闻乐见的艺术精品，充分地激发起更加广泛的民众对美好生活的向往，由此而汇集成更加强大的进步力量。

四　艺术是美的一种表达方式

（一）艺术就在于表达一定的意义

从本质上，艺术品表达的是人与环境稳定协调时的活性本征，或者说完整地表达这种关系，并在为人所意识到的状态中，表达一定的情感，表达自己的理念，表达自己的期望，表达自己的需要，表达自己需要的满足（通过艺术品达到一定程度上的满足），表达自己所有的认知等。"绘画先产生于构思者的心中，然后再通过动手才能实现。"[①]

（二）表达意义与人的相互作用

人是在意义中生存的，而意义是在人与其他事物的相互作用过程中通过优化而稳定地生成的。人需要通过各种意义对人的作用维持人心智的活性。这种作用以当前稳定的意义状态与生命体稳定地适应外部环境的状态有所差异地存在着，成为表达美的载体。

（三）在诸多表达中需要体现 M 的力量

凡被称为艺术品的，都在一定程度上表现了人的"更"的意味，体现出了人性的升华和向更高境界的持续转化。艺术家在创作过程中，在多大程度上表现出了"更"的意味，该艺术品的价值就能够达到一个什么样的程度。艺术家需要详细考察创作过程中的诸多元素，研究考察这些元素所对应的稳定性模式能够在多大程度上与生命的活性本征相协调，需要考察如何体现"更"的模式的强度、协调处理各个美素之间的关系等。运用 M 力所考察的信息特征越多，艺术品就越完善，其价值自然也就越高。在向更美的目标努力追求的力量的驱动下，人们不再满足于仅仅完成一件作品，而是会以更大的可能性不断地质疑是否已经达到了最美，如何才能达到更美，是否能够让更多的人体会到更美，如何才能让更多的人欣赏到其中的更美等。

显然，M 力表现的"M 力冲量"越强，使作品向更美转换的程度就越高，考虑的时间就越久，涉及的因素就越多，范围就越广，就会在更广的区域、更加多样的情景中被认为是最美的。

[①] ［意］达·芬奇：《达·芬奇讲绘画》，刘祥英等编译，九州出版社 2005 年版，第 27 页。

（四）艺术创作中对所表达的意义的选择

艺术家将 M 赋予意义时，艺术家对表达何种意义会做出恰当的选择，一般情况下是将那些能使更多的活性本征处于兴奋状态并与环境有机结合的客观对象表达构建出来。这些心理模式更强的兴奋性，会形成与外界状态的差异，促使个体产生较强的表达冲动的力量。有了创作与表达的欲望，就需要运用 M 的力量具体地对其优化选择，将这种对美追求的过程和结果表达出来。艺术家会不断地思考：哪些形式会在更大程度上表现出更强的 M 力的作用？哪种形式能够促进 M 力与具体情景的有机结合？在不能做出直觉的判断与选择时，对这些问题最好的回答是：选择一个特征指标作为判断选择的标准；保持美的理想与追求；不断地实施差异化构建；在多样并存的基础上优化选择；将这种过程在时间允许的情况下尽可能地做下去。阿瑞提在研究创造一般性的基本特征和规律时，通过将创造过程划分为三个不同的阶段，非常准确地描述了相关的过程和特征。①

（五）艺术创作与美

美的状态的稳定吸引力、生命活性中所表达的向美的状态收敛的力量、通过发散而牵制性地激发出的向美的状态收敛的力量、通过差异化构建而生成对美的期望、向更美追求的 M 力、在差异化构建基础上不断地比较、判断、优化、选择等，这些信息模式和确定的意义被我们习惯上称为美的力量。显然，这些力量在艺术品中能够得到更加典型和有效的表现。

艺术家通过表达美的力量，在创作过程中将所表现出来的美学特征赋予艺术品以形成相应的价值。当 M 的力量强大到一定程度时，人总能够自然地将其以恰当的方式表达出来，成为引导人进入美的状态的基本元素。由于受到主动性、强势智能，以及教育的影响，艺术家对美的感受比一般人要更加敏锐与显著，对表达 M 力在人类进步中的作用的认识更加明确，能够更加自如地基于某个特征表达出 M 的力量，对 M 力表现的愿望更加强烈，也更加善于在日常的不断思考探索过程中，构建出更

---

① ［美］S. 阿瑞提：《创造的秘密》，钱岗南译，辽宁人民出版社 1987 年版，第 14 页。

多表达 M 力的优化模式，运用更大的发散性力量，有更多的可能性供其比较判断和优化选择。艺术家尤其善于通过平时的练习，掌握足够多的局部优化的对应关系，并在一个更大的艺术创作中，将其熟练而准确、恰当而协调地表达出来。养成习惯，不再被艺术创作中那些具体的细节占据、影响、控制艺术家的心智，会将人从这种细节中解脱出来，在意识力量的作用下专门寻找更加感动人的整体意义。

艺术是一个专门地表达人的美的理念（美的状态、美的感受、美的观照和美的力量）的领域。艺术是一个审美对象——艺术品的审美属性——将美的特性表达出来的形式。每一件艺术品都将突出地表达美的理念与力量。作为表达美、传播美的主要领域，每一件经典的艺术品都将典型而突出地表现美的真实含义，都更能够有效地激发欣赏者的审美理念、情感和体验，使人充分体会到美的状态与其他状态的不同，使人更加明确地认识并感受到美的力量，并在美的力量的激发作用下，表现出更加强大的 M 力，促使人产生对美的更加有力的追求。在美的力量作用下，促使人形成强化 M 力的主动性增强与表现，并引导其与人的各种行为有机结合，将美的力量推广到人的各种行为中。

1. 将人对生命活性力量在具体意义中的体现和感悟固化下来

单一强化生命的活性本征模式时，会将其从各个环节中独立出来，并在独立固化的同时，建立与其他环节的相互联系和相互作用，在其他过程中更多地发现该模式的"身影"并在其中发挥应有的作用。

人在追求美的过程中，会在更大程度上不受外界的影响，只是尽可能地展现自己内心被激活兴奋的美的状态中的局部元素。在这个过程中，人的所思所想均为其内在美的元素特征所控制，人会按照更美的模式去构建相关的特征、关系、结构。艺术则致力于最大程度地表达以生命活性为基础的美的状态。潘天寿指出："笔为骨，墨与彩为血肉，气息神情为灵魂，风韵、格趣为意态，能具此，活矣。"五代后梁时期，以描绘北方山水盛名的荆浩对中国画特征作了高度概括："画者，画也。"这里所描述的就是人与艺术表现出高度的协调统一。

2. 将 M 模式固化下来构建出特有的美的理念

无论是审美，还是基于美而展开的艺术创作，都需要强化突出 M 力的独立意义,强化由 M 生成的比较优化选择的力量。在强化表达这种内在的本能力量时,会使人在遇到任何问题时都能够从伦理学的角度去寻找解决之道,都会主动地以自己是否尽了最大的努力去解决问题而鞭策自己,不至于引导人将自己的注意力集中到外因而怨天恨地。正如我们前面所描述的,人在 M 力的强势作用下,一是会不断地构建差异化的各种模式,并促进其同时显示;二是会选择出能够将 M 力更好体现的模式,从而表现出在 M 力与特征相结合时的选择优化标准。两种过程在意识中的有机结合和持续进行,会形成人特有的美化的力量,并通过两者的共性相干而相互促进。在任何一个层次中,艺术与美都非常突出地强化了 M 的优化力量,因此,艺术会成为促进人对更好的未来追求的最有效的教育模式。

3. 将这种美的理念转化到具体的意义、形式中

美作为一种生命的基本力量,必然在基于此而形成的各种后继过程中发挥作用,但随着其越来越多地在基础性层面体现,它的作用也就越来越不被人们所认识。在审美观照中,则需要在强化其美的力量的过程中发挥作用,不断地引导其与各种行为特征相结合,不断地在差异化的构建过程中,基于美的特征指标而优化选择,从而构建出使特征指标达到最优的"局部最优解"。

4. 艺术品在于表达人的审美理念

艺术品中的美的表达依赖于人对美中 M 力量的认知和与具体表现的耦合程度。也就是说,在我的认知中,我对于如何表达 M 的力量具有习惯性的经验(审美经验)。要通过激发人特有的美的态度和心理背景,使我能够在繁杂的信息中更加关注美的意义,更多地从审美的角度来发现、提取、构建相关的特征,或者说,将美作为一种潜在性标准来判断选择,将美作为将不同的信息联系在一起的核心纽带,通过美激发出更多信息模式的兴奋,此时,我们需要将美作为激发不同信息以组成一个新的整体意义的基本力量。

第一,形成一种审美态度,形成一种用美的眼光看待艺术品的心理背景、模式和框架,用美的"眼光"发现外部世界的美,包括激活具有此种特征的局部特征、关系和意义,并专门提取和强化这种过程。

第二，在艺术品局部特征的启发下激发欣赏者内在的美的理念（活性本征的表达及感受、与具体事物的有机结合），根据局部特征之间存在的各种各样的关系，联系并激发出相关的审美经验，依据激发审美经验的敏感性对相关的过程进行度量。

第三，用这种审美经验（审美经验＋先前的美的理念）在更大程度上观照艺术品。在人们用审美经验去观照外部世界时，存在多种不同的审美过程：一是人们在以往所形成的习惯性的审美眼光；二是人们在当前艺术品的局部特征的激发下，进一步地构建出完善的美的理念和模式，使人产生更加强烈的审美体验；三是在当前艺术品的启发下，引导人构建出与自身有机结合的新的美的体验。在这些不同的过程中，"观照"始终在发挥作用。

5. 通过反思激发更多的想象、联想

艺术家每次构思出一个草图，都会先认为这是最美的。而当构思完成以后，与其他蓝图相比较，也总能够发现其中的不足和缺陷，艺术家便会拿起笔再一次地构思更美……这一次一次的构思，总能够以更大的可能性引导人构建出更美的模式，也会促使人一次一次地构建、一次一次地优化选择。

6. 构建出与当前艺术品有所差异的美的理念

这种存在于人的内心的美，与所欣赏到的艺术品具有一定的差异性，会形成对当前艺术品的超越，同时还保持一定的距离，以形成美的生命活性状态的具体表征，探索表达对生命活性感知的内容和意义，通过恰当的模式关系，组成一个完整协调的"作品"。

艺术品中各局部特征在相互协调的过程中会受到多层次意义和彼此之间关系的影响。包括即使产生了相同的美的模式和体裁，也一定要在表现形式和结构上与他人有所不同。各种不同信息的显示，干扰和影响了美的状态展开的意义分布。我们需要在众多可能的意义分布中，将最美的意义分布（与环境稳定协调时的美的状态）选择出来。

我们可以构建一个判据，经过运算而逐步达到其稳定点。通过构建一个极值的泛函数，在诸多的可能存在中构建出那个最美的模式，使该泛函数达到极小。人对美的局部协调具有较高实现的可能。因此，人们也往往将此作为突破口，通过在局部上形成稳定协调，再通过联想关系激活更多的稳定协调模式，或者引导人将注意力集中到与更多的活性本征稳定协调上，使人集中到审美过程上。使人更加习惯于表达美，更加乐于表达美，使人和生活的关系与人的本质更加协调，更准确地揭示人主动性地表达美的理想，以及对美的追求的基本模式。

基于有限集合，在穷举法中，我们自然能够不依据这种一般意义的"泛函数"，只是通过将有限集合中的有限元素个体两两比较的方式将最美的那个模式选择出来。有限的集合对这种可以穷举的过程做出了限制，尤其是这种穷举是不能无限进行的。此时人们自然假设，一定存在这种可以通过无限的追求而达到的"极限美"（终极美）——全局最美，通过每个人有限的优化，基于人类进化的无限过程，一定能够达成这种全局最美。在当前，我们则通过构建更多可能的意义，再运用 M 的力量而构建、比较、选择出更美（局部最美）的作品。

7. 艺术是人对美的主动表现

艺术是创作者主动地将自己在与外界环境相互作用过程中体会到的本征性特征表达为物化的形态。即便是不随人的意志而独立存在的自然的美，也是在人与自然物的相互作用过程中，主要通过对美的"观照"——用美的思维提取、构建出来的相关的美的特征、关系和意义。只要具有美的眼光，即使是面对人们最常见的"狗尾巴花"，也一定能够在美的观照下构建出相关的美的特征、体会到其内在的美。

8. 表达更强的个性

与自然界的每个人都能发现的某些共性的美的特征相比，艺术品能够表现出艺术创作者更强的个性，它表征的是艺术家在与外界客观事物相互作用过程中所表现出来的独特的活性本征模式。这种本征性模式是一个人随着社会环境和自然环境的差异化作用，随着其独特的成长构建而得来的。不同的人必然会形成不同的活性本征，也会受到不同环境的作用，由此就会通过综合化的共同作用形成独具个性的审美经验。

9. 艺术家为欣赏者所考虑的

在艺术家创作艺术品的过程中，一定程度上必然会考虑其能够为更多的人所接受、喜爱。因此，在他们的内心，会不自觉地将相关群体的爱好、习惯等特征固有地展示出来，并将其作为一种稳定的共性因素，传递创作者的意图，促进欣赏者更多地思考。展示这个方面的模式，同时也包括生命活性中的收敛性力量模式，以及由此所形成的稳定性力量的具体表现。这本就是生命活性本征模式的表现。

法国丹纳（H. A. Taine，1828—1893 年，法国文艺理论家、史学家）指出："现实不能充分表现特征，必须由艺术家来补足。一切上乘的艺术品都是如此。拉菲尔画林泉女神《迦拉丹》的时候，书信中说，美丽的妇女太少了，他不能不按照'自己心目中的形象来画'。这说明他对于人性对于恬静的心境，幸福，英俊而妩媚的风度，都有某种特殊的体会，可是找不到充分表现这些意境的模特儿。给他做模型的乡下姑娘，双手因为劳动而变了样子，脚被鞋子磨坏了，因为羞涩或者因为做这个职业的屈辱，眼中还有惊惶的神气。便是他的福那丽纳双肩也太削，手臂的上半部太瘦，神气太严厉，过于拘谨；固然他把福那丽纳放在法尔纳士别墅的壁画上，但已经完全改变过，为了改变，他才把真人身上只有一些痕迹和片断的特征尽量发挥。"[1] 艺术家即使直面模特，也往往会在追求更美的心理驱动下，寻找、构建能够表达更美的形式。在这种情况下，拉菲尔（Raffaello）把模特仅仅当作差异化构建中的一个模式，然后在更大程度的差异化构建的基础上，通过优化构建出他认为最美的"自己心目中的形象"。

因此，"经过千万个无名人的暗中合作，艺术家的作品必须更美，因为除了他个人的苦功与天才之外，还包括周围的和前几代群众的苦功与天才。"[2] 即便是从差异化构建的角度来看，参与艺术创作的人数越多、时间越长，考虑得越深入，尤其是在比较优化时涉及的事物、因素越多，所构建出来的作品的美的程度就会越高。

---

① 北京大学哲学系美学教研室编：《西方美学家论美和美感》，商务印书馆 1980 年版，第267 页。

② 同上书，第 269 页。

五　构建更美的表达形式和内容

史蒂芬·贝利指出："如果说审美有什么规则的话，那这些规则肯定是灵活变通的。但有一条法则是不变的：仔细观察万物，去思索和探寻其中所包含的意义。"[①] 根据研究，我们认为，要想构建更美的表达形式，需要着重展开以下工作。

（一）更大范围内的差异化构建及在审美标准基础上的比较优化

1. 选择一个比较的标准

正如前面所指出的，要想在众多不同的模式中选择一个更好的模式，首先要把握标准。人们会在进化力量的作用下，不自觉地选择与生命活性相符、使生命活性发挥更大效益的标准。虽然随着生命的进化，这种标准以与生命的活性相符为潜在性选择，并且不容易被人们所认知，但在意识的作用下，将众多不同的特征作为美的比较选择的标准时，人又会在意识中活性力量的作用下，不断地扩展发散，构建出更多可能的美的标准，并进一步地做出选择，还会在意识中联系出更多的与美的标准具有稳定联系的新的标准。人的个性化发展又会主动地构建出每个人独具一格的美的标准。除了我们按照美的本质在诸多可能的美的标准中进行优化选择以外，各种环境的制约也会使我们在标准的选择上具有一定的不确定性，将更多可能的特征转化为美的标准判据。由此所形成的艺术构建必然是异彩纷呈的。

不管选择美的比较标准的依据是什么、如何选择，基本上明确了比较的标准是一个相对确定的过程。

2. 构建更多的差异化模式

在生命中非线性力量的作用下，特化出了收敛与发散的力量模式。我们便以此作为研究问题的"基本语言"。大脑神经系统的记忆能力和自主涌现力量，会将不同的信息模式同时显示而组成意识的"工作场所"。并不是我们为了构建更美而有目的地构建更多的差异化的模式，而是这种差异化的构建过程本就是大脑基本的神经动力过程。在将这种过程独

---

① ［英］史蒂芬·贝利：《审丑万物美学》，杨凌峰译，金城出版社2014年版，第9页。

立特化出来，并使之具有足够的自主性时，人便会在意识的作用下对其展开独立的加工、强化，一方面使之在更多的心理过程中加以表现，以此为基础而表达生命的活性本征力量；另一方面会主动地增强这种模式的力量和兴奋度。在此层面上，我们就可以发现，依据好奇心的差异化构建、依据某种信息为基础的联想性构建，这一过程会成为在人的意识中可以为人所明确体验到的差异化构建的基本模式。

3. 同时显示并从中加以比较

基于生命的优化性本征力量，我们会在多种表达意义的形式中选择最美的模式。在局部特征、特征之间的相互关系所组成的各式各样的意义中，选择更能激发人的美感的模式。与活性本征达到稳定协调是一个方面，通过持续性地表达 M 的力量和局部特征的协调融合形成"有意味的形式"是另一个方面。

我们会通过多样并存而赋予艺术元素以 M 的意义。比如我们在表达衣服被风吹动的动态特征时，会通过观察实际环境中衣服被不同风力刮起时衣服的边缘所展示的各种各样的形态，优化、构建、选择出最美的结构。在表达事物的运动趋势时，会将其头部（代表着前进的方向）的朝向表达出来，表明人的视点和注意力的方向。这也是在直接地告诉我们艺术家所关注的意义，引导欣赏者由此而展开意义的构建，并基于此而进行艺术欣赏。

各种局部特征通过某种关系具有了一定的意义。各种局部特征的不同组合会形成不同的意义，但美却引导人们在诸多可能的意义中选择那些更符合美的意味（抽象特征和具体特征）的意义。这里需要消除人们的一种担心或误解：这些典型的局部形式组合在一起时，会不会显得僵化或呆板？一是这些典型的形态在不同的情景中具有不同的形态，即使典型也是如此；二是人们是在追求相似形态之中的最恰当、最突出者，也就是表达了这种对 M 的追求；三是即使是相似的形态，由于角度和方位的不同，也会形成不同的意义；四是这些典型的艺术元素的组合方式又表现出了美的无限性的特征。

基本的过程是：人们在外界信息的激发下，构建与具体意义相结合的美的模式；选择恰当的艺术表达方式，通过构建具体的意义形成以具体形式表达美的形态；在诸多形态中，选择与美的意味具有更多融合特征的整体意义。在此过程中，人通过想象构建出来的美的意味是在不断地发生变化的，通过不断地修正局部特征、关系和整体构形，最终与美的意味在最大程度上相吻合。

4. 通过两两比较的选择过程在所构建的差异化集合中选择出使特征达到最佳的模式

虽然已经很美，但生命个体总会在生命活性本征力量的作用下产生不满足，会不断地追求更美，寻找、达到比当前更美的状态，想要比人自身的美的理想更加向前一步，与人们所追求的"道"更加和谐。

第一，在众多想法中主动地构建最恰当的；第二，在表达意义的层面上更进一步；第三，在异变的基础上基于某个判断标准而比较判断、优化选择出更好的作品；第四，追求与人的理想符合程度更高的模式。

（二）构建最美的表达形式和结构

艺术，"这种表现形式的形成是运用人的最大概念能力——想象力来罗致他最精湛的技艺的创造过程"[①]。无论是表达意义的最优形式，还是选择最优的形式，主要的落脚点还在于运用 M 的力量求得极限地表现 M 力而得到最美的表达形式。

1. 局部美的元素的构建与优化

在构建出局部特征之间各种各样可能关系的基础上，要采取比较优化、判断选择的思想，选择出能够最恰当地表达某种具有最强环境支持的整体意义、合理性更高的结构、有更多相互作用支持和更少负面相互削减的关系（以此增强关系成为必然性逻辑关系的可能性）。

针对局部特征，要在差异化构建的基础上，选择构建局部最美的模式，将基本元素独立化，通过局部独立化而赋予其稳定的意义，通过与美的状态的某个美的元素建立起稳定的联系，基于优化判断与选择，赋予其美学的意义。同时使基本元素具有自主性，在强化其自主涌现能力的同时，在其他过程中也发挥其应有的作用，促进与其他美素的相互协

---

① ［美］苏珊·朗格：《情感与形式》，刘大基等译，中国社会科学出版社 1986 年版，第51—52 页。

调。尤其还要促使人在意识的强大影响下，延伸扩展基本元素的审美意义。

先期构建更多的局部最美总是具有具体性，但艺术家却可以将这种具体的局部优化模式在其主要特征的基础上做出抽象性的表达。局部优化所构建的一定是优化的拓扑结构。比如说达·芬奇通过事先的考察，优化出了抬起的马蹄的拓扑结构，然后在具体的绘画过程中，将这种优化后的局部形态，以与其他绘画元素相协调的方式表达出来。① 基于局部优化的特征，能够将更多具有差异化的具体形态构建出来，然后再结合整体意义的限制和同其他部分之间的相互关系，将局部意义上的局部最优形态选择出来；将各种具体情况下生命体与环境所形成的稳定协调模式构建出来；建立起活性本征与具体环境信息的有机联系。

2. 局部美素的积累与练习

力图在内心构建出更多差异化的幻象，以从中通过比较而求得典型、主要、共性（基于多种情况的不变量）的特征，甚至将其作为美的激活、选择的基本指标。这种做法，一是强化人通过比较判断而优化出的基本模式和力量；二是提前进行局部特征的优化处理，以便在更加复杂的艺术创作中，将复杂度和困难程度有效地分解；三是引导创作者将当前创作的注意力集中到其他的问题上。

这就典型地体现出了"功夫在画外"的美学思想。唐代张璪在《历代名画记》里提到："外师造化，中得心源。"指的就是那种在平时经过差异化的构建，先期要不断地探索能够引起大众共鸣的美；逐步探索出最美的局部模式，并能够熟练化；将这些最美的局部模式逐步积累而达到足够高的程度；能够熟练地协调这些优化的局部模式之间的关系；与各种具体情景恰当地结合，将与具体情景相结合的最美的局部关系表达出来；准确地表达这种模式。

达·芬奇就特别强调："一个高明的画家，一定是一位多才多艺的能手，能够将自然万物艺术地再现出来。当然，要达到这一点，就必须细心观察，在心中不断地揣摩。面对田野，让我们尽情发挥我们对各种事

① ［意］达·芬奇：《达·芬奇讲绘画》，刘祥英等编译，九州出版社 2005 年版，第 27 页。

物的观察力。一件一件一地看过来，去粗取精，将各种资料汇集在一起。"① 其实，达·芬奇强调的就是在差异化构建基础上的优化。与此相类似地，在罗丹的工作室里，"好几个裸体男女模特儿蹀躞着，罗丹特地雇用他们，要他们不断地呈露着肉体，映出人体在自由活动中的形象，他长期观察他们，故能熟知动作时的筋肉状态"②。

3. 通过差异化构建探索多种意义表达的形式

基于生命活性本征的力量、将注意力集中到具体地表达 M 力上，以及基于好奇心的差异化构建的力量，此时人的注意力都是在追求更美的基本心理背景中探索构建各种差异化的模式，尤其是将那些具有更大的差异性、分属于不同类别的模式构建出来，再基于比较标准而将更优的模式选择出来。奥夫相尼科夫引用亚里士多德在《诗学》中的描述"诗人的职责不在于讲述已发生的事，而在于讲述可能发生的、即按照或然律或必然律可能发生的事"，其实质在于实施差异化构建以构成多种意义的同时并存。③

艺术家会基于这种思想而不断地构思并画出草图。人们喜欢听到有人说某位艺术家一气呵成地创作了一幅伟大的作品，创作完成以后，发现一个笔画、一个音符都不能动。也有人结合自己的体会指出在科学研究过程中的确存在直觉与顿悟的过程，如科学家彭加勒（Poincare）结合自己的研究体会，指出了顿悟的存在及意义。而心理学家格鲁伯则明确反对这种顿悟学说，认为无论是科学创造还是艺术创作，无论从历史、个案，还是通过实验揭示："创造是一个渐进的过程，而不是一个突变……顿悟不是突然的，而是长时间的，它需要长多思考、体验和酝酿。"④ 伟大的艺术品，一定是在艺术创作过程中不断地进行差异化构思、优化的结果，基础在于不断地深入思考、探索、差异化构建和比较、优

---

① ［意］达·芬奇：《达·芬奇讲绘画》，刘祥英等编译，九州出版社 2005 年版，第 17 页。

② ［法］奥古斯都·罗丹口述、［法］葛塞尔记录：《罗丹艺术论》，傅雷译，中国青年出版社 2016 年版，第 25—26 页。

③ ［苏］М. Ф. 奥夫相尼科夫：《美学思想史》，吴安迪译，陕西人民出版社 1986 年版，第 32 页。

④ ［美］罗伯特·J. 斯腾博格主编：《创造力手册》，施建农等译，北京理工大学出版社 2005 年版，第 69 页。

化、选择，在构建出大量的差异化整体意义的基础上，将那些与具体情景相吻合的某个意义完整地展现出来。

罗丹认为，所谓："美，就是性格和表现。"① 或者说，是通过具体的形态来表现其内在性格和意义的。我们要在具体的形象中表达出内在的性格是很困难的。性格、思想、情感是内在的，而形象、姿态、动作则是外在的。人的内在性格、思想在一定程度上可以通过外在的姿态来表现，尤其是人的面部表情在表达情感时，往往更加准确，因此，雕塑家就需要在诸多能够表征性格的形象中进行选择，寻找到更能表达相关性格意义的姿态。

艺术家在创作中会更加充分地利用幻象与现实的有机结合，并大量地利用幻想性构建。幻象意味着变形。人们构建出了幻象本身就在要求应努力地构建出更多的差异化模式。基于扩展的生命活性中差异化的力量所构建出来的模式，会与人的生命活性中所要求的发散扩展性力量尽可能地和谐共振。艺术家会进一步地从这诸多的艺术元素中，通过其所能构建、想象出来的关系和意义，做出各式各样的组合和选择，在综合性的信息意义表征层面上达成这种稳定协调关系。他们会依据自己习惯的构建幻象的方式，通过激发众多的幻象性意义，再通过其他层面的信息之间相互作用的比较、判断与优化，对此进行综合性的评价，最终形成一个可以最优表达的整体性意义和最优的形式。"这就致使我们面临着这样一个任务，通过各门主要艺术的庞大迷津去探索艺术的两大特点：理想的意蕴和形式。"②

印象派画家着重于就一个主题展开各种形式的想象、观察、寻找，并将那些稳定的模式以意象的突出强化形式固化下来，将其作为创作的基本艺术元素。印象派的核心在于重点而突出地描述那些具有概括抽象意义的优化后的局部特征。诗歌保持着更大层面的可变化性。音乐也是如此，但却一定会表征优化的过程和结构。将古老的乐句与现代化的乐

---

① 北京大学哲学系美学教研室编：《西方美学家论美和美感》，商务印书馆1980年版，第271页。

② ［英］李斯托威尔：《近代美学史评述》，蒋孔阳译，上海译文出版社1980年版，第100页。

句有机地结合在一起，将传统的习惯性乐句与当前富有冲击力的乐句连接在一起。

苏栅·朗格非常重视艺术的幻象。认为艺术创作主要在于表达艺术家所想象出来的幻象，而欣赏者也会在艺术家构建出来的艺术元素的基础上，产生大量的幻象。运用幻象仅仅是前一个重要的过程，更为重要的还在于后面比较判断基础上的优化选择。人并不会因为这大量的幻象而停止不前，而是会在这大量幻象的基础上，进一步地展开优化选择，将其中最美的模式选择出来。苏珊·朗格提出表现，即"通过富于表达力的符号的呈现"，指出，"艺术家的使命就是：提供并维持这种基本的幻象，使其明显地脱离周围的现实世界，并且明晰地表达出它的形式，直至使它准确无误地与情感和生命的形式相一致"[①]。

我们说，艺术家并不是将其所能想象到的所有的幻象都表达出来，它们要考虑彼此之间的协调关系，要考虑通过幻象所要表达的表面的和潜在的意义等，他们还要考虑是否能够激发欣赏者产生大量的幻觉，总之，艺术家在运用 M 的力量对艺术元素进行组织，以形成符合相应艺术体裁要求的、达到"最美标准"的艺术品。

当然，优秀的艺术家与一般人相比，能够在差异化构建与比较判断、优化选择上表达出更强的能力，甚至会表达出优化的直觉与洞察构建。

六　强化各局部美学要素的相互协调

（一）协调各部分之间的关系

在将各美学要素之间的关系作为一个关注的重点时，应该按照美的方法，在诸多可能的关系中，将最美的关系结构优化构建出来。这就需要先构建出各种可能的关系，以协调程度作为度量"最好"的标准，然后再从中加以比较判断和优化选择。在各美的要素之间各种可能的关系中，存在着占主要作用的、对整体的意义起足够作用的重点关系，尤其是在形成整体性时彼此之间的合逻辑性、具有的更强的合理性等特征，

[①]　［美］苏珊·朗格：《情感与形式》，刘大基等译，中国社会科学出版社 1986 年版，第80 页。

会影响人们的构建。这也是在具体协调各局部美素的过程中需要重点考虑的。

（二）使之在更大整体意义上更合逻辑性

1. 逻辑性的来源

我们日常思维和行为所遵从的逻辑规则来源于以下诸方面：社会习俗、习惯性的整体结构和意义、具有更强兴奋度的时空关系（比如说在很多情况下都会一同出现）、必然的因果联系，以及人们发现并构建的客观事物的运动与变化的基本规律等。这种逻辑性通过状态特征、行为特征、物体结构之间的关系结构，以及事物随着时间变化时的不变性（也包括可以用一定的数学符号来表达时）来具体表现。

2. 合逻辑性限制

各审美要素彼此之间保持着人们在日常生活中所习惯看到的各种关系和后继性的联系。而合乎规律的关系更是人们确认的合逻辑性的关键，此时人们潜在地假设，这种符合规律的关系就是其必须遵循的法则。只有这种性质的关系是正确的，其他的则是错误的。

3. 不同特征标准之间的相互协调

各种审美要素和标准在不同的优化标准之下会带给人以不同的感受。此时，我们可以选择一种优化标准对各种不同的特征标准加以组织构建，并组合成更具概括性的美的升华。也可以在更大的整体上，将各种审美判断要素作为更基本的要素，在更大的整体意义中，协调各个具体特征之间的合理表现关系，促使基于此而生成更高层次的美的深刻而全面的综合性表现与美的体验。

4. 不同意义之间的相互协调

客观事物与人在内心生成的意义并不构成一对一的关系，而是在局部特征基础上进行的合理性构建。这就意味着当前客观事物会激发出众多的活性本征、构建出众多不同的意义。

建立起与活性本征的稳定和谐共振关系，只是形成了美的基础，还需要在建立起整体关系的基础上，促进美的升华。在由某个意义激发出了众多活性本征的基础上，艺术家往往会在这种对应关系中选择出他认为更能表达其内心的美的关系，并在诸多可能表达中构建、选择最恰当的表达方式，以实现外在美与内在美的协调统一。我们可以为了表达一个完整的美的理念，在诸多稳定的审美经验中，结合当前的情景构建出恰当的意义，也可以在表达某个意义的过程中，通过使更多的活性本征处于兴奋状态而指导实施美的表达和构建。从本质上讲，内在美的核心也在于内在地追求与生命活性本征的更加和谐。而这种协调关系的建立，只能一个一个地在协调的基础上通过构建更加本质的共性特征而具体实现。

（三）逻辑规律对完整性的控制与影响

强调美的规律，可以使艺术家深刻地理解基本原则所形成的制约，并且能够自觉地在这种制约下展开艺术创作。虽然艺术家有时会为了不同欣赏者的口味而展开创作，但更为重要的是，艺术家在表述使自己最感动的事物。艺术家带着寻找美的渴望，期待着与人的生命活性本征能够有机结合的某个模式出现，构建最佳的与生命活性本征更加协调的事物、意义。通过表征某个引导外界客观和美的期待相结合的生命活性本征，将这种美的状态的认识和感受固化、突显出来，成为可以被他人感知、认识、描述的具体形态。再寻找能够反映该美的理念的客观表达方式，构建那些能够与当前情景有机结合的美的表达方式，在与美的理念相联系的诸多可能事物形态中，比较选择构建能够达到最佳结合的客观事物映像，并将其采取创作者所习惯的方式表达出来。

（四）局部逻辑与展开

我们需要进一步地强化局部逻辑的力量。艺术遵循局部逻辑，艺术依据局部关系而展开，再通过局部关系将不同的信息组织在一起，通过局部关系所形成的整体性意义而进行选择。利用局部特征构建出尽可能多的意义，是我们展开研究构建的基本方法。真理的相对性和人所形成的认识的合理性则是我们如此认识自然的基本哲学出发点。

在将 M 模式与这种局部逻辑建立起关系时，能够使人更适应这种局部逻辑所产生的探索性构建，引导人先依据局部关系将不同的信息汇集在一起，再从其所组成的众多意义中选择出具有整体性、与当前心理背景具有更多联系度的、更美的意义。美的复杂性使我们往往不能直接得到最美的模式，而需要先根据艺术元素之间的各种局部关系所形成的意义，使依据局部特征而生成意义的过程保持更大的扩展性和灵活性，引导人从心态上认可通过局部特征的局部逻辑所构建出来的任意的整体性意义，通过各种局部逻辑进一步地增强整体逻辑的合理性，再从中做出优化选择。这种过程主要表达在人所特有的想象过程中，通过构建差异化的局部特征、特征之间的关系、特征之间各种各样的组合所形成的意义，进一步地使人构建多样并存基础上的抽象概括与比较优化。这种过程将有效地扩展意识的结构，进一步地扩展人的意识空间，使人能够更多地利用这种局部逻辑关系而扩展人的意识剩余空间。

由此看来，喜剧在这种扩展过程中将起着更加有力的作用。喜剧在具体的表达形式中，总是在保持总体逻辑框架稳定的基础上，细化出若干局部环节和局部特征，基于这些局部特征，将"依据局部逻辑"的关系独立特化出来，并在此基础上做进一步的扩展，通过构建与总体框架限制下有所不同的逻辑性意义而形成矛盾，通过将矛盾转移出去的完整过程模式，激发人在更大程度上通过差异化构建基础上的比较判断，优化选择出与美的快乐反应状态稳定协调的意义。

通过局部逻辑关系的多少来确定彼此之间关系的合理性，是在想象中经常展开的过程。在两个不同的意义之间，所能确定的局部逻辑关系越多，尤其是合乎规律的关系越多，在两个整体性意义之间的关系的合理性就越强，在人的认识中也会认为其合理性能够变得越来越高。此时，局部关系之间的相互协调与相互补充、相互矛盾与相互排斥也会成为其中被利用的基本关系。

在构建局部关系的过程中，存在着独立模式自主涌现的力量，那些兴奋度较高的关系模式，会因为自主涌现性特征出现在与其没有关系的心理状态中，在形成意义的过程中发挥足够的作用。其作用的发挥既受到其自主性的影响，还受到与其他要素达成足够的协调关系的影响。这就意味着，艺术家必须具有开放性的心态，将那些自主涌现出来的新的局部特征及时地逻辑化到整个作品中。

（五）美的逻辑性，美的自律性

自律性是相对于非自律性而存在的。所谓自律性，指固有地、内在地表现 M 的力量，是美的艺术品的完整性的具体表现。美的自律性要求艺术品内在地包含遵循规律基础上的优化关系，即便没有人的优化力量的驱动，美的遵循规律的优化性特征也内在地驱动着人能够体验到这种美的力量。美的自律性受意识的这种影响作用主要表现在人要进行更高层次的概括与抽象，并在这种高度抽象的基础上进行意识的体验。而美的意识体验将与终极的美——完美具有更大程度上的相关性，甚至同一性。这就意味着人甚至会将那种假设的、想象的、局部特征任意地汇集在一起，作为真实的存在而去体验，并作为人所追求的可实现的目标。

美的自律性来源于其生命的活性本征的完整性和自主涌现性。每个人都会基于自身的生命活力、教育和社会环境的影响，运用其特有的扩展性力量，在差异化的构建过程中，逐步地选择并固化出具有审美特征的认识体系。与此同时，还需要将 M 的力量在其中充分显现，并与其他的概念建立起逻辑关系。这种完整的结构能够表现出足够的自主涌现的力量。

在知识的探索过程中，人们依据客观事物之间的必然联系，构建出各种概念之间的关系，由此而形成的内在逻辑性成为美的自律性的重要内容。概念之间确定的抽象联系在一定程度上依赖于美的现实所组成的优化约束关系，它以实际的过程促使人运用抽象（优化模式的扩展）的力量构建出与当前有所不同的抽象体系，并以此来扩展、检验当前理论体系的完整性、自洽性与合理性。

美会表现出足够的限定性和自成一体的约束性、自洽性。追求自律，有两个方面的意义：一是表达内在的逻辑和规律性的限制；二是能够按照自主性自由地表达。因此，自律并不意味着绝对的自由，也不意味着放弃自由，而是要求在遵循规律的基础上，在规律的范畴内追求更大限度的延伸与扩展，或者在非规律特征限制方面表达得更加自由。比如说，在牛顿第二定律中，只是给出了物质运动所受到的外力、物质的质量与物质运动的加速度之间的规律性关系，但这种关系规律对于物质的大小、形状、色彩、质料等因素并没有给出限制。基于此规律，我们可以研究一朵花在受到外界作用时的加速度，可以研究一枚火箭运动时的加速度，并以此为基础再研究其相应的运动规律。违反规律的自由从根本上就是错误的。但在构建规律时，需要区分人们的习惯（习俗，或者说人们在相应的情况下通常会做出某些举动）与规律的区别，把握相对真理与绝对真理的不同，注重将理想与现实区分开来。

美的自律性与其扩张性内在地联系在一起：扩张（变异）性是基于生命的美的自律性的基本特征。正是由于存在扩张性，才能对比性地突显出美的自律性的特征。也只有在扩张力量达到足够的程度，从而形成了诸多不同的模式的基础上，人们才能明确地认识到自律性的意义和作用。

在美的自律性内涵中，存在着内在稳定性与逻辑关系的制约，其本质就是之前所揭示的在差异化构建基础上的优化选择。"立象以尽意"，这里"尽"的实质就是通过典型的美的"象"而最大程度地、最完满地、最彻底地表现出各种各样的、甚至全部的"意"，将内含其中的"意"完整地表达出来；或者说以最佳的形式代表更加复杂多变的内容。这既反映了"美在于典型"的特征，也表征着人们运用抽象以形成更具概括抽象性的美的过程。

七　熟练掌握由美到艺术的基本操作

弗朗兹·博厄斯举例说："印第安人把大量的时间用于编筐工艺，因此，他们编筐匠人的技术达到了相当熟练的程度。收藏家们对加利福尼亚出产的造型美观、结构匀称的编织品颇有研究，并且给予高度的评价。"[1] 由此而形成的整洁、结构匀称的艺术品，是充分表现 M 力所形成的必然结果。

在此过程中，弗朗兹·博厄斯强调，"如果不考虑美学的因素，我们可以看出，技术之所以能够达到高度完善的程度，是因为匠人尽力克服了各种困难进行操作，换言之，是因为技术成熟的工人要在生产中得到个人的满足和快感"[2]。每个人都期望将自己对美的追求的模式和力量（M 力和差异化构建基础上的优化模式）固化到其所从事的生产劳动中，并由此生成了表达自己的力量的愿望和相关的行为。

①　[美] 弗朗兹·博厄斯：《原始艺术》，金辉译，贵州人民出版社 2004 年版，第 6 页。
②　同上书，第 11 页。

弗朗兹·博厄斯更进一步地指出:"更为重要的是,人类掌握了完善的技术,而完善的技术自然来自动作的高度准确和稳定。稳准的动作必然产生规则的线条。当工匠克服了刻刀不稳的现象以后,即可刻出平滑的曲线;制陶匠旋转陶坯,手的动作规律就可以得到圆形的陶器;同样,编筐时若能控制鞣条或铁条的弯曲,即可造出距离相等的螺旋结构的产品"①。

（一）掌握美的理念的形式表达方式

通过熟练掌握美的理念的表达方式,将人的心智从对美的体验、探索中解脱出来,使之成为一个独立的"客体"。具体地表现此过程,还能够节省大量的心理空间,一方面保持生命的活性;另一方面将注意力主要集中在需要运用心智来探索的过程上。我们也可以直接讲:由此能够更好地激发人的审美经验。

H. 里德将注意力具体地集中到相关的局部艺术元素的概念上,并进一步地指出,艺术家就是通过这些"经典"表现恰当的艺术元素的（局部模式、模式之间的优化性的关系）。②诸多艺术元素成为人们在艺术表达过程中被典型而突出表现出来的关键性局部特征,人们借此特征与美的关系对艺术品评头论足。在激发出美的模式以后,这种美的模式会将人们习惯中构建出来的最美的局部模式激活,并进一步地展开更大的整体的构建。在此过程中,涉及不同美的局部元素之间的相互协调问题,在这种情况下,需要以客观事物之间的整体性的相互关系作为基本的指导,保证各局部模式彼此之间满足事物所形成的相互关系,以及基于当前世界人们所构建、探索出来的自然界的基本规律等。

（二）艺术欣赏与美的体现

当一个人的活性本征模式处于稳定兴奋状态,意味着建立起了客观与美的状态中的本征表现模式之间的稳定联系,同时也意味着已经引导人进入了美的状态。当我们欣赏一幅艺术作品时,是通过外界客观而使人的某些活性本征模式处于稳定兴奋状态的。如果说此时人处于美的状

---

① ［美］弗朗兹·博厄斯:《原始艺术》,金辉译,贵州人民出版社2004年版,第15页。
② ［英］H. 里德:《艺术的真谛》,王柯平译,辽宁人民出版社1987年版,第171页。

态之中，那么，艺术品所激发的若干美的元素的兴奋就有很大的可能性与当前人的美的状态不同，这样就会形成刺激，并因为这种不同的活性本征的兴奋使人由原来美的协调状态达到不协调状态。欣赏艺术品自然要求人抛弃自己内在的活性本征的兴奋，将注意力集中到由艺术品所激发的活性本征模式的兴奋上。在实施了这样的心理转换以后，就可以与活性本征形成和谐共振关系，使人重新回复到稳定协调状态。如果人一开始就没有处于美的稳定协调状态，那么，通过艺术品的欣赏激励而使人的某些活性本征模式处于兴奋状态时，就会自然地使人感受到处于美的状态之中的特殊状态的意义。这种状态会与欣赏者先前的状态形成联系并具有很大的不同。通过这种刺激，能够使人体会到由不协调状态达到协调状态的快乐感受。

八　艺术创作与艺术欣赏之间的区别与联系

艺术家与欣赏者的审美经验是不同构的。即使存在一定程度上的同构，也是力量模式的质的相同与相似，同时，还是在生命活性基础上相同与不同的有机结合。从生命活性的角度来看，既然要形成刺激，便意味着不同。这里存在三种情况：一是通过相同而形成共振。形成共振可以看作形成刺激的其中一种方式；二是通过差异而形成刺激；三是在某些局部特征相同（相似），其他局部特征不同而形成刺激的过程中，形成一个综合的动力学过程。

（一）联系

1. 通过相同或相似的生命力的同构传递

生命活性中发散的力量、生命活性中收敛的力量、收敛与发散有机协调的力量，以及收敛与发散这两种力量的相互制约等，这些心理模式都会作为一种稳定模式，成为能够通过与之和谐共鸣而进入美的状态的基本模式。无论是创作者，还是欣赏者，都需要表达这种过程。

2. 通过表达追求更的 M 力的同构传递

无论是艺术家还是欣赏者，由于具有共同的、源自于生命活力的、积极向上的、追求更的 M 力，将 M 力寄托于任何一个意义、模式特征上，人们都能够由此而形成共振，通过人内在的审美经验而产生彼此之间的交流与体验。

3. 强烈地表达出竞争的愿望

交流与合作是生命得以进化的基础，生命体是在群体中的相互竞争力量的作用下基于优化而不断地进化的，也因此将对美追求的力量表现得更加充分。到了人（具有足够强的意识能力）这一层次，则能够在意识层面更加主动地专门针对 M 力和优化模式实施强化。人尤其得益于群体的交流，得益于通过交流而形成的复杂的语言系统，得益于通过语言而独立特化出来的意识，并使各种本能模式在意识中有效地得到表征，使人有能力在意识中对各种独立的模式进行基于生命活性的再加工。

4. 相似认知结构的美的传递

同一民族的人由于关注相似的情景、相似的社会习俗，会形成某些特征的共同认识，由此生成相似的审美习惯。这些共性特征和心理模式会引导创作者、欣赏者共同地展开相似的审美过程。在中国文化氛围下成长起来的人，对竹子的潜在含义是很明确的。基于相同的文化习惯、社会背景等因素将会激发出更多的审美要素，创作者和欣赏者也会更大程度地依靠这种共性信息的力量实现美的传递。

5. 具有共同的更美的愿望和信念

在一个群体中会由于理想追求而形成特定的社会氛围，这就意味着该群体具有保持精神稳定的寄托模式、能够表达出对美追求的力量的固有表现。人们会在某些特征方面表现得更加优秀以获得足够的竞争力，并在竞争力的驱动下使之变得更强；人们会遵循共同的社会道德规范并在社会主动地弘扬与社会道德规范相符的行为驱动刺激下，力争获得更多人的赞赏；特定的自然与社会环境会使不同的人形成特定的审美偏好与追求，该群体中的每个人都会在某个特征的控制下，将 M 力与该特征相结合以尽可能地做得更好。

（二）区别

艺术创作者与艺术欣赏者的区别也是非常显著的。简单地讲，一是过程不同。艺术的创作过程是首先激发了艺术家自身内在的活性本征，使自己产生了相应的审美感受，在外界环境与美的状态（某个美素）建立起了稳定关系以后，再将这种关系结构表达出来。而艺术欣赏的过程是已经建立起了这种稳定的关系模式并形成了相应的审美经验后，需要欣赏者将这种关系再次激活以表达出来。二是强调的重点不同。艺术家以外界环境与美的状态已经建立起的稳定的关系为基础，将激发人进入美的状态的外在刺激物转化为艺术品。而欣赏者则依据以往所建立起来的外部环境与美的状态之间的关系，在艺术品所表征的信息驱动下，引导人从一般状态转化到美的状态。三是艺术家和欣赏者的审美经验不同。人都是以生命的活性本征为基础而展开进化的。虽然人的心智更多地受到当前环境（自然的、社会的）的不同影响，每个人的心智都建立在记忆大量现有共性知识的基础上，但在生命活性中差异性力量的作用下，还是存在较多但却起基础作用的差异化的核心模式。从另一个角度来看，虽然人的心智彼此不同，但这种不同仍然是建立在生命活性中发散力量的作用之下的。当然，由于这种差异化的共性力量的存在，彼此的不同又有了共同的基础。

（三）艺术家与欣赏者的共同点

托马斯·阿奎那（Tomas Aquinas）这样理解对称：将知觉者和被知觉者放置在两边，当两者之间形成共振（形成对称）时，就可以形成足够的美的吸引力。鲍桑葵写道："在圣托马斯的著作中，美的吸引力的根本基础也是在对称中揭示出来的知觉者和被知觉者之间的亲和力。"这里提出的"亲和力"的概念，指的就是达到目的和谐共振时的具体表征。或许，托马斯·阿奎那对于对称的理解才是正确的。①

1. 事先构建出审美经验

无论是艺术家还是欣赏者，都需要事先构建出具体的审美经验，形成人自身的活性本征与某些外在事物建立的稳定的联系。我们能够根据某个美的模式的稳定兴奋而构建出能够更好地表达这种美的具体艺术模式；也能够在诸多已经选定的艺术模式的基础上，构建出能够更恰当地激发人产生审美行为的过程。

2. 运用审美经验观照对象

万事万物都有美，每个人也都能表达程度不同的审美能力。这就需

---

① ［英］鲍桑葵：《美学史》，张今译，商务印书馆 1985 年版，第 195 页。

要我们运用内心通过活性本征激发而形成的稳定的协调模式,具体地在外界客观中寻找与之相同的局部特征、特征之间的关系,以及由此所组成的"美的意味"。

当然,艺术家与欣赏者在美的观照过程中的差异性还是非常明确的。从本质上讲,两者有着本质性的区别;从差异的角度来看,两者都表现出了美的差异性构建的力量,同时还因为差异形成了刺激。艺术家会运用 M 力将最佳的局部特征描述下来,运用自己的审美经验观照客观,从客观对象中提取出最美的模式;艺术家也会运用审美经验从客观中改造优化选择,生成最美的模式。由于激发出了人的审美感受,艺术家在内心构建出了最美的内容,构建出了反映内容的最完美的形式,而在将这种最美的模式描绘出来时,便又会遇到新的问题。我们能够将这种完美的形式表达出来吗?为什么我们可以完整地"复制"出在我们大脑中生成的心理信息?我们所依据的是两者之间的差距。既然有所不同,就应该在这种不同的基础上构建出更恰当的不同,使外界艺术品在更大程度上符合我们内心生成的美的观念。

3. 艺术家与欣赏者的审美经验体现

我们认为,美应是向人的本质力量更逼近的具体表现,表征运用 M 力所形成的不懈追求,以某种确定的形式来表征这种追求的结果。这就是说,平时在"台下"花费的功夫越多、练习越多、优化的力量越强,在主要特征、主要环节、主要活动模式的选择上就会越恰当;所考虑的因素越多,在协调彼此之间的关系时就能够形成范围更大的恰当。

在此过程中,天赋的作用不可忽视。个人在这个方面的天才特质越强,创造的艺术品的价值就越高。比如,莎士比亚(Shakes Peare)的语言能力无人能比,毕加索对绘画的感悟能力无人能比,莫扎特(Mozart)在用音乐表达情感时的能力无人能出其右等。他们会利用这种特殊的天赋(强势智能),达到比他人更加有效的探索和构建(这又将与强势智能的概念有机地协调在一起。也就意味着,人在强势智能领域表现时,会激发出更多的信息与之建立联系,会在更多的局部特征构建各种意义的过程中,进行恰当的选择)、更强的 M 力、更强的优化的力量。从直觉和强势智能的角度来看,所形成的结果会使人感受到更具本质性的美。

4. 将相同与差异保持在一个恰当的比例范围内

从概率论的角度考虑此问题时，由于创作者与欣赏者的认知构建不同，在受到意识层次信息模式的干扰和影响时，艺术家创作的美与欣赏者所体验到的美往往会有很大的不同。这种不同很大程度上会表现在发散扩展力量和收敛稳定性力量的恰当比值方面。发散力量与收敛力量的比值决定了一个人生命活力的"平衡点"，结合发散力量与收敛力量的具体表面，能够在很大程度上决定一个人的"生态位"。由于存在共同的生命活性本征，因此，从信息论的角度来看，在与生命的活性本征和谐共振时，艺术信息的传递也会变得更加顺畅。

（三）批评家与批评

批评家从另一个角度推动着艺术向更高水平转化。在实施艺术批评的过程中，第一个方面应该指出作品的特色；第二个方面应该指出作品好在哪里，引导人更加恰当而准确地将与艺术品中相关的美的感受表达出来，并指导艺术创作者在各种表达模式中选择最恰当的，通过练习，准确地表达想要表达的。在此过程中，各个要素之间内在的逻辑关系可以作为引导其构建完整模式的指导模式，而在人们有意识地改变这种关系的过程中，则会出现风格的变革。婴幼儿就不能准确地将自己的感受采取恰当的方式表达出来；第三个方面重点研究讨论其在哪些方面表现不足；第四个方面则是运用其美的根基改进、提炼、升华对美的追求。但对于当代艺术作品而言，批评家将注意力更多地集中到向公众解释某件艺术品所表达的含义是什么，应该如何激发人进入美的状态中等方面。

第三节　天赋与训练

在举世瞩目的艺术成果面前，永远存在着天才的天赋与平庸者的努力之间的关系纠葛。禅宗在中国传播并与中国传统文化有机结合所表现出来的"顿悟"与"渐悟"的关系，又为这种纠缠增加了更多的神秘色彩。但不可否认的是，即使是极富天赋者，也应该依据其最大潜能而做出更大的努力。"十年规律"说明了艰苦练习的重要性。[①] 达·芬奇就特别强调努力的力量："只要付出辛勤的劳动，上帝就会恩赐给我们一切美好的东西。"[②]

一　通过练习达到熟能生巧的地步

（一）熟练掌握的意义与作用

"熟"表示信息在大脑中以较高的可能度而形成稳定的模式。一旦信息熟化成一种习惯，那些信息模式就会稳定地显示在大脑中，并成为指导其他信息模式变化的"套导模式"。

所谓熟练掌握一种思维模式，指的是能够深刻理解该思维模式所对应的特征，准确把握该模式的内涵与外延，掌握该思维模式所对应的各个特征之间的关系和规律，当遇到一个实际问题时，能准确地给出当前实际问题用该思维模式描述的具体形式。

如果仔细研究人的心智成长进化过程，就可以看到，当有大量的信息存储到我们的大脑中时，就意味着第一个层次过程的进行与实现，这就是以记忆大量信息为主的、认识理解的初级心理成长层次；第二层次的心理成长层次将是在熟练掌握的基础上运用某种信息模式来指导我们的行为，其中包括灵活运用；在第二层次心理成长层次的基础上，还会进化出第三层次心理成长层次：以主动探索新的模式为核心的心理层次。显然，只有达到第三个层次时，才可以称熟能生巧。在这个过程中，起基础作用的是第一层，大量信息被存储在大脑中以组成能够表现自主性的"心智空间"。学习知识，重要的是能够灵活运用，这其中的关键则是让好奇心与想象力与之有机结合：在牢固掌握的基础上，不失好奇心与想象力的扩展与灵动。

弗洛伊德的研究表明，当人们熟练掌握一个信息模式以后，该信息就会转化成为一种指导性心理模式；会成为人的下意识的心理模式，不

---

① ［美］罗伯特·J. 斯腾博格主编：《创造力手册》，施建农等译，北京理工大学出版社2005年版，第138、186—204页。

② ［意］达·芬奇：《达·芬奇讲绘画》，刘祥英等编译，九州出版社2005年版，第16页。

再占据、干扰人的心理转换与控制。我们熟练掌握了相应的方法，就会在遇到相关的问题时，自然地将这种方法所涉及的各个环节展示出来，不再占据本来就有限的心理认知空间（心理能量），引导人们在研究完一个部分的问题以后，也能很顺畅地接着研究其他的方面，不再需要动用心理资源去构建研究其他方面的策略；熟练掌握某种技法，也意味着该技法所对应的神经系统能够有效地参与到信息加工过程中，善于思考的人的扩展性本能就会发挥作用，基于技法所对应的各个环节，不断地向其他信息伸出关联的"触角"，由此会形成一个更大的由激活的信息所组成的心理空间，这样就有效地扩展了人的心理空间，能够使心理空间在这种激活过程中不断得到构建。会留下更大的对信息实施加工的心理空间，进而会在好奇心的作用下引导人将注意力集中到其他信息上，或者利用其他信息引起心智的变化。在我们有了足够的心理空间以后，就能够在现有心理空间的基础上实施多样性试错和差异化构建，以寻找到更为准确恰当的应对模式。因此，一个心理模式能够成为稳定的指导模式，还可以使知识有效地转化为策略性指导模式的基本前提就是该信息模式已经在大脑中形成了较高可能度的记忆。

要通过熟练掌握形成习惯，往往需要花费相当长的时间。"十年效应"说的就是要想充分地掌握一个研究领域，非得十年的深入研究不可。

（二）熟能生巧

无论是一种方法，还是一个信息模式，只有熟练掌握了才能够灵活运用，才可以不脱离方法的灵魂而准确地把握问题的本质，才可以从更加本质的角度对问题展开深入研究，也才可以在抽象与具体之间灵活转变，达到巧学巧用的状态。这就是熟能生巧。"巧"具有技巧、巧妙、简洁、高效等含义。"巧"同时还包含着在熟练掌握基础上的变化性试探、构建其他的模式、在多样并存基础上的比较优化等。如果一种信息模式不能稳定地显示在大脑中，尤其是该信息的意义还有待人们进一步地认识时，我们是不能灵活地运用它来引导其他信息模式的变化的。在此过程中，如果只是熟练地展示已有的模式，而不试探其他的行为模式，是不能比较出"巧"来的。当人熟练掌握了一种模式后，人生命活性中的发散扩展性本能会固有地表现、在当前模式的基础上构建出新的模式，并引导人围绕当前稳定的信息展开扩展，用于指导其他信息的变化。

也许人们会说：如果熟练掌握了，在遇到任何一个问题时都这么想，还能有所创新吗？还能根据具体情况采取不同的措施吗？我们知道，控制智力活动所需的思维活动和智力活动本身之间是有差别的。稳定习惯的智力活动并不需要很多管理资源来启动或维持，但是要完整地实施这种过程，会涉及更多的信息，还要通过充分思考才能实现。要真正地认识更加稳定且灵活的人的活性本征的内在统一性本质，充分体现出好奇与独创性的必要性联系。因为在这个过程中，人们不担心能否"死记硬背"，而是担心能否灵活运用。更何况，在当前状态的基础上进一步地优化，这本身就是创造。

人们常讲：法无定法，其实这里讲的就是在熟练掌握基础上能灵活变革的高层次境界。在能够灵活运用时，这些作为指导模式的信息不再出现在人们的意识感知心理空间，间接地扩展了人的能力空间，可以使更多其他的信息出现在人的意识空间并有可能成为"控制模式"。这里所讲的重点在于能不能在熟练掌握的基础上灵活运用的问题。是的，当我们不能熟练掌握某种方法模式、信息时，是不能灵活运用的。灵活运用就包括既能在模式的引导下给出实际问题的准确"界定"，又有足够的心理空间实施变异性探索，利用熟练掌握所形成的足够的心理空间对变异试探的结果进行判断并向未知作更大延伸的预测，在充分考虑各种情况、将各种问题联系为一个有机整体的基础上，形成对未来准确而深刻的洞察。

（三）熟能生巧与领悟

通过差异化的实践可以提高一个人的领悟能力，甚至说，只有不断地实践、体验、思考，才可以形成更高层次的领悟，才能使领悟所得到的模式的应用起来得心应手。

美国学者杰夫·科尔文通过研究指出，只要通过艰苦的长时间的练习，一个平凡的人也可以成为天才。为什么莫扎特少年时就能写出交响曲，而大多数孩子只能艰难地弹出几个音节？现实中，人们习惯于、或者说更愿意将这种难以解释的成就归于天赋。而杰夫·科尔文的观点则正好相反。他指出，非凡的成就不取决于天赋，也不取决于先天基因，而是取决于坚持不懈的刻意练习。这种刻意练习不仅对家庭教育有极大的启发，对于有效的管理组织尤其是学校更好地发挥绩效，也有着深刻的启示。

显然，在科尔文看来，智力在高成就上的真正作用其实并不大，在伟大人物的成长因素影响上，后天培育要超过天生因素。问题的关键在于，针对关键性技能，是否得到了科学而刻意的练习。刻意练习需要打破习惯，需要更大的专注力，更需要名师的指点。能力的每一点增加，都将是对环境、技法、思想、好奇心所对应的扩展等的更高需求。[①] 在这一过程中，刻意练习中的优化和努力地追求美将发挥更为关键性的作用。更多的优化模式和力量被固化到作品中，意味着人在创作的过程中付出了更多优化的努力和对美的更多的追求——表达更多的 M 力。

数学家华罗庚有诗云："妙算还从拙中来，愚公智叟两分开。积久方显愚公智，发白始知智叟呆。埋头苦干是第一，熟能生出百巧来。勤能补拙是良训，一分辛劳一分才"。陈省身有一次在中国中央电视台的《焦点访谈》节目中说："做数学，要做得很熟练，要多做，要反复地做，要做很长时间，你就明白其中的奥妙，你就可以创新了。灵感完全是苦功的结果，要不灵感不会来。"物理学家杨振宁同样在说："对于物理学基本概念的理解要形成一种直觉。"张奠宙就认为，对基础知识和基本技能的掌握必须做到十分熟悉、熟练，一直到"不假思索"用直觉判断的程度。熟练了并不是只埋头于所熟练的内容，而是要运用好奇心从所熟练的内容中抬起头来。[②]

宗炳认为："夫以应目会心为理者，类之成巧，则目亦同应，心亦俱会。应会感神，神超理得。虽复虚求幽岩。城能妙写，亦城尽矣。"达到外界与活性本征的稳定协调，或者依据这种稳定协调关系，就能够通过客观形态而激发人的活性本征。"应目会心"意味着画家从视觉开始获得山水自然的深刻审美意蕴，在从事艺术创作时，画家就能够以"类之成

---

① ［美］杰夫·科尔文：《哪里来的天才：练习中的平凡与伟大》，张磊译，中信出版社2009 年版，第256—260 页。

② 张奠宙：《普通高中创新人才培养中的基础与创新问题》，《教育发展研究》2010 年第6 期。

巧"的方式来表现，通过差异化的构建及联系，使同一类信息汇聚在一起，依据某种概括与抽象的方法，将同一类景象中共性的特征突显出来，再基于其中的可比较度量的共性特征，通过比较优化的方式得到"巧"。达到了更加娴熟的程度时，便可以以任何体裁作为艺术表达的载体而触类旁通，通过任何意义的表达而有效地构建出更美的艺术品。以这种方式呈现出来的山水画，必然会使审美主体与审美客体之间成为稳定协调的结构统一体，由此而形成"目亦同应，心亦俱会"。正因为真实的审美体验和高超的绘画技巧能够以更大的可能性使观画者与作画者在画面上看到的和想到的一样，眼所看到的、心领会到的都是山水自然显现出的"神"，作画者与观画者的精神都能够超脱于凡俗之外，"理"也随之获得。"虽复虚求幽岩。城能妙写，亦城尽矣。"也就是说，在山水画中获得的审美感受与真正地去游览山水获得的审美感受是相同的，山水画也可以更加深刻地穷尽山水之形而表达出其蕴含的"道"。

（四）思维习惯与定势思维

如果我们将探索、新奇、想象等列入艺术创作的习惯中，并要求人们在研究问题时，既保持足够多的稳定性的模式、经验、技能和知识，又保持更大的灵活性、扩展性，能够留下足够的心理空间以待人们"仰望星空"，那么，这种创作习惯就成为足以应对更多问题的恰当策略方式，同时还使相应的艺术创作策略具有更大的适应性。我们所追求的恰恰在于如何在稳定地掌握信息模式的基础上，从更高的层次更加灵活地运用它来研究问题。

二 强化技法的意义与作用

在美学与艺术理论中，人们常常会反对技巧论，认为只有技巧而无思想、只有形式而无内容，基于此而构建出来的作品是不能称之为艺术的。但我们应该充分地认识到，只有熟练而准确的局部技能才能更恰当自如地表达情感和意义；只有熟练的技巧才能比他人更好地表达意义；只有熟练才能比他人表现更强的 M 的力量；只有熟练的技巧才能保证我们有足够的心理空间去有意识地实施差异化的构建和比较判断基础上的优化选择，也才能得心应手地表现出最美的结构；只有娴熟才能有完整且极致的表现局部极小与增长的极限。我们在谈论到原始艺术时，必然地涉及娴熟的技巧。是的，在原始艺术领域，只有到了熟练地从事某项活动时，才能给人带来美感。人们也会由此认为美就是在不断地重复并追求更美的过程中表现出来的。这其中所反映的内在本质性关系如果不能为美学理论所揭示，不能认识到美学中 M 的特征、力量和由此而固化出的优化的力量模式，就不能正确地体会美是如何从劳动中被创造出来的。

（一）技巧能更恰当准确地表达意义

一个人在成为艺术家之前的练习极其重要。通过练习，能够增强准确表达的能力；能够不断探索，构建新的表达手法；能够最恰当地表达人所产生的情感与意义；能够将平时艰苦的练习所形成的"更"的意义融入艺术品之中。欣赏者在看到这种练习的困难程度时，也更能体会到艺术作品的更美所在。

娴熟的技法与艺术品存在内在的本质联系。

一是人们在单纯地从事这种活动时，在当前的条件、理念作用下，在技能练习中已经充分地表达了 M 的力量，并且在 M 的作用下已经达到了最为娴熟的技巧，因此，与 M 结合在一起并达到最佳的程度，就能够以最大的可能性保证得到更美的状态。这同时意味着，在人从事任何活动时，只要达到了最为娴熟的技能状态，所得到的产品都可以称为"艺术品"。

二是指在诸多表达方式中选择了最恰当的。这种恰当性在与原始状态下的艺术创作相比较时，可以清楚地看到。在原始状态下的人们，没有经过专门的练习，没有掌握足够熟练的表达手法，没有完善、系统、复杂的完整行为，尤其是没有足够便利的工具，不能达到现代所能达到的更为精巧的程度。因此，我们不能以现代艺术品的精巧程度来衡量古代的艺术。在原始艺术时代，没有专门化的艺术创作领域，队伍、人员也没有从人群中独立特化出来，没有在彼此的共同生活中通过竞争优化而将这一模式独立特化出来，也没有展开有意识的培养和强化，就不能做到在前人成果基础上的更进一步。原始状态下，人的知识有限，内心的力量还没有增强到足够大的程度，还不能随意地对信息进行各种形式的变换，此时人们专注于此工作，没有受到其他信息因素的作用，没有建立起众多模式与其稳定的对应关系。在这种情况下，当时的"艺术家"能够将其最美的状态展示在人们的面前，已经足以使人感到震撼了。

三是技巧一定是将那种基本的操作熟练化、优化和精确化了的。这将保证创作者想要达到一种什么效果时便能够准确地达到。无论是描绘人们所熟悉的人物、场景、事件，还是通过想象而构建出种种有差异的不同模式，并进一步地在此基础上优化选择出效果最佳的作品，都需要娴熟的技巧作为基础。更何况，以相应的能力表征生命的活性本征时，必须保证足够的确定性操作，才能保证生命体表达出足够的变异操作。此时的技巧就是人们在能力层面上的稳定性元素。"达·芬奇传世的画作并不多，因为他创作一幅画的时间很长，他会为这幅画准备多方面的练习，画素描，打底稿，所以，他传世的每一幅画几乎都是精品。"①

四是娴熟的技巧将人们从意识空间中解脱出来，使相关的活动不再占有相应的心理资源，使人能够将对美的注意力集中到还没有达到最优的结构意义上。复杂的艺术创作要求每一部分都应该是优化的。在人的能力有限性的基础上，在有限的时间内只能一步一步地完成优秀的作品。而此时，技巧便起到能够事先构建出达到优化后的结果的作用。为保证我们进一步地深入展开艺术创作奠定了相应的基础。

（二）能更顺畅地协调局部特征的关系

娴熟的技巧能够保证人们将注意力集中到协调各种已经优化的局部特征之间的关系上。在人们赋予各局部特征以独特意义的过程中，合理地处理彼此之间的关系便成为需要考虑的重点。应该将局部特征之间的关系作为必须考虑的核心，以局部特征的最优化意义为基础，基于彼此之间各种可能的关系而形成在更大程度上的合情合理性，能够在更大程度上使人更加明确地认识到其合理性，尤其是合乎逻辑性。

从系统的角度来看，局部最优并不代表整体最优，整体最优取决于各局部模式之间的相互促进、相互支持、相互激励。在艺术创作过程中，局部特征之间的相互促进的形式与力量是需要进一步协调构建的。当我

① ［意］达·芬奇：《达·芬奇讲绘画》，刘祥英等编译，九州出版社2005年版，第5页。

们已经熟练地掌握了相应的技巧，从而将这种行为模式转化为下意识的动作时，这种模式便不再吸引我们的注意力，我们也就从这种具体的局部认知构建中解放出来了。

（三）熟练掌握艺术创作的若干基本原则

艺术创作的原则一方面来自于理论家对美的理性升华；另一方面来自于艺术家长时间艺术创作经验的概括总结，最起码它给人提供了一种思想、思路。这需要我们有效地将其转化为下意识的艺术创作的指导模式，使人能够在不知不觉中遵循美学的规律展开艺术创作。

首先，艺术家可以在平时的练习中，有意识地强化提升这种美的基本元素的美的程度；其次，艺术家可以在表现意义的诸多形式中，将这种具有最美形式的局部的美的元素结构突显出来；再次，艺术家可以通过差异化的构建，在差异化构建而生成多样并存的基础上，运用 M 的力量比较判断，运用与生命活性在更大程度上的稳定协调而优化选择出最美的整体化的美的结构；最后，艺术家可以在成功的艺术作品中，将这种局部的美的元素与最美的完整艺术作品建立起稳定的联系，从而使其以较高的可能度在以后的艺术创作过程中自主地涌现出来。这就相当于艺术家已经构建出了诸多能够代表更加丰富意义的最美的形式（线条、结构），从而保证艺术家能够将创作力集中到其他的因素（像更恰当地协调各种局部美素的关系上）。

（四）关注主要关系从而形成更加有效的动作行为

在我们书写字的过程中，能够体会到基本笔画的意义与作用，同时也能够体会到各种基本笔画在各个字中是如何结合具体情况而做出相应调整以使该字更加"漂亮"的。这就意味着，至少对于热爱中国书法的人来讲，掌握好基本笔画和字的间架结构原则，再结合具体的字而灵活展开，对于书写好一幅书法是必不可少的。能够更加优美地结合每一个字而将基本笔画表达出来，是书法这门艺术的基本功。能够在基本笔画和间架结构中体现自己的书写特色，并让人感到美，是书法艺术的基本追求。

弗朗兹·博厄斯指出："普吉特海峡以北的印第安人的生活用品是木制的。这里男人从事木工行业，他们在……方面技术相当熟练，长期的劳动使他们的技术日益完善，这些木匠手艺的精巧程度与现代最高超的匠人相比也毫无逊色。"① 这里的重点是"技术日益完善"和"手艺的精巧"达到了最高的程度。

三　练习的意义

艺术家尤其是舞台艺术表演家，为了能够在面对观众时引发更大程度上的审美感受，便会在"下面"进行长时间的探索构建，不断地积蓄符号化的形式与意义的稳定性对应关系，根据意义、情感的变化将这些模式组织起来，更加恰当地表征、激发人的情感与意义的"恰当"表现，以与人的现实状态形成"恰当的距离"而给他人带来相关的刺激，使人体会到更加强烈的审美享受等。由此就可以看出，练习具有两种明确的意义：一是探索其他的表现的方式，并从诸多探索中优化出"最美"的模式；二是将这种"优化"的模式固化下来，使之成为局部的稳定优化结果；三是使这种模式力量表达更具稳定性，在各种情况下都能稳定而准确地展示出来。从展示优化模式的稳定性的角度，我们可以看到，技巧性体育与书法练习、戏剧、舞蹈排演之间在这个方面存在内在的本质性的联系。

（一）艺术家的写生与练习

深入生活、体验生活（写生）是艺术家（画家）经常进行的活动。从某种角度讲，这是艺术家在日常生活中建立外界环境与自身美的状态之间稳定关系的逐步积累的过程。当这种积累达到一定程度时，便会增强艺术家以外界环境为刺激而激发的艺术家内心活性本征模式的兴奋程度，引导艺术家在更大程度上更加顺利地进入美的状态。通过日常写生练习，还可以提高艺术家对于美的状态受外界环境作用而变化时的敏感性，能够在无意识中增强艺术家内心美的状态的稳定性、独立性、自主涌现性，也就使艺术家能够以更大的可能性将美的状态和内心美的状态与外界客观之间建立起稳定的联系，从而将这种外界客观表达出来。

写生的意义在于：发现美的原型和模式，积累美的元素，优化局部

---

① ［美］弗朗兹·博厄斯：《原始艺术》，金辉译，贵州人民出版社2004年版，第7页。

的美，优化局部特征之间的逻辑关系，建立客观事物与艺术家内在的本征模式之间的联系，从而使艺术家的感情、体验到的美与具体事物在大脑中的反映有机地联系在一起，使艺术家内心的美具有具体的"依托物"。艺术家也能够由此而借用具体的可表达物表达内心美的理念。通过这种形式的探索构建出意义表征的最优的形式，并在与实际情景有机结合的过程中不断地比较选择。与此同时，还会在想象中有目的地实施更加多样的差异化构建，以更加多样的差异化模式为基础，构建出在美的优化特征指导下的更美的模式。

局部最优特征的积累，是在平时的强化练习中逐步形成的。经过平时练习中的差异化构建与优化，基于平时的观察与选择，经过平时的思考与概括、抽象，熟练地建立起专门化与局部意义稳定的对应关系，相当于艺术家构建了大量稳定的局部的优化意义与模式，积累了大量的局部优化关系。这些局部的优化结果就会成为以后进行完整艺术品创作的局部元素。

平时需要掌握足够的"定式"，并建立意义表达与最佳形式之间的稳定性对应关系，以便在以后更大型的、复杂的艺术创作中协调、顺利而完整地将其表达出来。这也是人们在平时练习中所强化的。人的美的状态是在外界环境因素的刺激作用下众多美素通过相互作用和自主涌现形成的稳定的动力学系统。在不同的环境下所建立起来的美素之间并不一定构成相互协调关系。这些不同的美的元素会在存在众多可能关系的基础上，通过自组织过程形成一个更为完整的美的状态，并有可能以让人想象不到的方式和强度展示出来。这里特别强调人的协调能力。随着局部的美的元素的逐步积累，要求人们更善于恰当地协调不同局部优化的美的元素（美素）之间的关系，这将会更加有效地引导人们顺利地自组织形成包含更多的美的元素的、更具协调性的艺术品。

（二）熟练掌握由美感到艺术的基本元素

"记住，你拥有的独特优势是，或许你发现的美，是与众不同的，你用跟他人不同的方式去切入、去发现美。这项差异会协助你挑选与自己品位相符的主题，也会引导你前往令你欣喜的新领域。因为美无所不在，所以美的来源可说是源源不绝。但是真正能捕捉到美，却是极其罕见，也是一项亘古不变的挑战。"①

美的表达是一项综合性的工作，而且需要经过长时间的坚持与努力才能完成。简单地说需要：

第一，掌握美的理念的形式表达方式；

第二，将基本元素独立化，赋予其美学意义；

第三，通过整体的美赋予这些艺术元素以意义；

第四，通过多样并存赋予艺术元素以 M 的意义；

第五，通过多样并存基础上的抽象概括赋予艺术元素所具有的意义。

（三）通过练习，实施各式各样的差异化构建

练习不只是简单的重复，更重要的是构建、探索。练习的第一步就是通过各种异变性探索，构建不同的模式，试探其他模式的做法。因此，练习的首要任务，就是探索构建更加多样的差异化的模式。包括与各种具体情况相结合的差异化模式，以及能够随着各种环境的变化而呈现出不同的模式；即便基于当前所熟悉的环境，也会通过各种特征和程度的差异化构建形成不同的模式；还会在自主意识的作用下，主动地追求程度更大的差异化构建；同时还要在更大的范围内通过构建差异化而形成新的探索，以使以后的优化具有更高程度的意义。

（四）将优化的动作固化下来

通过练习——差异化的构建＋比较优化的判断选择——使某个行之有效的动作稳定地固化下来。人们在内心假设，通过一系列有针对性的练习，可以将人们认为的对其生存与发展最有效率的美的模式固化下来。在平时的练习过程中，我们能够将某种模式突显与固化出来，将足够的精力只集中到这种关键的模式上，采取有意识的强化过程，通过有效地提高那种人们所认定的模式的可能度，保证该模式下一次再现时，能够表现出足够高的稳定性，以便在以后表现相关的模式时，依据其稳定的支持，程序系列化地将其一一展示出来，从而不再需要从意识的层面再对其进行信息加工。通过练习，会使该模式的稳定性更高，使动作的准确性、敏捷度得到进一步增长。显然，在面对实际问题时，即使是

---

① ［美］安德鲁·路米斯：《画家之眼》，陈琇玲译，北京联合出版公司 2016 年版，第 5 页。

有新的情况和问题，我们也需要在这种熟练模式的基础上稍作调整。通过不断练习，固然会增加其模式的稳定性，但同时也会减少优化动作的适应性。由此我们应该保持一种心态：以此为基础而不断地构建更加复杂、更加完整的作品。由于固化了相关动作，能够不加思考地将其独立地在潜意识中稳定表现出来，甚至将其转化为下意识的、不自觉的行为，促使人不经过思考便能够系统地按照"固有程序"将其动作完整地进行下去，这样，也就无形中节省了人的意识资源，可以保证人有意识地关注更多其他方面的影响因素、环节等，将注意力集中到需要耗费大量意识资源的活动上。

（五）通过练习，从各种模式中比较选择出最美的模式

这种练习具有游戏的意义。或者说游戏就是为了通过生长过程前期的差异化构建，将影响以后生存竞争的关键模式通过比较优化的方式固化下来。这种被固化的模式是通过生存竞争力的比较优化，选择出来的。不能提升生存竞争力的行为模式自然会被抛弃。

人们先是不断地构建差异化的各种可能的模式，再通过比较及优化，将那些更符合目标要求（诸如节省体力、提高效率、提高准确度、满足其他美学标准）的模式选择出来，由此而固化出效果更好的行为模式。罗丹分析指出："人们以为素描本身就是一种美，殊不知它的美是全靠着它所传达的'真理'与'情操'。人们赞美那些艺术家，因为他们苦心勾描轮廓，把他的人物安插得十分巧妙。"① 艺术创作就是通过这种"苦心勾描"达到这种更加巧妙乃至"十分巧妙"的程度。

在 M 力的作用下构建最优化的表达形式。正如我们已经讨论过的，这里会表现出这样的相关过程：一是要通过表达 M 力而形成与生命活性本征更加协调的状态；二是将 M 与某个特征指标相结合，在差异化构建的基础上，基于当前的存在而构建出指标特征控制下的更美的状态存在；三是更强地突显差异化构建基础上的比较判断和优化选择，在 M 力的作用下，使优化的力量表达得更加充分（或者说达到更优的程度），使人更

① ［法］奥古斯都·罗丹口述、［法］葛塞尔记录：《罗丹艺术论》，傅雷译，中国青年出版社 2016 年版，第 98 页。

加强烈地体会到表现生命活性本征的优化力量所带来的更加强烈的审美转化。

在稳定模式的基础上再实施差异化构建，以寻找能量利用效率更高、更能节省体力、节省资源的活动模式；通过练习中的差异化构建，寻找能量利用效率更高、更节省体力的活动模式，进一步地将 M 力融入相关的活动中，促使人在进行相关活动时，更加灵活自如地运用 M 的力量，同时保证其具有足够的创新构建能力和活动空间。通过练习与寻找，得到优化的局部行为活动模式会越来越多，应对多种可能性的技巧会越来越娴熟、越来越精确，也会越来越多，会更加节省人的脑力、体力，也就可以在"等量"的时间内做更多的工作、得到更美的产品。

通过练习，运用 M 的力量和优化模式，人们可以寻找到基于当前形态的最恰当的表现形态，能够将这种最美的形态固化下来，并且养成相应的习惯。形成熟练技能的过程更多地体现出了 M 的力量。这可以使欣赏者看到自己没经过专门的熟练化练习所不能达到的相应的程度，看到平常人与艺术家之间的差距。与此同时，通过练习，还将奠定以后进一步展开优化的基础。人们会在练习过程中产生阶段性成果的感受和认识，每一次运用 M 和优化的力量，都将形成一种稳定的阶段性的心理认识：基于这种变换操作，会构建出更美的模式。包括难度更高的体操、跳水动作在内的诸多体育活动都表现出了这种美的特征。

通过练习，还会考虑在各种情况下不同的优化模式的基础上将各种不同的优化模式联系起来的过程。通过练习可以构建出每一种针对当前具体情况的优化模式，具有超强联系能力的大脑神经系统却不以当前结果为终结，而是在将不同的具有此种模式共性表现的其他模式同样激活兴奋的基础上，在概括抽象能力的作用下，将其联结为一个新的更大的整体，通过概括抽象形成新的描述，并由此促成美的升华。

艺术家在平时艰苦的练习和由此所体现出来的 M 的力量，或者说，经过不断地表达 M 对更美的追求，会使艺术家牢固地掌握其能够达到完美的技能，也就必然以其高的稳定性和较高的兴奋度而表达出这种模式，并形成对"完美"持续追求的力量。当那些具有娴熟技能的人完美地表现出了经过平时练习所得到的结果以后，也会因为其自主涌现性更加愿意表达这种技能，并探索性地采用相关的技能表达其他的意义，更完美地利用娴熟技能完成其他的功能等。人们也已经认识到，越是娴熟的技能对于构成完美的功能的贡献越大。由此，优秀艺术家的完美表现会有效地促进更多人对美的不懈追求。

（六）提升适应外界环境更大变化的能力

在生物个体的成长过程中，面临着不知道以后会遇到什么环境和困难的问题。因此幼小的个体便利用其成长过程的练习时间，试探各种情况下的应对之策，并力图在这种试探过程中构建出最佳的应对策略，将其固化成为保证其以后能够有效生存的核心行为模式。在形成这种差异化构建的基础上，可以更加自如地构建出更具灵活性、与当前状态有更多差异性的局部信息模式，以及与当前状态模式差距更大的新的模式。尤其对于人来讲，会在意识中不断地增强这种过程，更加主动地促进人生成在更大范围内不断探索的行为，再一次地寻找更易于控制和操作的新的模式。这些有利于提升人的生存竞争能力的策略模式，自然会在个体所形成的与外界环境稳定协调的美的状态中发挥足够的作用。

掌握娴熟的技巧，便可以随心所欲地运用美学元素来表达某种意义、构建某种形式。熟能生巧，就是能够与各种具体情况相结合而创造性地构建出更为恰当的模式，使其激活和组合起来更加得心应手，在执行已经形成的稳定性优化模式的基础上，留下足够的剩余心理资源以创造性地构建更美的新的模式。我们会将一个稳定的整体模式分解成若干小的局部环节，在针对每一个局部环节优化的基础上，将其有机地合为一个优化整体。

四　美学与实践

美的表现是需要以具体的实践活动为载体的。通过具体的、可以为人所感知的客观实体活动，使人能够体会到这种客观事物所表达的意义与人的活性本征所建立起来的稳定协调关系，也使人能够更加明确地体验到这种过程的意义。在实践活动中，将美的理念客观物化，意味着在美的理念与具体的客观事物之间建立起了稳定的协调关系，依据这种关系，能够引导人顺利地进入美的状态。显然，只有被物化的美，才能被他人所感知到，除非我们有"读心术"，否则，我们是看不到、享受不到未被物化的美的。艺术家正是利用这种被物化的美的艺术品，将其对美的感受传递到欣赏者的内心。

虽然美的状态是主客体达到稳定协调时的状态，但这种稳定协调关系并不是一下子就能直接地建立起来的。形成并达到这种状态，是一个持续的构建过程。美就是在具体的实践行动过程中逐步表现出来的。在此实践过程中使 M 力得到重复表现、使 M 力得到强化，也使艺术品在更大程度上具有了 M 力的表现特征。

艺术家通过具体的实践过程中的 M 力表现强化突出了对美的追求，它所描述的就是在具体的行为中不断地追求美、力图达到"更好"程度的过程性特征。实践美学，就在更大程度上被人称为是过程的美学。这也从另一个方面揭示出，美是相对的，而不是绝对的。有了当前稳定的美的基础，人们便可以展开进一步的变换和追求。由此，一步一步地、一个局部元素一个局部元素地表现 M 力，所形成的具有协调性的美的意义便会达到一个更高的程度。书法、舞台剧等，就是通过追求结果的状态来具体地表征追求过程的艺术形式。而这种追求的过程往往不受人们的重视，人们会习惯于表达意识层面的结果性的状态想象特征。人们会因为具体的实践所带来的疲劳而远离实践，实践所带来的其他的负作用会对人造成很多的潜在性影响。这就提示我们，在实施美育的过程中，必须更加有力地强调对美追求的过程在美中的核心地位与作用，采取各种方法，促进对美追求的力量与各种艺术创作的有机联系。

第四节　美的表现形态

美的状态在于主客体之间的稳定协调，这需要我们选择恰当的方式——表现形式，将自己对美的理解和感悟传递给他人。瓦·康定斯基指出："这种艺术包含着丰富绚丽、变化无穷的各种组合。在这种艺术中，我们至少依据可靠的事实，遵循如下的规律：各种不同的艺术形式能取得相同的内在情致；每一门艺术又赋予这同一的内在情致以自己的特色，从而使它获得为任何单一的艺术所不能企及的丰富和力量。"[1]

一　在内心激发更强的审美感受

（一）审美经验

审美经验是生命体通过建立与外界环境之间的稳定协调关系而形成的稳定结构。在具体的条件下，需要建立美的状态中的诸多元素与具体的客观事物特征的联系，赋予外界客观以美的意义，或者说将对由不协调达到协调时的美的状态体验——美感用客观事物的方式表达出来。当前基于具体情况的审美经验，是在原来稳定的审美经验的基础上的稍微的变革，人仍会用原来的审美经验表达当前的情景，采取同化的方式，只是将有所差异的活性本征附加性地表达出来。更何况，由于好奇心的影响，这种稍微的变异可以作为差异化因素形成更强的新奇性体验。人也会在审美经验的作用下，运用归类和联想、概括和抽象，通过引申和扩展，在异化和优化的变换下，基于这种差异化构建而建立起相应的逻辑关系，在不同的元素之间建立起协调关系，形成一个完整的艺术品。

（二）将美独立特化出来

要善于将美的状态、模式从诸多活动中特化出来，使之成为一种独立的模式，使其能够不与具体情景相结合而独立地在各种各样的活动中发挥相关的作用。生命的力量已经保证了，在其得到独立特化并具有足够强的稳定性、兴奋强度时，其就会形成更高自主涌现的可能性，能够不受关联影响地在各种活动中以足够的可能性达到恰当兴奋的程度，并在构建意义及引导下一步的心理转化过程中发挥作用。

具有足够稳定兴奋度的美者，善于以美为基本模式发现其在各种行为中的作用；善于以美为基础迭代地表达生命的活性本征，使美的表现更加突出；善于以美为基础展开联想构建；善于以美为目标自主地构建更美的存在。

（三）将构建美的过程独立特化出来

基于美的状态和感受而构建表达美的意义的艺术品的过程是复杂的，

---

[1]　［俄］瓦·康定斯基：《论艺术的精神》，查立译，中国社会科学出版社 1983 年版，第55 页。

这需要我们将这种通过艺术品表达美的意义的过程独立特化出来，将美的构建的过程和模式作为引导人进入美的状态的基本角度和基本方法，通过探索其中的特点、关系、环节、过程和相关的规律，与各种具体的艺术创作过程相结合，形成可以传授、教育的固定模式，从而引导人创作出更美的艺术品。

（四）明确地体验美

艺术家所从事的工作具有更多美的意义，他们被称为人类族群中专门的"美的创造者"。这是他们的工作所致，也是他们努力表现和努力追求的结果。这种工作的成绩将进一步地促进艺术家在其各种活动中更加专注于美的创造，也因此而促使他们更加主动地发现美、体验美、构建美、传播美，在差异化构建中持续地优化。对美的体验与寻找发现成为他们所追求的核心目标，他们更加习惯也更乐于运用美的模式体验美、在客观事物中观照美。发现美、创造美成为他们日常工作生活中经常进行的工作，尤其是这种活动的力度会远远地超越他人。他们以美为基本的心理背景，能够更加明确地表现出对美的追求，更加自如地表现出在追求美的过程中体验美。他们被称为是"美的使者"。

（五）在艺术品中体验美

艺术品引导人表现审美过程，逐步地构建出审美的态度、审美的角度、激发自身内在美的方法，学会在艺术品中发现更多美的元素，从更多的角度、采取更加多样的方法体验美、欣赏美，并将其有机地组织成一个系统化的整体。"画家要追求作品的极致美感、统合感和编排巧思的首要步骤就是，学会以画面的观点去看待每件事。"① 要更加准确而全面地把握艺术体裁的内在逻辑关系和规律。

（六）在生活中体验美

只要保持美的态度，即便是在生活中，也能够更加突出而自觉地展开审美，对审美主动追求并沉醉与此。可以看出，所谓美及审美，更重要的在于在审美过程中，依据当前的局部信息构建美的客观模式、追求

---

① ［美］安德鲁·路米斯：《画家之眼》，陈琇玲译，北京联合出版公司 2016 年版，第 22 页。

美的不断完善、优化美的内容和形式，在具有美的特质的外界信息中提取、突出和强化构建美的元素，将从外界信息中提取出的美的模式，与内心所构建的完美模式相比较，从中判定当前艺术品能够在多大程度上与自己内心所构建出来的"完美模式"相吻合。我们相信，艺术家会在强大的对美追求的力量驱动下永不满足地追求美。虽然取得了一定的成绩，艺术家天性中更强的 M 力使他们不会因此而故步自封，而是会以当前最美的模式为基础，再一次通过差异化构建而展开新一轮的比较优化，或者按照美的方向进一步地构建更美的模式。而且他们会创作出一件又一件的艺术品。

二　艺术形态的特殊性与内在逻辑

（一）内在逻辑性对艺术创作的影响

不同的艺术表现形式会从其艺术形态的手段特征的角度入手形成固有的关系和限制。当人们依据这种内在逻辑性的整体性结构展开艺术创作时，相当于形成了与此相关模式的期待性心理，人会基于意识而将这种关系作进一步的延伸扩展。这种知识及内在逻辑关系制约和影响所造成的关于知识的进化与发展的基本力量，会对人的艺术创作产生促进、联想和自组织控制作用，人便会构建与相关的抽象特征要求相符的具体特征。

（二）受到限制的影响

1. 受到背景、材料和环境的不同影响

背景、材料和环境作为人思考的基本心理信息，起着重要的激发性、联想性作用。会在人的愿望、想象等主观性心理信息与客观信息相互作用的基础上，基于当前的背景环境所激发出来的相关信息，形成一个新的稳定的心理动力学过程，并在该心理过程稳定下来以后，构建出独特的心理意义。在此过程中，需要将环境对人的行为所产生的制约性影响明确地表达出来，将其作为使其他信息处于兴奋状态的新的激活点和联系点，再通过相互促进关系增强心理转换过程和结构的可信度和合理性，通过对其他因素的优化，达成所有美素的整体协调。

2. 自身内在的逻辑性限制影响

事物本身的状态与运动有其固有的模式，服从自然规律。诸如马有马的行为模式，虾有虾的日常行为习惯。我们在运用这些客观事物表达与人的活性本征达到稳定协调的美的状态和感受时，必须以客观事物遵循规律时所形成的模式为基础。此时，基于具体活动的优化基础上的抽象，以及符号指导下的具体化展开就会发挥关键性的作用。在此过程中，需要通过这些具体事物特有的行为模式所表达的抽象性的意义、通过情感更强地表达美的意义。

（三）受到激励的影响

1. 明确成为激发相关信息的起始点的特征

我们要有一个清醒的认识甚至要不断地思考：在构建各种信息相互作用，并达到与活性本征稳定协调的过程中，主要的外界客观信息是什么，而其作为一个整体时，还需要考虑什么，以及如何协调彼此之间的相互关系等。

2. 明确组织相关元素成为美的典型的组织模式

内在逻辑会成为各种美的元素之间确定关系的制约性因素，此时我们需要考虑的是艺术形态的制约、材料因素的影响、功能因素的作用、结构因素的控制、制作工具的限制、习惯因素的顺延，以及事物受整体性结构功能的束缚。当一个稳定的意义被人们确定下来后，该整体意义所对应的诸多局部特征和关系也就随之具有了内在逻辑性限制。此时，即便人们在相关特征上作一些稍微的变化也不足以改变事物整体的意义。

人类所构建出来的知识体系，其中的知识具有稳定的内在逻辑性。因此，知识体系最基础的要求就是满足基于自然规律的形式逻辑规则。与此同时，当某一个学科被人们掌控以后，该学科的思维模式和内容也就会成为一种确定的"范式"，它所考虑的特征、关系、结构、规律等，都会成为一种稳定的模式引导我们运用相关的信息去观照客观对象。在此过程中，我们还应该注意到，当人们认识到学科的研究方法的重要性时，也应该将研究方法作为一个重要的信息内容。

三　基于具体艺术形态的基本过程

音乐表征了生命活性中的节奏性特征。"生命的、经验的时间表象，就是音乐的基本幻象。"① 这最直接地说明了艺术在于更协调地表达生命活性。

我们认为，音乐同样表达了 M 的模式力量，而且具有更强的意义：人们在众多可能的旋律、音调中，构建出了更能反映人的审美意识的音乐元素。我们虽然还无法详细地考证这些音乐元素是如何经过长时间的进化成为为人们所喜欢的基本音符的，包括各种音调之间的和谐关系，具体是如何构建成为七阶音的，这些不同的音高建立起了何种的关系结构而在人的内心通过听觉形成了挥之不去的审美感受——使人感受到愉悦等等，但我们认为，外部世界的声音开始会以一种混杂的方式作用到人的大脑中，并与其他的活动有机地综合作用到人的意识中。在经过意识中美的判断与强化以后，能够使其脱离开具体的活动，以一种抽象的方式与美的状态稳定地联系起来。比如说，我们在狩猎的过程中，掌握了某一狩猎对象发出危险情况时的叫声，我们听到了这种叫声，就意味着我们在下一步能够获得这种狩猎对象。因为随之而来的感受，诸如我们可以享受到美味，可以将其皮毛做成衣服在天气寒冷时帮助我们抵御寒冷等，我们便强化性地赋予这种叫声以愉悦性的感受。在我们将这种直接审美的感受扩展与延伸后，构成了不断地赋予外界各种声音以美的感受的基本过程。我们建立起了外界特定的声音与各种审美享受的关系，通过这种审美享受与声音的关系而赋予了相关声音以美的感受和意义。将这些因素组合在一起时，就形成了美的音乐。需要注意的是，这种感受经过人的意识的放大、变异而具有了更加复杂的形式和内容。在此过程中，还需要考虑这种模式的独立性、变异性和扩展性，考虑其能否最为恰当地与人的生命活性的状态和谐共鸣。

1. 基本过程

在艺术创作过程中，创作者会按照一般情况下进入美的状态的构建

---

① ［美］苏珊·朗格：《情感与形式》，刘大基等译，中国社会科学出版社 1986 年版，第 128 页。

法则，从局部到整体地构建出优化的整体。

第一，选择一种思想：在与客观环境达成稳定协调的过程中，突出反映美的某些元素特征的主题思想。

第二，在诸多可能的社会关系和自然形态中选择最能够恰当而有效地表征这种思想的客观意义。

第三，在诸多表征意义的可能的局部特征、特征之间的关系、由特征和关系所组成的形态结构中，选择出恰当的形式。

第四，研究各个局部特征、关系之间的相互协调性。

第五，将其组织成一个完整的有机整体。

2. 音乐的创作过程

我们可以以音乐为例，说明相关的过程。将我们日常反映活性本征、情感的声音独立特化出来，只是听音——只听形式，而不考虑这种形式中所包含的信息内容。

美国电影《音乐之声》中修道院院长嬷嬷给玛丽亚的劝告就是：

> 攀登每一座高山，
> 专心诚意地寻找。
> 踏遍第一条僻静的小路，
> 走过已知的每一条路。
> 攀登每一座高山，
> 上溯每一条小溪，
> 追寻每一道彩虹，
> 直到找到你的梦想。
> 这梦想需要你，
> 献出全部的爱
> 生命的每分每秒，
> 直到地久天长。

这就直白地表明了艺术家在对美的追求过程中所应把持的差异化构建和优化的态度力量。每个人在日常生活中也应如此追求自己的美好生活。我们需要通过差异化的构建，寻找自己在各种情景下的优化追求，在各种具体情景下构建相关的理想，并依此进入美的状态。

第一，将这个音延长成一个完整的音节。

第二，通过其他音节补充完善相关的音节。

第三，将这些不同的音节组成一个完整的乐曲。

第四，利用其内在逻辑关系形成的一个完整的整体，诸如相互促进关系、相互协调关系、共生关系等。

第五，将这个过程独立特化出来展开专门固化。

第六，运用意识赋予这个过程以更加广泛的意义。

第七，出于一定结构完整性的要求，形成一部完整的作品。

"一旦指令形式被认识清楚，作品便成为莱布尼兹所谓的'最佳可能世界'——即创作者在诸多可能因素中的最佳选择。"①

显然，人们对歌曲的感受是不同的。这取决于我们所激发的是哪一种生命活性在外界环境因素作用下的本征状态。牙牙学语经过延长与放大，便会成为歌曲。美的音乐更能达到与生命活性本征的有机协调。人的习惯性心理及知识会成为稳定地表达生命的活性征中的确定性的力量，人可以自由地与差异化构建、变形等过程中的艺术表达元素有机结合，最终形成最能表达人的活性本征的优秀作品。

为了对莫扎特的音乐进行分析，人们采取了功率谱的方法。通过研究，人们发现，莫扎特音乐的功率谱，与从大森林中所记录的声音的功率谱，具有相同的分布。② 莫扎特的音乐之所以会给人带来安定祥和、自由快乐的感受，与人在进化过程中生命活性同外界环境所形成的稳定的动力学对应关系紧密相关。这说明，莫扎特的音乐与人在进化过程中受环境的作用而产生的稳定性协调模式形成了同频模式，产生了共鸣，因此，听莫扎特的音乐，能够进一步地激发这种生命在进化过程中所形成的稳定协调状态，它所表征的正是外界环境因素与人的活性本征状态之

---

① ［美］苏珊·朗格：《情感与形式》，刘大基等译，中国社会科学出版社 1986 年版，第 142 页。

② 刘式达、刘式适编著：《分形和分维引论》，气象出版社 1993 年版，第 103—105 页。

间已经形成稳定协调关系的状态，当人的生命活性本征状态能够以一种稳定的、可以为人所感知的方式存在时，人们再重复这种外界环境因素的作用，构建出由当前的不协调状态重新回复到原来协调状态的作用模式，使人的活性本征处于恰当的兴奋状态，并与当前状态建立起联系，人便会感受到美。更直接地说，听莫扎特的音乐，可以使人有更强烈的愉悦感受。

我们也许会说，有些音乐并不达成这种效果，但同样可以使我们感受到音乐的美，原因何在？人的本能模式有多种，不同的本能模式有各自在某个外界环境作用下的、特殊的本征状态。当我们表征这些状态时，便会生成不同的音乐。

"音乐的另一项重要原则，曾经是说话的语调。"① 语调的独立与特化，以及人们赋予它以美感，也是遵循哲学上的合理性原则的。我们同意人的语调在音乐创作中的作用。那么，我们是不是可以从众多的音乐作品中寻找到音乐的"原型"？我们为什么会发出这种富有感染力的语调？音乐家会将这些优美的语调结合起来，通过其音乐的内在逻辑性联系，组合成一首完整的音乐作品，从而给我们带来更加强烈、完整的审美体验。

人的生命活性在简单的语调的基础上，通过变异、扩展，形成了更加丰富的音乐语言。此时，人们在高兴时所发出的声音，与高兴能够建立起稳定联系的各种声音等，都能够成为人们进行音乐创作的基本"语言"，并且能够经过人的扩展、变异，从中加以优化选择。人可以在不同的语言之间同样地构建出多种不同的转化关系语言，于是就可以通过异变性构建，对这种转化的语言加以选择，从而将其结合在一起。当前我们听到的一些很好听的歌曲，会将优美的乐音集中在一些以小的愉悦性语言为中心的过渡与完善中。这种具有人们所认为的更为恰当的关系（以声音的形式表征生命活性本征的高兴奋度兴奋），被认为是音乐的内在逻辑性关系。在此过程中，我们既要考虑其直接的快乐作用，也要考虑通过其他的关系而赋予其快乐的意义。

---

① ［美］苏珊·朗格：《情感与形式》，刘大基等译，中国社会科学出版社 1986 年版，第142 页。

音乐要做到"亲切而不过分"①，即能与人同外界环境所形成的稳定协调状态构成较高程度的共性相干，使人感到熟悉。但如果过于熟悉，人们没有了新鲜感，便又会在另一种活性本征——发散、扩张的作用下产生另一种情感。也就是说，要通过音乐的方式直接与人的生命的律动建立起直接的相干关系：通过共性相干而激发人的生命律动，表达与人的"生命本我"的共振相干，再通过对一方的体验与理解而体会另一方。

四　舞蹈

将美的状态及与美的状态之间的稳定性关系，用舞蹈表达出来时，便形成了舞蹈这种特殊的艺术表达形式。在此过程中，舞者尤其善于通过情感的动作表达而更强烈地激发人对美的状态的体验和感受，使人产生更加强烈的美感。

（一）选择一种思想

舞蹈需要选择一个主题，用舞蹈的方式表达出来。

舞蹈的表现力是一种动态的表现形式：表达事物在时间和空间上的具体结构。任何一个人不可能在举手投足之间，便取得极富美感的舞姿。动作与其所想要表达的意思之间还是存在很大的不同的。那么，我们是通过什么方式构建意义与某种确定性的舞蹈动作之间的对应关系的？将某种特定的意义通过动作而非语言的方式描述、表现出来，需要探索各种各样的动作与意义所形成的对应性关系。此时具有三个方面的对应联系：意义与动作的相关性表征、意义的动作形象模拟表征、意义的抽象符号概括表征。

（二）在诸多可能的社会关系和自然形态中选择恰当表征这种思想的意义

人们看到了舞蹈所表达的具体的意义，却没有看到在舞台上的舞蹈者与舞台下的舞蹈者的艰苦训练，以及舞蹈艺术家对美的表达形式的探索与构建。欣赏者自己清醒地知道，自己不能灵活地控制自己的身体达

---

① ［美］苏珊·朗格：《情感与形式》，刘大基等译，中国社会科学出版社1986年版，第179页。

到这种程度，而且能够认识到，只有经过长期艰苦的锻炼才能达到这样的效果。这种差异化的认识又在一定程度上强化着对舞蹈艺术的认识。

客观世界与人的情感虽然有内在的联系性，但这种内在的联系也是以局部关系的形式表征出来的，并不在整体上构成一对一的关系。这就意味着，客观世界的局部与人的情感表现并不构成一对一的关系，彼此之间的关系是复杂的。为此，我们需要通过局部特征与局部情感的相关性构建出各种各样的对应关系，并进一步地将其延伸、扩展，再通过各种异变性地探索，通过对人世间相关动作行为的观察、对比与联系，将其中最有效的关系更加典型而突出地表达出来。

苏珊·朗格指出："这里面包含了舞蹈艺术——一个既自发又自觉的行为理想，一个从个人激情中涌现又多少采取了完美艺术品形式的活动，自发、热情、必要时又能重复的活动——理论中时常出现的那个特殊矛盾的原因。就象摩尔·阿米太吉所说：'……现代舞蹈是一种观点而不是一种体系……这种观点的原则是：情感经验可以通过动作直接表现自身。当每个人的情感经验发生变化时，他的外部表情也相应变化。但是，如果现代舞蹈作为一种艺术形式而存在的话，它的出发点必然是完整和恰当的形式。'"[①] 这就非常明确地指出了在舞蹈的创作过程中所表达出来的 M 模式的意味。我们通过与情感、意义具有直接对应关系的动作来表达 M 的意味，我们又在间接地表达情感时，构建、选择具有 M 特征的情感，或者将 M 隐含在相关的动作之中。

舞蹈中的 M 力在更大程度上体现在真正上舞台之前的排练过程中。舞蹈家在台下不断地构建更能反映情感、意义的动作，而且不断地加强练习，以保持相关动作的稳定性，以便在舞台上表演时，能够更加稳定地表现出平时所构建、探索出来的动作。真正体现出了"台上一分钟，台下十年功"的效果。

客观的世界与我们所形成的认识之间存在很大的不同，又同时具有很强的变数，人想要表达某种意义，所采取的方式与意义之间并不构成

---

① ［美］苏珊·朗格：《情感与形式》，刘大基等译，中国社会科学出版社 1986 年版，第 203 页。

严格的对应关系，这种关系往往会受到人的主观意识的干扰。人是构建的，人的涌现性特征会经常地改变人在认识客观中的意义表达。"我们想表达的意思是什么？我们所选择的表达方式是否准确？如何才能更加准确？"这就是艺术家在艺术品创作过程中所展现出来的基本心理倾向。这种倾向驱动着我们在诸多可能性中不断地优化，将自认为最美的模式构建出来。

（三）选择恰当的表达形式

艺术家需要在诸多表征意义的可能的局部特征、特征之间的关系、由特征和关系所组成的结构中，选择恰当的形式。

意义与动作的相关性表征是指，人们已经在相关情景中构建出了动作（尤其是情感）与意义稳定的对应关系，便可以在众多可能的表达某种意义、情感的动作中，选择更能代表其意义的行为，并成为能够代表确定意义的"符号"。显然，舞蹈动作的符号性意义受到苏珊·朗格的重视。[①] 意义的动作形象模拟表征是指，人们将想表达的意义、关系及其变化利用动作表达出来。舞蹈家在台下根据自己对生活的理解，将那些典型的具有符号性意义的模式通过动作构建表达出来，再在差异化构建的基础上进行优化，使这种典型的动作具有更强的符号性意义。这将使观者更加明确地认识到这种优化的力量，并与其他美的元素通过相互作用获得更多的美的协调性感受。而意义的抽象符号概括表征则利用动作与意义之间各种局部的、偶然的、片面的联系，利用优化所形成的抽象性模式表达更加丰富的具体意义，引导欣赏者根据自己的观察和理解体会到自己所认定的意义，引导观者在方法、结构、局部符号等诸层次，同时体会到与活性本征和谐共振（包括诸多美的元素的相互协调）所带来的强烈而深刻的美感。

（四）研究各个局部特征、关系之间的相互协调性

舞蹈以舞者特定行为动作的特有方式表达人们所熟悉的日常生活中的典型意义，并通过这种表现而揭示人的行为的内在美。因此，无论是生活逻辑，还是艺术逻辑，都能够在舞蹈艺术中发挥足够的作用。而意

---

① ［美］苏珊·朗格：《艺术问题》，滕守尧译，南京出版社 2006 年版。

义与动作的相互协调则是舞蹈家所需要重点考虑的问题。舞蹈中各个环节的组织与协调，更需要同时遵循生活逻辑和艺术逻辑。或者说，用舞蹈艺术的典型符号最美地表达人们所熟知的日常生活。

苏珊·朗格指出："我们知道，艺术品本身也是一种包含着张力及张力的消除、平衡和非平衡以及节奏活动的结构模式，它是一种不稳定的然而又是连续不断的统一体，而用它所标示的生命活动本身也恰恰是这样一个包含着张力、平衡和节奏的自然过程。不管在我们平静的时候，还是在我们情绪激动的时候，我们所感受到的就是这样一些具有生命的脉搏的自然过程，因此，用艺术符号是完全可以把这样一些自然过程展示出来的。在艺术品中，也就像在概念之中一样，感情的所有方面都被巧妙地安排在一起，以便使它们极为清晰地呈现出来。"① 从艺术的角度导出生命与艺术品的同构关系，但实际上，艺术所反映的就是生命的意义，而人可以主观、主动、有意识地专门反映。这里指出了艺术品与生命脉动的意义，同时指出了在艺术品中"被巧妙地安排在一起"的意义。何谓"巧妙地安排"？我们可以从诸多可能的安排中通过比较选择出某个在诸多方案中最恰当的方案。而这个过程也并不排除以后可以在更大范围内通过差异性构建而选择出更"巧妙的安排"。

五　诗歌

"诗虽是幻想的阶段，却提供真实的价值。"② 因此，诗是感性与理性的有机协调体。大概所有的艺术品都是如此，而人们在诗中更多地体会到感性的成分，或者说更多地看到想象的力量。如果我们并不是截然地看到各种诗的元素彼此之间的逻辑联系的话，我们就可以通过合理性的概念体系，描述在诗与其他的艺术形式中遵循逻辑关系的程度，并通过其他艺术形式中艺术元素之间所具有的逻辑关系的多少给出其合乎逻辑的判断。显然，诗中所对应的逻辑关系的数量是相对较少的。科幻小说

---

① ［美］苏珊·朗格：《艺术问题》，滕守尧译，南京出版社 2006 年版，第 9—10 页。
② ［意］贝尼季托·克罗齐：《作为表现的科学和一般语言学的美学的历史》，王大清译，中国社会科学出版社 1984 年版，第 65 页。

也只是在很小的程度上遵循某些科学的原理。在创作现代诗时，人们更多地根据艺术元素之间所存在的显性的、隐性的、局部的、片面的关系，通过形成基于这些关系的"局部逻辑"规则，将其联系在一起，形成具有一定意义的艺术格式。

（一）选择一种思想和主题

通过这些主题和所要表达的某种主题思想，使人体会到，通过这种主题的诗的表达可以与人的某种活性本征模式达到一定程度的协调，并最终使人通过激发活性本征而形成协调——产生美。鲍姆嘉通提出："诗法就是有助于诗的完善的东西。"① 美的规律性在于促进人运用 M 的力量主动地、有方法和模式指导地构建出与人的生命活性达到更加协调（协调程度更高）状态的结果。

诗以其特有的丰富联想性、想象性激发人产生更加丰富多彩的心理信息，并以其固有的形式，促使人建立起更多的联想、信息的任意组合，诗在激发人形成不同感受的同时，促使多种不同感受之间的发生相互作用，从而形成更进一步的联想、想象，促使人的心灵受到更强烈的作用。尤其是将矛盾的信息组合在一起，形成多种意义的同时并存，通过这种不同维持不同意义之间的相互作用，从而与好奇心一起推动着人的心智的不断变化。这种驱使人追求完善的思想，逐步造就和表达了 M 的力量。当人们创造的艺术品明确地表征了这种力量，并且能够为欣赏者所认识到时，人们便认可了这件艺术品的价值和力量。

（二）在诸多可能的社会关系和自然形态中选择恰当的表征这种思想的意义

在考虑到差异性所形成的刺激，以及对比与所表达的美之间恰当的距离（差距）时，通过选择而与生命的活性比值在更大范围内、更大程度上达到有机协调。

"春时春风有时好，春时春风有时恶，不是春风花不开，花开又被风吹落。"（《红楼梦》）

"我面朝大海，春暖花开"（海子的诗）。在这里，我们能够充分体会

---

① ［德］鲍姆嘉通：《美学》，简明等译，文化艺术出版社 1987 年版，第 130 页。

到诗人的独具匠心。所谓独具匠心，一是要经过长时间的差异化构建基础上的比较优化才形成；二是要与以往有所不同，通过差异来满足人天性的好奇心，或者满足人的差异化构建的生物本能。哪一种艺术形态的创作也离不开这个核心的特征。在诸多诗的形式体裁中，朦胧诗更加强调发散性和组合的任意性，更善于将这种不同的意念通过某种不为人所注意的小的关系特征聚集在一起，通过彼此意义的相互关系和相互矛盾，甚至更加关注这种差异所形成的更高层次上的综合性意义，在形成相互刺激的同时，将这种差异化共同显示的模式与人的生命活性本能模式相协调，由此而使人体会到由不协调到协调的完整过程。达成与活性本征相协调的过程存在着双向构建。外界信息的状态与人的内心感受状态是不同的，除了对人产生恰当的刺激作用以外，这种不同会对人产生一定的刺激作用，使人感受到不协调。在促使人的心智发生变化的过程中，可以进一步地通过将其中局部特征所对应的不协调元素减少，或者使其可能度降低的方式提高协调程度；也可以通过激发更多的已知性局部特征，使人形成对该新奇的、复杂的、未知信息的把握与掌控。

艺术品在于激发欣赏者自己去构建诸多的情感和意义，并将欣赏者自己的情感赋予到作品中，体验到作品中的人或事。由于优秀的作品能够在更大程度上激发欣赏者的联想、幻想（包括想象，我们这里用幻想，意思是大脑更加自由、不受拘束地构建任何的意义，那些局部特征之间通过任何的关系所构建的意义都有其存在的合理性）和情感；抽象的符号能够以其丰富的内涵和外延激发欣赏者众多的联想、想象和情感，以其简单的表象结构引发欣赏者众多不同的隐性结构，为此，艺术家需要在形式与内容之间寻找、构建更好的结构，用更小的形式激发欣赏者更多的意义（情感）。因此，艺术家自然会在众多可能性中运用 M 的力量和差异化构建基础上的优化的力量。

（三）选择恰当的表达形式

诗人需要在诸多表征意义的可能的局部特征、特征之间的关系、由特征和关系所组成的结构中，选择恰当的形式。

在意识信息的相互关联过程中，能够通过各种不同的局部特征之间的某些共性信息，促使人形成基于此共性信息的差异化构建，在激发人的生命活性模式的基础上，使这种共性信息通过相互激励的方式得到进一步放大，并同时满足艺术体裁的形式要求。

诗歌会为了满足人的好奇心，避免人的审美疲劳而在某个特征方面展开不断的扩展性变换。这里采取的是时间的间断性变换，即采取将不同信息组合在一起以满足人的好奇心的方式，同时在诸多艺术元素中选择对想要表达的意义有促进作用的元素特征。诸如元代马致远的《天净沙·秋思》，即将相关的共同表达相关情感的词汇以恰当的方式结合在一起，彼此所产生的某种意义会形成相互促进的作用。如"枯藤，老树，昏鸦；小桥，流水，人家；古道，西风，瘦马；夕阳西下，断肠人在天涯"讲的是一种凄凉影像，与"断肠人"的心境相一致，从而激发人展开更加丰富的想象，并进一步地让人体会到当前状态或者与之相对应的另一种状态出现时，人所能表现出来的情感与认知的反应。这里所谓的"某种意义"是指这样的情况：任何一个信息模式都可以在不同的事物中发挥不同的作用，这就意味着，任何一个信息模式都将具有多种不同的意义，我们需要的仅仅是将彼此之间的共性意义激发、选择出来。

（四）研究各个局部特征、关系之间的相互协调性

在依据各局部特征而组合成的各种意义中，我们能够依据诗歌所特有的诗歌韵律和节奏，使其组成一个符合诗体要求的有机整体，使人体会到诗的综合性的美。

在诗歌创作所遵循的各种逻辑关系中，民族习惯会起到一定的作用。不同的民族或者不同的文化氛围会形成不同的将不同艺术元素组合在一起的思维习惯。不同民族在描述事物的特征上有不同的习惯；不同的民族更愿意表达的习惯也不相同。布留尔（Bruhl）所提出的原始思维，以及《思维版图》一书中指出的思维习惯，都会在这不同的艺术元素的组合方式上表现出一定的民族习惯的特征。这种习惯会作为稳定性的美的元素促使人在更加自由的程度上激发出更多的美的信息。

六　戏剧

（一）表达有利于社会稳定与发展的推动力量

在某种活性本征激活的基础上，构建选择出能够与美的状态达到更

大程度稳定协调的社会行为，表达以相关的活性本征为基础内涵的思想意义。在此过程中，表达生命的进化的力量应是其中的核心，即便是揭示社会中的阴暗、不良的行为，也应该将能够使人体会到由恶向善的转化，将由恶而对比性地说明善的伟大等作为其中潜在性的意义。

(二) 在诸多可能中选择作用力最大的

围绕所要表达的主题，在诸多可能的社会关系和自然形态中选择恰当的表征这种思想的意义，以当前人们所关注的、当前人们所熟悉的事物作为意义表达的主题。社会生活是人们非常熟悉的，诸如表达男女之间的爱情、表达社会的正义、表达社会中人与人之间的相互帮助、表达推动社会进步的高尚性行为、表达一个人由弱变强，最终能够为更多的人带来巨大的稳定与进步的力量。这种稳定性的因素会成为表达发散与扩展的基础。生命的活性比值要求存在与之相匹配的发散性的力量。这就要求我们应在差异化构建的基础上，选择那些能够形成更强大刺激的环节来具体表征。

(三) 优化与整体意义相关的局部特征

艺术家要以宽广的胸怀包容各种不同的观点和意见，把它们作为差异化构建的一种模式，在此基础上实施优化。"我们把从作者和演员那里获取的信息通过自己全部表现出来；我们对这些信息进行重新加工，并通过我们自己的想象力对其加以补充。最终，角色在精神上和形体上都成了我们的一部分。我们的情感是真挚的，自始至终我们进行的是真正的创作活动，我们的创作与剧本的内涵紧密地交织在一起。"① 更多的差异化信息能够在演员那里被优化。因此，优化的过程是其中的核心与关键。

作家要以优化性本能，在诸多表征意义的可能的局部特征、特征之间的关系、由特征和关系所组成的结构中，优化选择出恰当的形式与内容（人物、场景、道具、对话、行为等等），通过彼此之间的对话和行为表达出局部的优化的典型性意义，引导观众通过诸多的艺术要素之间的

---

① ［俄］斯坦尼斯拉夫斯基：《演员自我修养》，刘杰译，华中科技大学出版社 2017 年版，第 48 页。

关系而将其所要表达的主题构建出来。

（四）强化各个局部特征、关系之间的相互协调性

与其他美的表现形态相一致，在戏剧中，各种美学元素在分别表达其所具有的独特意义的基础上，要达成彼此之间的相互促进与相互协调关系，不能表现出相互矛盾和相互否定的关系。影视与舞台的区别仅仅在于场景的不同。可以认为，影视作品是将整个自然界和整个人类社会作为基本场景，而戏剧则将场景限定在一个由很少的道具作陪衬的舞台上。但由于对场景做出了更多的限制，各种要素之间的内在联系会更多，由此会引导人从各个局部特征的角度建立起更加广泛的联系。

显然，在不同的场景中选择人物之间的相互作用，也重在揭示环境对于人的行为有重要影响的关系结构。

（五）组成一个整体

影视作品在拍摄过程中，不断地探索局部最美的模式，而舞台戏剧在排练过程中，则通过差异化的构建而比较选择出最优的模式。与其他艺术形式一样，影视与舞台作品也是通过各局部美的元素之间的内在逻辑关系，通过组成一个完整的整体，表达出更加复杂的美的状态和意义。

七　各艺术形态的协调与统一

在各种不同的艺术形态中，都要体现"更"的特征和优化的力量。这是不同艺术形态的核心特征。比如在戏剧艺术中，唱段就有经典之说。对于一位最著名的艺术家来讲，也并不是其唱出的所有唱段都是最好听的，只要有若干段好听，被人称为经典唱段就可。欣赏者在听他们唱这些经典唱段时，可以明显地感觉到他们的唱有与他人存在巨大的不同的特征。

中国的戏剧，流派纷呈。我听不懂秦腔，但我却可以从秦腔的诸多唱段中体会出哪些是经典的、好听的。在将这些唱段与其他唱段相比较时，可以明确地感知到这些经典唱腔比那些被人们认为"不经典"的唱腔要"好听"。至于为什么，我说不清楚。在将这些艺术家与其他演唱者相比较时，我们便能明显地感觉到这一点。这些经典的唱腔意味着什么？所谓艺术能够激发情感，就意味着在以往，人们已经建立起了相关的艺

术元素与情感之间的稳定联系，只要相关的艺术元素一出现，人们就可以将相关的情感激发出来。在这里，无论是情感的形式还是强度，都有一个恰当的构建过程：符合人的生命活性的自然展现。经典唱腔所能引发的艺术情感会更加强烈。

当然，这要基于秦腔这种特殊的"氛围"。那么，秦腔艺术家的经典唱段是如何形成的？我们可以得出很多不同的结论，诸如必须与个人的风格相一致，必须与个人的唱腔音色相协调。但我们可以在模仿的基础上，结合自己的发音特点，结合自己的理解、结合自己平时经过异变的探索，采用自己认为最恰当（最美）的方式唱出来。其中，必须经过个人的异变性探索而与唱段内容、与自己的个性特点有机结合。再比如，在中国的中原大地上，有许多的戏迷，说起《卷席筒》，戏迷们都能说出该戏中的若干经典唱段。这些经典唱段在与其他的唱段相比较时，人们会体会到更多的韵味。豫剧《穆桂英挂帅》中，艺术家马金凤的演出及经典唱段，无人能出其右。越剧《收姜维》《诸葛亮吊孝》有不少艺术家担当过主演，在我所看到的诸多版本中，申凤梅的主演最为经典。只要是喜欢越调的人，都能够将《收姜维》中的经典唱段唱下来，但说到韵味，那还得是申凤梅的唱腔韵味十足。

经典的作品能够促进人产生更多的想象？究其原因，艺术家的天赋自然是最重要的，在这种状态下更容易激发出与当前情景相关的更多的信息。更为重要的是，艺术家走上舞台、将自己对美的理解展示出来之前，已经经过了长期的练习，展开了各式各样异变性的探索，并基于某个特征指标而进行了优化比较，可以激发人产生更为丰富的想象，并将那些认为是"更"美的唱段形式固化下来。

这些唱腔因为得到众人的喜欢而经典。但经典往往需要长时间的差异化构建基础上的比较判断和优化选择。人们听到"水木年华"组合因为一首歌而坚定地走上了音乐之路。由开始的初唱，到最后的成熟，是要经过长时间的修改完善的。人们所关心的是：他们修改的原则是什么？为什么依靠他们的灵感而创作的"神来之音"却需要不断地改进？

人们总是喜欢听到奇人轶事。在艺术创作领域，人们总是喜欢听到那些得到灵感，一蹴而就的惊世骇俗的作品，尤其是那些他们创作出来以后，也总认为已经达到顶峰的作品。

即便是顿悟，也只是在这一点上的顿悟，要形成大彻大悟，还需要经过长时间、"大面积"的思考与领悟。我们同意直觉与灵感，也认为直觉与灵感在探索新的模式的过程中极为重要，根据前面的研究，我们已经知道，艺术中的直觉与领悟还具有其他方面的更为重要的意义。但我们同时认为，这仅仅是构成新的模式的一种方式，这种方式应该与其他方式有机地结合在一起。我们应该看到，一个巨大的创新是由非常多个小的创新在积累过程中逐步形成的。即使爱因斯坦产生了与电梯一起下降会观察到一个与当前有所不同的新奇的规律世界的想法，要想最终得到能够描述宇宙的基本方程，也经过了很多的创新。其中，如果没有"非欧几何"（Non‑Euclidean geometry）的进步，也很难得到广义相对论的方程。

当我们问及艺术家给观众所展示出来的是什么的问题时，我们往往回答说艺术家展示的是他们对美的感受。在艺术创作过程中，不是追求技巧，而是在不断地寻找运用当前的方式更为恰当地表达创作者对美的追求——力图达到更美的程度，让自己感觉到合适、恰当、协调——美。此时的感受是在众多的其他因素的作用下形成的综合性的心理。如何在这种各种信息作用的状态下还能将自己稳定的美表征出来，的确是一个难题。

主要参考文献

一 马克思恩格斯经典著作

1. 《马克思恩格斯全集》（第1卷），人民出版社1972年版。

2. 《马克思恩格斯全集》（第23卷），人民出版社1972年版。

3. 《马克思恩格斯全集》（第25卷），人民出版社1972年版。

4. 《马克思恩格斯全集》（第40卷），人民出版社1972年版。

5. 《马克思恩格斯全集》（第42卷），人民出版社1979年版。

6. ［德］马克思：《1844年经济学—哲学手稿》，刘丕坤译，人民出版社1979年版。

7. ［德］马克思：《政治经济学批判》，载《马克思恩格斯全集》（第13卷），人民出版社1962年版。

二 中文著作

1. 北京大学哲学系美学教研室编：《西方美学家论美和美感》，商务印书馆1980年版。

2. 北京大学哲学系外国哲学史教研室编译：《十六—十八世纪西欧各国哲学》，商务印书馆1962年版。

3. 蔡仪：《新美学》，群益出版社1946年版。

4. 蔡元培：《蔡元培全集》，浙江教育出版社1997年版。

5. 陈国良等编：《遗传算法及其应用》，人民邮电出版社1996年版。

6. 单世联：《西方美学初步》，广东人民出版社1999年版。

7. 邓福星：《艺术前的艺术》，山东文艺出版社1986年版。

8. （宋）范晞文：《对床夜语》，中华书局1985年版。

9. （清）方士庶：《天慵庵随笔》，商务印书馆1936年版。

10. 封孝伦：《人类生命系统中的美学》，安徽教育出版社1999年版。

11. 冯友兰：《中国哲学简史》，新世界出版社2004年版。

12. 高尔泰：《美是自由的象征》，人民文学出版社1986年版。

13. 葛路：《中国画论史》，北京大学出版社2009年版。

14. 李泽厚：《美学论集》，上海文艺出版社1980年版。

15. 李泽厚：《美学四讲》，生活·读书·新知三联书店1999年版。

16. 刘式达、刘式适：《分形和分维引论》，气象出版社1993年版。

17. 刘悦笛：《艺术终结之后——艺术绵延的美学之思》，南京出版社2006年版。

18. 马奇主编：《西方美学史资料选编》（上卷），上海人民出版社1987年版。

19. 莫言·阎连科：《良心作证》，春风文艺出版社2002年版。

20. 潘知常：《生命美学》，河南人民出版社1991年版。

21. 潘知常：《生命美学论稿》，郑州大学出版社2002年版。

22. 彭锋：《美学的意蕴》，中国人民大学出版社2000年版。

23. 钱锺书：《管锥编》，中华书局1979年版。

24. （清）石涛：《石涛画语录》，江苏美术出版社2007年版。

25. 童庆炳主编：《现代心理美学》，中国社会科学出版社1993年版。

26. 汪济生：《系统进化论美学观》，北京大学出版社1987年版。

27. （三国）王弼：《王弼集校释》，中华书局1982年版。

28. 王光瑞、于熙龄、陈式刚编：《混沌的控制、同步与利用》，国防工业出版社2001年版。

29. （明）王明阳：《传习录上语录一》，中州古籍出版社2008年版。

30. 吴开朗：《数学美学》，北京教育出版社1993年版。

31. 徐春玉、李绍敏编：《以创造应对复杂多变的世界》，中国建材工业出版社2003年版。

32. 徐春玉、张军、魏成凯等：《创造工程学》，兵器工业出版社2004年版。

33. 徐春玉：《好奇心与想象力》，军事谊文出版社 2010 年版。

34. 徐春玉：《好奇心理学》，浙江教育出版社 2008 年版。

35. 徐复观：《中国艺术精神》，华东师范大学 2001 年版。

36. 杨砾、徐立：《人类理性与设计科学》，辽宁人民出版社 1988 年版。

37. 叶朗：《美学原理》，北京大学出版社 2009 年版。

38. 叶朗：《美在意象》，北京大学出版社 2010 年版。

39. 尤西林主编：《美学原理》，高等教育出版社 2015 年版。

40. 于民：《中国美学思想史》，复旦大学出版社 2010 年版。

41. 俞剑华：《中国古代画论类编》，人民美术出版社 2000 年版。

42. 俞剑华：《中国画论类编》，人民美术出版社 1986 年版。

43. 张军、徐春玉主编：《创新教育能力论》，解放军出版社 2010 年版。

44. （唐）张彦远：《历代名画记》，人民美术出版社 1963 年版。

45. 郑崇选：《镜中之舞———当代消费文化语境的文学叙事》，华东师范大学出版社 2006 年版。

46. 周宪：《美学是什么》，北京大学出版社 2002 年版。

47. 宗白华：《美学与意境》，人民出版社 1987 年版。

48. （南朝）宗炳、王微：《画山水序》，人民美术出版社 1985 年版。

三　译著

1. ［德］阿多诺：《美学理论》，王柯平译，四川人民出版社 1998 年版。

2. ［德］彼得 – 安德雷・阿尔特：《恶的美学》，宁瑛等译，中央编译出版社 2015 年版。

3. ［德］鲁道夫・阿恩海姆：《艺术与视知觉》，滕守尧等译，中国社会科学出版社 1984 年版。

4. ［法］达尼埃尔・阿拉斯：《我们什么也没看见》，何蓓译，北京大学出版社 2016 年版。

5. ［美］J. R. 安德森：《认知心理学》，杨清等译，吉林教育出版社 1989 年版。

6. ［美］S. 阿瑞提：《创造的秘密》，钱岗南译，辽宁人民出版社 1987 年版。

7. ［美］杰拉尔德·埃德尔曼、朱利欧·托诺尼：《意识的宇宙》，顾凡及译，上海科学技术出版社 2004 年版。

8. ［奥］阿弗里德·阿德勒：《自卑与超越》，吴杰等译，中国人民大学出版社 2013 年版。

9. ［罗马］奥古斯丁：《忏悔录》，周士良译，商务印书馆 1963 年版。

10. ［希腊］亚里士多德：《诗学》，罗念生译，人民文学出版社 1962 年版。

11. ［德］鲍姆嘉通：《美学》，简明等译，文化艺术出版社 1987 年版。

12. ［德］恩斯特·布洛赫：《希望的原理》第一卷，梦海译，上海译文出版社 2012 年版。

13. ［法］列维·布留尔：《原始思维》，丁由译，商务印书馆 2009 年版。

14. ［法］皮埃尔·布迪厄：《艺术的法则》，刘晖译，中央编译出版社 2001 年版。

15. ［美］G. 波利亚：《数学与猜想》，李心灿等译，科学出版社 2011 年版。

16. ［美］H. G. 布洛克：《美学新解——现代艺术哲学》，滕守尧译，辽宁人民出版社 1987 年版。

17. ［美］弗朗兹·博厄斯：《原始艺术》，金辉译，贵州人民出版社 2004 年版。

18. ［美］鲁思·本尼迪克特：《菊与刀》，何晴译，南海出版社 2007 年版。

19. ［美］门罗·C. 比厄斯利：《西方美学简史》，高建平译，北京大学出版社 2006 年版。

20. ［美］尼尔·波兹曼：《娱乐至死·童年的消失》，章艳等译，广西师范大学出版社 2009 年版。

21. ［美］肖纳 L. 布朗、凯瑟琳 M. 艾森哈特：《边缘竞争》，吴溪译，机械工业出版社 2001 年版。

22. ［西］毕加索等：《现代艺术大师论艺术》，常宁生编译，中国人民大学出版社 2003 年版。

23. ［英］鲍桑葵：《美学史》，张今译，商务印书馆 1985 年版。

24. ［英］布洛克：《作为中介的美学》，罗悌伦译，生活·读书·新知三联书店 1991 年版。

25. ［英］克莱夫·贝尔：《艺术》，马钟元等译，中国文联出版社 1984 年版。

26. ［英］米兰达·布鲁斯－米特福德、菲利普·威尔金森：《符号与象征》，周继岚译，生活·读书·新知三联书店 2010 年版。

27. ［英］史蒂芬·贝利：《审丑万物美学》，杨凌峰译，金城出版社 2014 年版。

28. ［英］约翰·D. 巴罗：《艺术宇宙》，徐彬译，湖南科学技术出版社 2010 年版。

29. ［美］H. G. 布洛克：《现代艺术哲学》，滕守尧译，四川人民出版社 1998 年版。

30. ［希腊］柏拉图：《柏拉图文艺对话集》，朱光潜译，人民文学出版社 1997 年版。

31. ［希腊］柏拉图：《会饮篇》，王太庆译，商务印书馆 2013 年版。

32. ［英］伯克：《崇高与美》，李善庆译，上海三联书店 1990 年版。

33. ［美］S. 钱德拉塞卡：《莎士比亚、牛顿和贝多芬——不同的创造模式》，杨建邺等译，湖南科学技术出版社 1996 年版。

34. ［美］达罗德·A. 崔佛特：《另类天才——走近天才症候群》，王凤鸣、王学成等译，世界图书出版公司 2006 年版。

35. ［美］米哈伊·奇凯岑特米哈伊：《创造性：发现和发明的心理学》，夏镇平译，上海译文出版社 2001 年版。

36. ［苏］车尔尼雪夫斯基：《美学论文选》，缪灵珠译，人民文学出版社 1957 年版。

37. ［德］玛克斯·德索：《美学与艺术理论》，兰金仁译，中国社会科学出版社 1987 年版。

38. ［俄］M. N. 杜冈－马拉诺夫斯基：《政治经济学原理》，商务印书馆 2009 年版。

39. ［法］米·杜夫海纳：《审美经验现象学》，韩树站译，文化艺术出版社 1992 年版。

40. ［美］阿瑟·C. 丹托：《艺术的终结之后》，王春辰译，江苏人民出版社 2007 年版。

41. ［美］阿瑟·丹托：《美的滥用——美学与艺术的概念》，王春辰译，江苏人民出版社 2007 年版。

42. ［美］埃伦·迪萨纳亚克：《审美的人》，户晓辉译，商务印书馆 2005 年版。

43. ［美］杜威：《艺术即经验》，高建平译，商务印书馆 2005 年版。

44. ［意］达·芬奇：《达·芬奇讲绘画》，刘祥英等编译，九州出版社 2005 年版。

45. ［英］达尔文：《人类的由来》，潘光旦等译，商务印书馆 1983 年版。

46. ［美］杜威：《哲学的改造》，许崇清译，商务印书馆 1958 年版。

47. ［德］曼弗雷德·弗兰克：《德国早期浪漫主义美学导论》，聂军译，吉林人民出版社 2006 年版。

48. ［荷］范丹姆：《审美人类学：视野与方法》，李修建等译，中国文联出版社 2015 年版。

49. ［加］迈克·富兰：《变革的力量》，中央教育科学研究所译，教育科学出版社 2000 年版。

50. ［美］埃里克·亚伯拉罕森、戴维·弗里德曼：《完美的混乱》，韩晶译，中信出版社 2008 年版。

51. ［美］凡勃伦：《有闲阶级论》，蔡受百译，商务印书馆 2004 年版。

52. ［美］托马斯·费兹科、约翰·麦克卢尔：《教育心理学》，吴庆麟译，上海人民出版社 2010 年版。

53. ［法］保罗·富尔：《文艺复兴》，冯棠译，商务印书馆 1995 年版。

54. ［法］福柯：《性经验史》，余碧平译，上海人民出版社 2002 年版。

55. ［英］迈克·费瑟斯通：《消费文化与后现代主义》，刘精明译，译林出版社 2000 年版

56. ［美］H. 加德纳：《智能的结构》，兰金仁译，光明日报出版社 1990 年版。

57. ［美］埃·凯·吉尔伯特、［德］赫·库恩：《美学史》（上），夏乾丰译，上海译文出版社 1989 年版。

58. ［美］比尔・盖茨：《未来之路》，辜正坤主译，北京大学出版社1996年版。

59. ［美］大卫・雷・格里芬：《后现代精神》，王成兵译，中央编译出版社2011年版。

60. ［美］理查德・加纳罗、特尔玛・阿特休勒：《艺术，让人成为人》，舒予译，北京大学出版社2007年版。

61. ［美］尼尔森・古德曼：《艺术语言》，诸朔维译，光明日报出版社1990年版。

62. ［日］高安秀树：《分数维》，沈步明等译，地震出版社1989年版。

63. ［德］黑格尔：《美学》第一卷，朱光潜译，商务印书馆1979年版。

64. ［德］马克斯・霍克海默、西奥多・阿多诺：《启蒙辩证法》，渠敬东等译，上海人民出版社2006年版。

65. ［荷］胡伊青加：《人：游戏者》，成穷译，贵州人民出版社1998年版。

66. ［美］侯世达：《哥德尔、艾舍尔、巴赫——集异壁之大成》，郭维德等译，商务印书馆1997年版。

67. ［美］托马斯・哈定等：《文化与进化》，韩建军等译，浙江人民出版社1987年版。

68. ［西德］H.哈肯：《协同学引论》，徐锡申等译，原子能出版社1984年版。

69. ［德］哈贝马斯：《现代性的哲学话语》，曹卫东等译，译林出版社2004年版。

70. ［德］马丁・海德格尔：《存在与时间》，陈嘉映等译，生活・读书・新知三联书店2006年版。

71. ［美］萨姆・亨特：《二十世纪西方绘画》，平野译，中国国际广播出版社1988年版。

72. ［德］汉斯・罗伯特・耀斯：《审美经验与文学解释学》，顾建光等译，上海译文出版社1997年版。

73. ［美］Flix Janszen：《创新时代——网络化时代的成功模式》，雷华等译，云南大学出版社2002年版。

74. 〔日〕今道友信：《美学的方法》，李心峰等译，文化艺术出版社 1990 年版。

75. 〔英〕马丁·约翰逊：《艺术与科学思维》，傅尚逵等译，工人出版社 1988 年版。

76. 〔德〕恩斯特·卡西尔：《人论》，甘阳译，上海译文出版社 2004 年版。

77. 〔德〕康德：《判断力批判》（上），邓晓芒译，商务印书馆 1985 年版。

78. 〔俄〕瓦·康定斯基：《论艺术的精神》，查立译，中国社会科学出版社 1983 年版。

79. 〔加〕艾伦·卡尔松：《自然与景观》，陈李波译，湖南科学技术出版社 2006 年版。

80. 〔美〕托马斯·库恩：《科学革命的结构》，李宝恒、纪树立译，上海科学技术出版社 1980 年版。

81. 〔美〕H. M. 卡伦：《艺术与自由》，张超金、黄龙保、刘子文等译，工人出版社 1989 年版。

82. 〔美〕S. R. 凯勒特：《生命的价值——生物多样性与人类社会》，王华等译，知识出版社 2001 年版。

83. 〔美〕彼德·基维主编：《美学指南》，彭锋等译，南京大学出版社 2008 年版。

84. 〔美〕杰夫·科尔文：《哪来的天才?》，张磊译，中信出版社 2009 年版。

85. 〔美〕乔治·K. 齐夫：《最省力原则》，薛朝凤译，上海人民出版社 2016 年版。

86. 〔意〕贝内德托·克罗齐：《美学的理论》，田时纲译，中国人民大学出版社 2014 年版。

87. 〔意〕贝尼季托·克罗齐：《作为表现的科学和一般语言学的美学的历史》，王大清译，中国社会科学出版社 1984 年版。

88. 〔英〕科林伍德：《艺术哲学新论》，卢晓华译，工人出版社 1988 年版。

89. ［英］罗宾·科林伍德：《艺术原理》，王至元、陈华中译，中国社会科学出版 1985 年版。

90. ［英］特奥多·安德列·库克：《生命的曲线》，周秋麟等译，中国发展出版社 2009 年版。

91. ［德］康德：《判断力批判》（上卷），宗白华译，商务印书馆 1996 年版。

92. ［意］克罗齐：《美学原理·美学纲要》，朱光潜等译，外国文学出版社 1983 年版。

93. ［法］奥古斯都·罗丹口述、［法］葛塞尔记录：《罗丹艺术论》，傅雷译，中国青年出版社 2016 年版。

94. ［法］让 – 弗朗索瓦·利奥塔尔：《后现代状态——关于知识的报告》，车槿山译，生活·读书·新知三联书店 1997 年版。

95. ［美］苏珊·朗格：《情感与形式》，刘大基等译，中国社会科学出版社 1986 年版。

96. ［美］安德鲁·路米斯：《画家之眼》，陈琇玲译，北京联合出版公司 2016 年版。

97. ［美］拉兹洛：《用系统论的观点看世界》，闵家胤译，中国社会科学出版社 1985 年版。

98. ［美］苏珊·朗格：《艺术问题》，滕守尧译，南京出版社 2006 年版。

99. ［日］笠原仲二：《古代中国人的美意识》，杨若薇译，生活·读书·新知三联书店 1988 年版。

100. ［日］铃木大拙：《禅与精神分析》，王雷权译，民俗出版社 1986 年版。

101. ［苏］H. 鲁克：《创造心理学概论》，周义澄、毛疆、金瑜译，黑龙江人民出版社 1985 年版。

102. ［苏］A. P. 鲁利亚：《神经心理学原理》，汪青、邵效、王甦译，科学出版社 1983 年版。

103. ［苏］IO. M. 洛特曼：《艺术文本的结构》，王坤译，中山大学出版社 2003 年版。

104. ［英］李斯托威尔：《近代美学史评述》，蒋孔阳译，上海译文出版社 1980 年版。

105. ［苏］A. P. 鲁利亚等：《心理学的自然科学基础》，李翼鹏、魏明
庠等译，科学出版社 1986 年版。

106. ［美］李普曼：《当代美学》，邓鹏译，光明日报出版社 1986 年版。

107. ［法］雅克·勒戈夫：《中世纪的知识分子》，张弘译，商务印书馆
1996 年版。

108. ［法］埃德加·莫兰：《方法：天然之天性》，吴泓缈等译，北京大
学出版社 2002 年版。

109. ［美］托马斯·门罗：《走向科学的美学》，石天曙等译，中国文艺
联合出版公司 1984 年版。

110. ［波］伯努瓦·B. 曼德布罗特：《大自然的分形几何学》，陈守吉、
凌复华译，上海远东出版社 1998 年版。

111. ［美］马尔库塞：《审美之维》，张小兵译，生活·读书·新知三联
书店 1989 年版。

112. ［美］R. M. 尼斯、G. C. 威廉斯：《我们为什么生病》，易凡等译，
湖南科学技术出版社 1999 年版。

113. ［美］玛莎·纳斯鲍姆：《培养人性：从古典学角度为教育改革辩
护》，李艳译，上海三联书店 2013 年版。

114. ［美］尼斯贝特：《思维版图》，李秀霞译，中信出版社 2010 年版。

115. ［苏］O. N. 尼季伏洛娃：《文艺创作心理学》，魏庆安译，甘肃人
民出版 1984 年版。

116. ［波］奥索夫斯基：《美学基础》，于传勤译，中国文联出版公司
1986 年版。

117. ［苏］M. Φ. 奥夫相尼科夫：《美学思想史》，吴安迪译，陕西人民
出版社 1986 年版。

118. ［英］卡尔·波普尔：《猜想与反驳——科学知识的增长》，傅季重
等译，上海译文出版社 1986 年版。

119. ［英］卡尔·波普尔：《通过知识获得解放》，范景中等译，中国美
术学院出版社 1998 年版。

120. ［英］罗杰·彭罗斯：《黄帝的新脑》，许明贤等译，湖南科学技术

社 2007 年版。

121. ［英］H. 里德：《艺术的真谛》，王柯平译，辽宁人民出版社 1987 年版。

122. 克莱斯·瑞恩：《异中求同：人的自我完善》，张沛等译，北京大学出版社 2001 年版。

123. ［俄］斯坦尼斯拉夫斯基：《演员自我修养》，刘杰译，华中科技大学出版社 2017 年版。

124. ［美］彼得·圣吉：《第五项修炼》，郭进隆译，生活·读书·新知三联书店 1998 年版。

125. ［美］赫伯特·A. 西蒙（司马贺）：《关于人为事物的科学》，杨砾译，解放军出版社 1987 年版。

126. ［美］理查德·桑内特：《匠人》，李健宏译，上海译文出版社 2015 年版。

127. ［美］罗伯特·J. 斯腾博格主编：《创造力手册》，施建农等译，北京理工大学出版社 2005 年版。

128. ［美］史班斯：《那些有理想的人》，申志兵译，中信出版社 2009 年版。

129. ［苏］莫伊谢依·萨莫伊洛维奇·卡冈：《美学和系统方法》，凌继尧译，中国文联出版公司 1985 年版。

130. ［英］克里斯·斯特林格、［英］彼得·安德鲁：《人类通史》，王传超等译，北京大学出版社 2017 年版。

131. ［英］拉尔夫·D. 斯泰西：《组织中的复杂性与创造性》，宋学锋等译，四川人民出版社 2000 年版。

132. 乔治·桑塔耶纳：《美感》，杨向荣译，人民出版社 2013 年版。

133. 叔本华：《作为意志和表象的世界》，石冲白译，商务印书馆 1982 年版。

134. R·H. 托尼：《宗教与资本主义的兴起》，赵月琴等译，上海译文出版社 2006 年版。

135. ［英］阿诺德·约瑟夫·汤因比：《历史研究》，郭小凌等译，上海人民出版社 2010 年版。

136. ［英］爱德华·B. 泰勒：《人类学：人及其文化研究》，连树声译，广西师范大学出版社 2004 年版。

137. 达布尼·汤森德：《美学导论》，王柯平等译，高等教育出版社 2005 年版。

138. 列夫·托尔斯泰：《艺术论》，丰陈宝译，人民文学出版社 1958 年版。

139. ［德］沃尔夫冈·韦尔施：《我们的后现代的现代》，洪天富译，商务印书馆 2004 年版。

140. ［德］沃尔夫冈·韦尔施：《重构美学》，陆扬等译，上海译文出版社 2002 年版。

141. ［美］米歇尔·沃尔德罗普：《复杂——诞生于秩序与混沌边缘的科学》，陈玲译，生活·读书·新知三联书店 1997 年版。

142. ［美］布莱恩·沃利斯主编：《现代主义之后的艺术：对表现的反思》，宋晓霞等译，北京大学出版社 2012 年版。

143. ［民主德国］W·沃林格：《抽象与移情》，王才勇译，辽宁人民出版社 1987 年版。

144. ［意］德拉·沃尔佩：《趣味批判》，王柯平等译，光明日报出版社 1990 年版。

145. ［英］迈克尔·威尔逊：《如何读懂当代艺术——体验 21 世纪的艺术》，李爽译，中信出版集团 2017 年版。